W0269270

Mathematik im Kontext

Reihe herausgegeben von
David E. Rowe, Mainz, Deutschland
Klaus Volkert, Köln, Deutschland

Die Buchreihe Mathematik im Kontext publiziert Werke, in denen mathematisch wichtige und wegweisende Ereignisse oder Perioden beschrieben werden. Neben einer Beschreibung der mathematischen Hintergründe wird dabei besonderer Wert auf die Darstellung der mit den Ereignissen verknüpften Personen gelegt sowie versucht, deren Handlungsmotive darzustellen. Die Bücher sollen Studierenden und Mathematikern sowie an Mathematik Interessierten einen tiefen Einblick in bedeutende Ereignisse der Geschichte der Mathematik geben.

Weitere Bände in der Reihe http://www.springer.com/series/8810

David E. Rowe · Volkmar Felsch

Otto Blumenthal: Ausgewählte Briefe und Schriften II

1919 – 1944

Springer Spektrum

David E. Rowe
Institut für Mathematik
Johannes Gutenberg-Universität
Mainz, Deutschland

Volkmar Felsch
Lehrstuhl D für Mathematik
RWTH Aachen
Aachen, Deutschland

ISSN 2191-074X   ISSN 2191-0758   (electronic)
Mathematik im Kontext
ISBN 978-3-662-58355-5   ISBN 978-3-662-58356-2   (eBook)
https://doi.org/10.1007/978-3-662-58356-2

Die Deutsche Nationalbibliothek verzeichnet diese Publikation in der Deutschen Nationalbibliografie; detaillierte bibliografische Daten sind im Internet über http://dnb.d-nb.de abrufbar.

Verantwortlich im Verlag: Annika Denkert

Springer Spektrum ist ein Imprint der eingetragenen Gesellschaft Springer-Verlag GmbH, DE und ist ein Teil von Springer Nature
Die Anschrift der Gesellschaft ist: Heidelberger Platz 3, 14197 Berlin, Germany

Inhaltsverzeichnis

Vorwort

Die Briefe und Schriften Otto Blumenthals (1876–1944) sind aus mehreren Gründen von großer Bedeutung für die Geschichte der Mathematik während der ersten Hälfte des 20. Jahrhunderts. Sie gewähren einerseits viele Einblicke in sein ereignisreiches Leben, darüber hinaus zeigen sie andererseits seine zentrale Rolle in der damaligen deutschen mathematischen Kultur. Die in diesen zwei Bänden ausgewählten Dokumente gehen nur selten auf Otto Blumenthals eigenes wissenschaftliches Werk ein, obwohl die hier abgedruckten Anhänge I und VIII zumindest einen Überblick darüber geben. Das eigentliche Ziel ist es dennoch, seine Rolle und Bedeutung in der mathematischen Welt seiner Zeit möglichst klar und vollständig zu zeigen.

Blumenthal war vor allem bekannt als der erste Doktorand David Hilberts; er gehörte also zu der erstaunlich wirksamen Gruppe jüngerer Mathematiker, die sich vor dem Ersten Weltkrieg in Göttingen um den berühmten Meister sammelte. So erlebte er diese verheißungsvolle Epoche, und etwas später schrieb er ausführlich darüber. Aber er erlitt auch die immer dunkler werdende Zeit danach, und wie die letzten Kapitel dieses Bandes zeigen, war Blumenthal nicht nur ein Zeitzeuge dieser grausamen Ära, sondern auch eines von deren Millionen unschuldiger Opfer.

Der erste Band dieses zweibändigen Werkes dokumentiert seine Karriere bis zum Ende des Ersten Weltkriegs. Dort findet man vieles über seine Freundschaft mit dem Astronomen Karl Schwarzschild (1873–1916), wie auch seine Erfahrungen als Student und später als Privatdozent in Göttingen. Blumenthal und Schwarzschild kannten sich seit ihrer Jugendzeit in Frankfurt, wo beide in jüdischen Elternhäusern aufgewachsen waren. Schwarzschilds Berufung 1901 nach Göttingen fand außerdem in der Zeit statt, als Blumenthal dort als Privatdozent tätig war. Ab 1905 begann Blumenthals Zeit als geschäftsführender Redakteur der *Mathematischen Annalen*. Er befand sich inzwischen in Aachen, wo er an der dortigen Technischen Hochschule bis zu seiner Entlassung im Jahre 1933 unterrichtete. Trotz seiner Prominenz als Mitglied der „Hilbertschen Schule" entfaltete sich seine Karriere eher im Hintergrund, zumal Aachen nicht zu den größeren mathematischen Zentren gehörte. Immerhin trug er viel zum Ruhm Hilberts und zum Glanz dieser glücklichen Zeit bei, wie in dem vorliegenden Band II deutlich wird.

Als Hilberts erster Doktorand genoss Blumenthal eine Sonderstellung innerhalb dieser mathematischen Elite; wichtiger noch war seine lebenslange Treue zu seinem Doktorvater wie auch zu der gesamten Göttinger Gemeinschaft, in der er als Mathematiker aufwuchs. Somit fiel ihm naturgemäß die Aufgabe zu, ein biographisches Essay für den dritten Band der *Gesammelten Abhandlungen* Hilberts zu schreiben (Kapitel 11). Wie im Falle seiner Recherchen für den Nachruf auf Karl Schwarzschild (siehe Kapitel 5 von Band I) musste er nochmals ein gutes halbes Jahr in die Gedankenwelt eines Genies eintauchen, um sein Bild von ihm zu malen. In Kapitel 4 findet man außerdem das frühere biographische Essay, welches 1922 anlässlich Hilberts 60. Geburtstag in der Zeitschrift *Die Naturwissenschaften* erschien. Darin ging er direkt zur Sache, indem er Hilberts berühmte Rede von 1900 auf dem 2. Internationalen Mathematikerkongress in Paris besprach.

Über 30 Jahre lang war Blumenthal Mitglied der Hauptredaktion der *Mathematischen Annalen*, einer weltweit führenden Zeitschrift, deren Einfluss durch die Göttinger Mathematiker Alfred Clebsch, Felix Klein und David Hilbert gefördert wurde. Die letzten zwei Kapitel von Band I dokumentieren seine Tätigkeit als geschäftsführender Redakteur im Zeitraum von 1904 bis 1914, in dem diese Arbeit relativ reibungslos ablief. Blumenthal musste sich allerdings oft sehr bemühen, um einerseits den Betrieb in Gang zu halten und andererseits gleichzeitig abzusichern, dass die angenommenen Arbeiten von hoher Qualität waren. Dies stellte ihn vor eine große Herausforderung, zumal es zu dieser Zeit noch nicht allgemein üblich war, für eingereichte Arbeiten Gutachten von speziellen Experten einzuholen. So musste Blumenthal selbst in vielen Fällen entscheiden, ob eine Arbeit anzunehmen sei oder nicht.

Kapitel 2 dieses Bandes beginnt mit den Turbulenzen der Nachkriegszeit, als finanzielle und sonstige Probleme die weitere Existenz der *Annalen* bedrohten. Es war vor allem Blumenthals Verdienst, den Ruf dieses Unternehmens weiterhin aufrechterhalten zu haben. Wie schwierig das manchmal war, wird in denjenigen Briefen deutlich, in denen er als Vermittler zwischen streitbaren Kontrahenten agieren musste. Ein besonderes Problem entstand durch die hohen Forderungen des fleißigen L.E.J. Brouwer, der, obwohl seit 1914 mitwirkender Redakteur, zunehmend eine Belastung für Blumenthals Geschäftsführung wurde. Schon vor dem Krieg gab es einen heftigen Streit zwischen Brouwer und Henri Lebesgue in Bezug auf die Invarianz der Dimension (Abschnitt 7.1 in Band I).

Von langfristiger Bedeutung war Brouwers politischer Streit mit dem französischen Analytiker Arnaud Denjoy (Abschnitt 3.4), der durch ein Schreiben Blumenthals an Denjoy ausgelöst wurde. Diese Affäre tauchte Mitte der 1920er Jahre erneut auf, als Brouwer eine breite Kampagne gegen die Franzosen lancierte mit dem Ziel, die Macht der Internationalen Mathematischen Union zu brechen (Abschnitt 6.2 und 6.3). Seine Propaganda zeigte Wirkung innerhalb der Nebenredaktion der *Annalen*, zu der der einflussreiche Berliner Mathematiker Ludwig Bieberbach gehörte. Die Hauptredaktion – inzwischen bestehend aus Hilbert, Blumenthal, Albert Einstein und Constantin Carathéodory – vertrat eine durchaus internationalistische Richtung, während Brouwer und Bieberbach sich zu dieser politischen Linie querstellten. Dieser Konflikt, neben vielen anderen Reibereien, untergrub Blumenthals Lust an der Arbeit, sodass er Mitte der 1920er Jahre sogar aus der Redaktion der *Mathematischen Annalen* zurücktreten wollte, zumal er sich schon lange von Brouwer gepeinigt fühlte. Aber Hilbert, der zu dieser Zeit an einer lebensbedrohlichen Krankheit litt, mahnte ihn, bei der Stange zu bleiben.

Diese Spannungen gipfelten danach in dem dramatischen Kampf zwischen Hilbert und Brouwer, der in den Jahren 1927 und 1928 ausgefochten wurde (Kapitel 7 und 8). Blumenthal, der bisher mit beiden irgendwie auskommen musste, blieb bis fast zum Schluss neutral, aber am Ende wurde er zu einem wichtigen

Verteidiger Hilberts (Abschnitt 8.2). Dieses Thema kennt man in der historischen Literatur fast ausschließlich aus der Sicht der Grundlagenkrise, die von dem Streit zwischen Hilberts Formalismus und Brouwers kritisch orientiertem Intuitionismus beherrscht wurde. So wird es manche Leser überraschen, wie selten diese Thematik in den Briefen zwischen Blumenthal und den beiden Kontrahenten eigentlich vorkommt. Es zeigte sich in der Tat, dass Brouwers Tätigkeit als Blumenthals Berater und später als Mitglied der Redaktion der *Mathematischen Annalen* ganz andere Probleme mit sich brachte, die letzten Endes zu seiner Entlassung führten (Abschnitt 7.4). Es lässt sich nicht leugnen, dass Blumenthal keine glückliche Rolle bei der Entfernung Brouwers von der *Annalen*-Redaktion spielte. Um dies allerdings einigermaßen objektiv zu beurteilen, sollten Blumenthals gesamte Erfahrungen als geschäftsführender Redakteur mit dem eigenwilligen Brouwer in Betracht gezogen werden. Dabei muss aber auch Brouwers Korrespondenz mit Dritten berücksichtigt werden, wie es schon in Band I geschah. Darüber hinaus können die vorliegenden Dokumente für eine ausgewogenere und ausführlichere Geschichte des Grundlagenstreits wichtig sein, zumal eine derartige Darstellung immer noch aussteht.

Wie der erste Band besteht dieses Buch aus zwei Teilen. Den Quellen in Teil II ist in Teil I ein Essay vorangestellt, in dem wichtige Themen und Episoden aus Otto Blumenthals Leben in der Zeit nach dem Ersten Weltkrieg beschrieben werden. Einige dieser Aspekte wurden schon in Band I diskutiert, da sie auch in der Vorkriegszeit relevant waren. So wurde z.B. die Rolle von Antisemitismus in der deutschsprachigen akademischen Welt bereits in Abschnitt 1.8 von Band I gestreift. Abschnitt 1.10 ging auf die Vorgeschichte der *Mathematischen Annalen* ein, während Abschnitt 1.11 den topologischen Arbeiten Brouwers gewidmet ist, an deren Entstehung Blumenthal wesentlich beteiligt war. Diese Themata setzen sich, wenn auch in anderer Form, im vorliegenden Band II fort. Das Gleiche gilt für die Grundlagenkrise und die Rolle der Moderne und der Gegenmoderne (Mehrtens 1990), Themen, die in Abschnitt 1.12 bzw. 1.13 von Band I beschrieben wurden.

Blumenthal stand gewissermaßen abseits von diesen zwei entgegengesetzten Strömungen, zumal er sich niemals als Forscher mit Grundlagenproblemen beschäftigt hat. Immerhin versuchte er im Vorfeld der Bad Nauheimer Naturforscherversammlung, die im September 1920 stattfand, Hilbert zu überreden, Stellung zu den Brouwerschen Ideen zu beziehen (Abschnitt 3.2). Andererseits stand er diesen beiden Hauptkontrahenten bis zum Bruch im Jahre 1928 sehr nah. Das Essay in Kapitel 1 versucht Blumenthals Rolle in diesem Kontext darzustellen, und zwar vor allem in Hinblick auf zunehmende Konflikte innerhalb der *Annalen*-Redaktion. Diese führten Ende 1928 zur formalen Auflösung der gesamten Redaktion, wobei Hilbert von Ferdinand Springer freie Hand bekam, eine neue Redaktion zu bilden. Diese bestand aus nur drei Personen: Hilbert und seinen ehemaligen Schülern Blumenthal und Erich Hecke. Zur Realisierung dieses Vorhabens wirkten Richard Courant und Harald Bohr hinter den Kulissen als Hilberts vertraute Berater, während Blumenthal nach wie vor für die laufenden Geschäfte zuständig sein sollte.

Neben dieser schwierigen Arbeit kamen ganz neue Sorgen hinzu, als die Nationalsozialisten immer stärker wurden und schließlich im Januar 1933 an die Macht kamen. Die Konsequenzen, die sich daraus für Blumenthal – wie auch für andere Aachener Kollegen jüdischer Herkunft – ergaben, sind in Abschnitt 1.11 beschrieben. Nachdem er seine Professur verloren hatte, musste er sich an seine Freunde wenden, auf deren Unterstützung er nun angewiesen war. Seine beiden wichtigsten Freunde in dieser Zeit waren zwei angewandte Mathematiker: sein ehemaliger Kollege Erich Trefftz und der niederländische Strömungsforscher Jan Burgers. Als nach der Reichspogromnacht vom 9./10. November 1938 der Druck auf ihn, Deutschland zu verlassen, immer stärker wurde und alle seine Versuche, eine Einreiseerlaubnis für die USA zu erhalten, gescheitert waren, übersiedelte er mit seiner Frau im Juli 1939 nach Holland. Dank seiner Freundschaft mit Burgers konnten sie dort während des ersten Jahres in Delft wohnen. Er durfte allerdings keine bezahlte Arbeit verrichten, sodass sie auf den bescheidenen Lebensunterhalt angewiesen waren, den er von einem akademischen Unterstützungsverein erhielt.

Diese tragische Zeit im Leben von Otto und Mali Blumenthal wird in Abschnitt 1.12 dargestellt. Blumenthals Tagebücher (Felsch 2011), die er bis zu seiner Internierung im April 1943 mit großer Akribie geführt hat, beschreiben die alltäglichen Schikanen, denen er und seine Frau unter der deutschen Besatzung ausgesetzt waren, zeigen aber auch, dass es ihm bis zum Schluss gelang, von all dem immer wieder innerlich Abstand zu nehmen und sich mit Mathematik zu beschäftigen. Seine letzten mathematischen Vorträge hielt er im Sommer 1944, keine drei Monate vor seinem Tod, in Theresienstadt.

Wie in Band I stammen auch die in dem vorliegenden Band II zusammengestellten Dokumente aus einer ganzen Reihe verschiedener Archive, denen wir hier unseren Dank aussprechen möchten. Da sind zunächst einmal die Nachlässe von Felix Klein und David Hilbert (beide in der Niedersächsischen Staats- und Universitätsbibliothek Göttingen) sowie von L.E.J. Brouwer (Noord-Hollands Archief in Haarlem), Arnold Sommerfeld (Deutsches Museum München), Erich Trefftz (Archiv der Technischen Universität Dresden) und Theodor von Kármán (Caltech Pasadena), auf die wir schon in Band I zurückgreifen durften.

Dazu kommen in Band II weitere Dokumente aus den Nachlässen von Johannes M. Burgers (Technische Universität Delft), Max Dehn (Center for American History der University of Texas, Austin), Albert Einstein (Einstein Papers Project Pasadena), Ludwig Prandtl (Max-Planck-Gesellschaft Berlin und Deutsches Zentrum für Luft- und Raumfahrt Göttingen) und Otto Toeplitz (Universitäts- und Landesbibliothek Bonn) sowie aus dem Hochschularchiv der RWTH Aachen, dem Landesarchiv NRW Abteilung Rheinland (Duisburg) und aus zwei privaten Sammlungen, die sich im Besitz der Familie Blumenthal bzw. von Anastasios Diamantopoulos (Athen) befinden. Allen diesen Institutionen und ihren Mitarbeiterinnen und Mitarbeitern danken wir ganz herzlich für ihre Unterstützung und Hilfsbereitschaft, ohne die dieses Buch nicht zustande gekommen wäre. Namentlich erwähnen möchten wir dabei insbesondere Helmut Rohlfing, Bärbel Mund und Johannes Mangei von der SUB Göttingen sowie Fons Alkemade, der uns auf die bislang unbekannte Korrespondenz zwischen Blumenthal und Burgers aufmerksam gemacht hat. Ein besonderer Dank gilt Helen und Ursula Blumenthal, den

Enkelinnen von Otto Blumenthal, die uns ihr Familienarchiv zugänglich gemacht und sich auf für sie emotional sehr belastende Gespräche über das Schicksal ihres Großvaters in den 1930er und 1940er Jahren eingelassen haben.

Als Nächstes möchten wir an dieser Stelle die wichtige Arbeit anerkennen, welche Dirk van Dalen im Rahmen seiner Brouwer-Forschungen geleistet hat. Einen großen Teil des Schriftverkehrs zwischen Blumenthal und Brouwer wie auch viele andere im vorliegenden Buch abgedruckte Briefe veröffentlichte er in englischer Übersetzung (van Dalen 2011). Darüber hinaus stellte er eine noch größere Anzahl von Dokumenten aus dem Brouwer-Archiv online zur Verfügung. Ohne van Dalens mühevolle Vorarbeit wäre es für uns unmöglich gewesen, die Beziehungen zwischen Blumenthal und Brouwer in ihrer ganzen Vielfalt darzulegen. Von den vielen anderen Historikern, deren Arbeiten in diesem Band erwähnt werden, sollen zumindest die folgenden mit unserem besten Dank genannt werden: Michael Eckert, Moritz Epple, Herbert Mehrtens, Walter Purkert, Volker Remmert, Norbert Schappacher, Erhard Scholz, Reinhard Siegmund-Schultze, Renate Tobies, Klaus Volkert und Scott Walter.

Wir bedanken uns nochmals bei Annika Denkert und Agnes Hermann vom Springer-Verlag in Heidelberg und bei der Copy-Editorin Regine Zimmerschied für ihre ausgezeichnete Arbeit. Zum Gelingen dieses Projekts haben Waltraud Felsch und, wie schon bei Band I, Renate Emerenziani und Eva Kaufholz-Soldat viel beigetragen. Auch dafür sind wir sehr dankbar.

David E. Rowe
Volkmar Felsch

Teil I

Ein Leben für die Mathematik: Otto Blumenthal (1919–1944)

Kapitel 1

Ein Leben für die Mathematik: Otto Blumenthal (1919–1944)

1.1 Aachener Kollegen

Otto Blumenthals mathematische Karriere fing sehr vielversprechend an, vor allem in Hinblick auf die vielen Anregungen und breiten Kenntnisse, die er während seiner Jahre in Göttingen gewann.[1] Nach seinem Studium und einer relativ kurzen Zeit als Privatdozent dort wurde er schon 1905 an die TH Aachen berufen. Er war damals noch nicht 30 Jahre alt, und wie viele andere junge Mathematiker strebte er eine Professur an einer deutschen Universität an. Dieser Traum ging aber nicht in Erfüllung, denn Blumenthals Hochschulkarriere endete auch in Aachen, wo er besonders in der Nachkriegszeit hohes Ansehen genoss. Über einige seiner Kollegen dort soll hier kurz berichtet werden.

Gegründet wurde die Polytechnische Schule zu Aachen im Jahr 1870, also relativ spät. Diese Neugründung trug aber von Anfang den Charakter einer „Hochschule", obwohl die dazu gehörigen Strukturen erst 1880 völlig sichtbar waren. Die TH Aachen war somit die erste preußische Polytechnische Schule, die sich zu einer Technischen Hochschule umwandelte. Als Otto Blumenthal nach Aachen kam, wurde er provisorisch als Nachfolger Lothar Heffters angestellt.[2] Hinter dieser Berufung stand Arnold Sommerfeld, Blumenthals ehemaliger Lehrer in Göttingen. Sommerfeld hatte seit 1900 den Aachener Lehrstuhl für Mechanik inne und galt als ein Hauptvertreter der Göttinger Wissenschaftspolitik Felix Kleins, wobei neue

---

[1] Siehe Band I, Abschnitt 1.3, 1.4 und 2.1 sowie Anhang I.

[2] Lothar Heffter (1862–1962), der vorher in Bonn lehrte, übernahm 1904 den ersten Lehrstuhl für Mathematik, bevor er ein Jahr später nach Kiel wegberufen wurde. Vor ihm hatte Hans von Mangoldt diese Professur inne. Der zweite Lehrstuhl wurde 1888 eingerichtet (Scharlau 1990, 11f.).

© Springer-Verlag GmbH Deutschland, ein Teil von Springer Nature 2019
D. E. Rowe und V. Felsch, *Otto Blumenthal: Ausgewählte Briefe und Schriften II*,
Mathematik im Kontext, https://doi.org/10.1007/978-3-662-58356-2_1

Abbildung 1.1: Otto und Ernst Blumenthal, Göttingen (Nachlass Blumenthal)

Brücken zwischen Mathematik und Technik an den Technischen Hoschschulen gebaut werden sollten (Eckert 2013, 158–165). Insofern war es für Sommerfeld ganz
wichtig einen Kollegen zu gewinnen, mit dem er nicht nur gut auskam, sondern
dem diese bestimmte Zielsetzung gleichermaßen am Herzen lag.

Laut Angaben des Physikers Johannes Stark, der allerdings erst 1908 nach
Aachen kam, musste Sommerfeld den harten Widerstand einiger Kollegen über-
winden, um diese Berufung durchzusetzen, zumal Blumenthal nur an dritter Stelle
auf der Liste stand (J. Stark an W. König, 25. November 1912, abgedruckt in
Abschnitt 4.2 von Band I).[3] Ob diese Umstände erklären, warum Blumenthal den
Lehrstuhl Heffters nicht gleich bei der Berufung übertragen wurde, bleibt dahinge-
stellt. Fest steht allerdings, dass er von allen Aachenern Kollegen als Sommerfelds
Schützling angesehen wurde.

---

[3]Diese Behauptung Starks lässt sich leider weder bestätigen noch widerlegen. Vor allem ist
große Vorsicht geboten, da es sich hierbei um einen Verleumdungsbrief von starken antisemi-
tischen Charakter handelt. So behauptete er weiter: „[Blumenthal] ist jüdischer Abstammung
und dies ist wohl der Grund, dass er trotz seiner Bemühungen in kein warmes Verhältnis zu der
Mehrzahl der hiesigen Kollegen gelangen konnte.“

Abbildung 1.2: Arnold Sommerfeld (Archiv zur Geschichte der Max-Planck-Gesellschaft, Berlin)

Welche Erwartungen oder Hoffnungen Blumenthal selbst zur Zeit seiner Berufung hatte, weiß man auch nicht. Sicherlich sah er es als eine große Chance an, neben Sommerfeld an einer Technischen Hochschule wirken zu dürfen. Ob er irgendwann zum Ordinarius in Aachen aufsteigen könnte? Darüber müsste er schon mal nachgedacht haben, aber kaum hätte er sich vorstellen können, dass dies nur Monate nach seiner Ankunft passieren würde. Als er kurz vor Weihnachten 1905 doch erfuhr, dass er ab jetzt den Titel eines etatsmäßigen Professors für Mathematik tragen dürfte, schrieb er mit großer Freude an die Hilberts, wie „auf einmal alle irdischen Würden auf meinen Schädel niedergeregnet [sind]". Diese überraschende Wende, so erklärte er, lag „an dem sehr energischen Vorgehen der Abteilung, die entschieden gegen die Verwandlung ihrer Professur in eine Docentur protestierte" (Brief vom 22. Dezember an Käthe und David Hilbert, abgedruckt in Band I). Als Blumenthal dies schrieb, wäre es für ihn sicherlich unvorstellbar gewesen, dass er diese Stelle fast drei Jahrzehnte lang weiter bekleiden wurde. Noch viel weniger wahrscheinlich wäre es ihm erschienen, hätte jemand ihm erzählt, wie er seine Stelle im Jahr 1933 verlieren würde. In Nachhinein wird jedoch klar, dass Blumenthals persönliches Schicksal vielfach von allgemeinen politischen Entwicklungen seiner Zeit abhing, aber auch von denjenigen speziellen Ereignissen, welche ihn und einige seiner Aachener Kollegen betrafen. In diesem Abschnitt werden mehrere dieser Kollegen kurz vorgestellt, vor allem diejenigen, welche in engerem Verhältnis zu Blumenthal standen.

Bis 1922 bestand die TH Aachen aus fünf Abteilungen: 1) Architektur, 2) Bau-Ingenieurwesen, 3) Maschinen-Ingenieurwesen, 4) Bergbau- und Hüttenkunde, Chemie und Elektrochemie und 5) allgemeine Wissenschaften. Die Mathematik und Naturwissenschaften gehörten naturgemäß zu der fünften Abteilung. Seit 1902 besaß diese auch das Promotionsrecht, im Gegensatz zu anderen Technischen Hochschulen Preußens. So gab es bis 1920 in der fünften Abteilung 18 Promotionen, davon sechs in Mathematik bzw. Mechanik und drei in Aerodynamik. An vier dieser Promotionsarbeiten ist Blumenthal entweder als Referent oder als Korreferent beteiligt gewesen. Die Themata dabei waren durchaus verschieden, obwohl alle gewisse Methoden der angewandten Mathematik benutzten (Anhang II).[4]

Sommerfeld war nach Aachen gekommen als Anhänger Felix Kleins, der zu dieser Zeit eine neue Forschungsrichtung in der Technik an der Universität Göttingen gründen wollte. Es ging Klein dabei um die Lösung schwieriger technischer Aufgaben mittels höherer Mathematik, im Gegensatz zum Trend an der TH Charlottenburg, wo die Ingenieure sich für praxisorientierte Forschung eingesetzt hatten.[5] Das Göttinger Ziel wurde auch für Sommerfeld zum Programm, und während seiner Zeit in Aachen (1900–1906) wurde die TH zu einem führenden Zentrum für technische Forschung in Deutschland. Otto Blumenthal konnte nur ein Jahr mit ihm zusammenarbeiten, bevor Sommerfeld nach München wegberufen wurde. Diese kurze Zeit reichte trotzdem für Blumenthal aus, um diese eingeschlagene Richtung weiter fortsetzen zu können. Seine breiten mathematischen Kenntnisse sowie ein starkes Interesse für Anwendungen kamen ihm dabei immer zugute.

Nach Blumenthals Suspendierung 1933 schrieb der Aerodynamiker Carl Wieselsberger als Dekan der Fakultät über ihn:

> Herr Professor Blumenthal hat in den 27 Jahren, die er hier gewirkt hat, seine volle Kraft in wahrhaft vorbildlicher Weise in den Dienst der Hochschule gestellt, und ihr Wohl und Wehe lag ihm wie kaum einem zweiten am Herzen. Er widmete sich stets mit Hingabe seinem Lehrberuf und war mit wärmstem Interesse für seine Schüler erfüllt. Vor allem hat er es sich angelegen sein lassen, den Mathematikunterricht den Bedürfnissen der Ingenieure anzupassen.

Wie Hilbert schon 1905 wusste und auch damals hervorhob (Abschnitt 1.1 in Band I), war Otto Blumenthal ein engagierter Lehrer, der immer große Geduld und Hilfsbereitschaft für die Studierenden zeigte. Neue Aufgaben scheute er nie, auch nicht im Jahre 1922, als das höhere Lehramtsstudium in der Mathematik, Physik und Chemie in Aachen etabliert wurde. Er übernahm sofort die Verantwortung für die neuen Vorlesungen für die Lehramtskandidaten und Fachmathematiker

---

[4] Eine davon wurde unter der Leitung von Hugo Junkers geschrieben. Junkers war von 1897 bis 1912 Professor für Wärmetechnik in Aachen, bevor er seine Karriere als Flugzeugbauer begann; 1915 erbaute er das erste Metallflugzeug. Blumenthal arbeitete auch mit Sommerfelds Nachfolger, Hans Reißner, zusammen. Reißner, der den Lehrstuhl für Mechanik von 1906 bis 1912 innehatte, war auch ein Pionier der Aerodynamik.

[5] Zur damaligen gespannten Atmosphäre an der TH Aachen siehe Abschnitt 1.5 in Band I sowie (Eckert 2013, 158–165).

(Jongen/Krieg 2000, 50). Blumenthal bekleidete auch mehrere Ämter im Laufe seiner Karriere in Aachen; er war Abteilungsvorsteher (1907/1908 und 1919–1929), Wahlsenator (1914/1915, 1921, 1928/1929), Dekan (1927/1928) und Leiter des Außeninstituts (1921–1927).

Es gab in Aachen neben Blumenthals Stelle zwei weitere Lehrstühle für Mathematik. Seit 1897 vertrat Ernst Kötter (1859–1922) die darstellende Geometrie, eine damals zentrale Disziplin an den Technischen Hoschschulen. Kurz vor seinem Tod übernahm der Privatdozent Heinrich Brandt diese Professur, die er bis 1930 behielt. Brandt studierte in Göttingen und Straßburg, wo er bei Heinrich Weber kurz vor dessen Tode promoviert wurde. Im Ersten Weltkrieg wurde er schwer verwundet und musste danach beinamputiert werden. Nach seiner Entlassung 1916 ging er nach Karlsruhe, wo er sich 1917 habilitierte, bevor er 1921 Ordinarius für Darstellende Geometrie und Geometrie der Lage in Aachen wurde. Zwei Briefe von Brandt an seinen ehemaligen Kollegen Erich Trefftz geben ein deutliches Zeugnis ab, wie Blumenthal in einer akademischen Atmosphäre wirkte, welche durch alltäglichen und weit verbreiteten Antisemitismus geprägt war (Abschnitt 9.1).[6]

Ein noch älterer Kollege Blumenthals war Enno Jürgens (1849–1907), der seit 1888 Inhaber des zweiten Lehrstuhls für Mathematik war. Nach seinem Tod übernahm erst Philipp Furtwängler diese Professur, die er aber schon 1910 abtrat. Danach kam Wilhelm Kutta, der aber wie Furtwängler auch nur drei Jahre in Aachen blieb. Kuttas Nachfolger wurde 1912 Georg Hamel, ein Schüler Hilberts, den Blumenthal schon von Göttingen her gut kannte. An allen diesen Berufungen war Blumenthal maßgeblich beteiligt, jedoch nicht immer in einem erfolgreichen Sinne. Als Hamel bald nach dem Krieg einen Ruf von der TH Berlin annahm, bekam der Aachener Privatdozent Erich Trefftz diese Stelle. Dies war für Blumenthal ein glückliches Ereignis – obwohl Trefftz schon 1922 nach Dresden ging –, denn es entwickelte sich eine enge Freundschaft zwischen ihm und seinem ehemaligen Schützling. Der sechste und letzte Kollege, der diese zweite Professur während Blumenthals Aachener Amtszeit vertrat, war Ludwig Hopf, der sich schon 1914 in Aachen für Mechanik und theoretische Physik habilitiert hatte. Auch er wurde zu einem guten Freund Otto Blumenthals.

Nach Sommerfelds Abschied von Aachen wurde der in Budapest geborene Theodor von Kármán (1881–1963) Blumenthals bedeutendster Kollege. Wann sie einander zum ersten Mal kennengelernt haben, steht nicht eindeutig fest, dürfte allerdings bald nach von Kármáns Ankunft in Göttingen im Jahre 1906 gewesen sein. Vorher studierte er von 1898 bis 1902 Ingenieurwissenschaft in Budapest. Von Kármáns Doktorarbeit von 1908 wurde unter der Leitung Ludwig Prandtls geschrieben; zwei Jahre später habilitierte er sich auch in Göttingen. Dort arbeitete er mit Max Born zusammen über die Quantentheorie von Kristallgittern, aber gleichzeitig erschien seine berühmte hydrodynamische Arbeit, in der die Kármán-schen Wirbelstraße beschrieben wurde.[7] Später erbrachte von Kármán wichtige

---

[6]Zur Rolle des Antisemitismus in der Mathematik an anderen deutschen Hochschule siehe (Rowe 1986); (Bergmann/Epple/Ungar 2012).

[7]Theodor von Kármán, Über den Mechanismus des Widerstandes, den ein bewegter Körper

Leistungen in der Luftfahrtforschung, sowohl in Deutschland als auch in den USA, wo er am California Institute of Technology (Caltech) seine Karriere fortsetzte.[8]

Blumenthal versuchte schon 1912, von Kármán als Nachfolger Wilhelm Kuttas nach Aachen zu berufen. Seine Bemühungen schlugen damals fehl; diese Berufung hatte trotzdem für Blumenthal selbst verheerenden Konsequenzen. Denn der Aachener Physiker Johannes Stark vergaß keineswegs seine Rolle dabei.[9] Als Blumenthal für eine Professur in Gießen nominierte wurde, intervenierte Stark gegen ihn, indem er ihn als den „Mittelpunkt exklusiv jüdischer Bestrebungen" an der TH Aachen kennzeichnete. Als erstes Beispiel erwähnte Stark ein Berufungsverfahren von 1910, als nach Furtwänglers Weggang die zweite Professur für Mathematik frei wurde. Blumenthal brachte „an erster Stelle einen jüdischen ungarischen Herrn in Vorschlag, der selbst seinen Namen magyarisiert hatte".[10] Das zweite Beispiel Starks betraf Blumenthals verfehlten Versuch, von Kármán zu gewinnen, als diese Professur nochmals vakant wurde. In einem Brief an Hilbert vom 2. Dezember 1912 (Abschnitt 4.2 in Band I) schilderte Blumenthal, wie Stark seine Rolle bei dieser Berufung so dargestellt hatte, als ob Blumenthal „damals absichtlich lauter Juden auf die Liste gesetzt hätte".[11] Den Ruf bekam in diesem Fall Georg Hamel.

Bald danach musste allerdings der Lehrstuhl für Mechanik neu besetzt werden, als Hans Reißner einem Ruf von der TH Charlottenburg folgte. So gewann Blumenthal doch von Kármán am Ende für Aachen und seit 1913 leitete dieser das Institut für Mechanik und flugtechnische Aerodynamik an der Technischen Hochschule. Auch als Lehrer war von Kármán hoch geschätzt. Nach dem Krieg gründete er gemeinsam mit Wolfgang Klemperer die Flugwissenschaftliche Vereinigung Aachen, welche den Studenten Einblicke in die Luftfahrtforschung ermöglichte. 1924 setzte sich Blumenthal erneut für von Kármán ein, diesmal um zu verhindern, dass er nach Dresden wegberufen wurde (Abschnitt 6.1).

---

in einer Flüssigkeit erfährt, *Nachrichten der Königlichen Gesellschaft der Wissenschaften zu Göttingen. Math.-phys. Klasse*, 1911: 509–517; 1912: 547–556.

[8]Seine posthum erschienene Autobiographie (Kármán/Edson 1968) zeigt deutlich seine Neigung zur Selbstverherrlichung.

[9]Stark unterrichtete ab 1900 in Göttingen und danach für drei Jahre an der TH Hannover, bevor er 1908 nach Aachen berufen wurde. Er erhielt 1919 den Physik-Nobelpreis für zwei fundamentalen Entdeckungen: den optischen Doppler-Effekt in Kanalstrahlen (1905) und den sogenannten Stark-Effekt (1913), bei dem die Spektrallinien in elektrischen Feldern sich ausspalten. 1915 wurde er als Nachfolger Eduard Rieckes auf den Lehrstuhl für Experimentalphysik in Göttingen hoch gehandelt, aber Hilbert konnte seine Berufung verhindern, indem er Starks ausgesprochen antisemitische Ansichten scharf kritisierte. Darüber wusste er Bescheid, denn er kannte den Wortlaut der Starkschen Diffamierung von Blumenthal bei seiner gescheiterten Berufung nach Gießen (Abschnitt 4.2 in Band I). So konnte sich Hilbert gewissermaßen revanchieren, und Stark musste sich 1917 begnügen, eine Professur in Greifswald anzunehmen.

[10]In Band I wurde behauptet, es handele sich hier um von Kármán. Dies ist wohl unrichtig; viel wahrscheinlicher wollte Blumenthal Hilberts Assistent Alfréd Haar, der sich in Göttingen für die Fächer Mathematik und Astronomie habilitieren ließ, nach Aachen bringen. Die Stelle bekam stattdessen Wilhelm Kutta.

[11]Zehn Jahre später erfuhr von Kármán aus einem Brief von Max Born, dass Born von Kármáns Kandidatur für eine Stelle in Göttingen aufgegeben hatte, da er sich den Kampf gegen Antisemiten in der Fakultät ersparen wollte (Greenspan 2005, 115-116).

Noch intimer war Blumenthals Freundschaft mit seinem jüngeren Kollegen Erich Trefftz (1888–1937), den er vielleicht schon ab 1906 als Studenten in Aachen kennenlernte. Trefftz wurde in Leipzig geboren und kam mit seiner Familie 1900 nach Aachen, wo er am Kaiser-Wilhelm-Gymnasium sein Abitur ablegte. Nach zwei Semestern an der TH Aachen, wo er Maschinenbau studierte, wechselte er zum Studium der Mathematik in Göttingen. Trefftz' Mutter war die Schwester von Carl Runge (1856–1927), der ab 1904 als Professor für angewandte Mathematik in Göttingen wirkte. So ging Trefftz 1908 dorthin, um bei Runge, aber auch bei Hilbert und Prandtl zu studieren. Mithilfe seines Onkels absolvierte er das akademische Jahr 1909/10 an der Columbia-Universität in New York, dann setzte er sein Studium in Straßburg fort, wo er bei Richard von Mises studierte.

Trefftz ging 1912 an die TH Aachen zurück, reichte aber ein Jahr später seine Dissertation in Straßburg bei Mises ein.[12] Im Wintersemester 1911/12 hielt Blumenthal einen Vortrag über ein Problem in der Aerodynamik, und zwar die Bestimmung der Druckverteilung längs Joukowskischer Tragflächen. Die verschiedenen Fälle wurden von Trefftz und Karl Toepfer numerisch ausgewertet und die Ergebnisse veröffentlicht (Blumenthal 1913). Im Zusammenhang damit fand Trefftz eine einfache Konstruktion der Joukowski-Profile mittels zweier Hilfskreise, aus denen sich auch sehr leicht die Geschwindigkeit am Profilrand ergibt. Diese Methode wurde später in fast allen Lehrbücher aufgenommen, womit Trefftz zu einem bekannten Namen in der Aerodynamik wurde (Grammel 1938, 1–2).

Nach seiner Promotion meldete er sich beim Ausbruch des Krieges und diente als Freiwilliger und Offizier, bis er verwundet wurde. Danach war er an dem Aerodynamischen Institut in Aachen tätig und verfasste dort in dieser Zeit seine Habilitationsschrift. Nach dem Krieg wurde Trefftz 1919 zum Professor für Mathematik an die TH Aachen ernannt. Er blieb allerdings nur bis 1922, da er in diesem Jahr einen lockenden Ruf von der TH Dresden bekam. Dort beschäftigte er sich insbesondere mit Aerodynamik, Hydrodynamik, Elastizitätstheorie und Schwingungstheorie.[13] Auch in diesen Jahren stand Blumenthal weiterhin in Kontakt mit Trefftz, dessen Weggang einen wesentlichen Verlust nicht nur für Aachen, sondern auch für Blumenthal persönlich bedeutete. Während der NS–Zeit versuchte sich Trefftz für seinen Freund einzusetzen (Abschnitt 9.4). Als Herausgeber der renommierten *Zeitschrift für Angewandte Mathematik und Mechanik* (ZAMM) konnte er ihn z.B. nach 1933 für Übersetzungen engagieren. Wie aus mehreren Briefen in Kapitel 9 und 11 hervorgeht, blieben nach 1933 die Freundschaften zwischen Blumenthal und seinen ehemaligen Kollegen fest. Trefftz, von Kármán, aber auch der holländische Physiker Jan Burgers haben ihr Bestes getan, um ihn zu helfen.

Blumenthals Suche nach einem geeigneten Nachfolger für Trefftz begann mit einem Brief an von Kármán (S. 102). Beide hatten offenbar hierüber konferiert und

---

[12]Reinhard Siegmund-Schultze verweist auf die Ähnlichkeiten zwischen Trefftz und Mises als Forschertypen (Siegmund-Schultze 2018, 486–487).

[13]Zu seiner kurzen aber sehr erfolgreichen Karriere siehe die Nachrufe (Prandtl 1937); (Grammel 1938).

wollten versuchen, Hilberts ehemaligen Assistenten Alfréd Haar vorzuschlagen.[14] Da Haar, ebenso wie von Kármán, aus Ungarn kam, mussten sie vorsichtig vorgehen, weswegen Blumenthal Gespräche mit einigen Kollegen vorab führte. Die allgemeine politische Lage zu dieser Zeit war infolge der französisch-belgischen Besetzung des Rheinlandes äußerst prekär, sodass der Verlauf des Aachener Lehrbetriebs öfters gestört wurde. Diese Spannungen gipfelten am 24. Oktober 1923, als die Militärbesatzung die Schließung der Hochschule befahl, worauf die Studentenschaft binnen 24 Stunden Aachen verlassen musste.

Blumenthal sprach mit dem Rektor der TH Aachen, Paul Gast (1876–1941), der seit 1911 ordentlicher Professor für Geodäsie war. Dieser sagte ihm, dass die Berufung eines Ausländers den Frieden an der Hochschule gefährden könnte. „Ob Jude oder nicht, sei ihm völlig einerlei", berichtete Blumenthal,

> aber er stosse sich stark an dem Ungarn. Es sei ohnehin schon ein gewisser Unwille über die vielen Österreicher als Assistenten vorhanden. Ich gab ihm natürlich ein sehr warmes Urteil über Haars Persönlichkeit und seine Deutschfreundlichkeit ab, bezeichnete ihn als Adoptiv-Deutschen und stützte mich auf Hilbert's Gutachten, das ich jetzt habe. Es machte aber keinerlei Eindruck. Gast sagte sogar offen und mit Betonung, es würde ihn freuen, wenn wir diese Berufung fallen liessen. Er war sichtlich erleichtert, als ich ihm sagte, dass die Absicht bis jetzt nur im engsten Kreis besprochen worden sei. (Blumenthal an von Kármán vom 15. Mai 1921, S. 102)

Da es keine Aussichten für die Berufung Haars gab, dachten Blumenthal und von Kármán an den theoretischen Physiker Max Abraham.[15] Diesmal lief alles glatt, und Abraham wurde berufen. Aber bald danach erkrankte er an einem Hirntumor, an dem er in November 1922 verstarb. So wandte sich Blumenthal erneut an von Kármán, um Vorschläge für eine neue Berufungsliste zu bekommen. Als er diese Namen bekam, musste er von Kármán mitteilen, dass er „das Ergebnis Ihrer Anfragen betreffs papabler Mathematiker ... im höchsten Masse betrübend" fand (Blumenthal an von Kármán vom 8. Juli 1923 auf S. 104). Am Ende rückte Ludwig Hopf, ehemaliger Privatdozent und ab 1921 außerordentlicher Professor in Aachen, als Nachfolger von Trefftz auf. Somit waren drei der vier mathematischen Lehrstühle durch Wissenschaftler jüdischer Herkunft besetzt, nämlich Blumenthal, von

---

[14]Blumenthal wollte offenbar schon 1910 Haar für diese Professur nominieren (Fußnote 10).

[15]Abraham hatte zunächst bei Max Planck in Berlin studiert, bevor er 1900 nach Göttingen kam, wo er bis 1909 als Privatdozent tätig war. Während dieser Zeit trat er als entschiedener Gegner von Einsteins Relativitätstheorie auf, obwohl Einstein immer hohen Respekt für Abrahams scharfsinnige Kritik zeigte. Nach einem kurzen unglücklichen Aufenthalt an der University of Illinois folgte er einer Einladung Levi-Civitas nach Italien, wo er 1914 eine Professur in Mailand bekam. Als Italien jedoch im Frühling 1915 in den Krieg gegen die Mittelmächte eintrat, musste Abraham diese Stelle aufgeben. Er kehrte dann nach Deutschland zurück, wo er eine Vertretungsstelle an der TH Stuttgart erhielt. Blumenthal holte sowohl von Planck als auch von Hilbert Gutachten über Abraham ein (siehe seinen Brief an Hilbert vom 21. Februar 1922 auf S. 103).

Kármán und Hopf. Alle drei gehörten übrigens zum breiteren Göttinger Netzwerk, welches seit Sommerfelds Zeit in Aachen die mathematischen Wissenschaften dort stark beeinflusste.

Hopf studierte von 1902 bis 1909 in Berlin und München, wo er bei Sommerfeld promoviert wurde. Nach der Promotion ging er nach Zürich zu Einstein, der ihn als seinen Assistenten nach Prag mitnahm (Pais 1982, 485). 1911 wurde er dann Assistent bei Hans Reißner, der damals die Professur für Mechanik in Aachen innehatte, welche Theodor von Kármán ab 1913 übernahm. Im Jahr danach habilitierte sich Hopf bei von Kármán und lehrte bis 1916 an der Technischen Hochschule als Privatdozent. Während des Krieges leitete er gemeinsam mit Richard Fuchs die aerodynamische Abteilung der Flugzeugmeisterei, Berlin-Adlershof. Ein Standardwerk der Flugmechanik entstand aus dieser Zeit: *Aerodynamik* von Fuchs und Hopf (Fuchs/Hopf 1922).

Ludwig Hopf verlor seine Stelle in Aachen, ähnlich wie im Falle Blumenthals, nicht aufgrund seiner jüdischen Herkunft. Ihm wurde schon April 1933 von dem Aachener Allgemeinen Studentenausschuss (AStA) vorgeworfen, eine marxistische Einstellung vertreten zu haben, ein scheinheiliges Argument, das auch gegen Blumenthal erhoben wurde (Felsch 2011, 496). Nach mehreren vergeblichen Versuchen, eine Stelle im Ausland zu erhalten, bekam er ein kleines Stipendium von Cambridge. So konnte er im März 1939 mit seiner Familie nach England auswandern. Bald danach bekam Hopf eine richtige Stelle als Lecturer am Trinity College in Dublin, wo er aber im Dezember 1939 plötzlich starb. Seine Frau informierte Blumenthal davon und beauftragte ihn, diese traurige Nachricht von Kármán mitzuteilen (siehe dessen Brief vom 10. Januar 1940 in Abschnitt 13.1).

1.2   Letzte Chancen auf eine Universitätsprofessur

Bald nach Ende des Ersten Weltkriegs gab es eine Reihe neuer Berufungen, aber Blumenthal kam dabei nur selten in Betracht.[16] Eine Ausnahme war Frankfurt, wo die Professur Ludwig Bieberbachs neu zu besetzen war. Als Egbertus Brouwer davon erfuhr, schrieb er am 17. Januar 1921 an Arthur Schoenflies: „Ich denke an Blumenthal, zu dem ich seit einem Jahrzehnt in Beziehung stehe, und den ich während dieser Zeit immer mehr und nach immer mehr Seiten hin zu schätzen gelernt habe. Insbesondere bin ich überzeugt, dass er an allseitigen mathematischen Kenntnissen, an Arbeitskraft, an Hilfsbereitschaft, dazu an Ehrlichkeit und Anstand unter unseren Fachgenossen kaum seinesgleichen hat.‟

Brouwer mischte sich nur selten in solchen Angelegenheiten der deutschen Hochschulen ein, aber er rechnete sicherlich damit, dass seine langjährigen Erfah-

---

[16]Sein Name wurde u.a. erwähnt, als Heinrich Liebmann 1920 seine Professur an der TH München aufgab, um einen Ruf nach Heidelberg anzunehmen. Blumenthal erfuhr allerdings von Richard Courant, der mit Kollegen in München sprach, dass er kaum Aussichten hätte, nach München berufen zu werden (siehe Blumenthals Brief an Hilbert vom 16. November 1920 auf S. 96).

rungen als Berater von Schoenflies (van Dalen 2013, 137–147, 225–229) ihm in diesem Falle ein gewisses Mitrederecht gab. Trotz mancher heftiger Auseinandersetzungen blieben diese beiden Topologen befreundet, ein außerordentliches Vorkommnis im Leben Brouwers. Angesichts ihrer guten Beziehungen musste man Brouwers Bemühungen, Schoenflies für die Kandidatur Blumenthals als Bieberbachs Nachfolger in Frankfurt zu erwärmen, durchaus ernst nehmen. Als Brouwer ihm vier Monate später am 14. Mai 1921 mitteilte, „viele meiner Arbeiten hätte ich ohne [Blumenthal] nicht geschrieben", konnte niemand besser als Schoenflies die Bedeutung dieses Zugeständnisses einschätzen. Brouwer bezog sich stark auf Blumenthals selbstlose Arbeit für die *Annalen*:

> Der weitaus grössere Teil der Begutachtungen wurde von ihm, entweder allein, oder zusammen mit einem jedesmal extra zu diesem Zweck von ihm herangezogenen Spezialisten, gemacht, und wenn Klein und Hilberts Annalen sich an der Spitze der mathematischen Zeitschriften behauptet haben, so verdanken sie es in erster Linie der unermüdlichen und selbstlosen, sachkundigen Arbeit Blumenthals, eine[r] Arbeit, die um so höher einzuschätzen ist, als sie einerseits bedeutende Talente erfordert, andererseits gar keine Ehre einbringt, weil sie für das weitere Publikum völlig im Schatten verläuft. Dass trotzdem Klein und Hilbert den Blumenthal nie zu einem Universitätsordinariat verholfen haben, kann ich mir durch die Machiavelli'sche Maxime: 'le premier devoir des rois, c'est l'ingratitude' erklären, neben der übrigens auch die übermässige Bescheidenheit Blumenthals (der nie die eigene Berufung betrieben hat) ihre Rolle gespielt hat.

Brouwers letzte Bemerkung über Klein und Hilbert beruhte auf einer gängigen, aber sicherlich übertriebenen Einschätzung ihres Einflusses auf Berufungen an den deutschen Universitäten. Denn obwohl sie öfters gebeten wurden, ihrer Meinungen über bestimmte Kandidaten auszusprechen, gab es nur wenige Fälle, in denen sie sich einseitig für „ihren Mann" eingesetzt hatten. Klein war eher für seine Sachlichkeit bekannt, während Hilbert auf Dauer das Gefühl hatte, seine Meinungen würden nur eingeholt, um nachher vergessen zu werden. Auf jeden Fall hat er sich mehr als einmal, aber vergeblich, für die Berufung Blumenthals ausgesprochen.

Schoenflies, der sicherlich keine falschen Hoffnungen erwecken wollte, beantwortete Brouwers ersten Brief am 14. Februar 1921 und wies gleich darauf hin, dass die Lage in Frankfurt ziemlich kompliziert sei. Am Ende schloss er aber mit dem Gedanken, dass Blumenthal, obwohl vielleicht weniger passend für die Bieberbach-Stelle, sicherlich als sein eigener Nachfolger geeignet wäre:

Wir denken in erster Linie an [Leon] Lichtenstein und [Georg] Polya.
Ich fürchte, dass die Regierung bei Lichtenstein, der eben nach Münster geht, gar nicht anfragt. Bei Polya gibt es vielleicht ein persönliches
Hindernis. Wird weder Lichtenstein noch Polya gerufen, so sind wir sozusagen ratlos. Wir haben dann noch an [Johann] Radon und [Arthur]
Rosenthal gedacht, und erwägen ernsthaft auch noch den Namen Blumenthal; freilich in letzter Linie. Aber ich selbst gehe ja auch bald ab;
dem Gesetz gemäss werde ich zum 1. October in den Ruhestand übertreten. Da wäre meines Erachtens Blumenthal ein ausgezeichneter Ersatz.
Wir können aber auch an Hellinger und Szász nicht ganz vorbeigehen –
Sie sehen, die Situation ist in jeder Hinsicht verwickelt.

Bieberbach selbst nahm offensichtlich auch an den Vorverhandlungen über
seine Stelle teil. In einem Brief an den österreichischen Geometer Wilhelm Blaschke, der als Kollege von Johann Radon in Hamburg wirkte, fragte Bieberbach, was er
von den vorgeschlagenen Kandidaten Lichtenstein und Pólya hielt. Blaschke fand
es lächerlich, dass diese zwei Juden vor seinem Doktorvater Wilhelm Wirtinger in
Betracht kämen. In Bezug auf Blumenthal erwähnte er, dass von Kármán vorher
kritische Bemerkungen über ihn geäußert habe, aber dann meinte er, es gäbe jetzt
vielleicht die Chance, Edmund Landau von Göttingen wegzulocken. Blaschkes Antisemitismus durchzog seine ganzen Überlegungen, was vermutlich bei Bieberbach
damals weniger der Fall war. Andererseits war seine Antipathie für Landau wohl
bekannt. Bieberbach erkundigte sich weiter bei Hermann Weyl, einem Kollegen
von Pólya in Zürich, wie auch bei Erich Hecke in Hamburg. Weyl stellte sowohl
Pólya als auch Lichtenstein höher als Radon und Rosenthal, während Hecke die
Kandidatur Max Dehns besonders empfehlen wollte. Bezüglich Blumenthal meinte Hecke, dass von Kármáns warme Worte für ihn als ein schlechtes Zeichen zu
deuten seien (Segal 2003, 342–345).

Die Frankfurter Liste kam Anfang April nach harten Verhandlungen zustande. Darüber berichtete Schoenflies in einem vertraulichen Brief vom 4. April 1921
an Brouwer. Nun stand plötzlich auf Platz eins der österreichische Mathematiker
Wirtinger. Blumenthal kam aber nicht näher in Betracht, denn:

> ... es war der Wunsch vorhanden, in der gesamten Fakultät, für Bieberbach, der insgesamt leider ganz unersetzlich ist, eine tatkräftige,
> führende oder hoffentlich einmal führend werdende Persönlichkeit zu
> gewinnen. ...
>
> Die Liste ist ein Kompromiss auf Grund langer Ueberlegungen, die
> – leider – auch von nationalistischen Motiven durchtränkt waren. Diese
> Motive waren bei uns Mathematikern nicht vorhanden, aber fast die
> ganze übrige Fakultät stellte sie voran! So war für uns das Nachgeben
> eine Notwendigkeit. Sonst hätten wir Polya und Lichtenstein auch auf
> die Liste gebracht.

Der Ruf erging am Ende an Dehn, wie Brouwer erst aus einer Zeitung erfuhr. Trotzdem wollte er immer noch eine Lanze für Blumenthal brechen, und so schrieb er am 14. Mai erneut an Schoenflies:

> Was Blumenthal angeht, bin ich überzeugt, dass seine fabelhaften Kenntnisse und seine Begeisterung ihn zu einer führenden Persönlichkeit machen werden, sobald er nur erst an einer Universität in unabhängiger Stellung wirken kann; die wenigen Male, dass er einmal einen mathematisch interessierten Schüler an der Hochschule hatte, hat er ihn befruchtet, wie nur irgend ein Universitätsdozent; denken Sie nur an [Erich] Trefftz, den er gänzlich ausgebildet hat[17]; auch [Peter] Debye soll ihm seiner Zeit viel geschuldet haben, und für mich persönlich ist Blumenthal manchmal sehr anregend gewesen; viele meiner Arbeiten hätte ich ohne ihn nicht geschrieben.[18]

Die Frankfurter Universität wurde zum Teil mit Geld aus jüdischem Kapital gegründet und galt deswegen im Gegensatz zu vielen anderen Universitäten als grundsätzlich philosemitisch. In der Nachkriegszeit gab es allerdings bessere Aussichten für junge jüdischen Mathematiker als vorher. In Kiel, wo 1920 ein Ordinariat in Mathematik zu besetzen war, nämlich die Stelle von Heinrich Jung, meinte dieser gegenüber seinem jüdischen Kollegen Otto Toeplitz, dass nur Juden dafür in Betracht kämen. Diese Auffassung lässt sich dadurch erklären, dass im Jahrzehnt zuvor viele talentierte jüdische Mathematiker übergangen wurden. Ernst Steinitz, Dehns Kollege an der Technischen Hoschschule Breslau, wurde am Ende berufen, während Otto Blumenthal nicht in Erwägung gezogen worden war. In Anbetracht solcher starken Konkurrenz waren seine Chancen in Frankfurt auch nicht besonders realistisch. Trotz des fulminanten Engagements von Brouwer für ihn kam Blumenthal weder für die Bieberbach-Stelle noch für die Schoenflies-Stelle näher in Betracht. 1922 wurde Carl Ludwig Siegel als Nachfolger von Schoenflies nach Frankfurt berufen. Siegel, der 1920 bei Edmund Landau promoviert hatte, wurde von diesem wie auch von Richard Courant als das Göttinger Wunderkind schlechthin propagiert. Viele Jahre später hielt Siegel einen Vortrag in Frankfurt, in dem er ein lebendiges Bild von den damaligen Persönlichkeiten am Frankfurter Mathematischen Seminar zeichnete (Siegel 1966).

Ob Blumenthal sich selbst Hoffnungen gemacht hatte, an die Universität seiner Vaterstadt berufen zu werden, wissen wir nicht. Immerhin bekam er 1929 doch einen Ruf von der Karl-Ferdinands-Universität zu Prag als Nachfolger von Georg Pick (1859–1942). Er schlug denselben jedoch aus, wie er in einem Brief vom 3. Juni 1930 (S. 357) an Erich Trefftz kurz erwähnte: „Es ist dieselbe Geschichte wie mit meinem vorjährigen Ruf nach Prag. Auch der liess sich aus wirtschaftlichen und anderen äusseren (politischen) Gründen nicht annehmen, obwohl ich noch

---

[17]Diese Behauptung Brouwers ist nicht zutreffend. Erich Trefftz studierte zunächst in Göttingen bei Hilbert, Paul Koebe und Ludwig Prandtl, danach promovierte er bei Mises.

[18]Dieser Brief ist in Kapitel 7 vollständig abgedruckt.

heute überzeugt bin, dass ich dort einen wesentlicheren Teil des Seelenheils gefunden hätte, das mir hier abgeht."Diese Professur bekam stattdessen der in Prag geborener Mathematiker Ludwig Berwald (1883–1942). Tragischerweise verloren er sowie auch sein Vorgänger Pick später im selben Jahr ihrer Leben im Holocaust (Bergmann/Epple/Ungar 2012).

1.3   Die *Annalen* in der Nachkriegszeit

Seit ihrer Gründung 1869 durch die Initiative von Alfred Clebsch und Carl Neumann wurden die *Annalen* von dem ehrwürdigen Leipziger Verlag B. G. Teubner vertrieben (zu den *Annalen* von 1869 bis 1900 siehe (Tobies/Rowe 1990, 28–46)). Nach dem Ersten Weltkrieg stand Teubner jedoch in einer sehr prekären finanziellen Situation. Die Firma suchte außerdem eine neue Orientierung, nachdem im Jahre 1916 ihr langjähriger Chef, Alfred Ackermann-Teubner, zurücktrat. Ackermann-Teubner hatte B. G. Teubner zu dem führenden Verlag Deutschlands in den Bereichen Mathematik, Technik und Naturwissenschaften gemacht. Von seinem engen Berater Felix Klein unterstützt, förderte Ackermann ein riesiges Programm von mathematischen Büchern, Zeitschriften und sonstigen Werken. Außerdem diente er gleichzeitig von 1903 bis 1919 als Schatzmeister der Deutschen Mathematiker-Vereinigung (DMV). Somit waren die *Mathematischen Annalen* lange Zeit für Teubner eine Publikation von symbolträchtiger Bedeutung (Remmert/Schneider 2010, 103–112). Mit dem unerwarteten Ausgang des Krieges musste der Verlag aber einiges aufgeben. So betrachtete die neue Geschäftsführung die *Annalen* als einen Luxus, den die Firma in dem alten Format nicht mehr leisten konnte.

Hinzu kam, dass sich während des Krieges eine andere Firma, Julius Springer in Berlin, neu im deutschen Buchmarkt positioniert hat. Dies war ein Novum, denn mit Springer stand Teubner in diesem risikoreichen Teil des Marktes zum ersten Mal ein ernstzunehmender Konkurrent gegenüber. Schon 1917 gründete Ferdinand Springer die *Mathematischen Zeitschrift*, welche von führenden Berliner Mathematikern herausgegeben wurde. Ihr geschäftsführender Herausgeber war der begabte Analytiker Leon Lichtenstein, unterstützt von Erhard Schmidt, Konrad Knopp und Issai Schur. Ein Jahr später erschienen die ersten vier Hefte von Band 1, in denen eine Reihe beeindruckender Beiträge von namhaften Mathematikern zu lesen waren. Dagegen konnte Teubner in diesem letzten Kriegsjahr kein einziges Heft der *Annalen* herausbringen. Erst 1919 kam Band 79 heraus, und zwar versehen mit einer Mitteilung von der Redaktion und dem Verlag B.G. Teubner, mit welcher sie ihre Leser über die momentanen Schwierigkeiten wie auch über die möglichen Konsequenzen informieren wollten:

Wie alle wissenschaftlichen Zeitschriften, die in beschränkter Auflage erscheinen und ihre Abonnenten zum großen Teil in Ausland haben, so

sind auch die Annalen durch den Ausfall dieser wie andererseits durch
die sich ins Unermessene steigernden Herstellungskosten in ihrer Weiterführung schwer betroffen. ... Die Redaktion und der Verlag bitten
darum den schwierigen Verhältnisse gegenüber, die auf das regelmäßige
Erscheinen und den Umfang der Hefte nicht ohne Einfluß bleiben konnten, gütige Nachsicht zu üben und sie in ihrem Bestreben den Annalen über die schwierigen Zeiten hinwegzuhelfen, zu unterstützen. Dann
hoffen sie, unter günstigerer Bedingungen sie zu neuer Entwicklung zu
bringen und damit auch dem Ansehen der deutschen wissenschaftlichen Arbeit im Ausland förderlich zu sein. (*Mathematische Annalen*, 79
(1919): 404).

Man merkt an diesem Plädoyer, wie der Verlag sich rechtfertigen musste angesichts
politischer und wirtschaftlicher Momente, die mit dem normalen Geschäftsbetrieb
einhergingen. Zu dieser kritischen Zeit sollten die Mathematiker Deutschlands bei
der Stange bleiben, weiterhin produzierend und auf eine bessere Zukunft hinschau-
end: So könnten und sollten sie einen Beitrag zum Wiederaufbau ihres Landes
leisten. Die alte Tradition der internationalen Zusammenarbeit war allerdings zumindest für die absehbarer Zeit außer Kraft gesetzt und das Ansehen deutscher
Wissenschaft schwer wiederzugewinnen.

Die *Mathematischen Annalen* waren nun in Gefahr unterzugehen, und das
beschäftigte Otto Blumenthal. In einem Brief an Hilbert vom 23. Oktober 1919
(S. 85) meinte er, dass die *Annalen* immerhin gute Aussichten hätten, falls „Teubner auf die Forderung von 40 Bo[gen] im Jahr eingeht". Dann könnten sie „auch
neben der Mathematischen Zeitschrift bestehen, ebenso gut, wie der Crelle neben den Annalen bestanden hat". Die Zeiten hätten sich aber geändert, sodass „es
Mühe kosten wird, den augenblicklichen grossen Vorsprung der Zeitschrift wieder
einzuholen". Blumenthal stimmte dennoch Hilberts Vorschlag zu, das Programm
der *Annalen* zu erweitern, wies aber auf die Notwendigkeit hin, „eine Propaganda
[zu] entfalten, die vielleicht dem zurückhaltend vornehmen Ton der Annalen etwas
conträr ist". Er ließ aber gleich wissen, dass er solche Arbeit nicht scheue, als er
schrieb: „ich will dieses Odium gern auf mich selbst nehmen."

Was wäre aber wenn Teubner „aus Rückständigkeit und Mangel an Mut ablehnt"? Für diesen Fall hatte sich Blumenthal auch Gedanken gemacht, und er
meinte, Hilbert sollte schon in Erwägung ziehen, Verhandlungen mit Springer zu
eröffnen. Diese Idee entstand am selben Tag nach einem Gespräch mit seinem
Kollegen Theodor von Kármán. Er erfuhr dabei, dass von Kármán von Lichtenstein aufgefordert worden sei, in die Redaktion der *Mathematischen Zeitschrift*
einzutreten. Es gäbe außerdem einen Plan, „die Zeitschrift zu erweitern, ... dass
eine ‚Zeitschrift B', die den Anwendungen gewidmet sein soll, neben die bisherige ‚Zeitschrift A' tritt". Darin sah Blumenthal natürlich eine große Gefahr für die
Annalen, aber auch eine Chance, wenn Springer bereit wäre, die *Annalen* mit dem
Programm der „Zeitschrift B" zu übernehmen. Er plädierte am Ende für diesen
Plan und bat Hilbert, auch Felix Klein in Kenntnis davon zu setzen:

Unsere Redaktion ist durchaus in der Lage das zu leisten, vielleicht käme eine Kooptation in Frage, die aus dem Göttinger Kreis erfolgen könnte und also durchaus im Rahmen der Redaktion bliebe. Ich richte diesen Vorschlag an Sie, weil ich in Göttingen mit Ihnen über die ganze Annalengeschichte gesprochen habe. Meine Mitteilung richtet sich aber ebenso sehr an Klein, und ich bitte Sie, ihm meinen Brief weitergeben zu wollen. Mir schiene dieser Weg fast der beste, besser noch, als wenn wir bei Teubner bleiben. Denn ich halte die Gefahr der Zeitschrift B in dem entgegenkommenden Springerschen Verlag für sehr gross. Unter allen Umständen müsste sich Teubner bereit erklären, den Autoren wieder beliebig viele Sonderdrucke gegen Erstattung der Kosten zu liefern. Das Springer dies getan hat, während Teubner Papiernot vorgab, war ja ein Hauptzugmittel Springers.

Bald danach scheiterten die Verhandlungen mit Teubner, während Ferdinand Springer seine Bereitschaft signalisierte, die *Annalen* als zweite mathematische Zeitschrift zu übernehmen. Offenbar kam Blumenthals Vorschlag sowohl den Göttinger Mathematikern wie auch Springer sehr gelegen. Einstein trat als Symbolfigur für diese Erneuerung in die Hauptredaktion ein, während der „Phantomherausgeber" Walther von Dyck in die zweite Reihe zurückfiel (Hashagen 2003, 391–402). Zu dieser Gruppe mitwirkender Redakteure kamen nun Ludwig Bieberbach, Harald Bohr, Max Born, Richard Courant, Theodor von Kármán und Arnold Sommerfeld hinzu. Somit wurde diese neue Allianz zwischen dem Berliner Verleger und den Göttinger Mathematikern gefestigt. Denn nur kurze Zeit zuvor hatte Springer einen Vertrag mit Richard Courant unterschrieben, um eine neue Monographien-Reihe zu gründen: *Die Grundlehren der mathematischen Wissenschaften in Einzeldarstellungen mit besonderer Berücksichtigung der Anwendungsgebiete* (Remmert/Schneider 2010, 169–172). Der Akzent auf Anwendungen wurde auch für diese Reihe durch den Namen der Herausgeber unterstrichen. Neben Courant standen Carl Runge, Max Born und Wilhelm Blaschke auf der Titelseite. Bis 1925 erschienen die ersten 15 Bände der seitdem berühmten „gelben Reihe" Courants. Viele dieser Werke spiegelten die Göttinger Tradition von Klein und Hilbert wider, welche schon lange eine internationalen Ausstrahlung genoss (Rowe 1989).

In der Nachkriegszeit, als Kooperationen zwischen Wissenschaftlern aus verfeindeten Ländern praktisch zum Stillstand kamen, wurde zunehmend klar, dass die Mitglieder dieser erweiterten Annalen-Redaktion stark divigierenden politischen Ansichten vertraten, vor allem in Bezug auf ihre Beziehungen zu Fachkollegen in Frankreich. Die Haltung der Hauptredaktion unter der Leitung Hilberts war stark internationalistisch gesinnt, eine Tendenz, die besonders durch Einsteins politische Aktivitäten als inoffizieller Botschafter der Weimarer Republik auffiel. Seine politische Allianz mit Hilbert ging allerdings auf die Kriegszeit zurück (Rowe 2004).

Einstein betrachtete Hilbert schon damals als einen „Gesinnungsgenossen" und überlegte im April 1918, ein Propagandaprojekt mit seiner Hilfe herauszubringen

(Rowe/Schulmann 2007, 80 f.). Das Ziel fasste er mit diesen Worten zusammen:

> Zu unzähligen Malen haben in diesen traurigen Jahren der allgemei
> nen nationalistischen Verblendung Männer der Wissenschaft und Kunst
> Erklärungen in die Oeffentlichkeit gesandt, die dem vor dem Krieg
> so hoffnungsvoll entwickelten Solidaritätsgefühl derer, die sich höhe
> ren und freieren Zielen widmen, bereits unberechenbaren Schaden zu
> gefügt haben. Das Geschrei engherziger Priester und Knechte des öden
> Machtprinzips erhebt sich so laut, und die öffentliche Meinung ist durch
> zielbewusste Knebelung des ganzen Publikationswesens derart irrege
> führt, dass die Besser-Gesinnten im Gefühle trostloser Vereinsamung
> ihre Stimme nicht zu erheben wagen. Es mehrt sich täglich die Gefahr,
> dass auch diejenigen, die mit aller Kraft bisher an den sittlichen Idealen
> einer glücklicheren Phase menschlicher Entwicklung festgehalten haben,
> allmählich verzweifeln und der allgemeinen Zerrüttung auch geistig zum
> Opfer fallen.

Einstein meinte, dass eine gewisse Elite, die „ein überlegenes Ansehen bei
den geistigen Arbeitern der ganzen zivilisierten Welt erlangt habe", ihre Stimme
für den Internationalismus erheben sollte. Er schlug deswegen Hilbert vor, dass
sie zusammen mit gleichgesinnten Kollegen eine Sammlung von Essays in diesem
Sinne schreiben, welche zunächst nur im neutralen Ausland veröffentlicht werden
sollte. Die Verfasser könnten hoffentlich damit diejenigen trösten, die „in ihrer
Einsamkeit den Glauben an die sittliche Entwicklung noch nicht verloren haben".
Einstein wollte wissen, ob Hilbert ein derartiges Projekt sinnvoll fände und, wenn
ja, ob er einen Beitrag dazu schreiben wolle.

Hilbert antwortete am 1. Mai, dass er, obwohl er das Unternehmen als gut
gemeint und sympathisch betrachte, trotzdem davon abrate, denn die Zeit dafür
sei noch nicht reif:

> Solche Erklärungen würden, wenn sie auch nur einigermassen deutlich
> und nicht ganz weichlich und matt ausfallen, gleich Selbstdenunziatio
> nen sein, die bei allen unseren Feinden in den Fakultäten grosse Freude
> hervorrufen würden. Selbst Ihr Name würde Ihnen keinen Schutz ge
> währen – wirkt doch schon das Wort international auf unsere Kollegen
> … wie das rote Tuch. Aber auch der Sache würden wir schaden. … Was
> aber die Hauptsache ist, wir würden unser Pulver zu unrechter Zeit und
> auch vielleicht auf unrechte Personen verschiessen. … ich möchte raten
> zu warten, bis der Wahnsinnsorkan ausgetobt hat und die Vernunft wie
> derzukehren die Möglichkeit hat – und diese Zeit wird sicher kommen.
> Wir müssten uns auf die deutschen Prof. beschränken, da uns diese
> allein genau bekannt sind und auch am meisten angehen. Die andern
> Völker müssen ihre schwarze Wäsche selbst waschen. Ich würde Ihnen
> dann vorschlagen, gemeinsam einen offenen Brief an die Professoren und
> Gelehrten Deutschlands zu verfassen, in dem jedes Wort unanfechtbar

sein muss und wie ein Keulenschlag wirken wird, wo wir sagen, was Wissenschaft ist und wozu Wissenschaft verpflichtet.

Ein halbes Jahr später, als das Kaiserreich zusammenbrach, war die Zeit für solche wohlgemeinten Projekten vorbei. Einsteins Reise nach Paris im Frühling 1922 gab den Internationalisten einen gewissen Hoffnungsschimmer, aber die allgemeine Stimmung bis Mitte der 1920er Jahren blieb immer noch giftig. Diese bedrückende Atmosphäre erschwerte auch Blumenthals redaktionelle Arbeit sehr.

Für ihn war die Mitarbeit Brouwers für das Gedeihen der *Annalen* besonders wichtig. Eine geeignete Rolle für ihn zu finden, stellte sich allerdings als sehr schwierig heraus (Kapitel 3 und 6). Dabei standen die schon lange bestehenden Differenzen zwischen Brouwer und Hilbert in Bezug auf die Grundlagen der Mathematik im Hintergrund (Abschnitt 1.12 und 1.13 in Band I). Diese führten 1920/1921 zu der berühmten Grundlagenkrise, welche offiziell nicht von Brouwer, sondern von Hermann Weyl ausgerufen wurde. Während Blumenthal, wie auch Brouwer selbst, eine sachliche Auseinandersetzung erhoffte, kam eine solche Debatte nicht zustande. Stattdessen veröffentlichte Weyl eine Propagandaschrift, welche Hilbert dazu veranlasste, einen noch heftigeren polemischen Gegenangriff auf seinen Kritikern abzufeuern.

1.4   Brouwer und Weyl bilden eine Allianz

Nach Ausbruch des Krieges hatten Brouwer und Weyl einander aus den Augen verloren, aber Brouwer wollte im Sommer 1919 den Kontakt mit ihm unbedingt wieder herzustellen. Dies lässt sich aus einer Karte entnehmen, die er am 2. Juni 1919 an Adolf Hurwitz richtete, worin Brouwer fragt, ob Weyl noch immer in Zürich tätig wäre. Brouwer hatte Weyl etwa vor einem Jahr angeschrieben, ohne jedoch eine Antwort von ihm zu erhalten. Dann hörte er, dass Weyl nach Breslau gegangen wäre, aber ein dorthin gerichteter Brief blieb auch unbeantwortet. Hurwitz konnte natürlich bestätigen, dass Weyl nach wie vor an der Eidgenössischen Technischen Hochschule (ETH) war. Brouwer schrieb Hurwitz acht Tage später erneut, um ihn um Hilfe für ein Einreisevisum zu bitten. Als Reisezweck wolle er „Besprechung wissenschaftlicher Interessen" angeben, wofür er ein entsprechendes Schreiben von schweizerischen Fachgenossen benötige. Er dachte an Hurwitz und vor allem Weyl, „weil ich mit ihm tatsächlich wissenschaftliche Gegenstände zu besprechen hätte"[19].

Brouwer und Weyl trafen sich danach im Engadin, bei welcher Gelegenheit Brouwer ihn mit den Grundideen seines Intuitionismus vertraut machen konnte (van Dalen 2013, 310 f.).[20] Weyl, der aufgrund seiner philosophischen Neigungen sicherlich gut dafür prädisponiert war, hatte sich zuvor kaum mit Brouwers Ideen auseinandergesetzt. Nach diesem Treffen bemerkte er in einem Brief an Brouwer,

---

[19]Brouwer an Hurwitz, 10. Juni 1919, Mathematiker-Archiv, SUB Göttingen.
[20]Zu Brouwers intuitionistischen Arbeiten siehe Brouwer (1975).

dass er zwar den Text seiner Antrittsvorlesung über Formalismus und Intuitionismus (Brouwer 1913b) schon lange besaß, ihn aber nie wirklich beachtet oder verstanden habe.[21] Andererseits deutete diese Begegnung auf viel mehr hin als nur eine reine intellektuelle Angelegenheit. So schrieb Weyl im Januar 1920 an Hilberts Assistenten in Göttingen, Paul Bernays: „Eine Zusammenkunft mit Brouwer im Sommer hat der Sache neuen Impuls gegeben; ich modifiziere meinen Standpunkt wesentlich. Brouwer ist ein Mordskerl und ein wunderbar intuitiver Mensch. Ich war durch ein paar Stunden Zusammensein mit ihm sehr beglückt."[22]

Im Dezember 1919 hielt Weyl drei Vorträge über die Grundlagen der Mathematik im Seminar Rudolf Fueters an der Universität Zürich. Der Philosoph Ferdinand Gonseth machte davon Notizen, aus denen klar wird, dass diese Vorträge substantiell identisch mit Weyls späterem Aufsatz „Über die neue Grundlagenkrise der Mathematik" (Weyl 1921) waren (Hesseling 2003, 128).

Georg Pólya war auch damals anwesend, und es kam zwischen ihm und Weyl zu einem Streitgespräch, das Gonseth in einer Zusammenfassung aufschrieb:

Pólya: Sie sagen: die mathematische Sätze sollen nicht nur wahr, sondern auch sinnvoll sein. Was heisst sinnvoll?

Weyl: Das ist eine Sache der Ehrlichkeit.

Pólya: Es ist eine Verirrung, philosophische Sätze in die Wissenschaft zu mengen. (Pólya nennt Weyls Kontinuum-Auffassung Gefühl.)

Weyl: Was Pólya Gefühl und Rhetorik nennt, dass nenne ich Einsicht und Wahrheit; was er Wissenschaft nennt, nenne ich Buchstabenreiterei. Pólyas Verteidigung der Mengenlehre . . . ist Mystik. – Abscheidung der Mathematik als formal aus dem Geistesleben tötet sie, macht sie zur Schale. Zu sagen, nur das Schachspiel ist Wissenschaft, und die Einsicht ist keine, das ist Einschränkung. (Pólya hatte gesagt, man dürfe die Forschung der Mengenlehre nicht einschränken.) (Hesseling 2003, 129).

Als Weyl einen Monat später Bernays über die neue Wende in seinen Ansichten bezüglich der Mengenlehre informierte, gab er ihm sicherlich damit kein Geheimnis preis.[23] Bernays war übrigens durchaus über die Ideen in Weyls Büchlein *Das Kontinuum* (Weyl 1918) gut informiert. Als Hilberts Assistent hatte er auch ihm darüber Bericht erstattet.[24] Dort vertrat Weyl einen Standpunkt bezüglich der natürlichen Zahlen, welcher der bekannten Auffassung Poincarés ähnelte (Scholz 2000). So meinte er, dass das Verfahren des Dedekindschen Schnittes nur dann zu sicheren Existenzaussagen führen könnte, wenn erst bewiesen wäre, dass

---

[21] Weyl an Brouwer, 6. Mai 1920, Nachlass Brouwer, Noord-Hollands Archief, Haarlem.

[22] Weyl an Bernays, 9. Januar 1920, Nachlass Weyl, ETH Bibliothek Zürich, 91: 10.

[23] Weyl wusste auch von Hilberts neuesten Überlegungen bezüglich der Grundlegung der Mathematik, zumal er anwesend war, als Hilbert seinen Vortrag „Axiomatisches Denken" (Hilbert 1918) am 11. September 1917 in Zürich hielt (siehe hierzu Abschnitt 1.13 in Band I).

[24] Paul Bernays, Weyls Kritik zur Analysis und seine eigene Theorie, Nachlass Hilbert, SUB Göttingen, 685, Bl. 13–21.

die Axiome der Arithmetik konsistent und auch vollständig seien. Erst dann würde man das *tertium non datur* allgemein verwenden dürfen, sodass

> von zwei „entgegengesetzten" einschlägigen Urteilen U und $\overline{U}$ immer eines und nur eines eine logische Folge der Axiome ist. Dies aber *wissen* wir nicht (wenn wir es vielleicht auch glauben). Und wird dieser Glaube einmal in Einsicht verwandelt werden, so ist es wohl sicher, da das logische Schließen aus der Iteration gewisser elementarer logischer Schlüsse besteht, daß wir zu dieser Einsicht nur gelangen werden auf Grund der Anschauung der Iteration, des unendlichen Fortgangs in einer Reihe. Dieser Anschauung aber entnehmen wir auch gerade die grundlegenden arithmetischen Einsichten über die natürlichen Zahlen, auf denen sich die gesamte Mathesis pura logisch aufbaut. (Weyl 1918, 12)

Diese dezidierten Meinungen Weyls standen den Grundauffassungen Hilberts diametral gegenüber. Zwar erwähnte er Hilbert namentlich nicht, aber das Gleiche gilt für Weyls viel bekannteren Grundlagenkrisentext (Weyl 1921). Warum denn löste dieser zweite Text den großen Grundlagenstreit aus, wenn Weyl sich schon in *Das Kontinuum* als einen Verfechter von Ideen zeigte, die gar nicht in Einklang mit Hilberts zu bringen waren? Die Antwort hat viel mit Weyls Wortwahl zu tun, die zu den politischen Erreignissen der Zeit sehr gut passten. In einer dramatischen Sprache kündigte er an, wie er seine frühere Theorie preisgebe, um sich damit Brouwers Ideen anzuschließen, weil diese eine neue Chance eröffnete. Seinen politischen Metaphern benutzend, schrieb er weiter:

> In der drohenden Auflösung des Staatswesens der Analysis, die sich vorbereitet, wenn sie auch erst von wenigen erkannt wird, suchte ich festen Boden zu gewinnen, ohne die Ordnung, auf welcher sie beruht, zu verlassen, indem ich ihr Grundprinzip rein und ehrlich durchführte, und ich glaube, das gelang – soweit es gelingen konnte. Denn *diese Ordnung ist nicht haltbar in sich*, wie ich mich jetzt überzeugt habe, und Brouwer – das ist die Revolution.

Paul Bernays wusste wohl einiges über Weyls neuere Überlegungen. Es wäre also nicht unwahrscheinlich, dass er Hilbert und vielleicht auch anderen Kenntnis von den Andeutungen in Weyls Brief von Januar 1920 gegeben hat, zumal diese Nachricht in Bezug auf Weyls Wende hin zu Brouwers inzwischen längst bekannten Standpunkt in Göttinger Kreisen sicherlich auf großes Interesse hätte stoßen müssen.

Hinzu kam, dass Brouwer gerade zu dieser Zeit sowohl in Göttingen als auch in Berlin hoch gehandelt wurde. An beiden Universitäten mussten wichtige Stellen neu besetzt werden, nachdem Erich Hecke einen Ruf nach Hamburg annahm, während Constantin Carathéodory den Auftrag bekam, bei dem Aufbau der neuen griechischen Universität in Smyrna mitzuwirken. Auf beiden Berufungslisten stand Brouwer allein auf Platz eins. Die Berliner Fakultät begründete ihren Vorschlag, indem sie nicht nur auf die große Anzahl seiner bedeutenden Forschungsergebnisse verwies, sondern darüber hinaus betonte, dass Brouwers Originalität „von keinem anderen Mathematiker der jüngeren Generation erreicht wird" (Biermann 1988, 192). Als Zweiter auf der Berliner Liste stand Hermann Weyl, der auch in Göttingen hinter Gustav Herglotz auf Platz drei rangierte. Brouwer nützte diese Chance aus, um seine Stelle in Amsterdam zu stärken, während Herglotz das Angebot von Göttingen ablehnte. So kam es, dass Weyl zwischen Berlin und Göttingen wählen durfte. Weyl teilte dem Präsidenten der ETH Robert Gnehm am 28. April mit, dass er inzwischen den Ruf aus Berlin erhalten habe. Er beantrage somit Urlaub für zwei Wochen, um Verhandlungen dort zu führen, versprach aber, die Entscheidung erst nach seiner Rückkehr zu treffen (Frei/Stammbach 1992, 40 f.).

Weyl arbeitete auch fleißig an seinem Aufsatz „Über die neue Grundlagenkrise der Mathematik", den er kurz vor seiner Abreise an Brouwer schickte. In seinem begleitenden Brief vom 6. Mai 1920 schrieb er: „Endlich habe ich nun das lang Versprochene an Sie abgeschickt. Es will nicht als wissenschaftliche Abhandlung, sondern als Propagandaschrift genommen sein; daher die Breite. Hoffentlich finden Sie es zu diesem Zwecke geeignet die Schlafenden aufzurütteln; dazu will ich es publizieren." Hier war natürlich in erster Linie Hilbert gemeint. Es zeigte sich aber erst später, wie stark dieser von Weyls Propagandaschrift (Weyl 1921) betroffen war, denn er fühlte sich ja tatsächlich scharf angegriffen, obschon er nicht öffentlich zu Brouwers früher hervorgebrachten Kritik Stellung bezogen hatte.

Weyl ließ in seinem Brief an Brouwer durchblicken, dass er durchaus in Erwägung zog, seine verhältnismäßig sichere Stelle in Zürich aufzugeben: „Jetzt nähert sich die Berufungsangelegenheit endlich der Entscheidung. Grund der Verzögerung war Berlin, und nachdem offenbar Herglotz abgelehnt hat, ist mir neben Göttingen jetzt auch Berlin angeboten worden. Übermorgen reise ich los. An Zürich hänge ich ziemlich lose. Weder für die Mathematik noch für mich kann ich hier etwas erreichen."

Brouwer antwortete am selben Tag, ganz erfreut über Weyls unerwartet starke Solidarität: „Ihre rückhaltslose wissenschaftliche Handreichung hat mir eine unendliche Freude bereitet. Die Lektüre Ihres M.S. war mir ein fortwährender Genuss und Ihre Auseinandersetzung scheint mir auch für das Publikum klar und überzeugend ... Dass wir beide über einige Nebensachen verschieden urteilen, wird auf die Leser nur anregend wirken."[25] Vermutlich machte Weyl danach wegen Brouwers Bemerkungen einige kleinere Veränderungen in seinem Text. Er schickte ihn dann am 9. Mai an die Redaktion der *Mathematischen Zeitschrift* und kündigte auch einen Vortrag an, den er am 11. Mai in der Göttinger Mathematischen Gesellschaft hielt. Dass er seinen Text Blumenthal nicht zuschicken wollte, bedarf kaum einer Erklärung.

Übrigens stand diese neue Springer-Zeitschrift schon auf einem höheren Niveau als die *Annalen*; sie wurde außerdem neidlos von den Göttingern unterstützt.

---

[25] Brouwer an Weyl, 6. Mai 1920, Nachlass Weyl, ETH Bibliothek, Zürich, 91: 492.

Blumenthal selbst hatte sogar zwei Beiträge gleich in den ersten und dritten Bänden der *Mathematischen Zeitschrift* publiziert.[26] Ein gewisser Nachteil ihres Erfolges ergab sich allerdings durch die zwangsläufigen Verzögerungen bei der Druckerei. Deswegen erschien Weyls Aufsatz fast ein Jahr später am 13. April 1921, ein Datum, das oft als der Beginn des Grundlagenstreits bezeichnet wird.

Man sollte sich vergegenwärtigen, dass Weyl, als er diesen Text schrieb, immer noch überlegte, ob er als Heckes Nachfolger nach Göttingen gehen wollte. Im Mai 1920 stattete er dort einen kurzen Besuch ab, um einen Vortrag über die Grundlagen der Analysis zu halten. Kurz zuvor hatte er Hilbert eine kurze Mitteilung darüber gesandt, aber erstaunlicherweise verpasste Hilbert diese Chance, möglicherweise wegen eines Missverständnisses. Fünf Tage danach schrieb er an Weyl, dass seine Frau ihm erst vor Kurzem davon erzählt habe. Er bedauere sehr, damals nicht anwesend gewesen zu sein; inzwischen habe er seine Assistenten, Paul Bernays und Hellmuth Kneser, aufgefordert, ausführlich darüber zu berichten. Ihr Referat zeige ihm, dass „allerlei ähnliche Gedankengänge dabei sind", wie sie auch Hilbert in seinen Vorlesungen der letzten Semester vorgetragen habe, obwohl „die Grundtendenzen sehr verschieden zu sein scheinen". Abschließend versicherte er Weyl, er sei auf die Ausarbeitung dieser Ideen sehr gespannt.

Danach folgte ein Passus, in dem Hilbert seine Meinung bezüglich Weyls bevorstehender Entscheidung zwischen Göttingen und Berlin äußerte, offensichtlich besorgt darüber, dass Weyl den neulich erhaltenen Ruf aus Berlin annehmen könnte:

> ich wünsche Ihnen von Herzen, dass Sie in Zürich Ihre finanzielle Lage soweit bessern können, wie es Ihnen wünschenswert ist. Sollten Sie sich aber zu Deutschland entschliessen, so leuchtet mir nicht ein, dass Sie Berlin bevorzugen. Was mir bei Brouwer und Landau durchaus verständlich ist – Brouwer wollte in Berlin nur vorübergehend bleiben und das Kennenlernen von Berlin, sowie der Nimbus, in die Hauptstadt berufen zu sein, waren seine Motive und Landau hat seine Wurzel in Berlin und auch die für Berlin nötige und durch kein Gehalt zu ersetzende finanzielle Grundlage – trifft doch alles für Sie nicht zu: Sie können ausserdem in einigen Jahren mit Leichtigkeit die Versetzung nach Berlin erreichen, wenn später die überaus unangenehmen und nicht zu beneidenden Verhältnissen in Berlin sich gebessert haben.[27]

Hilbert machte sich hierbei offenbar Sorgen um die Zukunft der Göttinger Mathematik, falls Weyl sich für Berlin entscheiden würde. Andererseits zeigen die obigen Bemerkungen nicht, dass er zu dieser Zeit über Weyls neuen Vorstoß in

---

[26] Otto Blumenthal: Über trigonometrische Polynome mit einer Minimumseigenschaft, *Mathematische Zeitschrift*, 1 (1918): 285–302; Über eine neue Randwertaufgabe bei elastischen Membranen, *Mathematische Zeitschrift*, 3 (1919): 213–264.

[27] Hilbert an Weyl, 16. Mai 1920, Nachlass Weyl, ETH Bibliothek, Zürich, 91: 606. Der letzte Satz spielt u.a. auf den gescheiterten Kapp-Putsch an, der nur zwei Monate zuvor das Leben in Berlin stark erschüttert hatte.

die Grundlagen der Mengenlehre und Analysis irritiert war. Ob er schon ahnte, dass Weyl zum Intuitionismus Brouwers übergelaufen war? Die Atmosphäre blieb auf jeden Fall gespannt. In seinem Artikel „Über die neue Grundlagenkrise der Mathematik" (Weyl 1921) warnte Weyl vor der „drohenden Auflösung des Staatswesens der Analysis". Sein Appell an den jüngeren Mathematiker weist auf die neue Richtung hin: „Brouwer – das ist die Revolution!" Das sind bekannte Sprüche aus seinem Text, der allerdings erst im April 1921 zu lesen war. Es gab aber ein anderes Stichwort, das Weyl schon in seinem Streit mit Pólya ins Spiel brachte: Er sprach damals in Zürich von „Ehrlichkeit".

Diesen Aspekt erwähnt er gleich zu Anfang in seinem Text. Dort verweist er auf die „halb und dreiviertel ehrlichen Selbsttäuschungsversuche", welche als „Erklärungen von berufener Seite" für die Antinomien innerhalb der Mengenlehre ausgegeben werden. Diese hätten die Absicht, einen falschen Eindruck zu erwecken, indem sie die Ernsthaftigkeit der Lage dementieren. Man soll glauben, so Weyl, es handele sich um Grenzstreitigkeiten, die „nur die entlegensten Provinzen des mathematischen Reichs angehen und in keiner Weise die innere Solidität und Sicherheit des Reiches selber, seine eigentliche Kerngebiete gefährden können". Dies sei aber nicht der Fall, denn „in der Tat: jede ernste und ehrliche Besinnung muss zu der Einsicht führen, dass jene Unzuträglichkeiten in den Grenzbezirken der Mathematik als Symptome gewertet werden müssen; in ihnen kommt an den Tag, was der äusserlich glänzende und reibungslose Betrieb im Zentrum verbirgt: die innere Haltlosigkeit der Grundlagen, auf denen der Aufbau des Reiches ruht". Obwohl diese Worte schon verfasst waren, als Weyl seinen Vortrag am 11. Mai in Göttingen hielt, kann man sich kaum vorstellen, dass er dort derart polemisch aufgetreten ist. Wäre das dennoch der Fall gewesen, dann müssten Bernays und Kneser in ihrem für Hilbert verfassten Bericht gar keine Andeutungen davon gemacht haben, weder mündlich noch schriftlich.

Zu dieser Zeit kämpfte Weyl mit sich über die Entscheidung zwischen Göttingen und Berlin. Vor allem fiel es ihm schwer, den Lehrstuhl, den Klein vor Kurzem innehatte, abzulehnen. Am Ende lehnte er aber die Rufe von beiden Hochschulen ab und teilte diesen Entschluss am 8. Juli dem ETH-Präsidenten mit.[28] Im August 1920 erhielt Richard Courant die früher von Klein, Carathéodory und Hecke besetzte Stelle, die er ab 1922 als Direktor des neu gegründeten Mathematischen Instituts bis 1933 behalten sollte.[29] Die noch freie Professur in Berlin wurde bald danach durch die Berufung von Ludwig Bieberbach besetzt. Dies führte zu der Vakanz in Frankfurt, wegen derer Brouwer sich im Januar 1921 für Blumenthal einsetzte (Abschnitt 1.2 und 3.3). Brouwers Kontakte mit Blumenthal in den Monaten zuvor haben vermutlich dazu beigetragen, dass dieser ihn so hoch schätzte.

Weyls Bekehrung zu Intuitionismus war eine sehr emotionale Angelegenheit (Rowe 2018, 331–341), wobei sein Appell an Ehrlichkeit (Weyl 1921) kaum anders als ein offener Bruch mit Hilbert gedeutet werden kann. Er fühlte sich stark von

---

[28] Weyl blieb bis 1930 der ETH treu, trotz anderer Berufungen von auswärts, bevor er doch nach Göttingen ging, und zwar als Nachfolger Hilberts.

[29] Zu diesen komplizierten Berufungsangelegenkeiten siehe (Rowe 2016, 4–9).

Brouwers Persönlichkiet angezogen, wie er in einem Brief an Felix Klein freimütig zum Ausdruck brachte, als er schrieb: „Brouwer ist ein Mensch, den ich von ganzer Seele lieb habe. Ich habe ihm jetzt in Holland in seinem Heim besucht, und das einfache, schöne, reine Leben, an dem ich dort ein paar Tage teilnahm, bestätigte mir ganz und gar das Bild, das ich mir von ihm gemacht."[30] Weyls Text war insofern viel mehr als nur eine Propagandaschrift für Brouwer; es war ein persönliches Bekenntnis, dass (Weyl 1918), sein früherer Versuch das Kontinuum zu erfassen, gescheitert sei. Denn er hatte inzwischen verstanden, dass allgemeine Existenzaussagen in der Mathematik auf einer ganz anderen ontologischen Ebene stehen, als die mit konstruktiven Vorschriften verbundenen Sätzen. Mit anderen Worten, Weyl bekannte sich zu Brouwers schon längst bestehender Auffassung, dass das unbeschränkte *tertium non datur* keine Legitimation in mathematischen Beweise besäße, ein Bekenntnis, das Brouwer sicherlich als einen Ausdruck der Ehrlichkeit betrachtete.

1.5 Bad Nauheim (September 1920)

In seinem Aufsatz „Intuitionistische Mengenlehre" (Brouwer 1919) hatte der Niederländer schon einen heftigen Schuss gegen Hilberts axiomatisches Programm abgefeuert. Er forderte ihn klar und deutlich zu einer offenen Debatte auf, welche aber niemals zustande gekommen ist. Otto Blumenthal vertrat eine dezidierte Meinung hierzu, die er auch Hilbert mitteilte. Denn eine ideale Gelegenheit zu einer öffentlichen Diskussion stand unmittelbar bevor, nämlich die im September 1920 geplante Jahrestagung der DMV, welche im Rahmen der Naturforscherversammlung in Bad Nauheim stattfinden sollte.[31]

Brouwer hatte schon einen Vortrag für die Bad Nauheimer Tagung angekündigt, und zwar mit dem provokanten Titel „Besitzt jede reelle Zahl eine Dezimalbruchentwicklung?" (Brouwer 1921) (seine Antwort lautete natürlich – nein). Ein Monat vor Brouwers Auftritt schrieb Blumenthal am 20. August 1920 an Hilbert: „Ich hoffe doch sehr, dass Sie nach Nauheim kommen werden. Von allem anderen abgesehen, halte ich die Auseinandersetzung mit Brouwers ‚Intuitionismus' für so wichtig, dass Sie dabei nicht schweigen sollten." Aus welchen Gründen auch immer entschied sich Hilbert dagegen. Blumenthal ließ ihm danach in einem Schreiben vom 16. September 1920 über Brouwers Enttäuschung wissen: „Übermorgen fahre ich nach Nauheim, dann will ich noch für ein paar [Tage] zu Brouwer nach Holland. Dieser ist auch schon enttäuscht, dass Sie nicht nach Nauheim kommen und dort Ihren angekündigten Vortrag halten."[32]

---

[30] Weyl an Klein, 15. November 1920, Nachlass Klein, SUB Göttingen, XII: 296.

[31] Zur allgemeinen pessimistischen Stimmung auf dieser Naturforscherversammlung siehe Forman (2007).

[32] Ob Hilbert tatsächlich einen Vortrag öffentlich angekündigt hatte, scheint allerdings unklar zu sein; auf jeden Fall stand er nicht auf der Liste der vorangemeldeten Redner im *Jahresbericht der Deutschen Mathematiker-Vereinigung*.

Zu dieser Zeit hatte kürzlich der Verlag Julius Springer in Berlin die *Mathematischen Annalen* von Teubner übernommen. Blumenthal nahm die Gelegenheit wahr, mehrere Gespräche in Bad Nauheim mit Ferdinand Springer zu führen, um abzutasten, was in nächster Zukunft besser laufen könnte. Er traf dort auch mehrere Mitglieder der neuen *Annalen*-Redaktion: Einstein, Born, Bieberbach, Brouwer und Sommerfeld. Über seine Verhandlungen mit Springer berichtete er Felix Klein: „Ich habe ihn vor allem wegen des Tempos des Erscheinens der Annalen interpelliert. Er schiebt die bisherige Langsamkeit lediglich auf Anfangsschwierigkeiten und hält sich völlig an die Abmachungen des Vertrags."Blumenthal drückte sich nachher optimistisch aus: „Ich kann nur sagen, dass Springer mir wieder einen sehr guten und durchaus aufrichtigen Eindruck gemacht hat."[33]

Einsteins Bereitschaft, in die *Annalen*-Redaktion einzutreten, hat der inzwischen nicht mehr jungen Zeitschrift ein neues Renommee verliehen. Nur ein halbes Jahr zuvor wurde Einstein schlagartig weltberühmt, nachdem die Briten seine Vorhersage bezüglich der Ablenkung von an der Sonne sich vorbei bewegenden Lichtstrahlen bestätigen konnten. Während einer Sonnenfinsternis im Mai 1919 wurden Aufnahmen gemacht und danach ausgewertet, um diese winzig kleine Auswirkung des Gravitationsfeldes der Sonne festzustellen.

Ein Jahr später bekam Einstein einen Brief von Robert Fricke,[34] damals Vorsitzender der DMV. Fricke wollte ihn über gemeinsame Pläne informieren, welche die DMV mit der Abteilung für mathematische Physik der Deutschen Physikalische Gesellschaft (DPG) geschmiedet hatte, um eine Sondersitzung zur Relativitätstheorie auf der bevorstehenden Bad Nauheimer Naturforscherversammlung zu veranstalten. Dabei sollten neben Einstein auch Max von Laue, Hilbert, Sommerfeld, Weyl und Born Vorträge halten. Als er diesen Brief bekam, lebte Einstein immer noch im Rausch seines Erfolges. In seiner Antwort darauf vom 9. Juni meinte er, dass „die Fachgenossen völlig genügend über die Grundlinien der Theorie orientiert [waren]", weswegen eine allgemeine Diskussion ihm lieber wäre, wo er auf alle ihm gestellten Fragen antworten würde. Es müsste nur „irgendwie dafür Sorge getragen werden, dass die Fragen vorher gesichtet werden, damit die Diskussion nicht durch minderwertige Fragen gestört wird". In Nauheim kam es dann doch zu einer Sitzung sowohl mit Vorträgen als auch mit einer Abschlussdiskussion, die aber ganz anders verlief, als Einstein sich vorgestellt hatte. Denn ein Monat vor der großen Bad Nauheimer Konferenz wurde er zur Zielscheibe einer merkwürdigen Hetzkampagne in Berlin (Rowe 2006).

Diese fand am 24. August 1920 bei einer Vortragsveranstaltung in der Berliner Philharmonie statt, die von einem Antisemiten namens Paul Weyland organisiert wurde. Weyland kündigte diese Vorträge gegen die Relativitätstheorie in der Presse an, und zwar im Namen einer „Arbeitsgemeinschaft deutscher Naturforscher zur Erhaltung reiner Wissenschaft e.V.". Einstein und Laue besuchten diese Veranstaltung und waren beide schockiert über die dort herrschende Atmo-

---

[33]Blumenthal an Klein, 14. Oktober 1920, abgedruckt in Kapitel 2.
[34]Zu Fricke und seiner Rolle im Zusammenhang mit der Affäre Brouwer-Koebe von 1912/1913 siehe Abschnitt 7.2 und 7.3 in Band I.

sphäre. Hinter Weyland stand als zweiter Redner der Experimentalphysiker Ernst
Gehrcke, mit dem Einstein schon lange unangenehme Erfahrungen gemacht hatte. Am Tag danach schrieb Laue an Sommerfeld, den damaligen Präsidenten der
DPG: „Gestern war hier eine der 20 angekündigten Protestversammlungen gegen
die Relativitätstheorie", die von einem gewissen Herrn Weyland im Namen einer
„Arbeitsgemeinschaft deutscher Naturforscher" organisiert wird. Laue nannte ihn
einen Schieber, der in seiner Rede den Ton der Versammlung angab: „Einstein
als Plagiator, wer Anhänger der Relativitätstheorie ist, als Reklamemacher, die
Theorie selbst als Dadaismus (dies Wort ist wirklich gefallen)." Laue bat Sommerfeld als Präsidenten der DPG eine Art Gegenresolution zu verfassen, die bei der
Tagung in Bad Nauheim vorzulesen wäre.[35]

Zwei Tage später erschien Einsteins eigene Darstellung im *Berliner Tageblatt*
(Einstein 2002, 344–348), in der er Weylands Organisation als die „antirelativitätstheoretische G.m.b.H." titulierte. Worauf er damit anspielte, geht klar aus seinem
Text hervor, in dem er schrieb, dass „andere Motive als das Streben nach Wahrheit
diesem Unternehmen zugrunde liegen. (Wäre ich Deutschnationaler mit oder ohne
Hakenkreuz, statt Jude von freiheitlicher, internationaler Gesinnung, so ...)." Und
zum Schluss: „Es wird im Auslande, besonders auf meine holländischen und englischen Fachgenossen H. A. Lorentz und Eddington, die sich beide eingehend mit
Relativitätstheorie beschäftigt und darüber wiederholt gelesen haben, einen son-
derbaren Eindruck machen, wenn sie sehen, daß die Theorie sowie deren Urheber
in Deutschland selbst derart verunglimpft wird."

Bald danach bereute Einstein aber, diesen Artikel geschrieben zu haben, vor
allem weil er darin die Gegner aufgefordert hatte, nach Bad Nauheim zu kommen,
wo in einem wissenschaftlichen Forum Argumente für und gegen die Relativitätstheorie vorgebracht werden könnten. Unter den Gegnern nannte er unglücklicher-
weise den Nobelpreisträger Philipp Lenard, den er als den einzigen Physiker von
internationaler Bedeutung bezeichnete, der sich ablehnend bezüglich der Theorie
verhielt. So schrieb er: „Ich bewundere Lenard als Meister der Experimentalphysik,
in der theoretischen Physik aber hat er noch nichts geleistet, und seine Einwände
gegen die allgemeine Relativitätstheorie sind von solcher Oberflächlichkeit, daß ich
es bis jetzt nicht für nötig erachtet habe, ausführlich auf dieselben zu antworten.
Ich gedenke es nachzuholen."

Von Johannes Stark bekam Lenard einen Brief, in dem er ihn auf Einsteins
Kommentar verwies: „Von dem Einstein-Skandal, der sich in der letzten Zeit in
Berlin und in der dortigen Presse (Berliner Tageblatt) abgespielt hat, werden Sie
sicher gelesen haben. Einstein hat Ihnen jede theoretische Leistung ab- und dafür
Oberflächlichkeit zugesprochen."[36] Lenard fühlte sich natürlich persönlich stark
angegriffen. Er bekam auch Einsteins Artikel selbst zu lesen, wo zum Schluss
stand: „Endlich bemerke ich, daß auf meine Anregung hin in Nauheim auf der
Naturforscherversammlung eine Diskussion über die Relativitätstheorie veranstal-

---

[35] Bei der Eröffnung der Tagung verlas der Vorsitzende Friedrich von Müller eine Erklärung in
diesem Sinne (Einstein 2002, 108).

[36] Stark an Lenard, 29. August 1920, zitiert nach (Schönbeck 2000, 27).

tet wird. Da kann jeder, der sich vor ein wissenschaftliches Forum wagen darf, seine Einwände vorbringen."

Viele Gerüchte verbreiteten sich bald danach. Am selben Tag wie Einsteins Artikel erschien im *Berliner Tageblatt* eine Notiz mit der Schlagzeile: „Albert Einstein will Berlin verlassen!" Dies hatte er zunächst durchaus in Erwägung gezogen, denn es war ihm unklar, ob Weylands Kampagne doch nicht Unterstützung von anderen deutschen Wissenschaftlern finden würde. Auf jeden Fall drohte eine Spaltung der DPG, zumal Stark und Lenard sich schon gegen die vermeintliche Dominanz der Berliner gestellt hatten, und nun in Nauheim die Reform der DPG durchsetzen wollten. Sommerfeld hatte allerlei zu bewältigen (Eckert 2013, 302–310).

Am Morgen der Sondersitzung kamen 500 bis 600 Zuhörer zum Badehaus Nr. 8, wo die Vorträge erst um 9 Uhr beginnen sollten (Einstein 2002, 109). Die ganze Menge von neugierigen Laien und Journalisten musste aber zunächst draußen bleiben. Denn es standen rechts und links vor dem schmalen Eingang zwei Männer, „ein Mathematiker und ein Physiker – berühmte Leute, und nicht vom schlanksten Typ – als Engel mit den Flammenschwerten vor dem Einsteinparadiese". Eintritt erhielten nur Mitglieder der zwei veranstaltenden Gesellschaften, der DMV und der DPG. Erst kurz vor 9 Uhr konnten die anderen reinstürmen. „Man rückte auf den Sitzen zusammen, stand an den Wänden und füllte die Gallerie – und wartete auf den Gelehrtendisput." Diese Schaulustigen mussten tatsächlich noch sehr lange warten, da erst vier Fachvorträge kamen, die mit kleineren Diskussionsbeiträgen unterbrochen wurden. Ein Berichterstatter für das *Berliner Tageblatt* beschrieb die Szene: „es hagelt jetzt Differentiale, Koordinateninvarianz, elementare Wirkungsquanten, Transformationen, Vektorialsysteme usw.", bis endlich Max Planck die allgemeine Diskussion eröffnete. Wer etwas Neues dabei erwartete, ging danach völlig enttäuscht raus.

Lenard brachte einige schon bekannte Argumente ins Spiel, während er gleichzeitig nahelegte, dass die Relativitätstheorie viel zu sehr durch mathematische Formalismen geprägt sei, um Anerkennung als eine vollkommene physikalische Theorie zu verdienen. Er begann mit der Bemerkung, dass es ihn gefreut habe, in der Diskussion einer Gravitationstheorie das Wort „Äther" gehört zu haben. In diesem Zusammenhang erinnerte er an den oft von ihm betonten Unterschied im physikalischen Denken zwischen Bildern erster und zweiter Art. Dabei verwies er auf Weyls Vortrag am Anfang der Sitzung, in dem die ersten Bilder dominierten, d.h., die Vorgänge wurden in Gleichungen ausgedrückt statt als Veränderungen im Raume dargestellt. Einstein bleibe auch bei den Bildern erster Art stehen, während er auf die Bedeutung der Bilder zweiter Art insistiere: „Bei den Bildern zweiter Art ist der Äther unentbehrlich. Er war stets eines der wichtigsten Hilfsmittel beim Fortschritt in der Naturforschung, und seine Abschaffung des Abschaffung des Denkens aller Naturforscher mittels des Bildes zweiter Art."

Abbildung 1.3: Dieser Tafel in Bad Nauheim erinnert an den Ort, wo Einsteins Debatte mit Philipp Lenard stattfand (Nici Merz, *Wetterauer Zeitung*)

Das *Berliner Tageblatt* brachte den folgenden Ausschnitt aus der Debatte:

Lenard: Ich bewege mich nicht in Formeln, sondern in den tatsächlichen Vorgängen im Raume. Das ist die Kluft zwischen Einstein und mir. Gegen seine spezielle Relativitätstheorie. habe ich gar nichts. Aber sein Gravitationslehre? Wenn ein fahrender Zug brennt [bremst], so tritt doch die Wirkung tatsächlich nur im Zuge auf, nicht draußen, wo alle Kirchtürme stehen bleiben!

Einstein: Die Erscheinungen im Zuge sind die Wirkungen eines Gravitationsfeldes, das induziert ist durch die Gesamtheit der näheren und ferneren Massen.

Lenard: Ein solches Gravitationsfeld müsste doch auch anderweitig noch Vorgänge hervorrufen, wenn ich mir sein Vorhandensein anschaulich machen will!

> *Einstein*: Was der Mensch als *anschaulich* betrachtet, ist großen Verän-
> derungen unterworfen, ist *eine Funktion der Zeit*. Ein Zeitgenosse Ga-
> lileis hätte dessen Mechanik auch für sehr unanschaulich erklärt. Diese
> „anschaulichen" Vorstellungen haben ihre Lücken, genau wie der viel zi-
> tierte „gesunde Menschenverstand". [Heiterkeit.]

Einsteins Verweis auf die Rolle von Anschaulichkeit in der modernen Physik
zeigt, wie diese vielfach in mathematischen Kreisen diskutierte Thematik auch in
benachbarten Disziplinen ähnlich verlief.[37] Kulturpessimismus lag schon lange in
der Luft in Deutschland, aber unmittelbar nach Ende des Krieges verbreitete sich
die Vorstellung von einer Krise der Anschauung. Die Debatte zwischen Lenard
und Einstein wies nur implizit auf diese allgemeinere europäische Krise hin. Nur
wenige konnten im Jahre 1920 erahnen, dass ein noch viel schlimmerer Krieg bald
kommen würde.

Einstein bemühte sich stets, auch in Situationen wie dieser, seinen Kritikern
offen und höflich zu entgegnen. Somit bot er seinen Gegnern, vor allem solchen Ex-
tremisten wie Lenard und Stark, kaum eine Angriffsfläche. Wenn Missfallen über
Einsteins Persönlichkeit aufkam, dann hörte man oft, dass er eine Reklamekampa-
gne für seine Theorie betreibe, ein Vorwurf, den seine Freundin Hedi Born, Ehefrau
des Physikers Max Born, als eine große Gefahr nicht nur für ihn, sondern auch für
ihren eigenen Mann betrachtete. Viel distanzierter drückte sich Felix Klein in einem Brief an Wolfgang Pauli aus: „Einstein ist in seinen persönlichen Äußerungen
immer so liebenswürdig, ganz im Gegensatz zu dem törichten Reklametum, das
ihm zu Ehren in Bewegung gesetzt wird."[38] Nach Bad Nauheim bekam Klein ein
Schreiben von seinem Neffen Robert Fricke, der mit großer Zufriedenheit über den
Ablauf der Sondersitzung berichtete. Seiner Meinung nach gab es einen klaren Ge-
winner bei der Einstein-Lenard-Debatte, zumal „die Überlegenheit Einsteins über
Lenard selbst für Laien fühlbar war."[39]

Angesichts der riesigen Resonanz bei der Sitzung zur Relativitätstheorie ist
es wohl wahrscheinlich, dass viele Mathematiker die Vorträge vom vorhergehenden
Tag praktisch schon vor ihrer Abreise vergessen hatten. Über Brouwers Vortrag
meinte Fricke, man hätte ihn gar nicht verstehen können. Landau machte sich
andererseits darüber lustig, indem er Fricke erzählte, die DMV solle in Zukunft
eine gemeinsame Sitzung mit den Medizinern planen, um derartige Vorträge über
pathologische Mathematik abhalten zu können (van Dalen 2013, 317). Kurzum
kam es in Bad Nauheim zu keiner erwähnenswerten Diskussion über Brouwers
Ideen, zumal Weyl sich offenbar allein auf der im Rampenlicht stehenden Bühne
der Relativitätstheorie bewegt hatte.[40]

---

[37] Zu den Debatten innerhalb der Mathematik siehe Volkert (1986).

[38] Klein an Pauli, 8. März 1921, *Wolfgang Pauli, Wissenschaftlicher Briefwechsel*, Band I,
New York: Springer, 1979, S. 27. Klein erwähnte dabei, wie Einstein nach dem Empfang auf
eine Kleinsche Note über die Relativitätstheorie reagierte, nämlich, dass diese ihn so glücklich
machte, „wie ein Kind, das von seiner Mutter eine Tafel Schokolade geschenkt bekommen habe".

[39] Fricke an Klein, 29. September 1920, Nachlass Klein IX: 286F.

[40] Etwa ein Jahr danach fasste Weyl seine Reflexionen über den Ablauf der Bad Nauheimer

Otto Blumenthal erkannte aber sehr deutlich, dass die latente Spannung in der Grundlagendebatte auf wichtige offene Fragen hinwies, die erörtert werden sollten. In einem langen Brief vom 14. Oktober 1920 an Klein wollte er unterstreichen, dass sich die *Annalen* in Bezug auf die andauernden Kontroversen in der Mengenlehre neutral verhalten sollten.

> Ich bin jetzt aus Holland zurückgekehrt, wo ich einige Zeit bei Brouwer gewohnt habe. ...
>
> Die Versammlung in Nauheim war sehr interessant und erfreulich. Der „Löwe" unter den Mathematikern war entschieden Schönflies, den ich noch nie so anregend und angeregt gesehen habe. Sein Vortrag über die Axiome der Mengenlehre war scharf und gut. Ich habe ihm vorgeschlagen, seine Arbeit über diesen Gegenstand, die bereits in der Amsterdamer Akademie „unter Ausschluss der Oeffentlichkeit" publiziert ist, in den Annalen abdrucken zu lassen, wozu Brouwer namens der Akademie die Genehmigung gegeben hat. Schönflies' Arbeit soll dann unmittelbar neben Brouwers sehr anregenden Vortrag über Zahlen, die nicht in Dezimalbrüche entwickelt werden können, gestellt werden, und ich hoffe, dass diese beiden Publikationen klar den Willen der Redaktion betonen sollen, zu der neuen Krisis der Mengenlehre Stellung zu nehmen und Arbeiten darüber herauszufordern.

Angesichts Hilberts eigener Haltung zu dieser Zeit, aber vor allem seiner schroffen Zurückweisung aller Kritik an seiner eigenen Position (siehe hierzu auch Abschnitt 1.12 Band I), ist es doch zweifelhaft, dass er diese Meinung Blumenthals geteilt hätte. Wie dem auch sei, erschienen sind die zwei Aufsätze von Schoenflies und Brouwer in den *Annalen* genau so, wie Blumenthal dies geplant hatte.[41] Diese Gegenüberstellung machte deutlich, dass der Standpunkt Blumenthals für die *Annalen* geltend war: Allen Seiten in der Grundlagendebatte sollte das Wort übergeben werden.[42]

Diskussionen in einem interessanten Essay zusammen (Weyl 1922), das auch Beifall bei Einstein fand.

[41] Arthur Schoenflies, Zur Axiomatik der Mengenlehre, *Mathematische Annalen*, 83 (1921): 174–200; L. E. J. Brouwer, Besitzt jede reelle Zahl eine Dezimalbruchentwicklung? *Mathematische Annalen*, 83 (1921): 201–210. Der Aufsatz von Schoenflies machte von Anfang an klar, auf welcher Seite er stand: „Die Hilbertsche Grundlegung der Geometrie darf für alle analogen Untersuchungen als vorbildlich gelten. Zwei ihrer Eigenschaften sind es, auf die es hier ankommt. Erstens wird von allen sprachlichen Definitionen der Objekte, mit denen sie operiert, wie Punkt, Gerade, zwischen usw. abgesehen; nur ihre gegenseitigen Beziehungen und deren Grundgesetze werden axiomatisch an die Spitze gestellt. Zweitens werden die Axiome in verschiedene Gruppen gewisser Eigenart und Tragweite gespalten (die des Schneidens und Verbindens, die Axiome der Ordnung, der Kongruenz usw.) und es ist eine wesentliche Aufgabe des axiomatischen Aufbaues, zu prüfen, bis zu welchen Resultaten eine einzelne oder mehrere dieser Gruppen für sich führen. Die gleiche Behandlung eignet sich für die Mengenlehre."

[42] Während der nächsten Jahre veröffentlichte Brouwer jedoch nichts Weiteres über intuitionistischen Themen in den *Annalen*. Es folgte dann die dreiteilige Arbeit: L.E.J. Brouwer, Zur Begründung der intuitionistischen Mathematik I, *Mathematische Annalen*, 93 (1925): 244–257;

1.6　Blumenthal über Hilbert

Otto Blumenthal ist heute vor allem bekannt als Verfasser des Aufsatzes über die Karriere David Hilberts (Blumenthal 1935), der in Kapitel 11 neu abgedruckt ist. Hilberts spätere Biographin Constance Reid wies auf die Bedeutung dieser Leistung hin, als sie ihr Buch (Reid 1970) Blumenthal widmete. Er begann die Recherchen für seine Hilbert-Biographie im Sommer 1934 und schickte im Dezember desselben Jahres den Hilberts die vorletzte Fassung zu; beide fanden die Darstellung sehr gelungen. An seinen Freund Jan Burgers schrieb Blumenthal zum Neujahr 1935: „Es war eine sehr interessante Arbeit, denn ich habe einen grossen Teil der Hilbertschen Publikation kritisch lesen müssen. Im November habe ich darüber in Zürich vorgetragen, wo viele Freunde und Schüler Hilberts sitzen.“

Der Text zeugte von Blumenthals Begabung als Schriftsteller, wofür er nicht nur im Umkreis Hilberts, sondern weit darüber hinaus entsprechend gelobt wurde. Zehn Jahre später erschien Hermann Weyls Nachruf auf Hilbert (Weyl 1944), welcher einen beeindruckenden Überblick von Hilberts Leistungen darbot und sicherlich von vielen Mathematikern in der englischsprachigen Welt gelesen wurde. Im Gegensatz dazu versuchte Blumenthal, dem Leser Einblicke in Hilberts Welt nicht nur als schaffender Mathematiker, sondern auch als eine besondere wissenschaftliche Persönlichkeit zu gewähren. Man erfährt nicht nur die Höhepunkte seines Werdegangs – die mit berühmten Werken wie der „Zahlbericht“ (Hilbert 1897) und die „Grundlagen der Geometrie“ (Hilbert 1899) erreicht wurden –, sondern auch kummervolle Phasen, vor allem nach Minkowskis frühem Tod (siehe den Nachruf Hilbert (1910)). So entstand ein durchaus subjektives Porträt eines Menschens, der „im höchsten Maße Individualist“ sei, „ein Lebenskünstler“, der „nicht mit fremdem Maßstab gemessen werden kann“. Dieses Bild wirkt umso lebendiger, als Blumenthal relativ oft auf diesen Seiten von dramatischen Ereignissen im Leben seines Heldens aus erster Hand berichten konnte:

> Ein ergreifendes Zeugnis seiner internationalen Berühmtheit und Beliebtheit haben wir auf dem Kongress in Bologna 1928 erlebt, dessen Erfolg er durch sein entschiedenes Auftreten in kritischer Zeit gesichert hatte. Als er damals zu seinem Vortrag nach dem Katheder ging, mühsam sich durch die Menge drängend, durch Krankheit blass, eine schmächtige Greisengestalt, da erhob sich ein einmütiger Applaus, aus dessen Begeisterung die innerliche Herzlichkeit und Aufrichtigkeit klar herausklang.

Viel weniger bekannt ist Blumenthals früheres Essay (Blumenthal 1922) (Kapitel 4), geschrieben anlässlich Hilberts 60. Geburtstag, wo er seinen ehemaligen Lehrer als den „Mann der Probleme“ unter den Mathematikern darstellt. Zwischen diesen zwei Texten lagen zwölf Jahre, und weil sie einander eher ergänzen als über-

---

Teil II, *Mathematische Annalen*, 95 (1926): 453–472; Teil III, *Mathematische Annalen*, 96 (1927): 451–488; siehe auch (van Dalen 2013, 376–382).

schneiden, wurden beide in diesen Band aufgenommen.[43] Besonders interessant bei diesem früheren Aufsatz sind Blumenthals persönliche Reflexionen über Hilberts Charakter und Denkart wie auch die Anekdoten, die Blumenthal einfließen ließ, um sein Bild von ihm zu färben. Seine Ehrfurcht vor dem Meister lässt sich aus der folgenden Passage leicht erkennen:

> ... wer einmal den Hilbertschen Willen hat kennen lernen, der weiß ihn zu achten – und gelegentlich auch zu fürchten. Immer bestimmt, meist gemäßigt und mild, mitunter aber auch jäh und leidenschaftlich, leitet er Leben und Arbeit. *Hilbert* hat sich genau die Lebensbedingungen geschaffen und in allem Wechsel der Zeit erhalten, die seiner Arbeit am zuträglichsten sind. Er ist Individualist und seine Leistungen geben ihm das Recht dazu.

Natürlich wies Blumenthal dabei auf Hilberts Rede (Hilbert 1900) und ihre 23 Probleme hin, mit welchen Hilbert die kreativen Kräfte seiner mitstrebenden Zeitgenossen herausfordern wollte.[44] Er ging jedoch auch auf Hilberts eigentümliche Auffassungen darüber ein, „wie ein Problem anzugreifen sei", wobei drei Fälle zu unterscheiden sind. Manchmal wird ein Problem zu eng gefasst, sodass es nötig ist, dasselbe als Teil eines noch allgemeineren Fragenkomplexes zu erkennen. Es kann aber genau umgekehrt sein, dass ein Problem zu allgemein formuliert wird. In solchen Fällen müsse man sich erst noch einfachere Fragen stellen und klar beantworten, um das allgemeinere klären zu können. Drittens kann es passieren, dass die Formulierung eines Problems nicht präzise genug ist. Dann sollte man versuchen, ein Gegenbeispiel zu finden, um eine möglicherweise falsche Vermutung zu widerlegen. Diese Überlegungen waren für Hilbert nicht nur praktische Instrumente, sondern sie dienten einem noch höheren erkenntnistheoretischen Ziel, nämlich der vollständigen und strengen Lösung eines Problems.

Blumenthal erwähnte einige unter den 23 Problemen, die entweder klassisch oder zumindest vielen Fachgenossen gut bekannt waren, wie z.B. das Cantorsche Kontinuumsproblem, das Primzahlproblem oder, in der Analysis, die Begründung des Dirichletschen Prinzips sowie auch der Uniformisierungssätze. Er wies andererseits darauf hin, dass das berühmte Fermatsche Problem nicht auf Hilberts Liste stand, wobei er gleichzeitig eine Erklärung dafür gab. Vermutlich hatte er die Gelegenheit gehabt, mit Hilbert hierüber zu sprechen, und bekam von ihm die folgende klare Antwort. Die Bedeutung des Fermatschen Problems für die Zahlentheorie, so meinte Hilbert, liege eher in der Vergangenheit als in der Zukunft, denn dieses Rätsel habe „Kummer zum Studium der algebraischen Zahlkörper und zur Einführung der Ideale" angeregt.[45]

---

[43]Neben diesen zwei Essays über Hilbert steht als dritter biographischer Versuch aus der Feder Blumenthals sein Nachruf auf seinen guten Freund Karl Schwarzschild (Blumenthal (1917); siehe Kapitel 5 in Band I), der 1916, also mitten im Ersten Weltkrieg, einer schlimmen Hautkrankheit erlag.

[44]Zu ihrer Bedeutung für die Mathematik im 20. Jahrhundert siehe Alexandrow (1979b); Browder (1976); Yandell (2002).

[45]Ernst Eduard Kummer (1810–1893) war von 1855 bis zu seiner Emeritierung 1883 Profes-

Es waren aber vor allem Hilberts Beiträge zur modernen Axiomatik, die Blumenthal besonders hervorheben wollte, in der Meinung, diese sei „ein so wesentlicher Teil seines Ich, daß sie ihn als Problem immer weiter begleitet und geleitet hat" (siehe hierzu Corry (2004)). Er dachte dabei an das zweite Pariser Problem, wonach Hilbert einen direkten Beweis für die Widerspruchslosigkeit seines Axiomensystems für die reellen Zahlen forderte. Als Minkowski davon erfuhr, konnte er zunächst nur verblüfft darauf reagieren. „Höchst originell ist es jedenfalls", so schrieb er an Hilbert, „das als Probleme für die Zukunft hinzustellen, was die Mathematiker am längsten schon völlig zu besitzen glauben, wie die arithmetischen Axiome" (Minkowski 1973, 129).[46]

Zwei Jahrzehnte später stand das Problem nach wie vor fest da, und es wurde auch Hilbert langsam klar, dass die Lösung desselben ganz neue Methoden forderte. Blumenthal betonte die Ernsthaftigkeit der Lage, ohne darauf hinzuweisen, dass Hilberts axiomatischer Ansatz inzwischen scharf kritisiert wurde, und zwar seitens Brouwer und Weyl. Beide betrachteten diese Zielsetzung als illusorisch und lehnten den Formalismus Hilberts als ein inhaltsloses Spiel ab. Im Gegensatz dazu sprach Blumenthal von einem höchsten Gut: „mit der Widerspruchslosigkeit der arithmetischen Axiome, der Zahlgesetze, steht und fällt unser ganzer Zahlbegriff, existieren oder verschwinden unsere Zahlen. ...Wir sind bei Goethes ‚Müttern', den Göttinnen, die ‚hehr in Ewigkeit' thronen. Es haben wohl nur wenige Fachgenossen glauben wollen, daß Hilbert auf diesem Felsen würde Fuß fassen können."

In dieser biographischen Skizze für Hilberts 60. Geburtstag erwähnte Blumenthal auch dessen im Jahr 1921 gehaltenen Hamburger Vorträge, in denen Hilbert eine Methode entwarf, um die Widerspruchslosigkeit seines Axiomensystems für die reellen Zahlen zu beweisen. Allerdings überging Blumenthal dabei Hilberts scharfe polemische Äußerungen, die eine offene Auseinandersetzung zwischen den Kontrahenten beinahe unmöglich machten. Damals warf er Brouwer und Weyl vor, dass sie „eine Verbotsdiktatur à la Kronecker errichten" wollten. Diese, meinte Hilbert, war „nur die Wiederholung eines Putschversuches mit alten Mitteln", und er sagte weiter: „... so wenig es Kronecker damals gelang, die Irrationalzahl abzuschaffen, ... ebensowenig werden Weyl und Brouwer heute durchdringen" (Hilbert 1922, 160). Bald danach zog sich Weyl aus diesem Kampffeld zurück, während Hilbert und Brouwer sich beide auf die entscheidende Kollision vorbereiteten. Somit wurden die sachlichen Differenzen durch zunehmend persönliche Animositäten überschattet.

---

sor an der Universität Berlin. Dort wirkte er neben Karl Weierstraß und Leopold Kronecker, als Berlin zum Hauptzentrum der Mathematik in Deutschland wurde (Biermann 1988). In der Zahlentheorie befasste sich Kummer mit Kreisteilungskörpern und führte 1847 die sogenannten idealen Zahlen ein, um die eindeutige Primfaktorzerlegung in Kreisteilungskörpern zu realisieren. Kummer konnte damit die Fermat-Vermutung für eine große Zahl von Exponenten beweisen, nämlich die, die durch sogenannte reguläre Primzahlen teilbar sind (von den Primzahlen unter 100 sind nur drei nicht regulär); siehe hierzu Edwards (1977).

[46]Hilbert setzte dieses Programm in seiner Rede (Hilbert 1904) auf dem Internationalen Mathematikerkongress in Heidelberg fort (Abschnitt 1.12 in Band I).

Die sogenannte Grundlagenkrise spielte andererseits für Blumenthal und die *Annalen* eine eher untergeordnete Rolle. Viel wichtiger für ihn war Hilberts Gesamtwirkung als wissenschaftliche Persönlichkeit und Lehrer. Über die große Vielzahl von Dissertationen, die unter dessen Leitung geschrieben wurden, schreibt er:

> In den Themata seiner Doktorarbeiten offenbart sich die Vielseitigkeit der in seinem Geiste gleichzeitig vorhandenen Interessen, die in der eigenen Publikation so streng zurückgeschnitten ist. Ich denke an Dissertationen über ganze transzendente Funktionen, Stieltjessche Kettenbrüche, Doppellimes, komplexe Multiplikation, Flächentheorie, Tschebyscheffsche Näherungsmethoden, Modulfunktionen zweier Veränderlicher, Topologie algebraischer Kurven und Flächen u.a., während ich die Menge derjenigen, die enger an Hilbertsche Arbeitsgebiete anknüpfen, übergehe. Viele dieser Dissertationen sind vorzüglich, in ihrer Gesamtheit bilden sie einen Schatz.

Hieran anschließend brachte Blumenthal seine Bewunderung für Hilberts Lehrtätigkeit in Form einer Bitte zum Ausdruck, und zwar, dass Hilbert die Scheu überwinden möge, „etwas Unvollkommenes, Unvollständiges herauszugeben … [und so] bedenken, welche Fülle von Problemen uns seine bisherigen Ergebnisse erschließen, von Problemen, zu deren Bewältigung Massenarbeit gehört", weswegen er uns „seine Erkenntnisse wenigstens in der anspruchslosen und wenig zeitraubenden Form vervielfältigter Vorlesungshefte zugänglich machen" möge. Leider ist Hilbert in den folgenden Jahren mit nur wenigen Ausnahmen diesem Wunsch Blumenthals nicht nachgekommen.[47]

1.7 Brouwer und die Dimensionstheorie

Brouwer schrieb seine revolutionären topologischen Aufsätze alle vor dem Krieg, und zwar in dem kurzen Zeitraum von 1910 bis 1913. Viele dieser Arbeiten spiegeln sich in der Korrespondenz mit Blumenthal wider, weswegen sie relativ ausführlich in Kapitel 7 von Band I behandelt wurden. Die Vorgeschichte zu Brouwers Arbeiten über die Invarianz der Dimension wurde dort außerdem in Abschnitt 1.11 erläutert, insbesondere die Kontroversen zwischen ihm und Henri Lebesgue bzw. Paul Koebe. Obwohl Brouwer zu diesem Zeitpunkt noch nicht Mitglied der *Annalen*-Redaktion war, wurde Blumenthal ziemlich schnell in diese Kontroversen verwickelt, woraus eine wichtige Freundschaft entstand. Nach Ausbruch des Krieges wandte sich Brouwer seinen intuitionistischen Interessen zu (Brouwer (1975); van Stigt (1990), wohl in der Meinung, dass er das letzte Wort über den Dimensionsbegriff schon gesprochen hatte. Es stellte sich allerdings später heraus, dass

---

[47]Das spätere Interesse an Hilberts Vorlesungen führte zu folgenden Veröffentlichungen: (Hilbert 1992, 2004, 2009, 2013).

dies keineswegs der Fall war.[48] Kapitel 5 des vorliegenden Bandes greift diese Thematik erneut auf, um einige wichtige Episoden aus dieser Fortsetzungsgeschichte darzustellen.

Diese Ereignisse gehören zur frühen Geschichte der modernen Dimensionstheorie, deren Begründung das Verdienst der beiden Topologen Paul Urysohn und Karl Menger ist. Die Geburt der modernen Dimensionstheorie in der Topologie lässt sich auf Ereignisse aus dem Jahre 1921 datieren, die weitgehend unabhängig von der früheren, durch die Arbeiten von Brouwer und Lebesgue geförderten Entwicklung abliefen (Crilly/Johnson 1999). Seit 1914 war die allgemeine Topologie in vollem Gange, angespornt durch das Erscheinen von Felix Hausdorffs Buch *Grundzüge der Mengenlehre* (Purkert 2002). Alexandrow und Urysohn bauten weiter auf dieser Grundlage die Theorie allgemeiner topologischer Räume aus, wofür Urysohn einen neuen Dimensionsbegriff entwickeln konnte. Es stellte sich allerdings später heraus, dass der Österreicher Karl Menger ungefähr zur selben Zeit wie Urysohn einen ähnlichen rekursiven Dimensionsbegriff gefunden hatte. Heute wird dieser als die kleine induktive Dimension bzw. Urysohn-Menger-Dimension bezeichnet.

Im Jahre 1923 wollten Alexandrow und Urysohn nach Deutschland reisen und wandten sich deswegen an Hausdorff, um ein Visum von der deutschen Botschaft in Moskau beantragen zu können. Bei dieser Gelegenheit skizzierten sie auch einige ihrer neuen Ergebnisse für Hausdorff, um ihm klarzumachen, wie gern sie seine Bekanntschaft machen wollten. In ihrem Brief an ihn betonten sie zum Schluss: „Es ist leider unmöglich alle die Probleme, Vermutungen und wissenschaftliche Bestrebungen, zu denen wir durch Ihre Theorie der topologischen Räume angeregt worden sind, in einem Schreiben mitzuteilen. Darum haben wir uns schon seit mehreren Monaten beschlossen, Sie höflichst zu ersuchen, uns gefälligst gestatten zu wollen, Sie persönlich besuchen zu dürfen, um von Ihnen noch viele andere wissenschaftliche Anregungen empfangen zu können" (18. April 1923, S. 7). Hausdorff, der diesen angekündigten Besuch der zwei Russen sehr begrüßte, lud sie in einem Brief vom 22. Mai dazu ein. Seine verzögerte Antwort erklärt sich dadurch, dass Alexandrow und Urysohn ihren Brief nach Greifswald geschickt hatten, während Hausdorff schon seit 1921 nicht dort, sondern in Bonn wohnte. Leider kam dieser Besuch nicht zustande, denn zu dieser Zeit war Bonn unter französischer Besatzung, weswegen für sie eine Einreise in dieses Gebiet unmöglich war.[49]

Einer Einladung von Edmund Landau folgend gingen die beiden zunächst nach Göttingen. Es war für Alexandrow der erste von mehreren Aufenthalten dort.[50] Blumenthal hörte aus diesen Kreisen, dass die zwei Russen „unzertrennlich" und übrigens „wegen grosser Nettigkeit in Göttingen sehr gelobt worden" seien (Blumenthal an Brouwer, 14. Juni 1924). Einen Monat früher druckte Blumenthal in einem Brief an Hilbert seine Unzufriedenheit aus, nachdem er von Courant

---

[48]Siehe hierzu Crilly/Johnson (1999) sowie das Standardwerk Hurewicz/Wallman (1948).

[49]Dies geht aus einem Brief vom 19. Juni 1923 hervor, den Alexandrow und Urysohn an Hausdorff richteten (Hausdorff 2012, 11).

[50]Viele Jahre später gab er in seinen Lebenserinnerungen (Alexandrow 1979a) ein lebendiges Bild von der damaligen Göttinger Atmosphäre.

einen Stapel neuerer Arbeiten der beiden bekam, die unverzüglich in den *Annalen* gedruckt werden mussten. Damals schrieb er: „Mit Urysohn-Alexandroff ist es eine schlimme Geschichte. …Es ist recht viel – die 6 kleine Article hinter einander würden sich nicht gut ausnehmen. Aber es ist nichts mehr zu machen als sie schleungist abzudrucken" (Blumenthal an Hilbert, 14. Mai 1924, S. 198). Es erschienen allerdings nur fünf von diesen sechs Arbeiten, denn Brouwer schaltete sich im letzten Augenblick ein und überredete erst Blumenthal und dann Urysohn, dass dessen erste Note über den mathematischen Dimensionsbegriff, die einen Fehler in (Brouwer 1913a) korrigierte, nicht veröffentlicht werden sollte.[51]

Diese Angelegenheit geht zurück auf Brouwers erste Begegnung mit Urysohn im September 1923 auf der Jahrestagung der DMV in Marburg. Damals hielt Urysohn einen Vortrag über seine neue Dimensionstheorie. Obwohl Brouwer auf der Tagung war, verpasste er diesen Vortrag. Er erfuhr aber kurz danach von Ludwig Bieberbach, dass Urysohn bei dieser Gelegenheit Brouwers „allgemeine Dimensionstheorie als prinzipiell unhaltbar hingestellt" habe. Zunächst hielt Brouwer dies für völlig absurd. Er vermutete sogar, dass Urysohns Auftritt irgendwie von Hilberts Hetzekampagne gegen ihn beeinflusst und dadurch zu erklären sei (van Dalen 2013, 406). In Marburg sprach Brouwer Urysohn an, und erfuhr von ihm, dass er Brouwers Beweis für den Dimensionssatz in (Brouwer 1913a) als fehlerhaft bezeichnete. Daraufhin bat Brouwer ihn um eine schriftliche Erklärung.

Etwa einen Monat später kam ein sehr höflich geschriebener Brief aus Moskau, in dem Urysohn mittels eines Gegenbeispiels zeigen konnte, dass Brouwers Beweis nicht stichhaltig war. Seinen Dimensionssatz konnte er allerdings retten, und zwar durch die Einführung eines neuen Trennungbegiffs, mit dessen Hilfe er „sehr weit in die Eigenschaften der Dimension einzudringen" vermochte. Er bezog sich hiermit auf eine Note in den *Comptes Rendus* (Urysohn 1922a). Nach Lesen dieses Briefes wurde Brouwer sofort klar, dass dieser junge Russe nicht nur Recht hatte, sondern dass er Neuland in der Topologie erobern wollte. Die Briefe in Abschnitt 5.1 zeigen deutlich, wie Brouwer sich zunächst sehr vorsichtig gegenüber Urysohn verhalten hat. Ein Treffen in Holland wurde für Sommer 1924 geplant, denn Alexandrow und Urysohn wollten wieder nach Göttingen kommen und außerdem Haussdorff in Bonn besuchen.

Die beiden wurden in Blaricum sehr warmherzig von Brouwer empfangen, der jedoch abreisen musste, da er eingeladen war, einen Vortrag in Göttingen zu halten. Bei diesem Aufenthalt lernte er Hellmuth Kneser und Otto Neugebauer kennen. Nach dem Aufenthalt in den Niederlanden mieteten die beiden Russen ein Ferienhaus in der Bretagne, wo sie täglich arbeiteten und danach im Atlantik schwimmen gingen. An einem Sonntag, dem 17. August 1924, waren sie in die rauhe See hinausgeschwommen und wollten wegen des starken Wellengangs

---

[51]Zwei weitere posthume Arbeiten Urysohns sind im nachfolgenden Band 94 der *Annalen* erschienen. Die Arbeit (Urysohn 1925a) ist seinem Freund P. Alexandrow gewidmet; sie enthält das berühmte „Urysohnsche Lemma". Den Inhalt von (Urysohn 1925b) trug Urysohn am 8. Juli 1924 in der Göttinger Mathematischen Gesellschaft vor. Da der Text noch nicht fertig war, als er starb, musste Alexandrow denselben auf der Basis mündlicher Mitteilungen Urysohns vollenden.

umkehren. Alexandrow schaffte es ans Ufer, aber sein Freund nicht. Alexandrow konnte ihn an einem Seil, das ein Anwohner ihm zugeworfen hatte, aus dem Meer holen, aber die Wiederbelebungsversuche waren erfolglos. Eine Woche später fand Urysohns Begräbnis in Batz-sur-Mer statt. Alexandrow konnte lange Zeit nicht fassen, was er alles plötzlich an diesem Tag verlor.[52] In den Jahren danach wurde seine Freundschaft mit Brouwer gestärkt durch ihr gemeinsames Interesse, das Erbe Paul Urysohns zu bewahren (van Dalen 2013, 424–434).

1.8 Brouwer als politischer Propagandist

Um die Bedeutung der politischen Ereignisse, die Mitte der 1920er Jahre zu großen Spannungen innerhalb der *Annalen*-Redaktion führten, einzuschätzen, muss in die Zeit unmittelbar nach dem Krieg zurückgegangen werden, als die europäische Gelehrtenwelt auseinanderging. Auf einem Kongress in Brüssel wurden Juli 1919 zwei neue Organisationen gegründet: der International Research Council (IRC) oder Conseil International de Recherches (CIR) für die Naturwissenschaften und die Union Académique Internationale (UAI) für die Geisteswissenschaften. Mitglieder konnten wissenschaftliche Akademien wie auch nationale Vereinigungen und Forschungsräte werden, aber auch Staaten. Brüssel wurde zum ständigen Sitz des Council sowie der Union, mit Französisch als der allein geltenden Geschäftssprache. Der Mathematiker Émile Picard (1856–1941), ein erklärter Gegner Deutschlands (Picard 1916), wurde Präsident des Council, eine Stelle, die er bis 1931 behielt. Laut dessen Statuten diente der IRC der internationalen Zusammenarbeit, und zwar auf der Grundlage gegenseitiger Achtung, Gerechtigkeit und Freiheit. Deutschland und dessen Bündnispartner im Krieg wurden explizit ausgeschlossen.[53]

Diese Boykottpolitik der Siegermächte stellte während der Nachkriegszeit eine schwere Belastung für die wissenschaftlichen Beziehungen zwischen Frankreich und Deutschland dar. Die mannigfaltigen Kontakte, welche die deutschen und französischen Mathematiker vor dem Krieg pflegten, waren dadurch endgültig abgebrochen. Dies galt auch für die Hauptbühne, auf welcher sich die Vertreter dieser zwei führenden mathematischen Kulturen früher begegneten: die internationalen Mathematikerkongresse, die traditionsgemäß alle vier Jahre stattfanden.[54] Hilbert feierte seinen größten Triumph 1900 auf dem Kongress in Paris; Blumenthal traf alte Freunde und machte neue Bekanntschaften in Heidelberg (1904) und Rom (1908). In Cambridge (1912) setzte Gösta Mittag-Leffler durch, dass der nächstfolgende Kongress 1916 in Stockholm stattfinden sollte; dieser Plan wurde jedoch wegen des Krieges vereitelt.[55]

---

[52]Erst Jahre später schrieb er über dieses tragisches Ereignis (zitiert in (van Dalen 2013, 418–420)).

[53]Eine kurze Darstellung der längst bestehenden Ansichten französischer Naturforscher bezüglich ihrer Konkurrenten in Deutschland findet man in Paul (1972).

[54]Zur Geschichte der internationalen Kongresse siehe Curbera (2009).

[55]Zu Mittag-Leffler als Internationalist siehe Dauben (1980).

Unter der Obhut des IRC veranstaltete im September 1920 die neu gegründete International Mathematical Union (IMU) einen Kongress in Straßburg, einer oft umkämpftem Stadt, die nun wieder zu Frankreich gehörte.[56] Eigentlich kam dieser Anstoß von der französischen mathematischen Gesellschaft unter der Leitung von Picard, der natürlich ein starkes politisches Signal aussenden wollte. Die Mathematiker von Deutschland, Österreich, Ungarn und Bulgarien waren sämtlich von der Teilnahme an diesem Kongress wie auch am nachfolgenden in Toronto ausgeschlossen. Als Bürger eines neutralen Landes wurde Brouwer von den Organisatoren nicht nur eingeladen, sondern auch gebeten, andere holländische Mathematiker zu nennen, die Einladungen bekommen sollten. Brouwer lehnte die Teilnahme allerdings ab, um stattdessen an der Naturforscherversammlung in Bad Nauheim teilzunehmen.

Es gab mehrere andere Mathematiker, die mit der Picardschen Linie unzufrieden waren (Siegmund-Schultze 2011). Auf dem Kongress in Toronto stellte die US-Delegation einen Antrag, wonach die IMU vor dem nachfolgenden Kongress in Bologna ihre Boykottpolitik überdenken sollte.[57] Ganz anderer Auffassung war allerdings Gabriel Koenigs[58], der langjährige Generalsekretär des Exekutivkomitees der IMU. Dies führte zu einem Konflikt mit dem Präsidenten der IMU, Salvatore Pincherle, der den Kongress unter der Obhut der Universität Bologna tagen ließ, womit Koenigs hartnäckige Haltung scheiterte.

Brouwers allgemeine politischen Ansichten waren zu seinen Lebzeiten weitgehend bekannt. Karl Menger, der von 1925 bis 1927 Assistent bei ihm war, schrieb nach dessen Tod, wie Brouwer von Hassgefühlen gegen den Franzosen besessen war (Menger 1979, 242–243, 248–249). Es war sicherlich auch kein Zufall, dass die politischen Ansichten seines österreichischen Kollegen Roland Weitzenböck, den er 1923 von Prag nach Amsterdam holte, ziemlich ähnlich waren. Kenner wussten, dass die Anfangsbuchstaben in der Einleitung zu Weitzenböcks Buch *Invariantentheorie* (1923) einen verschlüsselten Satz bildeten, der lautete: „Nieder mit den Franzosen."

Otto Blumenthal bekam relativ früh einen Eindruck von Brouwers politischer Haltung, und zwar durch ein Vorkommnis während seines Besuchs in Laren unmittelbar nach der Tagung in Bad Nauheim.[59] Diese fand zur selben Zeit wie der Mathematikerkongress in Straßburg statt. Blumenthal wollte mit Brouwer über einige eingegangene Arbeiten für die *Annalen* konferieren, u.a. eine von Heinrich Hake. Diese entstand aus seiner Doktorarbeit, welche er in Bonn unter der Leitung von Hans Hahn geschrieben hatte, und behandelte eine allgemeine Integrations-

---

[56] Zur Geschichte der IMU siehe Lehto (1998).

[57] Diesen Antrag unterstützten mehrere Länder, u.a. Schweden, Norwegen, Großbritannien, die Niederlande, Italien und Dänemark.

[58] Gabriel Koenigs (1858–1931) war Professor für Mechanik an der Sorbonne und ab 1918 Mitglied der Académie des sciences.

[59] Einzelheiten hierzu fasste Brouwer zwei Jahre später zusammen, als er ein Schreiben an den Minister für Unterricht, Kunst und Wissenschaft richtete, in dem er diese Angelegenheit unter der Rubrik „Symptomatisches zu einer Gefährdung der niederländischen Staatshoheit" darstellte (S. 144).

theorie, basierend auf Ideen von Charles-Jean de la Vallée Poussin, Oskar Perron und Arnaud Denjoy. Hake konnte zeigen, dass alle integrierbare Funktionen im Sinne von Denjoy auch in seiner Theorie integrierbar sind, während noch offenblieb, ob die Umkehrung galt oder nicht. Denjoy hatte mehrere diesbezügliche Arbeiten ab 1915 veröffentlicht, aber diese standen Hake natürlich nicht zur Verfügung, als er seine Dissertation schrieb. Dieser Umstand machte auch Blumenthal neugierig, ob Denjoy inzwischen Ergebnisse gewonnen hätte, die für Hakes Arbeit relevant sein könnten.

Der französische Analytiker Arnaud Denjoy hatte seit 1917 eine Professur in Utrecht inne; außerdem war er seit Kurzem Mitglied der Amsterdamer Akademie der Wissenschaften. Blumenthal machte seine Bekanntschaft schon 1908 auf dem Internationalen Mathematikerkongress in Rom. Brouwer kannte ihn natürlich viel besser, sodass es sehr naheliegend gewesen wäre, wenn er ihn gebeten hätte, ihm Separata von seinen neueren Arbeiten zuzuschicken. Stattdessen schlug Brouwer vor, dass Blumenthal sich direkt mit Denjoy in Verbindung setzen sollte. Vermutlich wollte er durch diese kleine Provokation überprüfen, wie Denjoy darauf reagieren würde.[60]

Blumenthal zeigte sich zunächst kaum geneigt, auf diesen Vorschlag einzugehen, da er verständlicherweise angesichts der politischen Spannungen Kontakte mit französischen Mathematikern vermeiden wollte. Brouwer insistierte aber, dass Denjoy als Mitglied der Amsterdamer Akademie eine freundliche Anfrage von einem deutschen Kollegen höflich beantworten würde. Daraufhin schickte Blumenthal eine Postkarte nach Utrecht an Denjoy, der etwas später darauf reagierte, da er bis Ende September auf dem Kongress in Straßburg verweilte. Denjoy gab Blumenthal unmissverständlich zu verstehen, dass er voll und ganz hinter dem harten Kurs Frankreichs gegen die deutsche Regierung stehe. Somit lehne er bis zu einer wesentlichen Veränderung der Beziehungen ihrer beiden Länder alle Kontakte mit den Mathematikern Deutschlands strikt ab. Er, wie alle Mathematiker Frankreichs, verfolge damit freiwillig die Anweisungen und die Haltung, welche die Regierung ihres Landes diktiere.

Blumenthal leitete diesen Brief vom 4. Oktober 1920 an Brouwer weiter, vermutlich um ihm zu zeigen, dass Denjoy ganz solidarisch hinter der Boykottpolitik des IRC stand. Der in Abschnitt 3.4 abgedruckte Briefwechsel zwischen Brouwer und Denjoy zeigt deutlich, wie emotional und politisch beladen diese Thematik tatsächlich war. Unter anderen Beleidigungen verwies Denjoy auf Brouwers Entscheidung, nach Bad Nauheim statt Straßburg zu fahren, vor allem im Hinblick auf das Leiden der holländischen Bevölkerung im Ersten Weltkrieg. Dieser Schlagabtausch dauerte nur ein paar Wochen, bevor Brouwer ihn abbrach, aber dann begann er eine regelrechte Hexenjagd auf Denjoy, den er sogar bis in der Zeit nach dessen Übersiedlung 1922 nach Paris verfolgte (van Dalen 2013, 336–348).

---

[60]In einem Brief vom 9. November 1920 an Hermann Weyl erwähnte Brouwer, dass Denjoy immer noch im vierten Jahr seine Vorlesungen auf Französisch halte. Später erhob er Protest in der Amsterdamer Akademie gegen einen Auftritt Denjoys, bei dem er die Landessprache nicht bediente (siehe Brouwers Brief an Karl Kerkhof vom 2. Dezember 1921 auf S. 142).

Inzwischen bildete Brouwer sich ein, dass Denjoy quasi als Vertreter des französischen Auslandsamtes in die Niederlande gekommen sei. In einem Brief vom 2. Dezember 1921 an Karl Kerkhof, den Leiter der Reichszentrale für naturwissenschaftliche Berichterstattung in Berlin, schrieb er (S. 142): „Ich kämpfe hier einen verzweifelten Kampf gegen die fortschreitende Annektierung der niederländischen Wissenschaft durch den Pariser Imperialismus."

Nach der Vorschriften der Akademie bekam Denjoy, als im Ausland lebendes ehemaliges Mitglied, den Titel eines korrespondierenden Mitglieds. Brouwer versuchte jedoch, ihm wegen seines Verhaltens Blumenthal gegenüber diesen Status abstreitig zu machen. Der zuständige Minister wollte diese heikle Frage nicht allein entscheiden, und so musste erst ein Ausschuss der Akademie unter der Leitung von H.A. Lorentz gebildet werden, um dem Minister per offiziellem Bericht Rat zu erteilen. In diesem Bericht vom 27. Januar 1923 wurde auf die „grossen, durch niemand bezweifelten, wissenschaftlichen Verdienste" von Denjoy hingewiesen, welche für die Akademie natürlich viel wichtiger waren als seine persönlichen politischen Ansichten. Der Wortlaut dieses Berichts ließ klar genug erkennen, auf wie wenig Verständnis Brouwers damaliger „Kampf gegen Frankreich" in der Akademie stieß:

> ... Denjoy, als er hierzulande wohnte und ordentliches Mitglied der Koninklijke Akademie van Wetenschappen war, liess sich bei seiner Haltung gegenüber einem deutschen Fachgenossen allein von seinen Gefühlen als Franzose leiten, ... [während] der Umstand, dass er Mitglied der Koninklijke Akademie war, auf diese Haltung keinen Einfluss hatte. Es würde uns sicher gefreut haben, wenn es anders gewesen wäre und wenn auf diese Weise einige Annäherung zustanden gekommen wäre. Wir meinen indessen, dass die Wiederherstellung guter Beziehungen zwischen den Gelehrten von einander entfremdeten Ländern, eine Wiederherstellung, die uns hoffentlich die Zunkunft bringen wird, nicht gefördert werden würde, wenn gegen Herrn Denjoy den Auffassungen des Herrn Brouwer entsprechend vorgegangen würde und Aufklärung von ihm verlangt werden würde.

Blumenthals verschiedene Erfahrungen mit Brouwer, wie z.B. in den Fällen von Lebesgue und Denjoy, reichten sicherlich aus, um ihm ein klares Bild von dessen allgemeinen politischen Ansichten zu geben. Vor allem kannte er Brouwers starke Antipathien gegen diejenigen Franzosen, die den Boykott gegen deutsche Wissenschaftler laut unterstützt hatten. Brouwers Bestrebungen, der französischen Politik entgegenzuwirken, erwähnte dieser selbst in einem Brief vom 1. November 1923 an seinen Freund, den Frankfurter Topologen Arthur Schoenflies. Dort gab er zu, dass „meine eigenen Arbeiten ja seit 3 Jahren völlig ruhen, weil meine Kräfte durch die Bekämpfung unserer Annektierung durch Frankreich, welche von der Lorentz Clique so fleissig gefördert wird, fast vollständig in Anspruch genommen werden".[61] Brouwers andauernder Kampf gegen vermeintliche französische Ein-

---

[61] Als führender Physiker seiner Generation vertrat H.A. Lorentz bekanntlich eine Politik der Versöhnung zwischen Frankreich und Deutschland (Schroeder-Gudehus 2012).

flüsse hinterließ langfristige Spuren, die später für Blumenthal, Hilbert und die gesamte Redaktion der *Annalen* starke Konsequenzen hatten. Denn ab Mitte der 1920er Jahren wurde immer deutlicher, wie sehr Brouwers antifranzösische Politik die *Annalen*-Redaktion polarisierte.

Diese Auswirkung begann Ende 1924 mit ersten Plänen für einen Sonderband, der den 100. Geburtstag Bernhard Riemanns (1826–1866) feiern sollte. Bei dieser Gelegenheit wollten Blumenthal und Hilbert auch ein Zeichen für die traditionellen Verbundenheit zwischen den führenden Mathematikern Deutschlands und Frankreichs setzen. Als erster Schritt in diese Richtung wurde eine provisorische Liste der einzuladenden Mathematiker erstellt, zu der Brouwer natürlich gehörte. Zwei Franzosen standen auf dieser Liste: Paul Painlevé und Jacques Hadamard. Brouwers Entgegnung darauf (S. 200) löste eine Kontroverse aus, die langfristige und letztendlich katastrophale Folgen für die Redaktion der *Annalen* haben sollte: „Für den Riemann-Band sage ich gern meinen Beitrag zu. Auch die vorgeschlagene Liste der Mitarbeiter an diesem Band billige ich, <u>bis auf den Namen Painlevé</u>."

Paul Painlevé war nicht nur ein Mathematiker mit hohem internationalen Ansehen, sondern auch ein wichtiger Politiker, der 1917 und 1925 für jeweils einige Monate als Premierminister der Dritten Republik diente. Er promovierte 1887 an der École normale supérieure und ging danach nach Göttingen, wo er Vorlesungen von Klein und Hermann Amandus Schwarz besuchte. Ab 1892 unterrichtete er in Paris an der Sorbonne und mehreren anderen elitären Institutionen. 1910 gab er seine Professur auf, da er sich hauptberuflich der Politik widmen wollte. Im Ersten Weltkrieg wurde er Minister für Volkserziehung, Schöne Künste und Verteidigungstechnologie, und ab März 1917 ernannte ihn Alexandre Ribot zum Kriegsminister. Nach dem Rücktritt Ribots im September 1917 wurde Painlevé für einige Wochen auch Premierminister, musste jedoch schon im November 1917 zurücktreten. Nach dem Krieg spielte er eine zentrale Rolle in der französischen Politik und diente nach einer kurzen Amtzeit als Premierminister in den nachfolgenden Regierungen als Kriegsminister unter Aristide Briand wie auch Raymond Poincaré .

Brouwer meinte, dass „Deutschland sich lächerlich machen würde, zur Beteiligung an der Ehrung des Andenkens eines deutschen Gelehrten des 19. Jahrhunderts ein Geschöpf einzuladen, das ... als Vorsitzender der Académie des Sciences" eine ganz gehässige Rede gegen die deutsche wissenschaftliche Kultur gehalten habe. Am 2. Dezember 1918, also kurz nach dem Waffenstillstand, sprach Painlevé in einer öffentlichen Sitzung der Akademie über den Ausgang des Krieges. Brouwer zitierte einige Passagen aus dieser Rede in seinem Brief vom 1. November 1924 an Blumenthal (S. 200):

> ... es ging um einen verzweifelten Zweikampf auf Leben und Tod ohne Aussicht auf eine Möglichkeit zur Verständigung zwischen zwei Zivilisationskonzepten: es ging darum, zu entscheiden, ob die Wissenschaft für den Menschen ein Mittel zur Befreiung und zur Stärkung seiner Würde

oder das Instrument seiner Versklavung sein solle. ...

Während dieser Zeit war die Wissenschaft auf der anderen Seite des Rheins ein gigantisches Unternehmen, in dem ein ganzes Volk mit einer geduldigen Dienstbarkeit hart daran arbeitete, die gewaltigste Tötungsmaschine aller Zeiten zu bauen. ...

Eine Überlegung muss Vorrang vor allen anderen haben, und zwar dass diejenigen, die das getan haben, außer Stand gesetzt werden müssen, es wieder zu tun. ...

Solange Deutschland seinem blutigen Ideal der Unterdrückung, Plünderung und Gewalt nicht grundlegend abschwört, solange sich Deutschland seiner Verbrechen nicht bewusst wird und Abscheu davor entwickelt, wird keine Versöhnung zwischen ihm und der Menschheit möglich sein, nicht einmal für eine wissenschaftliche Zusammenarbeit.

Brouwer bat Blumenthal um die Zusendung dieser Zitate an alle Redakteure, da er davon überzeugt war, dass „keiner von ihnen nach der Lektüre ... eine Einladung an Painlevé für den Riemann-Band noch für möglich halten wird". Blumenthal wandte sich umgehend an Carathéodory, der an Brouwer schrieb: „Im Grunde bin ich ganz Ihrer Meinung, überlege mir aber, ob man den Unsinn, der während des Krieges in allen Länder zusammengetragen worden ist, sich doch immer von neuem ins Gedächtnis rufen muss; da hätte man ja gar nicht gebraucht mit der Schiesserei aufzuhören." Carathéodory sah es als sinnvoll an, beim Riemann-Band die Franzosen außen vor zu lassen. Wenn sie jedoch dabei sein sollten, dann müsse man sich an Painlevé wenden, denn dieser „ist nämlich unter den französischen Mathematikern der einzige, der eine genügend gefestigte Position bekleidet, um sich an dem Riemann-Band zu beteiligen ohne Gefahr zu laufen, von der ganze Meute der Banausen angebellt zu werden". Carathéodory wusste auch, dass „Painlevé sich erboten hatte einige Vorträge an der Universität Berlin zu halten und dass – trotzdem das Ministerium des Aeusseren in Berlin sich für die Sache interessierte – sie an dem Widerstande einiger Berliner Professoren gescheitert ist". Nach dieser Nachricht zu urteilen, schien es ihm wahrscheinlich, dass Painlevé inzwischen Versöhnungspolitik praktisieren wolle.

Es war aber für Brouwer einerlei, wie sich Painlevé gegenüber seinen deutschen Kollegen im Zeitalter der Weimarer Republik verhalten haben mag. Er betrachtete Painlevés frühere Äußerungen offenbar als eine Beleidigung des deutschen Volkes statt als einen scharfen Angriff auf den Militarismus des Kaiserreichs, dessen Macht im Jahre 1918 in den Händen der Generäle Hindenburg und Ludendorff lag. Carathéodory machte auf jeden Fall darauf aufmerksam, dass eine Beteiligung französischer Mathematiker an dem Riemann-Band, ohne Painlevé einzuladen, praktisch undenkbar wäre.

Blumenthal musste nun schnell handeln, und so schickte er Einstein eine Kopie von Brouwers Protestbrief wie auch Carathéodorys Antwort darauf zu. Dabei stimmte er mit Carathéodory in der Meinung überein, dass:

... die Einladungen an die Franzosen mündlich erfolgen oder wenigstens
mündlich vorbereitet werden müssen, und wir haben geglaubt, dass Sie
der geeignetste wären, diese Einladung zu überbringen. Wir wären Ihnen zu grossem Dank verpflichtet, wenn Sie sich dieser Aufgabe unterziehen wollten, und glauben auch, dass Sie es gern tun werden, weil es in
der Richtung Ihrer Bestrebungen liegt. ... Ich stimme vollkommen mit
Carathéodory überein. Wenn sich keine Einigung erzielen lässt, müssen
wir die Sache innerhalb der Hauptredaktion (Sie, Hilbert, Cara und ich)
entscheiden. Ich bitte Sie also, mir Ihre Ansicht mitteilen zu wollen. Sie
kennen ja die Pariser Verhältnisse genau, wissen auch, ob es möglich
ist, direkt an Hadamard heranzutreten, ohne Painlevé zu kränken. Ich
würde, um des sehr empfindlichen Brouwers willen, diesen Ausweg befürworten, da ich die Aufforderung an Painlevé nur für Formsache halte.
Aber nur unter Bedingung, dass die Einladung an Hadamard darunter
nicht leidet, denn auf diese kommt es sehr wesentlich an.

Es dürfte angezweifelt werden, ob Einstein die Tragweite des wichtigen Ver-
weises Blumenthals auf die Notwendigkeit, ggf. eine Entscheidung „innerhalb der
Hauptredaktion" erzielen zu müssen, erkannt hat. Kurz zuvor auf der DMV-Jahres-
tagung in Innsbruck wurde über diesen inzwischen empfindlichen Punkt verhandelt, und zwar mit dem Ergebnis, dass zur Reglung bestimmter Fragen die vier
Hauptredakteure berechtigt waren, diesen allein und endgültig zu entscheiden. Als
Mitglieder der sogenannten Nebenredaktion wollten allerdings Brouwer und Ludwig Bieberbach mitreden, weswegen sie ab dieser Zeit zunehmend auf die Rechte
der mitwirkenden Redakteuren pochten. In diesem Fall setzten sie sich gegen Hilbert und Blumenthal tatsächlich durch: Das Riemann-Heft erschien ohne Beiträge
aus Frankreich (Abschnitt 6.2).

Blumenthal wollte bei dieser Angelegenheit Brouwer aus dem Weg gehen.
Es ist auch wohl möglich, dass er inzwischen begriffen hatte, wie sehr Brouwer
seine stets freundschaftliche Haltung gegenüber französischen Kollegen missbilligte. Tatsächlich betrachtete Brouwer ihn als einen politischen Feigling, ein Grund,
weswegen er Blumenthal gern aus der *Annalen*-Redaktion vertrieben hätte. In einem Brief an Karl Kerkhof machte Brouwer kein Geheimnis daraus, dass er nur
Verachtung für die liberalen Ansichten Blumenthals empfand. So schrieb er am
11. Mai 1925:

In bezug auf internationale wissenschaftliche Beziehungen halte ich Professor Blumenthal Aachen für die vom deutschen Standpunkte denkbar
schlechteste Autorität, und zwar deshalb, weil er nach seinem bisherigen Verhalten für die Würde der deutschen Wissenschaften und die
erforderliche Zurückhaltung der deutschen Gelehrten kaum das nötige
Verständnis besitzen dürfte. Trotz einer seiner Zeit erhaltenen beleidigenden Abfuhr bemüht er sich immer wieder, mit französischen Gelehrten kollegiale Beziehungen aufzunehmen, und dies sogar mit denjenigen,
die gegen die deutsche Wissenschaft aufs unsinnigste gezetert und ih-

re Äusserungen seitdem weder widerrufen noch irgend einen anderen versöhnenden Schritt von sich aus unternommen haben. Ein derartiges Verhalten, wie dasjenige Blumenthal's, scheint mir dazu geeignet, im Auslande den Eindruck hervorzurufen, als wäre der den deutschen Gelehrten in der öffentlichen Sitzung der französischen Akademie gemachte Vorwurf der Sklavenhaftigkeit ('servilité') tatsächlich verdient.[62]

Brouwer bezog sich hier auf Blumenthals Verhalten fünf Jahre früher bei der Denjoy-Affäre. Offenbar sah er inzwischen solche Liberalität gegenüber französischen Kollegen als einen gefährlichen Trend an. Denn er empfahl, dass „die Bekämpfung des Blumenthal-Einstein'schen Treibens" mit aller Dringlichkeit geboten sei. Trotzdem wollte er nicht, dass sein Schreiben in die Öffentlichkeit gelangt. So bat er Kerkhof darum, in einer mündlichen Rücksprache mit dem Berliner Mathematiker und mitwirkenden Redakteur der *Mathematischen Annalen*, Ludwig Bieberbach, dieser Angelegenheit nachzugehen. Brouwer erklärte sich sogar „von vornherein mit Bieberbachs Urteil einverstanden".[63] Um sicherzugehen, informierte er am selben Tag Bieberbach über Kerkhofs Anliegen, indem er folgende Auffassung vertrat: „Gerade weil ich es für wahrscheinlich halte, dass Blumenthal auf dem von uns als unwürdig verurteilten Wege stetig weiter arbeitet, müssen wir, wie ich glaube, ihn bei diesem Wirken bekämpfen, wo immer sich die Gelegenheit bietet."

Diese Aussage zeigte sich als richtungsweisend für Brouwers Einstellung innerhalb der Redaktion, die sich zunehmend in zwei getrennte Lager spaltete. Diese gespannte Lage führte schließlich im Jahre 1928 zum gewaltigen Konflikt, bei dem Hilbert die Entfernung Brouwers aus der Redaktion durchsetzte. Auch dabei spielte Otto Blumenthal eine zentrale Rolle.

1.9 Hilbert vs. Brouwer: Der *Annalen*-Konflikt

Das politische Klima in Europa entspannte sich erheblich nach 1925 mit der Unterzeichnung der Verträge von Locarno. Diese traten im September 1926 in Kraft, als Deutschland in den Völkerbund aufgenommen wurde. Kurz vorher am 29. Juni beschloss der IRC, den Ausschlussparagraphen seines Statuts zu löschen und Deutschland, Österreich, Ungarn und Bulgarien als Mitglieder einzuladen. Die deutsche Regierung, allen voran Außenminister Gustav Stresemann, wollte diese Einladung als eine Verhandlungsbasis für die Ausweitung der mit Aristide Briand seit ihrem Treffen in Locarno begonnenen Friedenspolitik benutzen, und so wandte sich das Auswärtige Amt an die deutschen Akademien. Die erhoffte Reaktion aus diesen Kreisen kam allerdings nicht, denn selbst die etwas liberalere Preußische Akademie der Wissenschaften wollte nicht einlenken. In einer Sitzung vom 15. Dezember 1927 stellte sie infrage, „ob das Auswärtige Amt überhaupt das

---

[62]Diese letzte Bemerkung spielte direkt auf die oben zitierte Behauptung Painlevés an.

[63]Kerkhof kannte allerdings schon diese politische Allianz zwischen Brouwer und Bieberbach (siehe sein Brief an Walther von Dyck vom 16. Januar 1925 auf S. 218).

Recht besitze, sich über die Akademien und die sonstigen berufenen wissenschaftlichen Vertretungen hinwegzusetzen und Delegierte in den Conseil zu schicken". Ein solches Verfahren wäre nur zulässig für Staaten, die keine legalen Vertreter der Wissenschaft habe, wie etwa Marokko, Tunesien etc. Die Preußische Akademie wollte keine Vorschläge machen, betonte aber, dass sie „die von der Regierung bestellten Vertreter keineswegs als Vertreter der Wissenschaft anerkennen werde" (Grau 2000).

Karl Kerkhof verfolgte diese Verhandlungen wie auch anderen im Ausland sehr genau.[64] Seine größte Befürchtung zu dieser Zeit bestand in der Möglichkeit, dass der IRC durch die Aufnahme Deutschlands eine dauerhafte Legitimation gewinnen könnte. Er wusste aber wohl, dass Brouwer nicht nur eine ähnliche Auffassung vertrat, sondern auch, dass er gern bereit wäre, an Kerkhofs Kampagne gegen den IRC teilzunehmen. Kurz vor Weihnachten 1925 schickte Brouwer 50 Exemplare eines Propagandablatts an Walther von Dyck in München mit der Bitte, er möge zusehen, dass die Mitglieder der Bayerischen Akademie der Wissenschaften dasselbe bekommen (S. 226). Er verwies dabei auf die bevorstehende Entscheidung des Kartells deutscher Akademien, dem IRC, „der nur um Deutschland zu schmähen und zu boykottieren gegründet wurde", beizutreten. Das Argument, wonach dieser Schritt als ähnlich dem Beitritt zum Völkerbund auzusehen wäre, lehnte Brouwer ab, „weil der Völkerbund letzten Endes einer amerikanischen humanitären Idee, der [IRC] dagegen ausschliesslich dem französischen Vernichtungswillen entsprossen ist". Als eine Annäherung zwischen ehemals verfeindeten Wissenschaftlern doch möglich erschien, versuchten Kerkhof und Brouwer Misstrauen zu stiften, Forderungen zu stellen und Obstruktionspolitik zu betreiben. Sie unterstützten die reaktionäre Politik anderer konservativer Kräfte in Deutschland als Befürworter eines Gegenboykotts, dessen Parole lautete: keine Kooperation mit den ehemaligen Boykotteuren und kein Eintritt in ihre Organisationen.[65]

Vor dem geplanten Internationalen Mathematikerkongress, der im September 1928 in Bologna stattfand, schickte Salvatore Pincherle, damaliger Präsident der Union mathématique internationale, Einladungen an mehrere mathematische Gesellschaften, u.a. an die DMV. Da die Mathematiker Deutschlands zu dieser Zeit immer noch wegen der Beschlüsse des CIR von der Teilnahme an vom IRC geförderten internationalen Tagungen ausgeschlossen waren, befand sich die DMV in einer schwierigen Lage (Abschnitt 7.1). Die Vertreter des Ausschusses,[66] zu dem

---

[64]Kerkhof gründete im Jahre 1925 das Informationsblatt „Forschungen und Fortschritte", das „zum Sprachrohr von Kerkhofs betont nationalistischen und revanchistischen Ansichten wurde" (Hoffmann 2000, 62). Er und Bieberbach versuchten, das alte Referateorgan *Jahrbuch über die Fortschritte der Mathematik* durch Unterstützung der Preußischen Akademie neu zu beleben (Siegmund-Schultze 1993).

[65]Zwei Standandwerke zu diesem Thema sind Schroeder-Gudehus (1966) und Schroeder-Gudehus (1978). Zum Verhalten der Physiker in dieser Zeit siehe Forman (1973).

[66]Der DMV-Ausschuss bestand aus neun Mitgliedern, von denen drei den Vorstand bildeten. Diese drei – Schriftführer, Schatzmeister und Herausgeber der Jahresberichte – waren von den anderen sechs, der Vorsitzende von allen neun Mitgliedern gewählt. Otto Blumenthal wurde 1924 zum Vorsitzenden gewählt, und danach war er von 1925 bis 1933 Herausgeber des Jahresberichts.

Otto Blumenthal gehörte, vertraten gegensätzlichen Ansichten darüber, wie die DMV auf Pincherles Einladung reagieren sollte. September 1927 fand die Jahrestagung der DMV in Bad Kissingen statt. Bei dieser Gelegenheit wurde beschlossen, dass die DMV keine offiziellen Vertreter nach Bologna entsenden würde. Außerdem sollten keine Mitteilungen über den bevorstehenden Kongress in den Jahresberichten publiziert werden. Stattdessen würde ein Zirkular an die Mitglieder ergehen, um sie über die Pläne für Bologna zu informieren. Brouwer erhielt natürlich dieses Blatt und wandte sich umgehend an Bieberbach, um eine Gegenmaßnahme anzukündigen.

Bieberbach ließ sich auf Brouwers Vorschlag ein, vermutlich ohne die Zustimmung der anderen Mitglieder des Vorstands einzuholen. Als Rechtfertigung dafür gab er zu verstehen, es handele sich nicht um eine Veröffentlichung im Jahresbericht selbst, sondern nur um ein beigefügtes Blatt mit gewissen zusätzlichen Informationen. Brouwer bezeichnete dieses als „nur der Form, nicht aber dem wirklichen Inhalte nach politischer als die Einladung zum Bologner Kongress". Wie im Fall des Riemann-Bandes zitierte er die gleichen alten Äußerungen Paul Painlevés, um seine deutschen Kollegen darauf aufmerksam zu machen, dass ihre Teilnahme am Kongress in Bologna einem Verrat an dem „Andenken von Gauß und Riemann" gleichkäme. Brouwers erster Erfolg fand gut drei Jahre vorher statt, als er seinen Appell an die *Annalen*-Redaktion richtete, um die Teilnahme der Franzosen, insbesondere Paul Painlevé, an dem Riemann-Band zu verhindern. Sein neuer Appell an die Mitglieder der DMV von März 1928 (S. 253) war tatsächlich nur eine Wiederholung der gleichen Propaganda. Diese neueste Einmischung Brouwers nahm Hilbert zunächst zur Kenntnis, ohne dazu öffentlich Stellung zu beziehen.

In seiner Brouwer-Biographie stellte Dirk van Dalen dessen Konflikte im entscheidenden Jahr 1928 als „Three Battles" dar, anfangend mit dem Grundlagenstreit (van Dalen 2013, 552–587). Der zweite Kampf brach mit dem Bologna-Kongress aus (Kapitel 7), gefolgt vom sogenannten „Frosch-Mäuse-Krieg" (van Dalen 1990) innerhalb der Redaktion der *Mathematischen Annalen* (Kapitel 8); diese zwei Teile des zweiten Kampfes sind in Kapitel 7 bzw. 8 ausführlich dokumentiert. Brouwers dritter Kampf fand auf einem Nebenschlachtfeld statt, weswegen er in diesem Band nur gestreift wird. Es handelt sich allerdings um die Fortsetzung der in Kapitel 5 behandelten Thematik, d.h. die Entstehung der modernen Dimensionstheorie, zu der Paul Urysohn und Karl Menger wichtige Impulsen gaben. Die verfrühte historische Darstellung (Menger 1928) wurde heftig angegriffen (Brouwer 1928b), wogegen Menger sich verteidigte (Menger 1930).[67] Trotz des wohlgemeinten Rates von Hans Hahn, Mengers Verteidigungsschrift zu ignorieren, regte sich Brouwer sehr über Mengers Verhalten auf.

Was den Grundlagenstreit betrifft, darf nicht übersehen werden, dass Hilbert kaum Kenntnis von Brouwers Publikationen im Rahmen seiner intuitionistischen

---

Der damalige Schriftführer Ludwig Bieberbach übernahm allerdings in erster Linie diese Aufgabe (Schappacher/Kneser 1990, 51).

[67]Zu dieser Auseinandersetzung zwischen Brouwer und Menger siehe Freudenthals Kommentare in (Brouwer 1976, 564–567).

Mathematik nahm. Es war eben diese Missachtung der Grundsätze des Intuitionismus, welche Brouwer Anfang 1928 veranlasste, seinen polemischen Angriff auf Hilberts Formalismus (Brouwer 1928a) in den Sitzungsberichten der Berliner Akademie zu publizieren. Zuvor hatte er fast immer bissige Bemerkungen in seinen Veröffentlichungen vermieden, aber seinen „Vier Einsichten"-Aufsatz konnte man nur als eine offene Kampfansage gegen Hilberts Formalismus und vor allem gegen dessen Totschweigen des Intuitionismus verstehen.[68] Ob Hilbert diesen frontalen Angriff ernst nahm oder nicht, bleibt dahingestellt. Von seinem Standpunkt aus gesehen, war Brouwer nicht allein ein Verfechter einer völlig sterilen Philosophie der Mathematik, sondern auch und vor allem ein Störenfried, also jemand, der die Bemühungen aufgeklärter Wissenschaftler – u.a. Hilbert, Einstein und Blumenthal –, die eine versöhnliche Politik mit ihren gleichgesinnten französischen Kollegen verfolgen wollten, im Wege stand. Zieht man die Kämpfe vor 1928 in Betracht, kann man zwischen zwei wesentlichen Aspekten dieser Konflikte unterscheiden, obwohl alle mit Konkurrenz und Machtbestrebungen zu tun hatten: Es gab einerseits eine mathematisch-philosophische Ebene, auf der fast kein Diskurs zwischen den Hauptkontrahenten stattfand, andererseits gab es daneben eine politische Ebene, auf der heftig debattiert wurde, wie z.B. bei den Verhandlungen vor dem Bologna-Kongress oder in Bezug auf die internationale Orientierung der *Mathematischen Annalen*.

Im Juni 1928 wurde Bieberbach vom Akademischen Auskunftsamt kontaktiert und gebeten, eine Stellungnahme zum Bologna-Kongress aus deutscher Sicht abzugeben. Für Bieberbach war dieser Kongress nur ein halbherziger Versuch der Italiener, sich vom Einfluss der Union zu befreien. Vor allem betrachtete er den geplanten Ausflug nach Südtirol als eine Zumutung für die deutschen Mathematiker.[69] Dieses Schreiben wurde ohne Zutun Bieberbachs verbreitet, und Hilbert bekam eine Abschrift desselben. Daraufhin schrieb er eine heftige Gegenstellungnahme, die weite Verbreitung fand. Mit diesem Rundschreiben Hilberts wurde die Spaltung innerhalb der Gemeinschaft deutscher Mathematiker, insbesondere zwischen Göttingen und Berlin, nicht nur offensichtlich, sondern kaum mehr zu reparieren.

Wie Hilbert betonte, wollten die Italiener den Kongress in Bologna unabhängig von der Union mathématique internationale veranstalten, obwohl das Unternehmen ursprünglich von dieser Organisation ausgegangen war. Hilbert wusste, vermutlich durch Richard Courant, dass Harald Bohr und G.H. Hardy, beide ausgesprochen international gesinnte Mathematiker, davon überzeugt waren, dass Pincherle sich gegen die Boykottpolitik der IMU durchsetzen würde. Für sie wie auch Hilbert stand also fest, dass die deutschen Mathematiker sich solidarisch mit den Italienern verhalten sollten. Brouwer und Bieberbach blieben aber skeptisch, trotz Zusicherungen von Bohr und Hardy. Alle waren starke Gegner der Union,

---

[68]Zum Thema Totschweigen bei Hilbert siehe Abschnitt 1.12 in Band I.

[69]Bieberbach war allerdings falsch informiert, denn der Ausflugsort am Lago de Ledro lag nicht im deutschsprachigen Südtirol, sondern in der italienisch sprechenden Provinz Trentino (Siegmund-Schultze 2016, 59, Note 17).

aber denjenigen des deutschnationalen Lagers fiel es schwer, sich vorzustellen, dass sie sich freiwillig Begegnungen mit ehemals verfeindeten Mathematikern aussetzen sollten.

In einem Brief an Brouwer vom 21. August 1928 (S. 268) stellte sich Hardy aus rein pragmatischen Gründen auf die Seite von Bohr-Courant, natürlich ohne Hilberts Namen zu nennen. Er wies auch gleichzeitig auf den Schwachpunkt in Brouwers Vorgehensweise hin, indem er schrieb: „if you are to demand that everybody shall formally retract all the imbecilities which he has uttered during the war, then assuredly there will never be any Congresses of any kind until everybody born before 1914 is dead." Die Briefe in Abschnitt 7.2 zeigen deutlich, wie Brouwers umtriebige Handlungen vor dem Kongress nur Teil einer Gegenboykottbewegung waren, zu der Bieberbach, Kerkhof, Richard von Mises u.a. beitrugen.

Brouwer war außerdem von Teilnehmern über den Ablauf des Kongresses gut informiert (Abschnitt 7.3). Von Hasso Härlen bekam er einen langen Bericht, in dem u.a. Hilberts Auftritt beschrieben wurde:

Nach Pincherle sprach Birkhoff in französischer und englischer Sprache den Dank an die italienischen Mathematiker für ihre Arbeit für das Zustandekommen eines wirklich internationalen Kongresses aus. Es fiel manchem auf, dass der Dank nicht auch in deutscher Sprache erfolgte. ... Danach der erste Vortrag von Hilbert, der mit stürmischem Beifall begrüsst wird. Häufige Wiederholungen; Konzentrationsfähigkeit durch körperliches Leiden offenbar sehr beeinträchtigt.

In einem Brief an Hans Hahn vom 28. Oktober 1928 bat Brouwer um eine Art Abschlussbericht „über die Ereignisse und Resultate des Bologna-Kongresses in bezug auf die Union und die internationalen Beziehungen überhaupt". Die Gründe, weswegen er nicht daran teilnehmen wollte, gab er in der folgenden Erklärung an:

Dass ich nach dem vielen, was ich beim Kongress-Vorstand im April erreicht hatte, und dem vielen, was durch das undiplomatische Auftreten von Picard und Koenigs noch weiter zu Gutem gewandt wurde, trotzdem schliesslich eine ablehnende Haltung annehmen musste, lag erstens an einem vom Kongress-Vorstand mir gegenüber verübten Wortbruch, zweitens an der von Hilbert in der Angelegenheit verübten Fälschung, welche meines Erachtens die Grundlage der Aufrichtigkeit rauben musste.

Hahn antwortete in einem Brief vom 6. November 1928 (S. 275). Bei dieser Gelegenheit erwähnte er außerdem Gespräche mit Paul Alexandrow, mit dem Brouwer seit dem Tod Urysohns (Abschnitt 5.4) eine enge Freundschaft entwickelt hatte. Brouwers Beziehung zu seinem damaligen Assistenten Karl Menger war dagegen verhältnismäßig kühl (van Dalen 2013, 595–597). Menger ging 1927 nach Wien zurück, und im folgenden Jahr veröffentlichte er sein Buch *Dimensionstheorie* (Menger 1928), in dem er auf deren Entstehungsgeschichte einging. Als

Begründer dieser neuen Theorie nannte er sich selbst und Urysohn statt Brouwer. Am 29. September 1928, also kurz nach dem Kongress in Bologna, reichte Brouwer seine Replik auf Mengers historische Darstellung ein (Brouwer 1928b). Danach begann Brouwers „dritter Kampf", der zu einem langen Briefwechsel mit Hahn führte. Dieser schrieb Brouwer zunächst die folgenden Auskünfte, vermutlich ohne zu wissen, dass (Brouwer 1928b) bald erscheinen würde:

> In diesem Zusammenhange wird es Sie vielleicht interessieren, dass ich mit Herrn Alexandroff sowohl in Bologna als bei seiner Durchreise in Wien beisammen war, und dass er beidemale spontan den dringenden Wunsch äusserte, der Prioritätsstreit in der Dimensionstheorie möge vergessen und begraben sein, da er die Überzeugung habe, dass Urysohn und Menger unabhängig von einander das wesentliche gefunden hätten, und er bat mich, bei Menger die Wiederherstellung freundlicher und loyaler Bezeichnungen zu vermitteln, was ich auch – wie ich glaube – mit Erfolg tat. Bei dieser Lage der Dinge wird es Ihnen wohl leicht sein, in Ihrer historischen Darstellung alles zu vermeiden, was eine der beiden Seiten erneut Empfindlichkeiten wecken könnte.[70]

Hilberts Auftritt in Bologna, nachdem er in der Öffentlichkeit Stellung gegen Bieberbach und die Anhänger des Boykotts bezogen hatte, wurde von vielen als ein Sieg für internationale Zusammenarbeit angesehen. Für Hilbert selbst war es auch ein Sieg gegen Brouwer, den er seit dem gescheiterten Plan für das Riemann-Heft als einen Opportunisten betrachtete, dessen Politik die nationalistisch orientierten Mathematiker in Berlin ansprach. Hilberts Zorn über Brouwers Einmischungen kannte kaum mehr Grenzen; in seinen Augen spielte sein Gegner die Rolle eines politischen Erpressers, und dies war sicherlich eines der Hauptmotive, weswegen er Brouwers Tätigkeit als Mitredakteur unter allen Umständen beenden wollte. Um dies aber zu erreichen, musste er sich an die anderen drei Mitglieder der Hauptredaktion wenden. Dabei rechnete er vor allem auf die Unterstützung von Blumenthal und Carathéodory, während Einstein als Physiker weniger betroffen war.

Am 15. Oktober 1928 schickte Hilbert einen Entwurf seines Entlassungsbriefes an die drei Herren und bat sie um ihre Zustimmung zu seinem Vorgehen gegen Brouwer. Gleichzeitig wies er darauf hin, dass sein Entschluss „fest und unabänderlich" sei. Als Begründung dafür gab er zunächst an, wie Brouwer durch seine Handlungen vor dem Bologna-Kongress Hilbert selbst, aber auch „die überwiegende Mehrzahl der deutschen Mathematiker, beleidigt" habe. Zweitens nannte er Brouwers „ausgesprochene feindliche Stellung gegen die uns wohlgesinnten auslän-

---

[70]Brouwer antwortete Hahn erst am 24. Februar 1929: „Was Ihren Rat die Prioritätsangelegenheit in der Dimensionstheorie ruhen zu lassen anbelangt, so bin ich der Meinung, dass die geringste moralische Angelegenheit wichtiger ist als die gesamte Wissenschaft, und dass man den moralischen Gehalt der Welt, nur dadurch miterhalten kann, dass man jedem einzigen immoralisches Unternehmen entgegentritt. Dies galt früher für den Bologna-Kongress und gilt jetzt für die Mengerschen Fälschungen." Siehe auch Hahns Brief an Brouwer vom 6. März 1929 auf S. 345.

dischen Mathematiker", eine Anspielung auf dessen Rolle bei dem Riemann-Band. Als dritten Grund für seinen harten Kurs gegen Brouwer verwies er auf die Historie der *Annalen* und „die durchaus schädliche Tätigkeit Brouwers", welche die Zukunft der Zeitschrift gefährde, weswegen „Göttingen als Hauptbasis" beibehalten werden sollte. Diesen Standpunkt Hilberts kannte Blumenthal schon lange, weil er dessen sehr explizite Vorstellungen hierzu in einem Brief vom 18. November 1925 (S. 240) zu lesen bekam.

Nachdem er Hilberts Schreiben erhalten hatte, wandte sich Carathéodory in großer Aufregung an Einstein. Einerseits war ihm klar, dass Brouwer nicht länger in der Redaktion bleiben könnte, andererseits meinte er, dass man ihn nicht einfach rausschmeißen dürfe, wie Hilbert dies machen wollte. Carathéodory schlug Hilbert deswegen vor, er würde selbst einen Brief an Brouwer richten, um ihm nahezulegen, dass er angesichts der gespannten Lage seine Austrittserklärung einreichen sollte. Auf diesem Weg, so meinte Carathéodory, könne man Brouwer die ihm schuldige Dankbarkeit „für die grosse Arbeit, die er der Begutachtung von Manuskripten gewidmet hat", erweisen. Um dies zu unterstreichen, schrieb er weiter: „Brouwer ist einer der allerersten Mathematiker unserer Zeit und hat von der ganzen Redaktion am meisten für die Mathematischen Annalen getan. Ich meine, dass man ihm wenigstens ein bisschen Höflichkeit schuldig ist."

Einstein konnte zunächst gar nicht fassen, dass Hilbert sich so heftig über Brouwers merkwürdiges Verhalten aufregte. Da er eine enge Freundschaft mit Paul Ehrenfest in Leiden pflegte, wusste Einstein Bescheid über Brouwers Ruf in den Niederlanden als hoffnungsloser Querulant sowie über seine Unternehmungen gegen Arnaud Denjoy und seine allgemeine franzosenfeindliche Gesinnung (Abschnitt 3.4). Er hielt alle dies jedoch eher für lächerlich und konnte somit Hilberts Vorgehensweise keineswegs unterstützen, wie er ihm mitteilte:

Was [Brouwer] sich in Bologna geleistet haben mag, weiss ich nicht und interessiert mich nicht. Ich betrachte ihn bei aller Hochachtung vor seinem Geiste als einen Psychopathen und halte es weder fuer objektiv gerechtfertigt noch fuer zweckmaessig etwas gegen ihn zu unternehmen. Ihnen moechte ich sagen: ‚Sire, geben Sie ihm Narrenfreiheit'!

Carathéodory bekam von Einstein eine Kopie von dessen Antwort an Hilbert, woraufhin er Einstein am 20. Oktober schrieb. Seine Verzweiflung war mittlerweile noch größer, weil Hilbert einen Vermittlungsversuch seitens Carathéodory ohne weiteren Kommentar schlicht abgelehnt hatte. Nun wollte er Einstein mit dem Hintergrund dieser Krise genauer vertraut machen:

Der Streit um Bologna, von dem ich ebensowenig weiss und ebensowenig wissen will, wie Sie, ist, wie es mir scheint, nur der Vorwand der Hilbertschen Aktion. Die wahren Gründe liegen tiefer – teilweise sogar fast ein Jahrzehnt zurück. Hilbert ist nun der Meinung, dass nach seinem Tode Brouwer eine Gefahr für das Weiterbestehen der Mathematischen Annalen bilden würde. Das schlimme ist, dass da sich Hilbert einbildet,

dass er nicht mehr lange zu leben hat – es soll ihm tatsächlich nicht gut
gehen – er seine ganze Energie auf diese eine Sache konzentriert, die er
noch unter Dach bringen will.

Wie Otto Blumenthal zu dieser Zeit auf Hilberts Bitte reagierte, wissen wir
nicht. Da er allerdings seit Jahren Brouwers scharfe Kritik an seiner Amtsführung
einstecken musste, hatte er sich kaum veranlasst gefühlt, ein Plädoyer für ihn einzubringen. Insofern schätzte Carathéodory die Hoffnungslosigkeit dieser Situation
richtig ein: Hilbert war einfach nicht mehr aufzuhalten und schrieb schon am 25.
Oktober folgende Zeilen an Brouwer:

> Da es mir bei der Unvereinbarkeit unserer Auffassungen in grundlegen
> den Fragen nicht möglich ist, mit Ihnen zusammenzuarbeiten, habe ich
> die Mitglieder der geschäftsführenden Redaktion der Mathematischen
> Annalen um die Ermächtigung gebeten und von den Herren Blumen
> thal und Carathéodory die Ermächtigung erhalten, Ihnen mitzuteilen,
> dass wir fernerhin auf Ihre Mitwirkung bei der Redaktion der Anna
> len verzichten und demnach Ihren Namen auf dem Titelblatt weglassen
> werden.

Brouwer erfuhr allerdings erst später vom Inhalt dieser Mitteilung, da er
vorher ein Telegramm aus Berlin von Erhard Schmidt bekommen hatte, in dem
dieser ihn dringend bat, diese Postsendung aus Deutschland nicht zu öffnen, bevor
er mit Carathéodory darüber gesprochen hätte. So kam Carathéodory am 30. Oktober nach Laren, mit dem Ziel, Brouwer über die Umstände bei den *Annalen* wie
auch Hilberts prekäre Gesundheit zu informieren, damit Brouwer die Notwendigkeit einsehen würde, freiwillig aus der Redaktion zurückzutreten (van Dalen 2013,
552–558). Nach diesem Gespräch wartete er Brouwers Antwort ab. Diese traf drei
Tage später wie eine Bombe ein. Brouwer erklärte sich nur dann bereit, aus der
Redaktion der *Annalen* zurückzutreten, wenn er einen schriftlichen Beweis erhalte,
und zwar sowohl von Hilberts Frau als auch von seinem Hausarzt, in dem dessen
Unzurechnungsfähigkeit attestiert würde.

Was in den folgenden zwei Monaten geschah, war nicht nur dramatisch, sondern auch kompliziert (Kapitel 8). Die weiteren Mitglieder der Redaktion wurden
zunächst über die Geschehnisse informiert, aber nicht von Carathéodory oder Blumenthal, sondern von Brouwer selbst in einem Rundschreiben vom 5. November,
in dem er Zweifel an Hilberts Motiven äußerte. Hilberts Begründung für seine
Entfernung, so meinte Brouwer, nämlich die Behauptung, dass Hilbert nicht weiter mit ihm zusammenarbeiten könne, sei offensichtlich „nur ein Vorwand, weil in
der Annalenredaktion … nie eine Zusammenarbeit [zwischen Hilbert und Brouwer] bestanden hatte". Stattdessen verwies Brouwer auf persönliche Differenzen
zwischen ihm und Hilbert, wie z.B. ihre Ansichten bezüglich Formalismus bzw.
Intuitionismus wie auch des Bologna-Kongresses, zu welchen „sich bei Hilbert ein
stetig wachsender Zorn gegen [Brouwer] entwickelt" hätte.

In diesem Rundschreiben wollte Brouwer klar darlegen, dass dieser Vorgang
zu einem offenen Machtkonflikt innerhalb der Redaktion geführt hatte, bei dem

„die so oft proklamierte Gleichberechtigung seitens der Hauptredaktion nur eine, jetzt abzuwerfende, Maske gewesen sei. Dass naemlich die Hauptredaktion es unternehmen wolle (und sich dazu juristisch imstande achte) mich ohne Mitwirkung der sonstigen Redakteure aus der Redaktion zu entfernen." In diesem Zusammenhang appellierte Brouwer an die Mitglieder der Redaktion und deren Achtung für die Werte der *Mathematischen Annalen* im Zeitalter Felix Kleins. Er bat sie, „dahin zu wirken, dass entweder die Hauptredaktion von ihrem Unternehmen abgeht, oder die uebrigen Redakteure sich von ihr trennen und die Fortsetzung der Kleinschen Tradition in der mathematischen Zeitschriftleitung allein uebernehmen". Im Hinblick auf diese Forderung musste Blumenthal sich nun eiligst einschalten. Am folgenden Tag verfasste er eine kurze Mitteilung an sämtliche Redakteure mit der Bitte, dass sie nicht auf Brouwers Schreiben reagieren sollten, bevor sie einen von ihm verfassten Bericht erhielten, welcher in den kommenden Tagen rausgehen sollte. Die Recherchen dafür dauerten allerdings etwas länger und führten zu einem brieflichen Austausch zwischen Blumenthal in Aachen und Courant und Bohr in Göttingen (Abschnitt 8.2).

Während dieser Zeit fuhr Brouwer nach Berlin, um mit Bieberbach und Erhard Schmidt zu beraten. Brouwer hatte sein Rundschreiben auch an Ferdinand Springer geschickt, und zusammen mit Bieberbach stattete er einen unangemeldeten Besuch bei ihm ab. Springer fasste das nachfolgende Gespräch in einer Aktennotiz zusammen, welche er bald danach in einem Brief an Courant schickte. Springers Eindruck von Brouwer war sehr ungünstig, aber er meinte auch, dass die beste Lösung die Gründung einer neuen Zeitschrift wäre, die ganz unter dessen Leitung stände. Mit welchen Karten Brouwer und Bieberbach gespielt haben, lässt sich aus Springers Aktennotiz klar ablesen, denn laut dieser „drohten [sie] mit Schädigung der ‚Annalen' und Schädigung meiner geschäftlichen Interessen. Es seien Angriffe auch auf den Verlag zu erwarten, der bei den deutschen Mathematikern in den Ruf mangelnden Nationalgefühls kommen könnte."[71]

Blumenthals Bericht ging erst am 16. November raus und begann mit diesen Worten:

> Als Geschäftsführer der Annalen-Redaktion halte ich mich für verpflichtet, auf Brouwers Rundschreiben an Verleger und Redakteure der Mathematischen Annalen zu erwidern. Ich stütze mich bei meinen Ausführungen teils auf Briefe von Hilbert, Carathéodory und Brouwer, teils auf eine ausführliche Unterredung, die ich mit Hilbert in Bologna gehabt habe.

Hinter den Kulissen wirkten Bohr und Courant in dem Göttinger Hauptquartier, wo sie von Hilbert die Vollmacht für die Führung der weiteren Verhandlungen

---

[71]Schappacher und Kneser wiesen darauf hin, dass dieser Auftritt in mehrfacher Hinsicht Bieberbachs Verhalten 1934 ähnelte. Daraus schließen sie: „Der Versuch, mit Verweis auf übergeordnete nationale Belange fachpolitische Entscheidungen im eigenen Sinne zu beeinflussen, ist also nicht eine Erfindung aus der Zeit des Nationalsozialismus sondern ein unmittelbares Erbe der Weimarer Zeit" (Schappacher/Kneser 1990, 57).

bekommen hatten. Hilbert blieb nicht nur tatenlos, sondern auch völlig ahnungslos über den sich anbahnenden Kampf innerhalb der Redaktion. Brouwer bekam Blumenthals Text etwas später, da dieser Bedenken hatte, ihm eine Kopie zuzuschicken. In den nächsten Wochen wartete Blumenthal auf die Reaktionen der Nebenredakteure. Wie zu erwarten, meldete sich Bieberbach als Hauptverteidiger Brouwers, aber auch als Vertreter der mitwirkenden Redakteure. Ihm war klar, dass ein Ausschlussverfahren nur mit der Zustimmung der Gesamtredaktion ausgeführt werden dürfte (S. 303):

> Ihr Schreiben von 16.11. fasse ich dahin auf, dass Sie in Ihrer Eigenschaft als geschäftsführender Redakteur der Annalen den Antrag Hilberts auf Ausschluss Brouwers zur Abstimmung bringen wollen. Geht doch schon aus den Innsbrücker Vorgängen hervor, dass die geschäftsführende Redaktion das Recht der Entlassung von Redakteuren nicht für sich in Anspruch nehmen kann. Dort wurde der geschäftsführenden Redaktion auf ihren Wunsch von der Gesamtredaktion die Ermächtigung erteilt, im Falle von Meinungsverschiedenheiten über die Annahme von Arbeiten endgültig zu entscheiden. Und nun soll aus typographischen Merkmalen das viel weitergehendere Recht zum Ausschluss eines Redakteurs folgen.

Bieberbach machte auch darauf aufmerksam, dass er ein Verfahren ablehnen würde, bei dem das Stillschweigen eines Mitglieds als Zustimmung für den Hilbertschen Antrag gezählt werden wird. Seine Ausführungen zeigten, dass er völlig solidarisch zu Brouwer stand. Beide bekannten sich zur geistigen Tradition Felix Kleins, sodass der Ausschluss Brouwers für Bieberbach die Konsequenz hätte, eine neue Zeitschrift gemeinsam mit Brouwer zu gründen.

Blumenthal bekam bald danach weitere kritische Rückmeldungen, z.B. von Otto Hölder und Walther von Dyck, beide höchst unglücklich über diese *Annalen*-Krise. Dann meldete sich am 30. November Brouwer (S. 311), der sich erwartungsgemäß bereit zeigte, den Kampf bis zum Ende zu führen. Er habe inzwischen Blumenthals „Beschuldigungsakte … gerichtet an das Tribunal der Gesamtredaktion" bekommen und brauche nun einige Tage, um seine Verteidigungsschrift vorzubereiten. Gleichzeitig hatte Ferdinand Springer jedoch einen Juristen eingeschaltet, während Carathéodory sich von einem befreundeten Professor für Jura in München beraten ließ. Springer stand natürlich voll und ganz hinter Hilbert, sodass der Ausgang des Konfliktes nie wirklich zweifelhaft war. Als es sich abzeichnete, dass durch eine Kampfabstimmung innerhalb der Redaktion nichts erreicht werden könnte, kam man auf die noch radikalere Idee, die gesamte Redaktion aufzulösen. Springer erklärte sich bereit, dies zu tun, um damit Hilbert den Weg zu eröffnen, ein neues und viel kleineres Herausgebergremium zu bilden. Carathéodory und Einstein traten daraufhin aus, während Blumenthal seine Treue zu Hilbert und den *Annalen* signalisierte. Erich Hecke erteilte bald danach seine Zusage, womit die neue Redaktion – bestehend aus Hilbert, Blumenthal und Hecke – ab Band 101 auf der Titelseite stehen konnte.

Hilbert wollte unbedingt, dass Göttingen als Hauptsitz der *Annalen* beibehalten wird. Demzufolge wäre es naheliegend gewesen, Courant auch in die Redaktion aufzunehmen, eine Möglichkeit, welche Hilbert offenbar auch in Erwägung gezogen hat. Courant wies in einem Brief vom 15. Dezember 1928 an Ferdinand Springer (S. 324) darauf hin: „Was meinen Eintritt in die Redaktion anbetrifft, so sind wir mit Hilbert übereingekommen, dass es opportun ist, damit noch etwas zu warten, bis der ganze gegenwärtige Streit vergessen ist. Für einen späteren Zeitpunkt haben wir diesen Eintritt in Aussicht genommen." Courant hatte natürlich sehr viele andere Verpflichtungen in Göttingen, sodass er vermutlich kaum Zeit für redaktionelle Arbeit hätte finden können. Im selben Brief rechtfertigte er die erforderliche Reform der Redaktion, indem er auf „die Notwendigkeit einer strafferen und weniger demokratischen Geschäftsführung" verwies, „bei welcher die Verantwortung in festen Händen bleibt".

Courant ist erst nach dem Zweiten Weltkrieg in die Redaktion der *Mathematischen Annalen* eingetreten, während Blumenthal nach wie vor die Hauptlast der Arbeit trug. In einem längeren Brief vom 9. Februar 1929 an Courant mit der Überschrift „Ueber die künftige Gestaltung der Annalenredaktion" (S. 342) machte Blumenthal ihn auf die bevorstehenden Probleme der Zeitschrift aufmerksam:

Indem wir die Nebenredaktion ausgeschaltet haben, haben wir in gewisser Weise eine rückläufige Bewegung gegenüber allen anderen Zeitschriften begonnen. Diese nämlich umgeben sich mehr und mehr mit einem grossen Stab von Mitarbeitern, z.B. hat das Crelle'schen Journal sich erst im letzten Jahr einen solchen angeschafft. Die zunehmende Notwendigkeit wissenschaftlicher Beiräte folgt zwangsläufig aus der zunehmenden Spezialisierung.

Mir z.B. scheint es bei Arbeiten des Noether'schen Kreises oder der Topologen völlig unmöglich, einen Einblick in die Güte und besonders die Neuheit einer Arbeit zu gewinnen. Es ist deshalb meiner Ansicht nach unmöglich, dass die drei jetzigen Annalenredakteure, von denen Hilbert wohl kaum tätig mitarbeiten wird, selbst die ganze Arbeit der Redaktion leisten. ...

Sehr lange kann aber die Redaktion in dieser ganz losen Form nicht geführt werden. Wenn wir auch die Hauptredaktion nicht erweitern wollen, werden wir doch bald die Namen unserer Freunde auch auf dem Umschlag nennen müssen. Mir scheint in dieser Hinsicht die Form der Mathematischen Zeitschrift sehr geeignet, wo von einem ‚wissenschaftlichen Beirat' gesprochen wird. Die Trennung zwischen ‚Redaktion' und ‚wissenschaftlichen Beirat' macht die Wiederholung der jetzt hervorgetretenen Misstände unmöglich. Ich denke mir ausserdem, dass die Verantwortung für die Annahme oder Ablehnung einer Arbeit allein den offiziellen Redakteuren zufällt.

Ob Courant mit Hilbert über diese Vorschläge Blumenthals gesprochen hat, ist ungewiss, aber formell blieb diese dreiköpfige Redaktion bis in die NS-Zeit unverändert. Brouwer bemühte sich sofort, eine neue Zeitschrift zu gründen, konnte aber erst 1933 seine *Compositio Mathematica* starten (van Dalen 2013, 630–636). Bald danach sprang Bieberbach von der Redaktion ab, weil er nicht dulden wollte, dass sein Name zusammen mit denen jüdischer Mathematiker auf der Titelseite steht. Inzwischen bekannte sich Bieberbach voll zur NS-Rassenpolitik und propagierte eine arteigene „Deutsche Mathematik", welche anschauliches Denken fördern sollte. Drei Jahre später erschien der erste Band seiner neuen Zeitschrift, die er zusammen mit dem NS-Mathematiker Theodor Vahlen herausgab; diese trug den einfachen Titel *Deutsche Mathematik*.

1.10 Über Blumenthals didaktische Interessen

Schon als Privatdozent zeigte Otto Blumenthal großes Interesse für seine Tätigkeit als Hochschullehrer. Obwohl sicherlich kein Naturtalent, konnte er vieles von seinen Vorbildern lernen, vor allem von Sommerfeld, Hilbert und Klein in Göttingen, aber auch von Émile Borel und Camille Jordan in Paris. Es fiel schon damals auf, dass Blumenthals Pflichtgefühl mit einem inneren Drang zum Schaffen oder, wie Hilbert meinte, mit seiner „echten rechten Arbeitsfroheit" einherging. Nach dem Krieg, als er seine Karriere in Aachen fortsetzte, übernahm er noch weitere Aufgaben, bei welchen er seine didaktischen Interessen geltend machen konnte.

So war er von 1921 bis 1927 Leiter des Außeninstituts der TH Aachen, das 1921 aufgrund einer Initiative des damaligen preußischen Kultusministers Carl Heinrich Becker (1876–1933) 1921 gegründet wurde. Becker strebte eine Reform der Hochschulen an, bei der der Tendenz zur Spezialisierung zugunsten einer Stärkung der „Synthesewissenschaften" entgegengewirkt werden sollte. So förderte er u.a. Soziologie, Zeitgeschichte, Politikwissenschaft wie auch Auslandsstudien, die er als Mittel eines humanistischen Grundstudiums für alle Studierenden pflegen wollte.

Die Idee, Außeninstitute an den Technischen Hoschschulen zu gründen, erläuterte Becker in einem Erlass vom 30. Juni 1921, der an die Rektoren der preußischen Technischen Hochschulen erging. Diese Einrichtungen sollten neben den Hochschulen auf freiwilliger Basis entstehen, mit dem Zweck, die allgemeine Bildung der Studierenden durch Vorträge und andere Veranstaltungen zu fördern. Nach den Richtlinien des Ministeriums sollte dem geschäftsführenden Ausschuss jeweils ein Mitglied aus jeder der sechs Abteilungen angehören. Nach Erhalt dieses Erlasses setzte sich der Rektor der TH Aachen mit Otto Blumenthal in Verbindung, der am 15. Dezember die konstituierende Sitzung des neuen Außeninstituts zusammenrief. In dieser Sitzung wurde er zum Vorsitzenden des Ausschusses gewählt. Das Aachener Außeninstitut bewährte sich in den Jahren danach unter Blumenthals Leitung, aber auch an anderen Orten konnten diese neuen Einrichtungen die Probephase bestehen. So kam es, als im August 1927 eine neue Verfassung der Technischen Hochschulen Berlin, Hannover, Breslau und Aachen in Kraft trat, dass die Außeninstitute zu festen Bestandteilen dieser preußischen Hochschulen erhoben und deren Vorsitzende zugleich zu Mitgliedern ihrer jeweiligen Senate ernannt wurden. Blumenthal übergab bald danach im Wintersemester 1927/28 den Vorsitz an seinen Kollegen Ludwig Hopf, der das Außeninstitut bis zum Sommersemester 1929 leitete.

Otto Blumenthal gehörte in den 1920er Jahren auch zum Vorstand der DMV. Er war außerdem Vorsitzender der DMV im Jahre 1924, als sie gegen die geplante Kürzung der Stunden für Mathematikunterricht an den höheren Schulen in Preußen protestierte. Er verfasste damals ein Schreiben im Namen der DMV, in dem er aber durchaus seine eigene Philosophie als Hochschullehrer zum Ausdruck brachte (Anhang V). Es handelte sich um eine Stellungnahme zu einem Ministerialerlass vom 15. August 1923 und insbesondere zu der darin formulierten Forderung, bei allen Fächern zu prüfen, „ob nicht einzelne Lehraufgaben eingeschränkt oder ganz gestrichen werden können, *ohne daß das eigentliche Bildungsziel des Faches darunter zu leiden braucht*". Blumenthal vertrat die Auffassung, dass mathematischer und physikalischer Unterricht zusammengehören, wobei die Entscheidung über die Verteilung der jeweiligen Stunden hauptsächlich in den Händen der einzelnen Schulen liegen sollte. Er sprach sich außerdem für einen modernisierten Mathematikunterricht aus, und zwar im Sinne der vor dem Weltkrieg verfolgten Ziele Felix Kleins. Die Schulen sollten sich von den alten formalen Methoden befreien, um einen Unterricht „im Geist des funktionalen Denkens mit Ausmündung in die Infinitesimalrechnung" zu erteilen, wobei diesen „in der Oberstufe eng mit dem physikalischen Unterricht verbunden" werden sollte.

Nach Blumenthal eröffnete diese Fächerkombination den Weg zum Verständnis der theoretischen Physik, d.h. „die Lehre von den Zusammenhängen, die sich auf mathematisch-logischem Weg zwischen den beobachteten physikalischen Erscheinungen feststellen lassen". Es schwebte ihm dabei offenbar vor, die Naturwissenschaften als Tor zur Erkenntnistheorie zu etablieren, denn hiermit wäre „wohl die eindringlichste und reizvollste Anregung zu philosophischem Denken, die einem jungen Menschen mitgegeben werden kann", gewährleistet. Es gäbe allerdings ein großes praktisches Problem, denn das Lernziel stehe weit entfernt, und es „sträuben sich die Geister anfänglich gegen diese Lehren", weswegen sie „umsichtiger, sicherer und langdauernder Anleitung bedürfen". Die geplante Kürzung des Unterrichts würde insofern das eigentliche Bildungsziel erheblich beeinträchtigen, wovor Blumenthal mit diesen Worten warnte:

> Man soll deshalb auch an den Lehranstalten mit realistischem Bildungsziel (besonders den Oberrealschulen), wo dem mathematisch-physikalischen Unterricht in der Oberstufe eine ausgiebigere Stundenzahl zur Verfügung steht, keine Abstreichungen vornehmen. Der Lehrer der Mathematik und Physik muß seine Schüler, um ihre Bildung wirksam zu beeinflussen, fest in der Hand haben, und das ist nur möglich, wenn

er viele Stunden zusammen mit ihnen arbeiten kann. An den Anstalten mit humanistischem Bildungsziel vollends ist der Stundenplan der Mathematik und Physik schon jetzt so mager, daß ein weiterer Abbau beider Lehrgebiete zur völligen Oberflächlichkeit verurteilen würde.

Abbildung 1.4: Otto Blumenthal (Nachlass Blumenthal)

Im Jahre 1930 besuchte Blumenthal den Allrussischen Mathematikerkongress in Charkow im Nordosten der Ukraine. Bei dieser Gelegenheit wurde er gebeten, nach Moskau zu kommen, um dort einen Vortrag zu halten. Weil das Publikum hauptsächlich aus Ingenieuren bestehen sollte, wollte er über den mathematischen Unterricht an den deutschen Technischen Hochschulen reden. Er wählte dieses Thema in der Meinung, dass der Mathematikunterricht in Russland eher formal und altmodisch war. Sein Vortrag damals fand großen Beifall, aber zu seiner eigenen Verblüffung erfuhr er gleich danach, dass sein Bild von der russischen Mathematikdidaktik überholt war. Denn gerade in diesem Jahr fand eine große Hochschulreform in der Sowjetschen Republik statt.

Von dieser Erfahrung angeregt, fuhr Blumenthal im folgenden Jahr erneut nach Moskau, um diese russischen Reformen aus erster Hand kennenzulernen.

Bei diesem zweiten Besuch traf er mit den dortigen Professoren zusammen, die ihm Zugang zu Lehrveranstaltungen sowohl an der Universität Moskau als auch an dem Moskauer Flieger-Institut, wo Flugzeugkonstrukteure ausgebildet wurden, gewährten. Er konnte zu seinem Bedauern den Unterricht an einer Mittelschule nicht direkt beobachten, ließ sich aber „an Hand eines Lehrbuchs über die Ziele und die Besonderheit des Mathematik-Unterrichts" darüber informieren.

Blumenthal bot sich bald darauf eine gute Gelegenheit, hiervon zu berichten, denn Ende März 1932 fand in Aachen die 34. Hauptversammlung des deutschen Vereins zur Förderung des mathematischen und naturwissenschaftlichen Unterrichts statt. Auf dieser Tagung hielt er am 30. März einen Vortrag „Über das mathematische Bildungswesen im heutigen Rußland", in dem er auf die vielfältigen Aspekte des sowjetschen Systems einging (Anhang VI). In diesem Vortrag betonte Blumenthal, wie unerprobt diese Unterrichtsreform war, deren gedrucktes Programm erst 1930 veröffentlicht wurde. Somit war es seiner Meinung nach schlicht unmöglich, ein fundiertes Urteil darüber zu fällen, ob diese Reform sich am Ende als erfolgreich erweisen würde. Er machte auch darauf aufmerksam, dass alle gesellschaftlichen und institutionellen Veränderungen in Russland im Rahmen des von der Regierung initierten Fünfjahresplans abliefen. Dafür gäbe es einen großen Bedarf an Ingenieuren, die schnell, aber auch gründlich ausgebildet werden müssten, was nur durch enge Spezialisierung möglich sei.

Blumenthal hatte in seinem oben erwähnten Protestschreiben als Vorsitzender der DMV schon 1924 auf „die vielfach gemachte Beobachtung" hingewiesen, „daß ausländische Studierende unserer Hochschule in den betrachteten Fächern [Mathematik und Physik] erheblich bessere Kenntnisse mitbringen als die Inländer". Dies führte er auf Schwächen im deutschen Bildungssystem zurück, wohlwissend, dass die Kleinsche Reformbewegung nach dem verlorenen Krieg an vielen Schulen eher rückläufig war. Als er acht Jahre später diesen Vortrag vor dem Förderverein hielt, sprach er sehr offen über seine eigenen Erfahrungen mit den Studierenden an der TH Aachen. Für sie, so sein Fazit, war das alte deutsche Ideal von Lehr- und Lernfreiheit völlig fehl am Platz:

> Der Dozent soll die Vorlesungsgegenstände, die Beweismethoden von einem Jahr zum anderen variieren, damit sich ja kein Rost von Routine ansetzt, dem Studenten soll die Vorlesung nur das Skelett bieten, die Anregung, durch Ausarbeitung unter Beiziehung anderer Literatur sich den Gegenstand selbst zu erarbeiten. Die Wirklichkeit liegt ganz anders: Der Student hat so wenig Zeit, daß er nur eben das Gehörte einigermaßen durchkauen kann, von eigenem Literaturstudium ist keine Rede. Es kommt ein recht trauriges Schwören auf die Worte des Meisters heraus und eine lückenhafte Kenntnis, weil jede Vorlesung wegen Zeitmangels auswählend vorgehen muß, und anderes als das Vorgetragene bei dem Studierenden nicht vorhanden ist. Statt zur Selbständigkeit hat also unsere deutsche Vorlesungsmethode zur Unselbständigkeit der Studierenden geführt.

Solche kritische Ansichten hörte man im Jahre 1932 vermutlich nur selten, und Blumenthals Urteil, dass „die amerikanisch-russische Methode Vorzüge zu haben" scheine, wird für viele Zuhörer völlig fremd geklungen haben. Vor allem war er von der in Moskau praktizierten Gruppenarbeit beeindruckt, welche er als besonders geeignet für die deutschen Technischen Hochschulen empfahl, zumal diese „leicht probeweise durchzuführen" wäre. Die Voraussetzungen dafür nannte er auch, und zwar erstens die Bereitschaft eines Professors, „seine eigene Vorlesung mit Uebungsaufgaben in Form eines Leitfadens auszuarbeiten" oder evtl. ein geeignetes Lehrbuch für diesen Zweck zu verwenden. Zweitens bräuchte man „eine genügend große Zahl hochwertiger Assistenten, sodaß Gruppen von höchstens 30 Mann gebildet werden können". Er gab auch zu bedenken, dass die großen Hörsäle an deutschen Hochschulen für Gruppenarbeit ungeeignet seien, ein Problem, das man in Leningrad und Moskau durch die Errichtung von Zwischenwänden gelöst hatte. Blumenthal machte auch weitere konkrete Vorschläge nach sowjetischem Muster für die Reform der Lehre in Aachen:

> Ich würde dabei das System der Lektüre in der Stunde zunächst bevorzugen, denn ich habe die Erfahrung gemacht, daß in dieser Weise abgehaltene Uebungen, wie sie bei mir bestehen, fast das einzige wirksame Unterrichtsmittel sind. Durch die Gruppenbildung könnte man auch Ingenieure der gleichen Fachrichtung enger zusammenfassen und die mechanischen und physikalischen Anwendungsbeispiele den Interessen jeder Gruppe anpassen.

Zum Schluss seines Vortrags setzte sich Blumenthal mit der Einstellung des Bolschewismus zur Mathematik auseinander. Dazu stellte er zunächst fest, dass der Leninismus „den Anspruch einer alle Seinsfragen des Menschen umfassenden Weltanschauung erhebt". Somit

> …hat in der Sowjetunion ein harter Kampf gegen die idealistisch-phänomenologische Richtung in der Naturwissenschaft und anschließend gegen die uns geläufige Auffassung der Mathematik eingesetzt. Dieser Kampf hat, wie jeder Kampf um eine absolute Weltanschauung, schroff intolerante Formen angenommen. …Der Kampf geht vor allem um die Axiomatik. Hilbert ist zwar als Mathematiker geachtet, auf der anderen Seite aber geradezu verrufen als Typus des „Idealisten". Denn er hat durch seine Axiomatik der Geometrie die Punkte, Geraden, Ebenen von ihrem tatsächlichen, naturgegebenen Inhalt losgelöst und sie in einen reinen Formalismus eingebettet, sodaß schließlich als Kriterium für die Existenz nur das innere Kriterium der Widerspruchslosigkeit der Axiome übrig bleibt. Es wird mit entschiedener Selbstzufriedenheit darauf hingewiesen, daß die Widerspruchslosigkeit sich niemals absolut beweisen lasse, sondern immer nur hinsichtlich eines Systems von Grundannahmen, die unanalysiert bleiben. Demgegenüber steht die materialistische Auffassung, daß die geometrischen Grundbegriffe aus der

Erfahrung abgeleitet und dadurch in ihrer logischen Widerspruchslosigkeit von selbst gesichert seien.

Für die meisten Vertreter der marxistischen Richtung galt sicherlich dieselbe Kritik dem Intuitionismus Brouwers; denn sowohl diese Auffassung als auch der gegensätzliche Standpunkt Hilberts waren letzten Endes idealistische Philosophien der Mathematik und als solche zu verwerfen.[72]

Blumenthal ging danach weiter auf die Rolle dieser Ideologie im mathematischen Unterricht ein, indem er ein Lehrbuch für die oberste Klasse einer Mittelschule kurz beschreibt. Darin waren zum Schluss gewisse Grundsatzfragen über das Wesen der Mathematik und ihre Rolle in der Gesellschaft gestellt und dann beantwortet. Hier wie überall begegnete er der gleichen Meinung: Man lehnte die Auffassung ab, wonach mathematische Begriffe freie Schöpfungen des menschlichen Geistes seien; stattdessen wollte man dieselben als integrative Bestandteile der fortschreitenden Naturbetrachtung innerhalb gewisser Epochen der Menschheitsgeschichte verstehen. Blumenthal formulierte diesen Gegensatz folgendermaßen:

> Unsere axiomatische Methode bezweckt, die Mathematik von allen übrigen Gegebenheiten abzulösen und sie in sich selbst zu fundieren. Die materialistische Dialektik verdammt jede Abschnürung und verlangt umgekehrt die Eingliederung aller Spezialwissenschaften in die Gesetzmäßigkeit der allgemeinen Entwicklung des menschlichen Geistes. Zweifellos ist hierin ein großer Zug, aber ich traure, daß dieser Streit um letzte Grundlagen mit leidenschaftlicher Intoleranz geführt wird, die letzten Endes auch den expansiven, konstruktiven Fortschritt der Mathematik schädigen muß.

Der Text dieses Vortrags blieb danach unveröffentlicht. Es scheint auch fraglich, ob Blumenthal das ganze Manuskript vorlesen konnte, denn auf dem Programm stand ihm nur eine halbe Stunde Redezeit zur Verfügung. Wir wissen auch nicht, ob es nachher Beifall oder vielleicht Kritik an seinen Äußerungen gegeben hat. Dass er aber diesen Vortrag im März 1932 gehalten hat, sprach sich doch in gewissen rechtsorientierten Kreisen herum, und allein diese Tatsache wird ein Jahr später verhängnisvolle Konsequenzen für Otto Blumenthal haben.

1.11 Entlassung und Stellensuche (1933–1938)

Der Beginn der NS-Diktatur in Deutschland im Januar 1933 markiert einen gravierenden Einschnitt im Leben Otto Blumenthals und seiner Familie.

---

[72]Es gab allerdings um diese Zeit einzelne sowjetischen Mathematiker, die sich ernsthaft mit intuitionischen Ideen beschäftigt haben, allen voran , , Andrei Kolmogorow, aber auch Waleri Gliwenko und Aleksandr Khinchin (zu den ersten beiden siehe (Hesseling 2003, 271–273, 279–281), zu Khinchin siehe Siegmund-Schultze (2004)).

Am 30. Januar 1933 wurde Adolf Hitler zum deutschen Reichskanzler ernannt. Schon am 7. April 1933 wurde das berüchtigte „Gesetz zur Wiederherstellung des Berufsbeamtentums" erlassen, in dem festgelegt wurde, dass Beamte „nicht arischer Abstammung" sowie Beamte, „die nach ihrer bisherigen politischen Betätigung nicht die Gewähr dafür bieten, daß sie jederzeit rückhaltlos für den nationalen Staat eintreten", aus dem Staatsdienst zu entlassen seien.[73]

Auch in Aachen waren die Zeichen des neuen Geistes, der nun in Deutschland herrschte, nicht zu übersehen. Am 29. März 1933 wurde dort auf Geheiß der NSDAP ein Aktionskomitee zum Boykott jüdischer Geschäfte gegründet, und die neu gewählte Stadtverordnetenversammlung beschloss an demselben Tag in ihrer konstituierenden Sitzung, Adolf Hitler die Ehrenbürgerwürde der Stadt Aachen zu verleihen. Es war ein Akt der Anbiederung ohne jeden konkreten Anlass, denn Hitler ist niemals in Aachen gewesen.

Unter diesen Umständen ist es nicht erstaunlich, dass auch Otto Blumenthal in das Visier eifriger Nationalsozialisten geriet. Am 18. März 1933 schickte der Allgemeine Studentenausschuss (AStA) der Technischen Hochschule einen Verleumdungsbrief an den Wissenschaftsminister in Berlin, in dem Blumenthal und zwei weitere Professoren als Marxisten und Kommunisten denunziert wurden. Die Verfasser des Briefes schrieben u.a., es könne „deutsch gesinnten Studenten nicht mehr länger zugemutet werden, sich von Freunden des russischen Bolschewismus unterrichten und prüfen zu lassen". Die völlig zu Unrecht gegen Blumenthal erhobenen Vorwürfe leiteten sie vor allem aus einem Vortrag ab, den er ein Jahr zuvor, am 30. März 1932, auf der 34. Hauptversammlung des Vereins zur Förderung des mathematischen und naturwissenschaftlichen Unterrichts in Aachen gehalten hatte (Anhang VI). Es war ein rein mathematik-didaktischer Vortrag, der ihre Behauptungen in keiner Weise rechtfertigte. Zu allem Überfluss schloss der Brief mit der perfiden Unterstellung, Blumenthal vergebe in den Prüfungen der Lehramtskandidaten seine Zensuren nach der politischen Gesinnung der Prüflinge.

Trotz eines Gutachtens des Prorektors Felix Rötscher, das Blumenthal von den gegen ihn erhobenen Anschuldigungen entlastete, ordnete der Minister am 31. März an, die in dem Brief genannten Professoren bis auf Weiteres von allen Prüfungen zu suspendieren. Danach erst erfuhr Blumenthal selbst von den Vorwürfen, die er in einer ausführlichen schriftlichen Stellungnahme entschieden zurückwies. An seiner Suspendierung änderte das nichts.

In den nächsten Tagen schickten der AStA und der Aachener Kreisverband des Nationalsozialistischen Lehrerbundes noch zwei weitere Briefe an das Berliner Ministerium, in denen sie ihre Beschuldigungen bekräftigten. Insbesondere bezeichnete der Lehrerbund die Ausführungen in dem ersten AStA-Brief als „viel zu massvoll" und forderte energisch die Entfernung der betreffenden Professoren aus dem Lehramt: „Die politische Beeinflussung der akademischen Jugend, besonders der zukünftigen Kandidaten für das höhere Lehramt durch diese Professoren

---

[73]Zu den drastischen Folgen für das Mathematische Institut in Göttingen siehe Schappacher (1987).

erscheint so verhängnisvoll, dass eine Mitarbeit dieser Dozenten für das nationale Aufbauprogramm unter keinen Umständen in Frage kommen kann."

Daraufhin leitete der zuständige Ministerialdirektor Georg Gerullis gegen Otto Blumenthal und vier weitere Professoren, denen ebenfalls marxistische Betätigung vorgeworfen wurde, ein Ermittlungsverfahren ein. Die AStA-Vertreter forderte er in einem Brief vom 19. April 1933 auf, umgehend anzugeben, „welche Gründe für die Entfernung der Professoren Blumenthal, Meusel und Fuchs und etwaiger anderer aus ihren Lehrämtern vorgebracht werden" und diese Gründe durch Beweise zu belegen.

Der mehrfach wiederholten Aufforderung, ihre Anschuldigungen zu konkretisieren, kamen die Vertreter des AStA und des Lehrerbundes nicht nach, und auch eine Gegenüberstellung verweigerten sie. Stattdessen schufen sie am 27. April eigenmächtig neue Fakten, indem studentische Hilfspolizisten Blumenthal zusammen mit dem Soziologen Alfred Meusel verhafteten und die beiden der politischen Polizei übergaben, die sie daraufhin in sogenannte „Schutzhaft" nahm, aus der Blumenthal trotz intensiver Bemühungen des Rektors erst am 11. Mai entlassen wurde. Seine Arbeit in der Hochschule konnte er danach allerdings nicht wieder aufnehmen, denn einen Tag vorher, am 10. Mai, hatte der Minister ihn von allen seinen Dienstgeschäften beurlaubt.

Am 16. Mai beauftragte das Ministerium den Aachener Regierungspräsidenten mit der weiteren Durchführung des noch immer gegen Blumenthal laufenden Verfahrens. Die Ermittlungen gingen allerdings nur langsam voran, weil, wie es später in dem Abschlussbericht hieß, „ausser allgemeinen Angaben und Vermutungen keine bestimmten Tatsachen und Äusserungen im Einzelfalle geltend gemacht werden konnten" und „wiederholte Besprechungen mit den Vertretern des Nationalsozialistischen Lehrerbundes und der Studentenschaft, die immer wieder auf diese Schwierigkeit hingewiesen wurden", kein neues Tatsachenmaterial gebracht hätten.

Blumenthal selbst wurde erst am 13. Juli zu einer halbstündigen Vernehmung vorgeladen. Vier Tage später wurden die Ermittlungen abgeschlossen und ein für ihn recht günstiger Abschlussbericht nach Berlin geschickt. Tatsächlich scheint dieser Bericht die von AStA und Lehrerbund gegen ihn erhobenen Vorwürfe endgültig ausgeräumt zu haben, denn formal spielten sie danach keine Rolle mehr. Seine Beurlaubung wurde allerdings nicht aufgehoben, weil er inzwischen wie jeder Beamte den Fragebogen zum Gesetz zur Wiederherstellung des Berufsbeamtentums hatte ausfüllen müssen und die Auswertung seiner darin gemachten Angaben noch ausstand.

Paragraph 3 des Gesetzes, der verfügte, dass Beamte, die „nicht arischer Abstammung" waren, in den Ruhestand zu versetzen seien, verursachte ihm keine Probleme, weil es (damals noch) eine Ausnahmeregelung für diejenigen gab, „die bereits seit dem 1. August 1914 Beamte gewesen sind oder die im Weltkrieg an der Front für das Deutsche Reich oder für seine Verbündeten gekämpft haben oder deren Väter oder Söhne im Weltkrieg gefallen sind", und er die ersten beiden dieser Bedingungen erfüllte.

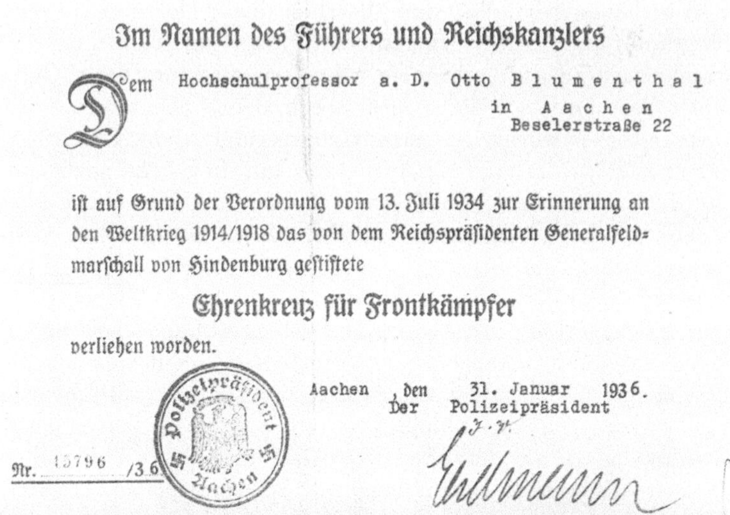

Abbildung 1.5: Zynische Doppelzüngigkeit des NS-Staats: Ehrenkreuz für den aus dem Staatsdienst entlassenen Otto Blumenthal (Nachlass Blumenthal)

Schwieriger war es für ihn mit den zum Teil sehr konkreten Fragen zu Paragraph 4, in dem es um die politische Zuverlässigkeit ging. Insbesondere musste er die Frage beantworten, ob er Mitglied der „Liga für Menschenrechte" gewesen sei und, falls ja, von wann bis wann. Wahrheitsgemäß beantwortete er diese Frage mit ja, aber es war ihm bewusst, dass das für ihn gefährlich sein konnte, und er fügte deshalb hinzu:

> Ich war Mitglied der Liga für Menschenrechte seit 1919 oder 1920. Hierzu erkläre ich folgendes: Ich bin der Liga für Menschenrechte beigetreten, weil ich mit ihren friedensfreundlichen und menschenfreundlichen Bestrebungen sympathisiert habe. Aktiv habe ich weder für sie noch in ihr gewirkt, wie mir überhaupt politische Betätigung fremd ist. Ich habe an keinen Versammlungen oder sonstigen Veranstaltungen der Liga für Menschenrechte teilgenommen und mit keinem Mitglied in Beziehung gestanden.

Tatsächlich wurde ihm diese Frage zum Verhängnis. Am 29. September 1933, zwei Tage vor seinem Umzug in sein eigenes, neu erbautes Haus, von dem er 20 Jahre lang geträumt hatte (Felsch 2011, 30), wurde er endgültig aus dem Staatsdienst entlassen. Der offizielle Grund für die Entlassung wurde ihm nicht mitgeteilt, er geht aber aus seiner im Ministerium aufbewahrten Entlassungsakte hervor. Die drei letzten Einträge darin lauten (Gerstengarbe 1994, 34):

Politische Einstellung: s. Entlassungsgründe.
Rassenzugehörigkeit: Nichtarier.
Entlassungsgründe: Mitglied der Liga für Menschenrechte seit 1919/21.

Blumenthals Einspruch gegen den Bescheid und seine Bitte, die Entlassung
wenigstens in eine Pensionierung umzuwandeln, was ihn von dem „Verdacht politischer Unzuverlässigkeit" befreit und seine finanzielle Situation deutlich verbessert
hätte, blieb trotz eines positiven Gutachtens des Rektors und der sehr engagierten
Unterstützung durch den Dresdener Professor Erich Trefftz wirkungslos.

Seinen Sohn Ernst, der im Sommersemester 1933 gerade ein Studium an der
TH Aachen begonnen hatte, es aber nach der Suspendierung des Vaters nicht mehr
hatte fortsetzen können, schickte er zum Studium nach Manchester, wo sich Louis
Joel Mordell um ihn kümmerte. Seine Tochter Margrete, die in Köln Anglistik
studierte, konnte ihr Studium dort noch unbehelligt fortsetzen und 1936 mit der
Promotion abschließen. Danach ging sie ebenfalls nach England. Blumenthal selbst
und seine Frau blieben in Aachen.

Seine Arbeit als Redakteur der *Mathematischen Annalen* war von der Entlassung als Hochschullehrer formal nicht betroffen, sodass er sie zunächst noch einige
Jahre fortsetzen konnte. Typisch für seine damaligen Sorgen um die Zeitschrift ist
der folgende Auszug aus einem Brief vom 11. November 1933 an Hilbert:

... sowohl Stark's Drohung wie auch diese Bekanntmachung[74] haben
eine deutliche Spitze gegen Springer. Es ist also durchaus möglich, daß
man aus diesem Grunde die Annalen schärfer beobachtet und versuchen wird sie zu hemmen, wozu die zahlreichen bei uns veröffentlichten
ausländischen Arbeiten und der nichtarische Redakteur einen Vorwand
geben könnten.

Auf der anderen Seite werden die Annalen bedroht durch Brouwer's neugegründete Compositio Mathematica, in der ja ein zahlenmäss-
ig sehr grosser Stab internationaler Mitarbeiter vereinigt ist. Da Bieberbach und [Georg] Feigl diesem Stabe angehören, ist klar, dass wir für
die Annalen auf Mitarbeit der Berliner Schule nicht zu hoffen haben.
Bedenklicher ist, dass auch Heinz Hopf-Zürich, mit dem wir immer gut
zusammengearbeitet haben, diesem Konkurrenzunternehmen zugesagt
hat.

Die allergrößte Gefahr aber liegt in dem ungewissen Schicksal der
Göttinger Mathematik. Das ist die Quelle, aus der wir gespeist werden.
Wenn Göttingen verödet oder mit Professoren besetzt wird, die aus
der Tradition heraustreten, dann müssen wir uns ganz neue Quellen
erschliessen oder wir gehen zugrunde. Dadurch, daß Emmy Noether

---

[74]Es handelt sich einerseits um Johannes Starks Pläne für eine neue Organisation der physikalischen Forschungen in Deutschland, welche er als Präsident der Physikalisch-Technischen
Reichsanstalt in Berlin durchführen wollte, andererseits um eine Bestrebung, den Umfang gewisser „aufgeblähter" wissenschaftlicher Zeitschriften zu reduzieren.

weggegangen ist, ist bereits eine empfindliche Lücke entstanden. Und was mit Courant werden wird, läßt sich wohl noch nicht voraussehen.

In diesem Zusammenhang schlug Blumenthal vor, den in Leipzig wirkenden Kollegen B.L. van der Waerden in die Redaktion aufzunehmen. Dabei lobte er ihn als „ungewöhnlich vielseitig und u.a. anerkannter Meister in Algebra und Topologie, also zwei besonders wichtigen Gebieten". Hilbert hatte sich bisher immer gegen die Erweiterung der Redaktion gestellt, ging jedoch diesmal auf Blumenthals Vorschlag ein. Blumenthal selbst blieb bis Anfang 1938 auf der Titelseite, aber dann wurde der politische Druck auf den Springer-Verlag so groß, dass er schließlich auch dieses Amt aufgeben musste (Abschnitt 9.5).

Dass er nicht mehr lehren durfte und in Deutschland nicht einmal mehr Vorträge halten konnte, bedeutete für ihn einen großen Verlust. Er bekundete in den folgenden Jahren wiederholt, wie sehr er seine Lehrtätigkeit vermisste. Am 20. Dezember 1933 schrieb er an Arnold Sommerfeld:

Die Entfernung vom Lehramt trifft mich hart, denn ich habe sehr gern unterrichtet und dem Unterricht viel zu viel Zeit und Kraft geschenkt. Jetzt muss ich umlernen. Ausserdem suche ich, wie so viele andere, Beschäftigung im Ausland, kurzfristig oder langfristig, wie es sich bietet.

Er hoffte natürlich, auf die Dauer irgendwo im Ausland eine neue Stelle zu finden, bemühte sich aber auch intensiv um Einladungen zu Vorträgen und schickte entsprechende Hilferufe – er selbst bezeichnete sie einmal als „Bettelbriefe" – an viele ausländische, aber auch an einige deutsche Kollegen. Seine wichtigsten Ansprechpartner bei dieser Suche waren sein ehemaliger Aachener Kollege Theodor von Kármán, der zu dieser Zeit an der Caltech in Pasadena, Kalifornien, lehrte, und der Delfter Physiker Jan Burgers. Insbesondere Burgers, mit dem ihn damals schon eine persönliche Freundschaft verband (Abschnitt 9.3), konnte ihm einige Vortragsreisen in die Niederlande vermitteln (Abschnitt 10.2), und auch nach Brüssel, Zürich, Budapest, Sofia und Prag wurde er in den Jahren 1934/1935 zu Vorträgen eingeladen. In Sofia hielt er sogar eine vierwöchige Vorlesung. Am 29. September 1935 berichtete er darüber in einem Brief an von Kármán:

Ich habe in diesem Jahr die Freude gehabt, in Sofia 4 Wochen lang eine volle Vorlesung über lineare Integralgleichungen zu halten (20 Stunden), in der ich die ganze Theorie und eine grosse Zahl von Beispielen bewältigt habe. Das war mir eine wahre Erholung, obwohl ich die Vorlesungen auf russisch halten musste und mich also ganz gehörig angestrengt habe. Der Erfolg war auch gut, denn die Universität Sofia wird die Vorlesungen drucken lassen. Das war eine Tätigkeit ganz nach meinem Sinn.

Einige der anderen Vorträge, z.B. in Zürich und Prag, hatten seine Hilbert-Biographie zum Thema, in die er in der Zeit vom Sommer bis zum Dezember 1934 viel Zeit und Mühe investierte (Kapitel 11). Danach scheinen die Vortragseinladungen aufgehört zu haben, denn im Juli 1939, als Blumenthal kurz nach seiner Emigration an einem mathematischen Kongress in Lüttich teilnahm, bedankte er sich am Ende seines Vortrags für die Einladung zu dieser Tagung mit der Bemerkung, dass sie ihm umso wertvoller war, weil er seit vier Jahren keinerlei Gelegenheit zur Lehre mehr gehabt hatte.

In dieser ganzen Zeit setzte Blumenthal seine intensiven Bemühungen um eine neue Stelle oder weitere Vortragseinladungen unvermindert fort. Als seine Bitten um Hilfe, die er insbesondere an Theodor von Kármán in Pasadena schickte, immer verzweifelter wurden, entwickelte dieser eine neue Idee.

In dieser ganzen Zeit setzte Blumenthal seine intensiven Bemühungen um eine neue Stelle oder weitere Vortragseinladungen unvermindert fort. Seine Bitten um Hilfe, die er insbesondere an Theodor von Kármán in Pasadena schickte, wurden immer verzweifelter. Er kämpfte in einer aussichtslosen Situation. Seine Chancen, als 59-jähriger Mathematiker mitten in der Weltwirtschaftskrise eine feste Stelle in den USA zu finden, waren gleich null. Dessen war sich von Kármán sicher bewusst, weshalb er eine neue Idee entwickelte, nämlich für Blumenthal eine Vortragsreise zu mehreren amerikanischen Universitäten zu organisieren, die dann von diesen finanziert werden sollte. In einem Brief vom 20. April 1936 schlug von Kármán vor, „eine Art Vortragstour zu organisieren, über einige bestimmte interessante Gegenstände aus der Entwicklungsgeschichte der Mathematik". Er schrieb:

> Der Vorteil eines solchen Arrangement ist, dass die Reisekosten sich verteilen auf viele Universitäten. Zweitens, Du würdest Gelegenheit haben, mit sehr vielen Leuten und Instituten in Kontakt zu kommen. Drittens, es besteht in New York eine Institution „Institute for International Relations" welche gerade solche Vortragsreisen organisiert. Ich glaube es wäre nicht schwer die Empfehlungen von den besten amerikanischen Mathematikern für dich zu bekommen.

Wenn Blumenthal mit dem Plan einverstanden sei, solle er fünf oder sechs solche Vorträge ausarbeiten, die man den Universitäten anbieten könnte. Er selbst würde dann „die Sache einleiten". Blumenthal war von der Idee begeistert und machte sich sofort an die Arbeit. Er stellte eine Liste mit sechs Themen zusammen, und da er sich der Tatsache bewusst war, dass er seine „Sache gut, sogar sehr gut machen" musste, da ihm sonst „die Reise viel mehr schaden als nützen" könnte, veranschlagte er ein Jahr für die sorgfältige Vorbereitung der Vorträge, sodass er als Zeitpunkt der Vortragsreise „einstweilen den summer term 1937 in Aussicht" nahm. Leider war die ganze Arbeit, die er in dieses Projekt steckte, umsonst. Die Vortragsreise kam nie zustande (zu Einzelheiten siehe Abschnitt 10.4).

Auch mit der Suche nach einer festen Stelle hatte er kein Glück, obwohl er seine Ansprüche nach und nach immer mehr herunterschraubte. In einem Bewerbungsschreiben, das er im Januar 1939 an viele Kollegen im Ausland verschickte, schrieb er:

I seek abroad an employment where I can turn to account my long experience as a scholar and teacher in Mathematics or my extensive knowledge of languages, especially modern ones. I have also done some work in Aerodynamics and as an actuary which might help me to work as a mathematician in an Aeroplane Factory or in the offices of an Insurance company. I could fill to satisfaction any chair for Pure or Applied Mathematics, but I should also be content with a minor employment (as assistant, instructor or lecturer) in a university or a position as master in a High School, provided the salary will secure to my wife and me a sufficient though modest living. In a university or a high school I could combine a post as teacher in Mathematics with a demonstratorship or lecturership in modern languages, especially for students of Science or Technics.

Um seine Chancen zu erhöhen, entwarf Blumenthal außerdem ein Forschungsprojekt über historische Fragen zur spätgriechischen Mathematik, für das er irgendwo ein Forschungsstipendium zu erhalten hoffte. Er arbeitete ein Exposé dafür aus und verschickte es ebenfalls an verschiedene Universitäten (Abschnitt 12.2). Doch auch diese Bemühungen blieben am Ende erfolglos.

1.12 Die Exiljahre (1939–1944)

Nach der Pogromnacht vom November 1938 wurde die Situation der Juden in Deutschland immer prekärer.[75] Am 18. Dezember 1938 schrieb Blumenthal an Theodor von Kármán: „Du wirst ungefähr wissen, wie es uns geht und dass auch wir Älteren über kurz oder lang – lieber über kurz – aus Deutschland werden auswandern müssen. Das ist mir auch von obrigkeitlicher Seite offiziös in klaren Worten mitgeteilt worden."

Die persönlichen Beeinträchtigungen durch Eingriffe in ihren Alltag häuften sich und wurden immer bedrängender. Am 2. Januar 1939 notierte Blumenthal z.B. in seinem Tagebuch: „Die Deutsche Mathematiker-Vereinigung streicht mich aus ihren Listen (Vorsitzender 1924, Vorstandsmitglied bis 1933)."[76] Am 24. Januar 1939 schrieb er: „Die Deutsche Beamten-Krankenversicherung kündigt ohne Grund die Mitgliedschaft zum 1. Februar." Am 26. Februar 1939 erwähnte er erste „konfuse Nachrichten über Beschlagnahme von Schmuck und Silber". Tatsächlich mussten Otto und Mali Blumenthal wenige Wochen später ihre Gold- und Silbergegenstände abliefern.

Da alle seine Bemühungen, eine neue Stelle im Ausland zu finden, erfolglos blieben, entschloss er sich schließlich im März 1939 schweren Herzens, ein

---

[75]Vieles von dem, was in diesem Kapitel nur kurz angesprochen wird, kann man ausführlicher in Otto Blumenthals Tagebüchern nachlesen (Felsch 2011).

[76]Der damalige Vorsitzender der DMV, Wilhelm Süss, setzte die nationalsozialistische Politik durch, indem er die Ausgrenzung jüdischer Mitglieder aus der DMV freiwillig unternahm (Remmert 2004); (Remmert 2007, 438–444).

Angebot anzunehmen, das ihm einige seiner Delfter Kollegen, insbesondere Jan Burgers und David van Dantzig, vermittelt hatten. Ein Akademischer Unterstützungsverein (Academisch Steunfonds) der Universität Amsterdam unter Leitung von Professor Herman Frijda bot an, ihn und seine Frau zusammen mit anderen aus Deutschland vertriebenen jüdischen Akademikern in dem eigens dafür hergerichteten Haus Zuilenveld in der Nähe von Utrecht aufzunehmen und dort für „einen bescheidenen Unterhalt" zu sorgen. Der Haken daran war, dass die Einreiseerlaubnis für die Niederlande, die die Blumenthals dafür erhielten, ausdrücklich eine Arbeitserlaubnis ausschloss, sodass sie, wie er am 26. Februar 1939 in seinem Tagebuch notierte, von „Wohltätigkeit" würden leben müssen.

Am 5. April 1939 erhielt Blumenthal ein Telegramm des Pariser Mathematikers Jacques Hadamard mit dem Text „Propose bonne proposition Amérique Sud". Am nächsten Tag erfuhr er weitere Einzelheiten. Was Hadamard ihm empfahl, war die Stelle des Leiters des Mathematischen Instituts in Rosario in Argentinien. Verständlicherweise löste diese Nachricht im Hause Blumenthal eine gewaltige Aufregung aus. Nach drei Tagen Bedenkzeit, in denen er verschiedene Ratschläge und vor allem Informationen über das Klima in Rosario einholte, entschloss sich Blumenthal voller Begeisterung, das Angebot anzunehmen. Er schickte seine Bewerbungsunterlagen an Hadamard und wartete voller Ungeduld auf einen Bescheid.

Am 21. April verkaufte er sein Haus. Als er vom Notar zurückkam, fand er wieder ein Telegramm von Hadamard vor: „Je suis désolé". Tief enttäuscht notierte er in seinem Tagebuch: „So geht mir's immer. Blumenthals haben kein Glück. Schauderhafte Stimmung". Warum es mit dieser Stelle nichts wurde, wissen wir aus einem Brief vom 10. Januar 1940 an Theodor von Kármán:

> Einmal bot sich eine unerwartete Chance: Hadamard schlug mich nach Rosario (Argentinien) auf die neu zu gründende Stelle des Direktors des Mathematischen Instituts vor. Er war seiner Sache ganz sicher, weil er meinte, er sei allein um Vorschläge ersucht worden. Es waren aber auch Italiener gefragt worden, und nicht ich bekam die Stelle, sondern Beppo Levi, der ein Jahr älter ist als ich.

Danach blieb ihm tatsächlich keine Alternative mehr zu dem niederländischen Angebot. Am 13. Juli 1939 nahmen er und seine Frau endgültig Abschied von Deutschland. Mit der Bahn fuhren sie von Aachen nach Utrecht, wo sie von seinem dortigen Kollegen Julius Wolff abgeholt und zum Haus Zuilenveld gebracht wurden. Bei ihrer Ausreise aus Deutschland durften sie zwar keine Wertsachen mitnehmen, aber in gewissem Umfang Möbel, Teppiche, Bilder etc., und da sie kaum etwas davon in dem ihnen zugewiesenen Zimmer in Zuilenveld unterbringen konnten, ließ Otto Blumenthal die Sachen, die sie aufheben wollten, von einer Spedition nach Antwerpen transportieren und dort einlagern. Die Tatsache, dass er dafür die belgische Hafenstadt Antwerpen wählte, zeigt, dass er immer noch hoffte, in absehbarer Zeit nach Übersee weiterwandern zu können.

Das Haus Zuilenveld bot Otto Blumenthal und seiner Frau die Möglichkeit, sich erst einmal drei Monate lang in den Niederlanden einzugewöhnen und zu orientieren, bevor sie entschieden, wie es weitergehen sollte. In dieser Zeit unternahm er zwei Reisen. Bereits sechs Tage nach seiner Ankunft fuhr er für drei Tage nach Lüttich, um dort zum ersten Mal nach langer Zeit wieder einmal an einem internationalen Mathematikerkongress teilzunehmen.[77]

Wichtiger war ihnen beiden jedoch, ihre Kinder Margrete und Ernst in England wiederzusehen. Es dauerte noch einen weiteren Monat, bis sie alle dafür nötigen Unterlagen und Bescheinigungen beisammen hatten, doch am 20. August 1939 konnten sie tatsächlich die von ihnen so lange herbeigesehnte Reise nach London und Manchester antreten.

In der Zwischenzeit hielt Otto Blumenthal noch einen Vortrag in Zuylenveld, von dem er hoffte, dass er allgemeinverständlich sei. Um nicht untätig zu sein, hatten die vorübergehend dort untergebrachten deutschen Gelehrten schon im Juli eine private „Zuilenveldsche Academie van Wetenschappen" gegründet, in deren Rahmen sie Vorträge aus ihren jeweiligen Fachgebieten anboten, zu denen sie auch Gäste von außerhalb einluden. Blumenthal beteiligte sich daran mit einem Vortrag am 8. August 1939 über das Thema „Irren ist menschlich – auch in der Mathematik". Zu dem geteilten Echo auf diesen gut besuchten Vortrag vermerkte er anschließend in seinem Tagebuch: „Die meisten verstehen nicht viel oder gar nichts. Aber einige sehr vernünftige Bemerkungen in der Diskussion (Prof. Rutgers, Jurist aus Amsterdam, Vorsitzender des Prot[estantsch] Hulpcomité, früherer Justizminister)."[78]

Die Englandreise, die eigentlich drei Wochen dauern sollte, stand unter keinem guten Stern. Sie wurde massiv durch die drohende Kriegsgefahr überschattet. Die Medien berichteten über den deutsch-sowjetischen Nichtangriffspakt, der die Verhandlungen über eine Dreierallianz zwischen der Sowjetunion, Großbritannien und Frankreich beendete und zu erhöhter Alarmbereitschaft in London und Paris führte. Die Blumenthals waren in einer extrem schwierigen Situation, und es war unklar, ob es besser wäre, England schnell zu verlassen und in die Niederlande zurückzukehren, oder zu versuchen, ohne Genehmigung (und dann natürlich auch ohne Einkünfte) in England zu bleiben. Otto hielt es für das Beste, England zu verlassen, während seine Frau bleiben und abwarten wollte, was geschehen würde.

Letzten Endes entschieden sie sich zur Abreise und saßen am 26. August im Zug zusammen mit vielen Deutschen, die aufgefordert worden waren, das Land zu verlassen. Nur wenige Tage später, am 1. September, dem Tag des Beginns

---

[77]Zu dieser Tagung, die vom 17. bis 22. Juli 1939 im Rahmen des 63e Congrès de l'Association Française pour l'Avancement des Sciences in Lüttich stattfand, hatte ihn der Lütticher Mathematiker Lucien Godeaux eingeladen. Blumenthal beendete seinen Vortrag „La géométrie des polynomes binomiaux" mit dem Satz: „En terminant je tiens à exprimer à M. Godeaux et à la présidence de ce Congrès ma vive gratitude pour leur gracieuse invitation qui m'a été d'autant plus précieuse que, depuis quatre ans, je n'ai plus eu aucune occasion d'enseignement." (Blumenthal 1939).

[78]Gemeint ist Victor Henri Rutgers, der von 1925 bis 1926 Minister für Unterricht, Künste und Wissenschaften gewesen war, aber nicht Justizminister.

des Zweiten Weltkriegs, schrieb Blumenthal in sein Tagebuch: „Es ist entsetzlich, und die Folgen werden noch entsetzlicher sein." Die Ereignisse entwickelten sich schnell. Noch im September wurde Polen besetzt und zwischen Deutschland und der Sowjetunion aufgeteilt. Die Niederlande erklärten ihre Neutralität, wie sie es bereits im Ersten Weltkrieg getan hatten. Im Mai 1940 wurden allerdings auch sie von deutschen Truppen besetzt.

Am 19. Oktober 1939 zog Blumenthal von Zuilenveld nach Delft um. Mithilfe des Akademischen Unterstützungsvereins konnte er dort eine schöne Wohnung mieten. Er ließ seine in Antwerpen zwischengelagerten Möbel kommen und richtete die Wohnung gemütlich ein. Er hatte Delft als Exilwohnsitz ausgewählt, weil er dort viele Kollegen persönlich kannte, und er begann schon bald nach dem Umzug, mathematische und physikalische Veranstaltungen zu besuchen und so weit wie möglich am Universitätsleben teilzunehmen, das er so lange vermisst hatte. Am Silvestertag 1939 schrieb er auf einer Postkarte an David und Käthe Hilbert:

> Wir sind hier seit $2\frac{1}{2}$ Monaten und haben rührend freundliche Hülfe von Schouten und anderen, mehr „angewandten" Kollegen von der hiesigen Technischen Hochschule. Arbeit habe ich leider nicht. Wir erhalten von einem Akademischen Unterstützungsausschuss eine monatliche Unterstützung, von der wir eben leben können. Es ist zum Glück billig hier.

Sein Tagebucheintrag an diesem Silvestertag endet mit den Worten:

> Gegen Mitternacht mit Aachener Kerzenresten nochmals das Bäumchen angesteckt, Torte von Frau Bremekamp. Gemeinsam Briefe zum Kasten getragen. Erst gegen 2 Uhr zu Bett. – Lieber Ausklang dieses aufregenden und rätselhaften Jahres. – Noch 11 ct. als Besitz von uns beiden.

Diese Zitate zeigen u.a., dass die Sorgen, die Otto Blumenthal sich schon im Februar 1939 in Aachen in Bezug auf seine finanzielle Lage in den Niederlanden gemacht hatte, durchaus berechtigt gewesen waren. Unmittelbar nach der Pogromnacht vom 9./10. November 1938 hatte Hermann Göring angeordnet, dass die deutschen Juden eine „Sühneleistung" in Höhe von einer Milliarde Reichsmark zu zahlen hätten, was für die Betroffenen einen Betrag in Höhe von 20% ihres Vermögens bedeutete. Aus einer zu diesem Zweck erstellten Liste über die Vermögensverhältnisse der Aachener Juden geht hervor, dass Otto Blumenthal und seine Frau am 12. November 1938 zusammen ein Grundvermögen (Haus und Grundstück) in Höhe von 28.500 Reichsmark und, nach Abzug ihrer Schulden, ein Kapitalvermögen von 139.958 Reichsmark besaßen (Lepper 1994, 1637). Auch nach Abzug der 20-prozentigen „Judenvermögensabgabe" und der ebenfalls nicht unerheblichen „Reichsfluchtsteuer", die sie bei ihrer Auswanderung zahlen mussten, blieb also noch einiges übrig. Davon hatten sie allerdings nichts, denn das Geld konnte nicht ins Ausland transferiert werden.

Die einzige Ausnahmemöglichkeit, die es gab, war ein Devisenumtausch über die Deutsche Golddiskontbank, der allerdings mit einer extrem hohen Abgabe belegt war, die im September 1939 96% betrug. Blumenthal scheint diese Möglichkeit einmal zum Umtausch einiger seiner Wertpapiere genutzt zu haben, denn in einem Brief an seinen Sohn schrieb er am 12. Februar 1940: „I received that money from Germany I wrote you about before Christmas. In exchange of all my stocks, valued at 13000 RM, I got 406 fl which certainly is a ridiculous sum, but nevertheless, in our present situation, precious as a reserve in case of need.“[79] Der Rest ihres Vermögens wurde vom deutschen Staat eingezogen. Am 14. Juni 1941 notierte er in seinem Tagebuch: „Benachrichtigung der Dresdner Bank, dass sie alle meine Wertpapiere der Reichshauptbank „zu Gunsten des Finanzamts Moabit-West“ übertragen hat. Fare well!“, und am 3. Juli 1941: „Nachricht der Dresdner Bank, dass auch mein Barguthaben dem Finanzamt Berlin-Moabit überwiesen ist. Habeant sibi!“[80]

Bei ihrer Ausreise durften die Blumenthals nur Reisedevisen von maximal zehn Reichsmark pro Person mitnehmen. Da auch die Pension nicht ins Ausland gezahlt wurde, waren sie in den Niederlanden tatsächlich fast vollständig von der finanziellen Unterstützung abhängig, die sie zunächst von dem Academisch Steunfonds und später von einem Protestantsch Hulpcomité erhielten. Nur selten konnte er sich ein wenig Geld dazuverdienen.

Die ihm empfohlene Möglichkeit, in Delft als Repetitor zu arbeiten, war nicht mehr als ein Vorschlag, privaten Nachhilfeunterricht für Studenten zu geben, wenn er denn welche fände, die daran Interesse hätten. Tatsächlich scheint er in seiner Zeit in Delft nur einen einzigen Nachhilfeschüler gefunden zu haben, der ihm allerdings treu blieb, als er im September 1940 von den deutschen Besatzungsbehörden gezwungen wurde, von Delft nach Utrecht umzuziehen.

Später haben ihm mehrere niederländische Kollegen (die Delfter Professoren F.K.Th. Iterson und A.C.S. van Heel sowie der Eindhovener Professor Balthasar van der Pol) gelegentlich einige bezahlte Aufgaben übertragen oder vermittelt, aber das bedeutete für ihn in der Regel unverhältnismäßig viel Arbeit, weil er sich dafür jedes Mal in ein neues, ihm unbekanntes Gebiet einarbeiten musste.

Im Juli 1941 übernahm er auch eine nichtwissenschaftliche Arbeit, nämlich die Aufgabe, ein Adressenverzeichnis für ein Antiquariat zu erstellen (Abschnitt 13.3, Brief an Carl Posen vom 28. Oktober 1942). Diese Arbeit kostete ihn allerdings viel mehr Zeit als geplant und wurde keineswegs adäquat bezahlt. Ob und wie das Projekt jemals abgeschlossen wurde, ist nicht bekannt. In seinen Tagebüchern erwähnte er es zum letzten Mal am 16. Januar 1943, als er notierte, dass er vergeblich versucht habe, Karteikarten dafür zu kaufen. Am 25. Januar 1943 schrieb Mali Blumenthals Baseler Freundin Laura Jenny auf einer Postkarte an

---

[79] Die 406 niederländischen Gulden entsprachen einem damaligen Wert von 565 Reichsmark und einem heutigen Wert von etwa 2250 Euro. Blumenthal bezahlte von diesem Geld insbesondere die zehn Pfund Prüfungsgebühren für die Promotion seines Sohnes.

[80] Die auf ein Bibelzitat (Genesis 38, Vers 23) zurückgehende lateinische Redewendung „habeant sibi“ heißt so viel wie „meinetwegen, sollen sie es behalten“.

seinen Sohn Ernst Blumenthal:

> Otto had got some not interesting work for a bookseller's to give them the addresses of customers and buyers of mathematical books and by this mechanical work besides the household work he is hindered in his scientific work. It is a pity that a man of his importance has got to spend his time in that way.

Tatsächlich war Otto Blumenthal seit seinem Umzug nach Delft wieder mathematisch aktiv. Am 1. und 2. Dezember 1939 hielt er zwei Vorträge in Brüssel. Die Vorbereitungen zu einem weiteren Vortrag, den er am 8. Mai 1940 in der Vrije Universiteit Amsterdam hielt, erwähnte er mehrmals in seinem Tagebuch unter den Stichwörtern „Binomialpolynome" und „Trapeze". Später hat er sich mit diesem Thema über einen längeren Zeitraum eingehend beschäftigt und die Ergebnisse veröffentlicht.[81] Es war seine erste Publikation in niederländischer Sprache.

Und auch mit nichtmathematischen Themen beschäftigte er sich. Die geringe Entfernung zwischen Delft und Den Haag ermöglichte es ihm, sich dem „X-Kring" anzuschließen, einem von dem Dominee Willem ten Boom aus Hilversum geleiteten christlichen Gesprächskreis, dessen Versammlungen in Den Haag stattfanden. Am 12. Januar 1940 hielt er in diesem Kreis den Vortrag „Über Änderungen des Weltbildes". Ein Manuskript dieses Vortrags ist erhalten geblieben und in Anhang VII abgedruckt.

Am 10. Mai 1940 überfielen deutsche Truppen die Niederlande. Wie Blumenthal den Tag erlebte, beschrieb er in seinem Tagebuch:

> <u>Herrliches Wetter</u>. <u>Kriegsbeginn</u>. – 4 Uhr aufgewacht durch Geschützfeuer und Fliegerlärm. Mindestens 10 Flugzeuge. Eines fliegt ganz niedrig, eiserne Kreuze daran, aus einem fallen langsam 3 gelbe Gegenstände, wahrscheinlich Fallschirmabsprung. Radio brüllt im Unterhaus. Sehr gegen Willen zur Überzeugung gekommen, dass Krieg ist. 8 Uhr ausgegangen, um Briefe in den Kasten zu tun. Gleich arretiert und auf die Wache in der HBS gebracht.[82] Dort $1\frac{1}{2}$ Stunden gesessen, bis sich ein guter Unteroffizier meiner erbarmt und M[ali] benachrichtigt. Kommt mit Pass zurück, kurz darauf höfliche Entlassung. M[ali] hat mich während der Verhaftung bei Schouten gesucht, der kreideweiss gewesen sein soll. Nachmittags mehrfach Flak und MG. Schliesslich begonnen, einfache Schutzmassnahmen zu treffen: Speicherkisten auf Balkon, Fenster beklebt, für notwendigste Verdunkelung gesorgt.

---

[81] Otto Blumenthal: Enkele benaderingsformules voor bepaalde integralen, *Mathematica*, Zutphen B 10 (1941–1942): 25–38.

[82] Zwei Tage vorher hatte Blumenthal notiert, dass in der HBS (Hogereburgerschool), die in Sichtweite seiner Wohnung lag, niederländisches Militär eingezogen war. Also waren es wohl niederländische Soldaten, die ihn nun aufgriffen und zur Überprüfung seiner Personalien mit auf ihre Wache nahmen. Dies widerspricht der später (bis zum Juni 2008) auf einer Internetseite der DMV verbreiteten Darstellung, Blumenthal sei „von faschistischen Okkupanten verhaftet" worden.

Damit waren die Blumenthals wieder in den Machtbereich deutscher Behörden geraten. Die ersten Auswirkungen davon zeigten sich bereits vier Monate später: Am 6. September 1940 erhielten sie den Befehl, den Küstenstreifen, in dem Delft liegt, innerhalb von zwei Tagen zu verlassen. In aller Eile besorgte ihnen Jan Burgers, dessen Vater in Arnheim lebte, dort einen vorübergehenden Unterschlupf, von dem aus sie eine neue Unterkunft suchen konnten. Otto Blumenthal entschied sich dafür, nach Utrecht zu gehen. Mithilfe niederländischer Freunde fand er dort ein Zimmer in einer Pension, das sie am 21. September 1940 beziehen konnten.

Wie sich später herausstellte, war die Vertreibung aus ihrer Delfter Wohnung nur die erste von einer langen Reihe von – oft recht kurzfristigen – Kündigungen, die dazu führten, dass die Blumenthals in den nächsten Jahren immer wieder auf verzweifelter Wohnungssuche waren, was noch dadurch erschwert wurde, dass sie nur noch bei Juden wohnen durften. Es scheint eine bewusste Schikane der Besatzungsbehörden gewesen zu sein. Ein besonders krasser Fall mit einer Kündigungsfrist von nur zwei Stunden wird in Abschnitt 13.3 geschildert.

Durch den Umzug nach Utrecht hatte Otto Blumenthal die inzwischen geknüpften und intensivierten Kontakte zu den Delfter Universitätsinstituten verloren. Es blieb ihm nichts anderes übrig, als in Utrecht noch einmal von vorne damit zu beginnen.

Aber schon zwei Monate später war es auch damit abrupt vorbei. Am 23. November 1940 wurden alle jüdischen Hochschullehrer entlassen, sie durften ihre Institute nicht mehr betreten. Zu den Betroffenen gehörte insbesondere Blumenthals Utrechter Kollege Julius Wolff. Es ist äußerst bemerkenswert, wie die beiden darauf reagierten: Sie gründeten ein eigenes mathematisches Kolloquium. Es begann am 11. Dezember 1940 und tagte von da ab regelmäßig jede Woche. Am 8. Dezember 1941 notierte Blumenthal stolz in seinem Tagebuch: „Nachmittags Kolloquium: 1-jähriges Bestehen durch Cigarren gefeiert (nur 5 mal ausfallen lassen); Wolff über Univalenz am Rand, sehr hübsch, und mit viel Begeisterung vorgetragen." Das Besondere an diesem Kolloquium war, dass es nur zwei Teilnehmer hatte, sodass jeder von ihnen die Hälfte der Vorträge bestreiten musste. Man kann in Blumenthals Tagebüchern nachlesen, womit sie sich jeweils beschäftigt haben. Die letzte Kolloquiumssitzung fand am 19. Oktober 1942 statt. Blumenthal vermerkte es ziemlich traurig in seinem Tagebuch: „Letztes Kolloquium. Wolff verzieht mit seinem ganzen rusthuis, das beschlagnahmt ist, nach Amsterdam. Trägt zum Schluss noch einmal hübsch vor. Das Ende des Kolloquiums trifft mich sehr, wenn ich auch in den letzten Wochen nichts mehr dafür tun konnte."

Aus den Diskussionen in ihren Kolloquiumssitzungen ist übrigens auch eine gemeinsame Publikation hervorgegangen.[83] Außerdem verfasste Blumenthal in dieser Zeit eine Buchbesprechung für die niederländische Zeitschrift *Mathematica*.[84]

---

[83]Otto Blumenthal und Julius Wolff: Het isoperimetrische vraagstuck, *Mathematica*, Zutphen B 11 (1942): 12–26.

[84]Otto Blumenthal: Boekbespreking. Dr. Lothar Schrutka, Leitfaden der Interpolation, *Mathematica*, Zutphen B 11 (1942–1943): 34 f.

Durch die Vertreibung aus Delft hatte Blumenthal auch die Möglichkeit verloren, weiterhin am X-Kring in Den Haag teilzunehmen. Stattdessen wurde er in Utrecht ein sehr aktives Mitglied in einem Bibelkreis für emigrierte protestantische Juden, den der in Göttingen wegen seiner jüdischen Herkunft aus seinem Pfarramt entlassene und deshalb ebenfalls emigrierte Pastor Bruno Benfey und seine Frau Sophie leiteten. Eine Teilnehmerin dieses Bibelkreises, Agnes Poláček, schrieb darüber am 25. November 1945 in einem Brief an Ernst Blumenthal:

> Zu dieser Bibelstunde wurde mein Mann und ich eingeladen und wir begegneten da Ihre Eltern. Es waren 12 Teilnehmer von denen Ihre Eltern und wir nicht gemischt verheiratet waren. Wir kannten von dem Kreis niemand und Ihr Vater fiel uns auf durch seine gründliche Kenntnis von der Bibel. ... [Ihr] Vater war immer sehr eifrig bei der Sache und überlas noch die Texte in der griechischen Bibel, die er immer neben der Luth. Bibel liegen hatte.

Ähnlich äußerte sich auch eine andere Teilnehmerin, Gertraud Magnus, in einem Brief vom 10. September 1945 an Ernst und Margrete Blumenthal:

> Ihn habe ich sehr hochgeschätzt; er war stets mein „Lexikon“ und sein Wissen war so groß & so erschöpfend, daß er nie versagte. So besprach ich mit ihm stets die Stücke die in einem von mir gefolgten Bibelkurs behandelt wurden, und er ging dabei so in die Probleme ein & wußte alles so gründlich & klar zu erklären, daß man ein gutes Bild bekam.[85]

Aus den Tagebüchern wissen wir, dass Otto Blumenthal, der sich schon in der Aachener evangelischen Gemeinde als gewählter Gemeindeverordneter engagiert hatte, in den Niederlanden recht häufig die Sonntagsgottesdienste der reformierten niederländischen Kirche besuchte. In seinen Aufzeichnungen finden sich oft auch Bemerkungen zu den Predigten, die er gehört hatte.

Im August 1942 begannen die deutschen Besatzungsbehörden damit, die in Utrecht lebenden Juden zu internieren und zu deportieren. Am 17. August 1942 notierte Blumenthal: „Aufgeregter Tag für die Utrechter Juden: Aufrufe für einen Schlesientransport morgen Abend. Mindestens 4 Bekannte von uns betroffen.“ Zwei Tage später erfuhren die Blumenthals, dass sie selbst am 25. August „nach Amsterdam evakuiert werden“ sollten. Auch ein ärztliches Attest konnte sie nicht davor bewahren. Es blieb ihnen nichts anderes übrig, als zu packen. Am Nachmittag des 24. August kam dann die niederschmetternde Nachricht: „nicht Amsterdam, sondern Kamp Westerbork.“

Der folgende Tag brachte für die Blumenthals noch einmal eine unerwartete Wendung. Nachdem sie zusammen mit vielen ihrer Bekannten in Utrecht den Zug bestiegen hatten, wurden Otto und Mali Blumenthal bei einem Zwischenhalt in Amersfort aufgefordert, auszusteigen und wieder nach Utrecht zurückzukehren. Ein Utrechter Pastor, der Dominee G. J. Duyvendak, war nach Amsterdam zum

---

[85]Gertraud Magnus kam ursprünglich aus München. Sie war die Witwe des 1927 verstorbenen Utrechter Professors Rudolf Magnus.

Hauptquartier des NS-Sicherheitsdienstes und der Sicherheitspolizei gefahren und hatte dort die Erlaubnis für ihre Rückkehr erwirkt.[86]

Ein halbes Jahr konnten die Blumenthals danach noch in Utrecht bleiben. Agnes Poláček beschrieb am 25. November 1945 in einem Brief an Ernst Blumenthal die schwierige Situation zu der Zeit und die Auswirkungen auf Mali Blumenthals Gesundheit, insbesondere ihre nie ganz ausgeheilte Tuberkulose: „Mutter sah schon damals sehr schlecht aus ... Der Winter war damals so feucht-kalt und Mutter wurde auch durch Husten geplagt."

Am 22. April 1943 wurden sie in das Konzentrationslager 's-Hertogenbosch (Kamp Vught) gebracht und von dort zweieinhalb Wochen später, am 10. Mai 1943, in das sogenannte Durchgangslager Westerbork. In beiden Lagern wurden Männer und Frauen getrennt. Wie übel es ihnen dabei insgesamt erging, schilderte ihre Utrechter Bekannte Katrin Graetz in einem Brief vom 13. Januar 1946 an Mali Blumenthals Freundin Laura Jenny (Abschnitt 13.4). Das muss Mali Blumenthals Gesundheitszustand weiter verschlechtert haben.

Am 21. Mai 1943 starb Mali Blumenthal. Otto Blumenthal konnte seinen Kindern den Tod der Mutter nur durch einen Rotkreuz-Brief mitteilen, der nicht mehr als 25 Wörter enthalten durfte. Ob er damals noch Nachrichten von ihnen erhielt, lässt sich nicht mehr feststellen, aber auf jeden Fall litt er sehr unter den massiven Einschränkungen des Postverkehrs. In dem oben erwähnten Brief schrieb Katrin Graetz, dass in Westerbork „die ewigen schrecklichen Transporte nach Polen einen nie recht zur Ruhe kommen ließen" und weiter „Theresienstadt war uns immer als ein Paradies vorgespiegelt [worden]".[87] Blumenthal stellte einen Antrag auf eine Verlegung nach Theresienstadt, wo er auch seine Schwester wiederzusehen hoffte, von deren Tod im Juni 1943 er in Westerbork nichts erfuhr. Am 20. Januar 1944 kam er in Theresienstadt an.

Dass wir einiges über seine Zeit in Theresienstadt wissen, verdanken wir den Berichten einiger Überlebender, die diese nach dem Krieg für seine Kinder aufschrieben. Diese Briefe sind in Abschnitt 13.4 abgedruckt.

Insbesondere hatte er das große Glück, in Theresienstadt von einem tschechischen Physiker erkannt und daraufhin von einigen tschechischen Lagerinsassen, die dort einen gewissen Einfluss hatten, unter ihren Schutz genommen zu werden. Sie sorgten dafür, dass er immer genug zu essen bekam, dass er sich ungestört mit Mathematik beschäftigen und sogar mathematische Vorträge halten konnte und dass er nicht nach Auschwitz weiterdeportiert wurde. In dem Buch *University over the abyss. The story behind 520 lecturers and 2,430 lectures in KZ Theresienstadt 1942–1944* sind elf solche Vorträge aufgezählt:[88]

---

[86]Blumenthals Tagebucheinträge über diese dramatischen Ereignisse sind in Abschnitt 13.3 abgedruckt.

[87]In einem Brief vom 13. Januar 1946 schrieb sie über Theresienstadt: „Es wimmelte da von Wanzen und Ratten" (Abschnitt 13.4).

[88](Makarova/Makarov/Kuperman 2004, 440); zu den deutschen Originaltiteln siehe (Felsch 2011, 482).

Das Gesetz im Unfall (3. März 1944)
Irrtümer als Erkenntnisquellen für die Mathematik (4. März 1944)
Mathematics and experiment (16. März 1944, Originaltitel unbekannt)
Funktionen und Kurven (17. Juni 1944)
Konforme Abbildung (20. Juni 1944)
Funktionen und Kurven (24. Juni 1944)
Die Welt des Differentials und Integrals (1. Juli 1944)
Kreisverwandtschaft und stereometrische Projektion (10. Juli 1944)
Integralsätze der Funktionentheorie (8., 15. und 22. August 1944)

Otto Blumenthal starb in Theresienstadt am 13. November 1944. Die Überlieferung des genauen Todesdatums ist allerdings nicht eindeutig. Der tschechische Ingenieur Emil Jilovský schrieb Anfang Oktober 1945 in Teplitz-Schönau in einem Bericht für Blumenthals Vetter Carl Posen: „Am 11. November ass er schon nicht mehr, er erkannte auch mich und meine Frau nicht mehr, und am 12. November Morgen um 5.40 Uhr schlief er ruhig ein und erwachte nicht mehr." Zur selben Zeit schrieb der deutsche Chemiker Gert Salomon in Den Haag in einem Brief an Ernst Blumenthal: „[Jilovský] saw him on Sunday afternoon, he could not speak anymore and did not recognize him. He died in his sleep the same night", also am Montag, dem 13. November. Dieses Datum ist auch in den offiziellen Unterlagen in Theresienstadt als Blumenthals Todestag angegeben (Felsch 2011, 488).

Teil II

Ausgewählte Briefe und Schriften (1919–1944)

Kapitel 2

Neue Spannungen in den Nachkriegsjahren (1919–1923)

2.1 Hilbert überlegt, nach Bern zu gehen

Im Frühjahr 1919 nahm Hilbert als Gutachter an einem Berufungsverfahren für eine Professur in Bern teil. Es stellte sich dabei als schwierig heraus, einen geeigneten Kandidaten zu gewinnen. Dies brachte Hilbert auf die Idee, sich selbst als Kandidat für die Stelle ins Spiel zu bringen. Ein Hauptmotiv dabei war ohne Zweifel, dass er die aufkommende wirtschaftliche Misere in Deutschland nach Ende des Krieges deutlich voraussah und ein für ihn und seine Familie leichteres Leben wünschte. Als er Ende Juni seine Bereitschaft erklärte, einen Ruf nach Bern in Erwägung zu ziehen, brach in Göttingen eine Untergangsstimmung aus (Sauer 2000). Eine Woche später hatte Hilbert den Ruf schon erhalten, und die Nachricht verbreitete sich schnell. Am 3. Juli druckte die *Göttinger Zeitung* eine kurze Notiz, „Berufung Hilberts nach Bern", in der die Sorge über diese unerwartete Wende in aller Deutlichkeit formuliert wurde: „Es ist dringend zu hoffen, dass es gelingt, Geheimrat Hilbert, der wohl als der hervorragendste Mathematiker der Jetztzeit gelten kann, unserer Universität zu erhalten" (Sauer 2000, 194). Hermann Weyl, wie viele andere, konnte es kaum glauben, dass Hilbert seine Stelle an der Spitze der altehrwürdigen Göttinger mathematischen Gemeinschaft freiwillig opfern würde, um in die Schweiz umzusiedeln. So schrieb er an seinen ehemaligen Doktorvater:

Dass Sie ernsthaft mit Bern verhandeln, hat hier [in Zürich] allgemeines Staunen hervorgerufen. Ich glaube ja schon Ihre Motive zu verstehen, und halte es auch für wahrscheinlich, dass die Dinge in Deutschland sich so entwickeln werden, dass die deutsche Schweiz im nächsten Jahrzehnt Zufluchtsort und Bewahrer der deutschen Kultur werden wird. Aber Sie

© Springer-Verlag GmbH Deutschland, ein Teil von Springer Nature 2019
D. E. Rowe und V. Felsch, *Otto Blumenthal: Ausgewählte Briefe und Schriften II*,
Mathematik im Kontext, https://doi.org/10.1007/978-3-662-58356-2_2

sollten sich doch die Verhältnisse an der Berner Universität zunächst einmal genauer mit eigenen Augen anschauen; sehr verlockend, glaube ich, sind die Zustände da nicht. (Weyl an Hilbert, 12. Juli 1919, (Sauer 2000, 195)).

Ende Juli fuhren die Hilberts gemeinsam nach Bern, um die endgültigen Verhandlungen aufzunehmen. Beide verbrachten regelmäßig ihren Semesterurlaub in der Schweiz und kannten sich mit dem Land und dessen Volk bestens aus. Die dortige Universität mag für Hilbert weniger attraktiv gewesen sein, aber er bekam jedenfalls ein ziemlich verlockendes Angebot, anfangend mit einem Gehalt von 15.000 Franken, das höchste in der gesamten Fakultät. Die Entscheidungsfrist wurde für den 20. August angesetzt. Daraufhin eröffnete er Bleibeverhandlungen in Berlin, die zu Hilberts Zufriedenheit verliefen. Das Kultusministerium zeigte sich bereit, alle seine Wünsche zu erfüllen, einschließlich einer Gehaltserhöhung auf 25.000 Mark. Die Erleichterung innerhalb Hilberts Freundeskreis, aber vor allem in Göttingen, war sehr groß, als sich die Nachricht verbreitete, er habe den Berner Ruf am Ende doch abgelehnt.

Blumenthal an Hilbert | Aachen, den 30.VIII.1919
TK, Nachlass Hilbert, SUB Göttingen, 30, Nr. 43a

Lieber Herr Professor!

Von meiner Schwester habe ich erfahren, dass Sie nach schwieriger Ueberlegung die Berufung nach Bern trotz ihrer lockenden Seiten abgelehnt haben. Ich kann mir wohl vorstellen, dass Ihnen die Wahl schwer geworden ist, und dass Sie sich auch jetzt noch manchmal fragen werden, ob Sie das richtige getan haben. Vielleicht ist es Ihnen da lieb zu hören, dass wir Aachener Mathematiker, Trefftz[1] und ich, und auch andere, von denen ich brieflich gehört habe, Ihnen für Ihren Entschluss von Herzen dankbar sind. Mit Ihrem Weggang nach der Schweiz hätte die deutsche Mathematik nicht nur ihr Haupt, sondern den wesentlichen Teil ihrer Anziehungskraft verloren, ganz abgesehen von Göttingen, das ohne Sie nicht mehr Göttingen wäre. Wir haben wirklich ängstliche Stunden verlebt, während die Berufung schwebte, und waren herzlich froh, als die Nachricht meiner Schwester eintraf. Da unsere Freude uneigennützig ist, darf ich Sie Ihnen ausdrücken, und hoffe, Ihnen damit unsererseits eine kleine Freude zu machen. – Dass Hecke nach Hamburg geht, bedaure ich für Göttingen sehr.[2] Er hat mir im Januar ausgezeichnet gefallen. Meine Schwester schreibt, dass Issai Schur für die Nachfolge in Frage käme.[3] Das ist ein sehr guter Mann, persönlich nicht minder als wissen-

---

[1] Blumenthals ehemaliger Assistent Erich Trefftz wurde 1919 zum Professor für Mathematik an der TH Aachen ernannt. Er wurde dann 1922 an die TH Dresden berufen.

[2] Erich Hecke (1887–1947) studierte in Berlin bei Edmund Landau und promovierte 1910 in Göttingen bei Hilbert. Er wurde 1918 Ordinarius in Göttingen, und zwar als Nachfolger von Carathéodory. Von 1929 bis zu seinem Tode war er Mitherausgeber der *Mathematischen Annalen*.

[3] Schur und Landau galten als zwei ausgezeichnete Schüler des inzwischen verstorbenen Ber-

schaftlich. Wir hatten in Berlin den angenehmsten Umgang mit ihm. – Wann ich meine Annalentätigkeit wieder aufnehmen kann, weiss ich noch nicht. Bis jetzt ist die Post noch erschwert und unsicher. Mali hofft auf entscheidende Besserung mit der Ratifikation des Friedens.

Viele herzliche Grüsse an Sie und Ihre Frau.

Ihr O. Blumenthal.

2.2 Springer Verlag übernimmt die *Annalen*

Seit ihrer Gründung im Jahre 1868 wurden die *Mathematische Annalen* vom Verlag B. G. Teubner in Leipzig betrieben. Später, als Alfred Ackermann-Teubner zum Mitinhaber der Firma wurde, entwickelte sich zwischen ihm und Klein ein enges Verhältnis, während nach 1900 auch Hilbert zu seinem Vertrauenskreis gehörte. Übrigens diente Ackermann-Teubner von 1903 bis 1919 als Schatzmeister der DMV. Während des Krieges zog er sich dann von dieser führenden Stelle in seiner Firma zurück, eine Entscheidung, die längerfristige Konsequenzen für die Mathematik haben sollte. In einem in dieser Zeit geschriebenen Dankesbrief an Hilbert teilte er ihm mit, dass er im sogenannten Ruhestand an einigen Initiativen Kleins noch teilnehmen wolle.

Alfred Ackermann-Teubner an Hilbert | Leipzig, den 25.VIII.1916
TB, Nachlass Hilbert, SUB Göttingen, 403, Nr. 30

Hochverehrter Herr Geheimrat!

Sie werden schon gehört haben, dass ich mich von den Geschäften zurückgezogen habe und zwar hauptsächlich mit Rücksicht auf mein Befinden und nach einer fast 40jährigen Tätigkeit. Im Jahre 1876 trat ich bei B.G. Teubner in die Lehre ein, war später noch zu meiner weiteren beruflichen Ausbildung 1 1/2 Jahre im Auslande tätig und wurde 1882 Teilhaber der Firma. Ich werde auch ferner an der Firma Teubner beteiligt bleiben und die einlaufende Post einsehen, aber in die Geschäfte eingreifen werde ich nicht mehr. Nur einige Unternehmungen habe ich mir zunächst noch vorbehalten, so die Encyklopädie der mathematischen Wissenschaften, die Zeitschriften und die Kleinschen Unternehmungen. Mein Entschluss ist mir, wie Sie wohl denken können, nicht leicht geworden, denn ich habe in meiner Tätigkeit immer viel Befriedigung gefunden, dank des Wohlwollens und des

<hr>

liner Algebraikers Georg Ferdinand Frobenius. Zu dieser Zeit kam Schur allerdings nicht in die engere Wahl von Kandidaten für die Nachfolge Heckes, sondern es ging zunächst um Brouwer, Weyl und Gustav Herglotz. Alle drei sagten am Ende aber ab, wonach Schur und Richard Courant nominiert wurden. Die Entscheidung fiel dann zu Gunsten Courants aus.

Vertrauens, das mir meine Autoren immer in so dankenswerter und freundlicher Weise entgegengebracht haben. Jedenfalls werde ich stets mit Gefühlen großer Befriedigung an meine Tätigkeit zurückdenken und ich darf hier wohl zum Ausdruck bringen, dass in diesen Erinnerungen auch Sie, sehr verehrter Herr Geheimrat, eine erste Stelle einnehmen werden. Für Ihre besondere Freundlichkeit mir gegenüber bin ich Ihnen für immer sehr zu Dank verbunden und es wird mir stets eine herzliche Freude sein, mit Ihnen zusammenzukommen. Die Kongresse werde ich auch in Zukunft für die Firma weiter besuchen, so werden wir uns ja hoffentlich öfter sehen und sprechen. Ich brauche nicht zu versichern, dass ich an Ihren Büchern, die Sie dem Teubnerschen Verlage anvertrauten, immer das größte Interesse haben werde.

Mit der Bitte, sehr verehrter Herr Geheimrat, Ihr Vertrauen der Firma B.G. Teubner auch fernerhin freundlichst zu erhalten, bin ich unter verbindlichem Gruß
Ihr
aufrichtig ergebener
Alfred Ackermann

Ackermanns Nachfolger war sein Vetter Konrad Giesecke, der während der Nachkriegszeit seine Firma vor allem vor finanziellen Risiken schützen wollte. Eine ganz entgegengesetzte Strategie verfolgte sein Gegenspieler Ferdinand Springer vom Verlag Julius Springer in Berlin.[4] Dieser hatte kurz vor Ende des Krieges die *Mathematische Zeitschrift* ins Leben gerufen. Diese Neugründung unter der Leitung von Leon Lichtenstein konnte innerhalb kürzester Zeit die *Annalen* in den Schatten stellen.

Ende September 1919 fand ein Treffen in Göttingen statt, an dem Ackermann teilnahm, obwohl die Firma in erster Linie von Giesecke vertreten wurde. Verglichen mit seinem Vorgänger zeigte sich dieser viel weniger geneigt, die Wünsche der *Annalen*-Redaktion, insbesondere Hilberts Forderungen, zu berücksichtigen. Es war allen Beteiligten andererseits klar, dass Springer Interesse an den *Annalen* hatte, im Falle, dass Teubner die Zeitschrift fallen ließe. So wartete Otto Blumenthal gespannt auf weitere Nachricht über den Ausgang dieser Verhandlungen. Er ging offenbar davon aus, dass trotz der neuen Schwierigkeiten die altehrwürdigen *Annalen* bei Teubner bleiben würden. Wie aber aus dem folgenden Brief an Hilbert hervorgeht, stand er einem Wechsel zu Springer durchaus offen gegenüber.

---

[4]Zu diesem Übergang von Teubner zu Springer siehe (Remmert/Schneider 2010, 121–130).

Blumenthal an Hilbert | Aachen, den 23.X.1919
TB, Nachlass Hilbert, SUB Göttingen, 30, Nr. 44

Lieber Herr Professor!

Ich möchte mich nach dem Ergebnis der Verhandlungen mit Teubner über Fortführung der Annalen erkundigen. Wenn Teubner auf die Forderung von 40 Bogen im Jahr eingeht, glaube ich, können wir, gestützt auf unsere alten Beziehungen und auf die zugkräftigen Namen in unserer Redaktion, auch neben der Mathematischen Zeitschrift bestehen, ebenso gut, wie der Crelle neben den Annalen bestanden hat. Allerdings wird es Mühe kosten, den augenblicklichen grossen Vorsprung der Zeitschrift wieder einzuholen. Wir werden dazu nicht nur unser Programm erweitern müssen, wie Sie es vorgeschlagen haben, sondern auch eine Propaganda entfalten, die vielleicht dem zurückhaltend vornehmen Ton der Annalen etwas conträr ist. Aber ich will dieses Odium gern auf mich selbst nehmen.

Eine andere Sache ist es, wenn Teubner aus Rückständigkeit und Mangel an Mut ablehnt. Für diesen Fall habe ich folgenden Vorschlag, der mir heute bei einem Gespräch mit Karman eingefallen ist. Karman ist von Lichtenstein aufgefordert worden, in die Redaktion der „Zeitschrift"einzutreten. Es wird beabsichtigt, die Zeitschrift zu erweitern, und zwar, wie Karman sagt, in der Weise, dass eine „Zeitschrift B", die den Anwendungen gewidmet sein soll, neben die bisherige „Zeitschrift A"tritt. Ich halte diese Erweiterung der Springerschen Zeitschrift unter allen Umständen für eine schwere Gefahr für die Annalen. Falls also Teubner Ihre Vorschläge nicht annehmen sollte, schlage ich sofortige Verhandlungen mit Springer vor, dahingehend, dass er die Annalen mit dem Programm der „Zeitschrift B"übernimmt. Unsere Redaktion ist durchaus in der Lage, das zu leisten, vielleicht käme eine Kooptation in Frage, die aus dem Göttinger Kreis erfolgen könnte und also durchaus im Rahmen der Redaktion bliebe. Ich richte diesen Vorschlag an Sie, weil ich mit Ihnen in Göttingen über die ganze Annalengeschichte gesprochen habe. Meine Mitteilung richtet sich aber ebenso sehr an Klein, und ich bitte Sie, ihm meinen Brief weitergeben zu wollen. Mir schiene dieser Weg fast der beste, besser noch, als wenn wir bei Teubner bleiben. Denn ich halte die Gefahr der Zeitschrift B in dem entgegenkommenden Springerschen Verlag für sehr gross. Unter allen Umständen müsste Teubner sich bereit erklären, den Autoren wieder beliebig viele Sonderabdrücke gegen Erstattung der Kosten zu liefern. Dass Springer dies getan hat, während Teubner Papiernot vorgab, war ja ein Hauptzugmittel Springers.

Am 27. November findet in Dresden eine Konferenz von Rektoren und Dekanen der Technischen Hochschulen statt, an der ich, wenn nichts dazwischen kommt, teilnehmen werde. Wenn es gewünscht wird, komme ich auf der Hinreise nach Göttingen und kann dann das Ergebnis unserer Besprechungen gleich auf der Rückreise zu Teubner bringen.

Da sich die Postverhältnisse jetzt entscheidend zu bessern scheinen, werde ich aller Voraussicht nach sehr bald die Redaktionsgeschäfte wieder übernehmen können. Dazu muss ich aber zuerst wissen, was überhaupt aus den Annalen wird. Auch dies wäre wohl am besten in Göttingen zu besprechen.

Uns geht es gut. Die Vorlesungen beginnen nächste Woche. Ich habe die Absicht, sie mir diesmal leicht zu machen. Ich bin wieder etwas in eigener Arbeit drin und daher zufriedener als gewöhnlich.

Beste Grüsse an Sie, Ihre Frau und an Klein.

Ihr O. Blumenthal

Die von Blumenthal angesprochene Probleme stellten sich tatsächlich als sehr ernst heraus. Denn nur wenige Tage später, am 27. Oktober, traf die anscheinend endgültige Entscheidung der Firma Teubner ein, mitgeteilt in einem Brief an Felix Klein. In diesem gab Giesecke bekannt, dass Teubner die *Annalen* unter den von Hilbert verlangten Bedingungen in Zukunft nicht weiter veröffentlichen wolle. Daraufhin haben Klein und Hilbert Kontakt mit Ferdinand Springer aufgenommen, der sich sofort bereit erklärte, die *Annalen* übernehmen zu wollen. Nach Erhalt dieser Nachricht verfasste Klein ein Rundschreiben, dass er zwei Wochen später den Mitgliedern der Redaktion zuschickte, um sie über die letzten Endes gescheiterten Verhandlungen mit Teubner wie auch die erfreuliche Antwort Springers zu informieren.

Klein an die Redaktion der *Mathematischen Annalen* **| Göttingen, den 9.XI.1919 TB, Nachlass Brouwer, Noord-Hollands Archief, Haarlem**

Hochgeehrter Herr!

Die Schwierigkeiten, welche dem Erscheinen der Mathematischen Annalen bei Teubner in letzter Zeit entgegen standen und die durch die Konkurrenz der Springer'schen Zeitschrift jedem erkennbar hervortraten, haben sich zu einer Krisis zugespitzt.

Am 30. September hatte hier in Göttingen im Beisein von Herrn Ackermann eine ausführliche Besprechung zwischen Giesecke, als Vertreter der Firma Teubner, von Dyck, Hilbert und mir stattgefunden. Hierbei hat insbesondere Hilbert geltend gemacht, dass wir pro Jahr auf dem Erscheinen eines Bandes in Friedensstärke bestehen müssen; durch stärkeres Heranziehen der mathematischen Physik werde sich das Unternehmen sehr wohl neben der mathematischen Zeitschrift halten können. Am folgenden Tage machte mir dann noch von Dyck den Vorschlag, er wollte aus der Hauptredaktion zugunsten eines Vertreters der mathematischen Physik zurücktreten; ich habe ihm geantwortet, dass wir dieses Anerbieten nur in der Weise annehmen könnten, dass er in die Reihe der Mitwirkenden übertrete, schon damit nach aussenhin nicht der Schein eines Zwiespaltes innerhalb der Redaktion entstünde.

...

Die Sache schien soweit in normaler Weiterentwicklung begriffen, bis ich einen vom 27. October datierten Brief der Verlagsbuchhandlung erhielt, dahingehend, dass Teubner die ausserordentlichen Kosten, welche die Herstellung der Annalen in dem von uns verlangten Umfange per Jahr verlange, nicht aufwenden könne und er uns also überlasse, einen neuen Verleger zu suchen. Es war in der Tat schon in der Konferenz vom 30.9. davon die Rede gewesen, dass Springer nach gelegentlicher mündlicher Erklärung bereit sein möchte, anstelle von Teubner die Herausgabe der Annalen zu übernehmen. In prinzipieller Uebereinstimmung mit von Dyck und wie sich bald herausstellte auch mit Blumenthal, haben darauf Hilbert und ich am 2. November in diesem Sinne an Springer geschrieben und von ihm umgehend telegraphisch und schriftlich eine Zusage erhalten, die an Entgegenkommen nichts zu wünschen übrig liess:

Mit meinem Danke für Ihr Schreiben verbinde ich den Ausdruck meiner besonderen Freude über das Vertrauen, dass aus Ihrem Vorschlage spricht. Ich bin mit grosser Freude bereit, den Verlag der Mathematischen Annalen zu übernehmen. In dieser Bereitwilligkeit liegt selbstverständlich auch der Wille eingeschlossen, alles zu tun, um die erfolgreiche Fortführung der altberühmten Zeitschrift zu ermöglichen. Ich verpflichte mich daher ausdrücklich, einem Umfange der Zeitschrift zuzustimmen, der die Aufnahme aller in Betracht kommenden Arbeiten zulässt. ...

Hiermit dürfte der Uebergang der Annalen in dem Springer'schen Verlag entschieden sein und ich habe nur noch die bei den Verhandlungen nicht beteiligten Herren der Redaktion zu bitten, den Annalen treu zu bleiben; wenn innerhalb vierzehn Tagen bei Hilbert oder mir keine Absage einläuft, werden wir die Zustimmung jedes Einzelnen der Herren annehmen. Einzelheiten können mit Springer nur mündlich verhandelt werden. Hierfür ist der 26. November in Aussicht genommen, weil dann Blumenthal auf einer Durchreise hier sein wird. Unser Plan ist, Blumenthal fortan eine ähnliche Stellung zu geben, wie Lichtenstein sie bei der Mathematischen Zeitschrift hat, wobei wir voraussetzen, dass die Besetzung von Aachen den notwendigen Geschäftsverkehr mit den übrigen Deutschland auf die Dauer nicht mehr behindern wird.

Schliesslich sei noch angegeben, dass Herr Ackermann in einem ausführlichen an mich gerichteten Brief mitteilt, dass er von dem Schreiben der Firma Teubner an mich vom 27. Oktober erst nachträglich Kenntnis erhalten hat und den Gang der Ereignisse aufs lebhafteste bedauert. Ferner noch, dass die vorstehenden Zeilen in vollem Einverständnis mit Hilbert geschrieben sind, den ich überdies gebeten habe, alle zur weiteren Ausgestaltung der Annalen nunmehr erforderlichen Massnahmen seinerseits in die Wege zu leiten.

Ganz ergebenst

gez. Klein.

———————

Kleins Schreiben unterstreicht die zentrale Rolle, welche Blumenthal nach wie vor bei den *Annalen* spielen sollte. Gleichzeitig wies er auf die Tatsache hin, dass Aachen seit Ende des Krieges von belgischen und französischen Truppen besetzt wurde. Der Versailler Vertrag war zu dieser Zeit noch nicht in Kraft getreten, aber man ging davon aus, dass Aachen in Zukunft nicht vom übrigen Deutschland abgeschnitten sein würde.

Hilbert bekam nun freie Hand, im Einverständnis mit Springer eine neue Redaktion zu bilden. Gleichzeitig setzte er sich in Verbindung mit Teubner, um u.a. zu erreichen, dass Giesecke die Abonnentenliste für die *Mathematischen Annalen* der Firma Springer zur Verfügung stellen möge. Diese Bitte wurde jedoch abgelehnt.

Teubner an Hilbert | Leipzig, den 22.XI.1919
TB, Nachlass Hilbert, SUB Göttingen, 403, Nr. 31

Hochgeehrter Herr!

Auf Ihre gefl. Zuschrift vom 18. ds. hin teile ich Ihnen mit, dass ich nach Lage der Sache meinerseits kein Interesse daran habe, den 80. Band der Annalen weiterzuführen. Die Bestände der früheren Jahrgänge kann ich mich nicht entschliessen, der Firma Springer zu überlassen, ebensowenig vermag ich die Abonnentenliste früher an einen anderen Verlag auszuhändigen, als bis mit diesem ein endgültiges Abkommen über die Fortführung des Unternehmens getroffen ist.

In vorzüglicher Hochachtung
ergebenst
B.G. Teubner

Wahrscheinlich hatte niemand in der *Annalen*-Redaktion mit dieser ablehnenden Haltung gerechnet. Auf jeden Fall waren Hilberts Hoffnungen auf einen möglichst reibungslosen Übergang keineswegs erfüllt. Die schlechte Stimmung zwischen dem ehemaligen Verleger der Zeitschrift und der Redaktion führte bald zu einem kleinen Kampf, an dem Blumenthal und Hilbert besonders lebhaft beteiligt waren.

In Kleins Schreiben an die Mitglieder der Redaktion erwähnte er, dass Alfred Ackermann-Teubner „erst nachträglich Kenntnis von dem Schreiben der Firma Teubner … vom 27. Oktober" erhalten habe und ferner, dass er „den Gang der Ereignisse aufs lebhafteste" bedauere. Daraufhin erkundigte sich Brouwer bei Ackermann-Teubner nach den Gründen, die dazu geführt hatten, dass seine Firma die *Annalen* nicht weiter behalten wollte. Er bekam die folgende klare Antwort.

Ackermann-Teubner an Brouwer | Leipzig, den 4.XII.1919
TB, Nachlass Brouwer, Noord-Hollands Archief, Haarlem

Sehr geehrter Herr!

Aus Ihrer geflissentliche Zuschrift von 22. November ersehe ich, dass Ihnen Herr Geheimrat Klein schon über die Angelegenheit der Annalen Mitteilung gemacht hat, die für mich selbst am allerunerfreulichsten ist. Die Herren der Redaktion haben von mir verlangt, dass ich den Umfang noch über den vor Kriegszeit hinaus erweiterte; was mit einem jährlichen Zuschuss von 15–20.000 Mark für den Verlag verbunden gewesen wäre. Diesen für eine Zeitschrift zu übernehmen, ist er mit Rücksicht auf die wirtschaftliche Gesamtlage, in die er durch die durch den Krieg und die Revolution herbeigeführten Verhältnisse versetzt ist, einfach nicht in der Lage, und es ist besonders mit Rücksicht darauf, dass ich nicht nur für die Annalen, sondern auch für andere mathematische wissenschaftliche Unternehmungen jahrzehntelang sich auf die Hunderttausende belaufende Opfer gebracht habe, sehr bedauerlich, dass von den betreffenden Herren der Redaktion hierauf keine Rücksicht genommen und nicht ein Weg gesucht worden ist, der die Fortführung der Annalen in meinem Verlag, in dem sie nun 50 Jahre erschienen, ermöglicht hätte. Vielmehr haben sie sich auf meine Erklärung, dass es mir doch nicht zugemutet werden konnte, unter den augenblicklichen Verhältnissen den Zuschuss so erheblich zu erhöhen, wie das ebensowenig seitens anderer Redaktionen anderen wissenschaftlichen Zeitschriften gegenüber geschehen ist, ohne weiteres veranlasst gesehen, sich mit der Firma Springer in Verbindung zu setzen, die in der Übernahme der Zeitschrift natürlich ein besonderes Werbeobjekt für den Ausbau ihres mathematischen Verlages erblickt. Ihre Anfrage veranlasste mich, Ihnen die Gründe bekannt zu geben, auf die das Aufhören des Erscheinens der Annalen in meinem Verlage zurückzuführen ist, da mir natürlich daran gelegen sein muss, dass sich die Aussenstehenden darüber kein falsches Urteil bilden. Ich werde jedenfalls auch noch Gelegenheit nehmen, sie der Öffentlichkeit gegenüber bekannt zu geben.

Vom 28. Band des Jahresberichts der Deutschen Mathematiker-Vereinigung ist das Heft 1–6 bereits erschienen und wurde Ihnen von meiner Buchhandlungs-Abteilung am 13. vorigen Monats zugestellt. Ich hoffe Sie sonach unterdessen im Besitz desselben.

Die erste Korrektur Ihres Artikels ging Ihnen am 1. des Monats zu, da er nicht für das erste, sondern für das nächste Heft bestimmt ist.

In vorzüglicher Hochachtung
ganz ergebenst
Ackermann

2.3   Der nachträgliche Kampf mit Teubner

Die trübe wirtschaftliche Lage der Nachkriegszeit brachte eine Reihe großerer Probleme für Teubner mit sich. Nach der Entscheidung die *Annalen* abzugeben, versuchte der Verlag gegenüber ihren Lesern diesen unerwarteten Schritt zu rechtfertigen. Mit Verweis auf diese allgemeine Problematik wurde eine offizielle Stellungnahme verfasst, die Februar 1920 im vorletzten von Teubner veröffenlichten Heft der *Mathematischen Annalen* erschien.[5]

Erklärung

Aus der Tatsache, daß die „Mathematischen Annalen" mit dem 80. Jahrgang aufhören in meinem Verlag zu erscheinen, sind, wie mir bekannt geworden, unzutreffende Folgerungen gezogen worden. Ich hatte mir eine Erklärung dazu für das letzte, das Register zum 50. bis 80. Jahrgang bringende Heft vorbehalten. Da dessen Bearbeitung aber noch geraume Zeit in Anspruch nimmt, sehe ich mich veranlaßt, zur Klarstellung Nachstehendes schon jetzt mitzuteilen.

Wie bekannt, hat sich die Lage der wissenschaftlichen Zeitschriften mit der ständigen Steigerung der Herstellungskosten (der Löhne auf das 4–5 fache, des Papiers auf das 8–10 fache), der gegenüber bei der relativ geringen Zahl der Bezieher auch eine Erhöhung des Bezugspreises keinen irgendwie in Betracht kommenden Ausgleich zu schaffen vermag, immer mehr verschlechtert.

Mein Verlag hat zahlreichen wissenschaftlichen Unternehmungen gegenüber Verpflichtungen. Viele von ihnen, die vor dem Krieg noch bescheidene Erträgnisse abgeworfen, erfordern jetzt hohe Zuwendungen. Deren Gesamtbetrag darf eine gewisse Höhe nicht überschreiten, wenn die weitere Betätigung meiner Firma auf dem Gebiete des wissenschaftlichen Verlags nicht überhaupt in Frage gestellt werden soll.

Diese Sachlage habe ich den Mitgliedern der Redaktion der „Annalen" vor Augen geführt, als sie die Forderung an mich stellten, den durch die behördlichen Verordnungen über den Papierverbrauch eingeschränkten Umfang wieder auf den der Vorkriegszeit zu erhöhen. Ich habe darauf erklären müssen, daß ich, wenn sich nicht ein anderweitiger Ausgleich finden ließe, nicht in der Lage wäre, nur für die Fortführung eines einzelnen Unternehmens einen Zuschuß aufzubringen, der sich, nur die Herstellungskosten gerechnet, jetzt etwa auf 20.000 Mark für das Jahr berechnen würde. Ich habe mich aber bereit erklärt, das Weitererscheinen der „Annalen" in meinem Verlage zu ermöglichen, unter der Voraussetzung, daß die Anforderungen gewisse Grenzen nicht überschritten.

Die Redaktion der „Annalen" aber hat darauf keine Rücksicht nehmen zu sollen geglaubt und hat ohne weitere Erklärung an mich das Angebot eines anderen Verlages angenommen, der in einer Besprechung wissenschaftlicher Verleger zwar selbst auf die Notwendigkeit der Zusammenlegung wissenschaftlicher Zeitschrif-

---

[5]Eine Kopie des gedruckten Textes befindet sich im Nachlass Hilbert, SUB Göttingen, 403, Nr. 31, Beilage 10.

ten hingewiesen hat, dann aber es seinen Interessen dienlich gefunden zu haben scheint, die „Mathematischen Annalen" an sich zu ziehen. Diesem Sachverhalt kann ich mit dem Bewußtsein gegenüber stehen, mich zu Opfern für die Zeitschrift in den Grenzen des Möglichen mit dem gleichen Entgegenkommen bereit erklärt zu haben, mit dem ich solche in einem Umfange wie wohl kein anderer Verlag durch mehr als 50 Jahre der mathematischen Wissenschaft gebracht habe, während deren die „Annalen" in meinem Verlage erschienen.

Diese Erklärung der Firma Teubner sorgte für zusätzlichen Ärger bei der Redaktion der *Annalen*. Hilbert und Blumenthal ließen sich nun auf einen kleinen Krieg mit Giesecke ein.

Hilberts Stellungnahme (Entwurf) | undatiert
TB, Nachlass Hilbert, SUB Göttingen, 403, Nr. 31, Beilage 9

Die Firma T[eubner] verlangt von uns eine Berichtigung betr. unsere letzte Mitteilung an unsere Abonnenten, dahingehend, dass sie sich nicht schlechthin geweigert hätte die Abonnentenliste an uns auszuliefern. Dem ist in der Tat so; aber die Firma T. bestand darauf, sich die Liste von der Firma Sp[ringer] abkaufen zu lassen. In Anbetracht, dass wir die Annalen als eine rein wissenschaftliche, keinerlei finanziellen Gewinn für den Verlag bringende, heute sogar die grössten Opfer von demselben verlangende Zeitschrift ist; in Anbetracht dessen ferner, dass die F. T. hinsichtlich des Umfanges im Erscheinen auch nicht die bescheidensten von der Redaktion als unbedingt notwendig erachteten Anforderungen zu erfüllen willens oder im Stande war und uns dadurch einen neuen Verleger aufzusuchen gezwungen hat, fanden wir das Teubnersche Verlangen nach einer Geldabfindung bei Uebergabe der Liste unangemessen und haben die T. Forderung zunächst garnicht an Sp. gelangen lassen. Inzwischen ist jedoch ein Abkommen zwischen beiden Firmen zustande gekommen und die Liste befindet sich gegenwärtig im Besitz von Springer.

Zugleich benutzen wir die Gelegenheit, eine Erklärung richtig zu stellen, die T. dem letzten bei ihm erschienenen Hefte beigegeben hat.

[Zwei Punkte] 1.) Es ist unrichtig, dass wir T. illoyal behandelt haben, im Gegenteil. 2.) Es ist unrichtig, dass Springer die Annalen an sich gerissen hat.

Wir bemerken noch, dass die Firma T. sich trotz unserer Aufforderung geweigert hat, diese Punkte seiner Erklärung richtig zu stellen.

Bezeichnend für die Eskalation dieses Konflikts war die Haltung Hilberts gegenüber dem Verlag Teubner in Bezug auf die Abonnentenliste. Statt Springer über Teubners diesbezügliche Bedingungen zu informieren, entschied sich Hilbert, im Alleingang dagegen zu protestieren. Angesichts dieser vergifteten Atmosphäre wundert es kaum, dass Klein sich aus diese Affäre zurückzog, während Blumenthal als treuer Diener Hilberts die Kampfstimmung hochhielt.

Blumenthal an Hilbert | Aachen, den 20.VIII.1920
TB, Nachlass Hilbert, SUB Göttingen, 403, Nr. 31, Beilage 6

Lieber Herr Professor!

Vielen Dank für Ihren langen Brief. Dass Klein sich aus der Teubner-Geschichte zurückzieht, ist begreiflich, aber für uns unbequem. Wir werden aber auch allein fertig werden.

Ich habe mir die Sache auch noch einmal überlegt. Ich glaube allerdings, dass wir, wenn es zum Kampf kommen soll, einen günstigen Stand haben. Denn die von uns verlangte Berichtigung kann Teubner meiner Ansicht nach juristisch nicht ablehnen. Trotzdem würde ich immer noch vorziehen, wenn wir ohne lange Erörterungen fertig würden. Ich habe einen neuen Text für die zweite Mitteilung gefunden, der nur Sachliches enthält, also für uns unbedenklich ist, und den Teubner ohne weiteres annehmen könnte, wenn es ihm darum zu tun ist, im Frieden aus der Sache zu kommen. Ich möchte vorschlagen, dass wir diesen Weg noch einmal versuchen, bevor wir nach Ihrem Plan zum Kampf übergehen. Sie finden einliegend den Durchschlag eines Briefes an Teubner, dessen Original ich hier behalte. Wenn Sie einverstanden sind, schicke ich es ab. Natürlich lassen sich auch noch Aenderungen im einzelnen anbringen, die Sie nur auf dem Durchschlag zu bemerken hätten.

Wenn Sie aber diesen letzten Friedensschritt nicht tun wollen, so lege ich zu Ihrer Prüfung auch den Durchschlag des Briefes an Teubner in Ihrem Sinne bei. Es liegt mir doch sehr daran, dass in einer so heikelen Angelegenheit wir nicht nur die Grundlagen, sondern auch die Einzelheiten der Korrespondenz gemeinsam feststellen. Ich bitte Sie also, auch diesen Durchschlag zu prüfen und nach Ihrem Ermessen abzuändern, und zwar auch dann, wenn Sie meinem Vermittelungsvorschlag zustimmen. Denn der Kampfbrief würde ja sofort in Aktion gesetzt werden, wenn Teubner dieses äusserste Entgegenkommen ablehnte. Ich bin nur unwesentlich von Ihrer Fassung abgewichen. Hauptsächlich nur in dem Punkt, dass ich den jetzt angebotenen Text nicht zurückgezogen, sondern noch weiter zur Wahl gestellt habe. Mir scheint, dass das Zurückziehen eines einmal gemachten Angebots nicht wohl angängig ist. Ferner habe ich den Text unserer Eventualberichtigung etwas geändert, indem ich Teubners eigene Worte aus seinem Brief vom 9. dieses Monats benutze. Dadurch kommt die Perfidie klarer heraus.

Ich erbitte also die beiden Durchschläge mit Korrektur und Bemerkungen zurück, und werde dann den Brief an Teubner genau nach Ihrem Entscheid schreiben.

Die Arbeit Ludwig habe ich erhalten. Sie ist entschieden nett und hat unter anderem den unschätzbaren Vorteil, dass sie die explizite Darstellung der Potenzsummen durch die elementar-symmetrischen Funktionen enthält, die ich in

Lehrbüchern vergeblich gesucht habe.[6]

Ich bitte Sie nochmals um die Adresse des Herrn Windau, dessen Arbeit über Diffgl. 4. Ordn. Sie auf Empfehlung von Hilb[7] angenommen haben, sowie um das Datum des Eingangs dieser Arbeit.[8] Kerekjarto habe ich zurückgeschickt.

Ich hoffe doch sehr, dass Sie nach Nauheim kommen werden. Von allem anderen abgesehen, halte ich die Auseinandersetzung mit Brouwers „Intuitionismus" für so wichtig, dass Sie dabei nicht schweigen sollten.[9]

Beste Grüsse an Sie und Frau Professor von Mali und mir.

Ihr

O. Blumenthal.

Blumenthal war sicherlich zu diesem Zeitpunkt über die Grundsätze von Brouwers „Intuitionismus" ziemlich gut informiert, daher sein Plädoyer an Hilbert, dazu Stellung zu beziehen. Hilbert reagierte aber erst ein Jahr später darauf, und zwar nachdem Hermann Weyl sich als Anhänger der Auffassungen Brouwers erklärt hatte.

Es folgte ein langer Briefwechsel mit Giesecke, wodurch die unversöhnliche Haltung beider Seiten aus dem unten gedruckten Teil dieser Korrespondenz klar hervortritt.

Teubner an Blumenthal | Leipzig, den 7.IX.1920
TB, Nachlass Hilbert, SUB Göttingen, 403, Nr. 31, Beilage 1

Sehr geehrter Herr Professor!

Der mir mit Ihrer gefl. Zuschrift vom 1. ds. mitgeteilte Wortlaut der in dem nächsten Heft der „Annalen" aufzunehmenden Berichtigung stellt doch das nicht richtig, was in dem ersten Heft den Abonnenten seitens der Redaktion mitgeteilt worden war, dass ich nämlich die Abonnentenliste nicht habe zur Einsicht geben

---

[6] Berhard von Ludwig, Ein neues Fundamentalsystem für symmetrische Funktionen, *Mathematische Annalen*, 83 (1921): 67–69.

[7] Emil Hilb war zu dieser Zeit ao. Professor in Würzburg.

[8] Es handelt sich um die Doktorarbeit des blinden Mathematikers Willi Windau, die er bei Hilbert geschrieben hatte. Sie erschien als W. Windau, Über lineare Differentialgleichungen vierter Ordnung mit Singularitäten und die dazugehörigen Darstellungen willkürlicher Funktionen, *Mathematische Annalen*, 83 (1921): 256–279. Windau war befreundet mit dem ebenfalls blinden Mathematiker Friedrich Mittelsten Scheid, der ein Jahr später bei Edmund Landau mit einer Arbeit über die Zerlegung hyperkomplexer Größen in Göttingen promovierte. In Zusammenarbeit mit Windau veröffentlichte Mittelsten Scheid 1930 das *System der Mathematik- und Chemieschrift für Blinde*, das lange Zeit als bahnbrechendes Werk galt.

[9] Brouwer hatte Hilberts unbeschränkte Verwendung des logischen Prinzips des ausgeschlossenen Drittens für schlichtweg falsch erklärt (Brouwer 1919, 204). Er kündigte auch einen Vortrag über intuitionistische Mathematik für die im September 1920 stattfindende Naturforscherversammlung in Bad Nauheim an. Trotzdem weigerte sich Hilbert, daran teilzunehmen. Ein Jahr später wurde dieser ausgearbeitete Vortrag in den *Annalen* publiziert (Brouwer 1921).

wollen. Ich muss doch Wert darauf legen, dass die Öffentlichkeit darüber aufgeklärt wird, dass eine Weigerung meinerseits nie vorgelegen hat, denn sonst könnte man zu der Annahme kommen, dass es meine Absicht gewesen wäre, zunächst bei dem Übergang der Annalen in einen anderen Verlag der Redaktion Schwierigkeiten zu bereiten, was aber nicht der Fall gewesen ist. Ich kann auch eigentlich keinen Grund einsehen, warum die Redaktion nicht die Erklärung in der von mir vorgeschlagenen Form aufnehmen will, die doch dem Sachverhalt durchaus entspricht und ja auch niemand zu nahe tritt, denn ein Missverständnis kann doch natürlich überall vorkommen. Ich bitte deshalb doch den von mir geäusserten Bedenken Rechnung zu tragen und die Berichtigung nach meinem Vorschlag aufzunehmen.

In vorzüglicher Hochachtung
ganz ergebenst
B.G. Teubner

Teubner an Blumenthal | Leipzig, den 15.IX.1920
TB, Nachlass Hilbert, SUB Göttingen, 403, Nr. 31, Beilage 2

Hochgeehrter Herr Professor!

Aus Ihrer gefl. Zuschrift vom 10. ds. habe ich zu meinem Bedauern ersehen, dass die Redaktion der Annalen die Berichtigung in einem den Tatsachen entsprechenden Sinne nicht aufnehmen zu können glaubt.

Was Sie nun zu dem Vorgang bemerken, nachdem mir die Schuld dafür zufallen soll, dass meine bezgl. der Herausgabe der Abonnentenliste abgegebene Erklärung nicht rechtzeitig der Firma Springer zugekommen ist, so entspricht das nicht den Tatsachen.

Ich habe Herrn Geheimrat Hilbert wohl die an mich s.Zt. gerichtete Anfrage beantwortet, – denn ich weiss auch, dass ich Briefe zu bestätigen habe und brauche darüber nicht belehrt zu werden – und habe ihm geschrieben, dass ich das Nähere in dieser Angelegenheit Herrn Geheimrat Klein, der zu gleicher Zeit an mich geschrieben hat, mitgeteilt habe. Da ich in der Annalenfrage ständig nur mit Herrn Geheimrat Klein verhandelt hatte, war es gegeben, dass ich auch ihm meine Stellungnahme zu dem Ersuchen um Ueberlassung der Abonnentenliste mitteilte. Darüber, ob das Verlangen einer Entschädigung für die Liste, in der für den Verlag beträchtliche Arbeit und beträchtlicher Wert steckt, berechtigt ist oder nicht, konnte die Redaktion gar nicht beurteilen, denn sie kennt ja den Geschäftsgebrauch nicht genügend. In jedem Falle musste doch eine Mitteilung an die Fa. Spr. weitergegeben werden, da es doch schliesslich deren Sache war, ob sie die Abfindung bezahlen wollte oder nicht. Jedenfalls konnten die Dinge die Redaktion keinesfalls zu einer Erklärung berechtigen, ich hätte mich geweigert, die Liste herauszugeben.

Zu der Entschädigungsfrage möchte ich nun ergänzend nur noch bemerken, dass z. B. die Fa. Spr., wie mir ein Inhaber der vereinigten wissenschaftlichen Verleger selbst erzählt hat, für mehrere Zeitschriften, die auch nur Zuschüsse kosten, einen Betrag von über M 100 000,- bezahlt hat. Deshalb war es auch durchaus berechtigt, wenn sie hier nur für die Arbeit und den Wert der Abonnentenliste eine gewisse und im Verhältnis der obigen Summe sehr bescheidene Entschädigung zahlte. Sie der Fa. Spr. ohne Vergütung zu überlassen, dazu hatte ich um so weniger Veranlassung, als sie sich in dieser ganzen Angelegenheit gegen meine Firma sehr unkollegial gezeigt hat. ...

Was nun den Punkt der Erklärung meines Verlages anbelangt, der nach Ihrer jetzigen Mitteilung unrichtig sein soll, so ist auch hier Ihre Behauptung nicht richtig. Ich habe in dem Schreiben vom 27. Okt. Herrn Geheimrat Klein am Anfang desselben nochmals die Unmöglichkeit dargelegt, die Annalen in dem alten Friedensumfang herauszubringen, (was ja nach der neuen Anzeige übrigens scheinbar nun die Fa. Spr. auch nicht tut,) habe aber auch nochmals darauf hingewiesen, wie sehr ich die Bedeutung, die die Annalen für die Fortführung meines mathematischen Verlages haben, zu würdigen wüsste, und wie gern ich bis zu gewissen Grenzen auch weiter Opfer gebracht hätte, um diese in meinem Verlag zu ermöglichen. Damit hoffte ich zu erreichen, dass die Redaktion sich doch dazu bereit finden würde, zunächst wenigstens die Annalen in dem Umfang von 20 Bogen pro Band in Verbindung mit meinem Verlage fortzuführen. An dem Schlusse dieses Briefes ist auch ausdrücklich noch gesagt, „so bleibt dann, wenn die Redaktion ihre Forderung aufrecht erhält und keinen anderen Ausweg weiss, um eine Herabminderung des Defizits herbeizuführen, nichts weiter übrig" usw. In der Antwort schreibt mir Herr Geheimrat Klein darauf am Schluss: „Ich bin nun zunächst mit Geheimrat Hilbert in Verbindung getreten und werde sehen, was wir unternehmen." Darauf habe ich weiter nichts gehört, als bis mir Herr Geheimrat Hilbert mit trockenen Worten das Protokoll des vollzogenen Ueberganges der Annalen unter dem 26./11. mitteilte, während ich bei den alten und nahen Beziehungen unbedingt erwarten musste, dass mir vorher noch geschrieben würde, dass die Redaktion, wenn ich bei meiner Erklärung vom 27. Okt. bestehen bleiben müsste, dann ihrerseits mit dem Springerschen Verlage abschliessen müsste.

Das war nicht nur dem Empfinden, sondern auch der Sachlage nach ein durchaus berechtigtes Verlangen, dass man mir, bevor man den Abschluss mit einer anderen Firma vollzieht, davon Mitteilung machte.

In diesem Sinn ist der Inhalt meiner Erklärung und auch der Wortlaut durchaus berechtigt, denn ich habe auf mein Schreiben, nachdem mir noch Herr Geheimrat Klein mitteilte, dass er mit Herrn Geheimrat Hilbert in Verbindung getreten sei, um zu sehen, was sie unternehmen wollten, bestimmt noch auf eine diesbezgl. Mitteilung ihrer Entschliessung warten müssen.

Ich habe nach Allem auch keine Veranlassung, von dem berechtigten Verlangen einer Berichtigung über die angebliche Weigerung der Herausgabe der Abonnentenliste in dem Sinne Abstand zu nehmen, wie ich es in meinem Schreiben vom

18. Aug. 20 vorgeschlagen habe, denn die an diese geknüpfte Kritik bezgl. der von mir geforderten Entschädigung ist einmal unberechtigt, dann steht sie aber in gar keinem Zusammenhang damit, dass eben in der Erklärung der Redaktion von einer Weigerung gesprochen worden ist.

In vorzüglicher Hochachtung

ganz ergebenst

B.G. Teubner

———————

Blumenthal an Teubner | Aachen, den 16.IX.1920
TB, Nachlass Hilbert, SUB Göttingen, 403, Nr. 31, Beilage 4

Sehr geehrter Herr!

Ich bestätige mit verbindlichem Dank den Empfang Ihres Schreibens vom 15.9. Ich werde es sofort der Annalenredaktion vorlegen und Ihnen möglichst bald Antwort geben. Da ich aber übermorgen für etwa drei Wochen verreisen werde und gleichzeitig auch Herr Geheimrat Hilbert abwesend ist, so bitte ich Sie höflichst, sich bis zu unserer Rückkehr gedulden zu wollen.

Mit vorzüglicher Hochachtung

Ihr sehr ergebener

O. Blumenthal.

———————

Blumenthal informierte Hilbert am gleichen Tag über den Stand dieses Streits, wobei er offenbar besondere Hoffnung auf Springers Stellungnahme hierzu legte. Gelegenheit, mit Springer über diesen und andere Probleme zu sprechen, bekam Blumenthal etwa eine Woche später in Bad Nauheim (siehe S. 120).

Blumenthal an Hilbert | Aachen, den 16.IX.1920
TB, Nachlass Hilbert, SUB Göttingen, 403, Nr. 31, Beilage 7

Lieber Herr Professor!

Anbei Teubners Antwort auf unseren Brief vom 15. Ich habe mir davon zwei Abschriften gemacht und werde eine in Nauheim auch Ferdinand Springer zeigen, um mich von ihm juristisch beraten zu lassen.

Die Antwort ist ausgefallen, wie zu erwarten war. Giesecke ist ein Mann, der in seine Ideen verrannt ist und nichts einsehen will. Wir werden also den Kampf in Höflichkeit und Festigkeit weiterführen müssen. Damit wir aber wenigstens für eine Ferienreise Ruhe haben, habe ich die in Abschrift gleichfalls einliegende Karte sofort an Teubner geschrieben.

Zu Teubners Brief habe ich verschiedene Bemerkungen, die ich hier ungeordnet zusammenschreibe.

1. Wir haben leider in unserem Briefe etwas vergessen zu sagen, dass wir nämlich bei der Abfassung der Mitteilung an die Abonnenten in der Tat vergessen hatten, dass Teubner damals von einer Entschädigung geredet hatte, ohne die er die Liste nicht herausgeben würde. Ich wenigstens habe, als ich den Wortlaut der Mitteilung aufsetzte, an eine bedingungslose Weigerung geglaubt. Hierin liegt ein Versehen, das wir in unserem nächsten Briefe an Teubner unumwunden zugeben müssen, denn jetzt sieht es so aus, als hätten wir mala fide gehandelt.

2. Die von Teubner am 18.8. vorgeschlagene Erklärung entspricht nicht den Tatsachen, denn wir haben nicht aus „Missverständnis" das Teubnersche Angebot an die Firma Springer nicht weiter gegeben, sondern deshalb, weil wir es für indiscutabel hielten. Das war ein Irrtum unsererseits, wie sich hinterher herausgestellt hat, denn Springer hat ja jetzt bezahlt. Aber von Teubner uns eine beschönigende Erklärung mit dem Worte „Missverständnis" als Gunst gewähren zu lassen, dazu haben wir keinen Anlass. Das muss man ihm als Antwort auf seinen letzten Absatz schreiben. Wir haben ihm ja auch selbst als Gegenleistung gegen seine Berichtigung eine ganz unumwundene Berichtigung unsererseits in Aussicht gestellt und ausdrücklich formuliert.

3. In dem dritten Absatz antwortet Teubner auf Ihren Vorwurf, dass er nicht an Sie, sondern an Klein geschrieben habe. Die Entgegnung darauf bitte ich Sie zu stilisieren.

4. In dem Hauptabsatz des Briefes, wo über die Verhandlungen mit Springer die Rede ist, behauptet Teubner, zwischen Kleins Antwort auf seinen Brief vom 27. Okt. und der Uebersendung des Protokolls vom 26.11. durch Sie nichts mehr gehört zu haben. Das kann schon deshalb nicht stimmen, weil dazwischen doch die Verhandlungen wegen der Abonnentenliste (Ihr Schreiben vom 18.11.) gingen und Teubner in einem Schreiben vom 12.11. direkte Verhandlungen mit Springer abgelehnt hat. Also muss ihm doch da schon gesagt worden sein, dass wir mit Springer würden abschliessen müssen, wenn auch natürlich ihm die Tatsache nicht mitgeteilt worden ist, aus dem einfachen Grunde, weil es damals noch keine Tatsache war. Darüber müssten Sie in Ihren Akten nachsehen.

5. Kleins dilatorische Antwort auf Teubners Brief vom 27. Okt. war in der Tat recht ungeschickt und giebt Giesecke jetzt einen Schein von Recht, allerdings nur einen Schein.

6. Teubner möchte es jetzt so darstellen, als sei sein Brief vom 27. Okt. nicht eine glatte Absage gewesen, sondern habe die Möglichkeit zu einem Kuhhandel eröffnen sollen. Das finde ich ziemlich die Höhe. Ich möchte am liebsten mit einer ausführlichen Darlegung unserer damaligen Stimmung antworten. Es ist doch klar, dass wir nicht gern uns in denselben Verlag begeben haben, in dem schon die Konkurrenz erscheint. Wir ständen doch bei einem konkurrierenden Verlag viel besser. Wir hatten das Gefühl, von Teubner geradezu an die Luft gesetzt zu sein, und waren froh, bei Springer unterkriechen zu können. Also wir sind die Misshandelten und nicht Teubner, wie er es jetzt darstellen möchte.

Nun liegt da allerdings anscheinend ausserdem noch ein Missverständnis vor. Es hat doch im Oktober in Göttingen eine mündliche Verhandlung stattgefunden, zu der ich nicht gebeten worden war. Wie Sie mir gesagt haben, haben Sie in dieser Verhandlung die Forderung gestellt, dass die Annalen wenigstens in der Stärke eines Friedensbandes von 36 Folgen erscheinen sollten. Dabei lag aber doch der Nachdruck augenscheinlich auf der jährlichen Bogenzahl, nicht darauf, dass diese 36 Bogen einen Band bilden sollten. Teubner dagegen war nur erbötig, einen Band von 20 Bogen im Jahr erscheinen zu lassen. Ich nehme an, dass so Ihre Meinung war: ob Teubner 20-bogige oder 30-bogige Bände erscheinen lassen wollte, war der Redaktion ganz gleichgültig, die Hauptsache war, dass im Jahr 36 Bogen herauskamen. Teubner stellt es aber jetzt so dar, als ob es sich um die Bogenzahl pro Band gehandelt habe, und auch sein Schreiben vom 27. Okt. ist in dieser Hinsicht unklar. Ich bitte Sie um genauen Bescheid, wie die Auffassung in dieser Sitzung war, und ob allseitige Klarheit bestanden hat.

Wir können dann sagen, dass Klein und Sie nach dieser Sitzung die bestimmte Hoffnung hatten, dass sich auf ihren Kompromissvorschlag eine Einigung würde erzielen lassen, und dass wir von seiner bedingungslosen Ablehnung am 27. Okt. vollständig überrascht gewesen sind und uns dann erst an Springer gewandt haben. Dass dieser, wie Teubner schreibt, „sofort Schritte getan habe, um die Annalen an sich zu ziehen", ist mir auch nicht bekannt. Ebenso wenig ist mir bekannt, dass die Redaktion der Annalen einverstanden gewesen sei, mit der Zeitschrift zu fusionieren. Das wäre eine sehr harte Nuss für uns gewesen, und ist eine Schande für Teubner, dass er sich darauf so ohne weiteres einliess. Die Annalen hatten wohl verdient, nicht in eine ganz neue Zeitschrift untergebuttert zu werden. Denn, soviel ich weiss, sollte die gemeinsame Zeitschrift dann bei Springer erscheinen. Ich bin aber über dies alles nicht authentisch unterrichtet, weil ich ja damals der Redaktion nicht aktiv angehörte, und muss Sie um einen den Tatsachen entsprechenden Bericht bitten.

Schreiben Sie mir, bitte, möglichst umgehend Ihre Gedanken zu meinen Ausführungen. Ich will dann versuchen, eine Antwort an Teubner zu stilisieren und werde sie Ihnen zur Prüfung dann einsenden.

Auf meinen Brief an Sie mit der Einlage von Schur habe ich leider noch keine Antwort.[10] Uebermorgen fahre ich nach Nauheim, dann will ich noch für ein paar [Tage][11] zu Brouwer nach Holland. Dieser ist auch schon enttäuscht, dass Sie nicht nach Nauheim kommen und dort Ihren angekündigten Vortrag halten.[12]

Beste Grüsse!

Ihr

O. Blumenthal.

---

[10]Friedrich Schurs Nachruf auf seinen ehemaligen Straßburger Kollegen Theodor Reye ist am 13. August 1920 bei Blumenthal eingegangen. Die Einlage enthielt Auskünfte über die Vertreibungen dort im Jahre 1918, die zu Reyes Übersiedlung nach Würzburg führten. Für weitere Einzelheiten vgl. Blumenthals Brief an Klein vom 14. Oktober 1920 auf S. 118.

[11]Es folgt ein kurzer handschriftlicher Eintrag.

[12]Ob Hilbert vor der Naturforscherversammlung in Bad Nauheim einen Vortrag tatsächlich angekündigt hat, lässt sich aus den Voranmeldungen in dem *Jahresbericht der Deuschen Mathematiker-Vereinigung* nicht bestätigen.

[Handschriftlicher Vermerk – linke Seite des Schreibens:] Unterdessen hat mir Courant aus München geschrieben: es scheint nicht, dass dort viel Aussicht für mich ist.[13] Man mache von vorneweg den Einwand, ich würde wegen Wohnungsschwierigkeiten doch nicht kommen. Ich habe daraufhin telegraphiert, dass Wohnungsfragen meine Entschliessung nicht wesentlich beeinflussen würden. Dass man bei Berufungen riskiert, ein halbes Jahr von seiner Familie getrennt zu sein, das muss man doch in Kauf nehmen.

––––––––––

Blumenthal kam etwa eine Woche später mit Ferdinand Springer in Bad Nauheim zusammen. In einem Brief an Felix Klein (S. 118) drückte er seine Zufriedenheit über deren Gespräche aus und betonte dabei, dass Springer „einen sehr guten und durchaus aufrichtigen Eindruck" auf ihn gemacht habe. Springer konstatierte ferner, dass die von Teubner verlangte Entschädigung von 2000 Mark für die Abonnentenliste durchaus üblich wäre; wüsste er davon, hätte er sie sofort gezahlt (Blumenthal an Hilbert vom 12. November 1920; siehe unten).

Es folgte nun eine Ruhephase, bevor Giesecke sich wieder bei Blumenthal meldete.

Teubner an Blumenthal | Leipzig, den 26.X.1920
TK, Nachlass Hilbert, SUB Göttingen, 403, Nr. 31, Beilage 3

Hochgeehrter Herr Professor!

Da ich in der Annalen-Angelegenheit nichts wieder gehört habe, möchte ich mir einmal wieder nachzufragen erlauben, ob und in welchem Sinne die Redaktion nunmehr über die Regelung dieser einen Beschluss gefasst hat.

[Handschriftlicher Vermerk auf der o. a. Postkarte:]
Lieber Herr Professor! 28.X.1920.

Mit dieser Mahnung hat Teubner Recht. Ich bitte Sie um Erledigung meines Briefes vom 17.10., in dem ich Ihnen den Text eines Briefes an Teubner vorgeschlagen habe. Schicken Sie mir, bitte, auch diese Karte für meine Akten zurück.
Beste Grüsse, Ihr
O. Blumenthal.

––––––––––

––––––––––

[13] An der TH München hatte Heinrich Liebmann bis 1920 ein Extraordinariat für angewandte Mathematik inne. Als er nach Heidelberg ging, wurde über die Nachfolge verhandelt. Diese Frage wurde aber am Ende vertagt, eine Entscheidung, welche sicherlich durch die politischen Unruhen der damaligen Zeit mitbeeinflusst war. Erst 1927 wurde die Stelle mit der Berufung von Josef Lense aus Wien wiederbesetzt.

Der Schlagabtausch setzte sich also weiter fort, ohne nennenswerte Annäherung, bis Blumenthal den Vorschlag machte, einen Schlussstrich zu ziehen.

Blumenthal an Hilbert | Aachen, den 12.XI.1920
TB, Nachlass Hilbert, SUB Göttingen, 403, Nr. 31, Beilage 8

Lieber Herr Professor!

Anbei Teubners ellenlange Antwort auf unseren Brief. Ich finde, dass der energische Ton unseres letzten Schreibens insofern gut gewirkt hat, als Teubner jetzt seinen Ton erheblich herabgesetzt hat, auch seinen wesentlichen Fehler, dass er das Entgegenkommen der Redaktion mit den 36 Bogen pro Jahr nicht anerkannt hat, endlich zugesteht. Auch ich bin daraufhin zur Milde geneigt. Eine Fortsetzung der Korrespondenz hat augenscheinlich keinen Sinn. Wir haben uns zu entscheiden, ob wir, gemäss der Drohung in unserem letzten Brief, eine ausführliche Erklärung loslassen oder den von Teubner jetzt vorgeschlagenen Text einer neuen Mitteilung an unsere Abonnenten annehmen wollen. Ich persönlich neige zu der letzteren Entscheidung, denn dieser Text enthält nur tatsächlich Richtiges und beeinträchtigt uns nicht. Wir müssten nur hinter den Satz „eine übliche Entschädigung verlangt hat" eine Parenthese einschalten, etwa „eine Forderung, die die Redaktion damals nicht an die Firma Springer weitergab", damit nicht Springer sich getroffen fühlt. Denn, wie mir Ferdinand Springer in Nauheim sagte, hält er die Entschädigung von 2000 Mark durchaus für üblich und hätte sie sofort gezahlt.

Wenn Sie mit mir gleicher Ansicht sind, würde ich Teubner einen kurzen Brief schreiben, in dem ich ihm erkläre, dass wir 1) den von ihm vorgeschlagenen Text einrücken werden, dass wir aber 2) unsere Auffassung der Schuldfrage bei dem Uebergang der Annalen zu Springer voll aufrecht erhalten, und 3) dass die Tatsache, dass wir im letzten Brief nicht mehr auf seine Korrespondenz mit Ihnen zurückgekommen sind, nicht beweisen sollte, dass er uns überzeugt habe. Im Gegenteil, was er jetzt angibt, dass er auch noch an den ganz unbeteiligten Dyck geschrieben hat, macht sein Verschulden noch grösser. Es wäre mir am liebsten, wenn Sie mir diesen Passus, der Sie am wesentlichsten betrifft, selbst wörtlich aufsetzen wollten.

Noch ein Mittelweg wäre zu bedenken: nämlich wir fügen an Teubners Text noch die Berichtigung zu seiner „Erklärung" an, dass wir damals bereit waren, auf 36 Bogen herunter zu gehen. Damit müsste Teubner nach diesem letzten Brief einverstanden sein, und es wäre die Form der Gegenseitigkeit gewahrt. Ob dieser Vorteil freilich die Schreiberei noch einmal wert ist, bezweifele ich.

Wenn wir ohne eine lange „Erklärung" und die anschliessenden widerwärtigen Weitläufigkeiten durchkommen könnten, wäre es mir persönlich angenehm. Denn es ist klar, dass wir wieder antworten müssen, wenn Teubner einen entstellten Schriftwechsel veröffentlichte. Ich weiss aber nicht, wie Sie darüber denken. Ich bitte Sie um recht baldige Antwort. Wie ist es mit Koschmieder?[14]

---

[14]Lothar Eduard Koschmieder wurde 1913 bei Adolf Kneser in Breslau promoviert. Die hier angesprochene Arbeit erschien als L. Koschmieder, Beweis des kubischen Reziprozitätsgesetzes

Ich habe mit Freude gehört, dass für Anfang Januar eine Versammlung der Mathematikervereinigung in Göttingen geplant ist. Ich habe den Aufruf natürlich unterzeichnet, auch im Rheinland dafür Propaganda gemacht. Eine besondere Freude aber wird es mir sein, zu der Versammlung zu kommen und Sie dabei wiederzusehen.

Beste Grüsse Ihnen und Frau Professor.

Ihr O. Blumenthal.

Der Ausgang des Streits mit Giesecke und Teubner kam erst Ende November mit dem folgenden Schreiben Blumenthals.

Blumenthal an Teubner | Aachen, den 25.XI.1920
TB, Nachlass Hilbert, SUB Göttingen, 403, Nr. 31, Beilage 5

Sehr geehrter Herr!

Im Namen der Redaktion der Mathematischen Annalen beantworte ich Ihr Schreiben vom 8. November. Da der von Ihnen jetzt vorgeschlagene Text den Tatsachen entspricht, nimmt die Annalenredaktion ihn an und wird auf der zweiten Umschlagseite des nächsten Heftes die in Durchschlag einliegende Mitteilung an die Abonnenten veröffentlichen.

Was Ihre Darstellung der Umstände anlangt, die zum Uebergang der Annalen in den Springerschen Verlag geführt haben, so muss die Redaktion freilich erklären, dass Ihre Darlegungen uns keineswegs überzeugt haben und dass wir nach wie vor der Ansicht sind, dass die von uns angefochtene Stelle Ihrer „Erklärung" unrichtig ist, und dass uns keinerlei Schuld zuzuschreiben ist, wenn die Annalen Ihren Verlag verlassen mussten. Wir begnügen uns aber damit, dies Ihnen gegenüber nochmals ausdrücklich festzustellen. Wir hoffen, dass die ganze Angelegenheit nunmehr erledigt ist.

Mit vorzüglicher Hochachtung

Ihr sehr ergebener

O. Blumenthal.

2.4 Mathematik an der TH Aachen

Otto Blumenthal verlor 1922 seinen engsten Kollege, als Erich Trefftz einen Ruf von der TH Dresden erhielt. Die Trefftz-Nachfolge stellte sich auch als eine besonders schwierige Aufgabe für Blumenthal dar. Er und sein ungarischer Kollege Theodor von Kármán dachten in erster Linie an den in Budapest geborenen Alfréd

---

mit Hilfe der elliptischen Funktionen, *Mathematische Annalen* 83 (1921): 280–285.

Haar, der früher in Göttingen studiert hatte und 1909 bei Hilbert promoviert wurde. Blumenthals Erkundigungen bei zwei maßgebenden Aachener Kollegen zeigten ihm allerdings, dass der Versuch einen Ausländer zu berufen, selbst einen, der den Lob Hilberts genoss, völlig aussichtslos wäre.

Blumenthal an Theodor von Kármán | Aachen, den 15.V.1921
TB, Theodore von Kármán Papers, California Institute of Technology, Pasadena

Lieber Karman!

Ich möchte Ihnen über Unterredungen berichten, die ich gestern über die Berufung von Haar mit Hertwig[15] und Gast[16] gehabt habe. Ich sprach zuerst Hertwig, der sich zwar bereit erklärte, bei Hamel und Hessenberg Urteile über Haars Persönlichkeit einzuholen, sonst aber sehr bedenklich war, und sich dahin ausdrückte, die Berufung eines Reichsausländers gebe „Stunk". Er meinte besonders, dass Sie sich durch einen solchen Vorschlag schaden würden. Er habe mit Gast darüber gesprochen, und verwies mich an diesen. Ich ging also zu Gast. Dieser war sehr entschieden. Er halte es im Interesse der Hochschule, dh. des Friedens an der Hochschule, für sehr bedenklich, einen Reichsausländer zu berufen. Wir [dh. die Hochschule – handschriftlicher Einschub] machten die besonderen Bedürfnisse des Deutschtums an unserer Hochschule so oft geltend, dass wir ihnen auch Berufungen Rechnung tragen müssten. Ob Jude oder nicht, sei ihm völlig einerlei, aber er stosse sich stark an dem Ungarn. Es sei ohnehin schon ein gewisser Unwille über die vielen Österreicher als Assistenten vorhanden. Ich gab ihm natürlich ein sehr warmes Urteil über Haars Persönlichkeit und seine Deutschfreundlichkeit ab, bezeichnete ihn als Adoptiv-Deutschen und stützte mich auf Hilbert's Gutachten, das ich jetzt habe. Es machte aber keinerlei Eindruck. Gast sagte sogar offen und mit Betonung, es würde ihn freuen, wenn wir diese Berufung fallen liessen. Er war sichtlich erleichtert, als ich ihm sagte, dass die Absicht bis jetzt nur im engsten Kreis besprochen worden sei.

Das Urteil eines so leidenschaftslosen und freisinnigen Mannes wie Gast wiegt sicherlich schwer. Mich hat es entschieden beeinflusst. Sie wissen, dass ich, ebenso wie Sie, formalen und persönlichen Bedenken verständnislos gegenüberstehe. Aber es fehlt mir das an Eingebildetheit grenzende Selbstvertrauen, um zu behaupten, dass das, was ich nicht verstehe, nicht existiert. Urteil eines mir als parteiisch bekannten Kollegen wäre mir gleichgültig: da vertrete ich auch parteiisch meinen Standpunkt. Aber Gast ist nicht Parteimann, hat sich noch in allen Fragen als anständig, objektiv und klug gezeigt. Ich wollte Ihnen deshalb schon jetzt seine Ansicht mitteilen und Sie bitten, sich den Fall zu überlegen. Ich selbst werde mich so verhalten: wenn Sie die Kandidatur Haar aufrecht erhalten, so werde ich in

---

[15] August Hertwig (1872–1955) war von 1902 bis 1924 Professor für Statik der Baukonstruktionen an der TH Aachen.
[16] Paul Gast (1876–1941) war seit 1911 ordentlicher Professor für Geodäsie und zu dieser Zeit auch Rektor der TH Aachen.

der Abteilung über Haar alles Gute sagen, was ich von ihm weiss und von ihm denke, werde also persönlich mit Wärme für ihn eintreten, werde auch für ihn stimmen. Ich werde aber der Abteilung auch die Bedenken auseinandersetzen und über meine Unterredung mit Gast in derselben Weise berichten, wie in diesem Briefe. Mir scheint, dass ich mit Ehrlichkeit nicht anders handeln kann.

Frau Friede Trefftz[17] ist in Frankfurt wieder erkrankt. Obwohl sie beruhigend schrieb, ist Erich doch vorzeitig zu ihr gefahren. Ich habe ihn aber noch nicht sprechen können.

Viele Wünsche nachträglich zum Geburtstag. Viele Empfehlungen an Ihre Mutter und Schwester, auch von meiner Frau.

Herzlichen Gruss!

Ihr

O. Blumenthal.

––––––––––

Blumenthal kannte den Physiker Max Abraham seit ihrer gemeinsamen Zeit als Privatdozenten in Göttingen. Anfang 1922 setzte er sich dafür ein, ihn als Nachfolger von Erich Trefftz nach Aachen zu bringen.

Blumenthal an Hilbert | Aachen, den 21.II.1922
TB, Nachlass Hilbert, SUB Göttingen, 30, Nr. 44a

Lieber Herr Professor!

Ich komme wieder einmal mit einer Bitte. Ich habe Ihnen schon erzählt, dass Trefftz wahrscheinlich einem Ruf nach Dresden folgen würde und dass als sein Nachfolger Abraham in Aussicht genommen sei. Es ist jetzt definitiv, dass Trefftz uns am 1. Oktober verlässt, und wir müssen sofort berufen. Könnten Sie uns wohl umgehend Ihr Urteil abgeben, ob Abraham für unsere Stelle passt, besonderes, ob er nach Ihrer Ansicht in der Lage ist, einen mathematischen Lehrstuhl an einer Technischen Hochschule zu versehen. Die Pflichtvorlesungen sind ganz elementar, Infinitesimalrechnung, Differentialgleichungen, etwas analytische Geometrie und Vektorrechnung, möglichst viele Anwendungen aus Mechanik und Ingenieurwissenschaften. Höhere Vorlesungen nach Wahl. Für Abraham käme Algebra oder Zahlentheorie natürlich nicht in Betracht, ebenso wenig Mengenlehre, wohl aber partielle Differentialgleichungen und Randwertaufgaben, Reihenentwicklungen, Integralgleichungen, Variationsrechnung, ev. Funktionentheorie. Ich habe bereits Planck um sein Urteil gebeten. Seine Antwort war zustimmend, aber so wenig präzis, dass wenig damit anzufangen ist. Es wird auch die Zweifler am besten trösten, wenn ein reiner Mathematiker sich günstig äussert. Kármán und ich bitten Sie also sehr um Ihr Urteil und danken in voraus herzlich. <u>Eile tut Not</u>, denn am

––––––––––

[17]Die Ehefrau von Erich Trefftz. Sie heirateten 1918 und hatten fünf Kinder (Prandtl 1937, 4).

nächsten Dienstag ist Berufungssitzung. ... [Die Fortsetzung dieses Briefes befindet sich in Kapitel 4.]

Abraham bekam diesen Ruf, erkrankte aber wenig später an einem Hirntumor und verstarb am 16. November 1922. Nach seinem unerwarteten Tod wurde von Kármán, der seit 1913 Professor für Mechanik in Aachen war, von Blumenthal und seinem Kollegen Heinrich Brandt beauftragt, geeignete Kandidaten für die Nachfolge von Trefftz aufzusuchen. Im folgenden Brief drückte Blumenthal seine Enttäuschung über die diesbezüglichen Ergebnisse von Kármáns aus.

Abbildung 2.1: Ein Foto aus den 1920er Jahren, das vermutlich in der Nähe des Aerodynamischen Instituts der TH Aachen aufgenommen wurde: in der Mitte Otto Blumenthal, links neben ihm Theodor von Kármán, daneben Ludwig Hopf, rechts neben ihm Carl Wieselsberger (Nachlass Blumenthal)

Heinrich Brandt und Blumenthal an von Kármán | Aachen, den 8.VII.1923
TB, Theodore von Kármán Papers, California Institute of Technology, Pasadena

Lieber Kármán!

Herr Blumenthal und ich sitzen hier bei mir und sind sehr betrübt, dass Sie Ihre Rückkehr nicht haben bewerkstelligen können; denn ein Lehrstuhl sollte nicht so lange ein Leerstuhl sein. Wir werden die Einreichung des Gesuchs wegen der

Neueinrichtung des Extraordinariats für Mechanik und Aerodynamik beschleunigen müssen und können deshalb nicht gut auf Ihre Rückkehr warten. Andererseits können wir das Gesuch nicht allein von uns aus aufsetzen, weil wir nicht wissen, was Sie mit Aumund[18] verabredet haben. Wir bitten Sie deshalb möglichst umgehend den Entwurf eines solchen Gesuches zu schicken. Die kommissarische Verwaltung des mathematischen Lehrstuhls im Wintersemester ist Bl[umenthal] nicht gerade angenehm, ist aber wohl unvermeidlich. Ueber die Verteilung der Vorlesungen werden wir noch sprechen müssen.

Herr Meusel[19] möchte sich noch in diesem Semester habilitieren, es fehlen ihm noch einige Semester an der nach der Habilitationsordnung erforderlichen Anzahl von sechs „nach beendigtem Studium". Von dieser Bestimmung kann der Minister auf Antrag dispensieren. Da die Sache Eile hat und doch auch an der Nützlichkeit der Habilitation kein Zweifel besteht, möchten wir die ministerielle Antwort auf unsern bereits in Gang gebrachten Antrag nicht abwarten. Seien Sie also so freundlich, Aumund persönlich oder telephonisch um seine Zustimmung zu bitten und teilen Sie uns den Bescheid gleich mit. M. hat neulich einen in jeder Hinsicht vorzüglichen Vortrag über Russland gehalten. Er studiert seit 1915, hat spätestens im Wintersemester 1920/21 in Kiel promoviert, vertritt hier seit drei Semestern.

Bl. spricht: Das Ergebnis Ihrer Anfragen betreffs papabler Mathematiker finde ich im höchsten Masse betrübend. Ich habe von Doetsch[20] nicht die Ansicht, dass er für uns brauchbar ist. C. Müller[21] hat uns seiner Zeit ein sehr vernünftiges und abfälliges Gutachten über ihn gegeben. Auch habe ich von einem Vortrag, den er in Halle über das Wesen der angewandten Mathematik (D.M.V.) gehalten hat, einen ungünstigen Eindruck erhalten, müsste mir allerdings den Artikel noch mal durchsehen. Wenn R. und Ra. nicht besser geeignet sind, dann sieht es mit den anwendbaren reinen Mathematikern traurig aus. Unter diesen Umständen steigen natürlich die Chancen von Müller.[22]

---

[18]Heinrich Aumund (1873–1959) war von 1922 bis 1935 ordentlicher Professor und Direktor des Instituts für Fördertechnik an der TH Berlin. Er war außerdem ab 1921 für die Verwaltung der Technischen Hochschulen in Preußen zuständig.

[19]Alfred Meusel (1896–1960) kam aus Kiel, wo er nach dem Krieg Volkswirtschaft, Rechtswissenschaften und Soziologie studierte. Er habilitierte sich 1923 an der TH Aachen und wurde dort ab 1925 Professor für Volkswirtschaft und Soziologie an die TH Aachen berufen. Als linksdenkender Wissenschaftler wurde er April 1933 gleichzeitig mit Blumenthal von seiner Lehrttigkeit beurlaubt und in „Schutzhaft" genommen (Felsch 2011, 35–38). Er emigrierte 1934 nach England.

[20]Gustav Doetsch (1892–1977) studierte bis zum Ausbruch des Krieges Mathematik, Physik und Versicherungswesen in Göttingen, München und Berlin. Nach dem Krieg habilitierte er sich an der TH Hannover und war von 1922 bis 1924 Privatdozent für angewandte Mathematik in Halle. Zu seiner späteren Karriere siehe Remmert (1999).

[21]Der vielseitig begabte Conrad Heinrich Müller (1878–1953) studierte Mathematik, Naturwissenschaften, Philosophie und Sanskrit in Freiburg, Berlin und Göttingen, wo Felix Klein ihn zur Mitarbeit an der *Enzyklopädie der mathematischen Wissenschaften* gewann. 1910 wurde er Professor für Mathematik an der TH Hannover, wo er nach dem Krieg Gustav Doetsch kennenlernte.

[22]Hier könnte wohl Wilhelm Carl Gottlieb Müller (1880–1968) gemeint sein, der sich 1921 an der TH Hannover habilitieren ließ. In der NS-Zeit wurde Müller, der sich als Anhänger der soge-

Die endgültige Aufstellung der Berufungsliste hat jedenfalls bis zu Ihrer Rückkehr Zeit.

Beste Grüsse! Auf baldiges Wiedersehen

Ihre

O. Blumenthal

H. Brandt

Die frei stehende Aachener Professur für angewandte Mathematik bekam am Ende Ludwig Hopf (1884–1939), der ab 1914 als Privatdozent in Aachen wirkte. Nach dem Krieg kehrte Hopf nach Aachen zurück und wurde 1921 zum außerordentlichen Professor ernannt, bevor ihm 1923 die Trefftz-Nachfolge übertragen wurde. In den Jahren danach entwickelte sich eine warme Freundschaft zwischen ihm und Blumenthal.

---

nannten Deutschen Physik bekannte, als Nachfolger von Kármáns nach Aachen berufen. Danach bekam er sogar den Münchner Lehrstuhl Sommerfelds, indem er sich gegen dessen Lieblingsschüler Werner Heisenberg durchsetzen konnte.

Kapitel 3

Brouwer als Mitglied der *Annalen*-Redaktion (1919–1922)

3.1 Brouwer vs. Schouten

Seit Juli 1914 gehörte Brouwer zur *Annalen*-Redaktion (siehe seinen Brief an Klein vom 10. Juli in Kap. 7, Band I). Während des Krieges gab es allerdings nur wenig für ihn zu tun, da Blumenthal im Kriegsdienst arbeitete. Klein und Hilbert haben in dieser Zeit mehrere Aufsätze über die Relativitätstheorie geschrieben, aber sie erschienen nicht in den *Annalen*, sondern in den *Göttinger Nachrichten*. Nach Ende des Krieges konnten die Göttinger, aber vor allem Blumenthal zusammen mit Springer, die Zeitschrift wieder beleben. Doch während der Krise beim Übergang zu Springer gab es auch andere Probleme zu lösen.

Ein solches entstand durch Brouwers kritische Haltung gegenüber den Arbeiten seines Landsmannes Jan Arnoldus Schouten, der früher Elektrotechnik an der TH Delft unterrichtet hatte, bevor er eine Karriere als Mathematiker begann. Ab 1914 war Schouten Professor für Mathematik in Delft und vor allem für seine Beiträge zur Tensoranalysis bekannt. Brouwer, der seine Rolle als Gutachter immer sehr ernst nahm, konnte sich mit Schoutens Arbeiten gar nicht anfreunden, denn er fand dessen Vorliebe für komplizierte technische Notationen einfach unerträglich.

Um seinen kritischen Standpunkt zu erläutern, wandte sich Brouwer im September 1919 an Klein, der nach wie vor als letzte Instanz galt, wenn umstrittene Probleme innnerhalb der Redaktion auftauchten.

© Springer-Verlag GmbH Deutschland, ein Teil von Springer Nature 2019
D. E. Rowe und V. Felsch, *Otto Blumenthal: Ausgewählte Briefe und Schriften II*,
Mathematik im Kontext, https://doi.org/10.1007/978-3-662-58356-2_3

Brouwer an Klein | Laren, den 19.IX.1919
AB, Nachlass Klein, SUB Göttingen, VIII: 307

Hochgeehrter Herr Geheimrat,

In Antwort auf Ihren Brief und Ihre Karte teile ich Ihnen zunächst mit, dass ich unlängst eine grössere Arbeit von Schouten über die Anwendung seiner „direkten Analysis" auf die Relativitätstheorie für die Annalen abgelehnt habe, erstens weil der Verfasser die Kunst der Darstellung nicht versteht und zweitens (was wichtiger ist) weil seine Leistungen kurz gesagt darin bestehen, dass er von den inventiven Autoren schon gefundene Resultate in ein neues (aber dickes und undurchsichtiges) Gewand hüllt. Dazu kommt, dass die Zitate in den unwesentlichen Punkten sehr vollständig, in den wesentlichen Punkten aber sehr unvollständig sind, so dass der oberflächliche Leser vom Werte dieser Arbeiten einen ganz falschen Eindruck bekommt. Die Sache, an der Herr Schouten mangelt, ist übrigens nicht Talent, sondern Erudition und Mässigung, so dass ich die Möglichkeit, dass in Zukunft ein guter mathematischer Schriftsteller aus ihm wird, keineswegs für ausgeschlossen halte.

Abbildung 3.1: L.E.J. Brouwer (Wikipedia)

Weil ich mich selbst auf dem betreffenden Gebiete nicht als massgebenden Sachverständigen betrachte, so ist die Ablehnung der Schouten'schen Arbeit (die sicher auch im Redaktionsarchiv der Annalen notiert worden ist) erst geschehen, nachdem ich das Manuskript Herrn Study[1] zugesandt und mir dessen Rat ein-

---

[1]Der seit 1904 in Bonn wirkende Geometer Eduard Study war wie Brouwer ein scharfer Kritiker. Er galt als führender Experte der Invariantentheorie, u.a. aufgrund seines im Jahre

geholt hatte. Herr Study hat seinem ablehnenden Urteil mir gegenüber in bezug auf den Verfasser u.a. diese Worte hinzugefügt: „Vor einer sachlichen Auseinandersetzung mit einem so unklaren Kopf verspreche ich mir keinen Gewinn für ihn". Auch Herr Weitzenböck[2], in dem ich die zweite massgebende Autorität in diesen Dinge sehe, teilt vollständig das ungünstige Urteil über die Schouten'schen Veröffentlichungen und spricht u.a. in bezug auf dessen „Grundlagen der Vektor- und Affinoranalysis" über „das schreckliche Buch, das er verbrochen hat". (Ich möchte Sie bitten, die Mitteilung dieser Äusserungen von Study und Weitzenböck als vertraulich zu behandeln.)

Übrigens bin ich s. Z. gewissermassen selber daran Schuld gewesen, dass die Aufmerksamkeit der Annalenredaktion vorzeitig auf Schouten gelenkt wurde, indem ich im Sommer 1913 den (seitdem in Bd. 76 veröffentlichten) Aufsatz „Zur Klassifizierung der assoziierten Zahlensysteme"[3] Herrn Blumenthal zusandte mit Empfehlung zur Veröffentlichung in den Annalen nach vorheriger Prüfung des markanten Punktes des Inhaltes, nämlich des „Prinzips der durchgehenden Selbstisomorphie" in bezug auf seine Neuheit, weil der Wert der Arbeit mit dieser Neuheit (welche ich selber nicht beurteilen konnte) stehe oder falle. Wie ich glaube, hat Blumenthal darauf das Manuskript an Hölder[4] geschickt, der die Arbeit definitiv angenommen hat und es hat sich erst später gezeigt, dass das gesamte Prinzip schon längst in viel durchsichtigerer Form von Cartan[5] dargelegt worden war.[6]

Was das (glücklicherweise nicht folgenschwere) Missverständnis in bezug auf den Druck der Kerékjártó[7] Arbeiten betrifft, so hatte ich bei der Einsendung dieser Arbeiten an Herrn Carathéodory darauf hingewiesen, dass dieselben ausser der definitiven sachlichen Revision der Korrektur durch mich einer durchgreifenden sprachlichen Umarbeitung bedürfen, dass ich im Notfalle bereit sei, diese Umarbeitung selber vorzunehmen, sie aber des vollkommen Resultats wegen lieber einem Deutschen überlasse. Erst aus den mir in der Schweiz zugegangenen Abzügen erfuhr ich, dass bisher gar keine Umarbeitung stattgefunden habe und habe ich mich selbst daran gemacht. Indessen trifft auch Carathéodory (mit dem ich

---

1889 veröffentlichten Buches *Methode zur Theorie der ternären Formen.*

[2]Roland Weitzenböck war wesentlich jünger als Study, stand allerdings als Experte für Differentialinvarianten und ihre Anwendungen in der allgemeinen Relativitätstheorie der Arbeit Schoutens viel näher. Er wurde 1923 mit Brouwers Unterstützung nach Amsterdam berufen.

[3]J.A. Schouten, Zur Klassifizierung der assoziierten Zahlensysteme, *Mathematische Annalen,* 76 (1915): 1–66.

[4]Otto Hölder war auch wie Brouwer Mitglied der *Annalen*-Redkation.

[5]Der bedeutende französische Mathematiker Élie Cartan wurde später vor allem für seine Arbeiten zur Theorie der Lie-Gruppen bekannt, wie auch seine Beiträge zur mathematischen Physik und zur Differentialgeometrie. Von 1903 bis 1909 war er Professor in Nancy, und danach unterrichtete er in Paris, zunächst als Dozent an der Sorbonne und ab 1912 als Professor für Analysis dort.

[6]Élie Cartan, Les systèmes de nombres complexes et les groupes de transformations, *Encyclopédie des sciences mathématiques pures et appliquées,* I 1 (1908).

[7]Béla Kerékjártó war ein ungarischer Mathematiker, der später vor allem für sein Buch *Vorlesungen über Topologie* (1923) bekannt wurde. Er publizierte zwei kürzere Arbeiten in Band 80 (1919) der *Annalen.*

seit einigen Tagen sehr nett und gemütlich in meiner Wohnung zusammen bin) in dieser Angelegenheit wahrscheinlich keine Schuld, weil aus gewissen Zusammenhanglosigkeiten in unserer beiden Korrespondenz hervorgeht, dass einige Briefe oder Karten verloren gegangen sein müssen.

Was die Datierung meiner in Bd. 80 Heft 1 erscheinenden Arbeit angeht, so datiere ich (abgesehen von <u>sehr</u> speziellen Ausnahmefällen) meine Veröffentlichungen prinzipiell niemals, und in diesem Falle hätte ich (aus keineswegs geheimen, aber etwas lang hinzuschreibenden Gründen) sogar besonders Bedenken dagegen; ich möchte Sie also um Ihr Einverständnis bitten, dass ich unter der Arbeit Ort und Datum fortlasse.

Der zu Eingang zitierte Bernstein ist in der That Felix Bernstein[8] in Göttingen; ich habe nichts dagegen, dass an der betreffenden Stelle ein F oder auch der ganzen Vorname eingefügt wird.

Mit herzlichen Gruss, auch von Carathéodory

Ihr verbundener

LEJ Brouwer

Brouwers starkes Engagement für die *Annalen* während dieser schwierigen Übergangsphase geht aus seinen Ausführungen im folgenden Brief an Klein sehr klar hervor. Er setzte sich hiermit intensiv mit dem Inhalt einer topologischen Arbeit des jungen dänischen Mathematikers Jakob Nielsen[9] auseinander.

Brouwer an Klein | Laren, den 9.X.1919
AB, Nachlass Klein, SUB Göttingen, VIII: 308

Hochgeehrter Herr Geheimrat,

Die mir zur Begutachtung gesandte Arbeit von Nielsen ist trotz ihres sehr wertvollen Inhaltes in der vorliegenden Form nicht publikationsfähig. Die Idee des Beweisganges ist sehr schön und die Ergebnisse der Untersuchung sind richtig; weil aber der Verfasser die mengentheoretischen Schlussweisen offenbar mangelhaft beherrscht, so gelangt er oft nur auf penibelen Umwegen zu viel direkter erreichbaren Resultaten. Überdies sind in den Details gewisse Aussagen unrichtig

---

[8] Die Verwechslung mit Sergei Bernstein kam gelegentlich vor.

[9] Der dänische Mathematiker Jakob Nielsen (1890–1959) wurde später als ein Pionier der Topologie bekannt, vor allem wegen seiner Arbeiten über Automorphismen von Flächen, die zur Theorie der Abbildungsklassengruppen geführt haben. Als Student in Kiel lernte er Max Dehn kennen, dessen bahnbrechende Arbeiten über die Fundamentalgruppen von Knoten und 3-Mannigfaltigkeiten gerade erschienen waren. Von Dehn stark beeinflusst, veröffentlichte Nielsen 1921 einen Aufsatz in *Mathematisk Tidsskrift*, in dem er beweist, dass jede Untergruppe von endlich erzeugten freien Gruppen auch frei sein muss. Heute wird dieses Ergebnis als der Satz von Nielsen-Schreier bezeichnet, da fünf Jahre später Otto Schreier zeigen konnte, dass diese Behauptung ohne die Einschränkung auf endlich erzeugte Gruppen für alle freien Gruppen gilt.

beziehungsweise ungenügend begründet, und ist das Verhältnis der Arbeit zu den Untersuchungen anderer sehr ungenau wiedergegeben.

Ich möchte Sie also ersuchen, dass die Annalenredaktion diese Angelegenheit nunmehr vollständig in meine Hände gibt; ich werde mich dann im Namen der Redaktion erschöpfend mit dem Verfasser auseinandersetzen und hoffe in dieser Weise zu erreichen, dass die Arbeit eine der Annalen würdige Form erhält.

Herr Haalmeijer wird für unsere Zeitschrift ein Ihren Wünschen entsprechendes Referat über seine die nichtanalytischen Flächen 3. Grades betreffenden Untersuchungen herstellen.[10] Ausserdem werde ich Ihnen demnächst einen gleichfalls für die Annalen bestimmten Aufsatz meines Landsmannes Prof. Wolff in Groningen einsenden, in dem zum ersten Mal eine nicht nur hinreichende, sondern auch notwendige Bedingung für die Konvergenz gegen eine analytische Grenzfunktion von einer konvergenten Folge analytischer Funktionen hergeleitet wird.[11]

Carathéodory ist erst am 28. September nach Paris abgereist[12]; gegen den 15. Oktober gedenkt er wieder nach Holland zu kommen.

Mit den ergebensten Grüssen
Ihr verehrender L.E.J. Brouwer

Schon vor seiner Aufnahme in der Redaktion der *Annalen* stellte Brouwer hohe Ansprüche an die Qualität der Arbeiten, die er zu begutachten bekam. Als mitwirkender Redakteur wollte er dieses Ziel natürlich weiter verfolgen, und deswegen verlangte er die alleine Zuständigkeit für die von ihm zu begutachtenden Arbeiten. Um dieses Grundprinzip umzusetzen, wandte er sich im folgenden Brief an Felix Klein mit der Bitte um dessen Unterstützung. Gleichzeitig ließ er Klein wissen, dass Blumenthals bisherige Haltung in seinen Augen ein Hindernis für die Realisierung seiner Ideale bildete.

---

[10]B.P. Haalmeijer promovierte 1917 bei Brouwer mit einer Arbeit über topologische Flächen. Eine Arbeit von ihm ist nie in den *Annalen* erschienen, offensichtlich weil Brouwer mit seinen Entwürfen unzufrieden war (vgl. den Brief von Brouwer an Klein vom 7. August 1920).

[11]Julius Wolff, Über Folgen analytischer Funktionen, *Mathematische Annalen*, 81 (1920): 48–51. Wie Brouwer wurde Wolff in Amsterdam bei Korteweg promoviert, und zwar genau ein Jahr nach ihm. Nach einer zehnjährigen Täitgkeit als Lehrer wurde Wolf 1917 Privatdozent in Groningen. Fünf Jahre später bekam er eine Stelle an der Universität Utrecht, die er jedoch November 1940 nach der Besetzung Hollands durch die Nationalsozialisten verlor. Im gleichen Monat gründeten er und Otto Blumenthal ein Privatkolloquium in Utrecht, das regelmäßig einmal pro Woche stattfand (Felsch 2011, 98, 247, 515).

[12]Es handelt sich um ein wichtiges Treffen mit dem griechischen Premierminister Venizelos (vgl. die entsprechende Anmerkung zu Brouwers Brief vom 21. Oktober 1919 an Klein).

Brouwer an Klein | Laren, den 21.X.1919
AB, Nachlass Klein, SUB Göttingen, VIII: 309

Hochgeehrter Herr Geheimrat,

Carathéodory ist noch nicht hier zurück. Er sollte am 15. wiederkommen, berichtete mir aber im letzten Augenblick, dass er durch eine plötzliche Reise von Venizelos[13] nach London gezwungen werde, noch bis dessen Rückkehr in Paris zu bleiben. Beiliegend sende ich Ihnen die für die Annalen bestimmte Note von Herrn Wolff, über die ich Ihnen neulich schrieb.

Meine Auseinandersetzung mit Nielsen habe ich angefangen; sie wird vielleicht ziemlich lange dauern müssen.Wenn dieselbe ihren Zweck, (nämlich die Herstellung einer einwandfreien und möglichst direkten Beweisführung), in befriedigender Weise erreichen soll, so muss ich mit Sicherheit darauf rechnen können, dass der Verfasser nicht gleichzeitig mit der geschäftsführenden Redaktion über den Druck seiner Arbeit verhandelt; nur weil dieses Prinzip von Carathéodory Kerékjártó gegenüber streng eingehalten worden ist, habe ich aus dem jungen Ungarn schliesslich etwas Gutes herauskriegen können[14]; und nur weil Blumenthal seiner Zeit Juel gegenüber in der genannten Hinsicht zu langmütig war, ist vom letzteren Verfasser in den Annalen ein Haufen konfusen Unsinns veröffentlicht worden.[15]

Nur weil im vorliegenden Falle, wie ich glaube, der Verfasser in enger persönlicher Beziehung zu Göttingen steht, wäre mir sicherheitshalber Ihre Garantie, dass die mir zur Begutachtung gesandte Arbeit auf jeden Fall nur durch mich angenommen werden wird, äusserst willkommen, um jede Möglichkeit vergeblichen Müheaufwands von vornherein auszuschliessen.

Mit der Bitte um Entschuldigung meiner Freimütigkeit und mit bestem Dank im voraus für Ihre eventuelle Zusage.

Stets Ihr verehrender
L.E.J. Brouwer.

---

[13]Eleftherios Venizelos war ein einflussreicher griechischer Politiker. Als Begründer der Liberalen Partei wurde er 1910 zum Premierminister gewählt. Nach dem Krieg setzte er in Verhandlungen mit den Siegermächten durch, dass eine Schutzzone um das kleinasiatische Smyrna errichtet wurde. Carathéodory bekleidete bald danach eine Professur an der neu begründeten Universität Smyrna (Georgiadou 2004, 137–182).

[14]Gemeint sind zwei kleine Noten von Kerékjártó, die im Band 76 erschienen. Carathéodory übernahm während der Kriegszeit die Hauptlast der geschäftlichen Arbeit für die *Annalen.*

[15]Brouwers Bemühungen in Bezug auf die Arbeit von Juel fanden 1914 statt, unmittelbar bevor er in die Redaktion der *Annalen* eintrat. Die damalige Korrespondenz zwischen ihm und Juel, wie auch Blumenthals Vermittlung mit Juel am Ende der Verhandlungen sind in Abschnitt 7.4 von Band I abgedruckt.

Brouwer an Klein | Laren, den 14.XI.1919
AB, Nachlass Klein, SUB Göttingen, VIII: 310

Hochgeehrter Herr Geheimrat,

Zunächst die Mitteilung, dass Carathéodory, der Sie herzlich grüssen lässt, in guter Gesundheit und sehr zufrieden mit den Resultaten seiner Reise bei mir eingetroffen ist.

Zweitens sende ich Ihnen beiliegend eine von mir angenommene Arbeit von Nielsen.[16] Eine weitere Arbeit desselben Verfassers (ebenfalls aus seiner mir von Ihnen überreichten Sendung entstanden) hoffe ich in Kürze folgen lassen zu können.[17]

Mit verehrendem Gruss
Ihr
Brouwer

Brouwers Tätigkeit als mitwirkender Redakteur erzeugte eine Reihe neuer Konflikte, die manchmal in Zusammenhang mit Prioritätsansprüchen standen. Um Klarheit über solche potentiellen Probleme erhalten zu können, bemühte er sich um eine möglichst genaue Datierung der eingelaufenen wie auch der revidierten Arbeiten, die er als Gutachter zu bewerten hatte. Dies führte allerdings zu gewissen Missverständnissen, die Blumenthal im folgenden Brief aufklären wollte.

Blumenthal an Brouwer | Aachen, den 1.IV.1920
TB, Nachlass Brouwer, Noord-Hollands Archief, Haarlem

Lieber Brouwer!

Vor allem wollte ich Ihnen in Erwartung Ihres versprochenen Berichts mitteilen, dass ich für 14 Tage aus Aachen verreist bin. Ich befinde mich aber ganz nahe an der holländischen Grenze, nämlich dicht bei Dalheim, der deutschen Grenzstation auf der Strecke Roermond-Mönchen Gladbach. Es würde mir sehr daran liegen, Sie bald zu sehen. Es ist hier sehr schöner Wald, vielleicht lockt Sie das.[18]

---

[16] Jakob Nielsen, Über fixpunktfreie topologische Abbildungen geschlossener Flächen, *Mathematische Annalen*, 81 (1920): 94–96.

[17] Diese erschien als Jakob Nielsen, Über die Minimalzahl der Fixpunkte bei den Abbildungstypen der Ringflächen, *Mathematische Annalen*, 82 (1921): 83–93. An Nielsens Arbeit schloss sich eine von Brouwer an, welche ein etwas allgemeineres Ergebnis enthält: L.E.J. Brouwer, Über die Minimalzahl der Fixpunkte bei den Abbildungstypen der Ringflächen, *Mathematische Annalen*, 82 (1921): 94–96.

[18] Es gibt offenbar keinen Hinweis dafür, dass dieses erhoffte Treffen tatsächlich stattfand. Etwa sechs Monate später reiste Blumenthal allerdings nach Holland, um Brouwer zu besuchen, und zwar gleich nach der Naturforscherversammlung in Bad Nauheim, an der beide teilgenommen hatten (siehe Blumenthal an Hilbert vom 16. September 1920 auf S. 96).

Ich komme auf die Datierungsfrage zurück. Sie haben das Redaktionsabkommen missverstanden. Es ist allerdings festgesetzt, dass das Datum der Annahme angegeben werden soll. Das Datum soll nach der Absicht des Vorschlagenden, nicht Prioritätsansprüche des Verfassers begründen, sondern soll dem Publikum eine Kontrolle ermöglichen wie lange Zeit zwischen Annahme und Veröffentlichung verstreicht. Das Datum der Annahme, nicht des Eingangs, wurde gewählt, weil wir im Falle einer Rücksendung Streitigkeiten mit dem Autoren befürchteten, was das Datum des Eingangs sei: der Autor meint das Datum, an dem das später zurückgeschickte Manuskript eingegangen ist, der Redaktor das Datum des Eingangs des späteren druckfertigen Manuskripts. Wenn das ‚Eingangsdatum' angegeben wird, hat der Autor mehr Rechte, bei dem ‚Annahmedatum' der Redaktor. Ich gebe aber zu, dass sich über die Zweckmässigkeit streiten lässt, und bin gerne bereit, mich mit Ihnen zu streiten.

Ihr Missverständnis rührt von folgendem her: Als Ausführungsbestimmung zu der Verabredung, dass das Annahme-Datum angeben werden solle, hatte ich vorgeschlagen, dass im allgemeinen als Tag der Annahme der Tag des druckfertigen Eingangs gelten solle. Dadurch soll im Interesse der Verfasser verhindert werden, dass ein Redakteur eine Arbeit monatelang unbesehen bei sich liegen lässt, was ja auch vorkommen könnte.

Sie geben zu, dass neben dem Annahmedatum eine Autor-Datierung zu Recht besteht. Allerdings würde ich auch jetzt dem Redakteur das Recht zugestehen, eine Autor-Datierung abzulehnen, die ihm unberechtigt erscheint. Dies in Gegensatz zu meiner früheren Auffassung.

Andererseits giebt es auch Fälle, wo auch bei Angabe des Eingangsdatum eine Autor-Datierung berechtigt ist. Ich habe gerade jetzt einen solchen erlebt: eine Arbeit lag 3 Monate bei der Mathematischen Zeitschrift und wurde mir dann von Lichtenstein mit der Bitte übersandt, sie zu übernehmen: nicht weil die Arbeit schlecht war, sondern nur, weil die Zeitschrift bereits eine Arbeit desselben Verfassers hatte. In diesem Fall hat die Verfasser-Datierung unzweifelhaft Berechtigung.

Vielleicht finden wir mündlich einen in allen Fällen gerechten Weg. Schriftlich verwickelt man sich in Komplikationen. Wie einst Clemenceau[19] sagte: je suis dans l'incohérence, j'y suis, j'y reste.

Beste Grüsse und auf Wiedersehen!

Ihr

O. Blumenthal

––––––––––

Brouwer verteidigte seine kritische Auffassung bzgl. der Arbeiten Schoutens in dem folgenden Brief an Felix Klein, der in diesem Falle sicherlich gehofft hatte, einen Kompromiss zwischen den zwei Holländern erzielen zu können.

––––––––––

[19]Als Ministerpräsident Frankreichs unterzeichnete Georges Clemenceau am 11. November 1918 den Waffenstillstand und wurde danach als „Père de la Victoire" gefeiert.

Brouwer an Klein | Bad Harzburg, den 7.VIII.1920
AK, Nachlass Klein, SUB Göttingen, VIII: 312A

Hochgeehrter Herr Geheimrat,

Die Begutachtung einer Schouten'schen Arbeit kommt meiner Überzeugung nach darauf hinaus, dass man zunächst die mühsame und wertlose Symbolik in die Alltagssprache übersetzt, sodann unter der grossen Menge dabei herausgekommener Trivialitäten die wenigen wesentlichen Sätze heraussucht, und schliesslich ausfindig macht, an welchen vom Verfasser nicht zitierten Stellen diese Sätze, soweit sie richtig sind, schon früher in der Literatur auftraten. Das von vornherein feststehende Resultat ist dann die Ablehnung.

Um aber die Begründung der Ablehnung folgerichtig und sachlich durchzuführen, ist nicht nur ein grosser ertragloser Zeitaufwand, sondern auch die Verfügung über eine die neueste Literatur vollständig enthaltende Bibliothek erforderlich, so dass ich schon deshalb ausser Stand wäre, mich hier in Harzburg dieser Aufgabe zu unterziehen. Andererseits halte ich mich indessen auch, nachdem ich die Annalen schon ein paar Male vor der Blamage der Aufnahme einer Schouten-Arbeit bewahrt habe (die Arbeit Über die Klassifikation der assoziierten Zahlensysteme ist ja seiner Zeit von Hölder angenommen worden), heute für berechtigt, für diesen Autor keine Zeit und Arbeitskraft mehr zu vergeuden und mich darauf zu beschränken, in bezug auf die Publikation seiner Erzeugnisse jede Verantwortlichkeit abzulehnen. Ich bitte um Entschuldigung, wenn ich mich ein wenig schroff ausdrücke, aber ich sehe keine Möglichkeit, meinen Standpunkt in anderer Weise klar zum Ausdruck zu bringen.

Was Haalmeijer angeht, er hat in den vergangenen Monaten seine Arbeit noch zwei Male bei mir eingereicht; beide Male erschien sie mir aber noch verbesserungsfähig und habe ich sie ihm wieder zurückgegeben.[20] In meinen weiteren Veröffentlichungen über topologische Gruppen werde ich wahrscheinlich öfters Gelegenheit haben, mich auf Fricke's und Ihre ‚Theorie der automorphen Funktionen' zu beziehen, besonders wo ich den Nachweis der topologischen Äquivalenz der topologischen und der linearen unendlichen diskontinuierlichen Gruppen führe.

Mit vielen Grüssen

Ihr wie immer hochachtungsvoll und herzlich ergebener

L.E.J. Brouwer

Nach Erhalt dieses Briefes schrieb Klein an Schouten, dass er nicht imstande sei, Brouwers „Widerstand, der mir in seiner Schroffheit unberechtigt scheint, zu

---

[20] Siehe Brouwer an Klein vom 9. Oktober 1919 und die entsprechende Anmerkung dazu. Vier Jahre später in Zusammenhang mit der Mohrmann-Affäre (Abschnitt 6.4) verwies Klein auf die Art und Weise, wie Brouwer diese zunächst für die *Annalen* geplante Arbeit Haalmeijers zurückwies, aber dieselbe danach in Holland veröffentlichen ließ (siehe den Kommentar zu Kleins Schreiben an Blumenthal vom 16. Oktober 1923 auf S. 228).

brechen". Klein begründete seine Machtlosigkeit mit der Bemerkung, dass Brouwer „bei seinem Eintritt in die Annalenredaktion sich die Entscheidung über die Aufnahme gerade der holländischen Arbeiten vorbehalten hatte". Klein wäre es lieber gewesen, „mit Ihnen auf der Basis unserer bisherigen Korrespondenz" weiter zu verhandeln. Er ließ auch hierbei seinen eigenen Standpunkt durchblicken: „Mein Wunsch wäre nach wie vor möglichst Zurückdrängung aller besonderen Symbolik gewesen, etwa in der Art, wie Lipschitz in Crelle 69. seine Untersuchungen dargestellt hat. Da mir dieser Weg verschlossen ist, sende ich Ihnen Ihr Ms. zurück, damit Sie es vielleicht bei anderen Zeitschrift[en] verwenden können. Ich bedaure aufrichtig dass die Entwicklung diesen Weg genommen hat."[21]

Kleins Zugeständnis gegenüber Schouten, dass er die Schroffheit Brouwers ablehnender Haltung unberechtigt fand, war offenbar ehrlich gemeint. Denn am 6. Oktober schrieb er einen Brief an Hermann Weyl, um dessen Meinung über den Zwist zwischen Schouten und Brouwer zu erfahren. Von Schouten habe Klein Mitteilungen erhalten, die Brouwer „als einen überaus herrschsüchtigen Mann erscheinen lassen". Andererseits hatte Schouten, wie auch Weyl, Arbeiten über die neue Theorie von Räumen mit affinen Zusammenhängen geschrieben. Klein beklagte aber, dass Schouten „in einer mir unerträglichen Weise [seine Resultate] in einer besonderen Symbolik eingehüllt" habe. So wandte er sich an Weyl in der Annahme, dass wenn irgendjemand eine fundierte Meinung hierzu hätte, dann er. Weyls Urteil fiel allerdings weniger günstig für Schouten aus.

Weyl an Klein | Zürich, den 15.XI.1920
AB, Nachlass Klein, SUB Göttingen, XII: 216

Sehr verehrter Herr Geheimrat!

. . .

Bei der Rückkehr [von Holland] musste ich mich sogleich zu Bett legen und war 3 Wochen lang nicht imstande, etwas zu machen. Nach Weihnachten verwirklicht sich nun endlich das für mich um dessentwillen ich vor allem Berlin und Göttingen ausschlug:[22] ich gehe auf einige Monate hinauf ins Engadin und hoffe, daß mir das gründlich helfen wird.

Zu dem Streit Brouwer – Schouten bin ich persönlich nicht ganz unvereingenommen. Brouwer ist ein Mensch, den ich von ganzer Seele lieb habe. Ich habe ihm jetzt in Holland in seinem Heim besucht, und das einfache, schöne, reine Leben, an dem ich dort ein paar Tage teilnahm, bestätigt mir ganz und gar das Bild, das ich mir von ihm gemacht. Herrschsüchtig ist er gewiss nicht; die Heftigkeit seines

---

[21]Entwurf von Klein an J.A. Schouten, 13. September 1920, Nachlass Klein, SUB Göttingen.

[22]Weyl bekam gleichzeitig Rufe von Berlin als auch von Göttingen, nachdem Brouwer beide ihm angebotene Professuren abgelehnt hatte. Weyl lehnte den Ruf von Berlin schnell ab, zögerte jedoch lange bevor er die gleiche Entscheidung in Bezug auf Göttingen traf. Es handelte sich dort um Kleins ehemaligen Lehrstuhl, dessen Inhaber Erich Hecke war, bevor er nach Hamburg ging. Nach komplizierten Vorverhandlungen wurde Richard Courant endlich berufen. Am Ende kam doch Weyl 1930 nach Göttingen, und zwar als Hilberts Nachfolger.

Verhaltens gegen Koebe sowohl wie jetzt gegen Schouten, glaube ich, beruht zur Hauptsache darauf, daß sich sein Wesen empört gegen die Unsauberkeit, die er hier wittert. Schouten wirft er vor allem Unredlichkeit vor. Ich kenne die Tatsachen zu wenig, um da den Richter spielen zu können, mir scheint aber, daß der Vorwurf Brouwers nicht ganz ohne Grund ist. Ich lernte Schouten zuerst kennen aus seiner Arbeit über hyperkomplexen Zahlen in den Math. Ann. und war begeistert. Aber ich kannte damals den Gegenstand gar nicht; hernach habe ich gesehen, daß fast Alles, was ich nach der Schouten'schen Darstellung für sein Eigenthum gehalten hatte, längst bekannt war und er Selbstständiges nur in einigen Kleinigkeiten dazu getan hatte, die teils Verballhornungen waren, teils sogar Fehler enthielten. Seine große Arbeit über die „Analysis zur Relativitätstheorie" enthält, glaube ich, auch sachlich nichts Neues (ich muss aber gestehen, daß ich durch die Schouten'schen Symbolik nicht durchgekommen bin). Die Art, wie er da über den Begriff der infinitesimalen Parallelverschiebung spricht (ganz beiläufig Levi-Civita erwähnend, dessen Arbeit aus dem Jahre 1917 er erst nach Fertigstellung des Manuskripts will kennen gelernt haben, obwohl er die Rendiconti von Palermo zugeschickt erhält, und diese Arbeit in anderen, die er zitiert und gelesen hat, herangezogen wird), macht keinen ganz redlichen Eindruck.[23] (Brouwer hat mir darüber Schauergeschichten von Manuskriptverschiebungen erzählt, die ich nicht kontrollieren kann.)

> ...

Nach einem Besuch bei Brouwer in Holland schrieb Blumenthal einen ausführlichen Bericht an Klein, um ihm über die fortlaufenden *Annalen*-Geschäfte zu berichten. Seine persönlichen Bemerkungen über Brouwers Charakter spiegeln die gegenseitige Hochschätzung, welche beide für einander hatten, wider. In diesem Brief berichtete Blumenthal über mehreren Themen, u.a. über das Schicksal einiger deutscher Mathematiker – Theodor Reye, Friedrich Schur und Richard von Mises –, die vorher als Dozenten in Straßburg tätig waren. Gewisse Auskünfte hierüber hatte er aus einem Schreiben von Mises bekommen. Der Tod von Reye in Würzburg veranlasste Schur, einen kurzen Nachruf zu schreiben, wobei die Umstände in Straßburg nach dem Krieg gleich am Anfang Erwähnung fanden. Schur selbst konnte Straßburg ohne größere Schwierigkeiten verlassen, wie später in einem Nachruf auf ihn berichtet wurde.[24]

---

[23]Dirk Struik konnte allerdings als Augenzeuge berichten, dass Schouten erst 1918 die im Jahr zuvor veröffentlichte Arbeit Levi-Civitas erhielt. Es war ein aufregender Augenblick und sicherlich für Schouten auch eine große Enttäuschung zu sehen, dass der Italiener ihm mit der Parallelverschiebung zuvorgekommen war (Rowe 2018, 381).

[24]Friedrich Engel, Friedrich Schur, *Jahresbericht der Deutschen Mathematiker-Vereinigung*, 45 (1935): 1–31.

Blumenthal an Klein | Aachen, den 14.X.1920
TB, Nachlass Klein, SUB Göttingen, VIII: 142

> Lieber Herr Geheimrat!

> Ich bin jetzt aus Holland zurückgekehrt, wo ich einige Zeit bei Brouwer ge-
> wohnt habe.[25] Eine gemeinsame Karte von uns werden Sie wohl erhalten haben.
> Hier habe ich Ihren Brief mit der Einlage von Schur vorgefunden.[26] Ich bin sehr
> erfreut, dass die Sache damit zu allseitiger Zufriedenheit erledigt ist und habe den
> von Ihnen angestrichenen Text in das Manuskript eingetragen.[27] Meine Berufung
> auf Mises[28] in meinem letzten Brief haben Sie wohl unrichtig verstanden. In Reyes

---

[25]Blumenthal besuchte Brouwer gleich nachdem beide an der Naturforscherversammlung in
Bad Nauheim teilgenommen hatten (vgl. hierzu Blumenthal an Hilbert vom 16. September 1920
auf S. 96).

[26]Blumenthal hatte diese Einlage von Friedrich Schur zunächst an Hilbert zugeschickt, wie aus
seinem Brief vom 16. Oktober an Hilbert hervorgeht, aber ohne Antwort zu bekommen. Über
Schurs eigene Erlebnisse nach dem Krieg berichtete später Friedrich Engel: „Nach Kriegsende
erlebte Schur in Straßburg noch die ersten Zeiten der französischen Okkupation. Unmittelbar zu
leiden hatte er darunter nicht. Er erteilt den französischen Soldaten das Zeugnis, dass sie sich
sehr gut benommen haben. Aber seine trübe Stimmung wurde noch ganz wesentlich gesteigert
durch die Sorge um seine beiden ältesten Söhne. Diese, bereits aus dem Kriegsdienst entlassen,
waren im Vertrauen auf die Waffenstillstandsbedingungen nach Straßburg zurückgekehrt und
standen nun fortwährend in Gefahr, interniert zu werden. Alle Versuche, sie nach Deutschland
zu bringen, schlugen fehl. Unter diesen Umständen war die Ausweisung sämtlicher Professoren
geradezu eine Wohltat, denn jetzt konnten sie als seine Söhne mit hinauskommen. Die Familie
durfte verhältnismäßig viel Gepäck mitnehmen, musste aber die Möbel zurücklassen; doch hat
Schur später sein Eigentum zum größten Teil wiederbekommen. Als er in Kehl den Extrazug, in
dem die Professoren befördert worden waren, verließ, wurde ihm schon eine Berufung in seine
alte Karlsruher Stellung überreicht. Tags darauf kam aber eine Berufung nach Breslau, der er den
Vorzug gab, weil ihn der Gedanke an die Wiederübernahme des Übungsbetriebes mit den vielen
Zeichnungen abschreckte. Da in Breslau kein Zwischensemester abgehalten wurde, brauchte er
erst Ende April dort zu sein und fand, nach fast sechs Wochen Hotelleben in Bruchsal, Offenburg
und Würzburg, an dem letztgenannten Orte eine angenehme vorläufige Unterkunft. Er wurde da
sogar aufgefordert, eine kleine Vorlesung zu halten, was er sehr gern tat, als Ablenkung von dem
ewigen Grübeln über den Zustand des deutschen Vaterlandes" (Friedrich Engel: Friedrich Schur,
Jahresbericht der Deutschen Mathematiker-Vereinigung, 45 (1935): 1–31).

[27]Der Wortlaut am Anfang des gedruckten Nachrufs von Schur: „Am 2. Juli 1919 ist Theodor
Reye im Alter von 81 Jahren in Würzburg gestorben, wo er wenige Monate zuvor Zuflucht
gefunden hatte, als er nach der Besetzung Straßburgs durch die Franzosen dieses hatte verlassen
müssen" (Friedrich Schur, Theodor Reye, *Mathematische Annalen*, 82 (1921): 165–167).

[28]Die folgende Angaben bzgl. Richard von Mises verdanke ich Reinhard Siegmund-Schultze.
Von Mises war seit 1909 außerordentlicher Professor für angewandte Mathematik in Straßburg,
war allerdings während des Krieges zum österreichischen Fliegerarsenal beurlaubt. Er kehrte nach
der Demobilisierung Ende 1918 nach Straßburg zurück und hoffte zunächst, von den Franzosen in
seiner Stellung übernommen zu werden, zu welchem Zwecke er seine Französischstudien verstärk-
te. Als er jedoch merkte, dass diese Hoffnung vergeblich war und dass ihm sogar Internierung
drohte, verließ er eigenmächtig Straßburg unter Hinterlassung allen Eigentums, insbesondere Bücher und Möbel. Um diese bzw. eine Entschädigung bemühte er sich intensiv in den folgenden
Jahren, wobei er sogar versuchte, als geborener Lemberger die polnische Staatsbürgerschaft zu-
sätzlich zu erwerben. Ob ihm dies gelang, ist nicht ganz klar, aber einen Teil seiner Möbel und
eine Entschädigung (wohl von deutscher Seite) erlangte er. Unmittelbar nach dem Verlassen von
Straßburg wurde von Mises eine Art Wortführer für die vertriebenen deutschen Professoren, und

Fall[29] hätte ich, nach Schurs Erklärung in seinem letzten Brief, gegen das Wort
„vertreiben": keinerlei Einwendung gehabt. Denn es hat sich nach diesen Angaben
bei Reye um eine wirkliche Vertreibung gehandelt. In vielen anderen Fällen wurde
aber in der vorsichtigen und der Form nach unbeanstandbaren Weise verfahren,
die mir Mises geschildert hat. Mises' Urteil und Empfinden dem anderer Herren
vorzuziehen, liegt und lag mir völlig fern.

Ich komme zu den übrigen Punkten Ihres Briefes vom 7.9. Das Annalencircular habe ich immer noch nicht zurückerhalten und muss danach auf die Jagd
gehen. Ihr Wunsch war wohl der, dass jedem neuen Annalencircular das letzte
nochmals beigelegt wird. Das scheint mir sehr praktisch und ich werde danach
verfahren.

Die Arbeit Studys ist mir wohl von diesem avisiert, aber noch nicht eingereicht worden. Wenn es Ihnen recht ist, werde ich sie Ihnen nach Eingang zuschicken, damit Sie Sich davon überzeugen können, ob das Citat auf Coolidge[30]
vorhanden ist. Die daran ev. anschliessende Korrespondenz mit Study kann ich
ja übernehmen, wenn Sie nichts damit zu tun haben wollen.[31] Studys Arbeit ist
übrigens schon von Carathéodory angenommen worden.[32]

Was Brouwer und Schouten[33] anlangt, bin ich zu wenig Fachmann, um über
das Wissenschaftliche ein Urteil zu haben. Brouwer behauptet, dass alles, was er
von Schouten bisher gelesen hat, entweder unrichtig, oder bereits bekannt gewesen sei. So sei der Hauptinhalt seiner früheren Annalenarbeit schon bei Cartan
vorhanden gewesen, worüber ja Schouten auch eine Berichtigung in den Annalen
erlassen hat.[34] Brouwer hat verschiedentlich Arbeiten Schoutens begutachtet und

---

zwar in einer extra zu diesem Zwecke an der Universität in Freiburg gegründeten Stelle, die auch
Informationsbulletins herausgab. Von Mises beendete diese Tätigkeit schon im Januar 1919, als
er einen Lehrauftrag in Frankfurt a. M. erhielt. Jedoch blieben das Problem der vertriebenen
deutschen Professoren und die Verantwortung des Reiches für sie lange offen.

[29] Theodor Reye war ein bekannter Geometer, dessen Lehrbuch *Geometrie der Lage* (1866,
1868) mehrere Auflagen und Übersetzungen erlebt hat. 1870 wurde Reye auf den Lehrstuhl für
Geometrie und Graphische Statik am neu gegründeten Polytechnikum in Aachen berufen. Nur
zwei Jahre später wechselte er an die neu gegründete Universität Straßburg, wo er bis zu seiner
Emeritierung im Jahre 1909 wirkte. Nach dem Ende des Ersten Weltkrieges wurde er vertrieben
und zog zu seiner Tochter nach Würzburg. Dort starb Reye 1919 im Alter von 81 Jahren.

[30] Vermutlich geht es hier um das Buch von Julian Lowell Coolidge, *A treatise on the circle
and the sphere*, Oxford: Clarendon Press, 1916.

[31] Blumenthal war sicherlich schon lange über das gespannte Verhältnis zwischen Klein und
Study gut informiert.

[32] Es handelt sich um Studys grundlegende Kritik an der Kreis- und Kugelgeometrie Sophus
Lies. Diese Arbeit hatte er schon 1916 für die *Annalen* eingereicht, aber vermutlich ist sie wegen
ihrer Länge oder aus anderen technischen Gründen zurückgestellt worden. Nach einer Überarbeitung reichte er im April 1921 die neue Fassung ein. Der erste Teil dieser dreiteiligen Untersuchung
erschien im Jahre danach als E. Study, Über S. Lies Geometrie der Kreise und Kugeln, *Mathematische Annalen*, 84 (1922): 40–77.

[33] Diese Problematik hatte Brouwer in seinem Brief vom 19. September 1919 an Klein zum
Ausdruck gebracht. Wie aus Kleins Schreiben vom 13. September 1920 an Schouten hervorgeht,
sah Klein keine Chance, die ablehnende Haltung Brouwers zu durchbrechen.

[34] J.A. Schouten, Zusatz zur Klassifizierung der assoziativen Zahlensysteme, *Mathematische
Annalen*, 77 (1916): 307.

behauptet, dabei so unangenehme Erfahrungen gemacht zu haben, dass er nichts mehr damit zu tun haben will. Ich habe von Brouwer immer den Eindruck gehabt, und dieser Eindruck hat sich jetzt in Holland noch verstärkt, dass er ein unbedingt lauterer Charakter ist. Wohl ist er ein Hitzkopf und kämpft fanatisch für das, was er für recht hält, aber eine Machtsucht, ein „Pabsttum", habe ich bei ihm nicht gefunden. Dies muss ich zu Brouwers Gunsten unbedingt sagen. Wie sich in dem augenscheinlich sehr tief gehenden Gegensatz zu Schouten Recht und Unrecht verteilt, darüber habe ich, wie schon gesagt, kein Urteil.

Für Ihre genauen Angaben über die von Teubner empfangenen Briefe danke ich Ihnen bestens.[35] Wir müssen nun diese traurige Sache weiter führen. Wenigstens sind Hilbert und ich uns in allem Wesentlichen einig. Ob wir mit Teubner einig werden, ist eine andere Frage. Hilbert hat einen neuen energischen Vorschlag gemacht, der mir gut scheint.

Die Versammlung in Nauheim war sehr interessant und erfreulich. Der „Löwe" unter den Mathematikern war entschieden Schönflies, den ich noch nie so anregend und angeregt gesehen habe. Sein Vortrag über die Axiome der Mengenlehre war scharf und gut. Ich habe ihm vorgeschlagen, seine Arbeit über diesen Gegenstand, die bereits in der Amsterdamer Akademie „unter Ausschluss der Oeffentlichkeit" publiziert ist, in den Annalen abdrucken zu lassen, wozu Brouwer namens der Akademie die Genehmigung gegeben hat.[36] Schönflies' Arbeit soll dann unmittelbar neben Brouwers sehr anregenden Vortrag über Zahlen, die nicht in Dezimalbrüche entwickelt werden können[37], gestellt werden, und ich hoffe, dass diese beiden Publikationen klar den Willen der Redaktion betonen sollen, zu der neuen Krisis der Mengenlehre Stellung zu nehmen und Arbeiten darüber herauszufordern.[38] Ich hatte in Nauheim auch Gelegenheit, mehrfach mit Springer[39] zu verhandeln. Ich habe ihn vor allem wegen des Tempos des Erscheinens der Annalen interpelliert. Er schiebt die bisherige Langsamkeit lediglich auf Anfangsschwierigkeiten und hält sich völlig an die Abmachungen des Vertrags. Da jetzt auch wieder viel gedrucktes Material vorliegt, werde ich das nächste Annalenheft schon sehr bald zusammenstellen. Das letzte Heft von Band 81 haben Sie ja indessen erhalten. Ich kann nur sagen, dass Springer mir wieder einen sehr guten und durchaus aufrichtigen Eindruck gemacht hat.

---

[35] Hier geht es um den in Abschnitt 2.3 dokumentierten Streit.

[36] Arthur Schoenflies, Zur Axiomatik der Mengenlehre, *Mathematische Annalen*, 83 (1921): 174–200.

[37] L.E.J. Brouwer, Besitzt jede reelle Zahl eine Dezimalbruchentwicklung? *Mathematische Annalen*, 83 (1921): 201–210.

[38] Angesichts Hilberts eigener Haltung zu dieser Zeit wie auch in den Jahren danach ist es tatsächlich zweifelhaft, dass er diese Meinung Blumenthals geteilt hätte. Hierzu soll auf Abschnitt 1.4 in der Einleitung verwiesen werden.

[39] Möglicherweise waren diese Bad Nauheimer Gespräche Blumenthals erste Begegnung mit Ferdinand Springer, der schon am Ende des Krieges mit Courant einen Vertrag für die neue Grundlehrenreihe unterschrieben hatte.

Nun wendet sich Springer an mich mit einer Frage wegen der Tauschexemplare.[40] Nach der Teubnerschen Abonnentenliste erhalten Tauschexemplare: Jahnke[41] (für Archiv), Gutzmer[42] (für Jahresbericht), Hensel[43] (für Crelle), Fehr[44] (für Enseignement), Mittag-Leffler[45] (gegen Acta), Eneström[46] (gegen Bibliotheca). Springer bittet um Angabe, ob Sie die genannten Zeitschriften noch erhalten, und wird dann den Austausch in der alten Weise weiterführen. Mir fällt auf, dass Eneström wohl wegfallen muss, die Bibliotheca existiert doch längst nicht mehr. Springer fragt, ob er das Exemplar an Jahnke noch schicken soll, da doch das Archiv nicht weiter gehen soll. Da die Korrespondenz einmal durch mich gegangen ist, wird es wohl geeignet sein, wenn Sie Ihre Antwort mir zur Weiterleitung an Springer zukommen lassen.

[Handschriftlich:] Krazer[47] hat mir in Nauheim gesagt, dass er wegen des „Jahresberichts": den Notfonds der Deutschen Wissenschaft (Schmidt)[48] in Anspruch nehmen will. Springer ist bereit, den Mitgliedern der Mathematiker-Vereinigung „Annalen und Zeitschrift": zum Verlegerpreis (25 % Rabatt) abzugeben. Das hat Mises eingefädelt. Die Mathematiker-Vereinigung wird, wie ich noch einmal mit Krazer beredet habe, diesbezüglichen Antrag bei Springer stellen.

Beste Grüsse!

Ihr sehr ergebener

O. Blumenthal.

Es fällt in diesem sehr langen Brief auf, dass Blumenthal zu dieser Zeit offenbar ausführlicher über die *Annalen* mit Klein als mit Hilbert verhandelte. Vermutlich wollte sich Hilbert in dieser kritischen Phase eher zurückziehen, um Kleins Einfluss als erfahrener Geschäftsmann zur Geltung bringen zu lassen. Außerdem

---

[40] Dieser Austausch von mathematischen Zeitschriften diente als Unterstützung für die Arbeit der geschäftsführenden Redakteure.

[41] Eugen Jahnke (1861–1921) war von 1901 bis 1918 Herausgeber des *Archivs für Mathematik und Physik* und Mitarbeiter des *Jahrbuchs über die Fortschritte der Mathematik*.

[42] August Gutzmer war seit 1901 für die Redaktion der *Jahresberichte der Deutschen Mathematiker-Vereinigung* zuständig.

[43] Kurt Hensel war zwischen 1903 und 1928 allein verantworlich für die älteste mathematische Zeitschrift Deutschlands. Von 1929 bis 1933 gab er diese zusammen mit Helmut Hasse und Ludwig Schlesinger heraus, und von 1934 bis 1936 wurde sie von Hensel und Hasse zusammen und danach von Hasse allein editiert.

[44] Henri Fehr gründete 1899 zusammen mit Charles-Ange Laisant die Zeitschrift *L'Enseignement Mathématique*, die der Pädagogik der Mathematik gewidmet war.

[45] Gösta Mittag-Leffler gründete 1882 die angesehene internationale Zeitschrift *Acta Mathematica*.

[46] Der schwedische Mathematiker Gustaf Eneström war 1884 bis 1914 Herausgeber der von ihm gegründeten mathematikhistorischen Zeitschrift *Bibliotheca Mathematica*.

[47] Der an der TH Karlsruhe wirkende Analytiker Adolf Krazer war zu dieser Zeit Schriftführer der DMV.

[48] Friedrich Schmidt-Ott war der erste Präsident der 1920 gegründeten Notgemeinschaft der deutschen Wissenschaft. Er wurde 1934 von den Nationalsozialisten entlassen; der Physiker Johannes Stark wurde danach sein Nachfolger.

erwähnte Blumenthal mit gar keinem Wort die Nauheimer Sitzung zur Relativitätstheorie, bei der die berühmte Debatte zwischen Einstein und dem Anti-Relativisten Philipp Lenard stattfand. Da die Initiative zu dieser Sondersitzung vom Vorstand der DMV ausging, müsste er davon Kenntnis genommen haben, unabhängig davon, ob er daran teilnahm oder nicht. Klein wurde im Übrigen über den Ablauf der Einstein-Lenard-Debatte von Robert Fricke informiert (siehe Frickes Schreiben vom 29. September 1920 auf S. 128).

Brouwer zeigte stets hohen Respekt für Klein, der nach dem Krieg mit der Veröffentlichung seiner *Gesammelten Mathematischen Abhandlungen* beschäftigt war. Nach dem Erhalt des ersten Bandes schrieb Brouwer ihm den folgenden Glückwunsch.

Brouwer an Klein | Laren, den 20.III.1921
AK, Nachlass Klein, SUB Göttingen, VIII: 312B

Hochgeehrter Herr Geheimrat,

Den ersten Band Ihrer Gesammelten Werke (dessen Erscheinung ich als ein herrliches Ereignis begrüsse) habe ich mit einigen erläuternden Mitteilungen über seinen Inhalt der Amsterdamer Akademie der Wissenschaften vorgelegt, und habe für meinen persönlichen Gebrauch sofort ein zweites Exemplar bestellt.

Beste Wünsche für Sie, für die deutsche Mathematik und für das deutsche Reich, sowie wohlgemeinte Ostergrüsse.

von Ihrem

L.E.J. Brouwer

3.2 Mathematik und Physik in Bad Nauheim (September 1920)

Aus seinem obigen Brief an Klein kann man einiges über Blumenthals Gespräche und sonstige Erlebnisse in Bad Nauheim ablesen. In diesem Abschnitt soll auch kurz über eine Sondersitzung dort zu Einsteins Relativitätstheorie berichtet werden. Interessanterweise kam der Anstoß, diese Sondersitzung zu veranstalten, nicht von den Physikern, sondern von den Mathematikern, wie aus einem Brief von Robert Fricke an Einstein hervorgeht.

Fricke an Einstein | Braunschweig, den 26.V.1920
TB, Einstein Archive, 43 725 (Einstein 2006, 276–277)

Hochgeehrter Herr Geheimrat,

Als derzeitiger Vorsitzende der Deutschen Mathematiker-Vereinigung habe ich mich kürzlich mit Schoenfliess … über die Disposition der [Nauheimer] Versammlung ins Einvernehmen gesetzt. Ich habe hierbei in Vorschlag gebracht, dass der Donnerstag Vormittag in der Abt. I, verbunden mit der Abt. für mathematischen Physik, ausschließlich Vorträgen über die Relativitätstheorie vorbehalten bleiben möchte. Ich nehme als sicher an, dass Sie in einer am Montag oder Dienstag stattfindenden gemeinsamen Sitzung der naturwissenschaftlichen Hauptgruppe sprechen werde. Dies würde gewiss nicht ausschliessen, dass Sie im engen Kreise der eigentlichen Fachgenossen am Donnerstag nochmals das Wort ergriffen. Ich wollte neben Ihnen mich mit dergleichen Bitte an die Herren v. Laue, Hilbert, Sommerfeld, Weyl u. Born wenden. Sollte es gelingen, einen solchen Vormittag zu Stande zu bringen, so würde ich glauben, dass derselbe einen der grössten Erfolge der Versammlung darstellen könnte und der Welt zeigen könnte, was Deutschland selbst in einer so tief unglücklicher Zeit auf wissenschaftlichem Gebiete zu leisten vermochte.[49] ...

Einstein hatte in diesem Jahr schon mehrere Vorträge über Relativitätstheorie gehalten. Er begrüßte diese Initiative der DMV, meinte aber, dass es sinnvoller wäre, eine Diskussionsrunde zu veranstalten. Jedenfalls wollte er keinen Vortrag halten, während er seine Bereitschaft, ausgewählte Fragen zu beantworten, kundgab.

Einstein an Fricke | Berlin, den 9.VI.1920
TB, Einstein Archive, 43 726 (Einstein 2006, 302)

Hochgeehrter Herr Kollege!

Ihr Brief vom 26. V. ist verspätet in meine Hände gekommen, weil ich verreist war. Besten Dank für Ihre liebenswürdige Einladung. Nach meiner Ansicht sind aber die Fachgenossen über die Grundlinien der Relativitäts-Theorie völlig genügend orientiert, so dass mir kein Bedürfnis nach dem von Ihnen in Aussicht genommenen Vortrag zu bestehen scheint. Dagegen wäre es vielleicht nicht ohne Interesse, eine allgemeine Diskussion über den Gegenstand zu veranstalten. Zu einer solchen würde ich gerne kommen und auf alle an mich gestellten Fragen antworten. Allerdings müsste irgendwie dafür Sorge getragen werden, dass die Fragen vorher gesichtet werden, damit die Diskussion nicht durch minderwertige Fragen gestört wird. Für den Fall, dass Ihnen meine Anregung gut erscheint, bitte ich Sie um weitere Benachrichtigung.

Mit ausgezeichneter Hochachtung
Ihr ganz ergebener
A. Einstein

---

[49] Am Ende hielten Laue und Weyl Vorträge in dieser Sitzung, während Einstein und Born nur an der nachfolgenden Diskussion teilnahmen. Hilbert kam nicht nach Bad Nauheim.

Einsteins Antwort wurde eher als Ablehnung verstanden, weswegen Arthur Schoenflies einen zweiten Versuch unternahm. Sein Appell unterstrich die politische Wichtigkeit der Bad Nauheimer Konferenz, welche gleichzeitig mit dem Internationalen Kongress in Straßburg stattfinden sollte. Wie bei allen solchen wissenschaftlichen Konferenzen in der Nachkriegszeit durften deutsche Mathematiker an diesem Kongress nicht teilnehmen.

Arthur Schoenflies an Einstein | Frankfurt, ca. Juli 1920
AB, Einstein Archive, 21 530 (Einstein 2006, 304–305)

Sehr verehrter Herr Kollege

. . .
Sie haben von Prof. Fricke in Braunschweig erfahren, daß wir für Nauheim eine Sitzung der Phys. u. Math. über Relativität planen. Mich persönlich treibt der Gedanke, daß die Entente Leute im September – wohl fast zugleich mit uns – in Straßburg einen math. internat. Kongreß planen, und daß es für uns deshalb eine Ehrenpflicht ist, von uns aus ein möglichst hochstehendes Programm für Nauheim zusammenzustellen. Sie haben sich, wie Fricke mir schreibt – ich bin Einführender – erboten, Fragen, die vorher an Sie gestellt werden, zu beantworten. Vielleicht ist die Formulierung solcher Fragen nicht ganz einfach. Aber würde es nicht möglich sein, daß Sie, gerade von dem eben genannten Gesichtspunkt geleitet, doch von Sich aus über einen actuellen Teil der modernen Relativität irgend etwas mitteilen. Auch ein Referat über bisherige Arbeiten – in irgend einer Richtung gehalten oder zugespitzt – würde sicher von Allen sehr warm willkommen geheisen werden, und würde Ihnen kaum erhebliche Mühe machen. Weyl hat neuerlich einen Vortrag „Elektrizität und Gravitation" angekündigt, und auch Laue will etwas über Optik mitteilen. Also ich bitte auch Sie deshalb sehr, nochmals zu erwägen, ob Sie nicht einen Vortrag ankündigen können. Das Thema erbitte ich dann baldigst.
In der Hoffnung, angesichts der guten Sache keine Fehlbitte zu tun, mit bestem Gruss
Ihr sehr ergebener
A. Schoenflies

———————

Einstein äußerte sich nicht über die von Schoenflies erwähnten Ehrenfrage, obwohl er sich mit dieser Auffassung keineswegs identifizieren konnte. Er betonte bei jeder Gelegenheit, dass die Wissenschaft möglichst frei und unabhängig von politischen Überlegungen und Interessen bleiben soll. So wiederholte er die Antwort, die er Fricke schon gegeben hatte, ohne ein Wort über die Ehre der deutschen Wissenschaft zu verlieren.

Einstein an Schoenflies | Berlin, den 29.VII.1920
TB, Einstein Archive, 21 531 (Einstein 2006, 352–353)

Sehr geehrter Herr Kollege!

. . .

Einen Vortrag aus dem Gebiete der allgemeinen Relativität kann ich nicht wohl ankündigen, weil alles, was ich auf diesem Gebiete gefunden habe, den Fachgenossen hinreichend bekannt ist. Ich glaube aber immer noch, dass eine öffentliche Diskussion von grossem Interesse und Nutzen wäre. Die Fragen brauchten mir nicht vorher vorgelegt zu werden. Es müsste nur dafür gesorgt sein, dass nicht von unwissender Seite Fragen gestellt werden können, deren Beantwortung die Mehrzahl der Anwesenden langweilen müsste.

. . .

———

Einsteins Vorschlag, eine Diskussionsrunde über die Relativitätstheorie auf der Bad Nauheimer Konferenz zu veranstalten, wurde angenommen. Sie fand allerdings in einem Klima statt, welches niemand zu dieser Zeit hätte erwarten können. Denn kurz zuvor wurde Einstein Opfer einer Hetzkampagne in Berlin, wo am 24. August Paul Weyland eine Vortragsveranstaltung in der Berliner Philharmonie eröffnete, mit dem Zweck, die Relativitätstheorie als eine reine Fiktion zu entlarven. Weyland hatte hierzu eine Organisation gegründet, die „Arbeitsgemeinschaft deutscher Naturforscher zur Erhaltung reiner Wissenschaft e.V.". Er hatte außerdem mehrere Annoncen für diese Veranstaltung in der Tagespresse veröffentlicht, sodass auch Einstein und Max von Laue bei dieser Eröffnung anwesend waren. Weyland hatte diesen Auftritt als die erste von 20 Protestversammlungen gegen die Relativitätstheorie angekündigt. Drei Tage später druckte das *Berliner Tageblatt* Einsteins Artikel über diese von ihm spöttisch titulierte „antirelativitätstheoretische G.m.b.H.". Zu dieser Zeit glaubte Einstein, dass eine Gruppe deutscher Physiker hinter Weyland stand, und so nahm er diese Gelegenheit, um seinen Hauptkritiker, den Nobelpreisträger Philipp Lenard, herauszufordern. Damit wurden die Weichen für die berühmte Einstein-Lenard-Debatte in Bad Nauheim gestellt.

Durch Max von Laue über die Vorkommnisse in Berlin alarmiert, schrieb Sommerfeld an Einstein, mit dem er schon lange befreundet war.

Sommerfeld an Einstein | München, den 3.IX.1920
AB, Einstein Archive 21 339 (Einstein 2006, 408–409)

Lieber Einstein!

Mit wahrer Wut habe ich, als Mensch und als Vorsitzender der Phy. Ges., die Berliner Hetze gegen Sie verfolgt. . . . Heute habe ich mit Planck beraten, was auf der Naturforscher-Gesellschaft zu tun ist. . . . Von Deutschland fortgehn dürfen Sie aber nicht! Ihre ganze Arbeit wurzelt in der deutschen (+ holländischen) Wissenschaft; nirgends finden Sie soviel Verständnis wie in Deutschland. Deutschland jetzt, wo es so namenlos von allen Seiten mishandelt wird, zu verlassen, sähe Ihnen nicht gleich. Noch eins: mit ihren Ansichten wären Sie in Frankreich, England, Amerika während des Krieges sicher eingesperrt worden, wenn Sie sich, wie ich nicht zweifle, dann gegen die Entente und ihr Lügensystem gewandt hätten. ...

Sommerfeld nahm Lenard im Schutz, weil er als neu gewählter Vorsitzender der DPG vor Nauheim die inzwischen hochgeschlagenen Wellen irgendwie glätten wollte. Er machte aber Einstein das Angebot, er könne in den *Süddeutschen Monatsheften* gegen die „Wanzen" Stellung nehmen. (Einstein wurde in der *Vossischen Zeitung* so zitiert: „Ich komme mir vor, wie jemand, der in einem guten Bett liegt, aber von Wanzen geplagt wird.") Sommerfeld war der Meinung, dass das *Berliner Tageblatt* „nicht der rechte Ort um mit den Radau-Antisemiten abzurechnen" sei. Für die politischen Rechten galt diese Zeitung als eine Hochburg der liberalen „Judenpresse" in Deutschland. Sommerfeld schloss seinen Brief mit diesem Appell: „Ich hoffe, Sie haben inzwischen schon wieder Ihr philosophisches Lachen gefunden, und das Mitleid mit Deutschland, dessen Qualen sich wie überall in Progromen äussern. Aber nichts von Fahnenflucht!"

Einstein konnte Sommerfeld versichern, dass er inzwischen alles mit ruhigeren Augen ansah.

Einstein an Sommerfeld | Berlin, den 6.IX.1920
AB, Einstein Archive, 21 395 (Einstein 2006, 412–413)

Lieber Sommerfeld!

Ich hatte in der That jenem Unternehmen gegen mich zu viel Bedeutung zugeschrieben, indem ich glaubte, dass ein grosser Teil unserer Physiker dabei beteiligt sei. So dachte ich wirklich zwei Tage lang an „Fahnenflucht", wie Sie es nennen. Bald aber kam die Besinnung und die Erkenntnis, dass es falsch wäre, den Kreis meiner bewährten Freunde zu verlassen. Den Artikel hätte ich vielleicht nicht geschrieben sollen. Aber ich wollte verhindern, dass mein dauerndes Schweigen zu den Einwänden und Beschuldigungen, welche systematisch wiederholt werden, als Zustimmung gedeutet werden. Schlimm ist, dass jede Aeusserung von mir von Journalisten geschäftlich verwertet wird. Ich muss mich eben sehr abschliessen. ...

Nicht allein in Deutschland gab es aufgebrachte Kritiker Einsteins, denn zu dieser Zeit wurde aus mehreren Lagern auf einmal auf ihn geschossen (Wazeck 2009). Aus Zürich bekam er einen Brief von seinem alten Freund Marcel Grossmann, der ihn vor einem anderen Phänomen warnte, und zwar einer Sekte von Gegnern der Relativitätstheorie, die sich um den französisch-schweizerischen Physiker Édouard Guillaume gebildet hatten. Guillaume arbeitete beim Internationalen Büro für Maße und Gewichte in Paris und bekam 1920 den Physik-Nobelpreis. Einstein hatte schon öfters mit ihm korrespondiert, oft genug, um konstatieren zu können, dass sie nur aneinander vorbeiredeten. So wollte er am liebsten Guillaume ignorieren, aber Grossmann warnte, es bestehe eine gewisse Gefahr für die Relativitätstheorie.

Grossmann an Einstein | Zürich, den 9.IX.1920
TB, Einstein Archive, 11 461 (Einstein 2006, 421)

Lieber Albert,

... Es steht nämlich zu fürchten, dass aus dem – auch in Tageszeitungen – unwidersprochenen Auftreten von Guillaume und seinen Jüngern die Verbreitung der gründsätzlichen Erwägungen der Rel. th, im französischen Sprachgebiet Schaden erleidet, wo man rasch genug dazu bereit ist, auch in dieser Frage nun wieder franz. Ueberlegenheit zu konstatieren. Umsomehr, als die wüste Hetze gegen Dich in Deutschland auch hier ein Echo findet. Ich glaube Dich also bitten zu dürfen, mir in kürzen Zügen mitzuteilen, aus welchen Gründen Du die Guillaume'schen Ideen ablehnst! ...

Einsteins Antwort hierauf begann mit einer brillanten Charakterisierung der damaligen chaotischen Atmosphäre.

Einstein an Grossmann | Berlin, den 12.IX.1920
AB, Einstein Archive, 11 499 (Einstein 2006, 428)

Lieber Grossmann!

Diese Welt ist ein sonderbares Narrenhaus. gegenwärtig debattiert jeder Kutscher und jeder Kellner darüber, ob die Relativitätstheorie richtig sei. Die Überzeugung wird hierbei bestimmt durch die Zugehörigkeit zu einer politischen Partei. Das drolligste aber von allem ist die Guillaumiade. Denn da spricht einer im wissenschaftlichen Jargon zu erleuchteten Fachleute jahrelang den traurigsten Unsinn und zwar ungestraft, ohne zurechtgewiesen zu werden. Da sieht man so recht deutlich, *auf welch schmaler Basis von urteilsfähigen Köpfen die in der Gelehrten–Schafherde herrschenden Urteile und Wertungen ruhen.*[50] ...

---

[50] Im April 1922 bei Einsteins Besuch in Paris brachte Guillaume seine Argumente wieder vor. Darüber schrieb Einstein an Born: „Guillaume ist verrückt und auch in Paris komplet abgefahren. Ich habe mir schon viel Mühe gegeben ihn zu überzeugen, ebenso [Paul] Langevin. Es ist alles vergebens", 16. Juni 1922, (Einstein 2012, 367).

Zwei Wochen später fand die Naturforscherversammlung in Bad Nauheim statt, bei welcher Gelegenheit die Mathematiker und Physiker die Sondersitzung zur Relativitätstheorie besuchen konnten. Die Atmosphäre dabei war höchst spannend, vor allem wegen der von vielen Anwesenden erwarteten Debatte zwischen Einstein und Philipp Lenard (Abschnitt 1.5). Über diese Sondersitzung und die Konfrontation zwischen Einstein und Lenard schrieb bald danach Robert Fricke an seinen Onkel Felix Klein:

Fricke an Klein | Braunschweig, den 29.IX.1920
TB, Nachlass Klein, SUB Göttingen, IX, 286F

. . .

Die sensationelle Relativitätssitzung nahm einen überaus glänzenden Verlauf, der mich in die größte Begeisterung versetzt hat. Die Entwicklung wurde zu einem Triumph Einsteins, der wirklich ein überlegener Geist ist. Ich bin stolz darauf, zu dieser Sitzung den Anstoß gegeben zu haben, und freue mich nach der Sitzung Einstein noch persönlich meine Empfindungen haben aussprechen zu können. Nächst Einstein machte Weyl den tiefsten Eindruck, aber auch der vierte Vortrag über die Rotverschiebung des Spektrums wirkte außerordentlich und erregte sichtlich auch bei Einstein selbst großes Interesse. Bei der Diskussion war die Überlegenheit Einsteins über Lenard selbst der Laien fühlbar. . . .

____

Das Einstein-Lenard-Spektakel wurde natürlich von den Gegnern der Relativitätstheorie ganz anders bewertet. Aber abgesehen hiervon signalisierte die Nauheimer Naturforscherversammlung, dass tiefe Risse sich innerhalb der Gemeinschaft deutscher Naturforscher formiert hatten. Zwei Jahre später gab es bei der Naturforscherversammlung in Leipzig einen erneuten Protest gegen die „Propaganda" für die Relativitätstheorie. Einstein befand sich damals auf einer Weltreise, aber Max von Laue nahm dagegen Stellung. Blumenthal blieb natürlich außerhalb der Schusslinie der Antirelativisten. Andererseits galt er sicherlich als Mitläufer der Einsteinianer, erstens wegen seiner Beziehungen zu Sommerfeld und Hilbert und zweitens aufgrund seiner Rolle als einer der vier Hauptredakteure der _Annalen_ neben Klein, Hilbert und Einstein.

3.3 Brouwer setzt sich für Blumenthal ein

In der Nachkriegszeit war Brouwers Ruf als Mathematiker höher als derjenige beinahe aller seiner Zeitgenossen. Dies stellte sich bald heraus, als Carathéodory 1918 seinen Abschied von Berlin ankündigte, denn er und seine Kollegen dort wollten unbedingt Brouwer als seinen Nachfolger gewinnen (Georgiadou 2004, 128). Carathéodorys Weggang kam jedoch gleich vor dem Zusammenbruch des deutschen Reiches, und Berlin befand sich mitten im Chaos der Revolution. Auch in Göttingen war die frühere Stelle Carathéodorys noch zu besetzen, da Erich Hecke inzwischen einen Ruf nach Hamburg angenommen hatte. Die Göttinger setzten Brouwer auch auf den ersten Listenplatz, womit klar wurde, dass der Holländer sehr hohes Ansehen in Deutschland genoss. Er lehnte aber beide Rufe ab, um in Amsterdam zu bleiben. Nachdem Brouwer, Weyl, Herglotz und Blaschke der Reihe nach die freistehende Berliner Professur abgelehnt hatten, wurde Ludwig Bieberbach von Frankfurt wegberufen. Somit begann die Suche nach geeigneten Kandidaten, um die Vakanz in Frankfurt zu erfüllen (Abschnitt 1.2). Brouwer nahm daraufhin Kontakt mit Arthur Schoenflies auf, um ein gutes Wort für die Kandidatur Blumenthals einzulegen.

Brouwer an Schoenflies | Laren, den 17.I.1921
AB, Nachlass Brouwer, Noord-Hollands Archief, Haarlem

Vertraulich

Lieber Herr Schoenflies,

Sicher werden Sie in diesen Tagen in Bezug auf die bei Ihnen eingetretene Vakanz-Bieberbach verschiedene Empfehlungen erhalten haben; darf ich auch meinerseits Ihre Aufmerksamkeit auf einen Kollegen lenken, mit dem ich sicher bin, dass Sie eine ausgezeichnete Wahl treffen würden? Ich denke an Blumenthal, zu dem ich seit einem Jahrzehnt in Beziehung stehe, und den ich während dieser Zeit immer mehr und nach immer mehr Seiten hin zu schätzen gelernt habe. Insbesondere bin ich überzeugt, dass er an allseitigen mathematischen Kenntnissen, an Arbeitskraft, an Hilfsbereitschaft, dazu an Ehrlichkeit und Anstand unter unseren Fachgenossen kaum seinesgleichen hat. Die Tätigkeit, bei der ich ihn (ausser im persönlichen Umgang) derweise aus der Nähe habe beobachten können, dass das obige Urteil sich bei mir festgesetzt hat, ist die Herausgabe der Annalen (an der ich 1911–1914 als stiller Mitarbeiter der Redaktion, von 1914 an als öffentliches Redaktionsmitglied mitbeteiligt war), welche vor dem Kriege, sowie von Anfang 1919 an, zu 3/4 in seinen Händen ruhte. Der weitaus grössere Teil der Begutachtungen wurde von ihm, entweder allein, oder zusammen mit einem jedesmal extra zu diesem Zweck von ihm herangezogenen Spezialisten, gemacht, und wenn Klein und Hilberts Annalen sich an der Spitze der mathematischen Zeitschriften behauptet haben, so verdanken sie es in erster Linie der unermüdlichen und selbstlosen, sachkundigen Arbeit Blumenthals, eine Arbeit, die um so höher einzuschätzen ist, als sie einerseits bedeutende Talente erfordert, andererseits gar keine Ehre einbringt, weil sie für das weitere Publikum völlig im Schatten verläuft. Dass trotzdem Klein und Hilbert den Blumenthal nie zu einem Universitätsordinariat verholfen haben, kann ich mir durch die Machiavelli'sche Maxime: ‚le premier devoir des rois, c'est l'ingratitude' erklären, neben der übrigens auch die übermässige Bescheidenheit Blumenthals (der nie die eigene Berufung betrieben hat) ihre Rolle gespielt hat. Wie sehr Blumenthal den Kern der Schriftleitung der Annalen bildete, zeigten die

Jahre 1914–1918, während derer die Zeitschrift durch Blumenthals Heeresdienst in gefährlichster Weise kränkelte und sicher zu Grunde gegangen wäre, wenn nicht Blumenthal sofort nach seiner Wiederkehr alle seine Kräfte eingesetzt hätte, so dass der alte ‚Standing' in wenigen Monaten wiederhergestellt war. – Übrigens habe ich in den letzten Monaten beobachten können, dass Blumenthal sich der an ihm verübten Ungerechtigkeit bewusst zu werden und sich zu erbittern anfängt; wie ich glaube, empfindet seine Frau das Unrecht noch stärker als er und sehnt sie sich geradezu fort von Aachen.

Nun, ich konkludiere wie folgt: wenn Sie Blumenthal nach Frankfurt holen sollten, so würde damit Blumenthal gegenüber eine alte Schuld der mathematischen Gemeinschaft gutgemacht werden, andererseits bekämen Sie in Frankfurt das Hauptquartier der Mathematischen Annalen und einen begeisterten und äusserst arbeitskräftigen Kollegen, dessen Bescheidenheit überdies die jetzt von Ihnen daselbst eingenommene führende Stellung unversehrt bestehen liesse.

Hoffentlich nehmen Sie mir auf keinen Fall übel, dass ich Ihnen das obige schreibe: ich hielt es für meine Pflicht.

Mit herzlichsten Grüssen von Haus zu Haus

Ihr

L.E.J. Brouwer.

———————

Schoenflies an Brouwer | Frankfurt am Main, den 14.II.1921
AB, Nachlass Brouwer, Noord-Hollands Archief, Haarlem

Vertraulich

Lieber Herr Brouwer

Ihren Blumenthalbrief habe ich sowohl Bieberbach, wie Hellinger gezeigt. Unsere Besetzung ist sehr sehr schwierig. Ein voller Ersatz für eine so vielseitige Natur, wie Bieberbach es ist, ist überhaupt nicht zu haben. Aber wir wollen doch in erster Linie auf einen Mann sehen, der die grosse wissenschaftliche Anregung ausübt, auf Schüler und Doktoranden, die eine Hauptstärke Bieberbach's war, und die ihm kaum Jemand nachmacht. Dazu gehört nicht nur Beherrschung, und zwar umfassende Beherrschung des Stoffs, sondern auch eine Leichtigkeit der Problemauffassung und Problemstellung, wie sie denn Bieberbach's Eigenart ist.

Wir denken in erster Linie an Lichtenstein und Polya. Ich fürchte, dass die Regierung bei Lichtenstein, der eben nach Münster geht, gar nicht anfragt. Bei Polya gibt es vielleicht ein persönliches Hindernis. Wird weder Lichtenstein noch Polya gerufen, so sind wir sozusagen ratlos. Wir haben dann noch an Radon und Rosenthal gedacht, und erwägen ernsthaft auch noch den Namen Blumenthal; freilich in letzter Linie. Aber ich selbst gehe ja auch bald ab; dem Gesetz gemäss werde ich zum 1. October in den Ruhestand übertreten. Da wäre meines Erachtens Blumenthal ein ausgezeichneter Ersatz. Wir können aber auch an Hellinger und Szász nicht ganz vorbeigehen – Sie sehen, die Situation ist in jeder Hinsicht verwickelt.

Bei diesem Anlass darf ich mir wohl einen Wunsch für Amsterdam erlauben. Hanna[51], die letzten Sonntag hier war – am Samstag gab ich einen Rectorball und wir hatten sie dazu eingeladen – erzählte mir, dass Sie, nachdem Weyl bei Ihnen ablehnte, kein Ordinariat mehr zur Verfügung haben, sondern an die Errichtung von zwei Extraordinariaten denken. Ist es so, und haben Sie nicht schon Ihre Wahl getroffen, so möchte ich Ihnen unsern Szász wärmstens empfehlen.[52] Er ist nämlich in erster Linie Arithmetiker und Zahlentheoretiker, und das fehlt Ihnen doch wohl in Amsterdam. Er würde also eine ausgezeichnete und zugleich notwendige Ergänzung Ihres mathematischen Kreises abgeben. Er ist tüchtig und voller Interessen, ist auch, soviel ich urteilen kann, ein guter Dozent. Er ist uns hier durchaus angenehm, und ist auch hier Jemand, den wir vermissen würden, wenn er nicht vorhanden wäre. Sie werden also fragen, warum ich ihn Ihnen so warm empfehle. Nur wegen der Ungewissheit der hiesigen Situation; ich weiss nicht, ob es uns möglich sein wird, ihn hier zu befördern. ...

Und genau aus diesem Grunde weise ich auch Sie auf ihn hin. Er ist eine völlig ehrenhafte, anständige Persönlichkeit. Er hat, wie Sie ja wissen, viel publiziert; wenn auch seine Arbeiten nicht immer so stark in die Tiefe gehen.

Das wollte ich Ihnen gern zur Erwägung geben.

Mit herzlichen Grüssen von Haus zu Haus

Ihr

A. Schoenflies

Hanna hat uns herrlichst von dem Aufenthalt bei Ihnen erzählt; haben Sie auch von uns Dank für alle die schöne Gastfreundschaft!

Schoenflies an Brouwer | Frankfurt am Main, den 4.IV.1921
AB, Nachlass Brouwer, Noord-Hollands Archief, Haarlem

Lieber Herr Brouwer

Unsere Vorschläge (Ersatz Bieberbach) sind nach Berlin abgegangen; ich empfinde den Wunsch, sie Ihnen vertraulich mitzuteilen. Blumenthal ist freilich nicht unter ihnen. Es war der Wunsch vorhanden, in der gesamten Fakultät, für Bieberbach, der insgesamt leider ganz unersetzlich ist, eine tatkräftige, führende

---

[51]Hanna Schoenflies (1897–1985) war die älteste Tochter des Frankfurter Mathematikers. Sie heiratete später den in Dresden geborenen Ernst Kaemmel, der Professor für Finanzwissenschaft in Berlin wurde. Wie Hanna Schoenflies und ihre Familie die NS-Zeit überstanden haben, beschrieb sie nach dem Krieg (Kaemmel 2006, 153–156).

[52]Otto Szász bekam 1921 bei der Berufung Max Dehns ein Extraordinariat in Frankfurt. Diese Stelle verlor er 1933 mit der Machtübernahme der Nationalsozialisten, wonach er in die USA emigrierte. Dort war er zunächst durch die Vermittlung Norbert Wieners am MIT tätig, danach an der Brown University, und ab 1936 wurde er Professor an der University of Cincinnati.

oder hoffentlich einmal führend werdende Persönlichkeit zu gewinnen. Nicht alle Namen, die ich Ihnen nennen werde, entsprechen diesem Wunsch; vielleicht kaum einer ganz – aber Blumenthal war von diesem Gesichtspunkt aus wirklich nicht recht möglich.

Hier unsere Liste: 1) Wirtinger; 2) Dehn und Radon; 3) Nielsen.[53] Die Liste ist ein Kompromiss auf Grund langer Ueberlegungen, die – leider – auch von nationalistischen Motiven durchtränkt waren. Diese Motive waren bei uns Mathematikern nicht vorhanden, aber fast die ganze übrige Fakultät stellte die voran! So war für uns das Nachgeben eine Notwendigkeit. Sonst hätten wir Polya und Lichtenstein auch auf die Liste gebracht. Zumal für Polya hatte Bieberbach selbst sich besonders ins Zeug gelegt. Aber es war angesichts der Verhältnisse unmöglich ihn durchzubringen. Und ein Separatvotum der Mathematiker und ihrer wenigen Freunde hätte bei der besonderen Sachlage in Berlin keinen Erfolg gehabt.

Wirtinger ist eine ausgezeichnete Persönlichkeit; kann er sich entschliessen zu kommen, so hätten wir, was uns nottut. Bei Dehn weiss man wenigstens genau, was er bedeutet; ob er im Stande ist und Lust hat, stark Schule zu machen, weiss ich nicht.[54] Radon und Nielsen sind noch in der Entwickelung und wenigstens für mich ist es schwer zu sagen, wie sie sich gestalten wird. Ueberhaupt habe ich Bieberbach bei dieser Berufungsfrage die Vorhand gelassen. Wir haben natürlich auch noch allerlei Gutachten von ausserhalb eingeholt, und die obige Liste resp. die Namen Radon und Nielsen beruhen zum Teil auf diesen.

Sie werden selbst sagen, dass wie die Dinge nun einmal liegen von einer Möglichkeit Blumenthal nicht die Rede sein könnte. Ich selbst muss freilich auch bald gehen. Ich werde in diesem Jahr 68 alt, und das ist jetzt die Altersgrenze für die Pensionierung. Wir werden wohl versuchen, dass ich zunächst die Stelle selber commissarisch weiter verwalte. Aber lange wird das nicht dauern, und vielleicht können wir dann an Blumenthal denken. Dann liegen die Verhältnisse und Bedürfnisse objectiv anders. Am liebsten hätte ich selbst jetzt Weyl oder Mises geholt – aber die sind für uns unerreichbar. Bei Weyl haben wir sogar angefragt, aber seine Gesundheit verbietet ja jetzt seine Berufung.

Das wollte ich Ihnen gern Alles erzählen! Mir selbst geht es soso; ich gehe am 8/4 bis Ende April nach Südtirol. Das Rectorat macht sehr viel Arbeit und entfremdet mich zu stark von den Mathematicis. Am 7/4 feiern wir noch hier unsere Silberhochzeit mit den Kindern!

Mit herzlichen Grüssen von Haus zu Haus

Ihr A. Schoenflies

---

[53]Wilhelm Wirtinger war seit 1905 Professor in Wien und für Frankfurt nicht zu gewinnen. Der wesentlich jüngerer Johann Radon promovierte 1910 an der Universität Wien und wurde 1919 als außerordentlicher Professor nach Hamburg berufen. Max Dehn wirkte seit 1913 als Professor an der TH Breslau, wo er eng zusammen mit Jakob Nielsen arbeitete. Nielsen nahm allerdings 1921 eine Stelle an der Königlichen Veterinär- und Landwirtschaftsuniversität Kopenhagen an, während Dehn den Ruf nach Frankfurt bekam.

[54]Für einen Rückblick auf Dehns Karriere in Frankfurt siehe Siegel (1966).

Brouwer blieb trotzdem immer noch bei seinem Kandidaten. Als er in einer Zeitung las, dass der Ruf an Max Dehn erging, schrieb er folgende Zeilen an Schoenflies.

Brouwer an Schoenflies | Eckertal bei Harzburg, den 14.V.1921
AB, Nachlass Brouwer, Noord-Hollands Archief, Haarlem

Lieber Herr Schoenflies

Einen herzlichen Pfingstgruss aus meinem alten Jungborn, in den ich wieder einmal gesundheitshalber eingekehrt bin. Vielen Dank für Ihre Mitteilungen bezüglich der Vakanz-Bieberbach; ich las vor mehreren Wochen in der Zeitung, dass Dehn den Ruf bekommen hat; hat er denn angenommen? Was Blumenthal angeht, ich bin überzeugt, dass seine fabelhafte Kenntnisse und seine Begeisterung ihn zu einer führenden Persönlichkeit machen werden, sobald er nur erst an einer Universität in unabhängiger Stellung wirken kann; die wenigen Male, dass er einmal einen mathematisch interessierten Schüler an der Hochschule hatte, hat er ihn befruchtet, wie nur irgend ein Universitätsdozent; denken Sie nur an Trefftz, den er gänzlich ausgebildet hat; auch Debye soll ihm seiner Zeit viel geschuldet haben, und für mich persönlich ist Blumenthal manchmal sehr anregend gewesen; viele meiner Arbeiten hätte ich ohne ihn nicht geschrieben. Fraenkel schrieb mir allerlei über Ihren Aufsatz, den die Annalen nun aus den Amsterdamer Berichte übernehmen;[55] Sie werden seinen auch Ihnen mitgeteilten Bemerkungen beim Wiederabdruck wohl Rechnung tragen, soviel Ihnen nötig erscheinen könnte?

Herzl.

Ihr Brouwer.

Brouwers Behauptungen in Bezug auf Blumenthals Einflüsse auf Erich Trefftz bzw. Peter Debye waren übertrieben. Trefftz studierte zunächst in Göttingen unter Hilbert, Paul Koebe und Ludwig Prandtl. Er kam zwar 1912 nach Aachen als Blumenthals Assistent, promovierte jedoch 1914 in Straßburg mit einem Thema, das er von Richard von Mises bekommen hatte. Der Titel seiner Dissertation lautete „Über die Kontraktion kreisförmiger Flüssigkeitsstrahlen". Nach seiner Verwundung 1917 im Ersten Weltkrieg wurde Trefftz an das Aerodynamische Institut in Aachen zurückberufen. 1919 wurde er zum Professor für Mathematik an der TH Aachen ernannt, bevor er schon 1922 an die Mechanische Abteilung der TH Dresden berufen wurde. Der niederländische Physiker Peter Debye studierte in Aachen und wurde ab 1905 Assistent für Technische Mechanik bei Arnold Sommerfeld. Als Sommerfeld ein Jahr später den Lehrstuhl für Theoretische Physik an der Ludwig-Maximilians-Universität antrat, ging Debye mit ihm nach München.

---

[55]Es handelt sich um den Aufsatz von Arthur Schoenflies, Zur Axiomatik der Mengenlehre, *Mathematische Annalen*, 83 (1921): 174–200 (siehe hierzu den Brief vom 14. Dezember 1920 von Blumenthal an Klein in Abschnitt 3.1).

3.4 Brouwer vs. Denjoy: Eine politische Auseinandersetzung

Der französische Mathematiker Arnaud Denjoy (1884–1974) war vor allem als Experte auf dem Gebiet der reellen Analysis bekannt. Er studierte an der École normale supérieure unter führenden Vertreter dieser Disziplin, wie Picard, Borel und Painlevé. Denjoy nahm 1917 eine Professur in Utrecht an, und blieb bis 1922 in Holland, wo er auch Mitglied der Amsterdamer Akademie der Wissenschaften wurde. Brouwer selbst war maßgeblich an seiner Berufung nach Utrecht beteiligt (van Dalen 2013, 268). Ab 1922 wirkte er mehr als dreißig Jahre lang als Professor für Himmelsmechanik an der Sorbonne in Paris.

Nach dem Krieg wurde Denjoy wegen seiner politischen Haltung von Brouwer scharf angegriffen. Diese heftige Auseinandersetzung wurde aber erst durch eine Episode ausgelöst, an der Otto Blumenthal unmittelbar beteiligt war. Um die Tragweite dieses Ereignisses und vor allem die Hartnäckigkeit der beiden Kontrahenten zu verstehen, muss man Brouwers allgemeine politische Auffassungen nach dem Krieg in Betracht ziehen. Brouwer sah den Versailler Friedensvertrag gleichwohl wie die Mehrzahl der Deutschen als reine Siegerjustiz an; er drückte deswegen bei jeder ihm geboten erscheinenden Gelegenheit seine Solidarität mit Deutschland aus. Als typisches Beispiel dient die folgende Karte, die er an Hilbert schickte.

Brouwer an Hilbert | 28.VI.1919
AK, Nachlass Hilbert, SUB Göttingen, 49, Nr. 25

Lieber Herr Hilbert!

Ich weiss nicht, ob diese Zeilen Ihnen Trost bringen können, aber ich lege Wert darauf, Ihnen am Tage der Friedesunterzeichnung zu erklären, dass, von Holland aus gesehen, die Alliierten mit dem heute erpressten Frieden eine Schuld auf sich geladen haben, welche sicher nicht geringer ist, als die gesamte Schuld derjenigen (wer diese denn schliesslich sein mögen!), die den Krieg entfesselt haben. Herzlichen Dank für Ihren Brief aus der Schweiz. Wie gern würde ich Sie in Bälde wiedersehen, wenn es sich irgendwie ermöglichen lässt. Am Ende sind wir Gelehrte doch in glücklichen Umständen deshalb, weil ein so grosser Teil unserer Gedankenwelt vom politischen Unfug volkommen unabhängig ist.

Herzliche Grüsse von Haus zu Haus

In Treue Ihr

Egbertus Brouwer

Ein Jahr später brach ein heftiger Streit zwischen Brouwer und Denjoy aus, veranlasst durch Denjoys Haltung gegenüber Mathematikern der boykottierten

Länder, insbesondere Deutschland (Abschnitt 1.8). Der unmittelbare Anlass für diesen Streit war die folgende Reaktion Denjoys auf eine Postkarte von Otto Blumenthal. Die Idee, an Denjoy zu schreiben, kam allerdings von Brouwer selbst, und zwar während Blumenthals Besuch in Laren, wo er einige Tage bei Brouwer wohnte. Offenbar wegen dieses Umstands wollte Blumenthal seinen damaligen Gastgeber über das unerwartete Ergebnis seines Anschreibens informieren, weswegen er die fragliche Antwort Denjoys an Brouwer weiterleitete.

Denjoy an Blumenthal | Utrecht, den 4.X.1920
TB, Nachlass Brouwer, Noord-Hollands Archief, Haarlem

Monsieur,

Rentrant de vacances, et venant d'assister au Congrès International des Mathématiciens tenu à Strasbourg du 22 au 30 Septembre dernier, je trouve en arrivant à Utrecht la carte postale, écrite au crayon, et que vous avez bien voulu m'adresser de chez M. Brouwer.

Malgré le souvenir cordial que j'avais gardé jadis de notre rencontre à Rome[56], je ne crois pas le moment encore venu d'établir de nouvelles relations personnelles entre nous.

Tant que les gouvernements adhérents à la Société des Nations, ne sont pas unanimes à y permettre l'adhésion de l'Allemagne, les mathématiciens de mon pays se tiendront, je crois, sur l'expectative à l'égard de leurs confrères du vôtre.

Les facteurs visibles d'une reprise de conflit entre nos deux pays sont encore loin d'être tous éliminés. Il faut avoir vu l'état d'anéantissement de certaines régions du Nord et du Nord-Est de la France, et avoir mesuré l'effort de travail et de crédit nécessaires à leur restauration, pour se rendre compte que le peuple français, si fortement atteint dans ses moyens de production, ne consentira pas à assumer seul cette charge, et à en dégager ses ennemis d'hier, moins éprouvés que lui.

Si l'Allemagne se redressait pour éluder ses obligations, si la France était contrainte de l'y plier par la force, l'initiative assumée déjà par un savant français, de relâcher avant l'heure permise sa réserve à l'égard d'un confrère allemand, cette position désinvoltement adoptée paraîtrait à ce moment pleine d'inconséquence et de légèreté.

Cette conception est sans doute commune à nous tous, mathématiciens français. Si elle est désapprouvée par-delà nos frontières, nous ne nous en soucierons pas outre mesure, la guerre nous ayant affermi dans cette confiance, que notre jugement valait mieux que la mésestime où il était coutumièrement tenu jadis. Nous avons eu assez souvent raison depuis six ans. L'idée française n'est point celle qui a subi le plus mal l'épreuve des faits. Aussi lui ferons nous encore crédit,

---

[56] Offenbar lernten Denjoy und Blumenthal einander 1908 auf dem Internationalen Mathematikerkongress in Rom kennen.

dussions-nous encourir à nouveau un dédain dont les suites, si onéreuses soient-elles pour nous, le sont encore davantage pour autrui.

Je conclus. Le jour où le gouvernement français croira avoir reçu de la part du vôtre des gages de bonne volonté, et les trouvera suffisants pour justifier le relèvement de l'Allemagne au rang normal des nations, ce jour là, je ne verrai plus d'objection de principe à nouer ou à reprendre des relations, tout au moins avec ceux de mes confrères allemands qui n'auront pas spécialement provoqué, par des manifestations retentissantes, le grief personnel des savants de l'Entente à leur endroit.

Mais jusque-là, j'observe la consigne que l'attitude du gouvernment de mon pays me dicte.

Je vous prie d'agréer, Monsieur, l'assurance de ma considération distinguée.
A. Denjoy

———————

Ob Blumenthal selbst überhaupt auf diesen Brief von Denjoy reagierte, scheint unklar zu sein. Möglicherweise hat er Denjoys politischen Standpunkt einfach zur Kenntnis genommen, als er diese ziemlich hochmütige Mitteilung an Brouwer weiterleitete. Da er den Holländer schon als „ein[en] Hitzkopf kannte, [der] fanatisch für das kämpft, was er für recht hält" (Brief an Klein vom 14. Oktober 1920 auf S. 118), konnte Blumenthal von Brouwers heftiger Reaktion nicht ganz überrascht gewesen sein.

Brouwer an Denjoy | Laren, den 17.X.1920
TB, Kopie, Nachlass Brouwer, Noord-Hollands Archief, Haarlem

Monsieur et cher collègue,

Notre colllègue M. Blumenthal me communique la lettre du 4 octobre, par laquelle vous avez cru devoir répondre à une carte qu'il vous avait adressée pendant son séjour chez moi.

Vous vous êtes sans doute rendu compte des conséquences que cet incident comporte pour nos rapport mutuels, les devoirs de l'hospitalité m'obligeant à considérer les attitudes prises envers mon hôte comme me touchant personnellement. Permettez-moi d'ailleurs de vous dire que mes opinions sur la tâche politique des savants (surtout de nous autres académiciens des pays neutres) sont diamétralement opposées aux vôtres.

Soyez assuré, Monsieur et cher colllègue, que je vous porte la grande estime qui vous est due.
L.E.J. Brouwer.

———————

Brouwer und Denjoy hatten früher immer freundschaftliche Beziehungen miteinander genossen, die jedoch ab sofort vorbei waren. Denjoy empfand Brouwers persönliche Teilnahme als Gastgeber des allein betroffenen Blumenthal sonderbar und keineswegs angebracht. Ferner fand er es bezeichnend, dass Brouwer es bevorzugte, an der Bad Nauheimer Tagung statt an dem Straßburger Kongress teilzunehmen, der gleichzeitig aber unter Ausschluss der Mathematiker aus den besiegten Ländern stattfand.

Denjoy an Brouwer | Utrecht, den 20.X.1920
TB, Nachlass Brouwer, Noord-Hollands Archief, Haarlem

Monsieur et cher collègue,

J'ai l'honneur de vous accuser réception de votre lettre du 17 Octobre. J'en regrette vivement les conclusions, sinon, vis-à-vis de M. Blumenthal, la ligne de conduite très naturelle dont vous prenez motif.

Je fais d'abord mes réserves sur la légitimité pour un hôte de revendiquer à son compte une part des déclarations qui s'adressent à celui qu'il héberge. Vous n'admettriez sans doute pas que je me formalise quand il vous plaît de recevoir chez vous des personnes qu'il m'est impossible de rencontrer. Pourquoi dès lors vous sentiriez–vous atteint, quand il m'arrive de décliner l'offre d'une entrevue que m'exprime l'un de vos invités?

Vous êtes allé récemment à Nauheim, assister au Congrès organisé par les Allemands en coincidence avec celui de Strasbourg, dont l'intérêt scientifique n'était pas vraisemblablement inférieur à celui du premier. Si vous m'aviez écrit de Nauheim, je vous aurais répondu sur le ton de ma cordialité habituelle, et les Allemands qui vous recevaient se seraient lourdement trompés, s'ils avaient cru que ma sympathie envers leur invité englobait ses hôtes.[57]

Si vous souhaitez, le moment venu, quand la suspicion envers l'Allemagne sera officiellement levée, travailler à rapprocher les savants des deux groupes naguère ennemis, votre action sera parfaitement digne d'intérêt. Mais laissez moi cordialement vous prédire qu'elle sera d'autant plus efficace que vous aurez d'abord pris davantage et plus souvent l'air des cercles scientifiques de l'Entente, et que vous observerez ensuite plus attentivement cette condition indispensable de ne pas imposer à vos amis de l'un des camps vos sympathies pour ceux de l'autre.

Les Français n'ont pas le goût des sommations, ni pour en adresser ni moins pour en écouter. Pendant quatre ans nous en avons reçu de toute autre énergie, auxquelles nous avons fait la sourde oreille. L'événement au contraire a voulu que,

---

[57]Brouwers Kommentar hierzu vom 27. September 1922 (siehe Haupttext unten): „Die deutsche Naturforscherversammlung (wo stets Gelehrte von allen Nationen willkommen sind) findet von alters her jährlich in der letzten Vollwoche des September statt. Der (unter Ausschluss der Deutschen organisierte, sich trotzdem international und wissenschaftlich nennende) keinen Vorläufer besitzende Strassburger Kongress vom September 1920 wurde also von den Franzosen mit der deutschen Naturforscherversammlung desselben Jahres zusammengelegt."

pour terminer, lorsque les nôtres se sont fait entendre, on s'est exécuté pour leur obéir.

Votre lettre contient une phrase qui ne laisse pas que de m'inquieter un peu, sur la 'tâche politique incombant à nous autres académiciens des pays neutres'.

Si au mois d'avril dernier, parmi les mathématiciens séjournant en Hollande, il s'en trouvait un autre méritant mieux que moi vos suffrages et ceux de vos confrères, rien ne devrait vous dissuader de l'élire. Si au contraire, je vous paraissais le moins indigne de siéger parmi vous, je ne crois pas avoir reçu dans votre appel plus que je n'ai apporté en y déférant.

Sans manquer d'ingratitude pour l'honneur qui m'a été fait, je pense donc n'avoir envers l'Académie d'autre devoir que celui de concourir de tout mon zèle à ses travaux.

Je suis persuadé que, si l'Académie des Sciences de Paris possédait en vous l'un de ses Correspondants ou de ses Associés étrangers, elle vous tiendrait quitte au même compte.

Si la situation d'académicien hollandais impliquait des obligations d'autre nature, et spécialement d'ordre politique, j'aurais la faiblesse de ne pas hésiter entre un titre étranger, si honorifique soit-il, et ma qualité de simple citoyen français, qui ne saurait être compromise.

Il est toutefois dans le même domaine une règle à laquelle je me croirais tenu. Si une fraction de l'Académie venait à rédiger à l'intention d'une société savante allemande ou autrichienne une adresse de réprimande, un tact bien élémentaire m'éviterait de prêter mon nom français à une manifestation pouvant nuire à la réputation de la science hollandaise au-del à de vos frontières.

Si vous pensez qu'il existe pour les membres neutres des Académies neutres œuvre utile de rapprochement scientifique intereuropéen, je vous approuverai, pourvu que provisoirement, vous vous borniez à établir et à maintenir le contact entre les travaux. Il y a quelques semaines, vous m'avez demandé, pour les transmettre à des Allemands dont le nom m'est inconnu et me laisse indifférent, quelques-uns de mes derniers mémoires. Je n'ai jamais cessé d'être tout prêt à vous en faire parvenir des exemplaires dans la mesure de mes disponibilités en tirage à part. J'admets parfaitement cette façon de concourir à atténuer la disette de publications dont se plaignent les Allemands.

Mais ce serait aller à l'encontre du but, que de vouloir prématurément réunir les auteurs eux-mêmes.

L'opinion prête aux savants, plus peut-être qu'à la majorité des particuliers, des hommes d'affaires par exemple, une sorte de caractère national qui doit rendre ces savants très circonspects quand il s'agit de prêter leurs personnes à des conciliabules critiquables par des patriotes sensés.

Vis-à-vis de l'Allemagne, sillonnée de courants ambigus, la France éprouve entre autres sentiments, ceux d'un neutre déffant, en présence d'un conflit où d'autres seraient engagés, et où il pourrait lui-même être entraîné. La France a résisté pendant plus de quatre ans à de dures conditions d'existence. Nous aurons encore quelques mois la patience de tolérer le régime qui accomplira, je le souhaite, la transition de l'état de guerre à l'état de paix.

Il ne saurait faire de doute que les sentiments exprimés dans cette lettre ne touchent en rien à la grande estime dont les mathématiciens vous entourent, et à laquelle sans aucune réserve je m'associe.

Croyez-moi, Monsieur et cher collègue, votre tout dévoué,

A. Denjoy

Brouwers Antwort hierauf machte seine Verachtung für Denjoy ziemlich deutlich. Er sah in ihm einen typischen Vertreter „hyperchauvinistischer französischer Kreise", die Einfluss auf die niederländische Politik ausüben wollten. Er schwenkte nun von der Diskussion über ihre persönlichen Differenzen ab, um die Fragwürdigkeit von Denjoys Haltung als Mitglied der Amsterdamer Akademie zu unterstreichen, indem er ihm mit den Vorschriften dieser Institution konfrontierte. Somit legte ihm Brouwer nahe, welche politischen Konsequenzen Denjoy aus der Blumenthal-Affäre ziehen sollte.

Brouwer an Denjoy | 27.X.1920
TB, Kopie, Nachlass Brouwer, Noord-Hollands Archief, Haarlem

Monsieur et cher collègue,

Je vous remercie de votre lettre du 20 octobre Vous m'approuverez sans doute, si je ne vois d'utilité à prolonger une discussion en matière d'hospitalité (ni sur les conséquences de la mienne, offerte à M. Blumenthal, ni sur l'acceptabilité de celle de Strasbourg, offerte à moi en raison du hasard de mon lieu de naissance), si je ne songe naturellement pas à me mêler de vos vues politiques comme citoyen français, et si enfin, dans le cas où vous vous intéressiez à la direction de mes pensées sur le tribut que nous autres savants devons à l'opinion (soit de notre pays de naissance, soit du pays de notre activité, soit du public mondial), je me bornerai à vous renvoyer au Procès-Verbal de la Séance de notre Académie du 31 october 1914 (p. 828).[58]

Quant à votre façon de concevoir la fonction d'un membre ordinaire (il ne s'agit pas ici des membres correspondants ou étrangers) de l'Académie Roya-

---

[58]Brouwers Kommentar hierzu vom 27. September 1922 (siehe Haupttext unten): „Da beim internationalen wissenschaftlichen Verkehr die Nationalität des einzelnen Gelehrten nur die Bedeutung eines zufälligen und unwesentlichen Umstandes besitzt, so gestattet es die Ehre der Wissenschaft nicht, dass beim Versenden der Einladungen zu einem sich international und wissenschaftlich nennenden Kongress die Nationalität der hierfür in Betracht kommenden Personen berücksichtigt wird. Mit einer Denaturierung der diese Begründung der Unannehmbarkeit der Strassburger Gastfreiheit zum Ausdruck bringenden (vom eingeweihten unmöglich misszuverstehenden) Wendung ebnet sich Herr Denjoy den Weg zum zweiten Teil (siebenten und folgenden Absätzen) seines Schreibens vom 29.10.1920, einem Teil, zu dem der Schreiber sich schwerlich anders als aus blindem Verlangen nach dem Beifall hyperchauvinistischer französischer Kreise verstiegen haben kann."

le d'Amsterdam (surtout par rapport à l'Article 2 sub c[59] du Règlement de l'Académie) j'avoue qu'elle m'a surpris, mais, en fin de compte, elle ne regarde, à l'heure qu'il est, que vous, et le gouvernement néerlandais.[60]

Il est bien superflu de vous dire, Monsieur et cher collègue, d'une part que je regrette infiniment les circonstances qui m'éloignent d'un homme de votre valeur, d'autre part, que des circonstances m'enfreignent en rien les sentiments de respects que je vous porte.

L.E.J. Brouwer

Denjoys Entgegnung kam zwei Tage später und zeigte seine Verwunderung, aber vor allem seine Empörung über Brouwers politische Ansichten. Er empfand es als geradezu lächerlich, dass Brouwer seine Haltung gegenüber Blumenthal als nicht zulässig für ein Mitglied der Niederländischen Akademie betrachten konnte. Während Brouwer seine legalistischen Argumente offenbar sehr ernst nahm, machte Denjoy ihm klar, dass er Brouwers Deutung seiner Verpflichtungen der Akademie gegenüber überhaupt nicht teile. Darüberhinaus wollte er gar nicht versuchen, „die geheimnisvolle Bedeutung [Brouwers] orakelhafte[r] Worte" zu entziffern. Stattdessen unterstellte er Brouwer durch seine Teilnahme an der Tagung in Bad Nauheim gewisse politische Tendenzen, die Denjoy als höchst bedenklich für einen Staatsbürger der Niederlande bezeichnete, vor allem im Hinblick auf Deutschlands Verantwortung für das Leiden des holländischen Volkes im Ersten Weltkrieg.

Denjoy an Brouwer | Utrecht, den 29.X.1920
TB, Kopie, Nachlass Brouwer, Noord-Hollands Archief, Haarlem

Monsieur et cher collègue,

Je ne consulterai pas l'article 2 sub c du Règlement de l'Académie. Je serais étonné que les statuts de cette société permissent à ses membres ordinaires de rompre entre eux jusqu'aux relations épistolaires, et leur fissent une obligation d'ouvrir toutes grandes les portes de leur appartement à n'importe quelle personne

---

[59]C'est en conséquence de cet article, que M. Blumenthal, citoyen d'un pays entretenant des relations amicales avec le gouvernement des Pays-Bas, s'est tout naturellement adressé à vous, membre ordinaire de l'Académie des Sciences des Pays-Bas, quand il avait intérêt à vous parler de certaines questions scientifiques.

[60]Brouwers Kommentar hierzu vom 27. September 1922: „Wenn die in Herrn Denjoy's Schreiben vom 20.10.1920 zum Ausdruck gebrachten Auffassungen hinsichtlich der Mitgliedschaft der Akademie seinen niederländischen Kollegen ein halbes Jahr früher bekannt gewesen wären, so würden die Tore der Akademie für ihn geschlossen geblieben sein. Nachdem aber seine Aufnahme in die Akademie einmal geschehen war, war zu einem Urteil bezüglich der Zulässigkeit der genannten, zu Beschwerden Anlass gebenden Auffassungen, ihm gegenüber ausschliesslich die niederländische Regierung befugt. Daher musste sich Herr Denjoy, falls er diesbezüglich Klarheit wünschte, an die niederländische Regierung wenden."

étrangère à l'Académie.

'A l'heure qu'il est', me dites-vous, ma 'façon de concevoir la fonction d'un membre ordinaire' (je ne vous avais hypothétiquement assimilé qu'à un membre correspondent ou associé étranger de l'Académie des Sciences de Paris, parce que seuls des Français peuvent en être membres ordinaires) 'ne regarde que le gouvernement néerlandais' et moi.

Je ne rechercherai pas le sens mystérieux de ces paroles sybillines. Je suis parfaitement tranquille. Le gouvernement néerlandais ne chassera pas de son académie un Français pour le punir d'avoir jusqu' à nouvel ordre décliné l'invitation d'un Allemand à une rencontre mutuelle.

Votre governement ne voudra pas, en déterminant un incident de cette sorte, causer trop de joie aux ennemis du bon accord entre nos deux pays. Pour ma part, je me ferai scrupule d'élargir le diérend tant que nulle personne qualifiée pour assumer une responsabilité ne s'y sera mêlée. L'opinion française – la seule qui, en dernier ressort, m'occupe, ma lettre à M. Blumenthal a élucidé ce point, l'opinion française n'est déja pas trop favorablement orientée envers la Hollande. Elle sent trop clairement qu'aux yeux de certaines gens d'ici la disparition de la France et de sa civilisation eût été un petit malheur. Il n'eût pas été dommage que le monde devînt allemand. L'agression de 1914, les méfaits des Allemands, sur terre et sur mer pendant quatre ans, ce sont – à péchés mignons. Il n'y a aucun intérêt à fortifier chez mes compatriotes cette croyance – inexacte d'ailleurs – que l'unanimité des Hollandais pense de cette façon.

Votre lettre m'enseigne que vous ne vous reconnaissez envers la Hollande que les vagues attaches créées par le hasard d'un lieu de la naissance. N'exagérez-vous pas votre indifférence? Si les Belges ou les Anglais venaient à faire irruption aux Pays-Bas, en ravageaient et détruisaient la région la plus riche, de Rotterdam à Amsterdam, tuaient trois cent mille jeunes hommes, peut-être éprouveriez-vous assez de répulsion envers l'agresseur pour vous sentir hollandais.

Vos obligations envers le pays fortuit de votre naissance vous interdisent d'être congressiste à Strasbourg, et vous permettent de l'être à Nauheim. J'aurais compris que vous repoussiez également l'invitation allemande et l'invitation française. Vos devoirs envers la Hollande comportent des rigeurs et des accommodements singuliers.

Outre les espèces de pays que vous signalez, on compte aussi le pays d'afinité, catégorie dont il vous serait malaisé de contester l'existence.

Mais vous oubliez surtout le pays de nationalité. Appartenir à une nation implique des charges, mais aussi des avantages. Il y a pour tout homme à la fois un point d'honneur et une sagesse à se lier à un peuple dans l'une et l'autre fortune.

J'ose me félciter de réunir en un seul mes pays de nationalité, d'afinité et de naissance.

Ce n'est pas un hasard si je suis originaire de la Gascogne. Mes ascendants n'ayant pas cessé depuis de très nombreuses générations de vivre en ce coin de France, le hasard eût été que je naquisse ailleurs.

Je n'hésite pas à me sentir membre, et membre très humble, d'une même famille, avec les humains qui ont fait ma langue, incomparablement supérieure à tout autre, pour sa rigeur, sa précision, sa vigueur immatérielle, toute nerveuse. Cette langue est parfaitement apte à fournir d'expressions certains sens spirituels que je crois remarquer en moi. Et elle se prête mal à traduire des dispositions mentales confuses auxquelles répugne ma nature, et où nombre d'âmes étrangères trouvent leur plaisir.

Je me reconnais dans l'aversion de l'intelligence française pour les prestiges grossiers, charlatanismes, appels à la badauderie.

Parmi les traits dominants les plus particuliers au peuple français, il en est que je goûte assez pour m'insurger intimement contre les caractères opposés.

Je ne connais pas de peuple dont on puisse observer plus de soin à se critiquer et de répugnance à s'admirer.

Il n'y en a pas sûr qui les arguments de noblesse aient plus d'action et les raisons de bassesse moins de prise. Ce n'est pas lui que l'on aurait fait partir en guerre sur l'espoir d'en revenir riche.

Toutes ces affinités déterminent mon impression de n'être pas un français de rencontre.

Votre respect me touche, mais je n'en ai jamais demandé autant. Moins de respect pour moi et d'antipathie pour mon pays me satisferaient mieux. Veuillez agréer, Monsieur et cher collègue, l'assurance de mes sentiment dévoués.

A. Denjoy

Diesen langen Brief schickte Brouwer an Denjoy zurück, mit der Bitte, dass er in Zukunft keine weitere Briefe von ihm erhalten möchte (van Dalen 2013, 342). Er machte jedoch eine Kopie für sich und überlegte danach, wie er diesen Briefwechsel evtl. gegen Denjoy verwenden könnte. Brouwers öffentliche Kampagne begann im September 1921, als er ein Protestschreiben an Mitglieder der Niederländischen Akademie unterbreitete und sie darum bat, dasselbe unterzeichnen zu wollen. Am Anfang dieser Kampagne versuchte Brouwer außerdem, ausländische Interessenten dafür zu gewinnen, indem er sie auf Denjoys Rolle in den Niederlanden aufmerksam machte. So kam er anscheinend zum ersten Mal in Kontakt mit Karl Kerkhof, Leiter der Reichszentrale für naturwissenschaftliche Berichterstattung.[61]

Brouwer an Karl Kerkhof | Laren, den 2.XII.1921
TB, Geheimes Staatsarchiv Preußischer Kulturbesitz, Berlin (Dahlem)

Verehrter Herr Regierungsrat,

Ich kämpfe hier einen verzweifelten Kampf gegen die fortschreitende Annektierung der niederländischen Wissenschaft durch den Pariser Imperialismus. Bisher

---

[61]Zu Brouwers späteren und viel intensiveren Kontakten mit Kerkhof siehe Abschnitt 6.3.

wurde in den öffentlichen Sitzungen der Amsterdamer Akademie von den ordentlichen Mitglieder nur die amtliche Sprache, das heisst niederländisch gesprochen. In der öffentlichen Sitzung von 29. Oktober 1921 aber hat schon ein ordentliches Mitglied einen Vortrag auf französisch gehalten. Der Inhalt des Vortrags war ganz läppisch, woraus ich folgern muss (sowie aus andern Gründen), dass der Vortragende, der ohnehin in der Erfüllung seines hiesigen Amtes ein Lakai der Pariser Regierung ist, keinen anderen Zweck gehabt hat, als die Festlegung des Faktums, dass in der Brüsseler Akademie nicht niederländisch neben französisch, in der Amsterdamer Akademie aber französich, neben niederländisch gesprochen wird. (Es handelt sich hierbei natürlich nur um die ordentlichen Mitglieder: auswärtige Mitglieder nehmen ohne Weiteres eine Sonderstellung ein). Um mich den Lesern des Sitzungsberichtes von 29. Oktober gegenüber von der Mitverantwortlichkeit für das genannte Ereignis zu befreien, hatte ich für den nämlichen Sitzungsber. einen kurzen und sachlichen Protest gegen die stattfindende Verletzung des nationalen Charakters der Akademie eingereicht, den man sich indes weigert, in den Werken der Akademie in irgendeiner Form zum Ausdruck zu bringen. M.a.W. man will mir – ein Verstoss gegen elementare Minoritätsrechte – die Mitverantwortlichkeit für das m.E. tadelnswerte Ereignis geradezu aufzwingen.

So sehe ich mich nunmehr genötigt, irgendeine ausländische gelehrte Gesellschaft um Aufnahme meines Protestes in ihren Sitzungs-Berichte oder Gesellschaftliche Mitteilung zu bitten, wobei ich aus leicht ersichtlichen Gründen zunächst den neutralen Akademien den Vorzug gebe vor den zentralen. Weil ich nun vermute, dass Sie, verehrter Herr Regierungsrat, über die internationale Gesinnung einflussreicher ausländischer Gelehrter orientiert sind, so erlaube ich mir, Sie mit der Frage zu belästigen, ob Sie vielleicht ein Mitglied der schwedischen oder einer andern neutralen Akademie kennen, das dem heutigen französischen wissenschaftlichen Imperialismus gebührende Verachtung entgegen bringt, so dass dessen Bereitwilligkeit meinen Protest vorzulegen, zu erwarten wäre. Ich erlaube mir, den niederländischen Wortlaut meines Protestes samt deutschen Übersetzung beizulegen [siehe unten]. Falls Sie meine Bitte zu erfüllen geneigt sind, zur Beantwortung meiner Frage aber mit Berliner Gelehrten Rücksprache nehmen müsste, so können Sie selbstverständlich den Herren ohne Weiteres den Brief zeigen.

Mit verbindlichem Dank.

Ihr ergebener

L.E.J. Brouwer

Beilage zu obigem Brief
Amsterdam, 29. Oktober 1921

An die Mathematisch-Naturwissenschaftliche Klasse der Königlichen Akademie der Wissenschaften zu Amsterdam Weil für einen Teil der Tagesordnung der heutigen ordentlichen Sitzung der Klasse laut Konvokation eine andere als die niederländische Sprache als Medium festgestellt worden ist, und nach dem Urteil des

Unterzeichneten in einer öffentlichen amtlichen Zusammenkunft von Mandataren der niederländischen Regierung ohne erhaltene Zustimmung der letzteren nicht von der amtlichen Sprache des Königreichs der Niederlande abgewichen werden soll, so ist es dem Unterzeichneten nicht möglich heute in der Sitzung anwesend zu sein.

––––––––––

Als diese Aktion im Sand verlief, ging Brouwer zwei Monate später an die Presse. Obwohl Denjoy 1922 seine Professur in Utrecht aufgegeben hatte, um eine Stelle in Paris anzunehmen, ließ Brouwer trotzdem nicht locker. Er wandte sich an die Regierung, um auf den Fall Denjoy aufmerksam zu machen. Dies führte Januar 1923 zu einer erneuten Untersuchung in der Akademie, bei welcher Brouwer seinen Standpunkt in einer geschlossenen Sitzung vertrat.[62] Die folgenden Dokumente aus den Jahren 1921–22 legte er dem Minister im Rahmen dieses Verfahrens vor.

Brouwer an den Minister für Unterricht, Kunst und Wissenschaft | Laren, den 12.II.1923
TB, Übersetzung als Manuskript gedruckt, Nachlass Brouwer, Noord-Hollands Archief, Haarlem

Unberücksichtigt gebliebenes Schreiben von Dr. L.E.J. Brouwer an Seine Exzellenz den Minister für Unterricht, Kunst und Wissenschaft vom 27. September 1922 Symptomatisches zu einer Gefährdung der niederländischen Staatshoheit

An Seine Exzellenz den Minister für Unterricht, Kunst und Wissenschaft.

Der Unterzeichnete, Dr. L.E.J. Brouwer in Laren (Nord-Holland), ordentliches Mitglied der Koninklijke Akademie van Wetenschappen, hält es für seine Pflicht, unter Vorlegung beiliegender Akten, die Aufmerksamkeit Eurer Exzellenz auf folgendes zu lenken:
dass Herrn A. Denjoy, ordentlichem Mitgliede der Koninklijke Akademie van Wetenschappen, durch Königliche Verfügung vom 4. August 1922 ab 1. Oktober 1922 die ehrenvolle Entlassung als Professor an der Reichsuniversität in Utrecht erteilt wurde, dass sicherem Vernehmen nach Herr Denjoy unser Land demnächst verlässt, und dass deshalb auch seine Funktion als ordentliches Mitglied der Koninklijke Akademie van Wetenschappen abläuft; dass, wie aus den beiliegenden Akten hervorgeht, das von Herrn Denjoy in letztgenannter Funktion an den Tag gelegte Verhalten ein solches war, wie man es nicht von einem niederländischen Funktionär im unabhängigen Königreich der Niederlande, sondern vielmehr von einem Agenten der französischen Regierung in einem unter französischer Oberherrschaft stehenden Gebiete erwartet haben würde;
dass nämlich Herr Denjoy in einer seine Funktion als ordentliches Mitglied der Akademie angehenden Angelegenheit einerseits bekennt, sich durch die Hal-

––––––––––––––––––––––––––––

[62]Für Einzelheiten über diese Affäre siehe (van Dalen 2013, 336–348).

tung der französischen Regierung Verhaltungsvorschriften diktieren zu lassen (Nr. 1 der Anlage, S. 7, Z. 31–32), andererseits einem Kollegen der Akademie gegenüber sich weigert, von den nach der ihm mitgeteilten Meinung dieses Kollegen auf dieselbe Angelegenheit bezüglichen Bestimmungen des (durch Königliche Verfügung festgestellten) Reglements der Koninklijke Akademie van Wetenschappen Kenntnis zu nehmen (Nr. 5 der Anlage, S. 12, Z. 1 des Haupttextes);

dass weiter Herr Denjoy in einem vom Adressat als Akademiemitglied amtlich in Empfang zu nehmenden Schreiben (Nr. 6 der Anlage, unter f), S. 17 u. 18) sich untersteht, einen Kollegen der Akademie zu tadeln (Nr. 5 der Anlage, S. 13, Z. 23–28) Laren (Nord-Holland), 27. September 1922. wegen Teilnahme an einer in Deutschland gehaltenen wissenschaftlichen Zusammenkunft, während ungefähr gleichzeitig in Frankreich eine, diesem Kollegen ebenfalls zugängliche, mehr oder weniger gleichartige Zusammenkunft stattfand;

dass Herr Denjoy sich sogar nicht scheut, in einem vom Adressat als Akademiemitglied amtlich in Empfang zu nehmenden Schreiben einen Zusammenhang vorauszusetzen zwischen den der niederländischen Regierung zur Verfügung stehenden Mitteln zur Aufrechterhaltung der Loyalität der Koninklijke Akademie van Wetenschappen einerseits und dem guten Einvernehmen zwischen Niederland und Frankreich andererseits; ja, die herausfordernde Annahme auszusprechen wagt, dass die niederländische Regierung einen derartigen Zusammenhang anerkennen und als Beweggrund ihres Handelns oder Nichthandelns zulassen würde (Nr. 5 der Anlage, S. 12, Z. 3 1 v. u. des Haupttextes);

dass schliesslich Herr Denjoy in einem yom Adressat als Akademiemitglied amtlich in Empfang zu nehmenden Schreiben einem so bedeutenden Teile des niederländischen Volkes einen derartigen Mangel an moralischem Unterscheidungsvermögen zuschreibt, dass aus diesem Grunde in einem anderen Lande die öffentliche Meinung mit Recht gegen Niederland eingenommen wäre, ein Umstand, der einer Verschärfung fähig wäre: durch das blosse Verlauten eines wegen der Aufrechterhaltung der Loyalität der niederländischen Akademie an die niederländische Regierung ergangenen Appells (Nr. 5 der Anlage, S. 13, Z. 5–14);

dass die Möglichkeit, dass Herr Denjoy seine obige als ordentliches Mitglied der Koninklijke Akademie van Wetenschappen angenommene Haltung noch rechtzeitig korrigiert, mit dem Erlöschen seiner ordentlichen Mitgliedschaft verschwindet;

dass Artikel 5 des Reglements der Koninklijke Akademie van Wetenschappen bestimmt, dass einem ordentlichen Mitgliede, das ins Ausland übersiedelt, der Titel eines Korrespondierenden Mitglieds verliehen wird; dass dieser Artikel unzweifelhaft seine Entstehung in erster Linie dem Wünsche verdankt zu ermöglichen, dass niederländische Gelehrte, die ins Ausland übersiedeln, fernerhin auch wissenschaftlich so eng als möglich mit dem Vaterlande verbunden bleiben;

dass aber bei der Festsetzung dieses Artikels sicherlich nicht die Absicht bestanden hat, einen Nicht-Niederländer, der seine ordentliche Mitgliedschaft der Akademie aufgibt, ohne eine in dieser Funktion verübte Kränkung der niederländischen Souveränität gutgemacht zu haben, durch einen lebenslänglichen Ehrentitel an die Akademie zu binden – solches gar auf Grund eines Reglements, von dem der betreffende Titular sich geweigert hat Kenntnis zu nehmen;

dass mithin der Unterzeichnete sich erlaubt, der Hoffnung Ausdruck zu geben, dass Eure Exzellenz es in Anbetracht des Obigen für gut befinden möge, zu veranlassen, dass Artikel 5 des Reglements der Koninklijke Akademie van Wetenschappen dahin abgeändert werde, dass die dort bestimmte Verleihung des Titels eines Korrespondierenden Mitgliedes entweder freigestellt oder auf Niederländer beschränkt werde;

und dass auf jeden Fall der Titel eines Korrespondierenden Mitgliedes dem Herrn Denjoy so lange vorenthalten bleibe, bis er mit Rücksicht auf den Inhalt der beiliegenden Akten der niederländischen Regierung die von ihr als nötig erachtete Aufklärung und Genugtuung gegeben haben wird. Zur Erklärung, dass er sich diesmal unmittelbar an Eure Exzellenz; und nicht zuerst an die mathematisch-naturwissenschaftliche Abteilung der Koninklijke Akademie van Wetenschappen wendet, erlaubt sich der Unterzeichnete, Eurer Exzellenz noch mitzuteilen,

dass er bereits in der ausserordentlichen Sitzung der Abteilung vom 24. September 1921, anlässlich der Ankündigung eines von Herrn Denjoy in der ordentlichen Sitzung in französischer Sprache zu haltenden Vortrags, die beiliegenden Akten vorgelegt hat;

dass er dabei der Meinung Ausdruck gab, dass aus den vorgelegten Akten in einer die Akademie angehenden Angelegenheit eine so herausfordernde Haltung des Herrn Denjoy gegenüber Niederland zu entnehmen sei, dass abgesehen von allen weiteren Grunde, schon der Inhalt dieser Akten der Abteilung keine Möglichkeit lasse, sich, ohne ihrer Würde Abbruch zu tun, in ihrer öffentlichen Sitzung von Herrn Denjoy einen Vortrag in französischer Sprache gefallen zu lassen;

dass er dementsprechend die Abteilung ersuchte, ihren Vorstand zur amtlichen Kenntnisnahme von den vorgelegten Akten zu ermächtigen, und erst nach Eingang eines auf dieser Kenntnisnahme beruhenden Vorstand-Antrags, über die Zulassung des von Herrn Denjoy angemeldeten Vortrags zu entscheiden; dass jedoch die Abteilung hierauf nicht einzugehen wünschte, und Herrn Denjoy ohne weiteres gestattete, den von ihm angemeldete Vortrag zu halten, einen Vortrag, dem übrigens, wie sich hinterher zeigte, jedes wissenschaftliche novum, das die Tatsache seines Stattfindens einigermassen hätte entschuldigen können, abging;

dass die Abteilung sich sogar weigerte, einen diesbezüglichen, vom Unterzeichneten eingereichten Protest in ihren Sitzungsbericht aufzunehmen, dass deshalb anzunehmen ist, dass auch in der jetzigen, mit dem vor einem Jahre vorgefallenen in engem Zusammenhang stehenden Angelegenheit, jeder Schritt des Unterzeichneten bei der Abteilung von vornherein aussichtslos wäre.

Mit gebührenden Respekt verbleibt der Unterzeichnete Eurer Exzellenz ganz ergebenster

L.E. J . Brouwer

Es folgten sechs Anlagen, und zwar die fünf oben abgedruckten Briefe: Denjoy an Blumenthal vom 4. Oktober 1920, Brouwer an Denjoy vom 17. Oktober 1920, Denjoy an Brouwer vom 20. Oktober 1920, Brouwer an Denjoy 27. Oktober 1920 und Denjoy an Brouwer vom 29. Oktober 1920. Als sechste Anlage fügte Brouwer einige Erläuterungen zum Briefwechsel Blumenthal–Denjoy–Brouwer, die z.T. in Fußnoten zu den entsprechenden Briefen reproduziert worden sind, hinzu. Als Hintergrund zu diesem Briefwechsel schilderte er dessen Zustandekommen wie folgt.

Anlagen zu Brouwer an den Minister für Unterricht, Kunst und Wissenschaft | Laren, den 12.II.1923
TB, Nachlass Brouwer, Noord-Hollands Archief, Haarlem

Im Oktober 1920 wohnte Prof. Dr. O. Blumenthal, geschäftsführender Redakteur der Mathematischen Annalen, beim Unterzeichneten, Mitredakteur derselben Zeitschrift, und besprach mit ihm verschiedene redaktionelle Angelegenheiten. U.a. hatte Herr Blumenthal ein unter dem Titel ,Ober und Unterfunktionen einfacher Integrale' im August 1920 bei ihm eingegangenes Manuskript von H. Hake bei sich.[63] Da der Verfasser dieses Manuskripts infolge der Zeitumstände keine Gelegenheit gehabt hatte, von den auf denselben Gegenstand bezüglichen Arbeiten des Herrn Denjoy in erschöpfender Weise Kenntnis zu nehmen, so hatte Herr Blumenthal Interesse daran, vor der Entscheidung über die eventuelle Annahme der Hakeschen Einsendung den Zusammenhang des Inhaltes derselben mit den betreffenden Denjoyschen Untersuchungen möglichst genau festzustellen.[64] Der Unterzeichnete riet Herrn Blumenthal, diese Angelegenheit mit Herrn Denjoy persönlich zu besprechen.

Als Herr Blumenthal, mit Rücksicht auf die von verschiedenen französischen Mathematikern nach der Niederwerfung Deutschlands den deutschen Kollegen gegenüber angenommene Haltung, zögerte, diesem Rate zu folgen, wies der Unterzeichnete Herrn Blumenthal darauf hin, dass Herr Denjoy, in seiner Qualität eines niederländischen Staatsbeamten und eines ordentlichen Mitglieds der Koninklijke Akademie van Wetenschappen zu Amsterdam, als niederländischer Mathematiker zu betrachten sei. Dementsprechend riet der Unterzeichnete Herrn Blumenthal, als Deutscher gegen Herr Denjoy keinen Groll zu hegen, und gab ferner seine Ueberzeugung dahin Ausdruck, dass auf jeden Fall Herrn Blumenthal seitens Herrn Denjoy durch dessen Stellung im Königreich der Niederlande ein höfliches Entgegenkommen verbürgt werde. Der Unterzeichnete verwies dabei Herrn Blumenthal auf Artikel 2, Absatz c des Reglements der Koninklijke Akademie van Weten-

---

[63] Heinrich Hake wurde 1919 in Bonn promoviert. Er bekam danach eine Stelle an einem Gymnasium in Düsseldorf.

[64] Diese Arbeit erschien als H. Hake, Über de la Vallée Poussins Ober- und Unterfunktionen einfacher Integrale und die Integraldefinition von Perron, *Mathematische Annalen*, 83 (1921): 119–142. In einer Fußnote auf Seite 120 wurde darauf hingewiesen, dass der Verfasser keinen Zugang zu den neueren Arbeiten Denjoys gehabt hatte.

schappen, nach dem die Akademie ‚ein Band zur Vereinigung der Gelehrten von Niederland und derjenigen anderer Länder' abgeben soll, und betonte, dass zu diesen anderen Ländern seiner Ueberzeugung nach sicherlich alle Staaten zu rechnen seien, mit denen Niederland freundschaftliche Beziehungen unterhält.

Dem Rate des Unterzeichneten folgend, ersuchte Herr Blumenthal Herrn Denjoy um eine Zusammenkunft und empfing von diesem, dem er niemals etwas angetan hatte, den in Abschrift beiliegenden, sein Nationalgefühl schwer kränkenden 2. Brief vom 4 Oktober 1920. Zwischen den Unterzeichneten und Herrn Denjoy hat sodann der gleichfalls in Abschrift beiliegende Briefwechsel stattgefunden. Davon wurde das Schreiben spätesten Datums des Herrn Denjoy diesem mit den auf der betreffenden beiliegenden Abschrift gleichlautend angegebenen Notizen zurückgesandt, einesteils zur Notifikation der in diesem Schreiben stattgefundenen Ueberschreitung der Schicklichkeitsgrenzen, andernteils im Interesse einer rechtzeitigen Einkehr des Schreibers, weil wenigstens formell mit der Möglichkeit gerechnet werden musste, dass dieser keine Abschrift besass.

Brouwer setzte sich um diese Zeit nochmals mit Kerkhof in Verbindung, diesmal um zu erkunden, ob er in Besitz von Dokumenten sei, die ihm in seinem Kampf gegen den Conseil International de Recherches helfen könnten. Zu den weiteren politischen Tätigkeiten Brouwers in den Jahren danach siehe Abschnitt 6.2 und 6.3.

Brouwer an Karl Kerkhof | Laren, den 10.X.1922
TB, Geheimes Staatsarchiv Preußischer Kulturbesitz, Berlin (Dahlem)

Verehrter Herr Geheimrat!

Im Anschluss an mein Schreiben vom 2.12. vorigen Jahres möchte ich Sie noch fragen, ob Sie mir nicht eine Liste von denjenigen neutralen Akademikern vertraulich verschaffen können, die in öffentlichen Ausserungen den Conseil International des Recherches mit Zubehör getadelt haben – damit einmal ein Versuch gemacht werden kann, diese gleichgesinnten Gelehrten zusammenzubringen, und womöglich eine wohlbewusste internationale Organisation zu gründen, die sich vom jetzt die Welt beherrschenden wissenschaftlichen Barbarentum lossagt. Ich habe selbstverständlich nur solche neutrale Gelehrte im Auge, die gegen das französische Vorgehen öffentlich und scharf Stellung genommen haben, nicht diejenigen, die mitunter einmal einen freundlichen Privatbrief nach Deutschland schreiben, gleichzeitig aber fortwährend vor den Pariser Satrapen eifrigst den Buckel machen.

Wo hinsichtlich des internationalen Benehmens der Gelehrten aller Länder von den Franzosen allem Anzeichen nach ein vortrefflicher Aufklärungsdienst eingerichtet ist (ich habe dessen Wirkung am Leibe erfahren), so nehme ich an, dass Deutschland schon aus geistigem Selbstverteidigungtrieb hierin nicht hinter Frankreich zurückgeblieben ist, dass ich also keine unerfüllbare Bitte an Sie richte. Für den Fall, dass Sie dieselbe gewähren können, bringe ich Ihnen im voraus meinem ergebensten Dank.

Mit freundlichen Grüssen
Ihr
L.E.J. Brouwer

———————

Brouwers hiermit angekündigtes Interesse, „gleichgesinnte Gelehrte zusammenzubringen", um das „die Welt beherrschende wissenschaftliche Barbarentum" bekämpfen zu wollen, war keineswegs ein nur vorübergehendes Anliegen. Sein politisches Engagement Mitte der 1920er Jahre führte zu einem noch intensiveren Briefwechsel mit Kerkhof, wie in Abschnitt 6.3 dieses Bandes dargelegt wird. Gleichzeitig setzte Brouwer innerhalb der *Annalen*-Redaktion seine Kampagne gegen den Conseil International de Recherches um, eine Tätigkeit, die Blumenthals ohnehin schwierige Arbeit als geschäftsführender Redakteur weiterhin erschwerte.

Kapitel 4

Blumenthal über Hilbert zu seinem 60. Geburtstag

4.1 Die Geburtstagsfeier

David Hilbert feierte am 23. Januar 1922 seinen 60. Geburtstag. Richard Courant engagierte sich stark bei den Vorbereitungen eines stimmungsvollen Festes, zu welchem weit über hundert Gäste kamen, u.a. Ferdinand Springer aus Berlin. Ursprünglich plante auch Einstein dabei zu sein, zumal er brennendes Interesse hatte, seine Deutung des neuen Ergebnisses bei dem Einstein-Geiger-Kanalstrahlenexperiment mit den Göttingern Physikern Max Born und James Franck zu diskutieren.[1]

Als Courant davon erfuhr, wollte er auch Einsteins musikalisches Talent für die Feierlichkeiten gewinnen. Eine Woche zuvor schrieb er an Einstein, um ihn in seinen Plan einzuweihen, allerdings mit dem Hinweis, dass „die Zulässigkeit [seiner] Anfrage von Born und Franck begutachtet" wurde. Als Überraschung für Hilbert sollte vor einem kleinen Kreis enger Freunde das Es-Dur-Klavierquartett von Beethoven gespielt werden, wobei Einstein wählen durfte, ob er lieber die Geige oder die Bratsche spielen wollte. Es war eine nette Idee, aber aus alledem wurde nichts, denn drei Tage später musste Einstein absagen. Er schrieb allerdings eine Karte, in welcher seine persönliche Zuneigung zu Hilbert und seine Hochachtung für ihn als mutigen Hochschulpolitiker klar zum Ausdruck kamen.

---

[1] Diese Pläne wurden in dem Schriftverkehr zwischen Einstein und den Göttingern diskutiert (siehe hierzu (Einstein 2012, 56–58, 85, 91 f.)).

© Springer-Verlag GmbH Deutschland, ein Teil von Springer Nature 2019
D. E. Rowe und V. Felsch, *Otto Blumenthal: Ausgewählte Briefe und Schriften II*,
Mathematik im Kontext, https://doi.org/10.1007/978-3-662-58356-2_4

Einstein an Hilbert | 18.I.1922
AB, Nachlass Hilbert, SUB Göttingen, 452b, Nr. 18

Sehr verehrter Herr Kollege!

Ich war schon ganz fest enschlossen, Ihnen meine herzlichen Glückwünsche zu dem Lebensabschnitt persönlich darzubringen. Aber nun gehts absolut nicht weil ich nicht abkommen kann. Nur ein Zipfel Ihres gewaltigen Lebenswerkes kann ich Beschränkterer (und Fauler) überschauen, aber gerade genug, um das Format Ihres schaffenden Geistes zu ahnen. Dazu den Humor und den sicheren, selbständigen Blick in alle Dinge und – einen harten Schädel wie kein zweiter nebst zwei starken Armen, um von Zeit zu Zeit den Fakultätsstall auszumisten. Ich wünsche Ihnen von Herzen, dass Sie das grosse Kunstwerk, zu dem Sie Ihr Leben gestaltet haben, mit Kraft und frohem Mut weiter führen und vollenden sollen, mit der Freude und Leichtigkeit, mit der Sie es bisher getrieben. Amen.

Sie und Ihre Frau grüsst herzlich Ihr
A. Einstein

Bei der Feier zu Hilberts 60. Geburtstag am 23. Januar hielt dieser eine Rede, in der er rückblickend auf seine Studienzeit in Königsberg die große Bedeutung seiner damaligen Freundschaften mit Minkowski und Hurwitz hervorhob (Anhang IV). Der erste Absatz des folgenden Briefauszuges bezieht sich auf diese Feier, bei der Hilbert ein Fotoalbum überreicht wurde. Dieses Album befindet sich heute in seinem Nachlass in der Universitätsbibliothek in Göttingen. Danach erwähnt Blumenthal die berühmte Arbeit A. Fraenkels, in der auf gewisse Lücken in Ernst Zermelos Axiomsystem für die Mengenlehre verwiesen wird. Fraenkels Ergänzung desselben wurde bald danach von Zermelo akzeptiert und bildet die Grundlage für die heutige Zermelo-Fraenkel-Mengenlehre.

Blumenthal an Hilbert | 21.II.1922
TB, Nachlass Hilbert, SUB Göttingen, 30, Nr. 44a

[Der erste Teil dieses Briefes befindet sich in Kapitel 2.] . . .

Es hat mir sehr leid getan, Sie am Vorabend meiner Abreise nicht getroffen zu haben. Ich bin nachher ganz gut durch den Streik durchgekommen. Hoffentlich hat sich Ihre Frau wieder ganz von ihrer Erkrankung erholt. Sie hat es sehr lange verschleppt. Ich schicke Ihnen einliegend für das Album[2] ein Bild Ihres ersten Doktoranden Comstock[3], das bei Ihnen besser aufgehoben ist als bei mir. Ich

---

[2]Als Geburtstagsgeschenk bekam Hilbert ein Fotoalbum mit Bildern von 204 Mathematikern (Cod. Ms. D. Hilbert 754, SUB Göttingen).

[3]Es handelt sich vermutlich um C.E. Comstock, der von etwa 1905 bis 1940 am Bradley

habe auch wegen eines Bildes von Schaper geschrieben.[4] Hat Frau v. Schaper vielleicht Ihnen schon ein Bild geschickt? Mir hat sie noch nicht geantwortet. An die Feier und an meinen ganzen Göttinger Aufenthalt denke ich noch mit grösster Freude zurück. Ist Klein wieder hergestellt? Als ich ihn zuletzt sah, war er recht kümmerlich.

Haben Sie noch eine Ahnung, wann die Arbeit des Herrn Fränkel – Marburg „Zu den Grundlagen der Cantor-Zermeloschen Mengenlehre" bei Ihnen für die Annalen eingelaufen ist? Der Verfasser datiert „Juli 1921", Sie haben mir die Arbeit am 1.11. geschickt. Die Diskrepanz ist entschieden ungewöhnlich gross. Ich wäre für Bescheid sehr dankbar.[5]

Beste Grüsse an Sie und Ihre Frau. Von Mali habe ich sehr gute Nachrichten. Ihr

O. Blumenthal.

Blumenthal engagierte sich außerdem bei den Vorbereitungen einer Festschrift für Hilbert, bestehend aus 52 ihm gewidmeten Arbeiten, die in der *Mathematischen Zeitschrift* und in den *Mathematischen Annalen* erschienen sind (alle Titel dieser Arbeiten findet man in Kapitel 14, Anhang III). Vier Tage nach Hilberts Geburtstagfeier in Göttingen erschien in einer Sonderausgabe der Zeitschrift *Die Naturwissenschaften* eine Reihe von Essays, in denen seine engsten Mitarbeiter und ehemaligen Schüler Hilberts Beiträge zu verschiedenen Gebieten der Mathematik präsentierten. Vermutlich war es wiederum Courant, der diesen Plan im Einvernehmen mit seinem Kollegen Max Born realisieren wollte. Beide waren schon lange mit dem Physiker und langjährigen Hauptredakteur der von Springer verlegten Zeitschrift, Arnold Berliner, befreundet. Wie sie entstammte Berliner einer Breslauer jüdischen Familie. Er arbeitete mehrere Jahre als Elektrotechniker und Berater Emil Rathenaus, des Begründers der AEG, bevor er 1913 zu Springer wechselte. Es war auch Berliner, der 1917 den ersten Kontakt zwischen Courant und Springer vermittelte, woraus kurz danach die Sammlung *Grundlehren der mathematischen Wissenschaften*, Courants sogenannte „Gelbe Reihe", entstanden ist. Fast gleichzeitig spielten *Die Naturwissenschaften* eine wichtige Rolle bei der Rezeption der Einsteinschen Gravitationstheorie, die zu heftigen Auseinandersetzungen führte. Das starke Interesse der Göttinger Mathematiker, allen voran Hilbert, in der Folge der allgemeinen Relativitätstheorie trug wesentlich zu der Entscheidung bei, Einstein in die Redaktion der *Annalen* aufzunehmen.

Polytechnical Institute in Illinois tätig war. Da Blumenthal selbst den Ruf genoss, Hilberts erster Doktorand zu sein, könnte diese Anmerkung auf einem Missverständnis beruhen.

[4]Hans von Schaper wurde gleich nach Blumenthal bei Hilbert promoviert, und zwar mit der zahlentheoretischen Doktorarbeit Über die Theorie der Hadamardschen Funktionen und ihre Anwendung auf das Problem der Primzahlen.

[5]Die Arbeit (Fraenkel 1922) erschien mit zwei zeitlichen Angaben: sie ist am 10. Juli 1921 geschrieben, aber erst am 10.August eingegangen.

Abbildung 4.1: Freunde Hilberts bei seiner 60. Geburtstagsfeier, 23. Januar 1922. Käthe Hilbert steht rechts von ihrem Mann im Bild, ganz rechts steht Blumenthal (Archiv des Mathematischen Forschungsinstituts Oberwolfach)

Für die Hilbert-Sonderausgabe (*Die Naturwissenschaften*, 10 (1922), S. 65–104) gab es sechs Artikel, in welchen die ganze Breite der mathematischen Werke Hilberts angedacht wurden. So stellte Otto Toeplitz den Algebraiker Hilbert vor, und Max Dehn skizzierte sein geometrisches Werk; Richard Courant ging auf seine Beiträge zur Analysis ein, während Max Born seine physikalischen Arbeiten beschrieb. Am Ende war es Hilberts langjähriger Assistent Paul Bernays, der den Bogen schloss mit seiner Einschätzung von Hilberts Bedeutung für die Philosophie der Mathematik. Am Anfang dieses Sonderhefts stand eine kurze biographische Skizze, in welcher Otto Blumenthal einen ersten Versuch unternahm, das Geheimnis der unwahrscheinlich erfolgreichen Karriere Hilberts zu enträtseln. Dabei hob er vor allem seine berühmte Pariser Rede von 1900 hervor, die nicht nur für Hilbert selbst, sondern auch für viele andere Forscher einen Wendepunkt in der zeitgenössischen Mathematik darstellte.

4.2 David Hilbert von Otto Blumenthal

Die Naturwissenschaften, 10(4) (Jan. 1922): 67–72

Auf dem 2. Internationalen Mathematikerkongreß in Paris im Jahre 1900 fiel *David Hilbert*[6] die Aufgabe zu, als Vertreter der deutschen Mathematik einen allgemeinen Vortrag zu halten. Dieser Vortrag war außergewöhnlich und ist kennzeichnend für *Hilberts* Arbeitsweise und für seine Persönlichkeit. Das übliche ist, daß in diesen allgemeinen Vorträgen die Redner einen zusammenfassenden Überblick geben über ein Einzelgebiet, auf dem sie sich betätigt haben. *Hilberts* Thema lautete: „Mathematische Probleme". Die Mathematik braucht jederzeit eine Anzahl großer Probleme, an denen sie ihren Fortschritt orientieren und prüfen kann. *Hilbert* gibt eine Aufzählung derjenigen Fragen, die ihm damals den Ehrentitel „Probleme" zu verdienen schienen. Solche Fragen müssen schwierig sein, aber doch angreifbar, sie müssen vor allem so klar gestellt sein, daß „jeder Mann auf der Straße" sie begreifen kann. Ihre Lösung oder auch nur die ernsthafte Beschäftigung mit ihnen belohnt durch die Entdeckung und Entwicklung neuer allgemeiner Methoden und Gesichtspunkte. Sehr bezeichnend ist, was über die Art gesagt wird, wie ein Problem anzugreifen sei. Es gibt drei Fälle: häufig ist die Frage zu speziell gestellt und gewinnt ihre wahre Einfachheit erst, wenn man sie als Glied eines allgemeineren Fragenkomplexes erkennt – hier denkt wohl jeder sogleich an *Hilberts* Beweis der Endlichkeit des Invariantensystems; vielfach hat man, im Gegensatz hierzu, zu hoch gegriffen, hat allgemein gefragt, bevor man sich noch über die in der Problemstellung enthaltenen Einzelfragen völlig klar war: dann besteht der Weg zur Lösung darin, daß man zunächst diesen auf den Grund geht; schließlich kann das Problem überhaupt falsch gestellt sein, dann versuche man den Unmöglichkeitsbeweis. Wenn aber die Lösung eines Problems nutzbringend für die Wissenschaft sein soll, dann muß sie vollständig sein. Zur Vollständigkeit gehört in erster Linie die Strenge, d.h. die Entwicklung der Lösung mit Hilfe einer endlichen Anzahl von Anwendungen eines gegebenen Axiomensystems. Diese Strenge ist keine Feindin der Einfachheit, und Einfachheit ist die zweite Forderung, die an eine vollständige Lösung zu stellen ist. Und nun folgt die Aufzählung und Erläuterung von 23 Problemen. Sie sind gewählt aus allen Teilen der Mathematik, von der Mengenlehre und Zahlentheorie bis zur Mechanik und theoretischen Physik. Es wird besonders betont, daß die Zusammenwirkung aller dieser Teilgebiete notwendig sei, um die Mathematik im ganzen zu fördern, und daß auch in allen diesen Gebieten vollständige Lösungen möglich seien. Unter den Problemen finden sich

---

[6]Zu Hilberts Lebenslauf schrieb Blumenthal: „*David Hilbert* ist geboren 23. Januar 1862 in Königsberg i. Pr., wo sein Vater Amtsgerichtsrat war, besuchte das Friedrichs-Kolleg und machte Herbst 1880 im Wilhelms-Gymnasium das Abiturium. Studierte in Königsberg, hauptsächlich bei *Lindemann* und *Hurwitz*, in Heidelberg bei *Fuchs*, und promovierte 1885 bei *Lindemann*. Ging dann nach Leipzig zu *Klein* und Paris zu *Hermite*. Sommer 1886 habilitierte er sich in Königsberg, wurde Herbst 1892 Extraordinarius, Herbst 1893 Ordinarius daselbst. Frühjahr 1895 ging er nach Göttingen. Rufe nach Leipzig (1898), Berlin (1902), Heidelberg (1904), Bern (1919) lehnte er ab."

manche, die im Jahre 1900 bereits klassisch oder wenigstens einem größeren Kreis von Fachgenossen bekannt waren, so das Cantorsche Kontinuumsproblem, das Problem der Uniformisierung, das Primzahlproblem, das Dirichletsche Prinzip; viele andere sind von *Hilbert* neu aufgestellt, vor allem die Frage nach den allgemeinen Reziprozitätsgesetzen, axiomatische Fragen (Widerspruchslosigkeit der arithmetischen Axiome, Aufstellung der Axiome der Physik), und wichtige Probleme der Elementargeometrie (Zerlegbarkeit inhaltsgleicher Tetraeder, Geometrien, in denen die Geraden die kürzesten sind). Das Fermatsche Problem findet sich nicht unter ihnen, und gerade das ist bedeutsam für *Hilberts* Auffassung der Probleme als Leitsterne der künftigen Entwicklung. Das Fermatsche Problem hat seiner Ansicht nach seine Dienste bereits geleistet, als es *Kummer* zum Studium der algebraischen Zahlkörper und zur Einführung der Ideale anregte.

Hilbert ist der Mann der Probleme. Er sammelt und löst vorhandene, er weist neue. Sein Lebensgang läßt sich an Hand der Probleme entwickeln. Die Geburt eines Menschen ist Zufall, seine Entwicklung sein eigenes Werk. Geboren ward der Mathematiker *Hilbert* aus dem Schoße der damals allgewaltigen Invariantentheorie. Bei ihr fand er sein erstes Problem, den Satz, daß alle Invarianten eines Formensystems sich durch eine endliche Anzahl unter ihnen ganz und rational darstellen lassen. Nachdem dem Sechsundzwanzigjährigen 1888 ein einfacher Beweis in einem schon früher durch *Gordan* und *Mertens* mit Hilfe schwieriger Rechnungen erledigten Sonderfall gelungen war, kam 1890 der großartige allgemeine Beweis, der das Problem mit dem allgemeinen Fragenkomplex der Modultheorie verknüpfte und dadurch zur Lösung brachte. Aber die Lösung war noch nicht vollständig: die Endlichkeit des Invariantensystems war bewiesen, aber kein Mittel war gegeben, das endliche System wirklich herzustellen. Es bedurfte einer mühevollen Arbeit eines tiefen Eindringens in die Feinheiten der Modulsysteme, bis 1893 die letzte Forderung der Vollständigkeit erfüllt war.

Und damit hatte sich auch ein neues großes Problem ergeben. *Kroneckers* Modulsysteme hatten zur Zahlentheorie hinübergewinkt. Im Verkehr mit den Freunden *Hurwitz* und *Minkowski* waren die Grundlagen der Idealtheorie geklärt worden. Noch 1893 entstand *Hilberts* einfacher Beweis der Zerlegung in Primideale, es stellten sich die Fragen der Relativkörper, besonders der Relativ-Abelschen Körper, und der Reziprozitätsgesetze. Was hier von *Hilbert* geschaffen wurde, hat tiefste Wirkung gehabt. Kodifiziert in dem gewaltigen „Bericht über die Theorie der algebraischen Zahlkörper", von 1897 hat es die neuere Entwicklung der Zahlentheorie recht eigentlich begründet.

Nun aber geschieht etwas Seltsames. *Hilbert*, bis dahin scheinbar der Typus des Arithmetikers und Algebraikers, sieht sein Ziel auf diesen Gebieten erreicht und wendet sich so vollkommen von ihnen ab, daß er kaum noch je auf sie zurückgekommen ist. Im Jahre 1891 hatte *Wiener* auf der Naturforscherversammlung in Halle einen Vortrag über „Grundlagen und Aufbau der Geometrie", gehalten, in dem er namentlich das Verhältnis des Pascalschen zum Desarguesschen Satze besprach. *Hilbert* hat mir erzählt, daß ihm dieser Vortrag eine solche Anregung zur

Beschäftigung mit den Axiomen der Geometrie gegeben habe, daß er ihr gleich auf der Rückfahrt in der Eisenbahn nachgegangen sei: wohl ein Beweis, daß die Einstellung auf axiomatische Betrachtungsweise schon früher bei ihm vorhanden war. Eine zweite Quelle der Anregung waren *Minkowskis* geometrische Ideen. Der Reiz des Gebietes der Elementargeometrie aber lag für *Hilbert* darin, daß er hier das einfachste Beispiel sah, an dem er sein aus der Zahlentheorie abstrahiertes Ideal eines vollständigen Beweisgebäudes außerhalb der Lehre von den ganzen Zahlen durchkonstruieren konnte, als Gegenbeispiel gegen die von *Kronecker* vertretene und von *Hilbert* immer leidenschaftlich bekämpfte Auffassung, daß aller Mathematik, die sich nicht unmittelbar an die ganze Zahl anknüpfen lasse, ein unreinlicher Erdenrest anhafte. Im Wintersemester 1898/99 hielt *Hilbert* seine berühmt gewordene Vorlesung über „Elemente der Euklidischen Geometrie", zur Feier der Enthüllung des Gauß-Weber-Denkmals in Göttingen, im Juni 1899 veröffentlichte er seine „Grundlagen der Geometrie", die seither im Hauptteil unverändert in vier Auflagen erschienen sind und eben wieder vor einer neuen Auflage stehen. Die Bedeutung dieser Schrift, der Grund des Zaubers, den sie ausgeübt hat und noch ausübt, besteht in ihrem systematischen, lückenlosen Aufbau. Unabhängigkeitsbeweise für gewisse geometrische Axiome lagen bereits vor, z.B. im klassischen Falle des Parallelenaxioms, die tiefgehenden „Zwischen"-Axiome waren von *Pasch* erkannt und analysiert worden. Neu aber war ein vollständiges System, in dem *alle* Axiome auf ihre Unabhängigkeit und Widerspruchslosigkeit untersucht werden, in dem von *allen* geometrischen Grundlehren (Ähnlichkeitslehre, Inhaltslehre, Desargues und Pascal, Pythagoras u. a.) die Abhängigkeit von den Axiomen und die gegenseitige Beziehung im einzelnen untersucht und bis zum Ende aufgeklärt wird. Die Bedeutung der „Grundlagen der Geometrie", geht aber viel weiter. Eine neue logische Methode ist durch sie begründet worden, die „axiomatische", Methode der impliziten Definition von Dingen durch die Grundgesetze, die sie verknüpfen. Bis weit hinein in die Philosophie reichen schon jetzt die Auswirkungen dieser Methode. Auf *Hilberts* eigenes Werk in dieser Richtung kommen wir noch zu sprechen. Denn die Axiomatik ist ein so wesentlicher Teil seines Ich, daß sie ihn als Problem immer weiter begleitet und geleitet hat.

Zunächst aber, nach den Grundlagen der Geometrie, ist es die Begründung der Variationsrechnung und ihrer Anwendungen, die ihm als Ziel vor Augen steht. Von der Zahlentheorie über die Elementargeometrie hierher führ erkennbar ein Anstieg vom Methodisch-Leichteren zum Methodisch-Schwereren. Die Variationsrechnung soll das Mittel liefern, die mühsamen Grenzwertbetrachtungen der Analysis zu beseitigen, indem ein einziger Existenzbeweis durch Grenzwertbildung, der Beweis der Existenz der Lösung des regulären Variationsproblems, die vielen Einzelbetrachtungen ad hoc überflüssig machen soll. Das Problem ist klassisch, seitdem *Riemann* seine Theorie der Abelschen Funktionen auf dem Dirichletschen Prinzip aufgebaut hat. Aber es galt als unangreifbar. Hier ist es wohl die in dem Vortrag über „Mathematische Probleme", erwähnte Methode der genauen Durcharbeitung der einfachsten Fälle, die *Hilbert* ergriffen hat. Im Anschluß an *Weierstraß* hat er die Grundlagen der Variationsrechnung, die mühevollen und vielfach durch unnötige Beschränkungen komplizierten Betrachtungen beim einfachen Problem und bei Nebenbedingungen aufs äußerste vereinfacht und übersichtlich gemacht. Dann gelang in der Festschrift zur Feier des 150jährigen Bestehens der Göttinger Gesellschaft der Wissenschaftenn im Jahre 1901 der erste Beweis der Existenz der Abelschen Integrale mit Hilfe des Dirichletschen Prinzips nach einer völlig allgemeinen Methode, die später noch auf manche verwandte Fragen der Funktionentheorie angewandt wurde.

Hier lenkt zum ersten und vielleicht zum einzigen Male ein günstiger Zufall, eine Anregung von außen, *Hilberts* Schaffen in neue Bahnen. Das Ziel bleibt das gleiche, die Begründung der Analysis auf einem Minimum von Existenzbeweisen, aber zu der Variationsrechnung tritt eine neue Methode. Im Jahre 1900 hatte *Fredholm* die Auflösung der linearen Integralgleichung gelehrt und damit den wahren Grund vieler herrlicher, aber schwieriger Entwicklungen *Poincarés* über die Randwertaufgaben der mathematischen Physik aufgedeckt. Sofort erkannte *Hilbert*, daß er hier den mächtigen Hebel in der Hand habe, mit dem, in Verbindung mit der Variationsrechnung, sich die Analysis regieren lasse. Es ist ein einziger Grenzübergang, der von einem System von n linearen Gleichungen mit n Unbekannten zu einem System unendlich vieler linearer Gleichungen mit unendlich vielen Unbekannten – in umfassendster Weise ausgeführt mittels des Begriffs der vollstetigen Bilinearform von unendlich vielen Veränderlichen – , der viele lang erstrebte Früchte auf einmal zu pflücken gestattet, besonders die Existenz der Eigenwerte, des „Spektrums", und die Entwickelbarkeit beliebiger Funktionen nach den Eigenfunktionen liefert. Und auch das Riemannsche Problem der linearen Differentialgleichungen mit gegebenen Verzweigungen und gegebener Gruppe, das der reinen Variationsmethode widerstanden hatte, mußte sich der Gewalt der Integralgleichungen fügen.

Variationsrechnung und Integralgleichungen sind heute die unbedingt herrschenden Methoden in der Funktionentheorie, die Literatur ist fast unübersehbar geworden, das Wort „Hilbertschule", bezeichnet besonders den Kreis der Jünger auf diesem Arbeitsfelde, und *Hilberts* Darstellung der Integralgleichungen, wie er sie in seinen 6, später als Buch zusammengefaßten Noten „Grundzüge einer allgemeinen Theorie der linearen Integralgleichungen", niedergelegt hat, ist bis auf die Bezeichnungen und die Kunstausdrücke maßgebend geblieben.

Die Veröffentlichungen über Integralgleichungen fallen, mit Ausnahme der 6. Note vom Jahre 1910, in die Jahre 1904 bis 1906. Mit diesen Jahren schließt in *Hilberts* Leben eine Epoche ab, die sachlich als die rein-mathematische, ihrem Wesen nach als die heroische bezeichnet werden kann, die Epoche des Ringens mit den alten mathematischen Problemen, die erst fallen mußten, bevor der Weg nach außen frei war. Im Jahre 1905 wurde zum erstenmal der Bolyai-Preis der Ungarischen Akademie erteilt, der bestimmungsgemäß „dem Autor der hervorragendsten mathematischen Untersuchungen der letzten 25 Jahre", zuzufallen hat. Die Kommission mit *Darboux* als Präsidenten und *Klein* als Referenten nannte als einzige in Betracht kommende Kandidaten *Hilbert* und *Poincaré*, erkannte den Preis *Poincaré* zu, „dessen Untersuchungen bereits im Jahre 1879 einsetzen und sozusagen einen Kreislauf um das Gesamtgebiet der Mathematik vollendet haben", beschloß aber gleichzeitig, in ihrem Berichte der Arbeiten *Hilberts* ebenso ausführlich zu gedenken wie der Arbeiten *Poincarés*. „Denn sie würdigt die universelle Bedeutung derselben in vollem Maße und ist überzeugt, daß sie je länger, je mehr zu einer Rolle von größter Bedeutung berufen sind." Ich bin damals von *Klein* zu einer sehr eingehenden Besprechung über die Vorarbeiten zu diesem Gutachten herangezogen worden und erinnere mich einer früheren Fassung dieses letzten Satzes, die prophetischer klang, etwa so: „*Hilbert* wird noch ein ebenso umfassendes Gebiet umspannen wie Poincaré." Man wird es eventuel bedauern, daß diese Fassung durch eine farblosere ersetzt worden ist. Denn gerade zu dieser Zeit gab *Hilbert* dem Trieb nach extensiver Forschung Lauf, der ihn noch heute beherrscht. Er gehört seitdem den mathematischen Anwendungen zu, in demselben Umfang, wenn auch in anderer Richtung als *Poincaré*.

Nur noch einmal ist er zu einem rein-mathematischen Problem zurückgekehrt, um es einer unerwarteten Lösung entgegenzuführen, und zwar zu einem, dessen er in seinem Pariser Vortrage nicht gedacht hat. Der von *Waring* aufgestellte Satz, daß sich jede ganze Zahl als Summe einer begrenzten (nur von dem Exponenten abhängigen) Anzahl $n$ter Potenzen ganzer Zahlen darstellen lasse, war im Jahre 1908 Gegenstand verschiedener Erörterungen und glücklicher Entdeckungen gewesen, die die Erkenntnis wesentlich gefördert hatten. Insbesondere war man auf gewisse Identitäten aufmerksam geworden, die ein Vielfaches der $n$ten Potenz einer Summe von Quadraten durch eine Summe von $(2n)$ten Potenzen linearer Funktionen mit ganzen Koeffizienten ausdrücken. Aber erstens fehlten die Mittel zur allgemeinen Aufstellung dieser Identitäten, zweitens hatte man sie nur dazu benutzt, um den Waringschen Satz von n auf $2n$ zu übertragen. Mittels einer Integralmethode, die durch ihre anscheinende Selbstverständlichkeit an den Beweis für die Endlichkeit des Invariantensystems erinnert, stellt *Hilbert* zunächst die gesuchten Identitäten allgemein her, und dann zeigt er auf einem höchst kunstvollen Wege, daß sie nicht allein zur Übertragung von n auf $2n$, sondern zum unmittelbaren Beweise des lang umstrittenen Waringschen Satzes dienen. Diese Arbeit, eine der merkwürdigsten, die er geschrieben, hat *Hilbert* am 6. Februar 1909 dem wenige Wochen zuvor verstorbenen *Minkowski* zum Andenken geweiht.

Wenn ich die rein-mathematische Epoche die heroische genannt habe, muß ich wohl die folgende als die klassische bezeichnen. Aber sie ist alles weniger als klassisch in dem Sinne abgeklärter Ruhe. *Goethe* spricht einmal zu *Eckermann* von gewissen Naturen, die er „genial", nennt, und mit denen es „eine eigene Bewandtnis", habe: „sie erleben eine wiederholte Pubertät, während andere Leute nur einmal jung sind". Die Jahre, von etwa 1904 an, als *Hilbert* im Verein mit *Minkowski* zur Eroberung der Physik auszog, waren seine zweite Jugend. Mit dem Feuereifer und der rücksichtslosen Anspannung eines jungen Studenten stürzte er sich auf eine Wissenschaft, von der ihm bis dahin nur die großen Linien, Einzelheiten wenig bekannt waren. So groß war die Anstrengung, daß zum ersten und einzigen Mal seine Gesundheit längere Zeit versagte. *Hilberts* Ziel ist die Axiomatik der Physik, d. h. die Aufstellung eines Komplexes von Grunderscheinungen, auf den sich alle beobachteten physikalischen Tatsachen durch lückenlose mathematische Deduktion zurückführen lassen. Es ist der einzige Weg, auf dem wir zu einem geschlossenen physikalischen Weltbilde gelangen können. Es ist auch ein Weg, der durch Aufdeckung von Widersprüchen und durch das Streben nach Zusammenfassung zu neuen Entdeckungen führen kann und muß. Das erste Goldkorn bei dieser gemeinsam mit *Hilbert* unternommenen Tiefbohrung hat *Minkowski* gefunden, seine Relativitätstheorie. Die ungeheure Schwierigkeit der Aufgabe lässt sich an zwei Beispielen klar machen. Schon in der gewöhnlichen Mechanik besteht Streit über die Tragweite der Variationsprinzipien, wenn der Bewegung differentielle („nichtholonome") oder in Ungleichungen bestehende Nebenbedingungen vorgeschrieben sind. Die Überlegungen ad hoc, die man zur Erledigung von Sonderfällen braucht, müssen in *Hilberts* System ausgemerzt werden. Noch ganz anders liegt es bei dem zweiten Beispiel, der kinetischen Gastheorie oder, allgemeiner, jeder atomistischen Betrachtung, die durchschnittliche Gesetze über die Bewegung vieler Einzelteilchen aufstellt. Hier ist bei den wichtigsten Behauptungen noch unklar, wie, oder ob überhaupt, sie mathematisch auseinander und den zugrunde liegenden Hypothesen folgen. Auf diese ungeklärten Sachverhalte, deren Aufhellung ein schwierigstes, eigentlich mathematisches Problem ist, bezieht sich *Hilberts* Paradox: „Die Physik ist ja für die Physiker viel zu schwer." Es war seine erste Aufgabe, in einfachster Form die mathematischen Sätze herauszupräparieren, an deren Beweisen es noch fehlt, die Beweise selbst der Zukunft überlassend, und in dieser Weise systematisch alle Gebiete der Physik durchzumustern. Weniges von der geleisteten Arbeit ist an die Öffentlichkeit gedrungen. In Vorlesungen vorgetragen, wird es nur in den Ausarbeitungen in wenigen Exemplaren aufbewahrt. Die einzigen gedruckten Ergebnisse dieser ordnenden Tätigkeit sind die „Begründung der kinetischen Gastheorie" und die „Begründung der elementaren Strahlungstheorie", die beweisen, welche starken mathematischen Hilfsmittel *Hilbert* in den Dienst der Physik gestellt hat. Vor allem aber eines, was nicht genug hervorgehoben werden kann: es galt und gilt für *Hilbert*, fortdauernd in der Physik zu lernen, alle neuen Linien ihres jetzt so wechselvollen Antlitzes in sich aufzunehmen und das Vergängliche von dem Dauernden kritisch zu trennen. *Hilbert* wurde wirklich ganz Physiker. Die berühmte Göttinger „Gaswoche", wo bedeutendste Forscher über die neuesten Entwicklungen der Atomphysik vortrugen, ist sein Werk. Und es soll nicht vergessen werden, daß er als erster in seinen „Grundlagen der Physik" die Einsteinsche allgemeine Relativitätstheorie in einem wesentlichen Punkte weiter gebracht hat: die Einführung des Hamiltonschen Prinzips und der Weltfunktion zur Verknüpfung der Gravitation und der elektromagnetischen Erscheinungen stammen von ihm.

Neben den Axiomen der Physik stehen als zweites Kolossalunternehmen die Axiome der Arithmetik. Auch sie gehören den „Anwendungen" der Mathematik an. Es ist eine Anwendung edelsten Sinnes, von unübersehbarer Tragweite: die in der Mathematik geschliffenen und erprobten Methoden der Folgerung werden angewandt zur Durchleuchtung eines übergeordneten Gebietes, der Erkenntnistheorie. Die Axiome der Arithmetik erscheinen in dem Pariser Vortrag an hervorragender

Stelle unter den Problemen, auf dem Heidelberger Kongreß im Jahre 1904 trug *Hilbert* einen ersten Entwurf der Ausführungen vor, der unverstanden blieb. Es handelt sich um eine völlig neue Fragestellung. Wohl sind die Axiome der Arithmetik seit langem aufgestellt, wohl ist ihre gegenseitige Unabhängigkeit erwiesen, aber es fehlt an dem Wesentlichsten: an dem Beweis ihrer Vereinbarkeit, ihrer Widerspruchslosigkeit. Bei den Axiomen der Geometrie wird der Beweis der Widerspruchslosigkeit so geführt, daß man den geometrischen Gebilden in geeigneter Weise Zahlen zuordnet und zeigt, daß die nach den Axiomen zwischen ihnen bestehenden Beziehungen auf die gewöhnlichen Zahlgesetze hinauskommen, mit anderen Worten, man nimmt für die Widerspruchslosigkeit der geometrischen Axiome die Autorität eines höheren Gebietes, der Arithmetik, in Anspruch. Aber für die Arithmetik selbst gibt es keine deckende Autorität. Die Berufung auf die Erfahrung, die die widerspruchslose Existenz der ganzen Zahlen zeige, ist ein Zirkelschluß, auch wenn uns nicht nach ungeahnten Enttäuschungen in der Mengenlehre an der Widerspruchslosigkeit unseres Denkens in Zahlen bange geworden wäre. Und es handelt sich um ein höchstes Gut: mit der Widerspruchslosigkeit der arithmetischen Axiome, der Zahlgesetze, steht und fällt unser ganzer Zahlbegriff, existieren oder verschwinden unsere Zahlen. Um aber die Widerspruchslosigkeit zu beweisen, gibt es nur den direkten Weg: es muß gezeigt werden, daß durch keine endlichfache Anwendung der Zahlgesetze aus einer Behauptung A die gegenteilige Behauptung Nicht-A gefolgert werden kann. Wir sind bei *Goethes* „Müttern“, den Göttinnen, die „hehr in Ewigkeit“ thronen. Es haben wohl nur wenige Fachgenossen glauben wollen, daß *Hilbert* auf diesem Felsen würde Fuß fassen können. Aber im vorigen Jahre (1921) hat er zum erstenmal in Vorträgen, die er in Hamburg gehalten, ein Axiomensystem vorweisen können, dessen Widerspruchslosigkeit aus ihm selbst, ohne Zurückführung auf ein höheres Gebiet, beweisbar ist. So wie der Chemiker *Emil Fischer* die Konstitution der Eiweißkörper dadurch nachwies, daß er an Stelle dieser atomreichen Verbindungen atomärmere mit eng verwandten Eigenschaften synthetisch darstellte, so erweist der Mathematiker die Möglichkeit der inneren Begründung des Zahlsystems zunächst nicht an diesem komplizierten Gebilde selbst, sondern an einem weniger gliederreichen und dadurch zugänglicheren System: und die Leistung ist von gleicher Größenordnung wie die *Emil Fischers*.

Ich möchte diesen Überblick über *Hilberts* wissenschaftliche Leistung mit einer Bitte an ihn schließen. Er hat in seiner klassischen Periode ebenso wie *Weierstraß* in der seinigen, in der Hauptsache für sich und seinen Göttinger Schülerkreis gearbeitet, wenig an die Öffentlichkeit gebracht. Die Menge des Neuen, das zu verarbeiten war, mag davon ebenso viel die Ursache sein wie die Scheu, etwas Unvollkommenes, Unvollständiges herauszugeben. Möge er demgegenüber bedenken, welche Fülle von Problemen uns seine bisherigen Ergebnisse erschließen, von Problemen, zu deren Bewältigung Massenarbeit gehört, und uns deshalb seine Erkenntnisse wenigstens in der anspruchslosen und wenig zeitraubenden Form vervielfältigter Vorlesungshefte zugänglich machen!

Hilberts Leistungen haben wir besprochen. Wie ist nun der Mensch *Hilbert*? der wissenschaftliche und der „menschliche“ Mensch? Was an den Leistungen auffällt, das ist die merkwürdige Stetigkeit des Fortschreitens, wo an jedes gelöste Problem sich gleich das nächste anschließt. Es sieht fast nach Pedanterie aus, man möchte *Wilhelm Busch* zitieren: „Wohl besorgt ist dieses nun. Julchen kann was anders tun!" Damit verwandt mag auch die Ansicht sein, die in *Hilbert* das Urbild des reinen Logikers, den Sohn der reinen Vernunft sieht. Ich glaube, daß *Hilbert* selbst anders beurteilt zu werden wünscht. Je länger, je mehr erkenne ich in ihm den philosophischen Menschen, der, nachdem er sich einmal seiner Kraft bewußt wurde, unwandelbar ein höchstes Ziel im Auge hat und auf wohlüberdachtem Wege ihm zustrebt: das Ziel eines einheitlichen, geschlossenen Weltbilds, wenigstens im engeren Bereich der exakten Wissenschaften. Es mag sein, daß dem Mathematiker überhaupt dieser Drang innewohnt, die Wissenschaft der unendlichen Verknüpfungen ermutigt dazu. Aber der Drang hilft nichts, wenn ihn nicht ein großer ordnender Gesichtspunkt leitet. Diesen hat *Hilbert* in der Axiomatik gefunden. Es scheint mir zweifellos, daß er für die Nachwelt immer der Axiomatiker sein wird, der Mann, der der Logik eine neue Ausdrucksform verliehen hat. Und es gehört noch mehr dazu: eine rücksichtslose Ehrlichkeit gegen sich selbst, ein schonungsloses Aufspüren und Ausscheiden des Halbverstandenen oder, bei einigen Glücklichen, eine natürliche Naivität des Denkens, die sich von keiner Autorität, auch nicht von der Vergangenheit, etwas einreden läßt. Zu diesen Glücklichen, glaube ich, gehört *Hilbert*: und zwar nicht nur in wissenschaftlicher Hinsicht. Und noch etwas ist not: eine Wille; und wer einmal den Hilbertschen Willen hat kennen lernen, der weiß ihn zu achten – und gelegentlich auch zu fürchten. Immer bestimmt, meist gemäßigt und mild, mitunter aber auch jäh und leidenschaftlich, leitet er Leben und Arbeit. *Hilbert* hat sich genau die Lebensbedingungen geschaffen und in allem Wechsel der Zeit erhalten, die seiner Arbeit am zuträglichsten sind. Er ist Individualist und seine Leistungen geben ihm das Recht dazu. *Hilbert* ist kein „Organistor", im Gegenteil sind ihm Geschäfte beschwerlich. Aber *Klein*, der große Organisator der Göttinger mathematisch-naturwissenschaftlichen Fakultät, erkennt freudig an, wieviel von seiner Größe Göttingen nicht nur der wissenschaftlichen Bedeutung, sondern gerade dem Willen *Hilberts* verdankt, dem Willen, dessen hohen Zielen nachgebend, das Preußische Ministerium im Jahre 1902 eine neue Professur für *Minkowski* bewilligte, und der sich bei allen weiteren Besetzungen durchdacht, energisch und glücklich geäußert hat. *Hilbert* in der Diskussion wissenschaftlicher Gegenstände ist lebhaft, mitreißend, in der Abweisung verfehlter Gedanken schroff, in der Disputation über nicht beweisbare, sondern nur gefühlsmäßig entscheidbare Dinge ist er leidenschaftlich bis zur Heftigkeit. Sein „Aber nein!" ist bekannt. *Hilbert* bei der Arbeit ist eine merkwürdige Erscheinung. Äußerlich ist nicht viel zu merken, man trifft ihn vielleicht bei gärtnerischer Beschäftigung. Aber die ersten Worte zeigen, daß er mit größtem Eifer an einem Problem schafft. Wenn nicht der Besuchende ein wichtiges eigenes Anliegen mitbringt, kommt das Gespräch sofort auf *Hilberts* Gedanken und führt die Untersuchung fort. Bei einer Unterhaltung über die Charaktereigenschaften verschiedener großer Männer hob *Hilbert* nachdrücklich hervor, daß sie ihren Erfolg ganz wesentlich ihrem Fleiße zu danken hätten. Ich halte ihn selbst für leidenschaftlich fleißig. Er hat in hervorragendem Maße die Eigenschaft der Mathematiker, fern vom Arbeitstisch und in allen Situationen über seine Mathematik nachdenken zu können. Berühmt sind seine mathematischen Spaziergänge, die er in Königsberg mit *Hurwitz* und *Minkowski*, in Göttingern mit Kollegen, mit ausgewählten Schülern, eine Zeit lang sogar mit dem großen Schwarm seines Seminars, zu *Minkowskis* Zeit mit diesem allein oder in Familie, und „jeden Donnerstag pünktlich drei Uhr" mit den mathematischen Ordinarien unternahm. Dabei wurde die lebhafte Bewegung des mathematischen Gesprächs durch lebhafte körperliche Bewegung ergänzt, wie die regelmäßige Erstürmung des 203-m-Hügels" – eine Erinnerung an den russisch-japanischen Krieg – beweist. *Hilbert* ist kein Leser, kein Gelehrter im Sinne des Büchermenschen. Er läßt sich lieber erzählen und behält. Als ich während meiner Doktorarbeit ihm trübselig berichtete, daß ich meine schönste Entwicklung nachträglich in einer älteren Arbeit bereits vorhanden gefunden hätte, sagte er nur: „Warum kennen Sie auch so viel Literatur!" Trotzdem hat er für seinen Zahlbericht eine sehr schwierige Literatur in ihre Tiefen durchgeforscht, hat, um sich in die Physik einzuarbeiten, umfangreichste Buchstudien getrieben. Das sind Äußerungen des Hilbertschen Willens.

Hilberts Wille will Hohes und ist gütig. Seine Güte haben seine Schüler in reichem Maße erfahren. Durch die Güte geklärt, konnte sich sein Verstand in seinen Ratschlägen an uns bis zur Weisheit erheben – ich gebrauche dieses starke Wort, weil ich kein anderes finde, das meinen Eindruck wiedergibt. *Hilbert* steht mit seinen Schülern und der jungen Generation einfach auf dem Fuße der Gleichheit, und zwar geschieht dies vollständig ungewollt und unbefangen. „Ich setze mich zu den Jungen; bei denen ist doch etwas zu holen", erklärte er auf einer Naturforscherversammlung. Das günstige Schicksal hat ihm einen jugendlichen Körper verliehen, zum Gehen und Radfahren so behend wie ehedem, die geistige Jugend erhält er sich geflissentlich durch Anschluß an die jüngste Generation. Alle, die im Hilbertschen Hause aus- und eingegangen sind, werden bei der Hilbertfeier mit Vergnügen und mit Rührung sich der Stunden mit ihm erinnern: der Spaziergänge durch schweren Sturzacker unter Zahlkörpergesprächen, der Wandelhalle mit der langen Wandtafel im Hilbertschen Garten, der improvisierten Tanzvergnügen bei weggerolltem Teppich unter Grammophonbegleitung, wo *Hilbert* die Française kommandierte, der vielen Originale, die um die speisenschweren Tische herum unter tief-mathematischen Reden schmausten, der übermütigen Geburtstagsfeiern mit ihren übermütigen Aufführungen. Und *Hilbert* in der Mitte, rasch wechselnd zwischen ernstester Wissenschaft und animiertester Gesellschaftsstimmung, und neben ihm Frau *Käthe Hilbert* mit ihrer Gastfreundschaft, ihrer kräftigen Art, ihrem herzlichen Wohlwollen und ihrer scharfen Kritik.

Noch einige Worte über *Hilbert* als Lehrer. Eine gute vorbereitete Vorlesung bei *Hilbert* ist ein besonderer Genuß. Keinerlei rhetorischer Schmuck: im Gegenteil, die absichtliche mehrfache Wiederholung wichtiger Stellen ist vom Gesichtspunkt der rednerischen Schönheit bedenklich. Aber eindringlich wirken die einfachen, natürlich und logisch aneinandergereihten Sätze, eindringlich der Ernst und die Angespanntheit des Vortragenden, dessen schnellen Bewegungen und vorgestrecktem Kopfe man die innerliche Mitarbeit ansieht, und der Kundige schaut sogleich, der Lernende erkennt im Rückblick die hohen und klaren Gesichtspunkte der Disposition und die überall einfließenden originalen Wendungen. Noch mächtiger wirken die Vorlesungen, in denen *Hilbert* die Ergebnisse seiner neuesten Forschungen vorträgt. Es ist nicht leicht, bei *Hilbert* als Doktorand zugelassen zu werden, noch weniger leicht, die von ihm gestellten Aufgaben zu bewältigen. In den Thematen seiner Doktorarbeiten offenbart sich die Vielseitigkeit der in seinem Geiste gleichzeitig vorhandenen Interessen, die in der eigenen Publikation so streng zurückgeschnitten ist. Ich denke an Dissertationen über ganze transzendente Funktionen, Stieltjessche Kettenbrüche, Doppellimes, komplexe Multiplikation, Flächentheorie, Tschebyscheffsche Näherungsmethoden, Modulfunktionen zweier Veränderlicher, Topologie algebraischer Kurven und Flächen u.a., während ich die Menge derjenigen, die enger an Hilbertsche Arbeitsgebiete anknüpfen, übergehe. Viele dieser Dissertationen sind vorzüglich, in ihrer Gesamtheit bilden sie einen Schatz. Wieviel in ihnen von *Hilbert* selbst herrührt, läßt sich nicht entscheiden, wird von Fall zu Fall sehr verschieden gewesen sein. Sicher ist, daß alle Doktoranden, die sich mit Schwierigkeiten an *Hilbert* gewandt haben, immer Rat und hilfreiche Tat bei ihm gefunden haben. Diese Schüler alle und die vielen, die als reifere Männer nach Göttingen zu ihm kommen, vor allem die jungen Göttinger Dozenten, erfüllen sich in Berührung mit ihm mit seiner Begeisterung für die Mathematik und für die wissenschaftliche Wahrheit. Sie werden seine „Schüler" im weitesten Sinne, und wer einmal wieder schwach im Glauben wird, pilgert gern nach Göttingen und läßt sich „auffrischen".

Denn in *Hilbert* lebt der Glaube an die Macht des menschlichen Geistes. Aus seinem Pariser Vortrag stammt ein Wort, das so sehr sein inneres Evangelium ausspricht, daß er es kürzlich wieder zum Schlußwort einer Vorlesung gemacht hat: „Wir hören in uns den steten Zuruf: Da ist das Problem, suche die Lösung. Du kannst sie durch reines Denken finden; denn in der Mathematik gibt es kein Ignorabimus."

Kapitel 5

Brouwer und die Dimensionstheorie (1923–1924)

5.1   Urysohn und die Ursprünge der Dimensionstheorie

Im September 1923 fand die Jahrestagung der Deutschen Mathematiker-Vereinigung (DMV) in Marburg statt, bei welchem Anlass Paul Urysohn (1898–1924) einen Vortrag über seine neue Dimensionstheorie hielt. Urysohn studierte vorher Brouwers frühere Arbeit „Über den natürlichen Dimensionsbegriff" (Brouwer 1913a) und fand dabei, dass die Argumentation nicht fehlerfrei war. Urysohn erwähnte dies auf der Marburger Tagung, woraufhin Brouwer ihn ansprach, um eine schriftliche Erklärung zu bitten. Zu dieser Zeit war Otto Blumenthal Vorsitzender der DMV und Ludwig Bieberbach Schriftführer ihrer Jahresberichte. Brouwer wandte sich an den letzteren, um abzusichern, dass kein Referat über Urysohns Vortrag in Marburg ohne seine Genehmigung im *Jahresbericht der Deutschen Mathematiker-Vereinigung* erscheinen würde.

Brouwer an Bieberbach | Anfang Oktober 1923
Entwurf, Alexandrow-Archiv, Moskau

. . .

In Marburg wurde von einem russischen Herrn Urysohn aus Moskau ein Vortrag gehalten, dem ich nicht beiwohnte, in welchem meine allgemeine Dimensionstheorie als prinzipiell unhaltbar hingestellt wurde. Dies ist sicher mit Unrecht geschehen, denn meine betreffende Arbeit ist im Laufe der Jahre nicht nur in zahlreichen Seminaren, sondern auch von sehr kritischen und scharfsinnigen Mathematikern, wie Weyl, Rosenthal, Birkhoff, Veblen und Alexander studiert und geprüft worden, ohne dass sich in derselben jemals anderes, als ein paar kleine Versehen, wie sie in jeder Arbeit vorkommen, die das Ganze nicht im geringsten

© Springer-Verlag GmbH Deutschland, ein Teil von Springer Nature 2019
D. E. Rowe und V. Felsch, *Otto Blumenthal: Ausgewählte Briefe und Schriften II*,
Mathematik im Kontext, https://doi.org/10.1007/978-3-662-58356-2_5

antasten und deren Verbesserung sich dem Leser aus dem Zusammenhang von selbst ergibt, herausgestellt haben: die Abhandlung ist denn auch bisher immer anstandslos zitiert worden, und Herr Urysohn hat sie zweifelsohne missverstanden. – Wenn nun der genannte Marburger Vortrag oder ein Referat darüber für den Jahresbericht eingehen sollte, so möchte ich Sie bitten und Ihnen empfehlen, mir (mit Rücksicht auf das obige und damit unerfreuliche Polemiken vermieden werden) das betreffende Manuskript vor der Drucklegung zu unterbreiten.

Mit herzlichen Grüssen

Ihr

L.E.J. Brouwer

———

Auffallend bei diesen Ausführungen ist, wie Brouwer sich auf die Meinungen anderer Fachexperten beruft, um Urysohns Kritik von vornherein als ein Missverständnis zu diskreditieren. Brouwer vermutete sogar, dass Urysohns Vortrag durch Hilberts Hetzekampagne gegen ihn motiviert war (van Dalen 2013, 406). Er erklärte sich aber mit dem Bericht in der DMV zufrieden, da er keine Bemerkung in Bezug auf seine frühere Arbeit zum Dimensionsbegriff enthielt.

Etwa ein Monat nach der Marburger Tagung bekam Brouwer einen längeren Brief von Urysohn, in dem dieser zeigen konnte, warum Brouwers Beweis für den Dimensionssatz verfehlt war (für eine Übersetzung des vollständigen Briefes siehe (van Dalen 2011, 256–260)).

Urysohn an Brouwer | Moskau, den 24.X.1923
AB, Alexandrow-Archiv, Moskau

Hochgeehrter Herr Professor!

Sie haben mich in Marburg aufgefordert, die Einwände, die ich in meinem dortigen Vortrage gegen Ihre Beweisführung in Crelle's Journal (Band 142) gemacht habe, Ihnen schriftlich mitzuteilen. Ich muss Sie sehr um Entschuldigung bitten, dass ich mit diesem Schreiben so lange gezögert habe; ich bin aber erst etwa zwei Wochen in Moskau, und nach einer fast fünf Monate langer Abwesenheit hatte ich so viel zu tun, dass ich nicht zum Schreiben kommen konnte.

Die Arbeit, um die es sich handelt, heisst ,Über den natürlichen Dimensionsbegriff' [Brouwer (1913a)] und enthält, ausser der Definition des Dimensionsbegriffes, den Beweis des ,Dimensionssatzes': Eine n-dimensionale Mannigfaltigkeit besitzt den homogenen Dimensionsgrad n. Dieser Beweis zerfällt in zwei Teile

… [Es folgt eine längere Kritik des Beweises.]

…

Der Beweis des ,Dimensionssatzes' ist also nicht richtig. Es ist mir leider nicht gelungen zu entscheiden, ob der Satz selbst richtig ist. Jedenfalls kann aber nicht nur der Satz, sondern auch Ihr Beweis desselben richtig gemacht werden mittels einer dazu geeigneten Abänderung der Definition des Dimensionsgrades, oder genauer ausgedrückt, der dieser zugrunde gelegter Definition der Trennung.

...

Meine Definition gestattet endlich sehr weit in die Eigenschaften der Dimension einzudringen: ich verweise z.B. auf die in meinen Comptes Rendus Noten [Urysohn (1922a,b)] ausgesprochene Sätze (seitdem habe ich, übrigens, noch andere Resultate gefunden).

Wenn Sie, hochgeehrter Herr Professor, sich mit der so entstandenen Theorie interessieren würden, so wäre ich glücklich, Ihnen darüber näheres mitteilen zu können. Ich erlaube mir noch zuletzt an Sie eine ergebenste Bitte zu richten. Wie ich es Ihnen schon in Marburg erzählt habe, habe ich mehrere von Ihren merkwürdigen topologischen Arbeiten eingehend studiert. Leider waren mir nur diejenigen zugänglich, die in den deutschen Zeitschriften abgedruckt sind. Viele höchst wichtige Arbeiten haben Sie aber, und zwar in der englischen Sprache (die holländische ist mir leider unbekannt), in der Amsterdamer Akademie publiziert, deren Schriften in Moskau überhaupt nicht vorhanden sind. Darum wage ich, hochgeehrter Herr Professor, Sie mit der Bitte zu belästigen, mir, wenn möglich, Separata von Ihren Amsterdamer Arbeiten schicken zu wollen. Meine Adresse ist folgende:

Moskau (Russland), Twerskaja Strasse, Pimenowski pereulok 8, kv. 3

Ich bitte Sie um Entschuldigung für die Langwierigkeit dieses Schreibens und empfehle mich Ihnen

hochachtungsvoll ergebenst
Dr. Paul Urysohn.

Nach Erhalt dieses Schreibens musste Brouwer gleich erkannt haben, dass Urysohn nicht nur ein begabter Topologe war, sondern dass dieser vielmehr tatsächlich wesentliche Schwachpunkte in Brouwer (1913a) entdeckt hatte. Brouwer reagierte aber zunächst nur zögerlich. Er hatte vorher am 29. September eine Karte an Urysohn abgeschickt, die spurlos verloren ging, worauf er sich in einer von Dezember geschriebenen Karte erkundigte.

Brouwer an Urysohn | Laren, den 16.XII.1923
AK, Alexandrow-Archiv, Moskau

Sehr geehrter Herr Urysohn,

Ihren Brief von 24.X dieses Jahres habe ich seinerzeit erhalten. Dass ich Ihnen nicht gleich geantwortet habe, lag erstens an meiner starken Inanspruchnahme, vor allem aber daran, dass ich in Ihrem Briefe jede Bezugnahme auf die Karte vermisste, die ich Ihnen anlässlich unserer Marburger Unterhaltung am 29.IX. dieses Jahres aus Zandvoort (an die Adresse des Math. Seminars der Universität Moskau) sandte, und zunächst abwarten wollte, ob mir eine solche Bezugnahme noch hinterher von Ihnen zugehen würde. Heute möchte ich nun zunächst um Auskunft bitten, ob meine betreffende Karte in Ihre Hände gelangt ist. Ich hoffe mich dann bald nachher auch zum Inhalt Ihres Briefes zu äussern.

Von den von Ihnen verlangten Separatabzügen meiner in den Amsterdamer Proceedings erschienenen Arbeiten sind leider mehrere vergriffen. Diejenigen, von denen ich noch Exemplare habe, werde ich Ihnen zustellen, sobald eine Empfangsbestätigung meiner heutigen Karte mir wieder etwas mehr Vertrauen zu den Postverbindungen nach Russland gibt. Meinerseits erbitte ich Zusendung von Abzügen Ihrer beiden Comptes Rendus-Noten aus dem Jahre 1922 [Urysohn (1922a,b)].

Ich habe den Eindruck, dass die von Ihnen dort skizzierte Methode zu einer äusserst wertvollen Einsicht in die Struktur der Kontinua führt, nachdem in den letzten Jahren auf diesem Gebiete haufenweise Trivialitäten veröffentlicht worden sind.

Mit freundlichen Grüssen
Ihr sehr ergebener
L.E.J. Brouwer

Urysohn antwortete per Postkarte elf Tage später. Sonderdrucke seiner zwei Noten in den *Comptes rendus* besaß er nicht, da er die Kosten für Separata nicht aufbringen konnte. Er wollte jedoch für Brouwer handgeschriebene Kopien erstellen.

Urysohn an Brouwer | Moskau, den 27.XII.1923
AK, Alexandrow-Archiv, Moskau

Hochgeehrter Herr Professor!

Ihre liebenswürdige Karte von 16.XII habe ich erhalten, aber Ihre Karte von 29.IX ist leider verloren gegangen. Ich glaube jedoch, dass daran nicht die Postverbindungen mit Russland, sondern die Universitätsbeamten Schuld sind. In der Tat, von den etwa 20 Postsendungen, die in den letzten drei Monaten vom Auslande auf meine Adresse gesandt worden sind, ist, soviel ich weiss, keine einzige verloren gegangen, während von denen, die für mich an die Adresse der Universität gesandt wurden in derselben Zeit wenigstens drei verloren gegangen sind.

Was die Sonderabdrücke meiner Comptes-Rendus Noten anbetrifft, so sind solche leider überhaupt nicht vorhanden: im Jahre 1922 war ich nämlich (aus finanziellen Gründen) nicht in der Lage, Comptes-Rendus-Separata zu bestellen. Ich werde aber in den nächsten Tagen diese beiden Noten abschreiben und Ihnen die Kopien zusenden.

Mit ergebensten Grüssen empfehle ich mich Ihnen
hochachtungsvoll
Paul Urysohn.

Brouwer war ersichtlich erleichtert zu erfahren, dass der schriftliche Kontakt mit Urysohn diesmal geklappt hatte. Ohne auf die Argumente in Urysohns Brief vom 24. Oktober näher einzugehen, ergriff er nun die Gelegenheit, dem jungen Russen zu erklären, wie man den Trennungsbegriff in seinen älteren topologischen Arbeiten zu verstehen hat. Gleichzeitig gab er zu, dass Urysohn zwar ein Versehen in Brouwer (1913a) aufgedeckt hat, aber keinen wesentlichen Fehler. Das Versehen, so meinte Brouwer sich zu erinnern, habe er selbst schon vor längerer Zeit gefunden, obwohl er damals keine Berichtigung publizierte. Als Erklärung dafür gab er an, dass er eine angekündigte Arbeit von Henri Lebesgue zum gleichen Thema abwarten wollte. In der Tat hatte er Brouwer (1913a) mit der Absicht verfasst, Lebesgue herauszufordern, einen stichhaltigen Beweis für sein Verpflasterungsprinzip zu veröffentlichen ((Brouwer 1976, 545): Abschnitt 7.1 in Band I). Da Lebesgue sich verweigerte, diese Herausforderung Brouwers anzunehmen, verlor der letztere im Laufe der Zeit sein Interesse an dieser Thematik. Vermutlich merkte es Brouwer zunächst gar nicht, als Lebesgue doch einen Beweis herausbrachte, bevor Urysohn ihn auf Lebesgue (1921) hinwies. Nun wollte er diese Arbeit Lebesgues kommentieren, aber gleichzeitig sein altes Versehen berichtigen, wobei er Urysohn versprach, seinen Beitrag zur Klärung dieser Fragen entsprechend zu würdigen.

Brouwer an Urysohn | Laren, den 22.I.1924
AB, Alexandrow-Archiv, Moskau

Sehr geehrter Herr Urysohn,

Ihre Karte vom 27.XII.23 habe ich richtig erhalten. Mit gleicher Post lasse ich ein paar Kuverts mit Separatabzügen an Sie abgehen und werde noch einige weitere folgen lassen.

Nach meiner Heimkehr aus Marburg ist mir Ihr dortigen Einwand sofort klar geworden durch Nachschlagen meines Handexemplars der Arbeit: Ueber den natürlichen Dimensionsbegriff, wo ich S. 147 zu Z. 17–20 eine alte Marginalnotiz habe, nach welcher diese Stelle 'mit S. 150 bei * in Uebereinstimmung zu bringen' sei. Es war auf diese Marginalnotiz, dass sich meine aus Zandvoort versandte Karte bezog.[1]

Wenn ich heute etwas ausführlicher auf den Gegenstand zurückkomme, bemerke ich zunächst, dass in meinen 1908–1914 erschienenen topologischen Arbeiten der Ausdruck: 'die Gebietsmenge g ist durch die abgeschlossene Menge α bestimmt' genau dasselbe besagt wie 'die Gebietsmenge g wird durch α begrenzt' (vgl. z.B. Mathematische Annalen 69, S. 170, wo dies ausdrücklich festgelegt wird). Demzufolge kann die S. 150 bei *) angeführte *von π_2 in π_1 bestimmte, an die Kante E_1E_2 grenzende Gebietsmenge g_1* im Zusammenhang des Textes keinen anderen Sinn haben, als den des Durchschnittes einer schon vorhandenen von π_2 in π_1 bestimmten, an E_1E_2 grenzenden, an $E_1E_3 \ldots E_{n+1}$ jedoch nicht grenzenden Gebietsmenge γ_1

---

[1] Zu dieser Bemerkung und Brouwers weiteren Ausführungen unten siehe den Kommentar von Hans Freudenthal in (Brouwer 1976, 549–552).

mit τ_1, so dass die Existenz der letzteren Gebietsmenge γ_1 hier offenbar in den Begriff der 'Trennung von ρ_1 und ρ'_1 in π_1 durch π_2' mit hineinpostuliert wird. Demnach liegt den Entwickelungen der Abhandlung in Wirklichkeit eine Trennungsdefinition zugrunde, nach der ρ *und* ρ' *in* π *durch* π_1 *nur dann getrennt sind, wenn* π_1 *in* π *eine* ρ *enthaltende, aber* ρ' *nicht enthaltende Gebietsmenge bestimmt.* Dasselbe besagt in anderer Form die von Ihnen in Ihrem Briefe vom 24.X.1923 angegebene Definition.

Was die Entstehung des auf S. 147 befindlichen Versehens anbelangt, so machen meine damaligen Aufzeichnungen es wahrscheinlich, dass im Manuskripte der betreffenden Arbeit ursprünglich ebensowenig eine ausdrückliche Trennungsdefinition gestanden hat, wie z.B. in meiner in Mathematische Annalen 71 erschienenen Abhandlung: 'Beweis der Invarianz des n-dimensionalen Gebiets' [Brouwer (1912)], und dass eine solche erst geraume Zeit später, nachdem ein Mitleser der Korrekturen mich auf das Fehlen derselben hingewiesen hatte, ziemlich gedankenlos eingefügt worden ist. Als nicht lange nach dem Erscheinen der Arbeit das Versehen sich herausstellte, ist eine baldige Richtigstellung wohl deshalb ausgeblieben, weil ich damals die Veröffentlichung der am angeführten Orte S. 151 erwähnten, von Lebesgue zugesagten Abhandlung über denselben Gegenstand in Kürze erwartete, und überzeugt war, dass diese Abhandlung mich zu einer Gegenäusserung nötigen würde, welche dann die erforderliche Berichtigung naturgemäss als Zusatz mitnehmen sollte. Als darauf die von Lebesgue zugesagte Abhandlung jahraus, jahrein auf sich warten liess ist die Angelegenheit allmählich im Laufe der Jahre aus meinem Gedankenkreis verschwunden, und ohne Ihre Interpellation hätte ich vielleicht nie mehr daran gedacht.

Nun habe ich aber anlässlich Ihrer Bemerkungen auch die mit 10 Jahren Verspätung (und nicht, wie verabredet, in Bulletin de la Société Mathématique sondern in II. Band der Fundamenta Mathematicae [Lebesgue (1921)]) herausgekommen Erklärungen Lebesgues studiert und ersehen, dass dieselben, genau wie ich schon vor 10 Jahren erwartete, eine Gegenäusserung meinerseits notwendig machen, weil nämlich der Lebesguesche Beweis des in 'Ueber den natürlichen Dimensionsbegriff' auf S. 150 formulierten Hilfssatzes nur eine verkürzte Form meines Beweises desselben Satzes darstellt. Ich hoffe, dass diese Gegenäusserung bald erscheinen wird. Sie wird gleichzeitig (unter Erwähnung Ihrer Priorität) die Berichtigung meines alten Versehens bringen.

Für die von Ihnen zugesagten Abschriften Ihrer Comptes Rendus-Noten [Urysohn (1922a,b)], sowie auch für weitere Mitteilungen über Ihre noch nicht veröffentlichten Untersuchungen werde ich Ihnen recht dankbar sein. Zwar sind meine eigenen Untersuchungen seit einigen Jahren anderweitig orientiert, aber mein Interesse für die Topologie ist geblieben und ich halte Sie für einen der wenigen, die hier wirklich neue Perspektiven eröffnen können.

Mit den besten Grüssen
Ihr sehr ergebenen
L.E.J. Brouwer

————————

Die Berichtigungen von Brouwer (1913a) sind bald danach in Brouwer (1923) und Brouwer (1924a) erschienen. In Brouwer (1924b) brachte er seine Kritik gegen Lebesgue (1921), während in derselben Arbeit das Gegenbeispiel Urysohns in einer Fußnote knapp diskutiert wurde.

Brouwer hatte auch im vorhergehenden November drei Briefe an Arthur Rosenthal geschickt, in denen er sich über seinen Beiträge zur Dimensionstheorie äußerte. Rosenthal bearbeitete zu dieser Zeit die neue Fassung eines Enzyklopädie-Berichts zu neueren Untersuchungen über Funktionen reeller Veränderlichen. Grundlage dafür waren die früheren französischen Referate, die vor dem Krieg unter der Leitung von Émile Borel veröffentlicht worden waren. Da der erste Teil sich mit der Theorie von Punktmengen befasste, wurde Brouwer von Rosenthal gebeten, dessen Text zu überprüfen. Dies gab Brouwer erneut die Chance, die alte Streitfrage zwischen ihm und Lebesgue zu klären (siehe hierzu Abschnitt 7.1, Band I).

Brouwer an Arthur Rosenthal | vor dem 15.XI.1923
Entwurf, Kopie, Nachlass Brouwer, Noord-Hollands Archief, Haarlem

… Nach reifer Überlegung muss ich doch auf zwei Punkte Ihrer Zuschriften von 15. und 19. dieses Monats nochmal eingehen. Erstens wäre es mir sehr angenehm, wenn Sie mir den Gefallen tun wollten Sich bei der Trennungdefinition auf S. 952 der Fassung meinen im Journal für Mathematik erscheinenden Berichtigung [Brouwer (1924a)] anzuschliessen. Meinerseits bin ich den von Ihnen erhobenen Beschwerden entgegengekommen, indem ich in meinem Berichtigung des J.f. Math. den Ausdruck ‚dass π_1 in π ein ρ enthaltende, aber ρ' nicht enthaltende Gebietsmenge bestimmt‘, das Wort ‚bestimmt‘ durch ‚begrenzt‘ ersetzt habe, was in der in meinen topologischen Arbeiten üblichen Terminologie genau dasselbe besagt, für den Leser der Enzyklopädie aber deutlicher ist. …
Mit herzlichem Gruss, auch an Ihr Frau Mutter
Ihr
L.E.J. Brouwer
…
Zu Fussnote 311) (wo übrigens in Z. 3 aus dem Worte 'Hilfssatz' ein s ausgefallen ist) muss ich noch bemerken, dass Lebesgue in Fundamenta Mathematicae 2 [Lebesgue (1921)] nicht etwa seinen ursprünglichen Beweis des Hilfssatzes (der ja unheilbar falsch ist) in Ordnung gebracht hat, sondern einfach meinen Beweis aus Journ. f. Math. 142 [Brouwer (1913a)] (allerdings durch Hinzufügung von unnötigen Komplikationen schwer wiedererkennbar gemacht) reproduziert. Die jetzige Fassung Ihrer Fussnote gibt aber, wie mir scheint, zu verstehen, dass Lebesgue

'den', das heisst 'den ursprünglichen' Beweis seins Hilfssatzes in Ordnung gebracht hätte, was, wie gesagt, entschieden nicht der Fall ist.

————————

Die Post zwischen Moskau und Holland war zu dieser Zeit alles andere als zuverlässig. Brouwer wusste dies natürlich, aber er wurde zunehmend ungeduldig, als er keine Antwort von Urysohn auf seinen Brief vom 22. Januar erhielt. Außer der kurzen Karte vom 27. Dezember war Urysohns längerer Brief vom 24. Oktober 1923 die bislang einzige Auskunft, die er von ihm bekommen hatte. Brouwer betrachtete diese erste Mitteilung außerdem als äußerst gefährlich für ihn, da Urysohn mittels eines Gegenbeispiels dort gezeigt hatte, dass der in Brouwer (1913a) erbrachte Beweis für den Dimensionssatz falsch war. Nur etwas beruhigend wirkte vielleicht Urysohns Feststellung, dass Brouwers Beweis gerettet werden könne, und zwar „mittels einer dazu geeigneten Abänderung der Definition des Dimensionsgrades, oder genauer ausgedrückt, der dieser zugrunde gelegter Definition der Trennung". Nun nach gut zwei Monaten bekam Urysohn endlich die Gelegenheit, Brouwer zu antworten.

Urysohn an Brouwer | Moskau, den 20.III.1924
AB, Alexandrow-Archiv, Moskau

Hochgeehrter Herr Professor!

Ich muss Sie sehr um Entschuldigung bitten, Ihnen so ungeheuer lange nicht geantwortet zu haben. Verschiedene – meistens recht unangenehme – Angelegenheiten haben mir diese ganze Zeit zu schreiben gehindert.

Ihren Brief vom 22.I, Ihre Karte vom 18.II und fünf Couverts mit Separatabdrücken habe ich richtig erhalten; gestatten Sie mich, Ihnen meinen aufrichtigsten Dank dafür aussprechen zu dürfen.

Zu Ihrer neuen Redaktion von Über den natürlichen Dimensionsbegriff [Brouwer (1923)] möchte ich folgendes bemerken. Ich gebe zu, dass Ihre neue Definition die einzige ist, die mit dem übrigen Inhalte im Zusammenhange steht; es ist mir nur nicht klar, warum Sie diese Definition in Fussnote 11) als die 'übliche' bezeichnen. Denn, soviel ich weiss, ist, vor Ihrer J. f. Math.-Arbeit [Brouwer (1913a)], der Trennungsbegriff nur auf den Fall angewandt worden, wo π eine *Mannigfaltigkeit* ist; und dann stimmen ja beide Definitionen überein.[2] Auch wurde, meines Wissens, *explicite* immer eine Ihrer früheren analoge Definition gegeben; nur im Falle, wenn ausserdem ρ und ρ' Kontinua waren, wurde eine Ihren neuen analoge, aber einfachere Definition gelegentlich gebraucht (im erwähnten Falle konnte man von '*dem* ρ enthaltenden *Gebiete*', und nicht von '*einer* ρ enthaltenden Gebietsmenge' sprechen). Als ich meine Comptes Rendus-Noten von 1922 [Urysohn (1922a,b)]

————————

[2]Hiermit spielte Urysohn darauf an, dass Brouwers Definition nicht auf allgemeinere topologische Räume anwendbar sei, während seine eigene für kompakte metrische Räume galt.

schrieb, war mir Ihre J.f.Math.-Arbeit [Brouwer (1913a)] überhaupt unbekannt; darum schrieb ich dort, dass 'la même propriété a été démontrée par M. Lebesgue (Fundamenta Mathematicae tome 2) [Lebesgue (1921)] pour les cubes n- dimensionnels'. Wenn ich damals von Ihrer Arbeit gewusst hätte, hätte ich 'par M. Brouwer' geschrieben.

. . .

Ich bitte Sie, hochgeehrter Herr Professor, nochmals um Entschuldigung und empfehle mich Ihnen mit den ergebensten Grüssen hochachtungsvoll

Paul Urysohn

P.S. Vielleicht werden Herr Paul Alexandroff und ich in diesem Sommer wieder nach dem Auslande reisen können. Ich wäre glücklich, wenn ich diese Gelegenheit benutzen könnte, um noch ein Mal mit Ihnen sprechen zu dürfen.

P.U.

In der Zeit, bevor dieser Brief eintraf, wurde Brouwer zunehmend nervös. Er hatte Urysohn sieben Kuverts mit Sonderabdrucken zugeschickt, wie auch zwei Postkarten. In der zweiten vom Anfang März bat er um eine Empfangsbestätigung für seinen Brief vom 22. Januar. Da er seitdem nichts Weiteres von Urysohn gehört hatte, machte Brouwer sich Sorgen über den ihm unbekannten Inhalt von der Arbeit, welche Urysohn für die neue polnische Fachzeitschrift *Fundamenta Mathematicae* eingereicht hatte. Deswegen wandte er sich an den Herausgeber Waclaw Sierpiński, um ihn vorzuwarnen, dass Urysohns Arbeit eventuell zu einer Entgegnung Brouwers führen könnte.

Brouwer an Waclaw Sierpiński | Laren, den 25.III.1924
Entwurf, Alexandrow-Archiv, Moskau

Mon cher collègue,

Permettez que je vous dérange un moment en votre qualité de Rédacteur des Fundamenta Mathematicae. L'automne passé, M. Urysohn, professeur à Moscou, m'a écrit au sujet de ses recherches sur la dimensionalité et m'a fait part qu'il exposerait les rapports existant entre mon mémoire 'Ueber den natürlichen Dimensionsbegriff' publié dans le tome 142 du Journal de Crelle, et les résultats obtenus par lui-même dans un travail étendu devant paraître bientôt dans les Fundamenta Mathematicae. Dans la même lettre M. Urysohn formulait plusieurs objections contre le raisonnement de mon mémoire cité. Donc, probablement (quoique M. Urysohn n'écrivit pas cela explicitement) ces objections se trouvent aussi dans le travail que vous devez publier.

Dans ma réponse j'ai expliqué à M. Urysohn qu'il y avait de son côté une malentendu sur le sens d'un de mes termes habituels, et je lui rappelai la définition de ce terme se trouvant dans le tome 69 des Mathematische Annalen, p. 170 l. 9.

Ce malentendu levé, il ne restait des objections de M. Urysohn qu'une petite erreur isolée, reconnue depuis longtemps par moi-même, et dont la correction, retardée malheureusement jusque-là pour des raisons techniques, s'est faite maintenant à l'occasion des remarques de M. Urysohn (voir le tirage à part ci-joint).

A cette réponse je n'ai reçu de M. Urysohn aucun signe de vie, non plus après lui avoir envoyé une carte, sur laquelle je le priais de m'accuser réception de ma lettre. Donc il est évident que ma correspondance ne lui parvient pas, soit en conséquence d'un changement de son domicile, soit par suite du peu de sûreté dans le relations postales entre la Russie et mon pays.

Etant persuadé que la Rédaction des Fundamenta Mathematicae désire comme moi prévenir des polémiques évitables, je tiens à vous afirmer par la présente que, sauf la correction ci-jointe, mon mémoire 'Ueber den natürlichen Dimensionsbegriff' est parfaitement au point. J'espère donc que vous voudrez bien veillez à ce que le travail de M. Urysohn que vous devez publier, ne contienne pas des critiques non fondées. Je vous en serai sincèrement reconnaissant.

Croyez, mon cher collègue, à mes sentiments de haute estime.

L.E.J. Brouwer

———————

Bald danach bekam Brouwer Urysohns freundlichen Brief vom 20. März, in dem er sicherlich mit Zufriedenheit las: „Wenn ich damals von Ihrer Arbeit [Brouwer (1913a)] gewusst hätte, hätte ich 'par M. Brouwer' geschrieben" statt [Lebesgue (1921)] zu zitieren. Nun leuchtete es Brouwer sofort ein, dass Urysohn völlig allein zu seiner Dimensionstheorie gekommen sei. Es wurde ihm auch zunehmend klar, dass er nichts von Urysohn zu fürchten habe, denn als dieser die Noten [Urysohn (1922a,b)] schrieb, hatte er keine Ahnung von Brouwers frührerem Streit mit Lebesgue (Abschnitt 7.1, Band I).

In seiner Antwort gab Brouwer unumwunden zu, dass Urysohns kleine Kritik bezüglich der „üblichen" Definition für Trennung in Brouwer (1923) zutreffend war. Als Konsequenz verwarf er diese Bezeichnung in seiner Berichtigung für Crelle (Brouwer 1924a). Andererseits brachte Brouwer einen neuen Beleg dafür vor, dass er sein Versehen schon längst zuvor eingesehen hatte, und zwar eine wiederentdeckte Randnotiz in seiner Kopie von Felix Hausdorffs *Grundzüge der Mengenlehre* (Hausdorff 2002).

Brouwer an Urysohn | Laren, den 9.IV.1924
Entwurf, Alexandrow-Archiv, Moskau

Sehr geehrter Herr Urysohn,

Ihren Brief vom 20. März, sowie Ihre Sendung von Separatabzügen von Ihnen und Herrn Alexandroff, habe ich in guter Ordnung erhalten. Leider muss ich aus Ihrem Briefe entnehmen, dass von den sieben Kuverts mit Sonderabdrucken, die ich Ihnen gesandt habe, zwei verloren gegangen sind. Auch eine Karte, auf der ich Sie Anfang März um Empfangsbestätigung meines Briefes vom 22. Januar bat, scheint nicht angekommen zu sein. Das in Fussnote 11) der neuen Redaktion von 'Ueber den natürlichen Dimensionsbegriff' [Brouwer (1923)] befindliche Wort 'üblich' war in der That nicht am Platz, weil in mathematischen Abhandlungen jede irgendwie mit subjektiven beziehungsweise unbeweisbaren Charakter behaftete Behauptung verpönt sein soll. Dementsprechend habe ich die betreffende Qualifikation in der beiliegenden in Crelle'schen Journal erscheinenden Berichtigung [Brouwer (1924a)] wieder fortgelassen. Aus dem gleichen Grund habe ich ja auch alle früheren Aufdeckungen des Versehens kurz nach dem Erscheinen der Abhandlung durch mich selbst und andere, weil sich davon augenblicklich keine Dokumente in meinem Besitz befinden, unerwähnt gelassen.

Inzwischen habe ich in meinem Exemplar des Hausdorff'schen Buches [Hausdorff (2002)] in Margine von S. 458, §7 noch eine Notiz gefunden, nach welcher gerade auf Grund des dort von Hausdorff gegebene Beispiele an der betreffende Stelle in Crelle 142, S. 147, Z. 18, das Wort 'abgeschlossen' unumgänglich zu streichen sei.[3] Durch diese Streichung käme genau die von Hausdorff auf S. 334 seines Buches gegebene Trennungsdefinition heraus.[4] In der neuen Redaktion von 'Über den natürlichen Dimensionsbegriff' [Brouwer (1923)] verdiente aber mit Rücksicht auf Lesbarkeit und Zusammenhang die jetzt publizierte, formal eingreifendere Definitionsänderung entschieden den Vorzug.

Von den Theorien, die Sie mir in Ihrem letzten Briefe mitteilen, habe ich mit grossem Interesse Kenntnis genommen. Ich hoffe, dass Sie auf diesem Wege zur axiomatischen Charakterisierung der Cartesischen n-dimensionalen Räume unter den Cantorschen n-dimensionalen Mannigfaltigkeiten gelangen werden: ich halte Sie für den richtigen Mann dazu.

. . .

Im September hoffe ich Sie und Herr Alexandroff auf dem Kongress in Innsbruck wiederzusehen.[5] Auch könnten wir uns vielleicht schon früher einmal treffen, falls Sie Sich im nächsten Sommer in West-Europa aufhalten sollten. Neulich sprach mir ein hiesiger Kollege (Prof. Van der Hoeve[6] aus Leiden) von Ihnen

---

[3] Das Beispiel ist die berühmte Sinuskurve der Topologen, die aus den Punkten $S = \{(x,y) \mid x > 0,\ y = sin\frac{1}{x}\}$ besteht. Hausdorff bildete die Punktmenge $S \cup \{(0,0)\}$, die bekanntlich zusammenhängend, aber nicht wegzusammenhängend ist (Hausdorff 2002, 558).

[4] Hausdorffs Definition lautete: „Von einer die Punkte x, y selbst nicht enthaltenden Menge D sagen wir, daß sie x und y trennt, wenn jede x und y verbindende Menge die Menge D trifft" (Hausdorff 2002, 434).

[5] Alle drei planten, im September an der Naturforscherversammlung in Innsbruck teilzunehmen. Alexandrow und Urysohn hatten Vorträge von jeweils 20 Minuten angekündigt, und zwar zu den Themen „Geschlossene Mannigfaltigkeiten beliebiger Dimensionszahl" bzw. „Theorie der Punktmengen", während Karl Menger über „Einige Überdeckungssätze der Punktmengenlehre" sprechen sollte (*Jahresbericht der Deutschen Mathematiker-Vereinigung*, 33 (1925): 57 f.). Keiner von diesen drei Vorträgen kam aber zustande.

[6] Der niederländischer Augenarzt Jan van der Hoeve (1878–1952) erhielt 1918 eine Professur für Augenheilkunde an der Universität Leiden. Brouwer kannte ihn vermutlich, da er seit 1923 Mitglied der Königlich Niederländischen Akademie der Wissenschaften war.

beiden: er war, wie ich glaube, im vergangenen Sommer in Norwegen mit Ihnen zusammen gewesen.

Mit den besten Grüssen für Sie und Herrn Alexandroff

Ihr

L.E.J. Brouwer

———————

In der Zwischenzeit bekam Brouwer einen Brief aus Wien von Karl Menger, der zu dieser Zeit bei Hans Hahn studierte.[7] Auch dieser junge Mathematiker hatte neue Ergebnisse in Bezug auf die Dimensionstheorie gefunden, die er Brouwer mitteilen wollte.

Karl Menger an Brouwer | Wien, den 12.III.1924
AB, Nachlass Brouwer, Noord-Hollands Archief, Haarlem

Hochverehrter Herr Professor,

empfangen Sie meinen ergebensten Dank für die gütige übersendung Ihrer Abhandlung über den natürlichen Dimensionsbegriff. Als ich 1921 die Kurven und den Dimensionsbegriff zu definieren versuchte, war ich im ersten Jahr meines Universitätsstudiums und hatte keinerlei Kenntnis von Ihrer Abhandlung, verehrter Herr Professor, im Journal für die reine und angewandte Mathematik 142 [Brouwer (1913a)], in welcher die Definition im Wesentlichen vorweggenommen ist. Aber auch nachdem ich später beim Studium der einschlägigen Literatur den Aufsatz gefunden hatte, hoffte ich durch meine Resultate wenigstens eine kleine Ergänzung desselben zu bieten. Ich habe nämlich die Struktur der n-dimensionalen Mengen untersucht und als Ergänzung zum Satz: Jede offene Menge des R_n ist n-dimensional – den folgenden Satz bewiesen: Jede n-dimensionale Menge des R_n enthält einen offenen Teil. Ich hoffe, den zweiten Teil meiner Arbeit, den ich bereits seit langem fertiggestellt habe, im Laufe dieses Jahres gedruckt übersenden zu können.

Empfangen Sie, hochgeehrter Herr Professor, den Ausdruck meiner besonderen Verehrung und Ergebenheit

Karl Menger

———————

Menger setzte sich zu dieser Zeit auch mit Urysohn in Verbindung. Von ihm erfuhr er, dass er schon seit Juni 1921 in Besitz seines Definitionsbegriffs war. Somit waren die Weichen für einen späteren Prioritätsstreit gestellt, an dem Brouwer maßgeblich beteiligt war (van Dalen 2013, 595–601).

———————

[7]Karl Menger (1902–1985) war Sohn des Ökonomen Carl Menger. Er promovierte 1924 bei Hahn und wurde von 1928 bis 1936 Professor für Geometrie in Wien, wo er auch als Mitglied des Wiener Kreises tätig war.

Urysohn an Menger | Moskau, den 22.III.1924
AK, Menger Papers, Special Collections Department, William R. Perkins Library,
Duke University

Sehr geehrter Herr Menger!

Ihren Brief vom 15.II habe ich erst vor einigen Tagen, und Ihren Sonderabdruck überhaupt nicht enthalten: die an die Adresse der Universität gerichteten Sendungen gehen, leider, in Moskau recht oft verloren. Da mich Ihre Arbeit lebhaft interessiert, bitte ich Sie, wenn möglich, mir einen Exemplar derselben an meine Adresse (Twerswkaja Strasse, Pimenowski pereulok 8, kb. 3) zu schicken.

Wie es scheint, haben wir fast gleichzeitig die Dimensionsdefinition gefunden: die meinige habe ich Juli 1921 gefunden, October 1921 der Moskauer Mathematischen Gesellschaft vorgetragen. Zwei Voranzeigen sind in den Pariser Comptes Rendus (1922, Band 175, pp. 440, 481) erschienen; der erste Teil meiner Hauptarbeit ist gegenwärtig in den 'Fundamenta Mathematicae' im Drucke.[8]

– Es ist nicht unmöglich, dass ich im Sommer einige Tage in Österreich verbringen werde.

Mit den besten Grüssen
P. Urysohn

Zwei Wochen später schrieb Brouwer an Menger zurück.

Brouwer an Menger | Laren, den 6.IV.1924
AB, Menger Papers, Special Collections Department, William R. Perkins Library,
Duke University

Sehr geehrter Herr Menger,

Vielen Dank für Ihr Schreiben vom 12. März. Ich freue mich, dass auch Sie bemerkt haben, dass die Definition, die wir beide vom n-dimensionale Kontinuum geben, äquivalent sind.

...

Was die in Fussnote 11) dieses Separatabzugs [Brouwer (1924a)] angegebene Berichtigung zum in Crelle Band 142 befindlichen Texte angeht, so haben Sie wohl auch schon bemerkt, dass der letztere Text auch in Ordnung gebracht werden kann durch Streichung des Wortes ‚abgeschlossen' auf S. 142 Z. 18. Ich habe aber eine formal eingehenden Definitionsänderung vorgezogen im Interesse der leichteren Lesbarkeit des neuen Textes.

Dass die Richtigstellung dieses schon 1913 aufgedeckten Versehens sich so lange hingezogen hat, liegt daran, dass ich, um auf den Gegenstand zurückzukommen, die in Fussnote 19) erwähnte Abhandlung von Lebesgue abwarten wollte,

---

[8]Diese Arbeit erschien jedoch erst nach Urysohns Tod (Urysohn 1926).

und die letztere Abhandlung fast 10 Jahre lang auf sich hat warten lassen.[9]

Auf den Beweis Ihres Satzes, dass jede offene Menge des R_n n-dimensional ist, bin ich gespannt, und noch mehr auf die von Ihnen in Aussicht gestellten Resultate hinsichtlich der mengentheoretischen Charakterisierung der topologischen Bilder von Intervallen des R_n. Falls Ihnen im Interesse Ihrer Priorität an einer schnelle Veröffentlichung Ihrer Beweise gelegen ist, so bin ich gern bereit dieselben der Amsterdamer Akademie vorzulegen. Und für ausführliche Darstellungen stelle ich gern die Mathematischen Annalen zu Ihrer Verfügung.

Grüssen Sie bitte Herrn Prof. Hahn von mir.

Mit den besten Wünschen für den weiteren Erfolg Ihrer Untersuchungen, bin ich

Ihr ergebenster

L.E.J. Brouwer

Bin ich Richtig informiert, dass Prof. W. Gross[10] nicht mehr lebt? Und wissen Sie vielleicht, wann er gestorben ist?

L.E.J.B.

5.2 Brouwer unterdrückt eine Arbeit Urysohns

Mitte Juni 1924, als Urysohn und Alexandrow in Göttingen verweilten, bekam Blumenthal einen Brief von Brouwer, der sich Sorgen über die sechs Arbeiten der Russen machte, die demnächst in den *Mathematischen Annalen* erscheinen sollten. Diese Situation war in mehrfacher Hinsicht heikel, zum einen, weil Brouwer sich ohne Zweifel übergangen fühlte, da er sonst immer den Standpunkt einnahm, dass er über die Qualität eingereichter topologischer Arbeiten zu entscheiden hätte. In diesem Falle wurde jedoch Richard Courant, der seit 1920 der Redaktion angehörte, von Hilbert beauftragt, diese sechs Arbeiten zu begutachten.[11] Blumenthal reagierte darauf in einem Brief an Hilbert vom 14. Mai 1924 (S. 198): „Mit Urysohn-Alexandroff ist es eine schlimme Geschichte. Courant hat mir jetzt die Manuskripte zugeschickt. Es ist recht viel – die 6 kleine Article hinter einander würden sich nicht gut ausnehmen. Aber es ist nichts mehr zu machen als sie schleungist abzudrucken.“

---

[9]Zur Geschichte dieses Streits zwischen Brouwer und Lebesgue siehe Band I, S. 51–56.

[10]Der österreichische Mathematiker Wilhelm Gross (1886–1918) studierte von 1905 bis 1910 an der Universität Wien, wo er bei Wilhelm Wirtinger promovierte. Danach verbrachte er drei Semester in Göttingen, bevor er ab 1913 Privatdozent in Wien wurde. Er starb 1918 an einer Grippe. Die Motivation hinter Brouwers Frage stellt sich durch eine Bemerkung im unten abgedruckten Brief vom 24. Juni an Urysohn klar heraus.

[11]Die Dokumente unten zeigen, dass Alexandrows spätere Darstellung dieser Vorgänge (Alexandrow 1979a, 299 f.), wonach Alexander Ostrowski diese sechs Arbeiten zu begutachten bekam, völlig haltlos ist. Ostrowski stand bis 1921 Felix Klein während der Vorbereitung von Band I seiner Abhandlungen (Klein 1921–1923) zur Seite, aber er hatte so gut wie keine Rolle bei den *Annalen* gespielt.

Blumenthal erfuhr außerdem, dass Brouwer den Abdruck einer diesen Arbeiten verhindern wollte, und zwar Urysohns ältere Note über den mathematischen Dimensionsbegriff, in der er auf einen Fehler in Brouwer (1913a) aufmerksam machte. Da diese und zwei andere Arbeiten sich schon in Druck befanden, musste Blumenthal schnell verhandeln.

Blumenthal an Brouwer | Aachen, den 14.VI.1924
AK, Alexandrow-Archiv, Moskau

Lieber Brouwer!

Es ist gut, dass Sie mich gefragt haben, ob Sie mit Urysohn und Alexandrow <u>im Namen der Redaktion</u> korrespondieren können. Die Frage hat mich darauf aufmerksam gemacht, dass ich das nicht zu entscheiden habe, sondern dass Hilbert und Courant als annehmende und gutachtende Redakteure dazu ihre Erlaubnis geben müssen. Dieses Erlaubnis habe ich heute früh durch Postkarte von Hilbert erbeten und werde Ihnen Bescheid geben, sobald Hilberts Antwort da ist. Bis dahin tun Sie also, bitte, hinsichtlich die fünf späteren Arbeiten nichts!

Ich habe Hilbert auch geschrieben, dass Sie die Arbeit Urysohns über den mathematischen Dimensionsbegriff für so unbrauchbar halten, dass sie abgelehnt werden muss, und dass Sie darüber mit Urysohn korrespondieren. Diesen Teil Ihrer Tätigkeit stelle ich also ausserhalb der Erkenntniss der annehmenden Redakteure, weil Sie durch diese Arbeit als Autor direkt getroffen sind, ausserdem, weil es nicht um einen groben Fehler handelt. Alexandroff ist mit Urysohn unzertrennlich, also zur Zeit ebenfalls postlagernd Göttingen. Übrigens sind mir beide Herren wegen grosser Nettigkeit in Göttingen sehr gelobt worden. – Es wird gut sein, wenn Änderungen in den Arbeiten Urysohn-Alexandroff auf das <u>unbedingt Notwendige</u> beschränkt werden. Ein zweites Korrekturexemplar werde ich Ihnen aus eigenen Beständen zusammenstellen, ohne Springer zu berichten. Sie erhalten gleichzeitig die 3 bis jetzt gesetzten Arbeiten.

Wann kommen Sie nach Aachen?
Beste Grüsse von Haus zu Haus!
Ihr
O. Blumenthal

Blumenthal an Hilbert | Aachen, den 14.VI.1924
AK, Nachlass Hilbert, SUB Göttingen, 30, Nr. 47

Lieber Herr Professor!

Brouwer hat mir geschrieben, dass in der im Juli vorigen Jahres bei Ihnen eingelaufenen und von Courant angenommenen Arbeit Urysohns, über den natürlichen Dimensionsbegriff sich so schwere Fehler finden, dass sie nicht brauchbar ist und noch nachträglich abgelehnt werden muss. Da diese Arbeit sich auf Brouwers eigene Publikationen bezieht, wird Brouwers Urteil wohl richtig sein. Ich habe Brouwer gebeten, sich unmittelbar mit Urysohn in Verbindung zu setzen, und ihm Urysohns Göttinger Adresse angegeben. Ich habe ihm auch in Aussicht gestellt, dass die Arbeit noch nachträglich abgelehnt wird, wenn der Fehler vorhanden ist. – Ich würde es für gut halten, wenn Brouwer sich auch die übrigen Arbeiten von Urysohn und Alexandroff ansieht und eventuell daran die nötigen Korrekturen anbringen lässt. Denn dieses eine Beispiel schreckt mich. Dazu bedarf es aber Ihrer und Courants Erlaubnis, um die ich bitte. Antworten Sie mir, bitte, möglichst umgehend!

Beste Grüsse!

Ihr

O. Blumenthal

Herr Razmadzé[12] hat mich besucht. Ich habe seine Arbeit mit ihm durchgesprochen, und noch eine Änderung der Einleitung angenommen. Mann und Arbeit gefallen mir beide.

Blumenthal schreibt hier von Fehlern in Urysohns Arbeit über den natürlichen Dimensionsbegriff, während in seinem Brief oben an Brouwer lediglich von Unbrauchbarkeit die Rede ist. Offenbar wollte Blumenthal Rücksicht auf die Tatsache nehmen, dass Brouwer und nicht die annehmenden Redakteure – Courant und Hilbert – „durch diese Arbeit als Autor direkt getroffen" sei. Der Fehler lag allerdings in der Arbeit von Brouwer (1913a) und nicht bei Urysohn, weswegen der Holländer Urysohns Arbeit unterdrücken wollte.

**Brouwer an Urysohn | Amsterdam, den 14.VI.1924
Entwurf, Alexandrow-Archiv, Moskau**

Sehr geehrter Herr Urysohn,

Vielleicht interessiert Sie die beiliegende Variante zum in Crelle's Journal 42 zwischen S. 149 Z. 2 von unten und S. 150 Z. 10 von unten enthaltenen Passus, durch welchen der Beweis an die auf S. 147 befindliche Trennungsdefinition, so wie sie dort gedruckt steht (also ohne die durch die alte Fassung des Beweises bedingte Tilgung des Wortes ‚abgeschlossen‘), angepasst wird.

(Unter eine ‘η-Kette’ wird im beiliegenden Texte eine endliche Punktfolge verstanden, in der je zwei aufeinander folgende Punkte eine Entfernung $\leq \eta$ besitzen).

Diese Variante, die ich neulich unter meinen Papieren aus den Jahren 1912 und 1914 wiedergefunden habe, ist in der Korrespondenz die ich damals mit

---

[12]A. Razmadzé lebte in Tiflis, Georgien.

Schoenflies, Gross, unter Anderem, über Dimension führte, höchst wahrscheinlich mitgeteilt worden. Ich werde untersuchen, ob vielleicht die Gegenparteien diese Korrespondenz sorgfältiger aufbewahrt haben als ich. Mein eigenes Interesse ist ja voller 9 Jahre von diesen Gegenstände abgelenkt geblieben, und als Archivar habe ich leider immer versagt.

Übrigens halte ich nach wie vor die Trennungsdefinition ohne das Wort ‚abgeschlossen' für dimensionstheoretisch angewiesener und fruchtbarer. Auf Ihren für die Amsterdamer Berichte bestimmten Aufsatz bin ich gespannt; ebenso auf die in Aussicht gestellten Mitteilungen von Herrn Alexandroff (dessen Adresse mir noch immer unbekannt ist).

Mit bestem Gruss
Ihr
L.E.J. Brouwer

Am gleichen Tag schrieb Urysohn, der eine Postkarte von Brouwer in Moskau erhalten hatte, und zwar kurz vor seiner Abfahrt mit Alexandrow nach Göttingen.

Urysohn an Brouwer | Göttingen, den 14.VI.1924
AK, Alexandrow-Archiv, Moskau

Hochgeehrter Herr Professor!

Ihre Karte und den mir leihweise gesandten Sonderabdruck Ihrer Note ‚Some remarks on the coherence type η' habe ich kurz vor meiner Abfahrt erhalten. Gestatten Sie mir, Ihnen dafür meinen aufrichtigsten Dank aussprechen zu dürfen. Mit Herrn Lavrentieff bin ich gut bekannt; er ist aber viel jünger als ich.[13] Herrn Kagan[14] habe ich Ihren Gruss wiedergegeben; er lässt Sie ebenfalls grüssen.

In Göttingen bleiben wir (Alexandroff und ich) etwa 3 Wochen. Wohin wir nachher fahren werden, ist noch nicht ganz bestimmt; jedenfalls kommen wir aber nach Innsbruck.

Mit den ergebensten Grüssen von mir und Herrn Alexandroff,
empfehle ich mich Ihnen hochachtungsvoll
P. Urysohn

Genau eine Woche später schrieb Urysohn erneut an Brouwer, diesmal wegen einer für ihn eher peinlichen Angelegenheit. Er habe gerade die Korrektur von

---

[13]Mikhail Lavrentieff (1900–1980) war eigentlich nur zwei Jahre jünger als Urysohn. Ein bekannter Lehrsatz der Topologie ist der nach ihm benannten Fortsetzungssatz (M. Lavrentieff, Contribution à la théorie des ensembles homéomorphes, *Fundamenta Mathematicae*, 6 (1924): 149–160).

[14] Weniamin Fjodorowitsch Kagan (1869–1953) war ein führender Geometer, der ab 1904 in Odessa und seit 1923 als Professor an der Lomonossow-Universität in Moskau arbeitete.

seiner Arbeit für die *Annalen* bekommen, in der er Brouwers Fehler in Brouwer (1913a) ans Licht brachte. Nun schlug er vor, dieselbe mit einem Zusatz zu versehen, womit klar werden würde, dass Brouwer dieses Versehen schon repariert habe.

Urysohn an Brouwer | Göttingen, den 21.VI.1924
AB, Alexandrow-Archiv, Moskau

Hochgeehrter Herr Professor!

Im vorigen Jahre habe ich Ende Juli (also zwei Monate vor der Marburger Versammlung) Herrn Hilbert für die Mathematischen Annalen eine Note übergeben, in der ich über Ihren Dimensionsbegriff Kritik übte. Ich hatte von dieser Note längst vergessen, als ich vorgestern plötzlich Korrekturen derselben erhielt. Es ist mir durchaus nicht klar, was ich damit anfangen soll; vielleicht wird Sie der ‚Zusatz bei der Korrektur‘, den ich hinzugeschrieben habe, befriedigen? Ich erlaube mir also, Ihnen diese Korrektur zuzusenden und Sie höflichst zu bitten, mich benachrichtigen zu wollen, ob Sie mit der jetzigen Redaktion einverstanden sind, oder welche Abänderungen für nötig finden, oder wie sonst?

Wenn es Ihnen nicht zu viel Mühe macht, möchte ich Sie noch bitten, mir möglichst schnell zu antworten, da das beigelegte Korrekturexemplar dasjenige ist, welches an Herrn Blumenthal gesandt werden soll; überdies bleibe ich in Göttingen nur noch 19 Tage.

Endlich habe ich Sie noch für eine Separatasendung zu danken.

Mit den besten Grüssen empfehle ich mich Ihnen hochachtungsvoll

Paul Urysohn

Zusatz bei der Korrektur

In den vorliegenden Behauptungen bin ich selbstverständlich von der Annahme ausgegangen, dass man im Rahmen der im Band 142 von Crelles Journal stehenden Definition des Dimensionsbegriffes bleibt. Nun hat seitdem Herrn Brouwer eine Berichtigung publiziert, wo er die dem Dimensionsbegriffe zugrunde liegende Definition der Trennung tatsächlich abändert. Damit ist der Beweis vollständig in Ordnung gebracht, und ich möchte noch besonders hervorheben, dass, wie ich erfahren habe, die Notwendigkeit eine derartigen Abänderung der Trennungsdefinition Herrn Brouwer längst bekannt war und ihre Publikation nur Versehensweise bisher ausgeblieben ist. Ich glaube dennoch, dass die vorhergehenden Zeilen von Nutzen sein könnten, da Herr Brouwer in seiner Berichtigung nicht angegeben hat, warum die alte Definition zu verwerfen sei.

Göttingen, den 21. Juni 1924.

————————

Brouwer muss sehr glücklich gewesen sein, diesen sehr offenen Brief von Urysohn zu erhalten. Von Blumenthal hatte er genau eine Woche zuvor grünes Licht bekommen, mit dem Verfasser dieses Textes zu verhandeln (siehe dessen Brief vom 14. Juni auf S. 179). Aber nun stellte sich heraus, dass Urysohn seine eigene Arbeit als ziemlich peinlich empfand. Für Brouwer hieß das, dass er in die Rolle des väterlichen Ratgebers schlüpfen konnte, statt spitzfindige Argumente gegen die Veröffentlichung dieser Arbeit vorzubringen.

Brouwer an Urysohn | Bergen aan Zee, den 24.VI.1924
AB, Alexandrow-Archiv, Moskau

Sehr geehrter Herr Urysohn,

Vielen Dank dafür, dass Sie mir die Korrektur Ihrer vergessenen kleinen Annalennote zusenden und wegen derselben meinen Rat einholen. Ich bin der Meinung, dass in unserem beider Interesse die Publikation dieser Note unbedingt unterbleiben soll. Die Veröffentlichung durch einen Gelehrten A von einem einem Autor B entflossenen Versehen ist nämlich nur dann mit der Gelehrtenwürde im Einklang, wenn entweder das Versehen nur mittels ausführlicher Darstellung von neuen Entdeckungen von A verstanden werden kann, oder zwischen beiden beteiligten jede Rücksprache materiell unmöglich geworden ist (z.B. aus politischen Gründen oder wegen des Todes von B). In jedem anderen Falle erweckt eine derartige Veröffentlichung den Verdacht, dass entweder A sich von unbesonnenem Ehrgeiz hinreissen lässt beziehungsweise B absichtlich kränken will, oder B sein Versehen gegenüber A nicht hat einsehen wollen beziehungsweise dessen öffentliche Anerkennung, wenigstens im vollen Umfange, verweigert hat. Keiner von den genannten Umständen besteht glücklicherweise im vorliegenden Falle, vielmehr in jeder Hinsicht das Gegenteil.

Des Uebrigen bin ich mit Ihnen der Meinung, dass es seinen Nutzen hätte, wenn das von Ihnen angeführte Gegenbeispiel unter die Augen des Publikums käme. Nun muss ich eben selber doch auf den Gegenstand zurückkommen, um nach meiner alten Korrespondenz mit Schoenflies und Gross zu zeigen, wie auch unter Zugrundelegung der versehentlichen Trennungsdefinition aus dem Jahre 1913 der Beweis des Dimensionssatzes in Ordnung gebracht werden kann (näheres darüber berichtete in Ihnen in meinem vor 10 bis 12 Tagen nach Moskau abgegangenen Briefe). Bei der Publikation dieses Beweises werde ich eine gute Gelegenheit haben, das betreffende Gegenbeispiel (selbstverständlich unter Erwähnung Ihrer Vaterschaft) einzuschalten.

Mit dieser wie ich glaube einzig würdigen Abwickelung der Angelegenheit erhoffe ich Sie einverstanden. Die nachträgliche Unterdrückung Ihrer kleine Annalennote wird keinerlei Beschwerden bieten: als Mitredakteur der Annalen mach ich das schon mit Redaktion und Verleger in Ordnung. Ohne Ihre Gegennachricht wird die Sache also in dieser Weise erledigt.

Mich auf ein hoffentlich baldiges Wiedersehen freuend (meine Ihnen nach Göttingen gesandte Karte haben Sie doch erhalten?) und mit den besten Grüssen, auch an Herrn Alexandroff

Ihr

L.E.J. Brouwer

Brouwers Versicherung, dass „die nachträgliche Unterdrückung" von Urysohns Annalennote „keinerlei Beschwerden bieten" werde, spricht für seinen Optimismus in diesem Fall. Am nächsten Tag informierte er Otto Blumenthal über seinen erfolgreichen „Verhandlungen" mit Urysohn, wobei er es nicht unterließ, einen Appell an die Solidarität der *Annalen*-Redaktion zu richten, falls zusätzliche Überzeugungsarbeit doch nötig wäre.

**Brouwer an Blumenthal | Bergen aan Zee, den 25.VI.1924
AB, Alexandrow-Archiv, Moskau**

Lieber Blumenthal,

Wie ich glaube, sieht Urysohn die nicht-Publikationsfähigkeit seiner kleinen gegen mich gerichteten Note schon ein. Sollte dazu noch etwas fehlen, so steht er jedenfalls am Rande dieser Einsicht, und wird ein kleines Zeichen der inneren Solidarität der Annalenredaktion die Sache sicher vollständig erledigen. Sollte er also unerwarteterweise noch eine verbesserte Korrektur oder einen Brief über die Angelegenheit an Sie einsenden, so antworten Sie ihm bitte, dass Herr Brouwer die Note (die ihm nur aus Versehen nicht vor dem Druckgang unterbreitet sei) für unbrauchbar halte, und dass die Annalenredaktion sich in dieser Angelegenheit selbstverständlich nach dem Urteile ihres einzig beteiligten und einzig sachverständigen Mitgliedes richte. Darauf wird Urysohn, auch wenn er sachlich noch nicht alles versteht, sich meiner festen Überzeugung nach ohne Weiteres zufrieden geben und zufrieden bleiben.

Beste Grüsse auf Wiedersehen in einigen Tage

Ihr

L.E.J. Brouwer

Wie Brouwer erwartet hatte, zog Urysohn diese Arbeit ohne den leisesten Protest zurück. Dies erfuhr Brouwer, als die zwei unzertrennlichen Russen schon in Göttingen waren.

5.3 Urysohn und Alexandrow in Göttingen und Laren

Urysohn an Brouwer | Göttingen, den 26.VI.1924
AB, Alexandrow-Archiv, Moskau

Hochgeehrter Herr Professor!

Ihre Karte vom 22. und Ihren Brief von 24. dieses Monats habe ich erhalten; ich bin Ihnen sehr dankbar, dass Sie mir Ihre Meinung so freundlich und eingehend mitgeteilt haben. Mit allem, was Sie mir geschrieben haben, bin ich völlig einverstanden.

Ihren mir nach Moskau gesandten Brief habe ich noch nicht erhalten, was übrigens natürlich ist, da die Hin- und Rückreise des Briefes im Ganzen mindenstens 14 Tage erfordert.

Alexandroff und ich, wir würden sehr glücklich sein, nach Laren kommen zu können, und wir hoffen – nach Ihrer Postkarte – dass das wirklich geschehen wird. Für Ihren so ausserordentlich freundlichen Vorschlag, Ihren Namen als Informationsadresse zu nennen, haben wir Sie noch besonders zu danken; wir hoffen, dass damit die – für Russen so äusserst schwierige – Visumfrage glücklich erledigt sein wird.

Das Niederländische Visum beabsichtigen wir in Köln (da ist doch hoffentlich ein Niederländisches Konsulat vorhanden?) zu ersuchen; wir wollen nämlich 2–3 Tage in Bonn verbringen, um Herrn Hausdorff zu besuchen. Von Göttingen fahren wir am 9 Juli fort; und wir werden nach Laren kommen, sobald wir das Niederländische Visum erhalten haben werden. Sind in Holland die Lebensbedingungen für Ausländer (namentlich die Preise) ebenso schwierig, wie in Deutschland?

Vorigen Dienstag (den 24) sagte Hilbert in der Mathematischen Gesellschaft, dass Sie demnächst nach Göttingen kommen wollen; ist das kein Missverständniss?

In der Hoffnung, dass ich Sie bald wiedersehen und über verschiedene mathematische Fragen persönlich sprechen können werde, empfehle ich mich Ihnen
mit den besten Grüssen, auch Namens von Herrn Alexandroff,
hochachtungsvoll ergebenst
Paul Urysohn

––––––––––

Brouwer hatte tatsächlich eine Einladung von Göttingen bekommen und inzwischen auch angenommen. Diese kam jedoch nicht von Hilbert, sondern von seinem Kollegen, dem Philosophen Moritz Geiger. Alexandrow und Urysohn waren willkommene Gäste in Göttingen, wo sie sich auch wohl fühlten. Andererseits waren beide stark daran interessiert, Brouwer zu besuchen, wenn auch wohlwissend, dass es nicht leicht werden würde, das dafür notwendige Visum zu erhalten. Diese Schwierigkeit wird in dem folgenden Schriftverkehr mit Brouwer durchgängig thematisiert.

Urysohn an Brouwer | Göttingen, den 5.VII.1924
AK, Alexandrow-Archiv, Moskau

Hochgeehrter Herr Professor!

Ihnen mir nach Moskau gesandten Brief habe ich erhalten, und danke Ihnen sehr dafür. Über den Inhalt desselben schreibe ich jetzt nichts Näheres, da ich hoffe demnächst mit Ihnen persönlich sprechen zu dürfen. Aus denselben Gründen schreibt Ihnen Alexandroff (dessen Adresse immer – in Moskau und in Auslande – mit der meinigen identisch ist) nichts über seine Definition der Mannigfaltigkeiten (diese hat sich seitdem noch einfacher gestaltet).

Wir sind aber sehr beunruhigt durch die jetzt in Göttingen allgemein verbreitete Meinung, dass Sie am 16. dieses Monats hierher kommen werden: wir wissen nicht, was wir mit unserer Reise nach Holland anfangen sollen. Wie ich Ihnen an 26. oder 27. Juni geschrieben habe (haben Sie diesen Brief enthalten?), fahren wir am 9. nach Bonn; da Ihre Antwort mich hier wohl schon nicht erreichen kann, erlaube ich mir, Sie zu bitten, mir nach Bonn (postlagernd) schreiben zu wollen, ob Sie am 15. Juli (ungefähr) noch in Laren sein werden, oder wie und wann wir Sie treffen können. Mit dem besten Grüssen, auch Namens von Herrn Alexandroff empfehle ich mich Ihnen

Hochachtungsvoll,

P. Urysohn

P.S. Wenn diese Karte Sie genügend rasch erreicht, würde ich Sie bitten, mir, wenn möglich, nach Göttingen zu Antworten. P.U.

Urysohn an Brouwer | Göttingen, den 6.VII.1924
AK, Alexandrow-Archiv, Moskau

Hochgeehrter Herr Professor!

Ihre Karte vom 4. dieses Monats habe ich soeben erhalten; die in meiner gestrigen Karte erwähnten Fragen sind also vollständig erledigt. Herr Alexandroff und ich, wir sind Ihnen zum besondern Danke verpflichtet für die Mühe, die Sie sich wegen unserer Visumangelegenheiten gegeben haben. Es ist für uns eine sehr grosse Freude, dass wir nach einigen Tagen Sie in Laren persönlich begrüssen dürfen werden.

Mit wiederholten herzlichsten Dank und besten Grüssen, auch Namens von Herrn Alexandroff,

empfehle ich mich Ihnen

hochachtungsvoll ergebenst

P. Urysohn

Urysohn an Brouwer | Mainz, den 9.VII.1924
AB, Alexandrow-Archiv, Moskau

Hochgeehrter Herr Professor!

Ihre Karte vom 7. dieses Monats habe ich gestern Abend, und Ihre Separatasendung heute früh (kurz vor der Abreise aus Göttingen) erhalten; für beides bin ich Ihnen sehr dankbar.

Morgen um 5 Uhr nachmittags sind wir in Bonn, wo wir 2–3 Tage bleiben werden. Das Niederländische Konsulat in Köln werden wir übermorgen (Freitag den 11. Juli) früh besuchen. Falls, wie ich es hoffe, keine unerwarteten Visumschwierigkeiten vorkommen werden, werden wir also schon am 13. dieses Monats in Holland sein.

Herr Alexandroff und ich danken Sie nochmals, und senden Ihnen unsere beste und herzlichste Grüsse.

Ich empfehle mich Ihnen hochachtungsvoll ergebenst
Paul Urysohn.

Urysohn an Brouwer | Köln, den 11.VII.1924
AK, Alexandrow-Archiv, Moskau

Hochgeehrter Herr Professor!

Soeben waren wir im Niederländischen Konsulat. Dort haben wir erfahren, dass das Konsultat nicht bevollmächtigt ist, die Visen ohne Genehmigung der hohen Niederländischen Behörden zu geben. Das Konsulat hat bereits <u>am 8. dieses Monats</u> eine telegraphische Anfrage nach Niederland gesandt, und hält für wahrscheinlich, dass die Antwort Morgen oder höchstens Montag den 14.VII zutreffen wird, übrigens wurde uns, selbstverständlich, nichts bestimmtes versprochen (da eben die ganze Angelegenheit nur von den Zentralen Behörden abhängt). Morgen schreibe ich Ihnen wieder.

Mit den besten Grüssen, auch Namens von Herrn P. Alexandroff,
empfehle ich mich Ihnen
hochachtungsvoll, ergebenst
P. Urysohn

Urysohn an Brouwer | Bonn, den 12.VII.1924
AK, Alexandrow-Archiv, Moskau

Hochgeehrter Herr Professor,

Soeben komme ich aus Köln. Im Niederländische Konsulat ist leider noch keine Antwort da. Wir müssen also am Montag (den 14 dieses Monats) wieder dorthin fahren, und können also im günstigsten Falle erst am 15. dieses Monats in Laren sein.

Mit den besten und herzlichsten Grüssen, auch Namens von Herrn Alexandroff,

empfehle ich mich Ihnen hochachtungsvoll ergebenst

P. Urysohn

P.S. Falls am Montag die Visumfrage noch immer nicht erledigt sein wird, telegraphiere ich Ihnen 'Visum unentschieden'. P.U.

———

Alexandrow und Urysohn verbrachten etwa eine Woche in Bonn, um Hausdorff zu besuchen. Danach verbrachten sie etwa eine Woche in Laren mit Brouwer, der sich aber von ihnen verabschiedete, da er einen Vortrag in Göttingen halten musste.

P.S. Alexandrow et al. an Brouwer | Amsterdam, den 20.VII.1924
AK, Alexandrow-Archiv, Moskau

Lieber Herr Brouwer!

Hier sitzen wir alle vier in Amsterdam im tiefen Elend wegen der Weckuhr (nur eine fühlt sich den Elend schon vorbei), und denken, ob wir uns in ein Gracht oder in die Zuiderzee zum sterben legen sollen. Aus dem Rijksmuseum hat man uns hinausgeschmissen wegen der Jackenlosigkeit von einem der unterzeichneten Herren, und jetzt in American Hotel wird jedes Wort des Briefes so laut declamiert, dass wieder dieselbe Gefahr besteht. Wir senden Ihnen also treuherzige Grüsse und Küsse (wieder mit Ausnahme derselben schlechtgesinnten Dame)

P. Alexandroff

Dien Kalshoven

Paul Urysohn

Corrie Jongejan

———

Abbildung 5.1: Brouwer mit seinen neuen russischen Freunden Paul Alexandrow (links) und Paul Urysohn (rechts) (Nachlass Hausdorff, Kapsel 61, Abteilung Handschriften und Rara, Universitäts- und Landesbibliothek Bonn)

Danach meldeten sich die zwei jungen Russen aus Le Batz, einem Fischerdorf an der Atlantik in der Bretagne.

Urysohn u. Alexandrow an Brouwer | Le Batz, den 29. VII. 1924
AB, Alexandrow-Archiv, Moskau

Hochgeehrter und lieber Herr Professor!

Erst heute sind wir endlich zum Schreiben gekommen. In Paris sind wir täglich von 9 Uhr morgens bis 10 Uhr abends herumgelaufen – denn ausser der Stadt und der Museen gab es noch ein Polizeipräsidium, das uns Schwierigkeiten machte, und das deutsche Konsulat, wo wir ein Transitvisum für die Rückreise erfragt haben, u.s.w. Nach 4 Tagen sind wir so müde geworden, dass wir uns entschlossen haben, die Fortsetzung von Paris auf die Rückreise (Urysohn), resp. auf die Ewigkeit (Alexandroff) zu übertragen. Hierher sind wir vorgestern gekommen, wobei es einen ganzen Tag gedäuert hat, bis wir einen ruhigen Ort auf der Küste finden konnten In demselben Briefumschlage werden Sie unsere Curricula vitae finden, sowie einen Brief an Sie, der als offizielle Aussage unseres Wunsches, nach

Amsterdam zu kommen, gelten soll.

In mathematischer Hinsicht haben wir, selbstverständlich, noch wenig Neues. Urysohn hat übrigens einen Raum gefunden, der nicht nur im topologischen (wie der Hilbertschen), sondern auch im metrischen Sinne, als der grösste metrische Raum mit abzählbarer dichter Teilmenge gelten darf. Genauer ausgedrückt: es gibt ein metrischer Raum mit abzählbaren dichtem Teilmenge, der zu jedem anderen metrischen Raume mit abzählbarem dichte Teilmenge eine dem letzten kongruente (= eine entfernungstreue Abbildung zulassende) Teilmenge enthält. – Es gibt übrigens verschiedenen 'umfassendste' Räume von dieser Natur, aber nur einen, der ausserdem gewissen Homogenitätsbedingungen genügt.

Wir wollen nochmals unsern herzlichsten Dank aussprechen, für den wirklich ganz ausserordentlich freundlichen Empfang, die wir bei Ihnen gefunden haben; wir danken ebenfalls den beiden Damen, denen wir so viel Mühe gegeben haben.

Ausserdem möchten wir nochmals um Verzeihung bitten wegen der Weckuhr. Schreiben Sie uns bitte, ob Sie dadurch nicht etwas nach Göttingen mitzunehmen vergessen haben. Schreiben Sie uns überhaupt über die Reise nach Göttingen, und über Ihren Aufenthalt daselbst; jedes Detail wird uns interessieren.

Mit den besten Grüssen an Sie und die beiden Damen
Ihre herzlichst ergebene
Paul Urysohn
Paul Alexandroff
Unsere Adresse ist (bis zum 25 VIII):
Le Batz (Loire Infèrieure), Pension de famille 'Le Val Renaud'

Brouwer an Alexandrow u. Urysohn | 1.VIII.1924
AB, Alexandrow-Archiv, Moskau

Liebe Freunde,

Eben erhalte ich Ihren Brief, und beeile mich, Ihnen das beiliegende Stück zu retournieren mit der Bitte, es durch die in magistraler Zerstreuung vergessene Unterschrift von Urysohn zu ergänzen. Sobald ich das Stück wieder habe, geht der längst bereit liegende Brief an den Rockefeller Education Board nach Amerika.

In Göttingen war man für meine Sache sehr interessiert – ich hatte zirka 150 Zuhörer, aber die Diskussionen blieben ziemlich an der Oberfläche. Meine von dort gesandte Karte haben Sie doch erhalten? Einen ausgezeichneten Eindruck hatte ich von Kneser.[15] Auch Neugebauer hat mir unter den jüngeren gut gefallen.[16] Mit

---

[15]Hellmuth Kneser (1898–1973), Sohn von Adolf Kneser (1862–1930) und Vater von Martin Kneser (1928–2004), studierte zunächst in Breslau, bevor er nach Göttingen ging. Dort wurde er 1921 bei David Hilbert promoviert; danach wurde er Assistent bei Richard Courant. Das Thema seiner Dissertation lautete: Untersuchungen zur Quantentheorie, *Mathematische Annalen*, 84 (1921): 277–302.

[16]Otto Neugebauer (1899–1990) war zu dieser Zeit Assistent bei Richard Courant; siehe Rowe (2016).

Klein habe ich mich mehrere Stunden unterhalten. Er ist geistig vollkommen frisch und (viel mehr als die sonstigen Göttinger) mathematisch und menschlich allseitig orientiert und interessiert.[17] Mein Gastgeber Prof. Geiger war ein mathematisch gebildeter Professor der Philosophie, mit dem der Umgang sehr anregend war. Zum Schwimmen in der Leine bin ich leider nicht gekommen.

Ich schliesse, denn der Brief muss mit der nächsten Post weg.

Herzliche Grüssen, auch von Frl. Jongejan und Frl. Kalshoven.

Ihr Brouwer

Fotografien folgen demnächst.

––––––––––

Urysohn u. Alexandrow an Brouwer | Le Batz, den 4.VIII.1924
AB, Alexandrow-Archiv, Moskau

Hochgeehrter, lieber Herr Professor!

Soeben haben wir Ihren Brief von 1.VIII erhalten, und eilen, Ihnen die, in dummer Weise fehlende, Urysohnsche Unterschrift zuzuschicken. Die französische Post, und auch vieles anderes in diesem Lande ist dumm und ekelvoll – z.B. wir haben Ihre aus Göttingen gesandte Karte nicht erhalten, das heisst das Pariser poste-restante-service hat sie bis jetzt nicht nach unseren jetziger Adresse über-schicken gewollt, obwohl diese Adresse dem Service schon längst bekannt ist, und andere Briefe übergesandt worden sind. Mit gleicher Post schicken wir dahin eine Schimpfkarte. Vieles anderes über Frankreich werden wir Ihnen in Innsbruck er-zählen. Wir endigen damit unsern Brief, weil er sonst heute nicht fortkam. Vielen Dank für alles. Schreiben Sie doch bitte, um Gottes Willen, ob Sie uns für die Weckuhr noch immer böse sind.

Mit den herzlichsten Grüssen an Sie, an Frl. Jongejan und Frl. Kalshoven

Ihre wirklich ergebene

Paul Alexandroff

und Paul Urysohn

––––––––––

Urysohn u. Alexandrow an Brouwer | Pointe du Raz, den 11.VIII.1924
AK, Alexandrow-Archiv, Moskau

Im grossen Elend, da ich meinen Fuss verletzt habe. Paul Alexandroff.

Hochgeehrter lieber Herr Professor!

Viele herzliche Grüsse aus dem hier abgebildeten Orte, den wir in alle Rich-tungen durchgeklettert und umgeschwommen haben. Ihre Göttinger Karte haben

––––––––––––––––––––––––

[17]Dieses Gespräch fand zur Zeit der Mohrmann-Affäre (Abschnitt 6.4) statt. Brouwers Ein-schätzung ist besonders interessant im Hinblick auf Kleins kritische Ansichten in Bezug auf Brouwers Tätigkeiten als Gutachter; siehe den Kommentar auf S. 228.

wir endlich erhalten. Vielen Dank dafür; wo war sie denn geschrieben? Trotz vielen
Nachdenken konnten wir es nicht entscheiden.

Ihren herzlich ergeben P. Urysohn.

5.4 Der Tod Urysohns

Brouwer an Helmut Kneser | Bad Harzburg, den 21.VIII.1924
AB, Nachlass H. Kneser, SUB Göttingen

Lieber Herr Kneser,

Sie haben wohl auch die zerschmetternde Nachricht erhalten, dass Urysohn
in Frankreich beim Baden ertrunken ist. Es ist ein unglaublicher Schicksalsschlag.
Alexandroff wird wahrscheinlich übermorgen in Göttingen ankommen. Falls Sie
oder Fraulein Noether über die Stunde seiner Ankunft vernehmen, so würde ich Sie
bitten, mich sofort (nötigenfalls telegraphisch) zu benachrichtigen. Ich meinerseits
werde Ihnen gegenüber dasselbe tun.

Ihr

L.E.J. Brouwer

Brouwer an Alexandrow | Laren, den 28.VIII.1924
AB, Alexandrow-Archiv, Moskau

Lieber Freund,

Einen in Wehmut getränkten Gruss von der Stelle unseres ersten Zusammenseins, das schon in so unendlicher Ferne zu liegen scheint.

Das Begleitdokument zum Nachlass geht morgen ab (nach Berlin, postlagernd).

Grüsse an Kowners und Händedruck von Ihrem

Brouwer

Brouwer an Alexandrow | Laren, den 31.VIII.1924
AB, Alexandrow-Archiv, Moskau

Lieber Alexandroff,

Ihre beiden Briefe habe ich erhalten, und ich bin in Gedanken fortwährend bei
Ihnen. Doch werde ich nicht Ihrer Äusserung gemäss beten, dass Sie ein nicht zu
langes Leben haben werden. Erstens, weil wir nicht wegen objektiven Ereignissen,

sondern nur wegen Aufklärung unseres Pflichtbewusstseins und wegen Kraft zum Tragen der uns auferlegten Prüfungen beten dürfen. Zweitens, weil unser irdisches Dasein uns ausschliesslich zur Läuterung unserer Seele von den Erbsünden der Furcht und der Begierde geschenkt wurde und es nur nach dem zur Erfüllung dieses Zweckes erforderlichen Zeitraume ist, dass die Lebensdauer des Gerechten bemessen wird.

Eben deshalb hat der Tod eines gerechten Menschen für ihn selbst immer den Charakter einer Erfüllung, einer Befreiung und einer Erlösung, und sollen wir ihm nach seinem Tode nur weiter unsere Liebe, und nicht unser Mitleid entgegenbringen, vor allem dann nicht, wenn auch sein Sterbens übergang ein leichter war.

Und für die trauernden Hinterbliebenen gilt folgendes: Jeder Schmerz hat für das Herz, das ihn empfindet, seine läuternde Bedeutung und in den Tagen des Schmerzes ist es manchmal leichter als in den Tagen der Freude, sich Gottes Nähe bewusst zu werden, weil der Schmerz, um in Ruhe getragen zu werden, zur Entmaterialisierung zwingt.

Möge es auch Ihnen so gehen!

Für unser bevorstehendes Zusammensein hier im Herbst werde ich auch Ihren weitere Angaben gemäss das Nötige veranlassen.

In treuer Freundschaft,

Ihr

L.E.J. Brouwer.

Brouwer an den Vater Urysohns | Laren, den 14.II.1925
Entwurf, Kopie, Alexandrow-Archiv, Moskau

Verehrter Herr Urysohn,

Ich danke Ihnen für Ihren liebenswürdigen und vertrauensvollen Brief. Ich glaube, dass ich Ihre Gefühlen verstehen kann, gerade wegen des tiefen und des fast mystischen Eindrucks der mir immer von Ihrem Paul geblieben. Er muss aber in einer seltener Weise das beste aus Ihnen und seiner Mutters Natur in sich vereinigt haben, und zwar in einer so abgeklärten Weise, dass seine Seele schon zu seinen Lebzeiten fast zu träumen und über der Erde zu schweben schien. Dieses letzte Empfinden stellte sich während unseres Zusammenseins immer mehr an die Seite meiner längst vorher bestehenden Bewunderung für seine grossere mathematische Leistungen, insbesonders für das mächtige und erstaunliche neue Leben, dass er dem früher von mir kultivierten Wissensgebiet der Topologie eingeflösst hatte.

Es hat fast den Anschein als bestehe zwischen seiner Geistesverfassung und seinem kurzen meteorenhaften körperlichen überirdischen Dasein eine transzendente kausale Verknüpfung, und als wäre der Tod für ihn mehr ein Erwachen als ein Einschlafen gewesen.

Mögen Sie, schwer erprobter Vater, im Bewusstsein und in der Sicherheit der epischen Schönheit seines kurzen irdischen Lebensganges, seines seelischen Weiterlebens den Trost finden den ich Ihnen so sehr vom ganzem Herzen wünschen.

Falls Sie im kommenden Sommer zur Ruhestätte Ihres lieben Verstorbenen hinwollen sollten und ich Ihnen zur Ermöglichung dieser Reise irgendwie behilflich sein kann, so verfügen Sie bitte rückhaltslos über mich. Ich verbleibe in wärmster Sympathie.

Ihr ganz ergebener
L.E.J.Brouwer

Grüssen Sie bitte herzlichst unseren Alexandroff, und sagen Sie ihm dass ich noch heute oder spätestens morgen an ihn schreiben werde.
L.E.J.B.

Kapitel 6

Konflikte in der *Annalen*-Redaktion (1924–1927)

6.1 Blumenthal bemüht sich um von Kármáns Verbleib

Erich Trefftz, der nach dem Krieg Blumenthals Kollege in Aachen wurde, ging schon 1922 nach Dresden, wo er eine Professur an der Technischen Hochschule annahm. Zwei Jahre danach verstarb der Dresdner Professor für Technische Mechanik, Karl Wieghardt. Bei einem Besuch von Trefftz in Aachen erfuhr Blumenthal, dass Theodore von Kármán auf Platz eins der Berufungsliste für die Nachfolge Wieghardts stand. Am folgenden Tag schrieb Blumenthal den folgenden vertraulichen Brief.

Blumenthal an Theodor von Kármán | Aachen, den 7.VIII.1924
TB, Theodore von Kármán Papers, California Institute of Technology, Pasadena

Lieber Kármán!

Erich Trefftz ist in Aachen, war gestern bei uns und hat mir eine Mitteilung gemacht, die Sie sehr nahe angeht. Sie sind nämlich an erster Stelle als Wieghardts Nachfolger vorgeschlagen worden. An zweiter Stelle stehen Hencky[1] und noch einer, an dritter Grammel[2] und noch einer. Ich wünsche Ihnen von Herzen, dass Sie den Ruf erhalten. Ich wünsche aber ebenso von Herzen, dass wir Sie nicht verlieren müssen. Ich habe deshalb gestern schon mit dem Rektor Bonin[3] gesprochen, der

---

[1] Heinrich Hencky habilitierte sich an der TH Dresden und arbeitete ab 1922 als Lektor an der Technischen Universität in Delft.

[2] Richard Grammel war ordentlicher Professor für Technische Mathematik und Thermodynamik an der TH Stuttgart, wo er bis zu seiner Emeritierung im Jahr 1957 blieb.

[3] Hermann Bonin studierte Maschinenbau an der TH Charlottenburg. Gleich nach seiner Promotion dort im Jahr 1913 wurde er als ordentlicher Professor an die TH Aachen berufen. Bonin

© Springer-Verlag GmbH Deutschland, ein Teil von Springer Nature 2019
D. E. Rowe und V. Felsch, *Otto Blumenthal: Ausgewählte Briefe und Schriften II*,
Mathematik im Kontext, https://doi.org/10.1007/978-3-662-58356-2_6

Abbildung 6.1: Theodor von Kármán (Hochschularchiv der RWTH Aachen)

mir zufällig in die Hände gelaufen ist. Die Hochschule wird – das kann ich Ihnen
auf Grund dieser Besprechung sagen – bei dem Ministerium alle Anstrengungen
machen, um für Sie die Bedingungen durchzusetzen, die Sie zum Bleiben in Aachen bestimmen können. Ich nehme an, dass dazu vor allem eine Entlastung von
dem Unterricht in Mechanik gehören wird, über die wir schon vielfach gesprochen
haben (zweites Ordinariat oder ähnliches). Wir denken auch, dass wir mit diesen
Anstrengungen Erfolg haben werden. Einstweilen, bis Sie den Ruf haben, werden
wir nichts unternehmen, um Ihnen den Ruf nicht zu verscheuchen. Wir bitten Sie
aber dringend, uns sofort wissen zu lassen, sobald der Ruf erfolgt, und uns dann Ihre Wünsche bekannt zu geben. Vor allem bitten wir Sie, mit Dresden nichts fest zu
machen, bevor wir Gelegenheit gehabt haben, mit allen Unterredungskünsten auf
das Ministerium einzuwirken, damit [man] Ihre Wünsche erfüllt. Wir betrachten
Ihre Gegenwart in Aachen für sehr wesentlich für den Glanz unserer Hochschule

---

war von 1924 bis 1926 dort Rektor.

und werden dieser Ueberzeugung in jeder Weise Ausdruck geben.

Wenn also ein Antrag an Sie kommt, so schreiben Sie sogleich an den Rektor, nicht an mich, denn ich bin vielleicht verreist, und die Nachricht bleibt bei mir liegen.

Die Nachricht von dieser Berufung hat mir das Zusammensein mit E. Trefftz etwas verbittert, sonst war es sehr nett. ...

Beste Grüsse an Sie und Ihre Familie!
Ihr
O. Blumenthal.

Blumenthals Bemühungen schlugen diesmal nicht fehl, und die Dresdner mussten sich mit einem anderen Kandidaten zufrieden geben. Am Ende wurde beschlossen, dass Trefftz selbst sich am besten für diese freie Stelle eignete. So verließ er 1924 die mechanische Abteilung, um den Lehrstuhl für Technische Mechanik zu bekleiden.

Zu dieser Zeit war Blumenthals Arbeit für die *Annalen* in vollem Gang. Die folgenden zwei Postkarten an Hilbert geben ein Indiz dafür, dass er nach wie vor die verschiedensten Forschungsthemen aus dem Hilbertschen Milieu mit großem Interesse verfolgte.

Blumenthal an Hilbert | Aachen, den 16.III.1924
AK, Nachlass Hilbert, SUB Göttingen, 30, Nr. 45

Lieber Herr Professor!

Das Manuskript Schilling[4] habe ich mit bestem Dank erhalten. Der Mann verfügt über eine bemerkenswerte geometrische Anschauung und seine Konstruktion ist wirklich hübsch.[5] Die Darstellung finde ich etwas lang und kollegmässig, auch etwas reichlich Figuren,[6] aber diese Eigentümlichkeiten muss man Schilling

---

[4]Der Geometer Friedrich Schilling war sowohl Hilbert als auch Blumenthal gut bekannt, da er zwischen 1899 und 1904 außerordentlicher Professor in Göttingen war. Dort lehrte er darstellende Geometrie, und gleichzeitig betreute er die Sammlung mathematischer Geräte. Die gleiche Aufgabe hatte er früher als Assistent Felix Kleins, bei dem er 1893 promoviert wurde. Drei Jahre später habilitierte er sich in Aachen, dann ging er 1897 nach Karlsruhe, bevor Klein ihn zurückholte. 1904 wurde er Professor an der neu gegründeten TH Danzig, an der er 1917 bis 1919 Rektor war.

[5]Friedrich Schilling, Über die Abbildung der projektiven Ebene auf eine geschlossene singularitätenfreie Fläche im erreichbaren Gebiet des Raumes, *Mathematische Annalen*, 92 (1924): 69–79. Wie Schilling anmerkte, wurde mehr als 20 Jahre früher die erste solche Abbildung gefunden, und zwar von Hilberts Doktoranden Werner Boy. Die Ergebnisse seiner Dissertation wurden später als „Über die Curvatura integra und die Topologie geschlossener Flächen" publiziert (*Mathematische Annalen*, 57 (1903): 151–184).

[6]Schillings Arbeit enthält zwölf Figuren, während in der Arbeit Boys sogar 24 abgedruckt sind.

wohl lassen. Habe ich recht, dass Boy im Kriege gefallen ist?[7] Ich frage deshalb, weil er einmal mit „Herr" zitiert wird, was doch bei Verstorbenen nicht üblich ist. – Von Ihrer Arbeit erhalten Sie demnächst Korrektur.[8] Ich war in diesem Winter ziemlich überarbeitet, daher ist vieles länger liegen geblieben als es hätte sollen. Ich meinerseits warte auf die von Ihnen angekündigte Dissertation Ackermann.[9] – Ich denke sehr daran, in den Ferien für ein paar Wochen nach Göttingen zu kommen, um mich auszuruhen und auffrischen zu lassen. Ich würde Sie dann jedenfalls noch sehen. Ich bin aber noch zu keinem endgültigen Entschluss gekommen. – Mali geht es glücklicherweise sehr gut. Sie ist so frisch wie seit langer Zeit nicht mehr.

Beste Grüsse von Haus zu Haus!

Ihr

O. Blumenthal.

Mali ist stolz darauf, Ihnen durch die Hopfs so andauernden Genuss verschafft zu haben.

Blumenthal an Hilbert | Aachen, den 14.V.1924
AK, Nachlass Hilbert, SUB Göttingen, 30, Nr. 46

Lieber Herr Professor!

Vielen Dank für Ihren Brief. Aloys Müller muss ich also zurückschicken und werde es mit einer schicklichen formalen Begründung tun.[10] Razmadzé werde ich durchsehen. Der Herr hat schon zwei gute Arbeiten über Variationsrechnung in den

---

[7]Werner Boy ist noch heute für die nach ihm benannten Boyschen Fläche bekannt, die eine Immersion der reellen projektiven Ebene in den dreidimensionalen Raum darstellt. Es wird manchmal vermutet, anscheinend ohne einen Beleg dafür, dass sein Doktorvater Hilbert ihm als Thema stellte, die Unmöglichkeit einer derartigen Abbildung zu beweisen. Diese Vermutung gewinnt ihre Plausibilität aus der Tatsache, dass Hilbert kurz zuvor einen entsprechenden Beweis für die hyperbolische Ebene erbracht hatte. Es wäre also naheliegend für ihn gewesen, davon auszugehen, dass ein analoges Ergebnis für die elliptische Geometrie gelten müsse. Nach Vollendung seiner Dissertation im Jahr 1901 und dem Ablegen des Staatsexamens unterrichtete Boy an mehreren Schulen. Er arbeitete als Oberlehrer von 1905 bis 1909 an der Oberrealschule in Krefeld und danach am Realgymnasium in seiner Geburtsstadt Barmen. Als 35-jähriger fiel Boy am 6. September 1914 nahe Vitry-le-François.

[8]Es handelt sich um David Hilbert, Die Grundlagen der Physik, *Mathematische Annalen* 92 (1924): 1–32. Sie war eine überarbeitete Fassung der zwei aufsehenerregenden Noten, die Hilbert schon 1916 und 1917 unter demselben Titel in den *Göttinger Nachrichten* veröffentlicht hatte.

[9]Es handelt sich um den bedeutenden Beitrag zu Hilberts Beweistheorie: Wilhelm Ackermann, Begründung des „tertium non datur" mittels der Hilbertschen Theorie der Widerspruchsfreiheit, *Mathematische Annalen*, 93 (1925): 1–36.

[10]Kurz zuvor erschien der Aufsatz „Über Zahlen als Zeichen" (*Mathematische Annalen*, 90 (1923): 153–158), in dem Müller eine Analyse der Begriffe in Hilberts Beweistheorie unternahm. Gleich danach publizierte Paul Bernays eine Entgegnung, in welcher er auf gewisse Missverständnisse Müllers verwies. Aloys Müller war ein Vertreter des Fiktionalismus Hans Vaihingers. Seine Deutung der Begrifflichkeiten in Einsteins Relativitätstheorie wurde um diese Zeit von Hans Reichenbach heftig zurückgewiesen (Hentschel 1990).

Annalen geschrieben.[11] Ist Carathéodory in München? Dann würde ich ihm die Begutachtung übertragen, denn er hat die erste Arbeit Razmadzés über einen verwandten Gegenstand angenommen.[12] Ich bitte um baldige Antwort. Mit Urysohn-Alexandroff ist es eine schlimme Geschichte. Courant hat mir jetzt die Manuskripte zugeschickt. Es ist doch recht viel – die 6 kleinen Arbeiten hinter einander werden sich nicht gut ausnehmen. Aber es ist jetzt nichts mehr anderes zu tun als sie schleungist abzudrucken.[13] – Ackermanns Manuskript ist schon Anfang April während meiner Abwesenheit hier eingetroffen.[14] – Ich freue mich, dass meine gärtnerische Tätigkeit Ihren Beifall gefunden hat. Ich habe über Ihre herrliche Sammlung von Werkzeugen gestaunt. – Auf dem Delfter Kongress war es sehr schön und interessant, und vorzügliche internationale Stimmung.[15] Courant wird Ihnen ja erzählt haben. – Der Göttinger Aufenthalt und Delft zusammen haben mir entschieden gut getan. Am Sonntag kommt Mali nach Göttingen.

Beste Grüsse an Sie und Frau Professor, und auch an Klärchen, die mich so vorzüglich betreut hat.

Ihr

O. Blumenthal

---

[11] Die eingereichte Arbeit erschien als A. Razmadzé, Sur les solutions discontinues dans le calcul des variations, *Mathematische Annalen*, 94 (1925): 1–52. Offensichtlich gab es vorher nur eine kurze Arbeit von ihm, und zwar A. Razmadzé, Über das Fundamentallemma der Variationsrechnung, *Mathematische Annalen*, 84 (1921): 115 f.

[12] Diese neue Arbeit erschien im folgenden Jahr: A. Razmadzé, Sur les solutions discontinues dans le calcul des variations, *Mathematische Annalen*, 94 (1925): 1–52.

[13] Es erschienen jedoch nur fünf von diesen sechs Arbeiten, denn Brouwer intervenierte, da er eine Arbeit Urysohns als einen Angriff auf ihn empfand (siehe hierzu Blumenthals Korrespondenz in Abschnitt 5.2). Die fünf anderen wurden der Reihe nach abgedruckt: P. Alexandroff u. P. Urysohn, Zur Theorie der topologischen Räume, *Mathematische Annalen*, 92 (1924): 258–266; P. Alexandroff, Über die Struktur der bikompakten topologischen Räume, *Mathematische Annalen*, 92 (1924): 267–274; P. Urysohn, Über die Metrisation der kompakten topologischen Räume, *Mathematische Annalen*, 92 (1924): 275–293; P. Alexandroff, Über die Metrisation der im Kleinen kompakten topologischen Räume, *Mathematische Annalen*, 92 (1924): 294–301; P. Urysohn, Der Hilbertsche Raum als Urbild der metrischen Räume, *Mathematische Annalen*, 92 (1924): 302–304.

[14] Wilhelm Ackermann, Begründung des „tertium non datur" mittels der Hilbertschen Theorie der Widerspruchsfreiheit, *Mathematische Annalen*, 93 (1925): 1–36. Paul Bernays schrieb hierüber in *Jahrbuch über die Fortschritte der Mathematik*: Im Rahmen der Hilbertschen Beweistheorie wird hier der Nachweis der Widerspruchsfreiheit für das transfinite Axiom

$$A(a) \to A(\varepsilon_a A(a))$$

geführt, welches von Hilbert zuerst in der Arbeit „Die logischen Grundlagen der Mathematik" (*Mathematische Annalen*, 88 (1922)) eingeführt wurde und durch das die Formalisierung der üblichen Schlüsse der formalen Logik bewirkt wird, insbesondere das „tertium non datur", d.h. die Alternative zwischen der Allgemeingültigkeit eines Satzes für alle Dinge eines gewissen Individuenbereiches und der Existenz eines Gegenbeispiels.

[15] Es handelt sich um den ersten Internationalen Kongress für angewandte Mathematik und Mechanik, eine Initiative von C. B. Biezeno, J. M. Burgers, J. A. Schouten (Delft) und E. B. Wolff (Amsterdam) (siehe hierzu *Proceedings of the first International Congress for Applied Mechanics, Delft, 1924*).

Vermutlich lernte Blumenthal zum ersten Mal Jan Burgers auf dem oben erwähnten Kongress in Delft kennen. Burgers galt neben Ludwig Prandtl und Theodor von Kármáns als führender Experte für Hydrodynamik. Möglich wäre auch, dass sie schon 1921 zusammenkamen, als Burgers einer Einladung von Kármáns nach Aachen folgte (Alkemade 1995, xxvii–xxviii). Nach 1933 entwickelte sich eine enge Freundschaft zwischen ihm und Blumenthal, dessen Zukunft in Deutschland zu der Zeit immer dunkler wurde (Abschnitt 9.3 und 10.5). Zur „vorzüglichen internationalen Stimmung" auf dem Kongress trugen 109 Ausländer von 20 Ländern bei, wobei etwa die Hälfte aus Deutschland kam. Der Erfolg führte dazu, dass schon zwei Jahre später ein zweiter Kongress in Zürich veranstaltet wurde (Eckert 2007, 98 f.).

6.2   Konflikte um den Riemann-Band

Ende 1924 machte die *Annalen*-Redaktion erste Pläne für einen Sonderband, um den berühmten Göttinger Mathematiker Bernhard Riemann zu ehren, dessen 100. Geburtstag zwei Jahre später gefeiert werden sollte. Blumenthal und Hilbert wollten dabei einige führende Mathematiker Frankreichs einladen. Eine erste Liste der einzulandenden Mathematiker ging an die Mitglieder der Redaktion. Brouwer antwortete folgendermaßen darauf.

Brouwer an Blumenthal 1.XI.1924
TB, Kopie, Einstein Archive, 6 109.1

... Für den Riemann-Band sage ich gern meinen Beitrag zu. Auch die vorgeschlagene Liste der Mitarbeiter an diesem Band billige ich, <u>bis auf den Namen Painlevé</u>.[16] Deutschland würde sich lächerlich machen, zur Beteiligung an der Ehrung des Andenkens eines deutschen Gelehrten des 19. Jahrhunderts ein Geschöpf einzuladen, das sich als Vorsitzender der Académie des Sciences wie folgt geäussert hat:[17]

> ... „il s'agissait d'un duel désespéré, d'un duel à la vie, à la mort, sans transaction possible, entre deux conceptions de la civilisation: il s'agissait de savoir si la science serait pour l'homme un moyen du libération et d'ennoblissement ou l'instrument de son esclavage." ...

> ... „La science n'est moralisatrice qu'à condition de garder aux yeux de l'élite qui la cultive son caractère essentiel, qui est la recherche désintéressée de la vérité – C'est cette science, tout imprégnée de l'esprit

---

[16] Paul Painlevé (1863–1933) war sowohl Mathematiker als auch Politiker, der ab März 1917 als Kriegsminister diente.

[17] Painlevé war seit 1900 Mitglied der Pariser Akademie der Wissenschaften, und im Jahr 1918 wurde er zu deren Präsident gewählt.

de la solidarité, qui, avant la guerre avait formé l'esprit de nos jeunes savants, de nos étudiants, de nos chercheurs – <u>Pendant ce temps, de l'autre côté du Rhin, la science, c'était une gigantesque entreprise où tout un peuple avec une patiente servilité, s'acharnait à fabriquer la plus formidable machine à tuer qui ait jamais existé.</u>"[18] …

… „une considération doit dominer toutes les autres: c'est que ceux qui ont fait cela, soient mis hors d'état de recommencer."…

… „Tant que l'Allemagne n'aura pas renoncé au fond d'elle – même à son idéal sanglant d'oppressions, de rapines et de violences tant qu'elle n'aura pas pris conscience et horreur de ses crimes, il n'y aura pas de réconciliation possible, fût-ce pour une collaboration scientifique, entre elle et l'humanité."

Ich bitte Sie, dieses Zitat allen Redakteuren zu unterbreiten, und bin überzeugt, dass keiner von ihnen nach der Lektüre desselben (insbesondere der von mir unterstrichenen, Riemann direkt aufs schroffste und dümmste beleidigenden Zeilen) eine Einladung an Painlevé für den Riemann-Band noch für möglich halten wird.

––––––––––

Otto Blumenthal hatte inzwischen viele unangenehme Erfahrungen mit Brouwer gemacht. Sicherlich hat er auch unter dessen zunehmend kritischer Haltung in Bezug auf seine redaktionelle Arbeit gelitten. Um diese Zeit herum gab er Brouwers Druck nach und versprach ihm, dass er bald aus der Redaktion zurücktreten würde. Angesichts dieser Umstände dürfte klar sein, warum er auf Brouwers Brief nicht antworten wollte. Stattdessen wandte er sich an Carathéodory und bat ihn, Verhandlungen mit Brouwer aufzunehmen.

Carathéodory an Brouwer | München, den 6.XI.1924
TB, Kopie, Einstein Archive, 6 109.2

… Blumenthal bittet mir Ihren letzten Brief in dem der Passus über Painlevé enthalten ist, zu beantworten.

Im Grunde bin ich ganz Ihrer Meinung, überlege mich aber, ob man den Unsinn, der während des Krieges in allen Länder zusammengetragen worden ist,

––––––––––

[18]Painlevé galt als einer der führenden Experten auf dem Gebiet der Differentialgleichungen. Seine Arbeiten brachten ihn in Berührung mit aerodynamischen Problemen, und er begeisterte sich sehr für die neuen technischen Entwicklungen in der Luftfahrt. Als Wilbur Wright 1908 nach Frankreich kam, lud er Painlevé als seinen ersten Flugzeugpassagier ein. Im folgenden Jahr bot Painlevé die erste universitäre Lehrveranstaltung über Aeronautik an. Diese Erfahrungen waren von großer Bedeutung für seinen Übergang zur Politik, da er sich ab dieser Zeit immer mehr für militärische Fragen interessierte. Während seiner politischen Karriere leitete er als Fachmann für das militärische Flugwesen verschiedene staatliche Komitees.

sich doch immer von neuem ins Gedächtnis rufen muss; da hätte man ja gar nicht gebraucht mit der Schiesserei aufzuhören.

Was speziell den Riemann-Band angeht, so ist es nach meiner Meinung gar nicht so notwendig auch Franzosen dabei zu haben. Falls man das aber wünscht, gibt es keine andere Methode, dies auf dezentem Wege zu erreichen, als dadurch, dass man sich zu allererst an Painlevé wendet. Painlevé ist nämlich unter den französischen Mathematikern der einzige, der eine genügend gefestigte Position bekleidet, um sich an dem Riemann-Band zu beteiligen ohne Gefahr zu laufen, von der ganze Meute der Banausen angebellt zu werden. Durch Nernst weiss ich ausserdem, dass während seines Rektorats Painlevé sich erboten hatte einige Vorträge an der Universität Berlin zu halten und dass – trotzdem das Ministerium des Aeusseren in Berlin sich für die Sache interessierte – sie an dem Widerstande einiger Berliner Professoren gescheitert ist. Sie sehen also, dass wenigstens nach dieser Nachricht Painlevé die Worte vergessen zu haben scheint, die Sie ihm ankreiden.

...

Diese Meinung Carathéodorys gab Blumenthal direkt an Einstein weiter.

Blumenthal an Einstein | Aachen, den 15.XII.1924
TB, Kopie, Einstein Archive, 6 109.3, (Einstein 2015, 605–606)

... Ich darf Ihnen gleichzeitig eine andere Angelegenheit vortragen, die sich auf unseren beabsichtigten Riemannband bezieht. Zunächst hoffe ich bestimmt, dass Sie uns einen Beitrag liefern werden. Mit der Anknüpfung an Riemann brauchen Sie es nicht so genau zu nehmen. In irgend einer Weise knüpft ja schliesslich alles an Riemann an. Zweitens aber handelt es sich um die Aufforderungen an die Franzosen. Als Mitarbeiter sind Painlevé und Hadamard in Aussicht genommen worden. Painlevé wird gewiss nichts liefern, er ist ja nicht mehr eigentlich Mathematiker. Aber Carathéodory meint, dass er der einzige Kanal ist, durch den man zu den anderen Franzosen gelangen kann. Ferner glaube ich mit Carathéodory, dass die Einladungen an die Franzosen mündlich erfolgen oder wenigstens mündlich vorbereitet werden müssen, und wir haben geglaubt, dass Sie der geeignetste wären, diese Einladung zu überbringen. Wir wären Ihnen zu grossem Dank verpflichtet, wenn Sie sich dieser Aufgabe unterziehen wollten, und glauben auch, dass Sie es gern tun werden, weil es in der Richtung Ihrer Bestrebungen liegt. Nun hat sich die Sache dadurch kompliziert, dass Brouwer einen geharnischten Protest gegen Painlevé erhoben hat. Ich lege Ihnen das Schriftstück bei und auch die Antwort, die Carathédory an Brouwer geschrieben hat. Eine Gegenäusserung Brouwers ist bisher nicht erfolgt. Ich stimme vollkommen mit Carathéodory überein. Wenn sich keine Einigung erzielen lässt, müssen wir die Sache innerhalb der Hauptredaktion (Sie, Hilbert, Cara und ich) entscheiden. Ich bitte Sie also, mir Ihre Ansicht mitteilen zu wollen. Sie kennen ja die Pariser Verhältnisse genau,

wissen auch, ob es möglich ist, direkt an Hadamard heranzutreten, ohne Painlevé
zu kränken. Ich würde, um des sehr empfindlichen Brouwers willen, diesen Ausweg
befürworten, da ich die Aufforderung an Painlevé nur für Formsache halte. Aber
nur unter Bedingung, dass die Einladung an Hadamard darunter nicht leidet, denn
auf diese kommt es sehr wesentlich an.

    . . .

Einstein hatte seit seinem Eintritt in die Hauptredaktion im Jahr 1920 sehr
wenig mit den Geschäften der *Annalen* zu tun gehabt. Bei dieser Gelegenheit sah er
allerdings die Chance, einen Beitrag zur Versöhnung zwischen den deutschen und
französischen Mathematikern leisten zu können, zumal er den in Betracht kommenden Franzosen, z.B. Painlevé und Hadamard, relativ gut kannte. So antwortete
er umgehend Blumenthal im durchaus positiven Sinne.

Einstein an Blumenthal | Berlin, den 16.XII.1924
TB, Kopie, Einstein Archive, 6 109.4, (Einstein 2015, 607–608)

. . . Painlevé ist ein Mensch, der schon seit Jahren an der Arbeit ist, um die
geistige Atmosphäre zu reinigen. Mag er geirrt haben; er ist doch von einer Sorte,
von der wir hier leider nicht oder nicht genug haben. Ich schliesse mich ganz Carathéodory an und bitte dringend, bei dem Vorsatz zu bleiben und Brouwer noch
einen versöhnlichen Brief zu schreiben, dass er sich nicht verletzt fühlt. Merk-
würdigerweise wollte ich heute ganz zufällig sowieso an Painlevé schreiben. Nun
kann ich diese Sache ganz ungezwungen anfügen. Cara. hat darin ganz Recht, dass
man an andere französische Mathematiker durch P. gelangen muss. Hadamard ist
nämlich ängstlich und etwas germanophob, überhaupt nicht von freiem Blick in
Sachen, die seiner Wissenschaft ferner liegen. Wenn man aber nicht direkt an H.
gelangt, kann man auch nicht direkt an Borel schreiben, der menschlich viel freier
ist –. So wird es schon recht werden.

    P. S. Ich schreibe an P. Langevin, mit dem ich herzlich befreundet bin, damit
dieser mit Painlevé spricht. So ist es am besten.

Einstein an Paul Langevin | Berlin, den 16.XII.1924
AB, Kopie, Einstein Archive, 15 376, (Einstein 2015, 608–609)

Lieber Langevin!

Ich freue mich, eine Gelegenheit zu haben, Ihnen zu schreiben. Denn dabei sehe ich Sie vor mir, wie wenn wir zusammen sässen und plauderten, wie es hoffentlich bald wieder sein wird.

. . .

Ich bemerke zu meiner Freude, dass sich die Gesinnung der einflussreichsten und erfahrensten Männer hier gegen Frankreich und gegen den Völkerbund sehr zum Guten geändert hat; allerdings ist die Erleuchtung noch nicht bis zu der „species minorum gentium" vorgedrungen. Aber dies wird sicher kommen. Hier höre ich dass Painlevé an der französisch deutschen Verständigung arbeitet. Möchte er auf hiesiger Seite die richtigen Männer finden! Falls ich in dieser Beziehung irgend etwas für ihn thun kann, bin ich gerne bereit und habe auch die nötigen Verbindungen. Ich habe nun eine besondere Bitte an Painlevé, welche die eigentliche Veranlassung dieses Briefes ist: Die mathematischen Annalen geben einen Riemann-Jubiläumsband heraus (Redaktion Blumenthal, Hilbert, Caratheodory und ich) und möchten diesen Anlass benutzen, mit französischen Mathematikern dadurch wieder Beziehungen anzuknüpfen, dass sie sie dazu auffordern Beiträge zu diesem Bande zu liefern. Meine Bitte ist nun die: Fragen Sie bitte Painlevé in meinem Namen, ob er eine derartige Einladung freundlich aufnehmen würde. Wir können uns denken, dass es dem viel beschäftigten Manne nicht möglich sein wird, selbst einen Beitrag zu leisten. Aber vielleicht würde er die Güte haben, unsere Einladung solchen französischen Mathematikern zu übermitteln, von denen er glaubt, dass sie eine solche Einladung annehmen, bezw. die Annahme in freundliche Erwägung ziehen würden. . . .
Sie, die Ihren und Frau Curie mit Töchtern grüsst in herzlicher Sympathie Ihr A. Einstein.

Langevin und Einstein kannten einander seit der ersten Solvay-Konferenz, die 1911 in Brüssel stattfand. Diese wurde von Hendrik Antoon Lorentz geleitet und befasste sich mit dem Thema „Theorie der Strahlung und Quanten". Einsteins Freundschaft mit seinem französischen Kollegen vertiefte sich 1922 während seines aufsehenerregenden Besuches in Paris, eines Ereignisses von großer politischer wie auch wissenschaftlicher Bedeutung. Die Einladung von der Collège de France kam durch die Initiative Langevins zustande (Einstein 2012, 145 f.), der Einsteins Hoffnungen auf eine friedliche Zukunft in Europa teilte.

Langevin an Einstein | Paris, den 13.I.1925
AB, Einstein Archive, 15 378, (Einstein 2015, 634–635)

Mon cher ami,

Je n'ai reçu votre lettre qu'avec un grand retard dû à mon absence de Paris pour les vacances, à la recherche d'un repos dont j'ai grand besoin. Il m'a fallu aussi quelque temps pour voir quelques personnes avant de pouvoir répondre à la question que vous m'avez posée. Je dois vous dire de suite que j'ai trouvé le meilleur accueil, d'abord auprès de Painlevé qui, malgré les multiples soucis dont il est chargé collaborera volontiers à l'hommage que vous voulez rendre à l'homme de génie que fut Riemann. J'ai vue aussi Borel et Hadamard. Le Comité qui s'occupe de la publication peut s'adresser à eux en toute confiance. Je n'ai pas encore pu en parler à Cartan, particulièrement qualifié au point de vue géométrique, mais je ne doute pas de son acceptation. . . .

Nous vous adressons tous, ainsi qu'à Madame Einstein nos meilleurs voeux pour la nouvelle année – au cours de laquelle rien ne me serait plus agréable et réconfortant que de pouvoir vous rencontrer un peu souvent. Nous apportera-t-elle aussi du réconfort au point de vue général. Cela dépend essentiellement des relations entre nos deux pays – les dispositions sont excellentes ici où la bonne politique s'affirme de plus en plus – et ce que vous me dites me donne aussi des raisons d'espérer.

Je vous embrasse bien affectueusement

P. Langevin

In der Zwischenzeit löste Brouwers Schreiben an Blumenthal eine Kettenreaktion innerhalb der Redaktion aus. Bieberbach reagierte als Erster, indem er sich gegen eine Einladung an Painlevé aussprach und gleichzeitig einen Antrag stellte, wonach diese Entscheidung nicht allein von der Hauptredaktion – d.h. von Hilbert, Einstein, Carathéodory und Blumenthal – getroffen werden durfte.

Bieberbach an Blumenthal | Berlin, den 12.I.1925
TB, Kopie, Einstein Archive, 6 109.5

. . . Brouwer hat mir heute eine Aeusserung mitgeteilt, die Painlevé in einer Sitzung der Pariser Akademie über die deutschen Gelehrten getan hat. Mir scheint es dadurch ausgeschlossen, ihn, wie in Aussicht genommen, um einen Beitrag zum Riemannband der Annalen zu ersuchen. Ich stelle daher den Antrag, von der Ausführung des darauf bezüglichen Innsbrucker Beschlusses[19], abzusehen. . . .

---

[19]Auf der vorjährigen Jahrestagung der DMV in Innsbruck wurde beschlossen, dass die mitwirkenden Redakteure der *Mathematischen Annalen* nicht befugt waren, bei gewissen geschäftlichen Fragen mitzubestimmen.

Diese Bedenken Bieberbachs wurden von Otto Hölder als auch von Walther von Dyck geteilt, wie aus deren folgenden Mitteilungen hervorgeht.

Otto Hölder an Blumenthal | Leipzig, den 15.I.1925
TB, Kopie, Einstein Archive, 6 109.6

... Nachdem ich von der Aeusserung Kenntnis erhalten habe, die Painlevé in der öffentlichen Sitzung der Akademie über die deutsche Wissenschaft des 19. Jahrhunderts getan hat, muss ich gleichfalls meinen Widerspruch gegen die Absicht anmelden, Painlevé für den Riemannband der Annalen um einen Beitrag zu ersuchen.

Ich muss gestehen, dass ich aus verschiedenen Gründen bis jetzt der ganzen Angelegenheit wenig Aufmerksamkeit schenken konnte, sonst hätte ich selbst ohne jene Aeusserung von Painlevé die äussersten Bedenken schon an sich dagegen empfunden, unter den jetzigen Verhältnissen einen Franzosen oder Belgier zur Teilnahme an einem deutschen Unternehmen aufzufordern.

W. von Dyck an die Herren Mitglieder der *Annalen*-**Redaktion | München, am Tage der Gründung des Deutschen Reichs, 18.I.1925**
TB, Kopie, Einstein Archive, 6 110

Sehr geehrte Herren Kollegen!

Durch Herrn Kollegen B i e b e r b a c h erhalte ich Kenntnis von einem an ihn gerichteten Brief unseres holländischen Kollegen B r o u w e r , in welchem er sich <u>gegen</u> die Einladung von P a i n l e v é zur Mitarbeit am Riemann-Band der Annalen erklärt.

„und zwar weil Painlevé in der öffentlichen Sitzung der französischen Akademie die deutschen Gelehrten des 19. Jahrhunderts als „sklavenhafte Erbauer der kolossalsten Mordmaschine, die die Menschheit gekannt hat", gekennzeichnet hat, und weil unter diese Kennzeichnung auch Riemann fällt. (Wörtlich sagt Painlevé „Pendant ce temps, de l'autre côté du Rhin, la science, c'était une gigantesque entreprise où tout un peuple avec une patiente servilite, s'acharnait à fabriquer la plus formidable machine à tuer qui ait jamais existe") ... "

Ich kann mir, obwohl Brouwer Gegenteiliges mitteilt, nicht denken, dass man nach Kenntnis dieser ungeheuerlichen Beschimpfung die Mitarbeit Painlevés am Annalenband auch nur auf einen Augenblick aufrecht erhalten will!

Die Mitarbeit von Franzosen ist für mich von vorneherein ausgeschlossen; eine Mitarbeit anderer Ausländer bedarf der sorgfältigsten Prüfung und ist nur zulässig, wenn absolute Beweise deutschfreundlicher Gesinnung und Betätigung vorliegen. Ich will annehmen, dass die Herren Kollegen diese Anschauung teilen.

...

Zwei Tage später schrieb Einstein an Blumenthal, um sein Entsetzen über den obigen Brief, dessen Absender ihm unbekannt war, zum Ausdruck zu bringen.

Einstein an Blumenthal | Berlin, den 20.I.1925
TB, Kopie, Einstein Archive, 6 109.8, (Einstein 2015, 642)

... Eben erhalte ich einen rabiaten Brief aus München, in dem gegen die Beteiligung der Franzosen bei der Festschrift protestiert wird. Nachdem wir den Schritt getan haben, kann er in keinem Falle revoziert werden. Ich würde dies wenigstens keinesfalls mitmachen. Painlevé hat durch seine gegenwärtige Stellungnahme, die schon Jahre dauert, die Scharte längst ausgewetzt. Wer ist wohl der Autor dieses Briefes?

Auch Arnold Sommerfeld stimmte der Meinung der Brouwer-Fraktion zu.

Sommerfeld an Blumenthal | München, den 26.I.1925
TB, Nachlass Sommerfeld, Deutsches Museum, München

Lieber Blumenthal!

... Dass sich Painlevé so „französisch" benommen hat, wusste ich nicht. Unter diesen Umständen wird es wohl unmöglich sein an ihn heranzutreten. Als beschämend fühle ich nur, dass Brouwer stärker deutsch fühlt, als wir. ...

Angesichts dieser heftigen Ablehnung zog Carathéodory die Konsequenz, dass die *Annalen*-Redaktion keine Einladungen an französische Mathematiker senden sollte.

Carathéodory an Blumenthal | München, den 20.I.1925
TB, Kopie, Einstein Archive, 6 109.7

...
Was endlich den Riemannband betrifft, so haben sich jetzt sowohl Bieberbach wie auch Dyck an Brouwer angeschlossen. Es ist wie ich durch Brouwer vor einigen Tagen erfahren habe, das Unglück passiert, dass Brouwer den Brief, den ich ihm vor Monaten geschickt hatte nie erhalten hat. Durch dieses Missgeschick ist die Sache erst recht verfahren. Ich finde aber die Lösung, dass die Franzosen überhaupt nicht aufgefordert werden sollen, recht gut. Ich war nur dagegen, dass man den Versuch machen wollte, sie zur Mitarbeit aufzufordern, ohne den Kontakt über Painlevé zu suchen. Es scheint mir aber, dass die Herstellung normaler Beziehungen einer späteren Generation überlassen werden muss.

Inzwischen bekam Bieberbach die Chance, mit Einstein über diese Angelegenheit zu sprechen, denn beide waren Mitglieder der Berliner Akademie. Danach teilte dieser Blumenthal mit, wie die Redaktion sich aus dieser Affäre ziehen könnte, ohne Einsteins Ansehen in Frankreich zu schaden.

Bieberbach an Blumenthal | Berlin, den 23.I.1925
TB, Kopie, Einstein Archive, 6 109.9

. . . Durch Carathéodory habe ich erfahren, dass nicht er sondern Einstein es übernommen hat, französische Beiträge zum Riemannband zu beschaffen. Von Einstein habe ich nun erfahren, dass er an Langevin die Frage gerichtet hat, ob eine Aufforderung zur Mitarbeit an dem Riemannband auf fruchtbaren Boden fallen würde. Langevin habe ihm mitgeteilt, dass diese Anregung sehr sympathisch aufgenommen worden sei. Ich glaube nun, und das habe ich auch Einstein gesagt, dass man ohne weiteren Widerspruch zu finden, und ohne E. zu desavouieren, so vorgehen kann, dass Einstein Langevin seinen Dank für diese Auskunft ausspricht und ihn bittet dafür zu sorgen, dass geeignete Beiträge rechtzeitig in Ihre Hände gelangen. Eventuell kann man noch hinzufügen, dass eine besondere Aufforderung einzelner nicht mehr ergehen werde. Ich meinerseits würde jedenfalls mit einem derartigen Verfahren durch aus einverstanden sein. Da auf diesem Wege auch die direkte Aufforderung von Painlevé vermieden ist, so dürfte so auch das Einverständnis der übrigen Herren erzielt werden können.

———————

Es lag nun in Blumenthals Händen, Einstein über diese peinliche Geschichte zu informieren wie auch gleichzeitig zu überlegen, ob die *Annalen* doch nicht einige französische Beiträge zum geplanten Riemann-Heft bekommen könnten. Nebenbei identifizierte er den Verfasser des „rabiaten Briefes aus München".

Blumenthal an Einstein | Aachen, den 31.I.1925
TB, Einstein Archive, 6 109, (Einstein 2015, 658–659)

Lieber Herr Einstein!

Die Angelegenheit der Einladung Painlevé und anderer französischer Mathematiker ist ausserordentlich kompliziert. Zu den sachlichen Schwierigkeiten sind in unangenehmster Weise noch Zufälligkeiten hinzugetreten. Die erste ist die, dass Brouwer Carathéodorys Brief worin dieser seinen versöhnlichen Standpunkt auseinander setzte, überhaupt nicht erhalten hat. Die zweite Zufälligkeit ist zwischen uns Beiden vorgefallen. Sie besteht darin, dass der Zweck meines ersten Briefes an Sie nicht der war, Sie jetzt zu einem Schritt bei den französischen Mathematikern aufzufordern, sondern nur Ihre Ansicht einzuholen, ob wir ohne Painlevé in Frankreich etwas machen können. Ich wollte dann, wie das auch in dem Brief ausgedrückt ist, auf Grund Ihrer Antwort noch Hilberts Ansicht einholen, bevor etwas entschieden werden sollte. Beim nochmaligen Lesen meines Briefes ist mir allerdings klar geworden, dass Sie sich über die Absicht wohl täuschen konnten. Ich nehme also meinen Teil der Schuld an Ihrem Missverstehen auf mich, umsomehr, als ich der Schlussbemerkung Ihres Briefes, dass Sie an Langevin schreiben würden, nicht die nötige Beachtung geschenkt habe. Ich möchte dazu sagen, dass mir gerade dieser Gedanke, der Vermittlung durch den vorzüglichen Langevin ganz besonders sympathisch war und noch ist. Ueber die jetzige allgemeine Lage unterrichtet Sie der in Abschrift beigelegte Briefwechsel. Der „rabiate" Brief, den Sie aus München erhalten haben, rührt von Dyck her. Ich halte ebenso wie Sie die in diesem Brief dargelegten Ansichten für verkehrt; ebenso auch diejenigen in Hölders Brief.

Ich habe mir sehr lange überlegt was nun zu tun ist, um ohne schweren Streit innerhalb der Redaktion die Sache beizulegen. Da scheint mir die von Bieberbach vorgeschlagene Lösung die weitaus beste. Eine <u>offizielle</u> Einladung an einzelne französische Mathematiker findet nicht statt. Auch an andere deutsche oder auswärtige Gelehrte werden keine Einladungen mehr erlassen. Dies teilen Sie Langevin mit und bitten ihn gleichzeitig, weiter dafür sorgen zu wollen, dass von den Herren, mit denen er bereits gesprochen hat, geeignete Beiträge zu dem Riemannband bis Januar nächsten Jahres bei uns einlaufen. Ich bitte Sie um Ihre umgehende Antwort, ob Sie mit diesem Vorgehen einverstanden sind. Ich sehe, wie gesagt, keine andere Möglichkeit. Ich werde dann diesen Vorschlag Hilbert als dem ersten Titel-Redakteur mitteilen. Sein Einverständnis halte ich für sicher. Er wird ihn dann in geeigneter Form der übrigen Annalenredaktion mitteilen.

Noch zwei andere Punkte habe ich zu besprechen. Einmal wegen Ihres eigenen Beitrages zu dem Riemannband. Sie haben unser Zirkular anscheinend missverstanden, indem Sie schon <u>diesen</u> Januar als Einlieferungstermin aufgefasst haben. Da der Festband erst zum September 1927 erscheinen wird, würde dadurch Ihre Arbeit zu 1 3/4-jährigem Ruhen verdammt, was gewiss nicht Ihre Absicht ist. In Wirklichkeit handelt es sich um Einlieferung im Januar <u>nächsten</u> Jahres.

Ich habe Ihnen kürzlich die Anfrage des Verlags Vuibert wegen Uebersetzung des „Relativitätsprinzips" vorgelegt.[20] Alle übrigen Mitarbeiter haben sich unterdessen mit der Uebersetzung einverstanden erklärt. Ich wäre Ihnen sehr dankbar, wenn auch Sie mir bald Ihr Einverständnis mitteilen wollten, denn selbstverständlich kommt ohne diese die ganze Uebersetzung nicht zustande. Es ist mir nachträglich durch eine Bemerkung von H.A. Lorentz eingefallen, dass die Teilung des Honorars in gleiche Teile unter sämtliche Mitarbeiter und mich als Herausgeber zu Ihren Ungunsten ist. Selbstverständlich kann dieser nur der arithmetischen Einfachheit halber gemachte Vorschlag revidiert werden. Ich bitte Sie also um Ihre recht baldige Antwort.

Beste Grüsse

O. Blumenthal

---

[20]Diese Übersetzung ist aus unbekannten Gründen nicht zustande gekommen.

Zwei Wochen später verfasste Hilbert ein Rundschreiben an die Redaktion, in dem er ankündigte, dass „die Herausgeber der *Annalen*" per einmütigem Beschluss dem Vorschlag Bieberbachs Folge leisten wollten. Seine Formulierung lässt durchblicken, dass Hilbert einerseits den Widerstand innerhalb der Redaktion berücksichtigen musste, obwohl er andererseits eine Abstimmung der gesamten Redaktion, worauf Bieberbach drängte, als unzweckmäßig ablehnte.

Hilbert an die Mitglieder der *Annalen*-Redaktion | Göttingen, den 14.II.1925 TB, Einstein Archive, 13 076, (Einstein 2015, 666–667)

Anlässlich der Bedenken, welche im Zusammenhang mit der Frage der Einladung französischer Mathematiker zur Mitarbeit an dem Riemannband entstanden sind, und mit Rücksicht darauf, dass eine unverbindliche Fühlungnahme mit Herrn Langevin vor Bekanntwerden dieser Bedenken schon stattgefunden hat, haben die Herausgeber der Annalen einmütig folgenden Beschluss gefasst: Kollege Einstein soll darum gebeten werden, Herrn Langevin mitzuteilen, dass spezielle persönliche Aufforderungen an Ausländer zur Mitarbeit am Riemannband nicht weiter ergehen werden, dass jedoch Beiträge, die durch Vermittlung von Langevin bzw. Einstein rechtzeitig an die Annalen-Redaktion gelangen, im Falle ihrer Eignung in den Riemannband aufgenommen werden würden. Grundsätzlich sollen solche Ausländer, welche ohne derartige persönliche Aufforderung ihre Mitarbeit anbieten und damit ihr Interesse und ihre Gesinnung bekunden, nicht wegen ihrer Zugehörigkeit zu einer bestimmten Nation ausgeschlossen werden.

Hilbert

Bieberbach protestierte gegen diese Vorgehensweise Hilberts, weil er der Meinung war, dass nur die gesamte Redaktion und nicht allein die Hauptredaktion über eine derartig wichtige Frage zu verantworten hat. Möglicherweise versuchte er, Einstein von der Gerechtigkeit dieses Standpunkts zu überzeugen, während Hilbert die folgenden Gegenargumente gelten lassen wollte.

Hilbert an Einstein | Göttingen, den 28.II.1925
TB, Einstein Archive, 13 074, (Einstein 2015, 678–679)

Lieber Herr Kollege,

Während ich jetzt die Angelegenheit der Zulassung von Ausländern zum Riemannbande als definitiv erledigt ansehe, erhalte ich von Kollegen Bieberbach einen recht überflüssigen Brief darüber. Da Bieberbach sich demzufolge auch mit Ihnen in Verbindung gesetzt hat, so bin ich leider genötigt, Ihnen in Kürze meine Meinung darüber auszusprechen, indem ich hoffe, dass Sie dieselbe im Wesentlichen teilen werden. I[n] einer solchen Angelegenheit, wie die gegenwärtig[e], tra[g]en, denke ich, die Herausgeber der Annalen gegenüber der Oeffentlichkeit die volle und alleinige Verantwortung und es war daher ein sehr erfreulicher Umstand, dass diese einstimmig der gleichen Ansicht waren. Natürlich wäre eine einstimmige Meinung aller Redaktionsmitglieder – wie sie Bieberbach verlangt – sehr erwünscht; sie war aber eben nicht zu erreichen und es ist auch garnicht verwunderlich, wenn in solchen kritischen Fällen eine Gesammtheit von 13 Personen nicht einhellig ist.

Was nun die Sache selbst betrifft, so fürchte ich nicht, wie es Bieberbach zu tun scheint, dass wir vom Ausland, speziell den Franzosen zu viel Material erhalten werden. Und, dass wir bei unseren Aufforderungen um Beiträge unter den Deutschen Mathematikern eine Auswahl trafen, hatte lediglich den Zweck, uns zuviel ungeeignetes Material fernzuhalten. Selbstverständlich behalten wir uns doch die schliessliche Aufnahme jeder Arbeit im Einzelnen vor – auch wenn sie aus dem Auslande kommt. Freilich wenn wir z. B. von Painlevé oder Hadamard, die uns beide spontane deutliche Beweise dafür gegeben haben, dass sie uns hochschätzen und mit uns zusammenarbeiten wollen, Beiträge liefern, so sollen dieselben – das ist der Sinn unseres Beschlusses – nicht deshalb refüsiert werden, weil ihre Autoren Franzosen sind. Dieser Beschluss ist für mich unabänderlich und ich möchte Sie auch bitten, in diesem Sinne zu verfahren.

Mit vielen besten Grüssen bin ich Ihr

D. Hilbert.

P. S. Wir haben uns hier in den letzten Seminarstunden viel mit Ihrer Abhandlung über das ideale Gas beschäftigt. Könnten Sie mir nicht einen Separatabzug davon schicken und vor Allem auch von Ihrer neuesten Mitteilung über denselben Gegenstand? Es ist ein grosser Uebelstand, dass mir das Sekretariat Ihrer Akademie die Berichte erst Monate später schickt, als sie sogar im Buchhandel erscheinen! – Dann noch eins: Es wäre doch sehr schön und uns Allen sehr lieb, wenn Sie einmal auch die math. Annalen mit einem Beitrage erfreuen würden. Könnten Sie nicht diese Abhandlungen über das ideale Gas dazu verwenden? vielleicht in einer ausführlicheren Darstellung! denn Ihre erste vorliegende Abhandlung ist recht schwer lesbar.

Vermutlich stimmte Einstein den Argumenten Hilberts voll zu, da bald danach Bieberbach fast die identischen Ausführungen aus Göttingen zu lesen bekam.

Hilbert an Bieberbach | Göttingen, undatiert, Ende Februar 1925
AB, Entwurf, Nachlass Hilbert, 457, Nr. 3

Lieber Herr Kollege,

Zu Ihrer ersten Bemerkung möchte ich Sie bitten zu bedenken, dass doch gerade in einer solchen Angelegenheit, wie die gegenwärtige, die Herausgeber gegenüber der Öffentlichkeit allein die Verantwortung tragen und dass übrigens der erfreuliche Umstand eingetreten war, dass die Mitglieder der Hauptredaktion einstimmig derselben Ansicht waren. Natürlich wäre eine einhellige Meinung aller Redaktionsmitglieder sehr erwünscht. Nach der vorliegenden Korrespondenz aber war eine solche unmöglich zu erreichen – und es ist übrigens auch gar nicht verwunderlich, dass in solchen kritischen Fällen eine Gesamtheit von 13 Mitgliedern nicht einhellig sein kann.

Was nun die Sache selbst betrifft, so fürchte ich nicht, dass wir vom Auslande speziell von den Franzosen zu viel Material erhalten werden. Und dass wir bei unserer Aufforderung unter den Deut[sch]en Math[ematikern] eine Auswahl trafen, hatte nur den Zweck, uns zu viel ungeeignet[es] Material fern zu halten. Selbstverständlich behalten wir uns doch die schliessliche Aufnahme jeder einzelnen Arbeit vor – erst recht, wenn sie aus dem Auslande kommt. Freilich, wenn wir z.B. von Painlevé oder Hadamard, die uns beide deutliche Beweise dafür dass sie uns hochschätzen und mit uns zusammenarbeiten wollen, gegeben haben, Beiträge liefern – was [?] noch gar nicht sicher ist – so sollen dieselben – das ist der Sinn unseres Beschlusses und dies entspricht den Interessen des Deutschtums und der Deutschen Mathematikerschaft – nicht deshalb refüsiert werden, weil ihre Autoren Franzosen sind. Dieser Beschluss ist für mich ein unabänderlicher.

Mit besten Grüssen
Ihr
D. Hilbert

Blumenthal bat die Autoren, bis zum Januar 1926 ihre Arbeiten einzureichen. Als diese Frist näherte, schickte er die folgende freundliche Erinnerung.

Blumenthal an Hilbert | Aachen, den 19.XI.1925
TB mit einem handgeschriebenen Zusatz, Nachlass Hilbert, SUB Göttingen 30,
Nr. 49

Lieber Herr Kollege!

Sie haben im vergangenen Jahr auf unsere Bitte hin, uns in liebenswürdiger
Weise einen Beitrag für die von den Mathematischen Annalen geplante Festschrift
zum 100. Geburtstag R i e m a n n s zugesagt. Da die Beiträge im Januar 1926
einlaufen sollen, erlaube ich mir Sie an Ihre Zusage zu erinnern und hoffe, dass wir
die Freude haben werden, einen Beitrag von Ihnen rechtzeitig zu erhalten.

Ihr sehr ergebener
O. Blumenthal

Lieber Herr Professor,

Dieses Circular geht gleichzeitig an alle Mathematiker, die einen Beitrag zur
Riemann-Festschrift zugesagt haben. Hoffentlich nutzt es. Besonders hoffe ich auf
Ihren Beitrag. . . .

Beste Grüsse von Haus zu Haus.
Ihr
O. Bl.

Drei Monate später schickte Blumenthal Hilbert den folgenden vorläufigen
Bericht über den Stand des Riemann-Bandes.

Blumenthal an Hilbert | Aachen, den 26.II.1926
TB, Nachlass Hilbert, SUB Göttingen, 30, Nr. 51

Lieber Herr Professor!

. . . Ich weiss nicht, ob Sie sich wieder so weit fühlen, dass Sie an Geschäfte
denken mögen. Wenn nicht, dann lassen Sie das Folgende auf sich beruhen. Es
handelt sich aber um nichts Unerfreuliches, nun um die Riemann-Festschrift. Wir
haben dazu eine Reihe gute Beiträge bekommen, so dass das Heft in würdigen Auf-
machung herauskommen [kann]. Nur die deutschen Autoren sind leider schlecht
vertreten. Landau und Wirtinger sind bis jetzt die einzigen ansehnlichen.[21] Einstein ist leider sehr schwach.[22] Koebe hat noch nicht geliefert, wenn auch verspro-

---

[21]Edmund Landau, Über das Konvergenzgebiet einer mit der Riemannschen Zetafunktion zusammenhängenden Reihe, *Mathematische Annalen*, 97 (1927): 251–290; Wilhelm Wirtinger, Zur
formalen Theorie der Funktionen von mehr komplexen Veränderlichen, *Mathematische Annalen*,
97 (1927): 357–376.

[22]Albert Einstein, Über die formale Beziehung des Riemannschen Krümmungstensors zu den
Feldgleichungen der Gravitation, *Mathematische Annalen*, 97 (1927): 99–103. Möglicherweise
meinte Blumenthal, dass diese kurze Arbeit Einsteins zu knapp war, oder vielleicht bemängel-

chen, Weyl hat abgesagt.[23] Wären Sie geneigt, einen kleinen Beitrag zu liefern? Es hat noch Zeit. Ich würde die Frage nicht stellen, wenn Ihnen nicht bei früheren Gelegenheiten mathematische Nebenarbeit gut getan hätte.[24] …

Hilbert fragte, ob es geeignete biographische Literatur gebe, die für den Riemannband nutzlich sein könnte. In seiner Antwort wies Blumenthal auf Dedekinds kurze Schilderung von Riemanns Reise 1860 nach Paris, wo er Victor Puiseux, Joseph Bertrand, Charles Hermite, Charles Briot und Jean-Claude Bouquet kennenlernte:

> In den Osterferien 1860 machte er eine Reise nach Paris, wo er sich vom 26. März ab einen Monat aufhielt; leider war das Wetter sehr rauh und unfreundlich, noch in der letzten Woche gab es mehrere Tage hinter einander Schnee und Hagel, so dass die Besichtigung von Merkwürdigkeiten oft geradezu unmöglich war. Dagegen war er sehr zufrieden mit der freundlichen Aufnahme von Seiten der Pariser Gelehrten Serret, Bertrand, Hermite, Puiseux und Briot, bei welchem er einen Tag auf dem Lande in Chatenay mit Bouquet sehr angenehm verlebte. (Dedekind 1892, 554 f.)

In seinem obigen Brief erwähnte Blumenthal nicht, welche ausländischen Arbeiten dabei waren. Da aber keine einzige aus Frankreich eintraf, gab es keinen Anlass, diese Anekdote im Riemann-Band aufzunehmen.

---

te er die Tatsache, dass sie eine Reihe unbegründeter Behauptungen enthält. Ausgehend von seinen kosmologischen Feldgleichungen wollte Einstein eine mathematische Rechtfertigung für den Ansatz $R_{im} - \frac{1}{4} g_{im} R = -k T_{im}$ geben, da er sich „nach mannigfache Miserfolge zu der Überzeugung durchgerungen habe", dass der von Weyl und Eddington eingeschlagene Weg, eine einheitliche Feldtheorie für Gravitation und Elektromagnetismus aufzustellen, „der Wahrheit nicht näher kommt". Inhaltlich baute er auf einen kurz zuvor erschienenen Aufsatz des russisch-US-amerikanischen Mathematikers George Yuri Rainich. Dieser zeigte (*Nature*, 115 (1925): 498), dass der Riemannsche Krümmungstensor sich spalten lässt, und zwar als $R_{iklm} = S_{iklm} + A_{iklm}$, wo der zweite Teil schiefsymmetrisch ist. Einstein zeigte nun, dass die von ihm postulierten Feldgleichungen bestehen, falls dieser schiefsymmetrische Bestandteil des Riemannschen Krümmungstensors verschwindet. Ein analoges Ergebnis konnte er außerdem im Falle eines nichtverschwindenden Maxwellschen Tensors aufstellen. Weiteres über diese Arbeit und ihre Bedeutung findet man in (Einstein 2018, xlii–xlvi).

[23] Paul Koebe reichte offenbar keine Arbeit für den Riemann-Band ein, während Weyl zum Riemann-Band doch beitrug: Hermann Weyl, Integralgleichungen und fastperiodische Funktionen, *Mathematische Annalen*, 97 (1927): 338–356.

[24] Hilbert lieferte den kurzen Aufsatz „Über die Gleichung neunten Grades" (*Mathematische Annalen*, 97 (1927): 243–250).

Blumenthal an Hilbert | Aachen, den 3.III.1926
AK, Nachlass Hilbert, SUB Göttingen, 30, Nr. 52

Lieber Herr Professor!

Sehr vielen Dank für Ihr Manuskript. Es ist ja das schöne Thema, das Sie im letzten Jahr für die Riemann-Festschrift in Aussicht genommen hatten.[25] Ich freue mich in jeder Weise darüber, erstens für die Festschrift, zweitens als Zeichen Ihrer Gesundheit. Auch vielen Dank für Ihren Brief und [?] den Ihrer Frau! Seit vorgestern ist Frau Ebstein bei uns zu Besuch. – Biographisches über Riemann kenne ich auch nicht ausser der Vorrede zu den „Werken", in der einige kurz nach Riemanns Tode erschienene Lebensabrisse von Freunden zitiert werden. Von Klein könnte nur der Wiener Vortrag[26] in Betracht kommen, der aber biographisch ganz dürftig ist. Dagegen hat Conrad Müller[27]–Hannover einiges neue Material in Händen, das zwar zu einer Publikation zu spärlich ist, das aber einen Vortrag vielleicht beleben könnte: es sind Briefe, auch das Tagebuch von Riemanns Reise nach Paris, die Urschrift seiner Dissertation etc. Vielleicht kann Ihnen Müller eine kurze Zusammenstellung der für Sie wissenswerten Punkte machen. – Ich hätte Konen sicher nicht eine Abschrift ihres Urteils geschickt, wenn ich darin irgend welche Härte des Tons gefunden hätte. Einige Stellen habe ich aus diesem Grunde ausgelassen. Ich fand, dass ich die Gründe der Ablehnung nicht kürzer und sachlicher fassen konnte, als Sie es getan hatten. Immerhin will ich in Zukunft noch vorsichtiger sein. Aber es wird wohl sehr schwer sein, einen Verfasser, dem man eine Arbeit zurückschickt, auf die er stolz ist, <u>nicht</u> zu kränken.[28]

Beste Grüsse! Weiter recht gute Erholung!

Wegen der Riemann-Feier[29] am 15.–17. Sept. brauchen Sie nicht allzu traurig zu sein. Diese Zeit ist für das Engadin ohnehin reichlich spät und bereits unfreundlich.

Ihr

O. Blumenthal

Hilbert bekam diese Nachricht über die geplante Riemann-Feier im Kurort Arosa in der Schweiz, wo er wegen seiner prekären Gesundheit einen längeren Aufenthalt verbringen musste. Ob er von dieser Feier schon früher wusste, bleibt

[25] D. Hilbert, Über die Gleichung neunten Grades, *Mathematische Annalen*, 97 (1927): 243–250.

[26] Felix Klein, Riemann und seine Bedeutung für die Entwickelung der modernen Mathematik, *Jahresbericht der Deutschen Mathematiker-Vereinigung*, 4 (1895/96): 71–87.

[27] Conrad Heinrich Müller (1878–1953) wurde in Göttingen bei Klein promoviert. Das Thema seiner Dissertation lautete „Studien zur Geschichte der Mathematik, insbesondere des mathematischen Unterrichts an der Universität Göttingen im 18. Jahrhundert".

[28] Dieser Teil des Briefes bezieht sich auf Blumenthals Schreiben vom 22. Februar 1926 an L. Konen (S. 242).

[29] Der 100. Geburtstag Riemanns war am 17. September 1926. Hilbert wollte allerdings länger in der Schweiz verbleiben, weswegen diese geplante Feier zunächst verschoben wurde (siehe die folgenden Briefe von Courant an Einstein).

unklar. Die treibende Kraft hinter dieser Unternehmung war Richard Courant, der eine Einladung an Einstein herausschickte. Dabei machte Courant gleich darauf aufmerksam, dass die Göttinger diese Riemann-Feier als eine gute Chance ansahen, eine wichtige internationale Veranstaltung zustande zu bringen.

**Courant an Einstein | Göttingen, den 3.III.1926
TB, Einstein Archive, 43 491**

Lieber verehrter Herr Einstein!

Im offiziellen Auftrage soll ich Sie heute herzlich darum bitten, für die hier geplante Riemann-Feier (15.–17. September 1926) einen Vortrag von der Größenordnung 1 Stunde übernehmen über das Thema: Ueber die Entwicklung des Raumproblemes und des Raumzeitproblemes seit Riemann.

Es ist der Wunsch der Göttinger Gesellschaft der Wissenschaften und der Göttinger Mathematischen Gesellschaft, wekche diese Feier veranstalten, dass durch etwa 5 zu haltende Vorträge ein Überblick über die Entwicklung der Mathematik und mathematischen Physik unter dem Einfluss Riemanns gegeben wird, und es wäre eine überaus schwere Enttäuschung für uns, wenn Sie etwa aus irgend einem Grunde nicht könnten oder nicht wollten.

Diese Riemann-Feier kann deswegen eine besondere Bedeutung gewinnen, weil wir hoffen dürfen, dass es zum ersten Male eine wirklich internationale Veranstaltung wird. Wir wollen zwar keine speziellen Einladungen an irgendwelche Leute oder Institutionen ergehen lassen, sondern die Einladungen nur durch die Fachzeitschriften verbreiten. Wir haben aber schon jetzt die bestimmten Anmeldungen der hervorragendsten Engländer und Italiener und, was allerdings zunächst nur für die Göttinger Mathematiker persönlich gilt, wir würden uns sehr freuen, wenn hervorragende Franzosen sich spontan zur Teilnahme entschliessen könnten.

Haben Sie einmal darüber nachgedacht, ob und was man gegen die dumme und z.T. sachlich schief arbeitende Hetze tun kann, welche in dem Blättchen des Hochschulverbandes betrieben wird, um die Entgiftung der internationlen Beziehungen zu verhindern?[30]

Born kommt erst Anfang April aus Amerika zurück. Hedi Born geht es noch immer nicht ganz nach Wunsch; sie ist, wie Sie vielleicht wissen, bei Noorden in

---

[30]Während der Weimarer Republik vertrat der Verband der Deutschen Hochschulen (VDH) die Interessen der Hochschullehrer an deutschen Universitäten und Technischen Hochschulen. Der Vorsitzende des VDH von 1925 bis 1927 war der Kieler Theologe Otto Scheel, der Einstein im Januar 1927 wegen eines Presseartikels schreiben musste, in dem Einstein, der als einziges deutsches Mitglied der Völkerbund-Kommission für internationale geistige Zusammenarbeit angehörte, angegriffen wurde. In seinem Antwortschreiben stellte Einstein fest: „während die verantwortlichen Leiter der deutschen und französischen Politik an der Verständigung arbeiten, deren Notwendigkeit im Interesse der europäischen Kultur und Industrie sie erkannt haben, sind die akademischen Kreise noch immer im Banne einer kleinlichen Prestige-Politik befangen und hemmen so die notwendige Entwicklung. Ich hoffe, dass das bald anders wird; denn es wäre traurig, wenn die nächste akademische Generation von der unsrigen sagen müsste, dass sie die grosse Aufgabe unserer Zeit nicht begriffen hat" (Einstein 2018, 714).

Frankfurt in Behandlung. Hilbert scheint sich in Arosa glänzend zu erholen.

Viele recht herzliche Grüsse von

Ihrem sehr ergebenen

R. Courant

Nur zwei Tage später teilte Courant Einstein mit, dass diese Riemann-Feier doch verschoben werden musste.

Courant an Einstein | Göttingen, den 5.III.1926
TK, Einstein Archive, 43 492

Lieber verehrter Herr Einstein!

Infolge der sonst unvermeidlichen Kollisionen mit der Naturforscher-Versammlung in Düsseldorf und dem Mechanik-Kongress in Zürich und mit Rücksicht auf Hilberts Wunsch haben wir soeben in Aussicht genommen, die Riemann-Feier zu verlegen, und zwar wahrscheinlich bis Ende April 1927.

Hoffentlich passt Ihnen auch dieser Termin.

Viele Herzliche Grüsse

Ihr sehr ergebener

R. Courant

Das Riemann-Heft erschien am Ende ohne französische Beteiligung und auch ohne ein Wort über Riemanns Leben zu verlieren. Blumenthal konnte aber zumindest stolz darauf sein, dass die Teilnahme ausländischer Mathematiker auffallend stark war, trotz fehlender Beiträge aus Frankreich und Belgien. Von insgesamt 14 Arbeiten in diesem Sonderheft von Band 97 (1927) stammten acht von Ausländern: zwei aus Österreich (Haar und Wirtinger) und jeweils eine aus Großbritannien (Hardy und Littlewood), Italien (Levi-Civita), den Niederlanden (Brouwer), Ungarn (Fejér), Polen (Sierpiński) und Russland (S. Bernstein). Unter den sechs Autoren aus Deutschland gehörten drei der Hauptredaktion der *Annalen* an (Hilbert, Carathéodory, Einstein), während die anderen drei (Hecke, Landau, Weyl), wie Blumenthal selbst, starke Verbindungen zu Göttingen hatten.

6.3 Über Brouwers politische Tätigkeiten

In direktem Zusammenhang mit dieser Auseinandersetzung innerhalb der *Annalen*-Redaktion standen Brouwers allgemeinere politische Bestrebungen, die sich zum Teil durch seine Korrespondenz mit Karl Kerkhof (1877–1945) dokumentieren lassen. Kerkhof war seit Anfang der 1920er Jahre Leiter der Reichszentrale für naturwissenschaftliche Berichterstattung, eine Stelle, dank der er die gesamte deutsche Produktion in den Naturwissenschaften überblicken konnte. Er selbst hatte Physik studiert, und zwar in Berlin, München und Bonn, wo er 1900 promoviert wurde. Nach dem Ersten Weltkrieg war Kerkhof zunächst bei der Reichsanstalt für Maß und Gewicht in Berlin angestellt, wurde aber 1920 beurlaubt, um seiner Arbeit für die Reichszentrale nachzugehen. Er gründete in deren Rahmen die Zeitschrift *Forschungen und Fortschritte*, welche Nachrichten über deutsche Forschungsergebnisse in breiten weltweiten Kreisen bekannt machte. Kerkhof setzte diese Tätigkeit während der NS-Zeit bis zum Ende des Zweiten Weltkriegs fort. Die Nachkriegszeit erlebte er allerdings nicht; er starb am 1. Mai 1945.

Brouwer nahm schon November 1921 Kontakt mit Kerkhof auf, als sein Kampf gegen Arnaud Denjoy sich zuspitzte (siehe seinen Brief vom 2. November 1921 an Kerkhof in Abschnitt 3.4). Damals oder vielleicht etwas später musste Brouwer ihm über Blumenthals Haltung gegenüber Denjoy berichtet haben, denn diese Thematik gab Kerkhof Veranlassung dazu, Brouwer um weitere Informationen über Blumenthals freundschaftliche Verhältnisse mit französischen Gelehrten zu bitten. Der folgende Brief von Kerkhof an Walther von Dyck macht deutlich, wie Brouwer mit großem Eifer gegen solche liberale Tendenzen innerhalb der *Annalen*-Redaktion kämpfen wollte.

Kerkhof an Dyck | Berlin, den 16.I.1925
TB, Kopie, Einstein Archive, 95 269

Hochverehrter Herr Geheimrat!

Im einem Briefe vom 8. d.M. teilte mir Professor Brouwer – Amsterdam mit, daß die Professoren Einstein und Blumenthal als Redaktionsmitglieder der Mathematischen Annalen sich bemühten Franzosen, u.a. Painlevé, für eine Mitarbeit am demnächst herauskommenden Riemannband zu gewinnen; gleichzeitig hat Professor Brouwer mich gebeten, die von ihm gesammelten Boykottbeschlüsse der französischen Akademie, welche z.T. unter dem Vorsitz von Painlevé gefaßt sind, in 1000 Exemplaren auf seine Kosten drucken zu lassen, um die deutschen Mathematiker über die Haltung der französischen Wissenschaft aufzuklären. Ich habe Professor Brouwer geantwortet, daß in nächster Zeit vom Verband der Deutschen Hochschulen eine Broschüre über den Boykott der deutschen Wissenschaft, welche auch auf sein Material bezug nimmt, veröffentlicht werden würde, und habe ihn ferner unter Bezugnahme auf die jetzt in Darmstadt auf dem Hochschultag einstimmig gefaßte Resolution, welche allen deutschen Professoren noch zugehen wird, gebeten, von dem Druck seiner Zusammenstellung Abstand zu nehmen. Überdies habe ich gestern mit den Professoren Bieberbach und Erhardt Schmidt in dieser Angelegenheit eine Rücksprache gehabt. Beide Herren haben sich im Sinne der Verbande der Deutschen Hochschulen herausgegebenen Richtlinien ausgesprochen, daß nämlich die „wirkliche wissenschaftliche Gemeinschaftsarbeit erst dann und nur dann wieder hergestellt werden kann, wenn der Krieg gegen die deutsche

Wissenschaft ganz in aller Form und ohne Hintergedanken aufgehoben wird" und deshalb auch im Hinblick auf den auch auf dem Gebiet der Mathematik organisierten Boykott (Union der Mathematik) unter keinen Umständen der erste Schritt von deutschen Mathematikern ausgehen dürfte. Prof. Bieberbach hat sich deswegen dem Protest von Brouwer angeschlossen. Beide Herren haben mich gebeten, Sie hochverehrter Herr Geheimrat, von ihrer Stellungnahme in Kenntnis zu setzen.

Indem ich mich hiermit dieses Auftrages entledige, verbleibe ich mit ausgezeichneter Hochachtung

Ihr sehr ergebener

gez. Kerkhof

———————

Etwa vier Monate später bat Kerkhof Brouwer um Auskunft, womit Blumenthals Ruf als ein „guter Kenner" in Bezug auf internationale wissenschaftliche Beziehungen infrage gestellt werden könnte.

Kerkhof an Brouwer | Berlin, den 4.V.1925
TB, Nachlass Brouwer, Noord-Hollands Archief, Haarlem

Lieber Herr Professor!

Im Zusammenhang mit einer Stellungnahme einer wissenschaftlichen Gesellschaft zu meiner Denkschrift ist auf das Urteil des Professors Blumenthal – Aachen, als eines besonders guten Kenners auf dem Gebiet der internationalen wissenschaftlichen Beziehungen hingewiesen worden. Der Bericht selbst liegt mir noch nicht vor; ich möchte aber neben der sachlichen Erwiderung zum Ausdruck bringen, dass ich Zweifel hätte, ob Blumenthal nach seinem bisherigen Verhalten für die Würde der deutschen Gelehrten das nötige Verständnis besitzt und dieses damit begründen, dass er trotz der erhaltenen Abfuhr von Seiten des Professors A. Denjoy sich immer wieder bemüht, mit französischen Gelehrten, welche scharf gegen die deutsche Wissenschaft Stellung genommen haben, kollegiale Beziehungen aufzunehmen. Ich wäre Ihnen ausserordentlich dankbar, wenn Sie mir über das Verhalten des Herrn Blumenthal einen kurzen Brief senden wollten, den ich für meinen Bericht dann verwenden könnte; ein Hinweis darauf, dass die übrigen Redaktionsmitglieder das Vorgehen des Herrn Blumenthal und Einstein verurteilen, würde ganz nützlich sein. Es scheint mir etwas unbescheiden, wenn ich nach Ihrer Rückkehr Sie mit dieser Bitte behellige, aber gerade weil Sie s.Zt. für Herrn Blumenthal eingetreten sind und selbst dem Redaktionsausschuss angehören, wird Ihr Urteil besonders wirkungsvoll sein.

Mit bestem Dank im Voraus und herzlichen Grüssen

Ihr

K. Kerkhof

———————

In seiner Antwort signalisierte Brouwer, dass er durchaus zur „Bekämpfung des Blumenthal-Einstein'schen Treibens" beitragen wolle. Andererseits sah er ein, dass eine direkte Denunziation Blumenthals unangenehme Konsequenzen haben könnte, zumal er nicht wusste, wie Kerkhofs Bericht aussehen würde, und vor allem wer ihn in Zukunft lesen könnte. So zog er sich zurück, indem er Kerkhof auf seinen Berliner Kollegen Ludwig Bieberbach verwies, mit der Versicherung, dass dieser noch besser als er selbst Kerkhof hierüber beraten könnte. Gleichzeitig aber verfasste Brouwer ein vertraulichen Brief, in dem er Blumenthal „servilité" gegenüber den Franzosen vorwarf.

Brouwer an Kerkhof | Laren, den 11. V. 1925
TB, Kopie, Nachlass Brouwer, Noord-Hollands Archief, Haarlem

Lieber Herr Regierungsrat,

Vielen Dank für Ihren Brief vom 4. dieses Monats, und für die mir infolge Ihrer Vermittelung zugestellten Korrektur der Knapp'schen Druckerei. Zur Angelegenheit-Blumenthal muss ich vorausschicken, dass ich aus Ihrem Briefe nicht entnehmen kann, inwiefern das Schreiben, dass Sie von mir verlangen, als Beleg Dritten gegenüber dienen soll. Trotz aller Dringlichkeit der Bekämpfung des Blumenthal-Einstein'schen Treibens, halte ich mich kaum für gerechtigt, den betreffenden Hergang (der am Ende zu den inneren Angelegenheiten der Annalen-redaktion gehört), zur Kenntnis der Öffentlichkeit beziehungsweise der im Frage kommenden wissenschaftliche Gesellschaft (welche ist das übrigens?) zu bringen. Sprechen Sie doch bitte nochmal mit Herrn Kollegen Bieberbach: der hat alle auf die Angelegenheit bezügliche Stücke und wird nach mündlicher Rücksprache mit Ihnen besser als ich beurteilen können, was erlaubterweise zur Kenntnis weiterer Kreise gebracht werden kann. Ich meinerseits erkläre mich von vornherein mit Bieberbach's Urteil einverstanden. Bis dahin wollen Sie bitte das beiliegende Schreiben als persönlich und vertraulich betrachten.

Mit herzlichen Grüssen
Ihr
L.E.J. Brouwer
P.S. Ich schreibe gleichzeitig an Bieberbach

Brouwer an Kerkhof | Laren, den 11. V. 1925
TB, Kopie, Nachlass Brouwer, Noord-Hollands Archief, Haarlem

Vertraulich

Lieber Herr Regierungsrat,

In bezug auf internationale wissenschaftliche Beziehungen halte ich Professor Blumenthal Aachen für die vom deutschen Standpunkte denkbar schlechteste Autorität, und zwar deshalb, weil er nach seinem bisherigen Verhalten für die Würde der deutschen Wissenschaften und die erforderliche Zurückhaltung der deutschen Gelehrten kaum das nötige Verständnis besitzen dürfte. Trotz einer seiner Zeit erhaltenen beleidigenden Abfuhr bemüht er sich immer wieder, mit französischen Gelehrten kollegiale Beziehungen aufzunehmen, und dies sogar mit denjenigen, die gegen die deutsche Wissenschaft aufs unsinnigste gezetert und ihre Äusserungen seitdem weder widerrufen noch irgend einen anderen versöhnenden Schritt von sich aus unternommen haben. Ein derartiges Verhalten, wie dasjenige Blumenthal's, scheint mir dazu geeignet, im Auslande den Eindruck hervorzurufen, als wäre der den deutschen Gelehrten in der öffentlichen Sitzung der französischen Akademie gemachte Vorwurf der Sklavenhaftigkeit ('servilité') tatsächlich verdient.

Mit herzlichem Gruss

Ihr

L.E.J. Brouwer

Brouwer an Bieberbach | Laren, den 11.V.1925
TB, Kopie, Nachlass Brouwer, Noord-Hollands Archief, Haarlem

Lieber Bieberbach,

Herr Regierungsrat Kerkhof schreibt mir, dass in Sachen ‚deutsche wissenschaftliche Beziehungen mit dem Ausland' gegen ihn von einer wissenschaftliche Gesellschaft die Autorität Blumenthal's geltend gemacht wird. Zur Desavouierung dieser Autorität möchte er sich auf der Hergang der Painlevé-Angelegenheit in der Annalenredaktion berufen. Er ruft dazu meine Mitwirkung ein und ich wäre dazu, nach Massgabe des Erlaubten bereit, möchte mich aber wegen der Schranken dieses Erlaubten nach Ihrem Urteile richten. Ich rate also gleichzeitig Herr Regierungsrat Kerkhof, wegen seines Planes allererst mit Ihnen mündliche Rücksprache zu nehmen. Ich nehme an, dass Sie bald Näheres von ihm hören werden.

Gerade weil ich es für wahrscheinlich halte, dass Blumenthal auf dem von uns als unwürdig verurteilten Wege stetig weiter arbeitet, müssen wir, wie ich glaube, ihn bei diesem Wirken bekämpfen, wo immer sich die Gelegenheit bietet.

Mit herzlichen Grüssen

Ihr

L.E.J. Brouwer

Brouwers unmissverständliche Ansichten müssen bei Kerkhof einen starken Eindruck hinterlassen haben, da er ab dieser Zeit in ziemlich stetigem Kontakt mit dem niederländischen Mathematiker stand.

Kerkhof an Brouwer | Berlin, den 20. V. 1925
TB, Nachlass Brouwer, Noord-Hollands Archief, Haarlem

Lieber Herr Professor!

Zunächst sage ich Ihnen meinen verbindlichsten Dank für Ihr Schreiben vom 11. dieses Monats. Ich habe es für zweckmässig gehalten, von Ihrer vertraulichen Erklärung in der Angelegenheit Blumenthal keinen gebrauch zu machen, da mir von anderer Seite genügend Unterlagen zur Verfügung stehen, welche ich für einen vertraulichen Bericht benutzen konnte, und auf die ich bei einer Rückfrage gegebenenfalls zurückgreifen kann.

Mit gleicher Post übersende ich Ihnen die vom Verbande der Deutschen Hochschulen veranlasste Denkschrift: ‚Der geistige Krieg gegen Deutschland‘, welche jetzt als Korrektur vorliegt. Leider hat sich die Veröffentlichung sehr verzögert, da der ursprünglich in Aussicht genommene Historiker erst nach einer Bedenkzeit von etwa 1 – 2 Jahr wegen Arbeitsüberlastung die Bearbeitung abgelehnt hatte. Ihrer Anregung vom 4. Oktober 1924 entsprechend sind die von Ihnen freundlich zur Verfügung gestellten Dokumente in der Broschüre verwandt worden. Ich wäre Ihnen ausserordentlich dankbar, wenn Sie mir möglichst mit umgehender Post mitteilen könnten, wieviel Exemplare Sie benötigen. Bemerken möchte ich noch, dass diese Broschüre als Beilage zu den ‚Mitteilungen des Verbandes der Deutschen Hochschulen‘ noch Anfang Juni sämtlichen Dozenten an den deutschen Hochschulen zugehen wird. Halten Sie die Broschüre für geeignet, sie in englischer Uebersetzung dem Verband der englischen Wissenschaftler (Hardy)[31] zur Verfügung zu stellen?

Mit herzlichen Grüssen
Ihr
Kerkhof

Kerkhof an Brouwer | Berlin, den 24. VI. 1925
TB, Nachlass Brouwer, Noord-Hollands Archief, Haarlem

Lieber Herr Professor!

Auf Ihr letztes Schreiben habe ich sowohl an den Verband der Deutschen Hochschulen als an Herrn Prof. Karo[32] selbst die Bitte gerichtet, Ihnen 200 Exem-

---

[31] G.H. Hardy war zwar ein starker Gegner der Boykottpolitik, aber er verstand sich durchaus als Befürworter internationaler Zusammenarbeit.

[32] Georg Karo (1872–1963) war ein klassischer Archäologe, der am Deutschen Archäologischen Institut in Athen arbeitete. Er führte Grabungen in Tyrins und auf Korfu durch und war auch öfters als Gast von Wilhelm II. im Achilleion, der kaiserlichen Residenz, zu sehen. 1920 erhielt er einen Ruf von der Universität Halle. Neben seinen Grabungsergebnissen veröffentlichte er über aktuell-politische Themen in Broschüren („Der geistige Krieg gegen Deutschland" und „Grundzüge der Kriegsschuldfrage"). Karo ging 1930 als Leiter des Deutschen Archäologischen Instituts nach Athen zurück, wurde allerdings 1936 wegen seiner jüdischen Abstammung entlassen.

plare der Broschüre zuzustellen. Die Broschüre ist jetzt erschienen, sodass ich hoffe, dass die Sendung in diesen Tagen bei Ihnen eintreffen wird. Anfang Juli bereits soll in Brüssel im International Research Council über die Aufnahme Deutschlands beraten werden. Es wäre nun sehr erwünscht, wenn noch vorher den Teilnehmern die Stellungnahme der deutschen Gelehrtenwelt, wie sie in der Karoschen Broschüre präzisiert ist, bekannt gegeben würde. Vielleicht können Sie einem holländischen Mitgliede des I.R.C. zu diesem Zwecke einige Exemplare übergeben?

Mit bestem Dank für Ihre Bemühungen und herzlichen Grüssen
Ihr
Kerkhof

Der wichtigste Vertreter Hollands im International Research Council (IRC) war allerdings H.A. Lorentz, der die von Brouwer verhassten Versöhnungspolitik förderte. Im Juli 1925 fand die dritte Versammlung des IRC in Brüssel statt, bei der Lorentz die Beendigung des Boykotts beantragte. Obwohl dieser Antrag von den drei neutralen Ländern Holland, Dänemark und Norwegen unterstützt wurde, fiel er wegen der verfehlten Zweidrittelmehrheit der Stimmen durch (Schroeder-Gudehus 1966, 90–92). Einstein kommentierte diesen Misserfolg in einem Brief vom 1. September 1925 an Robert Millikan:

> H.A. Lorentz ist es in Brüssel leider nicht gelungen, die Zulassung der Deutschen zu den internationalen Veranstaltungen durchzusetzen, welcher Misserfolg natürlich wieder eine Stärkung der chauvanistischen Stimmung unter den hiesigen Gelehrten mit sich bringt. Merkwürdigerweise sind in Europa die Politiker und Geschäftsleute liberaler denkend als die Gelehrten; man kann nicht umhin, dies als ein Symptom von Decadence anzusehen. In Amerika scheint dies ganz anders und erheblich besser zu sein. (Einstein 2015, 113)

Bald danach gab es allerdings Bedenken innerhalb des IRC, ob der Brüsseler Beschluss erneut zur Abstimmung gebracht werden sollte. Kerkhof setzte sich im Oktober 1925 somit mit Brouwer in Verbindung, als diese Diskussionen über eine mögliche Aufnahme Deutschlands im IRC sich zuspitzten.

Kerkhof an Brouwer | Charlottenburg, den 19.X.1925
TB, Nachlass Brouwer, Noord-Hollands Archief, Haarlem

Vertraulich!

Lieber Herr Professor!

Wie ich kürzlich in Erfahrung gebracht habe, ist jetzt am 13. dieses Monats in Paris der International Research Council zusammengetreten, um den Beschluss in Brussel durch eine schriftliche Abstimmung wieder rückgängig zu machen. Sollte diese, was jetzt allgemein angenommen wird, ein anderes Ergebnis herbeiführen, so ist damit zu rechnen, dass ein grosser Teil der deutschen Gelehrtenwelt für den Beitritt sich erklären wird, zumal neuerdings ausländische Gelehrte, auch aus Holland hierfür in Deutschland Stimmung zu machen suchen. Ich hätte deshalb gern mit Ihnen eine persönliche Rücksprache genommen und würde daher, falls ich Sie am 25. beziehungsweise 26. dieses Monats in Amsterdam treffen könnte, nach dort reisen. Ich wäre Ihnen sehr verbunden, wenn Sie mir umgehend eine Nachricht zukommen lassen sollten, auch darüber, welches Hotel Sie mir in Amsterdam empfehlen können.

Mit herzlichen Grüssen
stets Ihr sehr ergebener
Kerkhof.

Kerkhof an Brouwer | Berlin, den 30.X.1925
TB, Nachlass Brouwer, Noord-Hollands Archief, Haarlem

Vertraulich!

Lieber Herr Professor!

Für Ihre sehr interessanten Mitteilungen vom 22. Oktober sage ich Ihnen meinen herzlichsten Dank. In der Anlage übersende ich Ihnen den erbetenen Aufruf, mit der Bitte um gelegentliche Rücksendung. Es wäre vielleicht möglich, in den ‚Mitteilungen des Verbanden der Deutschen Hochschulen' Stellung zu dem Aufruf zu nehmen, und ich wäre Ihnen dankbar, wenn Sie mir zu diesem Zweck einige Angaben machen wollten.

Wie mir bekannt geworden ist, hat am 13. oder 14. Oktober in Paris der International Research Council getagt, um eventuell durch eine schriftliche Abstimmung den Brüsseler Beschluss rückgängig zu machen. Dieser Antrag ist jedoch abgelehnt worden, dem Vernehmen nach will der I.R.C. im nächsten Jahre nochmals zu der Aufnahme Deutschlands Stellung nehmen. Ich hoffe in Angelegenheit des Korrespondenzblattes demnächst nach Amsterdam kommen zu können und würde mich sehr freuen, wenn wir bei dieser Gelegenheit auch über die internationalen Beziehungen sprechen könnten.

Mit herzlichen Grüssen
Ihr
Kerkhof

Kerkhof an Brouwer | Berlin, den 9.XI.1925
TB, Nachlass Brouwer, Noord-Hollands Archief, Haarlem

Lieber Herr Professor!

Meinen besten Dank für Ihre freundliche Zuschrift; leider kann ich zur Zeit gar nicht übersehen, wann ich nach dort kommen kann, und ich wäre Ihnen deshalb sehr dankbar, wenn ich den Aufruf Lorentz betreffend bald zurückbekommen würde. Die ersten beiden Doppelhefte des deutschen Korrespondenzblattes sind wohl schon in Ihre Hände gelangt. Wäre es nicht möglich, dieses Blatt auch einer holländischen Zeitschrift beizulegen, wie es jetzt auch von einer flämischen Zeitschrift geplant wird? Auch für Anregungen bezüglich des Ausbaus des Korrespondenzblattes, welches in erster Linie für die Auslandspresse bestimmt ist, wäre ich Ihnen sehr dankbar. Hoffentlich haben Sie sich in Ihren Ferien gut erholt.
Mit herzlichen Grüssen
Ihr
Kerkhof

————————

Kerkhof an Brouwer | Berlin, den 11.XII.1925
TB, Nachlass Brouwer, Noord-Hollands Archief, Haarlem

Lieber Herr Professor!

Mit verbindlichstem Dank sende ich Ihnen in der Anlage Ihre Statuten zurück. Ihre Zusammenstellung: ‚Les origines humanitaire‘, obwohl das Material in extenso abgedruckt worden war, habe ich gestern an die hiesigen Akademiemitglieder verteilen lassen, und wie ich heute höre, hat dieser Sonderdruck grossen Eindruck gemacht; jedenfalls war es sehr nützlich, dass Sie mir noch rechtzeitig Exemplare zugesandt haben.

In der morgigen Sitzung, wo Vertreter vieler Korporationen gehört werden sollen, soll noch kein endgültiger Beschluss gefasst werden. Jedenfalls bin ich Herrn Weitzenböck[33] für sein Material, was er mir noch rechtzeitig zugeschickt hat, sehr dankbar. Ich hoffe bestimmt, dass ich diese Angelegenheit demnächst mit Ihnen persönlich besprechen kann.
Mit herzlichen Grüssen
Ihr
Kerkhof

————————

Wie stark Brouwer die Werbetrommel für diese Kampagne Kerkhofs geschlagen hat, lässt sich aus dem folgenden Brief an Walther von Dyck gut ablesen.

---

[33]Roland Weitzenböck war seit 1923 ein Kollege von Brouwer in Amsterdam; er war wie Brouwer selbst ausgesprochen antifranzösisch eingestellt.

Brouwer an von Dyck | Laren, den 15.XII.1925
TB, Kopie, Nachlass Brouwer, Noord-Hollands Archief, Haarlem

Hochgeehrter Herr Kollege

Gleichzeitig sende ich Ihnen 50 Exemplare der beiliegenden s.Z. von mir angefertigten Zusammenstellung über den Conseil international de recherches. Zwar ist dieselbe in der Karoschen Broschüre mit aufgenommen, doch dürfte sie bei isolierter Lektüre einen stärkeren Eindruck hervorrufen. Ich würde Sie bitten zu veranlassen, dass jedes Mitglied der naturwissenschaftlichen Klasse der bayrischen Akademie der Wissenschaften ein Exemplar bekommt. Denn demnächst wird das Kartell deutscher Akademien aufgefordert werden, dem Conseil international de recherches, der nur um Deutschland zu schmähen und zu boykottieren gegründet wurde, beizutreten. Vielleicht wird mancher sich dann sagen: ‚Wer den Völkerbund akzeptiert, kann auch den C.I.R. akzeptieren.‘ Dies aber wäre falsch, und zwar erstens weil die materielle Notwendigkeit, die zum ersteren hintreibt, in bezug auf den letzteren nicht existiert, zweitens weil der Völkerbund letzten Endes einer amerikanischen humanitären Idee, der C.I.R. dagegen ausschliesslich dem französischen Vernichtungswillen entsprossen ist, wie die beiliegende Zusammenstellung aufs unzweideutigste dartun dürfte.

Mit hochachtungsvollem Gruss
Ihr sehr ergebener
L.E.J. Brouwer

6.4 Die Mohrmann-Affäre und Kleins Abschied von den *Annalen*

Auch über seine oben dargelegte politische Agitation hinaus war Brouwer oft Störenfried innerhalb der Redaktion. Im Sommer 1923 wurde er beauftragt, eine Arbeit von Hans Mohrmann (1881–1941) für die *Annalen* zu begutachten. Mohrmann, der zu dieser Zeit Professor in Basel war, genoss gute Beziehungen zu Felix Klein, vor allem wegen seiner Rolle als Mitarbeiter der *Encyklopädie der mathematischen Wissenschaften* (zu dieser Unternehmung siehe Tobies (1994, 2008); Stöltzner (2008)). Mohrmanns Aufsatz ging hart ins Gericht mit einem Konkurrenten, dem ungarischen Mathematiker Gyula Szökefalvi-Nagy, der in Szeged lehrte.[34] Brouwer wollte sich wie gewohnt als Schiedsrichter in diese Affäre einschalten.

Diese Mohrmann-Affäre brachte Otto Blumenthal allerdings in große Verlegenheit, zumal Brouwer in gewissem Sinne auf der Seite Nagys stand, während Mohrmann die Arbeit Nagys als einen persönlichen Angriff empfand. Er ärgerte sich über Brouwers Verhalten als Gutachter und bestand darauf, seine Erwide-

---

[34] Es handelt sich um die Arbeit von Szökefalvi-Nagy: Über Kurven von Maximal-Klassenindex, *Mathematische Annalen*, 89 (1923): 32–75.

rung auf den Aufsatz Nagys in den *Annalen* zu veröffentlichen. Blumenthal, der verständlicherweise diesen Konflikt irgendwie entschärfen wollte, versuchte einen Ausweg zu finden. Er ging dabei besonders vorsichtig vor, da er die jeweiligen Ansichten und Interessen von Klein und Brouwer berücksichtigen musste.

Blumenthal an Klein | Aachen, den 12.X.1923
TB, Nachlass Klein, SUB Göttingen, VIII: 143

Lieber Herr Geheimrat!

Ich habe gestern Ihre Karte und gleich darauf von Mohrmann die Figuren, heute das von Ihnen geschickte Manuskript von Mohrmann erhalten. Ich freue mich, dass die persönlichen Bemerkungen jetzt aus diesem verschwunden sind. Dagegen stimmt der Inhalt der Anmerkung 2) nicht völlig, und diese muss deshalb anders gefasst werden. Sie lautet in der jetzigen Fassung: „Sie sollen demnächst auf Grund von Mitteilungen, die Herr L.E.J. Brouwer nach Kenntnisnahme des Manuskripts der vorliegenden Arbeit Herrn Nagy gemacht hat, von diesem verbessert werden". Hierin stimmt nicht, dass Brouwer die Mitteilungen an Nagy nach Kenntnis des Manuskripts der <u>vorliegenden</u> Arbeit gemacht hat; er hat sie vielmehr gemacht nach Kenntnisnahme des Manuskripts einer zwei Seiten langen „Berichtigung", die mir Mohrmann am 26.5. zugeschickt hat, und die ich am gleichen Tage an Brouwer weiter gegeben habe. Das Manuskript der vorliegenden Arbeit ist erst am 8.6. in meinen Händen gewesen, also frühestens am 9.6. bei Brouwer, während der erste Text der Berichtigung von Nagy bereits am 6.6. bei Brouwer eingelaufen ist. Ich schlage also vor, die Worte „nach Kenntnisnahme des Manuskripts der vorliegenden Arbeit" zu ersetzen durch „nach Kenntnisnahme des Manuskriptes einer von mir bei der Annalenredaktion eingereichten Erwiderung auf die Arbeit des Herrn Nagy". Ferner muss in der Anmerkung der Redaktion der „vorliegende Annalenband" durch „Annalenband 90" ersetzt werden.

Da Brouwer die Arbeit Mohrmann bereits geprüft hatte, als Mohrmann sie zurückzog, lege ich Ihnen die beiden Urteile vor, die er mir darüber gegeben hat. Das erste ist in dem beiliegenden Brief vom 11.7. enthalten, um dessen gelegentliche Rückgabe ich Sie bitte, das andere findet sich auf einer Karte vom 24.8. und lautet: „das Manuskript, das nicht fehlerfrei ist, und auf das ich schon viel Zeit verwendet hatte". Wünschen Sie Brouwer Gelegenheit zu geben, die von ihm bemerkten Fehler Ihnen mitzuteilen, damit sie gegebenenfalls vor dem Druck verbessert werden können? Jedenfalls wird es doch notwendig sein, dass wir Brouwer von dem abermaligen Eingang des Manuskripts Mohrmann und seiner Annahme durch Sie in Kenntnis setzen, denn bis zum Umlauf des nächsten Annalencirculars in vielleicht drei Monaten können wir damit nicht warten.

Ich halte die <u>äusserste formale Korrektheit</u> für unerlässlich, damit dieser höchst unerquickliche und nach meiner Ansicht um nichtige Dinge geführte Streit nicht zum Bruch mit Brouwer und dessen Austritt aus der Annalenredaktion führt. Ich selbst möchte meine bisherige völlige Neutralität wahren.

Welches Eingangsdatum wünschen Sie der Arbeit Mohrmann zu erteilen? Ich habe nichts gegen das Datum des ersten Einlaufs 8.6.. Nur wird sich ein aufmerksamer Leser wundern, warum die Arbeit so spät erscheint.

Ich habe Vermeil den Inhalt Ihrer Karte, soweit er ihn betraf, gestern telephonisch mitgeteilt. Ein besonderer Auftrag war ja darin nicht enthalten. Ich freue mich, dass die Encyklopädie jetzt einem guten Ende zuzugehen scheint. Die drei neu gebundenen Bände machen einen sehr angenehmen Eindruck und verwandeln das bisher struppige Bild des Bandes Geometrie. Ich glaube nicht, dass ein anderer als Sie diesen Felsen den Berg hinaufgewälzt hätte.

Beste Grüsse und Bitte um baldige Antwort.

Ihr sehr ergebener

O. Blumenthal.

Im Nachlass Klein befindet sich ein Entwurf seiner Antwort vom 16. Oktober auf Blumenthals Brief.[35] Daraus geht klar hervor, dass Kleins Interesse und auch Sorge allein Brouwers Tätigkeit als Gutachter galt, während er wenig Lust zeigte, nähere Einzelheiten über den Streit zwischen Nagy und Mohrmann zu erfahren. Oben auf diesem Schreiben steht das unterstrichene Wort „Vertraulich", wobei der Text selbst Kleins volles Vertrauen in Blumenthal widerspiegelt. In Bezug auf Brouwer schrieb Klein, dass er ihm „in diesem Falle wie in anderen den Vorwurf ungeeigneter [?] Hartnäckigkeit nicht ersparen" könne. Er nannte in diesem Zusammenhang Brouwers unbeugsame Haltung als Gutachter der Arbeiten Schoutens (siehe Abschnitt 3.1): „Man hat mir darüber einen Berg von Korrespondenzen zugestellt, aus dem ich den Ausweg fand, indem ich Schouten riet, in der Math[ematischen] Z[eitschrift] zu publizieren." Trotz Kleins allgemeiner Bedenken fühlte sich Blumenthal bewogen, ihn über den bisherigen Verlauf dieser Angelegenheit zu informieren. Dabei wollte er einerseits Brouwer in Schutz nehmen, aber andererseits auch Klein davon überzeugen, dass Mohrmanns Protest jeglicher Grundlage entbehrte.

---

[35] Nachlass Klein, SUB Göttingen, VIII: 143A Antwort

Blumenthal an Klein | Aachen, den 19.X.1923
TB, Nachlass Klein, SUB Göttingen, VIII: 143A[36]

Lieber Herr Geheimrat!

Vielen Dank für Ihren Brief vom 16.10., den ich gestern erhalten habe. . . .

Wegen der von mir vorgenommenen Aenderung in der einen Anmerkung zu der Arbeit Mohrmann werde ich diesem schreiben. So leid es mir aber tut, Sie in der Sache Mohrmann noch einmal bemühen zu müssen, muss ich auf die Stelle Ihres Briefes, die sich auf Brouwer bezieht, einiges antworten. Sie schreiben, dass Sie den Eindruck hatten, Mohrmann sei ein Unrecht geschehen. Ich habe die ganze Korrespondenz mit Mohrmann, sehr gegen meinen Willen, führen müssen und habe diesen Eindruck durchaus nicht erhalten. Ich möchte Ihnen deshalb auch meine Ansicht sagen.

In der sachlichen Beurteilung der Arbeit Nagy stehen sich zwei Ansichten gegenüber: Mohrmann hält die Methoden für minderwertig und die Redaktion für zu weit ausgesponnen, Brouwer findet die Methoden gut und tief und gibt ihnen vor den Mohrmannschen den Vorzug. Es ist nicht meine Sache zu entscheiden, wer recht hat, aber ich möchte hervorheben, dass Brouwer die Arbeit Nagy sehr genau geprüft und eine lange Korrespondenz mit Nagy geführt hat. Jedenfalls liegt in der Annahme der Arbeit kein Unrecht gegen Mohrmann.

Nun hat Mohrmann nach meiner Ansicht von vorn herein den grundlegenden Fehler begangen, in der Arbeit Nagy nichts anderes als einen unberechtigten Angriff gegen sich zu sehen, eine „Anrempelung", wie er sich ausdrückt. Seine erste „Berichtigung", die Sie voraussichtlich noch als erstes Blatt seines jetzigen Manuskriptes gesehen haben, war daher in einer Form abgefasst, die Brouwer nicht annehmen zu können glaubte, und die auch nach meiner, und augenscheinlich auch nach Ihrer, Ansicht nicht aufnahmefähig war. Aus diesem Grunde hat Brouwer es für richtig gehalten, Nagy auf seine Fehler aufmerksam zu machen, und ihn zu einer Selbstberichtigung aufzufordern und an dieser solange herumzuverbessern, bis sie einwandfrei war. Auch dieses Vorgehen halte ich für richtig, sowohl im Interesse der streitenden Parteien als besonders im Interesse der Annalen, denn Erwiderungen, die höchst wahrscheinlich weitere Erwiderungen nach sich ziehen, sind wahrlich kein Schmuck. Die Schuld, dass Mohrmann von Brouwers Verhandlungen mit Nagy nicht sofort in Kenntnis gesetzt wurde, muss ich in gewissem Sinne auf mich nehmen, denn ich finde jetzt bei Durchsicht des Briefwechsels, dass Brouwer mir davon bereits am 17.6. geschrieben hat, natürlich aber ohne Auftrag, die Mitteilung an Mohrmann weiter zu geben. Jedoch muss ich die weitaus grössere Hälfte dieser Schuld Mohrmann selbst zuschreiben. Denn ich hatte ihm sofort bei der Empfangsbestätigung für seine erste Einsendung geschrieben, dass diese Angelegenheit in Brouwers Händen sei als des annehmenden Redakteurs für die Arbeit Nagy, und dass Mohrmann sich mit ihm in Verbindung setzen sollte. Diese Bitte habe ich verschiedentlich wiederholt, Mohrmann hat mir aber erwidert: „Ich kann

---

[36]In Kleins Handschrift steht oben: „Erledigt 24.10.23 Kln".

mich nicht entschliessen, an Herrn Brouwer zu schreiben, da ich der Meinung bin, dass es nicht mehr wie anständig gewesen wäre, dass er sich bei mir wegen der Anrempelung durch Herrn Nagy entschuldigt hätte." In dieser Einstellung Mohrmanns sehe ich den wesentlichen Grund der ganzen Verwicklung, und ich kann ihm den Vorwurf übertriebener Empfindlichkeit nicht ersparen. Dass Mohrmann von der Selbstberichtigung Nagy noch nichts wusste, als er Anfang August bei Ihnen war, liegt daran, dass die Fahnen mit meinem Begleitbrief[37] nach Basel gegangen waren. Es war in dem Begleitbrief ihm die Möglichkeit gegeben, an der Berichtigung im einzelnen Aenderungen anzubringen. Er hat von dieser Möglichkeit, auch als er nachher die Fahnen in Händen hatte, keinen Gebrauch gemacht, sondern mir nur mitgeteilt, dass er mit der Behandlung der Angelegenheit nicht einverstanden sei. Die Frist, die ich ihm in meinem Begleitbrief gestellt habe, war dadurch bedingt, dass ich die Berichtigung für das nächste Heft brauchte. Mohrmanns Unwillen über die Behandlung der Angelegenheit scheint mir unberechtigt, denn die Berichtigung von Nagy gibt rückhaltlos den begangenen Fehler zu und zieht rückhaltlos und in loyalster Weise die falsche Behauptung über Mohrmanns angeblichen Fehler zurück. Diese Genugtuung erscheint mir vollständiger, als wenn Mohrmann selbst zu Verteidigung und Anklage das Wort ergriffen hätte, und ausserdem scheint mir, wie ich schon gesagt habe, die Form der Selbstberichtigung für eine vornehme Zeitschrift die weitaus würdigste zu sein.

Ich bitte Sie, diese Darstellung mit derjenigen vergleichen zu wollen, die Mohrmann Ihnen gegeben hat.

Ich schlage nun vor, dass ich an Brouwer den Brief schreiben will, dessen Konzept ich einlege. Wenn Sie Aenderungen wünschen, bitte ich Sie, sie anzubringen, sonst mir Ihr Einverständnis mitzuteilen. Ich hoffe sehr, dass Ihnen diese Bemühung nicht beschwerlich ist. Ich halte die Angelegenheit für heikel, möchte meine Tätigkeit der Berich[t]erstattung und Weitergabe von Mitteilungen mit aller Vorsicht ausüben und habe deshalb den Wunsch, dass Sie von meinem Schritt in allen Einzelheiten unterrichtet sind. Ich bitte um Ihre umgehende Antwort.

Sehr leid tut es mir, dass Sie mit Ihrem Befinden nicht zufrieden sind. Sie können aber wohl <u>damit</u> zufrieden sein, dass Sie noch stetig arbeiten können, wenn es vielleicht auch langsamer geht. Gar viel Jüngerer haben in den Aufregungen der Zeit diese Fähigkeit verloren. Dass Encyklopädieartikel immer länger werden, je weniger Lust der Artikelschreiber hat, ist eine Beobachtung, die auch bei den deutschen Aufsätzen in der Schule zum Leidwesen der korrigierenden Lehrer gemacht wird, auch bei Uebungsaufgaben von Studierenden der Technischen Hoschschulen. Vermeil werde ich von dem ihn betreffenden Teil Ihres Briefes in Kenntnis setzen.

Beste Grüsse
Ihr O. Blumenthal.

---

[37]Hier hat Blumenthal nachträglich eine handschriftliche Anmerkung eingefügt: „Ich kann zu meinem Bedauern keinen Durchschlag meines Begleitbriefs hier einlegen, weil dieser Durchschlag, wie ich eben bermerke, damals an Brouwer gegangen und nicht zurückgekommen ist."

Weder Blumenthals Briefentwurf noch sein endgültiger Brief an Brouwer sind erhalten geblieben, aber anscheinend schickte er den Brief Ende November ab. Als Brouwer dann dadurch erfuhr, dass Mohrmann sich an Klein gewandt hatte, um seine Kritik zu umgehen, erhob er Protest. Im folgenden, sonst freundlichen Brief an Klein machte Brouwer deutlich, dass er dies als einen Verstoß gegen die redaktionellen Prinzipien der *Annalen* betrachtete.

Brouwer an Klein | Laren, den 29.XI.1923
TB, Klein Nachlass, SUB Göttingen

Hochgeehrter Herr Geheimrat,

Anbei beehre ich mich Ihnen ein von Blumenthal bei mir eingegangenes Abrechnungszirkular der Mathematische Annalen mit der Bitte um Weitergabe zuzusenden.

Im vergangenen Sommer wurde ich von der Annalenredaktion mit der Begutachtung einer bei Blumenthal eingegangenen Arbeit von Mohrmann ‚Ueber Kurven vom Maximalklasssenindex' betraut. Diese Begutachtung hat mir, sowohl was den sachlichen Inhalt der Einsendung, wie was die persönlichen Prioritätsverhältnisse anbetrifft, viel Mühe gemacht: eben deshalb war ich sehr unangenehm überrascht, als Blumenthal mir einige Wochen später berichtete, dass Herr Mohrmann seine Einsendung zurückzuziehen wünsche.

Das Annalenzirkular von vergangenen Sommer erwähnt sowohl den Eingang wie die Zurückziehung der Mohrmannschen Arbeit, sowie auch meinen Namen als den des begutachtenden Redakteurs und die allgemeine Art meiner Beschwerden.

Neulich erreicht mich nun von Blumenthal die Nachricht, dass Mohrmann die betreffende Arbeit aufs neue eingereicht hat, und zwar bei Ihnen. Dazu möchte ich bemerken, dass vor zwei Jahren, anlässlich einer analogen Begebenheit, von der gesamten Redaktion nochmal ausdrücklich festgestellt worden ist, dass der einmal mit der Begutachtung einer Arbeit betraute Redakteur seinen Mitredakteuren gegenüber die Entscheidung über die Annahme dieser Arbeit behält, so lange er sie nicht freiwillig aus den Händen gibt. Ohne diese Sicherheit ist ja auch jede redaktionelle Zusammenarbeit unmöglich. Übrigens bin ich der einzige Kenner der Vorgeschichte der Mohrmann'schen Einsendung, sowie der gegenseitigen Prioritätsrechte von Mohrmann und Nagy, die hier einschlägig sind und auf der Reihenfolge der bei der Redaktion eingegangenen Briefe dieser beiden Autoren beruhen (sogar die betreffenden Autoren selbst können diese Reihenfolge nicht genau kennen.)

In der Hoffnung, dass es Ihnen, soweit die obwaltenden Umstände es erlauben, gut geht, bin ich in Sympathie und mit herzlichen Grüssen an Sie und die weiteren Göttinger Kollegen.

Ihr ganz ergebener

L.E.J. Brouwer

————————

Ende Dezember kam Brouwer nach Aachen, bei welcher Gelegenheit er und Blumenthal über Mohrmanns neuen Text beraten konnten. Bald danach schrieb Blumenthal an Klein, dass Brouwer mit diesem nicht ganz einverstanden sei. Er berichtete aber weiter, dass Brouwer Klein demnächst über diese eher harmlose Kritikpunkte informieren würde.

Blumenthal an Klein | Aachen, den 24.XII.1923
TB, Nachlass Klein, SUB Göttingen, VIII: 143B

Lieber Herr Geheimrat!

Ich bin Ihnen immer noch Antwort auf Ihren Brief vom 25. Nov. mit Einlage von Mohrmann schuldig. Ich wollte eine Mitteilung Brouwers abwarten. Diese habe ich erst vorgestern mündlich gelegentlich eines Besuches Brouwers erhalten. Er hat an der Arbeit Mohrmann noch einige sachliche Ausstellungen. Er hat Ihnen darüber selbst geschrieben. Die Sache wird jetzt bald in Ordnung kommen.

Becks Karte an Mohrmann schicke ich einliegend zurück. Ich bedaure, dass Mohrmann einen anerkannt streitsüchtigen und überheblichen Mann wie Beck[38] zum Zeugen für sich anruft. Die Sitten sind in vieler Hinsicht in den letzten Jahren brutal geworden. Immerhin glaube ich, dass Beck nicht als Vertreter eines weiter verbreiteten Typus anzusehen ist. Beck würde sich übrigens vielleicht recht wundern, wenn er wüsste, dass ich mir gerade jetzt viele Mühe gegeben habe, um eine bitterböse Kritik Studys über seine Arbeiten in den Annalen zu mildern.[39]

Beste Grüsse und herzliche Wünsche zum Fest und neuen Jahr.

Ihr O. Blumenthal.

Über den genaueren Verlauf der Verhandlungen in der Folgezeit gibt es offensichtlich keine Dokumente, aber das folgende Schreiben Blumenthals an Klein verweist auf einen gekürzten Text, welchen Blumenthal vielleicht im Januar 1924 von Klein erhielt. Anscheinend führte dies zu intensiven Schriftverkehr zwischen Blumenthal und Brouwer, der sich nur unter Vorbehalt mit der Veröffentlichung dieses revidierten Textes einverstanden erklärt habe. Brouwer verlangte, dass Mohrmann vier weitere Sätze streichen sollte, in denen er auf einen Fehler in der Arbeit Nagys verweist. So musste Blumenthal nochmals versuchen, Kleins Einverständnis zu gewinnen.

---

[38] Es handelt sich um den Bonner Mathematiker Hans Beck (1876–1942).

[39] Becks Bonner Kollege Eduard Study konnte sich später gegen ihn revanchieren (Segal 2003, 190–192).

Blumenthal an Klein | Aachen, den 6.III.1924
TB, Nachlass Klein, SUB Göttingen, VIII: 144

Lieber Herr Geheimrat!

Ich muss Sie noch einmal mit der Mohrmannschen Arbeit behelligen. Es hat etwas lang gedauert; aber Brouwers Durchsicht und eine Korrespondenz mit ihm haben längere Zeit in Anspruch genommen. Brouwer stimmt Ihnen darin völlig zu, dass durch die von Ihnen vorgenommenen Streichungen die Punkte des Anstosses im Wesentlichen beseitigt sind. Aber er bittet noch um vier unbedeutende Kürzungen, nämlich um Weglassung von vier Sätzen, in denen derselben Irrtum Nagys immer wieder aufgemutzt wird, ohne dass deutlich gesagt wird, dass es sich immer um denselben Fehler handelt. Ich lege Ihnen die betreffenden Blätter ein. … Da es sich um ganz formale Aenderungen handelt, die den sachlichen Inhalt der Mohrmannschen Arbeit garnicht berühren, übrigens auch meinem Gefühl entsprechen, kann man m.E. Brouwer die Kürzungen, auf die er unbedingt Gewicht legt, – das hat die Korrespondenz mit ihm ergeben – anstandslos zubilligen. Ich bitte Sie also um Erklärung Ihres Einverständnisses und umgehende Rücksendung der Blätter, damit ich die Arbeit gleich zum Druck geben und möglichst rasch zu erscheinen lassen kann, was sowohl im Mohrmanns Sinn, wie im Interesse der Annalen ist.

Gestern hat mir Vermeil zu meiner grossen Freude mitgeteilt, dass es Ihnen gut geht. Vielleicht komme ich in den Osterferien nach Göttingen. – Ich bitte also um Ihre ungehende Antwort.

Beste Grüsse,

Ihr O. Blumenthal.

———————

Kurz danach bekam Blumenthal das erwünschte Schreiben von Klein, der mittlerweile sicherlich über Brouwers Hartnäckigkeit verärgert war.

Blumenthal an Klein | Aachen, den 16.III.1924
TB, Nachlass Klein, SUB Göttingen, VIII: 146

Lieber Herr Geheimrat!

Ich freue mich, dass Sie den Streichungen in dem Manuskript Mohrmann zustimmen, und will, wie Sie es wünschen, die weitere Behandlung gegenüber Mohrmann auf mich nehmen. Alles wohl erwogen, halte ich es für notwendig, dass die Redaktion die Initiative in der Hand behält und rasch handelt. Deshalb will ich das Manuskipt mit den Aenderungen jetzt gleich zum Druck geben, wie ich Ihnen auch schon in meinem letzten Brief angegeben habe, und Mohrmann gleichzeitig durch ein Schreiben, dessen Entwurf ich hier beilege, von dem Entschluss der Redkation in Kenntnis setzen. Falls Sie mit diesem Vorgehen einverstanden sind, bedarf es keiner weiteren Antwort. Ich werde acht Tage mit der Absendung des Manuskriptes an die Druckerei und des Briefes an Mohrmann warten. Wenn ich bis dahin nichts von Ihnen höre, darf ich Ihr Einverständnis annehmen.

Ich danke Ihnen sehr für die Nachrichten über Ihr Befinden. Es sind hier viele, die sich mit mir darüber freuen, dass Sie, bei leidlichem körperlichem Wohlsein, geistig noch ganz auf der Höhe und arbeitsfreudig sind.

Beste Grüsse,

Ihr O. Blumenthal.

Da Blumenthal auf diesen Brief bis zum 29. März 1924 keine Antwort von Klein erhielt, ging er von dessen Einverständnis aus und schickte den Brief an Mohrmann, dessen Entwurf er Klein vorgelegt hatte, ab. Er hatte folgenden Wortlaut.

Blumenthal an Hans Mohrmann | Aachen, den 29.III.1924
TB Entwurf vom 16.III.1924, Nachlass Klein, SUB Göttingen, VIII: 145

Lieber Herr Mohrmann!

Sie erhalten dieser Tage die Korrektur Ihrer Arbeit „Ueber reduzible Kurven vom Maximalindex". Die Redaktion hat sich einmütig zu wenigen redaktionellen Aenderungen entschlossen, auf die ich Sie aufmerksam machen möchte. Durch diese Aenderungen wird der Inhalt Ihrer Arbeit in keiner Weise berührt. Der Grund für sie liegt darin, dass die betreffenden Stellen durch das Erscheinen der Berichtigung Nagy gegenstandslos geworden sind. ...

Ich bitte Sie, die Korrektur recht rasch zu erledigen und mir mit dem Vermerk „Nach Korrektur druckfertig" zurückzusenden, da ich die Arbeit in das Heft 92/1–2 aufnehmen will, das bald herauskommen soll.

Beste Grüsse

Ihr sehr ergebener

[O. Blumenthal.]

Zu diesem Zeitpunkt glaubte Blumenthal, alles endlich in trockenen Tüchern zu haben. Vier Monate später bekam er allerdings einen Brief von Klein, in dem dieser die Mohrmann-Affäre wieder zur Diskussion brachte. Dieser Brief ist verschollen, aber er hinterließ tiefe Verbitterung bei Blumenthal. Als Erstes schickte er eine kurze Mitteilung an Brouwer, der gerade am Tag zuvor einen Vortrag in Göttingen gehalten hatte (van Dalen 2013, 445).

Blumenthal an Brouwer | Aachen, 23.VII.1924
TB, Nachlass Brouwer, Noord-Hollands Archief, Haarlem

Lieber Brouwer!

Bei Klein spukt wieder einmal der Mohrmann. Ich bin aber nicht bereit, irgendwie nachzugeben, besonders da die Arbeit schon gedruckt ist und in den nächsten Tagen erscheint [Mohrmann (1924)]. Bitte, antworten Sie mir sofort, ob Sie jetzt nach Göttingen reisen werden. Dann schicke ich Ihnen das ganze Material mit einer ausführlichen Erklärung und bitte Sie, mit Klein mündlich zu verhandeln, was Sie ja ohnehin tun werden. – Sonst muss ich warten, bis ich selbst nach Göttingen komme. – Wenn die Sache nicht zum Schluss kommt, lege ich mein Amt als Redakteur nieder.

Beste Grüssen!

Ihr

O. Blumenthal

Aus dieser kurzen Erklärung kann man zumindest Blumenthals Verzweiflung über diese Angelegenheit erraten. Möglicherweise wusste Brouwer bereits, dass die Mohrmann-Affäre nocht nicht zu Ende war. Er könnte dies von Klein selbst erfahren haben, bevor Kleins Brief bei Blumenthal eintraf. Denn Brouwer hielt seinen Vortrag in Göttingen am Dienstag, dem 22. Juli, sodass er Klein wahrscheinlich ein oder zwei Tage zuvor besucht hatte. Über sein Gespräch mit ihm schrieb Brouwer in einem Brief vom 1. August 1924 an Alexandrow und Urysohn (S. 190): „Mit Klein habe ich mich mehrere Stunden unterhalten. Er ist geistig vollkommen frisch und (viel mehr als die sonstigen Göttinger) mathematisch und menschlich allseitig orientiert und interessiert." Körperlich ging es Klein jedoch keineswegs gut; er konnte sich seit Jahren nur in einem Rollstuhl bewegen. Es wäre gut denkbar, dass er Brouwer im Laufe dieses Gesprächs angedeutet hat, dass er sich bald aus der *Annalen*-Redaktion zurückziehen wollte. Über den Inhalt des Briefes von Klein an Blumenthal wissen wir leider auch nichts, aber die Aufregung des Letzeren darüber lässt sich deutlich aus seinem Antwortschreiben ablesen.

Blumenthal an Klein | Aachen, den 25.VII.1924
TB, Nachlass Klein, SUB Göttingen, VIII: 147

Lieber Herr Geheimrat!

Ich will Ihnen offen sagen, dass Ihr Brief mich sehr geschmerzt hat. Denn er enthält den Vorwurf, dass ich Ihre damalige Einverständniserklärung (vom 10.3.) in nicht loyaler Weise gegenüber Mohrmann benutzt habe.

Ich will mich streng an das Sachliche halten:

Wie aus beiliegenden Briefabschriften hervorgeht, habe ich Ihnen den Brief, den ich am 29.3. an Mohrmann geschrieben habe, vorher, am 16.3., zur Ansicht vorgelegt. Da ich bis zum 29.3. von Ihnen keine Antwort erhalten hatte, durfte ich nach dem letzten Satz des ersten Absatzes meines Briefes vom 16.3. Ihr volles Einverständnis mit der Fassung meines beabsichtigen Briefes an Mohrmann annehmen, und habe diesen Brief demgemäss genau so wie Sie ihn gesehen haben, an Mohrmann geschickt. Sie waren also über mein Vorgehen dem Inhalt und der Form nach genau unterrichtet.

Die Gründe, warum die Redaktion damals stark die Initiative ergreifen und in der Hand behalten musste waren die folgenden:

Brouwer und Mohrmann standen sich schroff gegenüber. Brouwer hatte ein neues Manuskript von Nagy erhalten, in dem dieser wieder an dem Mohrmann'schen Artikel Kritik übte, ein Versehen nachwies und Vereinfachungen anbrachte. Ich hoffte die Zurückziehung dieses Artikels zu erreichen, wenn Nagy und Brouwer durch Streichung der bekannten sachlich unwesentlichen Stellen in Mohrmanns Manuskript, auf der Brouwer unbedingt bestand, Genugtuung erhielten. Diese Hoffnung hat sich auch erfüllt, denn Brouwer hat Nagys Manuskript zurückgeschickt. Unter diesen Umständen war es aber geboten, uns nicht auf nochmalige Verhandlungen mit Mohrmann einzulassen, die voraussichtlich doch gescheitert wären, sondern dasjenige Verfahren einzuschlagen, zu dem eine Redaktion im Falle einer Polemik stets das Recht hat, nämlich ein beiden Parteien gerechtwerdendes Kompromiss durchzusetzen. Ich erinnere Sie an den Streit Kneser-Schur in den Annalen. Wenn Mohrmann die Aenderungen hätte ablehnen wollen, hätte er ja das Manuskript zurückziehen können.

Die jetzige Lage ist folgende: Das Heft, in dem Mohrmanns Arbeit erscheinen wird, ist bereits gedruckt und wird in den nächsten Tagen erscheinen. Es besteht also keine materielle Möglichkeit darin noch etwas zu ändern. Davon abgesehen aber wären diese nachträglichen Aenderungen m.A. nach überhaupt nur mit Brouwers Einwilligung zulässig.

Ich bin auch nicht bereit, mit Mohrmann in neue Erklärungen und Erörterungen einzutreten. Ich will von allen persönlichen Gründen absehen. Rein sachlich empfinde ich die unausgesetzten Anstürme Mohrmanns eine Terrorisierung der Redaktion, gegen die ich nur ein Mittel kenne, nämlich das, ihn sich austoben zu lassen, ohne weiter zu reagieren. Unser Verfahren gegen ihn war korrekt, er kann uns nach meiner Ansicht juristisch nichts anhaben. Zarte Rücksicht über das Juristische hinaus, halte ich in diesem Falle nachgerade nicht mehr für angebracht.

Natürlich ist das nur meine persönliche Meinung, ich bitte Sie um Ihre Antwort.

Übrigens werde ich voraussichtlich in den ersten Augusttagen nach Göttingen kommen, vielleicht lassen sich die gegensätzlichen Ansichten mündlich leichter ausgleichen.

Beste Grüsse,

Ihr O. Blumenthal.

Mohrmanns Rolle in dieser Angelegenheit lässt sich z.T. aus seiner gedruckten Arbeit ablesen. Dort bemerkt er in einer Fußnote (Mohrmann 1924, 58), dass er die ursprüngliche Arbeit schon im Juni 1923 eingereicht habe. Dieselbe enthalte ein Gegenbeispiel zu einem Satz in der Arbeit von Szökefalvi-Nagy, der im Übrigen Mohrmanns frühere Beiträge zu diesem Thema falsch eingeschätzt habe. Brouwer teilte dem Ungarn diese Kritik mit, damit Szökefalvi-Nagy eine Berichtigung veröffentlichen konnte (*Mathematische Annalen*, 90 (1923): 150 f., eingereicht am 19. Juni 1923). Mohrmann empfand diese eigenmächtige Handlung Brouwers offensichtlich als ungerecht, und so wandte er sich an Klein.

Obwohl es zu spät war, um etwas in der Arbeit Mohrmanns zu ändern, wollte Blumenthal immer noch Kleins Meinung über die mögliche Konsequenzen dieser Affäre erfahren. Dabei überlegte er, ob Constantin Carathéodory, der zu dieser Zeit nach München umzog, ihn in Zukunft bei den *Annalen*-Geschäften unterstützen könnte.

Blumenthal an Klein | Aachen, den 26.VII.1924
AK, Nachlass Klein, SUB Göttingen, VIII: 148

Lieber Herr Geheimrat!

... Eine straffere Organisation der Annalen ist gewiss notwendig. Die Art und Weise muss aber genau erwogen werden. Ich will es mir auch überlegen und kann vielleicht mündlich die Sache mit Ihnen besprechen. Dass auch ich, wie Hilbert und Brouwer, Sie angelegentlich bitte, nicht aus der Annalenredaktion auszutreten, habe ich Ihnen schon zu Ostern gesagt und wiederhole es.

Carathéodorys Rückkehr nach Deutschland betrachte ich als eine sehr grosse Stärkung der Annalen. Nur ist er vorläufig noch verschollen, wenigstens hat er mir auf eine dringende Anfrage in Annalensachen nicht geantwortet. Er wird ja aber wohl sicher nach Innsbruck kommen, wo ich auch sein werde. Ich will dann mit ihm sprechen. Ich halte es für sehr geeignet, ihn stärker zu Redaktionsgeschäften heranzuziehen.

Ich bestätige meinen gestrigen Brief über Mohrmann.

Beste Grüsse!

Ihr O. Blumenthal.[40]

---

[40]Zusatz unten: „Brouwers jetzige Adresse ist Harzburg Krodotal 4".

Blumenthal an Klein | Aachen, den 8.VIII.1924
AK, Nachlass Klein, SUB Göttingen, VIII: 149

Lieber Herr Geheimrat!

Meine beabsichtigte Göttinger Reise hat sich zerschlagen. Es tut mir sehr aufrichtig leid, dass ich die schwebenden Annalenfragen jetzt nicht mündlich mit Ihnen behandeln kann. Wir haben die Absicht, in Innsbruck, wo sich ja die meisten Redaktionsmitglieder zusammen finden werden, eine grosse Annalenkonferenz abzuhalten. Ich bitte Sie, Courant damit zu beauftragen, dass er dort Ihre Ansichten mitteilt und vertritt. Wenn Sie aber mich beauftragen wollen, so bin ich natürlich auch bereit. Es ist auch möglich, dass ich nach Innsbruck für einige Tage nach Göttingen komme. Ich möchte es sehr gern, um mit Ihnen zu sprechen. Sie haben gesehen, dass Mohrmanns Artikel am 30. Juli erschienen ist. Mir persönlich scheint, dass sich diese Angelegenheit bis Innsbruck oder nachher verlegen lässt. Wenn Sie die Sache aber für eiliger halten, dann bitte ich Sie um Antwort auf meinen letzten Brief. Ich hoffe sehr, dass dieser Brief Sie davon überzeugt hat, dass die Redaktion in keiner Weise gegenüber Mohrmann im Unrecht ist.   ...
Beste Grüsse!
Ihr O. Blumenthal.

Das Treffen der Redaktionsmitglieder auf der Jahrestagung der DMV in Innsbruck fand bald danach statt. Wer daran teilnahm außer Blumenthal, Bieberbach und Courant bleibt unklar, aber gewisse Beschlüsse wurden dabei diskutiert und auch verabschiedet. Auf diese Innsbrucker Beschlüsse nahm nachher Bieberbach gelegentlich Bezug, vor allem, wenn es ihm um die Rechte der mitwirkenden Redakteure ging. Vermutlich sind inzwischen alle Unterlagen, welche die genauere Formulierung dieser Geschäftsregeln enthielten, endgültig verschollen. Wir wissen auch nicht, genau wann und mit welcher Begründung Klein sich aus der Redaktion zurückzog. Carathéodory wurde sein Nachfolger.

Vier Jahre später, in seiner Anklageschrift gegen Brouwer (S. 296), schrieb Blumenthal in Bezug auf diese Mohrmann-Affäre, dass Klein sich als Konsequenz daraus entschloss, seinen Rücktritt aus der *Annalen*-Redaktion zu erklären. Dafür gab er Brouwer eindeutig die Schuld. Ein Jahr später starb Felix Klein. Im Oktober 1927 wurde im Auftrag der Deutschen Mathematiker-Vereinigung (DMV) eine Gedenktafel an seinem Geburtshaus in Düsseldorf angebracht. Bei der Einweihungszeremonie hielt Otto Blumenthal die Ansprache. Seine Rede vom 12. Oktober 1927 ist in Blumenthal (1928) zu finden.

6.5 Blumenthal bleibt in der Hauptredaktion

Gegen Ende des Jahres 1925 wollte sich Blumenthal endgültig aus der Redaktion zurückziehen. In dem folgenden Brief an Hilbert versuchte er, dessen Einverständnis für diesen Plan zu gewinnen. Stattdessen bekam er eine deftige ablehnende Antwort.

Blumenthal an Hilbert | Aachen, den 15.XI.1925
TB, Nachlass Hilbert, SUB Göttingen, 30, Nr. 48

Lieber Herr Professor!

Schon in Münster[41] haben wir über die Berufung eines neuen aktiven Annalenredakteurs gesprochen, der mich ersetzen soll, wenn ich die Geschäftsführung niederlege. Ich habe unterdessen mit Carathéodory über die Frage korrespondiert, ohne vielen Erfolg. Von Doetsch, den wir in Münster besprochen hatten, will er nichts rechtes wissen. Nun habe ich in Zürich Gelegenheit gehabt, mehrfach mit Weyl zu sprechen und ihn auch für eine Begutachtung in Anspruch zu nehmen. Ich habe dabei von Weyl einen ganz vorzüglichen Eindruck bekommen. Er ist doch wirklich ein Mensch, der auf der Höhe der Wissenschaft steht und in allen Sätteln gerecht ist, dabei ein rascher Arbeiter. Ich bin deshalb auf den Gedanken gekommen, ob es nicht gut wäre, ihn für die Redaktion zu gewinnen. Natürlich müsste er in die Hauptredaktion eintreten. Die Schwierigkeit ist aber die, dass er bereits dem Redaktionsausschuss der „mathematischen Zeitschrift" angehört. Dieses Band müsste also in irgend einer Form gelöst werden. Ich glaube wohl, dass sich das erreichen liesse, wenn wir Weyl im Namen der gesamten Hauptredaktion aufforderten und ihm ein paar gute Worte gäben. Deshalb frage ich Sie, wie Sie zu dem Plane stehen. Carathéodory findet ihn „glänzend". Wenn Sie auch damit übereinstimmten, glaube ich, dass es am wirkungsvollsten und erfolg-verheissendsten wäre, wenn Sie an Weyl die Aufforderung richten wollten. Wir müssten wohl zuerst noch Einstein fragen, aber das wäre pro forma. Die übrigen Redakteure könnten wir nachher in Kenntnis setzen. Ich wäre Ihnen sehr dankbar, wenn Sie mir recht bald Ihre Ansicht schreiben wollten. Wenn Weyl in die Hauptredaktion einträte und bereit wäre, darin tatkräftig mitzuarbeiten, könnte auch ich meinen Rücktritt von der Geschäftsführung noch etwas hinauszögern, bis man sieht, ob nicht Weyl diese mit der Zeit übernehmen würde.

Bei uns geht es gut. Ich glaube, dass ich mich auf meiner langen Sommerreise ordentlich erholt habe. Mali befindet sich wohl.

Beste Grüsse von Haus zu Haus!

Ihr O. Blumenthal

---

[41] In der Woche vom 2. bis zum 6. Juni 1925 veranstaltete die Westfälische Mathematische Gesellschaft eine Weierstraß-Woche an der Universität Münster. Bei dieser Gelegenheit hielt Hilbert seine beachtete Rede „Über das Unendliche" (Hilbert 1925), in der er eine Beweisskizze für Cantors Kontinuumhypothese vorstellte.

Es gab vermutlich mehrere Gründe hinter Blumenthals Wunsch, sein Amt als geschäftsführender Redakteur niederzulegen, aber einer davon war wohl Brouwers Unzufriedenheit mit seiner Amtsführung. Hilbert, der dies sicherlich wusste, wollte auf jeden Fall das Hauptquartier der *Annalen* in Göttingen behalten, aber am liebsten auch mit Blumenthal als seinem vertrauten Mitarbeiter (van Dalen 2013, 579).

Hilbert an Blumenthal | Göttingen, den 18.XI.1925
AB, Entwurf, Nachlass Hilbert, SUB Göttingen, 457

Lieber Blumenthal,

Nein, mit Ihrem Plan bin ich gar nicht einverstanden! Schon an sich möchte ich heute durchaus die Tendenz gelten lassen, die Anzahl der Redaktionsmitglieder zu vermindern anstatt zu vermehren – und noch dazu, die der Hauptredaktion, wobei übrigens auch Springer mitzureden hätte. Als Cara damals zurücktreten wollte, habe ich – übrigens nur für den Fall, dass Sie auf der sofortigen Ergänzung bestehen sollten – Hecke als Nachfolger genannt, der der Bedeutendste und Grosszügigste unter den Mathematikern seiner Generation ist. Sie lehnten ihn ab, mit dem Hinweis, dass Sie als Ersatz für sich selbst einen wirklichen Arbeiter und Geschäftführer brauchen – und darin hatten Sie Recht. Und nun soll gar Weyl ein solcher sein? Weyl, der eine rein akademische und Luxusprofessur innehat und sonst ganz seiner wissenschaftlichen und litterarischen Tätigkeit und seiner Gesundheit lebt! Und ein solcher Mann soll von Zürich aus die Geschäftsführung der Annalen leiten! Sein Name auf dem Titelblatt wäre Nichts ausser eine Ehrung seiner Person durch uns, denn wäre es gescheiter, mit Hecke zu machen! Praktisch aber käme vielmehr dann in erster Linie Herglotz in Frage, auch in sachlicher Hinsicht und weil er uns schon jetzt seine Bereitschaft Rat und Hülfe für die Annalen versprochen hat.

Damit komme ich aber zu meinem hauptsächlichsten Motiv für die Ablehnung Ihres Planes: ich möchte, wenn Sie die Geschäftsführung für die Annalen niederlegen, dieselbe hierher nach Göttingen nehmen. Göttingen befindet sich jetzt sichtbar in stark aufsteigender Linie; von allen Instanzen bevorzugt und unterstützt ist es, in mathematischer Hinsicht mit den Nachbarwissenschaften in allerweitesten Ausmasse gewissermassen die Reichsuniversität geworden. Insbesondere nimmt gegenwärtig die mathematische Physik von hier aus einen gewaltigen Aufschwung. Im Kreise der hiesigen jüngeren Leute ist unter Borns Führung eine neue Quantenmechanik entstanden, die, wie ich glaube, der Einsteinschen Relativitätstheorie an Bedeutung gleichkommt, die Energiesatz, Frequenzbedingungen und Korrespondenzprinzip mit einem Schlage sinnvoll liefert – und zwar in strenger Formulierung. Sie sollten zu unserem Seminar am 9ten Dezember, wo auch Niels Bohr kommen will, auch einmal herüberkommen und den Betrieb hier ansehen! Kräfte für die Annalenleitung haben wir genug: außer Bernays insbesondere Bessel-Hagen, der sich von Klein her eingeführt und mit allen Wassern gewaschen ist. Glücklicherweise sind Sie vorläufig noch bereit, die Geschäfte weiter zu führen, und es ist mein aufrichtigster und herzlichster Wunsch, dass Sie dies noch lange tun. – Aber ich empfehle Ihnen – vor allem auch Ihrer Selbstwillen sich in der bewährten Handlung Ihrer Geschäftsführung nicht von aussen her irre machen zu lassen und befürworte eine ruhige Entwicklung *ohne* Redaktionskonferenzen, *ohne* Veränderung der Redaktion und *ohne* formale Erneuerungen.

Mit den besten Grüssen, auch an Mali,

Ihr

D. Hilbert

Blumenthal reagierte nur kurz darauf mit ein paar handgeschriebenen Zeilen, die er seinem Schreiben vom 19. November 1925 (S. 213) hinzufügte: „Ihren Brief über Weyl habe ich erhalten. Besten Dank. Wir sind verschiedener Meinung, aber Sie kennen Weyl besser als ich. Ich nehme also Ihre Ansicht an. Eine Annalenbesprechung werde ich trotz Ihrer Warnung noch einmal abhalten müssen, aber in Göttingen und mit Ihnen allein. Hoffentlich bald." Damit endeten anscheinend Blumenthals Überlegungen zum Thema Rücktritt, denn bald danach erlitt Hilbert einen gesundheitlichen Rückschlag.

Hilbert hatte seit jeher ein aktives Leben geführt und hielt sich durch Gartenarbeit, Radfahren und sonstige Aktivitäten fit. Dies änderte sich allerdings schlagartig im November 1925, als er plötzlich sehr schwach wurde. Danach wurde seine Gesundheit ein ernsthaftes Problem, mit dem er sich jahrelang beschäftigten musste. Während dieser Zeit trat nun der Konflikt mit Brouwer immer mehr ins Zentrum seiner Gedankenwelt, was in den nachfolgenden zwei Kapiteln noch deutlicher wird.

Blumenthal an Käthe und David Hilbert | Aachen, den 31.XII.1925
AK, Nachlass Hilbert, SUB Göttingen, 30, Nr. 50

Liebe gnädige Frau, lieber Herr Professor!

Vor 4 Wochen habe ich durch Courant erfahren, dass Herr Professor nicht wohl war. Dann konnte mir aber Karman berichten, dass es wieder besser gehe, und jetzt hat es auch Courant bestätigt. Auch liess sich aus Ihrem letzten Brief wirklich kein Missbehagen herauslesen. Wir hoffen also, dass das Übel behoben ist, und wünschen Ihnen recht herzlich alles Gute zum neuen Jahr. Auch bei uns ist alles wohl, Mali frisch und vergnügt, die Kinder froh wie immer zu Weihnachten. – Das Paket Menger-Heisenberg ist richtig angekommen.[42]

---

[42]Im Dezember 1925 trafen zwei Manuskripte bei Blumenthal ein, die in den *Annalen* gedruckt wurden: Karl Menger, Über reguläre Baumkurven, *Mathematische Annalen*, 96 (1927): 572–582; Werner Heisenberg, Über quantentheoretische Kinematik und Mechanik, *Mathematische Annalen*, 95 (1926): 683–705.

Beste Grüsse und Wunsche,
Ihr
O. Blumenthal
Auch von mir herzliche Neujahrswünsche. Wir fahren am 2ten nach Gelsen-
kirchen.
Herzlichst,
Ihre
Mali

Eine abgelehnte Arbeit von einem jungen, sonst unbekannten Mathematiker
führte zu einem interessanten Austausch zwischen Blumenthal und Hilbert (siehe
Blumenthals Brief an ihn vom 3. März 1926 auf S. 216). Der Anlass hierzu kam
vom folgenden Brief an Hilbert.

L. Konen an Hilbert | Tübingen, den 22.II.1926
AB, Entwurf, Nachlass Hilbert, SUB Göttingen, 30,

Sehr geehrter Herr Kollege!

Herr Blumenthal hat mir einen Auszug aus einem Brief geschickt, den Sie
an ihn gerichtet haben. Ich lege eine Abschrift dieses Auszuges bei. Er erweckt
den Anschein, als habe Herr Blumenthal sich bemüht ihn möglichst verletzend zu
gestalten.

Nachdem der Brief, den Sie selbst in derselben Angelegenheit an mich gerichtet haben, in einem wesentlich verschiedenen Ton gehalten war, lege ich Wert
darauf die Mitteilung des Herrn Blumenthal zu Ihrer Kenntnis zu bringen.

Ich bin mit vorzüglicher Hochachtung
Ihr ergebener
L. Konen

Abschrift eines undatierten Briefes von Hilbert an Blumenthal

… Leider bin ich nach reiflichster Überlegung dazu gekommen, gegen den
Abdruck desselben in den Annalen Einspruch zu erheben … Wer hat heute noch
an derartigen Detaillierungen Interesse, das den kostspieligen Druck einer derart
umfangreichen Arbeit rechtfertigt? Und ich finde es auch gar nicht im Interesse der
Wissenschaft, wenn jetzt die jüngeren Mathematiker sich in diesen speziellen Fragen zersplitterten, wo sie heute die allgemeinen Methoden für die Existenzfragen
so ausgebildet haben u. durch diese Interessen Mittel u. Wegen bestehen in seinem
Kämmerlein für sich die speziellen Aufgaben weiter zu führen. Schon aus diesem
Grunde gehört die Arbeit K's nicht in die Annalen, denn diese sind doch nicht für
die Autoren, sondern für das Publikum da, indem sie auf die jüngere Generation

in fruchtbarem und anregendem Sinne u. solcher Richtung wirken sollen, die uns für die nächste Zukunft als Wissenschaft erspriesslich scheint.

Die Hauptlinie aber, die zu diesem Gesichtspunkt aus heute eingehalten werden muss, kann für mich nicht zweifelhaft sein: es ist die Rückkehr zur math. Physik.

Ich habe mir ziemlich überlegt, wie mit Gauss-Riemann-Jacobi von Generation zu Generation das Interesse an der math. Physik bei den Mathematikern hingeschwunden ist. ... Unsere math. Annalen sollen sich doch von der Zeitschrift u. dem Crelle etc. unterscheiden und wie können sie das in dankbarerer und deutlicherer Weise, als indem die Annalen in bewusster Weise dieser Verfallserscheinung entgegen arbeiten?

Solche Gedanken brachte Hilbert zu dieser Zeit öfters hervor, zumal er mit großer Neugier die fortlaufenden Entwicklungen in der Quantenphysik verfolgte.

Im Winter 1926 erholte sich Hilbert in der Schweiz, und zwar in dem schönen Kurort Arosa.

Blumenthal an Hilbert | Aachen, den 26.II.1926
TB, Nachlass Hilbert, SUB Göttingen, 30, Nr. 51

Lieber Herr Professor!

Ich freue mich sehr, von Courant und von meiner Schwester zu hören, dass es Ihnen erheblich besser geht und dass Arosa, trotz trüben Wetters, gut auf Sie wirkt. Bei uns kommt jetzt der Frühling mit Macht. Da wird man ihn auch in Arosa, denke ich, angenehm empfinden. Auch muss ich Ihnen noch zu dem Pour le mérite gratulieren. Mali und ich haben uns sehr darüber gefreut. Die civile Klasse dieses Ordens scheint ja in der Tat nur an solche verliehen zu werden, bei denen das mérite wirklich vorliegt.[43] Klein würde sich sicher nichts herzlicher gewünscht haben, als dass sein Verdienstorden für Mathematik an Sie fällt und seinem Göttingen erhalten bleibt.

...

Meine Schwester scheint immer noch nicht wieder auf der Höhe zu sein. Sie will aber morgen nach Gelsenkirchen zurückfahren. Beste Grüsse an Sie und Frau Professor von Mali und mir. Recht gut Erholung.

Ihr

O. Blumenthal

---

[43] Der Orden Pour le mérite wurde von Friedrich dem Großen gestiftet und bis 1918 in der militärischen Klasse verliehen. In der zivilen Klasse wurde er in der Weimarer Republik als Orden Pour le Mérite für Wissenschaften und Künste weiter verliehen.

Der niederländische Physiker Johannes Martinus „Jan" Burgers (1895–1981) war vor allem bekannt für seine Arbeiten zur Fluidmechanik (Burgers-Turbulenzmodelle) und Festkörpermechanik. Er studierte Physik in Leiden unter Paul Ehrenfest, bekam aber Anfang 1918 eine Stelle als Konservator im physikalischen Labor von Teylers Museum, wo er zusammen mit dem Physiker Hendrik Antoon Lorentz arbeitete. Schon im Oktober dieses Jahres wurde der 23-jährige Burgers Professor an der Technischen Universität Delft. Wie seine Freundschaft mit Otto Blumenthal entstand, lässt sich nicht mehr genau rekonstruieren. Es ist sehr wohl möglich, dass sie einander erstmals kennengelernt haben, als Blumenthal 1924 an dem ersten Internationalen Kongress für angewandte Mathematik und Mechanik teilnahm (siehe seinen Brief an Hilbert vom 14. Mai 1924 auf S. 198). Nachdem Blumenthal 1933 seine Stelle in Aachen verloren hatte, wurde diese Freundschaft mit Jan Burgers von großer Bedeutung für ihn (Abschnitt 9.3).

Otto Blumenthal an Johannes M. Burgers | Aachen, den 28.II.1926
TB, Nachlass Burgers, Technische Universität Delft

Lieber Herr Burgers!

Sie haben mir durch Ihren Brief und Ihr Geschenk eine sehr grosse Freude gemacht, und ich danke Ihnen aus aufrichtigem Herzen. Die Freude über das Buch[44] war um so grösser, als ich zuerst aus Gewohnheit in der eingeschriebenen Drucksache ein sehr umfängliches Manuskript für die Mathematischen Annalen gefürchtet hatte. Ich hatte längst das Buch vergessen. Jetzt habe ich einige Seiten drin gelesen und sehe, dass es einen tiefen Sinn in kindlicher Form enthält. Die Sprache scheint mir nicht schwer zu sein. Vielleicht bringe ich es fertig, meinen Kindern die eine oder andere schöne Stelle zu übersetzen. Jedenfalls will ich es selbst möglichst rasch und gründlich, dh. mit Zuziehung eines Wörterbuchs lesen.

Zu der glücklichen Geburt Ihres Söhnchens wünsche ich Ihnen herzlich Glück. Ich hoffe bestimmt, dass die grosse Freude viel zur völligen Wiederherstellung von Frau Burgers beitragen wird. Ich bitte Sie, auch ihr meine Glückwünsche auszurichten.

Beste Grüsse und nochmals vielen Dank! Viele Grüsse auch an Herrn Biezeno.

Ihr O. Blumenthal.

Die folgenden drei Briefe von Blumenthal an Sommerfeld betreffen physikalische Arbeiten zweier Inder.

---

[44]Bei dem genannten Buch handelt es sich um das Märchen „De kleine Johannes" von Frederik van Eeden, das 1887 als Buch erschienen ist.

Blumenthal an Sommerfeld | Aachen, den 6.II.1927
TB, Nachlass Sommerfeld, Deutsches Museum, München

Lieber Sommerfeld!

Nachdem Du von der predigenden Reise zurückgekehrt bist, sieh Dir, bitte, die anliegende Arbeit des Herrn Ray in Lucknow in Indien an. Sie ist für die Mathematischen Annalen eingelaufen, ich weiss aber nichts rechtes damit anzufangen. Sie scheint mir mehr in den Bereich des mathematischen Physikers zu fallen. Deshalb bitte ich um Deine Entscheidung. Das Englisch scheint mir teilweise schauderhaft zu sein, aber daran soll es nicht scheitern. Ich wäre für baldige Erledigung sehr dankbar.

Hoffentlich hast Du die Reise gut vertragen. Ich habe mich sehr über das Wiedersehen gefreut. Dein Ernst ist jetzt wieder der Ansicht, dass er mit seiner Arbeit im wesentlichen durch ist.[45]

Beste Grüsse von Haus zu Haus
Dein
O. Blumenthal

Blumenthal an Sommerfeld | Aachen, den 15.II.1927
TB, Nachlass Sommerfeld, Deutsches Museum, München

Lieber Sommerfeld!

Ich habe Dir vor acht Tagen die Arbeit eines Inders namens Ray zugeschickt, der in Saitenschwingungen etwas neues gefunden haben will. Ich füge heute eine sich daran anschliessende Note eines zweiten Inders mit dem merkwürdig deutschen Namen Bose bei.[46] Ich bitte Dich, die beiden Noten möglichst rasch begutachten zu wollen. Ich kann mir unter „quantum conditions" bei der schwingenden Saite nichts rechtes vorstellen.

Beste Grüsse!
Dein
O. Blumenthal

---

[45]Ernst Sommerfeld studierte bei Walter Rogowski, der seit 1920 Direktor des Instituts für Elektrotechnik an der TH Aachen war. Rogowski hatte kurz in Aachen bei Arnold Sommerfeld studiert, dann ging er nach seinem Vordiplom 1902 an die TH Danzig, wo er 1907 promoviert wurde. Ernst Sommerfeld arbeitete unter seiner Leitung in Aachen, wo an seinem Institut ein Hochleistungs-Kathodenstrahloszillograph entwickelt wurde.

[46]Dieser Bose ist nicht mit dem berühmten Physiker Satyendranath Bose zu verwechseln, dessen Namen mit der Bose-Einstein-Statistik sowie den Bosonen (nach Paul Dirac) verknüpft ist.

Blumenthal an Sommerfeld | Aachen, den 2.V.1927
TB, Nachlass Sommerfeld, Deutsches Museum, München

Lieber Sommerfeld!

Der „hindianische" Bose lässt nicht locker. Eben schickt er mir das ganze Zeug von Ray und ihm nochmals zu, mit noch einigen Belegartikeln. Einliegend findest Du alles, zusammen mit dem Durchschlag des Ablehnungsbriefes, den ich nach Deinem Vorschlag an ihn geschickt habe. Bitte, schicke Du ihm jetzt selbst die Sache zurück, da er mir nicht glauben will! Die Adresse ist:

Dr. Nahirinath Bose
Christian College
Lucknow (Indien)

Schreibe mir, bitte, was Du von der Sache getan hast oder tun wirst.

Du bist zur Zeit in einer schmerzlichen Unentschlossenheit. Ich habe Ernst[47] noch nicht gesprochen, weiss also noch nicht, nach welcher Seite sich die Waage neigt. Da ich Dir aber bis jetzt noch nicht zu Deinem Berliner Ruf gratuliert habe, hole ich es hiermit herzlich nach. Es ist eine herrliche Sache, einerlei ob Du ihn annehmen wirst oder nicht.[48]

Wir waren über Ostern mit ganzer Familie in Göttingen. Hilbert war gerade am Schluss einer langen Essenkur (?), deren Erfolg leider nicht ganz befriedigend gewesen ist. Er sah recht fahl aus, war aber geistig sehr angeregt und leistungsfähig. Es ist doch ein sehr sorgenerweckender Zustand; trotz des Optimismus des Züricher Spezialisten.[49]

Bei uns geht alles gut, bei Euch hoffentlich auch, abgesehen von der Ruf-Nervosität. „Herrchen, Deine Rufe bringen Dich auf den Hund", hat Käthe Hilbert ihrem Mann zugerufen.

Beste Grüsse von Haus zu Haus!
Dein
O. Blumenthal

Das Verhältnis zwischen Blumenthal und Brouwer wurde keineswegs besser, wie aus dem folgenden Brief von Brouwer an Alexandrow hervorgeht. Seit Urysohns Tod im August 1924 (Abschnitt 5.4) stand Brouwer im ständigen Kontakt mit Alexandrow, der den Verlust seines engen Freundes sehr schwer verkraftete.

----

[47]Ernst Sommerfeld (1899–1976) war Sohn des berühmten Physikers. Er studierte in Aachen und arbeitete später als Patentanwalt für Telefunken.

[48]Sommerfeld lehnte schließlich den ehrenvollen Ruf, als Nachfolger Max Plancks nach Berlin zu kommen, ab. Die Professur bekam stattdessen Erwin Schrödinger. Ein Jahr später feierte Arnold Sommerfeld seinen 60. Geburtstag und bekam dazu eine von seinen ehemaligen Schülern herausgegebene Festschrift (Debye/Blumenthal/Bochner 1928).

[49]Kurz zuvor stellten Mediziner fest, dass Hilbert unter perniziöser Anämie litt, einer damals lebensgefährlichen Krankheit.

Brouwer an Alexandrow | Wien, den 3.II.1927
AK, Alexandrow Archiv, Moskau

Grüsse und Händedruck. (Die Karte wird übrigens heute nicht abgehen, wegen Streik der Postchauffeure, so dass die Briefkasten nicht geleert werden). Ich bin auf ein Paar Tage hier wegen Besprechungen und Besuch bei holländischen Freunden. Morgen esse ich mit Wirtinger, Ehrenhaft, Hahn, Vietoris und Loewy. In Berlin sind die Kollegen sehr gut zu mir und meine Vorträge werden sehr gut besucht. Dass Blumenthal den Kuratowski an Sie schickte unter Vorübergang von mir und ohne Vorkenntnis, war gegen die Regeln unserer Redaktionsführung, und mir gegenüber unfreundlich, kränkend und unpassend (vielleicht eine absichtliche Kränkung wegen der vielen zwischen ihm und mir bestehenden Konflikte; er ändert noch immer regelmässig in meinen Arbeiten nach der Druckfertigerklärung; im Riemannband hat er wieder einen dicken Fehler hineingebracht). Wenn er wieder so was machen würde, so antworten Sie ihm bitte doch, dass Sie solche Beratungsanfragen nur von mir entgegennehmen können, da ich ja der Aussenwelt gegenüber der für Topologie zuständige Redakteur bin.

Grüsse an Ihre Hausgenossen.

Ihr Brouwer

Hilberts Gesundheitszustand blieb auch für die Zukunft der *Annalen* ein wichtiger Faktor, zumal Brouwer auf eine Umgestaltung der Redaktion drängte. Blumenthal reagierte darauf in einem Schreiben vom 13. September 1927:[50]

Ich glaube, dass Sie die Bedeutung des Unterschiedes zwischen grossgedruckten und kleingedruckten Redakteuren ueberschaetzen. Mir scheint, dass wir alle gleiche Rechte haben. Insbesondere koennen wir alle dann und nur dann im Namen der Annalenredaktion reden, wenn wir uns der Zustimmung der an der betreffenden Frage interessierten uebrigen Redakteure versichert haben. – Trotzdem ich also den Unterschied zwischen den beiden Arten von Redakteuren mehr fuer typographisch als fuer tatsaechlich halte (ich nehme mich selbst als Geschaeftsfuehrer aus), verstehe ich Ihren Wunsch nach besserer typographischer Ausstattung sehr wohl. Sie wissen, dass ich ihn persoenlich warm unterstuetze. Wir koennen aber vorlaeufig, so lange Hilberts Gesundheitszustand so schwankend ist wie jetzt, nichts in der Redaktion aendern. Ich bitte Sie also herzlich, Ihren Wunsch zurueckstellen zu wollen. Zur guten Zeit werde ich ihn gewiss gern hervorholen.

Otto Blumenthal erkannte schon, dass eine Reform der Redaktion längst überfällig war. Ihm war außerdem bewusst, dass Brouwer und Bieberbach seit Jah-

---

[50]Dieser Auszug wurde mit Nachdruck von Brouwer in seinem Schreiben von 5. November 1928, S. 286, zitiert, wo er auf die vermeintliche Ungerechtigkeit der Machtverhältnisse in der *Annalen*-Redaktion verwies.

ren mit den ungleichen Arbeitsverhältnissen in der Redaktion unzufrieden waren. Ob Hilbert aber bereit wäre, eine echte Reform der *Annalen*-Redaktion irgendwann durchzuführen? Blumenthal wollte diese Frage auf die lange Bank schieben, aber die Antwort darauf müsste ihm doch ziemlich klar gewesen sein.

Kapitel 7

Der Kongress in Bologna: Hilbert vs. Brouwer (1927–1928)

7.1 Brouwers Rolle im Vorfeld des Bologna-Kongresses

Die Teilnahme deutscher Mathematiker an dem Internationalen Mathematikerkongress in Bologna blieb bis zur Eröffnung eine heiß umstrittene Frage. Eine offizielle Einladung an die Deutsche Mathematiker-Vereinigung (DMV) führte zu einer Debatte innerhalb des Ausschusses, an der Otto Blumenthal direkt beteiligt war. Viele deutsche Mathematiker wollten sich voll und ganz von der Union Mathématique Internationale (UMI) distanzieren, weil sie nach wie vor die seit 1919 bestehende Boykottpolitik vertrat. Der Vorsitzende der UMI Salvatore Pincherle und seine italienischen Kollegen wollten andererseits den bevorstehenden Kongress unabhängig von der Union veranstalten, um Mathematiker aus Deutschland und anderen Ländern einzuladen. Pincherle versuchte deswegen, den Deutschen Zuversicherungen zu geben, dass der Kongress von den Richtlinien der UMI nicht betroffen war.

In einem Schreiben an den DMV-Schriftführer Ludwig Bieberbach protestierte Blumenthal gegen die auf die Einladung entworfene Antwort des Vorsitzenden Friedrich Schilling. Eine Kopie dieses Schreibens erhielt auch Erich Trefftz, ein guter Freund Blumenthals, der ebenfalls zum Ausschuss gehörte.

Blumenthal an Bieberbach | Aachen, den 1.VII.1927
TB, Kopie, Nachlass Trefftz, Archiv der Technischen Universität Dresden

Lieber Herr Bieberbach!

Mit dem Schilling'schen Entwurf des Schreibens an Pincherle bin ich <u>nicht einverstanden</u>. Ich schliesse mich vollständig der Meinung von Trefftz an, der ausser mir die Herren Blaschke und Faber beipflichten, Blaschke mit Entschiedenheit,

© Springer-Verlag GmbH Deutschland, ein Teil von Springer Nature 2019
D. E. Rowe und V. Felsch, *Otto Blumenthal: Ausgewählte Briefe und Schriften II*,
Mathematik im Kontext, https://doi.org/10.1007/978-3-662-58356-2_7

Faber etwas schwankend, die sonach die Hälfte aller abgegebenen Stimmen auf sich vereinigt.[1] Ich sage mit Trefftz:

1). bei der Form, wie die Einladung nach Bologna gehalten ist, ist es unmöglich, dass die deutschen Mathematiker nicht hingehen, ohne sich von allen Seiten dem Vorwurf schlechten Willens auszusetzen.

2). eine weitere Erklärung von Pincherle zu verlangen, ist unnötig und höchst gefährlich. Denn wenn sie irgendwie nicht befriedigend ausfiele, müssten wir die Einladung ablehnen, was mir nach 1). unmöglich scheint. Die Frage Schillings ist aber so gestellt, dass Pincherle sie nicht klipp und klar bejahen kann, ohne damit die Gegenseite vor den Kopf zu stossen. Was soll denn heissen: „dass der Kongress in keiner Weise als unter dem Patronat der U.M.I. stehend angesehen werden kann“? Da die U.M.I. die erste Anregung zu dem Kongress gegeben hat, steht der Kongress ganz gewiss in einer, sehr entfernten, Weise unter dem Patronat der U.M.I., ebenso wie er in derselben entfernten Weise unter dem Patronat der D.M.V. steht sobald diese sich dort vertreten lässt und dadurch die deutschen Mathematiker auffordert den Kongress zu besuchen.

Ich bitte dringend, dass wir nicht durch Kleben an einer Form eine Sache verfahren, die im guten Geleise ist. Ich kann es nicht besser sagen als Trefftz: Worte sind garnichts, der Geist ist Alles.

Nun ist aber nach der Bekanntgabe des Schilling'schen Entwurfs noch eine neue Tatsache eingetreten. Herr Blaschke hat Ihnen den Text der Einladung der italienischen Mathematiker geschickt, den ich in der Abschrift des Briefes auch gelesen habe. Hiernach ist die Stellung des Kongresses völlig klar: er findet unter den Auspizien der Universität Bologna statt. Die Worte „der durch die U.M.I. angekündigte internationale Kongress“, sind notwendig, damit diejenigen Nationen, die auf dem Kongress in Toronto vertreten waren, wissen, dass es sich um den dort beschlossenen Kongress handelt. Das Wort „angekündigt“verneint in klarer Weise die Ansicht, dass der Kongress von der U.M.I. veranstaltet wäre. Nach dieser nochmaligen vollständig eindeutigen Stellungnahme ist eine weitere Anfrage nicht nur überflüssig, sondern kann die Italiener auf das Empfindlichste beleidigen, weil es nahe liegt aus ihr einen Zweifel an der Vertrauenswürdigkeit der Italiener herauszulesen.

Ich schliesse mich also dem von Herrn Blaschke formulierten Protest gegen die Forderung einer neuerlichen Erklärung der Italiener in aller Form an.

Ich will es aber nicht bei Negativen bewenden lassen, sondern einen Vermittlungsvorschlag machen, bei dem sich mein Gewissen allenfalls beruhigen kann, von dem ich also hoffe, dass auch die entgegengesetzt gerichteten Gewissen dabei verhältnismässige Ruhe finden. Ich schlage folgende Fassung vor:

Wir glauben, dem Pro Memoria und der vorläufigen Mitteilung über die Einladung nach Bologna folgendes entnehmen zu können; zwar ist die erste Anregung

---

[1]Wilhelm Blaschke (Hamburg) und Georg Faber (TH München) waren zusammen mit Blumenthal und Trefftz vier von insgesamt neun Mitgleidern des Ausschusses. Die andere fünf waren Schilling, Bieberbach (Berlin), Erhard Schmidt (Berlin), Oskar Perron (München) und Alexander Witting (Gymnasiallehrer in Dresden).

zu dem Kongress von der U.M.I. ausgegangen, er wird aber nicht unter dem Patronat dieser Vereinigung, sondern unter demjenigen der Universität Bologna stehen, welche allein die Einladungen erlässt. Wenn diese unsere Annahme richtig ist werden wir uns eine Einladung der Universität Bologna zur hohen Ehre anrechnen und sie gern annehmen.

Sollte aber unsere Auffassung irgendwie irrtümlich sein, so bitte ich Sie mich umgehend über die wahre Sachlage aufklären zu wollen.

Zum Schluss darf ich die bestimmte Hoffnung aussprechen, dass der Ausschuss nicht einen Brief herausgehen lässt, der eine ganz schwache Majorität (etwa 5 gegen 3) auf sich vereinigt.[2] Wenn sich in anderer Weise keine Einigung unter uns erzielen lässt, muss eine höhere Instanz angerufen werden.

Beste Grüsse Ihr

O. Bl.

––––––––––

Auf ihrer Jahrestagung im folgenden September 1927 in Bad Kissingen beschloss die DMV, keine offiziellen Vertreter nach Bologna zu entsenden. Es erging nur ein Zirkular an die Mitglieder, um sie über die vorläufigen Pläne für den dortigen Kongress zu informieren. Brouwer wandte sich an Bieberbach, da er eine Stellungnahme zum Bologna-Kongress und zur Rolle der UMI dabei anmelden wollte.

Kurz zuvor hatte Brouwer eine scharfe Polemik gegen Hilbert in den Verhandlungen der Amsterdamer Akademie veröffentlicht (Brouwer 1928a). Nun erkundigte er sich bei Bieberbach, ob dieselbe auch in den Sitzungsberichten der Berliner Akademie wiederabgedruckt werden könnte. Er bekam die folgende Antwort.

Bieberbach an Brouwer | Berlin, den 20.I.1928
TB, Nachlass Brouwer, Noord-Hollands Archief, Haarlem

Lieber Brouwer!

… Betreffs der Vorlage Ihrer Arbeit bei der Akademie ergibt sich unter Umständen eine Schwierigkeit aus dem §17 der Akademiesatzungen, [wonach einem Wiederabdruck eines auf Deutsch verfassten Textes nicht aufnahmefähig sei].

… Unter diesen Umständen bitte ich Sie, mir noch mitzuteilen, dass Ihr Aufsatz in den ‚Amsterdamer Berichten' nicht in deutscher Sprache erscheinen wird, dann glaube ich annehmen zu dürfen, dass die Akademie der Aufnahme in die Sitzungsberichte zustimmen würde. Von diesem Sitzungsparagraphen abzusehen, besteht aber leider keine Möglichkeit.[3]

Was endlich ihre Ausführungen über den conseil de recherches betrifft, so sehe ich keine Möglichkeit der Aufnahme in den Jahresbericht, denn würde es ein No-

––––––––––

[2]Blumenthal rechnete offenbar damit, dass Faber sich bei einer Abstimmung am Ende enthalten könnte.

[3]Brouwer reagierte gleich danach mit einem Vorschlag, wie er dieses Problem umgehen könnte.

vum schaffen, wenn wir politische Ausführungen in den Jahresbericht aufnehmen wollten; so ist es ja auch bisher wegen der politischen Seite der Sache vermieden worden, von dem geplanten Kongress in Bologna zu sprechen. Mir scheint, der geeignete Ort für Ihre Ausführungen wäre vielleicht die Hochschulnachrichten. Persönlich stimme ich mit Ihnen überein und werde nicht nach Bologna fahren.

Mit herzlichen Grüssen
Bieberbach

Aus dieser Antwort Bieberbachs geht klar hervor, dass er Brouwers Anliegen bei der DMV gern unterstützt hätte. Er sah sich aber daran gehindert, zumal der DMV-Ausschuss auf der Jahrestagung in Bad Kissingen sich entschlossen hatte, keine direkte Stellungnahme bezüglich des Bologna-Kongresses auszusprechen.

Brouwer an Bieberbach | Laren, den 23.I.1928
TB, Kopie, Nachlass Brouwer, Noord-Hollands Archief, Haarlem

Lieber Bieberbach,

Die Übersetzung meines betreffenden Aufsatzes in eine andere als die deutsche Sprache bietet so grosse Schwierigkeiten, dass ich diesmal auch für die Amsterdamer Berichte auf die Herstellung eines holländischen Textes ausnahmelos verzichten musste und mich auf die Veröffentlichung des deutschen Textes in den Proceedings beschränke. Ich kann aber versprechen dafür zu sorgen dass die Erscheinung in den Proceedings des (in Amsterdam übrigens schon vorgelegten) Aufsatzes frühestens einem Monat nach der Erscheinung in der Berliner Berichten stattfinden wird. Es scheint mir, dass durch dieses Versprechen den Bestimmungen der Berliner Akademie-Satzungen genügt wird.[4] Ich bitte Sie mir noch mitzuteilen ob diese Lösung auch Sie befriedigt. Im entgegengesetzten Falle wäre ich auch mit einer Veröffentlichung im Jahresberichte einverstanden, aber nur dann, wenn diese Veröffentlichung ausnahmsweise sofort stattfinden könnte.

Was meine Ausführungen über den Conseil des Recherches betrifft, so sind dieselben nur der Form, nicht aber dem wirklichen Inhalte nach politischer als die Einladung zum Bologner Kongress. (Gerade auch dies wird durch die Lektüre meiner Ausführungen, die den versteckten Inhalt der Einladung blosslegen, jedem Leser klar gemacht). Wenn Sie also meine Auseinandersetzungen nicht im Jahresbericht abdrucken können, so werde ich dieselbe als Flugblatt drucken lassen, und Sie bitten dieses Flugblatt in gleicher Weise als Einlage im Jahresbericht zu versenden, wie es mit der Einladung zum Kongress geschehen ist. Ich bitte Sie um Mitteilung ob Sie bzw. Teubner mit diesem Vorschlage einverstanden sind. Ganz besonderes angenehm wäre es mir, wenn einige deutsche Mathematiker mitunter-

---

[4]Offenbar hatte Bieberbach keine weitere Bedenken, denn der Wiederabdruck des Aufsatzes (Brouwer 1928a) erschien bald danach in den Sitzungsberichten der Preußischen Akademie.

schreiben wollten.

. . .

Mit herzlichen Grüssen
Ihr
Prof.Dr. L.E.J. Brouwer

Bieberbach, der offensichtlich mit Brouwers Ansichten sympathisierte, setzte diesen Plan um. Als DMV-Schriftführer meinte er, diese Entscheidung treffen zu können, ohne Blumenthal, den Herausgeber des Jahresberichts, informieren zu müssen. Brouwers Text lautete wie folgt.

Brouwer an die Mitglieder der DMV | Amsterdam, März 1928
Nachlass Brouwer, Noord-Hollands Archief, Haarlem

Nach einem dem letzten Hefte des Jahresberichtes der Deutschen Mathematiker-Vereinigung beigegebenen Zirkular wird im September 1928 in Bologna ein von der Union mathématique internationale ausgehender Mathematiker- Kongress stattfinden. Zur Orientierung derjenigen Leser des Jahresberichtes, die ein Eingehen auf dieses Zirkular erwägen, muss daran erinnert werden, dass die Union mathématique internationale derjenigen wissenschaftlichen Organisation unterstellt ist, die unter dem Namen ‚Conseil international de recherches' zur Zeit des Zusammenbruchs Deutschlands mit dem ausgesprochenen Zweck der Boykottierung der deutschen Wissenschaft gegründet wurde, und die in der französischen Akademie der Wissenschaften vom *Mathematiker* Painlevé als Vorsitzendem mit den folgenden, *bisher nicht zurückgezogenen*, Worten[5] eingeführt wurde:

'. . . il s'agissait d'un duel désespéré, d'un duel à la vie, à la mort, sans transaction possible, entre deux conceptions de la civilisation : il s'agissait de savoir si la science serait pour l'homme un moyen de libération et d'ennoblissement ou l'instrument de son esclavage . . .

. . . La science n'est moralisatrice qu' à condition de garder aux yeux de l'élite qui la cultive son caractère essentiel qui est la recherche désintéressée de la vérité. . . . C'est cette science, toute imprégnée de l'esprit de solidarité, qui, avant la guerre, avait formé l'esprit de nos jeunes savants, de nos étudiants, de nos chercheurs . . . *Pendant ce temps, de l'autre côté du Rhin, la Science, c'était une gigantesque entreprise où tout un peuple, avec une patiente servilité, s'acharnait à fabriquer la plus formidable machine à tuer qui ait jamais existé.*[6] . . .

. . . une considération doit dominer toutes les autres; c'est que ceux qui on fait cela soient mis hors d'état de recommencer. . . .

. . . Tant que l'Allemagne n'aura pas renoncé au fond d'elle-même à son idéal sanglant d'oppression, de rapines et de violences; tant qu'elle n'aura pas pris con-

---

[5]Comptes rendus, 2. December 1918.
[6]Kursivierung von Brouwer.

science et horreur de ses crimes,[7] il n'y aura pas de réconciliation possible, fût-ce pour une collaboration scientifique, entre elle et l'humanité. Par leurs résolutions communes du 11 octobre dernier, arrêtées à Londres et complétées à Paris au cours de cette dernière semaine, voil à ce que les Académies scientifiques des peuples qui ont combattu pour la bonne cause ont entendu signifier aux savants d'outre-Rhin.'

Im Zusammenhang mit dem obenstehenden mögen die Leser des Jahresberichtes erwägen, inwiefern Teilnahme am geplanten Kongress ohne Verhöhnung des Andenkens von Gauss und Riemann, des humanitären Charakters der mathematischen Wissenschaft und der Unabhängigkeit des menschlichen Geistes möglich ist.

Amsterdam, März 1928
L.E.J. Brouwer

Brouwer verfasste eine leicht überarbeitete Fassung dieses Rundschreibens, das im folgenden August zusammen mit einem von Richard von Mises verfassten Zirkular erneut an die Mitglieder der DMV gegangen ist (siehe unten). Schon im März fuhr Brouwer nach Bologna, um an Ort und Stelle die Pläne für den Kongress mit den Organisatoren zu besprechen. Er wurde gleichzeitig von Sommerfeld dazu ermutigt und weiterhin von ihm über die parallel laufenden Entwicklungen informiert.

Sommerfeld an Brouwer | München, den 24.III.1928
AB, Nachlass Brouwer, Noord-Hollands Archief, Haarlem

Lieber Herr Brouwer!

Faber[8] hat Ihnen nicht geschrieben, weil er meinte, Sie hätten alles von Bieberbach erfahren, was er Ihnen über seine Verhandlungen mit Bologna zu sagen hätte; mehr wüsste er nicht, als was im Ausschuss der Mathematiker- Vereinigung besprochen wurde.

Heute kam eine neue Einladung nach Bologna. Sie enthielt kein Wort vom Conseil de Recherches oder ähnlichem. Auch die ominöse Zählung der Congresse war fortgelassen. Ich glaube daher, dass Sie mit Ihren Bestrebungen, für die wir Ihnen sehr dankbar sind, keine Schwierigkeit haben werden.

---

[7]Brouwer fügte in einer Fußnote hinzu: „Offenbar ist nach der Auffassung der alliierten Gelehrten die obige Sachlage jetzt eingetreten, denn der Conseil International de Recherches hat Deutschland zum Beitritt eingeladen. Die belgische Stimme für diese Einladung wurde motiviert mit der Ueberzeugung, dass die versöhnliche Gesinnung der künftigen deutschen Delegierten im Conseil und in den ihm unterstellten Körperschaften immer von Herrn Lorentz überwacht werden würde."

[8]Georg Faber (1877–1966) war seit 1916 Ordinarius an der TH München.

Ob dieser Brief Sie noch in Bologna erreichen wird. Er hat sich etwas verspätet.

...

Mit herzlichen Grüssen
Ihr
A. Sommerfeld.

Nach seinem Besuch in Bologna berichtete Brouwer dem Berliner Mathematiker Richard von Mises über seine Unterredungen dort mit Salvatore Pincherle.

Brouwer an Richard von Mises | Rapallo, den 12.IV.1928
AK, Nachlass Brouwer, Noord-Hollands Archief, Haarlem

Lieber Mises,

Mit Pincherle habe ich erst gesprochen, und dann noch korrespondiert. Das Resultat ist folgendes: Die Herren in Bologna werden ein neues Zirkular versenden, in welchem weder von der Union noch vom echten Kongress die Rede sein wird, in welchem dagegen eine Schlusssitzung der gesamten Kongressmitglieder und Beratung über Zeit, Ort, und Modalität des nächsten Kongresses für den letzten Kongresstag angekündigt worden wird.[9] Unsere Gastgeber wollen also den Kongress unabhängig von der Union gestalten, und diese Unabhängigkeit klar zum Ausdruck bringen und jedermann gegenüber aufrecht halten. Dagegen können sie die Tatsachen nicht fortschaffen, dass seiner Zeit die Initiative zu diesem Kongress von der Union genommen wurde und dass die Union gleichzeitig mit dem Kongress in Bologna tagen wird. Ebensowenig können sie die Verantwortlichkeit dafür übernehmen, dass die Union in Bologna nicht versuchen wird, Einfluss auf den Kongress und auf diese Schlusssitzung zu gewinnen. Unter diesen Umständen scheint es mir, dass Anhänger und Gegner der Union gleich gut am Kongress teilnehmen können, letzte mit dem Vorhaben, die Union, falls sie sich in dem Kongress hineinmischen sollte, mit allen Kräften zu bekämpfen und womöglich zu vernichten. Überdies können die Kongressteilnehmer, die Gegner der Union sind, während der dem Kongress vorangehenden Monate ohne Deloyalität dem Kongress gegenüber, ihre Bekämpfung der Union fortsetzen.

Ich sprach auch mit Levi-Civita[10] in Rom und mit Cipolla in Palermo[11], und habe den Eindruck gewonnen, dass in Italien kaum jemand die Union ernst nimmt.

---

[9]Dieses Zirkular ging schon einige Wochen zuvor raus; siehe den obigen Brief vom 24. März von Sommerfeld an Brouwer.

[10]Tullio Levi-Civita (1873–1941) studierte bei Gregorio Ricci-Curbastro in Pisa. 1898 wurde er Professor für Mechanik in Padua; 20 Jahre später ging er nach Rom.

[11]Michele Cipolla (1880–1947) war dort Professor für analytische Mathematik.

Anfang Mai hoffe ich nach Berlin zu kommen, um die Angelegenheit mit Schmidt, Bieberbach und Ihnen (und womöglich auch Planck[12]) auf den Grundlagen meiner Korrespondenz mit Pincherle nochmal durchzusprechen. Teilen Sie bitte den obigen Sachverhalt auch Hahn und Ehrenhaft mit.

Herzliche Grüsse von Ihrem

Brouwer

Karl Kerkhof war auch sehr daran interessiert, die neuesten Auskünfte über den Bologna-Kongress von Brouwer zu erfahren. Er machte ihn auch über parallele Entwicklungen in der Astronomie aufmerksam, welche im Vorfeld eines internationalen Kongresses in Leiden stattgefunden hatten.

Karl Kerkhof an Brouwer | Berlin, den 19.VI.1928
TB, Nachlass Brouwer, Noord-Hollands Archief, Haarlem

Lieber Herr Professor!

Zu meinem grössten Bedauern haben wir uns bei Ihrer letzten Anwesenheit in Berlin nicht sprechen können. Vielleicht haben Sie die Güte, mir über den Stand der Dinge in Bologna einige kurze Nachrichten zugehen zu lassen. Ich möchte hierzu noch bemerken, dass am Pfingstsonnabend Harald Bohr aus Kopenhagen hier weilte, um mich in derselben Angelegenheit zu sprechen. Mein Büro war leider an diesem Tage geschlossen. Ich möchte jedenfalls in dieser Angelegenheit nichts weiter unternehmen, ohne Ihre Stellungnahme zu wissen.

Wie Sie vielleicht hier schon erfahren haben werden, hat die Union Internationale Astronomique eine Einladung an die Astronomische Gesellschaft zu dem Kongress in Leiden ergehen lassen. Der Vorstand der Astronomischen Gesellschaft hatte nun auch beschlossen, einige Vertreter nach Leiden zu senden, wohl hauptsächlich im Hinblick darauf, dass eine grössere Anzahl der Unionsmitglieder sich an dem Kongress der Astronomischen Gesellschaft in Heidelberg beteiligen werden. Gegen diesen Beschluss des Vorstandes haben aber namhafte deutsche Astronomen Einspruch erhoben. Wie die Sache verläuft, lässt sich zur Zeit noch nicht übersehen.

Mit herzlichen Grüssen

Ihr sehr ergebener

Kerkhof

---

[12]Max Planck war zu dieser Zeit ein führender Vertreter der deutschen Wissenschaft. Als Mitglied der Preußischen Akademie der Wissenschaften gründete er 1920 gemeinsam mit Fritz Haber die Notgemeinschaft der deutschen Wissenschaft, die Vorgängerin der heutigen Deutschen Forschungsgemeinschaft. Zu seiner Karriere als Wissenschaftsorgansiator siehe Heilbron (1986).

Der Rektor der Universität Halle, Theodor Ziehen (1862–1950), wandte sich an das Akademische Auskunftsamt in Berlin, um sich über den Kongress in Bologna zu informieren. Bieberbach wurde von diesem Amt gebeten, den Rektor über die Stellung der deutschen Mathematiker und insbesondere der DMV bezüglich der eventuellen Teilnahme an diesem Kongress zu informieren.

Bieberbach an Theodor Ziehen | Berlin-Dahlem, den 18.VI.1928
Nachlass Hilbert, SUB Göttingen, 494, Nr. 18–18a

Magnifizenz!

Das Akademische Auskunftsamt hat mir Ihren Brief vom 11.6.1928 zur Beantwortung übergeben.

Die an die deutschen Universitäten und Akademien gerichtete Einladung zu einem Mathematikerkongress in Bologna nimmt in ihrer Anlage einleitend Bezug auf früheren Zirkulare, die beifällig aufgenommen worden sein sollen. Aus diesen früheren Zirkularen geht mit Deutlichkeit hervor, dass es sich um einen Unionkongress handelt. Denn in dem italienischen Text eines solchen Zirkulars heisst der Kongress „indetto della unione internazionale matematica" und in einem früher verschickten deutschen Zirkular ist er wieder als von der Union „abgehalten" bezeichnet. Diese Union ist aber eine Suborganistion des conseil des recherches.

Angesichts dieser Sachlage hat die deutsche Mathematikervereinigung bereits im vorigen Herbst sich dahin entschieden, Delegierte nicht zu entsenden. Den Tatbestand, dass die Union hinter dem Kongress steht, haben die Italiener sich ja stets bemüht, mit grosser Gewandtheit zu verschleiern, wie dies ja auch aus dem jetzigen Zirkular hervorgeht, das die Rolle der Union nur dem kenntlich macht, der die früheren Zirkulare kennt. Darüber aber, dass die Deutschen Unionkongresse nicht beschicken, haben die Italiener keinen Zweifel. Erwähnung verdient vielleicht auch noch, dass in einem französischen Zirkular der Kongress als echter internationaler Kongress bezeichnet wird. Es wird demnach den Deutschen zugemutet, die Kongresse von Strassburg und Toronto, wo sie ausgeschlossen waren, offiziell als internationale mitzuzählen. Soweit mir bekannt ist, ist es die Abspeisung von Bemühungen einer gewissen neutralen Seite, dass in dem neuesten Zirkular der Union nicht mehr explizite Erwähnung geschieht, ein diplomatisches Kunststück, durch das der wahre Sachverhalt eigentlich noch mehr unterstrichen wird.

Eine besondere Taktlosigkeit findet sich übrigens auch wieder in dem neuesten Zirkular, nämlich die Ankündigung eines Ausfluges an den Ladrosee zur Besichtigung des dortigen Elektrizitätswerkes. Der Ladrosee liegt in Südtirol. Ich möchte wohl wissen, ob die Franzosen 1904 zum internationalen Mathematikerkongress nach Heidelberg gekommen wären, wenn wir zur Besichtigung irgendwelcher Anlagen einen Ausflug nach Strassburg aufs Programm gesetzt hätten.

Uebrigens ist es meines Wissens niemals Sitte gewesen, dass die allgemeinen wissenschaftlichen Körperschaften, wie Universitäten, Hochschulen und Akademien zu wissenschaftlichen Spezialkongressen Vertreter entsandten. Es schiene mir daher am wenigsten verletzend, wenn die Körperschaften mit einer solchen Motivierung die Entsendung von Vertretern ablehnten. Eine Verletzung der Italiener empfiehlt es sich aber nach Möglichkeit zu vermeiden, da diese offenbar den besten Willen haben, aber leider der union mathématique internationale gegenüber nicht mehr frei sind. So wird auch aller Wahrscheinlichkeit nach die preussische Akademie der Wissenschaften so wie die Berliner Universität in diesem Sinne antworten.

Im allgemeinen hat sich die preussische Akademie der Wissenschaften auf den Standpunkt gestellt, dass die deutschen Gelehrten den Veranstaltungen der dem conseil de recherches unterstehenden Unionen gegenüber die grösste Zurückhaltung üben sollen. Wenn es eine dringende sachliche wissenschaftliche Aufgabe unbedingt notwendig erscheinen lässt, so vertraut die Akademie die Frage der Beteiligung dem Verantwortungsgefühl und dem Takt des Einzelnen an, der aber dann immer nur als Privatperson und nicht als Vertreter einer Körperschaft auftreten soll.

Da solche dringenden wissenschaftlichen Aufgaben, die eine gemeinsame Besprechung erfordern, wohl bei den Astronomen vorliegen mögen, nicht aber bei den Mathematikern, so würde ich einen zahlreichen Besuch seitens der deutschen Mathematiker tief bedauern. Dass einzelne wenige hingehen, ist ja bei der Verschiedenartigkeit menschlicher Anschauungsweise nicht zu verhindern.

Nur wenn diesem rettunglos kompromittierenden Kongress durch den Mangel deutscher Beteiligung wesentlicher Abbruch geschieht, können wir mit Sicherheit darauf rechnen, dass der nächste internationale Mathematikerkongress wirklich international ohne Einmmischung der union mathématique internationale sein wird, oder dass diese gänzlich überflüssige und tatenlose Organisation sich durch Ablösung vom Conseil de recherches resp. eine völlige den deutschen Wünschen entsprechende Umgestaltung des letzteren reinigt. ...

7.2　Hilbert schaltet sich ein

Aus der Sicht eines Mitglieds der DMV muss dieser Brief Bieberbachs wie eine Fortsetzung des Zirkulars ausgesehen haben, mit welchem Brouwer versucht hatte, die Teilnahme deutscher Mathematiker am Kongress in Bologna zu verhindern, während Bieberbach das obige Schreiben als eine rein private Angelegenheit betrachtete. Als Hilbert aber eine Abschrift davon bekam, schrieb er eine öffentliche Stellungnahme dazu, in der er Bieberbachs Argumente heftig kritisierte und zurückwies.

Hilberts Stellungnahme | Göttingen, den 25.VI.1928
Nachlass Hilbert, SUB Göttingen, 494, Nr. 18–18a

An die
Herren Rektoren der deutschen Hochschulen und die Leiter
der mathematischen Seminare.

Betrifft den Internationalen Mathematiker-Kongress in Bologna

Magnifizenz!
Sehr verehrte Herren Kollegen!

Durch unseren Herrn Rektor wurde mir die Abschrift eines Briefes zugänglich, welchen Herr Ludwig Bieberbach, ord. Professor der Mathematik in Berlin, an den Hallenser Rektor gerichtet hat. Dieses Schreiben nimmt in schroffster Weise Stellung gegen den diesen Herbst in Bologna stattfindenden Internationalen Mathematiker-Kongress, denunziert den Kongress als eine Veranstaltung des conseil international de recherches und rät daher dringend zu einer Ablehnung der an die Universitäten usw. ergangenen Einladung.

Das Votum eines Mathematikers in so angesehener und verantwortlicher Stellung wird zweifellos an vielen Orten Beachtung finden. Gerade darum aber erscheint es dem Unterzeichneten – der gleichzeitig im Sinne seiner übrigen Göttinger und vieler auswärtiger Kollegen spricht – eine dringende Pflicht, den beteiligten Instanzen gegenüber seine den Ausführungen des Bieberbachschen Briefes diametral entgegengesetzte Ueberzeugung zum Ausdruck zu bringen. ...

Das Votum von Herrn Bieberbach findet in der tatsächlichen Lage keinerlei Stütze. Offenbar hat er statt authentischer Ausserungen der massgebenden italienischen Leiter des Kongresses nur indirekte Quellen zur Grundlage seiner Urteilsbildung gemacht. Solche authentische Äusserungen sowohl von dem Präsidenten des Kongresses als auch von anderen hochangesehenen und allgemeinstes Vertrauen geniessenden italienischen Kollegen liegen uns hier vor und zwar auf grund von Anfragen, die teils von uns selbst, teils von Prof. Harald Bohr in Kopenhagen im Einvernehmen mit Prof. G.H. Hardy in Oxford zur Klärung der Sachlage an die italienischen Kollegen gerichtet wurden.

Der ganze Vorstoss von Herrn Bieberbach beruht auf der Voraussetzung, dass der Kongress in Bologna eine Veranstaltung der union mathématique bzw. des conseil international de recherches ist. Diese Behauptung ist vollständig irreführend und widerspricht den Tatsachen. Gemäss den uns offiziell abgegebenen Erklärungen hat das einladende Komitee des Kongresses seit diesem Mai, als die deutschen Bedenken gegen die Verbindung des Kongresses mit der Union den italienischen Kollegen zum Bewusstsein kamen, ...

Diese Loslösung kommt zum Ausdruck darin, dass seitdem in keiner Druckschrift und keinem Schreiben des Kongresses überhaupt mehr auf die Union Bezug genommen wird, dass alle Einladungen von dem italienischen Komitee ausgehen und gezeichnet sind, dass sämtliche Mitglieder des Kongresses – mögen sie der Union angehören oder nicht – in jeder Hinsicht völlig gleichberechtigt sind; dass der Tagungsort des nächsten Kongresses nicht von der Union, sondern von der Mitgliederversammlung bestimmt werden sollen. …

Die italienischen Kollegen haben mit dem grössten Idealismus und Aufwand an Zeit und Kraft seit Jahr und Tag sich darum bemüht, einen wahrhaft internationalen Kongress zustande zu bringen. Sie haben den deutschen Kollegen zuliebe den offenen Bruch mit der Union und mit sehr einflussreichen und angesehenen ihrer Mitglieder nicht gescheut. Wenn angesichts dieser Tatsache einzelne Personen oder wissenschaftliche Körperschaften in Deutschland noch eine demonstrative Zurückhaltung üben wollten, so würde das für unsere italienischen Kollegen und Freunde geradezu einen Schlag ins Gesicht bedeuten und denjenigen Leuten Waffen in die Hand geben, welche die Ehrlichkeit und Offenheit des internationalen Verständigungswillens deutscher Wissenschaftler anzweifeln. Es erscheint uns unter den jetzigen Umständen einfach als ein Gebot der Geradheit und der elementarsten Höflichkeit, dem Kongress gegenüber eine freundliche Haltung einzunehmen.

Nachdem klargestellt ist, dass der Ausgangspunkt des von Herrn Bieberbach ausgehenden Angriffes gegen den Kongress völlig unhaltbar ist, erübrigt es sich wohl, auf einzelne mehr nebensächliche Punkte seines Briefes einzugehen. Wir sind überzeugt davon, dass angesichts der nunmehr offenkundig vorliegenden Tatsachen mit unserm hiesigen Kreise auch die übrigen bisher skeptischen deutschen Kollegen eine freundliche Haltung gegenüber dem Kongress einnehmen *müssen*. …

gez. Prof. Dr. D. Hilbert
Universität Göttingen.

Es fällt bei diesem Konflikt auf, dass Brouwer, ein Ausländer aus einem neutralen Land, die treibende Kraft hinter den Deutschnationalen war. Seine politischen Aktivitäten in den Jahren 1925 bis 1928 vertieften die ohnehin zunehmende Spaltung zwischen den Göttinger und Berliner Mathematikern. Hilbert fand diese Situation unerträglich, zumal Brouwers Einfluss anscheinend erheblich war. Wie er ihn zu dieser Zeit einschätzte, lässt sich in aller Deutlichkeit aus der folgenden kleinen privaten Notiz entnehmen.

Hilbert über Brouwer als Erpresser | Undatiert, ca. 1928
Nachlass Hilbert, SUB Göttingen, 494, Nr. 18–18a, Anlage

In Deutschland ist ein politisches Erpressertum schlimmster Sorte entstanden. Du bist kein Deutscher, der deutschen Geburt unwürdig, wenn du nicht sprichst und handelst, was ich dir jetzt vorschreibe. Es ist sehr leicht, diese Erpresser los zu werden. Man braucht sie nur zu fragen, wie lange sie in deutschen

Schützengraben gelegen haben. Leider sind aber deutsche Mathematiker diesen
Erpressertum zum Opfer gefallen z.B. Bieberbach. Brouwer hat es verstanden diesen Zustand der deutschen sich zur Nutze zu machen und ohne selbst in deutschen
Schützengraben sich zu betätigen, destomehr zum Aufhetzen und zum Zwiespalt
der Deutschen zu sorgen um sich zum Herrn über der deutschen Mathematik auf-
zuspielen. Mit vollem Erfolg. Zum zweiten mal wird es ihm nicht gelingen.

———————

Als Mitglied der *Annalen*-Redaktion und enger Freund Courants spielte Ha-
rald Bohr eine wichtige Rolle nicht nur in der Bologna-Affäre, sondern auch als
Berater Hilberts während der dramatischen Ereignisse danach. Auch er versuchte,
Brouwer zu überzeugen, dass der Kongress in Bologna die Chance bietet, einen
Sieg über die Boykottpolitik der Union feiern zu können.

Harald Bohr an Brouwer | Fynshav Als, den 3.VII.1928
TB, Nachlass Brouwer, Noord-Hollands Archief, Haarlem

Lieber Herr Brouwer!

Vielen Dank für Ihren Brief, den ich soeben, von Göttingen nachgeschickt
bekommen habe. Wie Sie vielleicht erfahren haben, habe auch ich einen Briefwechsel mit Prof. Pincherle gehabt, und zwar habe ich am 26. Mai (im Namen
meines nahen Freundes Prof. Hardy und mir selbst) einen langen Brief an Pincherle geschrieben und darauf eine – leider durch ein Missgeschick sehr verspätete
– ausführliche Antwort von Pincherle bekommen. Hardy und ich brachten so stark
wie es uns möglich war, die Meinung zum Ausdruck, dass es absolut nötig war,
dass ‚der Kongress in jeder Beziehung auf ganz internationalen Boden steht und
die deutschen Teilnehmer in keine Weise anders gestellt sind als die übrigen‘. Wie
Sie wohl wissen werden, haben Hardy und ich in England beziehungsweise in Dänemark denselben Kampf gegen Conseil international geführt wie Sie in Holland, und
wir haben auch in unserem Brief an Pincherle geschrieben, wie traurig wir waren,
dass ein solches Conseil, das mit Unrecht den Namen international trug, gebildet
wurde. Auch haben wir mit allen Mitteln gegen Anschluss an der Union gekämpft
(in Dänemark wäre es mir gewiss gelungen, diesen Anschluss zu verhindern, wenn
nicht Nørlund unabhängig von unserer Akademie und Math. Gesellschaft eine Komité für den Anschluss gebildet hätte).

An und für sich wäre derjenige Standpunkt Hardy und mir prinzipiell der
natürliche, dass wir überhaupt nicht mit einem Kongress zu thun haben wollen,
der wie der Kongress in Bologna in seiner Vorgeschichte mit der Union verknüpft
war. Wenn wir aber jedoch meinten (ebenso wie ich aus Ihrem Brief sehe, dass Sie
es gemeint haben), dass wir versuchen sollten zu einem Zusammenkommen der
Mathematiker aller Welt in Bologna zu helfen, war für uns massgebend, dass wir
von allen Seiten hörten, dass die leitenden italienischen Mathematiker, Pincherle,

Levi-Civita u.s.w. im echtem Sinne international gesinnt waren, vor allem aber dass wir erfuhren, dass man in verschiedenen Kreisen in Deutschland aus tiefem Interesse für die Internationalität der Wissenschaft bereit war, von der thörigen und traurigen Vorgeschichte wegzusehen, wenn nur der Kongres selbst völlig international wurde und ganz unabhängig von der Union tagte. Durch Pincherles Antwort, durch seinen Brief an Picard (ich spreche nur von dem eigentlichen Inhalt und nicht von der Form), von dem ich ebenfalls von Pincherle eine Kopie bekommen habe, und vor allem durch das neue Circular, das ausdrücklich alle wirkliche Mitglieder völlig gleichstellt (Stimmrecht u.s.w.) ist meiner Meinung nach der Kongres nun sicher tatsächlich auf ganz internationalen Boden gestellt. Aus Ihrem Briefwechsel mit Pincherle sehe ich mit grossem Bedauern, dass Sie finden, dass Pincherle nicht alles zu Stande gebracht hat, was er Ihnen in Aussicht gestellt hatte. Ganz abgesehen aber von dieser mehr persönlichen Frage finde ich, dass nachdem es sogar gelungen ist, dass der Kongress dem Ort des nächsten Kongresses bestimmt, ist jetzt die Union – sogar auch in Fragen, die nicht direkt mit diesem Kongress zusammenhängen – so vollständig ausgeschaltet, und ‚wir' international gesinnten (das heisst Menschen wie Sie, Hardy u.s.w.) haben tatsächlich so vollständig gewonnen, dass ich, von meinem Standpunkte aus, es weder natürlich noch für die Zukunft günstig ansehen kann, wenn jetzt der Kongres von Seite der Unionsgegner gesprengt werden sollte.

Es wäre wohl alles leichter gegangen, wenn wir, die innerlich ganz dieselbe Einstellung zu diesen Fragen haben, schon vor längeren Zeit mit einander in Verhandlung getreten wären, aber gerade weil wir über die Bildung des Conseil so empört waren und nichts mit ihm zu thun haben wollten, haben wir vielleicht alle damit zusammenhängenden Fragen etwas weggeschoben. Ich würde es aber als allzu traurig fühlen, wenn zuguterletzt die Anstifter dieser für die Wissenschaft unwürdigen Korporation das erreichen sollten, dass wir, die Gegner des Conseils u.s.w., nachdem wir im Begriff sind einen vollständigen Sieg zu gewinnen, uns über relativ kleinere Fragen und Formalitäten nicht einigen könnten, und dadurch ein Zwiespalt zwischen uns gleichgesinnten entstehen sollte.

Mit den herzlichsten Grüssen
Ihr ergebener
Harald Bohr

Außer Bieberbach und Erhard Schmidt bekannte sich ein dritter Berliner Ordinarius, Richard von Mises, zu Brouwers politischen Ansichten. Das folgende Schreiben bezieht sich auf ein paralleles Unternehmen von ihm.

Brouwer an Richard von Mises | Laren, den 14.VII.1928
AB, Kopie, Nachlass Brouwer, Noord-Hollands Archief, Haarlem

Lieber Mises,

Zur Mitunterzeichnung der von Ihnen verfassten Erklärung bin ich bereit. Ich glaube, dass ich daneben mein persönliches Rundschreiben (das schon gedruckt wird) auch aussenden kann. Eine Einfügung aus der Painlevé-Rede in Ihrem Text könnte dann unterbleiben.[13] ...

Sobald ich den Ausgang der Brüssler Conseil-Tagung vom 17.–19. Juli vernehme, werde ich Ihnen darüber berichten.

Mit schönem Gruss auch an Bieberbach

Ihr Brouwer

Brouwers letzte Bemerkung bezog sich vermutlich auf die Möglichkeit, dass der Präsident des IRC Émile Picard sich in der Bologna-Affäre einmischen könnte. Stattdessen aber zog er sich zurück, wie Brouwer am nächsten Tag von Mises mitteilen konnte: „Picard hat sich in Brüssel auf eine Boutade beschränkt: ‚Es bestehe jetzt ein bedauernswertes Bestreben, die Unionen hinter die Kongresse zurückzustellen; die Folgen davon können nur sein, dass es bald weder Unionen noch Kongresse mehr geben werde‘ (nach telephonischer Mitteilung des holländischer Delegierten Kruyt)."

Bieberbach musste bezüglich des Mises'schen Rundschreibens einen kleinen Rückzieher machen, da er den Italienern versprochen hatte, er würde sich neutral verhalten.

Bieberbach an Brouwer | Berlin-Dahlem, den 18.VII.1928
TB, Nachlass Brouwer, Noord-Hollands Archief, Haarlem

Lieber Brouwer,

Als ich neulich Mises zusagte den gemeinsamen Aufruf betreffs Bologna mitzuunterzeichnen, war mir im Moment aus dem Sinne gekommen, dass ich früher Herrn Bortolotti[14] gesagt hatte, dass ich weder mit einem für noch einem wider Bologna öffentlich hervortreten wolle. Als er mir nämlich die Bitte unterbreitete weitere Zirkulare durch den Jahresbericht zu verbreiten, lehnte ich dies ab unter Hinweis auf den Widerstand dem das frühes Beilegen begegnet sei. Er hatte gleichzeitig gebeten ich möge Vortragende für Bologna werben. Ich schrieb dazu indem

---

[13] Offenbar folgte von Mises diesem Vorschlag Brouwers (siehe Karl Mengers Brief an Brouwer vom 2. September 1928 auf S. 269).

[14] Ettore Bortolotti (1866–1947) war seit 1920 Professor für Geometrie an der Universität Bologna. Er war vor allem für seine Beiträge zur Mathematikgeschichte bekannt, insbesondere über die Werke von Paolo Ruffini und Algebra in der Zeit der italienischen Renaissance.

ich es ablehnte am 31.1.28 „ich möchte mich vielmehr als ein Vorstandsmitglied der DMV in dieser Frage der persönlichen Teilnahme des Einzelnen dem Kissinger Beschluss entsprechend neutral verhalten und weder mit einem ‚Für' noch einem ‚wider' öffentlich hervortreten". Nun komme ich da in Gewissenskonflikte, wenn ich durch den gemeinsamen Aufruf, den ich nicht mehr als Notwehr ansehen kann, öffentlich hervortrete. Mein Brief an Ziehen, war ein Privatbrief und ist ohne mein Wissen vervielfältigt worden. Meine Antwort an Hilbert war eine Abwehr eines unqualifizierbaren Angriffs. Aber solange ich nicht erneut angegriffen werde, möchte ich keine weiteren Erklärungen loslassen. Daher möchte ich Sie bitten, es nicht als Abweichen von der im Aufruf niedergelegten Auffassung aufzufassen, wenn ich ihn nicht mitunterzeichne. Ich stehe vielmehr voll auf dem Boden dessen, was dort gesagt wird, und werde auch auf privaten Wegen weiter in diesem Sinne wirken. Neben die von Herrn Walther[15] verbreitete merkwürdige Auffassung des Herrn Pincherle möchte ich einem Brief stellen, den mir Herr Bortolotti am gleichen Tage geschrieben hat und den ich Ihnen in Abschrift beifüge.

Mit herzlichen Grüssen

Bieberbach

Als Generalsekretär der Internationalen Mathematischen Union (IMU) beharrte Gabriel Koenigs auf dem Standpunkt, dass der Kongress in Bologna unter den Auspizien des Internationalen Forschungsrats (IRC) stand. Somit dürften nur Mathematiker aus Mitgliedsländern daran teilnehmen. Die Einladungen an deutsche Mathematiker, welche durch die Veranlassung des Präsidenten der IMU Salvatore Pincherle ausgingen, waren nach diesen Vorschriften ungültig. Brouwer wusste im Voraus, dass Koenigs ein Manifest verfassen wollte, in dem er die Anerkennung des Bologna-Kongresses seitens der IMU abspricht. Um die Rolle der IMU in dieser Angelegenheit möglichst deutlich zu zeigen, überlegte Brouwer einen Plan, damit das Erscheinen seines Rundschreibens mit dem Berliner Text koordiniert werden würde.

Brouwer musste auch von Mises mitteilen, dass er dessen Aufruf nicht unterschreiben dürfte, da er den Inhalt des Koenigsschen Textes schon kannte.

Brouwer an Richard von Mises | Laren, den 28.VII.1928
AB, Kopie, Nachlass Brouwer, Noord-Hollands Archief, Haarlem

Lieber Mises,

Anbei sende ich Ihnen die Korrektur Ihres Rundschreibens zurueck. Vor allem in Bezug auf den an mich gerichteten Brief von Pincherle vom 20.6.1928 schien

---

[15]Alwin Walther (1897–1961) war von 1922 bis 1928 Assistent bzw. Oberassistent von Richard Courant in Göttingen. Während des akademischen Jahres 1926/27 war er Rockefeller-Stipendiat in Kopenhagen und Stockholm. Walther wurde ab Sommersemester 1928 ordentlicher Professor für Mathematik an der TH Darmstadt.

mir einiges verbesserungsbeduerftig. Im Uebrigen finde ich den Text ausgezeichnet und halte ich es fuer nuetzlich und noetig, dass diese Worte moeglichst bald vom mathematischen Publikum gehoert werden. Wird dann nachher das Koenigssche Manifest publiziert, und gebe ich nach der Veroeffentlichung desselben mein (entsprechend modifiziertes) Zirkular heraus, so besteht bei der Eroeffnung des Kongresses eine volkommen klare Sachlage und besteht eventuellen neuen Unternehmungen der Union in Bologna gegenueber eine starke Mauer von allgemein bekannten Tatsachen.

Allerdings muss ich nun darauf verzichten, Ihr Rundschreiben mit zu unterzeichnen, weil ich ja aus dem Munde von Koenigs selbst den Plan zu seinem Manifest kenne und der Wortlaut Ihres Rundschreibens die Unkenntnis dieses Planes voraussetzt. (Eine geringere, an sich nicht ausschlaggebende, Beschwerde gegen meine Unterzeichnung liegt uebrigens im Punkt 5, der wohl besser ausschliesslich von einem Deutschen zur Sprache gebracht wird.) Ich waere Ihnen dankbar, wenn Sie mir hundert Exemplare Ihres Rundschreibens zur Versendung von mir aus, und ueberdies die Liste Ihrer Adressaten zustellen koennten.

Mit herzlichem Gruss

Ihr

L.E.J. Brouwer

Für Karl Kerkhof war die politische Bedeutung des Bologna-Kongresses völlig klar. Die folgenden zwei Briefe zeigen, wie er dazu stand, nämlich voll auf der Seite der Brouwerschen Fraktion.

Karl Kerkhof an Brouwer | 31.VII.1928
TB, Nachlass Brouwer, Noord-Hollands Archief, Haarlem

Lieber Herr Professor!

Vorgestern von einer längeren Reise zurückgekehrt, finde ich soviel Arbeit vor, dass es mir unmöglich ist, Ihnen schon ausführlich auf Ihre freundliche Mitteilung zu antworten. Ich lege Ihnen aber zu Ihrer vertraulichen Kenntnisnahme die Abschrift eines an Herrn Professor Karo[16] gerichteten Schreibens bei, woraus Sie Näheres entnehmen werden. Ich wäre Ihnen sehr dankbar, wenn Sie Ihren Herrn Kollegen Weitzenböck[17] davon in Kenntnis setzen und zugleich ihm Dank sagen wollten für sein freundliches Schreiben, das ich demnächst beantworten werde.

Mit herzlichen Grüssen

Ihr

Kerkhof

---

[16]Zu Georg Karo siehe Fußnote 32 in Kapitel 6.

[17]Der gebürtige Österreicher Roland Weitzenböck (1885–1955) wurde 1923 nach Amsterdam berufen. Seine Ansichten über Frankreich ähnelten Brouwers eigenen.

Karl Kerkhof an Georg Karo | Berlin, den 31.VII.1928
TB, Kopie, Nachlass Brouwer, Noord-Hollands Archief, Haarlem

Lieber Herr Karo!

Wie ich Ihnen zur vertraulichen Kenntnisnahme mitteilen möchte, habe ich gestern im Auswärtigen Amt erfahren, dass der Rektor der Universität Halle an das Auswärtige Amt die Anfrage gerichtet hat, ob die Universität zu dem Kongress in Bologna einen Vertreter schicken soll. Wie bereits in den Mitteilungen des Verbandes der Deutschen Hochschulen Juni 1928 S. 92 veröffentlicht worden ist, hat der Ausschuss der Deutschen Mathematiker-Vereinigung im September 1927 beschlossen, von der Entsendung eines Vertreters zu der Union Mathématique Internationale abzusehen. Dieser Beschluss hat nun Anlass gegeben, besonders auf Grund von Bestrebungen neutraler Gelehrter, einen allgemeinen internationalen Mathematiker-Kongress nach Bologna einzuberufen, der neben der Union Mathématique Internationale tagen soll. Gegen diese Vereinbarung, die auch von deutscher Seite anfangs begrüsst wurde, hat sich in den letzten Tagen bei der massgebenden Stelle grosser Widerstand erhoben, weil die Frage, ob die Union Mathématique Internationale wirklich aus der ganzen Angelegenheit ausgeschieden ist und das Mass des Protektorats und des Einflusses, welchen sie auf den Kongress ausüben wird, noch höchst unklar erscheint. Es kommt noch hinzu, dass der Herr Pincherle, zugleich Vorsitzender des Kongress-Ausschusses und der Union Mathématique ist. Höchst bedenklich für Deutsche und Österreicher ist aber das jetzt herausgegebene Programm, das einen Ausflug nach Süd-Tirol in das etwa 3000 km entfernte ,befreite Gebiet' vorsieht. Wie ich nun erfahren habe, hat auch die Preussische Akademie der Wissenschaften an die kartellierten Akademien ein Schreiben gerichtet, von der Vertretung Abstand zu nehmen. Ich wäre Ihnen nun sehr dankbar, wenn Sie sich mit dem Herrn Rektor wegen der Sache in Verbindung setzen wollten. In Übrigen glaube ich auch, dass der Ausschuss des Verbandes der Deutschen Hochschulen, Vorsitzender Prof. Dr. O. Pranke, zur Zeit Oslo, Internationaler Historikerkongress, hierüber eingehende Auskunft geben wird.

Mit herzlichen Grüssen
Ihr
Kerkhof
PS. Die italienische Regierung hat eine offizielle Einladung an die deutsche Regierung gesandt. Wie ich annehme, wird die deutsche Regierung sich durch einen offiziellen Vertreter der Regierung vertreten lassen, also nicht die Vertretung einem deutschen Gelehrten übertragen.

Brouwer hatte vorab mit den Organisatoren des Kongresses gesprochen, ohne jedoch seine Zweifel überwinden zu können, dass die Vertreter der Union am Ende die guten Absichten der Italiener durchkreuzen könnten. Arnold Sommerfeld, der Brouwers Bemühungen um den Bologna-Kongress verfolgt und gebilligt hatte (siehe seinen Brief an ihn vom 24. März 1928 auf S. 254), fand dessen pessimistisches Fazit unbegründet.

Sommerfeld an Brouwer | München, den 7.VIII.1928
AB, Nachlass Brouwer, Noord-Hollands Archief, Haarlem

Lieber Brouwer!

Ich möchte nicht abfahren (Richtung Indien, etc), ohne Ihnen für Ihre aufforderungsvollen Mühen in der Bologna-Frage gedankt zu haben, sowie für die Sendung des Briefwechsels, der bei unseren Mathematikern (Perron, Tietze, Faber, Dyck, später Caratheodory)[18] umläuft. Sie meinen in Ihrem Brief, Ihre Mühen seien der Hauptsache nach erfolglos geblieben. Ich habe nicht den Eindruck und Picard scheint ihn auch nicht zu haben. Wenn er und die Union derart gekränkt sind, dass sie fortbleiben, so scheint mir der Sieg auf Ihrer und unsrer Seite. Ich kann übrigens von Como bestätigen, dass die italienischen Gelehrten absolut harmlos sind (in Gegensatz zu den fascistischen Podestàs) und sich gegen uns Deutsche tadellos benommen haben. Der Congress war wirklich international, ohne jeden Misklang und Übergriffe. Aber es war sicher gut und nötig, dass Sie Hr. Pincherle das internationale Gewissen geschärft haben; sonst wäre er vielleicht doch am französischen Leitseil weitergetrabt!

Unser lieber Freund Schönflies![19] In dem Nachruf für unsere Akademie[20] (der aber erst im nächsten Jahr gedruckt wird) habe ich ausdrücklich bemerkt, dass Sie seine Verdienste um die Mengenlehre hoch bewerten.

Mit herzlichen Grüssen

Ihr

A. Sommerfeld

In Hilberts Replik auf Bieberbachs Schreiben an Ziehen (S. 259) wurde erwähnt, dass Harald Bohr und G.H. Hardy auch Kontakte mit den Organisatoren in Bologna aufgenommen hatten. Bohr ging darauf ein in seinem Brief an Brouwer vom 3. Juli (S. 261), während Hardy etwa sieben Wochen später einen ähnlichen Brief an den Holländer schrieb.

---

[18] Oskar Perron, Heinrich Tietze und Constantin Carathéodory waren Kollegen von Sommerfeld an der Ludwig-Maximilians-Universität, während Georg Faber und Walther von Dyck an der TH München wirkten.

[19] Arthur Schoenflies starb am 27. Mai 1928 in Frankfurt am Main.

[20] Arnold Sommerfeld, Arthur Schoenflies, *Jahrbuch der Bayerischen Akademie der Wissenschaften*, 1928/29, S. 86 f.

G.H. Hardy an Brouwer | Oxford, den 21.VIII.1928
TB, Nachlass Brouwer, Noord-Hollands Archief, Haarlem

Dear Professor Brouwer,

. . .

As regards Bologna. I find that, so far as I am concerned, the problem will probably be settled owing to my inability to go on purely personal grounds (I go to America for 6 months in October, and must have a holiday first, in the sense of one in which mathematics is in all respects non-existent). As regards my opinion, I find it most difficult to be definite. Roughly, my views are as follows

(1) like you, I am ‚adversary‘ of the Conseil International de Recherches, I detest it, and have never had anything to do with it. So far, I agree with you.

(2) On the other hand (unlike you) I felt that (unsatisfactory as the arrangements were in many ways) the time when one could any longer adopt the clear cut attitude of opposition was past. For example, so long as Germany was technically excluded, I could easily [get] the London Mathematical Society to stand apart from the Congresses. When the position was ‚technically‘ put in order, I felt that this was no longer possible and did not try.

(3) My own hope was therefore that the Germans would, on the whole, adopt the policy of being more magnanimous than they could reasonably be expected to be. If they were not prepared to take this line, then I felt that I could not blame them. I was therefore ready to take the ‚Bohr-Courant‘ position.

(4) Finally, if you are to demand that everybody shall formally retract all the imbecilities which he has uttered during the war, then assuredly there will never be any Congresses of any kind until everybody born before 1914 is dead. And I should hope that, whatever happens at Bologna, it will at any rate be enough to make everybody realise that the era of imbecility is passed.

I am yours very sincerely
G.H. Hardy

Karl Menger stand schon seit 1924 mit Brouwer in Kontakt (siehe seinen Brief an ihn vom 12. März auf S. 176). Er ging danach nach Amsterdam und wurde dort von 1925 bis 1927 Assistent bei Brouwer, mit dem er oft zerstritten war. Zur Zeit des Kongresses drückte sich Menger allerdings im folgenden Brief an Brouwer sehr höflich aus.

Menger an Brouwer | Wien, den 2.IX.1928
TB, Nachlass Brouwer, Noord-Hollands Archief, Haarlem

Verehrter und lieber Herr Brouwer,

Ihr Zirkular betreffend den Kongress in Bologna habe ich erhalten. Obwohl ich Ihnen gestehen muss, dass ich in dieser Angelegenheit Ihre Ansichten nicht völlig teile, wollte ich doch selbstverständlich nicht an irgendeiner Veranstaltung aktiv teilnehmen, gegen welche Sie, verehrter Herr Brouwer, so entschieden Stellung nehmen. Ich habe deshalb an Tonelli,[21] bei dem ich mich seinerzeit angemeldet habe, telegrafiert, dass ich am Kongress nicht teilnehmen könne. Ich bedaure dies vor allem deshalb, weil Hahn meine Teilnahme dringend gewünscht hat und, obwohl ich ihm geschrieben habe, dass ich erkrankt bin, (wozu übrigens infolge von schwerer Überarbeitung und Aufregung nicht viel fehlt) sicher gekränkt und verstimmt sein wird.

. . .

Ihr sehr ergebener Karl Menger

———————

Hasso Härlen (1903–1989) war ein junger deutscher Mathematiker, dessen Bekanntschaft Brouwer vermutlich in Berlin gemacht hatte. Härlen schickte ihm ausführliche Berichte über den Ablauf des Bologna-Kongresses zu.

Hasso Härlen an Brouwer | Bologna, den 6.IX.1928
TB, Nachlass Brouwer, Noord-Hollands Archief, Haarlem

Sehr geehrter Herr Professor!

Gestern erst erhielt ich Ihren freundlichen Brief mit den ausführlichen Beilagen, wofür ich Ihnen bestens danke. Da ich vor dem Kongress eine kleine Reise gemacht habe und infolge eines unglücklichen Zufalls habe ich ihn nicht früher erhalten.

Beiliegend sende ich Ihnen die Eröffnungsansprache von Herrn Pincherle, aus der Sie entnehmen werden, dass als alleinige Veranstalter des Kongresses nur noch die italienischen Mathematiker fungieren. Die Ansprache ist allerdings nicht ganz so, wie es von dem Standpunkt eines deutschen Mathematikers wünschenswert wäre. Aber ich bin der Meinung, dass alle Seiten Opfer bringen müssen, und würde mich deshalb damit zufrieden geben. Nach dem mir von Ihnen freundlicherweise übersandten Dossier ist allerdings mehr als das zu verlangen. Ich möchte mich aber meiner endgültigen Stellungnahme solange enthalten, bis nach der Schlussversammlung in Florenz der tatsächliche Verlauf festgestellt ist.

———————————————————

[21]Der Analytiker Leonida Tonelli (1885–1946) war seit 1922 Professor in Bologna. Er bekam allerdings 1930 einen Ruf nach Pisa, wo er seine Karriere beendete.

Vorläufig ist zu sagen, das ausser einigen Worten in der Eröffnungsansprache, auf dem Kongress in durchaus vornehmer Weise vorgegangen wurde. Ich möchte erwähnen, dass mehrfach betont wurde, dieser Kongress sei ‚le premier vraiment international après la guerre'.

Ich hoffe Ihre Billigung für meine abwartende Haltung zu finden und schliesse in grösster Hochachtung als Ihr sehr ergebener

H. Härlen

––––––––––

Hilbert wollte in Bologna eine Lanze für Internationalismus brechen, eine Haltung, welche ihm wegen des von Brouwer und Bieberbach geförderten Gegenboykotts umso wichtiger erschien. Er bereitete den folgenden Text vor, den er aber letzten Endes wahrscheinlich nicht vorlas (siehe hierzu Siegmund-Schultze (2016)).

Hilberts Text für eine Rede in Bologna | Undatiert, ca. September 1928
Nachlass Hilbert, SUB Göttingen, 494, Nr. 19

M[eine] H[erren],

Ich freue mich, dass hier seit langer schwerer Zeit alle Mathematiker der Welt vertreten sind, wie es sich gehört und wie es zum Gedeihen unsrer geliebten Wissenschaft nöthig ist. Bedenken wir, dass wir als Mathematiker auf der höchsten Stufe und höchsten Höhe der Kultur des strengen Wissens stehen. Wir haben keine Wahl, uns anders zu stellen als auf diesen höchsten Standpunkt, denn alle Schranken, insbesondere nationale, widerstreben auf Aeusserste dem Wesen der Mathematik.

Es ist ein vollkommenes Missverständnis, Unterschiede, oder gar Gegensätze nach Völkern oder Menschenrassen zu construiren, die Gründe mit denen man das versucht hat, sind sehr fadenscheinig. Die Mathematik kennt keine Rassen. Wenn wir, auch nur oberflächlich, auf die Geschichte unserer Wissenschaft schauen, so sind alle Nationen und Völker, die grossen wie die kleinen, gut und gleich darin betheiligt.

Denken wir an: Descartes, Fermat, Pascal, Huygens, Newton, Leibnitz, Bernoulli, Euler, d'Alembert, Lagrange, Monge, Laplace, Legendre, Fourier, Gauss, Poisson, Moebius, Chasles, Lamé, Steiner, Abel, Jacobi, Dirichlet, Hamilton, Riemann, Clebsch, Cantor, Poincaré, Darboux, Klein. Diese Namen sind durcheinandergewürfelt zwischen den Nationenen, wie es der Würfelbecher nicht gründlicher und unparteiischer hätte thun können. Und wie steht es nun, wenn wir von den Gegenständen ausgehen und einzelne Theilgebiete des gewaltigen Reiches der Mathematik herausgreifen? Z.B. wo ist Geometrie getrieben worden?

Wir kennen Alle die grosse, lang andauernde Blütezeit der Geometrie in Frankreich. Wie dann deutsche Mathematiker eingriffen und dann insbesondere die algebraische Geometrie, dieser vielleicht tiefst gelegene Theil der Geometrie, in Italien die nachhaltigste Pflege und erfolgreichste Behandlung bis auf den heutigen Tag gefunden hat. Oder Zahlentheorie, für die uns das urwüchsige Russland Tschebischew schenkte, und die Zusammenarbeit von Deutschland und Frankreich – denken wir nur an Jacobi und den grossen einzigen Hermite, weltbekannt ist. Und dann erst Funktionentheorie, wo Weierstrass die Fundamente erarbeitete. Dann Poincaré, der glänzendste Vertreter der Mathematik während einer ganzen Epoche, durch seine funktionentheoretischen Entdeckungen die grösste Bewunderung der Welt hervorrief, und derselbe Poincaré fand seine fleissigsten, enthusiastischen, eifrigsten Schüler in Deutschland. Und wie sehr sind dann wieder die funktionentheoretischen und grossen analytischen Fragen in Italien behandelt und mit den geometrischen Interessen der italienischen Mathematiker zu einer Einheit verschmolzen worden. Für die Mathematik ist die gesamte Kulturwelt ein einziges Land. Das wahre Wohl der Wissenschaft vor Augen werden wir nicht über Zwirnsfäden stolpern und uns nicht durch einzelne Dissentirende beirren lassen, denn so dient auch Jeder seinem Lande am Besten, jedenfalls ist die Liebe zur Mathematik allen Kulturvölkern gemeinsam und besonderer Dank gebürt den Italienern, die diesen Kongress zu Stande gebracht haben.

7.3 Im Nachklang des Kongresses

Im Anschluss an seinem Brief vom 6. September (S. 269) verfasste Härlen einen längeren Bericht für Brouwer, von dem hiermit einige Auszüge wiedergegeben sind.

Hasso Härlen an Brouwer | Eislingen/Fils, den 27.IX.1928
TB, Nachlass Brouwer, Noord-Hollands Archief, Haarlem

Sehr geehrter Herr Professor!

Nachstehend erlaube ich mir, Ihnen einen Bericht über Bologna zu geben. Ich muss vorausschicken, dass ich nur meine subjektive Eindrücke wiedergeben kann, nicht den geringsten Anspruch auf Vollständigkeit erhebe, sondern nur das mehr oder weniger zufällig von mir Beobachtete berichte. Ausserdem werde ich das mathematisch interessante nicht berücksichtigen. Bei der Ankunft in Bologna (Sonntag, 2.9.) fiel mir zuerst ein deutsches Plakat auf, das auf die Auskunftsstelle für die Kongressteilnehmer hinwies. Es schienen mir mehr deutsche als französische und englische Plakate im Bahnhof zu sein. In der Auskunftstelle eine deutschsprechende Dame. In diesen Aeusserlichkeiten ist das Deutsche in durchaus befriedigender Weise berücksichtigt.

Montag, 3.9.: Eröffnungssitzung, stadt- und staatlicherseits sehr prunkvoll. Ansprache des Podesta: Begrüssung im Namen der Stadt, der fascistischen Stadt, die glücklich ist, Ihren ausländischen Gästen die Leistungen des Fascismus zeigen zu können. Lob des Fascismus. Dann Begrüssungsansprache des Rektors an die

Gäste, die der Einladung der Universität gefolgt sind. Darauf Eröffnungsrede von Pincherle. Kurzer Bericht über die Vorgeschichte des Kongresses, die die Universität veranlasste, den Kongress in ihre Hand zu nehmen. Deutliches Bestreben, keine Seite vor den Kopf zu stossen. Immerhin sprach er von ‚voix discordantes, venant des côtés les plus opposés' und davon, dass der Ausschluss einiger Nationen in Strassburg und Toronto durch den ‚lendemain de la guerre' erklärt, wenn nicht *gerechtfertigt* werde. Und später, dass dieser Geisteszustand heute durch nichts mehr gerechtfertigt sei.

Nach Pincherle sprach Birkhoff in französischer und englischer Sprache den Dank an die italienischen Mathematiker für ihre Arbeit für das Zustandekommen eines wirklich internationalen Kongresses aus. Es fiel manchem auf, dass der Dank nicht auch in deutscher Sprache erfolgte. . . .

Danach der erste Vortrag von Hilbert, der mit stürmischem Beifall begrüsst wird. Häufige Wiederholungen; Konzentrationsfähigkeit durch körperliches Leiden offenbar sehr beeinträchtigt. Inhalt im Wesentlichen durch letzte Veröffentlichungen bekannt. Beifall gross. – Mit grossem Beifall wird auch Hadamard begrüsst, dessen Vortrag auch äusserlich sehr gut ist – viel wirkungsvoller als der von Hilbert. Bei Hadamard Beifall nach dem Vortrag viel stärker als vorher. Bei Hilbert galt der Beifall fast nur der Person, bei Hadamard auch dem Vortrag.

An grösseren Vorträgen wurden gehalten: von Deutschen 3, Franzosen 3, Engländern 1, Amerikaner 2, Russen 1, Italienern 6. Lusin und Birkhoff sprachen französisch, die übrigen Vortragenden in ihrer Muttersprache. Von den über 400 Abteilungsvorträgen war der grösste Teil französisch, dann kam italienisch, in grösserem Abstand deutsch und englisch, einige Vorträge spanisch. Unter den Teilnehmern war Deutschland sehr stark vertreten, ebenso Polen, Ungarn, die Schweiz, Skandinavien und jüngere Franzosen. Von den älteren scheinen viele, so Borel und Painlevé, durch äussere Umstände verhindert gewesen zu sein. Auffallend schwach war die Beteiligung von England. Auch die Vereinigten Staaten waren schwach vertreten.

Die Teilnehmer erhielten Abzeichen an Bändern in den italienischen Farben. Es wäre taktvoller gewesen, wenn man die Farben Bolognas gewählt hätte. Nicht nur für uns Deutsche ist es eine Zumutung, die Farben Italiens tragen zu sollen, sondern auch für manche andere Nation, wie z. B. die Südslawen, Schweizer und vielleicht auch Franzosen. – In dem anlässlich des Kongresses veranstalteten Konzert wurde die italienische Nationalhymne und die Faszistenhymne gespielt mit Kundgebungen der Italiener. Zu solchen Kundgebungen kam es auch bei dem von der Stadt veranstalteten Frühstück. Sie dürften der italienischen Mentalität entsprechen. Bei dem Frühstück war jedes Gedeck mit einem kleinen italienischen Fähnchen geschmückt. Es wurde offenbar erwartet, dass diese Fähnchen angesteckt würden, was zum mindesten die Italiener taten.

Bei diesem Frühstück kam ich mit Herrn Stoilow (Rumänien)[22] auf die Stellung der Deutschen auf dem Kongress und ihre Haltung zur Union zu sprechen. Herr Stoilow erzählte, Picard als Vorsitzender des Conseils des Recherches könne – nach seinen eigenen Worten – deshalb nicht an dem Kongress teilnehmen, weil die vor 2 Jahren ergangene Beitrittsaufforderung deutscherseits unbeantwortet geblieben sei. Er erwähnte ausserdem, die Franzosen fürchteten, dass wir eine deutsche Union gründen wollten. Ich wies diese merkwürdige Befürchtung zurück und vertrat den Standpunkt: Voraussetzung für internationale Zusammenarbeit sei, dass mit der Vergangenheit gründlich aufgeräumt werde. Uebergriffe der einen oder anderen Seite während oder nach dem Kriege sind durch die Kriegspsychose zu erklären und haben als erledigt zu gelten. Die Mentalität der Völker sei zu verschieden, als dass nicht jede Nation das grösste Mass an Zurückhaltung und Rücksichtnahme zu üben hätte. Ein mir unbekannter Rumäne, der sich zeitweise an dem Gespräch beteiligte, erinnerte an das Manifest der [93] deutschen Gelehrten von 1914, das offenbar auch heute noch Anstoss erregt. Da mir das Manifest nicht bekannt ist, nahm ich nicht dazu Stellung, sondern wies nur auf die damalige Lage Deutschlands hin. Ich fügte hinzu, dass wenn je in diesem Manifest Stellen vorkommen, die nur durch die damalige Lage Deutschlands zu erklären sind, aber heute nicht gerechtfertigt sind, dass dann zweifellos die betreffende Gelehrten diese Stellen heute nicht mehr unterschreiben würden. Ich betonte überhaupt sehr stark, dass der Verständigungswille in Deutschland in allen Kreisen herrschend ist (auch in den ‚nationalistischen‘), sofern die Verständigung keine Demütigung in sich schliesst. – Genau so wenig wie das Manifest könne eine entsprechende Kundgebung der Gegenseite (die von Ihnen zitierte Einführungsrede des Conseils durch Painlevé) zur Grundlage internationaler Zusammenarbeit gemacht werden. Bevor also ein Eintritt Deutschlands in Frage komme, habe sich der Conseils auf eine neue Grundlage zu stellen, oder besser noch, es werde eine ganz neue Organisation gebildet.– Herr Stoilow musste meinen Standpunkt im wesentlichen anerkennen, wenn er auch bemerkte, dass er als Rumäne in diesen Dingen nicht so empfindlich sei und sich über unsere Empfindlichkeit wundere. Ich hatte den Eindruck, dass wohl auch eine Verständigung mit den Franzosen möglich sei, wenn vielleicht auch grosse Schwierigkeiten zu überwinden sind. ...

Am [Samstagabend] hörte ich von Herrn von Kerékjártó, dass als nächster Kongressort Prag in Aussicht genommen sei. Die Einladung gehe auch von der deutschen Universität Prag aus, da eine Stärkung des Deutschtums in Böhmen erwartet werde. Für Ungarn sei eine Teilnahme an einem Prager Kongress angesichts der Lage der ungarischen Minderheit in der Tschechoslowakei unmöglich. Herr von Kerékjártó trat für die Schweiz ein. So sehr mir der Gedankengang der deutschen Prager zusagte, musste ich mir doch zugestehen, dass angesichts der heutigen Weltlage ein Kongress nur in einem wirklich neutralen Land wie die Schweiz

---

[22]Simion Stoilow (1887–1961) studierte an der Sorbonne in Paris, wo er 1916 bei Émile Picard promoviert wurde. Er war vor allem bekannt für seine Beiträge zur topologischen Funktionentheorie.

möglich ist.[23] – Ich hatte bisher aus den schon mitgeteilten Gründen von Ihrem Dossier keinen Gebrauch gemacht, abgesehen davon, dass ich das die Schlussitzung betreffende einigen Herren mitgeteilt hatte. Ich übergab es nunmehr Herrn von Kerékjártó. ...

Nach der Schlußsitzung erzählte mir Herr Stoilow kurz von der Versammlung der Union: Pincherle habe den Vorsitz im Komittee niedergelegt, verbleibe aber im Komittee. Ein Antrag eine Kommission zur Klärung des Verhältnisses mit Deutschland zu ernennen, sei durch die Beauftragung des Komitees mit dieser Aufgabe überholt worden. Als Vorschlag für den nächsten Versammlungsort sei zunächst Holland aufgetaucht. Man sei aber wegen der Unsicherheit über Ihre Stellungnahme davon abgekommen und es seien auch keine weiteren Vorschläge gemacht worden. – Die Union ist durch das in Florenz geübte Verfahren vorläufig ohne Einfluss auf die Gestaltung der künftigen Kongresse.

Ueber die Stimmung auf dem Kongress muss gesagt werden, dass sie durchaus gut war. Der Verkehr zwischen den Angehörigen aller Nationen war freundschaftlich. Wo Gefahrenmomente lagen, ist in wirklich vornehmer Weise verstanden worden, allen Konfliktstoff fortzuschaffen. Gestatten Sie mir zum Schluss noch einige Worte zu sagen, die uns Deutsche betreffen. Für uns war die Reise nach Bologna eine sehr grosse Belastung wegen des deutsch-italienischen Verhältnisses. Die Italiener feiern den Tag ihrer Kriegserklärung als Nationalfeiertag; Sie wissen, dass für uns die Kriegserklärung Italiens eine besondere Note hat. Aber was viel schlimmer ist als das, das sind die Verhältnisse in Südtirol. Ich kenne diese Verhältnisse aus der Anschauung und ich muss sagen, dass sie viel schlimmer sind, als man es sich auf Grund noch so eingehender Presseberichte vorstellen kann. Eine solch scheussliche Brutalität gegenüber einer Minderheit dürfte in der ganzen zivilisierten Menschheit ohne Beispiel sein. Angesichts dieser Tatsachen ist es eigentlich unmöglich, dass ein Deutscher die Gastfreundschaft der italienischen Regierung annimmt. Wenn es in Bologna doch geschah, so nur deshalb, weil wir keinen Einfluss auf die Wahl des Kongressortes hatten und weil angesichts der Vermittlerrolle der Italiener eine Ablehnung missverstanden werden musste. – Ob der Ausflug an den Ledrosee zustandengekommen ist, ist mir unbekannt. Die meisten Kongressteilnehmer haben den Ausflug nach Ravenna mitgemacht. Der Ledrosee liegt übrigens in unzweifelhaft italienischem Gebiet. ...

Mit freundlichem Gruss
Ihr sehr ergebener
H. Härlen

Im folgenden Brief an Hans Hahn erläuterte Brouwer die Gründe für seine ablehnende Haltung gegenüber dem Kongress. Dabei warf er Hilbert vor, die Motive der Gegner des Bologna-Kongresses falsch dargestellt zu haben.

---

[23] Es wurde am Ende doch beschlossen, dass der nächste Kongress in Zürich stattfinden sollte.

Brouwer an Hans Hahn | Amsterdam, den 28.X.1928
TB, Kopie, Nachlass Brouwer, Noord-Hollands Archief, Haarlem

Lieber Herr Kollege Hahn,

...

Noch für eine zweite Gefälligkeit wäre ich Ihnen dankbar, nämlich für einen kurzen Bericht über die Ereignisse und Resultate des Bologna-Kongresses in bezug auf die Union und die internationalen Beziehungen überhaupt.

Dass ich nach dem vielen, was ich beim Kongress-Vorstand im April erreicht hatte, und dem vielen, was durch das undiplomatische Auftreten von Picard und Koenigs noch weiter zu Gutem gewandt wurde, trotzdem schliesslich eine ablehnende Haltung annehmen musste, lag erstens an einem vom Kongress-Vorstand mir gegenüber verübten Wortbruch, zweitens an der von Hilbert in der Angelegenheit verübten Fälschung, welche meines Erachtens die Grundlage der Aufrichtigkeit rauben musste.

Mit herzlichem Gruss
Ihr
Brouwer

————————

Hahn fand den Ablauf des Kongresses für alle Beteiligten, insbesondere die Deutschen, einwandfrei. Er berichtete auch kurz über die Verhandlungen bezüglich der Pläne für den nachfolgenden Kongress, der voraussichtlich in Zürich stattfinden sollte.

Hans Hahn an Brouwer | Wien, den 6.XI.1928
TB, Nachlass Brouwer, Noord-Hollands Archief, Haarlem

Lieber Herr Brouwer!

...

Der Kongress in Bologna ist, soweit ich das beurteilen kann, völlig einwandfrei verlaufen. Es hielt wohl am letzten Sonntage die Union eine eigene Versammlung ab, aber dass kann man ihr unmöglich verwehren. Die Deutschen werden jederzeit mit der grössten Zuvorkommenheit behandelt und es ist mir keinerlei Klage zu Ohren gekommen. Auf allen Seiten bestand der Wunsch, den nächsten Kongress in der Schweiz abzuhalten; eine Schwierigkeit erstand nur, weil die Schweizer das zunächst nicht wollten. Zur Behebung dieser Schwierigkeiten berief Pincherle eine freundschaftliche Besprechung ein, zu der Vertreter aller Länder geladen war (für Österreich ich), und in der Perron die Ansichten der Deutschen sehr gut und sehr taktvoll vertrat. Zu einer endgültigen Lösung kam es auch in dieser Besprechung nicht, da die Schweizer auf ihrer Weigerung beharrten. Am Tage darauf wurden die Schweizer umgestimmt, doch weiss ich nicht wieso, da ich da nicht mehr in Bologna war; insbesondere weiss ich nicht, ob die an diesem Tage abgehaltene

Sitzung der Union auf die Haltung der Schweizer Einfluss hatte. Aber auch wenn ja, so hätte sich die Union dabei nur in einem Sinne betätigt, der die Wünsche aller Beteiligten förderte. Ich glaube also, dass der nächste Kongress ohne alle Schwierigkeiten ablaufen wird.

Es grüsst Sie herzlichst

Ihr ergebener

Hans Hahn

7.4   Hilbert versucht, Brouwer aus die Redaktion zu vertreiben

Nach Bologna wollte Hilbert nichts mehr mit Brouwer zu tun haben, vor allem aber wollte er seinen Einfluss innerhalb der Redaktion der *Mathematischen Annalen* brechen. Um seine Entlassung durchzuführen, brauchte er die Unterstützung der anderen drei Mitglieder der Hauptredaktion: Blumenthal, Carathéodory und Einstein. Im folgenden Brief an Einstein versuchte er, ihn von der Notwendigkeit dieses Schrittes zu überzeugen.

Hilbert an Einstein | Göttingen, den 15.X.1928
TB, Einstein Archive, 13 139

Lieber Herr Kollege!

Hiermit wende ich mich an Sie als einen der Mitherausgeber der Mathematischen Annalen mit der Bitte, mir zu gestatten, dass ich an Prof. Brouwer einen Brief etwa folgenden Inhalts richte:

Sehr geehrter Herr Kollege!

Namens der Herausgeber der Mathematischen Annalen teile ich Ihnen hierdurch mit, dass wir fernerhin bei der Herausgabe der Mathematischen Annalen auf Ihre Mitwirkung bei den Redaktionsgeschäften bei der Annalen verzichten und demnach Ihren Namen auf dem Titelblatt weglassen werden. Zugleich spreche ich Ihnen im Namen der Herausgeber der Annalen unseren Dank für Ihre bisherigen Dienste im Interesse der Mathematischen Annalen aus.

Hochachtungsvoll

D. Hilbert

Nur um Missverständnissen und Weiterungen, die bei der gegenwärtigen Sachlage ganz überflüssig sind, vorzubeugen, möchte ich bemerken, dass mein Entschluss, fernerhin unter keinen Umständen mit Brouwer zugleich die Redaktionsmitgliedschaft innezuhaben, fest und unabänderlich ist. Zur Begründung meiner

Bitte möchte ich kurz folgendes ausführen:

1. Brouwer hat, insbesondere durch sein letztes vor Bologna an die deutschen Mathematiker gerichtetes Zirkular mich und, wie ich glaube, die überwiegende Mehrzahl der deutschen Mathematiker beleidigt.

2. Insbesondere durch seine ausgesprochene feindliche Stellung gegen die uns wohlgesinnten ausländischen Mathematiker ist er zumal in der gegenwärtigen Zeit für die Teilnahme in der Redaktion der Mathematische Annalen ungeeignet.

3. möchte ich im Sinne der Gründer der Mathematischen Annalen – auch Klein würde mir beistimmen, der die durchaus schädliche Tätigkeit Brouwers früher als wir alle durchschaute – Göttingen als Hauptbasis der Mathematischen Annalen beibehalten.

Ein gleichlautendes Schreiben habe ich an die andere beiden Herren Mitherausgeber gerichtet,

Mit herzlichem Gruss

D. Hilbert

P.S. Wie ich höre, ist der Zustand Ihrer Gesundheit in letzter Zeit leider nicht zufriedenstellend gewesen. Ich wünsche Ihnen herzlich volle Genesung. Ich selbst bin seit drei Jahren von einer schweren Krankheit (Anämie) heimgesucht worden; wenn auch dieser Krankheit durch eine amerikanische Entdeckung der tödlichen Stachel genommen worden ist, so bin ich doch gerade in letzter Zeit von den Symptomen dieser Krankheit arg geplagt worden. Ich weiss nicht, wie weit Sie über Brouwers Verhalten zu dem Internationalen Mathematiker-Kongress in Bologna orientiert sind; es war fürchterlich, und das Schlimmste dabei ist, dass obwohl jetzt die meisten deutschen Mathematiker und alle ausländischen, insbesondere auch seine nächsten Fachkollegen in Holland, sein Treiben erkannt haben, noch immer einige deutsche Mathematiker zu ihm halten. Auf Ihrem Wunsch stehe ich mit näheren Ausführungen, evtl. auch mit Belegen, zur Verfügung.

H.

Als Mitglied der Hauptredaktion bekam Carathéodory eine ähnliche Mitteilung von Hilbert. Aus seinem nachfolgenden Schreiben an Einstein geht klar hervor, dass Hilbert wohl mit niemandem aus der Hauptredaktion, auch nicht mit Blumenthal, über diesen Plan beraten hat. Carathéodory wollte irgendwie vermitteln, um Brouwer zumindest einen ihm würdigen Abgang zu ermöglichen.

Carathéodory an Einstein | München, den 16.X.1928
AB, Einstein Archive, 13 145

Lieber Herr Einstein,

Sie werden wohl auch den Brief von Hilbert in Angelegenheit Brouwer erhalten haben. Ich habe von der ganzen Sache bis jetzt keine Kenntnis gehabt und erst gestern einen Brief von Blumenthal erhalten, der mir von dieser unangenehmen Geschichte erzählte. Ich bin der Meinung, dass man einen Brief, wie Hilbert ihn aufsetzen will, unmöglich absenden darf, dass aber Brouwer unmöglich weiter in der Redaktion der Mathematischen Annalen bleiben kann.

Da ich erst vor wenigen Wochen wieder in Deutschland bin, bin ich an der ganzen Sache ganz unbeteiligt: ich habe daher Hilbert vorgeschlagen, dass ich an Brouwer einen Brief schreibe in welchem ich ihm die Lage auseinandersetze und ihm nahelege uns seine Austrittserklärung zu schicken. Das hätte den Vorteil, dass man ihm dann einen Dankesbrief für die grosse Arbeit, die er der Begutachtung von Manuskripten gewidmet hat, schreiben könnte. Brouwer ist einer der allererstein Mathematiker unserer Zeit und hat von der ganzen Redaktion am meisten für die Mathematischen Annalen getan. Ich meine, dass man ihm wenigstens ein bisschen Höfichkeit schuldig ist.

Schreiben Sie mir bitte, wie Sie darüber denken.

Mit bestem Gruss

Ihr sehr ergebener

C. Carathéodory

Einstein war verblüfft zu sehen, wie sehr sich Hilbert über Brouwers Verhalten aufregte. Zwar wusste er, dass jener ein hoffnungsloser Querulant war, jedoch ging ihm der Ausschluss Brouwers aus der Redaktion entschieden zu weit. Er plädierte, dem Holländer „Narrenfreiheit" zu gönnen und antwortete Carathéodory wie folgt.

Einstein an Carathéodory | Berlin, den 19.X.1928
TB, Kopie, Einstein Archive, 13 146

Lieber Herr Kollege:

Ich schicke Ihnen hier den Brief, den ich an Hilbert geschrieben habe. Es waere sicher das Beste, dieser Brouwer-Angelegenheit gar keine Beachtung zu schenken. Ich haette nie gedacht, dass Hilbert solcher Gefuehlsausbrueche faehig waere.

Herzlichst gruesst Sie

Ihr

A. Einstein

Einstein an Hilbert | Berlin, den 19.X.1928
TB, Kopie, Einstein Archiv, 13 141

Lieber Herr Kollege!

Herr Brouwer ist ein unfreiwilliger Verfechter von Lombrosos Theorie der nahen Verbindung von Genie und Wahnsinn.[24] Ich kann es nicht begreifen, dass

---

[24]Der italienische Arzt Cesare Lombroso (1835–1909) war ab 1876 Professor für Gerichtsme-

Sie diesem Mann, der in seinem Lande neben dem Rufe eines grossen Mathematikers auch den eines hoffnungslosen Querulanten geniesst, so bitter ernst nehmen koennen. In der hollaendischen Akademie hat er schon unzaehlige Male aus den nichtigsten Anlaessen die tollsten Streiche gemacht. Vor einigen Jahren hat er mit einem franzosischen Kollegen, der nach Holland berufen war, ein ganz tolles Gefecht gehabt, bei welchem er auch franzosenfeindliche Toene von sich gab. Was er sich in Bologna geleistet haben mag, weiss ich nicht und interessiert mich nicht. Ich betrachte ihn bei aller Hochachtung vor seinem Geiste als einen Psychopathen und halte es weder fuer objektiv gerechtfertigt noch fuer zweckmaessig etwas gegen ihn zu unternehmen. Ihnen moechte ich sagen: ‚Sire, geben Sie ihm Narrenfreiheit'! Wenn Sie dies aber nicht vermoegen, weil sein Verhalten Ihnen zu sehr auf die Nerven gegangen ist, so tun Sie in Gottes Namen, was sie muessen. Ich selbst kann aus besagten Gruenden einen solchen Brief nicht unterzeichnen.

Es gruesst Sie herzlich

Ihr

A.E.

Die Ernsthaftigkeit der Lage wurde Einstein erst klar, als Carathéodory ihm Näheres über Hilberts gefährliche Krankheit berichtete, die bei dieser Angelegenheit sicherlich eine wesentliche Rolle gespielt hat.

Carathéodory an Einstein | München, den 20.X.1928
AB, Einstein Archiv, 13 148

Lieber Herr Einstein,

Haben Sie vielen Dank für Ihre Mitteilung; Ihre Meinung wäre die vernünftigste, wenn nicht die Situation schon so verfahren wäre. Der Streit um Bologna, von dem ich ebensowenig weiss und ebensowenig wissen will, wie Sie, ist, wie es mir scheint, nur der Vorwand der Hilbertschen Aktion. Die wahren Gründe liegen tiefer – teilweise sogar fast ein Jahrzehnt zurück. Hilbert ist nun der Meinung, dass nach seinem Tode Brouwer eine Gefahr für das Weiterbestehen der Mathematischen Annalen bilden würde. Das schlimme ist, dass da sich Hilbert einbildet, dass er nicht mehr lange zu leben hat – es soll ihm tatsächlich nicht gut gehen – er seine ganze Energie auf diese eine Sache konzentriert, die er noch unter Dach bringen will.

Dieser Hartnäckigkeit, die mit seiner Krankheit zusammenhängt, steht die Unberechenbarkeit Brouwers gegenüber. Um die aus dieser Situation entstehende Gefahr abzuwenden, habe ich den Ihnen bekannten Vorschlag gemacht, den Hilbert übrigens a limine[25] abgelehnt hat, und der folglich nicht mehr zur Diskussion steht.

---

dizin und Hygiene in Turin.

[25] Dieser juristische Begriff bezieht sich auf die Abweisung einer Klage aus formalen Gründen, meist ohne weiter begründet zu werden. Hilbert wollte also gar nichts von Carathéodorys

Wenn Hilbert gesund wäre, so würden sich schon Wege finden lassen, aber was soll man tun, wenn man weiss, dass jede Aufregung ihm schadet und gefährlich ist? Mit Brouwer bin ich bis jetzt sehr gut ausgekommen; das Bild, das Sie von ihm entwerfen, scheint mir ein wenig verzeichnet, es würde aber zu weit führen hier darüber zu disputieren.

Mit herzlichem Gruss

Ihr

C. Carathéodory

Einstein an Carathéodory | Berlin, den 23.X.1928
TB, Einstein Archiv, 13 148

Lieber Herr Carathéodory:

Ihr an sich so liebenswuerdiger und sympathischer Brief hat mich ein wenig erschreckt. Ich dachte, es handle sich um eine beiderseitige Schrulle, aber nicht um eine planmaessige Handlungsweise. Nun habe ich Angst, dass ich mich dadurch, dass mein Name – uebrigens ganz ungerechtfertigterweise auf das Titelblatt der Annalen geraten ist – mitschuldig mache an einer Handlungsweise, die ich nicht billige und nicht verantworten kann. Sagen sie mir bitte ganz offen, was und wer nach Ihrer Meinung dahintersteckt. Wenn sich meine Befuerchtung bestaetigt, werde ich mich – uebrigens ganz entsprechend den wahren Verhaeltnissen – von diesen Geschaeft zurueckziehen. Meine Meinung, dass Brouwer eine Schwaeche hat, die ganz an die ‚Prozessbauern‘[26] erinnert, gruendet sich auf viele Einzelvorkomnisse. Im uebrigen aber verehre ich ihn nicht nur als ueberaus hellsehenden Geist, sondern auch als geraden und charaktervollen Menschen.

Indem ich Sie bitte, mir meine Hartnaeckigkeit nicht uebelzunehmen und indem ich Ihnen versichere, dass ich niemals davon gebrauch machen werde, dass Sie es sind, der mich informiert hat, bin ich mit herzlichen Gruessen

Ihr

A. Einstein

Von seinem Kollegen James Franck hörte Hilbert, dass Einstein zumindest nicht gegen die geplante Aktion stimmen würde, d.h., er wollte sich vor allem neutral verhalten. Hilbert interpretierte diese Mitteilung so, dass er nun grünes Licht bekommen hätte, sein Vorhaben gegen Brouwer durchzuführen. Wie sich jedoch später herausstellte, war diese Feststellung Hilberts in der Tat voreilig.

Vermittlung in dieser Angelegenheit hören.

[26]Eine Anspielung auf die schleswig-holsteinische Landvolkbewegung, die im Jahr 1928 auf-
flammte.

Hilbert an Einstein | 24.X.1928
AB, Einstein Archive, 13 142

Lieber Herr Kollege!

Soeben höre ich durch Franck zu meiner grossen Freude, dass Sie im Grunde in der Angelegenheit Brouwer unsere Meinung teilen. Es ist mir das deshalb besonders lieb, da ich dann nicht das Gefühl haben muss, dass Sie in dieser Angelegenheit einfach überstimmt seien.

Mit nochmaligen herzlichen Grüssen
bin ich Ihr
D. Hilbert

———————

Interessant an dieser Formulierung Hilberts ist die Verwendung des Ausdrucks „unsere Meinung", obwohl gar nicht klar war, dass Franck oder andere Göttinger seine Vorgehensweise befürworteten. Übrigens schrieb Hilbert am folgenden Tag, dass er Einsteins Einschätzung von Brouwer als eher harmloser halbverrückter Narr keineswegs teilen konnte.

Hilbert an Einstein | 25.X.1928
TB, Einstein Archive, 13 143

Lieber Herr Kollege!

Was Brouwer anbetrifft, so kann ich Ihre Meinung leider nicht teilen. Vielmehr erachte ich es als ein grosser Glück für die Annalen, dass die Ausscheidung von Brouwer aus der Redaktion nunmehr erfolgen konnte. Ich bitte Sie höflichst, von dem in Abschrift beiliegenden Briefe, den ich soeben an Brouwer abgeschickt habe, Kennntnis nehmen zu wollen.

Mit den herzlichsten Grüssen
Ihr ergebenster
D. Hilbert

———————

Am selben Tag verfasste Hilbert den Brief, mit dem er Brouwer als Mitglied der *Annalen*-Redaktion kündigen wollte.

Hilbert an Brouwer | 25.X.1928
TB, Kopie, Einstein Archive, 13 144

Sehr geehrter Herr Kollege!

Da es mir bei der Unvereinbarkeit unserer Auffassungen in grundlegenden Fragen nicht möglich ist, mit Ihnen zusammenzuarbeiten, habe ich die Mitglieder der geschäftsführenden Redaktion der Mathematischen Annalen um die Ermächtigung gebeten und von den Herren Blumenthal und Carathéodory die Ermächtigung erhalten, Ihnen mitzuteilen, dass wir fernerhin auf Ihre Mitwirkung bei der Redaktion der Annalen verzichten und demnach Ihren Namen auf dem Titelblatt weglassen werden. Zugleich spreche ich Ihnen im Namen der Annalenredaktion unseren Dank für Ihre bisherige Tätigkeit im Interesse unserer Zeitschrift aus.

Hochachtungsvoll und ergebenst

D. Hilbert

Dieses Kündigungsschreiben Hilberts bekam Brouwer allerdings nicht zu lesen. Stattdessen löste es eine komplizierte Kettenreaktion von Ereignissen aus, an denen Blumenthal zunächst nicht beteiligt war.

Kapitel 8

Die *Annalen*-Krise: Hilbert vs. Brouwer (1928–1929)

8.1 Brouwer wehrt sich

Vermutlich erfuhr Blumenthal zum ersten Mal von Brouwer selbst, dass Carathéodory einen Versuch unternommen hatte, Hilberts drastische Mitteilung vom 25. Oktober irgendwie zu mildern. In einem persönlichen Gespräch mit Brouwer in Laren wollte der Grieche ihm erklären, dass aufgrund Hilberts Gesundheitszustand eine ruhige Diskussion mit ihm über diese Thematik unmöglich sei. Die Anregung zu diesem Besuch, der am 30. Oktober stattfand, kam von Erhard Schmidt, Carathéodorys ehemaligem Berliner Kollegen und früherem Doktoranden Hilberts. Drei Tage nach Carathéodorys Rückkehr schrieb Brouwer den folgenden Bericht über dieses Treffen, um Blumenthal davon in Kenntnis zu setzen.

Brouwer an Blumenthal | 2.XI.1928
TB, Kopie, Nachlass Brouwer, Noord-Hollands Archief, Haarlem

Werter Kollege,

Am 27. Oktober erhielt ich gleichzeitig eine ‚Kennisgeving' von zwei eingeschriebenen Briefen aus Göttingen und einem Telegramm von Erhard Schmidt, das mich veranlasste, die Briefe vorläufig nicht abholen zu lassen, sondern damit zu warten bis zum im Telegramm angekündigten Besuch von Carathéodory.

Bei diesem Besuch, der am 30. Oktober stattfand, haben die beiden Briefe geschlossen vorgelegen und entnahm ich folgendes den bezüglichen Mitteilungen Carathéodorys:

Über den einen Brief (der keinen Absender trug).[1]

1. Dass die in diesem Briefe enthaltene Mitteilung regelmässigerweise entweder mehrere Unterschriften oder die Ihrige hätte tragen müssen.

2. Dass in dem Briefe der Name Carathéodory in einer den Tatsachen nicht entsprechenden Weise erwähnt werde (dass aber Carathéodory den Brief falls er von mir zu Kenntnis genommen würde, nicht desavouieren wolle).

3. Dass der Absender des Briefes wahrscheinlich in wenigen Wochen die Sendung derselben ernsthaft bedauern werde.

Daraufhin habe ich auf Kenntnisnahme und Öffnung des Briefes verzichtet. *Über den zweiten Brief.*[2]

1. Dass Ihre Erwähnung als Absender auf das Couvert unrichtig und der Brief von Carathéodory geschrieben war.

2. Dass Carathéodory den Inhalt des Briefes bedaure.

Daraufhin habe ich den Brief Carathéodorys geschlossen zurückgegeben. Weiter teilte mir Carathéodory mit, dass die Hauptredaktion der Mathematischen Annalen beabsichtige (und sich dazu juristisch imstande fühle) mich aus der Annalenredaktion zu entfernen. Und zwar aus dem Grunde, dass Hilbert diese Entfernung wünsche, und sein Gesundheitszustand fordere, ihm nachzugeben. Carathéodory bat mich, aus Barmherzigkeit mit Hilbert, der sich in einem derartigen Zustand befinde, dass man ihm sein Vergehen nicht anrechnen könne, diese empörende Kränkung gelassen und ohne Widerstand hinzunehmen.

Bezüglich dieser Bitte Carathéodorys habe ich mir eine Entscheidung nach ruhiger überlegung vorbehalten. Heute ist die Eintscheidung gefallen. Sie finden sie in der beiliegenden Abschrift eines Briefes an Carathéodory.

Ihr

Brouwer

Brouwer an Carathéodory | Laren, den 2.XI.1928
TB, Kopie, Nachlass Brouwer, Noord-Hollands Archief, Haarlem

Werter Kollege,

Nach genauer Erwaegung und weitgehender Ruecksprache[3] muss ich den Standpunkt einnehmen, dass die von Ihnen an mich ergangene Bitte, mich Hilbert als einem unzurechnungsfaehigen gegenueber zu verhalten, nur dann der Einwilligung faehig waere, wenn sie mich schriftlich und zwar gemeinsam seitens Frau Hilbert und Hilberts Hausarzt erreicht haette.

Ihr

Brouwer

---

[1] Es handelt sich um Hilberts Brief an Brouwer vom 25. Oktober 1928, S. 282.

[2] Der Inhalt dieses Briefes ist unbekannt.

[3] Außer Erhard Schmidt scheint es unklar zu sein, mit wem Brouwer hierüber gesprochen hat.

Hilbert wusste natürlich nichts von Carathéodorys geheimer Botschaft, zumal die Veranlassung dazu von dessen Berliner Freunden und nicht von den Göttingern ausging. Selbst Richard Courant wurde nur im Nachhinein darüber informiert, nachdem Carathéodory klar geworden war, wie kompromislos Brouwer zu dieser Frage tatsächlich stand. Im folgenden Brief an Courant gab Carathéodory seiner Hoffnung Ausdruck, dass Brouwers Haltung möglicherweise zu einer Schwächung der bisherigen Unterstützung für Brouwer seitens der Berliner führen würde.

Carathéodory an Courant | 3.XI.1928
TB, Kopie, MA Sammlung, Nachlass Brouwer, Noord-Hollands Archief, Haarlem

Lieber Courant,

Wie ich Ihnen neulich telephonierte, bin ich nach Laren gefahren & habe mit Brouwer gesprochen.

Er war zunächst ziemlich vernünftig & hat mir versprochen Nichts zu unternehmen, ehe er mit Erh. Schmidt gesprochen habe. Um ihn dazu zu bewegen, hatte ich ihm gebeten die Barmherzigkeit zu haben so lange Hilbert in Ruhe zu lassen, als sich dieser in einem Zustand befindet, bei welchem jede Erregung gefährlich für sein Leben ist. Es wäre ja zu hofften, dass das neue Mittel schon in wenigen Wochen ihn so weit hergestellt haben würde, dass er wieder seine alte Kraft hat. Ausserdem sei die Beleidigung die Brouwer erfahren habe, dadurch gemildert, dass er sich sagen müsste, dass Hilbert unter dem Zwange seiner Krankheit gehandelt hätte.

Da Schmidt selber der Meinung war, dass Brouwer nun zufrieden sein sollte, glaubte ich die ganze Affäre in ein ruhigeres Fahrwasser gebracht und jedenfalls Zeit gewonnen zu haben.

Leider habe ich heute einen ganz verrückten Brief von Brouwer erhalten, sodass meine ganze Aktion ins Wasser gefallen zu sein scheint. Der einzige positive Gewinn ist nur der, dass die Berliner Brouwer nicht mehr unbedingt unterstützen werden, und dass der Konflikt daher nicht an die grosse Öffentlichkeit kommen wird. Dagegen muss ich, nachdem meine Vermittlungsaktion so kläglich gescheitert ist, so bald wie möglich aus der Annalenredaktion austreten. Ich habe in diesem Sinne an Blumenthal geschrieben.

Bitte die Tatsachen Bohr mitzuteilen!

Mit bestem Gruss

Ihr

C. Carathéodory

Carathéodorys Brief an Blumenthal ist verschollen, aber einen Tag danach schrieb der Letztere aus Aachen an Courant.

Blumenthal an Courant | Aachen, den 4.XI.1928
TB, Kopie, MA Sammlung, Nachlass Brouwer, Noord-Hollands Archief, Haarlem

Lieber Courant!

... Mit Brouwer geht es drunter und drüber. Sie erfahren es noch früh genug. Hilbert soll von Caras Reise zu Brouwer ja nichts erfahren.

Beste Grüsse von Haus zu Haus!

Ihr

O. Blumenthal.

Zu diesem Zeitpunkt wussten nur Blumenthal, Carathéodory, Courant und Harald Bohr von Hilberts Entscheidung wie auch von der Tatsache, dass Brouwer dieselbe ablehnte. Vermutlich hatten nur die ersten zwei Kenntnisse von der Heftigkeit dieser Ablehnung. Beide waren von Brouwers Schreiben vom 2. November an Carathéodory regelrecht schockiert. Bevor sie aber überhaupt darauf reagieren konnten, kam ihnen Brouwer zuvor, indem er aus seiner Sicht die verkehrten Verhältnisse innerhalb der *Annalen*-Redaktion den sonstigen Mitgliedern schilderte.

Brouwer an Verleger und Redakteure der *Mathematischen Annalen* **| 5.XI.1928**
TB, Kopie, Nachlass Brouwer, Noord-Hollands Archief, Haarlem

Den mir von einem der Hauptredakteure der Mathematischen Annalen gelegentlich eines Besuches am 30.10.1928 gemachten Mitteilungen entnehme ich folgendes:

1. Dass in den letzten Jahren anlaesslich die Schriftleitung der Mathematischen Annalen nicht beruehrender Abweichungen meiner Meinung von derjenigen Hilberts (meine Ablehnung eines Rufes nach Goettingen. Gegensatz zwischen Formalismus und Intuitionismus. Verschiedenheit der Ansichten ueber die moralische Position des Bologna- Kongresses) sich bei Hilbert ein stetig wachsender Zorn gegen mich entwickelt habe.

2. Dass in der allerletzten Zeit Hilbert wiederholt den Willen bekundet habe, mich aus der Annalenredaktion zu entfernen, und dieses mit der Begruendung, dass er mit mir nicht weiter ‚zusammenarbeiten' koenne.

3. Dass diese Begruendung nur ein Vorwand sei, weil in der Annalenredaktion zwischen Hilbert und mir nie eine Zusammenarbeit bestanden hat (so wenig wie zwischen mir und verschiedenen anderen Redaktionsgliedern). Dass ich sogar seit vielen Jahren mit Hilbert keinen einzigen Brief gewechselt und ihn nicht anders als oberflaechlich (das letzte Mal in Juli 1926) gesprochen habe.

4. Dass der wirkliche Grund denn auch nur in Hilberts von Zorn eingegebenen Wunsch, mich in irgend einer Weise zu schaedigen und zu verletzen zu suchen sei.

5. Dass die (zu wiederholten Malen von der Redaktion nach aussen und nach innen) hervorgehobene Gleichberechtigung der Redaktionsmitglieder eine Erfuellung von Hilberts Willen nur so zulasse, dass aus der Gesamtredaktion eine Mehrheit fuer meine Entfernung stimme. Dass an eine derartige Mehrheit kaum zu denken sei, weil ich zu den taetigsten Mitgliedern der Annalenredaktion gehoere, weil gegen die Art und Weise, in welcher ich meine Redaktionstaetigkeit erfuelle, kein Redaktionsmitglied jemals das Geringste einzuwenden hatte, und weil mein Ausscheiden aus der Redaktion sowohl fuer den kuenftigen Inhalt, wie fuer das kuenftige Ansehen der Annalen einen entschiedenen Verlust bedeuten wuerde.

6. Dass aber die so oft proklamierte Gleichberechtigung seitens der Hauptredaktion nur eine, jetzt abzuwerfende, Maske gewesen sei. Dass naemlich die Hauptredaktion es unternehmen wolle (und sich dazu juristisch imstande achte) mich ohne Mitwirkung der sonstigen Redakteure aus der Redaktion zu entfernen.

7. Dass Carathéodory und Blumenthal ihre Mitwirkung zu diesem Unternehmen damit begruenden, dass sie die davon fuer Hilberts Gesundheitszustand zu erwartenden Vorteile hoeher einschaetzen, als meine Ehrenrechte und Wirkungsmoeglichkeiten und als die zu opfernden Werte an moralischem Prestige und an wissenschaftlichem Gehalt der Mathematischen Annalen.

Ich appelliere nun an Ihr Ritterlichkeitsgefuehl und vor allem an Ihre Achtung vor Felix Kleins Andenken und bitte Sie dahin zu wirken, dass entweder die Hauptredaktion von ihrem Unternehmen abgeht, oder die uebrigen Redakteure sich von ihr trennen und die Fortsetzung der Kleinschen Tradition in der mathematischen Zeitschriftleitung allein uebernehmen.

L.E.J. Brouwer

Dieser Appell ging an die sieben anderen mitwirkenden Redakteure (Bieberbach, Bohr, Courant, Dyck, Hölder, von Kármán und Sommerfeld). Dass Brouwer sich hinter den Namen Kleins stellen wollte, war keineswegs nur Taktik. Er hatte schon lange den inzwischen verstorbenen Meister als den führenden Geist der *Annalen* angesehen, eine Rolle, welche Hilbert in seinen Augen keineswegs erfüllen konnte. Andererseits war es sicherlich illusorisch zu denken, dass die Nebenredaktion, mit der eventuellen Ausnahme von Bieberbach, seinem Appell folgen würde.

Anscheinend agierte Brouwer unter dem Eindruck, dass Hilbert tatsächlich unzurechnungsfähig sein müsse. So wandte er sich direkt an Käthe Hilbert mit einer Mitteilung, die auch Courant bekam.

Brouwer an Käthe Hilbert | Laren, den 5.XI.1928
TB, Kopie, Nachlass Brouwer, Noord-Hollands Archief, Haarlem

Verehrte Frau Hilbert,

Ich bitte Sie, wenden sie doch Ihren Einfluss auf Ihren Mann dazu an, dass er nicht weiter verfolgt, was er gegen mich unternommen hat. Nicht nur weil es ihn und mich schaedigen wird, sondern vor allem weil es nicht gut ist, und weil er in seinem Herzen zu gut dazu ist.

Einstweilen muss ich mich natuerlich wehren, aber ich hoffe, dass es bei einen inzidentellen Ereignis innerhalb der Annalenredaktion bleiben wird, und dass die Aussenwelt nichts davon zu erfahren braucht.

Ihr
Brouwer

Vertrauliche Abschrift für Prof. Courant

Brouwer an Courant | Laren, den 6.XI.1928
AB, Kopie, Nachlass Brouwer, Noord-Hollands Archief, Haarlem

Lieber Courant,

Anbei vertraulich eine Abschrift des gestern von mir an Frau Hilbert abgesandten Briefes. Selbstverständlich rechne ich ganz besonders auch auf Sie, um Hilbert zur Einsicht zu bringen, und dafür zu sorgen, dass ein Skandal vermieden wird. Wo ist denn Frl. Noether?

Empfehlungen an Ihre Frau Gemahlin und beste Grüsse von

Ihrem
Brouwer

Brouwer bekam von Courant die folgende Antwort.

Courant an Brouwer | Göttingen, den 10.XI.1928
TB, Kopie, MA Sammlung, Nachlass Brouwer, Noord-Hollands Archief, Haarlem

Lieber Brouwer!

Auf Ihren Brief vom 6. November bin ich bei Frau Hilbert gewesen und kann Ihnen danach nichts anderes sagen, als dass Hilbert in dieser ganzen Angelegenheit völlig unbeeinflusst und unbeeinflussbar ist.

Fräulein Noether befindet sich seit einigen Wochen in Moskau und ist dort unter der Adresse Mathematisches Institut der Universität zu erreichen.

In einigen Tagen hoffe ich Ruhe zu finden, Ihnen auf Ihr ausführliches Rundschreiben zu antworten. Sie können sich vorstellen, dass die Angelegenheit, von der ich übrigens erst nachträglich Kenntnis erhalten hatte, mich sehr beschäftigt.

Einstweilen verbleibe ich mit freundlichen Grüssen,

auch von meiner Frau

Ihr

Courant

8.2 Blumenthal bereitet die Anklage gegen Brouwer vor

In der Zwischenzeit erfuhr Blumenthal von Brouwers Rundschreiben, woraufhin er eine Vorwarnung sowohl an die Mitglieder der Redaktion wie auch an Ferdinand Springer schickte, dass sie vorerst seine Stellungnahme dazu abwarten sollten, bevor sie darauf reagierten.

Blumenthal an die Redakteure der *Annalen* **| Aachen, den 6.XI.1928**
TB, Kopie, MA Sammlung, Nachlass Brouwer, Noord-Hollands Archief, Haarlem

Lieber Herr Kollege,

Durch einen Zufall habe ich erfahren, dass Herr B r o u w e r in der Ihnen bekannten Angelegenheit ein Schreiben an sämtliche Redakteure und den Verlag gerichtet hat. Ich bitte Sie, dieses Schreiben nicht zu beantworten, bevor Sie von mir eine ausführliche Darstellung einiger neuer Vorgänge erhalten haben, die mir zur Beurteilung der Lage wesentlich erscheinen. Sie werden diese Darstellung in wenigen Tagen erhalten.

Beste Grüsse,

Ihr

O. Blumenthal

Blumenthal an Verlagsbuchhandlung Julius Springer | Aachen, den 6.XI.1928
TB, Kopie, MA Sammlung, Nachlass Brouwer, Noord-Hollands Archief, Haarlem

Ich erfahre durch einen Zufall, dass Sie von Prof. B r o u w e r–L a r e n eine Zuschrift erhalten haben, die sich auf gewisse Vorgänge im Innern der Annalenredaktion bezieht. Ich habe Ihnen von diesen Vorgängen noch keine Mitteilung gemacht, weil ich noch einiges Material für eine ausführliche Darstellung erwarte. Ich bitte Sie deshalb in der Angelegenheit nichts zu unternehmen, bis Sie von mir genaueres hören, was in wenigen Tagen der Fall sein wird.

Mit vorzüglicher Hochachtung

Ihr sehr ergebener

O. Blumenthal

Blumenthal schickte schon zwei Tage später einen ersten Entwurf seiner Entgegnung an Courant. Er versprach ihm aber, ihm eine ausführlichere Fassung zuzuschicken, sobald er das hierzu relevante Material von Carathéodory bekommen habe.

Blumenthal an Courant | Aachen, den 8.XI.1928
TB, Kopie, MA Sammlung, Nachlass Brouwer, Noord-Hollands Archief, Haarlem

Lieber Courant,

... Der arme Cara hat sich durch seine Reise nach Laren, trotz bester Absicht, stark in die Nesseln gesetzt, und ich weiss noch nicht, ob Hilbert nicht auch mit ihm brechen wird. ...

Wegen des Brouwerbriefes habe ich Ihnen bereits ein Rundschreiben geschickt. Carathéodory hat mir bis Ende dieser Woche das Material versprochen, das ich zur Abfassung einer ausführlichen Entgegnung brauche. Sie werden also diese bis Anfang nächster Woche erhalten und wahrscheinlich zusammen mit Bohr die nicht angenehme Aufgabe haben, die Entgegnung zu prüfen, ob sie in dieser Form allen Redakteuren vorgelegt werden kann, und insbesondere ihre wichtigsten Punkte Hilbert vorzutragen.

Ihre Schlussbemerkung, dass Sie mir demnächst über Hilberts Gesundheit ein paar Zeilen schreiben würden, ist mir nicht verständlich und beunruhigt mich sehr. Sie hätten besser getan, mir die paar Zeilen gleich zu schreiben.

Beste Grüsse von Haus zu Haus.

Ihr

O. Blumenthal

Harald Bohr hielt sich zu dieser Zeit in Göttingen als Gast des Mathematischen Instituts auf. So konnte Courant ihn von Anfang an in diese heikle Angelegenheit einweihen. Gemeinsam wollten sie zunächst die Interessen Hilberts innerhalb der Redaktion unterstützen, aber bald danach wirkten sie als seine offiziellen Vertreter in den nachfolgenden Verhandlungen mit dem Verlag Julius Springer.[4]

---

[4]Hilbert gab am 18. November Bohr und Courant die Vollmacht, ihn in den Angelegenheiten der Redaktion der *Mathematischen Annalen* rechtskräftig zu vertreten.

Blumenthal an Harald Bohr | Aachen, den 12.XI.1928
TB, Kopie, MA Sammlung, Nachlass Brouwer, Noord-Hollands Archief, Haarlem

Lieber Herr Bohr,

Anbei schicke ich Ihnen ein Rundschreiben an Verleger und Redakteure der Mathematischen Annalen, das ich als Erwiderung auf Brouwer abzuschicken gedenke. Ich möchte das Schreiben, bevor es abgeht, zuerst Ihrer, Courants und Caratheodorys Prüfung unterwerfen und bitte Sie deshalb, sich mit Courant, der ebenfalls Exemplare erhalten hat, in Verbindung zu setzen. Ich habe an Courant einen ausführlichen Brief geschrieben, aus dem Sie alles Nähere ersehen können. Der ganze Inhalt dieses Briefes ist auch für Sie bestimmt und ich bitte Sie davon Kenntnis zu nehmen. Ich verlasse mich sehr auf Sie, dass Hilbert in richtiger Weise von den Dingen Kenntnis erhält.

Beste Grüsse

Ihr

O. Blumenthal

Blumenthals neue Fassung des Rundschreibens ging gleichzeitig an Courant. und Carathéodory Seiner Bitte folgend bekam er von ihnen Verbesserungsvorschläge für den endgültigen Text, den er am 16. November verfasste (siehe unten).

Blumenthal an Courant | Aachen, den 12.XI.1928
TB, Kopie, MA Sammlung, Nachlass Brouwer, Noord-Hollands Archief, Haarlem

Lieber Courant,

Ich schicke Ihnen anliegend 7 Exemplare eines Rundschreibens, das ich als Erwiderung auf Brouwer an die Annalen-Redakteure und Springer schicken will. Gleichzeitig schicke ich auch an Bohr und an Carathéodory je 1 Exemplar. Ich bitte Sie nun zusammen mit Bohr mein Schreiben durchzusehen und zu prüfen, ob es Ihnen in allen Punkten richtig zu sein scheint. Für die sachliche Richtigkeit stehe ich ein, es kommt aber auch sehr auf die Richtigkeit der Ausdrucksweise an. Ich möchte nicht die schwierige Lage durch einen ungeschickten Ausdruck noch mehr erschweren, denn besonders Bieberbach scheint mir bis jetzt noch garnicht im Bild zu sein. Wenn Bohr und Sie Einwendungen gegen das Schriftstück haben, dann bitte ich Sie, mir sofort darüber zu schreiben und ich werde zu sorgfältiger Prüfung aller Aenderungsvorschläge bereit sein. Wenn Sie aber einverstanden sind, dann wollen Sie eine Mitteilung von Caratheodory abwarten, der Ihnen sein Einverständnis mitteilen muss. Wenn dieses eingetroffen ist, dann schicken Sie bitte je 1 Exemplar an Bieberbach, Hölder, von Dyck, Einstein, Springer. Ich beauftrage Sie deshalb mit der Versendung, damit die Versendung möglichst rasch vor sich geht und ich nicht erst wieder hier auf Ihre Aeusserung warten muss.

Ich habe Ihnen noch ein weiteres Exemplar beigelegt, das für Hilbert bestimmt ist. Ich überlasse es Ihrem Takt wie Sie es verwerten wollen, mir scheint, dass objektiv Hilbert keinen Grund haben kann, über Cara's Vorgehen ungehalten zu sein, ich kann aber nicht wissen, wie er subjektiv es auffasst.

Ich muss Ihnen ferner vertraulich mitteilen, dass Cara seine Demission als Annalen-Redakteur gegeben hat, und sich bis jetzt nicht hat bewegen lassen, von diesem Vorhaben abzustehen. Er hat mir lediglich die Ermächtigung gegeben, die Sache auf die lange Bank zu schieben. Ich teile also diese mir sehr bedauerliche Tatsache Ihnen und Bohr hiermit mit, mit der Bitte, sie zunächst vertraulich zu behandeln, bei geeigneter Gelegenheit aber mit Hilbert zu besprechen. Es ist ja möglich, dass Cara sich weiterhin bei ruhigeren Zeiten von seinem Entschluss wieder abbringen lässt. Seinen Namen lasse ich bis auf weiteres auf dem Annalen-Umschlag bestehen. Ich bitte Sie um sofortige Benachrichtigung, wenn Sie die Schriftstücke abgeschickt haben.

Beste Grüsse

Ihr

O. Blumenthal

———————

In der Zwischenzeit reiste Brouwer nach Berlin, wo er seine Freunde Bieberbach und Erhard Schmidt besuchte. Zusammen mit Bieberbach stattete er einen unangemeldeten Besuch bei Ferdinand Springer ab, wovon Courant umgehend danach von Springer informiert wurde.

Ferdinand Springer an Courant | Berlin, den 13.XI.1928
TB, MA Sammlung, Nachlass Brouwer, Noord-Hollands Archief, Haarlem

Lieber Herr Courant!

Beifolgender Bericht wird Sie interessieren. Ich sende ihn Ihnen in drei Exemplaren, damit Sie ihn entsprechend verwenden können. Halten Sie es für richtig, dass ich Herrn B i e b e r b a c h ein Exemplar dieser Aufzeichnungen zur Kenntnis sende? Ueber die Sache selbst würde ich Sie am Donnerstag Abend anrufen, da ich morgen Abend bei H a b e r bin. Halten Sie eine Besprechung für sehr eilig, so würde ich bitten, dass Sie mich morgen Vormittag im Geschäft antelephonieren.

Ich möchte noch hinzufügen, dass B r o u w e r in der Tat einen wenig erfreulichen Eindruck macht. Es scheint übrigens, dass er den Kampf bis aufs Messer führen wird. Hoffentlich bleiben H i l b e r t weitere Aufregungen erspart.

Noch eine Frage: B r o u w e r und B i e b e r b a c h behaupten beide, dass sie dauernd für die ‚Annalen' ganz erhebliche redaktionelle Arbeit geleistet hätten. Ist das richtig?

Im übrigen wäre wohl die Gründung einer neuen Zeitschrift, die ganz unter B r o u w e r s Leitung stände, die beste Lösung aus all den Schwierigkeiten.

Mit herzlichen Grüssen
Ihr
Springer

Aktennotiz

Unangemeldeter und überraschender Besuch von Professor B i e b e r b a c h und Professor B r o u w e r.

Ich hatte erst die Absicht, die Herren nicht zu empfangen, überlegte mir dann aber, dass eine Ablehnung des Empfanges Herrn B r o u w e r nur Propagandamaterial liefern würde und liess mich infolgedessen auf eine Unterhaltung ein.

Ich eröffnete aber die Unterhaltung mit folgender Erklärung:

1.) sei ich fest entschlossen, mich in die Streitigkeiten nicht einzumischen. Ich begründete diesen Entschluss damit, dass die ‚Annalen' nicht ein unbeschränktes Besitzobjekt des Verlages wie andere Zeitschriften seien, sondern diesem gewissermassen von den eigentlichen Herausgebern K l e i n und H i l b e r t anvertraut.

2.) abgesehen von der sachlichen und geschäftlichen Stellungnahme unter 1) kämen für mich persönliche Erwägungen hinzu: ich sei H i l b e r t so in Freundschaft und Verehrung ergeben, dass ich, wenn ich überhaupt zu einer Stellungnahme gezwungen würde, durch dick und dünn mit ihm gehen würde, selbst dann wann ich den Streitfall an sich für tief bedauerlich halte. Ich würde mich auch im gegenwärtigen Moment nicht einmal zu einer Diskussion mit H i l b e r t über denn Streitfall veranlassen lassen, weil im gegenw ärtigen Stadium seiner Krankheit alles vermieden werden muss, was ihn aufrege.

Wenn die Herren nach diesen beiden Erklärungen noch den Wunsch hätten, mir ihre Ansicht über die Sache zu sagen, so sei ich bereit, diese Erklärung entgegenzunehmen. Darauf entspann sich eine einseitige und nicht ganz erfreuliche Unterhaltung in folgender Richtung: 1.) Beide Herren, insbesondere B r o u w e r suchten mich über die Rechtslage auszuforschen. Sie bezweifelten, dass H i l b e r t, beziehungsweise seine Mitredakteure berechtigt wären, einen der Mitherausgeber zu entfernen.

Hierauf erwiderte ich, ich würde die Rechtslage untersuchen und zwar auf Grund des Vertrages, wie auf Grund des zur Zeit der Vertragsschliessung gepflogenen Briefwechsels. Ob ich das Resultat dieser Untersuchungen Herrn B i e b e r b a c h zur Mitteilung an Herrn B r o u w e r bekannt geben würde, hinge davon ab, ob meine Freunde mir hierzu raten würden oder nicht. Auf alle Fälle würde ich mich nur unter der Voraussetzung äussern, dass meine Aeusserung nicht dazu benutzt würde, um H i l b e r t irgend welche Aufregungen zu bereiten.

2.) Beide Herren drohten mit Schädigung der ‚Annalen' und Schädigung meiner geschäftlichen Interessen. Es seien Angriffe auch auf den Verlag zu erwarten, der bei den deutschen Mathematikern in den Ruf mangelnden Nationalgefühls kommen könnte. Ich antwortete darauf, dass ich derartigen Behauptungen würde entgegenzutreten wissen, dass ich andererseits etwaige geschäftliche Schädigungen aus diesen Streitfall zwar bedauern, aber unter den obwaltenden Umständen ohne Murren auf mich nehmen würde.

3.) Beiden Herren richteten an mich die Frage, ob ich nicht eine Persönlichkeit vorschlagen könnte,| da ich selbst eine solche Aktion ablehnte | die zur Schlichtung des Streites berufen und bereit wäre. Ich erwiderte darauf, dass ich nicht genügend über die Personalfrage unterrichtet sei, dass ich auch nicht glaube in diesem Falle eine neutrale Persönlichkeit in Deutschland finden zu können, dass aber vielleicht zu überlegen wäre, ob zwei deutschfreundliche Ausländer wie Harald B o h r und H a r d y für eine solche Vermittlung geeignet wären, wer aber eine solche Vermittlung anrufen sollte, blieb unerörtert.

B r o u w e r versuchte dann noch, mich mit seinem Briefwechsel mit C a r a t h é o d o r y und B l u m e n t h a l bekannt zu machen, ich bat ihn jedoch, mich nicht in solche Einzelheiten hineinzuziehen. Jedenfalls sah ich aber aus einem mir vorgelegten Durchschlag eines Briefes an C a r a t h é o d o r y, dass B r o u w e r von ihm verlangt hat, er möge ihm ein von Frau H i l b e r t und dem Hilbert'schen Hausarzt unterzeichnetes Gutachten vorlegen, demzufolge H i l b e r t unzurechnungsfähig sei. Ich habe ihm hierzu als meine unmassgebliche Meinung gesagt, dass ich nicht verstehe, wie er die Dinge so auf die Spitze treiben könne. B r o u w e r drohte dann noch mit Gründung einer neuen Zeitschrift bei d e G r u y t e r, während B i e b e r b a c h erklärte, dass auch er austreten würde, falls es endgültig zum Ausschluss B r o u w e r s käme.

Ich verabschiedete mich von beiden Herren mit der Erklärung, dass ich den Streitfall aus sachlichen wie aus persönlichen Gründen bedauere, dass mir aber meine Haltung in der oben angedeuteten Weise klar vorgeschrieben sei.

———————

Springers Eindruck von der Einstellung Brouwers, nämlich, „dass er den Kampf bis aufs Messer führen wird", bestätigte voll, was Blumenthal und Co. inzwischen sicherlich begriffen hatten. Im Hinblick darauf, machten Bohr und Courant einige Veränderungsvorschläge für den Blumenthalschen Text, um Brouwer möglichst wenig Angriffsfläche zu bieten.

Harald Bohr und Courant an Blumenthal | Göttingen, den 14.XI.1928
TB, Kopie, MA Sammlung, Nachlass Brouwer, Noord-Hollands Archief, Haarlem

Lieber Blumenthal!

In Eile ein paar Zeilen auf Ihre heute eingetroffenen Briefe! Wir finden Ihren Entwurf in vielen Punkten sehr gut, vor allem die allgemeinen Ausführungen von Mitte Seite 2 ab. Genaue Abänderungsvorschläge jetzt zu machen, ist schwierig, da wir ja noch gar nicht wissen, wie Cara sich zu ihrem Brief stellen wird, besonders den Stellen, die ihn angehen. Wir können aber doch jetzt schon folgendes sagen: Man sollte einen Teil der mehr nebensächlich wirkenden Einzelheiten weglassen, die detaillierte Kritik an Brouwers Redaktionstätigkeit, einzelne Worte, wie ,Schrullenhaftigkeit'. Dann aus formalen Gründen die 5 letzten Zeilen von S. 3, damit nicht eine Verschiedenartigkeit in der Heranziehung der Nebenredakteure konstruiert werden kann. Dann halten wir es für gefährlich, in einen solchen Briefe einer Kritik an der Art des Hilbertschen Vorgehens Raum zu geben, S. 4. Es scheint uns jetzt, dass Hilberts Form mehr berechtigt war, als wir vielleicht zuerst dachten. Die zwei letzten Zeilen des Briefes sollten wohl auch wegbleiben.

Im Ganzen würde es vielleicht klarer wirken, wenn die Aktion von Hilbert als etwas endgültig Fertiges deutlich getrennt würde von der gescheiterten und geradezu in ihr Gegenteil umgeschlagenen Milderungsaktion von Carathéodory. Wir haben das Gefühl, dass Cara sich eigentlich wegen des Missbrauches seiner Freundlichkeit durch Brouwer selbst zur Wehr setzen, beziehungsweise ausdrücklich Sie zu abwehrenden Worten ermächtigen sollte. Deswegen finden wir es auch als sehr wesentlich, dass Sie Cara bewogen haben, seine Rücktritt vorläufig noch nicht effektiv zu machen, da sonst seine Stellung missverstanden werden könnte. Wie sehr Brouwer jeden ihm gebotenen taktischen Vorteil ohne jede Rücksicht ausnützt und wie gefährlich sein persönlicher Einfluss ist (Bieberbach), sehen Sie aus dem beiliegenden Bericht, den Springer soeben an einen von uns schickte.

Wir brauchen nicht besonders zu betonen, dass wir ganz wie Sie vollständig auf Hilberts Seite stehen und auch, wenn nötig, zur Aktivität bereit sind. Wir halten es aber doch für richtig, wenn unsere Stellung, wie die der anderen Nebenredakteure, offiziell durch Antwort auf Ihr Rundschreiben zum Ausdruck kommt. Aus diesen und anderen formalen Gründen scheint es uns auch unbedingt geboten, wenn die Versendung Ihres Rundbriefes von Aachen aus erfolgt. Wir senden Ihnen daher die Exemplare morgen früh eingeschrieben wieder zurück. Sobald eine Mitteilung von Cara hierher kommt, geben wir sie Ihnen tunlichst telegraphisch weiter. Mit Hilbert sprechen wir zunächst noch nicht. Er ist bisher völlig ahnungslos und glaubt alles in schönster Ordnung. Dagegen halten wir Fühlung mit Frau Hilbert.

In Eile viele herzliche Grüsse

Bohr und Courant

Diese Mitteilungen aus dem Göttinger Hauptquartier deuten auf eine klare Strategie hin. Während Hilbert „völlig ahnungslos" in Bezug auf den anbahnenden Konflikt innerhalb der Redaktion bleiben sollte, schickten Bohr und Courant ihre Befehle nach Aachen. Blumenthal sollte u.a. versuchen, Vollmacht von Carathéodory zu erhalten, um Brouwers schroffes Verhalten ihm gegenüber in aller Deutlichkeit zu zeigen. Andererseits sollten die „anderen Nebenredakteure" gebeten werden, offiziell auf das Rundschreiben zu antworten. Blumenthal übernahm diese Vorschläge und schickte den folgenden Text allen Mitgliedern der Nebenredaktion außer Brouwer zu.

Blumenthal an Verleger und Redakteure | Aachen, den 16.XI.1928
TB, Kopie, Einstein Archive, 13 154

Als Geschäftsführer der Annalen-Redaktion halte ich mich für verpflichtet, auf Brouwers Rundschreiben an Verleger und Redakteure der Mathematischen Annalen zu erwidern. Ich stütze mich bei meinen Ausführungen teils auf Briefe von Hilbert, Carathéodory und Brouwer, teils auf eine ausführliche Unterredung, die ich mit Hilbert in Bologna gehabt habe.

Ich möchte voraus bemerken, dass der Wortlaut des Brouwerschen Schreibens irreführend ist: man kann daraus den Eindruck erhalten, dass der Redakteur der Brouwer am 30. Oktober besucht hat (Carathéodory) die Behauptungen 1-7 aufgestellt hat. Dies ist natürlich von keiner einzigen der Fall, vielmehr sind dies Ansichten die Brouwer sich selbst gebildet hat. Ich gebe im Folgenden eine kurze Darstellung der Vorgänge und gehe dabei an den geeigneten Stellen auf Brouwers Schreiben ein.

1. Hilberts Brief und seine Gründe.

Der Brief, den Hilbert am 25. Oktober an Brouwer geschickt hat lautet folgendermassen:

. . .

Diesen Brief hat Brouwer, wie ich schon hier bemerken muss und nachher begründen werde, nicht er öffnet. Er ist aber durch Cara von seinem Inhalte, besonders auch von der in dem ersten Satze gegebenen Begründung für Hilberts Vorgehen unterrichtet worden. Darauf beziehen sich Brouwers Punkte 2 und 3. Hierüber habe ich folgendes zu sagen:

Zu Punkt 2 und 3. Brouwer fasst den Begriff der Zusammenarbeit in einem äusserlichen Sinne auf (Punkt 3). Dies ist eine völlige Verkennung der wahren Meinung. Vielmehr hat Hilbert die feste Überzeugung gewonnen, dass Brouwers Wirken für die Annalen schädlich sei, und dass er es daher nicht verantworten könne als Hauptredakteur in einer Redaktion aufzutreten, der Brouwer angehört. Es handelt sich also in keiner Weise um einen Vorwand.

Zu Punkt 1 und 4. Die von Brouwer in diesen Punkten Angegebenen Gründe für Hilberts Vorgehen treffen nicht zu. Die Begründung in Punkt 4 ist gehässig und bedarf deshalb keiner Erwiderung. Auch der wissenschaftliche Gegensatz hinsichtlich der Grundlagen der Mathematik, an den man denken könnte, spielt keine Rolle. Insbesondere ist nicht richtig was Brouwer in Punkt 5 anzudeuten scheint, dass die von ihm vertretene mathematische Richtung in den Annalen künftig weniger zu Wort kommen solle. Auch Brouwers Rundschreiben vor dem Bologna-Kongress, durch dessen Ausdrücke Hilbert sich beleidigt fühlte, hat nur zusammen mit anderen, vielleicht wichtigeren Momenten, auslösend auf seinen Entschluss gewirkt. Die Gründe liegen viel tiefer. Ich gebe sie in meiner Ausdrucksweise, bin aber sicher, vollständig Hilberts Sinn zu treffen.

Felix Klein hat bis zu seinem Ausscheiden aus der Redaktion unter uns eine Art Oberinstanz gebildet, die in schwierigen Fällen angerufen wurde oder auch aus eigener Initiative hervortrat, um wichtige Entscheidungen zu stützen (z.B., den

Übergang der Annalen an den Springerschen Verlag), oder Gegensätze innerhalb der Redaktion auszugleichen. Es ist gut und notwendig, dass in einer zahlreichen Redaktion wie der unsrigen, eine derartige Oberinstanz vorhanden ist, die, den Einzelheiten der Geschäfte entzogen, die allgemeinen Zusammenhänge im Auge behält und sich dafür verantwortlich gefühlt. Nach Kleins Tod hat Hilbert sich zu diesen Amt verpflichtet geglaubt und hat auch schon in diesem Sinne gehandelt, und wenigstens ich für meine Person habe ihn immer gefühlsmässig dieses Amt zuerkannt. Hilbert hat in Brouwer einen eigenwilligen, unberechenbaren und herrschsüchtigen Charakter erkannt. Er hat befürchtet, dass, wenn er einmal aus der Redaktion ausgeschieden wäre, Brouwer die Redaktion nach seinem Willen zwingen würde, und hat dies für eine so schwere Gefahr für die Annalen gehalten, dass er ihm entgegentreten wollte, solange er es noch könne. Wahrscheinlich unter dem Eindruck seiner neuerlichen Erkränkung hielt er sich deshalb im Interesse der Annalen verpflichtet, Brouwers Austritt aus der Redaktion zu veranlassen und diese Massnahme sofort und mit aller Energie zu ergreifen.

Cara und ich, die mit Brouwer durch langjährige Freundschaft verbunden sind, haben Hilberts Bedenken gegen Brouwers Redakteurstätigkeit sachlich anerkennen müssen. Brouwer war zwar ein sehr gewissenhafter und tätiger Redakteur, aber er war recht schwierig im Verkehr mit der Geschäftsführung und mutete den Verfassern schwer erträgliche Härten zu. So lagerten Manuskripte, die ihm zur Begutachtung eingereicht waren, regelmässig monatelang, weil er grundsätzlich von allen von ihm begutachteten Arbeiten vorher eine Abschrift anfertigen liess. (Ich habe erst in letzter Zeit ein Beispiel davon gehabt.) Vor allem ist zweifellos, dass Kleins Ausscheiden aus der Redaktion auf Brouwers schroffen Verhalten zurückzuführen ist (in einer Angelegenheit, in der Brouwer formal wohl im Recht war).[5] Der weitere Verlauf (siehe unten) hat gezeigt dass Hilbert noch weit mehr Recht hatte als wir damals dachten.

Da wir uns also der sachlichen Berechtigung von Hilberts Standpunkt nicht verschliessen konnten, und uns seinem unabänderlichen Willen gegenüber sahen, haben wir unsere Zustimmung gegeben, dass Brouwer die Redaktion verlassen solle. Nur wünschten wir – wie ich jetzt einsehe mit Unrecht – eine mildere Form, indem Brouwer bewogen werden sollte, selbst seine Redakteurtätigkeit niederzulegen. Dazu aber war Hilbert nicht zu bewegen, und wir haben uns schliesslich, wenn auch widerstrebend, entschlossen, ihm den Weg frei zu geben. Herr Einstein hat seine Einwilligung nicht gegeben mit der Begründung, dass man Brouwers Eigentümlichkeiten nicht Ernst nehmen dürfe.

Punkt 5 und 6. Wie weit es berechtigt war, dass die übrigen Redakteure von Hilberts Absicht nicht vorher unterrichtet wurden, will ich hier nicht untersuchen. Formal scheint mir die Berechtigung durch den auf dem Annalen-Umschlag gemachten Unterschied zwischen ‚Mitwirkenden' und ‚Herausgebern' gegeben.

---

[5]Hiermit spielt Blumenthal auf die Mohrmann-Affäre an; siehe Abschnitt 6.4.

II. Die Ereignisse nach der Absendung von Hilberts Brief.

Am 26. und 27. Oktober waren Cara und ich in Göttingen, um die Lage zu besprechen. Cara fuhr dann in der Angelegenheit weiter nach Berlin. Wenn er doch sachlich die Entfernung Brouwers aus der Redaktion für unvermeidlich hielt, entschloss er sich doch in Berlin, noch einen äussersten Versuch zu machen, durch Milderung der kategorischen Form der Absage die Angelegenheit gütlich zu begleichen. Deshalb kam er am 30. nach Laren, nachdem Brouwer vorher telegraphisch aufgefordert worden war, bis zu Cara's Ankunft keine Schritte zu unternehmen. Da Brouwer Hilberts Brief nicht eröffnet hatte, teilte Cara ihm den Inhalt (aber nicht den Wortlaut) mit, und schlug ihm vor, freiwillig aus der Annalenredaktion auszutreten und den Brief uneröffnet zu lassen. Er wollte dadurch verhindern, dass Brouwer sich durch die Form beleidigt fühlen sollte, und hielt sich dazu für berechtigt, weil ihm deren Schroffheit zum Teil durch Hilbert's leidenden Zustand bedingt schien. Er liess Brouwer darüber im unklaren, dass er nach unserer Ansicht aus der Redaktion ausscheiden müsse, und bat ihn, aus Rücksicht auf Hilbert und seine derzeitige Krankheit selbst zurückzutreten. Brouwer behielt sich eine Entscheidung nach ruhiger Überlegung vor. Er hat Hilberts Brief uneröffnet gelassen und am 2.11 folgenden Brief an Cara geschrieben:

‚Werter Kollege,

Nach genauer Erwägung und weitgehender Rücksprache muss ich den Standpunkt einnehmen, dass die von Ihnen an mich ergangene Bitte, mich Hilbert als einem unzurechnungsfähigen gegenüber zu verhalten, nur dann der Einwilligung fähig wäre, wenn sie mich schriftlich und zwar gemeinsam seitens Frau Hilbert und Hilberts Hausarzt erreicht hätte.

Ihr Brouwer.'

Für diesen erschreckenden und abstossenden Brief, den Brouwer auch mir in Abschrift mitgeteilt hat, habe ich nur die eine Erklärung, dass Brouwer (absichtlich oder unwillkürlich) aus Cara's Äusserungen und Bitten sich nur gerade das Hässlichste zurecht konstruiert hat. Ich muss eingestehen – und Cara hat mir dasselbe geschrieben –, dass ich mich in Brouwers Charakter gründlich getäuscht habe und dass Hilbert ihn besser gekannt und beurteilt hat als wir. Auch ich bin nicht in der Lage mit dem Verfasser dieses Briefes weiter in der Redaktion zusammenzuarbeiten, und stelle mich jetzt auch aktiv an Hilberts Seite. Ich kann nicht verstehen, dass Brouwer nach diesem Briefe noch in dem Schlussabsatz seines Rundschreibens an das Ritterlichkeitsgefühl der Redakteure und an das Andenken Felix Kleins appellieren kann.

Ich bitte die Herren entweder um baldige Äusserung oder um ihre stillschweigende Zustimmung, dass von dem nächsten Heft an, Brouwer's Namen auf den Titelblatt der Annalen wegbleibt und er keine weiteren Annalen- Benachrichtigungen erhält.

Ihr sehr ergebener
O. Blumenthal.

———————

Blumenthal zögerte zunächst, eine Kopie dieses Schreibens Brouwer zuzuschicken (siehe seinen Brief an Bohr unten). Später sah er ein, dass er Brouwer doch diese Entgegnung zusenden sollte (Blumenthal an Bohr und Courant, 4. Dezember 1928).

Blumenthal an Bohr | Aachen, den 18.XI.1928
TB, Kopie, MA Sammlung, Nachlass Brouwer, Noord-Hollands Archief, Haarlem

Lieber Herr Bohr!

Anbei das neue Rundschreiben, das ich gleichzeitig an alle Redakteure, ausser Brouwer, schicke, ebenso an Springer. Dem Rundschreiben fehlt die zweite Seite, diese ist aus Ihrem ersten Exemplar zu entnehmen, da sie ungeändert geblieben ist. Nur bitte ich, am Schluss der Zeile 17 von oben das Wort ‚viel' in ‚vielleicht' zu bessern. Das ist keine nachträgliche Abschwächung, sondern die Verbesserung eines von meiner Schreibhülfe gemachten Auslassungsfehlers. Soll ich auch Brouwer das Rundschreiben ‚zur Kenntnis' schicken? Ich bitte Sie um Ihre Ansicht. Es ist vielleicht ein gewisses Wagnis, andererseits wäre es ein Zeichen grossen Anstands unsererseits – der aber ein unanständiger Gegner gegenüber unangebracht ist – und es ist zu bedenken, dass er das Rundschreiben ohnehin von Bieberbach erhalten wird.
Beste Grüsse von Haus zu Haus!
Ihr
O. Blumenthal
Vielen Dank für die Änderungsvorschläge zu dem ersten [Rundschreiben, die ich] weitgehend berücksichtigt habe.

Einstein wollte sich von diesem Mathematikerstreit verständlicherweise fernhalten. Er fühlte sich schon lange nur als ein Aushängeschild für die *Annalen*, obwohl er Hilberts liberale Gesinnung und internationale Einstellung sehr schätzte. Sein Freund Max Born, ein ehemaliger Schüler Hilberts und seit 1921 dessen Kollege in Göttingen, erfuhr von Harald Bohr, wie der Konflikt zwischen Brouwer und Hilbert sich mittlerweile zugespitzt hatte. Da Einstein, als einer der vier Hauptredakteure, mitzuentscheiden hatte, ob Brouwers Ausschluss aus der *Annalen*-Redaktion zulässig wäre, fühlte sich Born veranlasst, ihm seine persönliche Meinung hierüber mitzuteilen. Borns Hauptsorge war Hilberts Gesundheit, wie er später beschrieb: „Hilbert litt an perniziöser Anämie und wäre sicher bald gestorben, wenn nicht kurz zuvor (1926) gerade [George R.] Minot in den Vereinigten Staaten das spezifische Heilmittel (einen Leberextrakt) entdeckt hätte."[6]

---

[6]In (Born 1969, 139) heißt es weiter: „Dies war noch nicht im Handel zu haben, aber die Frau des Göttinger Mathematikers Edmund Landau war eine Tochter von Paul Ehrlich, des Begründers der Chemotherapie und Entdeckers des Salvarsan. Durch seine Vermittlung erhielt Hilbert regelmäßig das Medikament." Die Familie Landau könnte wohl dabei geholfen haben,

Max Born an Einstein | Göttingen, den 20.XI.1928
TB, Einstein Archive, 13 155

Lieber Einstein!

Nach einer Rücksprache mit Harald Bohr, der in diesem Semester hier in Göttingen ist, möchte ich Dir in einer Angelegenheit schreiben, die mich eigentlich garnichts angeht, aber im Innern mich doch häufig erregt und beunruhigt. Es handelt sich um die Affäre zwischen Hilbert und Brouwer. Ich habe diese bisher nur von fern verfolgt und bin erst kürzlich durch Bohr und Courant in die Einzelheiten eingeweiht worden. Dabei habe ich erfahren, dass Du Dich bei dem Briefe Hilberts an Brouwer neutral verhalten hast mit der Begründung, man müsse jedem gestatten, so närrisch zu sein, wie er wolle. Ich finde das natürlich auch höchst vernünftig, aber Du scheinst doch über einige Punkte nicht ganz im Bilde zu sein und darum möchte ich ein paar Worte darüber schreiben. Wahrscheinlich wird wohl demnächst eine Verhandlung über die Sache bei Springer stattfinden, und Bohr sagte mir, es käme sehr darauf an, dass die engere Redaktion geschlossen vorgeht. Darum bitte ich Dich, bei Deiner Neutralität zu bleiben und nichts etwa gegen Hilbert und seine Freunde zu unternehmen. Wenn Du mir darüber ein Wort schreiben könntest, so würde das nicht nur mich, sondern auch Bohr und die anderen beruhigen.

Ich möchte Dir nun kurz sagen, warum mich die Sache überhaupt interessiert. Für mich kommt ganz allein meine Sorge und Anteilnnahme an Hilbert in Betracht. Hilbert ist sehr schwer krank und hat wohl kaum noch eine lange Lebenszeit vor sich. Jede Aufregung bedeutet für ihn eine Gefahr und einen Verlust an den wenigen Stunden, die er noch arbeiten und leben kann. Dabei ist er noch von starkem Lebenswillen erfüllt und sieht die Aufgabe, seine neue Grundlegung der Mathematik durchzuführen, als Pflicht an, der er sich mit den letzten Kräften zu widmen hat. Sein Geist ist klarer wie je und die Ausstreuung von Brouwer, Hilbert sei nicht ganz zurechnungsfähig, ist eine ausserordentliche Herzlosigkeit. Courant und andere Freunde Hilberts haben mehrmals erwähnt, dass man den kranken Mann vor Aufregungen bewahren sollte, und Brouwer verdreht das so, als wenn Hilberts Meinung und Taten nicht mehr ernst zu nehmen seien. Hilbert ist es durchaus sehr ernst mit seiner Aktion gegen Brouwer. Er hat auch zu mir vor einigen Wochen mal darüber gesprochen, ganz im allgemeinen nur und ohne auf Einzelheiten einzugehen. Er hält Brouwer für einen exzentrischen und unausgeglichenen Menschen, dem er das Erbe der Leitung der Mathematischen Annalen nicht anvertrauen will. Ich glaube, dass gerade die letzten Schritte Brouwers gezeigt haben, wie richtig Hilberts Beurteilung des Mannes ist. Überhaupt ist nach meinen Erfahrungen Hilberts Urteil nicht nur in mathematischen, sondern auch in menschlichen Angelegenheiten fast immer treffend und sicher. Die Vorgeschichte der ganzen Sache, den Streit um den Besuch des Kongresses in Bologna, habe ich nur von fern verfolgt. Ich weiss aber, dass Hilbert den

---

aber Paul Ehrlich starb schon im Jahre 1915.

Besuch dieses Kongresses als eine schwere Pflicht empfunden hat, da seine Krankheit ihm so etwas zu einer unerhörten Anstrengung macht. Hilbert ist garnicht etwa politisch sehr links gerichtet, im Gegenteil; für meinen und erst recht für Deinen Geschmack ziemlich reaktionär. Aber er hat einen ganz scharfen Blick für das, was im Verkehr der Wissenschaftler der verschiedenen Länder zum Wohle des Ganzen notwendig ist. Das Verhalten Brouwers in der Sache, der nationalistischer auftrat wie die Deutschen selber, hielt Hilbert wie wir alle für eine Narretei, aber das Schlimme war eben, dass die Berliner Mathematiker auf Brouwers Unsinn hereingefallen sind. Ich möchte hinzufügen, dass die Bologna-Frage für Hilberts Entschluss, Brouwer zu entfernen, nicht ausschlaggebend, nur ein Anlass war. Bei Erhard Schmidt kann ich das verstehen, er war immer politisch rechts und zwar wirklich aus ursprünglichen Gefühlen heraus. Bei Bieberbach und Mises aber ist es ein recht beklagenswertes Symptom.[7] Ich habe mit Mises über die Sache im August auf unserer Reise in Russland gesprochen, wobei dieser gleich am Beginn der Diskussion erklärte, die Göttinger liefen ja einfach Hilbert nach und dieser sei wohl nicht mehr ganz zurechnungsfähig. Also schon damals tauchte diese Behauptung von Hilberts geschwächten Geisteskräften auf. Ich habe darauf die Besprechung mit Mises sofort abgebrochen, weil ich ihn nicht für bedeutend genug halte, dass er sich überhaupt ein Urteil über Hilbert erlauben dürfte. Ich lege noch ein Schriftstück bei, das Herr Ferdinand Springer an Bohr und Courant geschickt hat. Daraus geht hervor, dass Brouwer und Bieberbach Springer bedroht haben, ihn als nicht national zu verdächtigen und zu schädigen, wenn er zu Hilbert halte. Ich brauche natürlich nicht hinzuzufügen, was ich von solchem Verhalten denke. Verzeih, dass ich Dich mit einem so langen Schreiben behellige. Mein ganzer Wunsch ist dabei nur, dazu beizutragen, dass Hilberts sehr ernste Absichten ohne unnötige Aufregung für ihn durchgeführt werden. Wenn Du es etwa für richtig halten würdest, diesen Brief oder einiges daraus Schmidt zu zeigen, so wäre mir das durchaus recht.[8] Ich glaube aus alter Freundschaft zu Schmidt immer, dass man auch dann mit ihm sehr gut verhandeln kann, wenn er anderer Ansicht ist. ...

Mit den herzlichsten Grüssen auch von meiner Frau an die Deinige
Dein
Max Born.

Borns Bemerkung, dass „die Bologna-Frage für Hilberts Entschluss, Brouwer zu entfernen, nicht ausschlaggebend" gewesen sei, deckt sich mit Blumenthals eigener Einschätzung (siehe oben). Letzterer betonte allerdings die problematischen Charakterzüge Brouwers, während Born den Konflikt auf ihre verschiedenen Auffassungen sowohl zu grundlegenden mathematischen wie auch zu politischen Fragen zurückführte.

------

[7]Richard von Mises war seit 1920 Direktor des Instituts für Angewandte Mathematik an der Universität Berlin.

[8]Wenn es Korrespondenz zwischen Einstein und Erhard Schmidt in Bezug auf diesen Konflikt gab, ist diese anscheinend spurlos verschwunden.

Born war ab 1920 nur für eine kurze Zeit Mitglied der *Annalen*-Redaktion, während Blumenthals Kollege Theodor von Kármán, der zu dieser Zeit am California Institute of Technology in Pasadena tätig war, seit dieser Zeit immer noch zur Nebenredaktion gehörte. Von Blumenthal wurde er über den aktuellen Stand des Konfliktes informiert.

Blumenthal an Theodor von Kármán | Aachen, den 22.XI.1928
TB, Theodore von Kármán Papers, California Institute of Technology, Pasadena

Lieber Karman!

ich danke Dir vielmals für Deine Karte aus Pasadena[9], die den kalifornischen Himmel in blauestem Licht erstrahlen lässt. Es ist sehr gut, dass Du mich von der Änderung im Vorstand des Rockefeller Stipendiums benachrichtigt hast.[10] Ich hatte in Bologna mit Birkhoff[11] über unsere Wünsche und ihre damalige Ablehnung gesprochen; da hatte er mich schon darauf vorbereitet, dass Mason[12] Präsident werden würde, und mich aufgefordert bis dahin mit einer Eingabe zu warten. Ich glaube, dass Mason mich noch in guter Erinnerung hat. Wir haben in Göttingen freundlich zusammengestanden, und seitdem haben wir nichts mehr miteinander zu tun gehabt. Ich würde es für sehr gut halten, wenn wir unsere Bitte an Mason vorbrächten, und schlage vor, dass Kellog[13], der ja die hiesigen Verhältnisse kennt – oder wenigstens behaupten kann sie zu kennen – den Antrag unterstützt. Ich glaube, dass er gut mit Mason bekannt ist. Vielleicht versuchst Du die Sache zuerst einmal inoffiziell, bevor von hier aus ein förmlicher Antrag gestellt wird. Dessen Inhalt müssten wir uns ja auch genau überlegen, und das könnte erst nach Deiner Rückkunft geschehen.

In den Annalen geht es drunter und drüber. Du hast ein Schriftstück von Brouwer erhalten, aus dem Du wahrscheinlich nicht ganz klug geworden bist. Anliegend meine Antwort auf dieses Schriftstück, die hoffentlich klar ist. Der Brief Brouwers an Caratheodory ist doch eine tolle Leistung.

Ausserdem habe ich eine sehr unangenehme, sauersüsse Korrespondenz mit Mises wegen des Bologna-Kongresses. Du fehlst mir an allen Ecken. Sonst ist nichts Erhebliches zu berichten, wir warten darauf, ob Brandt nach Kiel berufen wird.

---

[9]Seit 1926 begann von Kármán, seine Zeit zwischen Aachen und Caltech in Pasadena aufzuteilen. Dort übernahm er 1929 die Leitung des Aeronautical Laboratory, eine Stelle, die er 20 Jahre lang behielt.

[10]Ab 1925 förderte das International Education Board der Rockefeller-Stiftung etwa 130 ausländische Mathematiker durch Stipendien; siehe die Liste in (Siegmund-Schultze 2001, 288–301).

[11]Der führende amerikanische Mathematiker George David Birkhoff diente 1925–1926 als wissenschaftlicher Berater der Rockefeller-Stiftung (Siegmund-Schultze 2001).

[12]Max Mason promovierte 1903 bei Hilbert. Von 1909 bis 1925 hatte er eine Physikprofessur an der University of Wisconsin inne. Danach wurde er Präsident der University of Chicago, bevor er 1929 zur Rockefeller-Stiftung ging.

[13]Oliver Dimon Kellogg hatte auch bei Hilbert studiert. Er wurde 1902 in Göttingen promoviert, bekam eine Professur in Missouri und ging schließlich nach Harvard. Kellogg galt als Experte für Potentialtheorie.

Meine Frau und die Kinder lassen Dich bestens grüssen. Es geht uns allen
gut.

Lebe recht wohl und komme möglichst bald wieder.

Beste Grüsse

Dein O. Blumenthal

Anbei ein ungarischer Brief, der für Dich gekommen ist.

Blumenthals Schreiben vom 16. November stieß gleich auf heftigen Widerstand von Bieberbach, der sowohl formale wie auch inhaltliche Argumente gegen
die Rechtfertigung des Ausschlusses eines so verdienstvollen Mitarbeiters hervor-
brachte. Bieberbach wies gleich am Anfang darauf hin, dass ein so gravierender
Schritt gegen ein Mitglied nur mit der Zustimmung der Gesamtredaktion ausgeführt werden dürfte. Gleichzeitig lehnte er ein Verfahren ab, bei dem das Stillschweigen eines Mitglieds als Zustimmung für den Hilbertschen Antrag gezählt
werden würde.

Ludwig Bieberbach an Blumenthal | Berlin-Dahlem, den 24.XI.1928
TB, Kopie, Einstein Archive, 13 161; MA Sammlung, Nachlass Brouwer, Noord-
Hollands Archief, Haarlem

Abschrift Herrn Courant zur Kenntnis.

Lieber Herr Blumenthal.

Ihr Schreiben von 16.11. fasse ich dahin auf, dass Sie in Ihrer Eigenschaft als
geschäftsführender Redakteur der Annalen den Antrag Hilberts auf Ausschluss
Brouwers zur Abstimmung bringen wollen. Geht doch schon aus den Innsbrücker
Vorgängen hervor, dass die geschäftsführende Redaktion das Recht der Entlassung von Redakteuren nicht für sich in Anspruch nehmen kann. Dort wurde der
geschäftsführenden Redaktion auf ihren Wunsch von der Gesamtredaktion die Ermächtigung erteilt, im Falle von Meinungsverschiedenheiten über die Annahme
von Arbeiten endgültig zu entscheiden. Und nun soll aus typographischen Merk-
malen das viel weitergehendere Recht zum Ausschluss eines Redakteurs folgen. Damit würden ja die Mitglieder der Gesamtredaktion zu Subalternen heräbgedrückt,
welche jeden Tag von der geschäftsführenden Redaktion weggeschickt werden können.

Aus dem Schlusssatz Ihres Schreibens geht hervor, dass Sie sich das Recht
vorbehalten, bei Ausbleiben einer Antwort auf Ihren Brief bis zu einem von Ihnen
nicht einmal gesetzten Termin, die Zustimmung des betreffenden Redaktionsmitglied in Anspruch zu nehmen. Ein solches Verfahren widerspricht nach meiner
Gedacht den primitivsten Rechtsgrundsätzen. In allen Körperschaften wird die
Möglichkeit des gewaltsamen Ausschlusses eines Mitgliedes mit besonderen Kau-

telen umgeben. Ich würde es für richtig halten, dass in unserem Kreise die Frage eines Ausschlusses überhaupt nur dann zur Diskussion gestellt wird, wenn eine so eklatante Verfehlung eines Einzelnen vorliegt, dass auf Einstimmigkeit aller Übrigen gerechnet werden kann, nicht aber, wenn von vornherein ein prominenter Mitglied der engeren Redaktion wie Einstein sich gegen den Ausschluss ausspricht, und es schliesslich auf ein Zählen von Stimmen ohne die Grundlage einer bindenden Geschäftsordnung hinausläuft. Unerlässlich erscheint es mir, dass ein etwaiger Ausschluss eines Mitgliedes auf eine juristisch einwandfreie Basis gestellt wird. Das Mindeste, was gefordert werden muss, ist eine qualifizierte Mehrheit, wobei nur solche Stimmen als gegen Brouwer abgegeben gezählt werden, die sich ausdrücklich und vorbehaltslos für den Ausschluss erklären. Empfehlen würde ich, vor weiteren Schritten ein Rechtsgutachten einzuholen.

Materiell nehme ich folgende Stellung.

Ich wundere mich, dass Hilbert in Brouwers Bolognacirkular ihn beleidigende Äusserungen gefunden haben soll. Es geht doch unzweideutig aus der Motivierung hervor, dass die Schlusswendungen sich nur gegen diejenigen Deutschen wenden, können, die einen Unionskongress besuchen wollen. Da aber Hilbert ausdrücklich erklärt hat, dass in Bologna kein Unionskongress stattfinde, so kann er diese Äusserung nicht auf sich beziehen. Es bestand nur eine tatsächliche Meinungsverschiedenheit darüber, ob in Bologna ein Unionskongress stattfinde oder nicht.

Sie führen in Ihrem Schreiben weiter eine Reihe von geschäftlichen Unerträglichkeiten an, die sich bei der Zusammenarbeit mit Brouwer herausgestellt haben sollen. In dieser Richtung haben Sie am 13.9.27 noch keine Bedenken gehabt. Sonst hätten Sie wohl damals nicht ganz entgegengesetzte Dinge an Brouwer geschrieben (Vergl. Brouwers Schreiben an die Annalenredaktion von 5.11., S. 2. Fussnote) Ich nehme auch heute die Bedenken nicht wichtig. Es kommt überall vor, dass einzelne Redakteure gründlicher und daher auch langsamer arbeiten als andere. Dass man zur Entnahme einer Abschrift Monate brauche, ist doch kaum Ihr Ernst. Jedenfalls können derartige seit Jahren bekannte Schwierigkeiten, wie Verzögerung in der Erledigung von Manuskripten und dergleichen nicht die Grundlage für eine derartig extreme Handlung bieten. Das gegebene wäre, wenn es sich um geschäftliche Unzukömmlichkeiten handelt, dass wie erst in ähnlichen Fällen anlässlich der nächsten Jahresversammlung eine Besprechung der Gesamtredaktion stattfindet, in der über die Mittel zur Beseitigung dieser Unzukömmlichkeiten beraten wird. Ein fristloser Ausschluss eines Redakteurs, noch dazu einen Gelehrten von Weltruf, nach 13-jähriger fleissiger Tätigkeit wäre doch nur durch eine ehrenrührige Handlung oder dergleichen zu rechtfertigen, nicht aber durch Vorkommnisse, die nur Unbequemlichkeiten für den geschäftsführenden Redakteur bedeuten.

Allein Ihre jetzige Motivierung steht auch in Widerspruch mit dem Hilbertschen Brief. Dort ist nur von Auseinandergehen der Auffassungen in grundlegenden Fragen die Rede, und das kann man gewiss nicht auf zu langsame Erledigung von Manuskriptsendungen beziehen. Wären geschäftliche Mißstände in jenem Brief erwähnt worden, so wäre ihm das Kränkende und Beleidigende zum Teil genommen worden. So wie die Dinge jetzt liegen, muss jeder, der von dem Plan Hilberts erfährt, annehmen, dass sich Hilberts Hinweis auf das Vorgehen Brouwers in der Bolognaangelegenheit und auf Meinungsverschiedenheiten in mathematischen Fragen bezieht. In jedem Falle wird man in dem ganzen überstürzten Vorgehen eine extreme Unduldsamkeit in politischen oder wissenschaftlichen Fragen erblicken müssen.

Das einzige Motiv, das geeignet sein könnte, zur Stimmabgabe für den Antrag zu veranlassen, ist die Rücksichtsnahme auf Hilberts Gesundheitszustand. Aber gerade in diesem Punkte geben sie sich zweifellos einer schweren Täuschung hin; ein Nachgeben gegen Hilbert würde nur dann eine Schonung seines Zustandes bedeuten, wenn damit zu rechnen wäre, dass die Streichung Brouwers ohne weitere Folgen verlaufen würde. Es erscheint mir aber sicher, dass Brouwer, übrigens mit Recht, sich gegen ein solches Vorgehen, das wie immer es im Einzelnen ausgeführt wird, eine schwere Kränkung und Beleidigung enthält, mit aller Energie zur Wehr setzen wird. Für alle heute gar nicht abzusehenden Aufregungen, die Hilbert daraus erwachsen werden, übernehmen diejenigen die Verantwortung, die nicht den Mut aufbringen, durch Ihre Stimmabgabe, ihn von einem Plan zurückzuhalten, der vielleicht doch nur einer vorübergehenden auf körperlichem Leiden beruhenden Ueberreiztheit entsprungen ist.

Für völlig unberechtigt halte ich es schliesslich, aus den Briefen, die Brouwer nach Empfang der Nachricht über die gegen ihn ins Werk gesetzte Aktion geschrieben hat, Material gegen ihn zu schmieden. Denn es ist eine moralische Unmöglichkeit, die Handlungen, zu welchen jemand in nur zu begreiflicher Erregung über ein ihm zugefügtes Unrecht getrieben würde, nachträglich zur Rechtfertigung eben dieses Unrechtes heranzuziehen. Entschieden ist es rechtlich selbstverständlich, dass die Abstimmung der Gesamtredaktion erst erfolgen kann, wenn Brouwers Aeusserung zu Ihren neuerlichen Beschuldigungen der Gesamtredaktion vorliegen.

Ich spreche mich mit aller Entschiedenheit gegen den beabsichtigten Ausschluss Brouwers aus. Ich halte einen solchen für sachlich unbegründet, nur eine unverdiente und ohne jeden dringenden Anlass vom Zaun gebrochene Kränkung eines in jeder Beziehung schätzenswerten, von den besten Absichten erfüllten Mannes. Ich behalte mir ausdrücklich vor, falls wider Erwarten der Ausschluss Brouwers durgeführt werden sollte, ihn bei seinen Schritten, die er zur Abwehr der ihm zugefügten Kränkung unternehmen sollte, in jeder Weise zu unterstützen.

Mit besten Grüssen
Bieberbach.

Bieberbach zeigte sich hiermit bereit, nicht nur allein Brouwers Anwalt zu spielen, sondern auch seinem Appell zu folgen, d.h., im Fall dessen Ausschlusses eine neue Zeitschrift mit ihm zusammen zu gründen. Beide bekannten sich zur geistigen Tradition Felix Kleins, während Blumenthal hingegen Hilbert diese Erbschaft in Bezug auf die *Annalen* zuweisen wollte.

Vermutlich hatte Bieberbach auch Kontakte zu Einstein in dieser Zeit. Seine Äußerung, dass „Einstein sich gegen den Ausschluss ausspricht", lässt auf jeden Fall vermuten, dass die beiden hierüber gesprochen hatten. Blumenthal konnte sich außerdem über die folgende sarkastische Antwort Einsteins kaum gefreut haben.

Einstein an Blumenthal | Berlin, den 25.XI.1928
TB, Kopie, Einstein Archive, 13 158

Lieber Herr Kollege:

Es tut mir leid, dass ich als unschuldiges Lamm in diese mathematische Wolfsherde geraten bin. Der Anblick der wissenschaftlichen Taten der hier in Betracht kommenden Maenner zeugt mir von solcher Raffiniertheit des Geistes, dass ich nicht hoffen darf, auch in dieser ausser-wissenschaftlichen Angelegenheit zu einem einigermassen begruendeten Urteil ueber sie zu gelangen. Erlauben Sie mir daher freundlichst, demuetig auf meinem weder ‚Muh-noch Maehstandpunkt' zu verharren und erlauben Sie mir in der Rolle des staunenden Zeitgenossen zu verharren.

Mit den besten Wuenschen fuer eine ausgiebige Fortdauer dieses ebenso edeln wie wichtigen Kampfes, bin ich
Ihr ergebener
A. Einstein
Dieser Brief geht auch an Herrn Prof. Brouwer
Kopie auch an Max Born gesandt

An Born schrieb Einstein im ähnlichen Sinne, indem er diese Auseinandersetzung als den „Frosch-Mäusekrieg" bezeichnete (van Dalen 1990).

Einstein an Max Born | Berlin, den 27.XI.1928

Lieber Born:

Ich danke Dir herzlich fuer Deinen ausfuehrlichen Brief und die Aktennotiz, welche mir aufs Neue Springers Klugheit zeigt. Ich verspreche Dir, in der Angelegenheit strengste Neutralitaet zu bewahren, was mir umso leichter faellt, als ich nicht imstande bin und auch keine Lust habe, mich in die Motive dieser beiden Heroen hineinzugraben. Eines kann ich Dir aber versichern: Wenn Hilberts Krankheit der Angelegenheit nicht einen tragischen Zug gaebe, so wuerde dieser Tintenkrieg fuer mich eines der drolligsten und wohlgelungensten Possenspiele sein, das sich bluternst nehmende Menschen vor meinen Augen aufgespielt haben.

Sachlich moechte ich nur kurz bemerken, dass es nach meiner Meinung schmerzlosere Mittel gegen zu grossen Einfluss des etwas verrueckten Brouwer auf die Fuehrung der Annalen gegeben haette als einen Ausschluss aus der Redaktion. Aber dies sage ich Dir nur privatim und denke nicht daran, mit einer weiteren papierenen Lanze in diesen Frosch-Maeusekrieg als Kaempfe hineinzuspringen.

Anbei sende ich Dir eine Abschrift des Briefes, den ich in gleicher Formulierung an Brouwer und Blumenthal geschrieben habe.

Mit herzlichen Gruessen
Dein
Einstein

Die zwei dienstältesten Kollegen in der Redaktion, Walther von Dyck und Otto Hölder, zeigten kein Verständnis für den Ausschluss Brouwers.

O. Hölder an Blumenthal | Leipzig, den 27.XI.1928
TB, Kopie, MA Sammlung, Nachlass Brouwer, Noord-Hollands Archief, Haarlem

Lieber Herr Kollege!

Bei reiflicher Ueberlegung der mir von Ihnen und der mir inzwischen auch von Bieberbach unterbreiteten Gründe glaube ich, dass ich zu einem zwangsweisen Ausschluss von Brouwer meine Zustimmung nicht geben kann. Ich will aber in der heikelen Frage keine Stellung nehmen, ob in der fraglichen Angelegenheit die Mehrzahl der ‚Herausgeber' zuständig ist oder nur eine Mehrheit in der Gesamtredaktion.

Mit bestem Gruss
Ihr ergebener
gez. O. Hölder.

Dyck an Blumenthal | München, den 5.XII.1928
TB, Kopie, MA Sammlung, Nachlass Brouwer, Noord-Hollands Archief, Haarlem

Sehr geehrter Herr Kollege!

Ihre Zuschrift vom 16.XI. habe ich erhalten. Ich kann weder die Anschauung von Brouwer noch das Vorgehen von Hilbert billigen und beklage die Vorgänge aufs tiefste. In keiner Weise darf als Zustimmung zu Ihren Vorschlägen gedeutet werden, wenn Antworten darauf ausbleiben. Mit solchen Massnahmen kann man so grosse innere Differenzen ebenso wenig aus der Welt schaffen wie durch eine Umgehung aller an der Annalenredaktion mindestens noch mit ihrem Namen beteiligten Herrn.

Noch will ich auf eine schiedlich friedliche Lösung der Angelegenheit hoffen, für welche sich Carathéodory nach beiden Richtungen hin die grösste Mühe gegeben hat.

Ergebenst!
W. v. Dyck.

Nach diesen kritischen Rückmeldungen sah Blumenthal ein, dass sein Versuch, Verständnis innerhalb der Redaktion für Hilberts harten Kurs gegen Brouwer zu gewinnen, gescheitert war.

8.3 Ferdinand Springer setzt sich durch

Seit dem unangemeldeten Besuch von Brouwer und Bieberbach wollte Ferdinand Springer sich über die Rechtslage orientieren, bevor er weitere Schritte seitens des Verlags unternahm. So beauftragte er den Rechtsanwalt Fritz Kalischer, der den bestehenden *Annalen*-Vertrag prüfen sollte, damit Springer eine solide Grundlage für die Führung etwaiger zukünftiger Verhandlungen in der Hand hätte. Unabhängig davon ließ sich Carathéodory von Rudolf Müller-Erzbach[14], einem befreundeten Juristen, ähnlich beraten.

Abbildung 8.1: Constantin Carathéodory an seinem Arbeitstisch mit Büste von Hilbert darauf (L. Reidemeister, Archiv des Mathematischen Forschungsinstituts Oberwolfach)

[14]Rudolf Müller-Erzbach (1874–1959) war von 1918 bis 1925 Professor für bürgerliches Recht, Handelsrecht und Rechtsgrundlagenforschung in Göttingen, bevor er nach München berufen wurde.

Carathéodory an Blumenthal | München, den 27.XI.1928
TB, Kopie, MA Sammlung, Nachlass Brouwer, Noord-Hollands Archief, Haarlem

Lieber Blumenthal,

Ich komme soeben von Müller-Erzbach, der zwar angesichts seiner vielen Beschäftigungen kein endgültiges Rechtsgutachten geben konnte, aber trotzdem seine Stellungnahme zu Papier gebracht hat. Was er mir mündlich dazu sagte war etwa folgendes:

1. In dem Gutachten von Kalischer ist jedenfalls unrichtig a) dass ich nicht zur Hauptredaktion gehöre, b) dass Brouwer in keinem Vertragsverhältnis zu Springer ist, da er doch Honorar erhält.

2. Der Hilbertsche Brief hat überhaupt keine rechtliche Kraft.

3. Es gibt drei Auswege aus der Situation:

a) dass Springer einen Kündigungsbrief an Brouwer schreibt. Ein triftiger Kündigungsgrund muss aber, wie Müller-Erzbach noch mit Tinte hinzugefügt hat, angegeben werden.

b) dass die 4 Herausgeber und der Verleger als eine ‚Gesellschaft' angesehen werden (Reichsgerichtsentscheidung Band 115, S. 358). Dann müssten wir 4 und Springer an Brouwer schreiben.

c) es ist denkbar, obgleich Müller-Erzbach diese Ansicht nicht teilt, dass das Gericht auch die ‚weitere Redaktion' zur Gesellschaft zuzählen könnte. Dann bleibt nichts übrig als die Redaktion der Annalen aufzulösen und eine neue zu bilden.

Ich halte den ersten Weg für nicht gangbar: nicht nur ist es unbillig von Springer zu verlangen sich in unsere Streitigkeiten einzumischen und Partei gegen Brouwer zu nehmen, sondern wir würden weitere Unannehmlichkeiten mit anderen Redakteuren haben.

Der zweite Weg ist auch nicht möglich, weil nicht nur Einstein sich geweigert hat, sondern auch ich nur noch eine passive Rolle spielen möchte. Es scheint mir also, dass man sich zum dritten Vorschlag Müller-Erzbachs einigen sollte, worauf Springer die Briefe schreiben würde.

Es scheint mir, dass dies sehr gut brieflich geschehen kann und dass eine Zusammenkunft in Berlin gar nicht notwendig ist. Später, wenn es sich darum handeln wird die Sache neu aufzubauen kann immer noch eine derartige Zusammenkunft stattfinden.

Mit bestem Gruss
C. Carathéodory

———————

Ferdinand Springer stand fest auf Hilberts Seite, wie er im Gespräch mit Brouwer und Bieberbach keineswegs zweideutig erklärte. Er befürchtete andererseits, dass die Gegenseite vor Gericht klagen könnte. Die entscheidende rechtliche Frage bestand darin, ob ein mitwirkender Redakteur sich dagegen wehren könnte, wenn die Herausgeber und der Verlag auf dessen Mitarbeit verzichten wollten.

Springer meinte, es gäbe dafür keine rechtliche Grundlage, ein Standpunkt, den er Bieberbach ohne weiteren Kommentar mitteilte.

F. Springer an Bieberbach | Berlin, den 28.XI.1928
TB, Kopie, MA Sammlung, Nachlass Brouwer, Noord-Hollands Archief, Haarlem

Sehr geehrter Herr Professor!

Ich bestätige Ihnen mit Dank den Empfang der Abschrift Ihres an Herrn Professor Blumenthal gerichteten Schreibens.

Sodann erlaube ich mir Ihnen mitzuteilen, dass ich mich über die Rechtslage informiert habe. Mein Gutachter ist nach sorgfältiger Prüfung aller Unterlagen zu folgender Ansicht gekommen:

1.) Vertragliche Verpflichtungen und Bindungen bestehen nur zwischen Verlag und eigentlichen Herausgebern, die gemeinsam den Vertrag über die ‚Annalen' geschlossen haben.

2.) Die Herausgeber im Sinne von 1.) sind ohne weiteres berechtigt auf die fernere Mitarbeit eines der auf dem Titel als Mitwirkende genannten Herrn zu verzichten.

In vorzüglicher Hochachtung
Ihr sehr ergebener
F. Springer

Springer war tatsächlich besorgt, dass die rechtliche Situation etwas komplizierter sein könnte, als er in seinem Schreiben an Bieberbach geschildert hatte. Denn in Blumenthals Text sowie Bieberbachs Replik darauf sind beide Verfasser davon ausgegangen, dass die Gesamtredaktion ein Mitrederecht besäße. Es war also in Springers Augen völlig klar, dass das Rundschreiben Blumenthals für den Erfolg des aktuellen Anliegens problematisch sein könnte.

F. Springer an Blumenthal | Berlin, den 28.XI.1928
TB, Kopie, MA Sammlung, Nachlass Brouwer, Noord-Hollands Archief, Haarlem

Sehr verehrter Herr Professor!

Herr Bieberbach sandte mir soeben Durchschlag seines an Sie gerichteten Briefes. Ich habe ihm laut Anlage geschrieben.

Ich darf bei dieser Gelegenheit meinen Rat wiederholen, in der Angelegenheit keinerlei weiteren Schriftstücken an die Gegenpartei zu lassen, die nicht vorher von dem Juristen gebilligt worden sind, der unsere Partei bei dem doch sehr wahrscheinlichen Prozess zu vertreten haben würde. Ich bin etwas in Sorge, ob nicht Ihr Brief an die ‚Mitwirkenden' die Rechtslage zu unsern Ungut verändert hat.

In vorzüglicher Hochachtung und mit den besten Empfehlungen
Ihr sehr ergebener
F. Springer

Brouwer fasste seinerseits das Rundschreiben Blumenthals so auf, als ob dasselbe einen quasijuristischen Prozess gegen ihn eröffnet habe. Dasselbe nannte er „eine Beschuldigungsakte ... gerichtet an das Tribunal der Gesamtredaktion", und er gab zu bedenken, dass er einige Tage noch brauchen würde, um seine Verteidigungsschrift aufzuschreiben.

Brouwer an Verleger und Redakteure der *Annalen* **| Laren, den 30.XI.1928**
TB, Kopie, Nachlass Brouwer, Noord-Hollands Archief, Haarlem

Die Angelegenheit meiner beabsichtigten Entfernung aus der Annalenredaktion hat jetzt insofern eine neue Wendung genommen, als eine Beschuldigungsakte von Blumenthal, gerichtet an das Tribunal der Gesamtredaktion, das ueber meine Entfernung abstimmen soll, vorliegt. Ich habe diese vom 16. November datierte Beschuldigungsakte erst gestern, mit dem Poststempel: Aachen 27.11.28. 14-15 erhalten, nachdem sie (wie aus an mich gerichteten Briefen von Einstein und Bieberbach hervorgeht) den uebrigen Redakteueren viel frueher zugestellt war.

Die Aufstellung meiner Verteidigungsschrift wird selbstverstaendlich einige Tage beanspruchen.

Nun wird aber im Schlussatz der Beschuldigungsakte unter Verkennung des ‚silentium pro reo' eine schweigende Stimme als gegen den Beschuldigten in Anspruch genommen. Deshalb bitte ich Sie dringend, zum wenigstens moeglichst umgehend dem geschaeftsfuehrenden Redakteur zu berichten, dass Sie sich Ihre Stimme bis nach Kenntnisnahme von meiner Verteidigungsschrift vorbehalten. In dieser Weise wird wenigstens mein Name nicht praematur vom Titelblatt der Annalen verschwinden, und das Tribunal der Gesamtredaktion nicht ohne innere Notwendigkeit demjenigen der Oeffentlichkeit Platz machen.

L.E.J. Brouwer

In der Zwischenzeit erhielten Bohr und Courant von Hilbert die schriftliche Bestätigung, dass sie ihn in dieser *Annalen*-Angelegenheit offiziell vertreten dürften. Zusammen mit Carathéodory suchte nun Courant eine schnelle Lösung zu finden.

Courant an Carathéodory | Göttingen, den 30.XI.1928
TB, Kopie, MA Sammlung, Nachlass Brouwer, Noord-Hollands Archief, Haarlem

Lieber Carathéodory!

Vielen Dank für Ihre Mitteilungen. Ich kann mir nicht denken, dass Müller-Erzbachs Rechtsgutachten der tatsächlichen Lage ganz gerecht wird, denn der schriftliche Vertrag, den ich bei Hilbert eingesehen habe und der zwischen Springer einerseits und Klein, Blumenthal, Einstein und Hilbert andererseits geschlossen ist, handelt überhaupt nicht von den sogenannten Nebenredakteuren. Wie dem aber auch sei, der von Ihnen vorgeschlagene Weg einer Aufösung und Neubildung der ganzen Redaktion ist im Prinzip wohl gangbar. Es bedürfte hierzu aber, wie mir nach dem Vertragstext scheint, zunächst einer freiwilligen Aufhebung des Annalen-Vertrages von beiden Parteien (Verleger und Herausgeber) und unmittelbar darauffolgender Neuregelung der vertraglichen Verhältnisse.

Bohr und ich, die wir uns täglich den Kopf darüber zerbrechen, wie die entstandene Situation in einer möglichst friedlichen Weise reliquidiert werden kann, haben diesen Gedanken auch schon erwogen. Bohr meint aber (und ich stimme durchaus bei und bin auch sicher, dass Springer derselben Ansicht ist), dass ein solcher Neuaufbau der Redaktion und eine solche neue Vertragsregelung nicht den Charakter eines juristischen Kniffes haben dürfte mit dem einzigen Ziel, Brouwers Widerstand illusorisch zu machen. Im Gegenteil könnte und sollte man eine solche Neuregelung so machen, dass der Vorwurf der Kränkung eines Einzelnen ausgeschaltet wird. Bohr wird Ihnen über diese seine Idee gleichzeitig näheres schreiben.

Dass Bohr und ich sich jetzt mehr in die Angelegenheit hineinmischen, als wir ursprünglich wollten, hängt damit zusammen, dass wir offiziell die Vertretung von Hilbert in der Sache übertragen bekommen haben; wir fanden, dass dies richtig ist, weil auf diese Weise die Möglichkeit gegeben wird, Hilbert von allen unangenehmen Dingen fernzuhalten.

Wenn es genügen sollte, durch einen Schritt der Art, wie Sie ihn in Ihrem Brief andeuten, den ganzen Brandherd auszurotten und den Frieden unter den deutschen Mathematikern zu sichern, so würden wir alle natürlich sehr glücklich sein. Ich glaube aber fast, dass ein schnelles Handeln in dieser Richtung doch auf Grund von Briefen usw. nicht möglich ist und dass daher die von Springer und Blumenthal vorgeschlagene Zusammenkunft in Berlin wohl doch zweckmässig sein wird. Bohr und ich haben uns für den kommenden Sonnabend deswegen frei gemacht.

Viele sehr herzliche Grüsse von Haus zu Haus
Ihr
Courant

Auch Blumenthal erklärte sich mit der Aufösung der Redaktion einverstanden, fragte allerdings, wie eine neue gebildet werden sollte.

Blumenthal an Courant | Aachen, den 1.XII.1928
TB, Kopie, MA Sammlung, Nachlass Brouwer, Noord-Hollands Archief, Haarlem

Lieber Herr Courant!

Ich schicke Ihnen einliegend ein Rechtsgutachten, das Carathéodory bei dem Münchener, früher Göttinger, Juristen Müller-Erzbach eingeholt hat. Dazu einen Begleitbrief von Cara, der Zusätze wichtiger Art enthält. Das Rechtsgutachten stimmt in zwei Punkten mit demjenigen der Springerschen Rechtsanwälte nicht überein, kommt aber schliesslich doch zu ähnlichen Schlussfolgerungen.

Ob und wann unsere Konferenz in Berlin zusammenkommt, kann ich Ihnen bei Caras Weigerung nicht sagen. Eine Besprechung ohne ihn scheint mir zwecklos. Ich habe unterdessen nochmals an Cara geschrieben und erwarte täglich seine Antwort. Ich schreibe Ihnen, sobald ich mehr weiss.

Ueber die Lage der Dinge kann ich Ihnen mitteilen:

1. dass Bieberbach mir einen ausführlichen Brief geschrieben hat, von dem Sie voraussichtlich Abschrift erhalten haben;

2. dass Einstein in identischen Briefen an Brouwer und mich, die wahrhaftig nicht schmeichelhaft für uns sind, seine Desinteressement mitgeteilt hat;

3. dass auch Hölder einem gewaltsamen Ausschluss Brouwers nicht zustimmen kann.

Wenn sich nicht noch eine Vermittlungsmöglichkeit zeigt, halte auch ich den Weg der Aufösung der Annalenredaktion für die einzige Möglichkeit. Aber wer wird dann eine neue Redaktion bilden?

Das einzig erfreuliche, aber auch sehr erfreuliche, ist, dass es Hilbert wieder besser geht.

Die beiden Schriftstücke können Sie behalten.

Beste Grüsse an Sie und Bohr.

Ihr

O. Blumenthal

Carathéodory setzte sich auch in Verbindung mit Einstein, da für die Auflösung der Redaktion seine Zustimmung ohnehin notwendig wäre.

Carathéodory an Einstein | München, den 3.XII.1928
AB, Einstein Archive, 13 163

Lieber Herr Einstein,

Ich muss Sie leider wieder einmal mit der schrecklichen Annalengeschichte belästigen. Ich habe zwar vor etwa einem Monat meinen Austritt aus der Redaktion erklärt, aber Blumenthal gebeten ihn noch nicht bekannt zu geben, damit es nicht so aussieht als ob ich gegen Hilbert Partei ergreifen wollte. Ausserdem habe ich versucht einen Ausweg zu ersinnen, der möglichst tragbar für Alle sein könnte.

Da es nun auch wichtig war zu wissen, wie sich die Lage vom rein juristischen Standpunkt darbietet, habe ich meinen langjährigen Freund den hiesigen Juristen Müller-Erzbach um Rat gefragt, der auch den Vertrag zwischen Springer und den Herausgebern der Annalen eingesehen hat. Er hat auch verschiedene Lösungen vorgeschlagen, die ich Ihnen nicht im Detail, um Sie nicht zu ermüden, auseinandersetzen will. Unter diesen schien mir der einzig gangbare Weg, wie die Sachen jetzt stehen, in einer vollständigen Auflösung der ganzen Annalenredaktion zu liegen. Dieser Gedanke ist sowohl von Blumenthal als auch von Harald Bohr & Courant, die die Vollmacht Hilberts besitzen, als möglich erkannt worden.

Nun habe ich heute früh einen Brief von Bohr erhalten, der einen sehr bemerkenswerten Vorschlag enthält. Er geht von dem Gedanken aus, der ja gerade auch die Grundlage meines Lösungsversuches bildete, dass die Umwandlung der Annalen-Redaktion nicht ein juristischer Trick sein sollte, mit dem Zweck Brouwers Widerstand zu brechen, sondern das Beleidigende von Hilberts ursprünglicher Aktion möglichst neutralisieren sollte. Die Methode, die er dazu anwenden will, besteht darin, die ganze Redaktion der Annalen auf 4 Köpfe zu reduzieren und die sogenannte Nebenredaktion zu streichen. Für den Fall, dass Sie, ebenso wie ich, keine Lust haben sollten, in der neuen Redaktion zu bleiben, könnte man neben E. Hecke, den ich als einen geeigneten Ersatzmann für mich seiner Zeit vorgeschlagen habe, auch an Weyl denken. Von der alten Redaktion würden dann nur Hilbert und Blumenthal bleiben – allerdings sind es gerade die Zwei, die sich aktiv gegen Brouwer gewandt haben. Alles kommt aber meins Erachtens auf die Sauce an, mit welcher das Gericht presentiert wird.

Nun möchte ich Sie ganz vertraulich um Ihre Meinung fragen. Vielleicht fällt Ihnen eine Lösung ein, die besser ist als diejenige Harald Bohrs. Vielleicht kann man auch so argumentieren: ‚die Auflösung der gegenwärtigen Redaktion würde natürlich von Seiten des Verlegers geschehen, wir brauchen uns gar nicht um das Weitere zu kümmern¡

Mit bestem Grusse

Ihr ergebener

C. Carathéodory

Einstein stimmte dieser Vorgehensweise zu. Blumenthal hatte schon in seinem Brief an Hilbert vom 15. November 1925 (S. 239) Hermann Weyl als Kandidaten für seine Stelle empfohlen. Hilberts damalige heftige Ablehnung (S. 240) dieser Idee war Carathéodory vermutlich unbekannt. Im Gegensatz dazu stand Hilbert sehr offen gegenüber Heckes Kandidatur.

Blumenthal stand nun unter Zeitdruck, da er das nächste Heft bald herausbringen musste. Die Auflösung der Redaktion machte ihm weniger Sorgen als die Frage, wie man nachher eine neue schnell bilden könnte.

Blumenthal an Bohr und Courant | Aachen, den 4.XII.1928
TB, Kopie, MA Sammlung, Nachlass Brouwer, Noord-Hollands Archief, Haarlem

Lieber Herr Courant, lieber Herr Bohr!

... Jetzt kommen die grösseren Annalensorgen.

Vor allem folgendes: ich muss jetzt das neue Annalenheft herausgeben. Nun ist es nach den Gutachten der Springerschen Rechtsanwälte und Müller- Erzbachs nicht zu bezweifeln, dass Hilberts Brief an Brouwer rechtsunwirksam ist. Infolge dessen gehört Brouwer noch der Annalenredaktion an, und sein Name muss nach wie vor auf dem Umschlag des Heftes und auf dem Titelblatt des Bandes erscheinen. Da dies aber genau dem Wunsche Hilberts zuwiderläuft, bitte ich Sie als Bevollmächtigte Hilberts um die schriftliche Ermächtigung, dieses Heft noch mit dem alten Umschlag und Titel erscheinen zu lassen. Sollten Sie glauben, diese Ermächtigung nicht geben zu können, so müsste ich das Heft bis nach Austrag des Rechtsstreits zurückstellen, was nicht angenehm wäre.

Carathéodory hat mich davon unterrichtet, dass Bohr einen neuen Vorschlag zur Beilegung des Streites hat. Das freut mich sehr, hoffentlich hat er endlich Erfolg. Meine Bemühungen mit dem Rundschreiben sind gescheitert und haben möglicherweise, ebenso wie früher diejenigen Caras, der Sache mehr geschadet als genutzt. Springer glaubt, dass juristisch das Rundschreiben als eine implizite Anerkennung aufgefasst werden könne, dass die Mitwirkenden mitzureden hätten. Es ist richtig, dass der letzte Absatz hätte wegbleiben müssen. Die Sache ist aber gegenstandslos, weil ohnehin die von Springer vorgeschlagene Kündigung infolge der ablehnenden Haltung Carathéodorys und Einsteins nicht im Frage kommt. Vielleicht habe ich ferner dadurch einen Fehler gemacht, dass ich nach langen Zögern Brouwer das Rundschreiben noch zur Kenntnis zugeschickt habe. Seine angekündigte Erwiderung wird nicht dazu dienen, die Lage zu mildern. Ich glaubte mich aber aus Anstandsgründen verpflichtet, Brouwer in Kenntnis zu setzen, und war auch von Bohr in dieser Auffassung bestärkt worden. Ich möchte nach diesem Misserfolg die Sache aus der Hand geben. Insbesondere werde ich auf Brouwers Erwiderung, einerlei, wie sie ausfällt, nicht mehr antworten.

Carathéodory hat mich aufgefordert, möglichst bald an Bieberbach zu schreiben, dass er sich noch etwas gedulden möge, da wir eine Lösung nach einer ganz anderen Richtung suchen. Ich trage aber einige Bedenken, diesen Brief jetzt zu schreiben. Es könnte aussehen, als ob wir Brouwers Erwiderung scheuten. Andererseits wäre es gut, wenn Brouwer und Bieberbach darüber beruhigt würden, dass die von ihnen gefürchtete Kündigung nicht, oder jedenfalls nicht in dieser Form, erfolgen wird. Ich bitte Sie um Ihren Rat, in welcher Weise ich mich verhalten und damit meine Aktion zu einem formellen Abschluss bringen soll.

Die Zusammenkunft in Berlin muss infolge von Caras Weigerung natürlich verschoben werden. Leider bin ich in der Woche von 10. bis 15. Dezember völlig besetzt und kann dann nicht reisen. Der nächste Termin für eine Zusammenkunft, bei der ich zugegen sein kann, ist Donnerstag 20. Dezember. Für den äussersten

Notfall könnte ich auch Sonnabend, 15., möglich machen. Ich bitte Sie, die weitere Initiative wegen der Zusammenkunft zu ergreifen. Springer werde ich mitteilen, dass der 8. nicht mehr in Frage kommt.

Ich schreibe jetzt wegen der von Cara befürworteten Auflösung der Annalenredaktion und Bildung einer neuen Annalengesellschaft. Äusserlich ist der Zeitpunkt für eine solche Massnahme günstig. Wir können sehr gut und unauffällig mit Band 100 eine Reihe der Annalen abschliessen. Mit Band 101 könnte dann eine ‚Neue Reihe' oder ‚Zweite Reihe' beginnen, die sich äusserlich als eine Fortführung der alten Annalen, aber doch als etwas davon verschiedenes darstellen würde. Nach dem Annalenvertrag ist auch gerade jetzt eine Kündigung seitens des Verlages möglich, denn der Vertrag läuft immer für je zehn Bände und wird stillschweigend verlängert. Soweit wäre alles gut aber damit hört für meine Begriffe auch das Gute auf. Zunächst entsteht nach der Auflösung der Redaktion ein Vakuum, es kann nicht weiter gedruckt, es können auch keine Manuskripte angenommen werden. Dieser Zustand darf nicht lang dauern. Wenn er länger dauert, muss ich das bei mir liegende Material, für dass ich noch verantwortlich bin, in der Weise liquidieren, dass ich mit Lichtenstein eine Verabredung treffe, dass es in die Zeitschrift aufgenommen wird, die dann in doppeltem Tempo erscheinen muss. Das geht natürlich, und ist, ebenso natürlich, ein böser Schlag für die Annalen. Was die Neubildung der Redaktion angeht, so muss diese von Hilbert ausgehen. Ich möchte mich daran nicht beteiligen, das heisst an der Neubildung: Ob und wie ich in der neuen Redaktion figurieren werde, hängt erstens nicht von mir, sondern von den Neubildern ab, zweitens möchte noch ich mir meine Entscheidung vorbehalten. Zusammenfassend kann ich sagen: Wenn sich nicht durch Bohrs Vorschlag ein anderer Ausweg eröffnet, bleibt nichts übrig als die Auflösung der Redaktion, das heisst aber, der Annalen überhaupt. Die Neubildung wird selbstverständlich lautestes Geschrei der Gegenseite hervorrufen, und die neue Redaktion wird einen schweren Stand haben. Ich möchte diese Schwierigkeiten umsomehr hervorheben, als Cara sie nicht zu sehen scheint. Ich kann auch seine Ansicht nicht teilen, dass sein Austritt die Transaktion erleichtert.

Halten Sie mich, bitte, über Ihre Vorschläge und Schritte auf dem Laufenden. Beste Grüsse von Haus zu Häusern.

Ihr

O. Blumenthal

Wegen Bieberbach bitte ich um rascheste Antwort.

Am selben Tag reagierte Blumenthal auf den Vorschlag Harald Bohrs, wonach keine neue Nebenredaktion entstehen würde, während die alte vollständig verschwinden sollte.

Blumenthal an Courant und Bohr | Aachen, den 4.XII.1928
AB, Kopie, MA Sammlung, Nachlass Brouwer, Noord-Hollands Archief, Haarlem

Herren Bohr & Courant,

Nach Fertigstellung meines Briefes an Sie erhielt ich einen zweiten Brief von Carathéodory mit Darstellung des Bohrschen Vorschlags. Ich schicke Ihnen der Einfachkeit halber den Durchschlag des Briefes, den ich daraufhin an Cara geschrieben habe.[15]

Ihr
O. Blumenthal

Blumenthal an Carathéodory | 4.XII.1928
AB, Kopie, MA Sammlung, Nachlass Brouwer, Noord-Hollands Archief, Haarlem

Lieber Carathéodory!

Zu dem Bohrschen Vorschlag äussere ich mich heute. ... Sie finden ihn gut, weil Sie dann mit der Sache nichts mehr zu tun haben. Vielleicht finde ich ihn nicht gut, weil ich allein in der Lage hängen bleiben soll. Das ist ein ‚vielleicht', das ich ruhiger Überlegung und der Zukunft überlasse. Ich will vor allem die weitere Verhandlungen nicht aufhalten und bitte Sie deshalb, so rasch als möglich und so dringend als möglich mit Hecke und auch mit Weyl in Verbindung zu treten. Der Eintritt zweier anerkannten Männer in die Redaktion kann dieser, wenn irgend etwas, die Kraft geben, den sicher zu erwarten wilden Angriffen Brouwers und Bieberbachs zu widerstehen. Ich freue mich noch, dass Sie einer Annalenkonferenz nach Erledigung der Vertragen an Hecke .... Ein ausführlicher Gutachten Müller-Erzbachs würde ich für weniger notwendig halten, da sich sein vorläufiges Gutachten auch nur in kleinen Punkten von dem des Sachverwalters Springers unterscheidet

. . .

O. Blumenthal

Carathéodory trat bald danach an Hecke heran, um ihn für diese Idee zu gewinnen. Ob die Kandidatur Weyls ernsthaft verfolgt wurde, scheint eher fragwürdig. Blumenthal erwähnte andere mögliche Kandidaten in einem Brief an Harald Bohr.

---

[15]Die zwei Briefe von Carathéodory an Blumenthal sind verschollen.

Blumenthal an Bohr | Aachen, den 5.XII.1928
TB, Kopie, MA Sammlung, Nachlass Brouwer, Noord-Hollands Archief, Haarlem

Lieber Herr Bohr!

Vielen Dank für Ihren lieben Brief. Dass ich seit gestern mit Ihrem Plan vertraut bin, wissen Sie aus meinem Brief an Courant. Ich habe unterdessen über die Sache weiter nachgedacht. Unter allen Umständen richtig finde ich zwei Punkte Ihres Vorschlages: 1. dass die Redaktion aufgelöst werden muss (ich habe mich nach einem anderen Ausweg umgetan, habe aber keinen gefunden), 2. dass sie vollständig umgebildet werden muss. Ob diese Massnahmen genügen, muss die Zukunft zeigen. Ferner bin ich darin mit Ihnen einverstanden, dass wir versuchen müssen, Hecke für die neue Redaktion zu gewinnen. Sein grosses Ansehen stopft vielleicht einige Mäuler. Weyl wird [sowohl] ein grosser Name als eine helfende Kraft sein. Wenn er sich weigern sollte, könnte man an Toeplitz[16] denken, der ein ernster und fester Charakter ist. Freilich hat er sich zur Zeit allzu sehr in Geschichte der klassische Mathematik und Plato hineingestürzt und [will] zusammen mit Neugebauer eine philologisch-mathematische Zeitschrift gründen[17], der ich vielen Erfolg prophezeihe. Vielleicht würde diese Arbeit ihn aber doch nicht hindern, die Annalen zu Hülfe zu kommen.[18] Auch Dehn[19] wäre zu erwägen, vor allem wegen Geometrie und Mengenlehre. Diese Vorschläge beziehen sich aber nur auf den Fall, dass Weyl ablehnt. Ich bin darin mit Ihnen einer Ansicht, dass wir zunächst eine kleine Redaktion [beabsichtigen müssen]. Ich habe mir nun auch überlegt, ob meine Gegenwart in der Redaktion opportun sein wird. In einer Hinsicht ist es gewiss günstig, wenn jemand da ist, der die Tradition weiterführt. Wird aber nicht meine Gegenwart den Effekt, den Sie von der Redakteur-Hekatombe erwarten, vereiteln? Ich nehme an, dass ich wegen meines Rundschreibens bei Brouwer nicht gerade Persona grata bin. Er wird sagen: eine Redaktion Hilbert-Blumenthal ist nichts

---

[16]Otto Toeplitz (1881–1940) studierte in Breslau, wo er mit Born und Courant befreundet war. Nach seiner Promotion 1905 ging er nach Göttingen, wo er sich habilitierte und danach als Privatdozent lehrte. Dort verfolgte er die Hilbertsche Theorie der Integralgleichungen, speziell die Spektraltheorie beschränkter symmetrischer Operatoren, und arbeitete mit Hilberts Schüler Ernst Hellinger zusammen. 1913 ging er nach Kiel, wo er 1920 zum ordentlichen Professor ernannt wurde. In dieser Zeit schrieben er und Hellinger ihre wichtigen Artikel über Integralgleichungen für die *Enzyklopädie der mathematischen Wissenschaften*. In Kiel gründete er zusammen mit Heinrich Scholz und Julius Stenzel ein Seminar über griechische Mathematik. 1928 wurde Toeplitz nach Bonn als Nachfolger von Eduard Study berufen.

[17]Die Zeitschrift *Quellen und Studien zur Geschichte der Mathematik, Astronomie und Physik* wurde 1929 von Toeplitz, Otto Neugebauer und Julius Stenzel gegründet. Sie erschien bis 1938 im Julius Springer Verlag.

[18]1932 gründete Toeplitz außerdem mit Heinrich Behnke die Zeitschrift *Mathematisch-Physikalische Semesterberichte*, die heute unter dem Titel *Mathematische Semesterberichte* erscheint.

[19]Max Dehn (1878–1952) promovierte 1900, also bald nach der Promotion Blumenthals, auch bei Hilbert. Er löste gleich danach das dritte von Hilberts 23 Problemen und galt als großer Experte für die Grundlagen der Geometrie. Dehn wurde 1921 Bieberbachs Nachfolger in Frankfurt (Abschnitt 3.3). Anders als Felix Hausdorff interessierte er sich wenig für Cantors transfinite Mengenlehre.

anderes als die alte Redaktion und muss gestürzt werden. Ich gebe Ihnen deshalb zu bedenken, ob es nicht besser ist, mich in den Wassersturz der Redakteure mit einzubeziehen und an meine Stelle eine Person zu setzen, die sich bald in die Geschäfte einarbeiten kann, wozu ich natürlich gern meine Unterstützung leihen werde. Eine solche Person scheint mir Walther[20] zu sein, der Sie und Courant ja besser kennen als ich. Er scheint mir viel Aehnlichkeit mit mir zu haben, in der Gewissenhaftigkeit einerseits, in der mangelnden Produktivität andererseits. Da die Annalen mit dem letzteren Mangel [bis]her immer Geduld gehabt haben, werden sie sich auch weiter gedulden, und Walther hat auf der anderen Seite zweifellos den Vorteil grosser und weitgehender Interessiertheit.

Verstehen Sie mich recht! Ich will mich nicht drücken, aber ich gebe zu überlegen, ob es für die Annalen nicht besser ist, wenn ich von der Eisfläche verschwinde. Deshalb kann ich ja auch noch einige Zeit den neuen Geschäftsführer unterstützen, ebenso wie ich annehme, dass auch die anderen Ausscheidenden Redakteure die Redaktion durch Begutachtungen und Zuführung von Arbeiten die neue Redaktion unterstützen werden. Ich bitte Sie, diese Gedanken mit Courant, Carathéodory, und vielleicht auch Hilbert überlegen zu wollen. ...

O. Blumenthal

8.4 Die Auflösung der Redaktion

Courant war zu dieser Zeit in Berlin, um mit Springer zu beraten. Er schrieb Blumenthal am 4. November, woraufhin jener ihm einen Durchschlag des obigen Briefes an Bohr zusammen mit den folgenden Zeilen zuschickte.

Blumenthal an Courant | Aachen, den 6.XII.1928
TB, Kopie, MA Sammlung, Nachlass Brouwer, Noord-Hollands Archief, Haarlem

Lieber Herr Courant!

Ich beantworte Ihren Brief vom 4. sofort nach Berlin, damit Sie bei Ihren Unterredungen mit Springer meine Ansicht kennen. Ich bin mit Bohrs Vorschlag einverstanden und halte die Auflösung der Redaktion für notwendig. Es wird genau zu überlegen sein, mit welchem Wortlaut und von wem den ‚mitwirkenden' Redakteure die Auflösung mitgeteilt wird. Darüber werden sich an erster Stelle die juristischen Sachverständigen zu äussern haben, die ich Sie zu befragen bitte. Aber zu der juristischen kommt noch eine schwierige Taktfrage, die in Korrespondenz,

---

[20]Alwin Walther (1898–1967) studierte Mathematik und Physik an der TH Dresden. Nach seiner Promotion ging er nach Göttingen, wo er von 1922 bis 1928 Courants Assistent und später Oberassistent am Mathematischen Institut war. Er verbrachte das akademische Jahr 1926/27 in Kopenhagen und Stockholm als Rockefeller-Stipendiat. Ab April 1928 wurde Walther ordentlicher Professor und Leiter des Instituts für Praktische Mathematik an der TH Darmstadt.

hauptsächlich mit Carathéodory, geklärt werden muss. Ich schicke Ihnen anliegend Durchschlag eines Briefes, den ich heute früh an Bohr geschickt habe. Ich bitte Sie aber um Rücksendung des Durchschlags, weil es mein einziges Exemplar ist. Sehr einverstanden bin ich mit Ihren Auffassung, dass Hilbert die neue Redaktion berufen soll. Beste Grüsse, und Empfehlungen an Springer.

Ihr

O. Blumenthal

Meinen Brief an Sie & Bohr vom 4.12 werden Sie wohl erhalten haben.

———————

Courant hatte schon seit Ende des Krieges sehr viel fast immer positive geschäftliche Erfahrungen mit Springer gemacht. Auch dieses Mal lief beim Treffen in Berlin alles reibungslos ab, wie Carathéodory bald danach von ihm erfuhr.

Courant an Carathéodory | 6.XII.1928
TB, Kopie, Nachlass Brouwer, Noord-Hollands Archief, Haarlem

Lieber Carathéodory!

Heute nur die kurz angekündigte Mitteilung über meine Besprechung mit Springer. Das Wesentliche an dieser Besprechung war, dass Springer restlos den Plan akzeptiert hat, in Uebereinkunft mit den jetzigen Herausgebern die Redaktion aufzulösen, sodann einen neuen Vertrag zunächst mit Hilbert allein zu schliessen und Hilbert die Erweiterung der Redaktion zu überlassen. Hinsichtlich der juristischen Grundlage eines solchen Schrittes bestehen nach Springers Auffassung und dem Gutachten seines Anwaltes keinerlei Schwierigkeiten, da Hilberts und Blumenthals Einwilligung zu dem Schritt vorliegen und, nachdem Sie ebenfalls mit dieser Art der Liquidierung einverstanden sind, es nur noch der Zustimmung von Einstein bedarf, welche Ende dieser Woche eingeholt werden soll und voraussichtlich ohne weiteres gegeben werden wird. Auch Springer wünscht die Frage der Liquidierung von der Frage des Neuaufbaues sachlich (wenn auch nicht zeitlich) zu trennen. Er legt, wie wohl alle, grossen Wert darauf, dass vor Weihnachten alles erledigt ist, schon deswegen, damit nicht in der Pause der Weihnachtsferien sich Gelegenheiten zu neuen Komplikationen ergeben.

Es wird natürlich sehr darauf ankommen, in welcher Weise den bisher mitwirkenden die Auflösung der Redaktion und vor allen Dingen die Auflösung des weiteren Redaktionsstabes mitgeteilt wird. Diese Mitteilung soll vom Verlage im Einverständnis mit der neuen Redaktion das heisst vor allen Dingen Hilbert, versandt werden und so formuliert und begründet sein, dass dabei jede spezielle Spitze gegen einen der Mitwirkenden oder auch gegen die Gesamtheit vermieden wird. Ich glaube, dass es auf diese Weise gelingen wird, die ganze Sache soweit wie möglich in Ordnung zu bringen, wobei stimmungsgemäss es vielleicht eine gewisse Rolle spielen kann, dass die persönliche Wendung gerade rechtzeitig noch vor Weihnachten kommt. Hinsichtlich des Gutachtens von Müller-Erzbach nahm Springer den Standpunkt ein, dass er nicht gut die Möglichkeit hätte, von sich Herrn Müller-Erzbach um eine ausführliche Stellungnahme zu bitten, ohne die Juristen, mit denen er selbst enge freundschaftliche Beziehungen unterhält (z.B. Tietze) in ungerechtfertigter Weise zu übergehen. ...

Ich habe nach meiner Rückkehr aus Berlin Hilbert und Bohr flüchtig gesehen. Hilbert ist jetzt sehr entschieden interessiert an der vorgeschlagenen Lösung und ihrer baldigen Durchführung.

In grosser Eile mit vielen herzlichen Grüssen

Ihr

R. Courant

Carathéodorys Besuch bei Brouwer in Laren fand etwa einen Monat vorher statt. Seitdem fühlte er sich zunehmend unwohl über den Ablauf dieses unerfreulichen Kampfes. Erst durch Courants Vermittlungen wie auch die Nachricht, dass Springer restlos mit dem neuen Plan einverstanden sei, konnte Carathéodory hoffen, dass vielleicht doch noch ein Ausweg gefunden werden würde.

Carathéodory an Courant | München, den 12.XII.1928
TB, Kopie, MA Sammlung, Nachlass Brouwer, Noord-Hollands Archief, Haarlem

Lieber Courant,

Ihr Brief, der soeben ankam, ist wirklich das erste erfreuliche und beruhigende Dokument, das ich seit Anfang des Annalenstreites erhalten habe. Ich gratuliere Ihnen zu der Geschicklichkeit mit der Sie die Sache, wenigstens von meinem Standpunkte aus, bereinigt haben.

Wie tief ich in den letzten Wochen beunruhigt war, können Sie sich nicht vorstellen. Ich sah die Möglichkeit, dass nachdem ich mit Brouwer auseinandergekommen war, dasselbe auch mit allen meinen übrigen Freunden passieren konnte. Und da ich gerade einen Ruf nach der Universität Stanford in Kalifornien erhalten habe, spielte ich sogar mit den Gedanken, Europa endgültig den Rücken zu kehren.

Der Plan, den Sie mit Springer vereinbart haben, stimmt sogar besser mit meinen Absichten überein, als derjenige, den ich Ihnen vorgeschlagen hatte. Denn es ist richtiger, dass Springer den neuen Vertrag mit Hilbert allein abschliesst, was nicht hindern soll, das Blumenthal nachträglich in die neue Redaktion aufgenommen werden kann. Ich hatte daran gedacht und fand, dass es sogar im engeren Interesse Blumenthals lag, aber wollte es nicht durchblicken lassen.

Bohr scheint sich über meinen letzten Brief geärgert zu haben. Sagen Sie ihm bitte, wenn er alle Details, die ich ihm vielleicht einmal, aber nur mündlich, mitteilen werde, kennen würde, er meine Gründe wahrscheinlich billigen würde.

– Was machen Sie & Bohr während der Weihnachtsferien? Ich dachte, wenn Sie
beide in Göttingen sein sollten, auf 2–3 Tage mit meiner Frau hinzukommen, um
Hilberts zu besuchen.

Ich bin Ihnen also sehr dankbar und schicke Ihnen meine besten Grüsse.
Ihr ergebener
C. Carathéodory

P.S. Ich habe vergessen Ihnen mitzuteilen, dass ich von Einstein einen Brief
habe in dem er mich ermächtigt Ihnen zu sagen, dass er mit der Lösung vollständig
einverstanden ist.

———————

Courant musste Einstein allerdings nochmals wegen dieser Problematik belästigen.

Courant an Einstein | Göttingen, den 12.XII.1928
TB, Einstein Archive, 13 165

Sehr verehrter Herr Einstein!

Es tut mir sehr leid, dass ich Sie noch einmal mit der leidigen Annalen- Angelegenheit behelligen muss. Ich kann sehr gut verstehen, dass Sie keine Lust haben,
sich um die Sache überhaupt zu kümmern. Aber ich möchte Sie doch sehr herzlich
bitten, mich an kommenden Sonnabend irgendwann für wirklich wenige Minuten
zu empfangen, um im Zusammenhang mit einem neuen Plan die ganze Angelegenheit möglichst schnell und reibungslos zu liquidieren. Harald Bohr und ich haben
uns die grösste Mühe gegeben, um einen raschen und versöhnlichen Ausweg aus
den entstandenen Schwierigkeiten zu finden; Carathéodory hat Ihnen über diesen
Plan schon geschrieben. Er ist inzwischen noch etwas verbessert worden und die
Frage, ob er durchgeführt werden kann, hängt absolut von Ihrer Haltung ab.

Da es sich schliesslich bei der ganzen Sache doch darum handelt, ob eine
tiefgehende Verstimmung zwischen den verschiedenen Kreisen der deutschen Mathematiker entstehen soll oder vermieden werden kann, so hoffe ich, dass Sie mir
am Sonnabend die Gelegenheit zu einer kurzen Besprechung geben werden. Ich
will Sonnabend früh zu diesem Zwecke nach Berlin kommen und werde mir erlauben, dann gleich in Ihrer Wohnung telephonisch anzufragen. Seien Sie nicht böse,
über diese Belästigung, die übrigens nach Rücksprache und im Einverständnis mit
Franck erfolgt.

Mit vielen herzlichen Grüssen
Ihr
R. Courant

———————

Courant war offensichtlich immer noch sehr nervös darüber, ob Einstein doch am Ende gegen den Ausschluss Brouwers protestieren könnte. Diese Sorge besprach er mit seinem Kollegen James Franck, einem langjährigen Freund Einsteins, der den folgenden Brief an ihn richtete.

James Franck an Einstein | Göttingen, den 13.XII.1928
TB, Einstein Archive, 11 054

Lieber Einstein!

Ich schreibe Dir heute auf Veranlassung meines Freundes Courant, der den lebhaften Wunsch hat, Dich am Sonnabend für ein paar Minuten aufzusuchen, um mit Dir über die Frage der Redaktion der Annalen der Mathematik zu sprechen. Born erzählte mir, dass Du die Angelegenheit nicht sonderlich ernst nähmest und im übrigen Deine Neutralität erklärt hättest. Ich kann sehr wohl verstehen, dass ursprünglich die Angelegenheit nicht gerade einen ungeheuer wichtigen Eindruck macht. Zur Zeit hängt, abgesehen von der Gesundheit von Hilbert soviel ich einsehe, es von Deiner Entscheidung ab, ob die Mathematiker sich in Parteiungen entzweien werden, oder ob die Sache glatt geht. Es wäre doch beinahe ein nicht allzu guter Witz, wenn Du dabei für die nationalistische Seite reklamiert werden würdest. Um die Regelung der Angelegenheit haben sich vor allen Dingen Harald Bohr und Courant bemüht. Lass Dir doch 5 Minuten den Plan entwickeln, er scheint wirklich allen Ansprüchen gerecht zu werden, bedarf aber Deiner Zustimmung, da Du als einer von 4 Hauptredakteuren auf dem Titelblatt stehst. Bitte verzeih, wenn ich Deine Zeit in Anspruch nehme und mir ausserdem erlaube, in einer Angelegenheit, die mich schliesslich nichts angeht, Dich herzlich zu bitten, sie einmal mit Courant durchdenken zu wollen. Der Grund liegt nicht nur in den freundschaftlichen Beziehungen zu den in Frage kommenden Mathematikern, sondern auch darin, dass ich an die Zeiten zurückdenke, in denen um noch unwichtigere Dinge die physikalische Gesellschaft in Parteien zerfallen war, die bereit waren, sich gegenseitig den Kopf einzuschlagen.

Mit vielen herzlichen Grüssen an Dich und die Deinen

ganz ergebenst

Dein

J. Franck

Courant war bestimmt sehr glücklich, als er am folgenden Tag die Zusagen von Einstein und Carathéodory erhielt. Somit konnte er Ferdinand Springer mitteilen, dass er seine geplante Reise nach Berlin aufgegeben hat, da alles im Grunde genommen schon in trockenen Tüchern lag. Nun konzipierte er einen detaillierten Plan, womit die gesamte Redaktion aufgelöst werden würde, um sofort danach eine neue zu bilden.

Courant an Ferdinand Springer | Göttingen, den 15.XII.1928
TB, Kopie, MA Sammlung, Nachlass Brouwer, Noord-Hollands Archief, Haarlem

Lieber Herr Springer!

Es hat mir sehr Leid getan, dass ich Sie gesternabend aufgestört habe; ich kann mir sehr gut vorstellen, wie böse Ihre Frau über diese Störung gewesen sein mag. Aber es war schwer zu vermeiden und geschah ja [in einer] an sich sehr erfreulichen Angelegenheit.

Ich erhielt gestern gleichzeitig von Carathéodory und Einstein die Ermächtigung zu unserem Schritt. Dadurch ist mein Besuch bei Einstein überflüssig geworden und, da ich müde, erkältet und mit Arbeit überlastet bin, so hätte wohl eine nächtliche Reise nach Berlin mit ebensolcher Rückreise am nächsten Tage nicht viel Zweck gehabt. Es muss nun, wie auch Hilbert wünscht, die ganze Angelegenheit möglichst unverzüglich geregelt werden, damit bis Ende der kommenden Woche alles endgültig fertig ist und der Weihnachtsfrieden in die streitbaren Mathematikerherzen wieder einziehen kann. Dazu möchte ich folgendes bemerken:

1. Durch die Erklärungen von Einstein, Carathéodory, Blumenthal und Hilbert ist die Voraussetzung zur Aufhebung des alten Vertrages gegeben. Es wäre also den genannten Herren von Ihrer Seite aus schriftlich zu bestätigen, dass sie der Auflösung des alten Vertrages und einem neuen Vertragsabschluss (zunächst mit Hilbert allein) zugestimmt haben. Gleichzeitig wäre der neue Vertrag mit Hilbert abzuschliessen. Den Entwurf würden Sie vielleicht am besten so schnell wie möglich an mich senden.

2. Dieser Vertrag soll Hilbert das Recht zugestehen, im Einvernehmen mit dem Verlage die Redaktion zu erweitern, die Geschäftsführung der Redaktion festzulegen und bei Bedarf abzuändern. Ferner soll dieser Vertrag Bestimmungen über die Finanzierung der Geschäftsführung und die Honorarbedingungen enthalten, und zwar sollten die vom Verlag aufzuwendenden Beträge nicht niedriger sein als bisher. Diese Beträge sollen wohl bestehen aus einem festen Zuschuss für die Hilfskraft des Geschäftsführers und einem proportional dem Umfange zu bemessenden Betrage, über den Hilbert zusammen mit dem Geschäftsführer im Interesse der Redaktion und ihrer Mitarbeiter verfügt. Dieser Betrag soll zum Teil dazu dienen, Hilbert durch Besoldung einer Hilfskraft (Bernays) eine aktivere Teilnahme an den Redaktionsgeschäften zu erleichtern.

Vielleicht können die Einzelheiten der finanziellen Bestimmungen der Einfachheit halber zunächst aus den Vertrage fortbleiben und einer später zu schliessenden besonderen Vereinbarung vorbehalten bleiben mit der Massgabe, dass die finanziellen Leistungen des Verlages insgesamt nicht geringer sein sollen als bisher und jedenfalls zu einer reibungslosen Erledigung der Redaktionsgeschäfte hinreichen müssen.

3. Während der nächsten Tage, wo hoffentlich der neue Vertrag mit Hilbert fertig werden wird, werden auch die weiteren Verhandlungen, die Bohr und ich

wegen der Erweiterung der Redaktion führen, zum Abschluss gelangen. Wir sind mit Hilbert übereingekommen, dass Blumenthal aufgefordert werden muss, die Geschäftsführung weiter zu behalten und in die Redaktion neu einzutreten. Wir nehmen an, dass Blumenthal ja sagen wird. Auch an Einstein werde ich heute dieselbe Frage offiziell richten. Wir halten die Wahrscheinlichkeit, dass er wieder eintritt, das heisst seinen Namen hergibt, für 50%. Carathéodory will draussen bleiben. Ich frage ihn aber formell heute doch noch einmal an. Bohr reist heute nach Hamburg, um mit Hecke wegen dessen Eintritt zu verhandeln. Wir werden das Ergebnis morgen wissen. Was meinen Eintritt in die Redaktion anbetrifft, so sind wir mit Hilbert übereingekommen, dass es opportun ist, damit noch etwas zu warten, bis der ganze gegenwärtige Streit vergessen ist. Für einen späteren Zeitpunkt haben wir diesen Eintritt in Aussicht genommen.

4. Wenn der Vertrag mit Hilbert abgeschlossen ist, so soll die ganze Neuordnung sämtlichen bisher mitwirkenden einschliesslich Emmy Noether durch ein Rundschreiben mitgeteilt werden, für welches ich Ihnen einen Entwurf gemacht habe und beilege. Ich schlage vor, diesen Entwurf von Herrn Kalischer prüfen zu lassen. Wie Sie aus dem Entwurf sehen werden, fehlt ihm jede kränkende Spitze gegen irgend einen der früher Mitwirkenden. Es ist der Auflösung des Beirates eine sachliche und tatsächlich auch stichhaltige Begründung gegeben worden, nähmlich die Notwendigkeit einer strafferen und weniger demokratischen Geschäftsführung, bei welcher die Verantwortung in festen Händen bleibt (der alte Zustand, bei dem Herausgeber und Beiräte dieselbe Verantwortung für die Arbeiten hatten, hat sich ja doch tatsächlich nicht bewährt). Wir bitten Sie, das Rundschreiben von Berlin aus zu versenden und im Namen von Verlag und Redaktion zu unterzeichnen, weil es auf diese Weise einen weniger persönlichen Charakter trägt und auch an Brouwer geschickt werden kann, während eine Zusendung durch Hilbert an Brouwer nicht gut ginge. In dem Rundschreiben müssen übrigens noch die Namen der Ausscheidenden und der hinzukommenden Redakteure nach endgültiger Klärung dieser Angelegenheit eingetragen werden.

5. Mit der Versendung dieses Rundschreibens, die unbedingt noch vor Weihnachten erfolgen muss, ist die eigentliche Aktion beendigt. Darüber hinaus sind vielleicht Privatbriefe zweckmässig. Einer von diesen könnte von Ihnen geschrieben und an Brouwer gerichtet sein und etwa folgenden Inhalt haben: Im Verlaufe des bedauerlichen Streits hat sich aus rein sachlichen Gründen die ihm durch das allgemeine Rundschreiben mitgeteilte Lösung der Redaktionskrise ergeben. Ihm persönlich gegenüber wünschten Sie nochmals auszudrücken, dass Sie es sehr bedauern würden, wenn er das Gefühl hätte, in seiner publizistischen Wirkungsmöglichkeit beengt zu sein. Sie stellten ihm deswegen gern die Einrichtung des Verlages zur Verfügung, wenn er einmal den Wunsch haben sollte, im Zusammenhange über seine Ideen zur Grundlegung der Mathematik zu berichten. (Dieser Privatbrief an Brouwer müsste natürlich noch sehr genau überlegt werden.)

Einen besänftigenden Brief an Bieberbach werde ich vielleicht selbst schreiben. Ebenso glaube ich, dass Carathéodory alles tun wird, um bei den Berliner Kollegen in friedlichen Sinne zu wirken.

Ich erwarte also in den allernächsten Tagen Ihren Vertragsentwurf und gebe Ihnen im übrigen sobald wie möglich Bescheid über das Ergebnis der Verhandlungen zur Redaktionsneubildung.

Höchstwahrscheinlich bin ich Morgen(Sonntag)abend zuhause telephonisch erreichbar. Montag nicht. Ich kann Sie aber, wenn Sie es wünschen, auch am Dienstag noch einmal anrufen. Hoffentlich sind Sie mit dem Ergebnis der ganzen Sache so zufrieden, wie ich es bin, nachdem ich gestern die begeisterte Zustimmung von Carathéodory erhalten habe.

Für heute nur noch viele herzliche Grüsse von Haus zu Haus

Ihr

R. Courant

Am selben Tag schrieb Courant an Carathéodory, um ihn über die laufenden Verhandlungen zu informieren. Bohr wurde beauftragt, nach Hamburg zu fahren, um mit Erich Hecke seinen Eintritt in die Redaktion zu besprechen. Es war schon inoffiziell verabredet, dass Blumenthal neben Hecke und Hilbert als die einzigen Redakteure in Erscheinung treten sollten.

Courant an Carathéodory | Göttingen, den 15.XII.1928
TB, Kopie, MA Sammlung, Nachlass Brouwer, Noord-Hollands Archief, Haarlem

Lieber Carathéodory!

Herzlichen Dank für Ihren Brief, über den Bohr und ich uns sehr gefreut haben. Ich glaube wirklich, dass jetzt alles völlig in Ordnung kommt (wenn auch Brouwer vielleicht noch nicht zufrieden sein wird). Ich lege Ihnen zur Kenntnisnahme den Entwurf des Rundschreibens bei, mit dem Springer sämtlichen Mitwirkenden – auch Brouwer – die Lösung mitteilen soll. Jedenfalls habe ich mich bemüht, die Formulierung zwar geschäftlich und sachlich zu halten, aber doch freundlich und so, dass der ganze Schritt auf die Basis eines sachlichen gegen keinen Einzelnen gerichteten Motivs gestellt wird.

Die Neuschliessung des Vertrages mit Hilbert kann nun in den allernächsten Tagen erfolgen. Bohr will heute nach Hamburg fahren, um mit Hecke wegen seines Eintritts zu verhandeln. Blumenthal soll ebenfalls von Hilbert nach Vertragsabschluss zum Wiedereintritt als Geschäftsführer aufgefordert werden. Ebenso habe ich im Namen von Hilbert Einstein angefragt, ob er bereit ist, in die neue Redaktion einzutreten. Auch an Sie muss ich heute im Auftrage von Hilbert offiziell diese Frage richten. Ich möchte aber gleich hinzufügen, dass nicht nur Bohr und ich Ihren Entschluss, fernzubleiben, gut verstehen, sondern dass es uns auch gelungen ist, Hilbert vollständig davon zu überzeugen, dass Sie in Ihrer Lage nicht anders handeln können. Ich finde es ganz besonders erfreulich, dass die Angelegenheit jetzt erledigt werden kann, ohne dass ein Rest von Verstimmung auf Hilberts

Seite zu befürchten ist. Hilberts verbesserter Gesundheitszustand hat es uns sehr erleichtert, eigentlich überhaupt erst ermöglicht, mit ihm zu sprechen, und Hilbert hat in seiner grosszügigen Menschlichkeit sofort verstanden, dass Sie in Ihrer besonders komplizierten Lage garnicht anders können, als einen Weg auf neutrales Gebiet zu suchen.

Hilberts freuen sich sehr über die Aussicht eines Besuches von Ihnen und Ihrer Frau. Sie bitten aber sehr, vielleicht bis zu Hilberts Geburtstag zu warten. Bis dahin wird sicherlich seine Gesundheit weiter gekräftigt sein – es geht jetzt entschieden bergan – und Hilberts scheinen sich auf die Möglichkeit einer Geburtstagfeier mit einigen nahen Freunden sehr zu freuen. Auch Bohr und ich haben ein grosses Interesse an einer solchen Verschiebung Ihrer Reise; denn wir werden vermutlich beide kurz nach Neujahr nicht hier sein. Bohr, weil er einen Arzt in Freiburg aufsuchen will, und ich, weil ich wahrscheinlich bis zum 8. Januar in der Schweiz skifahren werde. Ich bin augenblicklich etwas herunter und brauche dringend irgend eine Art der Ausspannung und körperlichen Bewegung.

Vielleicht wäre es zweckmässig, wenn Sie, nachdem alles erledigt ist, also etwa kurz vor Weihnachten, Schmidt über den Verlauf der Angelegenheit berichten könnten.

Inzwischen verbleibe ich mit herzlichen Grüssen und Weihnachtswünschen für Sie und Ihre Familie

Ihr

R. Courant

Courant informierte auch Einstein über einige Neuigkeiten.

Courant an Einstein | Göttingen, den 15.XII.1928
TB, Kopie, MA Sammlung, Nachlass Brouwer, Noord-Hollands Archief, Haarlem

Hochverehrter lieber Herr Einstein!

Herzlichen Dank für Ihre freundliche Karte. Ich habe daraufhin meine beabsichtigte Reise nach Berlin aufgegeben; muss Sie aber doch noch einmal schriftlich von der entstandenen Lage in Kenntnis setzen. Aus den Diskussionen zwischen Bohr, mir usw. hat sich jetzt folgende Situation ergeben: Der Annalen-Vertrag wird mit augenblicklicher Wirkung aufgelöst und ein neuer Vertrag zunächst allein zwischen Springer und Hilbert geschlossen, wobei Hilbert mit der Neubildung der Redaktion beauftragt wird. Diese Neubildung wird verknüpft mit einer grundsätzlichen Aenderung der Geschäftsführung; von jetzt ab wird die Verantwortung für Annahme und Ablehnung der Arbeiten nicht mehr gleichmässig auf Herausgeber und Mitwirkende verteilt, sondern allein von den Herausgebern getragen. Aussenstehende sollen weiter von Fall zu Fall um Gutachten und Ratschläge gebeten, aber nicht mehr mit redaktioneller Verantwortung belastet werden. Aus diesem

Grunde werden vom Bande 101 ab auf dem Titel nur noch die Namen der allein verantwortlichen Herausgeber stehen. Dies ist die unpersönlichste Art, den ganzen Konflikt zu lösen. Jede Spitze gegen einen Einzelnen wird vermieden und die ganze Umänderung auf eine unanfechtbare sachliche Basis gestellt. Springer soll von dieser Aenderung allen Beteiligten in einem sachlichen aber freundlichen Brief Mitteilung machen, dessen Fassung ich Springer vorgeschlagen habe. Ich glaube, dass dann alles geschehen ist, was zur Liquidierung dieser Angelegenheit dienen kann, die ja groteske, zu dem eigentlichen Anlass in keinem Verhältnis stehende Dimensionen anzunehmen drohte.

Ich muss aber im Namen von Hilbert (dessen Vertretung ich mit Bohr zusammen zweck Liquidierung der Angelegenheit übernommen habe) noch eine Frage beziehungsweise Bitte an Sie richten: Sind Sie bereit, in die neu zu bildende Redaktion wieder einzutreten? Für Sie würde ja daraus keinerlei ungewollte Belastung entstehen. Herausgeber und Verleger der Annalen würden sich jedenfalls sehr freuen, wenn sie gestatten würden, dass der Annalen-Titel weiter den Schmuck Ihres Namens trägt und wenn dadurch auch gelegentlich die eine oder andere wertvolle Arbeit, die mit Ihrem Gedankenkreis zusammenhängt, der Zeitschrift zuliessen würde. Wir wären Ihnen daher sehr dankbar, wenn Sie diese Bitte erwägen und jedenfalls möglichst bald an mich (vielleicht telegraphisch) Ihre Entscheidung zu dieser Frage mitteilen wollten.

Carathéodory wird ja zweifellos aus der Redaktion ausscheiden. An seiner Stelle hoffen wir Hecke in Hamburg zu gewinnen, mit dem Harald Bohr morgen persönlich verhandelt. – Blumenthal soll gebeten werden, weiter als Geschäftsführer in der Redaktion zu bleiben.

Ich hoffe sehr, dass ich Sie mit der Angelegenheit nicht ungebührlich belästigt habe – mir wächst sie auch zum Halse heraus – und verbleibe mit herzlichen Grüssen

Ihr sehr ergebener

R. Courant

Blumenthal signalisierte auch seine Zustimmung, obwohl er Bedenken in Bezug auf eine Formulierung äußerte, wonach Hilbert als der einzige verantwortliche Herausgeber der *Annalen* anzusehen wäre.

Blumenthal an Courant | Aachen, den 16.XII.1928
TB, Kopie, MA Sammlung, Nachlass Brouwer, Noord-Hollands Archief, Haarlem

Lieber Courant!

Ich danke Ihnen und Bohr vielmals führ Ihren freundlichen Brief und bin bereit, unter der neuen Redaktion die Geschäfte wie bisher zu führen. Ich würde diese Erklärung gern in herzlicherer Form geben, wenn ich nicht sehr viel Eile hätte. Ich habe nämlich gegen einen Punkt des Springerschen Entwurfs Bedenken und kann deshalb auch nicht einfach telegraphisch meine Zustimmung geben. Dieses Bedenken betrifft die Einschaltung ‚zunächst zwischen dem Verlag und Hilbert abzuschliessendes'. Weiterhin werden nämlich als verantwortliche Herausgeber nur diejenigen bezeichnet, die mit dem Verlag in einem Vertragsverhältnis stehen. Demnach wird zunächst Hilbert allein verantwortlicher Herausgeber sein. Auch der zweite Satz des Schreibens (bezüglich des Wechsels in der Redaktion) wird damit nach meiner Ansicht sinnlos. Ich würde also raten, diese Einschaltung wegzulassen. Es wird genügen, wenn Springer diese Einzelheit den in Aussicht genommenen Herausgebern allein mitteilt.

Ich will mir jetzt überlegen, in welcher Weise künftig die Geschäfte geführt werden sollen, auch die Abrechnung zwischen den Redakteuren. Darüber schreibe ich in den Weihnachtstagen.

Beste Grüsse!

Ihr

O. Blumenthal

Nachdem Hecke auch seine Bereitschaft erklärt hatte, in die Redaktion einzutreten, wurde die Stimmung in Göttingen beinahe euphorisch. Courant rechnete offenbar gar nicht damit, dass Carathéodory als freiwillig ausscheidender Redakteur diese ganze Geschichte ganz anders als er einschätzte.

Courant an Carathéodory | Göttingen, den 17.XII.1928
TB, Kopie, MA Sammlung, Nachlass Brouwer, Noord-Hollands Archief, Haarlem

Lieber Carathéodory!

In Ergänzung meines vorigen Briefes kann ich Ihnen heute die erfreuliche Mitteilung machen, dass Hecke sich mit Vergnügen bereit erklärt hat, Hilberts Aufforderung zum Eintritt in die Annalen-Redaktion zu folgen. Dadurch ist es natürlich für Blumenthal erleichtert, weiter die Geschäftsführung zu übernehmen. Mit Hilbert habe ich gestern abend noch einmal die ganze Situation durchgesprochen. Er lässt Ihnen sagen, dass er findet, Sie hätten in der ganzen Sache alles für ihn getan, was möglich war. Mit dem ganzen Ergebnis ist Hilbert jetzt absolut zufrieden; er findet, dass durch die ganze Neuordnung für die Sicherung der Annalen mehr geschehen ist, als er ursprünglich mit Brouwers Entfernung angestrebt hat, und es ist allmählich völlig klar geworden, dass tatsächlich keinerlei persönliche Motive für Hilberts ersten Schritt massgebend waren, sondern lediglich die Sorge, wie die Zeitschrift vor unberechenbaren und vielleicht verhängnisvollen Einflüssen bewahrt werden könne.

Wenn Sie Schmidt über den ganzen Verlauf dieser Dinge berichten, so wäre es vielleicht gut, gerade auch diesen Punkt besonders zu betonen und zu sagen, dass die in dem beabsichtigten Rundschreiben gegebene Begründung wirklich nichts weniger als ein Vorwand ist. Man kann das z.B. auch daraus sehen, dass Hecke, als er von der Art der Redaktionsorganisation und den Befugnissen des Beirates hörte, die Hände über dem Kopf zusammenschlug und eine Aenderung und straffere Zusammenfassung für absolut notwendig hielt.

Viele herzliche Grüsse von Haus zu Haus

Ihr

R. Courant

Courants Frage an Einstein, ob er nicht in Erwägung ziehen möge, den Schmuck seines Namens auf dem Titelblatt der *Annalen* weiterhin zuzulassen, war offenbar ernst gemeint. Denn drei Tage zuvor schätzte er die Chancen auf 50%, dass er bleiben würde (siehe seinen Brief an Springer auf S. 324). Auf jeden Fall hatte Einstein inzwischen mehrmals angedeutet, dass er die Rolle eines Aushängeschilds nicht mehr spielen wollte. Somit war seine Absage von vornherein klar.

Einstein an Courant | Berlin, den 18.XII.1928
TB, Kopie, MA Sammlung, Nachlass Brouwer, Noord-Hollands Archief, Haarlem

Lieber Herr Courant,

Ich danke Ihnen und auch Frank für die freundlichen Briefe. Mit dem von Ihnen fixierten Vorschlag für den Abschluss des Froschmäusekriegs, der sich völlig mit demjenigen deckt, den mir Cara vorgeschlagen hat, bin ich völlig einverstanden. Nur bitte ich Sie, mich nicht mehr in die neue Redaktion aufzunehmen. Ganz abgesehen davon, dass ich mein Verbleiben in der Redaktion auch von sachlichen Gesichtspunkte aus schon früher als ungerechtfertigt empfunden habe, wäre dies eine Trübung der sonst so sauberen Lösung. Hoffentlich gelingt es Euch nun, die Sache rasch aus der Welt zu schaffen.

Es grüsst Sie und Franck herzlich

Ihr

A. Einstein

Damit waren alle wesentlichen Fragen beantwortet, sodass Springer den ersten Schritt in dem von Courant konzipierten Verfahren ausführen konnte.

F. Springer an Blumenthal, Carathéodory und Einstein | Berlin, den 18.XII.1928
TB, Kopie, MA Sammlung, Nachlass Brouwer, Noord-Hollands Archief, Haarlem

Hochgeehrter Herr Professor!

Wie ich durch Herrn Professor Courant höre, haben Sie ihm als Bevollmächtigten des Herrn Geheimrat H i l b e r t bestätigt, dass Sie mit der Auflösung des bestehenden Vertrages über die ‚Mathematische Annalen' und mit dem Abschluss eines neuen Vertrages zwischen Herrn Geheimrat H i l b e r t und mir über die Zeitschrift einverstanden sind. Ich erkläre nunmehr auch mein Einverständnis mit diesem Vorgehen und werde mich mit Herrn Geheimrat H i l b e r t zum Abschluss des neuen Vertrages in Verbindung setzen.

Im vorzüglicher Hochachtung
Ihr sehr ergebener
Ferdinand Springer

Courants Brief an Carathéodory erweckte bei Letzterem den Eindruck, dass die Göttinger Clique alles nun schön reden wollte, vor allem wenn es um Hilberts Motive bezüglich seiner Kampagne gegen Brouwer ging. Carathéodory empfand dies als unehrlich und kritisierte diese Tendenz, während er gleichzeitig den alten Führungsstil Felix Kleins lobte.

Carathéodory an Courant | München, den 19.XII.1928
TB, Kopie, MA Sammlung, Nachlass Brouwer, Noord-Hollands Archief, Haarlem

Lieber Courant,

Ueber die endgültige Lösung der Annalenangelegenheit sowie über die Tatsache, dass auch Hilbert anerkannt hat, dass ich mein möglichstes für ihn getan habe, bin ich ausserordentlich glücklich. Ich habe von Anfang an die Kraft bewundert, mit der er, als er sich so krank fühlte, Brouwer angegriffen hat. Nun hat er selbst als einzige Grund seines damaligen Entschlusses angegeben, dass Brouwer ihn beleidigt hatte; ich würde es daher seiner unwürdig finden, wenn man nachträglich konstruieren wollte, dass ihn unpersönliche Motive geleitet haben.

In der Beurteilung des neuen Vertrages stimme ich nicht mit Hecke überein. Klein hätte nämlich die Redaktion der Mathematischen Annalen so organisiert dass sie eigentlich eine Art Akademie bildete, in der jeder mit dem anderen gleichberechtigt war. Das war meines Erachtens der Hauptgrund, weshalb die Annalen den Anspruch erheben konnten die erste mathematische Zeitschrift der Welt zu sein. Nun soll aus ihnen eine Zeitschrift wie jede andere werden. Wir hatten aber leider nicht die Wahl etwas anderes zu machen, und die Zusage Heckes ist die beste Bürgschaft dafür, dass die Annalen nicht zuviel an Niveau verlieren werden.

Wir haben vor, meine Frau und ich zu Hilberts Geburtstag nach Göttingen zu kommen und freuen uns ausserordentlich auch mit Ihnen und Bohr zusammen zu sein. Die Hilbertsche Büste[21] müsste auch bei dieser Gelegenheit herbeigeschaft werden und vielleicht könnte man auch Hecke veranlassen hinzukommen.

Soeben habe ich einen Brief von Springer erhalten in dem er mir mitteilt, dass er mit der Neuregelung des Annalenvertrages einverstanden ist. An Erhard Schmidt hatte ich schon ausführlich geschrieben noch ehe ich Ihren zweiten Brief erhalten hatte.

Mit den besten Grüssen von Haus zu Haus und den besten Wünsche für günstiges Skiwetter.

Ihr sehr ergebener
C. Carathéodory

P.S. Ich werde Hilbert nunmehr auch offiziell mitteilen, dass ich nicht in die neue Redaktion eintreten kann.

———

Springer beeilte sich, da er schon vor Weihnachten alles unter Fach und Dach bringen wollte.

F. Springer an Courant | Berlin, den 20.XII.1928
TB, Kopie, MA Sammlung, Nachlass Brouwer, Noord-Hollands Archief, Haarlem

Lieber Herr Courant!

Ich sende Ihnen anliegend das Rundschreiben in 14 Exemplaren, das heisst also in 13 mit Namen ausgefüllten und einem Blankoexemplar für alle Fälle. Ich habe die einzelnen Rundschreiben gleich postfertig in frankierte Umschläge stecken lassen, damit Sie dort möglichst wenig Arbeit haben. Sollten Sie es für richtig halten, dass die Briefe eingeschrieben weggehen, so darf ich wohl bitten mir die Portodifferenz mitzuteilen, damit ich den Betrag vergüte.

In der Hoffnung, dass nun die ganze Angelegenheit in bester Weise geregelt ist, und mit den besten Grüssen

Ihr
Springer
Anlagen.
Bitte lassen Sie mich wissen, wann die Briefe herausgehen, damit ich meinen Zusatzbrief an B r o u w e r abschicken kann.

———

---

[21]Einen Abguss dieser Büste von Hilbert behielt Carathéodory für sich (siehe Abb. 8.1).

Wie Carathéodory fühlte sich auch Otto Blumenthal keineswegs glücklich über diesen sinnlosen Machtkampf, bei dem er als Berichterstatter Kritik von beiden Seiten einstecken musste. Nun wollte er zumindest dafür sorgen, dass die älteren Mitglieder der Redaktion, die bei der Auflösung derselben schmerzhaft betroffen wären, für ihre Arbeit im Dienst der *Annalen* entsprechend gewürdigt würden.

Blumenthal an Courant | Aachen, den 21.XII.1928
TB, Kopie, MA Sammlung, Nachlass Brouwer, Noord-Hollands Archief, Haarlem

Lieber Courant!

Vielen Dank für Ihren Brief vom 19. Ich antworte jetzt nicht darauf – es ist auch nichts zu antworten –, sondern ich wollte Ihnen eine Sache nahelegen, die mir schwer aufs Herz gefallen ist. Unter den mitwirkenden Annalenredakteuren ist einer, der die Auflösung der Nebenredaktion sehr schwer empfinden wird, aus Gründen die viel berechtigter sind als diejenigen Bieberbachs, das ist Dyck, der langjährige Geschäftsführer. Ich lege Ihnen eine Abschrift des Briefes bei, den er wegen meines Rundschreibens an mich gerichtet hat. Wer Dycks sonstige freundliche Art kennt, liest aus diesem förmlichen Stil ohne weiteres eine tiefe Kränkung heraus. Ich halte es für dringend notwendig, dass diesem wirklich guten Mann die Pille stark versüsst wird, und bitte Sie deshalb sehr ernstlich, Hilbert zu veranlassen, dass er an Dyck ein paar liebenswürdige Worte besonders schreibt. Ich habe ausserdem Carathéodory, der mit Dyck gut steht, gebeten, ihm die Umbildung der Redaktion plausibel zu machen. Meiner Ansicht nach aber wird als Unterstützung dieser Aktion, von der ich mir viel verspreche, ein Wort von Hilbert nötig sein.

Ausserdem lege ich Abschrift des Briefes bei, den Hölder wegen des Rundschreibens an mich gerichtet hat. Auch Hölder ist ein alter Mann, dem man etwas mehr Ehre antun soll. Ich möchte deshalb vorschlagen, dass auch ihm von Hilbert ein paar persönliche Worte geschickt werden. Er wird sein Ausscheiden aus der Redaktion nicht bitter empfinden – Sie sehen aus dem Briefe, wie bescheiden er sich zurückhält –, aber er verdient gerade wegen seiner Bescheidenheit, dass er recht gut behandelt wird. Ich bitte Sie, meinen Bitten nach äusserster Möglichkeit entsprechen zu wollen. Gleichzeitig sollen Sie die Abschrift der beiden Briefe zu Ihren Akten nehmen.

Beste Grüsse von Haus zu Haus, und alle guten Wünsche zum Fest, auch an Hilberts und Bohrs.

Ihr

O. Blumenthal.

Etwa drei Tage vor Weihnachten teilten Hilbert und Springer den Redakteuren mit, dass bald eine neue Epoche in der Geschichte der *Mathematischen Annalen* beginnen würde.

Hilbert und Springer an die Redakteure der *Annalen* | **nach dem 22.XII.1928**
TB, Kopie, MA Sammlung, Nachlass Brouwer, Noord-Hollands Archief, Haarlem

Hochgeehrter Herr!

Die bisherigen Herausgeber der ‚Mathematischen Annalen' sind gemeinsam mit dem Verleger dahin übereingekommen, dass mit dem Erscheinen des 100. Bandes das alte Vertragsverhältnis aufgehoben und durch ein neues mit dem Erscheinen des 101. Bandes beginnendes ersetzt wird. Gleichzeitig ist insofern ein Wechsel erfolgt, als Herr Carathéodory und Herr Einstein sich zurückgezogen haben und Herr Hecke eingetreten ist. Die Neuregelung des Verlagsvertrages ist verknüpft worden mit einer grundsätzlichen Aenderung der Art der Geschäftsführung. Es hat sich als wünschenswert erwiesen, dass für Annahme oder Ablehnung der Arbeiten allein die wirklichen Herausgeber die volle Verantwortung übernehmen und sich damit begnügen, von ausserhalb stehenden Fachgenossen gutachtlichen Rat einzuholen, ohne ihnen eine endgültige Verantwortung zuzuschieben. Dementsprechend werden von Band 101 an auf dem Titelblatt der Annalen lediglich die Namen der verantwortlichen Herausgeber verzeichnet werden.

Verlag und Herausgeber benutzen diese Gelegenheit, um allen denjenigen, die bisher regelmässig bei der Herausgabe der Annalen als Mitwirkende teilgenommen haben, für die geleistete ausserordentlich wertvolle Arbeit ihren herzlichen Dank auszusprechen und daran die Bitte zu knüpfen, dass die Mitwirkung in der Form von Gutachten den Herausgebern auf deren Anfrage hin auch in Zukunft nicht versagt werden möge. Unabhängig davon wünscht der Verlag seine Dankbarkeit für die geleistete Hilfe dadurch zum Ausdruck zu bringen, dass er den sämtlichen beteiligten Herren nach wie vor ein Freiexemplar der Annalen zur Verfügung stellt.
Für die Redaktion der Mathematischen Annalen:
D. Hilbert
Für den Verlag der Mathematischen Annalen:
Ferdinand Springer

Bezeichnend für Courants Rolle in dieser Affäre war seine Tendenz, alles, was Hilberts Ansehen beeinträchtigen könnte, unter den Teppich zu kehren. Seine Loyalität zu Hilbert ließ sich andererseits kaum von seinen eigenen Interessen trennen. So wundert es nicht, dass er die Motive und das Handeln Hilberts als moralisch fast unantastbar hinstellen wollte. Selbst bei Brouwer versuchte er, dieses Argument glaubwürdig zu machen, sicherlich ein hoffnungsloses Unterfangen.

Courant an Brouwer | Göttingen, den 23.XII.1928
TB, Kopie, MA Sammlung, Nachlass Brouwer, Noord-Hollands Archief, Haarlem

Lieber Brouwer!

Nachdem der ganze Annalenkonflikt durch das Schreiben von Springer und Hilbert, das Sie erhalten haben, formell beendigt ist, möchte ich Ihnen heute nur kurz eine Zeile schreiben, um meine Hoffnung auszusprechen, dass diese Lösung auch Ihren Wünschen und Empfindungen weitgehend gerecht geworden ist. Bohr und ich haben uns in diesen Wochen sehr darum bemüht, einen Weg zu finden, welcher aus dem Konflikt herausführte, ohne dass dabei ein persönlicher Stachel für Sie zurückblieb. Die Neubildung der Redaktion und die Auflösung des Beirates, von der ebenso wie Sie auch Bohr und ich betroffen werden, schien hierzu die einzige Möglichkeit.

Ein Punkt persönlicher Art liegt mir bei dem Ganzen noch besonders am Herzen: Nämlich der Wunsch, dass Sie Hilberts Verhalten nicht auf die Dauer missdeuten sollen. Es ist keine Rede davon, dass Hilbert, wie Sie es in Ihrem Rundschreiben und Ihren anderen Aeusserungen voraussetzen, aus persönlichen und unsachlichen Motiven heraus seine Stellung eingenommen hat oder aus irgendwelchen Gründen, deren Bestehen mit der Achtung Ihrer wissenschaftlichen oder moralischen Persönlichkeit in Konflikt ist. – Jetzt nachträglich schriftlich über diese Dinge zu diskutieren, würde nur eine Quelle neuer Missverständnisse sein, aber ich hoffe, dass sich in nicht so ferner Zeit eine Gelegenheit zu einer mündlichen Aussprache bieten wird.

Mit freundlichen Grüssen
Ihr
R. Courant

8.5   Das Nachspiel und der schwierige Neuanfang

Brouwer reagierte umgehend auf die Mitteilung von Hilbert und Springer, die er als einen Verrat an der Tradition der *Annalen* im Sinne Kleins verstehen wollte.

Brouwer an Verleger und Redakteure der *Annalen* | Laren, den 23.XII.1928
TB, Kopie, Nachlass Brouwer, Noord-Hollands Archief, Haarlem

Weil meines Erachtens das Interesse der mathematischen Wissenschaft fordert, dass in der Annalenredaktion womoeglich alle taetig mitwirkenden Redakteure zusammenbleiben, weil andererseits die Versendung meiner Verteidigungsschrift ein solches Zusammenbleiben wahrscheinlich erschweren muesste, vielleicht unmoeglich machen wuerde, und weil schliesslich Carathéodory (der am allerbesten imstande ist, die in der Beschuldigungsakte Blumenthals enthaltenen Irrtuemer aufzuklaeren) mir unter dem 2. dieses Monats geschrieben hat, dass er ‚sein Moeglichstes tue, fuer die Angelegenheit eine annehmbare Loesung zu finden', und ‚mich dringend bitte, noch einige Wochen Geduld zu haben', so habe ich, dazu auch bestimmt durch einen Brief von Sommerfeld, vorgezogen, zunaechst noch einige Zeit auf das Resultat von Carathéodorys Bemuehungen zu warten und die Versendung meiner Verteidigungsschrift zu suspendieren. Ich will hoffen und vertrauen, dass Carathéodory Erfolg haben wird.

L.E.J. Brouwer

Meinen (vielleicht auch Carathéodory unbekannten) Brief vom 2.11. an Blumenthal, der meinen in Blumenthals Beschuldigungsakte mitgeteilten Brief vom 2.11. an Carathéodory erlaeutert, lege ich hier in Abschrift bei. Ebenfalls das Telegramm von Erhard Schmidt, von dem in meinem Brief vom 2.11. an Blumenthal die Rede ist.

LEJB.

———————

Am selben Tag verfassten Courant und Bohr, quasi als Stellvertreter Hilberts, einen Brief an Carathéodory, in dem sie ihn wegen der Gefährlichkeit seiner Ansichten warnten.

Courant, Bohr an Carathéodory | Göttingen, den 23.XII.1928
TB, Kopie, MA Sammlung, Nachlass Brouwer, Noord-Hollands Archief, Haarlem

Lieber Carathéodory!

Vielen Dank für Ihren Brief vom 19. Dezember und vor allem für die Ankündigung Ihres Besuches. – Die Annalenangelegenheit ist jetzt formell erledigt: der neue Vertrag ist abgeschlossen und das Rundschreiben von Springer und Hilbert ist versandt worden. Bohr und ich sind ebenso wie Sie sehr froh über den Abschluss der Sache, die uns während der letzten Monate sehr beunruhigt und an unsere Gedanken und Arbeitszeit grosse Anforderungen gestellt hat.

Unsere Befriedigung über die Lösung der Krisis würde noch vollständiger sein, wenn nicht einige Wendungen Ihres Briefes uns dadurch beunruhigten, dass sie auf die Möglichkeit neuer Missverständnisse hindeuten. Es handelt sich um die Frage, welches die eigentlichen Motive von Hilbert gewesen sind. Als ich zuerst von Hilberts Absicht erfuhr, war die unmittelbare Reaktion ein Schreck. Da Hilbert sich zunächst auch mir gegenüber sich [nicht] über seine Motive aussprach, so habe ich diese erst allmählich klar verstanden. Jetzt aber, wo es wieder möglich ist, ruhig und ausführlich mit Hilbert zu sprechen, ist jeder Zweifel darüber verschwunden, dass Hilberts treibende Gründe absolut sachlich fundiert waren in seinem Verantwortungsgefühl gegenüber den Annalen und darüber hinaus und in seiner Einsicht, dass Brouwers Persönlichkeit gefährlich für die Annalen sein könnte, wenn Hilbert einmal nicht imstande sein würde, ein Gegengewicht zu bilden. Hilbert hat uns gegenüber immer wieder betont, dass er keine persönlichen Empfindungen von Hass, Zorn oder Beleidigung gegen Brouwer hegt, dass er vielmehr lediglich die sachliche Trennung für nötig hielt und mit aller Kraft durchführen wollte. Die radikalere Lösung, den ganzen Beirat abzuschaffen, hat Hilbert sofort und gern angenommen, nicht nur weil er sie für sachlich nützlich hielt, sondern auch weil er sehr damit zufrieden war, wenn der ganzen Aktion die persönliche Spitze gegen Brouwer genommen würde. Es ist also nichtsweniger als eine nachträgliche Konstruktion, wenn man jetzt bei der Liquidierung diese sachlichen Motiven betont, obwohl der erste, unter so singulären Umständen getane Schritt von Hilbert vielleicht einen anderen Eindruck erwecken konnte.

Auf diesen Sachverhalt mit allem Nachdruck hinzuweisen, scheint uns vor allem Hilberts wegen unsere Pflicht zu sein. Wir haben in der ganzen Angelegenheit seine Vertretung übernommen und können nicht zugeben, dass über sein Wollen eine ihm nicht gerecht werdende Version sich verbreitet. Wenn schon Sie eine solche Auffassung accepteiren, was soll man dann von Fernerstehenden erwarten? Unsere Verantwortung gegen Hilbert in diesem Punkte ist umso grösser, als Hilbert bisher ja noch garnicht über alle Einzelheiten der Entwicklung des Konfliktes orientiert ist; insbesondere ahnt er nicht von Ihrem Besuch in Laren und der entstellenden darüber berichtenden Darstellung von Brouwer. Er weiss also nicht, dass der Vorwurf der Unsachlichkeit und persönlichen Rachsucht gegen ihn erhoben worden ist; er kann sich selbst dagegen nicht wehren, und wir müssen diese Aufgabe für ihn übernehmen, solange wir Hilbert nicht mit allen Details bekannt gemacht haben, was wir so gern im Interesse aller Beteiligten vermeiden möchten. Zu bedenken bleibt auch die Rücksicht auf die zukünftigen Beziehungen der Deutschen Mathematiker untereinander. Wenn ein Teil der Kollegen nicht verstehen lernt, was bei Hilbert wirklich zugrunde liegt, dann wird die Verstimmung nicht weichen und kann hier und da zum Ausbruch kommen. Wenn eine solche latente Spannung | die nicht vom Hilbertschen Kreise ausgehen wird|für die Zukunft vermieden werden soll, dann muss man diesen Augenblick dazu benutzen, um von der Angelegenheit jeden ungerechten hässlichen Schein fortzunehmen und eine Basis gegenseitigen Verständnisses und Vertrauens zu betreten. Es wäre sehr dankenswert und beruhigend, wenn Sie dabei mithelfen wollten, dass alle Beteiligten, insbesondere auch die Berliner Kollegen diese Haltung einnehmen.

Mit vielen herzlichen Grüssen und Weihnachtswünschen von Haus zu Haus
Ihr
Courant

Lieber Carathéodory,

Ich füge Courants Brief zwei Worte zu. Erstens um zu sagen, wie sehr auch ich und meine Frau uns freuen, Sie und Ihre Frau Gemahlin im Januar in Göttingen zu sehen. Zweitens aber auch, weil ich – schon mir selbst wegen – gern auch persönlich sagen wollte, wie sehr Sie nach meiner Meinung Hilbert missverstanden haben, wenn Sie meinen, dass er nur weil er sich persönlich durch Brouwer beleidigt fühlt, Brouwer aus der Redaktion entfernen wollte. Ich hatte nie daran gezweifelt, dass Sie wie Blumenthal und ich in der Unterredung mit Ihnen, darüber ganz klar waren, dass Hilbert (ob mit Recht oder Unrecht) meinte, dass Brouwers verbleiben in der Redaktion eine Gefahr für die Zukunft bedeuten wollte. Wenn Sie sich nicht von uns ganz überzeugt fühlen, ist es wohl das einzig richtige, dass Sie selbst ganz offen Hilbert über seine Beweggründe fragen, denn dass Hilbert – ohne dass er etwas davon weiss und sich daher nicht wehren kann – erst als unzurechnungsfähig und danach als unsachlich betrachtet wird, das ist ein Zustand, den ich als Vertreter von Hilbert auf die Dauer nicht unaktiv zusehen darf.

Mit den besten Grüssen Ihr ergebener
H. Bohr

Die Entgegnung Carathéodorys kam sofort, aber auch weniger aufgeregt als bei Courant und Bohr. Bezugnehmend auf Hilberts eigene Begründung gab er auch zu, dass seine Motive zu erkunden, ein „sehr kompliziertes Geschäft" sei.

Carathéodory an Courant | München, den 24.XII.1928
TB, Kopie, MA Sammlung, Nachlass Brouwer, Noord-Hollands Archief, Haarlem

Lieber Courant,

Vielen Dank für Ihren Brief von gestern, den ich sofort beantworte, um Ihnen zu sagen, dass ich nicht nur bis jetzt mein Möglichstes getan habe, um Hilbert zu decken, sondern auch darin fortfahren werde. Mein letzter Brief an Sie, der Sie aufgeschreckt hat, war nämlich auch in diesem Sinne gedacht: ich habe nämlich gefürchtet, dass die Lösung, die doch nur als Kompromiss gedeutet werden kann und wenigstens mit einer vorübergehenden Schädigung der Mathematischen Annalen verbunden sein wird, von Göttingen aus als ein Erfolg gebucht wird, was der Sache mehr schaden als nützen würde. Ich wollte daher einen kleinen Dämpfer aufsetzen! Dass ich auch äusserlich zeigen will, dass ich nicht aus irgendwelcher Verärgerung mich aus der Redaktion zurückgezogen habe, habe ich vor 8 Tagen an Blumenthal geschrieben; ich sagte dass solange ich Redakteur war, ich es vermieden habe zu viel in den Annalen zu publizieren, um den Anderen den Platz nicht wegzunehmen, dass dieser Grund jetzt entfällt & dass ich wieder nach Möglichkeit tätiger sein werde.

Hilberts Motive zu beurteilen ist ein sehr kompliziertes Geschäft: ich glaube, dass ich diese Motive durchschaue, weil ich seit mehr als 25 Jahren an seine Denkart gewöhnt bin. Es ist sicher wahr, dass der Grund, den Sie angeben, und den Hilbert übrigens in Bologna im Gespräche mit Blumenthal angeführt hatte, vorhanden gewesen ist. Der gesamte Gedankenkomplex, der den Gefühlsausbruch des 15. Oktobers herbeigeführt hat, war aber viel verwickelter. Ich zitiere wörtlich aus dem Briefe den Hilbert an diesem Tage den Mitherausgebern geschickt hat:

,Zur Begründung meiner Bitte (das heisst den bewussten Brief an Brouwer absenden zu dürfen) möchte ich kurz folgendes ausführen:

1. Brouwer hat, insbesondere durch sein letztes vor Bologna an die deutschen Mathematiker gerichtetes Zirkular, mich und, wie ich glaube, die überwiegende Mehrzahl der deutschen Mathematiker beleidigt.

2. Insbesondere durch seine ausgesprochen feindliche Stellung gegen die uns wohlgesinnten ausländischen Mathematiker ist er, zumal in der gegenwärtigen Zeit, für die Teilnahme in der Redaktion der Mathematischen Annalen ungeeignet.

3. möchte ich im Sinne der Gründer der Mathematische Annalen – auch Klein würde mir beistimmen, der die durchaus schädliche Tätigkeit Brouwers früher als wir alle durchschaute – Göttingen als eine Hauptbasis der Mathematische Annalen beibehalten.'

Andere Gründe hat Hilbert damals nicht angeführt! (höchstens könnten Sie den Punkt 3 vielleicht in Ihrem Sinne deuten. Ich habe ihn anders aufgefasst & kann heute sagen, dass dieser Punkt für mein Ausscheiden aus der Redaktion der Mathematischen Annalen mitbestimmend gewesen ist.)

In meinem Briefe an Schmidt habe ich die volle Verantwortung für die Auflösung der Redaktion übernommen. Auch habe ich die schöne Selbstaufopferung Bohrs und ihre Gründe unterstrichen. Ich will gern einen 2ten Brief schreiben, aber man muss sehr vorsichtig sein, um nicht das Gegenteil zu erreichen von dem, was man wünscht. Ich glaube, dass die richtige Stellungnahme die wäre zu sagen, dass man sehr bedauert, dass es so kommen musste, aber, dass die Durchhauung des Gordischen Knotens als einzige vernünftige Lösung übrig blieb. Sobald ich das letzte Zirkular gestern erhielt, telephonierte ich eigens an von Dyck und ich glaube, dass es mir gelungen ist, ihm Alles vollständig zu erklären. Es wäre aber gut, wenn Hilbert ihm auch einige Worte schreiben wollte.

Ich hoffe Sie überzeugt zu haben, dass wir, was den Endzweck betrifft vollkommen einig sind und dass die (übrigens unwesentliche) Meinungsverschiedenheit zwischen uns sich nur darauf in der Beurteilung desjenigen bezieht, was in diesem Augenblicke taktisch opportuner sein könnte.

Mit den besten Grüssen
Ihr
C. Carathéodory

Blumenthal hatte inzwischen von Courant erfahren, dass Hilbert an die ausscheidenden Redakteure Dyck und Hölder geschrieben hatte, um ihnen für ihre jahrelange Mitarbeit zu danken. Über die Zukunft der *Annalen* machte er sich

Sorgen, insbesondere um das Verhalten Bieberbachs, der in Berlin großen Einfluss genoss.

Blumenthal an Courant | Aachen, den 31.XII.1928
TB, Kopie, MA Sammlung, Nachlass Brouwer, Noord-Hollands Archief, Haarlem

Lieber Courant!

. . .

Bezüglich der neuen Annalenregelung habe ich von Hilbert eine triumphierenden Brief bekommen, dass alles herrlich sei, und dass auch Carathéodory sich völlig zufrieden geäussert habe. Ich schliesse daraus, dass eine gewisse Unstimmigkeit mit Cara, von der mir Bohr geschrieben hat, wieder beigelegt ist. Ich freue mich, dass Hilbert an Hölder und Dyck geschrieben hat. Ich verspreche mir davon guten Erfolg. Übrigens glaube ich, dass noch einige Zeit vergehen wird, bis die neue Redaktion sich allseitiger Vertrauen gewonnen hat. Schreiben sie mir doch, bitte, was Sie in Berlin über Bieberbachs Haltung erfahren haben. Ich muss doch in irgend einer Weise versuchen, wieder persönlich mit ihm in Fühlung zu kommen, darf mich aber natürlich keiner Refus aussetzen. . . .

Beste Grüsse und Neujahrswünsche von Haus zu Haus.

Ihr

O. Blumenthal

Brouwer setzte seine Argumente im folgenden Appell vom Januar 1929 weiterhin fort. Dieses Schreiben ging an alle Mitglieder der alten *Annalen*-Redaktion mit zwei Ausnahmen: Hilbert und Blumenthal.

Brouwer an die Herren Bieberbach, Bohr, Carathéodory, Courant, von Dyck, Einstein, Hölder, von Kármán, Sommerfeld | Laren, den 23.I.1929
TB, Kopie, Nachlass Brouwer, Noord-Hollands Archief, Haarlem

Indem ich im Interesse des Dekorums des mathematischen Gemeinwesens vorlaeufig noch auf dem in meinem Rundschreiben vom 23.12.1928 zum Ausdruck gebrachten Standpunkt beharre, das Resultat von Carathéodorys Bemuehungen abzuwarten und die im Blumenthalschen Rundschreiben vom 16.11.1928 enthaltenen falschen Darlegungen erst dann von mir aus richtig zu stellen, wenn mit der Moeglichkeit einer Richtigstellung von anderer Seite nicht mehr gerechnet werden kann, beschraenke ich mich einstweilen darauf, zum (von mir erst nach Absendung meines Rundschreibens vom 23.12.1928 empfangenen) Hilbert-Springerschen Rundschreiben vom Dezember 1928 Stellung zu nehmen:

1. Die Mathematischen Annalen bilden ein geistiges Gut, gemeinsamen geistigen Besitz der Gesamtredaktion, welche sich, um unter Zurueckstellung der persoenlichen wissenschaftlichen Taetigkeit dem Gesamtfortschritte der Mathematik

zu dienen, zusammengefunden hat. Die sogenannte Hauptredaktion war durch freie Wahl saemtlicher Redakteure eingesetzt[22] und zwar in eine lediglich repraesentative Stellung der Offentlichkeit gegenueber.[23] Die formalen Vertragsrechte dem Verleger gegenueber bilden mithin fuer die Hauptredaktion kein eigenes, sondern anvertrautes Gut. Und wenn die Herren Hilbert und Blumenthal dieses anvertraute Gut ihren Auftraggebern entwenden, so verueben sie damit eine Veruntreuung auch dann, wenn sich dieselbe zufaelligerweise gesetzlich nicht ereilen lassen sollte.

2. Die durch das Hilbert-Springersche Rundschreiben zum Ausdruck kommende Rolle Blumenthals ist aus folgenden Gruenden als gegen Treue und Glauben zu bezeichnen:

erstens, hat auch Blumenthal in seiner Qualitaet als Geschaeftsfuehrer zu wiederholten Malen die obige Struktur unseres Kreises auf das unzweideutigste anerkannnt. Ein noch deutlicheres Beispiel als das schon in meinem Rundschreiben vom 5.11.1928 erwaehnte, bildet folgende in einem an mich gerichteten Briefe vom 12.10.1924 befindliche Aeusserung ‚Die Annalenredaktion war von jeher eine demokratisch organisierte Institution, wo alle Redakteure gleiche Rechte hatten. Dieses Prinzip moechten wir aufrecht erhalten oder vielmehr neu beleben.‘

zweitens, habe ich im Sommer 1925, als meiner Ansicht nach das Mass der von Blumenthal als Geschaeftsfuehrer veruebten Unregelmaessigkeiten durch einen besonders starken Uebergriff uebergegossen war, und ich zur Besprechung desselben und zur Vorbeugung von Wiederholungen die Einberufung einer Vollsitzung der Gesamtredaktion forderte, auf diese Forderung nur verzichtet auf die ausdrueckliche Bekanntgabe von Blumenthals Vorhaben hin, hoechstens noch bis zum Bande 100 die Geschaeftsfuehrung beizubehalten.[24] Der Band 100 ist gerade jetzt, am 28.12.1928 abgeschlossen.

Nach dem obigen ist als Inhalt des Hilbert-Springerschen Rundschreibens durch die Annalenredakteure zur Kenntnis zu nehmen, dass Hilbert und Blumenthal, als Redakteure, und Springer, als Verleger, damit um ihre Entlassung geworben haben. Den uebrigen Redakteuren faellt folglich die Aufgabe zu, in Zusammenarbeit mit einem neuen Verleger, Felix Kleins Erbgut weiter zu verwalten und die Kleinsche Tradition in der mathematischen Zeitschriftleitung fortzusetzen.

L.E.J. Brouwer

---

[22]Fußnote von Brouwer: „An diesem Charakter der Ernennung aendert sich nichts dadurch, dass sich in der Regel die formale Wahl durch Stimmenmehrheit durch informale Besprechungen innerhalb der Gesamtredaktion ersetzen liess.“

[23]Fußnote von Brouwer: „Wenn mir diese Auffassung der Struktur unseres Kreises nicht seit 1914 zu wiederholten Malen von verschiedenen Redakteuren betont worden waere, insbesondere von unserem Fuehrer Felix Klein (der auch dieselbe bei der Austragung verschiedener Zwischenfaelle, an denen sowohl er wie ich beteiligt waren, auf das gewissenhafteste beruecksichtigt hat), so haetten meine als Redakteur empfundene Verantwortlichkeit und uebernommene Taetigkeit nie den Umfang erreicht, der tatsaechlich bestanden hat, unter meinen Mitredakteuren allerdings nur Blumenthal bekannt ist.“

[24]Fußnote von Brouwer: „Auf eine diesbezuegliche muendliche Erinnerung meinerseits im August 1927 bekam ich allerdings von Blumenthal die ausweichende Antwort, dass es aeusserst schwierig sei, so lange Hilbert lebt, in der Redaktion etwas zu aendern. Fuer die Widerlegung dieser Ausflucht hat Blumenthal in treffender Weise selbst gesorgt.“

Der Schlusssatz dieses Appells ist offensichtlich auf taube Ohren gestoßen. Mittlerweile versuchte Hecke, die Zügel in die Hand zu nehmen, natürlich mit wesentlicher Unterstützung von Blumenthal.

Hecke an Courant | Hamburg, den 8.II.1929
AB, Kopie, MA Sammlung, Nachlass Brouwer, Noord-Hollands Archief, Haarlem

Lieber Herr Courant,

Blumenthal schreibt mir bekümmert, dass er Sie und Bohr bisher schon oft ohne jeden Erfolg gebeten hat, die Formulierung des von ihm (und auch von mir) gewünschten roten Zettels für die Annalen zu übernehmen. Wir können das nun schlecht machen, da die Vorgeschichte der Umgestaltung sich ja wesentlich in dem Göttinger Kreise abgespielt hat. Ich schliesse mich dieser Bitte von Blumenthal an, und um die Sache zu förden, schlage ich folgenden Text vor:

‚Die im Laufe der Zeit eingetretene Vergrösserung der Zahl der Redaktionsmitglieder der Annalen hat sich für die glatte Abwickelung der Redaktionsgeschäfte nicht als förderlich erwiesen. Es ist daher eine neue, aus nur drei Mitgliedern bestehende Redaktion gebildet worden. Sie wird die Annalen unter Wahrung ihres bisherigen Charakters weiterführen und bittet dazu auch fernerhin die mathematische Welt um Mitarbeit.‘

Sie dürfen an diesen Modell beliebig herumändern, ohne das ich mich beleidigt fühlen werde! Bitte schreiben Sie oder (und) Bohr darüber bald direkt an Blumenthal.

Auf wiedersehen am 2. März in Göttingen

Besten Gruss
E. Hecke

Blumenthal interessierte sich wohl weniger für den Wortlaut dieses Textes als für ein tieferliegendes Problem der neuen Redaktion. Einen Tag später teilte er Courant seine Ansichten hierzu mit.

Blumenthal an Courant | Aachen, den 9.II.1929
TB, Kopie, MA Sammlung, Nachlass Brouwer, Noord-Hollands Archief, Haarlem

Ueber die künftige Gestaltung der Annalenredaktion.

Indem wir die Nebenredaktion ausgeschaltet haben, haben wir in gewisser Weise eine rückläufige Bewegung gegenüber allen anderen Zeitschriften begonnen. Diese nämlich umgeben sich mehr und mehr mit einem grossen Stab von

Mitarbeitern, z.B. hat das Crelle'schen Journal sich erst im letzten Jahr einen solchen angeschafft. Die zunehmende Notwendigkeit wissenschaftlicher Beiräte folgt zwangsläufig aus der zunehmenden Spezialisierung.

Mir z.B. scheint es bei Arbeiten des Noether'schen Kreises oder der Topologen völlig unmöglich, einen Einblick in die Güte und besonders die Neuheit einer Arbeit zu gewinnen. Es ist deshalb meiner Ansicht nach unmöglich, dass die drei jetzigen Annalenredakteure, von denen Hilbert wohl kaum tätig mitarbeiten wird, selbst die ganze Arbeit der Redaktion leisten. Wenn es aus taktischen Gründen nötig ist, dass vor der Hand diese verringerte Redaktion allein in Erscheinung tritt, so muss ihr ein öffentlich nicht sichtbarer Stab von Freunden tatsächlich zur Seite stehen. Das ist an sich nichts neues, denn auch Frl. Noether hat seit vielen Jahren mit den Annalen in diesem Verhältnis gestanden. Ich möchte deshalb vorschlagen, dass wir eine Anzahl von Freunden, und dazu gehören vor allem die bisherigen Redakteure, soweit sie mitmachen wollen, bitten, uns ihren Beistand ständig zur Verfügung stellen zu wollen. Ich schlage vor, dass diese Herren auch in der bisher üblichen Weise für ihre Mühewaltung entschädigt werden. Es scheint mir sogar gut, den Kreis in geeigneter Weise zu erweitern, insbesondere würde mir sehr daran liegen, falls Bieberbach nicht mitmachen sollte, einen anderen Berliner, vielleicht von Neumann oder Heinz Hopf unter die Freunde der Annalen aufzunehmen, damit uns nach wie vor Berliner Arbeiten zugehen. Es müssten sich überhaupt diese Freunde verpflichten in ihrem Kreise dafür zu sorgen, dass den Annalen gute Arbeiten zugehen. Es muss zugestanden werden, dass Bieberbach, dessen weitere Teilnahme ja zweifelhaft ist, stark an der bisherigen Belieferung der Annalen beteiligt war, und dass sein Ausfall fühlbar sein wird.

Sehr lange kann aber die Redaktion in dieser ganz losen Form nicht geführt werden. Wenn wir auch die Hauptredaktion nicht erweitern wollen, werden wir doch bald die Namen unserer Freunde auch auf dem Umschlag nennen müssen. Mir scheint in dieser Hinsicht die Form der Mathematischen Zeitschrift sehr geeignet, wo von einem ‚wissenschaftlichen Beirat' gesprochen wird. Die Trennung zwischen ‚Redaktion' und ‚wissenschaftlichen Beirat' macht die Wiederholung der jetzt hervorgetretenen Misstände unmöglich. Ich denke mir ausserdem, dass die Verantwortung für die Annahme oder Ablehnung einer Arbeit allein den offiziellen Redakteuren zufällt. Noch weiter voraussehend wird man auch schon jetzt eine Ergänzung der eigentlichen Redaktion ins Auge fassen müssen. Wir müssen uns überlegen, was einmal bei Hilberts Ausscheiden mit den Annalen werden soll. Diese Frage scheint mir sehr ernst. Zunächst wird es notwendig sein, dass wir Springer ganz offen fragen, was er in diesem Fall zu tun gedenkt. Zur Zeit besteht ja ein Kontrakt zwischen Hilbert und Springer allein. Bei dem Ausscheiden Hilberts kann also Springer machen was er will. Er hat sich dahin geäussert, dass er die Annalen als ein ihm von Klein und Hilbert anvertrautet Gut beachtet. Es ist also nicht klar, ob er sie nach dem Ausscheiden dieser Beiden noch weiter führen will, wenn ich auch von seiner Grosszügigkeit und Anständigkeit erwarte, dass er keine Schwierigkeiten machen wird. Wir sind aber auch unsererseits ihm gegenüber verpflichtet, dafür zu sorgen, dass die Annalen den Verlust des grossen Namens

Hilbert überwinden können. Das Ideal eines neuen Redakteurs wäre ein Mann, der 1. in einem grossen mathematischen Zentrum wirkt, 2. selbst stark produktiv ist, 3. die Geduld hat, die Geschäftsführung zu leiten. Ob sich dieses Ideal in der Wirklichkeit vorfindet, weiss ich nicht. Mir selbst will niemand einfallen. In Ermangelung dieses Ideals müssten zwei Aufnahmen erfolgen, nämlich a) eines Gelehrten mit den Eigenschaften 1 und 2, b) eines Geschäftsführers, als welchen man geeigneter Weise einen jüngeren Mann von starker Rezeptivität nehmen wird. Für solche wären leichter Vorschläge zu machen. Ich denke an Doetsch, Walther, Bessel-Hagen.

Ueber diese Fragen werden wir in Göttingen sprechen müssen. Da aber Bohr leider nicht dabei sein kann, formuliere ich die Fragen schon heute und bitte Sie, zusammen mit Bohr sie durchzudenken. Ich möchte ausserdem bitten, das wir uns schon am 1. März in Göttingen zur Beratung treffen, denn ich muss spätestens am 3. abends zurückreisen und wenn wir erst am 2. anfangen, wird es mit der Zeit zu knapp.

O. Blumenthal

Courant war kürzlich in Berlin und berichtete über die Stimmung dort, dass die Gemüter der Kollegen etwas weniger aufgeregt waren. Andererseits hatten Bohr und Courant beide das letzte Schreiben Brouwers erhalten und wussten allzu gut, wie er im Hintergrund lauerte. Deswegen schlugen sie Blumenthal einen sehr knappen Text vor, worin die neue Geschäftsordnung der *Annalen* unterstrichen werden sollte.

Courant an Hecke | Göttingen, den 11.II.1929
TB, Kopie, MA Sammlung, Nachlass Brouwer, Noord-Hollands Archief, Haarlem

Lieber Herr Hecke!

Bohr und ich hatten, als ihr Brief ankam, schon an Blumenthal wegen des roten Zettels geschrieben und etwa folgenden Text vorgeschlagen: ‚Mit dem Bande 101 ist bei der Redaktion der Mathematischen Annalen eine Änderung der Zusammensetzung und vor allem eine Änderung der Geschäftsordnung eingetreten. Es wird gebeten, künftig Manuskriptsendungen lediglich an die Adresse eines der Herausgeber zu senden.' Folgt Namen und Adressen.

Eine solche ganz unverfängliche und kurze Form haben wir vorgeschlagen, erstens weil Hilbert sehr gegen irgend eine Äusserung war, welche als Rechtfertigung vor der Öffentlichkeit ausgelegt werden könnte, vor allem aber auch, weil wir selber es für gefährlich halten, irgendwelche Handhaben zu einer weiteren Diskussion zu geben, und weil wir wissen, dass Brouwer nur auf jede Gelegenheit lauert, um wieder an unscheinbaren Worten einzuhaken und weiter Schriftsätze zu versenden. Auf der andern Seite habe ich jetzt bei einem Besuche in Berlin den

Eindruck gehabt, dass die Aufregung bei den Berliner Kollegen abklingt, und ich finde, man soll diesen Prozess nicht irgendwie stören.

Ich freue mich sehr, Sie bald hier zu sehen.

Herzlichen Gruss

Ihr

R. Courant

Aus Wien kam ein versöhnlicher Brief von Hans Hahn.

Hans Hahn an Brouwer | Wien, den 6.III.1929
TB, Nachlass Brouwer, Noord-Hollands Archief, Haarlem

Lieber Herr Kollege!

. . .

Mit grossen Bedauern höre ich, dass Ihnen aus Ihrer Stellungnahme zum Bologna-Kongresse persönliche Unannehmlichkeiten erwachsen sind. Ich möchte Sie aber sehr bitten, sich diese Dinge nicht zu sehr zu Herzen zu gehen zu lassen, und ihnen nicht grössere Bedeutung zukommen zu lassen, als ihnen gebührt. Keinesfalls sollten Sie diese Angelegenheiten so viel Zeit und Aufmerksamkeit schenken, dass Ihre wissenschaftliche Tätigkeit dadurch beeinträchtigt wird. Das gleiche gilt meiner Ansicht nach von Prioritätsfragen in der Dimensionstheorie.[25] Ihre eigenen Verdienste um diese Theorie einerseits, die von Menger und Urysohn andrerseits liegen bei jedem Verständigen so offen, dass es sich in keiner Weise verlohnt, dieser Sache Zeit und Energie zu opfern.

Ich würde mich sehr freuen, Sie bald wieder in Wien zu sehen, und grüsse Sie herzlichst!

Ihr

H. Hahn

Brouwers erste Bemühungen, eine neue Zeitschrift zu gründen, fingen im Frühjahr 1929 an. Zusammen mit Bieberbach trat er an Konrad Giesecke vom Teubner-Verlag heran, der aber nach einem Gespräch mit Bieberbach in Berlin skeptisch auf diese Idee reagierte.

---

[25] Hahn versuchte in den Monaten danach, zwischen Brouwer und Menger zu vermitteln, zumal Menger auf Brouwer (1928b) eine Antwort publizieren wollte. Die Verhandlungen darüber scheiterten, wofür Brouwer Hahn verantwortlich machte (van Dalen 2013, 599 f.). Mengers Entgegnung erschien als Menger (1930).

Konrad Giesecke an Brouwer | Leipzig, den 8.III.1929
TB, Nachlass Brouwer, Noord-Hollands Archief, Haarlem

Sehr geehrter Herr Professor!

Von Berlin zurueckgekehrt, moechte ich Ihnen nun wegen der Annalen- Angelegenheit Bescheid geben, ueber die ich dort auch mit Herrn Professor Bieberbach Ruecksprache nehmen konnte. Darnach erscheint es uns doch sehr fraglich, ob fuer eine neue mathematische Zeitschrift genuegend Abonnenten zu gewinnen waeren, um einen einigermassen entsprechenden Ausgleich fuer die ja heute so hohen Herstellungskosten zu finden. Auch die andere im Springerschen Verlag erscheinende mathematische Zeitschrift soll ja immer noch in diese Beziehung sehr notleidend sein, und damit, dass eine groessere Anzahl der bisherigen Abonnenten der Annalen zu einer neuen Zeitschrift uebergingen, waere nach Meinung des Herrn Professor Bieberbach auch kaum zu rechnen. Seiner Meinung nach waeren hoechstens die Bibliotheken und so weiter dadurch zu gewinnen, dass man die Zeitschrift als Fortsetzung der frueher in unserem Verlag erschienenen ‚Archive'[26] herausbraechte, da diese sie dann die Kontinuitaet halber weiter beziehen wuerden. Aber soviel Abonnenten kommen doch dabei auch nicht heraus. So glaube ich kaum – ich will zwar der Frage, mit wieviel Abonennten des Archivs man wohl rechnen koennte, in Verbindung mit Herrn Prof. Bieberbach noch einmal nachgehen – Ihre Absichten in unserem Verlag verwirklichen zu koennen. Denn das Unternehmen muesste doch fuer uns von vornherein auf die Dauer besonders deshalb gesichert sein, weil wir uns, nachdem uns einmal die Annalen entwunden, nicht das aussetzen moechten, unter erheblichen Aufwendungen eine neue Konkurrenz-Zeitschrift ins Leben zu rufen mit dem Ergebnis, dass sich die Fortfuehrung zum Caudium der Annalen-Anhaenger[27] doch eines Tages als unmoeglich erweist. Ich hoffe, dass Sie unseren Standpunkt verstehen werden. Ich werde Ihnen dann nochmals endgueltigen Bescheid geben, nachdem ich das Naehere bezueglich des Archivs festgestellt habe, wobei es ja auch noch fraglich ist, ob Ihnen die Herausgabe einer neuen Zeitschrift unter diesen Titel moeglich erschiene.

Mit verbindlichen Gruessen
Ihren hochachtungsvoll ergebener

Konrad Giesecke

Brouwer setzte gewisse Hoffnungen auf Ausdrücke der Sympathie seitens einiger Mitglieder der Redaktion, vor allem von Carathéodory. Als er langsam zur

---

[26] Johann August Grunert gründete 1841 die Zeitschrift *Archiv der Mathematik und Physik*, die bis 1920 von Teubner veröffentlicht wurde.
[27] Die Anspielung auf *Annalen*-Anhänger ist im Sinne Brouwers gemeint, d.h. solche Leser, die Hilberts *Annalen* als ohne Legitimation betrachteten. In der Nähe von Caudium erlitt ein Heer der Römischen Republik 321 v. Chr. eine schwere Niederlage, wonach Rom einen schmachvollen Frieden annehmen musste.

Kenntnis nehmen musste, dass niemand außer Bieberbach auf seiner Seite stand, verfasste er die folgende ausführliche Verteidigungsschrift.

Brouwer an Verleger und Redakteure der *Annalen* | **Laren, den 30.IV.1929**
TB, Nachlass Brouwer, Noord-Hollands Archief, Haarlem

Zu meiner Verwunderung und Enttaeuschung ist bis heute trotz meiner Aufforderung noch immer nicht von anderer Seite eine Richtigstellung der im Blumenthalschen Rundschreiben vom 16.11.1928 enthaltenen falschen Darlegungen erfolgt. Meine Verwunderung und Enttaeuschung gilt vor allem dem Umstande, dass Carathéodory es nicht als eine Ehrenpflicht empfunden hat, betreffs seines mir am 30.10.1928 abgestatteten Besuchs den Blumenthalschen Behauptungen zu widersprechen, und die in meinem Rundschreiben vom 5.11.1928 gebrachteten Mitteilungen zu bestaetigen.

Ich ergreife also selbst das Wort.

I. Die in meinem zitierten Rundschreiben formulierten Punkte 1-7 sind nicht, wie das Blumenthalsche Rundschreiben faelschlich vorgibt, ‚Ansichten, die Brouwer sich selbst gebildet hat‘, sondern Ansichten, die, waehrend des erwaehnten Besuchs, zwischen Carathéodory und mir in gegenseitigem Einvernehmen aufkamen, das heisst die jedesmal von dem einen von uns ausgesprochen, und von dem anderen akzeptiert wurden.

Um das zu erhaerten bringe ich Einzelheiten ueber Carathéodorys Besuch, feststellend, dass ich mich damit gegen die Blumenthalschen Verleumdungen verteidige, wie ich zu den in meinem Rundschreiben vom 5.11.1928 enthaltenen allgemeinen Mitteilungen ueber den genannten Besuch durch die Notwendigkeit der Verteidigung gegen den mir im Laufe desselben angesagten Angriff Hilberts getrieben wurde.

Wie schon in der Anlage meines Rundschreibens vom 32.12.1928 mitgeteilt wurde, erhielt ich am 27.10.1928 gleichzeitig eine ‚Kennisgeving‘ von zwei eingeschriebenen Briefen aus Goettingen und folgendes, mich zum Aufschub der Abholung der Briefe veranlassende, Telegramm aus Berlin:

‚Professor Brouwer. Laren N.H. – Bitte unternehmen Sie nichts ehe Sie Carathéodory gesprochen der Ihnen unbekannte Tatsache von groesster Tragweite mitteilen muss. Die Sache liegt voellig anders als Sie nach den erhaltenen Briefen glauben muessen. Carathéodory kommt Montag Amsterdam.

Erhard Schmidt.‘

. . .

Der weitere Verlauf des Gespraechs brachte dann die in meinem Rundschreiben vom 5.11.1928 erwaehnten 7 Punkte.

Bezueglich der von mir durch Carathéodory verlangten Ruecksichtnahme auf Hilberts Gesundheitszustand gab ich der Meinung Ausdruck, dass, falls fuer Hilbert direkte Lebensgefahr bestehe, es ein Verbrechen sei, daran mitzuwirken, dass er sein Leben mit einem Verbrechen beschliesse; andernfalls aber unredliche Nachgiebigkeit nur seine Empfindlichkeit und Herrschsucht in einer sein Lebensglueck gefaehrdenden Weise steigern koenne. Ich versprach jedoch, ueber diese letztere psychologische Frage mit geeigneten Bekannten Ruecksprache zu nehmen. Falls sich nach naeherer Erwaegung mein Standpunkt nicht aendere, sei die Einwilligbarkeit von Carathéodorys Bitte, gegen die Ausfuehrung von Hilberts Plaenen vorlaeufig nichts zu unternehmen, fuer mich gleichbedeutend mit der Wahrscheinlichkeit einer Durchstreichung dieser Plaene auch ohne mein aktives Eingreifen. – Die Unterhaltung schloss mit Carathéodorys nochmaligem Hinweis auf Hilberts schrecklichen Zustand und den Worten, dass er (Carathéodory) unter diesen Umstaenden ,an meine Barmherzigkeit appelliere'.

Waehrend dieses am Vormittag des 30. Oktober gefuehrten zweistuendigen Gespraechs war Carathéodorys Haltung durchaus die eines Vertrauensmannes, Freundes und Bundesgenossen, der mit mir ueber die Moeglichkeiten und Mittel, einer Kalamitaet vorzubeugen, beriet. Das Gespraech schien, trotz der vorlaeufigen Verschiedenheit unserer Beurteilung von Einzelheiten der Sachlage, in vollem Einvernehmen beschlossen. Carathéodory blieb dementsprechend noch mehrere Stunden mit mir und einigen seinetwegen geladenen Gaesten zusammen, die alle den Eindruck einer ungetruebten Stimmung wiedergeben. Erst beim Abschiednehmen, als ich wieder mit Carathéodory allein war, aeusserte ich den erst in dem Augenblick bei mir aufkommenden Gedanken, dass, da Hilbert den Widerspruch Einsteins gegen seine Plaene ausgehalten habe, er auch eine Desavouierung der in seinem Schreiben an mich unberechtigterweise erwaehnten Ermaechtigung ohne Gefahr werde ertragen koennen. Erst als ich auf diese Bemerkung von Carathéodory keine logische Antwort, sondern nur (vielleicht mit der Unruhe des Abschiedes zuzuschreibende) Ausrufe wie ,Was soll man machen' und ,Ich will keinen Menschen toeten' erwidert erhielt, ist bei mir Verwunderung, Unsicherheit und Aerger in bezug auf Carathéodorys Haltung entstanden, welche sich, bei voelliger Wandlung der Stimmung, meinerseits aeusserten in Ausdruecken wie ,Ich verstehe Sie nicht mehr', ,Ich betrachte diesen Besuch als einen Abschiedsbesuch' und ,Ich bedaure Sie'.

Die bei mir von Carathéodorys Besuch zurueckgebliebenen Eindruecke wurden 14 Tage spaeter, gelegentlich eines Gesprächs mit Erhard Schmidt in Berlin im Grossen und Ganzen bestätigt, nur folgendermassen ergänzt. Ich vernahm im Laufe dieses Gesprächs:

1. Dass Carathéodory mir seinen Besuch auf Veranlassung Schmidts abgestattet habe.

2. Dass der Zweck dieses Besuches, nach Schmidts Meinung, in erster Ordnung dieser gewesen sei: mir fuer das gegen mich geplante Unrecht von vornherein eine Satisfaktion zu bieten, und zwar in der Form eines offenen Eingeständnisses des Umstandes, aus dem ich den Schutz meiner Mitredakteure gegen dieses Unrecht entbehren muesse (Hilberts Gesundheitszustand).

3. Dass, nach Aussperrungen Carathéodorys Schmidt gegenueber, Hilberts Zorn gegen mich, mehr noch als durch die drei in Punkt 1 meines Rundschreibens vom 5.11.1928 erwähnten Gruende, verursacht sei durch meine derzeitige

Verhinderung der Einladung franzoesischer Mathematiker zur Mitwirkung am Riemannbande der Mathematischen Annalen. Zum Punkte der Satisfaktion kam dann zwischen Schmidt und mir der Gedanke auf, dass fuer eine oeffentliche Beleidigung eine private Satisfaktion selbstverständlich ungenuegend sei, und dass Carathéodory zum allermindesten die Verpflichtung habe, diese private Satisfaktion von dem Augenblicke an zu einer oeffentlichen zu machen, zu dem dieses ohne Schaden fuer Hilberts Gesundheitszustand geschehen koenne.

II. Aus den im Blumenthalschen Rundschreiben vom 16.11.1928, unter der Ueberschrift ‚Hilberts Brief und seine Gruende'enthaltenen Argumentierungen habe ich erfahren, dass fuer den meuchlerischen Angriff auf mich, neben dem von Carathéodory ausschliesslich erwaehnten Hilbertschen Zorn, eine zweite Ursache bestanden hat: ein starkes Begehren Blumenthals, mich aus der Redaktion zu entfernen. Denn die in meiner Taetigkeit als Redakteur gelegenen angeblichen ‚Gruende', die der von Blumenthal, uneingedenk aller bis dahin betonten Gleichberechtigung, ploetzlich zur Oberinstanz proklamierte Hilbert fuer sein Vorgehen gegen mich gehabt haben soll, koennen Hilbert nur von Blumenthal selbst aufsuggeriert worden sein:

1. Weil die gegen mich gefuehrte Beschwerde, wenn man sie Hilbert originaer zuweise, zur Anekdote entartete. Dieser zaehlt ja seit Jahren so wenig als Redakteur mit, dass es sich fuer die ordnungsgemaesse Abwicklung der Geschaefte sogar als gefaehrlich erwiesen hat, bei ihm Manuskripte einzureichen. Dementsprechend wagt Hilbert selbst in seinem durch das Blumenthalsche Rundschreiben inhaltlich bekannten Abdankungsbrief vom 25.10.1928 die Erwaehnung dieser ‚Gruende' nicht.

2. Weil Blumenthal der einzige ist, der, ausser mir, meine Gesamttaetigkeit als Redakteur beurteilen kann. Ist somit Blumenthal, vor wie nach der Eroeffnung des Feldzuges gegen mich, verantwortlich fuer die in seinem Rundschreiben gefuehrte Beschwerde, so behaupte ich ferner, dass dieselbe nur als Vorwand zu betrachten ist, hinter dem Blumenthals ebenerwaehntes Begehren stand. In Zusammenhang mit der gleich zu eroerternden Nichtigkeit der Blumenthalschen Beschuldigungen draengt sich naemlich die Tatsache in den Vordergrund, dass Blumenthal durch meine Entfernung aus der Redaktion von folgenden Unannehmlichkeiten befreit werden konnte:

1. Der Verpflichtung zur Erfuellung seines in meinem Rundschreiben vom 23.1.1929 erwaehnten Versprechens, mit dem Abschluss von Band 100 von der Geschaeftsfuehrung zurueckzutreten.

2. Meinen oftmaligen Mahnungen, betreffend die Willkuer und den die Annalen schaedigenden Charakter jeweiliger Handlungen in der Geschaeftsfuehrung. Ich gehe zur Eroerterung der Blumenthalschen Beschuldigungen ueber. Es wird mir vorgeworfen:

1. Dass ich in meinem Auftreten als Redakteur schroff gewesen waere.

2. Dass ich den Ruecktritt Kleins veranlasst haette.

3. Dass Manuskripte manchmal monatenlang bei mir gelagert haette.

4. Dass ich von jedem bei mir eingelaufenen Manuskript grundsaetzlich eine

Abschrift genommen haette.

Ad 1. Von einer dem Worte ‚Schroff' entsprechenden Wirklichkeit kann sehr wohl die Rede sein, dann, wenn die Bedeutung des Wortes folgendermassen bestimmt wird: Wille zur Integritaet (Pflicht jedes Menschen), vermehrt um den Willen zur Deutlichkeit (Schicksal des Mathematikers). Zum Ausdrucke dieses Willens ist es bei mir dann gekommen, wenn Ehre und Ansehen der Annalen auf dem Spiel standen (Es waren uebrigens Faelle darunter, zu denen Blumenthal selbst mich herangezogen hatte). Dann konnte weder auf die Eitelkeit der Autoren, noch auf Blumenthals Neigung zum Gefaellig-Sein Ruecksicht genommen werden. Wenn ich gelegentlich meinen Willen gegen den des Geschaeftsfuehrers trotz dessen staerkerer Position durchgesetzt habe, so hat letzterer wohl keine Unterstuetzung bei seinen Kollegen in der Redaktion gefunden, oder hat Gruende gehabt, eine solche nicht nachzusuchen.

Ad 2. Die Begebenheit, auf welche Blumenthal bei seinem Bericht ueber Kleins Ruecktritt hindeutet, kann kaum eine andere als folgende sein: Ich hatte eine Unterredung mit Klein ueber eine bereits von mir behandelte Arbeit, deren Autor in Bezug auf die von mir verlangten Aenderungen an Klein, als Hauptredakteur, appelliert und diesem in muendlicher Besprechung seine Ansichten plausibel gemacht hatte. In der Aussprache mit mir hat dann Klein eingesehen, dass der Verfasser (nicht formal, wie Blumenthal vorgibt, sondern inhaltlich) Unrecht hatte, und dass er demnach seine diesem gegebene Zusage nicht aufrecht erhalten konnte. Im weiteren Verlauf dieser Unterredung aeusserte Klein die Ansicht, die Art und Weise, in welcher die Hauptredakteure auf dem Umschlag erwaehnt wuerden, mache offenbar auf das Publikum einen irrefuehrenden Eindruck, und er fuer sich koenne, soweit seine Person mitbetroffen waere, die Verantwortug fuer diesen Eindruck schwer laenger tragen. – Einige zeit spaeter ist er als Hauptredakteur zurueckgetreten.– Ein derartiges Benehmen spricht ebenso stark fuer Klein, wie es gegen Hilbert spricht, dass bei einem viel geringeren Anteil seinerzeits an der redaktionellen Taetigkeit, als Klein zur Zeit seines Rueckschritts noch nahm, die Moeglichkeit bestand, gerade die innere Schwaeche seiner Position zur aeusseren Befestigung derselben einzusetzen.

Ad 3. Da ich meiner redaktionellen Taetigkeit durchschnittlich etwa tausend Stunden jaehrlich widmete, ist es fast selbstverstaendlich, dass eingelaufene Manuskripte meistens monatelang in meinem Besitze blieben. Nur das Wort ‚lagerten' ist irrefuehrend, denn nie waren Abhandlungen bei mir zeitweilig vergessen, oder gar verschollen (wie es bei Hilbert vorgekommen ist), sondern sie bildeten stets wieder den Gegenstand intensivster redaktioneller Taetigkeit, durch welche ihr Inhalt in der Regel erheblich beeinflusst wurde. Da ich ausserdem nur in den aeusserst seltenen Faellen, in denen sich sehr grosse Maengel herausstellten, Manuskripte ueber den normalen Drucklegungstermin hinaus behalten habe, waren die Abhandlungen bei mir sehr viel besser aufgehoben, als dass sie waehrend derselben Zeit bei Blumenthal ‚gelagert' haetten. – Uebrigens war wohl auch Blumenthal bis vor kurzem der Ansicht, dass mein Verfahren normal und gewissenhaft war, anders haette er mich nicht so oft zur Begutachtung herangezogen, selbst von Arbeiten, hinsichtlich deren Gegenstaende ich nicht im geringsten als Sachverstaendiger gelten konnte.

Ad 4. Obwohl Blumenthal fuer meinen ‚Grundsatz', von jedem einlaufenden Manuskript eine Abschrift zu entnehmen, ein ‚Beispiel' zu geben weiss, und obwohl ich diese Handlung an sich fuer das elementare Recht des begutachtenden Redakteurs halte, ist es bei mir seit vielen Jahren zu derselben nur dann gekommen, wenn mir eine Abhandlung wohl acceptabel, aber erst nach Umarbeitung oder erheblicher Ergaenzung publikationsfaehig erschien. Dann hielt ich die Massnahme fuer Pficht der mathematischen Geschichtschreibung gegenueber und zwar deshalb, weil mit der Moeglichkeit unberechtigter Bezugnahme auf das Eingangsdatum gerechnet werden muss.

Ich fordere Blumenthal auf, mit dem Annalenarchiv, insbesondere mit der vollstaendigen zwischen ihm und mir gefuehrten Korrespondenz herauszukommen. Ich behaupte, dass erst recht diese Akten seine Anschuldigungen auf das vollkommenste widerlegen werden.

(w.g.) L.E.J. Brouwer.

In einem Brief vom 14. Mai 1929 schreibt Brouwer an Erich Hecke: „Ich hege noch immer die Hoffnung, dass Hilbert und Blumenthal sich zum Rückzug und zur Wiedergutmachung mir gegenüber werden bestimmen lassen."

Ein Jahr später versuchte er, seine eigene Zeitschrift *Compositio Mathematica* zu gründen (van Dalen/Remmert 2006). Die folgende Einladung verfasste Brouwer in drei Sprachen – Deutsch, Französisch und Englisch – und schickte sie an eine große Anzahl renommierter Mathematiker[28].

Brouwers Einladung an Kandidaten für die Redaktion | Laren, den 10.VI.1930
TB, Nachlass Heinz Hopf, ETH, Zürich

Sehr verehrter Herr Kollege,

Der Unterzeichnete beabsichtigt in Baelde eine internationale mathematische Zeitschrift herauszugeben, die bei der Firma Noordhoff in Groningen, welche auch die Revue Semestrielle des Publications Mathématiques verlegt, erscheinen wird. Er bittet hoeflichst um Ihre prinzipielle Bereiterklaerung, der Redaktion dieser

---

[28] Die Empfänger dieses Schreibens waren Paul Alexandrov, Reinhold Baer, Ludwig Bieberbach, Emile Borel, Élie Cartan, Eduard Čech, Johannes van der Corput, Théophile de Donder, Gustav Doetsch, Luther Eisenhart, Georg Feigl, Maurice Fréchet, Guido Fubini, Matsusaburo Fujiwara, René Garnier, Jacques Hadamard, Godfrey Harold Hardy, Poul Heegaard, Arend Heyting, Einar Hille, Heinz Hopf, Gaston Julia, Alexander Khintchine, Solomon Lefschetz, Tullio Levi-Civita, Paul Lévy, Alfred Loewy, Richard von Mises, Paul Montel, John von Neumann, Niels Erik Nørlund, Alexander Ostrowski, Frigyes Riesz, Marcel Riesz, Walter Saxer, Francesco Severi, Waclaw Sierpiński, Wilhelm Süss, Gábor Szegö, Teiji Takagi, Leonida Tonelli, Georges Valiron, Charles de la Vallée-Poussin, Oswald Veblen, Rolin Wavre, Roland Weitzenböck, Edmund Whittaker, B. M. Wilson and Julius Wolff. Diese Liste bekam Oswald Veblen mit seiner Einladung, Veblen Papers, Library of Congress.

Zeitschrift beizutreten.

Falls ihm die Ehre der sehr erhofften guenstigen Antwort Ihrerseits zufaellt, wird der Unterzeichnete Ihnen in Kuerze eine Liste derjenigen Gelehrten unterbreiten, die gleichfalls ihren vorlaeufigen Beitritt erklaeren; dazu den Entwurf eines Statuts fuer die Redaktion, sowie eines Vertrags mit dem Verlage.

Mit ausgezeichneter Hochachtung
Ihr ganz ergebener
L.E.J. Brouwer
Mitglied der Akademie der Wissenschaften Amsterdam.
Professor an der Universitaet Amsterdam.

———————

Anfang August 1930 schrieb Brouwer an Hans Freudenthal, um ihm eine Assistentenstelle in Amsterdam anzubieten. Freudenthal, der Brouwer 1927 bei einem Gastvortrag in Berlin kennengelernt hatte, schrieb seine Doktorarbeit bei Heinz Hopf. Er nahm das Angebot an, wohl verstanden, dass seine „wesentliche Aufgabe darin bestehen wuerde, [Brouwer] bei der Herausgabe der neuen Zeitschrift ‚Compositio Mathematica' zu unterstuetzen"[29]. Trotz dieser vielversprechenden Pläne gab es erhebliche Verzögerungen, sodass die erste Ausgabe erst 1934 erschien. Mit der deutschen Besatzung der Niederlande ab 1940 unterbrach Brouwers Zeitschrift ihr Erscheinen.

---

[29]Brouwer an Hans Freudenthal, 3. August 1930.

Kapitel 9

Verfolgung und Ausgrenzung (1930–1942)

9.1 Mathematik in Aachen (1930)

Bei den Rektoratswahlen 1930 kandidierte Otto Blumenthal für das Amt des Rektors der TH Aachen. Die beiden folgenden Briefe von Heinrich Brandt an seinen ehemaligen Aachener Kollegen Erich Trefftz zeigen noch einmal deutlich, wie sehr, und zwar schon lange vor 1933, die akademische Atmosphäre von Antisemitismus durchdrungen war (siehe dazu auch Band I, Abschnitt 1.8 und 4.2).

Heinrich Brandt (1886–1954) war von 1921 bis 1930 Ordinarius für Darstellende Geometrie und Geometrie der Lage an der TH Aachen. Studiert hatte er in Göttingen und in Straßburg, wo er 1912 bei Heinrich Weber promovierte; habilitiert hatte er sich 1917 an der TH Karlsruhe. 1930 wechselte er von Aachen auf einen Lehrstuhl in Halle. Seiner damaligen politischen Gesinnung entsprechend wurde er dort später förderndes Mitglied der SS und Mitglied weiterer NS-Organisationen. Trotz dieser belastenden Umstände blieb er nach dem Krieg im Amt und wurde zwischenzeitlich auch zum Dekan gewählt.

Heinrich Brandt an Erich Trefftz | Aachen, den 12. V. 1930
TB, Nachlass Trefftz, Archiv der Technischen Universität Dresden

Lieber Erich,

Diesmal sollst Du aber gleich Antwort haben. Also zunächst meinen besten Dank für Deine beiden Briefe nebst Glückwünschen. Ich habe in der Tat einen Ruf nach Halle erhalten und angenommen. Nachdem ich von der Existenz der Liste schon seit Mitte Januar wusste, zog sich die Sache noch lange hin. Endlich bekam ich aber zum letzten Märztag den Ruf, sogar zunächst schon zum Sommersemester.

© Springer-Verlag GmbH Deutschland, ein Teil von Springer Nature 2019
D. E. Rowe und V. Felsch, *Otto Blumenthal: Ausgewählte Briefe und Schriften II*,
Mathematik im Kontext, https://doi.org/10.1007/978-3-662-58356-2_9

Bei den Verhandlungen am 10.4. in Berlin zeigte sich aber, was mir eigentlich schon gleich klar war, dass aus der Sache so schnell nichts werden konnte. Ich gehe nun zum Herbst.

Deinen vorigen Brief erhielt ich also, nachdem ich den Ruf schon hatte und sah ihn deshalb zur Vereinfachung des Geschäftsganges schon als Glückwunsch dafür an. Das war natürlich für mein Beharrungsvermögen (Erhaltung des stationären Briefzustandes) eine willkommene Gelegenheit. Ausserdem war ich ja durch Reisen nach Halle und Berlin vollauf beschäftigt. Ich wundere mich auch, dass Du nichts darüber gelesen hast. Es muss nämlich in allen möglichen Zeitungen gestanden haben, woraus es von Transportgeschäften, Vettern und Bekannten bereits wiederholt herausgepickt und mir direkt oder auf Umwegen berichtet wurde. Es scheint aber, dass Du Deine Bildung in Politik und Moritaten[1] (besonders dies, wegen Quix musste <u>ich</u> mich natürlich erst erkundigen) aus den Aachener Blättern schöpfst, welche dieses wichtige Faktum anscheinend bisher unterschlagen haben.

Was nun die Angelegenheit Levi[2] betrifft, so hatten wir am Samstag eine kleine Besprechung über die Neubesetzung. Dabei ist auch ein sehr warmer Brief von Lichtenstein[3] über Levi verlesen worden. Trotzdem sind für ihn kaum Aussichten. Selbst die vereinigten Hebräer hier schreckten vor dem Namen zurück. Es ist doch auch wirklich nicht notwendig, dass von 4 mathematischen Lehrstühlen 100 Prozent von Juden besetzt werden.[4]

Die Sache ist wirklich ein Unglück. Ich würde es ihm sehr wünschen, und ich glaube, dass er es sehr verdiente, wenn er weiter käme. Warum muss er nun Levi heissen? Warum nennt man die Kinder nicht nach Belieben nach der Mutter oder dem Vater, wie es in Russland sein soll. Dann würden unbeliebte und hässliche Namen schnell verschwinden.

Die Frage der Neubesetzung scheint hier ziemlich schwierig zu werden, weil die Unsicherheit mit Kármán hineinspielt. Deshalb kann hier nichts Abschliessendes gemacht werden, ehe Kármán aus Amerika zurückgekehrt ist, was Ende Juni oder Anfang Juli der Fall sein soll.

---

[1] Schauergeschichten.

[2] Es handelt sich um Friedrich Wilhelm Levi, (1888–1966) der an mehreren deutschen Universitäten studierte, bevor er 1911 bei Heinrich Weber in Straßburg promovierte. Nach seinem Wehrdienst als Leutnant im Ersten Weltkrieg ging er 1919 nach Leipzig, wo er Privatdozent und 1923 nichtplanmäßiger außerordentlicher Professor wurde; aber schon 1933 wurde ihm seine Lehrbefugnis entzogen. Levi bekam 1936 eine Stelle in Kalkutta, während seine Mutter und seine Schwester in Deutschland zurückblieben. Beide kamen im Holocaust um.

[3] Der in Warschau geborene Leon Lichtenstein (1878–1933) kam erst 1894 nach Berlin. Er promovierte 1908 zum Dr. Ing. in Elektrotechnik an der TH Charlottenburg und 1909 bei H.A. Schwarz an der Universität Berlin in Mathematik. Lichtenstein wurde 1917 von Ferdinand Springer als Herausgeber der neuen *Mathematischen Zeitschrift* ernannt. Nach dem Krieg unterrichtete er als ordentlicher Honorarprofessor an der TH Charlottenburg und ab 1920 als ordentlicher Professor an der Westfälischen Wilhelms-Universität in Münster, bevor er 1922 nach Leipzig berufen wurde. Seine Entlassung als Jude gemäß dem Gesetz zur Wiederherstellung des Berufsbeamtentums stand unmittelbar bevor, als er im August 1933 auf einer Urlaubsreise in Polen starb.

[4] Die drei schon von Juden besetzten Stellen waren die von Blumenthal, Theodor von Kármán und Ludwig Hopf.

In dieser Woche erfolgt die Geburt eines neuen Hochschulregenten. Ich bin
sehr neugierig, was dabei herauskommt. Blumenthal hofft sehr gewählt zu werden.
Er hat viele Anhänger und viele Gegner, so dass es auf wenige Stimmen ankommen wird. Wenn er doch wenigstens in dieser Zeit etwas anständiger herumlaufen
würde! Dass er dafür doch gar keinen Sinn hat. Seine Vorfahren müssen auch im
Ghetto gewohnt haben. Anders kann man sich das nicht erklären. Wer wird denn
so herumlaufen: grobe Bauernschuh aus Sohlleder, dabei noch mehrfach zusam-
mengenäht, verdrückter, verschlissener Anzug, abgetragenes Hemd mit verstosse-
nen, verfransten Aermeln und schmutziger Kragen, das ist der typische Anzug bei
regnerischem Wetter, bei Sonnenschein vielleicht eine Nuance besser. Ich glaube,
dass er auf jeden Fall unglücklich bei dieser Sache wird, drei Tage, wenn er nicht
gewählt wird und mindestens drei Jahre, wenn er gewählt wird. Sein Gegenkan-
didat scheint Rötscher[5] zu sein, der aber anscheinend von der eigenen Abteilung
wenig unterstützt wird. Mir kann es schliesslich ziemlich gleichgültig sein. Da Du
anscheinend Aachener Zeitungen liest, wirst Du den Ausgang ja erfahren.

Ob ich nach Stockholm[6] komme, weiss ich noch nicht. Es wäre ja eine gute
Gelegenheit, sich von der angewandten Mathematik zu verabschieden. Jedenfalls
freut es mich, dass Du so schöne Entdeckungen gemacht hast, die Du dort erstrahlen lassen wirst.

Grüsse Deine Frau und Kinder, sowie die dortigen Kollegen. Weisst Du übrigens noch jemand für A[achen]. Man will etwas für Kraus[7] tun, so dass ein älterer
erwünscht wäre.

Mit herzlichen Grüssen
Dein Heinrich

**Heinrich Brandt an Erich Trefftz | Aachen, den 16.V.1930
TB, Nachlass Trefftz, Archiv der Technischen Universität Dresden**

Lieber Erich,

Es ist ja nicht mehr als recht, dass ich Dir auch zweimal schreibe. Ausserdem
habe ich ein neues Farbband aufgezogen, was die Schreiblust erhöht. Ich möchte
zuerst meine Bemerkung am Schluss meines Briefes nochmal unterstreichen, damit
Du sie nicht bloss für eine Schlussfloskel hältst.

Es handelt sich um meine Nachfolge, worüber noch viel Unklarheit herrscht.
Es ist nämlich noch nicht ausgemacht, ob man einen Geometer herberuft oder

---

[5]Felix Rötscher (1873–1944) wurde 1906, also fast zeitgleich mit Blumenthal, nach Aachen
berufen, wo er zum Ordinarius für die Einleitung in den Maschinenbau, die Maschinenelemente,
Werkstoffkunde und Herstellungsverfahren ernannt wurde. Er stieg immer höher in der Aachener
Hochschulpolitik und wurde Anfang der 1930er Jahre Rektor der TH Aachen.

[6]Es handelt sich um den bevorstehenden dritten Internationalen Kongress für angewandte
Mathematik und Mechanik. Die ersten zwei fanden in Delft (1924) bzw. Zürich (1926) statt.

[7]Es handelt sich um den Privatdozenten Franz Krauß (siehe Fußnote 13).

ob man vielleicht Hopf[8] die Mechanikvorlesungen übergibt, so dass die Stelle des zweiten Mathematikers neu zu besetzen wäre. Definitives kann man erst machen, wenn Kármán zurück ist, was Anfang Juli der Fall sein wird. Immerhin muss man bis dahin alles so weit vorbereiten, dass es schnell geht. Für diesen Fall haben wir hier auch an Wiarda[9] gedacht, über den Du gute Auskunft geben kannst. Ueber sein Buch sind ja alle Leute, die ich gesprochen habe, ganz entzückt.[10] Glaubst du, dass er sich für einen solchen Posten eignen würde. Was hat er publiziert, ich besitze nur seine Dissertation und finde dann noch eine Arbeit in Crelle 153 über Laguerresche Polynome.

Dann weisst Du vielleicht auch sonst noch jemand, der in Betracht käme. Jude soll er nicht sein. Bl[umenthal] ist sehr dagegen, dass die vierte mathematische Stelle auch an einen Juden vergeben wird.

Es wird Dich interessieren, wie die Wahl ausging. Die Beteiligung war sehr gut. Es fehlte eigentlich nur der Elektriker Fischer aus Köln; denn Kármán und Prötel konnten nicht da sein. So waren es denn 50 Stimmen.

Im ersten Wahlgang erhielt Rötscher gleich 26 Stimmen, war also gewählt, 19 kamen auf Blumenthal und 8 waren zersplittert. Als zweiter und dritter Kandidat erhielt Blumenthal immer ziemlich viel Stimmen, fiel aber in der Stichwahl beidemal durch. Er hatte sich mit seinem durch Gesichtsrose (mit Sonntag aufgetreten) entstellten Gesicht sogar selbst hergemacht, um seine Niederlagen mit anzusehen, was nebenbei sehr unvorsichtig war. Hoffentlich tritt dadurch keine Verschlimmerung ein. Er ist doch merkwürdig. Jedermann hätte doch in einer so heiklen Situation einen Grund gesucht, um fortbleiben zu können, er liegt krank zu Bett und kommt trotzdem.

Nochmals herzliche Grüsse

Dein Heinrich

In einem Brief an Trefftz schilderte Blumenthal, wie schwierig die Regelung von Brandts Nachfolge war. Außerdem berichtete er von seinen Plänen für eine unmittelbar bevorstehende Russlandreise, zu der ihn Sergei Bernstein eingeladen hatte.

---

[8]Ludwig Hopf (1884–1939) studierte von 1902 bis 1909 Physik und Mathematik in Berlin und München, wo er bei Arnold Sommerfeld promovierte. Hopf wurde danach Assistent bei Albert Einstein und kam 1911 nach Aachen, wo er bei Theodor von Kármán habilitierte. 1923 wurde er zum ordentlichen Professor für Mathematik und Mechanik an der TH Aachen ernannt.

[9]Georg Wiarda (1889–1971) studierte in Berlin und Marburg, wo er 1915 promovierte. Kurz vor der Ankunft von Trefftz siedelte er nach Dresden über. Dort wirkte er an der TH Dresden bis zu seiner Berufung 1935 an die TH Stuttgart.

[10]Georg Wiarda, *Integralgleichungen unter besonderer Berücksichtigung der Anwendungen*, Leipzig: Teubner, 1930.

Blumenthal an Trefftz | Aachen, den 3.VI.1930
TB, Nachlass Trefftz, Archiv der Technischen Universität Dresden

Lieber Trefftz!

Es wird wirklich Zeit, dass ich mich einmal zu einem längeren Schrieben an Dich aufraffe. Ich habe nämlich ausser deinem letzten auch noch einen Neujahrsbrief von Dir zu beantworten. Dass ich so faul bin, liegt wirklich nicht an Gleichgültigkeit. Im Gegenteil, die letzten Worte Deines letzten Briefes, dass „ich mich wie ein Stint auf einen Brief von Dir freue", sind mir aus der Seele geschrieben. Aber ich finde mich selbst derartig langweilig, dass mir die Lust vergeht, sich anderen vorzusetzen.

Nun tue ich es aber doch einmal, und zwar aus zwei Gründen: erstens will ich auf die verschiedenen Punkte Deines letzten Briefes einschliesslich Berufungsgeschichten antworten, zweitens werde ich in den nächsten vier Wochen keine Zeit mehr dazu haben. Denn ich habe mir 4 Wochen Urlaub genommen und fahre nach Russland. Anlass: eine mit Rb. 250 finanzierte Einladung zu dem russischen Mathematikerkongress nach Charkow (Freundlichkeit des guten Serge Bernstein). Vor Charkow geht es noch nach Moskau, wo ich mir durch Vorträge ein billiges Quartier zu verdienen hoffe. Auf diese Weise lässt sich die Sache bestreiten, und ich erwarte viele Anregung und Freude davon. Ganz abgesehen davon, dass Russland noch ein Land ist, wo ein solches Produkt der Civilisation ohne eigenem Gehalt, wie ich es bin, noch nützlich wirken kann. Leider wird mir der Charkower Vortrag nicht so schön, wie ich gehofft hatte. Ich muss älteres Zeug vortragen, zu dem ich nur wenig neues hinzumachen konnte. Ich reise schon übermorgen, zuerst mit Frau nach Göttingen zu der Tochter, nach Pfingsten weiter.

Jetzt zuerst über Threlfall.[11] Ich habe einen Brief von van der Waerden gehabt, in der er mir seine Korrespondenz mit Threlfall auseinandergesetzt hat. Es sind keine grundsätzlichen Schwierigkeiten vorhanden. Und ich habe van der Waerden gebeten, in denjenigen Punkten, wo Threlfall unnachgiebig ist, nicht zu insistieren, damit Threlfall nicht wieder die ganze Arbeit, die doch wertvoll ist, in einem Kasten liegen lässt. Ein reichlich verrücktes Huhn scheint Threlfall, nach seinen Briefen zu schliessen, aber zu sein. Es freut mich sehr, dass van der Waerden die Arbeit anerkennt. Das will etwas heissen, denn er ist sehr kritisch. Mir selbst liegt der Gegenstand so fern, dass ich nicht wusste, was neu war, was alt. Die Arbeit wird also jedenfalls aufgenommen.[12]

---

[11]William Threlfall (1888–1949) war ein bekannter Topologe, der von 1910 bis 1914 in Jena und Göttingen studierte. Danach forschte er als Privatgelehrter in Dresden, seiner Heimatsstadt, aber er promovierte später in Leipzig bei Friedrich Wilhelm Levi und Otto Hölder. Trefftz holte ihn danach an die TH Dresden, wo er sich 1927 habilitierte und als Privatdozent Vorlesungen über Topologie hielt. Zu dieser Zeit entstand seine Freundschaft mit Herbert Seifert, mit dem er gemeinsam das bekannte *Lehrbuch der Topologie* (Teubner, 1934) schrieb.

[12]Diese Arbeit erschien als W. Threllfall und H. Seifert, Topologische Untersuchung der Diskontinuitätsbereiche endlicher Bewegungsgruppen des dreidimensionalen sphärischen Raumes, *Mathematische Annalen*, 104 (1931): 1–70.

Zu Wiarda [siehe Fußnote 9] haben wir uns nicht entschliessen können. Wir brauchen hier einen Menschen von Produktivität im bürgerlichen Sinne: das heisst nicht einen, der gute Ideen hat und sie mit sich herumträgt – wie unser vorzüglicher Krauss[13] –, sondern einen, der sie auch herausbringt und anderen etwas davon mitabgibt. Das scheint Wiarda nicht zu sein. Rezeptive haben wir hier schon übergenug. Einen Prell bekam ich zuerst bei der Kandidatur Lagally.[14] Das wäre natürlich ein Mann ganz anderen Kalibers, den ich gern hier hätte. Aber ich sehe mit dem besten Willen nicht ein, wie Lagally auch bei dem besten Willen unsere Stelle annehmen soll. Es ist dieselbe Geschichte wie mit meinem vorjährigen Ruf nach Prag. Auch der liess sich aus wirtschaftlichen und anderen äusseren (politischen) Gründen nicht annehmen, obwohl ich noch heute überzeugt bin, dass ich dort einen wesentlicheren Teil des Seelenheils gefunden hätte, das mir hier abgeht.[15] Und ebenso wenig kann Lagally, so sehr er auch vielleicht von Dresden weg will, in die hiesigen viel kleineren und wirtschaftlich ungünstigeren Verhältnisse sich hineinverändern. Er muss schliesslich doch ablehnen. Aber bis dahin geht viel Zeit verloren, und die haben wir nicht, denn wir haben Kármán versprochen, die entscheidenden Beschlüsse erst nach seiner Rückkehr aus Amerika zu fassen. Deshalb haben wir auch die Kandidatur Lagally fallen lassen müssen. Dir wird es ja angenehm sein. Wir haben jetzt eine vorläufige Liste zusammengestoppelt, die auch gar nicht übel ist, aber ob sie je in Wirksamkeit tritt, ist eine Frage, und nicht einmal eine erwünschte Frage. Denn sie bezieht sich im wesentlichen auf den Fall, dass Kármán sich nicht hier halten lässt. Daneben geht die Idee, die Brandtsche Professur in eine Aerodynamische Stelle umzuwandeln und Kármán so von allen Geschäften des Instituts und des Kursusunterrichts zu entlasten. Meine Idee ist, dass er statt dessen einige höhere Spezialvorlesungen lesen soll, die „angewandte Mathematik"im besten und allgemeinsten Sinne sein würden. Vielleicht gelingt das Projekt, dann schreibe ich Dir einmal Einzelheiten.[16] Aber wäre das nicht wirklich eine feine Gelegenheit, einmal den Universitäten und

---

[13]Franz Krauß (1889–1982) kam aus Köln. Er studierte Mathematik und Philosophie an mehreren deutschen Universitäten, abschließend in Bonn, wo er seine Dissertation zum Thema „Zur Parallelverschiebung im Riemannschen Raum"unter der Leitung von Hans Hahn schrieb. Danach wechselte er zur TH Aachen, wo er 1924 Privatdozent wurde. Zur Zeit dieses Briefes bekam er den Titel eines nicht beamteten außerordentlichen Professors. Ein Jahr nach Otto Blumenthals Entlassung erhielt er dessen Stelle als ordentlicher Professor für Mathematik. Bevor diese Entscheidung fiel, drückte sich Blumenthal darüber in einem Brief vom 18. November 1933 an von Kármán (S. 425) ziemlich skeptisch aus, da Krauß sich unabhängig von der NS-Regierung verhielt. In seinem Nachruf auf Blumenthal – erschienen 1951 neben dem von Arnold Sommerfeld – fasste Krauß die mathematischen Arbeiten seines Vorgängers zusammen (Anhang IX).

[14]Max Otto Lagally (1881–1945) war von 1920 bis 1940 Ordinarius für Mathematik an der TH Dresden.

[15]Es handelt sich um die Professur an der Karl-Ferdinands-Universität zu Prag, welche Georg Pick (1859–1942) bis 1929 innehatte. Sein Nachfolger wurde Ludwig Berwald (1883–1942), der in Prag geboren war. Beide kamen im Holocaust um: Pick in dem KZ Theresienstadt, Berwald und seine Frau in Lodz.

[16]Aus dieser Idee wurde nichts. Auf die Brandtsche Stelle kam 1931 Heinrich Graf (1897–1985), der sich frisch habilitiert hatte. Er wechselte allerdings nur ein Jahr später nach Darmstadt.

den Rungischen-Allzurungischen[17] zu zeigen, was wirklich angewandte Mathematik ist, und diesem Aschenbrödel einen anständigen Königssohn und zwei goldene Pantoffel zu verschaffen?

Nach Stockholm fahre ich nicht.[18] Das wird mir mit Russland in jeder Beziehung zuviel. Aber schön wird es wohl dort werden. Voriges Jahr hat uns mein alter Studienfreund Wiman[19] aus Uppsala besucht (d. h. er ist viel älter als ich, war aber 1 Jahr mit mir zusammen in Göttingen) und hat die ganze warme Herzlichkeit der Nordländer mitgebracht. Die wirst Du gewiss in Stockholm angenehm empfinden, ebenso wie ich sie in Russland wieder zu finden hoffe.

In der Familie geht es soweit gut. Margretlein in Göttingen sass erst mit offenem Maul vor der Bonzigkeit der Neuphilologen. Jetzt hat es sich aber an den Bonzengeruch gewöhnt und gefällt sich, „verjönnt" sich. Der Junge ist in Unterprima, lernt gut, spielt aber mit noch viel mehr Liebe Tennis und lässt sich im allgemeinen nichts abgehen. Meine Frau hat leider im Winter und in der letzten Zeit zu viel zu tun gehabt und ist recht herunter. Sie soll sich in Göttingen vorläufig erholen und in den Ferien sich etwas ernstlicheres an Erholung leisten.

Mit grosser Betrübnis haben wir gehört, dass Frau Beck eine schwere Operation hinter sich hat. Näheres weiss ich nicht. Hoffentlich ist es gut vorüber. Ist sie bei Euch?

Lebe recht wohl! Alles Gute von Haus zu Haus!

Dein

O. Blumenthal

Blumenthal an Trefftz | Aachen, den 1.VIII.1930
TB, Nachlass Trefftz, Archiv der Technischen Universität Dresden

Lieber Trefftz,

Zuerst möchte ich Dir und Deiner Frau mein herzlichstes Beileid zu dem tragischen Tode Deines Schwagers ausdrücken. Meine Frau hat Euch gestern schon geschrieben. Hoffentlich überwindet Frau Offermann den schweren Schlag verhältnismässig rasch.

Mit Kármán wird es sich, wenn nichts unerwartetes dazwischen kommt, so entscheiden, dass er für die nächsten Jahre im Winter in Pasadena, im Sommer in Aachen liest. Das ist für uns immerhin weit besser, als völlige Trennung. Unsere Berufung für Brandt aber hat sich dadurch kompliziert, denn wir wollen die

---

[17] Eine Anspielung auf die Schüler Carl Runges.

[18] Zum dritten Internationalen Kongress für angewandte Mathematik und Mechanik.

[19] Der schwedische Mathematiker Anders Wiman (1865–1959) war vor allem bekannt als Experte für Anwendungen der Gruppentheorie in der Geometrie, wie z.B. seine Arbeit: Zur Theorie der endlichen Gruppen von birationalen Transformationen in der Ebene (April 1896), *Mathematische Annalen*, 48 (1896): 195–240. Er studierte in Lund, wurde 1901 Professor in Uppsala und ging 1930 in den Ruhestand.

Brandtsche Stelle teilweise zur Entlastung von Kármán benutzen. Bei dieser Gelegenheit beantragen wir für Krauss einen gehobenen Lehrauftrag für Mathematik; dadurch wird voraussichtlich zum 1. Oktober seine Assistentenstelle frei und ich möchte Dich fragen, ob Du für uns einen geeigneten neuen Assistenten weisst. Der Assistent hat folgende Tätigkeit: 1. hat er die Professoren in den Übungen für die Kursusvorlesungen des 1. und 2. Studienjahres zu unterstützen und die Korrektur der eingereichten Übungsergebnisse auszuführen. Dies ist seine hauptsächliche Tätigkeit. 2. wird er zu den höheren Übungen und Seminaren für Lehramtskandidaten und Ingenieure nach dem Vorexamen herangezogen. Wir brauchen also als Assistenten einen durchgebildeten Mathematiker, der entweder bereits Kenntnisse der Ingenieurwissenschaften und der darauf bezüglichen mathematischen Anwendungen besitzt oder von dem zu erwarten ist, dass er sich in diesen Stoff gerne einarbeiten wird. Bei Bewährung ist Gelegenheit zur Habilitation geboten. Wir brauchen dringend einen Privatdozenten an Stelle von Krauss. Wenn Du mir einen guten Mann namhaft machen könntest, wäre ich Dir sehr dankbar. Die Sache ist wegen einer kleinen formalen Schwierigkeit noch nicht ganz spruchreif, deshalb bitte ich um Vertraulichkeit. Gib mir bitte recht bald Antwort.

Ich war im Juni in Russland, in Moskau, in Charkow auf dem Mathematikerkongress und dann noch in der Krim. Es war alles hochinteressant. Hoffentlich sehe ich Dich bald einmal und kann Dir erzählen. Kannst Du Dir von einem unscheinbaren Sterblichen, wie mir vorstellen, dass er im Schwarzen Meer gebadet hat, im Angesicht von 1200 m hohen Kalkbergen und von Palmen und Zypressenhainen? Es war überwältigend.

Beste Grüsse von Haus zu Haus

Dein O. Blumenthal

Ob Trefftz bei der Suche nach einem neuen Privatdozenten helfen konnte, bleibt unklar. Auf jeden Fall kam der in Berlin geborene Rudolf Iglisch (1903– 1987) nach Aachen, um diese Lücke zu füllen. Iglisch habilitierte sich 1931 an der TH Aachen und arbeitete bis 1937 als Privatdozent und Assistent an Blumenthals Lehrstuhl, den Franz Krauß ab 1934 übernahm.

9.2 Verleumdung, Suspendierung, Entlassung

Schon kurz nach dem Wahlsieg der Nationalsozialisten Anfang 1933 geriet Otto Blumenthal ins Visier nationalsozialistisch gesinnter Aachener Studenten, die jetzt eine Chance sahen, sich einiger der ihnen missliebigen linksgerichteten Professoren zu entledigen. Am 18. März 1933 schickte der Allgemeine Studentenausschuss (AStA) der TH einen Brief an den Wissenschaftsminister in Berlin, in dem die Verfasser Blumenthal beschuldigten, er missbrauche sein Amt und versuche, deutsche Studenten dem russischen Bolschewismus näher zu bringen. Sie beriefen sich dabei insbesondere auf einen Vortrag, den er ein Jahr zuvor auf der 34. Hauptversammlung des Vereins zur Förderung des mathematischen und naturwissenschaftlichen Unterrichts in Aachen über die Mathematikerausbildung in der Sowjetunion gehalten hatte (Kapitel 14, Anhang V), einen rein fachdidaktischen Vortrag, der die daraus abgeleiteten Vorwürfe in keinster Weise rechtfertigte. Darüber hinaus enthielt der Brief den unterschwelligen Vorwurf, Blumenthal vergebe als Prüfer von Lehramtskandidaten die Zensuren nach der politischen Gesinnung der Prüflinge.

AStA der TH Aachen an Minister Bernhard Rust | Aachen, den 18.III.1933
TB, Hochschularchiv der RWTH Aachen

Herr Reichskommissar!

Der entschlossene Wille der nationalen Regierung, den Marxismus zu bekämpfen und zu vernichten, hat in den Herzen der in weit überwiegender Mehrheit national gesinnten deutschen Studenten den freudigsten Widerhall gefunden. Die Studentenschaft aller deutschen Universitäten und Hochschulen stellt sich in diesem Kampf gegen den Marxismus geschlossen hinter die Regierung. Sie würde es in Zukunft nicht mehr billigen und verstehen können, wenn sie noch weiterhin von Lehrern geleitet, unterrichtet und geprüft werden sollte, die dem nationalen Willen unseres Volkes und der jungen Generation fremd und feindlich gegenüber stehen. Auch die Aachener Studentenschaft bekennt sich freudig zu der von der nationalen Regierung geführten Aufwärtsbewegung und inneren Erneuerung Deutschlands und würde es aufs tiefste bedauern, wenn in den Kreisen der Professorenschaft unserer Hochschule noch innere Widerstände gegen die nationale Politik der Regierung vorhanden wären und unsere Lehrer allem, was heute die Herzen der jungen Menschen tief bewegt und ganz erfüllt, mehr oder weniger verständnislos gegenüberständen. Dann könnte ein vertrauensvolles und gedeihliches Zusammenarbeiten der Studierenden mit ihren Professoren, auf das gerade die Aachener Studentenschaft stets den grössten Wert gelegt hat, in Zukunft nicht mehr möglich sein. Um dieses vertrauensvolle Zusammenwirken im nationalen Sinne zu gewährleisten hält es die Aachener Studentenschaft für unumgänglich nötig und unabwendbar, dass aus den Reihen ihrer Lehrer diejenigen verschwinden, die sich zum Marxismus bekannt und aus ihren Sympathien und ihrer Freundschaft zum russischen Bolschewismus kein Hehl gemacht haben und die daher als deutschgesinnte und als nationalempfindende Volksgenossen nicht angesehen werden können. Wir verlangen Lehrer, die uns nicht nur ein gewisses Mass von Wissen beibringen und uns zu wissenschaftlichem Forschen erziehen sollen, sondern die darüber hinaus als echte Charaktere und ehrliche Deutsche uns wertvolle Führer sein können und uns voranleuchten in der Liebe zu unserem Volke und Staate. Nur die ernste Besorgnis, dass das von der Regierung gewollte Werk an unserer Hochschule gefährdet sein könnte, nötigt uns, die Studierenden, zu diesem Schritte, die Aufmerksamkeit der Staatsregierung auf einige Einzelfälle hinzulenken, die tiefe Beunruhigung in unseren Kreisen schon seit längerer Zeit hervorgerufen haben. ... Es kann deutsch gesinnten Studenten nicht mehr länger zugemutet werden, sich von Freunden des russischen Bolschewismus unterrichten und prüfen zu lassen.

Wie weitreichend der Einfluss sein kann, den ein marxistisch eingestellter und sich als Freund der Sowjetunion bekennender Professor auf die ihm durch den Lehrplan zugewiesenen Studierenden auszuüben in der Lage und gewillt ist, zeigt sich am Beispiele des ordentlichen Professors Dr. Blumenthal, der zusammen mit seinem Assistenten Dipl.-Ing. Hellmann[20] schon lange den Unwillen unserer national gesinnten Studierenden erregt und dessen hier studierender Sohn offen als Kommunist hervortritt. Durch seine Vorträge, die Professor Blumenthal – zum Teile auch in der Hochschule selbst – über seine Erlebnisse auf einer Russlandsreise vor einiger Zeit gehalten hat und durch die er mit beitrug zu einem gewissen „Sowjetkult", ist es ihm gelungen, eine grössere Zahl von Lehramtskandidaten, die dereinst die Erzieher der deutschen Jugend sein sollen, für die Gesellschaft der Freunde des neuen Russlands zu werben und sie für eine aktive Tätigkeit in dieser Gesellschaft einzuspannen. Diese Lehramtskandidaten und -kandidatinnen unterstützten auch in der Hauptsache durch ihre Unterschriften die antifaschistische Wahlliste bei den letzten Studentenschaftswahlen. Wir bezweifeln allerdings, dass diese Studierenden, die Herrn Professor Blumenthal zur mathematischen Ausbildung zugewiesen sind, sämtlich aus innerer Überzeugung „Antifaschisten" sind, glauben vielmehr, dass das Gefühl, von ihm in den Prüfungen abhängig zu sein, sie zur Unterstützung der Antifaschistenliste bewogen haben könnte. Wir müssen gerade diesen Verdacht besonders unterstreichen, um verständlich zu machen, dass unsere Studierenden nicht länger mehr gewillt sind, sich von marxistisch und sowjetistisch eingestellten Professoren prüfen zu lassen. ...

Wir haben ... von diesem Gesuch loyalerweise dem Herrn Rektor und dem Senat vertraulich Kenntnis gegeben.

Der Vorstand des ASTA

gez. Josef Hermann. gez. Karl Bauer.

Der Rektor Paul Röntgen, dem dieser Brief erst am 27. März vorgelegt wurde, beauftragte umgehend den Prorektor Felix Rötscher, die Vorwürfe zu überprüfen.

---

[20]Reinhard Hellmann wurde aufgrund dieser Vorwürfe und wegen seiner jüdischen Herkunft daran gehindert, in Aachen zu promovieren. Er und seine Familie emigrierten in die USA (Felsch 2011, 405 f.).

Prorektor Felix Rötscher an Rektor Paul Röntgen | Aachen, den 28.III.1933
AB, Hochschularchiv der RWTH Aachen

Ew. Magnifizenz berichte ich zu der heute besprochenen Angelegenheit wie folgt:

Was die Gesellschaft der Freunde des neuen Russland anlangt, so erklärte Prof. Meusel mir, als damaligem Rektor, auf Befragen, dass die Gesellschaft keine politischen, insbesondere kommunistischen Ziele verfolge, sondern das Studium der Verhältnisse in Russland bezwecke. Auf meine Einwendung, dass dann doch der Name der Gesellschaft unzweckmässig gewählt sei und irreführen könne, gab er das zu, bemerkte aber, dass sich der Name nicht ohne weiteres ändern lasse, das die Aachener Vereinigung eine Zweiggruppe einer größeren Gesellschaft sei. ...

Herr Prof. Blumenthal gehört der evangelischen Kirchengemeinde Aachen an, hat sich der kirchlichen Angelegenheiten mit dem gleichen Interesse, das er auch sonst allgemeinen Fragen entgegenbringt, angenommen, besucht den Gottesdienst rege, hat seine Kinder evangelisch erziehen lassen und wurde auf Vorschlag von Herrn Pfarrer Landgrebe in die größere Gemeindevertretung gewählt. Auch dort hat er sich während mehrerer Jahre eifrig und regelmässig an allen Arbeiten beteiligt.

Rötscher

Im Hochschularchiv der Aachener Hochschule befindet sich noch ein weiteres, etwas ausführlicheres Gutachten ohne Unterschrift vom 29. März.

Gutachten über Otto Blumenthal | Aachen, den 29.III.1933
TB, Hochschularchiv der RWTH Aachen

O. Blumenthal ist seit dem 1. Oktober 1905 Professor an der Te. H. Aachen, also eins der ältesten Mitglieder des hiesigen Lehrkörpers. B. hat sich von jeher lebhaft an allen auch ausserhalb seines Lehrgebietes liegenden wissenschaftlichen u. kulturellen Bestrebungen in Aachen betätigt.

Er gehört zu den ersten, die nach dem Kriege die Pflege der Kulturpolitik an den Hochschulen befürwortet haben und zwar in deutschem Sinne: vgl. seinen mit Gast gemeinsam unterzeichneten Antrag vom 25. II. 1920. Er verlangt darin „Pflege der Geschichte des deutschen Schrifttums, der deutschen Kultur und der deutschen Vergangenheit überhaupt".

Hervorragende Mitwirkung bei der Gründung und ersten Entwicklung des Aussen-Institutes der Te. H. Aachen, dessen Leitung er von 1921 bis 1927 inne hatte. Er hat damals unter z.T. sehr schwierigen Bedingungen arbeiten müssen, Inflation, Schliessung der Hochschule durch die Besatzung und ähnliches. Das Aachener Aussen-Institut ist unter seiner Führung zu einer der wichtigsten Verbindungen der Aachener Hochschule mit dem Geistesleben der Stadt Aachen geworden.

Seit Gründung der Deutsch-niederländischen Gesellschaft (Januar 1922) ist B. Schriftführer der Deutsch-niederländischen Gesellschaft in Aachen, die die Kultur des niederländischen Brudervolkes in einer Reihe hervorragender Vorträge der Aachener Studentenschaft und der Aachener Bevölkerung nahe gebracht hat.

B. hat von jeher Interesse für Russland gehabt, dies stammt aber schon aus der zaristischen Zeit, 1908, wo er bei der Einrichtung des hier bis zum Kriege bestehenden russischen Lektorates mitwirkte. Er beherrscht die russische Sprache. Die „Freunde des neuen Russlands" hat er anscheinend als Wiederaufleben der schon lange vor dem Kriege in Deutschland bestehenden Gesellschaft zum Studium Russlands aufgefasst, der er anscheinend s. Zt. auch als Mitglied angehört hat.

Wenn aus seinem Vortrag über seine Reise nach Russland etwas wie Zustimmung zu den dortigen Verhältnissen herausgeklungen haben sollte, so ist das sicherlich mehr unter dem frischen Eindruck der Erlebnisse der Reise zu verstehen, die ihm von russischer Seite gewiss so angenehm wie möglich gemacht worden ist, als aus innerer Uebereinstimmung. Dagegen spricht schon seine rege Beteiligung am kirchlichen Leben der hiesigen evangelischen Gemeinde. Er gehört der evgl. Kirchengemeinde Aachen an, hat sich deren Angelegenheiten mit dem gleichen Interesse, das er auch sonst allgemeinen Fragen entgegenbringt, angenommen, besucht den Gottesdienst rege, hat seine Kinder evangelisch erziehen lassen, wurde auf Vorschlag von Herrn Pfarrer Landgrebe in die grössere Gemeindevertretung gewählt und [hat] sich hierin während mehrerer Jahre eifrig und regelmässig an allen Arbeiten beteiligt.

Am 31. März wies der Minister die Hochschule an, die in dem AStA-Brief genannten Dozenten bis auf Weiteres von allen Prüfungen zu suspendieren. Daraufhin informierte der Rektor Otto Blumenthal, der bis dahin noch nichts davon wusste, über die gegen ihn erhobenen Vorwürfe. Er legte ihm den Brief der Studentenvertreter vor und bat um eine schriftliche Stellungnahme. Blumenthal schickte ihm noch am selben Tag eine ausführliche Darstellung, in der er die Anschuldigungen energisch zurückwies. Er verwies auf sein schon lange bestehendes Interesse an der russischen Kultur und Sprache und verwahrte sich insbesondere heftig gegen die infame Unterstellung, er lasse sich „bei Prüfungen irgendwie durch die politische oder gesellschaftliche Einstellung" seiner Prüflinge beeinflussen.

Blumenthal an Paul Röntgen | Aachen, den 31.III.1933
TB, Landesarchiv NRW Abteilung Rheinland

Lieber Herr Kollege Roentgen!

Zu den Eröffnungen, die Sie mir heute gemacht haben, habe ich folgendes zu sagen.

1. Ich habe niemals direkt oder indirekt irgendwelche marxistische oder sowjetistische Propaganda getrieben. Dies ist allein schon deshalb unmöglich, weil

ich kein Anhänger dieser Lehren bin oder jemals war.

2. Meine Angehörigkeit zu der „Gesellschaft der Freunde des neuen Russlands" erklärt sich dadurch, dass ich seit dem Jahre 1900 aus Interesse an der russischen schöngeistigen und wissenschaftlichen Literatur mich mit russischer Sprache beschäftige, es darin zu einer gewissen Fertigkeit gebracht habe und auch schon im Jahre 1900 in Russland gereist bin. Die „Gesellschaft" stellt sich lediglich das Studium der Verhältnisse im jetzigen Russland zur Aufgabe, objektiv und ohne jede Parteinahme. Der Name ist irreführend. Ich habe bei Bildung unserer Ortsgruppe gegen ihn Bedenken geäussert, weil er den Sinn nicht treffe. Es wurde mir aber erwidert, wir sollten als Ortsgruppe den Namen beibehalten, um formale Schwierigkeiten zu vermeiden. Die „Gesellschaft" ist nicht zu verwechseln mit dem „Bund der Freunde des neuen Russlands",[21] der politische Tendenzen haben soll, zu dem die „Gesellschaft" aber meines Wissens in keiner Beziehung steht. – Ob an der Hochschule studierende Lehramtskandidaten der „Gesellschaft" angehört haben, weiss ich nicht, jedenfalls habe ich niemals jemand dazu veranlasst.

3. Nachdem ich bereits im Jahre 1930 auf Einladung mathematischer Kollegen, die von meiner Kenntnis der russischen Sprache wussten, an einem Mathematiker-Kongress in Charkow teilgenommen hatte, habe ich 1931 eine zweite Reise nach Russland unternommen, unter anderem zum Zwecke des Studiums der dortigen Unterrichtsverhältnisse an Universitäten und Technischen Hochschulen. Ich habe dabei den Eindruck gewonnen, dass die dortige Art des Seminarbetriebs, der sich eng an die Lektüre eines Lehrbuchs anschliesst, gegenüber der in Aachen bis dahin üblichen Methode der Vortragsseminare Vorteile hat. Dies habe ich mehrmals in Seminarbesprechungen erwähnt und habe auch in dem letzten Winter ein Seminar mit gemeinsamer Lektüre abgehalten. Dies ist der einzige Zusammenhang, in dem ich Studenten gegenüber auf Sowjetrussland hingewiesen habe. Aus dieser Aeusserung auf Sowjetfreundlichkeit zu schliessen, ist gänzlich abwegig, da es sich allein um eine Frage der Lehrtaktik handelt.

4. Ich habe über meine russischen Reisen in zwei Vorträgen berichtet,[22] die ich Ihnen beide im Original einreiche. Der eine Vortrag bezog sich auf allgemeine Verhältnisse, der zweite auf Unterrichtsfragen. Der erste Vortrag, auf den ich hier allgemein einzugehen habe, sollte eine objektive Darstellung der Verhältnisse geben, wie sie sich mir auf meiner Reise gezeigt hatten, und hat auch, wie mir von verschiedenen Seiten bestätigt wurde, den Eindruck der Objektivität gemacht. Der Punkt, über den ich mich mit grösster Entschiedenheit ausgesprochen habe, betrifft die grosse Gefahr, die daraus folgt, dass das Sowjetsystem im Besitze einer absoluten Wahrheit zu sein glaubt, woraus Unduldsamkeit und Verfolgung Andersdenkender hervorgeht. Wenn ich Sympathien geäussert habe, so galten sie

---

[21]Wahrscheinlich meinte Blumenthal hier den 1928 gegründeten kommunistischen „Bund der Freunde der Sowjetunion".

[22]Den zweiten Vortrag unter dem Titel „Ueber das mathematische Bildungswesen im heutigen Rußland" hielt Otto Blumenthal 1932 auf der 34. Hauptversammlung des Vereins zur Förderung des mathematischen und naturwissenachaftlichen Unterrichts in Aachen. Der Text dieses Vortrags ist in Kapitel 14, Anhang VI wiedergegeben.

den russischen Gelehrten, mit denen ich in Berührung gekommen bin, die in Hingabe an ihre wissenschaftliche und Lehrtätigkeit unter schwierigen Verhältnissen mit grösstem Fleiss gute Arbeit leisten. – Ich bin wegen meiner Reiseerfahrungen mehrfach von Herren, die in Russland eine Anstellung suchen wollten, um Rat gefragt worden. Ich habe niemals zugeredet, sondern immer auf die grossen Schwierigkeiten aufmerksam gemacht.

5. Ich würde es als eine schwere Verleumdung empfinden, wenn man mir den Vorwurf machen wollte, dass ich mich bei Prüfungen irgendwie durch die politische oder gesellschaftliche Einstellung meiner Prüflinge beeinflussen lasse. Denn erstens verbietet mir das die Gerechtigkeit, und zweitens ist es schon rein sachlich nicht möglich, weil mir die persönlichen Verhältnisse der Prüflinge nicht bekannt sind. Ich nehme die Pflichten meines Amtes als Professor und Prüfer sehr ernst und muss selbstverständlich bei den Prüfungen die Kenntnisse feststellen, die zur erfolgreichen Absolvierung des Studiums notwendig sind. Dabei gehe ich aber immer mit Wohlwollen vor, wie mir die Mitglieder der Prüfungskommission bestätigen werden. Mit aller Entschiedenheit weise ich die Unterstellung zurück, dass die Linkseinstellung einiger Lehramtskandidaten direkt oder indirekt auf meinen Einfluss zurückzuführen ist, erstens aus den unter dieser Nummer, zweitens aus den unter 1. angeführten Gründen. Die Unhaltbarkeit dieser Annahme folgt auch schlagend aus der folgenden Überlegung: Die Lehramtskandidaten sind von mir nicht mehr abhängig und können nicht glauben, von mir mehr abhängig zu sein als von den übrigen Mitgliedern der wissenschaftlichen Prüfungskommission, dh. den Vertretern der Physik, Chemie, Erdkunde und dem zweiten Mathematik-Prüfer. Damit entfällt die Möglichkeit, dass sie sich nach den bei einem einzelnen Prüfer von ihnen vorausgesetzten politischen Einstellungen richten können.

6. Nach allem, was ich in Vorlesungen und Übungen, wo ich mit den Studierenden in enge Berührung komme, sehen oder merken kann, besteht zwischen mir und meinen Studierenden ein freundliches, von Vertrauen zeugendes Verhältnis. Irgend welche Trübungen sind mir nie bekannt geworden.

Ihr sehr ergebener

O. Blumenthal.

Der Rektor schickte diese Stellungnahme sofort an das Ministerium in Berlin weiter, was allerdings an der Suspendierung nichts änderte.

Blumenthals Ankläger blieben auch nicht untätig. Am 5. April schickte die Aachener Kreisgruppe des Nationalsozialistischen Lehrerbundes einen Brief an den Minister, in dem sie sich voll hinter die Vorwürfe des AStA stellte und, wie auch die AStA-Vertreter selber in einem zweiten Brief vom 10. April, noch ein paar weitere Professoren benannte, die ihrer Meinung nach ebenfalls entfernt werden sollten.

Nationalsozialistischer Lehrerbund an Minister Bernhard Rust | Aachen, den 5.IV.1933
TB, Landesarchiv NRW Abteilung Rheinland

Herr Reichskommissar!

Zu der Eingabe des Vorstandes des Asta, Hochschule Aachen vom 18. 3. 33 betreffs Betätigung der Hochschulprofessoren B l u m e n t h a l, M e u s e l und F u c h s im marxistischen bezw. bolschewistischen Sinne nimmt der Nationalsozialistische Lehrerbund Kreisgruppe Aachen Stadt folgende Stellung: Der Nationalsozialistische Lehrerbund befürwortet nicht nur die Ausführungen des Asta, sondern ist sogar der Ansicht, dass sie viel zu massvoll gehalten sind. Die politische Beeinflussung der akademischen Jugend, besonders der zukünftigen Kandidaten für das höhere Lehramt durch diese Professoren erscheint so verhängnisvoll, dass eine Mitarbeit dieser Dozenten für das nationale Aufbauprogramm unter keinen Umständen in Frage kommen kann.

In der Eingabe des Asta vermissen wir den Namen des jüdischen Professors Dr. H o p f, der Mitglied des Bundes der Freunde des neuen Russland ist[23] und nach unseren Erkundigungen an massgebender Stelle ebenfalls in marxistischem Geiste gearbeitet hat, ferner Professor M ä d g e, der als Marxist den wichtigen Lehrstuhl für Betriebswissenschaft inne hat. Juden sind ferner: Dr. Ludwig S t r a u s s, der Leiter des Deutschen Instituts ist, Professor S a l m a n g, Professor Dr. B r y und Professor R o e r.[24]

Der Obmann des N.S. Lehrerbundes
Kreis Aachen Stadt
gez. Butzek

Die in den Briefen erhobenen Vorwürfe wurden im Ministerium so ernst genommen, dass der zuständige Ministerialdirektor Georg Gerullis[25] gegen Otto Blumenthal und vier der anderen beschuldigten Professoren ein Ermittlungsverfahren

---

[23] Wie Otto Blumenthal war auch Ludwig Hopf Mitglied der 1923 in Berlin gegründeten „Gesellschaft der Freunde des neuen Russland". Die hier benutzte falsche Bezeichnung „Bund der Freunde des neuen Russland" war damals durchaus dazu geeignet, die „Gesellschaft" in die Nähe des 1928 ebenfalls in Berlin gegründeten, unter kommunistischem Einfluss stehenden „Bund[es] der Freunde der Sowjetunion" zu rücken oder sie gar damit gleichzusetzen. Vor einer solchen Verwechslung hatte Otto Blumenthal in seinem Brief vom 31. März 1933 an den Rektor ausdrücklich gewarnt.

[24] Mit den beiden letzten Namen sind Paul Levy und Rudolf Ruer gemeint. Dass diese durch den gesperrten Druck noch extra hervorgehobenen Namen falsch sind, ist bemerkenswert. Insbesondere das Wort „Bry" statt „Levy" deutet darauf hin, dass der Verfasser des Briefes hier Personen denunziert hat, die ihm völlig unbekannt waren und deren Namen er nur aus einer handschriftlichen Vorlage in deutscher Schrift abgelesen hat.

[25] Georg Gerullis (1888–1945) war von 1922 bis 1933 Professor für baltische und slawische Sprachen an der Universität Leipzig. Ab April 1933 wurde er Ministerialdirektor und Leiter der Hochschulabteilung im Preußischen Ministerium für Wissenschaft, Kunst und Volksbildung, blieb jedoch nur ein Jahr im Amt; sein Nachfolger war Theodor Vahlen.

anhand des „Gesetzes über die Wiederherstellung des Berufsbeamtentums" einleitete. Die AStA-Vertreter forderte er auf, ihre Behauptungen durch konkrete Tatsachen zu belegen und gegebenenfalls einer Gegenüberstellung mit den beschuldigten Professoren zuzustimmen.

Dem Rektor schickte er eine Abschrift.

Ministerialdirektor Georg Gerullis an den Rektor der TH Aachen | Berlin, den 19.IV.1933
TB Hochschularchiv der RWTH Aachen, 508

Nachdem die Bestimmungen des Gesetzes über die Wiederherstellung des Berufsbeamtentums bekannt gemacht sind, ersuche ich an der Hand dieser Bestimmungen anzugeben, welche Gründe für die Entfernung der Professoren Blumenthal, Meusel und Fuchs und etwaiger anderer aus ihren Lehrämtern vorgebracht werden. Die Gründe müssen durch Beweise belegt werden. Der Leiter der Hochschulabteilung wird gegebenenfalls an Ort und Stelle die Angelegenheit prüfen und die Ankläger den in Frage kommenden Professoren gegenüberstellen. Die Äußerung ersuche ich umgehend einzureichen.

Unterschrift

An den Allgemeinen deutschen Studenten-Ausschuss der Technischen Hochschule in Aachen, Turmstr. 3.

Abschrift zur Kenntnisnahme.

Der Kommissar des Reichs

Im Auftrage

gez. Gerullis

Wie in Abschnitt 1.11 beschrieben, weigerten sich die Studentenvertreter, dieser Aufforderung nachzukommen, sodass die von Blumenthal erhoffte Gegenüberstellung nicht zustande kam. Stattdessen wurde er am 27. April von studentischen Hilfspolizisten verhaftet und der politischen Polizei übergeben, von der er erst nach einer 15-tägigen „Schutzhaft" wieder entlassen wurde, ohne allerdings seine Dienstgeschäfte wieder aufnehmen zu dürfen.

Der Dekan der Fakultät, Carl Wieselsberger[26], verfasste zu Blumenthals Unterstützung eine Erklärung, in der er u.a. dessen Verdienste um die Gründung und langjährige Leitung des Außeninstituts der TH hervorhob. Es ist allerdings nicht bekannt, ob die Fakultät diesem Text, den Wieselsberger ihr in der Fakul-

---

[26]Der Aerodynamiker Carl Wieselsberger (1887–1941) studierte zunächst an der TH München, wo er 1912 promoviert wurde. Seine Dissertation schrieb er bei Robert Emden zum Thema „Über die statische Längsstabilität der Drachenflugzeuge". Danach ging er zu Prandtl in Göttingen, wo er eine zweite Doktorarbeit schrieb: „Zur Theorie des Tragflügels bei gekrümmter Flugbahn". Wieselsberger kam 1930 nach Aachen und wurde Leiter des Instituts für Mechanik und Flugtechnische Aerodynamik, nachdem von Kármán endgültig in die USA ausgewandert war.

tätssitzung vom 24. Mai 1933 vorlegte, zugestimmt und ob sie ihn an den Rektor weitergeleitet hat.

Fakultät über Otto Blumenthal | Aachen, den 20.V.1933
TB Hochschularchiv der RWTH Aachen, 508

Die Fakultät hält sich für verpflichtet, über Herrn Blumenthal folgendes zu bekunden:

Herr Professor Blumenthal hat in den 27 Jahren, die er hier gewirkt hat, seine volle Kraft in wahrhaft vorbildlicher Weise in den Dienst der Hochschule gestellt, und ihr Wohl und Wehe lag ihm wie kaum einem zweiten am Herzen. Er widmete sich stets mit Hingabe seinem Lehrberuf und war mit wärmstem Interesse für seine Schüler erfüllt. Vor allem hat er es sich angelegen sein lassen, den Mathematikunterricht den Bedürfnissen der Ingenieure anzupassen. Darüber hinaus erwarb er sich durch seine organisatorische Tätigkeit größte Verdienste um die Hochschule. Die Einrichtung des Unterrichts in fremden Sprachen ist sein Werk, und er war hervorragend daran beteiligt, als die Ausbildungsmöglichkeiten von Lehramtskandidaten an der technischen Hochschule eingerichtet wurden. Er hat außerdem an der Technischen Hochschule das Außeninstitut eingerichtet, es 6 Jahre lang in vorbildlicher Weise geleitet und es zu dem gemacht, was es heute ist: eine notwendige Ergänzung des Hochschulunterrichts und eine wertvolle Verbindung zwischen Hochschule und Stadt. Weitere Verdienste hat er sich durch Gründung der Mathematischen Gesellschaft erworben, die das Ziel verfolgt, den Oberlehrern eine Fortbildung in ihrer Wissenschaft zu bieten. Er hat auch den Vorsitz in dieser Gesellschaft geführt. Die Wertschätzung die Blumenthal als Mathematiker in Fachkreisen geniesst, geht daraus hervor, daß er seit vielen Jahren Herausgeber des Mathematischen Annalen ist. Sein absolut rechtlicher, vornehmer Charakter steht über jedem Zweifel.
Fakultät für Allgemeine Wissenschaften Technische Hochschule Aachen
Der Dekan
C. Wieselsberger

Die persönliche Situation in dieser Zeit war für Otto Blumenthal äußerst schwierig. Seiner Frau, die sich zur Ausheilung einer längeren Erkrankung in Badenweiler aufhielt, hatte er die gravierenden Ereignisse der letzten Zeit zunächst verschwiegen, um ihre Gesundung nicht zu gefährden. Sein Sohn Ernst, der gerade als Student im ersten Semester an der Aachener TH studierte, konnte sich dort nicht mehr sehen lassen. Ein kurzer Bericht über die damalige Lage findet sich in einem Brief von Blumenthals Aachener Kollegen Ludwig Hopf an Arnold Sommerfeld. Hopf gehörte selbst zu den vom AStA denunzierten Professoren, gegen die jetzt ein Ermittlungsverfahren lief.

Ludwig Hopf an Arnold Sommerfeld | Aachen, den 24.V.1933
AB, Nachlass Sommerfeld, Deutsches Museum München

Lieber Herr Professor!

Ihr und Ihrer lieben Frau so warm empfindende Briefe haben uns sehr wohl getan; es ist so schön zu empfinden …, daß man immer noch in gleicher Weise zu seinen Freunden gehört und daß man fest in der alten Gemeinschaft wurzelt; das gibt die Hoffnung, daß vielleicht doch ein Zurückwachsen möglich ist. Freilich sind es zunächst die materiellen Sorgen, die uns in Anspruch nehmen; aber das kommt vielleicht in Ordnung. Aber dies Hinausgestoßenwerden aus der einzigen Gemeinschaft, in die man hineingehört, in den leeren Raum hinaus, ist sehr schmerzlich; der Mensch ist eben kein Einzelgänger, und die letzten Zeiten haben mich richtig gelehrt, was Heimat, Vaterland, Volk (beileibe nicht im Sinn der Nationalisten) bedeuten. Ins Ausland gehen, hieße für mich doch „Verbannung", und ich würde dies nur gezwungen tun, damit die Kinder wieder eine Heimat finden. …

Und vernunftgemäß glaube ich ja auch, daß in 3 Monaten das meiste wieder zurückgenommen werden wird.[27] Ein Volk, das sich seit 14 Jahren über das Ausnahmegesetz gegen sich beschwert, kann doch nicht seinerseits Ausnahmegesetze verhängen; und ein Volk, das stets energisch für die Rechte der Minderheiten eingetreten ist, kann doch nicht seinerseits Minderheiten derartig behandeln. …

Blumenthal ist nach 15-tägiger Haft, die nur von einem kurzen, ganz belanglosen Verhör unterbrochen war, entlassen worden; vor Aufnahme seiner Vorlesungen wurde er aber, offenbar auf Betreiben der Studentenschaft, gleichfalls beurlaubt. Er hat seiner Frau nach einigen Tagen Unsicherheit die Verhaftung und jetzt auch die Beurlaubung mitgeteilt, und das tut recht gut, die Depression ist durch die wirkliche Sorge eher gemildert worden, die Lunge scheint wieder ziemlich in Ordnung. Der Badenweiler Aufenthalt wird sich wohl noch etwas hinziehen; aber es geht aufwärts. Das Haus ist nun gerade im ungeschicktesten Zeitpunkt im Bau. Margarete ist in Köln; Ernst ist etwas ausgeworfen; er blieb hier immatrikuliert, soll aber nicht an die Hochschule, wo er als politisch unsicher angesehen wird. Als fleißiger und strebsamer Blumenthal kann er sich zu Hause gut beschäftigen. …

Herzlichste Grüße Ihnen allen!

Ihr treu ergebener

L. Hopf.

---

[27] Dieses Wunschdenken war am Anfang der NS-Zeit sehr verbreitet. Einstein gehörte jedoch nicht zu dieser Gruppe. Er schrieb ungefähr eine Woche zuvor an Hopf: „Machen Sie sich keine Sorgen! Sie haben in der Fähigkeit populärer Darstellung eine Gabe, die Sie über alle Sorgen hinwegbringen wird. Sie sollen populäre Vorlesungen in verschiedenen Ländern und Städten über Relativitätstheorie, die Prinzipien der Hydrodynamik (Theorie des Fliegens), sowie über die Wandlungen der Atomtheorie halten. Dabei verdienen Sie mehr wie als Professor und führen zugleich ein interessantes Zigeunerleben. … Können Sie englisch? Wenn nicht, dann büffeln Sie tüchtig" (Siegmund-Schultze 1998, 262).

Das von Gerullis gegen Blumenthal eingeleitete Ermittlungsverfahren, dessen Durchführung am 16. Mai dem Aachener Regierungspräsidenten übertragen wurde, kam in den nächsten Wochen nicht recht voran. Erst am 13. Juli wurde er zu einer halbstündigen Vernehmung vorgeladen, an deren Schluss er das folgende Vernehmungsprotokoll unterzeichnete.

Protokoll der Vernehmung von Otto Blumenthal | Aachen, den 13.VII.1933
TB, Landesarchiv NRW Abteilung Rheinland

Ich bestreite irgendwie marxistisch oder gar sowjetistisch gesinnt zu sein oder mich betätigt zu haben. Insbesondere ist es nicht wahr, dass ich in irgend einer Form für die Sowjetrepublik und ihre staatspolitischen Einrichtungen Propaganda getrieben habe. Ich habe mich in meinen Vorträgen, die bereits in Berlin vorgelegt sind, bemüht, sachlich und kritisch zu sein. Ich habe keinesfalls eine Verherrlichung getrieben. Insbesondere habe ich mich gegen den Geist der Unduldsamkeit, der das sowjetistische Prinzip beherrscht in jeder Form gewandt. Meine Vorlesungen beziehen sich auf Mathematik und haben das sachliche Gebiet nie verlassen. Ich habe die Sowjetunion nur in meinen Seminarvorbesprechungen erwähnt, als es sich darum handelte, eine bestimmte didaktische Methode, die ich dort kennen gelernt hatte, probeweise auch in unseren Seminarübungen zu verwenden.

Ich bin nicht im Vorstand der „Gesellschaft der Freunde des neuen Russlands" gewesen. Ich war lediglich Mitglied und habe mich auch beim Eintritt gegen den Titel dieser Gesellschaft gewandt. Diese Gesellschaft diente lediglich Studienzwecken, es wurde keineswegs in ihr sowjetistische Propaganda getrieben.

Ich habe niemals einen Menschen bewogen, in die Gesellschaft der Freunde des neuen Russlands einzutreten. Ich bestreite, irgendwelche Werbetätigkeit ausgeübt zu haben.

Ich beziehe mich im übrigen auf meinen Brief vom 31. 3. 33 an Prof. Röntgen, von dem ich Abschrift überreiche und Abschrift eines der angegriffenen Vorträge.

Solange man mir keine positiven Angaben oder Vorwürfe machen kann oder Tatsachen bezeichnet, bin ich natürlich nicht in der Lage, mich gegen unbestimmt gehaltene Vorwürfe im einzelnen zu verteidigen. Ich bitte, meinen Anklägern persönlich gegenübergestellt zu werden,

v. g. u.

O. Blumenthal

Nach der Vernehmung fertigte Blumenthal zu Hause ein Gedächtnisprotokoll an.

Aktennotiz von Blumenthal über seine Vernehmung | Aachen, den 13.VII.1933
TB, Hochschularchiv der RWTH Aachen

Aufzeichnung über meine Vernehmung auf der Regierung.

Ich bin heute früh von 90 bis etwa 930 von dem Beauftragten des kom. Regierungspräsidenten Herrn Regierungsrat v. Pelser-Berensberg vernommen worden. Die Akten, die seinerzeit von mir durch Vermittlung der Hochschule nach Berlin an das Kultusministerium geschickt worden sind, nämlich mein Brief an den Rektor vom 31. 3. und die Originale meiner beiden Russland-Vorträge, lagen Herrn v. P.-B. nicht vor, ebenso wenig das am 6. Mai im Gefängnis von der politischen Abteilung der Polizei aufgenommene Protokoll. Es lag vor eine Anklageschrift des Asta, anscheinend die mir bekannte, und eine Eingabe des Nationalsozialistischen Lehrerverbandes Aachen, in dem dieser das Schreiben des Asta unterstützt, die Ausdrucksweise für zu milde erklärt und sich dahin äussert, dass die vom Asta angegebenen Professoren (ausser meinem Namen habe ich die von Hopf und Maedge gehört) wegen ihrer politischen Einstellung (Wortlaut weiss ich nicht mehr) zur Ausbildung von künftigen Lehrern unbrauchbar seien. Es hat mündliche Vernehmung der Ankläger stattgefunden. In dieser ist kein Tatsachenmaterial beigebracht worden, sondern lediglich allgemeine Beschwerden, dass ich mich im Unterricht kommunistisch oder sowjetistisch äussere, und dass ich im Vorstand der „Gesellschaft der Freunde des neuen Russlands" gewesen sei.

Das Protokoll, das aufgesetzt worden ist, und das ich unterschrieben habe, hat ungefähr folgenden Inhalt: Ich habe niemals marxistische oder sowjetistische Ideen geäussert und habe keine solche Gesinnung. Meine Vorlesungen behandeln Mathematik und sind rein sachlich. Dass ich in Seminarvorbesprechungen von Sowjetrussland gesprochen habe, geschah nur in dem Zusammenhange, dass ich probeweise eine didaktische Methode einführen wollte, die ich in Russland kennen gelernt habe. Meine Vorträge über Russland waren objektiv und kritisch, keineswegs eine Verherrlichung des Sowjetsystems. Ich habe mich namentlich gegen die Unduldsamkeit, die Prinzip der sowjetistischen Weltanschauung ist, in jeder Form gewandt. Die „Gesellschaft der Freunde des neuen Russlands" ist eine objektive Studiengesellschaft gewesen, keineswegs hat sie sowjetistische Propaganda getrieben. Ich bin nicht im Vorstand der Gesellschaft gewesen. Gegen den irreführenden Titel habe ich bei meinem Eintritt Einspruch erhoben. Ich habe nie für die Gesellschaft geworben, auch mein Vortrag war nicht mit der Absicht der Werbung gehalten. Da ich keine Einzeltatsachen kenne, die mir vorgeworfen werden, kann ich auch nicht im einzelnen antworten. Ich bitte, meinen Anklägern persönlich gegenüber gestellt zu werden. Ich verweise auf das im Gefängnis aufgenommene Protokoll vom 6. Mai.

Ausserdem habe ich ein Exemplar meines Briefes an Roentgen vom 31.3. und einen Durchschlag meines Vortrags „Ueber das mathematische Bildungswesen im heutigen Russland" zu den Akten gegeben.

O. Blumenthal.

———————

Vier Tage später wurden die Ermittlungen abgeschlossen. In dem Abschlussbericht, den der Regierungspräsident nach Berlin schickte, hieß es zu Otto Blumenthal wie folgt.

Bericht des Aachener Regierungspräsidenten an den Minister | Aachen, den 17.VII.1933
TB, Landesarchiv NRW Abteilung Rheinland

Die Ermittlungen gegen die fünf obengenannten Professoren gestalteten sich langwierig, weil ausser allgemeinen Angaben und Vermutungen keine bestimmten Tatsachen und äusserungen im Einzelfalle geltend gemacht werden konnten. Wiederholte Besprechungen mit den Vertretern des Nationalsozialistischen Lehrerbundes und der Studentenschaft, die immer wieder auf diese Schwierigkeit hingewiesen wurden, brachte kein neues Tatsachenmaterial. ...

Besondere Vorwürfe richten sich gegen Prof. Blumenthal und seine Vorträge über seine Reisen durch Russland. Um diesen Vorwurf zu entkräften, hat Blumenthal die Abschriften der beiden Vorgänge der dortigen Stelle vorgelegt. Die Abschrift des einen Vortrags befindet sich bei den Akten.

Aus diesen Vorträgen dürfte sich wohl nicht eine kommunistische Denkweise oder gar eine Verherrlichung der kulturellen Entwicklung der Sowjetrepublik herauslesen lassen. Blumenthal gilt allgemein (s. auch das Schreiben von Professor Treffer vom 27. Mai 1933)[28] als Idealist. Ich glaube auch, dass er mehr aus Lehrgründen als aus irgend einem anderen Grunde sich mit der Sowjetrepublik beschäftigt hat. Allerdings bestand dann die Gefahr, wie es geschehen ist, dass dieses Streben missverstanden werden konnte.

Auch der Herr komm. Polizeipräsident hat sich zur politischen Einstellung der Professoren Blumenthal, Fuchs, Hopf und Maegde [gemeint ist Mädge] dahin geäussert, dass sie weiter nicht in Erscheinung getreten seien. Auch seien keine weiteren Einzelheiten über deren politische Einstellung bekannt gewesen.

———————

Der Bericht des Regierungspräsidenten scheint die von AStA und Lehrerbund erhobenen Vorwürfe endgültig ausgeräumt zu haben, denn formal spielten sie danach keine Rolle mehr. Blumenthals Beurlaubung wurde aber nicht aufge-

---

[28]Gemeint ist der in Abschnitt 9.4 abgedruckte Brief von Erich Trefftz an den Rektor der TH Aachen.

hoben, weil er inzwischen, wie jeder andere Beamte auch, den Fragebogen zum Gesetz zur Wiederherstellung des Berufsbeamtentums hatte ausfüllen müssen und die Auswertung seiner Angaben noch ausstand.

Paragraph 3 des Gesetzes, der verfügte, dass Beamte, die „nicht arischer Abstammung" waren, in den Ruhestand zu versetzen seien, betraf ihn zunächst nicht, weil es (damals noch) eine Ausnahmeregelung für diejenigen gab, „die bereits seit dem 1. August 1914 Beamte gewesen sind oder die im Weltkrieg an der Front für das Deutsche Reich oder für seine Verbündeten gekämpft haben oder deren Väter oder Söhne im Weltkrieg gefallen sind". Blumenthal konnte leicht nachweisen, dass er die ersten beiden dieser Bedingungen erfüllte.

Schwieriger war es für ihn mit den zum Teil sehr konkreten Fragen zu Paragraph 4, in dem es um die politische Zuverlässigkeit ging. Insbesondere musste er die Frage beantworten, ob er Mitglied der „Liga für Menschenrechte" gewesen sei und, falls ja, von wann bis wann. Wahrheitsgemäß beantwortete er diese Frage mit ja, aber es war ihm bewusst, dass das für ihn gefährlich sein konnte, und deshalb fügte er hinzu:

„Ich war Mitglied der Liga für Menschenrechte seit 1919 oder 1920. Hierzu erkläre ich folgendes: Ich bin der Liga für Menschenrechte beigetreten, weil ich mit ihren friedensfreundlichen und menschenfreundlichen Bestrebungen sympathisiert habe. Aktiv habe ich weder für sie noch in ihr gewirkt, wie mir überhaupt politische Betätigung fremd ist. Ich habe an keinen Versammlungen oder sonstigen Veranstaltungen der Liga für Menschenrechte teilgenommen und mit keinem Mitglied in Beziehung gestanden."

Tatsächlich wurde ihm diese Frage zum Verhängnis. Am 29. September 1933, zwei Tage vor seinem Umzug in sein eigenes, neu erbautes Haus, von dem er 20 Jahre lang geträumt hatte, erhielt er sein Entlassungsschreiben. Es lautete:

„Auf Grund von §4 des Gesetzes zur Wiederherstellung des Berufsbeamtentums vom 7. April 1933 werden Sie hiermit aus dem Staatsdienst entlassen. Wegen Regelung Ihrer Bezüge ergeht demnächst weitere Verfügung. Berlin den 22. September 1933."

Der genaue Grund für die Entlassung wurde ihm nicht mitgeteilt; in den im Ministerium aufbewahrten Unterlagen zur Auswertung seines Fragebogens und in seiner Entlassungsakte ist er jedoch festgehalten. Es war tatsächlich seine Mitgliedschaft in der Liga für Menschenrechte. Die drei letzten Einträge in der Entlassungsakte lauten:

„Politische Einstellung: s. Entlassungsgründe.

Rassenzugehörigkeit: Nichtarier.

Entlassungsgründe: Mitglied der Liga für Menschenrechte seit 1919/21."

Nach seiner Entlassung zog sich Otto Blumenthal erst einmal zurück. Einen Brief, den Arnold Sommerfeld ihm im September geschrieben hatte, ließ er, ganz gegen seine sonstige Gewohnheit, drei Monate unbeantwortet. Ludwig Hopf schrieb am 2. Dezember an Sommerfeld: „Traurig ist das Kapitel Blumenthal; er hat zwar seine Kinder auf gutem Weg, und sein neues, sehr schönes Haus bringt etwas Licht und Freude in sein Dasein; aber Mali ist immer noch nicht ganz auf dem Damm und ihn bedrückt die Ausgeschlossenheit und die Abneigung der Studierenden, die recht hässlich zum Vorschein gekommen ist; auch manche älteren Semester und Kollegen haben sich von einer wenig erfreulichen Seite gezeigt." Und in einem weiteren Brief zwei Wochen später: „Blumenthal erzählte mir von Ihrem Brief; dass er so lange nicht geantwortet hat, liegt wohl an seiner allgemeinen Bedrücktheit; man ist mit ihm und auch mit seinem Sohn recht hässlich umgegangen."

Erst am 20. Dezember raffte sich Blumenthal dazu auf, Sommerfelds Brief vom September zu beantworten.

Otto Blumenthal an Arnold Sommerfeld | Aachen, den 20.XII.1933
AB Nachlass Sommerfeld, Deutsches Museum München

Lieber Sommerfeld!

Du hast bei Hopf angefragt, ob ich Deinen Brief vom September erhalten habe. Das habe ich, und bitte sehr um Entschuldigung, dass ich noch nicht gedankt und geantwortet habe. Aber das Schreiben fällt schwer, wenn unerfreuliches zu melden ist. Es gibt allerdings auch erfreuliches. Wir sitzen seit 1. Oktober in einem eigenen, bequemen, nicht teuren Häuschen[29], das für Mali eine grosse Erleichterung bedeutet. Mali, die den Sommer über in Badenweiler war, Anfang September hierher zurückgekommen ist und während des Umzugs[30] noch 10 Tage hier im Krankenhaus gelegen hat, ist jetzt ganz wohl und arbeitsfähig, wenn sie sich auch noch den ganzen Winter über wird tüchtig schonen müssen. Das kann sie in dem Haus. Erfreulich ist auch, dass unser Mädel jetzt mit einer, wie ich glaube, recht anständigen Arbeit in Köln zum Doktor in Englisch eingereicht hat und Ende dieses Semesters in Examen kommen wird.[31] Unser Junge kann nicht in Deutschland studieren und ist nach Manchester gegangen, wo ihn der mir bekannte Mathematiker Mordell[32] freundlich aufgenommen und untergebracht hat. Er

---

[29] Die heutige Adresse des Hauses ist Limburger Straße 22.

[30] Vorher hatte Otto Blumenthal seit etwa 1907 in der Rütscherstraße zur Miete gewohnt, und zwar der Reihe nach in den Häusern Nummer 37, 48 und 50 und schließlich, seit etwa 1919, im Haus Nummer 38.

[31] Die Dissertation von Margrete Blumenthal trägt den Titel „Zur Technik des englischen Gegenwartsromans". Die mündliche Prüfung fand am 24. Februar 1934 statt, und die Promotion wurde am 9. November 1935 erfolgreich abgeschlossen.

[32] Louis Mordell (1888–1972) wurde in Philadelphia geboren. Seine Eltern waren litauische Juden, die einige Jahre vor seiner Geburt in die USA eingewandert waren. Er gewann ein Stipendium, um Mathematik in Cambridge zu studieren, und er schloss sein Studium dort als dritter Wrangler im Tripos ab. 1922 wurde er Professor an der Manchester University. Im selben Jahr konnte er beweisen, dass die Gruppe der rationalen Punkte auf elliptischen Kurven endlich erzeugt ist. Er formulierte gleichzeitig die Vermutung, dass es für Kurven vom Geschlecht $g > 1$ nur endlich viele rationale Punkte gibt; diese Mordellsche Vermutung wurde 1983 von Gerd Faltings bewiesen.

studiert Mathematik, Physik, Chemie: ich habe etwas wie einen Technischen Physiker für ihn im Auge. Die nordenglischen Universitäten sind ja stärker technisch eingestellt. In Manchester ist auch Dein früherer Schüler Bethe, an den Ewald meinen Jungen empfohlen hat.[33] Die Bekanntschaft ist auch zustande gekommen. Näheres weiss ich nicht.

Über mich selbst weisst Du das wichtigste. Die Entfernung vom Lehramt trifft mich hart, denn ich habe sehr gern unterrichtet und dem Unterricht viel zu viel Zeit und Kraft geschenkt. Jetzt muss ich umlernen. Ausserdem suche ich, wie so viele andere, Beschäftigung im Ausland, kurzfristig oder langfristig, wie es sich bietet. Wenn Du mir helfen willst und kannst, werde ich Dir sehr dankbar sein. Du weisst, dass ich eine gewisse Leichtigkeit habe, mich in Materien einzuarbeiten, auch wenn sie mir heute noch ferner liegen. Das könnte man vielleicht zu meinen Gunsten anführen, ferner meine Sprachkenntnisse.[34] Ich habe schon verschiedene Bettelbriefe geschrieben, aber noch nichts in Aussicht. Nur holländische Freunde wollen mich Ende Februar zu Besprechungen und Vorträgen nach Holland kommen lassen. Das ist ein Silberstreif.

Nicht sehr erfreulich geht es auch den Mathematischen Annalen. Die Trockenlegung des Göttinger Staubeckens macht sich sehr bemerkbar. Wir müssen neue Zuzugsgebiete erschliessen. Denke auch Du an uns! Wir nehmen sehr gern gute theoretische Physik, z.B. Arbeiten von A. Sommerfeld und Schülern. Da ja die Zeitschrift für Physik kürzer gehalten wird, fällt vielleicht für uns ein guter Happen ab.

Was macht Ernst? ist er noch in Berlin? und wo?

Hoffentlich geht es Dir nebst Frau und Kindern gut. Herzliche Grüsse und Neujahrswünsche von Haus zu Haus!

Dein

O. Blumenthal.

9.3 Freundschaft mit Burgers

Ein Lichtblick in dieser schweren Zeit waren für Otto Blumenthal seine Kontakte mit dem Delfter Mathematiker und Strömungsmechaniker Johannes Martinus (Jan) Burgers[35], zu dem er nicht nur eine fachliche, sondern auch eine persönliche Beziehung hatte. Ihr umfangreicher Briefwechsel ab 1933 dokumentiert, dass Blumenthal in ihm jemanden gefunden hatte, mit dem er über seine vielen

---

[33]Der Physiker Paul Ewald war der Schwiegervater von Hans Bethe.

[34]In einem am 7. Januar 1939 verfassten Lebenslauf gab Otto Blumenthal seine Sprachkenntnisse konkret an: „spricht, liest und schreibt geläufig französisch, englisch, russisch, hat auch Kenntniss in Italienisch, Holländisch, Bulgarisch. Liest Latein und Griechisch". Dieser Lebenslauf ist in Kapitel 14, Anhang VIII vollständig abgedruckt.

[35]Zu seiner Karriere siehe Alkemade (1995).

Sorgen reden und den er immer wieder um Rat fragen konnte (siehe dazu auch Abschnitt 10.5). Letztendlich trugen Burgers' Bemühungen später auch wesentlich dazu bei, einen Zufluchtsort für Blumenthal zu finden, als dieser 1939 Deutschland endgültig verlassen musste.

Abbildung 9.1: Jan Burgers (Alberts 1994, 285)

Burgers an Blumenthal | Delft, den 14.II.1933
TB, Nachlass Burgers, Technische Universität Delft

Lieber Herr Kollege,

Nächsten Donnerstagabend (d.h. am 16. Februar) komme ich abends in Aachen, um, wie Sie wahrscheinlich wissen, am Freitag und Samstag zwei Vorlesungen über eine hydrodynamische Frage zu halten. Ich hoffe sehr darauf auch Sie in diesen Tagen zu sehen oder besuchen zu dürfen, und gerne möchte ich mit Ihnen über verschiedenes sprechen. U.a. möchte ich Sie fragen – weil Sie doch so viel französisches lesen – ob Sie das im vorigen Jahr erschienene Buch von Bergson „Les deux sources de la morale et de la religion" kennen.[36] Auf mich hat es einen grossen Ein-

---

[36] Das Buch erschien 1932 bei Alcan in Paris und im gleichen Jahr in einer deutschen Übersetzung: Henri Bergson, *Die beiden Quellen der Moral*, Jena: Diederichs.

druck gemacht – denn es berührt so viele Fragen die mit den Problemen unserer Zeit in Beziehung stehen.

In der Hoffnung dass es Ihnen und Ihrer Familie ganz gut geht, und mit herzlichem Gruss,

Ihr sehr ergebener,

JMB.

———

Den folgenden Brief schrieb Blumenthal zwischen seiner Entlassung aus der Schutzhaft und seinem Verhör im Aachener Regierungspräsidium. Aus Sorge vor Überwachung seines Briefverkehrs schickte er ihn nicht aus Aachen ab, sondern aus dem Hause des deutschen Jesuitenpaters Theodor Wulf, der in der nicht weit von Aachen entfernten niederländischen Stadt Valkenburg lebte und dort als Professor für Physik und Naturphilosophie am Ignatiuskolleg arbeitete.

Blumenthal an Burgers | Valkenburg, den 29.VI.1933
AB, Nachlass Burgers, Technische Universität Delft

Lieber Herr Burgers!

Darf ich mich mit einer Bitte um Rat, und gegebenenfalls um Hülfe, wegen meines Sohnes an Sie wenden? Sie wissen vielleicht, dass ich jüdischer Abstammung, aber getauft bin.

Zum Verständnis des folgenden muss ich zufügen, dass bei mir das Christentum nicht äusserlich ist. Den Judenstämmigen, die mit der jüdischen Tradition gebrochen haben und in jeder Hinsicht Deutsche geworden sind, geht es unter der jetzigen Regierung besonders schlecht. Alle judenfeindlichen Gesetze treffen in erster Linie diese kleine, schwache Gruppe. Ich selbst bin beurlaubt, und wenn auch der sog[genannte] „Arierparagraph" des neuen Beamtengesetzes dem Wortlaut nach auf mich nicht anwendbar ist und ich mir auch keiner politischen Unzuverlässigkeit (im Sinne der jetzigen Regierung) bewusst bin (ich glaube, Sie kennen meine politische Vorsicht von unserer Unterredung im Winter her), so kann ich bei der zunehmenden Radikalisierung der Regierung doch nicht wissen, ob ich wieder eingesetzt oder pensioniert werden werde.

Aber das kümmert mich weniger als die Zukunft meines Sohnes. Dieser studiert seit März vorigen Jahres, nachdem er ein humanistisches Gymnasium absolviert hat, und zwar wollte er sich auf des Lehrfach für Mathematik, Physik und Evangelische Religion vorbereiten. Er hat ein Semester in Bonn und den Winter in Aachen studiert. Sie haben ihn ja bei uns kennen gelernt. Auch jetzt ist er in Aachen immatrikuliert, aber infolge meiner Beurlaubung ist ihm geraten worden, sich in diesem Semester nicht in der Hochschule zu zeigen. Nach den derzeitigen Bestimmungen könnte er zwar hier weiter studieren, wohl auch die Hochschule wechseln, aber er hat an der Hochschule (nach einem amtlichen Schreiben der

Studentenschaft) „praktisch die Rechte und Pflichten eines Ausländers" und hat vor allem gar keine Aussicht auf eine künftige Anstellung. Auch wenn er zu einem Ingenieurfach übergeht, sind die Anstellungsaussichten null, wie man mir in Industriekreisen versichert hat. Unter diesen Umständen bleibt ihm eigentlich nur die Auswanderung übrig. Deshalb wende ich mich an Sie.

Besteht eine Wahrscheinlichkeit, dass der Junge, der gut begabt, fleissig und vor allem sehr gewissenhaft und gründlich ist, in Niederland oder Indien eine Anstellung oder ein Unterkommen finden kann? Er kann noch kein holländisch, hat aber Sprachbegabung genug, um es bald gut zu lernen. Was können Sie mir raten? Lehrfach wird wohl schwer möglich sein, aber vielleicht doch für deutsche Sprache zusammen mit einem seiner sonstigen Fächer. Oder Industrie? Welchen Studiengang muss er absolvieren? Würden ihm einige Semester in Deutschland angerechnet werden? Sie sehen, ich frage sehr vag, aber vielleicht können sich die Pläne infolge Ihres Rates klären und konsolidieren.

Es fällt mir wahrlich nicht leicht, irgend jemand, selbst meine besten Freunde, um Hülfe zu bitten, aber ein judenstämmiger deutscher Christ wie mein Junge ist in einer hülflosen Lage. Ich werde Ihnen für jeden Rat und jede Hülfe aufrichtig dankbar sein. Vor allem bitte ich um Antwort auf diesen Brief. Wenn Sie auf Ferienreise gehen, könnten Sie dann vielleicht nach Limburg kommen, dass wir (Hopf und ich) Sie einmal sprechen können? Wir können mit unserem Grenzschein bis nach Maastricht fahren.

Antworten Sie mir, bitte, an die Adresse
P. J. Wulf S. J.
von Professor Blumenthal
Valkenburg (Z. L.) Ignatiuskolleg
Viele Grüsse, auch von Hopf, und herzlichen Dank im voraus,
Ihr O. Blumenthal.

Burgers an Blumenthal | Delft, den 3.VII.1933
AB, Nachlass Burgers, Technische Universität Delft

Lieber Herr Blumenthal!

Es war mir eine Freude einen Brief von Ihnen zu erhalten, wenn auch der Inhalt sprach von den grossen Schwierigkeiten worin Sie und Ihre Familie jetzt leben. Namentlich freute es mich zu lesen dass Sie und Hopf bis nach Maastricht fahren können; Ich hoffe, dass solche Ausflüge nach Holland Ihnen von Zeit zu Zeit etwas Erholung geben können. – Übernächste Woche gehe ich mit meiner Frau auf Reisen; sehr gern werden wir dann über Maastricht fahren, und eine Zusammenkunft wird sich dann sehr gut arrangieren lassen. Den genauen Tag wissen wir noch nicht, aber ich schreibe Ihnen am 10. Juli nochmals (an dieselbe Adresse wie dieser Brief trägt). Wir freuen uns sehr darauf Sie und Hopf zu sehen.

Was nun Ihre Fragen über Ihren Sohn betrifft, es ist mir nicht leicht darauf eine direkte Antwort zu geben. So viel ich weiss kann jeder der eine Oberrealschule absolviert hat, an unseren Universitäten studieren und Examina machen (die Einschreibegebühr beträgt für jedes Jahr fl. 300,-). Wahrscheinlich gibt das Gymnasium, das Ihr Sohn besucht hat, dieselbe Möglichkeit.Wenn er schon Universitätsexamina bestanden hat, so kann gegebenenfalls eine Bitte um Dispensation von hiesigen Examina eingereicht werden. Semester werden bei uns nicht als solche gezählt; es kommt nur auf die Kenntnisse, und auf eine gewisse Quantität Praktikum-Arbeit an.

Ob Ihr Sohn auf die Dauer ein Unterkommen in Holland finden kann? Sie wissen wie sehr die verringerte Arbeitsmöglichkeit in Holland auch die holländische Jugend drückt ... so viele können in keiner Weise eine Stelle finden.

Nun ist vielleicht dieses nicht direkt wichtig: so viel ich aus Ihrem Brief sehe, steht Ihr Sohn noch eigentlich am Anfang seines Studiums. – Die Kombination seiner Fächer Mathematik - Physik und Religion hat mich sehr getroffen; es ist sehr viel schönes darin und es kann daraus ein Studium werden, dass die tiefsten Dinge unserer Erkenntnis umfasst – wenn er die Religion, so wie Sie es ja auch tun, als etwas ganz allgemeines betrachtet. Fühlt er sich angezogen zu derartigen Problemen? Glauben Sie nicht, dass jeder, der die Begabung dazu hat, sich eigentlich einarbeiten muss in die Fragen, was brauchen wir jetzt? wo und wie finden wir die Verständigungsmittel, die bei der jetzigen immer weiter fortschreitenden Gruppeneinteilung der Menschen, doch eine Zusammenarbeit dieser Gruppen möglich machen und fördern wird? Ich drücke mich schlecht aus, aber vielleicht verstehen Sie mich doch einigermassen. Ja, es wird eine derartige Betätigung keine richtige Vorbereitung für eine Stelle sein, aber werden wir nicht gerade in der nächsten Zukunft Menschen brauchen, die eben nicht die „normierte" Einstellung haben, die die Querbeziehungen erblicken können?

Kommt eine Revolution über Europa, so können wir gar nichts voraussagen; kommt aber eine Rekonstruktion, so möchte ich glauben dass für denkende, offenherzige Menschen gewiss Platz ist. ...

Und wäre es nicht vielleicht für Ihre Kinder (Sie haben mir nichts über Ihre Tochter geschrieben – wie geht es ihr?) doch gerade anziehend so nach „Einsicht" und „Menschenkenntnis" zu streben?

Verzeihen Sie mir, falls ich etwas schreibe, dass Sie doch für unzutreffend halten würden. Besser wird es sein, über dieses zu sprechen. Unterdessen werde ich versuchen Auskunft zu erhalten in Bezug auf die Möglichkeiten für Studium u.s.w.

Darf ich fragen, ob Ihr Sohn auch an die Möglichkeit einer Auswanderung nach Russland gedacht hat – nachdem er hier studiert hat?

Nochmals: meine Frau und ich freuen uns sehr darauf Sie bald begegnen zu können. Ich schreibe Ihnen dann noch an welchem Tag (vermutlich 18 - 19 - oder 20 Juli) – und wo.

Grüssen Sie bitte Ihre Frau Gemahlin und Ihre Kinder, und auch die Hopfs.

Mit herzlichem Gruss,

Ihr sehr ergebener JMB.

Theodor Wulf an Burgers | Valkenburg, den 12.VII.1933
TB, Nachlass Burgers, Technische Universität Delft

Sehr geehrter Herr Professor!

Durch einen glücklichen Zufall komme ich zur Kenntnis des Inhalts von Ihrem
letzten Brief an Blumenthal. (Sie hatten nämlich bei der Adresse geschrieben „Von
Bl."statt „Für Bl."worauf ich den Brief aufmachte). Es war ja nicht schlimm, in
diesem Fall sogar gut. Ich werde nämlich Morgen für längere Zeit verreisen; wenn
ich auch jemanden damit beauftragen werde, die Sachen an Bl. zu besorgen, so
kann die zweimalige Umadressierung doch den Verkehr nicht beschleunigen. Ich
möchte Sie daher bitten, vielleicht lieber ganz harmlose Nachrichten direct an Bl.
zu schicken. Z.B. den Tag Ihrer Durchreise durch Maastricht bitte ich auf etwa
einer Ansichtspostkarte Herrn Bl. direct mitzuteilen, etwa so „Da ich für einige
Zeit am nächsten Montag die hiesige Gegend verlasse, so sende ich noch einmal
herzliche Grüße". Ich hoffe Morgen früh auf der Durchreise in Aachen Hn. Bl. zu
sprechen und werde ihm dann mitteilen, daß ich Ihnen so geschrieben habe. Stets
gern zu Ihren Diensten verbleibe mit besten Grüßen

Ihr Th. Wulf

Blumenthal an Burgers | Aachen, den 17.V.1934
AB, Nachlass Burgers, Technische Universität Delft

Lieber Herr Burgers!

Immer wollte ich Ihnen schreiben und immer ist etwas dazwischen gekommen. Zusammen mit diesem Briefe schicke ich Ihnen das Büchlein über China, das
ich Ihnen versprochen habe. Es unterrichtet schnell und doch gründlich. Herrn
Duivendak habe ich als Vortragenden bei unserer Deutsch-Niederländischen Gesellschaft für nächsten Winter vorgeschlagen. Ich erwarte, dass er eine Aufforderung erhalten wird, und wäre – ebenso wie der Vorstand der Gesellschaft – sehr
erfreut, wenn er annehmen wollte.

An der Hydrodynamik habe ich nichts mehr getan. Sie müssen Sich über die
neuen Probleme klar werden, da ja unsere letzte Besprechung gezeigt hat, dass
einiges nicht so verläuft, wie man hätte hoffen können. Dagegen habe ich zufällig
in Comptes Rendus 30 avril 1934 eine Note von G. Dedebant, Ph. Schereschewsky,
Ph. Wehrlé gefunden „Sur la similitude statistique dans les mouvements turbulents
des fluides".[37] Die Verfasser scheinen viel Gewicht darauf zu legen, dass sie den
„Mischungsweg" statistisch definieren, und glauben, damit etwas anderes zu tun als
Prandtl und Kármán. Ich habe mir sonst die Arbeit nicht viel angesehen. Vielleicht
finden Sie mehr darin als ich erwarte.

---

[37] *Comptes rendus hebdomadaires des séances de l'Académie des sciences*, Bd. 198, 1934, 1571.

Das Bildchen von Mariontje und mir ist herrlich geworden. Ein Exemplar habe ich schon meinem Mädel geschickt, eines soll mein Junge bekommen, eines behält meine Frau, die ganz glücklich darüber ist. Es ist augenscheinlich gerade der Augenblick, wo Mariontje „knoop" sagt. Ich freue mich sehr über das liebe Andenken.

Und dann lassen Sie mich Ihnen nochmals sagen, wie sehr wohl ich mich bei Ihnen gefühlt habe, wie wertvoll es mir war, mit Ihnen über viele und verschiedenartige Dinge zu sprechen, und wie sehr ich Ihnen für alles dankbar bin. Ich hoffe sehr, dass sich in nicht allzu ferner Zeit ein längeres Wiedersehen irgendwo und irgendwie ermöglichen lassen wird. Dass meine Frau und ich besonders froh wären, Sie und Frau Burgers bei uns zu sehen, brauche ich nicht besonders zu sagen. Ich hoffe, dass Sie in den Ferien Ihre Müdigkeit ganz überwinden werden. Sie muten Sich zu viel zu„, gehören zu den unglücklichen Menschen, die sich für zu vieles interessieren und alles zu gut und gründlich machen. Das sind zwar die allersympathischsten und wertvollsten Menschen, aber sie müssen sich in Acht nehmen, dass sie mit ihren Kräften ausreichen. Ich spreche aus eigener Erfahrung, wenigstens was die zu vielen Interessen anlangt.

An Biezeno schreibe ich in den nächsten Tagen. Wenn Sie etwa Mannoury[38] sehen sollten, dann grüssen Sie ihn sehr. Der Mann hat mir einen grossen Eindruck gemacht.

Beste Grüsse!
Ihr O. Blumenthal.

Blumenthal an Burgers | Aachen, den 1.I.1935
AB, Nachlass Burgers, Technische Universität Delft

Lieber Herr Burgers!

Herzliche Glückwünsche zum neuen Jahr Ihnen und Ihrer Familie. Ich hoffe, dass es Anneke ebenso gut geht wie im Frühjahr, dass Herman sich kräftig erholt hat und Mariontje noch so lebhaft und originell ist, aber sich weniger nass macht. Von Ihnen selbst hat mir leider Trefftz kürzlich geschrieben, dass Sie Sich wieder müde gefühlt haben. Aber jetzt, wo Ihr Artikel im Durand [?] heraus ist, werden Sie entlastet sein und Sich ausruhen können. Das müssen Sie unbedingt tun! An Mevrouw schicke ich gleichzeitig als Neujahrsgruss ein kleines Büchlein, das ihr hoffentlich gefallen wird. Sie haben doch alle Freude an God's goochelaartjes.[39]

---

[38] Gerrit Mannoury (1867–1956) war ein angesehener Mathematiker und Philosoph. Er wurde 1903 Privatdozent in Amsterdam, wo er Vorlesungen über logische Grundlagen der Mathematik anbot. 1909 veröffentlichte er die Monographie *Methodologisches und Philosophisches zur Elementarmathematik*. Mannoury war mit Brouwer befreundet und übte einen starken Einfluss auf ihn durch seine Philosophie aus.

[39] Einige Jahre später, am 14. Oktober 1942, notierte Blumenthal, der inzwischen in seinem niederländischen Exil die niederländische Sprache gelernt hatte, in seinem Tagebuch: „Mej. Klomp leiht mir Augusta de Wit, God's goochelaartjes und ich lese es jeden Morgen vor dem Aufstehen

...

Ich kann Ihnen nicht sagen, mit welcher Freude und Dankbarkeit ich an Holland und besonders an Ihr Haus zurückdenke. Der Aufenthalt war mir eine wahre Erholung nach vielen Aufregungen, und dass auch meine Tochter mitkommen durfte, war ausserordentlich freundlich. Ich danke Ihnen und Mevrouw Burgers von ganzem Herzen und schicke Ihnen und den Kindern, auch im Namen von Frau und Tochter, herzliche Grüsse und Wünsche.

Ihr O. Blumenthal.

Blumenthal an Burgers | Aachen, den 30.I.1935
AK, Nachlas Burgers, Technische Universität Delft

Lieber Herr Burgers!

In den Comptes Rendus (Paris) vom 14. 1. 1935 steht eine Note Dedebant, Wehrlé et Schereschewsky, Maximum de probabilité d'un mouvement permanent, Application à la turbulence.

Also viel Ähnlichkeit mit Ihrem Ansatz, allerdings eine ganz andere Abzählung der Freiheitsgrade. Die Leute behaupten aber, zu den Prandtl-Kármánschen Formeln zu kommen. Die Einzelheiten habe ich nicht durchgesehen. – Vielen Dank für Ihren Brief und die Sonderdrucke. Die Viscositeit habe ich mit vielem Interesse ganz gelesen. Ich finde die Auseinandersetzung der Grundlagen sehr klar, mir waren auch viele Formulierungen neu. Es freut mich sehr, dass bei Ihnen alles wohl ist, und ich hoffe, dass Sie nach Abschluss des Viscositätsbuches auch endlich Zeit für Sich bekommen werden. Mevr[ouw] Burgers sehr herzlichen Dank für Ihre lieben Grüsse! – Ende nächsten Monats werde ich in Brüssel zwei Vorträge halten.

Leben Sie recht wohl, viele Grüsse von Haus zu Haus, besonders an Mariontje!
Ihr O. Blumenthal.

Burgers an Blumenthal | Delft, den 4.VI.1935
TB, Nachlass Burgers, Technische Universität Delft

Lieber Freund,

Was ich Ihnen anbei schicke hat keinen besonderen Wert; es handelt sich nur um ein mathematische Exempel, das einige Analogie aufweist mit den Verhältnissen die man beim Erscheinen der Turbulenz bemerkt. Da wir aber im vorigen Jahr so viel über derartige Dinge gesprochen haben, dachte ich dass diese Sache Sie vielleicht interessieren dürfte – vielleicht auch haben Sie Bemerkungen dazu,

---

mit grösstem Genuss. Echte Poesie und ein fröhlicher Pantheismus. Wie für mich geschrieben. Auch M[ali] hat grosse Freude daran."

oder können Sie mir irgend einen Ratschlag geben. Mich hat dieses Beispiel sehr amüsiert. Es ist noch nicht in allen Details durchgearbeitet; ich weiss nicht, ob es der Mühe lohnt noch viel weiter damit zu gehen, und eigentlich möchte ich jetzt versuchen auf Beispiele zu kommen die weniger weit von einem hydrodynamischen Problem entfernt liegen. – Zu einer Statistik führt das betrachtete Problem soweit ich jetzt sehe, nicht.

Wie ist es Ihnen in Sofia gegangen, und wie geht es Ihnen zu Hause? Uns geht es gut, Marion ist sehr froh und immer munter; sie hat zwar noch grosse Narben an Arm und Bein, aber wir hoffen, dass davon noch vieles verschwinden wird.

Seien Sie und Ihre Frau, und Ihre Tochter, wenn sie noch bei Ihnen ist, von uns allen aufs herzlichste gegrüsst!

Ihr sehr ergebener,

JMB.

9.4   Trefftz setzt sich für Blumenthal ein

Mit Erich Trefftz (1888–1937) verband Otto Blumenthal eine langjährige Freundschaft. Trefftz war schon als Student Taufpate von Blumenthals Tochter Margrete geworden.

Seine Mutter war die Schwester des Göttinger Mathematikprofessors Carl Runge. Als Student ging er 1908 zunächst nach Göttingen, um dort bei Hilbert, Runge und Prandtl zu studieren. 1909/10 absolvierte er ein akademisches Jahr an der Columbia-Universität in New York, bevor er sein Studium in Straßburg fortsetzte und dort promovierte. Beim Ausbruch des Krieges meldete er sich als Freiwilliger und diente beim Militär, bis er verwundet wurde. Danach arbeitete er am Aerodynamischen Institut in Aachen, habilitierte sich dort und übernahm 1919 einen Lehrstuhl für Höhere Mathematik an der TH Aachen. 1922 wurde er an die TH Dresden berufen, wo er ab 1927 einen Lehrstuhl für Technische Mechanik innehatte. 1933 wurde er Herausgeber der renommierten *Zeitschrift für Angewandte Mathematik und Mechanik (ZAMM)*. Auch nach seinem Wechsel nach Dresden und nach seinem frühen Tod im Januar 1937 blieb die Freundschaft zwischen den Familien Trefftz und Blumenthal bestehen.

Als Otto Blumenthal 1933 von den Nazis zunächst beurlaubt und dann entlassen wurde, war Erich Trefftz einer der ganz wenigen Kollegen, die sich aktiv für ihn einsetzten. Bereits im Mai 1933 schrieb er einen nachdrücklichen Brief an den Rektor der TH Aachen.

Abbildung 9.2: Erich Trefftz (Wikipedia)

Trefftz an den Rektor der TH Aachen | Dresden, den 27.V.1933
TB, Landesarchiv NRW Abteilung Rheinland sowie Hochschularchiv der RWTH
Aachen, 508

Hochverehrter Herr Kollege!

Ich habe gehört, daß Herr Professor Blumenthal von der Technischen Hochschule Aachen beurlaubt ist, und daß gegen ihn ein Verfahren schwebt, das sich auf seine politische Tätigkeit bezieht. Da es in diesem Verfahren jedenfalls von Wichtigkeit ist, daß über die Haltung des Kollegen Blumenthal von einwandfreier Seite Zeugnis abgelegt wird, möchte ich Ihnen das folgende unterbreiten und Sie bitten, es an geeigneter Stelle zur Geltung zu bringen.

Ich kenne Herrn Blumenthal seit nahezu dreissig Jahren. Ich habe als Student bei ihm gehört und war vor dem Kriege zwei Jahre bei ihm und Professor Hamel Assistent an der mathematischen Sammlung der Aachener Hochschule. Nach dem Kriege habe ich bis zum Herbst 1922 als Nachfolger von Professor Hamel den zweiten mathematischen Lehrstuhl innegehabt. Bei der engen Zusammenarbeit unter den schwierigen Verhältnissen der Nachkriegszeit im besetzten Gebiete habe ich mehr als alle anderen Kollegen Gelegenheit gehabt, die Einstellung des Kollegen

Blumenthal kennen zu lernen. Ich fühle mich also befugt, über die Dinge auszusagen, die jetzt zur Erörterung stehen.

Es kann nicht zweifelhaft sein, daß die Zeit der Besatzung die beste Gelegenheit bot, die Zuverlässigkeit eines Mannes in nationaler Beziehung kennen zu lernen. Ich erinnere daran, daß die Amtsräume des mathematischen Lehrstuhles sich damals im aerodynamischen Institut befanden, und daß das Institut etwa zur Hälfte von französischer Einquartierung belegt war. Unter diesen schwierigen Verhältnissen – bei den täglichen Reibereien mit den Besatzungstruppen – hat Herr Blumenthal die Interessen der Hochschule stets mit Würde und, Dank seiner ausgezeichneten Kenntnis der französischen Sprache, mit großem Erfolge verteidigt. In jener kritischen Zeit hat niemand von Herrn Blumenthal etwas anderes gehört als ein unzweideutiges Bekenntnis zur Deutschen Sache.

Ich weise ferner darauf hin, daß Herr Blumenthal, der in Fachkreisen großes Ansehen geniesst, die Deutsche Wissenschaft auf den Internationalen Kongressen stets in vorbildlicher Weise vertreten hat. Auch als Schriftleiter der Mathematischen Annalen hat Herr Blumenthal es in nationaler Beziehung nie an der nötigen Festigkeit und dem unerlässlichen Takte fehlen lassen; so hat er wesentlich dazu beigetragen, daß das Ansehen der Deutschen Wissenschaft nach dem Kriege wieder die alte Höhe erreichte. Herr Blumenthal hat sich immer als Deutscher gefühlt und sein Lebensziel ist es stets gewesen, die jungen Ingenieure und Mathematiker nach besten Kräften zu fördern und auf diese Weise dem Deutschen Volke zu dienen. Ich bin gewiss nicht der einzige von seinen Schülern, die ihre beruflichen Erfolge seiner unermüdlichen Förderung zu danken haben.

Die Tätigkeit von Herrn Blumenthal als Soldat im Deutschen Heere wird aktenkundig sein, sodaß ich darauf nicht einzugehen brauche. Ausdrücklich hinweisen möchte ich aber auf die vorbildliche soziale Einstellung von Herrn Blumenthal, die durchaus den Forderungen gerecht wird, die heute seitens des Herrn Reichskanzlers an jeden Deutschen gestellt werden.

Ich weiß mich eins mit den alten Schülern von Herrn Blumenthal, wenn ich für ihn eintrete, der seinen Dienst im Kriege getan hat, der sich in der schweren Zeit der Besatzung als Deutscher bewährt hat und der seine Lebensarbeit dem Dienste an der Deutschen Jugend gewidmet hat.

Ich bin gern bereit, das hier dargelegte durch ausführlichere Mitteilungen zu ergänzen, wenn es gewünscht wird.

E. Trefftz.

Nach seiner Entlassung war Otto Blumenthal sehr enttäuscht über die geringe Höhe seiner künftigen Bezüge. Ein Einspruch, den er dagegen einlegte, wurde trotz einer Befürwortung durch den Rektor am 30. November 1933 abgelehnt. Erich Trefftz, dem er seine Sorgen mitteilte, bot ihm nicht nur an, sich im Ministerium für ihn zu verwenden, sondern er schickte ihm auch ein in eine Bitte gekleidetes Angebot einer, wenn auch nicht üppig, bezahlten Tätigkeit für die *Zeitschrift für*

Angewandte Mathematik und Mechanik, deren Herausgeber er war. Blumenthal nahm dieses Angebot an, empfand die Arbeit später aber immer mehr als eine schlecht bezahlte und unangenehme Belastung.[40]

Trefftz an Blumenthal | Dresden, den 16.II.1934
TB, Nachlass Trefftz, Archiv der Technischen Universität Dresden

Lieber Blumenthal,

Endlich komme ich wirklich dazu, Dir zu schreiben. Ich habe neulich mit Heidebroek gesprochen. Grundsätzlich meinte er, solle man jede im Gesetz vorgesehene Möglichkeit ausnutzen. Die Schwierigkeit ist nur, das das Gesetz insofern wenig Möglichkeiten offen lässt, als das Ministerium gleichzeitig Entscheidungs- und Revisionsinstanz ist. – über die Neuregelung der Verwaltung ist bis jetzt leider zu wenig bekannt geworden, so dass ich nicht weiss, ob jetzt die Möglichkeit bestünde, sich an das Reichsministerium des Innern zu wenden. Von Leuten, an die man sich im Ministerium persönlich wenden könnte, käme Achelis in Frage. Wenn Du etwas zu unternehmen beabsichtigst, so lasse es mich wissen. Ich könnte Dich vielleicht dadurch unterstützen, dass ich selbst einmal an Achelis schriebe.

Sonst ist von hier nicht viel Neues zu berichten. Ich habe zum Teil mit Weber[41] zusammen eine ganz nette Sache über den sogenannten Querkraftmittelpunkt im Querschnitt eines gebogenen Balkens herausbekommen. Das hat mir viel Freude gemacht. Sonst bin ich nicht zu sehr viel gekommen, wie das so der normale Zustand im Semester ist. Die Korrekturen für die Neuauflage des Riemann-Weber liegen auf meinem Tisch und sehen mich vorwurfsvoll an und eine Sache, die ich für die Vereinigten Stahlwerke rechnen soll, rückt nur äusserst langsam vorwärts, obgleich mein magerer Geldbeutel nach dem Honorar lechzt.

Nun hätte ich noch eine grosse Bitte an Dich. In der Z.A.M.M. erscheinen auf der inneren Umschlagseite immer englische und französische Inhaltsangaben, die mir grosse Sorgen machen, weil ich nicht soviel englisch und französisch kann, um sicher zu sein, dass ich mich da nicht blamiere, indem ich einen offenbaren Unsinn passieren lasse. Würdest Du so freundlich sein, mir das zu korrigieren. Du tätest mir einen grossen Gefallen. Ich kann Dir allerdings noch nicht versprechen, dass ich diese Deine Arbeit anständig honorieren kann.

Ich hatte heute einen Brief Biezenos, in dem er schreibt, dass er sich auf Deinen Besuch freut. Er ist doch ein Prachtmensch, und seine Briefe tun mir immer sehr gut.

Eben bekomme ich für das neue Z.A.M.M.-Heft die Entwürfe der englischen und französischen Inhaltsangaben. Ich schicke sie Dir gleich mit. Sehr dankbar

---

[40] Siehe dazu den weiter unten abgedruckten Brief von Blumenthal an Trefftz vom 8. Dezember 1934.

[41] Constantin Weber (1885–1976) war seit 1928 Professor für Mechanik und Festigkeitslehre an der Mechanischen Abteilung der TH Dresden. Im Zweiten Weltkrieg arbeitete er seit 1942 an der Entwicklung der V2-Waffe in Peenemünde mit.

wäre ich Dir, wenn Du sie mir sehr, sehr bald zurückschicken könntest. Ich bin mit dem neuen Heft sowieso ins Gedränge gekommen. Du wirst Dir ja vorstellen können, wie das ist, wenn man so etwas zum ersten Mal machen muss.

Grüsse Deine Frau und die Kinder. Herzlichst der Deine

———

Als am 22. März 1934 in dem „Gesetz zur Wiederherstellung des Berufsbeamtentums" ein neuer Passus eingefügt wurde, nach dem „Verfügungen nach §§2, 2a bis 4 … zugunsten der davon betroffenen Beamten bis 30. September 1934 durch die im Abs. 1 Satz 1 genannten Behörden zurückgenommen oder geändert werden" konnten, sah er eine neue Chance. In einem Brief wandte er sich deswegen an den zuständigen Ministerialdirektor in Berlin. Das war inzwischen nicht mehr Georg Gerullis, sondern dessen im April 1934 ernannter Nachfolger Karl Theodor Vahlen, ein Greifswalder Mathematikprofessor, den Blumenthal seit über 30 Jahren persönlich kannte.

Blumenthal an Karl Theodor Vahlen | Aachen, den 28.VI.1934
TB, Durchschlag im Nachlass Trefftz, Archiv der Technischen Universität Dresden

Sehr geehrter Herr Ministerialdirektor!

Ich bitte um Entschuldigung, wenn ich mich mit einer Frage an Sie wende. Am 22.9.1933 bin ich nach §4 des Berufsbeamtengesetzes mit 3/4 Pension entlassen worden. Da die Entscheidung unwiderruflich war, habe ich sie bis jetzt schweigend hingenommen. Seit aber durch das 4. Gesetz zur Änderung des Gesetzes zur Wiederherstellung des Berufsbeamtentums vom 22.3.1934 die Möglichkeit einer Revision eröffnet ist, fühle ich eine Verpflichtung, gegen die damalige Entscheidung zu appellieren und um Anwendung der Paragraphen 3 oder 6 anstelle des §4 zu bitten. Bevor ich aber diesen Schritt tue, möchte ich Ihren Rat einholen.

Die Anwendung des §4 setzt eine politische Betätigung voraus, die Anlass zu Zweifeln gibt, ob der Beamte jederzeit rückhaltlos für den nationalen Staat eintreten werde. Ich muss aber nach genauer Prüfung meines Gewissens durchaus bestreiten, dass ich mich derartig betätigt habe. Ich behaupte im Gegenteil, dass ich immer ein in politischen Dingen äusserst zurückhaltender Mensch gewesen bin und nie in Gebieten mich betätigt habe, in die ich infolge meiner abstrakten Einstellung keinen genügenden Einblick habe.

In dem Entlassungsschreiben sind mir keine Gründe mitgeteilt worden. Ich rechtfertige mich also gegen die einzigen mir möglich scheinenden Verdachtsmomente,

1. die seitens der Studentenschaft gegen mich erhobenen Vorwürfe,

2. Teilnahme an politischen Vereinen und Gesellschaften.

Zu 1. Die Anklagen der Studentenschaft glaube ich in meinem Schreiben an den Aachener Rektor vom 31.3.1933 und bei meiner Vernehmung auf der Aachener

Regierung am 13.7.1933 genügend entkräftet zu haben (beide Schriftstücke befinden sich bei den Akten des Kultusministeriums). Meiner bei dieser Vernehmung ausgesprochenen Bitte um persönliche Gegenüberstellung mit meinen Anklägern ist nicht entsprochen worden, obwohl in dem Erlass U I 30883 vom 19.4.1933 an die Aachener Studentenschaft eine Gegenüberstellung ausdrücklich in Aussicht genommen war. Ich würde noch immer dringend darum bitten, denn es wird mir leicht sein, mich von jedem Verdacht zu reinigen.

Zu 2. Ich habe folgenden Vereinen mit mehr oder minder politischen Zielen angehört:

a) Volksbund (früher Verein) für das Deutschtum im Ausland.

b) Deutsche Liga für Völkerbund.

c) Deutsche Liga für Menschenrechte.

d) Deutsche Friedensgesellschaft, Ortsgruppe Aachen.

e) Gesellschaft der Freunde des neuen Russlands, Ortsgruppe Aachen.

f) Deutsch-Französische Gesellschaft.

g) Deutsch-Niederländische Gesellschaft zu Aachen.

Dass ich diesen Gesellschaften beigetreten bin, ist begründet durch meine im Felde gewonnene Überzeugung, dass ein ehrlicher Friede zwischen den Völkern und ein gegenseitiges Kennenlernen eine Notwendigkeit sei. Aus dieser Überzeugung kann mir unmöglich ein Vorwurf gemacht werden, da sie durchaus den von dem Herrn Reichskanzler in seiner Novemberkundgebung klargelegten Richtlinien entspricht, zu denen ich mich vollständig bekennen kann. Anderes habe ich in diesen Gesellschaften nicht gesucht, insbesondere habe ich mich um etwaige innerpolitische Bestrebungen nicht bekümmert.

Im einzelnen ist über meine Teilnahme folgendes zu sagen:

An die Gesellschaften a), b), c), f) habe ich lediglich Mitgliederbeiträge gezahlt, sonst mich nicht in ihnen betätigt, bin auch mit anderen Mitgliedern nicht in Beziehung getreten.

Bei der Friedensgesellschaft Ortsgruppe Aachen habe ich eine Zeit lang dem Vorstand angehört, dann aber das Amt aufgegeben, weil ich mich dazu nicht befähigt fühlte. Die Ortsgruppe Aachen war eine ausgesprochen bürgerlich orientierte, allein auf Friedensbestrebungen eingestellte, infolgedessen auch sehr schwache Gruppe. Meine Tätigkeit als Vereinsmitglied beschränkte sich auf eine Teilnahme an den internen Sitzungen des Vorstandes und den stellvertretenden Vorsitz in zwei Versammlungen. Ausserdem habe ich einen Vortrag gehalten (s.u.). In anderer Weise bin ich nicht hervorgetreten.

Meine Mitgliedschaft bei der Gesellschaft der Freunde des neuen Russlands, Ortsgruppe Aachen ist mir besonders falsch ausgelegt worden. Ich bin deshalb sogar in Schutzhaft genommen (27.4. bis 11.5.1933), aber nach Verhör (6.5.) sofort freigelassen worden. Ich habe damals erklärt und erkläre aufs neue: Als unsere Ortsgruppe gegründet wurde, fiel mir der Name als unrichtig auf und ich habe dagegen Einspruch erhoben, wurde aber davon überzeugt, dass es sich um eine reine Studiengesellschaft handele. Als solche habe ich sie allein aufgefasst, es sind mir auch in unserer Ortsgruppe keine Vorfälle bekannt geworden, die eine politische

Einstellung bezeugten. Für mich kam es nur auf das Kennenlernen Russlands an, denn ich hatte Reisen zu wissenschaftlichen Zwecken dorthin vor, ebenso wie ich schon 1901 dort gewesen war. (Sie erinnern sich vielleicht, dass ich Sie damals auf der Rückreise in Königsberg aufgesucht habe.) Ich habe die Reisen 1930 und 1931 ausgeführt, habe dabei an dem Mathematikerkongress in Charkow teilgenommen und in Moskau, Charkow, Leningrad, Tiflis mathematische Vorträge gehalten. Ein Vortrag über meine Reise, den ich zweimal – in der Gesellschaft der Freunde des neuen Russlands und in der Friedensgesellschaft (s.o.) – gehalten habe, liegt bei den Akten des Kultusministeriums.

Über meine Tätigkeit in der noch bestehenden Deutsch-Niederländischen Gesellschaft, die die Förderung der kulturellen Verbindung zwischen Deutschland und den Niederlanden zum Ziel hat, wo ich seit der Gründung Schriftführer war, wird der Vorstand Prof. Bonin, Aachen, Technische Hochschule bereitwillig Auskunft geben.

Ich habe Ihnen diese Tatsachen dargelegt und wäre Ihnen ausserordentlich dankbar, wenn Sie mir Ihren Rat geben wollten, ob ich auf diesem Grunde eine Bitte um Umwandlung meiner Entlassung in Pensionierung bei dem Herrn Minister einreichen soll. Es wäre mir eine grosse, vor allem moralische Erleichterung, wenn ich mich von dem Verdacht politischer Unzuverlässigkeit reinigen könnte, ganz abgesehen von den Schwierigkeiten meiner wirtschaftlichen Lage. Andererseits möchte ich einen von vornherein aussichtslosen Schritt vermeiden.

Ihr sehr ergebener

O. Blumenthal.

———————

Auf eine Antwort auf diesen Brief wartete Blumenthal zunächst vergeblich. Erich Trefftz bot ihm deshalb seine Hilfe an.

Blumenthal an Trefftz | Aachen, den 16.VII.1934
TB, Nachlass Trefftz, Archiv der Technischen Universität Dresden

Lieber Trefftz!

Ich bin Dir sehr dankbar, dass Du meinen Brief an Vahlen unterstützen willst. Wir wollen es so machen Ich schicke meinen Brief morgen, Dienstag, Abend ab, sodass er am Mittwoch (18f) in Berlin ist. Schreibe Du also, bitte, sofort nach Empfang dieses Schreibens an Vahlen und füge den Durchschlag, den ich hier beilege, bei. Den, der bei Dir ist, kannst Du behalten, er ist undeutlicher als der, den ich jetzt beilege. In Deinem Brief erkläre, bitte, in ein paar Worten, dass ich Dir schon am 28.6. geschrieben habe, dass aber der Brief infolge Deiner Reise liegen geblieben ist. Das soll das zurückliegende Datum meines Briefes erklären und betonen, dass keine dazwischen liegenden Ereignisse die Abfassung meines Gesuches beeinflusst haben.

Es freut mich sehr, dass Dir die Nachfolge Lichtensteins[42] angetragen worden ist. Fakultät und Ministerium haben damit das richtige getan. Ich kann mir aber lebhaft denken, dass Du sehr unsicher bist, was Du tun sollst, und kann Dir auch keinen Rat geben. Denn bei dieser Entscheidung handelt es sich um Abwägung kleiner Vorteile, zu der eine sehr genaue Kenntnis der Verhältnisse gehört und bei der auch der Geschmack stark mitsprechen wird.[43]

Meine Frau ist wieder zu Hause, es geht ihr ordentlich, den Jungen erwarten wir in dieser Woche. Sein Zeugnis ist doch etwas besser geworden, als ich angenommen hatte. Es muss aber noch viel besser werden.

Schreibe mir bitte, wenn Du den Brief nach Berlin abgeschickt hast.

Deiner Familie gute Erholung in Breege! Beste Grüsse von meiner Frau und mir! Dein

O. Blumenthal

Trefftz an Vahlen | Dresden, den 19.VII.1934
TB, Kopie, Nachlass Trefftz, Archiv der Technischen Universität Dresden

Hochverehrter Herr Ministerialdirektor,

Vor einiger Zeit erhielt ich den Durchschlag eines Briefes, den mein Kollege Blumenthal aus Aachen an Sie zu richten beabsichtigte. Da ich auf dem Kongress für angewandte Mechanik in Cambridge war, komme ich erst heute dazu, mich dieser Sache anzunehmen. Herr Blumenthal beabsichtigt, um eine Nachprüfung der Entscheidung zu bitten, nach der er wegen politischer Unzuverlässigkeit entlassen worden ist, und wendet sich zunächst mit der Bitte um Rat an Sie. Ich wäre Ihnen zu Dank verpflichtet, wenn Sie sich der Angelegenheit annehmen könnten. Ich war ehemals Blumenthals Schüler und später sein engerer Kollege während meiner Aachener Tätigkeit und habe insbesondere die schweren Zeiten der Besatzung mit ihm zusammen durchgemacht. Sein Verhalten gerade in dieser schweren Zeit war stets in nationaler Hinsicht so einwandfrei, dass es mir sehr nahe gegangen ist, dass man ihn wegen politischer Unzuverlässigkeit entlassen hat. Auch scheint es mir eine gewisse Härte für Herrn Blumenthal zu sein, dass man ihm keine Gelegenheit geboten hat, sich zu verteidigen; er weiss ja heute noch nicht, was man ihm eigentlich zur Last legt. Eine Änderung dieses Zustandes scheint mir, auch abgesehen von dem persönlichen Interesse von Herrn Blumenthal, aus allgemeinen Gründen erwünscht zu sein. Ich wäre Ihnen also, wie gesagt, sehr dankbar, wenn

---

[42] Leon Lichtenstein (1878–1933) ist in Warschau geboren und aufgewachsen. Er kam als 16-jähriger Student nach Berlin, um Elektrotechnik und Maschinenbau an der Technischen Hochschule zu studieren. Seit 1922 war er Professor für Mathematik in Leipzig, aber als Jude wurde er vom Gesetz zur Wiederherstellung des Berufsbeamtentums betroffen. Während der Semesterferien 1933 starb er auf einer Urlaubsreise in Polen.

[43] Trefftz lehnte den Ruf nach Leipzig am Ende ab (siehe Blumenthals Brief an ihn vom 8. Dezember 1934). Danach blieb die Professur bis 1937 unbesetzt, alsdann wurde Eberhard Hopf berufen.

Sie Herrn Blumenthal mit Rat zur Seite stehen könnten und gegebenenfalls seine Bitte bei dem Herrn Minister unterstützen könnten. Ich lege den Durchschlag des Blumenthalschen Briefes bei, falls das Original noch nicht bei Ihnen eingegangen sein sollte.

Mit deutschem Gruss
Heil Hitler!
E. Trefftz.

Schließlich erhielt Blumenthal doch noch eine Antwort von Vahlen. Das als „Privatbrief" deklarierte Schreiben war kurz und frostig.

Vahlen an Blumenthal | Berlin, den 28.VII.1934
AB, Entwurf, Nachlass Trefftz, Archiv der Technischen Universität Dresden, und Landesarchiv NRW Abteilung Rheinland

Sehr geehrter Herr Professor!

Auf Ihren Brief vom 28.6.34 muss ich Ihnen mitteilen, dass ein Antrag auf Abänderung der in Ihrer Angelegenheit ergangenen Entscheidung keine Aussicht auf Erfolg hätte, da nach den geltenden Grundsätzen Ihre Mitgliedschaft bei den von Ihnen aufgeführten Vereinen zur Begründung der Entscheidung durchaus genügt.

Hochachtungsvoll
gez. Vahlen

Blumenthal an Trefftz | Aachen, den 4.VIII.1934
TB, Nachlass Trefftz, Archiv der Technischen Universität Dresden

Lieber Trefftz!

Anbei Abschrift des Briefes, den ich gestern von Vahlen bekommen habe. Sachlich habe ich die Antwort nicht anders erwartet. Die Form ist unbefriedigender, als ich angenommen habe. Ich hätte gern eine Erklärung gehabt, dass meine Entlassung lediglich auf Grund meiner Mitgliedschaft bei den Vereinen ausgesprochen worden ist. Aber man hat eine vieldeutige Formulierung vorgezogen. Ich glaube nicht, dass es vernünftig ist, trotz der Antwort noch einen offiziellen Antrag an den Herrn Minister zu richten. Die Fakultät hätte ihn unterstützt, wenn die Antwort positiver ausgefallen wäre. Unter diesen Umständen wird sie es kaum tun. Ich glaube auch nicht, dass ich durch den wiederholten Antrag eine andere Formulierung der Antwort erziele. Oder meinst Du es anders? Für eine Antwort wäre ich Dir dankbar.

Beste Grüsse von Haus zu Haus! Die Übersetzungen habe ich an Frau Reiche geschickt. Die Inhaltsangabe Eberhard habe ich etwas modifizieren müssen, da ich auf keine Weise finden konnte, wie Steilfeuer und Flachfeuer in fremden Sprachen heisst. Auch der Bulgare Popoff, der zufällig in Aachen war und selbst ein dickes Buch über Ballistik auf französisch geschrieben hat, wusste mir nicht zu raten.[44] Ich halte aber meinen Text für genügend.

Dein O. Bl.

Wie schon oben bemerkt, wurde Otto Blumenthal mit der Arbeit an den englischen und französischen Übersetzungen für die *ZAMM*, die ihm Erich Trefftz in der besten Absicht besorgt hatte, nicht recht glücklich.

Blumenthal an Trefftz | Aachen, den 8.XII.1934
TB, Nachlass Trefftz, Archiv der Technischen Universität Dresden

Lieber Trefftz!

Heute Abend habe ich die Übersetzungen in eingeschriebenem Brief an Dich abgeschickt. Ich musste mich eilen und habe deshalb diesen Brief nicht mehr beilegen können. Unter den Übersetzungen findet sich auch ein Ratib ohne Titel, den mir Frau Reiche zugeschickt hat. Ich habe ihn verenglischt, französisch war er schon. Den Titel kannst Du eventuell selbst dazu anglisieren, sonst schicke mir die Druckbogen noch einmal zu. Die Arbeit scheint ja nicht in dieses Heft zu kommen. Wenn sich die Sache so organisieren liesse, dass ich etwas mehr Musse für die Übersetzungen habe – so wie Du in Deiner Karte schreibst – wäre ich in der Tat sehr dankbar. Denn die Übersetzungen nehmen mich mindestens einen Tag ganz in Anspruch und ich möchte gern erst meine laufenden Sachen in Ruhe fertig machen können, bevor ich sie für einen Tag unterbreche.

Ceci posé – wie Camille Jordan sagt – komme ich mit einer Bitte, mit der ich mich schon lange herumtrage, die aber jetzt aktuell wird. Ich bitte nämlich, dass ich im nächsten Jahre ausser dem bisherigen Honorar noch ein Freiexemplar der ZAMM erhalte. Begründung:

1. Der Verleger verliert dabei keinen Heller. Denn ich muss ohnehin das Abonnement auf die Zeitschrift im nächsten Jahr aufgeben.

2. Da ich die Zeitschrift von Beginn an halte, wäre es mir schmerzlich, meine Reihe unvollständig zu haben. Ausserdem lese ich die Zeitschriften zu Hause gründlicher als auf der Hochschulbibliothek.

3. Ich weiss, dass das Honorar von 90 M im Verhältnis zu Deinen Redakteurbezügen sehr anständig ist. Aber im Verhältnis zu meiner Arbeit ist es nicht überwältigend. Ich rechne schwach, wenn ich auf das Heft 10 Stunden Arbeit rech-

---

[44]Die deutsche Ausgabe des Buches erschien als Kyrille Popoff, *Die Hauptprobleme der äusseren Ballistik im Lichte der modernen Mathematik*, Leipzig: Akademische Verlagsgesellschaft Geest & Portig, 1932.

ne. Das macht pro Stunde 1,50, d. i. der Stundenlohn eines Obergärtners, also durchaus schon etwas besseres, aber noch nicht Meister. Ich brauche deshalb so lange Zeit, weil bei der Nichtexistenz oder der Miserabligkeit der Fachwörterbücher ich mir jedesmal Fachausdrücke aus der Literatur ausziehen muss, eine höchst langwierige und ausserdem recht unsichere Beschäftigung. Rechnen darf ich auch den mancherlei Aerger, den ich habe, wenn die Übersetzungen nicht nach Wunsch ausfallen wollen. Z. B. ist es mir nicht gelungen, den ersten Satz von Ratib in einigermassen flüssiges Englisch zu bringen. Auch an dem Widenbauer habe ich keine rechte Freude. Ich bin überzeugt, dass Du mir das Freiexemplar gern gönnen wirst, ich hoffe aber, die angeführten Gründe sind so plausibel, dass auch der VDI-Verlag sich ihnen öffnen wird. Ich werde Dir für eine Vermittlung sehr dankbar sein. Wenn Du Bedenken hast, schreibe sie unumwunden!

Kannst Du mir sagen, welche Satzungsänderungen die DMV in Pyrmont beschlossen hat? Ich habe einen erregten Briefwechsel zu Gesicht bekommen, der innerhalb des Vorstandes darüber geführt worden ist. Es war mir aber nicht bekannt, dass in Pyrmont eine Satzungsänderung beschlossen worden war, ich wusste nur, dass Antrag B[ieberbach] auf eine solche abgelehnt worden ist.[45] Dass Du schliesslich Leipzig abgelehnt hast, kann ich gut verstehen.[46] Ich hoffe sehr, dass Dir bald noch etwas besseres angeboten wird. Göttingen allerdings scheint nach Nachrichten, die ich in Bonn erhalten habe, wenig begehrenswert zu sein. Mein Hilbert-Lebenslauf [Kapitel 11] ist fertig. Heute ist er vermutlich Frau Hilbert und ihm vorgelesen worden. Das ist die letzte Instanz. Wenn beide nichts oder nicht viel auszusetzen haben, kann das Tier an Springer wandern. Ich habe doch einige Monate daran gearbeitet, habe viel Freude davon gehabt.

Am 13. November habe ich im Zürcher Mathematischen Kolloquium darüber vorgetragen, habe viel Interesse gefunden. Zürich steckt ja voll von Hilbertschülern und -freunden. Meine Frau war auch in Zürich, und wir haben im Anschluss daran noch 12 Tage mehr in der Schweiz verbracht. Es war sehr fein, besonders die Zürcher. Meissner[47] lässt Dich besonders grüssen. Wir waren bei ihm in Zollikon, weil er wegen eines verstauchten Fusses nicht zu dem Vortrag kommen konnte.

Ich habe Aussicht, im Frühling nächsten Jahres gegen Erstattung von Reise- und Aufenthaltskosten in Sofia Vorlesungen zu halten. Ich hoffe, dass sich das ermöglichen lässt. Deine Schwester Ducca verglich ja den Kolibri in der Hand mit dem Sperling auf dem Dache. Ich halte es aber für mehr als einen Kolibri, zum mindesten muss man das schillernde Gefieder des Biestes mit in Rechnung setzen. Lebe recht wohl! Im voraus vergnügtes Fest und beste Grüsse von Haus zu Haus!

Dein

O. Blumenthal

---

[45] Trefftz geht auf diese Frage ein in seinem Brief an Blumenthal vom 10. Dezember 1934. Zum Hintergrund dieser Satzungskrise siehe (Schappacher/Kneser 1990, 51–69) sowie (Mehrtens 1987, 221–224).

[46] Es handelt sich um die Nachfolge Leon Lichtensteins (siehe Blumenthal an Trefftz vom 16. Juli 1934).

[47] Der Züricher Mathematiker Ernst Meissner (1883–1939).

Trefftz an Blumenthal | Dresden, den 10.XII.1934
TB, Nachlass Trefftz, Archiv der Technischen Universität Dresden

Lieber Blumenthal!

Allerbesten Dank für die „Titelerläuterungen" die heute morgen hier ankamen und die ich gleich nach Berlin weitergeleitet habe, nachdem ich den fehlenden Titel bei Ratib[48] ergänzt hatte.

Ganz besonders habe ich mich gefreut, dass Du mir bei dieser Gelegenheit einmal wieder ausführlich geschrieben hast. Und ich bin sehr froh, dass Du mir genauer gesagt hast, wieviel Arbeit selbst Dir die Titelübersetzungen und Erläuterungen machen. Von so etwas kann man sich keine Vorstellung machen, wenn man es nicht selbst versucht hat, und mir ist das so gut wie unmöglich. Also: Die Schweinerei muss eine andere werden! Erstens, wie ich schon neulich schrieb, musst Du die Inhaltsangaben mit der ersten Korrektur sofort bekommen. Zweitens werde ich versuchen, Dein Honorar zu erhöhen und dann bekommst Du selbstverständlich ab 1935 ein Freiexemplar der ZAMM [*Zeitschrift für Angewandte Mathematik und Mechanik*]. Das wird bestimmt gehen; ich glaube, dass meine Ansprüche an den Verlag so niedrig sind wie bei keiner anderen Zeitschrift und der V.D.I. [*Verein Deutscher Ingenieure*] ist ganz großzügig. Also Selah: das wäre erledigt. übrigens: Bis jetzt habe ich Dir doch drei Hefte (1, 2; 3.) honoriert. Ich werde Dir das Honorar für Heft 4 bis 6 noch vor Weihnachten schicken.

Die Satzungsänderungen, die man in Pyrmont beschlossen hat, hatten den Zweck, unserem Vorsitzenden, Blaschke, größere Macht in die Hand zu geben, da er nach den bisherigen Satzungen so gut wie keine Macht über Bieberbach als Schriftführer hatte, was bei den bekannten Kompetenzüberschreitungen des letzteren zu einer unmöglichen Situation führte. Also hat man eine Satzungsänderung beschlossen, durch welche der Vorsitzende ziemlich diktatorische Befugnisse bekam. Die Sache ist noch nicht unter Dach und Fach, da Bieberbach Dank seiner noch starken Stellung in der Lage ist, sehr wirksame Opposition zu machen. Über die Einzelheiten möchte ich nicht berichten; sei froh, dass Du nichts damit zu tun hast. Ich bin in den Ausschuss gewählt worden.[49]

Meinen herzlichen Glückwunsch zur Vollendung der Hilbert-Biographie. Ich freue mich, dass Du damit etwas gemacht hast, was von allen Mathematikern freudig begrüßt werden wird, und was so ein bis'chen Deine persönliche Note hat. Ich könnte mir sehr gut denken, dass es sehr nett geworden ist. Dass Du darüber in Zürich vorgetragen hast, war gewiss sehr nett. Ich habe mich gefreut, dass Du bei Meissner warst. Ich mag ihn sehr gern. Du wirst verstehen, dass wir sein Haus in Zollikon den „Ankerplatz" genannt haben – der Ausdruck stammt von Biezeno.

---

[48] A. Ratib, Über die Kräfte auf einen elliptischen Zylinder, der sich in einer idealen Flüssigkeit bewegt, *Zeitschrift für Angewandte Mathematik und Mechanik*, 14(6), 340–342.
[49] Blumenthal war bis 1933 Mitglied des DMV-Vorstands bzw. -Ausschusses.

Wenn Du im nächsten Jahr nach Sofia gehst, so fahre doch über Dresden und besuche mich einmal hier. Ich finde das übrigens eine schöne Sache und gerade etwas für Dich.

In Freiberg hat man Willers[50] emeritiert. Ich glaube der tiefere Grund ist, dass der Tor aus seinem Professorentum die Verpflichtung glaubte ableiten zu müssen, den Studenten wirklich etwas beizubringen, woran die Leute durch seinen Vorgänger, den weinfrohen alten Papperitz, in keiner Weise gewöhnt waren. Wir sehen ihn jetzt jeden Donnerstag beim sogenannten Konklave, unserem intimen Kolloquium und haben die Freude, dass ihm das Beisammensein in diesem Freundeskreise offenbar gut tut.

Das wäre wohl alles, was gegenwärtig zu sagen ist.

Alles Gute für Euch alle zum Fest

Am 18. Januar 1938 schrieb Blumenthal in einem Brief an Jan Burgers über seine Arbeit für die *ZAMM*: „Es ist an sich eine minderwertige Arbeit, diese Übersetzungen, aber Trefftz hat sie mir einmal angeboten, um mir zu helfen, und jetzt mag ich Willers nicht sitzen lassen, der ohnehin an der Redaktion schwer zu tragen hat."

9.5 Sorgen um die *Mathematischen Annalen*

Das am 4. Oktober 1933 verabschiedete „Schriftleitergesetz" diente als ein wichtiges Element zur Gleichschaltung der freien Presse. Infolge dieses Gesetzes verloren über 1000 Journalisten ihre Arbeit und mehrere liberale Zeitungen, u.a. die traditionsreiche *Vossische Zeitung* in Berlin, mussten daraufhin ihren Betrieb einstellen. Welche Konsequenzen diese und die nachfolgenden Maßnahmen für den Verleger Ferdinand Springer haben könnten, blieb zu diesem Zeitpunkt sehr unklar. Erst mit dem Inkrafttreten der Nürnberger Rassegesetze im September 1935 wurde die geschäftliche Lage der Firma zunehmend schwierig. Bald danach musste Springers Vetter Julius Jr., der über 30 Jahre lang die Technikabteilung geleitet hatte, wegen seiner nichtarischen Herkunft zurücktreten. Die volle Arisierung fand allerdings erst 1942 statt (Sarkowski 1996, 371–383).

Otto Blumenthal konnte nach seiner Entlassung aus dem Professorenamt seine Arbeit als Geschäftsführender Redakteur der *Mathematischen Annalen* zunächst einmal unbehelligt fortsetzen. Es bedrückte ihn jedoch der Gedanke, dass er dieser Zeitschrift, die ihm so sehr am Herzen lag, durch sein Verbleiben in der Redaktion schaden könnte. Schon wenige Wochen nach der Entlassung schrieb er

---

[50]Friedrich Willers (1883–1959) studierte in Göttingen und wurde bei Carl Runge promoviert. 1928 folgte er Erwin Papperitz als Professor für Mathematik und Darstellende Geometrie an der Bergakademie Freiberg, musste aber 1934 seine Stelle abgeben. Danach arbeitete er mit Trefftz zusammen und wurde nach dessen Tod Herausgeber der *Zeitschrift für Angewandte Mathematik und Mechanik.*

deswegen einen langen Brief an David Hilbert, in dem er seine Sorgen um die Zukunft der *Annalen* zum Ausdruck brachte. Die in diesem Brief erwähnte Rede von Stark war ein Vortrag, den der Physiker Johannes Stark am 18. September 1933 auf einer Konferenz in Würzburg gehalten hatte und der kurz danach unter dem Titel „Organisation der physikalischen Forschung" in der *Zeitschrift für Technische Physik* veröffentlicht wurde.

Blumenthals alter Gegner Johannes Stark ist als überzeugter Nationalsozialist zu einer Galionsfigur der angeblich durch jüdischen Einfluss unterdrückten „Deutschen Physik" geworden. Im Mai 1933 hatte der Reichsminister des Inneren, Wilhelm Frick, den ehrgeizigen Stark zum neuen Präsidenten der Physikalisch-Technischen Reichsanstalt (PTR) ernannt. Der Verlag Julius Springer hatte die Wissenschaftlichen Abhandlungen der PTR seit 1894 publiziert, aber mit Starks Ernennung wurden sie an den S. Hirzel Verlag in Leipzig übergeben.

Blumenthal an Hilbert | Aachen, den 11.XI.1933
TB, Nachlass Hilbert, SUB Göttingen, 30, Nr. 56

Lieber Herr Professor!

Ich muß Ihnen mein Herz wegen der Annalen ausschütten. Bevor ich aber anfange, bestätige ich Ihnen sehr verspätet den Eingang Ihres Manuskriptes über die Grundlagen des Denkens, das wieder einmal ein Schmuck der Annalen sein wird. Ich werde es sogleich in Satz geben.

Ich halte die Lage der Annalen für gefährdet. Einen kleinen Teil der Gefahr sehe ich in meiner eigenen Lage. Mein Name war nie besonders zugkräftig. Ich bezweifle erst recht, daß er jetzt, wo er der eines entlassenen jüdischen Professors ist, auf Autoren anziehend wirken wird. Ich konstatiere auch seit einigen Monaten eine ganz auffällige Abnahme der Zahl der bei mir direkt einlaufenden Manuskripte.

Eine größere Gefahr sehe ich in den allgemeinen Umständen und in der Lage der Göttinger mathematischen Fakultät.

Was die allgemeinen Verhältnisse betrifft, so habe ich mich zunächst davon überzeugt, daß die Redaktion der Annalen von dem Schriftleitergesetz nicht betroffen wird, denn dieses bezieht sich nur auf solche Zeitschriften, die einen politischen Inhalt haben. Daß aber bei den oberen Stellen durchaus der Wille besteht, auch auf die wissenschaftlichen Zeitschriften einzuwirken, zeigt Stark's Rede in Würzburg.[51] Auch haben kürzlich bindende Vereinbarungen zwischen dem Hochschulverband und dem Buchhändler-Börsenverein stattgefunden, die gewisse Mißstände bei den medizinischen und naturwissenschaftlichen Zeitschriften beseitigen wollen (sie sind in einer „Bekanntmachung" veröffentlicht worden). Es handelt sich dabei hauptsächlich um die sogen. „aufgeblähten" Zeitschriften (die immer dicker und dicker geworden sind), die sich zu einer Reduktion ihres Umfanges durch strengere Auswahl des Materials verpflichten mußten. Auch diese Bekanntmachung geht

---

[51] Auf der Physikertagung in Würzburg im September 1933 sprach Stark über „Die Organisation physikalischer Forschung".

die Annalen nicht unmittelbar an, denn wir haben unseren Umfang seit 30 Jahren kaum vermehrt, auch glaube ich, daß die Strenge der Stoffauswahl nicht angezweifelt werden kann. Aber sowohl Stark's Drohung wie auch diese Bekanntmachung haben eine deutliche Spitze gegen Springer. Es ist also durchaus möglich, daß man aus <u>diesem</u> Grunde die Annalen schärfer beobachtet und versuchen wird sie zu hemmen, wozu die zahlreichen bei uns veröffentlichten ausländischen Arbeiten und der nichtarische Redakteur einen Vorwand geben könnten.

Auf der anderen Seite werden die Annalen bedroht durch Brouwer's neugegründete Compositio Mathematica, in der ja ein zahlenmäßig sehr großer Stab internationaler Mitarbeiter vereinigt ist. Da Bieberbach und Feigl diesem Stabe angehören, ist klar, daß wir für die Annalen auf Mitarbeit der Berliner Schule nicht zu hoffen haben. Bedenklicher ist, daß auch Heinz Hopf-Zürich, mit dem wir immer gut zusammengearbeitet haben, diesem Konkurrenzunternehmen zugesagt hat.

Die allergrößte Gefahr aber liegt in dem ungewissen Schicksal der Göttinger Mathematik. Das ist die Quelle, aus der wir gespeist werden. Wenn Göttingen verödet oder mit Professoren besetzt wird, die aus der Tradition heraustreten, dann müssen wir uns ganz neue Quellen erschliessen oder wir gehen zugrunde. Dadurch, daß Emmy Noether weggegangen ist, ist bereits eine empfindliche Lücke entstanden. Und was mit Courant werden wird, läßt sich wohl noch nicht voraussehen.

Ich möchte Ihnen deshalb zu erwägen geben, ob Sie nicht den bisher verfolgten Grundsatz einer möglichst kleinen Redaktion wieder aufgeben und eine mäßige Erweiterung ins Auge fassen wollen. Ein für die Annalen günstiger Moment ist der Tod Lichtensteins. Dadurch könnten wir uns die Leipziger Schule erschliessen, in der ja Gutes gemacht wird. Mein Vorschlag ist der, van der Waerden, der sich schon seit mehreren Jahren durch schnelle und gründliche Begutachtung um uns sehr verdient gemacht hat, offiziell in die Redaktion aufzunehmen. Er ist ungewöhnlich vielseitig und u. a. anerkannter Meister in Algebra und Topologie, also zwei besonders wichtigen Gebieten. Ich habe mit van der Waerden natürlich noch nicht über meine Idee korrespondiert, weiß also auch nicht wie er sich dazu stellen würde. Er scheint mir nur sachlich der weitaus geeignetste zu sein, und, so viel ich weiß, stehen ihm auch vom persönlichen und politischen Gesichtspunkte aus keine Bedenken entgegen.

Ich komme noch einmal auf meine eigene Stellung bei den Annalen zurück und möchte in dem, was ich jetzt schreibe, ja nicht mißverstanden werden. Ich halte es für meine Pflicht Ihnen mein Amt zur Verfügung zu stellen, falls Sie finden, daß meine Abstammung oder meine unklare Lage als entlassener Professor oder irgend etwas anderes an mir dem Ansehen oder der Wirksamkeit der Annalen schaden könnte. Ich halte es für meine Pflicht Ihnen dies zu sagen, und ich werde ohne Empfindlichkeit zurücktreten, wenn Sie es für angezeigt halten. Sie werden mich aber auch richtig verstehen, wenn ich zufüge, daß es mich schmerzen wird die Tätigkeit aufzugeben, denn – abgesehen davon, daß bei meinen durch die Pensionierung auf etwa die Hälfte verminderten amtlichen Einnahmen die Annaleneinkünfte von etwa 100 Mark pro Monat eine recht wesentliche Stütze meines

Budget bilden – beruht doch mein ganzes Ansehen in der wissenschaftlichen Welt wesentlich auf meiner Redakteurtätigkeit. Ich hänge deshalb sehr daran, aber ich klebe nicht daran: Das habe ich Ihnen sagen wollen und, wenn es im Interesse der Annalen liegt, werde ich zurückzutreten verstehen.

Ich habe Ihnen noch über einen finanziellen Punkt zu berichten. Bisher wurden von dem von Springer gezahlten Annalenhonorar (30 Mark pro Bogen) 4 Mark pro Bogen abgezweigt, die unser hiesiger Extraordinarius Krauss für Durchsicht der Korrekturen erhielt. Nachdem jetzt meine Einkünfte so geschmälert sind, habe ich mit Zustimmung meines Freundes Krauss das Lesen der Revision wieder selbst übernommen und die 4 Mark pro Bogen mir selbst von Springer vergüten lassen. Hierzu erbitte ich die Genehmigung der Redaktion.

Hiernach noch einiges persönliche das erfreulicher ist. Mali ist entschieden gebessert wenn auch noch schonungsbedürftig. Unser neues Häuschen ist sehr gelungen, und wir leben da ganz idyllisch. Ich versuche mir neue Arbeitsgebiete in Funktionen mehrerer Veränderlicher und altgriechischer Mathematik aufzutun.

Einen Durchschlag dieses Briefes schicke ich an Hecke. Ich bitte Sie um recht baldige und gründliche Antwort, denn die Dinge machen mir wirklich Sorge.

Beste Grüße von Haus zu Haus,

Ihr

O. Blumenthal.

Wie sehr Blumenthal bei seinem Angebot, nötigenfalls von der Redakteurtätigkeit zurückzutreten, um die richtigen Worte gerungen hat, geht daraus hervor, dass er neben diesem Absatz in dem ansonsten mit der Schreibmaschine geschriebenen Brief noch eine handschriftliche Bemerkung hinzufügte: „Indem ich den Absatz nochmals überlese, sehe ich trotz aller meiner Bemühungen doch noch die Möglichkeit eines Missverständnisses. Sie könnten vielleicht aus meinen Worten einen Vorwurf oder ein Misstrauen gegen Sie herauslesen. Das liegt mir natürlich gänzlich fern. Ich weiss, dass Sie mich bei den Annalen halten werden, wenn es irgend geht. Aber ich bitte Sie zu prüfen, ob es geht."

Hilbert ging in seiner Antwort gar nicht erst auf Blumenthals Rücktrittsgesuch ein.

Entwurf eines Briefes von Hilbert an Blumenthal | Göttingen, nach dem 11.XI.1933 AB-D, Nachlass Hilbert, SUB Göttingen, 30, Nr. 56/Ant.

Vielen Dank für Ihren ausführlichen vorsorglichen Brief. Ich sehe unsere Situation nicht für so schlimm an, doch müssen wir uns vorsehen und auf Kampf gefaßt sein.

Freiwillig wird Springer uns die Redaktion der Annalen nicht entziehen. Sollte er zum Eingreifen gezwungen sein, so würde ich, solidarisch mit Ihnen die Redaktion niederlegen. Die internationale Mitarbeit dürfen wir, wie ich glaube, nicht einschränken, sondern vielmehr ausbauen; zugleich aber unsere Sorge darauf richten, von unsern deutschen Kollegen genügendes und gutes Material zu erhalten. Ich könnte in diesem Sinn an einige Mathematiker, etwa an Emmy Nöther, Speiser, Fueter, Veblen, Birkhoff, v. Neumann schreiben; wie denken Sie darüber, und welche kämen noch in Betracht? Ihrer Idee van der Waerden zum Eintritt in die Redaktion aufzufordern stimme ich lebhaft zu, doch müssen Sie vorher das Einverständnis von Hecke und Springer haben. Würden Sie vielleicht, zugleich in meinem Namen an diese beiden Herrn schreiben?

Daß Sie selbst die Durchsicht der Korrektur übernehmen wollen ist sehr erfreulich, noch erfreulicher, daß Ihr Häuschen so wohl gelungen ist, aber am Erfreulichsten, daß Malis Gesundheit sich so gebessert hat. Bitte sie vielmals zu grüßen und seien Sie selbst herzlich gegrüßt von

Ihrem Hilbert

Kurze Zeit später musste sich Blumenthal beim Reichsverband deutscher Schriftsteller als Mitglied anmelden.

Blumenthal an Hilbert | Aachen, den 12.XII.1933
TB, Nachlass Hilbert, SUB Göttingen, 30, Nr. 55

Lieber Herr Professor!

Anliegend schicke ich Ihnen Heckes Brief an Sie zurück, den Sie mir, zusammen mit einer teilweisen Abschrift Ihrer Antwort an ihn, zur Einsicht zugeschickt hatten. Diese Ihre Antwort an ihn ist ja nicht bei ihm angekommen. Ich habe ihm deshalb die teilweise Abschrift zugeschickt. Ich hoffe, dass es Ihnen an Hand des Heckeschen Briefes gelingen wird, auch Ihren Gesamtbrief zu rekonstruieren, worum er Sie ja gebeten hat. Uebrigens schreibt mir Hecke, dass er gegen die Kooption von van der Waerden nichts einzuwenden hat.

Heute bin ich von Springer „unter Bezugnahme auf die Anordnung des Präsidenten der Reichsschrifttumskammer und der Reichspressekammer" aufgefordert worden, mich – unter Benutzung eines von ihm ausgearbeiteten Textes – beim Reichsverband deutscher Schriftsteller als Mitglied anzumelden. Ich habe diesem Wunsche sofort entsprochen, in der Ueberzeugung, dass es vor allem darauf ankommt, die Stabilität der Annalen so lange als möglich aufrecht zu erhalten. Ich nehme an, dass Sie die gleiche Aufforderung Springers erhalten haben und ihr ebenso entsprochen haben (der Termin läuft am 15.12. ab). Die weitere Entwicklung ist ja wohl nicht abzusehen.

Ihre Portoauslagen habe ich Ihnen heute zusammen mit dem Honorar für das letzte Annalenheft überweisen lassen. Wie geht es Ihnen? Hier ist es leidlich, Malis Gesundheit den Umständen entsprechend gut.

Beste Grüsse von Haus zu Haus!
Ihr O. Blumenthal

Die geniale Algebraikerin Emmy Noether (1882–1935) wirkte seit Langem im Hintergrund als Gutachterin für die *Annalen*. Als sie 1933 nach den USA auswandern musste, entstand „eine empfindliche Lücke", wie Blumenthal an Hilbert berichtete (Brief vom 11. November 1933), und zwar in einem Gebiet, das an vorderster Front der modernen Forschung stand. Noethers Aufenthalt in den USA war von kurzer Dauer: Sie starb am 14. April 1935 an Komplikationen nach einer Gebärmutteroperation.

Blumenthal an die Redakteure der *Annalen* | **Aachen, den 25.IV.1935**
TB, Nachlass Hilbert, SUB Göttingen, 30, Nr. 57

An die Herren Redakteure der Mathematischen Annalen,

Vor kurzem habe ich durch Professor Fr. Noether[52] die erschütternde Nachricht erhalten, dass Emmy Noether am 14. April in Bryn Mawr an den Folgen einer Operation gestorben ist. Emmy Noether war eine so treue und fördernde Freundin unserer Redaktion, dass ich vorschlagen möchte, ihr einen kurzen Nachruf in den Annalen zu widmen. Herr van der Waerden, mit dem ich darüber korrespondiert habe, ist zur Abfassung des Nachrufs bereit. Ich unterbreite die Angelegenheit Ihrer Beurteilung, weil sich gewisse formale Bedenken erheben lassen: Wir haben seit langer Zeit keinen Nachruf mehr gebracht, insbesondere ist des Todes des Herrn v. Dyck nicht gedacht worden. Ich habe allerdings vor einigen Wochen Carathéodory gebeten, uns einen Nachruf auf v. Dyck zu schreiben, habe aber von ihm keine Antwort bekommen. Ich werde auf meiner Rückreise voraussichtlich durch München kommen und dann mit ihm nochmals verhandeln. Es würde also ein Nachruf auf Emmy Noether in gewisser Weise eine Ausnahme und einen Präzedenzfall darstellen. Mir scheint dieses formale Bedenken bei der Bedeutung der Verstorbenen gering. Sollten Sie aber anderer Ansicht sein, so bitte ich Sie, dies bis spätestens 15. Mai Herrn van der Waerden unmittelbar mitteilen zu wollen. Fall er bis dahin keine Nachricht von Ihnen hat, hält er sich für beauftragt, den Nachruf zu verfassen.[53]

Beste Grüsse
Ihr O. Blumenthal

---

[52]Fritz Noether (1884–1941) war der Bruder Emmys, neigte jedoch viel stärker als sie zur angewandten Mathematik. Er studierte Mathematik und Physik in Erlangen und München und kam unter den Einfluss Arnold Sommerfelds. Somit entstand Noethers Mitarbeit am vierten und letzten Band des Werkes *Theorie des Kreisels* von Klein und Sommerfeld, in dem die technischen Anwendungen der Kreiseltheorie behandelt sind.

[53]Van der Waerdens Nachruf auf Emmy Noether erschien in *Mathematische Annalen*, 111 (1935): 469–476.

Tatsächlich konnte Blumenthal seine *Annalen*-Arbeit noch bis Anfang 1938 fortsetzen, und sein Name stand weiterhin als geschäftsführender Redakteur in jedem *Annalen*-Heft auf der Innenseite des Umschlagdeckels. Als aber der Verleger Ferdinand Springer wegen der „nicht arischen" Mitglieder in den Redaktionen einiger der von ihm verlegten Zeitschriften immer mehr unter politischen Druck geriet, sah sich Blumenthal im Januar 1938 gezwungen, dieses Amt aufzugeben. Er trat von der Geschäftsführung zurück, blieb aber noch Mitglied der Redaktion. Sein Nachfolger wurde der neu in die Redaktion aufgenommene Heinrich Behnke, der sich schon im September 1935 um dieses Amt beworben hatte (Hartmann 2009, 207–209).[54]

**Ausschnitt von Heinrich Behnke an Erich Hecke | Heidelberg, den 7.IX.1935
AB, Nachlass Hecke, SUB Göttingen**

Lieber Herr Professor Hecke!

... Mit den Semesterberichten haben wir jetzt Schwierigkeiten. Toeplitz muss aus der Redaktion heraus. Hamel und Vahlen fordern dies.[55] Es ist für mich unmöglich, für Toeplitz einen Ersatz zu finden.

Sollte bei den Annalen dasselbe Problem auftreten, und sollten dann Sie es für zweckmäßig halten an meine Mitarbeit in der Redaktion zu denken, so werde ich Ihnen ganz sicher keinen Korb geben, obwohl ich die grosse sachliche und persönliche Belastung abzuschätzen weiss. Aber selbstverständlich wäre es mir unmöglich, Blumenthal zu ersetzen. Der ist in seiner Bereitschaft, alle Arbeiten zu lesen (einschliesslich der Korrekturen) überhaupt nicht zu ersetzen. ...

Ihr Behnke

Seinen Rücktritt von der redaktionellen Geschäftsführung erklärte Blumenthal in einem Brief an den Mitherausgeber Erich Hecke.

**Blumenthal an Hecke | Aachen, den 13.I.1938
TB, Nachlass Hecke, SUB Göttingen**

Lieber Herr Hecke!

Meine Karte aus Göttingen habe ich in grosser Eile geschrieben und bedaure, dass sie unklar ausgefallen ist. Unterdessen kam am Sonntag ein Eilbrief von Springer an Hilbert, in dem er bittet, dass Hilbert die Ausführung seines Entschlusses verschiebt. Darauf habe ich sofort in Hilberts Auftrag geschrieben, dass

---

[54] Behnke (1973) gibt einen kurzen Rückblick auf die Geschichte der *Annalen*.

[55] Georg Hamel, ein ehemaliger Schüler Hilberts, war zu dieser Zeit Vorsitzender des Reichsverbandes deutscher Mathematischer Gesellschaften und Vereine. Theodor Vahlen war Vorsitzender des Amts für Wissenschaften des Reichsministeriums für Wissenschaft, Erziehung und Volksbildung.

Hilbert zustimmt, dass bis zum Ende des laufenden Bandes hinsichtlich seines Namens auf dem Titelblatt der Annalen nichts geändert wird. D.h. es steht auf der 1. Seite weiter „herausgegeben von D.H." und Hilbert figuriert auf der 2. Seite weiter unter den Redakteuren, die Manuskripte annehmen. Da jetzt erst das 2. Heft des Bandes herauskommt, wird also Hilberts Name als Herausgeber frühestens im August wegfallen. Damit ist eine genügende Uebergangszeit gesichert, denn bis dahin ist doch die Aenderung der Redaktion lange vollständig durchgeführt. Das war ja auch Ihre Ansicht. Hilberts Rücktrittsgrund ist nicht Unmut, sondern die Erkenntnis, dass er faktisch gar nichts mehr arbeitet, und dass ihm auch jeder Brief, den er zu schreiben hat, eine peinliche Last ist. Wenn ich nicht in Göttingen gewesen wäre, hätte Springer vielleicht überhaupt keine Antwort bekommen. Es ist besonders Frau Hilbert, der dieser Zustand Sorgen macht, denn sie hat alle die Briefe zu schreiben. Und sie hat wohl auch zugeredet, dass er bei dieser Gelegenheit mit seiner Annalentätigkeit Schluss macht. Aber sie ist mit dem Aufschub auch einverstanden, und ich hoffe, dass auch Sie es sind.

Hilbert ist noch müder und untätiger als im vorigen Jahr. Von Wissenschaft will er niemals reden. Einmal kam er über Tisch mit einer kleinen logischen Frage, liess das Gespräch aber gleich wieder fallen. Gentzen[56] kommt kaum mehr zu ihm und wird mehr als Belästigung denn als Hilfe empfunden. Was mir auffiel, ist, dass Hilbert auch bei kleinen Gängen bedenklich rasch ermüdet. Auch ist die Blutzusammensetzung nach dem Urteil des Arztes „an der unteren Grenze des Wünschenswerten". Das ist alles sehr traurig. Frau Hilbert fand ich eher besser als im Vorjahr. Ihren Befürchtungen bin ich nachgegangen, habe aber keinen Anhalt dafür gefunden. Sie hat sich nur in diesem Sommer sehr über ihre Königsberger Verwandten geärgert. Vielleicht bezieht sich die von Ihnen erwähnte Briefstelle hierauf. Sie hat mir zu Ehren eine kleine Gesellschaft gegeben: Kienles, Hasses (mit denen sonst kein Verkehr ist), Herglotz und den gerade eingetroffenen Siegel. Da ging es sehr angeregt zu, und Käthe lobte hinterher den „heiteren Abend". Sonst ist es wohl recht einsam um sie geworden.

Ich lasse jetzt in dem neuen Annalenheft schon gleich die Erwähnung des „Geschäftsführenden Redakteurs" weg. Der Name Behnke soll dann im nächsten Heft erscheinen, sowie die Namen derjenigen Redakteure, die bis dahin fest gewonnen sind. Für Springer wird es die Hauptsache sein, dass der ominöse „Geschäftsführende" möglichst rasch verschwindet.

---

[56]Gerhard Gentzen (1909–1945) promovierte 1933 in Göttingen. Obwohl er ein Schüler von Paul Bernays war, wurde offiziell Hermann Weyl sein Doktorvater, da Bernays im April 1933 Lehrverbot erheielt. Ab 1935 bekam Gentzen eine Assistentenstelle bei Hilbert, der zu dieser Zeit nicht mehr als Forscher aktiv war. 1936 konnte er die Widerspruchslosigkeit des Axiomsystems für die ganzen Zahlen beweisen, wenn man eine erweiterte Logik zulässt (Gentzen 1936). Am Anfang des Krieges arbeitete Gentzen als Funker bei Braunschweig, erkrankte dort aber und wurde vom Wehrdienst freigestellt. Er habilitierte sich in Göttingen und bekam 1943 eine Stelle in Prag. Dort starb er am 4. August 1945 im Kreisgefängnis an Unterernährung.

Ich danke Ihnen nochmals, dass Sie in der ganzen Angelegenheit so freundschaftlich und wirkungsvoll für mich eingetreten sind. Sehen Sie zu, dass Sie womöglich auch in U.S.A. etwas für mich tun können. Vor allem wünsche ich Ihnen eine glückliche und erfolgreiche Reise.

Grüssen Sie, bitte, Herrn Bol! Beste Grüsse! Alles Gute!

Ihr O. Blumenthal.

Besten Dank für die Nachsendung des Briefs.

————————

Blumenthal an Hecke | Aachen, den 20.VI.1938
TB, Nachlass Hecke, SUB Göttingen

Lieber Herr Hecke!

Ich danke Ihnen sehr für Ihren Brief und für die freundschaftliche Mühe, die Sie sich um mich drüben gemacht haben. Ueber die grossen finanziellen Schwierigkeiten in USA und besonders in den dortigen Universitäten war ich unterrichtet und habe mich nie Illusionen hingegeben. Aber das, was Sie geschrieben haben, belebt doch etwas meine Hoffnungen. Sehr wertvoll ist mir zu wissen, dass Weyl etwas aktiver geworden ist. Ich will ihm daraufhin auch selbst schreiben, wovor ich mich bisher immer gescheut habe. Es wäre sehr schön, wenn aus dem Plan etwas werden könnte, damit ich wieder ein festes und grosses Arbeitsziel vor mir habe. Das muss nun abgewartet werden. Jedenfalls sind Sie der erste, der meine Sache energischer in die Hand genommen hat, und ich bin Ihnen herzlich dankbar.

Ich hätte Ihnen schon früher geschrieben, wenn ich nicht den Ausgang einer Annalen-Korrespondenz mit Springer hätte abwarten wollen. Ich hatte um Ostern von Behnke gehört, dass Springer neuerlich wegen äusserer Eingriffe beunruhigt sei. Neulich schrieb er mir nun und forderte von mir eine Erklärung, die ich nach kurzem freundlichem Briefwechsel ihm jetzt in folgender Form gegeben habe (die Form von ihm vorgeschlagen):

Ich bestätige Ihnen, dass ich eine redaktionelle Geschäftsführung tatsächlich in keiner Weise mehr ausübe, und dass meine Mitwirkung bei der Begutachtung sich auf ausländische Manuskripte beschränken wird."

Das letzte Zugeständnis ist wohl eine logische Folge der Januar-Abmachungen, wenn es mir auch schmerzlich war. Ich will hoffen, dass dadurch wieder fürs nächste Ruhe geschaffen ist. Unterdessen ist ja Schurs Name von dem Titel der Mathematischen Zeitschrift verschwunden. Wir müssen der weiteren Entwicklung entgegensehen. Freilich giebt es einen Punkt, der meiner Ansicht nach rasche Hilfe verlangt. Aus Behnkes „Benachrichtigungen" geht hervor, wie miserabel der Manuskript-Eingang in den letzten Monaten ist. Das ist durchaus nicht Behnkes Schuld – wie ich ausdrücklich hervorheben möchte –, er hat im Gegenteil sein Möglichstes getan und auch einige Arbeiten erworben. Ich meine, dass wir an eine Erweiterung der Redaktion denken müssen, damit wir an verschiedenen Orten Freunde und Gönner haben. Bestimmte Vorschläge habe ich nicht zu machen, und möchte mich auch aus verständlichen Gründen (siehe meine obige Erklärung) ganz zurückhalten. Vielleicht aber verhandeln Sie einmal den Punkt mit Behnke und van der Waerden.

Beste Grüsse!

Ihr

O. Blumenthal.

Der Dank an Hecke für das wirkungsvolle Eintreten bezog sich auf dessen Anteil an dem Zustandekommen einer Vereinbarung, nach der Springer sich für Blumenthals „freiwilligen" Rücktritt finanziell erkenntlich zeigte.

Springer-Verlag an Blumenthal | Berlin, den 20.I.1938
TB, Nachlass Familie Blumenthal

Sehr geehrter Herr Professor Blumenthal!

Ich bestätige Ihnen hierdurch, dass meine Firma Ihnen in Anerkennung Ihrer mehr als 30 jährigen geschäftsführenden Redaktion der „Mathematischen Annalen" bei Ihrem freiwilligen Rücktritt von dieser Funktion eine Pension von monatlich RM. 100.– zugesagt hat. Der Betrag wird Ihnen am Schlusse jeden Monats überwiesen werden, zum ersten Mal Ende Januar 1938.

Mit verbindlichen Empfehlungen

Ihr sehr ergebener [Die Unterschrift konnte nicht entziffert werden.]

Am 28. Februar 1938 berichtete Blumenthal darüber in einem Brief an von Kármán: „Ich habe jetzt aus durchsichtigen Gründen die Geschäftsführung der Annalen abgeben müssen, aber unter ehrenvollen und auch finanziell möglichst günstigen Bedingungen, für die ich Springer und den Redakteuren Hecke und van der Waerden sehr dankbar sein muss. Mein Nachfolger ist Behnke, ein Schüler Heckes, den ich sehr schätze. Ich bleibe weiter in der Redaktion."

Übrigens zahlte der Springer-Verlag die zugesagten 100 Mark später auch dann noch jeden Monat zuverlässig weiter, nachdem Otto Blumenthal im Juli 1939 in die Niederlande emigriert war. Da das Geld nicht ins Ausland transferiert werden durfte, wurden die Zahlungen an seine Schwester Anna Storm überwiesen, die wegen ihrer jüdischen Abstammung ebenfalls ihre Arbeit verloren hatte und auf diese Unterstützung sehr angewiesen war. Deshalb war Otto Blumenthal zutiefst betroffen, als er Anfang 1942 einen Brief des Springer-Verlags erhielt, in dem dieser ihm mitteilte, dass er die Zahlungen aufgrund einer neuen Verordnung einstellen müsse. In seinem Tagebuch notierte er am 9. Februar 1942: „Morgens scheussliche Nachricht, dass Springer wegen meiner Ausbürgerung die Rente an meine Schwester nicht mehr zahlt. Sofort Brief an sie."

De facto setzte der Springer-Verlag seine Zahlungen an Anna Storm trotz dieses Briefes unverändert fort. Schon drei Wochen später, am 3. März 1942, konnte Otto Blumenthal in seinem Tagebuch vermerken: „Erfreulicher Brief meiner Schwester, die ihre Rente von Springer weiter bekommt." Erst nach der Deportation von Anna Storm nach Theresienstadt am 20. Juli 1942 wurden die Zahlungen tatsächlich eingestellt.

Springer-Verlag an Blumenthal | Berlin, den 30.I.1942
TB, Nachlass Familie Blumenthal

Sehr geehrter Herr Professor!

Mit bestem Dank bestätigen wir den Empfang Ihrer beglaubigten Lebensbescheinigung. Hierdurch müssen wir Ihnen aber mitteilen, dass die „Elfte Verordnung zum Reichsbürgergesetz vom 25. November 1941", veröffentlicht im Reichsgesetzblatt, u.a. folgenden Inhalt hat:

„Ein Jude, der seinen gewöhnlichen Aufenthalt im Ausland hat, kann nicht deutscher Staatsangehöriger sein. Der gewöhnliche Aufenthalt im Ausland ist dann gegeben, wenn sich ein Jude im Ausland unter Umständen aufhält, die erkennen lassen, dass er dort nicht nur vorübergehend verweilt.

Ein Jude verliert die deutsche Staatsangehörigkeit, wenn er beim Inkrafttreten dieser Verordnung seinen gewöhnlichen Aufenthalt im Ausland hat, mit dem Inkrafttreten der Verordnung.

Das Vermögen des Juden, der die deutsche Staatsangehörigkeit auf Grund dieser Verordnung verliert, verfällt mit dem Verlust der Staatsangehörigkeit dem Reich. Schenkungen von deutschen Staatsangehörigen an Personen, deren Vermögen gemäss §3 dem Reich verfallen ist, sind verboten. Wer dem Verbot zuwider eine Schenkung vornimmt oder verspricht, wird mit Gefängnis bis zu zwei Jahren und mit Geldstrafe oder mit einer dieser Strafen bestraft.

Alle Personen, die eine zu dem verfallenen Vermögen gehörige Sache im Besitz haben oder zu der Vermögensmasse etwas schuldig sind, haben den Besitz der Sache oder das Bestehen der Schuld dem Oberfinanzpräsidenten Berlin innerhalb von sechs Monaten nach Eintritt des Vermögensverfalls anzuzeigen. Wer dieser Anzeigepflicht vorsätzlich oder fahrlässig zuwiderhandelt, wird mit Gefängnis bis zu drei Monaten oder mit Geldstrafe bestraft.

Forderungen gegen das verfallene Vermögen sind innerhalb von sechs Monaten nach Eintritt des Vermögensverfalls bei dem Oberfinanzpräsidenten Berlin anzumelden. Die Befriedigung von Forderungen, die nach Ablauf der Frist geltend gemacht werden, kann ohne Angabe von Gründen abgelehnt werden."

Wegen dieser Bestimmungen haben wir die monatliche Zahlung von RM 100.- an Frau Bettina Sara Storm in Essen Ende vorigen Jahres eingestellt. Wir zahlen vorläufig aber auch nicht an den Herrn Oberfinanzpräsidenten in Berlin, sondern warten erst die Ausführungsbestimmungen zu der neuen Verordnung ab, um danach die Zahlungsmöglichkeit in Ihrem Falle erneut zu prüfen. Vorläufig halten wir es für ausgeschlossen, die Zahlungen weiterhin an Frau Storm leisten zu dürfen.

Hochachtungsvoll
Springer-Verlag OHG.
ppa. Rosbaud

Der österreichische Chemiker Paul Rosbaud (1896–1963), der diesen Brief unterzeichnet hatte, war seit Mitte der 1930er Jahre im Springer-Verlag als wissenschaftlicher Berater für die Publikationen des Verlags in Physik und Metallurgie tätig. Weil seine jüdische Frau durch den Anschluss Österreichs im März 1938 den Schutz verlor, den ihr ihre österreichische Staatsbürgerschaft bis dahin gewährt hatte, brachte er sie nach England in Sicherheit, aber obwohl auch seine Tochter zur Mutter nach England zog, blieb er selber weiterhin in Deutschland und setzte seine Arbeit im Springer-Verlag fort, um Adolf Hitler und den Nazistaat zu bekämpfen. Bis 1944 arbeitete er unter dem Decknamen „Griffin" höchst erfolgreich als Agent für den britischen Geheimdienst (SIS). Aufgrund seiner beruflichen Tätigkeit verfügte er über hervorragende Kontakte zu den führenden deutschen Wissenschaftlern, sodass er die Alliierten über den Stand ihrer Forschungen ausführlich informieren konnte. Seine Berichte kodierte er mithilfe von physikalisch-mathematischen Büchern des Springer-Verlags, da diese auch im Ausland, etwa in Oslo oder Stockholm, gekauft werden konnten und nicht von einem Kurier transportiert zu werden brauchten. Dabei benutzte er insbesondere Neuauflagen älterer Bücher, weil er deren Text im Zuge der notwendigen Aktualisierungen unauffällig seinen Zwecken anpassen konnte (Kramisch 1987).

Während der NS-Zeit befand sich der Springer-Verlag wegen der jüdischen Herkunft seiner Inhaber in einer schwierigen Lage. Zusammen mit seinem Vetter Julius ließ sich Ferdinand Springer auf eine Teilarisierung ein. Zunächst wurde schon 1934 Tönjes Lange zum Generalbevollmächtigten der Firma ernannt. Nach dem Inkrafttreten der Nürnberger Rassengesetze 1935 musste Julius aus dem Verlag ausscheiden, während seine Anteile an Tönjes und Otto Lange übergingen. Ferdinand, der als „jüdischer Mischling ersten Grades" galt, durfte nur mit einer jederzeit widerruflichen Sondergenehmigung weiterhin tätig sein. Ab 1942 nahm der Verfolgungsdruck auf diese Menschen erheblich zu. Auf der Wannseekonferenz, wo im Januar 1942 die „Endlösung der Judenfrage" beschlossen wurde, schlug Reinhard Heydrich vor, deutsche „Mischlinge ersten Grades" grundsätzlich in die Deportationen einzubeziehen, eine Maßnahme, die jedoch nachher nicht umgesetzt wurde. Im November 1942 musste sich Ferdinand Springer aus seinem Verlag zurückziehen; seine Anteile an der Firma überließ er treuhänderisch Otto und Tönjes Lange. Nach dem Krieg konnten er und sein Vetter Julius ihre Arbeit wieder aufnehmen, und zwar mit großem Erfolg (Sarkowski 1996).

Springers Ausscheiden wurde im folgenden Brief von B.L. van der Waerden an Erich Hecke kurz kommentiert. Zu Weihnachten 1942, als er in den Niederlanden war, erkundigte sich van der Waerden auch nach Blumenthal, ohne jedoch zu erfahren, was mit ihm geschehen ist.

Bartel L. van der Waerden an Erich Hecke | Leipzig, den 6.IV.1943
AB, Nachlass Hecke, SUB Göttingen

Lieber Herr Hecke,

Springers Ausscheiden aus dem Verlag, den er selbst groß gemacht hat, ist sehr bedauerlich. Wie F.K. Schmidt[57] mir schrieb, ist er ausgeschieden „um die weitere Verlagsarbeit unter den derzeitigen verwickelten Verhältnissen zu erleichtern". Ich habe mich oft mit ihm gestritten, aber ihn doch immer als einen wirklich großen Verleger anerkannt. Das habe ich ihm auch geschrieben.

Kurz nach Hilberts Tod habe ich für unsere Studenten einen Vortrag über Hilbert gehalten. Ich habe dabei sehr viel aus der wirklich vorzüglichen Biographie von Blumenthal entlehnt.[58] Wie es dem wohl gehen mag? Bei meinem Aufenthalt in Holland an Weihnachten habe ich nichts über ihn erfahren können. Vielleicht hält er sich versteckt, wie tausende andere auch; vielleicht ist er schon in Polen, wie zehntausende Juden aus Holland.

Werden Sie einen schönen Nachruf auf Hilbert für die Annalen schreiben?

Mit herzlichen Grüssen

Ihr

B.L. v.d. Waerden

Wie aus Blumenthals obigem Brief an Hilbert vom 11. November 1933 (S. 399) hervorgeht, wollte er schon damals die Redaktion durch das Rekrutieren von B.L. van der Waerden stärken. Mit dessen Aufnahme 1934 und der ab 1938 nachfolgenden Mitwirkung Heinrich Behnkes bekam die Hauptredaktion eine stabile Basis, welche die *Annalen* über die NS-Zeit bringen konnte. Erst mit Heckes Tod 1947 kam es zu einer Erneuerungsphase mit der neuen Redaktion bestehend aus Richard Courant, Heinz Hopf, Kurt Reidemeister und Franz Rellich.

---

[57]Der Algebraiker Friedrich Karl Schmidt (1901–1977) studierte in Freiburg, wo er bei Alfred Loewy promoviert wurde. Er war danach in Göttingen und in Jena angestellt, und während der Kriegszeit arbeitete er an der Deutschen Versuchsanstalt für Segelflug in Reichenhall. Nach dem Krieg wurde er 1946 Professor in Münster und von 1952 bis 1966 an der Universität Heidelberg. Schmidt war in der NS-Zeit außerdem ein enger Berater Ferdinand Springers (Remmert/Schneider 2010, 227–229).

[58]Abgedruckt in Kapitel 11.

Kapitel 10

Stellensuche im Ausland (1933–1938)

10.1 Gelegentliche Vortragsreisen

Die „Entfernung vom Lehramt" traf Otto Blumenthal, wie er in seinem oben zitierten Brief vom 20. Dezember 1933 an Arnold Sommerfeld schrieb, hart, weil er „sehr gern unterrichtet und dem Unterricht viel zu viel Zeit und Kraft geschenkt" habe (Abschnitt 9.2). Er vermisste seine Lehrtätigkeit sehr und suchte deshalb intensiv nach einer entsprechenden neuen Stelle, die er natürlich nur im Ausland finden konnte. Diese Suche, die sein Leben in den nächsten Jahren weitgehend überschattete, blieb letztendlich vergeblich. Es gab einfach zu viele deutsche Mathematiker, die inzwischen in der gleichen Situation waren wie er und überdies zum Teil deutlich jünger.

Realistischer war da schon die Chance, wenigstens gelegentlich von einem ausländischen Kollegen zu einer Vortragsreise eingeladen zu werden, und auch um solche Einladungen bat er deshalb immer wieder in seinen vielen „Bettelbriefen", wie er es selbst in einem Brief an Arnold Sommerfeld ausdrückte. Wie oft er damit erfolgreich war, wissen wir nicht. Aus den erhaltenen Briefen geht hervor, dass er vor seiner Emigration in die Niederlande zumindest noch einige Vorträge in Delft, Leiden, Brüssel, Zürich, Budapest, Prag und Sofia halten konnte.

Eine der ersten eindringlichen Bitten um die Vermittlung solcher Vorträge stammt nicht von ihm selber, sondern von seiner Tochter Margrete, die schon im November 1933 – ohne Wissen ihres Vaters – einen entsprechenden Appell an ihren Taufpaten Erich Trefftz richtete.

© Springer-Verlag GmbH Deutschland, ein Teil von Springer Nature 2019
D. E. Rowe und V. Felsch, *Otto Blumenthal: Ausgewählte Briefe und Schriften II*,
Mathematik im Kontext, https://doi.org/10.1007/978-3-662-58356-2_10

Margrete Blumenthal an Erich Trefftz | Köln-Bayenthal, den 14.XI.1933
TB, Nachlass Trefftz, Archiv der Technischen Universität Dresden

Lieber Onkel Erich!

Du wirst Dich vielleicht wundern, dass ich plötzlich schreibe, aber ich glaube, Du wirst es verstehen, wenn ich sage, warum. Weisst Du, dass Papa auf Grund von §4 entlassen ist? Da es noch nicht in den Zeitungen gestanden hat, und er es im Allgemeinen noch niemand geschrieben hat, wäre es sehr gut möglich, dass Du noch nichts davon gehört hast. Der Grund, warum ich es Dir schreibe – Vater weiss nichts davon und soll auch nichts davon wissen! – ist nicht ganz einfach zu erklären. Zunächst ist es in keiner Weise der, eine geschehene Tatsache, die unabänderlich ist, zu bejammern, und dann glaube ich auch, dass in diesem Fall Hilfe und sogar guter Rat sehr, sehr schwer sind. Übrigens habe ich auch die Hoffnung, dass es alles weniger schlimm aussehen wird, wenn einmal die Höhe der Bezüge festgesetzt ist. Für's Nächste möchte ich gerne, dass Papa ein paar Briefe (an Kármán, Harald Bohr und Hardy) schreibt mit der Hoffnung, dass er irgendwo zu einer Vortragsreise eingeladen wird. Ich finde nämlich, dass Papa in den allerletzten Wochen sehr nervös und deprimiert geworden ist, und das ist es eigentlich, was mir <u>grosse</u> Sorgen macht und weswegen ich Dir schreibe. Und zwar bitte ich Dich, das vielmals zu entschuldigen, denn eigentlich hat ja jeder Mensch genug eigene Sorgen, und ich finde, man soll anderen Leuten möglichst nicht noch mit fremden Sorgen kommen, aber in dem Fall hoffte ich, eine Ausnahme machen zu dürfen, darum, weil Du zu den Menschen gehörst, die dem Papa am wohlsten tun. Meiner Ansicht nach, wäre es ein grosses Glück, wenn Vater in nächster Zeit eine kleine Vortragsreise machen könnte, schon aus dem Grund, weil es ihn ablenken würde und weil ich das Gefühl habe, dass er sich augenblicklich gerne ablenken lässt. Er selber spricht gelegentlich auch davon, er möchte – falls er etwas findet, überhaupt ins Ausland, hat auch von Australien gesprochen, wo ja Carslaw ist, aber soviel ich sehen kann, wäre es ihm das Liebste, wenn es zu machen wäre, dass er in Aachen bleiben könnte. Unser neues Haus ist ganz besonders schön und praktisch geworden. Wir sind am 30. September umgezogen – um 7h kamen die Packer und um 8,30h die Entlassung – und Papa ist ganz glücklich mit dem Haus. Er selber hat ein sehr schönes Zimmer, neue Bücherbretter und auf ihnen eine fabelhafte Ordnung, und ich glaube, es würde ihm sehr, sehr schwer, das wieder zu verlassen. Übrigens wäre es, meiner Ansicht nach, Mutter's wegen auch kaum möglich. Sie hat sich in Badenweiler recht gut erholt, sich aber beim Umzug, trotz aller Vorsichtsmassnahmen wieder etwas überanstrengt und muss sich noch sehr schonen. Aber wenigstens sind es jetzt nur die Bronchien, die wenig widerstandsfähig sind und nicht die Nerven. Ernst studiert seit Ende September in Manchester technische Physik und fühlt sich sehr wohl dort, so dass Papa wenigstens die Sorge um den Jungen, die ihm im Sommer viel zu schaffen machte, los ist. – Nun wollte ich Dich bitten, falls Du zufällig irgendetwas von Austauschvorträgen oder von etwas derartigem weisst oder etwas davon hörst, oder wenn Du sonst meinst, man könnte etwas Vernünftiges tun, an Papa zu denken. Bitte sage ihm nicht, dass ich Dir geschrieben habe, ich weiss nicht, ob es ihm angenehm sein würde, aber ich hoffe, Du nimmst es mir nicht übel. Ich wusste sonst wirklich niemand, an den ich mit soviel Vertrauen hätte schreiben können, weil er Papa so gut kennt wie Du: die Göttinger sind selber betroffen und der rührend nette Töplitz ist zwar über alles freundschaftlich, hat aber auch viele eigene Sorgen und wohl auch weniger Verbindungen als Du. Ich war mit Ausnahme der Silbernen Hochzeit im Schwarzwald und beinahe drei Wochen Umzug die ganze Zeit in Köln und bin jetzt ungefähr mit der Arbeit fertig und fange mit der Vorbereitung auf's Mündliche an. Morgen fahre ich wieder nach Haus und will mit Papa noch einmal über die Briefe sprechen.

Hoffentlich geht bei Euch alles soweit gut. Bitte grüsse Tante Frieda sehr herzlich von mir. Ich danke Dir auch dafür, dass ich Dir den Brief schreiben konnte und bin mit vielen herzlichen Grüssen

Deine

Margrete Blumenthal

Tatsächlich schrieb Otto Blumenthal vier Tage später zwei lange Briefe an seinen ehemaligen Aachener Kollegen Theodor von Kármán in Pasadena und an Johannes M. Burgers in Delft, in denen er sie um eine Vermittlung von Einladungen zu Vorträgen oder Semesterkursen im Ausland bat. Von Kármán hatte es im Sommer 1933 wegen der politischen Ereignisse in Deutschland vorgezogen, nicht aus den USA nach Aachen zurückzukehren, sondern in Kalifornien zu bleiben. Blumenthals Brief an ihn, der einen eindringlichen SOS-Hilferuf enthält, ist in Abschnitt 10.3 abgedruckt.

Blumenthal an Burgers | Valkenburg, den 18.XI.1933
AB, Nachlass Burgers, Technische Universität Delft

Lieber Herr Burgers!

Ich schreibe Ihnen wieder aus Valkenburg, aber Ihre Antwort erbitte ich an die oben angegebene neue Aachener Adresse [Beselerstrasse o. N.]. Wir sind seit 1. Oktober in einem eigenen hübschen Häuschen, in dem wir uns sehr freuen würden, Sie und Frau Burgers recht bald zu begrüssen.

Der hauptsächliche Grund meines Briefes ist der folgende: Ich bin am 22. September auf Grund des Beamtengesetzes wegen politischer Unzuverlässigkeit (im Sinne unserer heutigen Regierung) entlassen worden. Dass die Entlassung zu Unrecht geschehen ist, wissen Sie: ich bin nie politisch hervorgetreten. Aber gegen die Hetze der „nationalen Studenschaft" giebt es kein Recht. Meine pekuniäre Lage wird schlecht sein: meine Pension ist noch nicht endgültig festgelegt, sie wird aber etwa die Hälfte meines bisherigen Gehaltes (500 M im Monat) betragen. Da ich auch noch meinen Jungen im Ausland unterhalten muss (darüber weiter unten), kann ich damit nicht auf die Dauer leben. Abgesehen davon aber ist es mir ein grosser Schmerz, auf jede Lehrtätigkeit verzichten zu müssen. Aus ihr habe ich auch immer die wesentliche Anregung zur Forschung bekommen. Ich werde jetzt einige Spezialgebiete forschend bearbeiten, und es wäre für mich der grösste Ansporn, wenn ich meine Ergebnisse auch in der Lehre, in Vorträgen oder Vorlesungen, verwenden könnte. Das muss natürlich nicht sogleich sein. Aber ich denke an nächsten Sommer und später.

Lieber Herr Burgers, Sie haben Sich mir im letzten Sommer als guter Freund erwiesen, verzeihen Sie, wenn ich noch einmal Ihre Hülfe anrufe. Es fällt mir wirklich nicht leicht! Können Sie mir einen Rat geben, wie ich mich um eine – zeitweilige oder dauernde – Stelle im Ausland bewerben kann? Meine Stärke sind meine Sprachkenntnisse, die allerdings für einen Holländer nicht ungewöhnlich sind, wohl aber für einen Deutschen: englisch, französisch, russisch; nach einiger Eingewöhnung auch holländisch. Wollen Sie so freundlich sein, mich nochmals bei Professor Frijda zu empfehlen und ihm meine Entlassung mitzuteilen, meine Beurlaubung wusste er schon. Sie wissen ja ungefähr, was ich kann und was ich nicht kann, welche Art Stellen also für mich in Betracht kommen können. Natürlich würde ich aber auf eine konkrete Anfrage auch jede konkrete Auskunft geben.

Hopf ist noch immer beurlaubt. Ich beurteile deshalb die Aussicht, dass er wieder angestellt wird, günstig.

Meinen Jungen habe ich zum Studium nach Manchester geschickt, wo der Mathematiker Mordell ihn freundlich aufgenommen hat. Der Junge, dem Sprachen nicht ganz leicht fallen, wollte zum Studium ein Land aufsuchen, dessen Sprache ihm für die Zukunft möglichst gute Aussichten verschafft. Diesem Grund konnte ich mich nicht verschliessen. Es gefällt ihm auch recht gut in Manchester. – Hopfs Sohn ist es schlechter gegangen: er hat keine Ausreise-Erlaubnis erhalten und ist noch in Aachen, mit Privatstudien beschäftigt. Vielleicht gelingt es ihm, nach Weihnachten nach England (Imperial College London) zu kommen.

Im übrigen sieht es recht trüb in der deutschen Mathematik und Physik aus. Die jungen Leute, soweit sie nichtarisch sind, alle entlassen und ausgewandert. Von den älteren ist ausser mir noch Fritz Noether entlassen, vielleicht auch Reidemeister–Königsberg. Und dass die besten freiwillig Deutschland verlassen haben oder verlassen wollen, das wissen Sie aus allen Zeitungen. Es ist ein Jammer.

Lieber Herr Burgers, es bleibt uns, und insbesondere mir, nichts anderes übrig als unsere ausländischen Freunde und Bekannten in Anspruch zu nehmen. Sie werden also meine Bitte verstehen. Geben Sie mir, bitte, eine Antwort, ob Sie einen Rat oder Weg für mich wissen! Den Bergson habe ich mit vielem Dank erhalten, habe ihn teilweise schon gelesen und werde ihn jetzt, wo die aufregendste Zeit für mich vorbei ist, intensiv vornehmen. Die Analyse ist zweifellos eindringend und interessant.

Meine Frau ist wieder in Aachen, es geht ihr wieder zufriedenstellend, wenngleich sie sich noch recht schonen muss.

Beste Grüsse von Haus zu Haus!

Ihr O. Blumenthal.

In seiner Antwort skizzierte Burgers in einem (hier weggelassenen) längeren Abschnitt einige mathematische Probleme, die in seiner Arbeit über Turblenz aufgetreten waren, und gab der Hoffnung Ausdruck, dass Blumenthal ihm vielleicht dabei helfen könnte. Ansonsten schrieb er zu dessen Fragen:

Burgers an Blumenthal | Delft, den 29.XI.1933
TB, Nachlass Burgers, Technische Universität Delft

Lieber Herr Blumenthal!

Es war uns eine grosse Freude etwas von Ihnen und von Ihrer Familie zu hören, und ich danke Ihnen recht herzlich für Ihren Brief! Ich konnte nicht sofort erwidern, und hoffe dass Sie die Verspätung meiner Antwort entschuldigen wollen. Unterdessen habe ich an Herrn Frijda geschrieben, und auch mit Herrn Schouten gesprochen. Sofort lässt sich nichts sagen, wir werden aber Ihre Lage im Auge behalten, und versuchen was zu machen wäre. Schouten glaubt überdies dass es Möglichkeiten in Amerika geben könnte, und weil er doch diese Woche an einen Kollegen am Massachusetts Institute of Technology[1] schreiben muss, so versprach er auch Ihren Namen dabei zu erwähnen. Ich werde unterdessen versuchen noch mit mehreren Bekannten hier in Holland zu sprechen.

Es freut mich sehr, dass Ihr Sohn jetzt in England studieren kann, und besonders freut es mich auch, dass Sie mit Ihren mathematischen Studien fortgehen. Gedenken Sie sich auch noch mit der Turbulenz zu befassen? Sie haben vielleicht die Tollmien'sche Arbeit im letzten Heft der ZAMM gesehen.[2] Ich hatte bis jetzt keine Zeit sie grundlich durchzuarbeiten; ich kann mir aber den Eindruck nicht ganz versagen, dass seine Argumentation nicht ganz die Sachen trifft worauf es mir eigentlich ankam.

. . .

Ich weiss ganz gut, dass es noch sehr grosse Schwierigkeiten in diesem Zusammenhang gibt, und auch bin ich mir davon bewusst, dass ich mich immer unklar ausdrücke. Ich möchte so gerne mit jemand darüber sprechen, der mich in diesen mathematischen Sachen belehren konnte. Namentlich jetzt, nun mich diese abge-

---

[1] Gemeint war sicherlich Schoutens ehemaliger Assistent Dirk Jan Struik.

[2] Walter Tollmien, Der Burgerssche Phasenraum und einige Fragen der Turbulenzstatistik, *Zeitschrift für Angewandte Mathematik und Mechanik*, 13(5) (1933): 331–347. Walter Tollmien (1900–1968) studierte in Göttingen bei Ludwig Prandtl. Nach der Promotion wurde er wissenschaftlicher Mitarbeiter an Prandtls Kaiser-Wilhelm-Institut für Strömungsforschung, wo er bis zum November 1930 tätig war. In dieser Zeit schrieb er die grundlegende Arbeit „Über die Entstehung der Turbulenz" (Tollmien 1929), an die zahlreiche spätere Untersuchungen anknüpften. Ab 1930 arbeitete Tollmien für drei Jahre in den USA mit Theodor von Kármán zusammen. Danach bekam er eine Stelle an Prandtls Institut in Göttingen, wo er sich 1935 habilitierte. Im November 1937 wurde er auf den Lehrstuhl für Technische Mechanik an der TH Dresden als Nachfolger des verstorbenen Erich Trefftz berufen.

änderte Form des Problems beschäftigt, über die ich mit Ihnen in diesem Sommer sprach. Es mag sein dass ich gar nicht auf dem richtigen Weg bin zur Erklärung der Erscheinungen der Turbulenz, aber diese mathematisch-statistische Frage reizt mich um ihrer selbst Willen. Könnten wir nicht zusammen einmal diese Fragen diskutieren? Ich möchte sehr gerne Sie und Frau Blumenthal sehen; ich bin aber zur Zeit zu sehr in Anspruch genommen, um nach Süden zu fahren – könnten Sie auf eine formelle Einladung unsererseits für mathematische Besprechungen nach Delft kommen? Einen Vortrag lässt sich im Moment nicht arrangieren; für die Erstattung der Reisekosten haben wir aber die Mittel, und Sie werden bei einem von uns wohnen. Als Zeitpunkt käme in Betracht entweder 19-22 Dezember '33, oder mitte Februar oder Mitte März 1934.

Jedenfalls hoffe ich, dass Sie mir gestatten Ihnen von Zeit zu Zeit zu schreiben, wenn ich mit mathematischen Fragen sitze.

Seien Sie herzlichst gegrüsst von meiner Frau und von mir, und grüssen Sie bitte Ihre Frau Gemahlin und Ihre Kinder, wenn Sie ihnen schreiben, sowie die Hopfs.

Ihr sehr ergebener JMB.

P.S. Habe ich Ihre Wohnungsadresse richtig geschrieben? Durch Umänderung der Strassennahme lautet die unsrige jetzt: van Houtenstraat 1.

Einen weiteren Appell schickte Blumenthal am 14. Dezember 1933 an seinen englischen Kollegen Louis Mordell in Cambridge. Wie verzweifelt er inzwischen war und wie bescheiden seine Ansprüche waren, geht aus dem letzten Absatz des Briefes hervor, in dem er aufzählt, was für Tätigkeiten er annehmen würde, wenn er nur eine Chance dazu bekäme.

Blumenthal an Louis Mordell | Aachen, den 14.XII.1933
TB, Papers of Louis Mordell, St John's College Library, Cambridge, UK

Lieber Herr Mordell!

Ich hätte Ihnen schon lange schreiben sollen, um Ihnen auf das herzlichste zu danken für den freundlichen Empfang, den Sie und Mrs. Mordell meinem Sohn bereitet haben. Entschuldigen Sie mich, bitte, ich hatte in diesen Monaten viele Aufregungen und Abhaltungen. Mein Sohn scheint sich in Manchester recht wohl zu fühlen, vor allem auch in der Familie Gribbin, in die Sie ihn so liebenswürdig eingeführt haben. Es ist uns eine grosse Beruhigung, dass er dort gut aufgehoben ist. Er lebt wirklich als Kind des Hauses. Zu meiner Freude macht ihm auch die englische Sprache in den Vorlesungen wenig Schwierigkeit. Da er nie über Mathematik und Physik, sondern nur über das chemische Laboratorium schreibt, nehme ich an, dass nur dieses ihm schwer fällt. Ich möchte also Ihnen und Mrs. Mordell meinen herzlichsten Dank für Ihre grosse Freundlichkeit sagen und hoffe, dass auch Sie mit dem Jungen wissenschaftlich und menschlich zufrieden sind. Sollte er in seinen Umgangsformen noch gewisse allzu deutsche Eigentümlichkeiten haben, die in England missverstanden werden können, so wird er ein offenes Wort von Ihnen darüber gern und mit Dank aufnehmen. Es tut uns leid, dass wir ihn zu Weihnachten nicht hieher kommen lassen können. Ich denke aber, dass es ihm auch eine Freude sein wird, die englischen Weihnachtsgebräuche kennen zu lernen.

Darf ich Ihnen jetzt einige Worte über meine Lage sagen? Ich bin kurz nach der Abreise des Jungen aus meinem Amt entlassen worden. Bis zum 31. Dezember beziehe ich noch mein bisheriges Gehalt, dann werde ich eine Pension erhalten, deren Höhe noch nicht genau feststeht, die aber nach einer guten Schätzung etwa die Hälfte des Gehaltes betragen wird. Es wird nicht leicht sein, mit diesen geringen Mitteln zu leben und den Jungen zu unterhalten.

Aber noch mehr als diese Sorge drückt mich der Gedanke, dass ich auf die Unterrichtstätigkeit verzichten muss, die mir immer besonders lieb war und der ich den weitaus grössten Teil meiner Kraft und Zeit gewidmet habe. Ich hoffe zwar, in selbständiger Arbeit einen Ersatz zu finden, aber auch für diese habe ich immer die angenehmste Anregung aus der Lehrtätigkeit erhalten. Aus diesen Gründen bin ich gezwungen, mich, wie so viele meiner Schicksalsgenossen, an das Ausland zu wenden und zu bitten, dass mir dort Gelegenheit zu irgend einer Lehrtätigkeit geboten wird; zunächst denke ich nur an eine vorübergehende, in Gestalt von Vorträgen oder kleinen Kursen. Ich habe mich schon an verschiedene Stellen gewandt und freundliches Interesse gefunden, aber es ist noch nichts greifbares dabei herausgekommen. Courant, der ja in Cambridge ist, hat meinetwegen in Burlington House bei dem Hilfskomité vorgesprochen, aber dort hat man viele Anfragen und wenig Mittel. Verzeihen Sie, wenn ich trotzdem auch Sie mit meiner Angelegenheit befasse. Ich versichere Sie meiner innigen Dankbarkeit für alle Bemühungen.

Da ich mich ziemlich vielseitig mit Mathematik beschäftigt habe, würde ich Vorlesungen nicht speziellen Charakters auf fast allen Gebieten der Analysis übernehmen können, auch in angewandter Mathematik.

Als Spezialität kann ich Funktionen mehrerer komplexer Veränderlicher angeben, in denen ich früher selbst gearbeitet habe, und deren mächtige Entwicklung in den letzten Jahren (Behnke, Cartan) ich verfolge und jetzt eingehend studieren werde. Es würde mir keine Schwierigkeit machen, englisch vorzutragen. – In Ermangelung einer Lehrtätigkeit würde ich auch eine Stelle als Mathematiker in der Industrie gern annehmen und glaube, sie gut ausfüllen zu können. Dabei könnten auch meine Sprachkenntnisse (deutsch, englisch, französisch, russisch spreche und schreibe ich geläufig) zur Geltung kommen.

Ich bin überzeugt, dass Sie meine Lage verstehen und meine Bitte wohlwollend aufnehmen werden.

Beste Grüsse an Sie und Mrs. Mordell.

Ihr O. Blumenthal

10.2　Einladungen in die Niederlande

In den folgenden Monaten gelang es Burgers, für Blumenthal mehrere Vorträge in den Niederlanden zu vermitteln oder selbst zu organisieren.[3] Die folgenden Briefe aus der Zeit von Mitte Dezember 1933 bis Mitte April 1934 dokumentieren, wie sich beide um das Zustandekommen dieser Vortragsreisen bemüht haben.

Burgers an Blumenthal | Delft, den 12.XII.1933
TB, Nachlass Burgers, Technische Universität Delft

Lieber Herr Blumenthal,

Das „Academisch Steunfonds" hat mich beauftragt Sie einzuladen für einige mathematische Arbeiten sowie für Vorträge nach Holland zu kommen wofür als honorar die Summe von fl. 300,– vorgesehen worden ist. Die nähere Regelung ist mir überlassen worden. Im Anschluss an meinen Brief vom 29. November möchte ich Sie deshalb bitten im nächsten Frühjahr z. B. von etwa Mitte Februar an, auf einige Zeit zu uns in Delft kommen zu wollen, wobei meine Frau und ich uns sehr freuen würden Sie bei uns als Gast zu sehen. Bezüglich genauerer Verabredung sowie bezüglich der Bestimmung des Zeitdauers u.s.w. (ausser Delft hofft man auf einige Vorträge auch an anderen Universitäten), möchte ich noch nachher mit Ihnen überlegen; jedenfalls aber hoffen wir in Delft darauf dass wir verschiedene mathematische Fragen mit Ihnen durchdiskutieren können, und Sie werden verstehen, dass ich dabei, was mir persönlich angeht, namentlich an die Turbulenz denke.

Darf ich Sie bitten mir bald zu schreiben, wie Sie diesem Plan gegenüber stehen?

Mit herzlichem Gruss, auch namens Kollege Biezeno,
Ihr sehr ergebener JMB.

––––––––––

Blumenthal an Burgers | Valkenburg, den 15.XII.1933
AB, Nachlass Burgers, Technische Universität Delft

Lieber Herr Burgers!

Da ich gerade in Holland bin, will ich Ihnen sofort für Ihren freundlichen Brief danken, den ich heute früh erhalten habe. Die Einladung ist mir eine ebenso grosse Ehre wie Freude und ich nehme sie sehr gern an. Die Tollmiensche Arbeit [siehe Fußnote 2] habe ich noch nicht durchgelesen. Ich werde mich aber sehr energisch mit ihr und mit Ihren Arbeiten beschäftigen und hoffe, bis Februar so weit zu sein, dass wir darüber verhandeln können. Was sonst für Vorträge in

---

[3]Zwei dieser Vorträge, die Blumenthal Anfang März 1934 in Delft und Leiden gehalten hatte, erwähnte er in einem Brief vom 3. April 1934 an von Kármán (Abschnitt 10.4).

Betracht kämen, müssen wir noch besprechen. Ich bin ja so glücklich jetzt wieder ein festes Arbeitsziel vor mir zu haben, und werde mir alle Mühe geben, dass ich Sie befriedige.

An Schouten habe ich neulich – auch von hier – eine Karte geschrieben und ihm für seine Bemühungen in USA gedankt.

Leben Sie recht wohl, lieber Herr Burgers, Sie haben mir einen wirklichen Freundesdienst erwiesen und ich bin Ihnen von Herzen dankbar.

Beste Grüsse von Haus zu Haus!

Ihr O. Blumenthal.

———————

Blumenthal an Burgers | Aachen, den 21.I.1934
TB, Nachlass Burgers, Technische Universität Delft

Lieber Herr Burgers!

Ich habe Ihnen schon vor Weihnachten geschrieben, wie dankbar ich Ihnen für die Einladung nach Delft bin und wie gern ich sie annehmen werde. Ende Februar würde es mir am besten passen. Nicht recht klar ist mir, welche Aufgaben mir bei Ihnen gestellt werden. Natürlich werde ich sehr gern mit Ihnen Hydrodynamik arbeiten. Ich studiere jetzt Ihre und Tollmiens Arbeiten. Ich nehme aber an, das ausserdem der eine oder andere Vortrag von mir gewünscht wird, und schlage Ihnen einige Themata vor, über die ich je einen 1-2-stündigen Vortrag halten könnte.

1. Eine elementare Einführung in die elliptischen Thetafunktionen.

2. Eine neue Darstellung der Existenz- und Entwicklungssätze bei linearen Integralgleichungen.

3. Ueber Polynome mit einer Minimumseigenschaft mit Anwendung auf die Theorie der ganzen Funktionen.

4. Zwei spezielle Aufgaben aus der Potentialbewegung reibungsloser Flüssigkeiten.

5. Ueber eine charakteristische Eigenschaft der Kegelschnitte.

Die letzte Sache habe ich noch nicht ganz fertig, ich glaube aber nicht, dass sie mir noch daneben geht. Wenn ich sie fertig bringe, wäre sie für Oberlehrer ganz geeignet. Die anderen Sachen habe ich schon länger, habe sie aber noch nicht veröffentlicht und auch in Westeuropa noch nicht vorgetragen. Sie sind leider alle nicht bedeutend, aber sie können eine Stunde ganz amüsant ausfüllen.

Bitte, entscheiden Sie, was Sie für Ihre Zwecke für richtig halten. Von einer hydrodynamischen Zusammenarbeit mit Ihnen verspreche ich mir grosse Anregung und möchte darauf jedenfalls nicht verzichten. Geben Sie mir, bitte, bald Antwort, damit ich mich gut vorbereiten kann. Sie haben mir in Ihrem ersten Brief geschrieben, dass vielleicht ein Vortrag auch ausserhalb Delfts stattfinden soll. Das ist mir natürlich sehr recht. Entwerfen Sie nur irgend ein Programm, und ich bin damit einverstanden. Für Ihre liebenswürdige Einladung, bei Ihnen zu wohnen, danke ich Ihnen und Frau Burgers besonders herzlich.

Beste Grüsse von Haus zu Haus!
Ihr O. Blumenthal.

Blumenthal an Burgers | Vaals, den 9.II.1934
AK, Nachlass Burgers, Technische Universität Delft

Lieber Herr Burgers!

Vor etwa 3 Wochen habe ich Ihnen wegen meiner Reise nach Holland geschrieben und Ihnen 5 Themata für etwaige Vorträge vorgeschlagen. Ich bin beunruhigt, weil ich keine Antwort erhalten habe. Hoffentlich hat die Verzögerung keinen ernsten Grund. Es liegt mir natürlich <u>sehr</u> viel an dem Zustandekommen unserer gemeinsamen Arbeit. Sollten die Vorschläge nicht genehm sein, dann machen Sie mir, bitte, andere Vorschläge! Als Zeit wird man wohl jetzt, wo es schon so spät geworden ist, Anfang März nehmen müssen, wenn es Ihnen dann noch passt. Ich schreibe in Vaals und zu grösster Sicherheit auf einer Ansichtskarte. Bitte um baldige Antwort.
Beste Grüsse von Haus zu Haus!
Ihr O. Blumenthal.

Burgers an Blumenthal | Delft, den 10.II.1934
TB, Nachlass Burgers, Technische Universität Delft

Lieber Herr Blumenthal,

Ich bitte um Verzeihung für die Verzögerung meiner Antwort. Mit Ihrem Brief war ich sehr erfreut; ich hatte ihn sodann Herrn van der Corput[4] übergeben damit er und Herr Wolff[5] einen Vorschlag machen könnten bezüglich Ihre Vorträge ausserhalb Delft. Die haben mich aber bis jetzt im Stich gelassen.
Für Delft schien uns Ihr Vortrag über die Thetafunktionen sehr willkommen.
Nun ist es eigentlich so dass wir ziemlich wenig durch die Andere gebunden sind, und wir können es also der Hauptsache nach arrangieren, so wie es Ihnen und mir am bequemsten sein wird. Nun haben wir noch nicht überlegt bezüglich die Dauer Ihre Aufenthaltes in Holland. Ich hatte so etwas im Kopf wie zwei oder drei Wochen insgesammt. Nun möchte ich Sie aber fragen, ob es Ihnen möglich und passend sein würde, nicht in einem fort in Holland zu verweilen, sondern verteilt über z.B. zwei mal zehn Tage oder was sonst geeignet erscheinen möchte. Der

---

[4]Johannes van der Corput studierte in Leiden bei dem Zahlentheoretiker Jan Cornelis Kluyver. Nach seiner Promotion war er 1920 bei Edmund Landau in Göttingen, mit dem er eine gemeinsame Arbeit schrieb (Band I, S. 303 f.). Van der Corput arbeitete zwischen 1920 und 1922 als Assistent von Arnaud Denjoy in Utrecht, bevor er 1923 Professor in Groningen wurde.

[5]Julius Wolff war seit 1922 an der Universität Utrecht tätig, eine Stelle, die er nach der Besetzung Hollands verlor.

Reiseweg von Aachen nach Delft ist glücklicherweise nicht so ganz gross, und mit mir ist es nämlich so, dass ich sehr besetzt bin. Nun möchte ich, sobald Sie hier sein werden, äusserst gerne vieles mit Ihnen besprechen; ich kann das aber nicht für längere Zeit hinter einander tun, was zudem auch sehr ermüdend ist. Es hat doch wohl auch einiges für sich nach einer Diskussion einige Ruhe zu haben, und nachher auf die Sache zurückzukommen.

Was würden Sie hierüber denken? oder würde es Ihnen Schwierigkeiten besorgen?

Es würde uns eine grosse Freude sein, falls Sie etwa Donnerstag 22 oder Freitag 23 Februar zu uns kommen könnten. Dürfte das Ihnen passen? Ueber alles weitere können wir dann in aller Ruhe nachher überlegen, und auch Ihre Vorschläge werde ich gerne entgegensehen.

Sobald ich von van der Corput einige Nachrichten erhalten haben werde, schreibe ich Ihnen weiter.

Mit herzlichem Gruss von meiner Frau und mir,
Ihr sehr ergebener JMB.

Blumenthal an Burgers | Aachen, den 11.II.1934
TB, Nachlass Burgers, Technische Universität Delft

Lieber Herr Burgers!

Vielen Dank für Ihren Brief! Meine Ansichtskarte war also unnötig. Ich freue mich sehr, dass die Reise also zustande kommen kann. Das Thema, das Sie für Delft gewählt haben, ist auch mir besonders sympathisch. Es dauert etwa eine Doppelstunde, auf Wunsch kann ich auch kürzen.

Ihr Vorschlag, lieber zwei kurze Aufenthalte in Holland zu nehmen statt eines längeren scheint mir sehr zweckmässig. Da ich hauptsächlich mit Ihnen zusammenarbeiten möchte, wäre eine Pause sicher gut, damit wir beide das Gearbeitete einmal in Ruhe durchdenken können. Ich hoffe, dass auch die Reisekosten sich dadurch nicht allzu sehr vermehren. Gibt es in Holland 10-tägige Rückfahrkarten oder sonstige Reiseerleichterungen für mehrfache Reisen? Ich meine, an dem Bahnhof Valkenburg solche Anschläge gesehen zu haben, kann mich aber nicht mehr genau erinnern. Schreiben Sie mir darüber, bitte, noch einmal! Wenn ich auch nach Utrecht oder Groningen kommen könnte, wäre ich sehr froh. Aber Sie haben recht, dass wir van der Corputs oder Wolffs Antwort nicht abwarten müssen, besonders wenn die Reise geteilt werden soll.

Beuüglich des Datums will ich versuchen, an dem 23. oder 24. Febr[uar] festzuhalten. Ich bin aber noch nicht sicher, es besteht eine gewisse Schwierigkeit, die ich aber von hier aus schlecht auseinandersetzen kann. Eventuell müssten wir um kurze Zeit verschieben. Ich gebe Ihnen sobald als möglich Bescheid.

Also auf baldiges Wiedersehen und gute gemeinsame Arbeit! Ihre Noten sind nicht leicht zu lesen, aber ich komme doch allmählich dahinter.

Beste Grüsse von Haus zu Haus!
Die Hausnummer ist 22.
Ihr O. Blumenthal.

Blumenthal an Burgers | Aachen, den 19.II.1934
TB, Nachlass Burgers, Technische Universität Delft

Lieber Herr Burgers!

Zu meiner Freude kann ich Ihnen jetzt definitiv zusagen. Da Sie keinen besonderen Wert darauf legen, dass ich schon in dieser Woche komme, und es mir aus mehreren Gründen nach dem 28. Februar besser passt, schlage ich Ihnen vor, dass ich am Donnerstag 1. März nach Delft kommen will. Ich nehme den von Ihnen angegebenen sehr guten Zug. Es scheint mit, dass ich nur in Maastricht und in Eindhoven umsteigen muss. Von Vorträgen präpariere ich vor allem den über θ-Funktionen. Wenn Sie unterdessen von Wolff oder van der Corput hören, dass diese auch einen Vortrag wünschen, dann teilen Sie mir es, bitte, gleich mit. Ich will, Ihrem Vorschlag entsprechend, zweimal je etwa zehn Tage nach Holland kommen. Ich sehe mit Freude, dass die Eisenbahn erheblich billiger ist als ich dachte.

Auf Wiedersehen! Beste Grüsse von Haus zu Haus!
Ihr O. Blumenthal.

Burgers an Blumenthal | Delft, den 26.II.1934
TB, Nachlass Burgers, Technische Universität Delft

Lieber Herr Blumenthal,

Herr van der Woude berichtete mir, dass die Leidener Mathematiker sehr gerne Ihr zweites Thema „Neue Darstellung der Existenz- und Entwicklungssätze bei linearen Integralgleichungen" hören möchten. Als Datum wird vorgeschlagen Donnerstag den 8. März. – In Delft möchten wir Ihren Vortrag über die Thetafunktionen haben Montagnachmittag, 5. März, um $3\frac{1}{2}$.

In Groningen scheint man z.Z. ziemlich mit anderen Vorträgen besetzt zu sein.

Mit herzlichem Gruss und bis nächsten Donnerstag,
Ihr sehr ergebener JMB.

Blumenthal an Burgers | Aachen, den 20.III.1934
AB, Nachlass Burgers, Technische Universität Delft

Lieber Herr Burgers!

Ich hätte Ihnen heute ohnehin geschrieben und fühle mich beschämt, dass ich es noch nicht getan habe.

Zunächst also schicke ich Ihnen die unterzeichnete Quittung zurück. Vor allem aber möchte ich Ihnen noch einmal meinen herzlichsten Dank sagen für alles Gute, das ich von Ihnen und Ihrer Frau empfangen habe. Sie haben mich so liebevoll aufgenommen, dass es mir noch immer warm ums Herz ist, wenn ich daran denke. Sagen Sie das, bitte, auch besonders Ihrer Frau, die es schwer gehabt hat mit dem Besuch und der gleichzeitigen Erkrankung der Kinder. Jetzt werden sie wohl alle wiederhergestellt sein. Annekje machte einen wenig kranken Eindruck, als ich mich von ihr verabschiedete. Grüssen Sie, bitte, auch die Kinder sehr von mir, besonders mijn vriendje Mariontje, von dem ich meiner Frau und Tochter schon viel erzählt habe.

Leider habe ich bei meiner Rückkehr recht viel lagernde Arbeit vorgefunden, Korrekturen der Mathematischen Annalen und dergleichen. So bin ich noch nicht wieder an die Rechnung gekommen, aber bald werde ich mich daran machen können. Ich schreibe Ihnen so bald als möglich. Die Sachen sind doch sehr interessant, und es wäre hervorragend schön, wenn man Bedingungen finden könnte, unter denen Ihr Ansatz zum Ziele führt.

Können Sie mir die Adressen von van der Woude[6] und Frau Ehrenfest[7] geben? Ich möchte ihnen gern ein paar Dankesworte schreiben.

Meine Frau lässt Sie und die Ihrigen herzlich grüssen und Ihnen auch danken, dass Sie es mir so gut gemacht haben.

Beste Grüsse an sie alle! Ich lerne jetzt energisch Holländisch, damit ich mich das nächste Mal weniger blamiere.

Ihr O. Blumenthal.

———

Burgers an Blumenthal | Delft, den 22.III.1934
TB, Nachlass Burgers, Technische Universität Delft

Lieber Herr Blumenthal,

Ich danke Ihnen herzlichst für Ihren lieben Brief! Die Quittung habe ich nach Amsterdam geschickt.

---

[6]Willem van der Woude (1876–1974) promovierte 1908 bei Pieter Schoute in Groningen. Er war seit 1916 Professor für Mathematik und Mechanik in Leiden.

[7]Tatjana Ehrenfest-Afanassjewa (1876–1964) studierte Mathematik und Physik in Göttingen, wo sie den österreichischen Physiker Paul Ehrenfest kennenlernte. Sie heirateten und zogen 1907 nach Sankt Petersburg. 1912 kamen sie nach Leiden, nachdem Ehrenfest der Lehrstuhl in Physik angeboten wurde. Zusammen mit ihrem Mann schrieb sie den bedeutenden Artikel über statistische Mechanik für die *Enzyklopädie der mathematischen Wissenschaften*.

Die Adresse von Frau Ehrenfest ist: Witte Rozenstraat 57, Leiden; die von Prof. Dr. W. van der Woude: Morschsingel 7, Leiden.

Am 28. April werden Sie auf die Versammlung „Wiskundig Genootschap" in Amsterdam sehr willkommen sein. Es ist zwar die Jahresversammlung, die mit einigen geschäftlichen Berichten belastet ist; des weiteren wird der Vorsitzende van der Corput einen Vortrag halten. Mannoury wird uns dann abends gerne bei sich empfangen. Wolff in Utrecht wird ebenfalls Ihren Besuch gerne entgegensehen; über einen eventuellen Vortrag schreibt er in unklarer Weise, es scheint mir dass er sich was anderes dabei denkt als wir. Ich werde ihm nochmals schreiben, und sagen dass ich selber eigentlich daran interessiert bin dass man Sie so wenig wie möglich belästigt.

Wir sind zu Hause glücklich alle wieder gesund, und die Korrekturen werden jetzt bald zu Ende gehen.

Mit herzlichem Gruß von uns allen an Sie selbst und die Ihrigen,

Ihr sehr ergebener,

JMB.

Blumenthal an Burgers | Aachen, den 12.IV.1934
TB, Nachlass Burgers, Technische Universität Delft

Lieber Herr Burgers!

Ueber die Ostertage hatten wir Besuch unserer beiden Kinder, und darüber bin ich nicht zum Schreiben gekommen. Ich will auch heute nichts über die Hydrodynamik schreiben, sondern werde das vielleicht bis zur mündlichen Aussprache lassen. Aber ich muss mich mit Ihnen über etwaige Vortragstätigkeit auseinander setzen. Wolff hat mir geschrieben, dass er mich gern in Utrecht sehen will. Es ist mir in den letzten Wochen endlich die Lösung eine Aufgabe geglückt, an der ich schon recht lange sitze, nämlich

Eine neue Begründung der Reihenentwicklungen nach Eigenfunktionen linearer Integralgleichungen.

Die Sache macht mir selbst Freude. Ich habe diesen Vortrag Wolff angeboten, und er hat ihn angenommen. Die Zeit wollen wir am 28. in Amsterdam verabreden. Nun weiss ich nicht ob Sie in Delft noch einen Vortrag von mir haben wollen. Ich fühle mich so tief in Ihrer Schuld, dass ich mich vollständig nach Ihren Wünschen richten werde, d.h. reden, wenn Sie es wünschen, aber auch schweigen, wenn Sie es wünschen. Wenn Sie einen Vortrag für angebracht halten, dann würde ich Ihnen auch das Thema über Integralgleichungen empfehlen. Es ist etwas ganz anderes, als was ich damals in Leiden vorgetragen habe. Wenn aber Wiederholung eines Vortrags nicht angebracht ist, dann schlage ich Ihnen aus meiner früheren Liste vor:

Ueber Wasserbewegung in Schleusen und Ventilen.

Zu diesem Vortrag habe ich einige gute Lichtbilder. Die Vorbereitung macht mir keine Schwierigkeit. Wenn ich Ende nächster Woche über Ihre Absichten Bescheid weiss, genügt es völlig.

Ich denke, dass ich am 26. oder 27. nach Delft kommen werde. Ob meine Frau mitkommt, ist unsicher. Wir fürchten, dass die Reise mit dem Besuch der Museen für sie anstrengend werden wird. Dagegen wird meine Tochter mich wohl sicher begleiten. Beide Damen haben höchst liebenswürdige Einladungen von Biezeno, von Frau Schouten und von Frau Ehrenfest. Wenn es Ihnen also recht ist, bitte ich um die Erlaubnis, allein bei Ihnen zu wohnen, während die Damen eine der anderen Einladungen annehmen. Wir beide kommen auch besser zur Arbeit, wenn ich allein bei Ihnen bin.

Ich lese in freien Stunden Pieter Goeree und finde leider die Sprache recht schwer. Ich werde Hermantje viel nach Schuljungens-Holländisch fragen müssen, besonders, was Frikken und Knullen[8] sind. Es ist aber ein sehr amüsantes Buch, ausserdem sprachlich sehr belehrend. Hoffentlich kann ich mich diesmal etwas besser verständlich machen als das letzte Mal. Daran denke ich noch mit Beschämung.

Viele Grüsse an Mevrouw, und die Kinder. Meine Damen sind sehr neugierig, sie kennen zu lernen. Ich habe viel von ihnen erzählt.

Beste Grüsse, auch an Biezeno, wenn Sie ihn sehen!

Ihr O. Blumenthal.

Burgers an Blumenthal | Delft, den 13.IV.1934
TB, Nachlass Burgers, Technische Universität Delft

Lieber Herr Blumenthal,

Von Herrn Wolff aus Utrecht habe ich nichts mehr vernommen; auch sonst habe ich keine Nachrichten erhalten, sodass aller Anschein nach man Sie nicht mit Vorträgen zu belästigen gedenkt und wir ruhig arbeiten können. Ihre Ueberkunft sehe ich mit grosser Freude entgegen. Leider hatte ich selbst bis jetzt keine Gelegenheit etwas vernunftiges zu machen.

Schreiben Sie uns noch ob Ihre Frau und Tochter auch mitkommen werden? Als Datum würde mich der 25 oder 26 April am geeignetesten erscheinen, und zwar mit demselben Zug wie früher. Am 27. bin ich nachmittags beschäftigt mit der Viskosität; am 28. kommen Sie mit nach Amsterdam.

Der zweite Termin des Ihnen zugesagten Honorars ist schon auf meine Postrechnung überschrieben worden.

Mit herzlichem Gruss von uns allen,

Ihr ergebener,

JMB.

---

[8] Pauker und Lümmel.

Burgers an Blumenthal | Delft, den 14.IV.1934
TB, Nachlass Burgers, Technische Universität Delft

Lieber Herr Blumenthal,

Ihr Brief vom 12. d.M. hat den meinigen gekreuzt und jetzt möchten Biezeno
und ich sehr gerne, dass Sie auch uns über die Reihenentwicklungen bei Integralgleichungen erzählten. Zwar können wir von den Studenten nur sehr wenige
erwarten, weil die Prüfungszeit nahe bevorsteht. Würde es Ihnen nicht verdriess-
lich sein, nur für eine sehr kleine Gruppe von unseren Kollegen und Assistenten
zu sprechen, dann möchten wir dazu Mittwochnachmittag 2. Mai vorschlagen.

Ist es Ihnen etwas darüber bekannt ob Herr Nikuradse[9] Direktor des Kaiser-
Wilhelm-Instituts für Strömungsforschung in Göttingen geworden ist? Es wurde
mir erzählt von einem Kollegen der es auf der Aerodynamiktagung in Lille vernommen hatte.[10]

In der Hoffnung Sie bald zu sehen,
Mit herzlichem Gruss an Sie und die Ihrigen,
Ihr sehr ergebener,
JMB.

Blumenthal an Burgers | Aachen, den 20.IV.1934
AK, Nachlass Burgers, Technische Universität Delft

Lieber Herr Burgers!

Vortrag in Delft am 2. Mai vor einem kleinen Kreis passt mir gut. Da es
ein kleiner Kreis ist, kann ich ihn mehr in Gesprächsform machen, wodurch die
Veranstaltung weniger förmlich wird. – Wenn es Ihnen recht ist, komme ich am
26. April 17^{31} mit meiner Tochter nach Delft. Meine Frau hat sich in Anbetracht
des unsicheren Wetters und der nicht geringen Strapazen doch entschlossen, auf
die Reise zu verzichten. Ich habe meine Tochter bei Biezenos angemeldet, die sie
sehr freundlich eingeladen haben.

Meine Frau lässt Sie und Frau Burgers sehr grüssen und bedauert lebhaft,
Sie nicht kennen lernen zu können.

---

[9]Johann Nikuradse (1894–1979) studierte zunächst in seinem Heimatland Georgien, welches
er nach Ausdehnung des Sowjetsystems verließ. Ab 1920 wurde er Doktorand bei Ludwig Prandtl
und bekam eine Forschungsstelle an dessen Kaiser-Wilhelm-Institut für Strömungsforschung. Zu
Anfang der NS-Zeit gab es eine Hetzkampagne gegen mehrere Mitarbeiter des Instituts, wobei
Prandtl unter Druck gesetzt wurde, sechs Wissenschaftler, u.a. Nikuradse, zu entlassen. Der
damalige Generaldirektor der Kaiser-Wilhelm-Gesellschaft, Friedrich Glum, beharrte auf diesen
politisch motivierten Entlassungen, und am Ende musste Prandtl nachgeben (Eckert 2017, 211–
214). Danach war Nikuradse bis 1945 Professor an der Universität Breslau.
[10]Es gab also allerlei Gerüchte über die Nikuradse-Affäre in Göttingen, auch völlig falsche.

Beste Grüsse! Auf Wiedersehen! Sie brauchen nicht an die Bahn zu kommen. Ich bringe erst das Mädel nach Nieuwelaan und komme dann zu Ihnen hinaus.
Grüsse an die Kinder!
Ihr O. Blumenthal.

10.3 Hoffnung auf eine Stelle in Atlanta

Ein wichtiger Ansprechpartner bei seiner intensiven Suche nach einer neuen Stelle war für Blumenthal sein früherer Aachener Kollege Theodor von Kármán, der jetzt in Pasadena in Kalifornien lehrte und über gute Beziehungen in den USA verfügte. Schon am 18. November 1933, kurz nach seiner Entlassung, schickte er ihm einen langen Brief, in dem er seine persönliche und familiäre Situation schilderte, über die Vorgänge in der Fakultät informierte und berichtete, dass er sich ein neues Arbeitsgebiet erschließen wolle. Blumenthal hoffte, dass sein Freund Franz Krauß die inzwischen vakante Professur erhalten würde, sah aber durchaus ein, dass seine Benennung wegen fehlender Begeisterung für die Nazis gefährdet werden könnte. Er schloss den Brief mit einer sehr emotionalen Bitte um Hilfe, zum Beispiel durch Vermittlung von Vorträgen oder Semesterkursen im Ausland.

Blumenthal an von Kármán | Valkenburg, den 18.XI.1933
AB, Theodore von Kármán Papers, California Institute of Technology, Pasadena

Lieber Kármán!

Ich schreibe diesen Brief bei P. Wulf in Valkenburg, der Dich sehr grüssen lässt. Ich muss Dir einige Nachrichten über Aachen und mich selbst geben, und obwohl sie ganz harmlos sind, möchte ich die Briefzensur lieber vermeiden. Deine Antwort richte, bitte, an die am Kopf angegebene neue Adresse. Ich habe seit dem 1. Oktober ein eigenes kleines Häuschen bezogen, das sehr gelungen ist und meiner Frau und mir Trost in dem Ungemach bietet. ...
In vielen anderen Dingen geht es uns nicht gut. Meine Frau hatte im Sommer einen Rückfall ihres Lungenleidens, war 5 Monate zur Kur in Badenweiler. Seit Anfang September ist sie wieder in Aachen und in fortschreitender Genesung, wenn sie auch noch vorsichtig leben muss.
Von den Kindern studiert Margrete weiter in Köln, ist mit ihrer Doktorarbeit weit vorgeschritten und hofft, Ende des Wintersemesters ihren Doktor (Englisch als Hauptfach, Philosophie und Germanistik als Nebenfächer) zu machen. Sie muss sich sehr beeilen, denn es kann kein Mensch wissen, ob nicht eines Tages Nichtariern auch die Promotion gesperrt wird. Bis jetzt ist diese Massregel noch nicht ergriffen worden. Was nach der Promotion das Mädel anfangen soll, ist gänzlich unklar. Sie denkt an Übersetzen, aber es giebt schon gar viele Übersetzer und

wenig Verlage, die Übersetzungen bezahlen. – Viel schwieriger ist der Junge dran. Er war im Sommer noch in Aachen immatrikuliert, hat aber auf Rat des Rektors und einsichtiger Kollegen keine Vorlesungen besucht, weil er der „nationalen Studentenschaft"als „links"verdächtig war. Es ist trotz bester Fürsprache (Mathar hat sich die grösste Mühe gegeben) nicht einmal gelungen, ihn als Praktikanten in einer Fabrik oder mechanischen Werkstatt unterzubringen: man hatte Angst, einen Nichtarier einzustellen. Unter diesen Umständen habe ich für den Jungen keinerlei Chance im derzeitigen Deutschland gesehen und habe ihn zum Studium nach Manchester geschickt, wo Mordell sich sehr freundlich seiner angenommen hat.

Er kann dort auch gute deutsche Lehrer finden: Polanyi[11] ist seit diesem Herbst dort ordentlicher Professor. Der Junge studiert General Science (honours class): es kann einmal ein Laboratoriums-Ingenieur aus ihm werden. Er muss noch mindestens 3, wahrscheinlich 4 Jahre studieren.

Zu allen diesen Schwierigkeiten kommt nun noch die grösste: ich bin am 22. September entlassen worden. Grund: der §4 des Beamtengesetzes: „Beamte, von denen anzunehmen ist, dass sie sich nicht rückhaltlos hinter die nationale Regierung stellen, können entlassen werden. Sie erhalten 3/4 der ihnen zustehenden Pension."Es ist seit dem März gegen mich eine unerhörte Hetze der Studentenschaft geführt worden, Anschuldigungen wegen kommunistischer Gesinnung, sogar wegen kommunistischer Einwirkung in den Vorlesungen. Es ist mir nicht die Möglichkeit gegeben worden, mich gegen diesen Blödsinn zu verteidigen. Eine in Aussicht gestellte Untersuchung ist als reiner Schein geführt worden. Ich habe 15 Tage in Schutzhaft gesessen (was gar nicht so schlimm war), war im Sommer beurlaubt, jetzt entlassen. So übel wie mir ist, glaube ich, keinem anderen Mathematiker mitgespielt worden. Beurlaubt waren wohl eine ganze Anzahl ordentlicher Professoren, entlassen worden sind, so viel ich weiss, nur Fritz Noether (der nicht beurlaubt war) und ich.

Über Hopf ist immer noch nichts entschieden, er ist weiter beurlaubt und wird von Wieselsberger und Domke vertreten. über Courant höre ich, dass er wieder eingestellt sei, aber freiwillig zurücktreten wolle, ebenso wolle Landau freiwillig zurücktreten. Dass Mises nach Konstantinopel gegangen ist, wirst Du wissen, erst recht, dass Weyl nach Princeton geht, Born nach Cambridge, Schrödinger nach Oxford. Göttingen ist kaput, Hilbert schreibt tieftraurig. Auch Reidemeister – Königsberg scheint abgesetzt oder versetzt zu sein: die Nachrichten darüber sind nicht klar.

So sieht es also in der Mathematik aus. Im übrigen ist es an den deutschen Universitäten jetzt ungefähr so, wie uns in unserer Jugend die englischen geschildert wurden: zuerst der Sport (Wehrsport), in erheblichem Abstand der geistige Lernstoff.

---

[11]Der in Ungarn geborene Michael Polanyi war von 1923 bis 1933 am Kaiser-Wilhelm-Institut für Physikalische Chemie und Elektrochemie tätig. Wegen der zunehmenden Judenverfolgung folgte er einem Ruf nach Manchester, wo er bis 1948 den Lehrstuhl für Physikalische Chemie innehatte.

Meine Vertretung hat Krauss, die Fakultät hat ihn auch an erster Stelle als meinen Nachfolger vorgeschlagen.[12] Es wäre vorzüglich, wenn diese Berufung zustande käme. Aber es muss sehr bezweifelt werden. Krauss ist kein Mann, der sich „rückhaltlos"hinter eine Regierung stellt, einerlei, hinter welche. Shakespeare's Caesar sagt: „Der denkt zuviel, die Männer sind gefährlich". Ich fürchte, man wird dem armen Krauss einen weniger denkenden, geistig ungefährlichen auf die Nase setzen. Zu Ehren der denkenden Mathematiker kann gesagt werden, dass sie „fast"alle („fast"im Sinne der Mengenlehre) sich anständig und besonnen benehmen, aber einige Ausnahmen giebt es, und es [ist] möglich genug – wenn ich auch kein Anzeichen dafür habe – , dass eine von diesen mein Nachfolger wird.

Ruer ist emeritiert, seine Stelle ist bis jetzt nicht besetzt, der Chemiker Benrath vertritt ihn. Alle Mathematiker (ordentliche Professoren), von denen ich nichts schreibe – Fraenkel ist in Jerusalem, wohin er gehört –, sind entweder unangefochten in ihren Stellen geblieben oder wieder eingesetzt. Unter den Nichtbeamten ist ja ein Riesengemetzel angerichtet worden, sie sind in alle Winde zerstoben, teilweise gut im Ausland untergekommen, teilweise noch in der Schwebe.

Nach diesen allgemeinen Nachrichten will ich Dir einiges mehr über mich schreiben und Dich um Deine Hülfe bitten. Meine Pension ist noch nicht genau festgesetzt. Nach dem, was mir bekannt geworden ist, wird man sie so schäbig als möglich berechnen, und ich werde – ohne Steuerabzug – vielleicht 500 M im Monat erhalten. Dazu kommen noch einige Einkünfte aus Annalen, einige aus Kapitalvermögen, zusammen weniger als 200 M im Monat. Mit diesen Einkünften kann ich nicht auf die Dauer leben und meine Kinder erziehen, besonders mit dem Jungen in England.

Aber auch vom Finanziellen abgesehen, ist es mir sehr schmerzlich, auf Lehrtätigkeit verzichten zu müssen. Der habe ich doch alle meine Mühe und alle meine Zeit geopfert! Ich werde mich jetzt in die Spezialforschung stürzen, will vor allem Funktionen zweier Veränderlicher und griechische Mathematik (Apollonius) treiben.

Die Umstellung fällt mir noch schwer, aber es wird gehen. Aber mit der Zeit muss ich auch wieder in irgend einer Form Gelegenheit zum Unterricht haben. Dadurch bekomme ich auch die lebhafteste Anregung zur Forschung. Dafür brauche ich das Ausland. Ich wage nicht an eine dauernde Auslandsstelle zu denken: das ist ein zu schöner Traum. Aber vielleicht findet sich die Möglichkeit zu Vorträgen oder Semesterkursen. Kannst Du mir zu dergleichen verhelfen? <u>SOS</u>. Was ich kann und was ich nicht kann, weisst Du vielleicht besser als ich selbst. Vorträge an einer grossen amerikanischen Universität sind zu gut für mich, aber an einer kleineren könnte ich wohl nützlich wirken. Das handfeste an mir ist ja, dass ich englisch soweit geläufig spreche, dass ich darin Vorlesungen und auch Übungen abhalten kann. Wenn ich nur soviel bekomme, dass meine Reisekosten gedeckt werden und

---

[12]Blumenthal betrachtete Krauß als einen begabten Mathematiker, obwohl er ihn zunächst als Dozenten weniger schätzte (siehe seinen Brief an Trefftz vom 3. Juni 1930 auf S. 357). Deren Verhältnis wurde allerdings in den Jahren danach freundlicher, wie aus Blumenthals Brief an Hilbert vom 11. November 1933 (S. 399) hervorgeht.

ich in aller Bescheidenheit leben kann, bin ich zufrieden. Meiner Frau wird es zwar schwer fallen, allein in Aachen zu bleiben, und mir sehr schwer, sie allein zu lassen, aber „beggars can't be choosers".

Lieber Kármán, vor allem gieb mir Antwort auf diesen Brief! Es ist mir schrecklich, um Hülfe bitten zu müssen. Ich hoffe aber auf Deine Freundschaft, dass Du meine böse Lage verstehst, den Hülferuf verzeihst und mir wenigstens durch eine baldige Antwort beweist, dass Du mich verstanden hast. Ich weiss, dass eine Stelle, wie ich sie suche, nicht von heute auf morgen zu haben ist. Es würde mir genügen zu wissen, dass Du Dich für mich verwenden willst.

Hoffentlich geht es Dir und Deiner Familie gut. Wie geht es besonders Deiner Mutter mit dem Gehen?

Dass Du an mich wegen Briefzensur mit einiger Reserve schreiben musst, weisst Du. Ebenso bitte ich Dich, dem Inhalt dieses Briefes keine unnötige Verbreitung zu geben.

Lebewohl, lieber Karman, beste Grüsse von Haus zu Haus.

Dein

O. Blumenthal.

———————

Am 3. April schrieb Blumenthal an ihn und bat ihn um Hilfe für sich und auch für seine Tochter Margrete, die gerade in Köln mit dem Prädikat „sehr gut"ihre Doktorprüfung abgelegt hatte und jetzt eine Tätigkeit suchte.

Blumenthal an von Kármán | Aachen, den 3.IV.1934
TB, Theodore von Kármán Papers, California Institute of Technology, Pasadena

Lieber Kármán!

Auf meinen Brief vom 25. 1. habe ich leider noch keine Antwort. Ich teile also jetzt Springer mit, dass Du auf den weiteren Empfang der Math. Annalen verzichtest. Es ist etwas unlogisch, aber ich möchte Dich gleichzeitig bitten, für die Annalen in Deinem Kreise zu werben und womöglich auch selbst uns eine geeignete Arbeit zu schicken. Denn es geht nur wenig bei uns ein, und ich bin in Sorge, wie ich den Standard aufrecht erhalten soll. Es versteht sich von selbst, dass wir in der Qualität nicht heruntergehen können noch wollen.

Du hast mich auf Deiner Neujahrskarte nach meinen amerikanischen Bekannten gefragt.[13] Ich habe Dir dabei auch Bliss genannt.[14] Neulich habe ich eine Karte

———————

[13]Dass Blumenthal relativ viele US-amerikanische Mathematiker kannte, erklärt sich durch die Anziehungskraft der Universität Göttingen wie auch Hilberts Lehrveranstaltungen dort. Sogar zehn Amerikaner schrieben ihre Dissertationen bei ihm (Parshall/Rowe 1994, 439–445).

[14]Gilbert Ames Bliss wuchs in Chicago auf und studierte an der hiesigen Universität, wo er 1900 bei Oskar Bolza promovierte. Später setze er Bolzas Arbeiten in der Variationsrechnung fort. 1902/03 studierte er als Postdoc in Göttingen, wo er Blumenthal kennenlernte. 1908 wurde er Nachfolger Heinrich Maschkes in Chicago, wo er bis zu seiner Emeritierung 1941 wirkte.

bekommen, die von Emmy Noether, Bliss und Dresden unterzeichnet war, die sich irgendwo getroffen haben. Ich sehe also, dass Bliss mich noch in ebenso guter Erinnerung hat wie ich ihn, und dass Du es wohl einmal mit einem Brief an ihn versuchen könntest.

Frau Hilbert ist um Weihnachten herum schwer erkrankt. Sie hat infolge von hohem Blutdruck einen Bluterguss in die rechte Netzhaut bekommen, und das Auge ist erblindet. Seitdem scheint der Zustand stationär geblieben zu sein. Sie muss sich sehr ruhig halten, damit der hohe Blutdruck zurückgeht. Vielleicht sehe ich sie bald. Denn ich schreibe jetzt für Hilberts Gesammelte Werke den biographischen Artikel und werde zum Zweck der Ergänzung meines Materials wohl demnächst nach Göttingen fahren müssen.

Tochter Margrete hat Ende des Wintersemesters ihren Doktor in Englisch, Deutsch, Philosophie mit Sehr gut gemacht. Ihr Englisch ist wirklich empfehlenswert. Darin hat sie sogar Auszeichnung. Sie sucht jetzt eine Tätigkeit, am liebsten Übersetzertätigkeit, auch in naturwissenschaftlichen oder technischen Gegenständen. Weisst Du vielleicht etwas für sie? Ich war Anfang März 10 Tage in Delft als Gast von Burgers und habe in Delft und Leiden vorgetragen. Burgers und Biezeno waren rührend freundlich mit mir. Sie lassen auch Dich sehr grüssen. Burgers will seine Statistik in der Hydrodynamik weiter ausgestalten und vor allem exakt begründen. Dabei soll und will ich ihm helfen. Es ist schwere Arbeit, aber, wenn etwas dabei herauskommt, dann ist es eine interessante und weittragende Methode. Ende April soll ich noch einmal hinkommen und dann vielleicht auch Frau und Tochter für ein paar Tage mitbringen. Meiner Frau geht es gesundheitlich jetzt ganz gut. Wir hoffen, dass sie sich im Sommer weiter erholt.

Wie geht es bei Dir? Ist Deine Mutter gesund und frisch? Was macht Deine Schwester?

Beste Grüsse von Haus zu Haus!

Dein

O. Blumenthal.

Als Blumenthal im November 1934 erfuhr, dass in Atlanta eine Stelle zu besetzen sei, für die er eventuell infrage käme, wandte er sich wieder an von Kármán. Er bat ihn, sich für ihn nach den dortigen Lebens- und Arbeitsbedingungen zu erkundigen. Obwohl sich Blumenthals Hoffnungen auf die Stelle in Atlanta letztendlich nicht erfüllten, bescherte ihm der folgende Briefwechsel am Schluss doch wenigstens eine kleine persönliche Freude.

Blumenthal an von Kármán | Aachen, den 11.IX.1934
TB, Theodore von Kármán Papers, California Institute of Technology, Pasadena

Lieber Kármán!

Von einem unter dem Vorsitz von Rutherford stehenden Unterstützungsausschuss in London ist mir mitgeteilt worden, dass in Atlanta Georgia U.S.A. eine Mathematikerstelle zu besetzen ist, zu der zwar schon mehrere Kandidaten angemeldet sind, für die ich aber eventuell auch noch in Frage kommen könnte, wenn sich die anderen als ungeeignet erweisen sollten. In diesem Falle will man mich fragen, ob ich kandidieren will. So vag die Aussicht ist und so wenig ich daran glaube, dass ich gefragt werden werde, will ich doch für alle Zwecke mich schon jetzt informieren, was das überhaupt für eine Stelle ist. Ich habe immer gehört, dass südstaatliche Universitäten auf einer niederen Stufe stehen, finde auch auf dem Atlas, dass Atlanta Georgia recht weit von dem nächsten grossen Hafen entfernt liegt und vielleicht nicht einmal mit einer direkten Eisenbahn von Newyork aus zu erreichen ist. Alles dies macht mir die Aussicht wenig anziehend. Ich weiss auch nicht, wie das Klima ist. Atlanta liegt, so viel ich sehe, noch im Flachland vor den Alleghanies und könnte also ein ziemliches Fiebernest sein. Bitte, versuche Dir einige zuverlässige Informationen zu verschaffen und teile sie mir möglichst bald mit. Für eine Dauerstellung wird Atlanta für mich wohl sicher nicht in Betracht kommen, aber vielleicht ist es als Sprungbrett brauchbar. Ein gewesener Königsberger Privatdozent Brauer hat auch vor einem Jahr eine schlechte Stelle in Lexington Ky, angenommen und ist jetzt an das Forschungsinstitut in Princeton gekommen.[15]

Schreibe mir auch, bitte, von Bliss und was Du mit ihm gesprochen hast. Soll ich einmal an ihn schreiben? Meiner Familie geht es soweit gut. Augenblicklich haben wir beide Kinder zu Hause. Hoffentlich ist Deine Gesundheit wieder ganz hergestellt. Wie geht es Deiner Mutter und Schwester?

Beste Grüsse von Haus zu Haus! Und vielen Dank im voraus!
Dein
O. Blumenthal.

Von Kármán war zu dieser Zeit sehr beschäftigt und antwortete deshalb erst nach zwei Monaten.

---

[15]Es handelt sich um Richard Brauer (1901–1977), dessen Begabung von Emmy Noether geschätzt war. So konnte er nach einem Jahr in Lexington, Kentucky, eine Assistentenstelle bei Hermann Weyl am Institute for Advanced Study in Princeton erhalten. Brauer wirkte danach an mehreren Universitäten in den USA und Kanada, bevor er 1951 nach Harvard berufen wurde.

Von Kármán an Blumenthal | Pasadena, den 12.XI.1934
TB, Theodore von Kármán Papers, California Institute of Technology, Pasadena

Lieber Blumenthal!

ich war einige Zeit abwesend, dann musste ich umziehen, und habe daher meine Briefe unbeantwortet gelassen. Ich habe heute wieder an Herrn Bliss geschrieben und hoffe in naechster Zeit Antwort zu haben. Bezueglich Atlanta habe ich mich bei einem Arzt erkundigt der dort gelebt hat. Er behauptete Fieber sei nur in den „swamps"; der Kampus sei sehr gesund. Ich glaube nicht, dass die Universitaet besonders wissenschaftlich ist, aber das Leben im Sueden ist wesentlich angenehmer fuer einen Europaeer als in den oestlichen Grosstaedten. Ich persoenlich wuerde nur in Kalifornien oder im Sueden leben. Courant hat mir aus New York geschrieben. Ich habe ihn auch gefragt ob er etwas tun kann, habe jedoch nicht sehr viel Vertrauen.

Mit herzlichem Gruss, auch an Deine Frau
Dein
Th. von Karman

Blumenthal an von Kármán | Aachen, den 21.XII.1934
TB, Theodore von Kármán Papers, California Institute of Technology, Pasadena

Lieber Kármán!

Vielen Dank für Deinen Brief vom 12. November. Ich war unterdessen ein paar Wochen in der Schweiz, wo ich unter anderem in Zürich über meine eben vollendete Biographie Hilberts (für dessen Gesammelte Werke) vorgetragen habe. Man hat mir dort auch Grüsse an Herrn Zwicky[16] aufgetragen. Ich danke Dir sehr, dass Du meinetwegen nochmals an Bliss geschrieben hast. Auch Courant hat reagiert und mich nach Adressen mir befreundeter Mathematiker gefragt. Ich habe seine Anfrage vor etwa einer Woche beantwortet. Bei diesem Brief an Courant ist mir eingefallen, dass einer von denen, die sich meiner am liebsten erinnern werden, wahrscheinlich Hedrick[17] ist, der ja ganz in Deiner Nähe in Los Angeles tätig ist. Könntest Du vielleicht einmal mit ihm sprechen. Er ist, so viel ich weiss, Herausgeber des Bulletin of the American Mathematical Society und könnte also ein einflussreicher Mann sein. Das meint auch Harald Bohr, der uns vor wenigen Tagen auf der Durchreise hier besucht hat. Sehr dankenswert ist es, dass Du Dich nach Atlanta erkundigt hast. Die Auskunft ist entschieden gut. Die ganze Sache

---

[16] Der Schweizer Physiker und Astronom Fritz Zwicky (1898–1974) ging schon 1925 mit einem Rockefeller-Stipendium nach Pasadena, um sein Studium am Caltech fortzusetzen. So begann seine brillante Karriere in der modernen Kosmologie.

[17] Earle Raymond Hedrick (1876–1943) studierte Mathematik an der Harvard University und danach von 1899 bis 1901 in Göttingen, wo er seine Doktorarbeit bei Hilbert schrieb. Ab 1920 wurde er Professor an der Universität von Kalifornien in Los Angeles (UCLA), wo er nach 1937 Provost war.

ist aber mehr als unsicher. Was Du über die Vorteile des Südens und Westens gegenüber den östlichen Grossstädten schreibst, ist sehr vernünftig. Ich möchte auch lieber nach einem kleinen Platz reisen als nach einer der grossen Städte, wo man sich immer entschuldigen zu müssen glaubt, dass man überhaupt da ist.

Von hier ist nicht viel zu erzählen. Meiner Frau geht es gut, die Kinder erwarten wir zu den Feiertagen. Sie sind beide fleissig und dabei auch vergnügt. Hopfs geht es auch gut. Ich glaube, dass Hopf jetzt eine recht hübsche und nützliche Sache über asymptotische Integration von Differentialgleichungen gemacht hat. Wieselsberger wieselt weiter, still und freundlich. Im Institut ist Grossbetrieb. Sehr angenehm ist es nach wie vor mit Krauss, der sich jetzt auch ein kleines Haus auf ein sehr grosses Grundstück bauen lässt.

Leb wohl, lieber Kármán, beste Grüsse und herzliche Wünsche zum neuen Jahr an Dich, Deine Mutter und Schwester von meiner Frau und mir.

Dein

O. Blumenthal.

Von Kármán an Blumenthal | Pasadena, den 7.I.1935
TB, Theodore von Kármán Papers, California Institute of Technology, Pasadena

Lieber Blumenthal!

Erstens sende ich Dir und Deiner Frau beste Gruesse fuers neue Jahr. Hier schaut es etwas besser aus, obwohl die oekonomische Lage noch sehr unsicher ist. Die Aktion geht sehr langsam vor sich. Vor ungefaehr einer Woche schrieb mir Bliss, den ich durch einen Brief an Dich erinnert habe, folgendes:

„Everything which you say about Professor Blumenthal agrees with my own impressions of him from long ago. His personality seemed to me an unusually kindly and attractive one, and I have some memories that he spoke English well. Unfortunately our University has cut off entirely during the last few years our appropriation for visiting professors. Next summer for the first time we may be able to secure two part-time instructors. I have talked with our Dean but so far have had no encouragement from him for more mature men, so that I am afraid that we cannot do anything here for Professor Blumenthal during the present year".

„Some time ago I heard that Stanford might need a visitor for next summer. Professor Blichfeldt would be the person to write to. I am not sure whether or not he has brought his arrangements to a conclusion."

„Recently Professor Veblen has written to me that Siegel is likely to come to the United States in the near future. He is to have a fellowship of some sort from the Rockefeller Foundation and perhaps some short-time appointments at several American universities. I have not yet been able to secure funds for a visit from him here, though I have talked about that also. When he is actually in this country I hope to have more success with our authorities. I should feel even more desirous of having Blumenthal here under similar circumstances, and if you should be able to interest some one in his case, I hope that you will let me know about it. I am sorry that at the present time we seem quite helpless here at Chicago".

Ich habe an Blichfeldt geschrieben, weiss aber nicht ob er nicht schon etwas abgeschlossen hat. Ich hoerte neulich von Freunden, dass Scego[18] sich in St. Louis aufhaelt, aber nicht sehr gluecklich ist. Ende Januar muss ich nach New York fahren, vielleicht hoere ich dann etwas guenstigeres.

Mit herzlichem Gruss
Dein
Th. von Kármán

Blumenthal an von Kármán | Aachen, den 31.I.1935
TB, Theodore von Kármán Papers, California Institute of Technology, Pasadena

Lieber Kármán!

Vielen Dank für Deinen Brief mit der Abschrift des Schreibens von Bliss. Das ist ein lieber und freundlicher Mensch und sein Schreiben hat mir wohl getan, obwohl nichts positives herausgesprungen ist. Ich muss eben noch Geduld haben. Ob sich bei Blichfeldt etwas erreichen lässt, ist mir fraglich. Ich weiss, dass er sich lange die grösste Mühe gegeben hat, um Issai Schur nach Leland Stanford zu bekommen. Als es endlich so weit war, soll Schur keine Lust mehr gehabt haben.[19] Möglicherweise ist aus dieser Quelle noch Geld verfügbar. Hast Du Szegö jetzt auf der Durchreise in St. Louis gesehen? Sein Schicksal interessiert mich auch sehr. Der neueste Ausgewanderte ist Siegel der in Princeton ist. Gleichzeitig mit Deinem Brief kam eine Nachricht von Courant, in demselben Sinne wie die Deinige. Er wollte noch Timoshenko schreiben, ausserden hat H. Bohr einmal an Hedrick geschrieben. Ich versuche eben alles, was ich kann, um nichts zu versäumen, aber ich bin in Geduld gefasst. Neulich erhielt ich die Mitteilung, dass die Carnegie-Institution eine grössere Anzahl dreijähriger Stipendien nach den British Dominions verteilen will; Anträge müssen von dem Präsidenten einer Universität in den Dominions gestellt werden. Ich habe gleich Hardy und Mordell um Empfehlungen gebeten. Das wäre natürlich „just the thing". Wenn Du etwas weisst oder tun kannst, bin ich für Mitteilung, Rat oder Hülfe sehr dankbar. Ich habe nur die lückenhafte Information, die ich angegeben habe.

Ende Februar soll ich 2 Vorträge in Brüssel halten, im Mai darf ich für einen Monat nach Sofia (Bulgarien) zu Vorlesungen. Das kann interessant werden. Ich bin gespannt auf Deinen Aufsatz in der Prandtl-Festschrift, von dem ich bisher

---

[18]Gemeint ist Gábor Szegö.

[19]Schur verlor 1935 seine Professur in Berlin, wanderte aber erst 1939 nach Palästina aus und starb schon zwei Jahre später in Tel Aviv.

nur den Titel kenne.

Sonst geht es hier soweit gut. Beste Grüsse von Haus zu Haus!
Dein
O. Blumenthal.

____

10.4   Von Kármán empfiehlt eine Vortragsreise in die USA

Acht Monate später wandte sich Blumenthal erneut an von Kármán in der
Hoffnung, er könne ihm irgendeinen Lebensanker zuwerfen. Diesmal dachte er in
erster Linie an einen Gastaufenthalt in den USA.

Blumenthal an von Kármán | Aachen, den 29.IX.1935
TB, Theodore von Kármán Papers, California Institute of Technology, Pasadena

Lieber Kármán!

Ich freue mich, dass Du in Europa und dadurch wenigstens brieflich rascher
zu erreichen bist. Noch viel mehr würde ich mich natürlich freuen, wenn sich eine
persönliche Begegnung ermöglichen liesse. Zu einer gewissen Ortsveränderung zu
diesem Zweck bin ich bereit, sie darf aber nicht zu weit sein.

Wieselsberger hat mir sehr freundlicher Weise Deine Adresse in Rom angegeben und Dich wohl auch auf meinen Brief vorbereitet. Es handelt sich um meinen
alten Wunsch nach Vorträgen in U.S.A. Vorträge im Ausland sind für mich mehr
und mehr eine unmittelbare Lebensnotwendigkeit geworden, aus verschiedenen
Gründen. Der für mich wichtigste ist der, dass ich in der Lehrtätigkeit die stärkste
moralische Stütze meines Lebens finde, ohne die mir das Leben schwer und in-
haltslos wird. Ich habe in diesem Jahr die Freude gehabt, in Sofia 4 Wochen lang
eine volle Vorlesung über lineare Integralgleichungen zu halten (20 Stunden), in
der ich die ganze Theorie und eine grosse Zahl von Beispielen bewältigt habe. Das
war mir eine wahre Erholung, obwohl ich die Vorlesungen auf russisch halten musste und mich also ganz gehörig angestrengt habe. Der Erfolg war auch gut, denn
die Universität Sofia wird die Vorlesungen drucken lassen. Das war eine Tätigkeit
ganz nach meinem Sinn.

Für eine hochgestochene Stelle wie Princeton bin ich nicht geeignet, dazu
bin ich einerseits nicht produktiv genug, um sie wirklich zu meiner Zufriedenheit
auszufüllen, und andererseits nicht Schauspieler genug, um den produktiven Geist
zu spielen, ohne es zu sein. Aber für eine Stelle mit mittleren Ansprüchen fühle ich
mich geeignet. Ich kann neue Dinge verstehen, sie mit etwas eigenem durchsetzen
und so vortragen, dass die Hörer Gewinn davon haben. Das war gerade der Fall in
Sofia, wo die Vorlesung durch eine neue Gruppierung des Stoffes sehr viel kürzer
und einfacher geworden ist, als es bisher möglich war. In U.S.A., besonders in der

Abbildung 10.1: Otto Blumenthal als Gast in Sofia, Bulgarien, 1935 (Nachlass Blumenthal)

Mitte und im Süden und Westen, giebt es sicher Universitäten, wo solche Dozenten zu brauchen sind. Ich bitte Dich dringend um Deine Verwendung. Du hast Dich ja schon im Vorjahr für mich bemüht und hast mir wenigstens den schönen Brief von Bliss verschafft, wenn auch kein Vortragsauftrag zu erreichen war. Ich möchte Dich jetzt nochmals an mich erinnern, denn ich sehe zur Zeit in Europa gar keine Chancen für mich. Ich bin darauf aufmerksam gemacht worden, dass in Berkeley am ehesten etwas zu erreichen sei. Der entscheidende Mann ist dort Evans[20]. Ich kenne ihn zwar persönlich nicht. Wenn er sich aber grundsätzlich hoffnungsvoll äussert, dann will Carathéodory, der ihn gut kennt, ihm eine ausführliche Befürwortung über mich schicken. Ich denke ausserdem an Missouri, wo mich Szegö doch sehr gut kennt. Mit ihm etwas zusammen zu arbeiten wäre für mich die grösste Freude und ein bedeutender Gewinn. Auch an Columbus (Ohio) mit Radó und, last not least, Ann Arbor (Timoshenko)[21] wäre sehr zu denken. Man sagt ja, dass

---

[20]Griffith C. Evans studierte an der Harvard University, wo er 1910 mit einer Dissertation über die Integralgleichung von Volterra promoviert wurde. Danach ging er als Post-Doktorand nach Rom, wo er zwei Jahre bei Volterra verbrachte. 1912 wurde er als Assistant Professor am Rice Institute angestellt. Ab 1934 war er an der University of California, Berkeley, tätig. Als Leiter der mathematischen Fakultät brachte er viele aus Europa emigrierte Mathematiker nach Berkeley, u.a. Alfred Tarski, Hans Lewy und Jerzy Neyman.

[21]Stephen Timoshenko emigrierte 1922 in die USA und war von 1927 bis 1936 Professor an der University of Michigan; danach bekam er eine Professur an der Stanford University.

die Wirtschaft in U.S.A. wieder etwas in die Höhe geht. Vielleicht habe ich da jetzt etwas mehr Aussichten als im Vorjahre. Jüngere Leute sind jetzt in beträchtlicher Zahl im Ausland untergekommen. Aber man soll auch an uns Aeltere denken, die nur vorübergehende Beschäftigung suchen, weniger um des Geldgewinnes willen, als um ein erstrebenswertes Ziel im Leben zu haben. Wer uns nimmt, fährt nicht schlecht: er hat für verhältnismässig billiges Geld einen sehr eifrigen und durch lange Erfahrung qualifizierten Arbeiter.

Es ist vielleicht überflüssig, dass ich Dir das alles schreibe, denn Du weisst es selbst. Ich schreibe es auch nicht für Dich, sondern für die Amerikaner, denen Du meinen Fall vortragen sollst, und die die Verhältnisse sich noch nicht genau überlegt haben.

Gieb mir bitte, wenn irgend möglich, noch von Europa aus Antwort, oder sprich mit Wieselsberger. Es ist mir sehr, sehr ernst mit meiner Bitte.

Auf meiner Reise nach Sofia war ich auch 2 Tage in Budapest und habe einen Vortrag über Hilbert vor der Eötvös-Gesellschaft[22] gehalten. Dieser Abend und die vielen freundlichen Menschen sind mir eine sehr liebe Erinnerung. Sonst geht es uns gut, besonders ist die Gesundheit meiner Frau zufriedenstellend. Herzliche Grüsse von uns beiden! Wie geht es Dir, Deiner Mutter und Schwester?

Dein

O. Blumenthal.

Blumenthals Verzweiflung lässt sich deutlich aus diesem Brief ablesen, aber seine Chancen, als 59-jähriger Mathematiker mitten in der Weltwirtschaftskrise eine feste Stelle in den USA zu erhalten, lagen bei null. Das war Theodor von Kármán sicherlich schon bewusst, weswegen er einen anderen Notplan entwickelte, nämlich für Blumenthal eine Vortragsreise zu mehreren amerikanischen Universitäten zu organisieren und sie von diesen finanzieren zu lassen.

Von Kármán an Blumenthal | Pasadena, den 20.IV.1936
TB, Theodore von Kármán Papers, California Institute of Technology, Pasadena

Lieber Blumenthal:

Ich habe die Lebensgeschichte Hilbert's [Kap. 11] mit grossem Vergnügen gelesen, und habe von andern Leuten, denen ich es zum Lesen gegeben hatte, wie Max Mason[23], oder die es sonst von Dir bekommen haben, viel Lob über die Arbeit gehört. Dies gab mir die folgende Idee:

Es scheint mir, dass an vielen Universitäten Interesse besteht für Vorträge über Geschichte und Entwicklung der Mathematik. Nur sehr wenige Universitäten

---

[22]Benannt nach dem ungarischen Physiker Lóránd Baron von Eötvös (1848–1919).

[23]Mason studierte in Göttingen bei Hilbert und lernte dort Blumenthal kennen (siehe Blumenthals Brief an von Kármán vom 22. November 1928, S. 302).

haben einen Spezialisten. Es scheint mir, dass während es schwer erscheint, bei den heutigen Verhältnissen eine Einladung von einer Universität für mehrere Monate zu bekommen, es möglich wäre eine Art Vortragstour zu organisieren, über einige bestimmte interessante Gegenstände aus der Entwicklungsgeschichte der Mathematik. Arthur Haas aus Wien hat mit ähnlichen Vorträgen in der Physik, mehrfach eine Amerikareise unternommen, und mit grossem Erfolg. Der Vorteil eines solchen Arrangement ist, dass die Reisekosten sich verteilen auf viele Universitäten. Zweitens, Du würdest Gelegenheit haben, mit sehr vielen Leuten und Instituten in Kontakt zu kommen. Drittens, es besteht in New York eine Institution „Institute for International Relations" welche gerade solche Vortragsreisen organisiert. Ich glaube es wäre nicht schwer die Empfehlungen von den besten amerikanischen Mathematikern für dich zu bekommen.

Wenn Du mit dem Plan einverstanden bist, würde ich die Sache einleiten. Bitte schreibe mir: a) Welche Zeit in Betracht käme. b) Die Titel, sagen wir, von 5 oder 6 Vortragsgegenständen, je 1 bis $1\frac{1}{2}$ Stunden lang, welche wir den Universitäten anbieten könnten. Ich denke weniger an alte Geschichte als an die Entwicklung von einzelnen Gegenständen in moderner Zeit (im letzten Jahrhundert oder in unserer Generation). Wenn Du aber Besonderes zu sagen weisst über ältere Sachen, würde das sicher auch interessieren.

Ich habe keine sicheren Anhaltspunkte, schätze aber, dass man so 20 bis 25 Vortäge bekommen könnte, und dass die Honorare die Reise- und Aufenthaltskosten decken würden, da die meisten Universitäten Einrichtungen haben um „visiting professors" zu beherbergen. Ich denke, kleinere oder nicht sehr wissenschaftliche Universitäten würden einen Vortrag, andere Stellen zwei, bezw. drei Vorträge wählen. Das Herumreisen ist natürlich sehr ermüdend, aber zum erstenmale sehr interessant, weil man verschiedene Teile diesen grossen Landes kennen lernen kann. Ich bin neugierig zu hören, was Du von dem Plan denkst, und würde gerne alles tun um die Sache in Gang zu bringen.

In diesem Jahre kann ich kaum nach Europa gehen. Ich würde gerne Oslo[24] besuchen, aber es ist sehr weit und kostet viel Geld. Wenn nicht von irgendwelcher Organisation bezahlt wird, kann man schwer von hier nach Europa gehen.

Mit besten Grüssen an Deine Frau

Dein sehr ergebener

Th. von Kármán

Blumenthal reagierte mit großer Begeisterung auf diese Idee. Am 6. Mai schrieb er an von Kármán zurück: „Eben habe ich Deinen Brief erhalten. Er kam wie ein Lichtstrahl in ein dunkles Loch. Wenn Dein Plan sich verwirklichen liesse, wäre mir ein grosser Wunsch erfüllt. Ich glaube auch, dass ich zu Vorträgen der von Dir skizzierten Art geeignet bin. Heute möchte ich Dir nur sofort mein

---

[24]Dort fand 1936 der letzte Internationale Mathematikerkongress vor Ausbruch des Zweiten Weltkriegs statt.

Einverständnis und meine grosse Freude über Deinen Vorschlag ausdrücken. In einigen Tagen, wenn ich mir einige Themata zurechtgelegt habe, schreibe ich ausführlich." Bald danach kam das angekündigte Schreiben, in dem Blumenthal sechs Vortragsthemen mit ausführlichen Erläuterungen vorstellte.

Blumenthal an von Kármán | Aachen, den 16.V.1936
TB, Theodore von Kármán Papers, California Institute of Technology, Pasadena

Lieber Kármán!

Sofort nach Empfang Deines Briefes vom 20. 4. habe ich Dir auf einer Postkarte geschrieben, wie sehr ich mit Deinem Plan einverstanden bin und wie sehr ich Dir für Deine Hülfe danke. Ich habe mir unterdessen den Plan genauer überlegt und kann Dir die Titel von sechs Vorträgen angeben, denen ich einige Erläuterungen beifügen will.

Zunächst und vor allen Dingen: Die Art Vortragstätigkeit, die Du mir vorschlägst, ist genau diejenige, die in Richtung meiner Begabung liegt und die ich unbewusst immer im Auge hatte; ich hatte mir nur die Sache nie klar formuliert. Ich habe eine natürliche Neigung zu allgemeinen Ueberblicken, und als alter Redakteur habe ich ja auch reichlich Gelegenheit gehabt, die Entwicklung der Mathematik in den letzten 30-40 Jahren zu verfolgen. Auch halte ich mich mit bewusster Absicht durch regelmässiges Studium der mir zugänglichen Zeitschriften auf dem Laufenden. Ich glaube also, dass ich es riskieren kann, die von Dir gestellte Aufgabe zu übernehmen. Natürlich hat es ein Physiker wie Haas leichter, seine Hörer zu fesseln, als ein Mathematiker. Denn die Physik mit ihrem Gegenspiel von Erfahrung und Theorie ist nun einmal lebendiger und spannender als die reine Mathematik, ganz abgesehen von den fundamentalen Umwälzungen in der Physik der lezten Jahrzehnte, denen die Mathematik nichts ähnliches gegenüberstellen kann. Immerhin lassen sich auch in der neueren Entwicklung der Mathematik einige charakteristische Züge herauspräparieren und einem grösseren Publikum darstellen.

Die Titel, die ich mir zurechtgelegt habe, sind folgende:
I. The Life and Work of David Hilbert
II. Felix Klein and Henri Poincaré
III. Pickings from the Recent History of the Theory of Functions
IV. The Progress of Modern Mathematics towards Abstract Reasoning
V. On the Causes of the Decline of Greek Mathematics
VI. Errors as Causes of Discoveries in Mathematics.

Die drei ersten Themata bedürfen wohl keiner besonderen Erläuterung. Zu IV: Es scheint mir in der Tat, dass das Hervorkehren ganz abstrakter und allgemeiner Gesichtspunkte und Schlussweisen ein wesentliches Kennzeichen der modernen Mathematik ist, wodurch sie sich wesentlich unterscheidet etwa von der Mathematik Kleins und Poincarés. Hilbert ist an sich kein geflissentlich abstrakter Denker, trotzdem hat seine Forschungsweise, besonders seine Axiomatik, den modernen

Abstrakten weitgehend die Wege gewiesen. Man erkennt die zunehmende Abstraktion in fast allen mathematischen Gebieten, am deutlichsten wohl in der Algebra und Zahlentheorie (Emmy Noether). Es ist interessant und sehr merkwürdig, dass gerade den Amerikanern die abstrakte Denkweise genehm zu sein scheint: ich denke etwa von den Aelteren an E.H. Moore (Chicago), unter den Modernen hat man grosse Auswahl. – Zu V. Hier habe ich eigenes unveröffentlichtes vorzutragen und habe deshalb das Thema gewählt, obwohl Du mir etwas von alter Geschichte abgeraten hast. Ich glaube nämlich, dass der Niedergang der griechischen Mathematik eng mit einem Wechsel der Strömung in der griechischen Philosophie (Weltanschauung) zusammenhängt. Das im einzelnen zu beweisen bin ich zwar noch nicht in der Lage, dazu gehört ein sehr langes und eingehendes Studium. Aber einige Belege kann ich vorbringen, und ich halte die Idee, die ich hier schon mit einem Philosophen und einem Altphilologen besprochen habe, für genügend aussichtsreich, dass ich gern einen grösseren Kreis von Mathematikern dafür interessieren möchte, besonders in einem Lande, wo die Bibliotheken reich und daher die Arbeitsmöglichkeiten auf einem Grenzgebiet grösser sind. – Zu VI. Dazu ist wohl auch nicht viel zu sagen. Das Thema giebt die Möglichkeit, in einer zwanglosen Form, als causerie, verschiedenartige unterhaltende Stoffe zusammenzutragen.

Jetzt aber noch eine Haupt- und General-Anmerkung. Ich versteife mich durchaus nicht auf diese Themata, es sind lediglich solche, von denen ich mir überlegt habe, dass ich darüber nach gehöriger Vorbereitung etwas anständiges werde sagen können. Aber es ist sehr möglich, dass es andere Themata giebt, die für die Vortragsreise geeigneter sind und die ich auch würde behandeln können. Wenn solche Wünsche geäussert werden, will ich sehr gern versuchen ihnen nachzukommen. Vor allem, wenn Du selbst andere Vorschläge zu machen hast, dann werde ich Dir sehr dankbar dafür sein. Auch ich selbst behalte mir Verbesserungen des Programms vor. Ich habe auch Courant, dem ich zufällig wegen Annalen zu schreiben hatte, um seinen Rat gebeten. Bitte, gieb bei Deinen Verhandlungen mit den Universitäten gleich zu erkennen, dass ich auch zur Behandlung anderer Gegenstände „auf Bestellung" bereit bin, vorausgesetzt natürlich, dass mir das Gebiet nicht fremd ist, und dass ich genügend Zeit zur Vorbereitung habe. Ueberhaupt kannst Du natürlich den Universitäten, mit denen Du verhandeln willst, von dem ganzen Inhalt dieses Briefes Kenntnis geben.

Nun die Frage der Zeit. Du wirst verstehen, dass ich diese Vorträge (mit Ausnahme des ersten) nicht aus dem Aermel schütteln kann, sondern viel lesen und studieren muss, da ja fast keine Vorarbeiten vorhanden sind. Ich muss meine Sache gut, sogar sehr gut machen, sonst kann mir die Reise viel mehr schaden als nützen. Ich brauche also etwa ein Jahr zur Vorbereitung. Deshalb habe ich einstweilen den summer term 1937 in Aussicht genommen, der ja wohl von Mitte April bis Mitte Juni geht. „Einstweilen" soll heissen, dass ich anderem Rat zugänglich bin und mich nach der besseren Einsicht der Landeseinwohner richten werde. Ich weiss ja nicht, ob andere Gründe (z.B. Ueberlastung der Studenten vor den Prüfungen) die Zeit als weniger geeignet erscheinen lassen. Gieb mir also Bescheid, wie Du über den Termin denkst. Im übrigen denke ich mir, dass auch als Reisezeit der

Frühsommer angenehmer wäre als der Winter oder der Vorfrühling, wo es doch im Osten und mittleren Westen scheusslich kalt sein soll. Aber selbstverständlich darf der Gesichtspunkt der Bequemlichkeit und Annehmlichkeit der Reise nur an zweite Stelle treten. Der Gedanke, viel Land und viele Hochschulen und Gelehrte zu sehen, ist mir sehr lockend. Die möglichen Strapazen der Reise kommen im Vergleich damit gar nicht in Betracht, Ich hoffe, dass ich auch bis in das gelobte Land Californien kommen kann. Dort hast Du ja Einfluss, und ich hoffe, dass auch Hedrick, Blichfeldt in Leland Stanford und Noble (ich glaube, in Berkeley) mir günstig gesinnt sind. Wesentlich wird sein, dass die Honorare die Kosten der Reise und des Aufenthalts decken. Je mehr Vorträge, desto besser. Du weisst ja auch, dass ich ein genügsamer Reisender bin. Ich will gern an manchen Bequemlichkeiten sparen, wenn ich dafür das Grand Canyon sehen kann.

Und nun möchte ich Dir nochmals sagen, wie sehr dankbar ich Dir bin, dass Du an mich gedacht hast und für mich eintreten willst. Es ist ein wahrer Freundschaftsdienst, den Du mir tust, und ich weiss ihn nach seinem ganzen Wert zu schätzen. Dein Brief war mir wirklich ein Lichtstrahl, den ich brauchen konnte. Jetzt habe ich wieder ein festes Ziel, auf das ich los arbeiten kann, und das auch die Arbeit lohnt. Du kannst Dir kaum vorstellen, welche Bedeutung das für mich hat. Diesen ganzen Winter habe ich an einer Aufgabe gesessen, deren Lösung mir zwar nach vieler Mühe einigermassen geglückt ist, bei der ich aber nie das Gefühl eines faute de mieux los wurde, sodass ich ganz elend war. Auch sonst war der Winter nicht gut, denn meine Frau war lange nicht wohl. Ein Kuraufenthalt im März hat sie aber zum Glück wieder ganz hergestellt. Diese Tatsache, zusammen mit der von Dir erweckten Hoffnung, wollen wir als ein günstiges Vorzeichen für die Zukunft ansehen. Auch mit den Kindern wird es hoffentlich vorwärts gehen. Margrete hat seit kurzem Aussicht auf ein Art scholarship an einer englischen Universität. Ernst steht in Manchester vor dem Schlussexamen (B.Sc.) und soll, wenn er es gut besteht, noch ein Jahr dort bleiben und den M.Sc. in physikalischer Chemie machen. Der dortige Professor dieses Faches ist ein sehr bekannter Mann, Dein Landsmann Polanyi.

Hoffentlich geht es Dir, Deiner Mutter und Schwester gut. Frau v. Kapff, die häufig bei uns ist, erkundigt sich immer sehr lebhaft nach Euch allen. Meine Frau und ich grüssen Dich und Deine Familie herzlich und versichern Dich unserer innigen Dankbarkeit. Auch viele Grüsse von Margrete.

Bitte, bestätige mir den Empfang dieses Briefes!

Dein

O. Blumenthal.

———————

Von Kármán an Blumenthal | Pasadena, den 10.VII.1936
TB, Theodore von Kármán Papers, California Institute of Technology, Pasadena

Lieber Blumenthal!

Ich habe die Verhandlungen mit dem Institute of International Education angefangen. Das Institute hat angeregt, die American Mathematical Society heranzuziehen. Der Präsident ist Professor S. Lefschetz von Princeton University, der Sekretär R.G.D. Richardson von Brown University. Lefschetz ist jetzt in Europa, sodass ich warten muss bis er zurück kommt. Ich habe keine Beziehung zu Richardson. Ich schreibe dies, weil Du vielleicht Gelegenheit hast Lefschetz zu treffen. In diesem Falle könntest Du ihm meinen Plan mitteilen und ihm sagen, dass das Institute of International Education angeregt hat dass die Mathematical Society Dich einführen und empfehlen könnte. Allenfalls werde ich mit ihm die Sache im Herbst aufnehmen. Deine Themata sind, soviel ich sehen kann, ausgezeichnet.

Mit besten Grüssen

Dein sehr ergebener

Th. von Kármán

Blumenthal an von Kármán | Aachen, den 28.VII.1936
TB, Theodore von Kármán Papers, California Institute of Technology, Pasadena

Lieber Kármán!

Vielen Dank für Deinen Brief! Und noch mehr Dank dafür, dass Du für mich tätig bist! Lefschetz kenne ich nicht persönlich. Ich habe aber an Courant geschrieben, der sich augenblicklich in Karlsbad aufhält und ihn angefragt, ob er Lefschetz' Adresse weiss und sich entweder selbst mit ihm in Verbindung setzen kann oder mich mit ihm in Verbindung bringen. Antwort habe ich noch nicht. Richardson kenne ich persönlich oder meine es wenigstens. Er war, wenn ich mich nicht irre, in Göttingen, hat aber nicht bei Hilbert promoviert. Sicherlich habe ich in den Jahren 1909–12 mehrfach mit ihm wegen Annalenarbeiten korrespondiert.[25]

Margrete hat für zwei Jahre eine Stelle als Lektorin für Deutsch an der Universität Exeter (England), wo sie 1930–31 als Austauschstudentin war und augenscheinlich gut gefallen hat. Sie soll dort ausserdem für ein englisches Examen, wahrscheinlich Ph.D., sich vorbereiten. Sie bekommt soviel Gehalt, dass sie bescheiden davon leben kann. Ernst hat seinen B.Sc. für Physik und Chemie gut gemacht und die Erlaubnis erhalten, im nächsten Jahr bei Polanyi physikalisch-chemisch zu arbeiten, um dem M.Sc. zu erlangen. Sogar ein kleines Stipendium hat er erhalten. Wir sind glücklich und stolz mit den Kindern. Meiner Frau geht es gesundheitlich wieder gut. Ich freue mich, dass Du mit meinen Thematen zufrieden bist. Aus dem Kreis unserer Bekannten weiss ich keine besonderen Neuigkeiten.

---

[25] Im April 1912 schrieb Blumenthal an Hilbert über eine Arbeit Richardsons, die im folgenden Jahr erschien (Band I, S. 227 f.).

Herzliche Grüsse von Haus zu Haus, und allen Dank für Deine Bemühungen!
Dein
O. Blumenthal.

———————

Blumenthal an von Kármán | Aachen, den 6.VIII.1936
TB, Theodore von Kármán Papers, California Institute of Technology, Pasadena

Lieber Kármán!

Lefschetz ist in Europa nicht aufzutreiben, soll irgendwo in Norwegen herumfahren. Dagegen wird am 15. August Carathéodory nach Harvard fahren, um dort in den Ferien über Anfangsgründe der Variationsrechnung vorzutragen: wenn ich ihn recht verstanden habe, auf einem meeting der Mathematical Society. Carathéodory kennt Richardson gut, denkt bestimmt, ihn in Harvard zu sehen und will sich bei ihm für mich verwenden. Er will überhaupt dafür wirken, dass meine Reise zustande kommt. Ich habe Carathéodory immer sehr verlässlich gefunden und denke also, dass er wirklich mit Richardson und anderen wegen meiner Sache sprechen wird. Er bleibt den Winter über in Amerika und wird in Madison (Wisc.) Vorlesung halten. Es wäre mir sehr angenehm, wenn Du Dich mit ihm in Beziehung setzen könntest. Ich schreibe Dir aber seine Adressen hauptsächlich aus dem anderen Grunde, weil ich mir denke, dass es Dir Freude machen wird, ihn wiederzusehen.

Carathéodory kennt meine Themata und findet sie gut. Er hat mir aber noch ein weiteres angegeben, das ich auch für sehr geeignet halte:

Mathematics at Goettingen during the 19th century.

Ich möchte dieses Thema aufnehmen, und zwar möchte ich es auf meiner Liste an vierte Stelle stellen. Ich habe wohl auch, wenigstens im Unterbewusstsein, früher an dieses Thema gedacht, mich aber durch den Gedanken an Kleins vorzügliche „Mathematik im 19. Jahrhundert"(Klein 1926) abschrecken lassen, die ich natürlich als Quelle wesentlich gebrauchen muss, und mit der es also manche Ueberschneidungen geben wird. Aber bei näherer Ueberlegung scheint mir dieses Bedenken doch nicht ausschlaggebend, weil von den älteren Studenten, auf die ich als Hörerschaft rechne, doch wohl nur wenige Kleins Schrift kennen werden. Man kann auch von einer geschichtlichen Darstellung nicht verlangen, dass sie überall originell sei, und einiges werde ich doch sagen können, was Klein nicht gesagt hat. Natürlich ist das Thema etwas gross für einen Vortrag. Ich würde aber mir ein für mehrere Stunden berechnetes Referat ausarbeiten und daraus verschiedene Auswahlen treffen. Vielleicht lässt mich auch eine besonders freundliche Universität mehrere Stunden über diesen Gegenstand sprechen.

Beste Grüsse von Haus zu Haus! Grüsse auch Epstein!
Dein
O. Blumenthal.

———————

Von Kármán an Constantin Carathéodory | Pasadena, den 2.IX.1936
TB, Theodore von Kármán Papers, California Institute of Technology, Pasadena

Lieber Carathéodory:

Ich höre mit grosser Freude, dass Sie nach Amerika kommen oder schon in diesem Moment in Amerika sind. Ich hoffe, dass Sie nach dem Westen kommen, wir alle würden Sie sehr gerne sehen, und ich würde darauf brennen Ihr Kommentar der Ereignisse der Welt in den letzten fünf Jahren zu hören.

Nun hat mich auch Blumenthal gebeten Ihnen zu schreiben. Ich bin vor einiger Zeit auf die Idee gekommen für Blumenthal eine Tour für Abhaltung mathematischer Vorträge zu arrangieren. Ich habe dasselbe Schema im Auge welches Epstein[26] im Falle von Arthur Haas aus Wien angewendet hat. Haas hat eine Liste von Gegenständen über Physik angekündigt und die einzelnen Universitäten haben ein oder zwei Themata gewählt und für diese bezahlt. Die ganze Reise wurde aus diesen Beträgen finanziert. Die Organisation hat das Institute for International Education in der Hand gehabt. Ich habe nun an dasselbe Institut geschrieben. Das Institut hat angeregt, dass es in diesem Falle besser wäre die Mathematische Gesellschaft zu veranlassen die Vermittlung zu machen. Das Institut glaubt, dass dadurch der Erfolg besser gesichert wäre. Nun ist das Präsidium dieses Jahr Lefschetz und Richardson. Ich könnte Lefschetz durch Veblen annähern, aber Blumenthal schrieb mir, dass Sie Richardson gut kennen und ihn treffen werden. Könnten Sie nicht mit Richardson sprechen und seine Meinung über diesen Plan erfahren, hauptsächlich ob die Mathematische Gesellschaft nicht ein Rundschreiben an die Universitäten schicken würde des Inhalts, dass Blumenthal beabsichtigt einen Reisevortrag zu halten über die Gegenstände die auf beiliegender Liste angegeben sind, und ob die Fakultäten ein oder mehrere Themata wünschen würden. Richardson wird auch wissen, welchen Betrag man pro Vortrag verlangen könnte. Wenn die Mathematische Gesellschaft willig ist, würde ich gerne wenn notwendig in der Arbeit helfen.

Ich hoffe bald von Ihnen zu hören, insbesondere ob Sie hierher kommen und ob Sie Ihre Frau mitbringen werden. Meine Mutter würde Sie gerne sehen weil sie sagt, dass Sie verantwortlich dafür sind, dass sie hierher gekommen ist.

In alter Freundschaft,

Ihr stets ergebener

Th. von Kármán

Subjects of Lectures Offered by Dr. Otto Blumenthal on History of Mathematics.

1. The life and work of David Hilbert.
2. Felix Klein and Henri Poincaré.

---

[26] Der in Warschau geborene Paul Sophus Epstein (1883–1966) studierte in Minsk und Moskau, bevor er 1910 nach München zu Sommerfeld ging. Epstein promovierte 1914 dort, und nach dem Krieg war er Assistent bei Lorentz und dann Ehrenfest in Leiden. 1921 brachte ihn Robert Millikan ans Caltech.

3. Mathematics in Goettingen during the 19th century.
4. Selections from the recent history of the theory of functions.
5. The progress of modern Mathematics towards abstract reasoning.
6. On the causes of the decline of Greek Mathematics.
7. Errors as causes of discoveries in Mathematics.

––––––––––

Die Vortragsreise durch die USA, in deren Planung Otto Blumenthal so viel Arbeit gesteckt hatte, kam nicht zustande. Dabei hatte er noch lange darauf gehofft. Am 28. Februar 1938, wenige Monate vor seiner Emigration in die Niederlande, schrieb er an Theodor von Kármán: „Hecke ist jetzt in Princeton für 4 Monate. Er will sich dafür einsetzen, dass aus meiner Vortragsreise etwas wird. Nach dem Verlust der Annalen wäre sie mir doppelt wichtig. Willst Du ihm einmal deswegen schreiben? Adresse Fine Hall."

10.5   Weitere Kontakte mit Burgers

Anlässlich einer Reise in die Niederlande bot Blumenthal im Herbst 1936 wieder einmal an, einen Vortrag in Delft zu halten.

Blumenthal an Burgers | Aachen, den 20.IX.1936
AB, Nachlass Burgers, Technische Universität Delft

Lieber Herr Burgers!

Meine Frau und ich haben unerwartet Devisen zu eine kleinen Reise nach Holland erhalten und reisen morgen ab. Es ist eine grosse Freude für uns. Wir wollen 10–14 Tage bleiben. Frau Ehrenfest hat uns freundlich eingeladen, fürs nächste bei ihr zu wohnen. Wir werden von morgen Abend bei ihr sein. Sehr gern möchten wir natürlich Sie und Ihre Familie, und auch die anderen Delfter Bekannten, sehen. Wir können uns ganz danach richten, wie es Ihnen am besten passt. Schreiben Sie, bitte, an Frau Ehrenfests Adresse, Einzelheiten können wir auch durch Telefon verabreden.

Wenn es gewünscht wird, kann ich auch einen kleinen Vortrag halten. Ich habe eine Kleinigkeit, die sich gut zum Vortrag eignet: „Über die Näherungsverfahren zur Berechnung der Balkensicherung". Es handelt sich um eine allgemeine Kritik dieser Verfahren, bei der etwas sehr unerwartetes herauskommt. Ich will mich natürlich nicht aufdrängen und unterlasse den Vortrag sehr gern, wenn er sich nicht leicht und gern arrangieren lässt. Ich bringe aber für alle Fälle mein Material mit.

Wir hoffen, Sie alle bald und in gutem Wohlbefinden wiederzusehen, und freuen uns sehr darauf. Meine Frau sieht Holland zum ersten Mal! Unsere Kinder sind beide in England und haben eine schöne Zeit wissenschaftlicher Arbeit vor sich.

Herzliche Grüße an Sie alle von uns beiden! ...
Ihr O. Blumenthal.

Der Vortrag scheint allerdings nicht zustande gekommen zu sein, denn Blumenthal erwähnte ihn in seinem nächsten Brief an Burgers nicht mehr. Stattdessen enthält der Brief ein paar Bemerkungen über seine und Burgers' Kinder, die zeigen, wie eng das persönliche Verhältnis zwischen ihnen war.

Otto Blumenthal an Burgers | Aachen, den 8.XI.1936
AB, Nachlass Burgers, Technische Universität Delft

Lieber Herr Burgers!

Heute ist es genau einen Monat her, dass wir aus Holland zurückgekommen sind. Ich verdiene und mache mir Vorwürfe, dass ich Ihnen die ganze Zeit nicht geschrieben habe. Der Grund ist der übliche: ich wollte gern etwas Interessantes und Nettes schreiben, es fiel aber gar nichts vor, und so schrieb ich überhaupt nicht. Ich sehe aber ein, dass dieser unhöfliche Zustand nicht dauern kann. Also schreibe ich Ihnen nun ganz uninteressant, dass wir mit grösster Freude an unseren holländischen Aufenthalt zurückdenken, und dass uns besonders der Abend bei Ihnen eine sehr liebe Erinnerung ist. Es war schön, dass wir beide einmal wieder gemütlich – n o jgenever [?] – mit einander reden konnten.

Werden die Vorträge bei der Faraday-Society über reibende Flüssigkeiten irgendwo gedruckt erscheinen? Was Sie mir darüber erzählt haben, war ausserordentlich spannend, natürlich habe ich aber fast nichts davon behalten, ausser einem allgemeinen Eindruck. Es wäre mir wertvoll, die Sachen einmal genauer zu verfolgen und auch Hopf davon zu erzählen.

Das japanische Buch werden wir uns von unserer Tochter zu Weihnachten wünschen. Was Sie vorgelesen haben, war sehr schön und fein. Diese Tochter hat jetzt am University College von Exeter den ganzen deutschen Unterricht allein zu geben, weil der einzige Professor für neuere Sprachen sich nur mit romanischen Sprachen beschäftigt. Sie hat infolgedessen ungewöhnlich viel Arbeit, aber die grosse Verantwortung und Selbständigkeit macht ihr auch Freude. Unser Sohn beschäftigt sich damit, schweren Sauerstoff O^{18} anzureichern, um ihn dann chemisch zu verwerten. Da ein komplizierter Apparat dazu gehört, giebt es natürlich immer Enttäuschungen. Ich schreibe jetzt meine im Vorjahre in Sofia gehaltenen Vorträge zusammen, die dort auf russisch in Buchform erscheinen sollen. Das ist eine gute und etwas beschwerliche Übung in Fremdsprachen. Ich habe mir alle meine russischen mathematischen Bücher zusammengeholt, um schwierige Fachausdrücke zu finden.

Was macht Mevrouw und was machen die Kinder? Mariontje war für mich eine grosse Überraschung: sie hat sich seit zwei Jahren sozusagen nur ähnlich vergrössert. Gesicht und Haar und Körper, Geist und Energie alle mit dem gleichen Faktor multipliziert. Im übrigen soll man ja über Kinder keine Schmeicheleien sagen. Jedenfalls habe ich mich von Herzen gefreut, Ihre ganze Familie so wohl und frisch zu finden. Viele Grüsse an alle!

Grüssen Sie, bitte, auch Biezeno, Schouten und Bremekamp.

Ihnen und Ihrer Frau nochmals besten Dank für die freundliche Aufnahme, und herzliche Grüsse von meiner Frau und mir.

Ihr O. Blumenthal.

Viele liebe Grüße! Ich bin sehr froh, daß ich nun die ganze Familie Burgers kenne und mit meinem Mann von [?] Ihnen sprechen kann.

Ihre M. Blumenthal.

———————

Anfang 1938 lud Burgers Blumenthal erneut zu einem Besuch ein. Dabei hoffte er, ihn schon in der ersten Januarhälfte in Delft begrüßen zu können, aber wegen wechselseitiger Terminschwierigkeiten kam die Reise erst Anfang März zustande.

Burgers an Blumenthal | Delft, den 3.I.1938
TB, Nachlass Burgers, Technische Universität Delft

Lieber Herr Blumenthal,

Herzlichen Dank für Ihre Karte und für Ihre Neujahrswünsche! Auch wir wünschen Ihnen und Ihrer Familie viel gutes im neuen Jahre. Ich fühle mich schuldig, dass ich in letzterer Zeit Ihnen gar nicht geschrieben habe. Dennoch habe ich öfters an Sie gedacht, und es gibt verschiedene Dinge – mathematische und andere – über die ich gerne mit Ihnen plaudern möchte. Könnten Sie nicht wieder einmal zu uns kommen? Es würde uns sehr gut passen, wenn Sie z.B. Donnerstagnachmittags 13 Januar, oder Freitag 14 Januar zu uns kämen, und etwa bis Montag blieben. Wir würden uns sehr freuen Sie zu sehen.

Ueberlegen Sie sich bitte, und melden Sie dann die Zeit Ihrer Ankunft! Schreiben Sie mir auch wenn ich noch für irgend etwas in Zusammenhang mit der Reise sorgen muss.

Mit herzlichem Gruss von Haus zu Haus, und in der Hoffnung auf baldiges Wiedersehen,

Ihr sehr ergebener,
JMB.

———————

Blumenthal an Burgers | Aachen, den 4.I.1938
AK, Nachlass Burgers, Technische Universität Delft

Lieber Herr Burgers!

Das ist ja reizend, dass Sie mich über ein Wochenende in Delft haben wollen. Ich bin Ihnen und Ihrer Frau aufrichtig dankbar für die Einladung und nehme Sie im Prinzip gern an. Aber ich bitte um eine kleine Verschiebung. Ich muss heute geschäftlich nach Berlin fahren und im Anschluss daran auch Hamburg und Göttingen besuchen. Da komme ich frühestens am Sonntag Abend wieder nach Hause und finde dann mindestens für eine Woche dringende Arbeit hier vor. Ich werde mich bei Ihnen zurückmelden und hoffe, dass sich die schöne Verabredung auch noch für eine spätere Zeit aufrecht erhalten lässt. Meine Frau grüsst Sie und Ihre Frau aufs herzlichste. Ebenso ich.

Ihr O. Blumenthal.

Burgers an Blumenthal | Delft, den 6.I.1938
TB, Nachlass Burgers, Technische Universität Delft

Lieber Herr Blumenthal,

Besten Dank für Ihre Karte! Wir freuen uns sehr darauf, dass Sie zu uns kommen wollen, und selbstverständlich sind Sie uns auch für einen etwas späteren Zeitpunkt willkommen. Ich kann im Augenblick aber noch keinen definitiven Vorschlag machen, weil die Möglichkeit sich dartun kann, dass ich in Januar noch für ein Wochenende nach England reisen muss. Sobald ich darüber Bescheid wisse, schreibe ich Ihnen wieder.

Mit herzlichem Gruss an Sie selbst und an Ihre Frau,
Ihr sehr ergebener,
JMB.

Burgers an Blumenthal | Delft, den 17.I.1938
TB, Nachlass Burgers, Technische Universität Delft

Lieber Herr Blumenthal,

Bis heute nachmittag habe ich keine Nachricht aus England erhalten; ich rechne also damit, dass ich nicht diese Woche nach England reisen muss. Wäre es Ihnen möglich, obwohl meine Nachricht leider so spät kommt, noch in dieser Woche, also nächsten Donnerstag 20. Januar zu uns zu kommen? Uns allen wären Sie sehr willkommen. Falls Sie wieder mit dem Nachmittagszug kommen, welchen Sie wohl auch früher benutzt haben, so sollen Sie beachten, dass er jetzt nicht mehr in Delft hält, und dass man deshalb in Rotterdam umsteigen muss. Ich werde Sie in Delft am Bahnhof abholen.

Mit herzlichem Gruss, und in der Hoffnung Sie bald hier zu sehen,
Ihr sehr ergebener,
JMB.

———————

Blumenthal an Burgers | Aachen, den 18.I.1938
AB, Nachlass Burgers, Technische Universität Delft

Lieber Herr Burgers!

Es tut mir ganz furchtbar leid, aber ich kann an diesem Donnerstag nicht kommen.

Erstens habe ich eine sehr dringliche Arbeit, nämlich die Herstellung der englischen und französischen Inhaltsangaben für die 2. Umschlagseite der ZaMM, eine Arbeit, die eigentlich schon fertig sein sollte, die ich aber wegen meiner Reise noch nicht anfangen konnte. Es ist an sich eine minderwertige Arbeit, diese Übersetzungen, aber Trefftz hat sie mir einmal angeboten, um mir zu helfen, und jetzt mag ich Willers nicht sitzen lassen, der ohnehin an der Redaktion schwer zu tragen hat. Ich versuche die Übersetzungen gut zu machen, und das ist viele und langwierige Mühe.

Zweitens aber bin ich auch zu einem Kursus des zivilen Luftschutzes kommandiert, 3 Wochen lang jeden Dienstag und Freitag Abend. Ich könnte also erst am Samstag hier abreisen, und dann würde der Aufenthalt in Delft etwas sehr kurz. Den Kursus zu versäumen oder zu unterbrechen, ist nur bei dringenden Anlässen möglich.

Wenn Sie also es einrichten könnten, würde ich Sie bitten, dass die Reise bis Mitte Februar verschoben wird, bis der Kursus zu Ende ist. Wenn es aber nicht geht, dann müsste ich mich für diesen Samstag einrichten.

Beste Grüsse von Haus zu Haus!
Ihr O. Blumenthal.

———————

Blumenthal an Burgers | Aachen, den 28.II.1938
AK, Nachlass Burgers, Technische Universität Delft

Lieber Herr Burgers!

Wenn ich von Ihnen nichts Gegenteiliges höre, und Sie von mir nichts bin ich am Donnerstag, 3.3., um 17.33 am Bahnhof und freue mich sehr Sie zu sehen. Haben Sie in dem Hopfschen Buch etwas gefunden? Ich kann mir bis jetzt kein Bild davon machen, wie man Ihre Differentialgleichung allgemein angreifen soll. Wir wollen jedenfalls mit dem einfachsten Fall einer einzigen Gleichung anfangen, den Sie ja schon ziemlich weit behandelt zu haben scheinen.

Beste Grüsse von Haus zu Haus!
Ihr O. Blumenthal.

**Otto Blumenthal an Burgers | Aachen, den 13.III.1938
AB, Nachlass Burgers, Technische Universität Delft**

Lieber Herr Burgers!

Heute vor acht Tagen war ich mit Ihnen an der See. Aus dem, heute ziemlich trüben, Aachen denke ich mit grosser Freude und Dankbarkeit an diesen sonnigen Tag zurück, und überhaupt an die behaglichen Tage, die ich bei Ihnen genossen habe. Ihre Frau versteht es gut, es einem Gast in aller Ruhe und Stille gemütlich zu machen. Ich danke Ihr besonders herzlich für Ihre Gastfreundschaft. Die Kinder haben mir jedes in seiner Art viele Freude gemacht. Herman ist wohl jetzt in dem Alter und spricht einigermassen das Schulholländisch des Piet aus Pieter Goeree: „De moffen ... ook ... " [?]. Wenn nur der vorliegende moff ihn, und überhaupt die Holländer, besser verstehen könnte! Hermans Zeichentalent bewundere ich aufrichtig. Mariontje hat sich auf dem Spaziergang grossartig benommen. Ich fürchte aber, dass aus der Photographie nichts Rechtes geworden ist. Da hat sie sich in Positur gesetzt und wird wohl etwas unnatürlich herauskommen. – Ihre Mathematik hat mir einen starken Eindruck gemacht. Sobald ich Zeit habe, will ich versuchen, ob ich etwas mehr daraus herausbringen kann als Sie. Aber mit einem glücklichen Gedanken wird es nicht gehen, sondern es wird viel Geduld und ausserdem eine glückliche Eingebung dazu gehören. Es reizt mich, dass Sie das Problem von der formal-mathematischen Seite angepackt haben. Sie scheint mir aussichtsreich. Wegen des Tollmien habe ich gestern mit Hopf gesprochen. Die Arbeit, die er beanstandet, ist genau die aus Gött. Nachr. „Über die Entstehung der Turbulenz" [Tollmien (1929)]. Er will Ihnen seine Einwände ausführlich darlegen. – Ich habe mich auch wegen des von Ihnen gewünschten Buches erkundigt. Bei dem englischen Antiquar ist es für £1 zu haben. Es ist als Einführung in die Geschichte der Mathematik besonders zu empfehlen.

Ich weiss nicht, ob sie schon an die Directrice in Ommen geschrieben haben.[27] Für alle Fälle schicke ich Ihnen anliegend Abschriften der beiden Zeugnisse, die ihr von dem University College Exeter ausgestellt worden sind, und einen Lebenslauf. Falls Sie die Papiere nicht brauchen, erbitte ich sie zurück. Ich glaube nicht, dass irgendwie erhebliche Aussichten in Ommen oder überhaupt in Holland bestehen, aber man muss es doch einmal versuchen, und ich bin Ihnen für Ihre Hilfe sehr dankbar.

Lieber Herr Burgers, Sie sind mir die ganzen Jahre über ein so bewährter und teurer Freund gewesen, dass ich lieber gar nicht anfangen will, Ihnen zu danken, weil ich sonst nicht wüsste, wo ich aufhören sollte. Aber Sie wissen, dass ich Ihnen

---

[27]Dies bezieht sich auf einen Versuch von Burgers, für Blumenthals Tochter Margrete einen Arbeitsplatz als Lehrerin an der Quäker-Schule Eerde in Ommen zu finden. Der Versuch war vergeblich. In Burgers' Nachlass befindet sich ein drei Tage später geschriebener entsprechender Brief der Schule, der zwar keinen Adressaten enthält, aber vermutlich an Burgers gerichtet war.

sehr aufrichtig zugetan bin.

Zum Amüsement schicke ich Ihnen auch Kármáns Neujahrskarte. Daraus können Anneke und Herman auch Geographie lernen. Ich brauche sie nicht zurück.

Viele herzliche Grüsse an Sie alle, auch von meiner Frau!

Ihr O. Blumenthal.

———

Blumenthal an Burgers | Aachen, den 28.IX.1938
AB, Nachlass Burgers, Technische Universität Delft

Lieber Herr Burgers!

Ich habe Ihnen gegenüber das schlechteste Gewissen, weil ich seit meinem Besuch bei Ihnen kaum etwas von mir habe hören lassen. Es ist gewiss nicht Mangel an Dankbarkeit, denn ich denke im Gegenteil mit grösster Freude und lebhaftem Dank an die Tage in Delft zurück, besonders auch an den schönen und vergnügten Spaziergang nach Zandvoort. Aber ich bin in diesem Sommer zu gar nichts gekommen. Wir hatten aus verschiedenen Gründen eine aufgeregte Zeit. Ich habe die Hauptredaktion der Mathematischen Annalen aufgeben müssen und bin auf die Annahme und Begutachtung ausländischer Arbeiten beschränkt. Obwohl sich diese Wandlung in den freundlichsten Formen vollzogen hat und mein Nachfolger Behnke alle Rücksicht nimmt, ist mir das Aufgeben meiner Lebensarbeit sehr nahe gegangen und hat mich innerlich mitgenommen. Um Missverständnisse zu vermeiden, möchte ich übrigens hinzufügen, dass der wissenschaftliche Geist der Annalen bei dem Wechsel der Redaktion unverändert geblieben ist und dass ich alle holländischen Kollegen dringend bitte, weiter in unserer Zeitschrift zu veröffentlichen. Dazu kommt Unruhe um meine Tochter, die keine feste Stelle mehr in England hat, sondern nur eine ungenügend bezahlte Nebenarbeit für ein grosses Film-Unternehmen (Metro-Goldwyn-Mayer), für das sie <u>holländische</u> Romane liest und auf Verfilmbarkeit begutachtet. Können Sie mir einmal den genauen Titel und Verlag des „Zomer[ver]haaltje" (mit Saertje und h.b.b.h.[28]) angeben? Vielleicht kann die Filmgesellschaft damit glücklich gemacht werden. Ich habe Ihnen übrigens noch nicht für Ihre Bemühungen in Ommen gedankt. Es war sehr freundlich, dass Sie die Erkundigungen nach der Quäker-Schule sogleich aufgenommen haben. Dass sie ergebnislos verlaufen würden, war zu erwarten. Ebenso ist meine Bitte bei Kármán um ein Affidavit für meine Tochter zur Einreise nach USA ohne Erfolg geblieben. Er ist finanziell nicht in der Lage, die Bürgschaft zu leisten. Ich hatte bisher gehofft, dass sich schliesslich und endlich doch noch eine einigermassen sichere Lebensmöglichkeit für sie in England ergeben werde. Aber jetzt muss ich weiter in Amerika nach einem Bürgen suchen. Wissen Sie vielleicht zufällig einen begüterten und wohltätigen Menschen, an den ich mich wenden könnte?

---

[28] Die Abkürzung h.b.b.h. steht für „haar bezigheden buitenshuis hebbende" und bezeichnet eine berufstätige Frau.

Schliesslich möchte ich Ihnen noch sagen, dass ich Ihre Sonderabdrücke über Viscosität mit grösstem Interesse gelesen habe. Aus meiner eigenen Arbeit an Ihrem Turbulenzmodell ist leider noch nichts geworden. Es fällt mir ein, dass Sie jetzt vielleicht gerade in Cambridge zum Kongress sind. Ich wünsche Ihnen viel Glück und viel Vergnügen dort.

Aber der Hauptzweck meines Briefes ist ein anderer. Bei der jetzigen politischen Lage muss jeder seine Massregeln für alle Fälle treffen. Und da wende ich mich an Sie als denjenigen neutralen Ausländer, der mir immer die treueste Freundschaft bewiesen hat. Sollte es zum Krieg kommen, so wird die direkte Verbindung zwischen uns und unseren Kindern abgeschnitten sein. Ich bitte Sie, die Vermittlung von Nachrichten zwischen ihnen und uns zu übernehmen. In welcher Weise das geschehen kann – und ob es überhaupt geschehen muss –, wird die Zukunft lehren. Ich habe beiden Kindern Ihre Adresse angegeben (ausserdem die von Frau Ehrenfest, die aber weniger geeignet sein wird) und gebe Ihnen die ihrigen an:

Dr. Margrete Blumenthal
91, Goldhurst Terrace
London NW6

Ernst Blumenthal
22, Swimbourne Grove
Manchester 20

Über die Verhältnisse der Tochter habe ich Ihnen schon geschrieben. Mein Sohn wird, wenn die internationale Lage sich nicht ändert, in verhältnismässig gesicherter Stellung sein. Er arbeitet in dem Physikalisch-chemischen Institut von Professor Polanyi an der Universität Manchester, hat ein scholarship und bereitet seinen Ph. D. vor, nachdem er die vorhergehenden Examina (B. Sc., M. Sc.) gut bestanden hat.

Falls es zu einem Abbruch der Verbindungen zwischen Deutschland und England kommen sollte, dann sorgen Sie, bitte, so gut Sie können, dafür, dass die Kinder etwas von uns hören und sich nicht verlassen fühlen. Sie haben allerdings auch einige gute Freunde in England. Ich weiss, dass Sie meine Absicht verstehen und mir Ihre freundschaftliche Hülfe nicht versagen werden.

Beste Grüsse an Sie, Ihre Frau und die Kinder! Grüssen Sie auch Biezenos herzlich. Meine Frau grüsst Sie alle sehr.

Ihr O. Blumenthal.

Kapitel 11

Otto Blumenthal:
Hilberts Lebensgeschichte

Abbildung 11.1: David Hilbert, 1932 (Kay Piene, Archiv des Mathematischen Forschungsinstituts Oberwolfach)

Mehrere Mitarbeiter nahmen an der Veröffentlichung von Hilberts *Gesammelten Abhandlungen* (Hilbert 1932, 1933, 1935) teil. Der dritte und letzte Band enthält zwei Essays, geschrieben von seinen ehemaligen Assistenten Ernst Hellinger und Paul Bernays: Das erste ist eine breitere Darstellung über Hilberts Beiträge zur Integralgleichungstheorie (Hilbert 1935, 94–155), während das zweite Hilberts Arbeiten zur Grundlegung der Mathematik (Hilbert 1935, 196–215) gewidmet war.[1] Dieser dritte Band schloss mit dem in diesem Kapitel abgedruckten biographischen Aufsatz aus der Feder von Otto Blumenthal (Blumenthal 1935).[2] Diesem Text gilt neben Blumenthals Nachruf auf Karl Schwarzschild (Blumenthal 1917) (Band I, Kapitel 5) als seine zweite wichtige literarische Leistung. Die Darstellung weicht im Übrigen deutlich von seiner früheren (Kapitel 4) anlässlich Hilberts 60. Geburtstag ab, worauf er selbst in einer Fußnote hingewiesen hat: „Mein dortiger Aufsatz, zu anderer Zeit und anderer Gelegenheit entstanden, zeigt vielfach eine andere Farbgebung. Auch habe ich absichtlich vermieden, bei der Darstellung kleine Einzelzüge zu wiederholen."

In Briefen an Trefftz und Burgers erwähnte Blumenthal, dass diese Arbeit ihm viele Freude gemacht hat. So schrieb er am 8. Dezember 1934 an Erich Trefftz: „Mein Hilbert-Lebenslauf ist fertig. Heute ist er vermutlich Frau Hilbert und ihm vorgelesen worden. Das ist die letzte Instanz. Wenn beide nichts oder nicht viel auszusetzen haben, kann das Tier an Springer wandern. Ich habe doch einige Monate daran gearbeitet, habe viel Freude davon gehabt." Zum Neujahr 1935 erhielt Burgers ein Schreiben von ihm, worin er berichtete:

> Ich fühle mich sehr schuldig, dass ich Ihnen und allen meinen lieben holländischen Bekannten das ganze Jahr über kaum geschrieben habe. Ich war dauernd beschäftigt, und habe doch nichts geschafft. Jetzt aber habe ich wenigstens meine „Lebensbeschreibung" Hilberts abgeschlossen, die in die „Gesammelten Werke" kommen soll. Es sind etwa 2 Bogen geworden. Ich habe ein halbes Jahr daran gearbeitet. Es war eine sehr interessante Arbeit, denn ich habe einen grossen Teil der Hilbertschen Publikation kritisch lesen müssen. Im November habe ich darüber in Zürich vorgetragen, wo viele Freunde und Schüler Hilberts sitzen. (Blumenthal an Burgers am 1. Januar 1935)

Etwa ein Jahr zuvor trat Bartel L. van der Waerden in die Redaktion der *Annalen* ein. Die Anregung, ihn einzuladen, kam von Blumenthal (wie aus Hilberts Brief an ihn vom 11. November 1933 (S. 399) hervorgeht). Zehn Jahre später, also mitten in der Kriegszeit, schrieb van der Waerden an Erich Hecke: „Kurz nach Hilberts Tod habe ich für unsere Studenten einen Vortrag über Hilbert gehalten. Ich habe dabei sehr viel aus der wirklich vorzüglichen Biographie von Blumenthal entlehnt" (6. April 1943). Theodor von Kármán war gleichfalls entzückt und schrieb

---

[1] Blumenthal war dafür verantwortlich, dass Hilberts einzelne Arbeiten zur Integralgleichungstheorie als Buch (Hilbert 1912) erscheinen konnten (siehe Band I, Abschnitt 6.6).

[2] Die Fußnoten im Text stammen von (Blumenthal 1935) und erscheinen hier in nur leicht veränderter Form.

am 20. April 1936 an ihn (S. 436): „Ich habe die Lebensgeschichte Hilbert's mit grossem Vergnügen gelesen, und habe von andern Leuten, denen ich es zum Lesen gegeben hatte, wie Max Mason, oder die es sonst von Dir bekommen haben, viel Lob über die Arbeit gehört."

Hilberts Lebensgeschichte von Otto Blumenthal

David Hilberts Voreltern väterlicherseits sind zur Zeit Friedrichs des Großen in Königsberg eingewandert. Der Stammvater der Königsberger Familie, David Hilberts Urgroßvater, Christian David, war ein tatkräftiger, bemerkenswerter Mann, der eine als Zeitdokument wertvolle Lebensgeschichte hinterlassen hat. Ihr ist das Folgende entnommen. Die Familie Hilbert war im 17. Jahrhundert in der Umgebung des Städtchens Brand bei Freiberg i. Sa. ansässig. Sie war evangelisch. Es waren Kleinbürger, Handwerker und Handelsleute, die ihre Frauen mehrfach aus Schulmeisterhäusern heimgeführt haben. Viele Stellen der Lebensbeschreibung Christian Davids, auch der biblische Vorname, legen die Vermutung nahe, dass die Familie kirchlich dem Pietismus nahe stand. Johann Christian Hilbert, Vater des Christian David, von Handwerk Gürtler, war am Anfang des 18. Jahrhunderts „in Brand ein großer Kauf- und Handelsmann, der angesehenste Mann in Brand und über 100 Menschen, denen er (in der Spitzenindustrie) Verdienst gab". Aber er starb, als seine Kinder noch unmündig waren, und gewissenlose Vormünder machten die Familie bettelarm. Christian David, der bei dem Stadtchirurgus von Freiberg das Barbierhandwerk erlernt hatte, zog als Handwerksbursch aus, kam, vom Zufall geführt, nach Königsberg, trat als Kompagnie-Feldscher in Militärdienst, machte 1777 bis 1778 Friedrichs des Großen letzten Krieg gegen Österreich mit, ließ sich dann in Königsberg dauernd nieder, heiratete – sogar dreimal –, hatte viele Kinder, von denen viele jung starben, gelangte schließlich durch Fleiß und Sparsamkeit dazu, eine durch den Tod des Inhabers erledigte „Barbierstube" zu kaufen, mit der gewisse Vorrechte verbunden waren, und bestand zu ihrer Ausnutzung im Alter von 33 Jahren seine Examina als „K. Preußischer approbierter privilegierter Amts- und Stadtchirurgus, Operateur und Accoucheur". In diesen gut bürgerlichen Verhältnissen lebte er noch über 20 Jahre in Königsberg, bis er im Herbst 1812 seine „vier vergoldeten Barbierbecken hereinnahm". Bald darauf scheint er, 56jährig, gestorben zu sein. Seine Söhne wandten sich studierten Berufen zu, und seit der Zeit sind die Hilberts in Königsberg Juristen und Ärzte. David Hilberts Großvater und Vater waren Amtsrichter. Der Vater Otto Hilbert wird geschildert als ein etwas einseitiger Jurist, von so regelmäßigen Gewohnheiten, dass er täglich den gleichen Spaziergang machte, verwachsen mit Königsberg, das die Familie nur verließ, um in einem ostpreußischen Seebad den Sommer zu verbringen, wenig zufrieden mit der ungewöhnlichen Laufbahn, die sein Sohn einschlug, und lange voll Misstrauen in ihren Erfolg. Außergewöhnliche geistige Interessen dagegen hatte die Mutter, geb. Erdtmann, aus einer Königsberger Kaufmannsfamilie, eine eigenartige Frau, die mit Vorliebe philosophische und astronomische

Schriften las und Primzahlen berechnete.

David Hilbert wurde geboren am 23. Januar 1862.[3] Er war der einzige Sohn, eine jüngere Schwester starb mit 28 Jahren im Wochenbett. Er besuchte von 1870 an zuerst das Friedrichskolleg in Königsberg, wo er sich nicht glücklich fühlte, besonders weil er gegen die damaligen gedächtnismäßigen Methoden des Sprachunterrichts eine Abneigung hatte. Das letzte Schuljahr verbrachte er auf dem Wilhelm-Gymnasium, wo er auch, im Herbst 1880, das Abitur bestand. Dort war die Umgebung ihm förderlicher, die Lehrer hatten Verständnis für seine Eigenart; er hat sich später oft und gern daran erinnert. Ein noch vorhandenes Mathematikheft beweist, dass neuere Geometrie in erheblichem Umfang getrieben wurde. Aber charakteristisch ist Hilberts späterer Ausspruch: „Ich habe mich auf der Schule nicht besonders mit Mathematik beschäftigt, denn ich wusste ja, dass ich das später tun würde."

Hilberts Studienzeit verlief, mit Ausnahme des 2. Semesters, das er in Heidelberg bei L. Fuchs verbrachte, ganz in Königsberg. Dort wirkte als Ordinarius der Mathematik bis 1883 Heinrich Weber, der damals zusammen mit R. Dedekind die berühmte arithmetische „Theorie der algebraischen Funktionen einer Veränderlichen" entwickelt hatte. Bei ihm hat Hilbert Vorlesungen über Zahlentheorie und elliptische Funktionen gehört und an einem Seminar über Invariantentheorie teilgenommen.[4] Als Weber 1883 nach Charlottenburg berufen wurde, trat an seine Stelle F. Lindemann, nach seinem 1882 veröffentlichten Beweise der Transzendenz von π auf dem Gipfel seines Ruhmes stehend. Sein Einfluss bestimmte Hilbert, sich der Invariantentheorie zuzuwenden. Dazu traten aber zwei andere Einflüsse, die sich für die Folge nachhaltiger auswirken sollten. Die Mathematiker Königsbergs standen damals in dem Banne der überragenden Begabung und der glänzenden Erfolge Hermann Minkowskis, der, 2 Jahre jünger als Hilbert, aber 1/2 Jahr früher immatrikuliert, bereits bahnbrechend auf zahlentheoretischem Gebiet hervorgetreten war und im April 1883 den Großen Preis der Pariser Akademie erhalten hatte. Mit ihm wurde Hilbert bald befreundet, obwohl Hilberts Vater eine Annäherung an einen so berühmten Mann als eine Dreistigkeit missbilligte. Abgesehen von seinen eigenen originellen Ideen brachte Minkowski aus seinen Berliner Studienjahren auch die Wissenschaft Kummers, Kroneckers, Weierstraß' und Helmholtz' mit und muss dadurch ungemein belebend auf den etwas eingeschlossenen Königsberger Kreis gewirkt haben. Und dann wurde Ostern 1884 Adolf Hurwitz, 3 Jahre älter als Hilbert, als Extraordinarius nach Königsberg berufen. Über ihn

---

[3]Als Ergänzung zu dieser Biographie vergleiche man das Hilbertheft in *Die Naturwissenschaften*, 10 (1922): 65–104. Siehe auch die anlässlich der Verteilungen des Bolyai-Preises 1905 und 1910 über Hilberts Arbeiten erstatteten Referate von G. Rados (*Mathematische Annalen*, 62: 157–176) und H. Poincaré (*Ungarische Akademie der Wissenschaften*, 1910). – Mehreren Schülern und Freunden Hilberts habe ich für wertvolle Ratschläge und Bemerkungen herzlich zu danken.

[4]Die Herren Szegö, Specht und Fitting in Königsberg haben sich der großen Mühe unterzogen, für mich aus den Quästurakten ein Verzeichnis der von Hilbert in Königsberg gehörten Vorlesungen aufzustellen. Ich bin ihnen dafür aufrichtig dankbar.

sagte Hilbert mehrfach: „Wir, Minkowski und ich, waren ganz erschlagen von seinem Wissen und glaubten nicht, dass wir es jemals soweit bringen würden."Ihm verdankt Hilbert vor allem die gründlichste Einführung in die Funktionentheorie, sowohl in die Riemann-Kleinsche wie in die Weierstraßsche Richtung. Es soll schon hier vorgreifend über das selten harmonische und fruchtbare Zusammenarbeiten dieser drei Mathematiker berichtet werden. Für die lebenslange Freundschaft mit Minkowski hat Hilbert in seinem Nachruf auf den früh Verstorbenen die zartesten und schönsten Worte gefunden.[5] In ihrem Briefwechsel sieht man den Übergang von dem Ton studentischer Lustigkeit zu reifer, rückhaltloser Gemeinschaft aller Interessen.[6] Das äußere Zeichen der Herzlichkeit, das Du, erscheint erst im Jahre 1891. Über den wissenschaftlichen Verkehr mit Hurwitz schreibt Hilbert in seinem Nachruf auf diesen: „Auf zahllosen, zeitenweise Tag für Tag unternommenen Spaziergängen haben wir damals während acht Jahren wohl alle Winkel mathematischen Wissens durchstöbert, und Hurwitz mit seinen ebenso ausgedehnten und vielseitigen wie fest begründeten und wohl geordneten Kenntnissen war uns dabei immer der Führer."[7] Diesen Spaziergängen schloss sich während der Ferien regelmäßig auch Minkowski an. So hat Hilbert in seiner Lehrzeit den Grund seines Wissens in der für ihn immer charakteristischen Art gelegt, nicht durch systematischen Unterricht oder durch Buchstudium, sondern durch schnelle und tiefe Auffassung und gründliches Durchdenken dessen, was ihm von Mitstrebenden zugetragen wurde.

Es ist hier der Ort, der eigentümlichen Bedeutung zu gedenken, die Leopold Kronecker für Hilberts Entwicklung gehabt hat. Sie äußert sich zunächst in einer ausgesprochenen Gegensätzlichkeit, die Hilbert in allen Zeiten seines Lebens empfunden hat. Er sagt darüber einiges in seinem Nachruf auf Minkowski, mehr wissen wir aus seinen Gesprächen. Kronecker war in Hilberts Entwicklungszeit ein Gewaltiger, eine gebieterische Persönlichkeit, die der mathematischen Forschung die von ihm bevorzugten Wege weisen wollte und Außenseiter abwies. Gegen jede Beschränkung der geistigen Freiheit aber lehnte sich Hilbert mit seiner ganzen Leidenschaftlichkeit auf. Kroneckers Kritik an dem Dedekind-Weierstraßschen Zahlbegriff, die sich in „Polizeiverboten" äußerte, hat zweifellos den ersten Anstoß zu Hilberts Ringen um die Axiome der Arithmetik gegeben. Und er ist stolz darauf, dass im Gegensatz zu Kronecker die Königsberger zu den ersten deutschen Mathematikern gehörten, die G. Cantors von Kronecker abgelehnte mengentheoretische Schöpfung würdigten und anwandten.[8] Hilberts einzige nicht-invariantentheoretische Veröffentlichung seiner ersten Periode betrifft ein mengentheoretisches Thema, die Abbildung des Quadrats auf die Strecke (Hilbert 1935, 1 f.). Auf der anderen Seite aber hat Kroneckers Werk Hilberts algebraischen und zahlentheoretischen Arbeiten zweifellos die Richtung gewiesen: die formentheore-

---

[5](Hilbert 1935, 363 f.); *Mathematische Annalen*, 68 (1910): 470 f.

[6]Frau Lili Rüdenberg, geb. Minkowski, hat mir freundlicherweise Einsicht in den Briefwechsel gestattet.

[7](Hilbert 1935, 371); *Mathematische Annalen*, 83 (1921): 163.

[8](Hilbert 1935, 360); *Mathematische Annalen*, 68 (1910): 467.

tischen Forschungen sind nur durch Kroneckers Bearbeitung der Modulsysteme
ermöglicht worden, die rationalen Methoden (Kronecker, Dedekind) zur Bestimmung der Basis eines algebraischen Körpers liefern die Mittel zur tatsächlichen
Aufstellung der vollen Invariantensysteme, und schließlich sind starke Anregungen zum Studium der relativ-Abelschen Körper von Kronecker ausgegangen.

Zunächst aber treten diese Einflüsse noch zurück. Am 11. Dezember 1884
bestand Hilbert das Doktorexamen, das Diplom trägt das Datum des 7. Februar
1885. Als Doktorthema stellte ihm Lindemann die Frage nach den invarianten Bedingungen für diejenigen Formen, die sich projektiv in eine Kugelfunktion n-ter
Ordnung transformieren lassen[9]. Den Zugang sollte die Differentialgleichung der
Kugelfunktionen bilden. Zur Bewältigung dieser speziellen Aufgabe führte Hilbert
sofort selbständig ein allgemeines Hilfsmittel ein, die Darstellung einer beliebigen
Kovariante durch die Derivierten der Form und die in Gestalt einfacher Differentialgleichungen hinschreibbaren notwendigen und hinreichenden Bedingungen dafür, dass eine Funktion dieser Derivierten kovarianten Charakter hat. Nach dieser
Grundlegung lässt sich die Differentialgleichung der Kugelfunktionen verwerten
und die Aufgabe lösen. In einer späteren Bearbeitung der Dissertation für die
Mathematischen Annalen[10] hat übrigens Hilbert erkannt, dass die Einstellung auf
Kugelfunktionen eine Erschwerung war, während die naturgemäßere Fragestellung
den invarianten Charakter der allgemeinen abbrechenden hypergeometrischen Reihen betraf. Von seiner Dissertation an bleibt Hilberts Produktion bis zum Jahre
1892 fast ausschließlich der Formen- und Invariantentheorie zugewandt, er stellt
sich in einem Brief scherzhaft als „Fach-Invariantentheoretiker" hin.

An das Doktorexamen schließen sich einige äußere Ereignisse. Im Mai 1885
wurde das Staatsexamen für Mathematik und Physik als Hauptfächer bestanden.
Hilbert hat später Schüler, die siegesbewusst nur an Habilitation und akademische
Laufbahn dachten, gern ermahnt, sich durch dieses Examen eine bescheidenere,
aber sichere Laufbahn offen zuhalten. Im Winter 1885 bis 1886 ging er auf Stu-
dienreisen. Zuerst nach Leipzig zu F. Klein, der ja auch Hurwitz' Lehrer gewesen
war. Zu Hilberts 60. Geburtstag überreichte Klein, schon gelähmt im Rollstuhl,
als Erinnerungsgeschenk das Protokoll des Dr. Hilbert aus seinem damaligen Seminar. Von Leipzig ging Hilbert auf Kleins Rat für kurze Zeit nach Paris, wo er
von Ch. Hermite eine Anregung empfing, die er mit den Gedanken seiner Habilitationsarbeit verknüpfte.[11] Gleichzeitig mit ihm war E. Study in Paris. Es ist zu
bedauern, dass diese beiden bedeutenden, originellen Persönlichkeiten infolge der

---

[9]In einem Glückwunschschreiben, das der fast 83-jährige Lindemann am 7. Februar 1935
an Hilbert zu seinem 50jährigen Doktorjubiläum gerichtet hat, erwähnt er, dass Hilbert ihm
zuerst ein selbstgefundenes Thema für die Dissertation vorgeschlagen hatte, nämlich eine Verallgemeinerung der Kettenbrüche, wonach ihm Lindemann „leider mitteilen musste, dass diese
Verallgemeinerungen schon von Jacobi gegeben".

[10](Hilbert 1933, 102–115); *Mathematische Annalen*, 30 (1887): 15–20.

[11](Hilbert 1933, 148–153); *Journal de Mathématiques Pures et Appliquées*, 4. Reihe, 4 (1888):
249–256.

Verschiedenheit ihrer Auffassungen sich damals und auch später wenig zu sagen fanden. Im Juni 1886 erfolgte in Königsberg die Habilitation mit der Arbeit „Über einen allgemeinen Gesichtspunkt für invariantentheoretische Untersuchungen im binären Formengebiete"[12], in der die Eigenwert- und Eigenfunktionentheorie von den quadratischen und linearen Formen auf allgemeine binäre Formen übertragen wird.[13] Hilbert war also in seinem eigensten Gebiet, als ihm später das gleiche Problem bei den Integralgleichungen in anderer Form wieder entgegentrat.

Die Privatdozentenzeit in Königsberg dauerte bis zum Jahr 1892. Sie ist gekennzeichnet durch eine ausgedehnte Produktion. Hilbert greift, im Gegensatz zu seinem späteren Schaffen, auch kleinere Fragen auf, die außerhalb der Linie seiner großen Untersuchungen liegen. Er hat später vielfach publikationsträge Privatdozenten auf sein Beispiel hingewiesen. Von diesen Nebenarbeiten hat eine Untersuchung über die Maximalzahl der reellen Züge algebraischer Kurven[14] Anlass zu einem der „Pariser Probleme" gegeben und in der Folge eine bedeutende Wirkung gehabt[15]. Auch eine der bekanntesten Leistungen Hilberts muss unter die Nebenarbeiten gerechnet werden, der Irreduzibilitätssatz[16] mit den bedeutsamen Anwendungen auf die Konstruktion von ganzzahligen Gleichungen mit symmetrischer und alternierender Gruppe. Man kann nämlich den Ursprung dieses Satzes auf eine unscheinbare Quelle zurückverfolgen: in einer gemeinsamen Note mit Hurwitz[17] wird benutzt, dass eine gewisse, eine Anzahl Parameter enthaltende irreduzible ternäre Form auch für allgemeine ganzzahlige Werte dieser Parameter irreduzibel bleibt. Aus dieser, in dem vorliegenden Fall ohne Schwierigkeit beweisbaren, Bemerkung hat Hilbert die Anregung zu dem tiefen Irreduzibilitätssatz geschöpft, dessen Beweis 1 1/2 Jahre später beendet war. Neben der Produktion spielt die Vorlesungtätigkeit eine wesentliche Rolle. Damals hat Hilbert in sorgfältig vorbereiteten Vorlesungen über alle wichtigeren Gebiete der Mathematik (in seinem 1. Semester liest er Invarianten, das 2. bringt schon, wahrscheinlich unter Minkowskis Einfluss, eine Vorlesung über Hydrodynamik) das umfassende sichere Wissen begründet, das ihm die Studentenzeit nicht gegeben hatte[18]. Überhaupt hat Hilbert immer Gebiete, über die er zu arbeiten beabsichtigte, gern zuerst in Vorlesungen behandelt. Auch die oben erwähnten Untersuchungen über reelle Züge algebraischer Kurven sind Ergebnisse der Vorlesungtätigkeit. Dabei war deren äußerer Rahmen traurig klein. Es war die Zeit der Ebbe unter den Studierenden

---

[12](Hilbert 1933, 38–101); *Mathematische Annalen,* 28 (1887): 381–446.

[13]Auf diese Aufgabe hat Hilbert noch einmal in der Göttinger Dissertation von Sophus Marxsen, „Über eine allgemeine Gattung irrationaler Invarianten und Kovarianten für eine binäre Form ungerader Ordnung", zurückgegriffen.

[14](Hilbert 1933, 415–436); *Mathematische Annalen* 38 (1891): 115–138.

[15]Siehe Rohn, *Mathematische Annalen,* 73 (1913): 177–299 und (Hilbert 1933, 449-455); *Nachrichten der Königlichen Gesellschaft der Wissenschaften zu Göttingen. Math.-phys. Klasse,* 1909: 308–313.

[16](Hilbert 1933, 264–286); *Journal für die reine und angewandte Mathematik,* 110 (1892): 104–129.

[17](Hilbert 1933, 258–263); *Acta Mathematica,* 14 (1891): 217–224.

[18]Viele Ansätze der späteren Zeit lassen sich bis in diese Jahre zurückverfolgen.

der Mathematik. Ein Brief an Minkowski ironisiert „11 Dozenten, die auf etwa
ebenso viele Studenten angewiesen sind". Ein Lichtstrahl und ein Zeichen des be-
ginnenden Ruhmes der Königsberger Schule war im Wintersemester 1891 bis 1892
die Ankunft eines älteren amerikanischen Mathematikers, Professor Franklin aus
Baltimore, „eines sehr scharfen und außerordentlich interessierten Mathematikers",
für den allein Hilbert seine erste Vorlesung über analytische Funktionen gehalten
hat. Anregung vermittelten das Mathematische Kolloquium, an dem außer den Dozenten auch die älteren Studenten teilnahmen, unter anderen A. Sommerfeld, der
eine „wichtige Stütze" genannt wird, vor allem aber die Spaziergänge mit Hurwitz
„nachmittags präzise 5 Uhr nach dem Apfelbaum" und Minkowskis regelmäßige
Ferienbesuche. Einen gewissen Raum nehmen, wie auch später, gesellschaftliche
Freuden, Tanzereien ein und die jährlichen Sommeraufenthalte in Rauschen oder
Cranz. Auch die Naturforscherversammlungen werden besucht, und Hilbert gehört
zu den gründenden Mitgliedern der Deutschen Mathematiker-Vereinigung.

Während die Habilitationsarbeit und die Publikation des Jahres 1887 den
Eindruck erwecken, dass Hilbert sich damals noch nicht selbst gefunden hatte,
bringt 1888 durch ein äußeres Ereignis die entscheidende Wendung. Er machte in
den Osterferien eine Reise nach Erlangen und Göttingen. In Erlangen suchte er P.
Gordan auf, den „König der Invarianten", der als erster mit rechnerischen Methoden einen Beweis für die Endlichkeit des Invariantensystems einer binären Form
gegeben hatte. Dieses Problem packte Hilbert und ließ ihn nicht mehr los. Und es
beginnt ein Siegeszug, der mich an Napoleons ersten italienischen Feldzug erinnert.
Im März 1888 schrieb er in Göttingen eine Note nieder, die die vorhandenen Beweise des Satzes (von P. Gordan und F. Mertens) zusammenfasst und wesentlich
vereinfacht. Aber bereits am 6. September 1888 schickt er aus dem Sommerauf-
enthalt Rauschen an die *Göttinger Nachrichten* die erste Note „Zur Theorie der
algebraischen Gebilde"[19], in der die Frage auf einer viel höheren Ebene vollständig
gelöst wird. Die Grundlage bildet ein allgemeiner Satz über die Endlichkeit der
Basis eines Modulsystems, so einfach, dass man ihn für trivial halten könnte, und
aus diesem rohen Material wird dann durch einen Invarianten-erzeugenden Prozess, den schon Gordan und Mertens gebraucht hatten, der Satz von der Endlichkeit des Invariantensystems herausgehämmert. Hier erscheinen zum erstenmal die
kennzeichnenden Züge Hilbertscher Arbeitsweise, die sich durch alle seine Arbeiten verfolgen lassen: Hinabsteigen zu den tiefsten Grundlagen einer Fragestellung,
und eine überlegene Kenntnis und Beherrschung des Formalismus, die ihm die
rechnerischen Hilfsmittel mit fast unbewusster Selbstverständlichkeit in die Hände spielt. Dieser letzte Punkt verdient um so mehr hervorgehoben zu werden, als
Hilbert selbst den Formalismus vielfach abfällig beurteilt hat. Er schreibt einmal
an Minkowski, „dass auch in unserer Wissenschaft stets nur der überlegene Geist,
nicht der angewandte Zwang der Formel den glücklichen Erfolg bedingt". Die Lö-

---

[19] (Hilbert 1933, 176–183); *Nachrichten der Königlichen Gesellschaft der Wissenschaften zu
Göttingen. Math.-phys. Klasse*, 1888: 450–457.

sung dieses scheinbaren Widerspruchs bedarf wohl keiner Erklärung. – Wesentlich an der Arbeit vom 6. September 1888 ist, neben der Lösung des Invariantenproblems, die mächtige Erweiterung des Gesichtskreises auf algebraische Formen überhaupt. In der zweiten Note „Zur Theorie der algebraischen Gebilde"[20] wird aus der Endlichkeit der Basis die „charakteristische Funktion" eines Modulsystems erschlossen, die mit den Geschlechtszahlen des algebraischen Gebildes in engem Zusammenhang steht, in der dritten Note werden die Ergebnisse zahlentheoretisch verfeinert.[21]

Aber noch einmal tritt das Invariantenproblem in den Vordergrund. Der Beweis für die Endlichkeit des Invariantensystems wies noch eine Lücke auf, die besonders Gordans Kritik herausgefordert hatte. „Das ist keine Mathematik", sagte er, „das ist Theologie". Hilbert drückt sich darüber selbst folgendermaßen aus: „(Er) gibt durchaus kein Mittel in die Hand, ein solches System von Invarianten durch eine endliche Anzahl schon vor Beginn der Rechnung übersehbarer Prozesse aufzustellen in der Art, dass beispielsweise eine obere Grenze für die Zahl der Invarianten dieses Systems oder für ihre Grade in den Koeffizienten der Grundformen angegeben werden kann,"[22] Diese Stelle entstammt der Arbeit „Über die vollen Invariantensysteme"[23], die diese Lücke ausfüllt. Dazu gehörten allerdings sehr große neue Hilfsmittel: die Theorie der algebraischen Zahlkörper, in die sich Hilbert unterdessen vollkommen eingearbeitet hatte, und eine tief liegende Erweiterung des Noetherschen Satzes auf Funktionen von mehr als zwei Veränderlichen. Die ganzen und gebrochenen Invarianten einer Form bilden einen algebraischen Funktionenkörper endlichen Grades, dessen ganze Elemente gerade die ganzen Invarianten sind. Die vollständige Theorie dieses Körpers, zu deren Aufstellung der Begriff der „Nullform" wesentlich ist, liefert eine obere Grenze für die Gewichte derjenigen ganzen Invarianten, durch die sich alle übrigen ganz und algebraisch ausdrücken lassen, und daraus mit Hilfe zwangsläufiger arithmetischer Prozesse die endliche Basis des Invariantensystems. Die Arbeit schließt mit den Worten: „Hiermit sind, glaube ich, die wichtigsten allgemeinen Ziele einer Theorie der durch die Invarianten gebildeten Funktionenkörper erreicht." Sie ist datiert vom 29. September 1892, also fast genau vier Jahre nach dem ersten allgemeinen Endlichkeitsbeweis. Gleichzeitig schreibt Hilbert an Minkowski: „Mit der Annalenarbeit verlasse ich das Gebiet der Invarianten definitiv und werde mich nunmehr zur Zahlentheorie wenden." In der Tat hat er diese Abwendung von dem Gebiete seines jungen Ruhms mit seltener Vollständigkeit vollzogen: keine Publikation mehr[24], und nur

---

[20](Hilbert 1933, 184–191); *Nachrichten der Königlichen Gesellschaft der Wissenschaften zu Göttingen. Math.-phys. Klasse*, 1889: 25–34.

[21](Hilbert 1933, 192–198); *Nachrichten der Königlichen Gesellschaft der Wissenschaften zu Göttingen. Math.-phys. Klasse*, 1889: 423–430.

[22]Der Beweis ist ein Musterbeispiel für eine „transfinite" Schlussweise und hat Hilbert starke Anregung zu seinen späteren logisch-mathematischen Untersuchungen gegeben.

[23](Hilbert 1933, 287–344); *Mathematische Annalen*, 42 (1893): 313–373.

[24]Die späte Gelegenheitsschrift (Hilbert 1933, 390–392) ist die Ausnahme, die die Regel bestätigt. Siehe auch *Mathematische Abhandlungen Hermann Amandus zu seinem fünfzigsten Doktorjubiläum am 6. August 1914 gewidmet von Freunden und Schülern*, Berlin: Julius Springer

noch drei Vorlesungen, mit deren letzter er 1929 bis 1930 vor der Emeritierung seinen Abschied vom Lehramt nahm.

Das Jahr 1892 ist also ein Grenzstein in Hilberts wissenschaftlicher Laufbahn, zugleich aber auch in seinen äußeren Verhältnissen. Infolge von Kroneckers Tod und Weierstraß' Rücktritt vom Lehramt wurde Ostern 1892 eine größere Zahl von Berufungen notwendig. In deren Verlauf erhielt Hurwitz die ordentliche Professur am Eidgenössischen Polytechnikum in Zürich, und zu seinem Nachfolger auf dem Königsberger Extraordinariat wurde Hilbert von der Fakultät einstimmig und alleinig vorgeschlagen und von dem Ministerium sofort ernannt. Fast 6 Jahre war er Privatdozent gewesen, eine Zeit, die ihm wohl recht lang geworden ist. Aber schon im Herbst 1893 gab es eine neue Veränderung. Lindemann ging als Nachfolger L. v. Seidels nach München, die Berufungsliste für das freigewordene Königsberger Ordinariat führte Hilbert neben den viel älteren Brill, Krause, Voß auf. Die Entscheidung zu Hilberts Gunsten traf der Ministerialrat, spätere Ministerialdirektor, Friedrich Althoff im Preußischen Kultusministerium, der auch Hilbert gegenüber seine bewunderte Menschenkenntnis bewährte. Nicht nur übertrug er ihm das Ordinariat unter günstigen Bedingungen, sondern er forderte ihn außerdem zur Äußerung über seinen Nachfolger im Extraordinariat auf. Damals zeigte Hilbert zum erstenmal seine Fähigkeit, die er nur bei entscheidenden Gelegenheiten gebrauchte, zu geschickter und energischer akademischer Diplomatie. Es gelang ihm, trotz einiger verwickelter Personalfragen, Minkowski Ostern 1894 als Extraordinarius nach Königsberg zu ziehen. Hier konnten die beiden noch ein Jahr zusammenarbeiten, bis Ostern 1895 Hilbert nach Göttingen übersiedelte. Darüber soll aber erst später berichtet werden.

Noch ein weiteres Ereignis brachte ihm das Jahr 1892. Im Vorjahre hatte er sich mit Käthe Jerosch, einer der Hilbertschen Familie befreundeten Königsberger Kaufmannstochter, verlobt, im Oktober 1892 heiratete er. Es ist in den Lebensbeschreibungen bedeutender Männer üblich, ihrer Lebensgefährtinnen mit wenigen freundlichen Worten zu gedenken. Frau Käthe Hilbert aber soll gerühmt werden, wie es ihr gebührt, und etwas Scherz soll dabei sein, damit sie es freundlich aufnimmt. Sie ist ein ganzer Mensch, kräftig und klar. In den glänzenden Zeiten des Hilbertschen Hauses in Göttingen stand sie ebenbürtig neben ihrem Mann, gütig und kritisch, immer originell, die Mutter und Meisterin der vielen jungen Mathematiker, die in dieses weit offene Haus kamen, um von ihm Wissenschaft, Tatkraft und manche Weisheit, von ihr kluge Lebensfreude und Menschenkenntnis, von beiden das Gefühl liebevoller Teilnahme mit hinauszunehmen. Sie ist die verständnisvolle, herzhafte Betreuerin ihres Mannes und Sohnes. Viele Manuskripte Hilberts sind in ihren hohen festen Buchstaben geschrieben. Sie kannte uns alle genau, beurteilte uns temperamentvoll und wusste uns mit unseren Eigenheiten zu nehmen. Folgende Geschichte möge das Bild heiter beschließen: Als einst zur Feier eines Hilbertschen Geburtstages ein „Liebesalphabet" gedichtet wurde – Hilberts

---

1914, S. 448–451.

damalige „Lieben", zu jedem Buchstaben ein Vorname – und den Dichtern kein „K" einfiel, da sagte sie in ihrem bestimmtesten Königsberger Tonfall: „Na, nun könnten Sie doch auch einmal an mich denken."Worauf der Vers entstand: „Gott sei Dank, nicht so genau Nimmt es Käthe, seine Frau."

In wissenschaftlicher Hinsicht gehören die Königsberger Professorenjahre und die ersten Göttinger Jahre der Zahlentheorie. Begonnen wird dieses Gebiet durch die Vereinfachung der Hermite-Lindemannschen Beweise der Transzendenz von e und π (Winter 1892 bis 1893)[25], dann wendet sich das Interesse ganz der Zahlkörpertheorie zu. Schon lange, wahrscheinlich schon seit der Studentenzeit, fühlte sich Hilbert zu diesem „Bauwerk von wunderbarer Schönheit und Harmonie" hingezogen, in dem „eine Fülle der kostbarsten Schätze noch verborgen liegt, winkend als reicher Lohn dem Forscher, der den Wert solcher Schätze kennt und die Kunst, sie zu gewinnen, mit Liebe betreibt". Auch reizte ihn der Gegensatz zwischen den einfachen Einsichten und den „monströsen Beweisen". Auf den Spaziergängen mit Hurwitz wurden Kroneckers und Dedekinds Arbeiten eingehend besprochen. Hilbert erzählte später drastisch: „Einer nahm den Kroneckerschen Beweis für die eindeutige Zerlegung in Primideale vor, der andere den Dedekindschen, und beide fanden wir scheußlich."Es ist oben gezeigt worden, dass die abschließende Arbeit über die „Vollen Invariantensysteme" völlig vom Geiste der Körpertheorie durchdrungen ist. Nach ihrem Abschluss begann Hilbert zunächst intensive Literaturstudien. In den Briefen an Minkowski erwähnt er namentlich die Dedekindsche Arbeit über die Diskriminante, die „ein großer Genuss" für ihn ist, und die Arbeiten von Kummer über die Reziprozitätsgesetze. Seine eigene Veröffentlichung begann mit einem Vortrag „Zwei neue Beweise für die Zerlegbarkeit der Zahlen eines Körpers in Primideale"[26], gehalten im September 1893 auf der Münchener Versammlung der Deutschen Mathematiker-Vereinigung. Es war die erste Frucht der Spaziergänge mit Hurwitz. Die zweite war Hurwitz' ein Jahr später veröffentlichter Beweis desselben Satzes, dem Hilbert in dem „Zahlbericht" den Vorzug gegeben hat. Noch auf der Versammlung in München beschließt die Mathematiker-Vereinigung: „Es werden die Herren Hilbert und Minkowski ersucht, in zwei Jahren ein Referat über Zahlentheorie zu erstatten", ein merkwürdiges Zeichen dafür, dass Hilbert bereits als Autorität galt auf einem Gebiet, über das er eben erst zu publizieren anfing. Minkowski, durch seine „Geometrie der Zahlen" in Anspruch genommen, trat später zurück, und so erschien im Jahresbericht für 1896 an Stelle des Referates über Zahlentheorie Hilberts monumentaler Bericht „Die Theorie der algebraischen Zahlkörper"[27], dessen Einleitung vom 10. April 1897 datiert ist. Für den Inhalt des Berichtes sei auf Hasses Referat[28] verwiesen. Wieviel eigene Ergebnisse und eigene Wendungen der Bericht enthält, zeigt sich deutlich in den

---

[25] (Hilbert 1932, 1–4); *Mathematische Annalen*, 43 (1893): 216–219.
[26] (Hilbert 1932, 5); *Jahresbericht der Deutschen Mathematiker-Vereinigung*, 3 (1894): 59.
[27] (Hilbert 1932, 63–363); Hilbert (1897).
[28] (Hilbert 1932, 528–535).

ungezählten Briefen Hilberts an Minkowski, der die Korrekturen liest und in seiner kritischen Art kommentiert. Diese erste zusammenfassende Darstellung der Zahlkörpertheorie hat eine gewaltige Wirkung auf die weitere Entwicklung dieses Gebietes gehabt. Hilbert wollte es aber noch populärer machen und hat deshalb im Anschluss an eine Vorlesung vom Wintersemester 1897 bis 1898 den damaligen Göttinger Privatdozenten J. Sommer zur Abfassung seines bekannten Lehrbuches „Vorlesungen über Zahlentheorie" angeregt, in dem die allgemeine Theorie an dem Beispiel des quadratischen Zahlkörpers erläutert wird.[29]

Während der Arbeit an dem Zahlbericht hat Hilbert die Verfolgung seiner eigenen Pläne zurückgestellt. Sie betreffen die Reziprozitätsgesetze in einem beliebigen Zahlkörper und zielen darüber hinaus auf die vollständige Erforschung der Abelschen Relativkörper über solchen Körpern. Hier geht Hilbert völlig anders vor als bei den Invarianten, wo er die begehrte Stellung mit stürmender Hand genommen hat. Hier geht er vorsichtig vom speziellen zum allgemeinen, erprobt erst seine Methoden an dem Dirichletschen biquadratischen Zahlkörper[30], gibt dann den bereits bekannten Gesetzen des quadratischen und Kummerschen Zahlkörpers ihre definitive Gestalt[31] und behandelt schließlich umfassend die neue Theorie des relativquadratischen Zahlkörpers[32], wobei er sich aber auch noch für die Diskussion der Einzelergebnisse auf den Fall eines mit allen Konjugierten komplexen Grundkörpers ungerader Klassenzahl beschränkt. Aus diesen Sonderfällen aber abstrahiert er mit großer Intuition die allgemeine Theorie der realativ-Abelschen Körper, die er auf den in den Mittelpunkt gestellten Begriff des Klassenkörpers stützt; insbesondere gelangt er so zum allgemeinsten Reziprozitätsgesetz in einem beliebigen Grundkörper, das er mit Hilfe des von ihm erfundenen Normenrestsymbols in einheitlicher Form ausspricht[33]. Er selbst hat diese Erkenntnis noch nicht allgemein bewiesen, aus Hasses Referat ist aber zu ersehen, dass seine Voraussicht – allerdings nach langer Arbeit vieler Forscher – in allen Punkten sich bestätigt hat. Einen ersten Erfolg hat er noch selbst angeregt: er hat als Preisaufgabe der Gesellschaft der Wissenschaften zu Göttingen für das Jahr 1901 die Preisaufgabe gestellt: „Es soll für einen beliebigen Zahlkörper das Reziprozitätsgesetz der l-ten Potenzreste entwickelt werden, wenn l eine ungerade Primzahl bedeutet". Die Aufgabe wurde in einer seine Erwartungen übertreffenden Vollständigkeit durch Philipp Furtwängler gelöst, der von Klein in die Zahlentheorie eingeführt worden war und sich in die Hilbertsche Theorie selbständig eingearbeitet hatte.

Es sind hier noch Untersuchungen zu erwähnen, die Hilbert selbst nicht veröffentlicht, über die er aber eingehende Aufzeichnungen gemacht hat. Es handelt sich um die Konstruktion relativ-Abelscher Körper auf transzendentem Wege, in derselben Weise wie die sämtlichen relativ-Abelschen Körper über dem rationalen

---

[29]Zu erwähnen sind auch Hilberts zwei Enzyklopädieartikel IC4a und IC4b.

[30](Hilbert 1932, 24–52); *Mathematische Annalen*, 45 (1894): 309–340.

[31]Zahlbericht 3. und 5. Teil; Hilbert (1897).

[32](Hilbert 1932, 364–482); *Jahresbericht der Deutschen Mathematiker-Vereinigung*, 6 (1899): 88–94; *Mathematische Annalen*, 51 (1899): 1–127.

[33](Hilbert 1932, 483–509); *Acta Mathematica*, 26 (1902): 99–132.

Zahlkörper durch Adjunktion der Werte der Exponentalfunktion $e^{i\pi x}$ für rationale Werte des Arguments gewonnen werden können. Den Beweis des von Kronecker vermuteten und von Hilbert[34] abermals ausgesprochenen Satzes, „dass die Abelschen Gleichungen im Bereiche eines quadratischen imaginären Körpers durch die Transformationsgleichungen elliptischer Funktionen mit singulären Modulen erschöpft werden", hat R. Fueter in seiner von Hilbert angeregten Dissertation, Der Klassenkörper der quadratischen Körper und die komplexe Multiplikation, begonnen und dann selbständig vollendet. Hilberts Aufzeichnungen beschäftigen sich mit dem Fall eines quadratischen imaginären Oberkörpers eines mit seinen sämtlichen Konjugierten reellen Körpers und ziehen Modulfunktionen in mehreren Veränderlichen heran. Diese Aufzeichnungen durfte O. Blumenthal[35] zu seiner Habilitationsschrift benutzen. Die Durchführung der Gedanken für den Fall eines reellen quadratischen Grundkörpers bildet das Thema von E. Heckes Dissertation und Habilitationsschrift.[36]

Nach 1899 hat Hilbert nichts mehr über Zahlkörper geschrieben.[37]

Nachdem im vorstehenden die mathematische Arbeit der ersten Göttinger Zeit vorweggenommen ist, sollen jetzt die äußeren Verhältnisse dieser Jahre zusammenhängend betrachtet werden. Die Berufung nach Göttingen erfolgte zu Ostern 1895 infolge des Weggangs von Hilberts früherem Lehrer Heinrich Weber nach Straßburg. Sie war F. Kleins Werk, der mir später darüber sagte: „Meine Kollegen haben mir damals vorgeworfen, ich wolle mir einen bequemen jungen Kollegen berufen. Ich habe aber geantwortet: Ich berufe mir den allerunbequemsten." Ich erinnere mich noch genau des ungewohnten Eindrucks, den mir – zweitem Semester – dieser mittelgroße, bewegliche, ganz unprofessoral aussehende, unscheinbar gekleidete Mann mit dem breiten rötlichen Bart machte, der so seltsam abstach gegen Heinrich Webers ehrwürdige, gebeugte Gestalt und Kleins gebietende Erscheinung mit dem strahlenden Blick. Erst als älterer Student bin ich mit Hilbert in nähere Berührung gekommen, zuerst in dem funktionentheoretischen Seminar, das er gemeinsam mit Klein abhielt, dann in der Mathematischen Gesellschaft, zu der neben den Dozenten auch die fortgeschrittenen Studierenden auf besondere Einladung Zutritt haben, spät erst in Vorlesungen. Hilberts Vorlesungen waren schmucklos. Streng sachlich, mit einer Neigung zur Wiederholung wichtiger Sätze, auch wohl stockend trug er vor, aber der reiche Inhalt und die einfache Klarheit der Darstellung ließen die Form vergessen. Er brachte viel Neues und Eigenes, ohne es hervorzuheben. Er bemühte sich sichtlich, allen verständlich zu sein, er las für die Studenten, nicht für sich.[38] Sein Verhalten im Seminar ist legendär ge-

---

[34](Hilbert 1932, 369); *Jahresbericht der Deutschen Mathematiker-Vereinigung*, 6 (1899): 94.

[35]*Mathematische Annalen*, 56 (1903): 509–548; *Jahresbericht der Deutschen Mathematiker-Vereinigung*, 13 (1904): 120–132.

[36]Zur Theorie der Modulfunktionen von zwei Variablen und ihrer Anwendung auf die Zahlentheorie, *Mathematische Annalen*, 71 (1912): 1–37; 74 (1913): 465–510.

[37]Neun Hilbertsche Dissertationen behandeln zahlentheoretische Fragen.

[38]Von den meisten Vorlesungen ließ Hilbert nach Kleinschem Vorbild durch Assistenten Aus-

worden: sehr aufmerksam, im allgemeinen mild, für gute Leistungen gern anerkennend, konnte er grober Verständnislosigkeit der Vortragenden gegenüber plötzlich die Geduld verlieren und in origineller Weise ungewollt scharfe Kritiken abgeben. Um mit seinen Seminarleuten genau bekannt zu werden, führte er sie eine Zeit lang nach jedem Seminar in großen Scharen in eine Waldwirtschaft, wo Mathematik gesprochen wurde. Aus den Seminarteilnehmern sonderte sich allmählich eine Auslese ab, aus der die Doktoranden hervorgingen. Was diese Hilbert an tiefer Anregung und persönlichem Wohlwollen verdanken, werden sie nie vergessen. Ein ausdauernder Fußgänger, machte er mit ihnen allwöchentlich weite Spaziergänge in die Berge Göttingens: da konnte jeder seine Fragen stellen, meist aber sprach Hilbert selbst über seine Arbeiten, die ihn gerade beschäftigten. Da haben wir einen tiefen Einblick in seine Arbeitsweise bekommen, und wenn wir auch nicht alles verstanden, haben wir um so mehr gelernt, was Denken und Arbeiten heißt, ein lebensfreudiges und lebensnotwendiges Arbeiten. Geistige Verbindung mit den Jungen war Hilbert sein ganzes Leben durch ein Bedürfnis. In einem Brief an Minkowski schreibt er von seinen „drei Wunderkindern", Studenten meiner Generation, die mit ungewöhnlich reichen Kenntnissen auf die Universität gekommen waren. Welches Heimatgefühl hatten die jungen Privatdozenten bei ihm und Frau Käthe! Wir sprachen mit ihm von Gleich zu Gleich, obwohl er immer der Gebende war. Nicht nur an unseren wissenschaftlichen Arbeiten, auch an unserem Unterricht nahm er tätigen Anteil: als einst E. Zermelo und ich elementare mathematische Übungen einer damals noch ungebräuchlichen Art einführen wollten, nahmen er und Minkowski regelmäßig daran teil, um unserem Versuche Gewicht zu verleihen.

Zu Klein bestand seit langem eine engere wissenschaftliche Beziehung. Sie äußert sich namentlich darin, dass Hilbert seit 1888 die vorbereitenden Noten seiner großen Arbeiten an Klein schickt, der sie der Göttinger Gesellschaft der Wissenschaften für die Göttinger Nachrichten vorlegt. Auch ist eine geometrische Arbeit von 1894 (s.u.) in der Form eines an Klein gerichteten Briefes abgefasst. Es hat sich aber zufällig gefügt, dass ungefähr gleichzeitig mit Hilberts Berufung Klein seine rein-mathematische Tätigkeit aufgab und sich zuerst seinen Bestrebungen um Verbindung der Mathematik mit den Ingenieurwissenschaften, dann seinen pädagogischen Zielen zuwandte. Infolgedessen fühlte sich Hilbert in den ersten Göttinger Jahren etwas vereinsamt. Eine charakteristische Aufzeichnung stammt wohl aus dieser Zeit: „Mathematik ist eine vornehme Dame, die bei den Nachbarn nicht betteln soll und sich ihnen nicht aufdrängen soll, die aber ihre Protektion gern zuwendet solchen, die derselben würdig sind." Später kamen Klein und Hilbert sich näher, nicht zum mindesten wohl deshalb, weil Hilberts Vielseitigkeit seine Gabe zur Verbindung entfernter Gebiete immer überraschender hervortrat. Das war die Fähigkeit, die Klein am höchsten schätzte, während andererseits Kleins Leichtigkeit, neue Gedanken in die Fälle seines Wissens ordnend aufzunehmen und mit einer persönlichen Note zu versehen, Hilbert anzog.

---

arbeitungen anfertigen. Ein Teil ist in der Bibliothek des Göttinger Mathematischen Instituts aufgestellt (Hilbert 1935, 430).

Ein weiteres Feld der Zusammenarbeit beider ergab sich bei den „Mathematischen Annalen", in deren Hauptredaktion Hilbert 1902, mit dem 55. Band, aufgenommen wurde. Er war seit seinen frühesten Veröffentlichungen ein treuer Freund dieser Zeitschrift gewesen und hatte fast alle seine großen, zusammenfassenden Arbeiten in ihr veröffentlicht. Seine Teilnahme an der Redaktion verschaffte der Zeitschrift die Mitarbeiterschaft nicht nur der Göttinger Schule im engeren Sinne, sondern all der vielen in- und ausländischen Mathematiker, die seine Probleme bearbeiteten oder durch seinen großen Namen angezogen wurden. So hat er den durch Klein begründeten internationalen Ruf der Annalen aufrechterhalten und neu gegründet. Auch er selbst hat weiter den größten Teil seiner Abhandlungen in den Annalen erscheinen lassen, die anderen erschienen hauptsächlich in den Nachrichten der Gesellschaft der Wissenschaften zu Göttingen, deren Mitglied er kurz nach Übernahme der Göttinger Professur (22. Juni 1895) geworden war. Seit Kleins Rücktritt von den Annalengeschäften nimmt er dessen Stellung als Haupt der Reduktion ein. – In geschäftlicher und organisatorischer Hinsicht beließ Hilbert gern Klein die gewohnte und bewährte Führung. Überhaupt liegen ihm Geschäfte wenig und er zieht sich davon zurück. So ist er niemals Rektor oder Dekan gewesen. Nur in wenigen Fällen, wo er Unrecht oder schwere Fehler sah, griff er ein und setzte hart seinen Willen durch. Klein und Hilbert waren sehr verschiedene Menschen, aber sie waren einander wert, und sie wussten es.[39]

Eine Berufung nach Leipzig auf den durch S. Lies Weggang erledigten Lehrstuhl lehnte Hilbert 1898 ohne Schwanken ab.

Die beiden bisher von Hilbert fast ausschließlich bearbeiteten mathematischen Gebiete, Zahlentheorie und Algebra, sind hinsichtlich ihrer Grundlagen besonders einfach, denn man arbeitet nur in einem endlichen oder abzählbar unendlichen Bereich. Die Schwierigkeiten des Unendlichen, die sich bei der Behandlung des Kontinuums ergeben hatten, treten noch nicht auf. Mit dem Jahre 1898 beginnt eine neue, noch heute andauernde Periode in Hilberts Tätigkeit, gekennzeichnet durch die Auseinandersetzung mit dem Unendlichen.

Für den Winter 1898 bis 1899 hatte Hilbert eine Vorlesung über „Elemente der Euklidischen Geometrie" angekündigt. Das erregte bei den Studenten Verwunderung, denn auch wir älteren, Teilnehmer an den „Zahlkörperspaziergängen", hatten nie gemerkt, dass Hilbert sich mit geometrischen Fragen beschäftigte: er sprach uns nur von Zahlkörpern. Staunen und Bewunderung aber erwachten, als die Vorlesung begann und einen völlig neuartigen Inhalt entwickelte. Eine vorzügliche autographierte Ausarbeitung, hergestellt von dem früh verstorbenen H. v. Schaper, Hilberts erstem Assistenten, ist noch heute eine empfehlenswerte Einführung in die Axiomatik der Geometrie, denn sie enthält manche Motivierungen und Beispiele, die in der klassisch gefeilten Darstellung des späteren Buches weggefallen sind. Dieses, „Grundlagen der Geometrie" betitelt, erschien 1899 als Festschrift zur

---

[39] Das in meinem Besitz befindliche Geschenkexemplar seiner Integralgleichungen widmet Hilbert „s. l. Kollegen Felix Klein in Freundschaft".

Enthüllung des Göttinger Gauß-Weber-Denkmals und hat seitdem, durch Anhänge bereichert und in Einzelheiten verbessert, sieben Auflagen erlebt. Es hat seinen bis dahin nur in Fachkreisen gewürdigten Verfasser den Weltruf eingetragen. Es ist lohnend, dem Grund dieses Erfolges und der Entwicklung von Hilberts Ideen nachzuspüren.

Diese Entwicklung scheint schon sehr früh eingesetzt zu haben. Sicher wissen wir erst, dass ein starker Anstoß von einem Vortrag ausging, den H. Wiener 1891 auf der Naturforscher-Versammlung in Halle über „Grundlagen und Aufbau der Geometrie" hielt[40]. In diesem Vortrag stellt Wiener mit völliger Klarheit die Forderung auf, dass man die für die Punkte und Geraden der Ebene und die Operationen des Verbindens und Schneidens geltenden Tatsachen aus solchen Grundsätzen müsse ableiten können, deren Aussagen nur diese Elemente und Operationen enthalten, so dass „man aus diesen eine abstrakte Wissenschaft aufbauen kann, die von den Axiomen der Geometrie unabhängig ist". Als ein vollständiges System solcher Grundsätze findet Wiener den Desargues und den speziellen Pascal (Pappus) und macht auch einige Angaben über das gegenseitige Verhältnis der beiden Sätze. Diese Ausführungen packten Hilbert, der im vorhergehenden Semester Projektive Geometrie gelesen hatte, so, dass er gleich auf der Rückreise den Fragen nachging. In einem Berliner Wartesaal diskutierte er mit zwei Geometern (wenn ich nicht irre, A. Schoenflies und E. Kötter) über die Axiomatik der Geometrie und gab seiner Auffassung das ihm eigentümliche scharfe Gepräge durch den Ausspruch: „Man muss jederzeit an Stelle von ‚Punkte, Geraden, Ebenen' ‚Tische, Stühle, Bierseidel' sagen können." Seine Einstellung, dass das anschauliche Substrat der geometrischen Begriffe mathematisch belanglos sei und nur ihre Verknüpfung durch die Axiome in Betracht komme, war also damals bereits fertig. Im April 1893 schreibt er an Minkowski: „Ich habe mich jetzt in die Nichteuklidische Geometrie hineingearbeitet, da ich im nächsten Semester darüber zu lesen gedenke." Die Vorlesung ist im Sommer1894 gehalten worden. Ihre Frucht ist der (schon oben erwähnte) Brief an Klein „Über die gerade Linie als kürzeste Verbindung zweier Punkte"[41], in dem, wohl unter dem Einfluss Minkowskischer Ideen, Geometrien betrachtet werden, deren Punkte das Innere eines konvexen Körpers erfüllen (so wie in Kleins Realisierung der Lobatschefskyschen Geometrie das Innere einer Kugel), und gezeigt wird, dass bei Definition der Entfernung durch den Logarithmus des Doppelverhältnisses mit den unendlich fernen Punkten die Dreiecksgleichung gilt. Historisch von Bedeutung ist, dass in dieser Arbeit die Axiome der Verknüpfung und Anordnung und das Archimedische Axiom vorangestellt werden, und zwar im wesentlichen in derselben Formulierung wie in den „Grundlagen", die Anordnungsaxiome unter ausdrücklicher Berufung auf M. Pasch.

Die „Grundlagen" verdanken ihren gewaltigen Erfolg zweifellos in erster Linie ihrer philosophischen Richtung, der radikalen Abstraktion von der Anschauung und ihrem Ersatz durch logische Verknüpfungen. Sie kommt schon zum Ausdruck

---

[40] *Jahresbericht der Deutschen Mathematiker-Vereinigung*, 1 (1892): 45–48.
[41] *Grundlagen der Geometrie*, 7. Aufl., Leipzig und Berlin: Teubner, 1930; (Hilbert 1930, Anhang I); *Mathematische Annalen*, 46 (1895): 91–96.

in dem vorangestellten Kantschen Motto, das die Stufenfolge „Anschauungen, Begriffe, Ideen" herausstellt, sie wird in der Schaperschen Ausarbeitung der Vorlesung „Elemente" ausdrücklich ausgesprochen: „die Axiome selbst genau zu untersuchen, ihre gegenseitigen Beziehungen zu erforschen, ihre Anzahl möglichst zu
vermindern." Es ist für uns heute schwer, uns vorzustellen, welche Neuheit diese
Auffassung damals bedeutete, denn uns ist der Gesichtspunkt selbstverständlich
geworden. Aber man lese Euklid oder, was uns näher liegt, Pasch. Paschs Ziel
ist, aus der Anschauung diejenigen „Grundsätze" (später sagt er „Kernsätze") her-
auszuschälen und zu formulieren, die zu einem logischen Aufbau der Geometrie
hinreichen. Die Frage, ob diese „Grundsätze" miteinander verträglich sind, wird
nicht gestellt: dafür bürgt die Anschauung. Ebenso wenig wird die Frage der gegenseitigen Abhängigkeit untersucht. Gewiss waren Unabhängigkeitsbeweise durch
Gegenbeispiele in dem Streit um das Parallelenaxiom schon früher geführt worden,
aber nicht erkannt oder mindestens nicht betont, war die nackte Banalität, dass
es sich um ein logisches Gegenbeispiel handele, das mit der Anschauung nichts zu
tun habe. Dadurch wirkte Hilberts Werk revolutionär.

Ich kann den Eindruck nicht besser schildern als durch den damaligen unmuti-
gen Ausruf eines tüchtigen Mathematikers: „Da nennt man gleich, was nicht gleich
ist!". Den Sieg der neuen Auffassung entschied die breite Anlage, die Vielseitigkeit
der Untersuchung. Die an mannigfachsten Fragen wiederholten Beweise für Ab-
leitbarkeit oder Unabhängigkeit verschiedener Satzgruppen voneinander zeigten
geheimnisvolle Zusammenhänge zwischen Axiomen, die anscheinend miteinander
nichts zu tun hatten. Man denke an die Ersetzbarkeit der räumlichen Axiome durch
die Kongruenzaxiome beim Beweis des Desargues oder an die Ersetzbarkeit der
Kongruenzaxiome durch das Archimedische Axiom beim Beweis des Pascal. Dazu
kam die mit größter Kunst durchgeführte Arithmetisierung, deren berühmtestes
Beispiel die Desarguessche Streckenrechnung ist.

In den folgenden geometrischen Veröffentlichungen Hilberts verdichtet sich
das Interesse auf zwei Fragen: Die Bedeutung der Stetigkeit und die der räumlichen
Axiome. An erster Stelle erwähne ich die Arbeit[42], in der nach einem Gedanken
von S. Lie die ebene Geometrie allein auf der Gruppeneigenschaft der Bewegungen und weitestgehenden Stetigkeitsanforderungen aufgebaut wird, so dass alle
übrigen Axiome aus diesen wenigen Voraussetzungen folgen. Die Untersuchung ist
auch dadurch bedeutsam, dass in ihr zum ersten Male die Methoden der Punktmengenlehre entscheidend verwandt wurden. An diese Abhandlung knüpft sich
in meiner Erinnerung ein kleines Erlebnis, das höchst bezeichnend für Hilberts
Arbeitsweise ist. Als ich ihn auf einem Spaziergang nach dem Fortschritt der Lie-
Arbeit fragte, sagte er halb lachend: „Ich bin in Not. Ich sehe auf einmal, dass ich
die Ergebnisse meiner 'Grundlagen' nicht anwenden kann, weil es in der Lieschen
Geometrie keine Klappung gibt."[43] Diese Not rief die feine Untersuchung „über den
Satz von der Gleichheit der Basiswinkel im gleichschenkligen Dreieck"[44] hervor,

---

[42](Hilbert 1930, Anhang IV); *Mathematische Annalen,* 56 (1903): 381–422.

[43]Vgl. §41 und 42 in (Hilbert 1930, Anhang IV).

[44]*Proceedings of the London Mathematical Society,* 35 (1903): 50–68; Anhang II der 2. bis 6.

in der das Verhältnis von Klappung und Stetigkeit mit vollendeter Gründlichkeit geklärt wird.[45] In die Forschungen über die Bedeutung der Stetigkeitsaxiome gehört als wichtiges Glied auch M. Dehns Dissertation „Die Legendreschen Sätze über die Winkelsumme im Dreieck". Hinsichtlich der räumlichen Axiome war noch die Stellung des Parallelenaxioms zu klären, das in den „Grundlagen" bei diesen Betrachtungen wesentlich gebraucht wird. Dazu diente die Arbeit „Neue Begründung der Bolyai-Lobatschefskyschen Geometrie"[46], die allerdings noch nicht das abschließende Ergebnis bringt. Dieses hat erst vier Jahre später J. Hjelmslev erreicht.[47]

Den Untersuchungen über die Axiome der Geometrie ist schließlich auch zuzurechnen die Aufstellung der Axiome der Arithmetik in dem Vortrag „Über den Zahlbegriff"[48], denn Hilbert stellt bekanntlich als erster die Frage nach der Widerspruchsfreiheit der geometrischen Axiome und beantwortet sie durch Zurückführung auf die Gesetze der Zahlen, deren Widerspruchslosigkeit der Anschauung entnommen wird.

Im ganzen hat die Arbeit an der Geometrie bis in das Jahr 1902 angedauert. Auch verschiedene in jenen Jahren entstandene flächentheoretische Untersuchungen, die sich mit dem Verhalten gewisser Flächenklassen im Großen befassen, müssen in diesen Zusammenhang eingeordnet werden.[49]

Mit dem Erscheinen der „Grundlagen" beginnt die äußerlich glanzvollste Zeit von Hilberts Leben. Den Auftakt bildet 1900 der Internationale Mathematiker-Kongress in Paris, an dem Hilbert als Vorsitzender der Deutschen-Mathematiker-Vereinigung teilnahm und seinen tief wirkenden Vortrag „Mathematische Probleme"[50] hielt. Diese 23 Probleme haben den Mathematikern bis zur jüngsten Generation reiche Anregung gegeben, viele konnten gelöst werden, einige sind noch heute ungelöst, zu fast allen sind wenigstens Ansätze und Teillösungen vorhanden. Die kleinere Hälfte steht in engerem Zusammenhang mit Hilberts früheren Arbeiten, ein Teil der übrigen bildet sein eigenes Programm für die Zukunft: die Axiomatik der Arithmetik und Physik und die Probleme aus der Variationsrechnung, die zu bearbeiten er gerade begonnen hatte. Ganz wenige sind dem allgemeinen Besitzstand der Mathematik oder dem Problemkreis anderer Forscher entnommen.

Aufl. von Hilbert (1899).

[45]Siehe übrigens die Neubearbeitung durch A. Schmidt in (Hilbert 1930, Anhang II).

[46](Hilbert 1930, Anhang III); *Mathematische Annalen*, 57 (1903): 137–150.

[47]Vgl. A. Schmidt in (Hilbert 1933, 410).

[48](Hilbert 1930, Anhang VI); *Jahresbericht der Deutschen Mathematiker-Vereinigung*, 8 (1900): 180–184.

[49](Hilbert 1930, Anhang VII); *Transactions of the American Mathematical Society*, 2 (1901): 87–99; Dissertationen von Werner Boy („Über das singularitätenfreie ganz im Endlichen gelegene Bild der projektiven Ebene") und Otto Zoll („Über Flächen mit lauter geschlossenen geodätischen Linien"). Siehe auch die spätere Dissertation, Paul Funk, „Über Flächen mit lauter geschlossenen geodätischen Linien". Insgesamt wurden 10 Dissertationen geometrischen Inhaltes bei Hilbert angefertigt.

[50](Hilbert 1935, 290–328); *Archiv für Mathematik und Physik*, 3. Reihe, 1 (1900): 44–63, 213–237.

Als Beispiel einer durch eine flüchtige äußere Anregung entstandenen tiefen Fragestellung erwähne ich Problem 13: Unmöglichkeit der Lösung der allgemeinen Gleichung 7. Grades durch eine endliche Anzahl Einschachtelungen von Funktionen von nur 2 Argumenten.[51] Wichtiger als die Einzelheiten der Probleme ist für uns das Thema als ganzes und die Form der Behandlung. Denn in der Wahl dieses Themas zeigt sich der ganze Hilbert. Für ihn sind wohlbestimmte große Probleme eine Lebensnotwendigkeit. Er braucht sie zur Auslösung und Steuerung seiner außergewöhnlichen Denkkräfte. Daher der zögernde Beginn seiner wissenschaftlichen Tätigkeit, daher das jähe Abbrechen einer Klimax von Untersuchungen gerade am Höhepunkt. Die Form ist künstlerisch gefeilt, die Sprache gehoben, sie schmückt sich durch Bilder aus Hilberts Lieblingsbeschäftigung in den Stunden seiner Erholung. „Ein neues Problem, zumal wenn es aus der äußeren Erscheinungswelt stammt, ist wie ein junges Reis, welches nur gedeiht und Früchte trägt, wenn es auf den alten Stamm, den sicheren Besitzstand unseres mathematischen Wissens, sorgfältig und nach den strengen Kunstregeln des Gärtners aufgepfropft wird." Die Grundströmung ist eine unbedingte, frohe Bejahung einer großen Zukunft der Mathematik; entgegenstehende Befürchtungen werden widerlegt. Mit Hilfe der Axiomatik ist völlige Strenge in allen Gebieten mathematischer Betätigung, nicht nur in der Analysis oder gar nur in der Arithmetik, zu erreichen, Strenge ist keine Feindin der Einfachheit, „das Streben nach Strenge zwingt uns zur Auffindung einfacherer Schlussweisen; auch bahnt es uns häufig den Weg zu Methoden, die entwicklungsfähiger sind als die alten Methoden", diese Vereinfachung hat dann außerdem den glücklichen Erfolg, dass der Mathematiker weniger von der Gefahr der Zersplitterung bedroht ist als andere Wissenschaftler, „dass es dem einzelnen Forscher, indem er sich die schärferen Hilfsmittel und einfacheren Methoden zu eigen macht, leichter gelingt, sich in den verschiedenen Wissenszweigen der Mathematik zu orientieren, als dies für irgendeine andere Wissenschaft der Fall ist". In allen diesen Äußerungen sehen wir Zeichen einer eigenen glücklichen Erfahrung. Darüber steht aber das höchste: „die Überzeugung, die jeder Mathematiker gewiss teilt, die aber bis jetzt wenigstens niemand durch Beweise gestützt hat, dass jedes bestimmte mathematische Problem einer strengen Erledigung notwendig fähig sein müsse. ... Diese überzeugung ist uns ein kräftiger Ansporn während der Arbeit; wir hören in uns den steten Zuruf: Da ist das Problem, suche die Lösung. Du kannst sie durch reines Denken finden; denn in der Mathematik gibt es kein Ignorabimus!" Dieser vielzitierte Ausspruch musste hier wiederholt werden, denn ohne ihn bleibt Hilberts Bild unvollständig.

Wir verfolgen Hilberts äußeren Lebensgang sofort zusammenhängend weiter. Das Jahr 1902 brachte darin das bedeutsamste Ereignis. Im Sommer 1902 wurde Hilbert die Nachfolge L. Fuchs' an der Berliner Universität angetragen. Er war lan-

---

[51]Merkwürdige Ergebnisse, die mit diesem Problem zusammenhängen, enthält die späte Gelegenheitsschrift (Hilbert 1933, 393–400); *Mathematische Annalen*, 97 (1927) (Riemannheft): 243–250.

ge gänzlich unschlüssig, aber dann fasste er einen wirklich großartigen Plan, dessen erfolgreiche Durchführung eine starke Probe für das Gewicht seiner Meinung bei der Unterrichtsverwaltung war. Er überzeugte den Ministerialdirektor Althoff von der Notwendigkeit, in Göttingen, neben Berlin, eine Zentrale für Mathematik zu errichten, und wies ihm das Mittel dazu in der Berufung Minkowskis, der damals in Zürich war. Und so geschah es: noch im Sommersemester machte Minkowski seinen ersten Besuch in Göttingen, zeigte in der Mathematischen Gesellschaft seine Eigenart durch einen Vortrag: „Über die Körper konstanter Breite"[52], und nahm an der Nachsitzung teil, bei der die Freude groß war über Hilberts Bleiben und seine Ankunft. Für die beiden Freunde aber begannen sechs Jahre regster, eigentlich ununterbrochener Zusammenarbeit. Hilbert sagt in seinem Nachruf auf Minkowski: „ein Telephonruf zur Vermittlung einer Verabredung oder ein paar Schritte über die Straße und ein Steinchen an die klirrende Scheibe des kleinen Eckfensters seiner Arbeitsstube – und er war da, zu jeder mathematischen oder nichtmathematischen Unternehmung bereit." An Stelle der Seminare mit Klein traten solche mit Minkowski. Gemeinsam begannen beide ein in- und extensives Studium der Mechanik und Physik, zu dem die Anregung wahrscheinlich von Hilbert ausging, der das Ziel einer Axiomatik der Physik vor Augen hatte, während Minkowski das größere Fachwissen mitbrachte. Er hat auch den reichsten Ertrag der gemeinsamen Saat ernten können: seine Entdeckung des Relativitätsprinzips. Als dann 1904 eine glückliche Berufung auch C. Runge als Vertreter der angewandten Mathematik nach Göttingen brachte, da war Göttingens Stellung als Hochburg der Mathematik fest gegründet. Die Zusammenarbeit der vier Ordinarien gab sich äußerlich kund in den gemeinsamen Spaziergängen „jeden Donnerstag pünktlich drei Uhr", bei denen Mathematik, Organisation und sportliche Leistung vereinigt wurden. Und um die Mathematik und in regem Austausch mit ihr blühten, vertreten durch hervorragende Männer, die Nachbarwissenschaften, Astronomie, Mechanik, Physik.

In dieser bedeutenden Umgebung erwuchs die Hilbert-Schule zu ihrem höchsten Glanze. In den Jahren 1901 bis 1914 entstehen unter Hilberts Leitung mehr als 40 Dissertationen, viele von bleibendem Wert, einige berühmt; aus den jungen Doktoren rekrutieren sich dann Hilberts Assistenten, die fast alle heute hochangesehene akademische Lehrer und Forscher sind. Dazu kommen erprobte Mathematiker des In- und Auslands zahlreich nach Göttingen, lernen bei Hilbert und bringen auch manche wertvolle Anregung mit. Verschiedene machen sich als Privatdozenten sesshaft, andere Privatdozenten gehen aus den Doktoranden hervor. In runder Zahl sind es 15 bekannte Männer, die damals in Göttingen ihre Dozentenlaufbahn begonnen haben. Es war ein ungestümes wissenschaftliches Leben, das auch die schwächeren zu namhaften Leistungen emporriß: unvergesslich allen, die es genießen durften.

Und Hilbert gewöhnte sich daran, ein berühmter Mann zu sein, ohne dadurch seine Naturwüchsigkeit zu verlieren. Um das einfach behäbige Haus, das er sich

---

[52](Minkowski 1911, II:277–282).

bald nach der Übersiedelung nach Göttingen erbaut hatte, weitete sich mehr und mehr der Garten, die Freude und Arbeitsstätte seines Herrn, mit den gepflegten Obstbäumen und der gedeckten Wandelbahn für Mathematik bei schlechtem Wetter. Man sah auch einen lebhaften Weltmann Hilbert in kühnem Panamahut. Die Geburtstagsfeiern wurden zu vergnügten gesellschaftlichen Ereignissen. In reichem Strom kamen die äußeren Ehrungen, Mitgliedschaften von gelehrten Gesellschaften, wissenschaftliche Preise. Auch eine lockende Berufungsaussicht eröffnete sich 1904 auf dem Mathematiker-Kongress in Heidelberg, als L. Königsberger Hilbert seine Nachfolge auf dem Heidelberger Lehrstuhl anbot. Er lehnte aber nach kurzem Schwanken ab. Ein weiterer Ruf kam erst viel später, in den ersten Nachkriegsjahren, als für ihn in Bern ein Lehrstuhl geschaffen werden sollte. Trotz der, damals sehr augenfälligen, äußeren Vorteile dieser Stelle blieb Hilbert in Göttingen.

Die nächsten Jahre nach dem Erscheinen der „Grundlagen der Geometrie" sind ausgezeichnet durch gleichzeitige große Produktion auf verschiedenen Gebieten. Während die geometrischen Forschungen in der früher geschilderten Weise fortgeführt werden, während die „Mathematischen Probleme" entstehen, treten schon die analytisch-funktionentheoretischen Untersuchungen in den Vordergrund. Sie fließen in starkem Strom bis 1906 und ebben bis 1910 langsam ab. Sie haben die Analysis um die neuen, wirksamen Methoden bereichert, die, durch die Mitarbeit anderer Forscher ergänzt und erweitert in dem Lehrbuch Courant-Hilbert, *Methoden der mathematischen Physik*[53] zusammenfassend dargestellt sind.

Mir scheint, dass sich auch für diese Untersuchungen Hilbert von vornherein ein axiomatisches Programm gesteckt hat. Er hat es allerdings erst viel später, in einem für den Mathematiker-Kongress zu Rom 1908 bestimmten Vortrag[54] formuliert: „Von hervorragendem Interesse scheint mir eine ... Untersuchung über die Konvergenzbetrachtungen, die zum Aufbau einer bestimmten analytischen Disziplin dienen, in der Weise, dass man ein System gewisser möglichst einfacher Grundtatsachen aufstellt, die ihrerseits zum Beweise eine gewisse Konvergenzbetrachtung erfordern und mit deren ausschließlicher Hilfe ohne Hinzunahme irgendeiner neuen Konvergenzbetrachtung die sämtlichen Sätze jener analytischen Disziplin bewiesen werden können."

Zum Verständnis sind einige Worte über den Stand der Analysis am Ende des 19. Jahrhunderts nötig. Nachdem der Bau der komplexen Funktionentheorie in seinen Grundlagen gesichert und zu imposanter Höhe emporgetrieben war, hatte sich die Forschung hauptsächlich den Randwertproblemen zugewandt, die zuerst aus der Physik übernommen worden waren, dann aber auch in der reinen Mathematik ihre grundlegende Bedeutung bewiesen hatten. Es handelte sich hauptsächlich um zwei Probleme, das Problem der Existenz einer Potentialfunktion mit gegebenen Daten am Rande, und das Problem der Eigenschwingungen elastischer Körper (in erster Linie Saite und Membran). Der Zustand war unerfreulich. Früher schien in

---

[53]Erste Auflage Berlin: Julius Springer, 1924.
[54](Hilbert 1935, 72); *Rendiconti del Circolo Matematico di Palermo*, 27 (1909), 59–74, S. 74.

dem Dirichletschen Prinzip eine einheitliche Methode zur Erledigung aller dieser Aufgaben gefunden zu sein. Nachdem sich dieser Boden als nicht tragfähig erwiesen hatte, war man darauf angewiesen, zur Erledigung jeder Aufgabe besondere Verfahren auszubilden. Sie waren von hoher Kunst getragen, haben einen noch heute unverblassten ästhetischen Reiz (C. Neumann, H. A. Schwarz, H. Poincaré)[55], aber sie verwirrten durch ihre Verschiedenheit, obwohl namentlich Poincaré sich Ende der neunziger Jahre mit größtem Scharfsinn und Tiefblick um Vereinheitlichung bemüht hatte. Es fehlten eben gerade die „einfachen Grundtatsachen", aus denen ohne Konvergenzbetrachtungen ad hoc die sämtlichen Ergebnisse abgeleitet werden konnten.

Diese suchte Hilbert zunächst in der Variationsrechnung, in den regulären Variationsproblemen[56], d.h. denjenigen, bei denen die Legendresche Bedingung im strengen Sinne erfüllt ist. Und es gelang ihm sofort ein ganz großer Wurf, der Beweis des Dirichletschen Prinzips. Er hat sich als erster durch Weierstraß' Kritik nicht abschrecken lassen, sondern die Schwierigkeiten und Fehlerquellen des Problems genau durchdacht und den Weg zu ihrer überwindung gefunden. Er hat erkannt, dass man die zur Konkurrenz zugelassenen Flächen zuerst einem Glättungsprozess unterwerfen müsse, und hat dafür zwei Methoden angegeben. Die erste (von 1899)[57], dem Gedanken nach sehr einfache, hat Klein anschaulich mit den Worten beschrieben: „Hilbert schneidet den Flächen die Haare ab." Die zweite ist viel kunstvoller. Um ihre Kraft zu zeigen, benutzt Hilbert sie in der Festschrift zur Feier des 150jährigen Bestehens der Göttinger Gesellschaft der Wissenschaften (1901) zur Lösung eines altberühmten vornehmen Problems, der Existenz der Abelschen Integrale 1. Gattung.[58] Nachdem durch das von Hilbert schon bei der ersten Methode gebrauchte „Auswahlverfahren" aus einer Folge von Näherungsfunktionen eine stetige Grenzfunktion gewonnen ist, wird über diese ein sechsfaches Integral genommen und dieses als Potentialfunktion nachgewiesen, worauf dann auf die ursprüngliche Funktion zurückgeschlossen werden kann. Die Glättung wird also hier durch Mittelwertbildung vollzogen. Der hohe Turm starker Schlüsse ist bewundernswert. Viel später (1909), als eine neue große Aufgabe der Funktionentheorie, die allgemeine Uniformisierung, im Vordergrund des Interesses stand, hat Hilbert noch einmal auf sein Dirichletsches Prinzip zurückgegriffen und durch eine Modifikation die Abbildung eines beliebigen Gebietes auf die durch

---

[55]Auch Hilbert hat einen Beitrag dazu geliefert (siehe Charles A. Noble, Lösung der Randwertaufgabe für eine ebene Randkurve mit stückweise stetig sich ändernder Tangente und ohne Spitzen, *Nachrichten der Königlichen Gesellschaft der Wissenschaften zu Göttingen. Math.-phys. Klasse*, 1896: 191–198).

[56]Mathematische Probleme, Nr. 19 und 20 (Hilbert 1935, 320–322).

[57](Hilbert 1935, 10–14); *Jahresbericht der Deutschen Mathematiker-Vereinigung*, 8 (1900): 184–188. Siehe auch die Dissertationen von Noble („Eine neue Methode in der Variationsrechnung") und Hedrick („Über den analytischen Charakter der Lösungen von Differentialgleichungen").

[58](Hilbert 1935, 15–36); *Mathematische Annalen*, 59 (1904): 161–186. Dieselbe Methode hat später Walter Ritz in seiner bekannten Habilitationsschrift verwerten können; Ritz' *Werke*, Paris 1911, S. 192–250; *Journal für die reine und angewandte Mathematik*, 135 (1908): 1–61.

Parallelschlitze zur reellen Achse aufgeschnittene schlichte Ebene geleistet.[59] Das Dirichletsche Prinzip ist also für die Funktionentheorie wirklich eine der von ihm gesuchten einfachen Grundtatsachen.

Angeregt durch diese Erfolge hielt Hilbert 1899 eine Vorlesung über Variationsrechnung. Ihre Frucht war der bekannte Unabhängigkeitssatz, eine neue, besonders handliche Darstellung der Feldtheorie, die Hilbert mit sichtlicher Freude als letztes seiner „Mathematischen Probleme" in Paris vorgetragen hat. Später (1905)[60] (abermals im Anschluss an eine Vorlesung) hat er gezeigt, dass die Methode des Unabhängigkeitssatzes unverändert auch im Falle mehrerer abhängiger Funktionen anwendbar bleibt. In der gleichen Note gibt er, eine lang empfundene Lücke ausfüllend, für eindimensionale Variationsprobleme einen übersichtlichen und strengen Beweis der Multiplikatorenmethode bei nicht holonomen Nebenbedingungen und formuliert mit Hilfe der Begriffe der „Lösungssysteme von positivdefinitem" und „inwendig eindeutigem" Charakter ein neues weittragendes hinreichendes Kriterium für Variationsprobleme mit festgehaltenem Rand. Jedoch sind diese Resultate zur allgemeinen Variationsrechnung, so wichtig sie für die Verfestigung und Vereinfachung dieser Theorie sind, nur als Nebenprodukte anzusehen, der Gang der Hauptuntersuchung nahm eine überraschende andere Wendung.

Gleichzeitig nämlich, während Hilbert durch variationsrechnerische Methoden die Vereinheitlichung der Analysis anstrebte, war I. Fredholm, anknüpfend an Poincarés oben erwähnte Arbeiten, auf dem Wege der linearen Integralgleichungen demselben Ziele näher gekommen. Im Wintersemester 1900 bis 1901 brachte E. Holmgren, aus Upsala zum Studium bei Hilbert nach Göttingen gekommen, in das Hilbertsche Seminar Fredholms ein Jahr zuvor erschienene erste Note über Integralgleichungen[61] mit und trug darüber vor. Dieser Tag war entscheidend für eine lange Periode in Hilberts Leben und einen beträchtlichen Teil seines Ruhmes. Es muss dahingestellt bleiben, ob er es fertig gebracht hätte, den Variationsmethoden soviel Geschmeidigkeit und Kraft zu verleihen, dass sie allein die ganze Analysis hätten durchdringen und tragen können. Er hat es nicht versucht, sondern hat mit Feuer die neue Entdeckung aufgenommen und in ihrer Verknüpfung mit den Variationsprinzipien sein Ziel gefunden.

Im Jahre 1904 erschien als Ergebnis von Ansätzen, die seit Sommer 1901 in Vorlesungen und Seminaren vorgetragen waren[62], in den *Göttinger Nachrichten* die 1. Mitteilung „Grundzüge einer allgemeinen Theorie der linearen Integralgleichungen". Zum Verständnis ihrer Bedeutung ist wieder ein geschichtlicher Rückblick nötig. Fredholm hatte, bedeutende Ansätze Poincarés scharfsinnig deutend und ausbauend, das Problem der Lösung einer Integralgleichung 2. Art gestellt

---

[59](Hilbert 1935, 73–79); *Nachrichten der Königlichen Gesellschaft der Wissenschaften zu Göttingen. Math.-phys. Klasse,* 1909: 314–323; siehe auch die Dissertation von Courant („Über die Anwendung des Dirichletschen Prinzipes auf die Probleme der konformen Abbildung").

[60](Hilbert 1935, 38–55); *Mathematische Annalen,* 62 (1906): 351–370.

[61]Sur une nouvelle méthode pour la résolution du problème de Dirichlet, *Öfversigt af Vetemskaps Akademiens Förhandlingar Stockholm,* 57 (10.I.1900): 39–46.

[62]Die erste Hilbertsche Dissertation über Integralgleichungen (Kellogg, Zur Theorie der Integralgleichungen und des Dirichlet'schen Prinzips) ist von 1902.

und bewältigt. Dieses Resultat genügte zur Erledigung der Randwertaufgabe der Potentialtheorie. Dagegen war die Frage der Eigenschwingungen und Reihenentwicklungen einer willkürlichen Funktion nach diesen von Fredholms Methode noch nicht erfasst worden, obwohl Poincaré seine erwähnten potentialtheoretischen Ansätze gerade aus dieser Aufgabe abstrahiert hatte. Erst Hilbert hat diesen Zusammenhang hergestellt. Er hatte zur Lösung der Integralgleichung den von Fredholm absichtlich verlassenen heuristischen Weg eingeschlagen, der darin besteht, dass man das Integral durch eine endliche Summe ersetzt, wodurch die Integralgleichung in ein inhomogenes System linearer Gleichungen übergeht, diese Gleichungen nach der Determinantenmethode löst und in den Determinanten den Grenzübergang ausführt. Dabei sah er, dass die zu diesem linearen System zugehörigen homogenen Gleichungen bei Symmetrie des Koeffizientensystems gerade die Gleichungen der orthogonalen Hauptachsentransformation einer quadratischen oder bilinearen Form sind. Die Symmetrie des Koeffizientensystems aber ist gleichbedeutend mit der Symmetrie des Kerns der Integralgleichung (das international gewordene Wort „Kern" stammt von Hilbert), und es zeigte sich, dass gerade die bei den Schwingungsproblemen auftretenden Kerne die Symmetrieeigenschaft haben. Hilbert erweiterte also die Fredholmsche Aufgabe, indem er diese bilineare Form und ihre Hauptachsentransformation in den Mittelpunkt der Betrachtung stellte und an ihr den Grenzübergang vornahm. Dieser Grenzübergang gelingt: die Wurzeln der Säkulargleichungen streben gegen die „Eigenwerte" des Parameters, für die die homogene Integralgleichung lösbar ist, die Transformationskoeffizienten schließen sich zu den „Eigenfunktionen" zusammen und die Gleichung der Hauptachsentransformation besagt die Gleichheit eines Doppelintegrals, in dessen Integranden der Kern der Integralgleichung eingeht, mit einer Reihe oder endlichen Summe, in der jeder Term genau von 1 Eigenwert abhängt. Aus dieser für Hilberts Theorie grundlegenden Doppelintegralformel folgt unmittelbar die Existenz der Eigenwerte symmetrischer, stetiger Kerne. Weiter konnte Hilbert aus ihr, unter einer einschränkenden Voraussetzung über den Kern, die Entwickelbarkeit einer quellenmäßig[63] dargestellten Funktion durch die Eigenfunktionen ableiten. Damit ist tatsächlich in der linearen Integralgleichung die gemeinsame Quelle für die Existenzsätze der Potentialtheorie und die Entwicklung nach Eigenfunktionen aufgezeigt. Durch den Nachweis gewisser Maximaleigenschaften des Doppelintegrals wird auch die Verbindung mit der Variationsrechnung aufrechterhalten. Von unserem heutigen Standpunkt erscheinen uns die Entwicklungen etwas ungelenk – z. B. nehmen mehrfache Wurzeln der Nennerdeterminante noch eine Sonderstellung ein –, wenn wir sie etwa mit der Kürze und Eleganz von E. Schmidts[64] Beweisen vergleichen, aber der entscheidende Schritt war getan und Hilbert konnte noch im selben Jahr in der 2. Mitteilung[65] durch Anwendung auf Sturm-Liouvillesche und

---

[63]Der Ausdruck stammt nicht von Hilbert, wohl aber der Begriff.

[64]Seine Dissertation „Entwicklung willkürlicher Funktionen nach Systemen vorgeschriebener" und die Arbeit *Mathematische Annalen*, 64 (1907): 161–174.

[65]*Nachrichten der Königlichen Gesellschaft der Wissenschaften zu Göttingen. Math.-phys. Klasse*, 1904: 213–259.

noch allgemeinere Reihenentwicklungen und durch Existenzbeweise für Greensche Funktionen die reichen Früchte seiner Saat eintragen. Noch tiefer geht die Leistung seiner ein Jahr später erschienenen 3. Mitteilung[66]. Von den großen Aufgaben, die Riemann der Funktionentheorie gestellt hatte, war noch eine ungelöst: die Frage nach der Existenz von Differentialgleichungen mit vorgeschriebener Monodromiegruppe („Mathematische Probleme", Nr. 21). Hilbert führt sie auf die Aufgabe zurück, im Inneren und Äußeren einer geschlossenen Kurve je zwei holomorphe Funktionen zu bestimmen, deren Real- und Imaginärteile auf der Kurve lineare Substitutionen mit zweimal stetig differenzierbaren Koeffizienten erfahren. Die Lösung dieser Aufgabe ist ein Musterbeispiel für die von Hilbert geforderte Axiomatik der Grenzprozesse: alles folgt ohne weitere Grenzbetrachtung aus der Existenz der gewöhnlichen Greenschen Funktion für das Innere und Äußere der geschlossenen Kurve und der Alternative, dass immer entweder die homogene oder die inhomogene Integralgleichung eine Lösung hat.

Aber der Methode der Integralgleichungen sind noch leicht erkennbare Grenzen gesetzt, z. B. dürfen die Kerne nur von geringer Ordnung unendlich werden. Ein weit ausgedehnteres Feld eröffnete sich, als Hilbert die Theorie der quadratischen (allgemeiner, bilinearen) Formen von unendlich vielen Veränderlichen, von der nur ein Sonderfall in der 1. Mitteilung gebraucht worden war, in seiner 4. und 5. Mitteilung[67] 1906 allgemein und systematisch erschloss. Die Variabilität der abzählbar unendlich vielen Veränderlichen wird durch eine obere Grenze für die Summe ihrer Quadrate eingeschränkt (der später sogenannte „Hilbertsche Raum"). Nun werden allgemeine „beschränkte" quadratische Formen der unendlich vielen Veränderlichen betrachtet, d. h. solche, deren sämtliche Abschnitte für alle Punkte des Hilbertschen Raumes unterhalb einer endlichen Grenze bleiben. Auf sie lässt sich die Hauptachsentransformation übertragen, aber mit sehr wesentlichen Abwandlungen bezüglich der Eigenwerte und Eigenfunktionen. Während in dem Falle der 1. Mitteilung die Gesamtheit der Eigenwerte (das „Spektrum", wie Hilbert in glücklicher Umdeutung eines physikalischen Begriffs sagt) eine höchstens abzählbare Menge reeller Zahlen ohne Häufung im Endlichen bildete, kann für die allgemeine beschränkte Form das Spektrum beliebige Verdichtungen aufweisen, es können sogar ganze Intervalle von Eigenwerten bedeckt sein. Die Spektralzerlegung der quadratischen Form erschöpft sich dann nicht in einer unendlichen Reihe, sondern muss ergänzt werden durch ein Stieltjessches Integral. Aus den zuerst als Mittel zum Zweck eingeführten quadratischen Formen von unendlich vielen Veränderlichen sind Gebilde mit Eigengesetzlichkeiten von hoher Schönheit und wunderbarer Durchsichtigkeit geworden. Es handelte sich noch darum, aus der Menge der beschränkten Formen diejenigen herauszupräparieren, deren Spektrum die einfachen Eigenschaften des Fredholmschen hat. Es gelingt zu zeigen, dass diese Eigenschaften die Folge einer besonders straffen Stetigkeit der quadratischen

---

[66] *Nachrichten der Königlichen Gesellschaft der Wissenschaften zu Göttingen. Math.-phys. Klasse*, 1905: 307–338.

[67] *Nachrichten der Königlichen Gesellschaft der Wissenschaften zu Göttingen. Math.-phys. Klasse*, 1906: 157–227; 439–480.

Form, der „Vollstetigkeit", sind. Für die Hauptachsentransformation vollstetiger Formen braucht man auch gar nicht die oben skizzierte allgemeine Theorie, hier lassen sich die Eigenwerte, wie im Falle endlich vieler Veränderlichen, durch einfache Maximumbetrachtungen bestimmen.

Die Anwendungen dieser Theorie sind sehr mannigfaltig. Sie umfassen namentlich die Integraldarstellung willkürlicher Funktionen nach Art des Fourierschen Integrals. Sie sind, ebenso wie die weiteren Ausgestaltungen der Theorie, von vielen Schülern bearbeitet worden.[68] Hilbert selbst hat sich damit begnügt, die Sätze seiner 1. Mitteilung aus der Theorie der vollstetigen Formen wiederzugewinnen. Das gelingt sehr übersichtlich durch Vermittlung eines vollständigen orthogonalen Funktionensystems. Zugleich ergeben sich die Entwicklungssätze ohne die ihnen in der 1. Mitteilung noch anhaftenden Beschränkungen mit noch erweitertem Gültigkeitsbereich hinsichtlich der zulässigen Kerne. Als neu fügt Hilbert die Behandlung einer „polaren" Integralgleichung hinzu, die sich von der (gewöhnlichen) „orthogonalen" durch einen sein Vorzeichen wechselnden Faktor unterscheidet und unter anderem bis dahin unzugängliche Fälle des Sturm-Liouvilleschen Problems zu behandeln gestattet.

Mit der Schaffung der Theorie der unendlich vielen Veränderlichen glaubt Hilbert der Analyse eine so umfassende Basis gegeben zu haben, dass seine Forderung nach Einheitlichkeit und gegenseitiger Abgrenzung der Konvergenzbetrachtungen erfüllt ist. Der Fortgang der Wissenschaft hat ihm Recht gegeben: der Hilbertsche Raum, mit gewissen Verallgemeinerungen, ist noch heute ein herrschender Begriff. Hilbert selbst hat nur noch zwei Nachträge beigesteuert, den schon erwähnten, für den Kongress in Rom bestimmten rückblickenden Vortrag (Hilbert 1935, 56–72), in dem er noch einige Betrachtungen über Potenzreihen unendlich vieler Veränderlichen zufügt, und eine schon 1907 konzipierte, aber erst 1910 veröffentlichte 6. Mitteilung[69], deren wichtigster Inhalt eine analytische Neubegründung der Minkowskischen Theorie von Volumen und Oberfläche konvexer Körper ist. Schon Hurwitz[70] hatte 1902 mit seiner Theorie der Kugelfunktionen diese Aufgabe anzugreifen versucht, hatte aber nur einen Teilerfolg erzielt. Hilbert, im Besitze der mächtigen Hilfsmittel der Integralgleichungen, ersetzt die Kugelfunktionen durch allgemeinere, jedem konvexen Körper angepasste Funktionen, und kommt durch. Es war dabei noch eine wesentliche Schwierigkeit zu überwinden, die daher rührt, dass ein auf der geschlossenen Kugel definierter Differentialausdruck nicht überall in den gleichen unabhängigen Veränderlichen geschrieben werden kann. Es musste daher für den Kern der zu einem solchen Differentialausdruck zugehörigen Integralgleichung eine invariante Form gefunden werden. Hilbert gibt sie in der

---

[68] Zu den Dissertationen siehe Hellinger („Die Orthogonalinvarianten quadratischer Formen von unendlich vielen Variablen") und Weyl („Singuläre Integralgleichungen mit besonderer Berücksichtigung des Fourierschen Integraltheorems"). Insgesamt wurden bei Hilbert 24 Dissertationen über Variationsrechnung und Integralgleichungen angefertigt.

[69] *Nachrichten der Königlichen Gesellschaft der Wissenschaften zu Göttingen. Math.-phys. Klasse*, 1910: 355–417.

[70] *Annales Scientifiques de l'École Normale Supérieure*, 3. Reihe, 19 (1902): 357–408.

„Parametrix". Diese ist ein Ersatz für die Greensche Funktion; sie hat die gleichen Unstetigkeits- und Randeigenschaften wie diese (im Minkowskischen Falle Endlichkeit auf der Kugel), ist aber nicht an eine Differentialgleichung gebunden. Minkowskis Ungleichung zwischen Volumen und Oberfläche spiegelt sich wider in der Tatsache, dass eine gewisse Integralgleichung außer trivialen nur positive Eigenwerte hat. Minkowskis eigenartige Begabung hat auf seine beiden Königsberger Freunde einen solchen Zauber ausgeübt, dass es sie immer wieder reizte, seine auf dem Boden außerordentlicher geometrischer Anschauung erwachsenen Ergebnisse ihrem Gedankengut einzuordnen.[71]

1912 hat Hilbert seine sechs Mitteilungen zu einer Monographie it Grundzüge einer allgemeinen Theorie der linearen Integralgleichungen Hilbert (1912) zusammengefasst, wozu sie sich wegen ihrer lückenlosen, eindringlichen Darstellung gut eignen. Eine als übersichtlicher Wegweiser dienende Einleitung wurde vorangestellt, der Text wurde nur an wenigen Stellen, dem Fortschritt der Forschung entsprechend, nachgebessert.

Die glückliche Zeit von Hilberts und Minkowskis Zusammenarbeit sollte mit einem großartigen Abschluss enden: von Minkowskis Seite mit der Entdeckung des Relativitätsprinzips, von Hilberts Seite mit der Lösung des Waringschen Problems.[72] Hilbert hat hier, wie einst bei dem Beweis für die Endlichkeit des Invariantensystems, in überraschend kurzer Zeit eine Aufgabe gemeistert, zu der hervorragende Mathematiker viele Jahre lang keinen Weg gefunden hatten.

Waring hatte im 18. Jahrhundert die Vermutung ausgesprochen, dass alle positiven ganzen Zahlen als Summe einer beschränkten Zahl K_n von n-ten Potenzen positiver ganzer Zahlen darstellbar seien. Die Frage galt als unzugänglich, und erst seit dem letzten Jahrzehnt des 19. Jahrhunderts hatten sich verschiedene Mathematiker bemüht, Warings Vermutung wenigstens für einige kleine Werte des Exponenten zu bestätigen. Hier interessiert besonders eine kurze Note von Hurwitz[73], datiert 20. November 1907 und im April 1908 in den Mathematischen Annalen erschienen, in der folgende Tatsache bewiesen wird: „Ist die n-te Potenz von $x_1^2 + x_2^2 + x_3^2 + x_4^2$ identisch gleich einer Summe $(2n)$-ter Potenzen linearer rationalzahliger Formen der x_1, x_2, x_3, x_4, und gilt die Waringsche Behauptung für n, so gilt sie auch für $2n$." Dieser Satz gab Hilbert die Anregung und Richtung zu seinen Untersuchungen.

Er fand nämlich einen ungeahnten Weg, um für beliebige n eine Identität der von Hurwitz geforderten Art aufzustellen. Er drückt sich selber darüber folgendermaßen aus: „Der Beweis ... gelingt mittels einer neuartigen Anwendung der Analysis auf die Zahlentheorie. ... Ich werde von einer gewissen Integralformel

---

[71] Ein anderes Beispiel bietet Minkowskis Satz über ganzzahlige Linearformen, von dem zuerst Hilbert einen rein arithmetischen Beweis ersann (veröffentlicht in H. Minkowski, *Diophantische Approximationen*, 1907: Kap. I §6-9, und daran anschließend A. Hurwitz, *Nachrichten der Königlichen Gesellschaften der Wissenschaften zu Göttingen. Math.-phys. Klasse*, 1897: 139–145).

[72] (Hilbert 1932, 510–527); *Mathematische Annalen*, 67 (1909): 281–300.

[73] *Mathematische Annalen*, 65 (1908): 424–427.

ausgehen und aus ihr schließlich eine rein arithmetische Relation gewinnen." In der Tat leitet er aus einem allgemeinen Prinzip, das Hurwitz 1897 in der Invariantentheorie[74] benutzt hatte, eine Formel her, in der die n-te Potenz einer Summe von 5 Quadraten $x_1^2 + \cdots + x_5^2$ durch ein 25-faches bestimmtes Integral über $(t_{11}x_1 + \cdots + t_{15}x_5)^{2n}$ nach Parametern $t_{11}, \ldots, t_{15}, t_{21}, \ldots, t_{55}$ ausgedrückt wird[75]. Dieses Integral wird näherungsweise durch eine endliche Summe ersetzt und deren Gliederzahl mittels der einfachen Bemerkung, dass es nur eine beschränkte Zahl linear unabhängiger Formen $2n$-ter Ordnung in $x_1, \ldots, x_5$ gibt, auf diese beschränkte Zahl reduziert. Hierdurch gelingt es, den durch die Integration geforderten Grenzübergang in die Koeffizienten der Summe zu verlegen und schließlich durch einen weiteren Kunstgriff diese Koeffizienten durch positive rationale zu ersetzen. Damit ist die Grundlage für den Beweis des Waringschen Satzes gelegt. Er wird durchgeführt mit Hilfe einer bewundernswerten Kette höchst kunstvoller Schlüsse, deren Ausgangspunkt die Darstellung des Exponenten n im Dualsystem ist. Der Gedanke dieser Dualentwicklung geht auf Hurwitz' schönen Schluss von n auf $2n$ zurück, aber diese Anregung verschwindet fast hinter der Fülle der hinzutretenden originellen Ausführungen.

Der Beweis des Waringschen Satzes ist wohl eines der stärksten Zeugnisse für Hilberts überragende Denkkraft. Denn er kämpfte zusammen mit einem Meister von dem hohen Range Hurwitz' und siegte mit Waffen aus Hurwitz' Rüstkammer an einem Punkte, wo dieser keine Aussicht auf Erfolg gesehen hatte.

Mitte Januar 1909 wollte Hilbert seinen fertigen Beweis in seinem und Minkowskis gemeinsamem Seminar vortragen. Aber es kam nicht mehr dazu: am 12. Januar war Minkowski gestorben. Seinem Andenken hat Hilbert die Abhandlung geweiht.

Minkowskis Tod war ein einschneidendes Ereignis in Hilberts Leben. Man merkt es deutlich an der Verminderung seiner Produktion. Es fehlte der „zu allen Unternehmungen bereite" wissensreiche Freund und Berater mit dem offenen und zugleich kritischen Geist, es fehlten die unaufhörlichen mathematischen Gespräche, von denen Hilbert in seinem Minkowski-Nachruf sagt: „Gern suchten wir auch verborgene Pfade auf und entdeckten manche neue, uns schön dünkende Aussicht." Diese Aussichten zeigten Hilbert in der Ferne die konkreten Probleme, zu denen sein Spürsinn den Weg zu finden verstand. Nach Minkowskis Tod waren es die Jüngeren, seine zu reifen Forschern herangewachsenen Schüler, mit denen er auf die Suche nach Aussichten ging. Sie vermochten den einzigartigen Verstorbenen nicht zu ersetzen.

---

[74] *Nachrichten der Königlichen Gesellschaft der Wissenschaften zu Göttingen. Math.-phys. Klasse,* 1897: 71–90.

[75] In einer späteren Fassung ist das 25-fache Integral durch ein fünffaches ersetzt worden; es liegt mir aber hier daran, den Zusammenhang mit Hurwitz' Arbeit hervorzuheben.

Unmittelbar empfindlich wurde Minkowskis Fehlen in der jetzt anschließenden Arbeitsperiode, da Hilbert sich der gemeinsam mit Minkowski in Angriff genommenen axiomatischen Durchdringung der Physik zuwandte. Bei der Axiomatik naturwissenschaftlicher Disziplinen kann es sich naturgemäß nicht um eine so weitgehende Zergliederung der Begriffe handeln wie in der Geometrie. Es kommt nur darauf an, eine aus möglichst wenigen und in sich widerspruchslosen Sätzen bestehende Grundlage zu finden, aus der sich die ganze Lehre rein mathematisch ableiten lässt, also auf ein Loslösen der physikalischen Hypothesen von dem mathematischen Beiwerk. So legt Hilbert der Mechanik etwa das Gaußsche Prinzip des kleinsten Zwanges oder das Bertrandsche Prinzip vom Maximum der kinetischen Energie nach einem Impuls, der Strahlungstheorie das Fermatsche Prinzip vom raschesten Lichtweg zugrunde. Die Frage, wie diese Prinzipien gewonnen werden, wird zurückgestellt. Wesentlich dagegen ist die Untersuchung ihrer gegenseitigen Abhängigkeiten und ihrer Widerspruchsfreiheit, wobei Widerspruchsfreiheit in dem allgemeineren Sinne zu verstehen ist, dass auch kein Widerspruch gegen Ergebnisse von Nachbargebieten eintritt (Strahlungstheorie und Optik, kinetische Gastheorie und Thermodynamik). Die Durchforschung der Mechanik und Physik nach diesen Gesichtspunkten bildet den Inhalt der zahlreichen Vorlesungen über diese Wissenschaften, die Hilbert schon seit 1902, besonders aber in den Jahren 1910 bis 1918 gehalten hat. Es wäre sehr zu wünschen, dass Teile dieser Vorlesungen veröffentlicht würden. Sie sollen nicht physikalische Pionierarbeit leisten, aber für die Sicherung des von den Physikern Gewonnenen und die Ordnung und das Verständnis der darin enthaltenen Beziehungen ist die erstrebte Säuberung wesentlich. Alle Kraft des Ansatzes wird auf das eigentlich physikalische Problem verwandt, die Entwicklung der Folgerungen bleibt Sache der Mathematik. Es kam vor, dass diese sogar etwas von oben herab beiseite geschoben wurde. Wenn ein Ansatz auf ein zur Zeit undurchführbares mathematisches Problem geführt hatte, dann sagte Hilbert wohl wegwerfend: „Das ist eine rein mathematische Aufgabe", oder lächelnd: „Dazu hat eben der Physiker die große Rechenmaschine Natur." Die Physik ist für ihn Selbstzweck, nicht Übungsfeld der mathematischen Kraft. Dies gilt trotz mancher übermütiger Paradoxa der Vorlesungen, z. B. der in vergnügter Erinnerung vieler Hilbertianer unsterblichen „angebundenen Lawine", die die Trägheitskräfte bei Bewegung eines Punktes von veränderlicher Masse sichtbar machen sollte. Eher zeigt sich ein Rest rein mathematischer Auffassung darin, dass ein auf klarem Wege gewonnenes, in eleganter Gestalt sich darbietendes Formelsystem von Hilbert wohl einmal wegen dieser ästhetischen Vorzüge für einen voraussichtlich richtigen Ausdruck der Naturgesetze angesehen wird, während A. Einstein in dieser Hinsicht den Pessimismus des Naturwissenschaftlers in die Worte fasste: „Ich habe ein unbegrenztes Misstrauen gegen die Natur." – Zuerst hat sich Hilbert zusammen mit Minkowski in intensivem Studium – Buchstudium, das er sonst meidet – die klassische theoretische Physik angeeignet und sie kritisch durchdacht, dann aber packten ihn die neuen großen Umwälzungen des physikalischen Denkens, Relativität und Quantenmechanik. Er hat ihre Entwicklung mit regster Anteilnahme mitgemacht und selbst wesentlich in diese Entwicklung ein-

gegriffen. 1913 brachte er die „Göttinger Gaswoche" zustande, auf der M. Planck,
P. Debye, W. Nernst, M. v. Smoluchowski, A. Sommerfeld, H.A. Lorentz und andere hervorragende Physiker über Fragen der Quanten- und Gastheorie vortrugen
und debattierten. In den letzten Vorkriegsjahren hatte er auch einen besonderen
Assistenten für Physik, eine Stelle, die er mit Vorliebe durch bewährte Schüler A.
Sommerfelds besetzte. Noch heute pflegte er mit jüngeren Physikern regelmäßige Besprechungen, in denen die neuesten physikalischen Entdeckungen behandelt
werden. Um ihn und durch ihn bildete sich eine tätige Schule „mathematischer
Physiker", darunter Forscher von hohem Ruf, eine bedeutungsvolle Bereicherung
des physikalischen Lebens Göttingens, das infolge mehrerer durch Hilbert maßgebend beeinflusster glücklicher Berufungen mächtig aufblähte. Was sein Geist für
diese Schule bedeutete, spricht aus den Worten eines Physikers, der sein Assistent
gewesen ist: „Jener mit Leidenschaft suchende, um die restlose Durchführung des
als wahr und einfach erkannten Gedankens ringende Geist, der die Nebensäch-
lichkeiten beiseite schiebt und in meisterhafter Klarheit die Fäden zwischen den
Gipfeln ausspannt – ein Geist, durch den Generationen von suchenden Seelen zur
Wissenschaft begeistert worden sind."[76]

In Hilberts physikalischer Produktion sind drei Perioden zu unterscheiden.
In der ersten, die in die Jahre 1912 bis 1914 fällt, werden Ergebnisse der klassischen Physik durch Methoden der Integralgleichungen neu und streng begründet.
Es war für Hilbert eine freudige Überraschung, auf Probleme geführt zu werden,
bei denen sich die Integralgleichungen zwangsläufig, nicht durch mathematische
Übersetzung aus Differentialgleichungen einstellen. Zunächst war es die kinetische Gastheorie, die ein solches Beispiel bot.[77] Hilbert stellt sich die Aufgabe,
die Bewegung eines Gases aus zwei Grundannahmen abzuleiten: 1. die Molekü-
le sind untereinander gleiche, vollkommen elastische Kugeln; 2. die Änderung
der Geschwindigkeitsverteilung durch die Zusammenstöße wird geregelt durch die
Boltzmann-Maxwellsche Stoßformel. Das Problem ist „klassisch" gestellt, insofern
die weitgehende Spezialisierung der Annahme 1. ohne Diskussion angenommen
wird. Dagegen sind alle Wahrscheinlichkeitsbetrachtungen in die eine Stoßformel
zusammengezogen; weitere kommen nicht vor. Den Grundannahmen hinzuzufügen sind nur noch anschauliche selbstverständliche, genau formulierte Stetigkeits-
und Verschwindungsbedingungen der Verteilung der Geschwindigkeiten. Hilberts
mathematischer Gedanke bestand nun darin, nach dem Vorbild der Integralgleichungen die Verteilungsfunktion nach Potenzen eines Parameters λ zu entwickeln.
Das erste Glied dieser Entwicklung liefert das schon von Boltzmann aus der Stoßformel abgeleitete Maxwellsche Verteilungsgesetz (in jedem Raum-Zeit-Punkt), die
folgenden Glieder geben die den Anfangsbedingungen und Kraftfeldern entsprechende raum-zeitliche Ausbreitung der mittleren Geschwindigkeiten. Jedes dieser
Glieder genügt nun – das ist die wesentlichste Entdeckung – einer linearen Integral-

---

[76] P.P. Ewald, Besprechung des Courant-Hilbert, *Die Naturwissenschaften*, 13 (1925): 385.
Dieser Besprechung entnehme ich auch das Wort „mathematischer Physiker" in dem oben gebrauchten spezifischen Sinne.
[77] (Hilbert 1912, Kap. XXII); *Mathematische Annalen*, 72 (1912): 562–577.

gleichung mit symmetrischem Kern, auf die die Fredholmsche Theorie anwendbar ist, und die Alternative zwischen Lösbarkeit der homogenen und inhomogenen Gleichung führt unmittelbar auf die makroskopischen Gesetze der Gasbewegung (hydrodynamische Gleichungen usw.); insbesondere zeigt sich, wie es physikalisch sein muss, dass eine Geschwindigkeitsverteilung durch fünf makroskopische Anfangsbedingungen überall und für alle Zeiten eindeutig definiert ist. Diese Arbeit, zu der später E. Hecke durch genauere Betrachtung der Integralgleichung eine wesentliche Ergänzung geliefert hat[78], ist Ausgangspunkt von drei Dissertationen geworden[79], von denen zwei, unter Mitberatung von M. Born und P. Hertz, die Hilbertsche Methode auf Elektronentheorie und Elektrolyse anwandten, eine (Baule) die auffallenden Erscheinungen des Temperatursprungs und des Gleitens verdünnter Gase an festen Wänden erstmalig systematisch in Übereinstimmung mit den Beobachtungen erklären konnte. – Kaum waren die Resultate über kinetische Gastheorie niedergeschrieben, da brachte schon die elementare Strahlungstheorie[80] das zweite Beispiel des spontanen Auftretens einer Integralgleichung in der Physik. Es handelte sich um die Ableitung der Kirchhoffschen Strahlungsgesetze aus folgenden Grundannahmen: 1. Fortpflanzung der Energie längs des Weges raschester Ankunft; 2. Ausgleich der Energien jeder einzelnen Farbe. Die Energiebilanz in jedem Raumelement führt dann ohne jede weitere Annahme auf eine homogene Fredholmsche Integralgleichung für den Emissionskoeffizienten, die nur eine einzige Eigenfunktion hat. Deren physikalische Deutung ist die Proportionalität zwischen Emission und Absorption, also Kirchhoffs Grundgesetz. An diese Entwicklung schließt Hilbert noch eine bedeutsame Diskussion seiner Annahmen (Axiome) an.[81] Er fragt namentlich, ob sich die Annahme 2. nicht durch die weniger fordernde und in der früheren Literatur benutzte des Ausgleichs der Gesamtenergie ersetzen lasse. Er zeigt durch Gegenbeispiel, dass dies unmöglich ist, auch wenn man noch das Axiom hinzufügt, dass Lichtgeschwindigkeit, Emissions- und Absorptionskoeffizient nur von der physikalischen Eigenschaft der Materie, nicht von dem Ort, d. h. von der Lage zu den Begrenzungen des durchstrahlten Raums abhängen. Dagegen erweisen sich zwei andere Axiome (von der physikalischen Natur der Strahlungsdichte und von dem Vorhandensein gewisser Verschiedenartigkeiten in dem Absorptions- und Brechungsvermögen der Stoffe) als gleichwertig mit dem Ausgleich der Energien jeder Farbe. Sind nun diese untereinander gleichwertigen Axiome auch miteinander verträglich? Die Frage ist notwendig, weil sie alle sehr weitgehende Abstraktionen aus den physikalischen Beobachtungen sind. Sie wird durch einen mathematischen Beweis der Widerspruchsfreiheit geklärt.

---

[78] *Mathematische Zeitschrift*, 12 (1922): 274–286.

[79] Hans Bolza („Anwendung der Theorie der Integralgleichungen auf die Elektronentheorie und die Theorie der verdünnten Gase"), Bernhard Baule („Theoretische Behandlung der Erscheinungen in verdünnten Gasen"), Kurt Schellenberg („Anwendung der Integralgleichungen auf die Theorie der Elektrolyse").

[80] (Hilbert 1935, 217–229); *Nachrichten der Königlichen Gesellschaft der Wissenschaften zu Göttingen. Math.-phys. Klasse*, 1912: 773–789.

[81] (Hilbert 1935, 231–256); *Nachrichten der Königlichen Gesellschaft der Wissenschaften zu Göttingen, Math.-phys. Klasse*, 1913: 409–416; 1914: 275–298.

Schließlich hatte noch die eingehende Untersuchung der Wirkung der Reflexion an den Wänden zu einem neuen Gesetz der reinen Optik geführt. Es war ein schöner Beweis für die Richtigkeit der Grundannahmen, dass dieses Gesetz auch aus den Maxwellschen Gleichungen der Lichttheorie gewonnen werden konnte. Diese Diskussion, ursprünglich hervorgegangen aus Kontroversen mit Physikern, die in anderer Weise die Strahlungstheorie behandelt hatten, ist ein feines Beispiel Hilbertscher Gründlichkeit.

Die zweite Periode physikalischer Produktion wurde angeregt durch A. Einsteins Aufstellung der allgemeinen Relativitätstheorie (1914). Ende 1915 legt Hilbert der Göttinger Gesellschaft der Wissenschaften seine 1. Mitteilung über die Grundlagen der Physik vor, der Ende 1916 eine ergänzende 2. Mitteilung folgt. Diese Arbeiten hatten eine starke Wirkung auf den beinahe 70jährigen Klein, dem mit Hilfe der ihm altvertrauten Lieschen Methode der infinitesimalen Transformation eine Abkürzung der Hilbertschen Rechnungen gelang. Als die endgültige Fassung ist ein Zusammendruck in vereinfachter Form von 1924 anzusehen[82], zu dem Hilbert sich entschloss, nachdem ihn die Weiterentwicklung der Theorie durch H. Weyl u.a. davon überzeugt hatte, dass seine Entwicklungen „einen bleibenden Kern enthalten". – Hilberts Zweck war, im Anschluss an einen auf die spezielle Relativitätstheorie gegründeten früheren Ansatz von G. Mie, das elektromagnetische Feld mit dem Gravitationsfeld zu verknüpfen. Er benutzt dazu das Hamiltonsche Prinzip, das er auf eine gegenüber beliebigen Transformationen der Koordinaten invariante Funktion der Gravitationspotentiale und eines elektromagnetischen Vierervektors anwendet. Auf Grund einer eigentümlichen Eigenschaft der Variationsgleichungen ergeben sich in der Tat vier Gleichungen, die die elektromagnetischen Größen mit den Gravitationsgrößen verbinden. Freilich sind nicht alle Blütenträume gereift, denn das unausgesprochene Ziel der Mitteilungen war wohl eine Feldtheorie der Atomkerne und Elektronen, und diese ist auch Hilbert nicht gelungen.

Der Theorie des Atoms, wie sie durch die sich überstürzende Entwicklung der Quantenmechanik geschaffen worden war, galt Hilberts letzte physikalische Arbeit,[83] die er – damals sehr leidend – im Anschluss an eine Vorlesung 1927 mit seinen beiden Mitarbeitern J. v. Neumann und L. Nordheim herausgab.[84] Es handelt sich um eine ordnende Übersicht über die verschiedenen in der Quantenmechanik gebrauchten Formalismen, wobei die Grundbegriffe klar herausgestellt werden, in den Einzelheiten aber noch genügender Spielraum für die Mannigfaltigkeit der physikalischen Notwendigkeiten bleibt. Denn die Quantenmechanik ist noch kein abgeschlossenes System, sondern kann jederzeit vor neue Aufgaben gestellt werden. Insofern ist diese Axiomatisierung nicht so abgeschlossen wie die früheren: sie kann es noch nicht sein. Den gesuchten allgemeinen Rahmen für die verschiedenen

---

[82] (Hilbert 1935, 238–259); *Mathematische Annalen*, 92 (1924): 1–32.

[83] Über die Grundlagen der Quantenmechanik, *Mathematische Annalen*, 98 (1928): 1–30.

[84] Schon früher beschäftigte sich mit Quantentheorie die Dissertation von Hellmuth Kneser („Untersuchungen zur Quantentheorie"), die die älteren „Quantelungsvorschriften" wesentlich klärt.

Spezialtheorien findet Hilbert darin, dass er zunächst den Begriff der Wahrscheinlichkeitsamplitude zwischen zwei gemessenen Größen durch gewisse Eigenschaften axiomatisch festlegt und dann einen Operatorenkalkül mit linearen Integraltransformationen aufbaut, in dem jedes Paar gemessener Größen durch eine gewisse „kanonische Transformation" repräsentiert wird. Der „Kern" dieser Transformation hat dann die von den Wahrscheinlichkeiten geforderten Eigenschaften und wird mit der relativen Wahrscheinlichkeitsamplitude der beiden Größen identifiziert. Durch die weitere Forderung der Realität der Wahrscheinlichkeiten wird die kanonische Transformation so weit eindeutig festgelegt, wie bei den jetzigen physikalischen Unterlagen gefordert werden kann. Das erstrebte und erreichte Ziel der Arbeit ist die reinliche Scheidung zwischen physikalischen Begriffen und mathematischem Formalismus, die Hilbert in den Veröffentlichungen der Physiker vermisst hatte.

Diese letzte Arbeit fällt bereits in eine Periode, in der sich Hilbert ganz anderen, außerordentlich tiefliegenden und schwierigen Fragen zugewandt hatte, mit denen sein Name immer verbunden bleiben wird. Wir sprechen von der Axiomatisierung der Zahlenlehre. Sie ist der notwendige Abschluss seiner axiomatisierenden Tätigkeit, denn für den axiomatischen Standpunkt ist die Hauptfrage bei jedem Axiomensystem diejenige nach der Vereinbarkeit, der Widerspruchslosigkeit des Systems. Im Bereiche der Geometrie, noch mehr der Physik, ist es erlaubt, die Widerspruchslosigkeit durch Zurückgehen auf ein übergeordnetes Gebiet zu erweisen. Da gezeigt wird, dass die Punkte der euklidischen Geometrie sich auf Grund der geometrischen Axiome so verhalten wie Tripel reeller Zahlen, kann die beliebige Anwendung der Axiome zu keinem Widerspruch führen, wenn die Arithmetik der reellen Zahlen widerspruchsfrei ist. Dies aber muss auf direktem Wege bewiesen werden, denn für die Zahlen existiert kein übergeordnetes Gebiet.

Hier erheben sich die Schwierigkeiten des Unendlichen. Hilbert wurde frühzeitig mit ihnen bekannt. Er bewunderte als junger Mensch Cantors Mengenlehre und Dedekinds „Was sind und was sollen die Zahlen?" und übte sich „als Sport", nach Kroneckers Regeln in der Theorie der algebraischen Zahlkörper die überendlichen Begriffe und Schlussweisen zu vermeiden. Die Widerspruchslosigkeit der arithmetischen Axiome ist das zweite seiner Pariser Probleme. Freilich lassen die Andeutungen des Beweiswegs die Schwierigkeiten der Aufgabe nicht erkennen. Die Lage war aber kritisch. Die Paradoxien der Mengenlehre zeigten in erschreckender Weise, dass gewisse Operationen mit dem Unendlichen, die jedermann für zulässig hielt, zu zweifellosen Widersprüchen führten. Hilbert überzeugte sich davon endgültig durch das von ihm selbst aufgestellte, nirgends aus dem Gebiete der rein mathematischen Operationen heraustretende Beispiel der widerspruchsvollen Menge aller durch Vereinigung und Selbstbelegung entstehenden Mengen. Das war die Zeit, wo Dedekind und G. Frege ihre Schriften widerriefen, wo andere, darunter Cantor, durch Ausschluss gewisser besonders kompromittierter Mengen das Ansehen der übrigen noch zu erhalten hofften. Ich erinnere mich auf der Kasseler Naturforscherversammlung 1903 einer erregten Diskussion zwischen Cantor

und L. Boltzmann, wo Boltzmann, einen Apfel in der Faust schüttelnd, Cantor
klarmachte, dass in diesem einen Apfel bereits unendlich viele Dinge mit schwer
übersehbaren Eigenschaften enthalten seien, nämlich erstens der Apfel, zweitens
die Vorstellung von dem Apfel, drittens die Vorstellung von der Vorstellung des
Apfels usw. Unterdessen war Hilbert still seinen eigenen Weg gegangen und der
Vortrag, mit dem er 1904 vor den Internationalen Kongress zu Heidelberg trat[85],
enthielt schon den Grundgedanken seiner späteren Beweistheorie, dass man nämlich die aus einem gegebenen Axiomensystem folgenden Formeln auf ihre Form
prüfen solle, dass sich dann eine gewisse Invarianz dieser Form zeigen werden
– in dem Vortrag wird mit einer „Homogenität" gearbeitet – und dass diejenigen, auf Grund des Axiomensystems unmittelbar aufzeigbaren, Formeln, die einen
Widerspruch enthalten, diese Invarianz nicht besitzen. In dem Vortrag wird, augenscheinlich unter Dedekinds Einfluss, das Unendliche selbst als einer der ersten
Begriffe eingeführt. Der Vortrag blieb damals, nach allem, was ich weiß, völlig
unverstanden, und seine Ansätze erwiesen sich auch bei genauerem Eingehen als
unzulänglich. Lange Zeit ruhte Hilberts Beschäftigung mit diesen Fragen, wenn er
sie auch mehrfach in Vorlesungen über Prinzipien der Mathematik berührt hat.
Dagegen verfolgte er mit lebhaftestem Interesse E. Zermelos mengentheoretische
Gedanken, sein Auswahlpostulat und seine Axiomatik der Mengenlehre. Auf der
anderen Seite machte er sich mit dem Logikkalkül in seinen verschiedenen Formen
bekannt, denn er hatte sogleich nach 1904 bemerkt, dass ohne eine übersichtliche
und vollständige Formalisierung der logischen Schlussweisen auf dem von ihm er-
strebten Wege nicht vorwärts zu kommen war. Auf seine eigene Stellung zu den
Ansätzen von 1904 wirft vielleicht das folgende Erlebnis einiges Licht: In den letzten Vorkriegsjahren kam ich auf einem Spaziergang mit ihm und Frau Hilbert auf
den Heidelberger Vortrag zu sprechen und äußerte mit der schönen Offenheit des
Sach-Unkundigen als eine Selbstverständlichkeit die Ansicht, dabei sei doch wohl
nichts herausgekommen. Darauf schwieg Hilbert ganz still, während Frau Hilbert
an der Form meiner Äußerung offenbar Anstoß genommen hatte und sie lachend
zurückwies. 1917 – nach Abschluss der Untersuchungen zur Relativitätstheorie –
kam Hilbert mit großer Energie auf seine alten Gedanken zurück und brachte sie
jetzt rasch zur Entfaltung, wobei ihm P. Bernays als unermüdlicher Kritiker und
Mitarbeiter zur Seite stand. Die Entwicklung erhielt aber dadurch eine besondere
Note, dass Hilbert von vornherein in Gegenstellung zu treten hatte gegen Bestrebungen, nach ganz anderen Grundsätzen die Mathematik von Widersprüchen
zu befreien. Diese Bestrebungen gingen aus von L.E.J. Brouwer und H. Weyl,
ihnen gemeinsam ist die Absicht, einen Teil der Analysis solide zu unterbauen,
den Rest zu opfern, gemeinsam ist ferner die Auffassung, dass nur die tatsächliche Konstruierbarkeit eines mathematischen Dings seine logische widerspruchsfreie
Existenz sicherstellen soll. Weyls Buch „Das Kontinuum" erschien 1918. Brouwer
hatte schon früh[86] die Anwendbarkeit des Satzes vom ausgeschlossenen Dritten

---

[85](Hilbert 1930, Anhang VII); *Verhandlungen des dritten internationalen Mathematiker-
Kongresses in Heidelberg*, 1904: 174–185.
[86]Vgl. seine akademische Antrittsrede „Intuitionisme en Formalisme" (Brouwer 1913b).

verneint bei Fragen, die eine Unendlichkeit von Dingen betreffen, und begann, ebenfalls um 1918, mit großer Kraft diejenigen Teile der Analysis aufzubauen, die ohne Anwendung dieses Satzes sich begründen lassen. Aber Hilbert lehnt jedes Opfer mathematischen Gutes ab. „Fruchtbaren Begriffsbildungen und Schlussweisen wollen wir, wo immer nur die geringste Aussicht sich bietet, sorgfältig nachspüren und sie pflegen, stützen und gebrauchsfähig machen. Aus dem Paradies, das Cantor uns geschaffen, soll uns niemand vertreiben können."[87] Zum ersten mal trat er mit seiner Theorie 1922 in Vorträgen an die Öffentlichkeit, die er in Kopenhagen und Hamburg hielt.[88] Sein Prinzip ist die „finite Einstellung", d. h. ein Operieren mit einer endlichen Anzahl von Zeichen und Formeln. Zunächst lässt sich ein elementarer Teil der Arithmetik abtrennen, bestehend aus solchen Überlegungen, in die jeweils nur eine endliche Anzahl ganzer Zahlen eingeht. Hier sind keine Axiome nötig, wir können inhaltlich mit einem einzigen Zeichen, 1, schließen. Die Schwierigkeiten beginnen aber sofort, wenn wir zu dem Bereich „aller" ganzen Zahlen übergehen, und zwar liegen sie gerade in dem Begriff „alle" und den damit zusammengehörigen der Negation und des „es gibt". An diese Stelle tritt Hilbert mit seiner bewährten axiomatischen Methode heran, indem er für die arithmetischen Begriffe (Zahlsein, Gleichheit, arithmetische Operationen usw.), aber auch für die logischen Begriffe (folgt, alle, Negation, es gibt usw.) Zeichen einführt und zwischen diesen ein System von Formeln (Axiomen) anschreibt. Er erklärt ebenso formal das Schlussschema und hat ein vollständiges Axiomensystem der Arithmetik dann, wenn sich aus dem Formelsystem durch Einsetzung und nach dem Schlussschema alle die Formeln ableiten lassen, die den, uns inhaltlich bekannten, arithmetischen Gesetzen entsprechen. Jede solche Ableitung, jeder „Beweis", besteht aus einer endlichen Anzahl untereinander geschriebener Formeln. Auf diesen Umstand gründet sich (hier kommen wir auf den Vortrag von 1904 zurück) die Methode zum Beweis der Widerspruchslosigkeit des Axiomensystems. Die widerspruchsvolle Formel (man kann ihr immer die Form $0 \neq 0$ geben) muss nämlich als Schlussglied einer endlichen Kette von Formeln erscheinen. Man gehe nun den vorgelegten „Beweis" rückwärts durch und weise aus dem formalen Charakter der einzelnen Zeilen nach, dass die widerspruchsvolle letzte Zeile nicht an sie anschließen kann. Die überzeugende Kraft des Hamburger Vortrags bestand darin, dass für ein vereinfachtes Axiomensystem der Widerspruchslosigkeitsbeweis vollkommen durchgeführt wurde. In der weiteren Entwicklung verdichtete sich das Interesse auf ein Axiom, das den Satz vom ausgeschlossenen Dritten ersetzen soll, das transfinite Axiom oder Axiom von der transfiniten Funktion, für die ich hier am besten die von Hilbert gegebene Veranschaulichung hinsetze: „Nehmen wir etwa für A das Prädikat ‚bestechlich sein', dann hätten wir unter τA einen bestimmten Mann von so unverbrächlichem Gerechtigkeitssinn zu verstehen, dass, wenn er sich als bestechlich herausstellen sollte, tatsächlich alle Menschen überhaupt

---

[87](Hilbert 1930, Anhang VIII, 274); *Mathematische Annalen*, 95 (1926): 170.

[88](Hilbert 1935, 157–177); *Abhandlungen des mathematischen Seminars der Universität Hamburg*, 1 (1922): 157–177. – Ich fasse hier mit dem Hamburger Vortrag Teile des Inhalts späterer Veröffentlichungen zusammen.

bestechlich sind."[89] Wir nannten deshalb dieses τ den „Aristides". Es kommt wesentlich darauf an, die widerspruchslose Möglichkeit des Einbaus dieses Axioms in das System der arithmetischen Axiome zu beweisen.[90] Dies ist auch im gewissen Umfang gelungen[91], allerdings noch nicht so weit, dass sich die Widerspruchslosigkeit der Arithmetik auf diesem Wege ergäbe. Aus letzterem Grund wurde in den letzten Jahren eine Erweiterung des finiten Standpunkts vorgenommen und mit ihrer Hilfe der Beweis für die Widerspruchslosigkeit der Lehre von den ganzen Zahlen tatsächlich erbracht, während die entsprechende Behandlung des Gebietes der reellen Zahlen noch aussteht.

Hilbert hat sich viel höhere Ziele gesteckt. Er ordnet Zermelos Auswahlaxiom in seine Theorie ein.[92] In einem (in den „Grundlagen" nicht abgedruckten) letzten Teil seines Vortrags „Über das Unendliche"[93] skizziert er eine kühne Schlussreihe, die mit einem Lemma über die Möglichkeit der Entscheidung jedes mathematischen Problems beginnt[94] und von da aus zu einer Darstellung der Cantorschen transfiniten Zahlen durch Variablentypen und zur Lösung des Kontinuumproblems hinleitet. Auf höhere, noch ungelöste Probleme weist tiefgreifend und wirkungsvoll sein Vortrag vor dem Internationalen Mathematiker-Kongress in Bologna hin.[95]

Aber bis zur Ausführung dieser weitreichenden Pläne wird es noch ein langer, schwerer Weg sein, besonders weil die bisherigen Veröffentlichungen nur die skizzenhafte Form von Vorträgen haben. Einen großen Schritte vorwärts bedeutet es deshalb, dass 1934 der erste Band des groß angelegten Werkes Hilbert-Bernays „Grundlagen der Mathematik" erschienen ist. Eine Darstellung der Hilbertschen Ausgestaltung des Logikkalküls ist schon 1928 herausgekommen: Hilbert-Ackermann „Grundzüge der theoretischen Logik". Die Fragen sind noch im Fluss, es sind, besonders von K. Gödel, gewichtige Einwände gegen die Beweistheorie erhoben worden. Aber Hilbert ist durchdrungen von der Überzeugung ihres endlichen Erfolgs, und jedenfalls ist sie eine Leistung von so hoher Originalität und Kraft, dass dieses Werk seines Alters zu seinen größten zählen wird[96].

In den Nachkriegsjahren hat Hilberts Vorlesungstätigkeit ein besonderes Gepräge erhalten. Von Pflichtvorlesungen und Prüfungstätigkeit hatte er sich freigemacht. So konnte er fast ausschließlich diejenigen Gebiete behandeln, die ihn

---

[89](Hilbert 1935, 183); *Mathematische Annalen*, 88 (1923): 156.

[90]In späteren Veröffentlichungen tritt an die Stelle des „Gegenbeispiels" τ das positive charakteristische Element ε.

[91]Dissertation von Wilhelm Ackermann („Begründung des ‚tertium non datur' mittels der Hilbertschen Theorie der Widerspruchsfreiheit").

[92](Hilbert 1935, 178–191); *Mathematische Annalen*, 88 (1923): 151–165.

[93]*Mathematische Annalen*, 95 (1926): 180–190.

[94]Es ist bemerkenswert, dass von einem solchen Beweis schon in dem Pariser Vortrag die Rede ist (siehe die wörtlich zitierte Stelle (Hilbert 1935, 406)).

[95](Hilbert 1930, Anhang X); *Mathematische Annalen*, 102 (1930): 1–9.

[96][Zusatz bei der Korrektur Sept. 1935.] Der vollständige Beweis der Widerspruchslosigkeit der Zahlentheorie nach Hilberts Plan ist neuerdings G. Gentzen gelungen; *Mathematische Annalen*, 112; (Gentzen 1936).

gerade unmittelbar beschäftigten, besonders also Fragen der neuesten Physik und der Grundlegung der Mathematik. Er hat seine Vorlesungstätigkeit sehr geliebt, hat sogar während schwerer Krankheit zu Hause sein Esszimmer mit 40 Stühlen zu einem Hörsaal einrichten lassen und dort gelesen. Auch seine 1930 gesetzesgemäß erfolgte Emeritierung hat an seiner Lehrtätigkeit nichts geändert. Er hat sie bis Ostern 1934 fortgesetzt. Eine neue Erscheinung bilden Vorlesungen ausgesprochen popularisierender Richtung. Vor allem aber ist zu erwähnen die dreimal gelesene „Anschauliche Geometrie", die, von Stefan Cohn-Vossen ausgearbeitet und auf den neuesten Stand der Forschung ergänzt, 1932 als Buch erschienen ist. Hier werden fast ohne Beweise, vielfach durch Demonstration am Modell, in reicher Fälle solche geometrischen Tatsachen aufgezeigt, die in tiefere Zusammenhänge einleiten können. Man nehme etwa als besonders bezeichnend den §32, Elf Eigenschaften der Kugel. Man verfolgt geradezu mit Spannung, welche Eigenschaften man da kennenlernen wird und zu welchen allgemeinen Fragestellungen sie Anlass geben. Wir Hilbertschüler aber sehen das freundliche, etwas schelmische Lächeln und hören die liebevolle Modulation der Stimme, mit der Hilbert an der Tafel gesagt hat: „*Elf* Eigenschaften der Kugel ... also *elf* Eigenschaften der Kugel." Der Grundsatz des Buches ist Vermeidung aller Systematik: Spaziergänge, kein Marsch nach einem Ziel. Es ist bemerkenswert, dass sich dieser Tendenz der ältere Hilbert mit dem so ganz anders gearteten Klein trifft.

Zum Schluss will ich eine Skizze von Hilberts Persönlichkeit geben, wie sie vor mir steht. Darin werden sich zwanglos die wenigen äußeren Ereignisse der letzten 20 Jahre einflechten lassen.

Hilbert ist ein ausgesprochener Lebenskünstler im guten Sinne des Wortes. Er hat es meisterhaft verstanden, sich immer die Verhältnisse und die Umgebung zu schaffen, die seiner Arbeit zusagen. Er ist einfach in seiner Lebensweise, aber braucht eine gewisse behäbige Ordnung. Es war erstaunlich, mit welcher Beharrlichkeit und welchem Scharfsinn er sich diese in den knappen Jahres des Kriegs und der Nachkriegszeit zu erhalten verstand.[97] Er ist in höchstem Maße Individualist und kann nicht mit fremdem Maßstab gemessen werden. Aber er ist nicht egozentrisch. Für fremde Leistungen ist er zugänglich, und trotz seines kritischen Scharfblicks gern anerkennend, gelegentlich sogar bewundernd. Er hat an allen seiner Studenten, besonders an den zu ihm kommenden jüngeren Gelehrten, jederzeit warmes Interesse genommen, und diejenigen, die er lieb gewonnen hat, vergisst er nicht. Er ist keine Kampfnatur; wo ihn aber gewichtige Anlässe zwangen hervorzutreten, hat er scharfe Waffen angewandt. Ganz schlicht im Auftreten, kennt er doch seinen Wert und weiß ihn, wo es darauf ankommt, hervorzuheben. So hat er in seinen jüngeren Jahren alle Arbeiten genau datiert, und als eine Zeitschrift ein Datum wegstrich, hat er ihr seine Mitarbeit dauernd entzogen. Von seinem Pariser Vortrag hat er einen französischen Auszug anfertigen und drucken und

---

[97]Der Krieg hat in seiner Familie keine Opfer gefordert, aber harte im Kreis seiner Freunde und Schüler.

die Exemplare vor dem Vortrag im Publikum verteilen lassen: ein zweckmäßiges
Vorgehen, das aber damals noch nicht Brauch war. Auch sein wissenschaftlicher
Stil ist einfach, ohne Schmuck, aber von selbstbewusstem Ernst. Nicht selten sind
Äußerungen des Stolzes auf ein schönes oder unerwartetes Ergebnis. Ehrungen
sind ihm in überwältigendem Maße zuteil geworden. Er hat sie gern angenommen,
aber kaum je davon gesprochen.[98] Einige Ehrungen der letzten Jahre seien genannt. Sein 60. und 70. Geburtstag waren große Feiern, die erste mehr im intimen
Kreis der Freunde und Schüler mit einer Festschrift, zu der 54 Verfasser beigesteuert haben[99], die zweite mit öffentlichen Ehren und studentischem Fackelzug. Aber
das echt Hilbertsche Gepräge verliehen beiden ein harmloser, geistreicher Humor
und ungezwungene Vergnügtheit. Am liebsten von allen Ehren, die er erhalten hat,
ist ihm und seiner Frau das Ehrenbürgerrecht seiner Vaterstadt Königsberg, das
ihm 1930 gelegentlich der dortigen Naturforscherversammlung und seines bekannten Vortrags „Naturerkennen und Logik"[100] verliehen wurde. Infolge seiner immer
auf das Größte gerichteten Leistungen ist er frühzeitig in den ehrenvollen aber gefährlichen Rang der Altmeister aufgerückt. Daher in den letzten Jahren zahlreiche
Einladungen und Reisen zu auswärtigen Vorträgen. Ein ergreifendes Zeugnis seiner
internationalen Berühmtheit und Beliebtheit haben wir auf dem Kongress in Bologna 1928 erlebt, dessen Erfolg er durch sein entschiedenes Auftreten in kritischer
Zeit gesichert hatte. Als er damals zu seinem Vortrag nach dem Katheder ging,
mühsam sich durch die Menge drängend, durch Krankheit blass, eine schmächtige
Greisengestalt, da erhob sich ein einmütiger Applaus, aus dessen Begeisterung die
innerliche Herzlichkeit und Aufrichtigkeit klar herausklang.

Der Kopf des alten Hilbert ist ungewöhnlich ausdrucksvoll. Die hohe, breite,
vorgewölbte Stirn, das schmale Gesicht und kleine Kinn kennzeichnen den geistigen Menschen. Aber der breitgespaltene, beim Lachen weit sich öffnende Mund
bezeugt einen kräftigen physischen Einschlag. Er war körperlich gewandt und hat
sich in verschiedenen LeibesÜbungen gern betätigt. Gartenarbeit ist ihm eine Erholung, er liebte Tanz und Bälle, wobei auch der ihm eigene Zug zur Galanterie
Befriedigung fand. Er hat eine ungemeine Lebensenergie, und diese hat ihn in
schwerer Gefahr gerettet. Früher von kräftiger, nur vorübergehend beeinträchtig-
ter Gesundheit[101], erkrankte er 1925 lebensgefährlich an Anämie. Er kannte seine
Krankheit und unterrichtete sich wissenschaftlich über sie. Aber er bewahrte den
Glauben an seine Wiederherstellung und arbeitete in gewohnter Weise weiter, so
viel es die körperliche Müdigkeit zuließ. Und sein Mut und seine Energie erhielten
ihn aufrecht, bis das Wunder geschah und das 1927 herausgekommene Leberprä-
parat des Amerikaners Dr. Minot – das ihm durch tätige Hilfe treuer Freunde als

---

[98]Vgl. eine Stelle des Nachrufs auf Minkowski (Hilbert 1935, 363).

[99]Die Festschrift ist nicht im Handel. Die Liste der Verfasser mit den Titeln ihrer Beiträge
befindet sich in Kapitel 14, Anhang III dieses Bandes.

[100](Hilbert 1935, 378–387); *Die Naturwissenschaften*, 18 (1930): 959–963.

[101]Im Sommer 1908, dem Jahr vor Minkowskis Tod, machte er einen ihn sehr quälenden Zustand nervöser Erschöpfung durch, der durch einen längeren Aufenthalt in einem Erholungsheim
behoben wurde.

einem der ersten zugute kam – die Genesung brachte, die nur während des Bologna-Kongresses durch einen bedenklichen Rückfall nochmals in Frage gestellt wurde. Ein unmittelbarer Ausfluss seiner Vitalität ist ein mit Humor verbundener natürlicher Frohsinn und ein unbegrenzter Optimismus, besonders in der Wissenschaft. Sein Königsberger Vortrag bringt im Anfang den Satz: „Wir haben in den letzten Jahrzehnten über die Natur reichere und tiefere Erkenntnis gewonnen als früher in ebenso vielen Jahrhunderten". Er endet mit dem berühmten – und leider auch viel missverstandenen –: „Wir müssen wissen, Wir werden wissen". Ohne solchen Optimismus kann ein Mensch nicht Hilberts grundlegende Probleme angreifen.

Hilberts Intelligenz ist überragend. Nicht nur in der Wissenschaft, sondern auf allen Gebieten des Lebens, auch denen des kleinlichsten Alltags. Wenn auch seine Urteile oft paradox klingen, sie erweisen sich in großen Fragen schließlich als richtig. Es gibt unzählige Anekdoten, in denen er als der „zerstreute Professor" erscheint. Sie sind durchweg besser als sie wahr sind. Politisch hat er abgeklärte Anschauungen, im allgemeinen hat er wohl die durch seine Abstammung aus einer guten Königsberger Beamtenfamilie gegebene Richtung beibehalten. Seine künstlerischen und literarischen Interessen sind durchschnittlich. In der Musik widerlegt er das häufig – ohne Begründung – ausgesprochene Urteil, dass Mathematiker entweder sehr oder gar nicht musikalisch seien: er übt weder selbst Musik aus noch besucht er Konzerte, aber sein sorglich gepflegtes Grammophon mit dem Schatz wertvoller Platten gewährt ihm die angenehmste Unterhaltung. Als Wissenschaftler ist er kein Fachmensch. Innerhalb der Mathematik und theoretischen Physik ist ihm Allseitigkeit eine selbstverständliche Forderung. Aber er war von früher Zeit an auch philosophischen Betrachtungen offen und ist in den letzten Jahren auch selbst mit Vorlesungen und Vorträgen über Gegenstände der allgemeinen Naturerkenntnis an die Öffentlichkeit getreten.[102] Es kam ihm dabei darauf an, einerseits auch von der Naturwissenschaft her seinen finiten Standpunkt zu begründen und andererseits die Anwendbarkeit der axiomatischen Methode auch auf diesen Gebieten deutlich zu machen. Ein Beispiel einer feinen Analyse naturwissenschaftlicher Ergebnisse ist in dem Königsberger Vortrag die Diskussion der erbbiologischen Experimente an der Fliege Drosophila.

Der Mathematiker Hilbert hat einen schwer erklärlichen Zug. Ich habe viele Fachgespräche mit ihm geführt, die er sehr liebt und in denen er sich ungezwungen und mitteilsam gibt. Soweit sie seine eigenen Arbeiten betrafen, war dabei immer nur von dem Gegenstand die Rede, der gerade zur Veröffentlichung vorbereitet wurde. Andererseits ist die Plötzlichkeit, mit der er vielfach auf ganz neue Gebiete übergesprungen ist, und die reife Form gleich der ersten Publikationen darin nur zu erklären durch eine lange Vorbereitung und Vertrautheit mit dem Gegenstand. Ich kann nicht anders als annehmen, dass dieser Prozess sich zum Teil unterbewusst vollzieht, in kurzen gelegentlichen überlegungen, vielleicht während eines Spaziergangs oder während der Gartenarbeit, dass diese Überlegungen

---

[102]Vorträge Zürich 1918 [eigentlich im September 1917 gehalten; (Hilbert 1935, 146–156); *Mathematische Annalen*, 78 (1918): 405–415], Königsberg 1930 (l.c.) und die Einleitungen verschiedener logisch-mathematischer Vorträge.

sich in einem ungewöhnlichen mathematischen Gedächtnis – das auch sonst belegbar ist – erhalten, und wenn das Interesse – viel später – sich diesem Gebiete zuwendet, plötzlich an das Licht treten. Sicher ist, dass Hilbert ununterbrochen mit mathematischen Gedanken beschäftigt ist. Das ist ein Fleiß, den man als unbewusst bezeichnen kann. Es tritt aber auch ein ehrfurchtgebietender, bewusster, echt kantischer Fleiß hinzu.

Zur Analyse der mathematischen Begabung unterscheide man einmal zwischen einer „Erfindungsgabe", die neuartige Denkgebilde erzeugt, und einer „Spürkraft", die in die Tiefen er Zusammenhänge eindringt und die vereinheitlichende Gründe findet. Dann beruht Hilberts Größe auf einer überwältigenden „Spürkraft". Alle seine Arbeiten enthalten Beispiele weithergeholter Materialien, deren innere Verwandtschaft und deren Beziehung zu dem vorgelegten Problem nur er erkennen konnte, und aus deren Zusammenschluss sein Kunstwerk erwuchs. In Bezug auf jene „Erfindungsgabe" möchte ich Minkowski höher stellen, ebenso von den klassischen Großen etwa Gauß, Galois, Riemann. An jener „Spürkraft" wird Hilbert nur von wenigen der Größten erreicht.

Man rühmt als sittlichen Wert der Mathematik, dass sie den Menschen zu strenger Wahrhaftigkeit leite. H. Scholz[103] hat in Ausdeutung Platonischer Ideen diesen Gedanken vertieft und hat den Typus des „intellektuellen Charakters" gezeichnet, das ist ein Mensch, dem pünktliches Denken so zum Wesen gehört, dass es sein Leben und Handeln dauernd entscheidend bestimmt. Ich weiß niemand, den man mit solchem Recht wie Hilbert als intellektuellen Charakter rühmen kann. Gewiss, wir wissen, die ratio ist nur ein Teil des Menschen, aber es ist derjenige Teil, der den Menschen als solchen erkennbar macht und Hilbert erscheint mir als ein Ideal der zur Weisheit erhobenen, zum Charakter durchgebildeten ratio.

---

[103]Semesterbericht aus den Seminaren Bonn und Münster Wintersemester 1933/34. [Heute bekannt als die im Jahre 1932 durch Heinrich Behnke und Otto Toeplitz gegründete Zeitschrift *Mathematische Semesterberichte*.]

Kapitel 12

Emigration (1938–1939)

12.1 Nach der Pogromnacht: Pläne zur Auswanderung

In der sogenannten Reichspogromnacht vom 9./10. November 1938 wurde in Aachen, wie in vielen anderen deutschen Städten auch, die Synagoge niedergebrannt, Geschäfte wurden geplündert, und über 70 Aachener Bürger wurden verhaftet und in die Konzentrationslager Buchenwald und Sachsenhausen verschleppt. Unter ihnen war auch ein Sohn von Ludwig Hopf, der sich für seinen Vater ausgegeben hatte (Müller-Arends 1995, 213). Otto Blumenthal blieb unbehelligt.

Bemerkenswert ist, dass er in dieser Nacht einen Gast bei sich beherbergte, den Bonner Mathematiker Otto Toeplitz. Wie dessen Tochter Eva Wohl später beschrieb (Wohl 2004, 70), war ein ehemaliger Kollege ihres Vaters, der Geologe Hans Cloos, durch die Universität vorab informiert worden, was passieren würde. Er habe daher ihren „Vater am Vorabend heimlich im Auto nach Aachen gebracht und ihn bei einem befreundeten Mathematiker versteckt". Vermutlich war Toeplitz als damaliger Vorsitzender der jüdischen Gemeinde in Bonn tatsächlich besonders gefährdet gewesen.

Am nächsten Tag, dem 11. November 1938, also am Tag des Karnevalsbeginns in Aachen, schrieben Blumenthal und Toeplitz einen gemeinsamen Geburtstagsbrief an ihren Frankfurter Kollegen Max Dehn.

Blumenthal und Otto Toeplitz an Max Dehn | Aachen, den 11.XI.1938
AB, Dehn Papers, Center for American History der University of Texas Austin

Lieber Dehn!

Diesen Brief mit dem närrischen Datum schreibe ich auch in einer recht närrischen Situation. Ich sitze zwar in meinem Zimmer und es geht mir gut, aber ich wundere mich darüber. Ich hoffe, dass auch Du Deinen 60. Geburtstag bei gutem Wohlsein in Deiner schönen Wohnung feierst, und dass Frau und Freunde

© Springer-Verlag GmbH Deutschland, ein Teil von Springer Nature 2019
D. E. Rowe und V. Felsch, *Otto Blumenthal: Ausgewählte Briefe und Schriften II*,
Mathematik im Kontext, https://doi.org/10.1007/978-3-662-58356-2_12

Dir einen Festtag bereiten. Von einem Geschenk, das Dir sehr lieb sein wird, weiss ich aus den Akten der Annalenredaktion.[1] Ich beneide und bewundere Dich, dass Du Deine erzwungene Musse so glänzend in Mathematik umsetzt, und ich wünsche Dir und der Mathematik, dass man Dir zu Deinem 70. Geburtstag noch dasselbe schreiben kann. Ich kann mir nicht viel Instinkt zuschreiben, aber damals hatte ich doch einen guten, als ich Dich zu meinem Leitfuchs erkor. Hoffentlich machen Dir auch Deine Kinder durch frohe Briefe eine Geburtstagsfreude.

Viele guten Wünsche an Dich und Deine Frau!

Dein

O. Blumenthal.

Lieber Dehn,

ich war zwei Tage bei Blumenthals. In den Gedanken, die uns bewegen, ist es wie eine Oase, der alten Zeiten zu gedenken, die den Ursprung meiner Bekanntschaft mit Ihnen bergen, und der Entwicklung, die wir seitdem jeder an sich und in unseren gegenseitigen Beziehungen gewonnen haben. Selbst die Augenblicke, in denen wir uneinig waren, erscheinen mir unter dem Gesichtswinkel von heute als Dokumente einer beneidenswerten Zeit. Und wie gern gedenke ich heute erst der Momente in unseren Gesprächen, die mir seit ältesten Zeiten stets in einem goldenen Glanz erschienen sind. Möge Ihnen von diesem Glanz, durch den Sie uns so oft erfreut haben, Erna wie mich, noch lange viel erhalten bleiben.

Für die nicht anwesende Erna und für mich selbst

in Herzlichkeit Ihr

Toeplitz.

Toeplitz wanderte Anfang 1939 nach Palästina aus. Als Blumenthal von diesen Plänen erfuhr, schrieb er an Toeplitz.

Blumenthal an Toeplitz | Aachen, den 15.XII.1938
TB, Nachlass Toeplitz, Abteilung Handschriften und Rara der Universitäts- und Landesbibliothek Bonn.

Lieber Toeplitz!

Eben habe ich durch meine Schwester die Lösung des Rätsels Ihres Schweigens erfahren. Wir gratulieren Ihnen von ganzem Herzen. Sie werden eine bedeutende Wirksamkeit haben und sicher Nützliches leisten. Denn Sie haben einen klaren, ruhigen Kopf und eine gute Gabe, auf andere klärend und beruhigend zu wirken. Wann reisen Sie, und wird Ihre Frau gleich mit Ihnen fahren? und Eva? Wenn Sie

---

[1] Gemeint ist hier vermutlich das Erscheinen der Arbeit „Über singuläre Elementarflächen und das Dehnsche Lemma II" von Ingebrigt Johansson (Oslo) in *Mathematischen Annalen*, 115 (1938): 658–669. Johansson hatte Anfang der 1930er Jahre bei Dehn in Frankfurt studiert.

über Aachen kommen, bitte, wieder ein Stelldichein am Bahnhof! Es tut uns sehr leid Sie zu verlieren.

Aber wegen des Pappus schreiben Sie mir noch vor der Abreise! Ich dränge auch weg, wenn auch bis jetzt ohne Aussicht, und da soll mich der Pappus begleiten und mir helfen.

He - Hamburg[2], der mir gestern wegen Annalen geschrieben hat, erkundigt sich sehr nach Ihnen und sagt, dass er Ihnen „eine Antwort auf einen sehr interessanten mathematischen Brief schulde".

Wie aber geht es He - Frankfurt?[3]

Beste Grüsse! Alles, alles Gute für die Zukunft von Haus zu Haus!

Ihr

O. Blumenthal.

Die Bemerkung, dass ihm der „Pappus" dabei helfen solle, Deutschland zu verlassen, bezog sich darauf, dass er begonnen hatte, sich in ein Gebiet aus der Geschichte der griechischen Mathematik einzuarbeiten, um damit vielleicht irgendwo im Ausland ein Forschungsstipendium erhalten zu können. Dabei kamen ihm natürlich seine Sprachkenntnisse sehr zugute. Er erwähnte diese Pläne drei Tage später auch in dem folgenden Brief an von Kármán. Blumenthal teilte von Kármán in diesem Brief auch mit, dass er versuchen wollte, über eine entfernte Cousine für sich und seine Frau ein Affidavit zur Einreise in die USA zu erhalten.

Blumenthal an von Kármán | Aachen, den 16.XII.1938
TB, Theodore von Kármán Papers, California Institute of Technology, Pasadena

Lieber Kármán!

Es ist schon lange her, dass ich Dir nicht geschrieben habe. Ich will gleich mit dem hauptsächlichen Zweck dieses Briefes anfangen, und kann später Persönlicheres beifügen.

Du wirst ungefähr wissen, wie es uns geht und dass auch wir Aelteren über kurz oder lang – lieber über kurz – aus Deutschland werden auswandern müssen. Das ist mir auch von obrigkeitlicher Seite offiziös in klaren Worten mitgeteilt worden. In dieser Not habe ich mich auf eine recht entfernte Cousine besonnen, die als Tochter eines um 1880 herum eingewanderten Deutschen in Amerika geboren

---

[2] Gemeint ist Erich Hecke.

[3] Gemeint ist Ernst Hellinger, ein enger Freund und Mitarbeiter von Otto Toeplitz. Er wurde am 13. November verhaftet und ins Konzentrationslager Dachau deportiert. Sechs Wochen später wurde er zwar aus dem KZ entlassen, aber unter der Bedingung, dass er das Land verließ. C.L. Siegel erinnerte sich, wie er nach seiner Entlassung völlig abgemagert aussah. „Über seine scheußlichen Erlebnisse mochte er nicht sprechen, und er hat die ihm zugefügte Kränkung niemals vergessen können" (Siegel 1966, 469). Hellinger bekam eine Stelle an der Northwestern University nördlich von Chicago und ging Februar 1939 in die USA. Er starb dort schon 1950 an Krebs.

ist. Den Namen der Dame kenne ich nicht, ich weiss aber durch ihre Tante, die ich in diesem Sommer in Deutschland kennen lernte, dass sie eine geschiedene Frau ist und in Pasadena wohnt. Der Name ihres Vaters ist Geisenheimer. Ich habe nun durch die Vermittelung der Tante mich an diese Frau gewandt (die Tante ist von mütterlicher Seite und also mit mir nicht verwandt, obwohl sie auch Geisenheimer heisst) und sie um ein Affidavit für mich und meine Frau gebeten. Dabei habe ich Dich als Referenz aufgegeben, und die Damen dringend gebeten, meine Bitte nicht von der Hand zu weisen, bevor sie Dein Urteil über mich gehört hätten. Da dies eine recht bescheidene Bitte ist, hoffe ich, dass sie Erfolg haben wird, und dass Du also eines Tages telephonisch oder schriftlich von einer Dir unbekannten Dame gebeten wirst, über mich eine Auskunft zu erteilen. Bitte, entziehe Dich diesem Wunsche nicht, sondern sag der Dame alles Schöne, was Du über mich weisst. Es ist für Dich keine Mühe und kann für mich von unschätzbarem Vorteil sein. Ein USA-Affidavit gilt hier immer als die sicherste Grundlage für die Zukunft, wenn ich auch heute gehört habe, dass diejenigen, die sich jetzt zur Einwanderung melden, die Aussicht haben, etwa im Jahre 1946 die Einwanderungserlaubnis zu bekommen. Aber mit einem Affidavit kann man wenigstens in einigen europäischen Ländern ein zeitweiliges Unterkommen finden. Sollte ich nach USA kommen, so würde ich sehr bescheiden in meinen Ansprüchen an eine Stelle sein. Ich möchte nur soviel verdienen, dass ich mit meiner Frau ohne Not leben kann. Ich denke etwa an eine Stelle als Instructor an einer kleineren Universität in einer Stadt, wo es billig ist. Aber ich denke auch sehr ernstlich daran, mir meinen Lebensunterhalt durch Unterricht in Mathematik und neueren Sprachen an einer Schule oder durch Privatunterricht in diesen Fächern zu verdienen. Du weisst ja, dass ich für neuere Sprachen wirklich recht brauchbar bin. Und wenn ich auch weder Cricket noch Baseball noch Fussball spiele, so hoffe ich doch, mich bei älteren amerikanischen Schülern in Respekt setzen zu können. Bei unseren Studenten war ich doch – das glaube ich – recht geachtet, und sicher mehr beliebt als gefürchtet.

Soviel für die Cousine mit dem unbekannten Namen. Jetzt für Dich noch folgenden Zusatz. Es giebt für Akademiker, wie Du weisst, auch die Möglichkeit, ausserhalb der Quote hineinzukommen, wenn sie nämlich eine Anstellung an einer Universität oder ähnlichen Anstalt in Händen haben. Aus diesem Grunde wäre eine Stellung als Instructor viel besser als die Schulmeisterei. Besteht nicht irgend eine Möglichkeit für einen armen alten Kerl, der doch einmal ein ganz respektierter Mathematiker war, eine solche Stelle zu bekommen? Kannst Du mir nicht darin helfen? Du siehst, dass ich keinen falschen Ehrgeiz mehr habe, sondern nur noch mit einigem Anstand unterkriechen will, bis uns vielleicht unsere Kinder unterhalten können. Was ich Dir schreibe, ist nicht ein Ausfluss trüber Laune, sondern die logische Konsequenz der Verhältnisse, und ich bitte Dich, es so ernst aufzufassen, wie ich es meine. Ich habe auch nach Australien an Carslaw geschrieben und werde noch an anderen Orten betteln gehen.

   . . .

Meiner Frau und mir geht es gesundheitlich zum Glück gut. Seit dem 12. November bin ich die Math. Annalen endgültig quitt, auch darf ich nicht mehr die Hochschulbibliothek benutzen, sodass ich ziemlich auf dem Trocknen sitze. Ich will mich jetzt mit spätgriechischer Mathematik beschäftigen. Ich glaube, dass da noch viel Interessantes zu holen ist. Toeplitz hat ab 1. Januar eine administrative Stelle an der Universität Jerusalem. Er wird dort sehr nützlich wirken können. Sommerfeld hatte am 5. 12. seinen 70. Geburtstag und ist seiner Bedeutung entsprechend gefeiert worden.

Wie geht es Dir? Wie geht es vor allem Deiner verehrten Mutter? Schreibe mir doch, bitte, bald einmal, auch wenn die Cousine nicht anrufen sollte! Es wird verflucht einsam um uns, und man sehnt sich nach freundlicher Ansprache.

Beste Grüsse von Haus zu Haus und besten Dank im voraus!

Dein

O. Blumenthal.

Ebenso eindringlich und verzweifelt ist Blumenthals Bitte um Hilfe in einem Brief an Hermann Weyl. Einen Auszug aus diesem Brief verschickte er auch an einige andere Kollegen im Ausland.

Die Herstellung der Kopien war ziemlich mühsam. Am 7. Januar 1939 notierte er in seinem Tagebuch: „Vormittags Lebenslauf verfasst. 11 Uhr Frau Brussow, die vorher auf der Bibliothek einige fehlende Angaben zu dem Schriftenverzeichnis eingeholt hat.[4] Bis 14 Uhr Schriftenverzeichnis und Lebenslauf ins Reine geschrieben. Nachmittags auf Frau Hopfs Maschine den Brief an Weyl unter Malis Diktat mit 6 Durchschlägen geschrieben. Geht ziemlich gut. Abends alles korrigiert: Hundearbeit.“

Auszug eines Briefes von Blumenthal an Hermann Weyl | Aachen, den 7.I.1939 TB, Nachlass Burgers, Technische Universität Delft

...Es handelt sich um die Notwendigkeit, in der ich mich sehe, auszuwandern und um die Möglichkeiten dazu. ...Ich brauche Ihnen die allgemeine Lage nicht auseinanderzusetzen. Aber was mich persönlich anlangt, so ist wichtig, dass mir von behördlicher Seite offiziös, aber unmissverständlich baldige Auswanderung dringend nahegelegt worden ist. Das hat mich tief getroffen: ich hatte gehofft, dass meine Frau und ich, beide 62-jährig, unser Alter würden in Deutschland verbringen dürfen.

Von unseren Kindern in England schlägt sich die Tochter (27 Jahre) in London mit journalistischer Tätigkeit eben durch, der Sohn in Manchester (24 Jahre) lebt von einem kleinen scholarship der Universität und bereitet seinen Ph.D. vor. Später wird er hoffentlich als Physicochemiker in der Industrie sein Brot verdienen. Beide Kinder sind also nicht in der Lage, uns bei sich aufzunehmen und

---

[4]Otto Blumenthal durfte die Bibliothek nicht mehr benutzen.

uns durchzufüttern. Ich werde also selbst verdienen müssen. Ich habe mich deshalb bereits nach Australien (durch Carslaw) und England (durch die Kinder) gewandt, man macht mir gar keine Hoffnung. Jetzt muss ich U.S.A. versuchen, obwohl ich weiss, wieviel Menschen in gleicher Not von dort ihr Heil erwarten. … Ich habe eine nicht allzu entfernte, aber mir nur dem Namen nach bekannte Cousine, die von Geburt Amerikanerin ist, um ein Affidavit gebeten und warte auf Antwort. Wenn sie positiv ausfällt, wäre es ein wichtiger Schritt vorwärts, aber bei der lächerlichen Überfüllung der Quote müssten wir doch mehrere Jahre auf die Auswanderung warten, und so lange wird kaum Zeit sein.

Ich denke deshalb an den kürzeren Weg der akademischen Berufung. Akademische Lehrer können ja ausserhalb der Quote einwandern. Erst jetzt ist der Elektrotechniker Rüdenberg, früher Direktor bei Siemens-Schuckert in Berlin, dann bei der General Electric in London, als Professor nach Harvard berufen worden und konnte sofort einwandern.[5] Ein anderes Beispiel scheint der Statiker und Flugtechniker Reissner (früher Technische Hochschule Charlottenburg) zu sein, der in diesem Herbst in Anschluss an den Mechanik-Kongress in Cambridge (Mass.) eine Stelle in Chicago angetreten hat. Beides weiss [ich] durch eigene Berichte dieser mir befreundeten Herren. Ich will nun durchaus nicht so hoch hinaus wie sie – das würde mir nicht anstehen –, ich werde sehr zufrieden sein, wenn ich an einer kleinen Universität an einem billigen Orte etwa eine Instructorstelle bekäme, von der meine Frau und ich ganz bescheiden, aber ohne Not leben können. Ich glaube, dass ich dazu ganz gut geeignet wäre. Das Lehren war immer meine Stärke und meine Liebe. Ich kann sagen, dass ich in Aachen ein beliebter und geschätzter Dozent war. … Ich glaube auch, nicht nur didaktische, sondern auch pädagogische Fähigkeiten zu besitzen, auf die, wie ich höre, an amerikanischen Universitäten Gewicht gelegt wird. Mein Englisch wird allgemein – nicht nur von Deutschen, sondern auch von Engländern und Amerikanern – gelobt. Ich spreche, lese und schreibe es geläufig. Ich wäre auch bereit, ausser Mathematik neuere Sprachen zu unterrichten. Ich kann sowohl ein deutsches wie ein französisches Lektorat gut ausfüllen. Ich habe ja ein Buch „Principes de la théorie des fonctions entières" französisch geschrieben und habe in den letzten Jahren viele wissenschaftlich-technische Texte in Französisch und Englisch übersetzt. Auf Grund einer Tätigkeit als Sprachlehrer kann ich aber wohl kein Akademiker-Visum bekommen. Man müsste deshalb zuerst versuchen, dass ich als Mathematiker an eine Universitätsstelle komme. Dann könnte ich eventuell Sprachunterricht als Neben-Beschäftigung hinzufügen.

Ein anderer Gedanke, der sich vielleicht verwirklichen lässt, ist der eines Studienstipendiums, das allerdings mindestens 1 Jahr laufen müsste. … Ich habe auch

---

[5]Reinhold Rüdenberg (1883–1961) arbeitete ab 1908 bei der Siemens-Schuckert in Berlin und habilitierte sich 1913 an der dortigen Technischen Hochschule. 1919 heiratete er Lily Minkowski, eine Tochter Hermann Minkowskis. 1923 wurde er bei Siemens Leiter und Chefelektriker der neu gegründeten wissenschaftlichen Abteilung. Als Jude war er 1935 gezwungen, die TH Berlin und den Siemens-Konzern zu verlassen. Er ging zunächst nach London, wo er bis 1938 als beratender Ingenieur für General Electric arbeitete. Danach wanderte er in die USA aus, wo er an der Harvard University und am MIT lehrte.

einen objektiven wissenschaftlichen Grund zur Bewerbung um ein solches Stipendiums. Ich habe eine bestimmte Idee, mit der ich an das Studium der spätgriechischen Mathematik herantrete. Ich suche einen charakteristischen Unterschied der Spätzeit gegenüber der klassischen und glaube, dass er sich aufzeigen lässt: nicht nur Dekadenz, sondern eine andere Entwicklung. Das wäre nicht nur von mathematischem, sondern von kulturwissenschaftlichem Interesse. Ich will zu diesem Zweck zuerst Pappus vornehmen und dann weiter sehen. Ich möchte diese Arbeit aufnehmen, weil ich damit auch eine ausgeprägte Liebe zur Philologie verwerten kann. Ich kann noch recht anständig Griechisch und habe sogar vor nicht allzu langer Zeit im Wettstreit mit Toeplitz mich als den exakteren und weniger phantasievollen Erklärer einer mathematischen Plato-Stelle bewiesen. In Deutschland wird mir allerdings diese mathematisch-philologische Arbeit nahezu unmöglich gemacht, denn „Juden" dürfen öffentliche Bibliotheken, also auch Universitäts- und Hochschulbibliotheken nicht mehr benutzen.

Ich könnte auch eine mittlere Stelle an einer Versicherungsgesellschaft oder in dem technischen Bureau eines Flugzeugwerkes übernehmen: auf beiden Gebieten habe ich einige Erfahrung.

Sehen Sie für mich eine Aussicht, auf einem dieser Wege – akademische Berufung, Studienstipendium, mit oder ohne Affidavit – hinüberzukommen? Können Sie mir einen anderen Weg weisen? Ich weiss genau, dass wir drüben einem schweren und entsagungsvollen Leben entgegengehen. Aber wir sind arbeitsam und wenig anspruchsvoll, und ich hoffe bestimmt, dass wir noch genug Elastizität in uns haben, um uns umzustellen. Für mich wäre eine neue nutzbringende Tätigkeit eine Erlösung, denn meine bisherige Tatenlosigkeit drückt mich nieder. Jetzt haben mich auch die „Mathematischen Annalen" hinaustun müssen. In einem bescheidenen Wirkungskreis der oben angegebenen Art werde ich bestimmt noch Nützliches leisten können. Hier weiss ich nicht, wie lange ich noch bleiben kann, und allein schon diese ewige Unsicherheit reibt auf. ...

Zwei der Durchschläge dieses Briefauszugs schickte Blumenthal am nächsten Tag an Herman Frijda[6] in Amsterdam und an Jan Burgers in Delft mit den folgenden Begleitbriefen.

---

[6] Herman Frijda, Professor für Volkswirtschaftslehre und Statistik in Amsterdam, war der Vorsitzende des Academisch Steunfonds, eines akademischen Unterstützungsvereins in Amsterdam, der später mehr als zwei Jahre lang, vom Sommer 1939 bis zum Herbst 1941, den Lebensunterhalt der Blumenthals in ihrem niederländischen Exil finanzierte. Herman Frijda wurde am 3. Oktober 1944 in Auschwitz ermordet.

Otto Blumenthal an Herman Frijda | Aachen, den 8.I.1939
TB, Nachlass Burgers, Technische Universität Delft

Sehr geehrter Herr Kollege!

Professor Schouten schrieb mir, dass er Sie und das von Ihnen geleitet Komité
mit meinen Angelegenheiten befasst hat. Ich bin ihm dafür aufrichtig dankbar.
Denn ich brauche Hülfe. Ich weiss nicht, ob Sie sich meiner noch erinnern: Sie
haben mir 1934 auf Antrag von Burgers - Delft die Möglichkeit verschafft, in
Holland einige Vorträge zu halten, und ich habe Sie in der Universität aufgesucht,
um Ihnen zu danken.

Ich schicke Ihnen anliegend einen Lebenslauf und ein Schriftenverzeichnis,
dazu einen Auszug aus einem Brief, den ich kürzlich an den mir gut bekannten
Professor H. Weyl in Princeton, früher Göttingen, gerichtet habe. Obwohl er in der
Form auf amerikanische Verhältnisse zugeschnitten ist, glaube ich, dass Sie daraus
gut erkennen können, welche Pläne und Hoffnungen ich für die Zukunft habe. Am
besten passe ich sicherlich in das Lehrfach. Innerhalb dieses werde ich auch eine
untergeordnete Stelle annehmen, wenn sie nur meine Frau und mich ausreichend
ernährt. Ich werde auch jedes Land in Betracht ziehen, das ein für einen deutschen
Menschen erträgliches Klima hat.

Ich fühle mich sehr beschämt, dass ich auf fremde Hülfe angewiesen bin. Aber
Sie wissen, dass das nicht unsere Schuld ist. Für alle Bemühungen werde ich Ihnen
von Herzen dankbar sein und hoffe, dass Ihr grosser Einfluss eine Möglichkeit für
mich finden wird. Wenn Sie noch weitere Auskünfte brauchen, stehe ich Ihnen
natürlich jederzeit zur Verfügung.

Ihr sehr ergebener
O. Blumenthal.

Blumenthal an Burgers | Aachen, den 8.I.1939
TB, Nachlass Burgers, Technische Universität Delft

Lieber Herr Burgers!

Ihr Brief war uns eine grosse Freude und Beruhigung. Wir waren äusserst
besorgt um das Schicksal Ihrer Frau.[7] Nachdem Sie uns nämlich im Oktober von
der Erkrankung geschrieben hatten, haben wir ihr ein kleines Buch mit Bildern
zugeschickt. Da uns der Empfang nicht bestätigt wurde, nahmen wir an, dass Sie
vollständig durch die Pflege und die Sorgen in Anspruch genommen seien. Jetzt
schreiben Sie zum Glück, Sie seien guten Mutes. Ich glaube gern, dass Ihre Frau
eine tapfere und geduldige Patientin ist. Aber es ist für Sie alle eine furchtbare
Geduldsprobe. Ich wünsche Ihnen von Herzen, dass Ihre arme, liebe Frau bald
wieder das Bett verlassen kann, und dass die Nachwirkungen völlig verschwinden,

---

[7]Jeannette D. Burgers starb im August 1939 an Darmkrebs (Felsch 2011, 133).

und zwar rascher als Sie jetzt glauben.

Aus Achtung vor Ihrem Schicksal habe ich Sie auch bisher mit der Darstellung des meinigen verschont. Es ist auch nicht viel zu sagen. Wir haben im wesentlichen unangefochten gelebt. Dass dieses Leben aber sorgenvoll ist, sehen Sie aus dem ersten und letzten Absatz meines in Durchschlag anliegenden Briefes an Weyl. Die Hauptsorge ist natürlich der drohende Zwang zur Auswanderung. Um diese Notwendigkeit werden wir nicht herumkommen. Und in dieser Not wende ich mich auch an Ihre bewährte treue Freundschaft. Ich habe bisher an Weyl, Karman, Schouten, Polya, Harald Bohr geschrieben. Karman wird nicht viel tun: das habe ich leider schon früher erfahren. Von Weyl und Polya habe ich noch keine Nachricht. Bohr will sich für mich in Amerika und in England (bei Whitehead - Oxford) verwenden. Schouten war sehr rührig, wofür ich ihm aufrichtig dankbar bin, aber er war es in einer etwas phantastischen Weise. [Handschriftlicher Einschub: Ich möchte natürlich nicht, dass Schouten von dieser scherzhaften Kritik seiner Tätigkeit erfährt.] Er hat mich nämlich an die Universität Habana (Cuba) empfohlen, und zwar nur deshalb, weil dies eine der wenigen Universitäten sei, an die er noch niemand empfohlen habe, und weil diese Universität vor kurzem an Delft ein Gesuch um Austausch von Druckschriften gerichtet hat, von dem Schouten wohl als Rektor Kenntnis erhalten hat. Ich werde daraufhin auch eine offizielle Bewerbung nach Habana schicken, aber ich kann mir davon unmöglich etwas versprechen. Ausserdem hat Schouten aber auch an Frijda - Amsterdam geschrieben, mit dem Sie Sich ja auch 1934 meinetwegen in erfolgreiche Verbindung gesetzt haben. Das scheint mir solider als das Habana-Projekt, und ich habe heute auch selbst an Frijda geschrieben und ihm meinen Lebenslauf und ein Verzeichnis meiner Schriften eingeschickt. Ich lege Ihnen einen Durchschlag meines Briefes an ihn bei (er hat den Durchschlag des gleichen Briefes an Weyl erhalten, der auch hier beiliegt). <u>Nun möchte ich Sie herzlich bitten, dass Sie Schoutens und meine Bitten auch noch durch Ihr Wort stützen.</u> Sie haben ja 1934 bei Frijda grossen Erfolg gehabt, vielleicht hört er auch jetzt auf Sie, wo es sich um grössere und viel dringendere Dinge handelt.

Darüber hinaus wäre ich Ihnen äusserst dankbar, wenn Sie sich auch sonst überlegen wollten, welche Schritte ich noch tun kann, und ob Sie sich noch irgendwo für mich verwenden können. Meine Pläne und Hoffnungen habe ich, glaube ich, in dem Brief an Weyl so gut, wie ich kann, entwickelt. Sehr ernst ist es mir auch mit den Gedanken an Schulunterricht in Mathematik und neueren Sprachen. Wissen Sie da nicht eine Möglichkeit, etwa in den niederländischen Kolonien oder in Südafrika? An Holland selbst wage ich nicht zu denken. Sie sind doch in so manchen internationalen Ausschüssen tätig. Vielleicht haben Sie die Möglichkeit, irgendwo dort oder überhaupt im Ausland ein Wort für mich einzulegen. Wenn Sie Exemplare meines Lebenslaufs oder Schriftenverzeichnisses brauchen, kann ich sie Ihnen einschicken.

Damit füge ich den vielen Mühen, die Sie ohnehin haben, noch eine hinzu, und ich weiss, dass es keine kleine Mühe ist. Aber Sie waren mir immer so freundschaftlich gesinnt, und ich fühle mich so hilflos, dass ich doch die Bitte an Sie wagen will. Sie wissen, dass ich Ihnen innig dankbar bin und sein werde.

Unseren Kindern in England geht es unverändert. Sie sind gesund und auch zufrieden, die materiellen Umstände könnten jedoch besser sein.

Meine Frau und ich danken Ihnen sehr für das reizende Bildchen von Marion.[8] Sie ist ein sehr anziehendes kleines Persönchen und scheint sich weiter kräftig zu entwickeln. Ihre Anna ist gewiss eine vorzügliche Pflegerin ihrer Mutter mit ihrer Munterkeit, ihrer Kraft und ihrer Herzlichkeit, und sie wird auch für sich selbst in dieser Pflege reichen Lohn finden. Von Herman hoffe ich, dass er weiter so viel Lust am Zeichnen und so viel Geschick dazu hat.

Ich wünsche Ihnen, zugleich im Namen meiner Frau, recht gute Besserung Ihrer jetzigen trüben Umstände, die Sie so meisterhaft philosophisch tragen. Sagen Sie, bitte, vor allem Ihrer lieben Frau alle unsere besten Wünsche für baldige völlige Genesung! Herzliche Grüße an die Kinder.

Leben Sie recht wohl, und wenn Sie etwas für mich tun können, seien Sie meiner vollen Dankbarkeit gewiss!

Beste Grüsse!

Ihr O. Blumenthal.

———

12.2   Hoffnungen auf ein Forschungsstipendium

Am 12. Januar 1939 entwarf Otto Blumenthal ein erstes schriftliches Exposé für das von ihm geplante und schon mehrfach in seinen Briefen erwähnte Projekt zur Geschichte der griechischen Mathematik, mit dem er sich an verschiedenen ausländischen Universitäten um ein Forschungsstipendium bewerben wollte. Die folgenden Ausschnitte aus seinen Tagebuchaufzeichnungen aus dieser Zeit zeigen, wie viel Arbeit er sich mit der Herstellung und nicht zuletzt auch mit der Vervielfältigung seiner Bewerbungsunterlagen machte. Dabei fällt auf, dass Otto Blumenthal, der, wie er auch selbst sagte, fließend Englisch sprach und gerade erst jahrelang die englischen Übersetzungen für die *Zeitschrift für Angewandte Mathematik und Mechanik (ZAMM)* gemacht hatte, sich hier von seiner Tochter, die Anglistik studiert hatte und schon seit einigen Jahren in England lebte, bei der englischen Übersetzung der Texte helfen ließ. Das zeigt, wie wichtig ihm eine gute Formulierung war.

---

[8]Eine Tochter von J.M. Burgers.

Aus Blumenthals Tagebuchaufzeichnungen[9] | Aachen, 12.–29.I.1939
Nachlass Familie Blumenthal

Donnerstag, 12.1.1939. Nachmittags Konspekt meiner geplanten mathematisch-historischen Untersuchungen für den Geheimrat D. aufgesetzt und geschrieben.

Montag, 16.1.1939. Nachmittags endlich Lebenslauf und Bewerbungsschreiben auf Englisch aufgesetzt. Abends abgeschrieben und an Margrete zur Korrektur geschickt (Bahnhofbriefkasten).

Mittwoch, 18.1.1939. Morgens Brief von Margrete, die Änderungen in meinem Konspekt an den Geheimrat wünscht. Sind ganz harmlos, kommen mir aber im ersten Schrecken unmöglich vor.

Donnerstag, 19.1.1939. An dem griechisch-mathematischen Konspekt herumverbessert. Abends den Konspekt für Margrete abgeschrieben, Brief an Margrete.

Dienstag, 24.1.1939. Nachmittags schickt Margrete Übersetzungen, aber augenscheinlich ist die Sendung nicht vollständig. Abends langer Brief an Margrete.

Mittwoch, 25.1.1939. Nachmittags Brief an Margrete wegen der verlorenen Übersetzungen.

Samstag, 28.1.1939. Brief von Margrete mit teilweiser Übersetzung der „Griechischen Mathematik". Vormittags die von Margrete offen gelassenen Stellen der „Griechischen Mathematik" übersetzt. Text mit 3 Durchschlägen geschrieben. Nachmittags Brief an Weatherburn. Als Luftpostbrief zur Bahnpost gebracht. Abends deutschen Text der Griechischen Mathematik mit 2 Durchschlägen abgeschrieben. Briefe an Whitehead und Weyl. Karte an Szász.[10]

Sonntag, 29.1.1939. Den ganzen Tag Abschriften gemacht. Morgens entdeckt, dass ich kein Durchschlagpapier mehr habe, bei Hopfs welches geholt. Vormittags und noch nachmittags englischen Text der Griechischen Mathematik abgeschrieben. Nachmittags Brief nach Habana fertig. Abends Briefe an Schouten und Bohr.

Otto Blumenthal, Entwurf für ein Forschungsprojekt, 28.I.1939
Nachlass Familie Blumenthal sowie Hochschularchiv der RWTH Aachen

Contributions to the history of Greek mathematics

Immediately after having reached its climax in the second part of the 3. century B. C. Greek Geometrical Research began to decline and, as it were, died. This fact – although very interesting when viewed under the double aspect of

---

[9]Zur besseren Lesbarkeit sind hier und in den späteren Tagebuchzitaten Otto Blumenthals Abkürzungen „m" für „Margrete" und „M" für „Mali" jeweils durch die vollständigen Namen ersetzt, ohne das durch eckige Klammern zu kennzeichnen.

[10]Der ungarische Mathematiker Otto Szász war Professor in Frankfurt am Main und Privatdozent in Budapest gewesen, aber 1933 nach dem Entzug seiner Lehrerlaubnis in die USA emigriert.

science and culture – has not yet been explained satisfactorily by mathematic-historical research. It has been tried to impute it to external reasons: i.e. the decline of the States of the Diadochs. This explanation, however, cannot be the true one because as late as 100 years afterwards other branches of science e. g. Astronomy are at their height. On the other hand there have been attempts to find intrinsic reasons for this fact. One of the explanations – offered by the Dutch mathematician Dijksterhuis – is that the geometrical system had been finished and that there had been a lack of new problems. Although I think that this explanation is more to the point than the first one, yet it does not seem satisfactory to me, as there were in fact still a sufficient number of sufficiently defined problems: e.g. the general solution of cubic equations, which in the Renaissance started the new development of mathematics. Eventually, a common opinion refers to the "general fatigue of the Greek mind" and thus introduces an undefined and dangerous concept into History.

I try to prove that the decline of Greek mathematics is caused by a change in Greek philosophy which began after the perfection of the Platonic system. From their beginning Greek mathematics had been closely connected with the Greek philosophy of their time, that is, with the Theory of Cognition, of which they had formed an integrating part. This explains the prominent position and the triumphant rise of mathematics in Greece (Pythagoreans, Eleatic school, Plato). The validity of these connections has been confirmed by recent research (see e.g. Frank, „Plato und die sogenannten Pythagoräer"). With Plato Theory of Cognition reaches its climax and its turning-point and begins to decline. My assertion is that with the decline of the theory of cognition, mathematics lose their prominent position among Greek science. This is already to be seen in the transition from Plato to Aristoteles and is a striking feature of the Peripatetic School. The name of Dikaiarchos seems to be of importance in connection with this problem. At this time philosophy turns from the rational to a more emotional side. This has been proved by Werner Jäger. As in Classical Antiquity philosophy means the general outlook on life of educated people, it is plausible that this change of philosophy has been detrimental to the formerly central position of mathematics. Mathematics are no longer popular as part of the mental equipment possessed by every educated man, but become a specialised branch of science, as Zoology and Botany. As one of the branches of science they are brought into the splendid system we know (Euclid, Archimedes, Apollonius), but they are no longer Everyman's knowledge and this, to my mind, is the true reason for their sudden decline. Stoa and Epicurus and to even a higher degree the Romans are lacking in understanding for the lofty mathematics of Plato and Euclid.

This – in short – is my thesis. Recent researches (a great part of which have been done by the Bonn and Frankfurt Schools and have not yet been published) elucidating the transition from Plato to Aristoteles, will furnish me with some material for proving my thesis. For the post-Aristotelian time thorough investigations will have to be made.

A confirmation of my point of view may be seen in the fact that Greek mathematics in post-classical times have still developed, but in a different direction.

I refer to formulae for areas given by later authors that differ in essential features from the classical type. Take e.g. Heron's formula: $I^2 = s(s-a)(s-b)(s-c)$ (though some authors attribute it to Archimedes). What strikes us in this formula is the circumstance that it is concerned with the square of an area, a conception which has no geometrical meaning in the classical sense. But this extension of the classical rules is an important one because it might lead to the notion of the product of quantities of different dimensions, the lack of which seriously hampers the classical authors. Therefore it will be important to investigate the origin and progress of these formulae for areas, and related phenomena. The way is an intense study of the later Greek mathematicians (Heron, Menelaus, Pappus, Proclus), which, generally, are valued only as transmitters of informations on classical mathematics.

Therefore I shall first pursue the study of these post-classical authors in order to get a clear picture of the decline and of the new features. This, I hope, will enable me to find a definite point of view from which I can re-examine and prove the reasons for the decline. This is an extensive and difficult task as it does not only demand mathematical, but also to a great extent philosophical research, as well as philological methods. I believe to possess the necessary knowledge of language and the gift of precise philological interpretation. Because of the just mentioned difficulties it would be necessary to allow for a period of 1-2 years before any definite result can be expected. It would be essential for the work that I could use a good Greek and mathematical library.

Allgemeines Bewerbungsschreiben von Otto Blumenthal | 16.I.1939
Nachlass Familie Blumenthal

APPLICATION.

Compelled by the anti-Jewish legislation of Germany to emigrate from my native country (though I, as well as my wife and my children are of Christian (protestant) religion) I seek abroad an employment where I can turn to account my long experience as a scholar and teacher in Mathematics or my extensive knowledge of languages, especially modern ones. I have also done some work in Aerodynamics and as an actuary which might help me to work as a mathematician in an Aeroplane Factory or in the offices of an Insurance company. I could fill to satisfaction any chair for Pure or Applied Mathematics, but I should also be content with a minor employment (as assistant, instructor or lecturer) in a university or a position as master in a High School, provided the salary will secure to my wife and me a sufficient though modest living. In a university or a high school I could combine a post as teacher in Mathematics with a demonstratorship or lecturership in modern languages, especially for students of Science or Technics.

I am in perfect health. I am still carrying on my scientific work in Mathematics, especially in various parts of Analysis, but I am also engaged in some research on the history of Greek Mathematics, an account of which is to be found on the attached sheet. I believe these researches to be important and promising and I should think that a Grant or Scholarship awarded to me for a couple of years would enable me to find results, which would throw new light on the position of Mathematics after the decline of the Platonic system.

Für diese Bewerbungen übersetzte Blumenthal auch seinen Lebenslauf ins Englische. Die deutsche Fassung befand sich in den Unterlagen, die Ernst Blumenthal nach dem Krieg von Freunden aus den Niederlanden bekam. Er stellte diesen Text Arnold Sommerfeld zur Verfügung, der ihn in seinen Nachruf auf Otto Blumenthal aufnahm (Kapitel 14, Anhang IX).

12.3 Abschied von Deutschland

In den folgenden Wochen und Monaten wurde immer deutlicher, dass Otto Blumenthal keine Wahl hatte. Alle seine Bewerbungen waren ins Leere gelaufen. Auch eine Anfang April 1939 kurzfristig aufgetauchte Hoffnung, eine Stelle in Rosario in Argentinien zu bekommen, zerschlug sich zwei Wochen später wieder (Abschnitt 1.10). Die einzige Möglichkeit, die ihm am Ende blieb, um Deutschland dauerhaft zu verlassen, war ein Angebot des Akademischen Unterstützervereins der Amsterdamer Universität, zunächst einmal zusammen mit seiner Frau in einem von dem Verein eingerichteten Heim für entlassene deutsche Akademiker in der Nähe von Utrecht Unterschlupf zu finden, allerdings ohne Aussicht auf eine Arbeitserlaubnis in den Niederlanden. Das bedeutete, dass sie dort, wie er enttäuscht feststellte, würden von Wohltätigkeit leben müssen.

Das Angebot des Academisch Steunfonds hatte Blumenthal ganz wesentlich der Vermittlung von Jan Burgers zu verdanken, der sich immer wieder für ihn einsetzte, wie die folgenden Briefe aus dessen Nachlass zeigen.

Burgers an Herman Frijda | Delft, den 13.I.1939
TB, Nachlass Burgers, Technische Universität Delft

Hooggeachte Collega Fryda,

Ik zou gaarne een beroep op U willen doen ten behoeve van Professor Blumenthal uit Aken, die zich reeds tot het Academisch Steunfonds heeft gewend om hulp. Professor Blumenthal is U niet onbekend; hy is en begaafd mathematicus, die veel belangryk werk heeft gedaan – en ok veel over andere dingen dan wiskunde alleen heeft gedacht; waarschynlyk heeft Schouten U dat alreeds uitvoeriger uiteengezet.

Van collega van Dantzig vernam ik dat het Academisch Steunfonds in de eerste plaats er voor zou kunnen zorgen dat aan Professor en Mevrouw Blumenthal verblyfsvergunning in Nederland wordt verleend, en verder dat hun door een der bestaande fondsen iets zal kunnen worden toegekend, wrdoor zy beide enige tyd hier zullen kunnen leven. Daarna zal dan het verdere probleem an de orde komen van wat hy kan doen, of vaar hy verder heen zou kunnen gaan. De mogelykheden die Blumenthal zelf ziet, heeft hy U reeds uiteengezet. Misschien is er ook nog de kans dat hy jongelui – studenten of leerlingen van middelbare scholen – bylessen geeft bv. in wiskunde?

Naar ik uit vroegere brieven van Blumenthal weet is hy van joodse afkomst, doch gedoopt. Hy heeft in 1933 nar ik meen ook een tyd in arrest gezeten. Thans moet hy uit Duitsland weg.

In de hoop dat het U mogelyk is een en ander voor hem te doen, opdat hy tenminste Duitsland kan verlaten,

en U by voorbaat bedankend voor al Uw zorgen,

met vriendelyke groeten,

JMB.

———————

Blumenthal an Burgers | Aachen, den 3.II.1939
TB, Nachlass Burgers, Technische Universität Delft

Lieber Herr Burgers!

Vielen Dank für Ihre Karte! Ich wusste, dass Sie uns beistehen würden. Was Sie schreiben, klingt hoffnungsvoll. Es ist ein tröstendes Gefühl, dass hilfreiche Hände für einen am Werke sind. So warten wir den Erfolg getrost ab. Auch Weyl hat mir hoffnungsvoll geantwortet, er wollte aber erst mit Veblen sprechen. Das hängt also vorderhand alles in der Luft. Dagegen wird es Sie interessieren und wird vielleicht manche Bemühungen vereinfachen, dass meine Frau und ich Affidavits zur Einwanderung nach U.S.A. erhalten haben. Die Affidavits sind von einer Blutsverwandten (Grosskusine) in aller Form ausgestellt und werden uns also die Einreise ermöglichen, wenn wir an der Reihe sind. Dies wird aber, weil wir eine hohe Quotennummer haben, erst in mehreren Jahren der Fall sein. Unmittelbar lässt sich also mit den Affidavits nichts anfangen, vielleicht aber beeinflussen sie günstig ein Land, das uns nur vorübergehend als Zwischenstation aufnehmen will.

Geht es Ihrer lieben Frau besser? Wir hoffen es sehr. Und wie geht es der armen Frau Ehrenfest? Wir denken viel an sie. Haben Sie sie seit der Rückkehr aus Paris gesehen? Wir haben ihr geschrieben.

Beste Grüsse von Haus zu Haus!

Ihr O. Blumenthal.

———————

Blumenthal an Burgers | Aachen, den 13.III.1939
TB, Nachlass Burgers, Technische Universität Delft

Lieber Herr Burgers!

Wir haben lange nichts mehr von Ihnen gehört und möchten gern wissen, wie es Ihrer lieben Frau geht, ob sie wieder einigermassen hergestellt ist. In Ihrem letzten Brief sprachen Sie davon, dass Sie noch mit einer längeren Dauer der Krankheit rechnen. Ich möchte so sehr glauben und wünschen, dass der Verlauf kürzer und günstiger ist. Herr van Dantzig, bei dem ich mich erkundigt habe, hat mir darüber nicht geantwortet. Auch wüssten wir gern, wie es Frau Ehrenfest geht und wie sie ihren Verlust erträgt. Bitte, geben Sie uns bald Antwort auf diese Fragen, wenn es Ihnen möglich ist!

Von uns ist zunächst etwas sehr erfreuliches zu berichten. Wir haben nämlich vor einer Woche die polizeiliche Einreisegenehmigung nach Holland für meine Frau und mich erhalten. Das ist ein grosser Schritt vorwärts und wir können also hoffen, Sie in nicht allzu ferner Zeit wieder zu sehen. Der Academisch Steunfonds hat rasch und erfolgreich gearbeitet und ich habe Frijda dafür bereits sehr aufrichtig gedankt. Ich brauche nicht zu sagen, dass ich den beiden Freunden, die mir zu der Unterstützung des Steunfonds verholfen haben, nämlich Ihnen und Schouten, nicht minder dankbar bin.

Leider ist unsere Freude über diesen bedeutenden Erfolg beeinträchtigt durch die vollkommene Unsicherheit, in der wir hinsichtlich der finanziellen Fundierung unserer Existenz in Holland sind. Wir werden ja mit zusammen ungefähr 15 fl. in Ihr Land einreisen, und ob es gelingt, durch Transfer noch eine kleine Summe hinüberzubringen, ist nicht zu übersehen, und mit der Wahrscheinlichkeit kann nicht gerechnet werden. Seitens der Zentrale der Niederländischen Hilfskommitées in Berlin wird mir die Bedingung gestellt, dass ich keine bezahlte Arbeit übernehme, dafür wird uns ein „bescheidener Unterhalt zugesagt". Worin aber dieser bescheidene Unterhalt bestehen soll, das konnten wir bis jetzt nicht erfahren. Ich habe vor einer Woche an Frijda deshalb geschrieben, aber keine Antwort erhalten. In sehr lebhafter und freundlicher Weise nimmt sich Herr van Dantzig unserer Fragen an. Sie haben ja mit ihm darüber gesprochen. Er hat mir zuerst den Vorschlag gemacht, ob ich in Delft als Repetitor arbeiten wolle. Abgesehen von sonstigen Schwierigkeiten wird dieser Plan durch das Arbeitsverbot hinfällig. Wenn ich auch trotz dieses Verbotes, wie Frijda glaubt, gelegentlichen Nebenverdienst z. B. durch Privatstunden mir machen könnte, ist doch eine ständige Tätigkeit als Repetitor, durch die ich Holländern eine Konkurrenz machen würde, offenbar ausgeschlossen. Wir werden also so gut wie ausschliesslich auf das angewiesen sein, was uns der Steunfonds als Unterstützung geben wird. Danach hat sich van Dantzig bei Professor Rutters von der Vrije Universiteit Amsterdam erkundigt, hat aber keine klare Antwort erhalten können. Für wahrscheinlich hält er 75 fl. monatlich für uns beide zusammen oder als Ersatz Unterbringung und Verpflegung in dem Evangelischen Akademikerheim in Bilthoven und ein kleines Taschengeld. Da es sicher uns unmöglich sein wird, mit 75 fl. selbständige Haushaltung zu führen, müssen wir in dieses Heim ziehen. Das hat natürlich den Nachteil, dass es mir dort viel schwerer fallen wird, einen Nebenverdienst zu finden, als wenn ich in Delft wohnte. Dass es in Utrecht einige Privatstunden geben könnte, hält van Dantzig für möglich, aber nicht für sehr wahrscheinlich, und zudem ist die Entfernung von Bilthoven nach Utrecht so gross wie die von Delft nach dem Haag. Die Reise dorthin ist also bei unserem sehr geringen baren Geld höchstens zweimal wöchentlich möglich. van Dantzig schreibt auch noch von einer Unterstützung, die ich aus einem von Freudenthal verwalteten Fonds erhalten könne. Aber das scheint mir auch mehr eine Hoffnung als eine Wahrscheinlichkeit zu sein.

Das alles bedrückt uns sehr und wir wären Ihnen ungemein dankbar, wenn Sie uns beraten könnten. Können Sie nicht genau und authentisch ermitteln, wie hoch die uns in Aussicht gestellte Unterstützung des Steunfonds wirklich ist? Vielleicht haben Sie mehr Glück mit einer diesbezüglichen Anfrage als Herr van Dantzig. Was würden Sie für die minimale monatliche Summe halten, mit der wir ausserhalb des Heimes wohnen könnten? Ich bitte Sie, mich da nicht misszuverstehen: wir haben keine grundsätzliche Abneigung gegen ein Heim, im Gegenteil, für die erste Zeit wird uns ein solcher ruhiger Aufenthalt ohne tägli[che] Sorgen sehr wohltätig sein. Aber: wie lange wird uns das Heim beherbergen? Doch jedenfalls nur beschränkte Zeit. Und was dann? Giebt es nicht ein anderes Heim des Steunfonds, von dem aus es mir leichter sein würde, Nebenarbeit zu finden? Wissen Sie überhaupt etwas über das Heim in Bilthoven? Wieviel Gäste kann es fassen? Es wird doch jeder von uns ein eigenes Zimmer haben? Ich weiss nur, dass es von Doopsgezinden zur Verfügung gestellt wird, und hoffe, dass es auch von diesen geleitet wird, denn ich habe gelesen, dass Doopsgezinden etwa den englischen Quäkern entsprechen, und deren Gastlichkeit und Menschenfreundlichkeit ist in Deutschland berühmt.

Ob und was für Nebenverdienst für mich zu finden sein wird, das wird sich erst ergeben können, wenn wir drüben sind. Ich kann nur das eine sagen, dass ich nicht wählerisch sein werde, sondern jede Arbeit vornehmen werde, die irgendwie in meinen Kräften steht.

Schliesslich die folgende zusammenfassende Frage: glauben Sie, dass wir auf Grund der Zusicherung des Steunfonds es wagen können, so mittellos wie wir sein werden, nach Holland zu kommen? Denn wir haben keinerlei feste Aussicht, in absehbarer Zeit eine festere Existenz, etwa in USA, zu finden.

Ich habe Ihnen ohne Rückhalt geschrieben, im Vertrauen auf Ihre Freundschaft. Ich hoffe, dass Sie mir ebenso rückhaltlos antworten werden. Ich danke Ihnen im voraus herzlichst und aufrichtig für allen Rat und alle Hilfe.

Beste Grüsse Ihnen, Ihrer Frau und den Kindern von uns beiden!

Ich werde auch an Schouten schreiben.

Ihr O. Blumenthal.

Blumenthal an Burgers | Aachen, den 3.IV.1939
AB, Nachlass Burgers, Technische Universität Delft

Lieber Herr Burgers!

Eigentlich habe ich Ihnen nichts zu schreiben, aber ich wollte Ihnen herzlich
für Ihren letzten Brief danken und Ihnen sagen, dass wir Ihre Meinung genau
überlegt haben und uns dazu entschlossen haben, das Anerbieten des Academisch
Steunfonds mit grossem Dank anzunehmen und um Unterkommen in Bilthoven
zu bitten. Das habe ich Frijda am 17.3. geschrieben. Inzwischen habe ich mich
noch wegen einiger Einzelheiten an v. D. gewandt, der sehr hülfreich und klug
ist. – Wenn wir nur erst drüben wären! Der Abschied und die Auflösung unseres
lieben alten Haushalts fällt meiner armen Frau furchtbar schwer. Ich hoffe, Sie um
Pfingsten wiederzusehen. Wie geht es bei Ihnen? Tut das Frühjahr, das ja endlich
zu kommen scheint, Ihrer Frau gut?

Wenn Sie einmal die letzten Hefte des Philosophical Magazine in die Hand
bekommen, suchen Sie, bitte, nach einer Arbeit über Diffusion von Ernst Blumenthal. Das ist mein Sohn, der mir das Erscheinen der Arbeit angekündigt hat. Ich
konnte sie aber noch nicht einsehen, weil ich keine öffentliche Bibliothek besuchen
darf.

Viele herzliche Grüsse von Haus zu Haus!
Ihr O. Blumenthal.

––––––––––

Wegen einiger praktischer Fragen bei der Vorbereitung seiner Auswanderung
wandte sich Otto Blumenthal mit der Bitte um Rat und Informationen an seinen
Kollegen Arthur Rosenthal, der 1935 als Mathematikprofessor an der Universität
Heidelberg entlassen worden war und daraufhin schon 1936 in die Niederlande
emigrierte.

Blumenthal an Arthur Rosenthal | Aachen, den 26.IV.1939
TB, Besitz von Anastasios Diamantopoulos, Athen

Lieber Herr Rosenthal!

Herr van Dantzig teilt mir mit, dass wir uns demnächst in Holland treffen
werden, und dass Sie mit den Ausreisevorbereitungen schon weiter sind als ich.
Vielleicht sind Sie sogar schon drüben. Auf van Dantzigs Rat wende ich mich an
Sie mit der Bitte um einige Auskünfte, die ich mir direkt nicht, oder nur sehr
unvollständig, habe verschaffen können.

Ich habe durch Vermittlung des Academisch Steunfonds die Einreise-Erlaubnis
nach Holland für mich und meine Frau erhalten, ohne Arbeitserlaubnis, dagegen
mit der Zusage „eines bescheidenen Unterhalts". Ich nehme an, dass bei Ihnen die
Bedingungen ähnlich lauten. Bezüglich des Unterhalts habe ich von dem Steunfonds selbst trotz Anfrage nichts mehr erfahren. Herr van Dantzig aber hat mir

mitgeteilt, dass wir in einem Heim in Bilthoven bei Utrecht Unterkunft und Verpflegung finden sollten. Ich habe sogleich an den Vorsitzenden des Steunfonds,
Professor Frijda, geschrieben, um diese Unterkunft fest zu machen. Ist auch Ihnen
Bilthoven in Aussicht gestellt worden? Und, wenn ja, wissen Sie etwas über das
Heim? Insbesondere, ob die Zimmer dort möbliert sind, oder ob man eigene Möbel
mitbringen soll bzw. darf? Ob man verköstigt wird, oder selbst kocht? Bares Geld
scheint man nach van Dantzigs Vermutung kaum in die Hand zu bekommen.

Dieser letzte Punkt ist ausschlaggebend für die Frage, die ich Ihnen hauptsächlich zu stellen habe. Wissen Sie etwas Bestimmtes über den Transport von
Umzugsgut nach Holland? Wie muss man verfahren, um Umzugsgut zollfrei über
die Grenze zu bekommen? Von einer hiesigen Seite ist mir gesagt worden, man
müsse Zoll hinterlegen, was doch augenscheinlich unmöglich ist. Herr van Dantzig
hält das nicht für nötig, man müsse aber eine vorherige Erlaubnis einer Stelle in
Holland erwirken. Was haben Sie getan?

Weiter: Wenn die Unterkunft in dem Heim, wie ich vermute, in einem möblierten Zimmer besteht, kann man dort keine Möbel oder sonstigen Hausrat unterbringen. Andererseits soll man so viel wie möglich mitnehmen, um für spätere
Übersiedelung an einen definitiveren Wohnsitz gerüstet zu sein. Man müsste also
einen grossen Teil Sachen bei einem Spediteur unterstellen. Das ist aber eine teure
Sache, und deshalb ausgeschlossen, wenn man kein Geld in die Hand bekommt.
Welchen Ausweg aus diesem Dilemma sehen Sie?

Ich wäre Ihnen sehr dankbar, wenn Sie mir Ihre Erfahrungen zur Verfügung
stellen wollten, und ich bin natürlich gern bereit, Ihnen jetzt oder später meinerseits in jeder Hinsicht zu dienen. Ich kann etwas holländisch, was vielleicht für
uns beide von Vorteil werden könnte. Für möglichst baldige Antwort werde ich Ihnen sehr dankbar sein. Am unmittelbarsten wichtig sind mir die Auskünfte wegen
zollfreier Einfuhr und wegen Unterbringung des Gepäcks.

Beste Grüsse!

Ihr O. Blumenthal.

Am 13. Juli 1939 nahmen Otto Blumenthal und seine Frau endgültig Abschied von Deutschland. Auf einer Postkarte, die er vier Tage vorher in der Eisenbahn auf der Rückfahrt von einem Abschiedsbesuch in Frankfurt schrieb, teilte er
Burgers den Tag seiner Ankunft in den Niederlanden mit.

Blumenthal an Burgers | Aachen, den 9.VII.1939
AK, Nachlass Burgers, Technische Universität Delft

Lieber Herr Burgers!

Endlich glaube ich wirklich so weit zu sein, dass ich bald nach Holland kommen kann. Heute hat die Packerei angefangen, und am Donnerstag, 13. Juli, wollen
wir reisen. Unsere Adresse wird sein

Huize Zuilenveld

<u>Zuilen</u> Post <u>Utrecht</u>.

Dort wohnen wir auf Kosten des Protestantsch Hulpcomité. Ich habe im Andenken an Pieter Goeree schon oft über das Huize gelächelt. Hoffentlich wird es ein anständiges Huis. „Wat is een goed huis?" fragt Saartje. Gleich nach unserer Ankunft in Zuilen muss ich auch wieder abfahren. Ich soll in Lüttich am 21. auf einer Mathematiker-Versammlung vortragen. – Meine arme Frau ist furchtbar überanstrengt und wird hoffentlich in Zuilenveld Ruhe finden. – Wie geht es bei Ihnen? wann werden wir Sie sehen? Ich freue mich sehr auf Sie und alle lieben Kollegen. Aber zu einer Reise nach Delft wird das Geld nicht reichen.

Viele herzliche Grüsse! auf Wiedersehen!

Ihr O. Blumenthal.

Heben Sie mir, bitte, die Antwortkarte auf!

Die folgenden Auszüge aus Blumenthals Tagebucheinträgen vom 8. bis zum 13. Juli 1939 lassen erahnen, wie anstrengend diese etwas chaotischen Tage für ihn und seine Frau gewesen sein müssen.

**Aus Blumenthals Tagebuchaufzeichnungen | Aachen, 8.–13.VII.1939
Nachlass Familie Blumenthal**

Samstag, 8.7.1939. <u>Beginn der Packerei</u> … Mit dem frühsten Packer Hansen von Lauffs, 2 Zollbeamte, Tischler und Anstreicher für Nachbesserungen. … 11.30 Stapo, sieht Bücher nach. Packer packt bis 18 Uhr Porzellan und Bücher für Manchester und London[11], Porzellan in Kredenz und Kisten, Bücher in Papier, sehr sachverständig. Zöllner genau, aber freundlich. Abends wie gerädert. Einige Abschiedsgeschäftsbriefe. Kurz vor Mittag Anruf Tante Anna, ich soll morgen nach Frankfurt kommen. Nach Abendbrot kurzer Spaziergang + Mali. … 23.30 aus dem Haus, im Wartesaal gestumpft.

Sonntag, 9.7.1939. Ab 2.04 im leeren Abteil bis Frankfurt 6.38. Teure Reinigung am Bahnhof. Frühstück Bahnhof. Zum Friedhof. Alle Gräber in Ordnung. …Etwas wehmütiger Abschied. Teils zu Fuss zur Lindenstrasse. … 10 Uhr bis 18 Uhr bei Tante Anna, seelenlose Unterredung, Rückfahrt schöne Abendstimmung am Rhein. Viele Postkarten geschrieben. Zu Hause 0.45. Dort wird noch immer gepackt.

Montag, 10.7.1939. Grosser Packtag. … Mali sehr traurig, aber tätig. Vormittags werden durch die Herren Egener und Hansen die Lifts für London zu packen versucht, was aber nicht geht, weil sie falsch dimensioniert sind. Nachmittags werden Koffer gepackt und zollplombiert. Ein Lift für Manchester wird fertig. Vormittags Besorgungen, besonders Bank. Zwei sehr freundliche Zöllner. …Nachmittags holt die Evangelische Gemeinde Bilder ab.

---

[11]Für Blumenthals Kinder Ernst und Margrete.

Dienstag, 11.7.1939. Kisten für London und Antwerpen gepackt.[12] Nachmittags Reisegepäck. ... Abends noch einmal Krauss, sehr ernst. Die Esszimmermöbel werden von sehr hässlichen Packern der Conti für Herrn Göbbels abgeholt.

Mittwoch, 12.7.1939. Ganz scheusslicher Tag. 6 Packer. Ein Plumeau geht aufgerissen und meine Schwester weint hysterisch. Mali räumt Schubladen und Truhen aus und ist unglücklich. Der greuliche Althändler Weber kommt mitten zwischen die Packer und stört entsetzlich. Vormittags Polizei-Abmeldung und Fahrkarte geholt. Nachmittags auf der Bank. Sehr unerwartet die freudige Nachricht, dass mir meine Pension weiter bewilligt ist. 17.30 Abzug der Packer. ... 19.30 Uhr Passagiergut nach der Bahn gebracht. Beim Nachhausekommen ist das Handgepäck noch nicht gepackt, und es wird dunkel. Leider, leider Abreise auf morgen Mittag (von morgen früh) verschieben müssen. 10 Uhr zu Frau Ruer[13], wo es ganz gut ist. Meine Schwester wohnt im Hotel.

Donnerstag, 13.7.1939. 8.15 von Frau Ruer weg. Greuliche Stunden zu Hause, wo noch viel wichtiges zurückgeblieben ist. Mali versucht in letzter Stunde alte Briefe zu ordnen und wird fast wütend. 11.30 Rest Gepäck zu Lauffs gebracht. 12.15 zu Hause. Dort finden sich immer noch Reste, die irgendwie erledigt werden müssen. 12.30 am Westbahnhof. Dorthin bringt Herr Tillmann[14] im Auto zwei Schmuckstücke nach, die Mali seit gestern Abend vergebens sucht. Unschwierige Zolluntersuchung. Durch Hafeneths Vermittlung kommen Frau Ruer und meine Schwester noch auf den Bahnsteig, müssen aber vom Zug fernbleiben. Abschied von Deutschland. In Simpelveld 2 Stunden liegen geblieben, weil meine Einreise-Erlaubnis noch nicht eingetroffen ist. Mali todmüde. An Wolff telegraphiert. Ab Simpelveld 16.11. In Maastricht einen verspäteten Schnellzug aus Basel erwischt. An Utrecht 19.30. Wolff getroffen, mit ihm nach Hause, wo es aber nichts zu essen giebt. An Baron van Tuyll und an Frijda telefoniert.[15] Der Baron hat uns an der Bahn abholen wollen, was eine schreckliche Geschichte gegeben hat. Etwa 22 Uhr in Zuilenveld. Freundliche Aufnahme, etwas enttäuschende Lage. Todmüde. – Jacta est alea. Q D b v.[16]

---

[12]Die Blumenthals durften bei der Ausreise Möbel und andere Einrichtungsgegenstände mitnehmen, konnten aber nur einen kleinen Teil davon in ihrem ersten niederländischen Quartier, das nur aus einem Zimmer im Haus Zuilenveld bestand, unterbringen. Diese Sachen ließen sie bei der Aachener Spedition Lauffs zurück, die sie ihnen dann Anfang August nach Zuilenveld nachschickte. Alle übrigen Möbel, soweit sie sie behalten wollten, schickten sie erst einmal zur vorübergehenden Aufbewahrung an eine Spedition in Antwerpen. Dass Otto Blumenthal dafür die belgische Hafenstadt Antwerpen wählte, zeigt, dass er zu dieser Zeit immer noch hoffte, eine Stelle in Übersee zu finden und dorthin weiterziehen zu können. Im November ließ er die in Antwerpen untergestellten Möbel nach Delft kommen, wo er sich eine Wohnung einrichtete.

[13]Bertha Ruer, geb. Aronstein, war die Wittwe des Aachener Chemikers Rudolf Ruer, der 1933 aufgrund seiner jüdischen Herkunft von der TH entlassen wurde (Felsch 2011, 68).

[14]Der Ingenieur Leo Tillmann und seine Frau waren die Käufer des Hauses der Blumenthals.

[15]Frederik Christiaan Constantijn Baron van Tuyll van Serooskerken war der Besitzer des in der Nähe seines Schlosses gelegenen Hauses Zuilenveld, in dem die Blumenthals während der ersten drei Monate ihres Exils in den Niederlanden untergebracht waren.

[16]Quod deus bene vertat („Gott möge es zum Guten wenden").

# 12.4	Ankunft in den Niederlanden

Otto Blumenthal hatte nur wenige Tage Zeit, um sich von den Anstrengungen des Umzugs von Aachen nach Zuilenveld zu erholen, bevor er wieder für ein paar Tage auf Reisen gehen musste. Der belgische Mathematiker Lucien Godeaux hatte ihn eingeladen, an einem internationalen Kongress teilzunehmen, der vom 17. bis zum 22. Juli 1939 in Lüttich stattfand.

**Mali Blumenthal an Ernst Blumenthal | Huize Zuilenveld, den 20.VII.1939
TB, Nachlass Familie Blumenthal**

Liebster Ernst.

Ich sitze zwischen unausgepackten Koffern, die gestern kamen, in einem früheren Gartensaal mit 4 riesenhohen Fenstern. Die Möbel kommen nächste Woche, und ich bin neugierig, wie der Raum dann aussieht. Braune Dielen, dito scheußliche Tapete, kein fließendes Wasser: dagegen fließt vor unseren Fenstern die kleine Vecht vorbei, u. es kommen viele kl. Dampfer u. Frachtkähne vorbei. Der Park ist hübsch, die Gesellschaft angenehm, sehr akademisch, zwei bedeutende Juristen, ein Arzt, ein Kunsthändler, mit Frauen, auch 2 Kinder. Die Damen machen die häusliche Arbeit, ich darf mich noch etwas ausruhen, trockne nur täglich 3× Geschirr ab; beim Zimmer hilft Vater mit. …

Vater ist gestern in großer Hetze wegen der Ankunft d. Koffer und mit noch nicht fertig präpariertem Vortrag nach Lüttich gefahren, hält morgen den Vortrag u. kommt wohl Samstag wieder. Ich bin sehr froh für ihn, daß er heraus ist; er hat wirklich geschuftet die letzten Monate. …

Heute bekam ich eine Karte von Vater aus Lüttich, er schreibt, daß er in der Nähe bei feinen Leuten eingeladen ist, die dort ihr Sommerhaus haben. Heute hält er seinen Vortrag oder hat ihn schon gehalten, morgen Abend kommt er Gottseidank wieder. Dann kommt die Möbelgeschichte. Ich habe keine Ahnung, wie das werden wird und die Möbel werden sich auch wundern; zum Glück ist ein Speicher da. …

Ich schreibe bald mehr. Lieber guter Junge, ich muß hier noch viel lernen.

Mit vielen vielen Grüßen

D[eine] Mutter.

Nach der Rückkehr aus Lüttich begann Otto Blumenthal sofort, die nächste Reise vorzubereiten. Er hoffte, mit seiner Frau für ein paar Wochen nach England fahren zu können, um dort nach langer Zeit wieder einmal seine Kinder zu sehen. Das Hauptproblem dabei war, jemanden in England zu finden, der bereit war, finanziell für ihn zu bürgen.

Otto Blumenthal an Ernst Blumenthal | Zuilen, den 23.VII.1939
AB, Nachlass Familie Blumenthal

Mein lieber, guter Jung!

Vielen, vielen Dank für Deine Briefe vom 16. u. 17. Wir wollen hoffen, dass Deine guten Wünsche zu meinem Geburtstag in Erfüllung gehen. Ich habe zwei Hauptwünsche: dass Du eine Stelle bekommst und dass m [Margrete] eine geregelte Arbeit findet. ... Der Dich betreffende Wunsch ist zwar durchaus noch nicht erfüllt, aber die paar guineas, die Du jetzt verdienst, sind auch nicht zu verachten, und der Gebrauch„ den Du von dem ersten £ gemacht hast, ist wirklich rührend und hat mir nicht nur Freude, sondern wirklichen Nutzen gebracht. Denn Geld ist ein rarer Artikel. Auch bei meinem Freund Richard Oppenheim[17], den ich um fl. 30 angepumpt habe, die ich ihm aber morgen wieder zurückzahlen muss. Zum Glück hat mir Lüttich soviel eingetragen. Also nochmals herzlichsten Dank für die Wünsche und das Geschenk. Ich werde übrigens das £ bis auf weiteres nicht einwechseln, sondern als Grundstock der Englandreise zurücklegen.

Was diese Reise anlangt, so scheint mir sehr wesentlich, dass wir von irgend einem Menschen, der eine anerkannte Stellung und Vermögen hat, eine Einladung erhalten, die wir dem Konsulat vorweisen können. Sonst werden wir mit dem Visum Schwierigkeit haben, während Du die Schwierigkeit nur bei dem Immigration Officer vermutest. Würde Mr. Gribbin[18] so freundlich sein, uns eine solche Einladung zuzuschicken, mit seinem vollen Titel unterzeichnet und auf einem Briefbogen von St. Chad's Rectory? Ich werde auch Marie Hertz[19] zur Abgabe einer solchen Einladung veranlassen, halte diese aber für weniger wirkungsvoll als die des Rectors. Wirkungsvoll würde sie nur werden, wenn ein Dokument über Vermögensverhältnisse beigefügt wäre, wozu sich Marie nicht hergeben wird. – Dagegen wird unsere Wiedereinreise hier nach meinen gestrigen Erfahrungen an der belgisch-holländischen Grenze keine Schwierigkeit haben. Uns ist Aufenthalt in Holland bis zum 1. 1. 1940 gewährt und darüber eine Eintragung in dem Pass vorgenommen worden. Das genügt zur Wiedereinreise. ...

Über unser Heim ist so lange kein abschliessendes Urteil zu fällen, als unsere Möbel nicht hier sind. Die konnte ich bis jetzt nicht kommen lassen, weil ich erst die Erlaubnis zur zollfreien Einfuhr brauchte. Die habe ich jetzt und werde jetzt der Speditionsfirma Auftrag zur Absendung geben. ... Nur unsere Koffer haben wir schon, die sind am 19., eben vor meiner Abreise nach Lüttich, eingetroffen. Wir haben ein sehr grosses Zimmer 4.30 x 7.50, aus dem man durch einen Vorhang auch 2 Zimmer machen kann. Das Zimmer liegt so ebenerdig wie möglich, hat 3 grosse Fenster nach Osten und eines nach Süden, und etwa 10 m von den Ostfenstern entfernt fliesst ein Fluss, ein Mündungsarm des Rheins, die Vecht. Er fliesst

---

[17]Oppenheim lebte in Amsterdam; er und Blumenthal kannten einander seit ihrer Schulzeit in Frankfurt.

[18]Ernst Blumenthal wohnte sechs Jahre in Manchester zur Miete bei der Familie Gribbin. Mr. Gribben war Pfarrer der Gemeinde St. Chad's (Felsch 2011, 127).

[19]Eine Cousine väterlicherseits von Otto Blumenthal.

sogar anerkennenswert schnell und trägt merkwürdige Schiffe. Die Fehler des Zimmers bestehen in einer hässlichen und geflickten Tapete und einem Fussboden, der irgendwie gelenkig geworden ist, sodass einige Teile gegen die anderen kippeln. Auch ist kein fliessendes Wasser vorhanden. Die Hausbewohner sind durchaus erfreulich: 2 Juristenprofessoren, davon einer sicher eine Berühmtheit, der andere wahrscheinlich auch, beide mit Frauen, ein gescheiter Mediziner, Kinderarzt in Berlin gewesen, mit Frau und 2 netten Jungen, ein früherer Kunsthändler aus Düsseldorf mit Frau. Die Mediziner- und Kunsthändlersleute sind jünger, die Professoren in unserem Alter. Bei Tisch hat sich allmählich eine angeregte Unterhaltung eingestellt. An das Essen muss sich Mutter erst noch gewöhnen. Ich finde mich ja schnell ab. Es ist ein sehr holländisches Essen, wo Butter und Brot die grösste Rolle spielt. Das Problem „How to live well on nothing a year?"ist auch in holländischen Gelehrtenkreisen noch nicht zu allgemeiner voller Zufriedenheit gelöst.

In Lüttich war es sehr schön. Ich kam Mittwoch Abend an, früher ging es nicht wegen Lauffereien zu Zollbehörden. Man brachte mich bei einer sehr feinen Familie unter, die zur Zeit auf dem Lande in Spa wohnte, sodass ich auch dieses Bad nach 30 Jahren wiedergesehen habe. Es ist kitschig, aber die Leute waren hervorragend nett. Mein Vortrag war noch nicht fertig vorbereitet und ich hatte noch viel damit zu tun. Schliesslich ging es einigermassen am Freitag, 21.7., um 10°. Ich glaube, er hat ganz gut gefallen, wenn auch keine Diskussion danach war. Am Nachmittag war ich dann bei meinem alten Freund Victor Henri, dem Physikochemiker von Lüttich, der ein ganz grosses Tier zu sein scheint und über Bandenspektren und Schwingung der Atome im Molekül arbeitet. . . .

Am 22. abends war ich wieder hier. Es war melancholisch, so lange dicht neben der deutschen Grenze hinzufahren. Aber ich habe auch endlich die berühmte Brücke von Visé gesehen, die von den Deutschen während des Kriegs gebaut worden ist. Sie ist schön.

Lebe wohl, mein guter Jung! . . .

Viele, viele Grüsse!

Die Englandreise kam tatsächlich zustande. Am 20. August 1939 fuhren Otto und Mali Blumenthal bei herrlichem Sommerwetter zunächst nach London, wo sie von ihrer Tochter Margrete am Bahnhof Liverpoolstreet empfangen wurden, und dann am nächsten Tag weiter nach Manchester, wo ihr Sohn Ernst lebte. Ihr Aufenthalt in England wurde jedoch zunehmend von den politischen Ereignissen überschattet und schließlich vorzeitig abgebrochen. Wie sich das in Blumenthals Tagebuchaufzeichnungen niederschlägt, zeigen die folgenden Ausschnitte.

Aus Blumenthals Tagebuchaufzeichnungen | Manchester, London, Zuilenveld, 22.VIII.–1.IX.1939
Nachlass Familie Blumenthal

Dienstag, 22.8.1939. Nachricht von dem deutsch-russischen Nichtangriffspakt, recht umschmeissend.

Mittwoch, 23.8.1939. Spät Telefon mit Margrete, die dringend wünscht, dass wir abreisen.

Donnerstag, 24.8.1939. Den ganzen Tag quälende überlegung, ob und wann wir abreisen sollen. Politische Lage sehr trübe. Abends beschlossen, morgen früh zu fahren. An Margrete telegraphiert. – Bis abends spät gesessen und immer wieder Nachrichten gehört.

Freitag, 25.8.1939. Politische Nachrichten anscheinend etwas besser. – 9.45 ab London Road nach London Euston. – Beschlossen, morgen abzureisen – quand même.

Samstag, 26.8.1939. 7.45 bei Margrete, um vergessene Dinge abzuholen. Mit ihr Frühstück im Hotel, dann im Auto nach Liverpoolstreet. Nachricht, dass die Deutschen Anweisung haben, England zu verlassen. Viele Deutsche im Zug, wir allein mit einer ganz angenehmen Dame, die sich in unsere Lage versetzen kann. Auf dem Schiff viel Zerrerei mit dem vielen Gepäck, sonst sehr angenehm. In Vlissingen entsetzliche Zerrerei mit dem Gepäck, Telegramm nach Zuilenveld geschickt. Rotterdam bei nächtlicher Beleuchtung. Mit $\frac{1}{2}$-stündiger Verspätung nach Amsterdam. In Utrecht Demuth am Bahnhof. Im Haus (23.30 Uhr) noch alles zu unserem Empfang auf.

Montag, 28.8.1939. Den ganzen Tag nichts rechtes getan, Unordnung beseitigt und Radio gehört. Mobilisation in Niederland. Das Hoek van Holland-Boot geht nicht mehr. Die D-Züge nach Deutschland fallen aus.

Dienstag, 29.8.1939. Politisch keine Veränderung. Bis 15 Uhr sind die Bahnen für Militärverkehr reserviert wegen der Mobilisation.

Freitag, 1.9.1939. Beginn des zweiten Weltkriegs. – Morgens Nachricht von der Angliederung Danzigs. 10 Uhr Führerrede im Reichstag. Den Tag über ungefähr alle Stunde ans Radio gelaufen. Abends die Entscheidungen Englands und Frankreichs auf Abberufung ihrer Gesandten. Es ist entsetzlich, und die Folgen werden noch entsetzlicher sein.

Unmittelbar nach der Rückkehr aus England schrieb Blumenthal einen Brief an Burgers, in dem er ihn über den vorzeitigen Abbruch seiner Reise informierte.

Blumenthal an Burgers | Huize Zuilenveld, den 30.VIII.1939
AB, Nachlass Burgers, Technische Universität Delft

Waarde vriend,

ik heb mijne plan om met mijn vrouw 3 weken in Engeland door te brengen
en op den terugwegen een bezoek aan U te brengen, niet kunnen uitvoeren. Wij
moesten wegens de oorlogsgevaar al op laatste Zaterdag terugreisen, en als wij
het dagboot gebruikten en maar laat in den avend Delft zouden bereikt hebben en
geen tijd meer hadden, om U uit London te waarschuwen, moesten wij onmiddellijk
naar Zuilen rijden. Het is jammer en wij sijn et zeer treurig om. Wij hopen, dat
U spoedig naar Zuilen kunt komen, want ik heb nu geen geld om naar Delft te
rijden. Schrijft mij, hoe U leeft en wat uwe kinderen doen.

Neemt het niet kwalijk, dat ik U in Hollandsch schrijf. Ik moet mij in de taal
oefenen en kan mijne vrienden niet verschoonen.

Hartelijke groeten an U en uwe kinderen van mijn vrouw en mij.

Uw O. Blumenthal.

Blumenthal an Burgers | Zuilen, den 20.IX.1939
AK, Nachlass Burgers, Technische Universität Delft

Waarde Burgers,

ik ben in Amsterdam geweest en heb met Frijda gesproken. Hij heeft mij
gunstige voorwaarden beloofd en is het met mij eens, dat wij ons te Delft zullen
vestigen. Ik denk dus, dat wij (nl. mijne vrouw en ik) in het begin van de aan-
staande week naar Delft zullen komen om woning te zoeken. Ik ben zeer blij omdat
Frijda toegestemd heeft. Zou ik noch eens bij U kunnen logeren? Mijn vrouw heeft
aan Mevr. Schouten gevraagt, of zij dar logeren kan.

Ik dank U hartelijk voor Uwe vriendelijkheid en gastvrijheid en groet U en
de kinderen best. Mijn vrouw dankt Marion zeer voor de mooie bloemen die haar
zeer verheugd hebben.

Uw O. Blumenthal.

Kapitel 13

Exil und Deportation (1939–1944)

13.1   Blumenthals Jahr in Delft

Am 19. Oktober 1939 konnten die Blumenthals ihr vorübergehendes Quartier im Haus Zuilenveld verlassen und in eine richtige Wohnung nach Delft umziehen. Ihre Situation am Ende des Jahres beschrieb Otto Blumenthal in einer Silvesterkarte an David und Käthe Hilbert.

Blumenthal an K. und D. Hilbert | Delft, den 31.XII.1939
AK, Nachlass Hilbert, SUB Göttingen, 30, Nr. 59

Liebe Frau und Herr Hilbert!

Wissen Sie auf irgend einem indirekten Wege, dass wir seit Juli nicht mehr in Deutschland sind? Wir wollten Ihnen so oft schreiben, aber es ist nie geglückt. Es ist nicht leicht, eine so einschneidende Veränderung seinen besten Freunden zu berichten, und es kam auch sonst immer viel dazwischen. Aber vor Neujahr wollen wir doch noch schreiben. Zunächst das Wichtigste, die Adresse: Delft (Holland), Piet Heinstraat 49.

Wir sind hier seit 2 1/2 Monaten und haben rührend freundliche Hülfe von Schouten und anderen, mehr „angewandten" Kollegen von der hiesigen Technischen Hochschule. Arbeit habe ich leider nicht. Wir erhalten von einem Akademischen Unterstützungsausschuss eine monatliche Unterstützung, von der wir eben leben können. Es ist zum Glück billig hier. Wir haben eine praktische kleine Wohnung und haben sie mit einem Teil unserer Aachener Möbel möbliert. Andere Möbel haben die Kinder erhalten, ein Teil ist in Aachen verkauft worden. Von meinen Büchern habe ich alle wichtigen mit. Vor Delft waren wir 3 Monate mit anderen ausgewanderten Gelehrten zusammen in einem Heim bei Utrecht. Das hatte das Gute, dass wir uns nach den grossen Anstrengungen der Ausreise und ihren Vorbereitungen erst einmal ausruhen konnten, was besonders Mali sehr nötig hatte.

© Springer-Verlag GmbH Deutschland, ein Teil von Springer Nature 2019
D. E. Rowe und V. Felsch, *Otto Blumenthal: Ausgewählte Briefe und Schriften II*,
Mathematik im Kontext, https://doi.org/10.1007/978-3-662-58356-2_13

Jetzt sind wir beide frisch und können unseren kleinen Haushalt fast ohne Hilfe besorgen. Mali kocht vorzüglich und mit Liebe. Für die Ausreise hatten wir lange Zeit meine Schwester bei uns in Aachen.[1] Sie hat es nicht leicht mit uns gehabt.

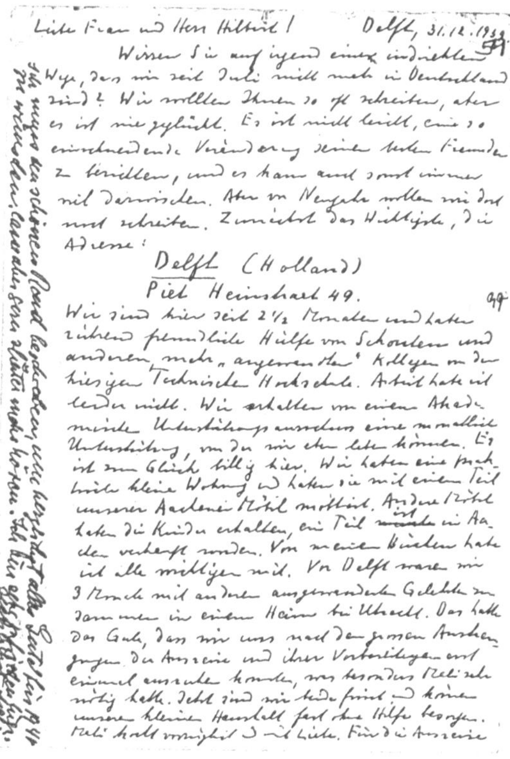

Abbildung 13.1: Blumenthals Karte von Silvester 1939 an den Hilberts (Nachlass Hilbert, SUB Göttingen)

– Noch gerade vor Kriegsausbruch hatten wir die Kinder in London und Manchester besuchen können, mussten allerdings die Reise vorzeitig abbrechen. Das war eine grosse Freude. Nun kennen wir doch wenigstens die Umgebung, in der beide leben. Es geht ihnen auch jetzt befriedigend, nur haben leider infolge des Krieges beide keine Stellung. – Wie geht es Ihnen? Ich bin schon soviel nach Ihnen gefragt worden. Hoffentlich geht es Ihnen gesundheitlich unverändert. Ihre philosophische Ruhe werden Sie ja behalten haben. Die Titeländerung auf dem letzten Annalenheft habe ich mit einigem Schmerz gesehen. Aber es ist richtig so. Für die Annalen ein einschneidendes Ereignis.

Möge es Ihnen recht, recht gut gehen im neuen Jahr und immer weiter.

Ihr O. Bl.

---

[1]Anna Storm war vom 26. März bis zum 13. Juli in Aachen (Felsch 2011, 91).

Ich muss den schönen Rand beschreiben, um herzlichst alles Gute für 1940 zu wünschen, lasse aber gern später mehr hören. Ich bin sehr zufrieden hier.

Herzlichst Mali

———————

Wenige Tage nach diesem Brief erfuhr Blumenthal, dass Ludwig Hopf in seinem irischen Exil in Dublin gestorben war. Frau Hopf bat ihn, diese Nachricht auch an von Kármán weiterzugeben. Blumenthal tat das und nutzte die Gelegenheit, in seinem Brief an von Kármán auch einen kurzen Bericht über seine eigene Lage zu geben und ihn noch einmal zu bitten, ihm bei der Suche nach einer Stelle in Amerika, auf die er noch immer hoffte, zu helfen.

Blumenthal an von Kármán | Delft, den 10.I.1940
AB, Theodore von Kármán Papers, California Institute of Technology, Pasadena

Lieber Kármán!

Ausser wegen Neujahr schreibe ich Dir aus einem traurigen Anlass. Ich bin von Frau Hopf beauftragt, Dir (und den anderen Freunden) mitzuteilen, dass der gute Hopf am 26. 12. sanft entschlafen ist. Er hatte anscheinend schon seit Jahren eine Insuffizienz der Schilddrüse, die aber so wenig Erscheinungen machte, dass sie unbeachtet blieb. Seit wenigen Monaten hatte sie sich verschlimmert, sodass Hopf sich in ärztliche Behandlung begab, und hat dann sehr plötzlich zu einem sanften Tod geführt. Hopf war im März nach Cambridge (England) ausgewandert, mit Frau und Tochter, später folgten auch seine famosen alten Schwiegereltern nach. Im Juli erhielt er glücklich und unerwartet eine Stelle als lecturer of Mathematics at Trinity College Dublin (Ireland), wo auch Schrödinger jetzt wirkt. Ewald ist nahe dabei in Belfast (Northern Ireland), allerdings durch eine politische Grenze getrennt. Hopfs und die Schwiegereltern wohnen in einem gemeinsamen Haus 65 Kenilworth Square Dublin.

Er hat im Michaelmas term Partielle Differentialgleichungen gelesen und war mit dem Erfolg zufrieden. Was jetzt aus den Hinterbliebenen werden soll? Die Frau war zu erschüttert, um selbst viel zu schreiben, und hat deshalb mich damit beauftragt. Sie bittet Dich ausdrücklich, Epstein Mitteilung zu machen. ...

Es ist ein Jammer um Hopf. Er ist seiner Familie so unentbehrlich und hätte auch nach aussen noch vieles leisten können. Er war einer der gescheitesten Menschen, die ich gekannt habe, und meiner Frau und mir ein zugetaner, hülfreicher Freund.

Jetzt zu Dir! Ich hoffe, dass Du mit den Deinen bei gutem Wohlsein bist und auch mit Deiner äusseren Lage zufrieden sein kannst. Meine Frau und ich wünschen Dir und den Deinigen herzlich alles Gute für dies neue Jahr, das sich für die Welt im allgemeinen undurchsichtig genug anlässt. Bitte, gieb uns bald Nachrichten, wie es Euch geht!

Schliesslich noch einige Nachrichten über uns. Wie Du aus dem Kopf dieses Briefes siehst, sind wir in Holland. Ich hatte Ende 1938 und Anfang 1939 an alle möglichen Stellen geschrieben, um irgendwo im Ausland Arbeit zu finden. Es war alles vergebens. Weyl schrieb zuerst sehr enthusiastisch, es war aber Weylscher Enthusiasmus, ohne Realität dahinter. Das einzige ist, dass wir Affidavits für USA bekommen haben, wobei Du ja behülflich warst. Aber die Affidavits konnten (und können) uns nichts helfen, weil unsere Quote-Nummer erst in 10 Jahren an die Reihe kommt. Einmal bot sich eine unerwartete Chance: Hadamard schlug mich nach Rosario (Argentinien) auf die neu zu gründende Stelle des Direktors des Mathematischen Instituts vor. Er war seiner Sache ganz sicher, weil er meinte, er sei allein um Vorschläge ersucht worden. Es waren aber auch Italiener gefragt worden, und nicht ich bekam die Stelle, sondern Beppo Levi, der ein Jahr älter ist als ich. – Gleichzeitig aber hatten die Holländer, Burgers und Schouten, sich bemüht, meiner Frau und mir Einreise-Erlaubnis nach Holland zu verschaffen. Dies gelang unter der Bedingung, dass ich hier keine bezahlte Arbeit verrichte, dass uns aber von einem Academic Assistance Council ein bescheidener Lebensunterhalt gesichert wird. Die ganze Einrichtung ist offiziell nur provisorisch „zur Vorbereitung weiterer Auswanderung", aber tatsächlich werden wir wohl bis auf weiteres hier bleiben können. Dieses Angebot haben wir trotz der peinlichen Arbeitsklausel nach einigem Zögern angenommen, und haben ganz augenscheinlich gut daran getan. Am 13. Juli haben wir die Grenze überschritten, Möbel und Bücher konnten wir mitnehmen, aber kein Geld und keine Wertsachen. Wir hatten dann erst eine Übergangszeit in einem Akademikerheim bei Utrecht, seit 20. Oktober haben wir eine eigene kleine Wohnung in Delft und werden von Biezeno, Burgers, Schouten aufs herzlichste aufgenommen und unterstützt, sodass wir es, trotz der kleinen Verhältnisse, gut haben.

Weisst Du, dass Burgers im August seine Frau verloren hat? Sie hatte Darmkrebs, hat aber keine Schmerzen gelitten, war 3/4 Jahre krank. Er ist sehr traurig, lässt es sich aber wenig merken. Seine drei Kinder sind prächtig, jedes in seiner Art.

Es ist eine grosse Freude, wieder an dem Leben einer T.H. teilnehmen zu können, nachdem wir seit November 1938 vollständig von aller Welt und aller Wissenschaft abgeschnitten waren. Ich weiss auch jetzt nicht, was aus den Aachener Kollegen, besonders Wieselsberger, geworden ist. Es hiess einmal, er solle nach Wien oder München versetzt werden. Auch über Krauss habe ich keine Nachricht.

. . .

Zum Schluss die Bitte, mit der jeder Brief eines Deutschen schliessen muss. Ich halte zwar in dieser Kriegszeit die Aussichten, in Amerika eine Stelle zu bekommen, für recht gering. Aber ich bin neulich von dem Vorsitzenden des Academic Assistance Council wieder danach gefragt worden, ob sich nicht für mich eine Möglichkeit in U.S.A. bieten könne, weil man hier von dem Arbeitsverbot für mich nicht abgehen will. Ich bin darauf hingewiesen worden, dass meine „Spezialisierung", Rosenthal (früher Heidelberg), der sich auch übergangsweise in Holland befindet, eine Stelle in Ann Arbor erhalten hat. Ich bitte Dich also dringend, Dich doch sehr zu bemühen, ob Du irgend etwas für mich finden kannst. Abgesehen vom finanziellen, ist überhaupt eine Existenz ohne feste Tätigkeit auf die Dauer für mich nicht tragbar. Ich empfinde schon jetzt die zunehmende Reizbarkeit, und mit Schreibtischarbeit kann ich mich über das Unbefriedigende des Zustands nicht hinwegtäuschen. Ich hoffe, dass ich noch einige Jahre Arbeit in mir habe – ich hoffe, dass es nicht vermessen ist, angesichts des Schicksals des armen Hopf solche Hoffnung zu äussern – , und ich würde jedem Institut, das mich anstellt, alle meine Kräfte hingeben, und glaube, dass es kein schlechtes Geschäft mit mir machen würde. Tu, bitte, was Du kannst! und halte mich auch über den „Markt" auf dem Laufenden, damit ich mich gegebenenfalls selbst irgendwohin melden kann! An wen würdest Du mir raten sonst noch zu schreiben? Zu Weyl habe ich einigermassen die Lust verloren.

Leb wohl, lieber Kármán, schreib mir bald! Beste Grüsse und Wünsche von Haus zu Haus!

Dein O. Blumenthal

Am 12. Februar 1940 schrieben Otto und Mali Blumenthal Geburtstagsbriefe an ihren Sohn in Manchester. Beide schrieben auf Englisch, damit die Briefe nicht durch die Zensur aufgehalten würden. Blumenthals Brief zeigt, wie sehr er sich immer noch verantwortlich fühlte, seinen Sohn bei seinem Studium in England finanziell zu unterstützen, obwohl er selber in größten finanziellen Schwierigkeiten war.

Otto Blumenthal an Ernst Blumenthal | Delft, den 12.II.1940
AB, Nachlass Familie Blumenthal

My dear boy,

just when we were in a state of utter despondency and thought that the English post had struck work and that we should not have any more letters for weeks – just then, tonight, came your good letter (p.c.) of Jan. 27. It has taken more than two weeks for its journey, which is a record up till now and will, I hope, not be beaten soon. But the fact that it did arrive after all and that it contains satisfying and reassuring news, is important and has added greatly to the tranquillity of our minds. (By the way, do not worry because my handwriting is somewhat shaky and out of order: my right little finger is frost-bitten and bandaged and is a nuisance while writing).

Now, my dear boy, first of all things I send you my heartiest wishes for your birthday. Heaven knows there is a lot of wishes I entertain for you, but do not dare to formulate for fear of the „demons". In your postcard you remember the fine days we had together in Italy and say that this was „life-as-it-ought-to-be". Well, let us hope that „life-as-it-ought-to-be" will soon be restored to this poor world in general, and to you in particular. And in the meantime, let us hope at least that you will successfully pass your Ph.D.-examination and, more important still, will find some work that you can live on. ... God speed you, my good boy, that's all I can say.

I am glad you have finished the MS of your thesis and are typewriting it now. It is a lucky coincidence that, last week, I received that money from Germany I wrote you about before Christmas. In exchange of all my stocks, valued at 13000 RM, I got fl 406 which certainly is a ridiculous sum,[2] but nevertheless, in our present situation, precious as a reserve in case of need. In particular, I am able now to send you the £ 10 for your examination fees and shall be glad to do it as soon as you ask for them. When you have grown rich, and I have not grown rich too, you may pay them back to me. Please, do not hesitate to write me as soon as you want the money! It is here safely on the post-savings-bank. ...

My translation is finished at last. On Sunday I brought it to Biezeno. At the same time mother brought a pair of bedshoes to Mrs. Biezeno. So we came like good children to their aunt and uncle, each with a self-made present. Biezeno will pay me for mine, though. Now I shall turn to the botanist's work. He has promised me fl 25.- a month from January to June and has paid the first month already. I was much astonished when I received the cheque unexpectedly. ...

And now, my darling boy, I hope you will spend a merry birthday. ...
All good wishes and love.

13.2   Briefwechsel mit Prandtl

Am 10. Mai 1940 besetzten deutsche Truppen die Niederlande. Vier Monate später, Anfang September 1940, zwangen die deutschen Besatzungsbehörden alle „jüdischen" Einwohner von Delft, die Stadt innerhalb von zwei Tagen zu verlassen. Auch die Blumenthals waren von dieser Maßnahme betroffen. Nach einem zweiwöchigen Zwischenaufenthalt in Arnheim, den ihnen der Vater von Jan Burgers, der in Arnheim wohnte, vermittelt hatte, fanden sie schließlich Unterschlupf in Utrecht. Otto Blumenthal berichtete von dieser Schikane in einem Kondolenzbrief, den er am 25. Februar 1941 an Ludwig Prandtl schrieb.

---

[2]Der Devisentransit war zu diesem Zeitpunkt mit Abgaben in Höhe von 96% belegt.

Abbildung 13.2: Ludwig Prandtl (Wikipedia)

Blumenthal an Prandtl | Utrecht, den 25.II.1941
TB, Nachlass Prandtl, Deutsches Zentrum für Luft- und Raumfahrt, Göttingen

Lieber Prandtl!

Auf einem Umweg haben wir die erschütternde Nachricht von dem Tode Deiner lieben Frau erhalten. Wir fühlen lebhaft Deinen schweren Verlust mit. Sie war Dir nicht nur eine ideale Hausfrau, sondern auch eine kluge, aufmunternde Kameradin. Ohne sie hättest Du nicht das leisten können, was Du geleistet hast. Sie hatte eine herzhafte und herzliche Art, die mir immer wohl getan hat. Ich erinnere mich mit grosser Freude des gemeinsamen Spaziergangs nach dem Kehr, den wir bei Hilberts 75. Geburtstag unternommen haben. Da hat sie uns beide, die durch Trefftz' Tod verstört waren, mit einfachsten Mitteln wieder behaglich gemacht. ...

Wenn ich Dir von uns einige Nachrichten geben soll, so sind diese leider nicht so gut, wie ich wohl wünschen würde. Wir sind vor $1\frac{1}{2}$ Jahren nach Holland gekommen und haben voriges Jahr in Delft gewohnt. Da war es sehr schön. Die Dir bekannten Freunde, die einstigen Vorsitzenden des Mechanik-Kongresses, haben uns aufs freundschaftlichste aufgenommen. Wir hatten eine bequeme kleine

Wohnung, und ich fing an, bezahlte und interessante Arbeit zu bekommen, unter anderem fanden sich die ersten Studenten, die bei mir Repetitor nahmen. Diese gute Zeit ging jäh zu Ende, als alle Ausländer im vorigen September aus gewissen Bezirken Hollands, zu denen auch Delft gehört, ausgewiesen wurden. Jetzt leben wir in Zimmer und Kammer in einer Pension in Utrecht (Adresse bei dem Datum), haben zwar auch hier angenehme und hülfreiche Bekannte, aber mit bezahlter Arbeit ist es nichts, und auch andere Arbeit ist sehr erschwert, weil ich kaum Bücher habe mitnehmen können und die hiesigen Bibliotheken schlecht bestellt sind. Es wäre unser Traum, nach Delft zurückzukehren, aber ein Gesuch, um für wenige Tage dorthin zu fahren, ist abgelehnt worden. Es wäre von höchstem Werte, wenn ich irgend eine Fürsprache bei den deutschen Behörden fände. Ich habe auch gedacht, ob Du mir helfen könntest. Dein Name ist allen Fliegern bekannt. Könntest Du mir einen freundschaftlichen Brief schreiben, in dem Du mir alles Gute wünschst und an meine Wissenschaft und mein sonstiges unsträfliches Leben erinnerst? Vielleicht könnte ein solches Schriftstück uns einmal viel nützen. Wir wären Dir beide für diesen Freundschaftsdienst herzlichst dankbar. ...

Lebe wohl, lieber Prandtl, glaube an meine aufrichtige Teilnahme, die ich Dich bitte, auch Deinen Töchtern zu übermitteln, und nimm beste Grüsse!

Dein

O. Blumenthal.

Prandtl hat Blumenthals Bitte erfüllt und ihm einen entsprechenden Brief geschickt, den dieser dann später, am 2. Juli 1942, mit großem Nachdruck und viel Hoffnung einem Bittbrief an den Kommandeur der deutschen Besatzungstruppen in den Niederlanden, den Fliegergeneral Friedrich Christiansen, beigefügt hat (Abschnitt 13.3). Leider wurde in den Nachlässen von Blumenthal und Prandtl keine Kopie dieses Schriftstücks mehr gefunden.

Im Anschluss an diesen Brief gab es einen längeren Briefwechsel, in dem Blumenthal Prandtl darum bat, ihn bei einem Gesuch an das Ministerium in Berlin zu unterstützen.

Blumenthal an Prandtl | Utrecht, den 15.IV.1941
TB, Nachlass Prandtl, Archiv der Max-Planck-Gesellschaft, Berlin

Lieber Prandtl!

Dein lieber Brief vom 27.3. hat uns grosse Freude gemacht, einerseits weil er gute Nachrichten über Dich und Deine Töchter enthält, andererseits als ein liebes Zeichen Deiner Freundschaft. Du hast u.a. meinen Wunsch zu erfüllen versucht und, wie ich glaube, geschickt und umsichtig erfüllt.

Dein Brief kam gerade zu einer Zeit, wo wir Freundschaft besonders nötig haben. Was ich damit sagen will, siehst Du aus meinem beiliegenden Gesuch an den Minister, das unsere heikele Lage ohne Uebertreibung schildert. Es liegt viel daran, dass dieses Gesuch dem Ministerium in solcher Art vorgelegt wird, dass es Beachtung findet. Wenn ich es einfach von hier aus schicke, ist sein Schicksal voraussichtlich von vorne weg besiegelt. Auch ein Weg durch einen Berliner Rechtsanwalt hat sich als ungangbar erwiesen. Nach langem Nachdenken habe ich mich davon überzeugen müssen, dass ich ausser Dir niemand habe, der mir wirksam helfen kann. Darf ich Dich um den wichtigen Dienst bitten, dass Du dieses Gesuch an den Minister schickst und eine Empfehlung beifügst? Ich weiss, dass ich Dich damit um keine kleine Gefälligkeit bitte und dass ich Deine ohnehin überbesetzte Zeit nicht unerheblich in Anspruch nehme. Aber ich werde Dir mit meiner Frau äusserst und aufrichtig dankbar sein, wenn Du uns helfen willst. Wenn Du keine Möglichkeit siehst, meine Bitte zu erfüllen, schicke mir das Gesuch, bitte, zurück!

Herzlichste Grüsse von Mali und mir!

Dein

O. Bl.

Otto Blumenthal an Prandtl | Utrecht, den 23.IV.1941
TB, Nachlass Prandtl, Archiv der Max-Planck-Gesellschaft, Berlin

Lieber Prandtl!

Ich bestätige meinen Einschreibebrief vom 15.4.

Heute war ein gut orientierter Mann, früher Professor in Berlin, bei mir, der mir sehr eindringlich sagte, dass mein Ministerialgesuch wenig Aussicht auf Erfolg habe, wenn es nur mit schriftlicher Befürwortung eingereicht werde, dass vielmehr nur eine persönliche Aussprache des Befürworters mit dem Referenten wirkungsvoll sei. Willst Du mir auch diesen Gefallen tun? Du kommst doch gewiss öfters nach Berlin, und könntest, auch wenn Deine nächste Reise dorthin erst in einiger Zeit stattfinden sollte, zuerst das Gesuch mit Befürwortung durch die Post einsenden und dabei Deinen demnächstigen persönlichen Besuch in Aussicht stellen. Es hängt für mich so viel von dem Schritte ab, dass ich auch diese Bitte an Dich riskiere.

Leider bestehen bezüglich des Sitzes des zuständigen Referenten zwei Meinungen: Mein hiesiger Gewährsmann nennt Kongresszentrale Kronprinzenufer; ein Berliner Rechtsanwalt, der einst mit der Sache befasst werden sollte, aber nicht befasst werden wollte, nannte Wilhelmstrasse 68-69 (Regierungsrat Reinmüller). Aber das wirst Du sicher auch in Göttingen bei den Rektorats- oder Kuratoriums-Sekretären ermitteln können.

Beste Grüsse und aufrichtigsten Dank von uns beiden für alle Bemühung!

Dein O. Blumenthal.

Mali Blumenthal an Prandtl | Utrecht, den 23.IV.1941
AB, Nachlass Prandtl, Archiv der Max-Planck-Gesellschaft, Berlin

Lieber Herr Prandtl.

Ich möchte mich noch selbst für Ihren Brief bedanken; ...

Die Bitte meines Mannes werden Sie hoffentlich erfüllen können, lieber Herr Prandtl; das wäre solch grosse Erleichterung und würde auch wieder Mut machen. Es ist ja traurig, dass wir nun immer die sind, die bitten müssen, und die Zahl derer, die noch helfen können, so erschreckend klein ist.

Mit vielen herzlichen Grüssen und Dank im voraus

Ihre

M. Bl.

____

Ludwig Prandtl an Otto Blumenthal | Göttingen, 28.IV.1941
TB, Nachlass Prandtl, Archiv der Max-Planck-Gesellschaft, Berlin

Lieber Blumenthal!

Deinen Eilbrief erhielt ich einen Tag nach Abgang des Gesuches nach Berlin. Ich habe nochmals dorthin geschrieben, daß mir der Sachbearbeiter benannt wird. Zunächst muß ich aber auf eine 14-tägige Dienstreise anderswohin.

Mit besten Grüßen, auch an Deine liebe Frau

Dein

L. P.

____

Blumenthal an Prandtl | Utrecht, den 2.VI.1941
TB, Nachlass Prandtl, Archiv der Max-Planck-Gesellschaft, Berlin, III. Abt., Rep. 61, Nr. 151.

Lieber Prandtl!

Als ich unsere bis 2. Juni 1941 gültigen Pässe zur Verlängerung einreichte, bekam ich die amtliche Antwort, dass uns bereits Mitte Januar die deutsche Staatsangehörigkeit aberkannt worden sei. Keine Begründung. Vorher hatte ich nichts davon gehört. Wenn ich es gewusst hätte, hätte ich Dich natürlich nicht um Unterstützung meines Ministerialgesuchs gebeten. Wie Du es jetzt mit dem angekündigten persönlichen Schritt halten willst, muss ich Dir überlassen. An sich halte ich ihn nicht für aussichtslos, auch wäre mir an dem testimonium eines angesehenen deutschen Reichsbürgers viel gelegen. Denn als Deutsche und anständige Menschen empfinden wir moralisch die Massnahme sehr tief.

Wir danken Dir nochmals herzlichst für Deine freundschaftliche Hülfsbereitschaft und für die Mühe, die Du Dir für uns gegeben hast.

Beste Grüsse an Dich und Deine Töchter von uns beiden.
Dein
O. Blumenthal.

Die Aberkennung der deutschen Staatsbürgerschaft hat Otto Blumenthal sehr getroffen. In seinem Tagebuch notierte er am 21. Mai 1941: „Brief der ‚Ein- und Ausreisestelle, dass wir im Januar der deutschen Staatsangehörigkeit verlustig erklärt' sind. Der Schlag war befürchtet, aber trifft mich sehr schwer."

Tatsächlich war er bereits am 11. Januar 1941 ausgebürgert worden. Dass ihm die Universität Göttingen schon allein aufgrund einer Ankündigung dieser Ausbürgerung am 21. Januar 1941 seinen 1898 erworbenen Doktortitel entzogen hatte (Thieler 2006, 91), hat er wahrscheinlich nie erfahren.

Prandtl an Blumenthal | Göttingen, den 14.VI.1941
TB, Nachlass Prandtl, Archiv der Max-Planck-Gesellschaft, Berlin, III. Abt., Rep. 61, Nr. 151.

Lieber Blumenthal!

Deinen Brief vom 2. Juni fand ich hier vor, als ich eben von Berlin zurückkehrte, wo ich eine Sitzung hatte und wo ich bei dieser Gelegenheit auch im Erziehungsministerium deinetwegen vorsprach. Der zuständige Referent, Dr. Reinmüller (Dienstbezeichnung habe ich mir nicht gemerkt, vielleicht Oberregierungsrat) war in Urlaub und wurde durch Oberregierungsrat Dr. Führer vertreten, der in der Sache nicht unterrichtet war. Dieser hat es aber übernommen, in der Angelegenheit Erkundigungen einzuziehen und mir Nachricht zu geben. So nebenher erfuhr ich auch, daß es eine Bestimmung gäbe, wonach ins Ausland abgewanderte nichtarische Beamte automatisch nach einer gewissen Frist ausgebürgert würden. Damit hängt wohl die freilich sehr schmerzliche Nachricht zusammen, von der Du schriebst. Hoffentlich werde ich also in einiger Zeit Günstiges melden können. Die Angelegenheit der Versorgungsbezüge hat schließlich logischerweise mit dem Besitz des Reisepasses nichts zu tun, denn es ist ja die Abgeltung von langjährigen dem Staate geleisteten Diensten!

Mit herzlichen Grüßen an Deine liebe Frau
Dein
L. P.

13.3 Blumenthal in Utrecht unter deutscher Besatzung

Das letzte Jahr der Blumenthals in Utrecht, von März 1942 bis April 1943, war geprägt von immer neuen Maßnahmen der deutschen Besatzungsbehörden, die gravierend in ihr Leben eingriffen. Eine besondere Schikane war, dass sie in diesem Zeitraum allein sechsmal gezwungen wurden, aus ihren Wohnungen auszuziehen, sodass Otto Blumenthal sich immer wieder auf verzweifelter Wohnungssuche befand, wobei das, was er in seinen Aufzeichnungen „Wohnung" nannte, oft nur einzelne Zimmer waren. Erschwert wurde die Suche dadurch, dass sie nur noch bei Juden wohnen durften.

Überhaupt wurden sie in ihren Möglichkeiten immer mehr eingeschränkt. Am 30. Juni 1942 erließ der SS-Gruppenführer und Generalleutnant der Polizei Hanns Albin Rauter eine „Verordening ter isolatie van Nederlandse Joden", die u.a. festlegte, dass sie sich ab sofort nicht mehr in Wohnungen, Gärten oder anderen der Erholung oder Entspannung dienenden Einrichtungen von Nichtjuden aufhalten durften, dass sie Läden, die nicht als jüdische Geschäfte gekennzeichnet waren, nur noch in der Zeit von 15 bis 17 Uhr betreten durften, dass sie sich von 20 bis 6 Uhr innerhalb ihrer Wohnungen aufhalten mussten und dass sie keine öffentlichen oder privaten Verkehrsmittel und keine öffentlichen Telefoneinrichtungen mehr benutzen durften.

Als besonders schlimm empfand Otto Blumenthal die erste dieser Vorschriften. Er hatte sich inzwischen in Utrecht einen Freundes- und Bekanntenkreis aufgebaut und war es gewohnt, dessen Mitglieder zu Hause zu besuchen. Das galt insbesondere für die Familie des Pastors Jan Rutger Immink und seiner Frau Gerhardina Berendina Immink, deren Haus und Garten die Blumenthals schon im Sommer 1941 während einer vierwöchigen Ferienreise der Familie Immink nach Belieben hatten benutzen dürfen. Am 3. Juli 1942, drei Tage nach dem Inkrafttreten der Verordnung, vermerkte er voll bitterer Enttäuschung in seinem Tagebuch: „Die Judenverordnung ist in der Tat so zu verstehen, dass wir Nichtjuden nicht besuchen dürfen. Scheusslich!"

Einen Tag vorher hatte er ein Gesuch an den deutschen Wehrmachtsbefehlshaber in den besetzten Niederlanden, den Fliegergeneral Friedrich Christiansen, geschrieben, in dem er darum bat, ihn und seine Frau bei einer Verlegung der in Utrecht lebenden Juden nach Amsterdam zu verschonen. Er hoffte, dass der General sich insbesondere durch den beigefügten Brief des bei den Fliegern durchaus bekannten Strömungsforschers Ludwig Prandtl würde positiv beeindrucken lassen.

Blumenthal an General Friedrich Christiansen | Utrecht, den 2.VII.1942
TB, Durchschlag, Nachlass Familie Blumenthal

Herr General!

Ich wende mich an Sie in Not mit einer Bitte um Hilfe.

Ich war 1905–1933 ordentlicher Professor der Mathematik an der Technischen Hochschule Aachen und habe den Weltkrieg als Frontkämpfer mitgemacht. Da meine Frau und ich zwar evangelischer Konfession, aber jüdischer Abstammung sind, haben wir uns im Juli 1939 entschliessen müssen, Deutschland zu verlassen. Wir sind nach Holland ausgewandert – mit der Absicht späterer Weiterwanderung nach entfernteren Ländern – und haben uns zuerst in Delft niedergelassen, wo ich durch Hülfe der mir befreundeten Professoren der Technischen Hochschule wissenschaftliche und Unterrichtstätigkeit finden wollte und auch einen hoffnungsvollen Anfang damit machte. Die Hoffnung zerschlug sich aber, als wir am 8. September 1940 aus Delft ausgewiesen wurden. Seitdem leben wir in Utrecht, wo ich anregenden wissenschaftlichen Umgang mit den hiesigen Universitätsprofessoren und auch etwas wissenschaftliche Arbeit habe.

Meine Bitte ist deshalb folgende: Da damit gerechnet werden muss, dass wir auch wieder aus Utrecht ausgewiesen und bei unserem vorgerückten Alter (wir sind beide über 65 Jahre alt) nach Amsterdam verschickt werden, bitte ich Sie, Herr General, um Ihren Beistand, dass wir von dieser Massregel verschont bleiben können.

Ich lege folgende Beweisstücke bei:

1. Anlage 1 Photokopie des um die deutsche Luftfahrt und das deutsche Flugwesen hochverdienten Leiters des Kaiser-Wilhelm-Instituts für Strömungsforschung in Göttingen, Professor L. Prandtl, aus dessen letztem, rot angestrichenem und auch noch in Abschrift angeheftetem Absatz hervorgeht, dass meine Verdienste als Hochschullehrer von diesem kompetenten Beurteiler anerkannt werden.

2. Anlage 2 Photokopie meiner Militärdienstbescheinigung. Ich habe den Weltkrieg 3 Jahre als Frontkämpfer mitgemacht und zwar die meiste Zeit als Leiter einer Feld- (Armee-) Wetterwarte, besitze EK II und Frontkämpfer-Ehrenkreuz. 1918 war ich im Flugzeugwerk der Siemens-Schuckertwerke Berlin-Siemensstadt mit der Durchrechnung von Flugzeugen beschäftigt und habe auch in den „Technischen Berichten der Flugzeugmeisterei Adlershof" eine Arbeit über den Einfluss der Drahtvorspannungen auf die Festigkeit eines Flugzeugtyps veröffentlicht.

3. Anlagen 3 und 4 Photokopien und Uebersetzungen von 2 ärztlichen Attesten, dass meine Frau an einer ausgedehnten alten Tuberkulose leidet und deshalb nicht in dicht besiedelten Quartieren woh-nen darf, und dass zweitens wegen einer psychischen Krankheit eine Ausweisung für sie gefährliche Folgen haben könnte.

Auf Grund dieser Dokumente bitte ich Sie, Herr General, meinen Fall wohlwollend prüfen und mir den erbetenen Schutz gewähren zu wollen. Es wäre hart für uns, insbesondere für meine leidende Frau, wenn wir zwangsweise Utrecht verlassen müssten, wo wir in einem sog. rusthuis (Altersheim) eine unserer geschwächten Gesundheit entsprechende Unterkunft gefunden haben.

Israel Otto Blumenthal.

Außerdem bat Blumenthal die Evangelische Gemeinde in Aachen um eine Bescheinigung über sein früheres aktives Engagement in der Gemeinde.

Blumenthal an die Evangelische Gemeinde Aachen | Utrecht, den 6.VIII.1942
TB, Durchschlag, Nachlass Familie Blumenthal

Ich bin von Herbst 1905 bis Juli 1933[3] (mit einer Unterbrechung während des Weltkriegs 1914-18) Mitglied Ihrer Gemeinde gewesen und habe zuletzt (Oktober 1933 bis Juli 1939) Beselerstrasse 22 gewohnt.

Bis 1933 bin ich mehrere Jahre Mitglied der Grösseren Gemeindevertretung gewesen, bis ich 1933 mich freiwillig nicht zur Wiederwahl gestellt habe. Ich bitte Sie um eine Bescheinigung, dass und wie lange ich dieses Amt bekleidet habe. Ich will diese gebrauchen als Nachweis, dass ich an dem geistlichen und kirchlichen Leben der Evangelischen Gemeinde Aachen teilgenommen habe. Ein solcher Nachweis wird in einer für mich äusserst wichtigen Angelegenheit von hiesigen Behörden von mir verlangt.

Ich danke im voraus verbindlich für Erfüllung meiner Bitte, und möchte die Bitte um rasche Erledigung beifügen. Etwaige Kosten wollen Sie durch Nachnahme erheben.

Professor Israel Otto Blumenthal.

Die Gemeinde reagierte sofort und bescheinigte am 10. August 1942, „daß Herr Professor Otto Blumenthal am 5. Mai 1926 in der evangelischen Kirchengemeinde Aachen zum Gemeindeverordneten gewählt worden ist und als solcher der Größeren Gemeindevertretung dieser Gemeinde bis zum 8. Januar 1933 angehört hat".

Das Gesuch an den General Christiansen blieb wirkungslos. Am 19. August 1942 erfuhr Blumenthal, dass er und seine Frau nach Amsterdam verlegt werden sollten. Die dramatischen Ereignisse der nächsten Tage spiegeln sich in den folgenden Ausschnitten aus seinen Tagebuchaufzeichnungen wider.

Aus Blumenthals Tagebuchaufzeichnungen | Utrecht, 19.VIII.–1.IX.1942
Nachlass Familie Blumenthal

Mittwoch, 19.8.1942. Eilbrief vom Joodsche Raad, sollen am Dienstag nach Amsterdam evakuiert werden.

Donnerstag, 20.8.1942. Vormittags 10 Uhr beim Joodsche Raad: allgemeine geschäftliche Ansprache in der Synagoge, Aussichten auf Befreiung denkbar

---

[3]Hier hat Otto Blumenthal sich mit der Jahreszahl vertan. Wir können davon ausgehen, dass er bis zu seiner Emigration am 13. Juli 1939 Mitglied der Gemeinde war (andernfalls würde die nachfolgende Bemerkung über seinen Wohnsitz von Oktober 1933 bis Juli 1939 keinen Sinn machen). Auch aus seinen Tagebucheinträgen vom 19. und 20. Juni und 10. Juli 1939 geht hervor, dass er in Aachen noch bis zuletzt Kontakt zu der Gemeinde hatte.

schlecht. Weiter bis 12 Uhr gewartet, um 2 Uhr wieder da. Einzelbesprechungen an 4 Tischen. Einzige Chance für Befreiung ein unmögliches ärztliches Attest. 16 Uhr bei Frau Benfey zur Bibelstunde. Rät zu einem Schritt bei der SS in Amsterdam als „Christenjood". Bei v. d. Hoeven Attest geholt. Abends Gesuch an die SS geschrieben.

Freitag, 21.8.1942. 9 Uhr Ds. Stellwag[4], Taufschein und Doopbewijzen abgeholt, bei Graetz wegen Verabredung über Schritt bei SS. Abwesend, an Frau Benfey telefoniert, rät, Papiere sofort durch Boten zu schicken. Bei Strittsche Photo Photokopien abgeholt, auf Politie Vreemdelingendienst [Fremdenpolizei] beglaubigt. Zu Hause dem Boten gegeben. Nachmittags 1). Wolff, 2). Besuch bei einem Schneider, der meine Weste haben soll, aber nicht hat, 3). Rückkehr des Boten ohne jeden Erfolg, 4). Besuch von Ds. Stellwag, 5). wichtiger Besuch von Dr. Vlot, 6). 2 verhuizer [Möbelspediteure], 7). endlich abends etwas Ruhe.

Samstag, 22.8.1942. 9 Uhr bei van Leeuwen für Abschied und wegen Attest, das er nicht ausstellen kann – wie erwartet. Bei Frau Magnus[5], die auch Evakuierungsbefehl erhalten hat. Auch Speiers[6] müssen weg. Bei Mevr. Ornstein. Bis 16.30 gearbeitet, Butterbrote mitgebracht. Ein Mädchen mit fiets [Fahrrad] will uns helfen. Beim Joodschen Raad, um dringenden Brief von Frau Rau[7] abzugeben: grosse Schwierigkeit. Während unserer Abwesenheit viel Besuch (Bouman, Klomp). Abends eine Kiste repariert, Briefe. Mali sichtet Briefe.

Sonntag, 23.8.1942. Den ganzen Tag zu Hause gepackt. Mali morgens aufgeregt, dann ruhig. – Viel willkommene Hülfe beim Packen. Gutes Einvernehmen. Bis auf Kleider und Wäsche im wesentlichen alles fertig.

Montag, 24.8.1942. Etwas Besorgungen. Zu Hause Gend & Loos gewesen, eine verkehrte Kiste mitgenommen, hinterher segensreich. Besuch der Inventarisatie, die erst für morgen erwartet wird. Auf 2 Uhr wieder zum Joodsche Raad bestellt. Donnerschlag: nicht Amsterdam, sondern Kamp Westerbork. Der alte Bodenheimer[8] weint. Zurück zu Mali, die recht ruhig bleibt. Im Agnietengesticht zu van der Hoeven wegen neuen Attestes.[9] Damit wiederum zum Joodsche Raad, gänzlich unbefriedigend. Essen in wilder Unordnung. Packen die ganze Nacht durch unter Assistenz von Miep, Glasine, Sohn Hamburger, Klomp, der ich 8 Briefe und 3 Telegramme diktiere.

---

[4] J.A.F.A. Stellwag war Pastor der Lutherischen Kirche in Utrecht.

[5] Gertraud Magnus kam ursprünglich aus München. Sie war Witwe des 1927 verstorbenen Utrechter Professors Rudolf Magnus. Blumenthals lernte sie 1940 kennen, da sie auch zum Benfey-Bibelkreis angehörte.

[6] Der Kaufmann Jacob Speier und seine Frau Bertha mussten Frankfurt am Main wegen der Judenverfolgung verlassen. Sie siedelten nach Utrecht um, wo deren Sohn Walter Unterricht von Blumenthal erhielt. Alle drei wurden 1943 in Sorbibór ermordet (Felsch 2011, 303).

[7] Elsa Rau war eine Schwester von Gertraud Magnus; beide überlebten den Zweiten Weltkrieg in Utrecht.

[8] Siegfried Bodenheimer (1868–1945) war ein Jurist, der zusammen mit seiner Frau Johanna aus Baden-Baden in die Niederlande emigrierte. Er starb einige Monate nach Otto Blumenthal in Theresienstadt.

[9] Dr. van der Hoeven schrieb, dass durch die „Überführung in ein Lager ... [Mali Blumenthals] Leben ungezweifelt in Gefahr kommt" (Felsch 2011, 395).

Dienstag, 25.8.1942. <u>Dag der blijde verrassingen</u>.[10] Die Nacht durchgepackt, 6 Uhr fertig, Miep verlässt uns, 7 Uhr Frühstück. Nach 8 Uhr Mej. v. d. Burg en Klomp. Van d. Burg hat Essgerät beim Joodsche Raad gekauft, Klomp [hat] Ds. Duyvendak nach Amsterdam Euterpestraat geschickt.[11] 9.30 die Polizei, sehr anständig, können aber nichts ändern, verweisen auf gute ärzte in Westerbork, etwas unzufrieden mit unseren 9 Stück Gepäck. Im Autobus [zum] Bahnhof Maliebaan. Dort alle Freunde. Reizende Aufnahme durch den Joodsche Raad, die heitere Ruhe verbreitet. Keine traurige Szene. Mit Stefanie Oppenheim, Buss, v. Biema, Bodenheimer zusammengesessen. 14 Uhr Abfahrt in anständigen alten deutschen Wagen. Etwas angreifendes Abschieds-Händedrücken. Nach Utrecht Centraal, dort an Fahrplan-Zug nach Amersfort, Zwolle, Assen angehängt. Mali schläft fest. Blühende Heide. In Amersfort aus dem Zug gerufen: Wir sollen nach Utrecht zurück, Befehl der „Zentralstelle"!! Meistes Gepäck im Gepäckwagen nicht zu finden, muss von Westerbork morgen zurückgeschickt werden. Rasch Abschied von Freunden. Glücklich, aber zweifelhaft. Auf Bahnhof Utrecht Mej. Klomp strahlend: Ds. Duyvendak hat uns freibekommen, sie uns aus dem Zug rufen lassen. Zu Hause aufrichtige Freude. Besuch von Duyvendak, Aufklärungen. Abends Siegel vom Zimmer abgenommen. Also dürfen wir in Utrecht bleiben!!! Besuch von Stellwag. Bude, wie Räuberhöhle, kaum Nachtsachen, 22 Uhr Bett.

Mittwoch, 26.8.1942. Herrlicher, heisser Sommertag. Glücklich, wieder in der gewohnten Umgebung aufzuwachen. Fehlen uns noch 3 Kisten (bei Spediteur) und 3 Koffer (noch nicht von Westerbork zurück): Wirtin säubert das Zimmer. Früh zur Neude, um Post zurückzubestellen. An Spediteur telefoniert. Geschäfte beim Joodsche Raad. Nachmittags Brief an Frau Buss. Zur Übergabe an Dr. Perel, Begleiter des morgigen Transports gebracht. Postkarten, bis die Tinte in der Füllfeder ausgeht, und neue ist nicht da: alles in Kisten und Koffern. Die Kisten kommen zurück. Nachmittags Besuch von Mej. Klomp, abends von Mevr. Immink + Willemien. – Noch sehr müde.

Sonntag, 30.8.1942. Vor Kirche noch Besuch von Wolff. + Mali Luthersche Kerk Stellwag: „Uw wegen zijn niet mijn wegen" [eure Wege sind nicht meine Wege] (Jes. 55), leider ganz schwer verständlich. ... Unser Transport soll bereits von Westerbork nach Osten weiter sein. St[efanie] O[ppenheim] soll auf Rat des Lagerkommandanten ein Gesuch eingereicht haben, Frau Buss?

Dienstag, 1.9.1942. Mein Brief an Frau Buss kommt zurück mit Randbemerkung „Vrijdag j.l. vertrokken naar Duitschland" [vergangenen Freitag nach Deutschland verzogen].[12] Arme Leute!

---

[10]Tag der freudigen Überraschungen.

[11]In der Euterpestraat befand sich das Amsterdamer Hauptquartier des NS-Sicherheitsdienstes (SD) und der Sicherheitspolizei. Dominee G. J. Duyvendak war Pastor der Lutherischen Kirche in Utrecht. Er engagierte sich auch später mehrmals für die Blumenthals.

[12]Tatsächlich waren viele Insassen des Transports bereits am 28. August von Westerbork aus weiter nach Auschwitz deportiert und dort sofort nach ihrer Ankunft am 31. August 1942 ermordet worden, darunter (nach „Digitaal Monument Joodse Gemeenschap in Nederland") auch Carry van Biema und Katharina Eleonora Buss, mit denen die Blumenthals im Zug zusammengesessen hatten.

Die Blumenthals wohnten damals seit zwei Monaten zur Untermiete bei einer jüdischen Familie Hamburger in der Schroeder van der Kolkstraat. Am 2. Oktober 1942 stellten sie verblüfft fest, dass die Wirtsleute verschwunden waren.[13] Einige der Konsequenzen, die das für ihn und seine Frau hatte, beschrieb Blumenthal in einem Brief an seinen Vetter Carl Posen in Zürich.

Blumenthal an Carl Posen | Utrecht, den 28.X.1942
TB, Durchschlag, Nachlass Familie Blumenthal

Lieber Carl!

Vielen Dank für Deinen sehr lieben Brief vom 25. 9. …

In Deinem Briefe bittest Du mich, Dir regelmässig über unser Ergehen und meine wissenschaftliche Arbeit zu berichten. Das tue ich gern und beginne heute damit. …

Uns ist es merkwürdig, im allgemeinen aber nicht schlecht gegangen. Seit 2. Oktober sitzen wir nämlich ohne Wirtin und ohne Pension, wohl aber noch in dem von ihr gemieteten möblierten Zimmer. Die Wirtin ist plötzlich verreist, ohne eine Adresse anzugeben, und wir haben auch nichts mehr von ihr gehört. Dieses Ereignis hat zur Folge, dass wir in der gut eingerichteten Küche unserer gewesenen Wirtin selbständig wirtschaften können, was Mali viele Freude macht. Das Reinemachen übernehmen wir selbst mit gelegentlicher Hülfe einer Putzfrau. Es geht ganz gut, hat auch den Vorteil, naturgemäss trotz besserer Ernährung billiger zu werden, als wenn man in Pension ist. Wir hoffen, dass sich diese günstigen Folgen in der Zukunft auswirken werden. Für diesen Monat aber ist die Wirkung ungünstig. Wir mussten nämlich die Pension pränumerando bezahlen, und da wir seit 3. 10. nichts mehr davon genossen haben, ist uns ein Verlust entstanden, den ich mit ungefähr fl. 100 anschlagen muss. Das ist natürlich in unserer Lage bitter. Wir müssen sehen, wie wir es später wieder heraussparen.
Meine Arbeit ist zur Zeit leider weniger wissenschaftlich als kaufmännisch. Zu einer Zeit, wo ich gar keine andere Verdienstmöglichkeit sah, habe ich nämlich übernommen, für ein Antiquariat, das grosse Propaganda machen will, ein Adressenverzeichnis von Fachwissenschaftlern zusammenzustellen, die für den Kauf der Bücher des Antiquariats in Frage kommen. Ich hatte die Arbeit übernommen, in der Hoffnung, sie in 1-2 Monaten beendigen zu können. Statt dessen zieht sich das Teufelswerk von einem Monat zum Anderen hin, und anstandshalber muss ich es anständig vollenden. Aber länger als November darf es nicht mehr dauern. Die seinerzeit ausbedungene Bezahlung entspricht in keiner Weise der aufgewandten Arbeit. Ich hoffe von dem Anstand des Auftraggebers auf eine Erhöhung, aber

---

[13] Alle drei wurden allerdings im Holocaust ermordet (Felsch 2011, 406).

auch wenn der Mann so anständig ist wird er mich für die viele verlorene Zeit nicht entschädigen können. Hoffentlich kommt das Geld wenigstens so zeitig, dass es den Einkauf von Weihnachtsgeschenken erleichtert. Wenn das Verzeichnis hinter mir liegt, habe ich wieder wissenschaftliche Arbeit, die auch monatweise bezahlt wird.

Gesundheitlich geht es uns beiden gut, und wir sind zufrieden. …

Lebe wohl, lieber Carl, beste Grüsse Dir und Deiner Frau von Mali und mir. Sehr würden wir uns freuen, von ihr einige Worte zu lesen. Dir nochmals besten Dank für Briefe und Bemühungen.

Eine weitere Konsequenz aus dem Untertauchen der Vermieterin war, dass die Blumenthals die Wohnung schließlich auch verlassen mussten. Während sie also notgedrungen wieder einmal auf eine anstrengende Wohnungssuche gingen und sich gleichzeitig um die erforderliche Umzugsgenehmigung bemühten, gerieten sie noch einmal kräftig in die Mühlen der deutschen Besatzungsbehörden, wie in Otto Blumenthals Tagebuch beschrieben.

Aus Blumenthals Tagebuchaufzeichnungen[14] | Utrecht, 6.–26.XI.1942 Nachlass Familie Blumenthal

Freitag, 6.11.1942. Auf Rückweg [von Besorgungen] Mali sehr aufgeregt getroffen: Beamte aus Amsterdam waren da, haben bei Hamburger inventarisiert, wir müssen aus der Wohnung, sollen uns morgen 11 Uhr auf „Deutsche Dienststelle" melden. Rasch zum Joodsche Raad, gerade nach Schluss der Synagoge. Sollen Sonntag wiederkommen.

Samstag, 7.11.1942. Allmähliche Erholung von dem gestrigen Schreck. 11 Uhr mit Frl. Schapira Deutsche Dienststelle „Einsatz Stab Alfred Rosenberg", wo unser Fall nicht bekannt ist. Kurze amüsante Audienz. Umzug anscheinend nicht eilig.

Sonntag, 8.11.1942. Gegen 18 Uhr mit Mali beim Joodsche Raad, wo Mr. de Haas beruhigend rät: sofort Wohnung suchen, aber ohne Hast, dann Joodsche Raad melden, der alles weitere tut.

Samstag, 14.11.1942. Vormittags in Wohnung Kornblum. – Gemietet unter Vorbehalt der Genehmigung.

Montag, 16.11.1942. Mit Mali [beim] Joodsche Raad Meldung über die gemietete Wohnung, sie werden die Umzugsgenehmigung bei der Deutschen Dienststelle beantragen.

Mittwoch, 18.11.1942. Joodsche Raad wegen des Wohnungswechsels, wissen noch nichts.

Donnerstag, 19.11.1942. Joodsche Raad, wo man wegen unseres Umzugs bei der Deutschen Dienststelle angerufen, aber ganz unbefriedigende Antwort erhalten

---

[14]Zur besseren Lesbarkeit sind in den folgenden Zitate die von Blumenthal teilweise benutzten Abkürzungen „+", „J. R." und „D. D." jeweils durch die ausgeschriebenen Wörter „mit", „Joodsche Raad" und „Deutsche Dienststelle" ersetzt, ohne das durch eckige Klammern kenntlich zu machen.

hat. – Mittags 2 Beamte der Dienststelle wegen der Delfter Möbel. Bestätigung, dass wir ausziehen müssen, aber noch kein Auszugsbefehl.

Montag, 23.11.1942. Vormittags mit Mali bei Joodsche Raad, wo über unseren Umzug noch nichts bekannt ist.

Mittwoch, 25.11.1942. Mit Mali vergeblich Joodsche Raad. Nachmittags nochmals mit Mali Joodsche Raad, wo man uns rät, uns wegen des Umzugs an das Quartieramt zu wenden.

Donnerstag, 26.11.1942. Sehr stürmischer Tag. – Vormittags Quartieramt. Höflicher Beamter erklärt, nichts tun zu können ohne obrigkeitliche Erklärung, dass wir Wohnung verlassen müssen. Wieder zum Joodsche Raad: rät, mündlich bei der Deutschen Dienststelle Bescheid zu erbitten. Leider gefolgt. Auf der Deutschen Dienststelle Unterredung im Leutnantston: wir müssen bis 2 Uhr die Wohnung geräumt haben (12 Uhr). Nochmals beim Joodsche Raad, stürmische Szene. Wollen uns 2 Helfer schicken. 1.30 Uhr bis 5 Uhr gepackt, ohne dass die Deutsche Dienststelle Kontrolleur schickt. 2 sehr verständige Helfer, ausserdem Frau Magnus u. werkster [eine Reinmachefrau]. Grosse Aufgeregtheit. Schliesslich alles Besitztum abtransportiert. ... Abends und übernachtet bei Frau Magnus. Stille nach dem Sturm.

Die Blumenthals fanden für fünf Tage Unterschlupf bei Frau Magnus, bevor sie schließlich am 1. Dezember 1942 die neue Wohnung beziehen konnten. Eigentlich hätten sie erst einen Tag später dort einziehen dürfen, weil sie erst am 2. Dezember 1942 vom Joodsche Raad die dafür notwendige Bescheinigung bekamen, „dass Herr und Frau O. Blumenthal, Schroeder v. d. Kolkstraat 17, auf Anordnung der hiesigen Deutschen Dienststelle ihre Wohnung verlassen müssen und ihnen als Wohnung angewiesen ist: Wohnung P. Breughelstraat 39 (zur Untermiete bei Juden)".

Die Wohnung in der Breughelstraat war übrigens nicht ihre letzte Unterkunft in Utrecht. Am 6. Januar 1943 notierte Otto Blumenthal in seinem Tagebuch: „Guter Tag mit schlechtem Ende. ... 20 Uhr, gerade vor Mittagessen, Besuch von Mr. Meijers vom Joodschen Raad: Das Haus ist durch den Commissaris von der Provincie Utrecht angefordert, wir müssen alle bis Sonnabend heraus, dürfen Möbel mit Ausnahme von Gardinen und Fussbodenbelag mitnehmen. Donnerschlag. ... Hülferufe an Freunde." Sie mussten also wieder einmal auf Wohnungssuche gehen und umziehen.

Es war das letzte Mal, denn am 13. April 1943 erhielten sie, wie er notierte, die „Nachricht, dass Utrecht bis 23. (Charfreitag!) ausgeräumt wird. Übeles Ende schönen Traums!" Diesmal gab es für sie kein Entrinnen mehr. Am 22. April 1943 wurden sie in das Konzentrationslager Vught transportiert und dort interniert. Mit diesem Tag endeten dann auch die langjährigen Tagebuchaufzeichnungen von Otto Blumenthal. Der letzte Eintrag besteht nur aus drei Wörtern: „Ab nach Vught."

13.4 Internierung in Vught, Westerbork und Theresienstadt

Anderthalb Wochen nach ihrer Ankunft in Vught meldete sich Mali Blumenthal noch einmal bei ihren Freunden in Utrecht. Dieser Rotkreuzbrief mit dem Absender „Baracke 24b Auffanglager Vught" ist das letzte von ihr erhaltene Lebenszeichen.

Mali Blumenthal an Gertraud Magnus | Auffanglager Vught, den 2.V.1943
AB, Nachlass Familie Blumenthal

An alle lieben Freunde.

Nun sind wir schon elf Tage hier, mein Mann und ich getrennt. Vorigen Sonntag haben uns die Männer besucht; heute kommen sie nicht.
Hoffentlich bleiben wir gesund.
Wie geht es Euch? Wir wären sehr dankbar für Briefe und Päckchen.
Allerherzlichste Grüsse!
Mali.

So traurig dieser Brief auch ist, lässt er doch nicht erahnen, wie übel es den Blumenthals inzwischen ergangen war. Das beschrieb später eine ihrer Bekannten aus Utrecht, Katrin Graetz, die die Lager von Vught, Westerbork und Theresienstadt überlebte, in einem Brief an Mali Blumenthals Baseler Freundin Laura Jenny.

Auszug aus einem Brief von Katrin Graetz an Laura Jenny | Utrecht, 13.I.1946
TB, Nachlass Familie Blumenthal

Sie werden erstaunt sein, von einer Ihnen völlig Fremden einen Brief zu erhalten, und ich fühle mich fast schuldbewußt, daß ich diesen Brief erst jetzt schreibe, aber ich war dazu wirklich nicht eher imstande, denn erst seit meiner Rückkehr nach 26 Monaten Konzentrationslager merke ich, daß ich doch nicht so völlig gesund nach Hause gekommen bin. . . .
Darf ich Ihnen nun erzählen, was Professors, meine Mutter und ich erlebten, nachdem wir aus Utrecht in das berüchtigte holländische Konzentrationslager Vught kamen. Am 22. April 1943 erhielten die Utrechter Nichtarier, getauft oder ungetauft, das spielte keine Rolle, Befehl, augenblicklich in das Konzentrationslager Vught zu gehen. . . . Meine Mutter und ich gingen also zusammen mit Blumenthals nach Vught. . . . In Vught war es grauenvoll. Die Männer wurden sofort von ihren Frauen getrennt, wir Frauen in der sogenannten Quarantänebaracke untergebracht, die Männer durch Stacheldraht von uns getrennt in einem anderen Teil des

ausgedehnten Lagers. Man hatte uns gesagt, daß wir nicht nur jeder 250.- Gulden mitnehmen durften, sondern auch ruhig unsere besten Sachen; denn man wüßte ja nicht, wie lange es dauert. Ich war sofort mißtrauisch. Gegen meinen Willen zwang mein Mann mich, von allem das Beste mitzunehmen, ebenso meine Mutter, und Blumenth[al]'s taten es nicht anders. Direkt nach Ankunft wurde uns alles abgenommen, Trauringe, Uhren, eventuelle Schmuckgegenstände, Weckeruhren, Briefpapier, WC-Papier, Medikamente, natürlich das Geld, die Mäntel, Schürzen, Leibwäsche, Kleidung, später auch die Rucksäcke und Koffer mit dem Wenigen, das wir noch besaßen. Und nun kam das Furchtbarste, was Frau Blumenthal das Leben gekostet hat. Wir sollten entlaust werden, so wurde es wenigstens genannt. Wir mußten stundenlang in einer zugigen Baracke völlig nackt dastehen und dann mit über dem Kopf erhobenen Händen in diesem Zustande an den Deutschen vorbeimarschieren. Die älteste Frau in unserer Baracke war 94, sie starb noch am selben Tage nach dieser Prozedur, das Jüngste war ein Baby von 5 Monaten, das, wie die meisten kleinen Kinder, auch bald starb. Frau Blumenthal klammerte sich an mich und sagte fortwährend: „Kind, Kind, das kann doch nicht wahr sein, völlig nackt." Ich versuchte sie und meine Mutter zu trösten und ihnen zu sagen, daß solche Menschen uns doch nicht beleidigen könnten. ...

Am 10. Mai ging der Alterstransport von Menschen über 60 nach Westerbork, also Professors und meine Mutter. Der Rest wurde ihnen noch beim Verladen abgenommen, die Handtaschen aus der Hand gerissen u.s.w. Am 20. Mai kam auch ich nach Westerbork und traf dort meine Mutter schwer krank an, am 21. wollte ich natürlich sofort zu Blumenthals, treffe zufällig den Professor, der mir sagt, daß seine Frau eben gestorben ist.

Mali Blumenthal starb anderthalb Wochen nach ihrer Ankunft in Westerbork. Ihr Mann informierte seine Kinder in England darüber in zwei gleichlautenden Rotkreuzbriefen, die maximal 25 Wörter enthalten durften.

Otto an Ernst und Margrete Blumenthal | Lager Westerbork, 21.V.1943
AB, Rotkreuzbrief, Nachlass Familie Blumenthal

Mutter heute Krankenhaus Lager Westerbork (Niederland) gestorben. Sie ist erlöst, dachte viel eurer. Bleibt stark, ehrt ihr Andenken! Euch die beste Zukunft.
21. 5. 1943
Otto Blumenthal.

Nach dem Tod seiner Frau fühlte sich Otto Blumenthal in Westerbork sehr unglücklich. Insbesondere litt er unter dem außerordentlich eingeschränkten Briefkontakt zu seinen Kindern. Laura Jenny schrieb am 4. 12. 1943 an Ernst Blumenthal: „I just now had a card from Otto. He is in good health, but now he only is allowed to write one postcard pro month instead of two. But he can have as many cards, letters or parcels quite unlimited." Da er glaubte, dass das in Theresienstadt besser sein würde, und da er dort seine Schwester wusste, von deren Tod im Juni 1943 er in Westerbork nichts erfuhr, bemühte er sich um eine Verlegung nach Theresienstadt. Katrin Graetz schrieb dazu in ihrem schon oben zitierten Brief an Laura Jenny.

Auszug aus einem Brief von Katrin Graetz an Laura Jenny | Utrecht, den 13.I.1946 TB, Nachlass Familie Blumenthal

... Später saßen wir dann in einer Baracke in Westerbork, wo es wohl auszuhalten war, wenn auch die ewigen schrecklichen Transporte nach Polen einen nie recht zur Ruhe kommen ließen. Der Professor hatte einen Antrag auf Theresienstadt laufen und mußte daher schon im Laufe des Jahres 1943 dorthin.[15] Er ging sehr angeregt auf Reisen, denn er hoffte, da seine Schwester zurückzufinden, und Theresienstadt war uns immer als ein Paradies vorgespiegelt. Im September 1944 wurde das Lager Westerbork bis auf einige Bevorzugte geräumt, und wir kamen alle in Viehwagen nach Theresienstadt. Wir lernten dieses „Paradies" nun wirklich kennen. Es begann damit, daß wir bei der Ankunft um den Rest unserer Habe beraubt wurden, alles andere ähnlich wie in Vught, nur wurden wir hier nicht in Baracken, sondern in Kasernen untergebracht, riesigen ausgedehnten Kasernen, und die Langestraße 245/5 war auch nur eine Kaserne, die sogenannte Hamburger Kaserne, die Nr. 245 ist die Zimmernummer, war in der Langen Straße 5. Es wimmelte da von Wanzen und Ratten. Unser Professor sah verfallen aus, als ich ihn zurücksah. Wie stets begrüßte ich ihn, daß wir nun sicher sehr, sehr bald nach Hause gingen. Mit diesem Optimismus probierte ich ihm und mir selber Mut zu machen. Anders hätte ich es nicht ausgehalten. Er war ärgerlich, kehrte mir den Rücken zu und sagte: Ach, hören Sie doch auf mit Ihrem Optimismus, daran kann man doch nicht mehr glauben. Ich nahm seinen Arm und lachte und sagte: Aber Professorchen, was ist das nun für eine Begrüßung! Da mußte er selber lachen und sprach weiter mit mir. Aber ein paar Wochen nach unserer Ankunft ist er gestorben. ...

Wir sprechen noch oft, sehr oft von den lieben Blumenthals, die so furchtbar enden mußten. ...

Unbekannterweise grüßt Sie bestens
Katrin Graetz.

Otto Blumenthals Hoffnungen auf bessere Postverbindungen in Theresienstadt wurden nicht erfüllt, da die Einschränkungen dort noch größer waren. Zu

---

[15]Otto Blumenthal verließ Westerbork am 18. Januar 1944 mit einem Transport, der am 20. Januar 1944 in Theresienstadt ankam.

seiner großen Enttäuschung erhielt er keine Nachrichten von seinen Kindern mehr. Er selber schrieb noch mehrmals Postkarten an verschiedene Kontaktpersonen, aber er erhielt ihre Antworten nicht, so dass er isoliert blieb und verzweifelt auf Nachrichten wartete. Seiner Schwägerin Carola Ebstein in Leipzig schickte er wenige Tage nach seine Ankunft eine ganz in Großbuchstaben geschriebene Karte.

Otto Blumenthal an Carola Ebstein | Theresienstadt, den 24.II.1944
AK, Nachlass Familie Blumenthal

24. 2. 1944. Liebe Carola! Seit 20. 1. bin ich hier. Ich bin zufrieden. Gesundheit gut, Unterbringung und Verpflegung genügend. Alle Postsendungen nach hier kommen ordnungsmässig an und machen viele Freude. – Meine Schwester ist Juni 1943 hier gestorben. Ich habe aber gute Bekannte hier und hoffe bald auf Arbeit in meinem Fach. Meine gute Frau fehlt mir sehr, aber ihr ist viel Leid erspart geblieben. – Gieb vom Inhalt dieser Karte ihrer Freundin Laura Jenny Kluserstrasse 2 Kenntnis! – Ich hoffe, bald eine Sendung von dir und ihr zu sehen und Nachrichten zu erhalten. Adresse umseitig. – Hoffentlich geht es dir und deinem Jungen in jeder Hinsicht gut. –

Herzlichste Grüsse euch beiden und Laura

dein

Otto Blumenthal.

Blumenthal an Laura Jenny | Theresienstadt, den 2.VIII.1944
AK, Nachlass Familie Blumenthal

Liebe Freundin!

Ich hoffe, dass Sie schon aus Utrecht von mir gehört haben. Bin seit 20. 1. in Theresienstadt, habe aber noch keinerlei Nachrichten erhalten, bitte Sie sehr um Brief, hoffe innig, dass Sie, Ihre lieben Kinder, Nichten und Neffen wohl und zufrieden sind. Postsendungen jeder Art kommen hier ordnungsmässig an und werden ersehnt. War mehrere Monate krank (Herz und Lunge), jetzt völlig wiederhergestellt, arbeitsfähig und frisch, habe erfreuliche Tätigkeit in eigenem Beruf. Bitte, dies alles auch den Freunden in Utrecht mitzuteilen. Beste Grüsse und Wünsche ihnen und Ihnen allen!

Ihr

L. Otto Blumenthal.

Blumenthal an Carola Ebstein | Theresienstadt, den 13.IX.1944
AK, Nachlass Familie Blumenthal

Liebe Carola!

Schrieb Dir im März Postkarte, blieb ohne Antwort. Seitdem mehrere Monate krank gewesen (Herz, Lunge). Dank vorzüglichem Krankenhaus wiederhergestellt und besser als vorher. Habe erfreuliche Arbeit. – Neuerdings darf ich nur alle zwei Monate eine Postkarte schreiben, dagegen Du an mich jeden Monat eine Postkarte, und zwar durch „Reichsvereinigung der Juden in Deutschland" Berlin N 65 Iranische Strasse 2. Pakete wie bisher zulässig. Bitte teile diese Bestimmungen und meine Adresse Laura Jenny und den anderen Freunden mit. – Habe erst 1 Postkarte, 1 Paket erhalten, beide sehr begrüsst, beide aus Utrecht. Hoffentlich geht es Dir und Hans allseitig befriedigend. Gieb recht bald Lebenszeichen!
Beste Grüsse Euch beiden!
Dein
Otto Blumenthal

Blumenthal an Laura Jenny | Theresienstadt, den 28.X.1944
AK, Nachlass Familie Blumenthal

Bin gesund, arbeite. Von Immink Karte erhalten, von Magnus Karte und Paket, sonst keine Post. Erbitte dringend umgehend Lebenszeichen. Auch Immink und meinem Vetter mitteilen! Was machen Nichte, Neffe?
Otto Blumenthal.

Diese Karte vom 28. Oktober 1944 ist das letzte Lebenszeichen, das wir von Otto Blumenthal haben. Unter die Wörter „Nichte" und „Neffe" hat er ein „M." bzw. ein „E." geschrieben. Gemeint waren also seine (mit Laura Jenny nicht verwandten) Kinder Margrete und Ernst. Zwölf Tage später, am 13. November 1944, starb Otto Blumenthal. Seine Verwandten und Freunde erfuhren nichts davon. Nach dem Krieg beauftragte sein Züricher Vetter Carl Posen den Prager Rechtsanwalt Jaroslav Jína, Nachforschungen anzustellen, um Blumenthals unbekanntes Schicksal aufzuklären. Diesem gelang es, einen Augenzeugen aufzuspüren, den tschechischen Ingenieur Emil Jilovský, der über Blumenthals Aufenthalt und Tod in Theresienstadt Auskunft geben konnte. Hier ist Jilovskýs Bericht, den Jína am 5. Oktober 1945 an Carl Posen weiterleitete.

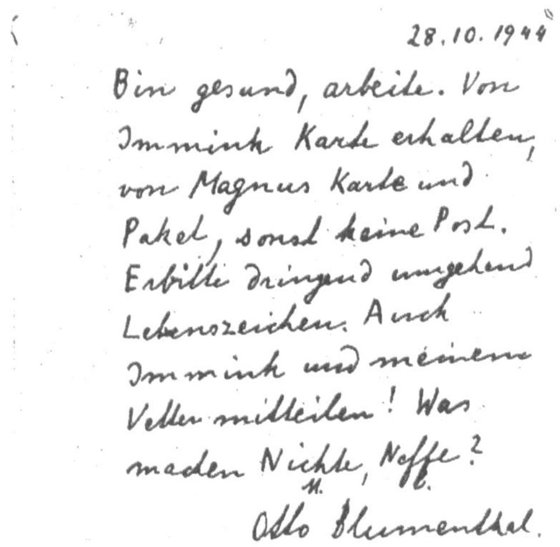

Abbildung 13.3: Otto Blumenthals letztes Lebenszeichen aus Theresienstadt (Nachlass Blumenthal)

Emil Jilovský an Jaroslav Jína | Teplitz-Schönau, vor dem 5.X.1945
TB, Nachlass Familie Blumenthal

Geehrter Herr Doktor,

Ihren geehrten Brief habe ich mit grosser Verspätung erhalten, weil ich mittlerweile aus Prag nach Teplitz-Schönau übersiedelt bin, wo ich wieder meinen alten Posten als Direktor der Teplitzer Maschinenwerke eingenommen habe.

Mit Herrn Professor Otto Blumenthal, geb. 1876 wurde ich in Theresienstadt bekannt. Mein Interesse zu Mathematik führte mich zu ihm. Er kam in Jänner 1944 aus Holland nach Theresienstadt. Ich lernte ihn im Feber kennen und nahm ihn, damit er beschäftigt war, (jeder musste arbeiten) in meine technische Abteilung, welche ich leitete. Er beschäftigte sich ausschliesslich mit Mathematik und arbeitete fleissig an seiner wissenschaftlichen Arbeit. Ausserdem führte er zwei Mathematikkurse und zwar erstens „Differenzial und Integral"zweitens „Funktionstheorie". Er hatte einen schönen interessanten und eleganten Vortrag. Leider dauerte dieses nicht lange. Plötzlich in März erkrankte er, er bekam Lungenentzündung und dazu die sogenannte „Theresienstädter Krankheit", das ist Disentherie . Es behandelte ihn mein guter Freund, der leitende Arzt des Krankenhauses persönlich. Der Zustand des Herrn Professor war lange Zeit sehr ernst, aber er wurde wieder gesund und begann wieder zu arbeiten und vorzutragen. Beginnend mit dem 8. Mai kochte meine Frau für ihn, damit er, wie die Ärzte rieten, eine ausreichende Verpflegung hatte. Was wir konnten, haben wir für ihn getan, leider hatten wir selbst wenig.

Professor Blumenthal hatte ein gutes Aussehen, war lustig und voller Hoffnung für die Zukunft. Er erzählte von seinen Kindern in England, er hatte dort einen Sohn und eine Tochter. Er wollte nach dem Kriege nach England übersiedeln. Nach seiner Genesung nahm ich ihn zu mir, damit ich ihn näher bei uns hatte. Es ging ihm verhältnismässig gut. Auf einmal am 8. November 1944 erwachte er, stand auf und ich beobachtete sofort, dass mit ihm etwas nicht in Ordnung sei. Er ging durch das Zimmer mit unsicheren Schritten und sprach irr.

In letzter Zeit hatte er Beine und Arme angeschwollen. Ich liess am 9. November den Arzt rufen und er riet zur Ueberführung des Professors in ein Krankenhaus. Am 10. November überführten wir den Herrn Professor in das Allgemeine Krankenhaus in Theresienstadt. Den Ärzten war seine Krankheit ein Rätsel, sie konnten nichts feststellen. Am 10. November ass Professor Blumenthal noch das Abendbrot, das ich ihm brachte. Am 11. November ass er schon nicht mehr, er erkannte auch mich und meine Frau nicht mehr, und am 12. November Morgen um 5.40 Uhr schlief er ruhig ein und erwachte nicht mehr. Ich verlor mit ihm einen guten Freund, den ich nicht vergessen werde. Er wurde seziert und es wurde Alterstuberkulose festgestellt und Gehirnwasser gefunden. Dieses war auch die Ursache seines Todes.

Ich habe bei mir nach dem Herrn Professor Blumenthal verschiedene wissenschaftliche Schriften, Bücher, Familienbilder und andere Kleinigkeiten in Aufbewahrung. Ich hatte die Absicht, so bald dies möglich sein wird diese Sachen seinen Kindern in England zuzuschicken. ...

Weitere Informationen über Blumenthals Leben in Westerbork und Theresienstadt verdanken wir dem deutschen Chemiker Gert Salomon, der die Lager überlebte und nach dem Krieg wieder nach Den Haag zurückkehrte, wo er schon vor dem Krieg gearbeitet hatte. Er war 30 Jahre jünger als Otto Blumenthal. Die beiden hatten sich im September 1942 in Utrecht kennen und schätzen gelernt. Am 6. Oktober 1945, also zu derselben Zeit, als Carl Posen den Bericht von Emil Jilovský erhielt, schrieb Salomon einen Brief an Ernst Blumenthal.

Gert Salomon an Ernst Blumenthal | Den Haag, den 6.X.1945
TB, Nachlass Familie Blumenthal

Dear Dr. Blumenthal,

perhaps I saw you once visiting Polanyi's lab. 1937, but in any case your father talked to me much about you and so I know you a little. I should like to give you some impression about the last years of your parents and in particular your father as we passed much of the time together.

I won't write much about Vught, we did not stay long there but just too long for your mother. At Westerbork your father put all his energy to find some work and thus pass time being useful. He became after a while "head" of the protestant school, a most unfortunate job of looking after a small group which was anything but a school. He was much irritated by the continuous contact with low class people and the general bad habit of most people, who "took care" of an old man by telling him that he should do something the other way round, he liked to do it. For a few weeks he was kept imprisoned because he was suspected of taking part in an imaginary complot. But he used the time well by eating a lot and working out some mathematical problem in peace.

He was rather interested in the education of the Schönfliess boys[16] – you probably knew them by name – a rather difficult task. Unfortunately all of them have been sent to Auswits last October. There were always people interested in math. or languages but crowded as we lived he had little fun out of such work, so when he left for Theresienstadt in January '44 it was actually for the better.

There life was much more that of an ordinary town, not one we are used to, dirty, full of dangers and hunger, corrupt but still there was ample opportunity for an impassionate scientist to meet people of his own class. Some of the Czechs, who were the ruling class in the Ghetto, knew him and made him a "protected" person. He got a bed in a small room and somewhat higher rations than the average. Although classes were strictly forbidden by the SS, they were always arranged and when I came he gave two series of lectures one on elementary math. and one on theory of functions. There was a small but intelligent public.

By some chance of good luck he became good friends with a Czech engineer named Hylovsky[17], who has returned to Prague, and they contributed much in making his last days rather agreeable. Let me say first that in May and October huge transports to Auswits were arranged and, no doubt, he was kept out of them by protection.

Mrs. Hylovsky a very kind and motherly lady about 50 years of age gave him everyday vegetables and a warm supper, which kept him fairly fit. Perhaps it will be difficult for you to judge, how much such a gift meant in a place were starvation particularly of the older people was the normal and in addition where those who had plenty – either by parcels or by corruption or by a combination of both – on the whole did not give up one crumb of their food for the benefit of the starving neighbour. In this case it was the respect for science and knowledge which paved the way for such fortuitous help. Moreover Mrs. Hylovsky enjoyed giving lessons to your father, so he added Czech to the languages he knew already, but from the comparatively slow advances he made he realized first that his brain was not in the old conditions any more.

---

[16]Die Schoenflies-Jungen Peter, Hans und Walter (geb. 1928, 1930 und 1933) waren Enkel von Arthur Schoenflies. Sie waren 1939 mit ihren Eltern Albert und Ilse Schoenflies in die Niederlande emigriert und dort im Juli 1940 in Westerbork interniert worden, lebten also schon seit fast drei Jahren in dem Lager, als Blumenthal im Mai 1943 dort ankam. Im September 1944 wurden sie nach Theresienstadt und im Oktober weiter nach Auschwitz deportiert, wo die ganze Familie ermordet wurde. Angaben nach dem niederländischen Joods Monument (https://www.joodsmonument.nl); siehe auch (Kaemmel 2006, 146).

[17]Gemeint ist Emil Jilovský.

To the onlooker he made already the impression of an somewhat helpless old man but he did not care much about the external world, as long as he got sufficient food. Scientific books were, of course, very scarce but he had some of them and enjoyed his treasure. In September and October I met him twice or three times a week and after discussing the local affaires we quickly dived in scientific business forgetting all of the sad environment. As I knew von Braun, Manchot and others there were many topics in common and although I am not at home in maths, we found enough in common to talk about general lines in that field. It was very peculiar how much we both were longing to forget the mental hell of the present by occupying our minds with abstract matters. Perhaps you will remember the scene in Dreysers American tragedy[18], the inmates of the deathhouse playing chess, it was much like that. But apart from that his half years experience of local affairs helped me a lot to understand the situation which was very entangled by racial, national and political controverses and thanks to this I managed to come to good terms with the Czechs quickly, a result which had much bearing on the preservation of my own health.

After the October transports he had the room nearly by himself Hylovsky living in a corner before the entrance, by the way it was free from bugs, something very exceptional there. One of the local cruelties was "moving", suddenly one of the huge barracks had to be cleared by order within a day and one was sandwiched between some other groups. As I had been ill I did not see the prof. for about a week in the beginning of November, when I heard that the barrack was ordered to move. I called at Hylovsky asking: is the prof. going to move with you? the prof? we buried him this morning.

On Thursday his mind had suddenly darkened, he could not distinguish the food anymore and talked incomprehensible things. Hylovsky had him transferred to the hospital and as he was a man of influence your father was well attended. Hylovsky saw him on Sunday afternoon, he could not speak anymore and did not recognize him. He died in his sleep the same night.

The funeral service was on Tuesday and as nobody knew about it only a representative of the protestant group, the doctor and Hylovsky were present. As the doctor did not quite understand the cause of the death an obduction was made. Conclusions: Very advanced tuberculosis of the lungs, failure of the heart, water in the brain was the direct cause of death. In addition he had quickly advancing star. The deads were cremated, so there is nothing left in Theresienstadt.

On a whole one can say that his life has perhaps been shortened a bit by camp life but that his death was by natural causes. I do not think he would have enjoyed life now. He hated being looked after by strangers and he missed the usefulness of his previous life. I am glad that this terrible way to Auswits has been kept from his last days. The shock of Vught and the sad death of his wife did not make a permanent impression on his mind. As the Czechs had always reliable BBC radio reports we knew about the annihilation of Aachen and that troubled him more

---

[18]*An American tragedy*, Roman des amerikanischen Schriftstellers Theodore Dreiser.

then he liked to admit.

As you will make up from my letter we became rather close friends. In my mind I see all the people, who surrounded us during those years and I must remember all the young people, whom I met, with their hopes and fears and now – they are just unlived lives. Perhaps you will understand that I then feel quite satisfied about the peaceful end of an old friend.

Sincerely yours
G. S.

———

Der letzte uns bekannte Bericht über Blumenthals Leben in Theresienstadt findet sich in einem Brief des Prager Physikers Bedřich Goldschmied an Margrete Blumenthal.

Bedřich Goldschmied an Margrete Blumenthal | Prag, den 1.XII.1946
TB, Nachlass Familie Blumenthal

Liebes Fräulein Blumenthal,

bitte seien Sie nicht böse, dass ich erst heute an Sie schreibe. Es gibt viele Gründe dafür.

Wenn ich Ihnen alles, was ich über ihn weiss, sagen will, so tue ich es nicht, ohne Sie inständig darum zu bitten, den Inhalt dieses Briefes nur Ihrem Bruder mitzuteilen. Ich habe Ihren Vater als so feinfühligen Menschen kennen gelernt, dass ich hoffe, Sie würden mich verstehen, wenn ich Sie bitte, mir nicht zu danken. Alles, was ich schreibe, hat nur den einen Zweck, Sie über das Leben Ihres Vaters in jener Zeit, die ich mit ihm verlebte, zu unterrichten und vielleicht zu beruhigen.

Soweit ich mich erinnern kann, kam Ihr Vater anfangs 1944 von Westerbork in Holland nach Theresienstadt. Dort war ein grosses Lager von Juden, die in Holland vom Einfall der Unreinen überrascht wurden. Ihr Vater hatte vorher in Delft als Repetitor an der Hochschule gearbeitet. Es kann auch Utrecht gewesen sein. Ueberhaupt muss ich Sie bitten, zu verzeihen, wenn meine Angaben manchmal unsicher sind. Die Ernährung in jener Zeit und nachher hatte bei mir einen nahezu vollkommenen Gedächtnisschwund zur Folge und ich kann nur mit grosser Anstrengung zusammenfügen, was doch in meinem Gedächtnis haften geblieben ist. Er erzählte mir, er hätte einen grossen Teil seiner Bibliothek, darunter eine vollständige Serie seiner Zeitschrift, der Mathematischen Annalen in einer dieser Städte zurückgelassen und sprach davon, er würde durch den Verkauf dieser Bücher nach dem Krieg sein eigenes Leben und das seiner Familie neu aufbauen können. ...

Aber zurück in die Zeit von Januar 1944. Eines Tages traf ich meinen Freund Ing. Zucker, einen Bauingenieur, der in Theresienstadt eine sehr einflussreiche Stellung hatte und deshalb heute auch nicht mehr lebt. Er, der immer alle Nachrichten über Neuankömmlinge erhielt, teilte mir mit, dass aus Holland mit anderen ein

Mathematiker Ludwig O. Blumenthal eingelangt sei. Da ich Ihren Vater aus der Literatur nur als Otto kannte, suchte ich ihn mit einem befreundeten Mathematiker, Dr. Walther Unger aus Berlin, den sie später auch ermordet haben, auf. Ich fand ihn in der sogenannten Hamburger Kaserne, in Gesellschaft anderer Holländer auf. Ich hatte ihn vor dem Krieg in Prag kennen gelernt, als er an der Universität einen Vortrag über Hilbert gehalten hatte, kurz bevor er nach Bulgarien fuhr. Als ich ihm dies sagte, war er ungeheuer erfreut. Sie müssen verstehen, was es für ihn bedeutete, zu wissen, dass ihn jemand in dieser trostlosen Umgebung aus besseren Tagen kannte und wusste was er vorstellte.

Zunächst war sein gesundheitlicher Zustand nicht gut. Ich hatte gute Bekannte in der Krankenstube, so liess ich Ihren Vater noch am selben Tag dahinschaffen, wo er ausgezeichnete ärztliche Pflege und noch weiter der Fürsorge einer gut bekannten Dame, die dort als Krankenpflegerin tätig war, genoss. Es war keine ernste Krankheit, sondern nur eine langwierige Verstopfung. Nach einem Monat war er ganz beisammen. Seine kleine Habe, ein paar Notizbücher, eine Bibel, einige Stücke Wäsche und einige Kleidungsstücke betreute er sorgfältig. Er sah immer ordentlich aus und einer seiner ersten Wünsche war der nach einer Bürste, um seinen Anzug säubern zu können. Aus der Krankenstube ging er nicht mehr in die trübe Umgebung zurück, in der ich ihn gefunden hatte, sondern es gelang mir, ihm die Unterkunft, die er sich gewählt hatte, zu beschaffen. Er erzählte mir etwas aus seinem jüngst vergangenen Leben. In Westerbork hatte er kleine Jungen in Mathematik und Geometrie unterrichtet und im Lager überhaupt so etwas wie die Stellung eines Leiters des Unterrichtswesens inne.

Seine Gemahlin war, wie ich mich zu erinnern glaube, im Lager von Westerbork verstorben. Bald begann er sich den Kopf zu zerbrechen, wie er sich nützlich machen könnte. Mit Hilfe meiner Freunde errichteten wir die Stellung eines Mathematikers der Technischen Abteilung für ihn. Das war nur ein Schwindel, um der SS etwas vorzumachen. Für ihn hatte es das Gute, dass er einen Tisch und einen Stuhl in einer hübschen Kanzlei erhielt und tun konnte, was ihm gefiel. Bald bekam er dann eine Arbeit, die ihm viel Freude bereitete. Wir beauftragten ihn mit der Abhaltung von Vorlesungen über Differential- und Integralrechnung sowie über Funktionentheorie. Das wurde unter dem Vorwand getan, dass es für den Bau der Wasseranlagen in Theresienstadt unerlässlich sei. Sonst hatte ja die SS den Unterricht der jüdischen Jugend streng verboten.

Nach seiner Gesundung war es notwendig, Ihren Vater verhältnismässig gut zu nähren. Das war dort nicht einfach. Mit Hilfe verschiedener guter Freunde gelang es, jeden Monat für ihn eine Sonderzuteilung von Mehl, Zucker, Marmelade und etwas Brot zu erwirken. Die Gattin eines Freundes, des Ing. Jilovský kochte jeden Tag eine Kleinigkeit für ihn und dieser Herr trug ihm jeden Tag, in den Abendstunden das zusätzliche Essen nach. Das hatte zur Folge, dass sein Aussehen sich ständig besserte und er sich auch immer besser fühlte. Einmal erhielt er von einem Fachgenossen aus Prag, Prof. Funk ein Lebensmittelpaket.

So oft es möglich war, gingen wir spazieren. Dabei erzählte er mir von vergangenen Zeiten, von Mathematik und auch von dem, was ich eingangs geschrieben habe. Er erkrankte dann, etwa im Juli noch etwas, wurde aber rasch wieder gesund.

Am 11. Oktober 1944 wurde ich von der SS in das Konzentrationslager Gross Rosen in Schlesien gebracht. Als ich mich von Ihrem Vater verabschiedete, war er sehr traurig. Er hatte mich liebgewonnen, und dass ich ihn lieb hatte, wusste er seit langem. Und es ist merkwürdig, dass er in diesem Augenblick ebenso handelte, wie ein alter Onkel, von dem ich mich am selben Tag verabschiedete. Er wollte mir das Beste mitgeben, das er hatte, und er hatte ja, wie wir alle so wenig an sich. Da segnete er mich. Wenn ich dann durch alles, was folgte, mit dem Leben kam, wer weiss, ob es nicht die Wünsche dieser beiden waren, die es zustande brachten. Er selbst erkrankte dann, als ich fort war und ist etwa einen Monat später in Theresienstadt gestorben. ...

Solange ich mit ihm war, ertrug er sein Schicksal wunderbar, philosophisch gelassen. Er hatte nur Freunde. Sehr nett war, dass er dort eine Münchener Dame, eine Anthropologin, fand, mit der er in seiner Jugend zur Tanzstunde gegangen war. Sie trafen sich jede Woche. Den Namen habe ich leider vergessen.[19] Er las fleissig jeden Tag in der Bibel. Sehr schwer ertrug er das Bewusstsein, dass es gerade das deutsche Volk war, das sich in dieser unvorstellbaren Weise gegen alles verging, was Sittlichkeit gebietet. Ich wusste, dass ihn das schmerzte und so sprachen wir davon nur dann, wenn er das Gespräch darauf brachte. Ansonsten lebte er viel in der Erinnerung an frühere Zeiten, an die Zeit seines Studiums bei Jordan in Paris, an die Zeit in Göttingen, an sein Leben mit seiner Familie in seinem Haus in Aachen und an seine Kinder. Und wie bei vielen alten Leuten fand ich, dass die Freude, seine Kinder in Sicherheit zu wissen, ihm viel half, sein Leben zu ertragen.

Liebes Fräulein Blumenthal, Sie müssen diesen etwas geschwätzigen Brief so nehmen, wie er geschrieben wurde. Es tut mir wohl, mir wieder das, was mir in Erinnerung blieb, durch den Kopf gehen zu lassen. Und ich glaube es diesem lieben, feinen und tapferen Menschen schuldig zu sein, dieses Gedächtnis an ihn jenen zu vermitteln, an die er mit so viel Liebe dachte.

Mit freundlichen Grüssen

B. Goldschmied

---

[19] Es war die Münchener Anthropologin Stefanie Martin, geb. Oppenheim, die Witwe des 1925 verstorbenen Anthropologen Rudolf Martin, die ebenso wie die Blumenthals in die Niederlande emigriert war und dort auch erst eine Zeit lang im Haus Zuilenveld und später in Utrecht gelebt hat, bevor sie in Westerbork interniert und schließlich nach Theresienstadt deportiert wurde. Tatsächlich wird in Blumenthals Tagebüchern von 1939 bis 1943 außer seiner Frau kein Mensch so oft erwähnt wie Stefanie Martin (Felsch 2011, 498).

Kapitel 14

Anhänge

14.1 Anhang I: Veröffentlichungen von Otto Blumenthal

Inhalte und Aspekte der wichtigsten Arbeiten Blumenthals findet man in dem Nachruf von Franz Krauß aus dem Jahr 1951 (Anhang IX) wie auch in den Aufsätzen von Butzer, et al. (1995) und Butzer/Volkmann (2006).

1. *Ueber die Entwickelung einer willkürlichen Function nach den Nennern des Kettenbruches für* $\int_{-\infty}^{0} \frac{\varphi(\xi)d\xi}{z-\xi}$. Göttingen, Dissertation, 1898.

2. Die Bewegung der Ionen beim Zeeman'schen Phänomen, *Zeitschrift für Mathematik und Physik*, 45 (1900): 119–136.

3. Über Modulfunktionen von mehreren Veränderlichen. (Erste Hälfte.), *Mathematische Annalen*, 56 (1903): 509–548.

4. Über Modulfunktionen von mehreren Veränderlichen. (Zweite Hälfte.), *Mathematische Annalen*, 58 (1904): 497–527.

5. Zum Eliminationsproblem bei analytischen Funktionen mehrerer Veränderlicher. *Mathematische Annalen*, 57 (1903): 356–368.

6. Über Thetafunktionen und Modulfunktionen mehrerer Veränderlicher, *Jahresbericht der Deutschen Mathematiker-Vereinigung*, 13 (1904): 120–132

7. Bemerkung zur Theorie der automorphen Funktionen, *Göttinger Nachrichten*, 1904: 92–97.

8. Über die Zerlegung unendlicher Vektorfelder, *Mathematische Annalen*, 61 (1905): 235–250.

9. Über ganze transzendente Funktionen, *Jahresbericht der Deutschen Mathematiker-Vereinigung*, 16 (1907): 97–109.

© Springer-Verlag GmbH Deutschland, ein Teil von Springer Nature 2019
D. E. Rowe und V. Felsch, *Otto Blumenthal: Ausgewählte Briefe und Schriften II*,
Mathematik im Kontext, https://doi.org/10.1007/978-3-662-58356-2_14

10. *Principes de la théorie des fonctions entières d'ordre infini*, Paris: Gauthier-Villars, 1910.

11. Sur le mode de croissance des fonctions entières, *Bulletin de la Société Mathématique de France*, 35 (1907): 213–232.

12. Kanalflächen und Enveloppenflächen, *Mathematische Annalen*, 70 (1911): 377–404.

13. Bemerkungen über die Singularitäten analytischer Funktionen mehrerer Veränderlichen, *Festschrift Heinrich Weber*, Leipzig: Teubner, 1912, S. 11–22.

14. Über asymptotische Integration linearer Differentialgleichungen mit Anwendung auf eine asymptotische Theorie der Kugelfunktionen, *Archiv der Mathematik und Physik*, 19 (1912): 136–174.

15. Über asymptotische Integration von Differentialgleichungen mit Anwendung auf die Berechnung von Spannungen in Kugelschalen, *Proceedings of the fifth International Congress of Mathematicians*, Bd. 2, Cambridge: Cambridge University Press, 1913: 319–327.

16. Über die Genauigkeit der Wurzeln linearen Gleichungen, *Zeitschrift für Mathematik und Physik*, 62 (1914): 359–362.

17. Über die Druckverteilung längs Joukowskischer Tragflächen, *Zeitschrift für Flugtechnik und Motorluftschiffahrt*, 4 (1913): 125–130.

18. Einfache Beispiele ungleichmäßig konvergenter Reihen, *Annales scientificos da Academia Polytechnica do Porto*, 8 (1913): 68–73.

19. Zum Turbulenzproblem, *Sitzungsberichte der bayrischen Akademie der Wissenschaften*, 1913: 563–595.

20. Einige Minimumssätze über trigonometrische und rationale Polynome, *Mathematische Annalen*, 77 (1916): 390–403.

21. Karl Schwarzschild, *Jahresbericht der Deutschen Mathematiker-Vereinigung*, 26 (1917): 56–75.

23. Über trigonometrische Polynome mit einer Minimumseigenschaft, *Mathematische Zeitschrift*, 1 (1918): 285–302.

24. Über eine neue Randwertaufgabe bei elastischen Membranen, *Mathematische Zeitschrift*, 3 (1919), 213–264.

25. David Hilbert, *Die Naturwissenschaften*, 10(4) (Jan. 1922): 67–72.

26. Über rationale Polynome mit einer Minimumseigenschaft, *Mathematische Annalen*, 85 (1922): 160–171.

27. Über rationale Polynome mit einer Minimumseigenschaft, *Journal für die reine und angewandte Mathematik*, 165 (1931): 237–246.

28. Bemerkung zu der Arbeit des Herrn Popoff „Über die Gewinnung summierbarer Potenzreihen aus summierbaren Fourier-Reihen", *Mathematische Annalen*, 89 (1923): 126–129.

29. Einige Anwendungen der Sehnen- und Tangententrapezformeln, *Christiaan Huygens*, 3 (1923): 1–17.

30. Zur Einführung in die Infinitesimalrechnung, *Zeitschrift für mathematischen und physikalischen Unterricht*, 57 (1926): 200–203.

31. Einige Anwendungen der Integralform des Taylorschen Restgliedes, in *Probleme der modernen Physik. Herausgegeben von P. Debye. Arnold Sommerfeld zum 60. Geburtstage gewidmet von seinen Schülern.* Leipzig: Hirzel, 1928, S. 157–164.

32. Über Polynome mit gewissen Minimumseigenschaften, nebst einiger Anwendung auf die Theorie der ganzen Funktionen, *Travaux du premier congrès des mathématiciens de l'URSS, Kharkov 1930*, Kharkov: Goti, 1935, S. 262–268.

33. Zu den Entwicklungen nach Eigenfunktionen linearer symmetrischer Integralgleichungen, *Mathematische Annalen*, 110 (1935): 726–733.

34. Hilberts Lebensgeschichte, in David Hilbert, *Gesammelte Abhandlungen*, Bd. 3, Berlin: Springer-Verlag, 1935, S. 388–429.

35. Über die Knickung eines Balkens durch Längskräfte, *Zeitschrift für Angewandte Mathematik und Mechanik*, 17 (1937): 232–244.

36. Besprechungen von *Mathematische Werke von Karl Weierstraß*, Bd. 3–4, Göttingsche Gelehrte Anzeigen, 1905: 115–150; Bd. 5, ebenda, 1916: 262–268; Bd. 6, ebenda, 1917: 638–640.

37. La géométrie des polynomes binomiaux, *Comptes rendus du Congrès des sciences matématiques de Liège, (17-22 juillet 1939)*, S. 69–74.

38. Enkele Benaderingsformules voor bepaalde Integralen, *Mathematica*, B Zutphen, 10 (1941): 25–38.

39. Het Isoperimetrische Vraagstuk, *Mathematica*, B Zutphen, 11 (1942): 12–26.

14.2 Anhang II: Doktoranden von Otto Blumenthal an der TH Aachen

1907 Jakob Dondorff, *Die Knickfestigkeit des geraden Stabes mit veränderlichem Querschnitt und veränderlichem Druck, ohne und mit Querstützen.* Referent: Otto Blumenthal, Korreferent: August Hertwig.

1910 Peter Voissel, *Resonanzerscheinungen in der Saugleitung von Kompressoren und Gasmotoren.* Referent: Hugo Junkers, Korreferent: Otto Blumenthal.

1912 Karl Gehlen, *Querstabilität und Seitensteuerung von Flugmaschinen.* Referent: Hans Reissner, Korreferent: Otto Blumenthal.

1919 Ernst Münter, *Ueber Spannungen in ungleichmässig erwärmten Platten mit Ausblick auf massive Brücken.* Referent: Otto Blumenthal, Korreferent: Oskar Domke.

1923 Bruno Eck, *Potentialströmung in Ventilen.* Referent: Theodor von Kármán, Korreferent: Otto Blumenthal.

1924 Bernd Schumacher, *Ueber die Grundlagen der Wasserbewegung beim Betriebe von Kammerschleusen.* Referent: Otto Blumenthal.

1928 Fritz Wingerter, *Über die gewendelte Schale unter besonderer Berücksichtigung der unendlich langen, außen eingespannten, innen freien Wendelschale.* Referent: Otto Blumenthal, Korreferent: Oskar Domke.

1929 Erich Breuer, *Das Klima des Niederrheins und seiner Umgebung unter Berücksichtigung meteorologischer Tageserscheinungen (Kälteeinbrüche).* Referent: Peter Polis, Korreferent: Otto Blumenthal.

1929 Kurt Bennedik, *Über Theorie und Bestimmung der Zähnezahlen in Getrieben mit geometrisch abgestuften Drehzahlen.* Referent: Adolf Wallichs, Korreferent: Otto Blumenthal.

1930 Wilhelm Meyer, *Die Beziehungen zwischen Betondruckfestigkeit und Betonzusammensetzung unter besonderer Berücksichtigung der Normenfestigkeit des Zements.* Referent: Oskar Domke, Korreferent: Otto Blumenthal.

Die Arbeit von Ernst Münter wurde während der Zeit geschrieben, als Blumenthal noch im Felde war. Die mündliche Prüfung fand am 23.11.1918 statt. Im Prüfungsprotokoll ist als Erstprüfer eingetragen: „Prof. Hamel zugleich als Vertreter des abwesenden Referenten Prof. Blumenthal." Offizielles Promotionsdatum ist der 31.1.1919.[1]

Die zwei nachfolgenden Briefe zeigen, wie sehr Blumenthal sich bemühte, seine Verpflichtungen an der TH Aachen wahrzunehmen.

Charlottenburg, 16.11.1918.

Sehr geehrter Herr Starke!

Ich bestätige, dass ich mein Referat über die Arbeit Münter gestern als Einschreibebrief an Sie abgeschickt habe, und bitte um Empfangsbestätigung.
Ihr sehr ergebener
O. Blumenthal.

Göttingen, 6.1.1919.

Weenderchausse 8 bei Geheimrat Ebstein.

Lieber Herr Starke!

Ich schicke Ihnen heute in eingeschriebenem Brief ein Schlusswort zu den Verhandlungen über die Arbeit Münter, und bitte Sie, dieses Blatt bei Hamel und Domke kursieren zu lassen und, falls es bei ihnen keinen Widerspruch findet, den Akten beizufügen. Die Verhältnisse scheinen jetzt befriedigend geklärt.

Sie haben voraussichtlich erfahren, dass auf mein Gesuch der Rektor bei den Alliierten einen Passierschein für mich und meine Familie beantragt hat. Bis dieser eintrifft, bleibe ich in Göttingen an der oben angegebenen Adresse. Dann werde ich mich baldigst nach Aachen begeben und meine Vorlesungen aufnehmen.
Geschrieben in der Eisenbahn.
Beste Grüsse an Sie und die Kollegen.
Ihr O. Blumenthal.

---

[1] Für die Hilfe bei den Recherchen zu den Doktoranden Otto Blumenthals bedanken wir uns bei Herrn Roland Rappmann von der Hochschulbibliothek der RWTH Aachen.

14.3 Anhang III: Die Festschrift für Hilberts 60. Geburtstag

Gleichzeitig mit der Hilbert-Sonderausgabe für *Die Naturwissenschaften* erschienen auch 52 ihm gewidmete Arbeiten in der *Mathematischen Zeitschrift* und in den *Mathematischen Annalen*. Diese wurden in einem Band zusammengefasst und veröffentlicht als *Festschrift David Hilbert zu seinem sechzigsten Geburtstag am 23. Januar 1922 gewidmet von Schülern und Freunden*, Berlin: J. Springer, 1922. Die Widmung wurde von Blumenthal als auch Courant, Hamel, Hecke und Schoenflies unterzeichnet.

K. Hensel, Über die Normenreste und Nichtreste in den allgemeinsten relativ-Abelschen Zahlkörpern.

R. Fueter, Kummers Kriterium zum letzten Theorem von Fermat.

M. Fujiwara, Zahlengeometrische Untersuchung über die extremen Formen für die indefiniten quadratischen Formen.

E. Noether, Ein algebraisches Kriterium für absolute Irreduzibilität.

P. Furtwängler, Über Kriterien für irreduzible und für primitive Gleichungen und über die Aufstellung affektfreier Gleichungen.

L. Fejér, Über die Lage der Nullstellen von Polynomen, die aus Minimumforderungen gewisser Art entspringen.

A. J. Kempner, Über die Separation komplexer Wurzeln algebraischer Gleichungen.

A. Schoenflies, Bemerkung zur Axiomatik der Größen und Mengen.

J. Sommer, Über die Bezeichnung „Grad einer Differentialgleichung" und Bemerkungen zu der Randwertaufgabe einer gewöhnlichen Differentialgleichung zweiter Ordnung.

E. R. Hedrick und W. D. A. Westfall, The existence domain of implicit functions.

C. Carathéodory, Über die kanonischen Veränderlichen in der Variationsrechnung der mehrfachen Integrale.

E. Hilb, Zur Theorie der linearen Differenzengleichungen.

O. Szász, Über Singularitäten von Potenzreihen und Dirichletschen Reihen am Rande des Konvergenzbereiches.

L. Neder, Über einen Lückensatz für Dirichletsche Reihen.

H. Bohr, Über eine quasi-periodische Eigenschaft Dirichletscher Reihen mit Anwendung auf die Dirichletschen L-Funktionen.

C. Siegel, Neuer Beweis für die Funktionalgleichung der Dedekindschen Zetafunktion.

H. Hamburger, Über einige Beziehungen, die mit der Funktionalgleichung der Riemannschen ζ-Funktion äquivalent sind.

L. Bieberbach, Über die Verteilung der Null- und Einsstellen analytischer Funktionen.

E. R. Neumann, Über die geometrische Veranschaulichung einer Riemannschen Formel aus dem Gebiete der elliptischen Funktionen.

F. Bernstein, Ein Kriterium für den positiv-definiten Charakter von Fourierintegralen und die Darstellung solcher als Summe von Quadraten.

O. Blumenthal, Über rationale Polynome mit einer Minimumseigenschaft.

H. Liebmann, Die Bewegungen der hyperbolischen Ebene.

H. Mohrmann, Hilbertsche und Beltramische Liniensysteme. Ein Beitrag zur Nicht-Desarguesschen Geometrie.

M. Dehn, Über die Grundlagen der projektiven Geometrie und allgemeine Zahlsysteme.

F. Enriques, Il principio di degenerazione e la geometria sopra le curve algebriche.

F. Schilling, Eine neue kinematische Ebenenführung.

E. J. Wilczynski, Charakteristische Eigenschaften der isotherm-konjugierten Kurvennetze.

G. Fubini, Geometria proiettivo-differenziale di una superficie V_2 nello spazio S_4 a quattro dimensioni.

C. Runge, Über die Gravitation ruhender Massen.

E. Kasner, The solar gravitational field completely determined by its light rays.

S. Bernstein, Sur le théorème limite du calcul des probabilités.

P. Bernays, Zur mathematischen Grundlegung der kinetischen Gastheorie.

T. Levi-Civita, Risoluzione dell'equazione funzionale che caratterizza le onde periodiche in un canale molto profondo.

R. Courant, Über die Lösungen der Differentialgleichungen der Physik. I. Mitteilung.

G. Hamel, Über erzwungene Schwingungen bei endlichen Amplituden.

O. D. Kellogg, On the existence and closure of sets of characteristic functions.

E. Hellinger, Zur Stieltjesschen Kettenbruchtheorie.

E. H. Moore, On power series in general analysis.

G. H. Hardy and J. E. Littlewood, Some problems of „Partitio Numerorum": IV. The singular series in Waring's problem and the value of the number $G(k)$.

O. Toeplitz, Über das Wachstum der Potenzreihen in ihrem Konvergenzkreise. I.

L. Lichtenstein, Untersuchungen über die Gestalt der Himmelskörper. Zweite Abhandlung. Eine aus zwei getrennten Massen bestehende Gleichgewichtsfigur rotierender Flüssigkeit.

E. Landau, Zum Waringschen Problem.

P. Koebe, Fundamentalabbildung und Potentialbestimmung gegebener Riemannscher Flächen.

G. Herglotz, Über einen Dirichletschen Satz.

W. Blaschke, Über affine Geometrie. XXXIII: Affinminimalflächen.

E. Hecke, Über die Integralgleichungen der kinetischen Gastheorie.

I. Schur, Ein Beitrag zur Hilbertschen Theorie der vollstetigen quadratischen Formen.

H. Weyl, Zur Infinitesimalgeometrie: p-dimensionale Fläche im n-dimensionalen Raum.

E. Schmidt, Über die Darstellung der Lehre vom Inhalt in der Integralrechnung.

A. Ostrowski, Notiz über einen Satz der Galoisschen Theorie.

M. Born, Über elektrostatische Gitterpotentiale.

A. Sommerfeld, Quantentheoretische Umdeutung der Voigtschen Theorie des anomalen Zeeman-Effektes vom D-Linien-Typus.

14.4 Anhang IV: Hilberts Rede vor dem Göttinger Mathematischen Verein anlässlich seines 60. Geburtstags

Nachlass Hilbert, SUB Göttingen, 741, Nr. 12

Sie haben mir am Vorabend meines 60sten Geburtstages eine Feier bereitet, die mich hoch ehrt und in den so herzlichen Worten für mich den Höhepunkt erreicht hat. Wenn Sie sich gerade zu dieser Ehrung meiner Person den 60sten Geburtstag gewählt, so sind es wohl nicht arithmetische Vorzüge der Zahl 60, sondern die Tatsache, daß man im Alter von 60 Jahren ungefähr mit Bewußtsein auf $\frac{1}{2}$ Jahrhundert zurückblickt und währendes es mindest[ens] 3 Generationen gewesen sind, die in wirksamsten Kontakt mit uns standen: für mich und überhaupt den im akademischen Beruf Stehenden ist es die Generation meiner Lehrer, meiner Altersgenossen und drittens, die heranwachsende Generation, die der Schüler und der Jugend überhaupt.

Als ich zu studieren begann, unterschied sich der mathematische Lehrbetrieb an den Universitäten erheblich von heute: ein charakteristisches Merkmal war die ausgeprägte Trennung in einzelne Schulen: so gab es in Leipzig außer der Schule Klein noch eine Schule Carl Neumann und eine Schule Scheibner und im Allgemeinen war die Regel, daß ein Mitglied einer Schule kein Kolleg in der anderen Schule hörte und von den wissenschaftlichen Interessen der anderen Schule nichts wußte. Als Lie an die Stelle von Klein trat, wurde die Trennung womöglich noch verschärft. In Berlin standen die Schulen Weierstrass und Kronecker sich schroff gegenüber und in Halle ging Cantor mit seinen Schülern seinen eigenen Weg unter heftigsten Anfeindung, wie sie ihm, Dedekind und Paul du Bois Reymond insbesondere von der Schule Kronecker zu Teil wurde. Die Schule kultiviert meist ein bestimmt begrenztes Wissensgebiet. In dieser Stetigkeit und Beständigkeit lag die Stärke der Schule, die ihren Mitgliedern zugleich einen soliden Weg zu den Examina und dem Doktorgrad gewährte. Sie erschwerte aber die Erwerbung einer allgemeinen, harmonischen, vielseitigen mathematischen Bildung. Dazu kam, daß – mit glänzenden Ausnahmen – die Vorlesungen viel zu wünschen übrig liessen, und daß es an guten deutschen Lehrbüchern fehlte.

Daß nun alle diese Misstände mir persönlich ganz und gar nichts anhatten, daß verdanke ich dem lebhaften und glücklichen Kontakt, den ich mit den mein gleichaltrigen Generation hatte. Weitaus das Meiste verdanke ich meinen zu früh verstorbenen Freuden H. Minkowski und A. Hurwitz. Durch Minkowski gelangte ich in den Besitz der Mysterien der Schule Kronecker und durch Hurwitz gewann ich den Anschluss an die geometrische Schule Klein; Hurwitz lehrte uns zugleich die Weierstrass'sche Theorie, deren Kenntnis damals überhaupt nicht anders als durch mündliche Tradition zu erwerben war. Auf zahllosen, fast täglichen Spaziergängen haben wir damals in unserer Königsberger Zeit alle Winkel des mathematischen Wissens durchstöbert. Aber auch mit anderen mathematischen Altersgenossen kam ich in lebhaftesten Gedankenaustausch, so namentlich mit Study,

mit dem mich die gleichen invariantentheoretischen Interessen verbanden und mit
Engel, dem berufenen Vertreter der Schule Lie. Ich habe mich besonders in Erinnerung, mit welcher Lebhaftigkeit und Leidenschaftlichkeit wir uns damals über
allerhand allgemein mathematischen Prinzipienfragen [?] stritten, ob die Probleme
allgemein oder speziell, modern oder historisch überliefert, rein oder angewandt
sein sollen, ob man lieber rechnen oder begrifflich operieren solle etc. Vielleicht
kam in diesem Hang zu solchen Diskussionen noch der Gegensatz der getrennten
Schulen zum Ausdruck.

Aber die Einrichtung selbst der getrennten Schulen fand in unser Generation
keinen rechten Widerhall und keine Nachahmung und Fortpflanzung. Ich speziell
wechselte oft mit dem Gegenstände meiner wissenschaftlichen Betätigung. Für die
heranwachsende junge Zuhörergeneration war dies zunächst unbequemer. Aber
inzwischen bessere Vorlesungen, bessere Lehrbücher und der echte mathematische
Geist läßt sich schliesslich in jeder einzelnen speciellen Aufgabe fassen. Ich muß den
Jugend dankbar sein, daß sie mir immer gern beim Wechsel des Themas gefolgt
ist.

Im übrigen spielte sich mein Kontakt mit der jungen Generation wesentlich in
zwei Perioden ab: 1. der Doktorandenperiode, 2. der Assistentenperiode. Alle den
Herren bin ich zu größtem Dank verpflichtet. Bei den Doktorthemas genügte oft
meinerseits die Problemstellung und die Findigkeit und Andauer der Doktoranden
brachte manche Arbeit zu Stande, die noch heute eine kleine Zierde der Literatur
ist. Und auch den Assistenten gegenüber wird das Verhältnis nicht durch das
Dozendodissimus erschöpft. Vielmehr habe ich in der Reihe meiner Assistenten
von Born – Hellinger an auch sachlich die weiteste Hilfe und Mitarbeit erhalten
bis heute, wo ich das Glück habe, daß mir noch ein Mann wie Bernays es nicht
verschmäht, mir Assistent zu sein, wofür ich herzlich danke.

Den Zustand des heutigen mathematischen Betriebes ist nicht mehr der der
getrennten Schulen sondern gleich vielmehr dem eines mathematischen Hochpla-
teaus, gestützt freilich durch einige ragende Pfeiler. Daß die heutige mathematische Jugend und insbesondere die hier in Ihrer Verbindung vertretene Jugend auf
diesem Hochplateau marschiere, die mathematische Fahne weiter tragend, neue
Gebiete erobernd, daß wünsche ich Ihrem Verein . . .

14.5 Anhang V: Otto Blumenthal, Vorsitzender der Deutschen Mathematiker-Vereinigung, an den preußischen Unterrichtsminister

Januar 1924 (Jahresbericht der Deutschen Mathematiker-Vereinigung, 33 (1925), 2. Abteilung: *67 f.*)

Die Deutsche Mathematiker-Vereinigung als berufene wissenschaftliche Vertretung der Mathematiker Deutschlands möchte anläßlich des Ministerialerlasses U II Nr. 698 U II W 1 vom 15. August 1923 über die Verkürzung der Unterrichtszeit an höheren Schulen nachdrücklich auf die schweren Folgen aufmerksam machen, die eine Kürzung des mathematisch-physikalischen Unterrichts mit sich bringen muß. Sie knüpft dabei an den Satz des Erlasses an: „Im übrigen wird bei allen Fächern geprüft werden müssen, ob nicht einzelne Lehraufgaben eingeschränkt oder ganz gestrichen werden können, *ohne daß das eigentliche Bildungsziel des Faches darunter zu leiden braucht.*" Sie trägt ferner dem in dem Erlaß ausgesprochenen Gedanken der Zusammenarbeit verschiedener Fächer, den sie lebhaft begrüßt, von vorneweg dadurch Rechnung, daß sie den mathematischen und physikalischen Unterricht als eine Einheit betrachtet und von den für diese beiden Fächer zusammen angesetzten Unterrichtsstunden spricht. In der Verteilung dieser Stunden auf die Einzelfächer Mathematik und Physik empfiehlt sie, jeder Anstalt weitgehende Freiheit zu gewähren.

Der heutige Stand der mathematischen und der physikalischen Wissenschaft und der pädagogischen Durcharbeitung ihrer Ergebnisse ermöglicht es, durch den Unterricht in diesen Wissenschaften eine eigenartige Bildung und Denkweise zu vermitteln, die den als Vorzug der klassischen Altertumswissenschaften gerühmten Idealismus mit der von den Männern des praktischen Lebens geforderten realen Einstellung vereinigt. In letzterer Hinsicht ist keine Ausführung nötig. Den idealen Wert des mathematisch-physikalischen Unterrichts aber erblicken wir im folgenden: er leitet mit zwingender Gewalt zur Selbständigkeit im Beobachten und im Denken, er übt die Phantasie und Erfindungsgabe, er verdeutlicht wie kein anderer das „Richtig" und „Falsch" und führt zur Selbstkritik, zum Bedürfnis vollständiger lückenloser Begründungen und strenger Wahrhaftigkeit des Denkens. Hierin, nicht in der sogenannten „Schulung des formalen Denkens" besteht nach unserer Auffassung das ideale Ziel des mathematisch-naturwissenschaftlichen Unterrichts. Dieses Ziel wird am besten erreicht, wenn der mathematische Unterricht, von verschiedenen, aus älterer Zeit übernommenen formalen Einzelheiten befreit, im Geist des funktionalen Denkens mit Ausmündung in die Infinitesimalrechnung erteilt und in der Oberstufe eng mit dem physikalischen Unterricht verbunden wird. Es entwickelt sich dann als Band zwischen der Experimentalphysik und der Mathematik naturgemäß die theoretische Physik, die Lehre von den Zusammenhängen, die sich auf mathematisch-logischem Weg zwischen den beobachteten physikalischen Erscheinungen feststellen lassen. Diese Lehre ist wohl die eindringlichste und reizvollste Anregung zu philosophischem Denken, die einem jungen Menschen mitgegeben werden kann.

Wenn aber der mathematisch-physikalische Unterricht diese erzieherische Wirkung haben soll, dann muß er *gründlich* gegeben werden, so daß die Schüler in eigener Arbeit in das Gebiet eindringen. Oberflächliches Pauken ist wertlos. Gerade weil die geistigen und sittlichen Eigenschaften, die die mathematisch-physikalische Richtung in dem Menschen erwecken soll und von ihm verlangt, hoch und ungemein sind, sträuben sich die Geister anfänglich gegen diese Lehren und bedürfen umsichtiger, sicherer und langdauernder Anleitung. Man soll deshalb auch an den Lehranstalten mit realistischem Bildungsziel (besonders den Oberrealschulen), wo dem mathematisch-physikalischen Unterricht in der Oberstufe eine ausgiebigere Stundenzahl zur Verfügung steht, keine Abstreichungen vornehmen. Der Lehrer der Mathematik und Physik muß seine Schüler, um ihre Bildung wirksam zu beeinflussen, fest in der Hand haben, und das ist nur möglich, wenn er viele Stunden zusammen mit ihnen arbeiten kann. An den Anstalten mit humanistischem Bildungsziel vollends ist der Stundenplan der Mathematik und Physik schon jetzt so mager, daß ein weiterer Abbau beider Lehrgebiete zur völligen Oberflächlichkeit verurteilen würde. Die Hochschullehrer an den Universitäten und Technischen Hochschulen stellen schon jetzt bei den Absolventen humanistischer Anstalten einen geradezu betrübenden Tiefstand des mathematisch-physikalischen Wissens und Verstehens fest. Nicht gleichgültig ist auch die vielfach gemachte Beobachtung, daß ausländische Studierende unserer Hochschule in den betrachteten Fächern erheblich bessere Kenntnisse mitbringen als die Inländer; denn die Bemerkung, daß die ausländischen Studierenden durchweg ein besser gesiebtes Material darstellen, wird diese Beobachtung kaum genügend erklären.

In teilweiser Umkehrung des eingangs zitierten Satzes des Ministerialerlasses möchte die Deutsche Mathematiker-Vereinigung sich dahin aussprechen, daß der Unterricht in einem Fache ungenügend ist, wenn das eigentliche Bildungsziel des Faches darunter leidet. In diesem Sinne würde der mathematisch-physikalische Unterricht bei Beschneidung der Unterrichtszeit ungenügend werden.

14.6 Anhang VI: Otto Blumenthal über das mathematische Bildungswesen in Russland

Otto Blumenthal hielt diesen Vortrag am 30. März 1932 im Rahmen der 34. Hauptversammlung des deutschen Vereins zur Förderung des mathematischen und naturwissenschaftlichen Unterrichts, die vom 28. März bis 1. April 1932 in Aachen stattfand. Obwohl es ein rein mathematik-didaktischer Vortrag war, spielte er ein Jahr später bei den Verleumdungen und Untersuchungen, die zu Blumenthals Entlassung führten, eine entscheidende Rolle (Felsch 2017).[1]

Ueber das mathematische Bildungswesen im heutigen Rußland.
Vortrag auf der 34. Hauptversammlung des Vereins zur Förderung des mathematischen und naturwissenschaftlichen Unterrichts. Aachen, den 30. März 1932.

Als ich 1930 auf Einladung zu einem Allrussischen Mathematiker-Kongreß nach Charkow fuhr, erhielt ich die Aufforderung, in Moskau vor einem Publikum von Ingenieuren einen Vortrag zu halten. Ich wählte als Thema den mathematischen Unterricht an Technischen Hochschulen, in dem Glauben, daß die freiere Form des Unterrichts in Infinitesimalrechnung, die wir hier gegenüber der klassisch-Weierstraßschen entwickelt haben, den russischen Mathematikern interessant und nützlich sein könne. Denn ich wusste, daß früher der Mathematikunterricht in Rußland sehr abstrakt war. Der Vortrag fand auch in der Tat Beifall, aber aus anderen Gründen als ich erwartet hatte. Denn die Verhältnisse hatten sich vollständig geändert, vor allem waren in methodischer Hinsicht große Fortschritte gemacht worden, und ich erkannte, daß es sich lohnen würde, das dortige Unterrichtswesen genauer zu studieren und mit dem deutschen zu vergleichen. Diese Aufgabe setzte ich mir für eine zweite Reise nach Rußland, die ich im vorigen Jahr unternahm. Hierüber möchte ich heute vortragen. Meine Informationen habe ich mir nach besten Kräften von den mir bekannten Professoren beschafft, habe auch viermal bei dem Unterricht hospitiert, zweimal an der Universität Moskau, zweimal an dem Moskauer Flieger-Institut, einer Technischen Schule, die in der Hauptsache Flugzeugkonstrukteure ausbildet. Dem Unterricht an einer Mittelschule beizuwohnen, ist mir zu meinem großen Bedauern nicht gelungen, ich habe mir aber wenigstens über die sehr merkwürdige Organisation des Mittelschulunterrichts verlässliche Angaben verschaffen und mich auch an Hand eines Lehrbuchs über die Ziele und die Besonderheit des Mathematik-Unterrichts unterrichten können. Hinsichtlich der allgemeinen Organisation möchte ich auch verweisen auf einen gut dokumentierten Artikel von Dr. Klaus Mehnert, „Die russische Hochschulreform

---

[1]Ein Durchschlag seines Originalmanuskripts, den er bei seiner Vernehmung im Regierungspräsidium am 13. Juli 1933 zu den Akten gab, befindet sich im Landesarchiv NRW Abteilung Rheinland, Regierung Aachen, 20065. Der Text wurde in Blumenthal (2017) erstmalig veröffentlicht.

1930"(Osteuropa 1931, S. 258–270), dem ich verschiedene wichtige Ergänzungen meiner Kenntnisse verdanke. Da die Verhältnisse recht kompliziert liegen, mögen manche Einzelheiten meiner Darstellung fehlerhaft sein, auf das Gesamtbild aber haben diese Fehler wohl kaum einen Einfluß.

Organisation des Bildungswesens

Wenn man das sowjetrussische Bildungswesen – wie auch manche andere sowjetrussische Einrichtung – richtig beurteilen will, muß man daran denken, daß alle Maßnahmen der Regierung bewusst nur auf die nächste Zukunft zugeschnitten sind, etwa auf die Zeit des Fünfjahrplans und die nächstanschliessenden Jahre. Für diese Zeit braucht Rußland eine ungeheure Masse von Ingenieuren, nicht schöpferische, sondern solche, die gegebenes Material – die massenweise aus dem Ausland gekauften Maschinen – verständnisvoll ausnutzen können. Solche Ingenieure bedarf es für außerordentlich mannigfaltige Zweige der Technik, von dem Bergbau über den Maschinenbau und das Bauwesen bis zum landwirtschaftlichen Großbetrieb. Da diese Menschen in der allernächsten Zeit gebraucht werden, muß ihre Ausbildung kurzfristig sein. Da man sie gleichzeitig gründlich haben will, bleibt nicht anderes als enge Spezialisierung übrig. So ist das Polytechnikum von Leningrad in 13 gesonderte Institute zerschlagen worden, darunter die folgenden:

Mechanisch-physikalisches
Chemisch-physikalisches
Elektrotechnisches
Wärmetechnisches
Institut für Apparatebau
Material-Prüfungsinstitut.

Das Moskauer Fliegerinstitut zerfällt in folgende Fakultäten:

Flugzeugbau und Flugwesen
Luftschiffbau
Motorbau
Baukonstruktionen
Betriebswissenschaft.

Dabei werden noch verschiedene Ausbildungen gegeben, je nachdem sich die Studenten dem Konstruktionsfach oder dem Fabrikationsfach zuwenden wollen. Charakteristisch ist, daß die Spezialisierung schon im ersten Jahr bei den naturwissenschaftlich-mathematischen Grundlagen beginnt.

Uebrigens sind diese Einrichtungen alle ganz neu, das gedruckte Programm der Unterrichtsreform stammt aus dem Jahre 1930. Ein Urteil über die Erfolge liegt also noch nicht vor. Damit hängt zusammen, daß die Ansichten über die Lehrziele und die Lehrpläne immer wieder Aenderungen, auch recht plötzlichen, unterworfen sind. Man kann also nur ein Augenblicksbild der Organisation und der Lehrmethoden geben.

Die Größe der Lehraufgaben aber wird an einer Zahl deutlich: Herbst 1930 sind 126 000 erste Semester neu in die Hochschulen eingetreten, und von diesen brauchte die weitaus größte Zahl, wenn nicht alle, mathematischen Unterricht.

Zunächst einige Worte über das Volks- und Mittelschulwesen. Die Grundschule ist siebenjährig, die sogenannte siebenjährige Fabrik- und Werkschule. Diese Schule vermittelt die allgemeine Bildung. Dazu gehört außer russisch und der Landessprache (z. B. ukrainisch, deutsch (in der Wolga-Republik), grusinisch, tatarisch) vor allem neue Geschichte, politisch-marxistischer Ideenkreis und Realien. In der obersten Klasse umfasst der Lehrplan in Mathematik nach einem mir vorliegenden Lehrbuch folgendes Material: Volumen von Prismen und Pyramiden, Volumen und Oberfläche von Zylinder, Kegel, Kugel, Trigonometrische Funktionen, Wurzelziehen, Gleichungen 2. Grades, Kurvenzeichnen. Das Lehrbuch schließt mit einigen größeren Aufgaben, darunter Entwurf und Kostenanschlag eines Speicherbaues, eines zylindrischen Wasserbehälters, eines biegungssicheren Balkens bei gegebener Last usw.

Nach dieser Grundschule beginnt sofort eine weitgehende Spezialisierung. Es schließt sich zunächst das $2\frac{1}{2}$ bis 3 jährige „Technikum" an. Der Name ist irreführend, es handelt sich nicht um technische Schulen, sondern um Vorbereitungsschulen für verschiedene Berufszweige. Es gibt 6 Typen:

Industriell-technische
Landwirtschaftliche
Sozialökonomische
Medizinische
Pädagogische
Künstlerische.

Für künftige Lehrer der Mathematik kommen die industriell-technischen und die pädagogischen in Frage. Der Lehrplan dieser Techniken umfasst außer den früher genannten Fächern noch neuere Sprachen und zwar in erster Linie Deutsch, dann Englisch, dann Französisch. Doch wurde mir mehrfach gesagt, daß der Sprachunterricht meist noch auf dem Papier steht. Insbesondere für Französisch sollen kaum Lehrer vorhanden sein. Ueberhaupt ist es mit dem Lehrermaterial und infolgedessen dem Unterricht an den Techniken noch sehr schlecht bestellt. Leute die kaum erst die Schule verlassen haben, geben bereits Unterricht. Von alten Sprachen wird nur Latein (Apothekerlatein) an den medizinischen Techniken getrieben.

Nach Absolvierung des Technikums soll eine 3-jährige praktische Arbeit in einem dem zu wählenden Beruf nahestehenden Produktionsbetrieb folgen. Hier scheint aber auch eine Abart zu existieren. Vielfach sind die Techniken unmittelbar an die großen Werke angeschlossen. Dann können Arbeiter dieser Werke, die schon eine gewisse Zeit dort gearbeitet haben, das Technikum in Abendklassen besuchen und dann unmittelbar eine Hochschule beziehen. Diese Einrichtung wurde mir in dem großen Automobil- und Motorenwerk in Moskau vorgeführt. Der Mathematikunterricht stand hier unter der Aufsicht eines angesehenen Gelehrten der Moskauer Universität. Von den 15000 Arbeitern des Automobilwerks sollen 8000 die Schule besuchen.

Nach dieser Vorbereitung kann der junge Mensch ohne weiteres Aufnahmeexamen in eine Hochschule eintreten. Allerdings ist diese Aufnahme sehr stark von anderen Bedingungen, nämlich der gesellschaftlichen Klasse abhängig. Die privilegierten Klassen sind die Arbeiter und Bauern. Es besteht an jeder Hochschule ein numerus clausus, und von diesem ist ein hoher Mindestanteil für die privilegierten Klassen reserviert. Die Hochschulen selbst werden eingeteilt in „Hochschulen" und „Technische Hochschulen". Künftige Lehrer werden an „Hochschulen" ausgebildet und zwar für unsere Fächer entweder an „Pädagogischen Fakultäten" oder an den Physico-mathematischen Fakultäten.

So soll das mittlere Unterrichtswesen aussehen, wenn das neue System sich eingespielt hat. Das wird aber noch über 10 Jahre dauern. Bis dahin besteht neben dem regelmäßigen Lehrgang als Zugang zum Hochschulstudium noch die sog. Arbeiterfakultät, eine besonders interessante Einrichtung. Bewährte Arbeiter werden unmittelbar ohne Besuch, jedenfalls ohne vollständige Absolvierung, eines Technikums auf die Technischen Hochschulen geschickt und dort neben ihrer Fabrikarbeit in Abendkursen ausgebildet. Das Fliegerinstitut in Moskau z. B. hat hauptsächlich solche Abendkurse, die von 1500 Studenten besucht werden. Diese Leute machen 7 Stunden Fabrikarbeit, 4 Stunden Unterricht, und dann werden noch täglich 2 Stunden auf häusliche Arbeit gerechnet. Zum Verständnis muß hinzugefügt werden, daß jeder fünfte Tag arbeits- und unterrichtsfrei ist. Trotzdem gehört eine erstaunliche Arbeitskraft dazu, um dieses Pensum zu bewältigen. Ich habe dem Unterricht beigewohnt und von den Kenntnissen und der Reife der Leute einen vorzüglichen Eindruck erhalten. Die Ausbildung dauert 4 Jahre, wovon ein Viertel auf praktische Tätigkeit entfällt, die zwischen die theoretischen Kurse zwischengeschaltet ist.

Jetzt noch einige Bemerkungen über die allgemeine Organisation des Studiums an den Technischen Hochschulen und den physikalisch-mathematischen Fakultäten. Das Studium dauert 3 bis 4 Jahre. Es besteht Lernzwang. Wie weit er tatsächlich durchgeführt wird, weiß ich nicht. Abschlussprüfungen gibt es nicht. Die Programme werden von dem Lehrkörper bis ins Einzelne ausgearbeitet und der vorgesetzten Behörde zur Genehmigung vorgelegt. Vielfach unterstehen Technische Hochschulen unmittelbar großen Werken, von denen sie unterhalten werden und an denen die Studierenden auch ihre praktische Arbeitszeit ableisten. Die praktische Arbeit ist (wie auch oben bei dem Fliegerinstitut) zwischen die Studien zwischengeschaltet, sodaß z. B. auf 40 Tage Unterricht 20 Tage praktische Arbeit folgen. In diesem Falle ist die Behörde, die die Programme zu genehmigen hat, die Leitung des betreffenden Werkes. Es ist mir von vertrauenswürdiger Seite versichert worden, daß dieses System, das mir etwas merkwürdig vorkam, zu Schwierigkeiten keinen Anlaß gibt. Es entspricht dem Wunsch der Regierung, einerseits theoretische und praktische Ausbildung ganz eng zusammen zu halten, andererseits die Verwaltung, vor allem in finanzieller Hinsicht, zu dezentralisieren. Denn die Unterhaltung dieser Hochschulen sollen die Werke nach eigenem Ermessen aus ihren Einnahmen bestreiten.

Nehmen wir jetzt speziell die Ausbildung der künftigen Lehrer, so dauert sie in der physikalisch-mathematischen Fakultät 4 Jahre. Dann sind die Absolventen zum Unterricht an Mittelschulen fertig. Es werden aber auch in großer Zahl zum Unterricht an Hochschulen Leute mit weitergehender Ausbildung gebraucht, deshalb wird aus den Studenten der pädagogischen und physikalisch-mathematischen Fakultäten, die ihren Kursus abgeschlossen haben, eine bestimmte Anzahl ausgewählt und zu sog. Aspiranten erklärt. Diese werden in Spezialkursen weitergebildet und gleichzeitig auch zum Unterricht als Assistenten herangezogen. 1931 waren es ihrer in Moskau 150. Ihre Ausbildung obliegt in Moskau dem Wissenschaftlichen Forschungsinstitut für Mathematik und Mechanik, einer höchst vielseitigen Institution, deren Aufgabe an erster Stelle die Zusammenfassung der wissenschaftlichen Forschung sein soll. In dieser Hinsicht steht man freilich noch am Anfang. Dagegen nimmt der Unterricht der Aspiranten recht viel Raum ein, und außerdem werden dem Institut noch außergewöhnliche Ausbildungsaufgaben von besonderer Schwierigkeit zugewiesen. Z. B. kam im vorigen Jahr eine Abteilung Studenten von Arbeiterfakultäten, die eine zeitlich, aber nicht sachlich abgekürzte physikalisch-mathematische Ausbildung in 2 Jahren erhalten sollen. Noch mehr Seufzen unter den Dozenten erregte aber ein Kursus für sog. „Nationale", d. s. fremdstämmige, z. B. Kirgisen oder andere derartige Asiaten, mit höchst schwacher Kenntnis der russischen Sprache, die ebenfalls in 2 Jahren durch den Kursus durchgepeitscht werden sollen.

Methodik des Hochschulunterrichts

Von den Methoden des Hochschulunterrichtes glaube ich, daß sie ernstester Erwägung auch für unsere Verhältnisse wert sind.

Das erste ist, daß der Unterricht in kleinen Gruppen erteilt wird. Die Gruppen bestehen in der math.-phys. Fakultät und in den Grundfächern der Technischen Hochschulen aus etwa 25 Mann, in höheren Fächern aus erheblich weniger, bei den Aspiranten nur aus 6–10 Mann. Die Gesamtheit der Gruppen eines Kursus steht unter der Oberaufsicht eines Professors, jede Gruppe wird von einem besonderen Dozenten unterrichtet. Die Dozenten können Professoren, Assistenten oder Aspiranten sein, es gibt Kurse, die in über 100 Gruppen zerfallen. Die Oberaufsicht bestimmt dann die zu behandelnden Gegenstände, und die auf jeden entfallende Stundenzahl. Innerhalb dieses allgemeinen Rahmens ist der einzelne Dozent frei.

Im Unterricht der Gruppen tritt die Vorlesung stark hinter den Uebungen zurück oder ist ganz verschwunden. Es wurde mir allerdings gesagt, daß die derzeitige Zurückdrängung der Vorlesung als zu weitgehend empfunden werde und wieder teilweise rückgängig gemacht werden soll. Der Hauptwert wird auf die selbständige Arbeit des Studierenden gelegt. Es sind vier Systeme, die ich beobachten konnte, von denen das erste, der gewöhnliche Schulbetrieb, nicht besonders ausgeführt zu werden braucht. Das zweite System, das ich bei Aspiranten angewandt sah, war das der Vortragsseminare. Der Stoff wird in Einzelvorträge zerlegt, ein Student übernimmt einen Vortrag, erhält Angaben über die Literatur, die er zu benutzen hat, und arbeitet dann selbständig. Diese Methode ist auch bei uns geläufig, funktioniert aber so viel ich sehen konnte in Moskau ganz anders als in Aachen oder auch in Göttingen. Bei uns braucht der Dozent während des Vortrags seine ganze Kraft, um durch Zwischenfragen und Zwischenbemerkungen den Vortrag zu beleben oder auch nur verständlich zu machen, während kaum je eine aktive Teilnahme des Auditoriums erreicht wird. Bei dem Vortrag den ich in Moskau hörte, der übrigens bei schwierigem Thema vorzüglich war, saß der Dozent recht tatenlos dabei, die Fragen und Zwischenbemerkungen besorgte die Hörerschaft. Der Dozent gab mir auch an, daß er sich um die Präparation des Vortrags nicht besonders bekümmert habe.

Neuartig waren mir die beiden letzten Unterrichtsmethoden, die auf amerikanisches Vorbild zurückgehen. Gemeinsam ist ihnen, daß ein bestimmtes Lehrbuch dem Unterricht zugrunde gelegt wird.

Bei dem einen Verfahren wird dieses Lehrbuch in der Stunde gelesen, indem der Dozent den zu lesenden Text bezeichnet, die Studierenden in Gruppen von 3–5 Leuten zusammen lesen und bei Schwierigkeiten den Dozenten fragen. Der Dozent selbst eilt von einer Gruppe zur anderen, lässt sich erklären und hilft. Ich habe einer solchen Stunde aus einem Kursus über Funktionentheorie beigewohnt, wobei das ziemlich kurz gefasste Lehrbuch von Priwaloff dem Unterricht zu Grunde lag. Ich hatte den Eindruck, daß die Studierenden lebhaft mitarbeiteten und sich auch gegenseitig gut halfen.

Noch radikaler ist das zweite Verfahren. Hier wird nach einem kurzen einleitenden Vortrag des Dozenten ein Abschnitt des Lehrbuchs den Studierenden zu häuslicher Bearbeitung gegeben. Die Studierenden finden sich in sog. Brigaden von 5 Mann zusammen, von denen einer als Brigadenführer die Leitung hat. Die Brigade arbeitet den Text durch, macht die zugehörigen Aufgaben und stellt sich dann in einer dazu festgesetzten Stunde, der Konsultation, dem Dozenten vor, wird ausgefragt und legt selbst Fragen vor. Dieses System ist mir besonders in Leningrad entgegengetreten.

Mir scheint, daß beide Systeme auch für deutsche Verhältnisse entschiedene Beachtung verdienen. Ich will, ohne irgend auf eine andere Hochschule verallgemeinern zu wollen, nur von meinen Aachener Erfahrungen sprechen. Die deutsche akademische Lehr- und Lernfreiheit ist zugeschnitten auf das Ideal ganz selbständiger Arbeit des Studierenden. Der Dozent soll die Vorlesungsgegenstände, die Beweismethoden von einem Jahr zum anderen variieren, damit sich ja kein Rost von Routine ansetzt, dem Studenten soll die Vorlesung nur das Skelett bieten, die Anregung, durch Ausarbeitung unter Beiziehung anderer Literatur sich den Gegenstand selbst zu erarbeiten. Die Wirklichkeit liegt ganz anders: Der Student hat so wenig Zeit, daß er nur eben das Gehörte einigermaßen durchkauen kann, von eigenem Literaturstudium ist keine Rede. Es kommt ein recht trauriges Schwören auf die Worte des Meisters heraus und eine lückenhafte Kenntnis, weil jede

Vorlesung wegen Zeitmangels auswählend vorgehen muß, und anderes als das Vorgetragene bei dem Studierenden nicht vorhanden ist. Statt zur Selbständigkeit hat also unsere deutsche Vorlesungsmethode zur Unselbständigkeit der Studierenden geführt. Da scheint mir die amerikanisch-russische Methode Vorzüge zu haben. Sie wäre auch an deutschen technischen Hochschulen leicht probeweise durchzuführen. Es müßte nur ein Professor entweder eines der vorhandenen Lehrbücher als für seine Zwecke geeignet anerkennen oder auch seine eigene Vorlesung mit Uebungsaufgaben in Form eines Leitfadens ausarbeiten. Dann freilich gehört noch ein weiteres hinzu, nämlich eine genügend große Zahl hochwertiger Assistenten, sodaß Gruppen von höchstens 30 Mann gebildet werden können. Vorläufig scheinen die Staatsfinanzen diese Neuerung noch nicht allgemein zu gestatten, aber eine Probe könnte immerhin schon gemacht werden. Ich würde dabei das System der Lektüre in der Stunde zunächst bevorzugen, denn ich habe die Erfahrung gemacht, daß in dieser Weise abgehaltene Uebungen, wie sie bei mir bestehen, fast das einzige wirksame Unterrichtsmittel sind. Durch die Gruppenbildung könnte man auch Ingenieure der gleichen Fachrichtung enger zusammenfassen und die mechanischen und physikalischen Anwendungsbeispiele den Interessen jeder Gruppe anpassen. Dazu noch eine praktische Einzelheit. Unsere großen Hörsäle sind natürlich für solchen Gruppenbetrieb ganz ungeeignet. In Leningrad und Moskau hat man sie durch Zwischenwände in kleine Räume von einfachster Ausstattung (kleine Tische mit Schemeln, mäßig große Wandtafel) zerlegt.

Die Einstellung des Bolschewismus zur Mathematik

Für alles folgende muß man streng im Auge behalten, daß der Bolschewismus, besser gesagt der Leninismus, nicht eine Wirtschaftsform ist, sondern den Anspruch einer alle Seinsfragen des Menschen umfassenden Weltanschauung erhebt. Die Grundlage dieser Weltanschauung ist die materialistische Dialektik, so wie sie von Marx und Engels entwickelt worden ist, vor allem in einer erst kürzlich von dem Marx-Engels-Institut herausgegebenen Schrift „Dialektik der Natur". Der Grundgedanke ist:

Die ökonomische Produktion und die aus ihr mit Notwendigkeit folgende gesellschaftliche Gliederung einer jeden Geschichtsepoche bildet die Grundlage für die politische und intellektuelle Geschichte dieser Epoche. Dazu fügt Lenin den folgenden Satz:

Für den Materialisten beweist der „Fortschritt" einer menschlichen Arbeitsweise die Uebereinstimmung unserer Vorstellungen mit der objektiven Natur der Dinge, mit denen wir arbeiten. Für den Solipsisten ist „Fortschritt" alles das, was mir zur praktischen Arbeit nötig ist, die man aber getrennt von der Erkenntnistheorie betrachten kann.

Ausgehend von diesen Grundsätzen hat in der Sowjetunion ein harter Kampf gegen die idealistisch-phänomenologische Richtung in der Naturwissenschaft und anschließend gegen die uns geläufige Auffassung der Mathematik eingesetzt. Dieser Kampf hat, wie jeder Kampf um eine absolute Weltanschauung, schroff intolerante

Formen angenommen. So hat sich beispielsweise der Verfasser einer Schrift über nichteuklidische Geometrie durch einen offiziellen Widerruf retten müssen. Auf die leitenden Stellen der Wissenschaftlichen Forschungsinstitute für Mathematik wurden Vorkämpfer der leninistischen Orthodoxie erhoben. Als die Kundgebung des Programms dieser Richtung kann ein 1931 erschienenes Buch gelten „Auf zum Kampf für materialistische Dialektik in der Mathematik!", aus dem ich meine Kenntnisse schöpfe. Der Kampf geht vor allem um die Axiomatik. Hilbert ist zwar als Mathematiker geachtet, auf der anderen Seite aber geradezu verrufen als Typus des „Idealisten". Denn er hat durch seine Axiomatik der Geometrie die Punkte, Geraden, Ebenen von ihrem tatsächlichen, naturgegebenen Inhalt losgelöst und sie in einen reinen Formalismus eingebettet, sodaß schließlich als Kriterium für die Existenz nur das innere Kriterium der Widerspruchslosigkeit der Axiome übrig bleibt. Es wird mit entschiedener Selbstzufriedenheit darauf hingewiesen, daß die Widerspruchslosigkeit sich niemals absolut beweisen lasse, sondern immer nur hinsichtlich eines Systems von Grundannahmen, die unanalysiert bleiben. Demgegenüber steht die materialistische Auffassung, daß die geometrischen Grundbegriffe aus der Erfahrung abgeleitet und dadurch in ihrer logischen Widerspruchslosigkeit von selbst gesichert seien.

Wie tief dieser theoretische Streit auch in die Schule hineingeht, beweist mir das schon oben erwähnte Geometriebuch für die oberste Klasse der Siebenjahrschule. Hier werden am Schluß des Kursus 3 zusammenfassende Fragen über Mathematik gestellt und beantwortet.

Womit beschäftigt sich die Mathematik?
Welche Methoden benutzt sie?
Wo wird sie im Leben angewandt?

Interessant sind die Antworten auf die zweite und dritte Frage. Auf die zweite wird geantwortet: Der Ursprung der Mathematik ist Beobachtung und Versuch. Und als Beispiel wird in ausführlicher Entwicklung der Pythagoräische Lehrsatz gegeben, der sonst außerhalb des Pensums der Siebenjahrschule fällt. Es wird gezeigt, daß er zuerst an dem Dreieck 3,4,5 beobachtet worden ist, dann wird das gleichschenklige rechtwinklige Dreieck mit dem bekannten einfachen Spezialbeweis gebracht. Schließlich folgt für den allgemeinen Fall der schöne Beweis, der die Zerlegungsgleichheit ergibt. Diese Beweise werden also aufgefasst als „Versuche", durch die die allgemeine Richtigkeit der am Dreieck 3,4,5 gemachten „Beobachtung" erwiesen wird.

Auf die dritte Frage wird geantwortet: Ueberall im Leben, wie an den im Buche gegebenen Uebungsbeispielen zu sehen. Man muß im Gegenteil fragen: wo im Leben spielen nicht die Zahlen hinein? Und das Buch schließt mit dem begeisterten Gedicht eines russischen Revolutionärs „Die Zahlen", in dem die quantitativen Methoden als Vorkämpfer gegen alle Reaktion verherrlicht werden.

Das Gleiche, was ich über die Auffassung der Geometrie gesagt habe, gilt für die Algebra. Die Leninisten polemisieren aufs schärfste dagegen, daß die Formelsprache der Algebra ein „geeignetes Werkzeug" zur Verfolgung der zahlenmäßigen Zusammenhänge sei, sondern ihre Bedeutung besteht darin, daß sie richtig den Charakter gewisser einfachster physikalischer und mechanischer Gesetzmäßigkeiten ausdrückt.

Allgemein zu reden wird Sturm gelaufen gegen die Auffassung, daß die mathematischen Begriffe und Methoden freie Schöpfungen des menschlichen Verstandes seien. Als befriedigend geklärt haben Begriffe und Methoden nur zu gelten, wenn ihre Entstehung in Beziehung gesetzt ist zu der allgemeinen sozialen Entwicklung der Menschheit. So wird nachdrücklich darauf hingewiesen, daß die analytische Geometrie Descartes' in unmittelbarem Zusammenhang mit dem Aufschwung der Mechanik steht.

Vielleicht lässt sich zusammenfassend diese Geistesrichtung, die man durchaus nicht von obenher abtun kann, dahin charakterisieren: Unsere axiomatische Methode bezweckt, die Mathematik von allen übrigen Gegebenheiten abzulösen und sie in sich selbst zu fundieren. Die materialistische Dialektik verdammt jede Abschnürung und verlangt umgekehrt die Eingliederung aller Spezialwissenschaften in die Gesetzmäßigkeit der allgemeinen Entwicklung des menschlichen Geistes. Zweifellos ist hierin ein großer Zug, aber ich traure, daß dieser Streit um letzte Grundlagen mit leidenschaftlicher Intoleranz geführt wird, die letzten Endes auch den expansiven, konstruktiven Fortschritt der Mathematik schädigen muß.

14.7 Anhang VII: Otto Blumenthal, „Über Änderungen des Weltbildes"

Diesen Vortrag hielt Otto Blumenthal am 12. Januar 1940 im X-Kring in Den Haag. Der hier vorliegende Text ist eine Abschrift eines handschriftlichen Manuskripts, das Otto Blumenthal knapp anderthalb Wochen später, in den Tagen vom 20. bis zum 22. Januar 1940, herstellte, indem er das erste Drittel seiner Frau diktierte und den Rest selber schrieb. Das Manuskript befindet sich im Besitz der Familie Blumenthal.

Es gibt etwas, das man das natürliche Weltbild des kultivierten Menschen nennen kann. Ein wesentliches Kennzeichen davon ist die überzeugung, dass der Mensch irgendwie im Mittelpunkt des Weltgeschehens steht. Im einzelnen kann der Inhalt verschieden sein: litterarisch sind verschiedene Ausgestaltungen dieses Weltbildes z.B. festgelegt in den Büchern Mosis und im Homer. Auch jeder von uns hat in seinem Inneren ein natürliches Weltbild, das trotz aller Verschiedenheiten eine merkwürdige ähnlichkeit mit diesen alten Weltbildern bewahrt hat. An diesem natürlichen Weltbild rüttelt dauernd die Denkkraft, die dem Menschen als eine entscheidende Gabe gegeben ist, und die sich in ihrer höchsten Form als wissenschaftliches Denken äussert. Die Denkkraft hebt den Menschen aus seiner ursprünglichen Sphäre heraus und bringt ihn sozusagen in Widerstreit mit seinen natürlichen Gefühlen u. Auffassungen. Es ist daher von grosser Bedeutung auf welchem Wege die Denkkraft das Weltbild verschiebt. Das geschieht nämlich nicht direkt etwa durch philosophische Spekulation, sondern auf dem Umweg über eine ungeheure, man kann sagen widernatürliche Verschärfung der Sinne. Wir sind heute im Stande, mit Hülfe von Maschinen Längen auf eintausendstel Millimeter genau zu bilden. Das ist eine Verschärfung des Tastsinnes weit über das hinaus, was der natürliche Mensch vermag. Wir hören durch die Verstärkerröhre Stimmen über die halbe Erde weg. Vor allem: wir sehen durch das Mikroskop Objekte von äusserster Kleinheit und durch das Fernrohr Objekte, die unvorstellbar weit entfernt sind.

Für jeden unserer Sinne wird durch die Denkkraft, die Erfinderin der empfindlichen Instrumente eine neue Welt erschlossen, die dem Menschen der Bibel oder auch dem griechischen oder mittelalterlichen Denker völlig unzugänglich war. Und diese Erweiterung der Sinneswelt zwingt zu einer grundsätzlichen änderung des Weltbildes. Das erste und berühmteste Beispiel einer Umgestaltung des Weltbildes ist die Erkenntnis, dass die Erde nicht im Mittelpunkt der Welt ruht, sondern um die Sonne kreist. Gegen diese Erkenntnis hat sich die Menschheit mit grösster Zähigkeit gestreubt. Schon im 3. Jahrh. vor Christus hatte Aristarchus von Samos das System aufgestellt, dass die Sonne im Mittelpunkt steht und die Erde und die Planeten sich um sie drehen. Seine Lehre ging spurlos verloren:

Der Astronom, der die Kenntnis des Altertums über die Sterne in ihrer endgültigen Form zusammengestellt hat, Ptolemäus (200 n. Chr.), hat nicht einmal den Namen des Aristarch überliefert, sein System setzt ausdrücklich die Erde in die Mitte. Kopernikus (1473–1543) ist zuerst wieder auf das verfehmte System zurückgekommen, obwohl er von allen theologischen Seiten, sowohl den Katholiken wie Luther abgelehnt wurde. Warum hat sich nun damals die revolutionäre Idee durchgesetzt und in dem mindestens ebenso liberalen und denkenden Altertum nicht? Das kommt von der Verbesserung der Beobachtungsmethoden, vor allem der Erfindung des Fernrohrs. Man wurde dadurch auf Einzelheiten und Feinheiten des Laufs der Planeten aufmerksam, die das ptolemäische Weltbild unmöglich kompliziert machten, während das kopernikanische sie ohne Schwierigkeit zu erklären gestattete. Die Männer, die diese Fortschritte gemacht und der Lehre des Kopernikus zum Sieg verholfen haben, sind Kepler (1571–1630) und Galilei (1564–1642).

An dieses Sonnensystem hat sich nun der gebildete Mensch allmählich gewöhnt. Auch die in dieser Beziehung mit Recht besonders konservative Kirche hat es seit mehr als 100 Jahren ausdrücklich anerkannt. Natürlich stellt es den schwersten Schlag dar gegen die natürliche Weltauffassung, wo der Mensch im Mittelpunkt des Geschehens steht. Jetzt ist er ein Wesen, das auf einem kleinen Weltkörper um eine weit überlegene Masse, die Sonne, herumirrt. Uns Naturwissenschaftlern hat die Astronomie die überzeugung, dass unsere Erde nur ein recht verlorener Teil der Welt ist, so scharf eingeprägt, dass wir mistrauisch werden, wenn uns Beobachtungen auf irgend eine Sonderstellung der Erde oder der Sonne zu führen scheinen. Und bisher wurde dieses Misstrauen durch den schliesslichen Erfolg schliesslich immer bestens gerechtfertigt. Die nächste naturwissenschaftliche Erkenntnis, die die Menschen aufs höchste überraschte und an [die] sie sich heute noch nicht ganz gewöhnt hat, ist die des Galilei,

[Fortführung der handschriftlichen Ausarbeitung in der Handschrift von Otto Blumenthal:]

dass eine geradlinige Bewegung mit gleichförmiger Geschwindigkeit ohne Einwirkung von Kraft erfolgt. Diese Erkenntnis, auf der die ganze moderne Mechanik beruht, wurde gewonnen durch verfeinerte Beobachtungen mit rollenden Kugeln, aus denen hervorging, dass man die Verlangsamung einer auf horizontaler Bahn frei losgelassenen Kugel beliebig verkleinern kann, indem man Bahn und Kugel genügend glatt macht. Während man also früher sagte: „Damit ein Körper sich mit immer gleicher Geschwindigkeit geradeaus bewegt, muss er dauernd in Gang gehalten werden", sagt Galilei umgekehrt: „Dass wir eine Abnahme der Geschwindigkeit einer horizontal geradeaus sich bewegenden Kugel bemerken, liegt daran, dass auf ihn eine von der Unterlage herrührende Kraft wirkt, die zwar beliebig verkleinert, aber nie ganz ausgeschaltet werden kann". Das ist bekanntlich die Reibung.

Mit dieser Aussage ist aber nicht nur ein wesentlicher Zug des natürlichen Weltbildes zunichte gemacht, es ist auch ein neuer Begriff geschaffen, der weiterhin revolutionierend gewirkt hat, der Begriff der Kraft. „Kraft"ist im natürlichen Weltbild die äusserung von etwas Belebtem oder wenigstens etwas Bewegtem. Dass aber eine ruhende Unterlage, etwa eine Messingschiene, „Kräfte" ausüben kann, das verstösst gänzlich gegen das natürliche Weltbild. Immerhin hat die Reibungskraft mit dem natürlichen Kraftbegriff noch ein wesentliches Merkmal gemein: sie äussert sich an den Punkten, in denen der bewegte Körper den ruhenden berührt.

Aber wieder wirft der denkende Geist das Weltbild um. Newton (1643–1727) kehrt Galileis Ausspruch um: „Wenn eine Bewegung nicht geradlinig und gleichförmig ist, muss eine Kraft wirken". Die Bewegung der Erde und der anderen Planeten um die Sonne ist sicherlich nicht geradlinig, die Bewegung eines zur Erde fallenden Körpers ist nicht gleichförmig. Welche Kräfte können da wirken? Da führt Newton eine der kühnsten Hypothesen ein, die der menschliche Geist je erfunden hat: Die in die Ferne und aus der Ferne wirkenden Kräfte. Allein durch ihre Anwesenheit übt die Erde auf den fallenden Apfel eine Kraft aus, die ihn fallen lässt; allein durch ihre Anwesenheit zwingt die Sonne die Erde, um sie herumzulaufen. Newton macht diese revolutionäre Idee dadurch glaubwürdig und letzten Endes nachweisbar, dass er zeigt, dass die beiden oben geforderten Fernkräfte die gleichen sind. Die Welt ist damals anscheinend sehr an kühne Neuerungen gewöhnt gewesen, denn sie hat Newtons Hypothese widerstandslos angenommen. Weiterhin wurden die Fernkräfte sogar so populär, dass sie auch zur Erklärung der Erscheinungen in den später entdeckten Gebieten des Magnetismus und der Elektrizität herangezogen wurden.

Kopernikus, Galilei und Newton haben eine Umgestaltung des natürlichen Weltbildes bewirkt und ein neues Weltbild geschaffen, das etwa 200 Jahre ausgereicht und sich so eingewurzelt hat, dass es uns Naturwissenschaftlern zum „natürlichen" geworden ist. Wir nennen es das „mechanische Weltbild". Sein Charakteristikum ist: es stellt in den Mittelpunkt des Weltgeschehens die Kräfte, die in geheimnisvoller Weise in die Fernen wirken, sich aber mit den Mitteln unserer dem natürlichen Weltbild entnommenen Anschauungsformen (Raum und Zeit) und dem Begriff der Kausalität beherrschen lassen.

Man kann nun glauben, dass ein Weltbild, das doch nur in einem beschränkten Kreise von Gelehrten heimisch ist, für den Rest der Menschheit gleichgültig sein kann. Das ist ganz und gar nicht der Fall. Eine grundsätzliche Änderung des Weltbildes wirkt sich über kurz oder lang auch in den Beziehungen der Menschen untereinander aus. Das mechanische Weltbild hat sich ausgewirkt in der französischen Revolution und in der Demokratisierung der europäischen Gesellschaft. Das liesse sich im einzelnen nachweisen.

Diese Betrachtung ist deshalb so aktuell, weil wir seit etwa 40 Jahren wieder einen Wechsel des Weltbildes sich andeuten sehen, der diesmal unsere geheiligten Anschauungsformen antastet. Wieder ist es die über das natürliche Mass gesteigerte Genauigkeit unserer Sinneswahrnehmungen, die zu dieser Krisis geführt hat. Es handelt sich um die Verschärfung unseres Gesichtssinns, physikalisch gesprochen, um optische Erscheinungen. Das Licht pflanzt sich bekanntlich nicht momentan fort, sondern hat eine bestimmte endliche Geschwindigkeit, die man zuerst aus Himmelsbeobachtungen erschlossen, dann aber auch durch Laboratoriumsversuche bestimmt hat: 300000 km in der sec. Kann man diese Geschwindigkeit abändern, indem man das Licht sich in einem bewegten Mittel ausbreiten lässt, beispielsweise in einem Strome rasch fliessenden Wassers? Man kann Experimente machen, die diese Frage eindeutig entscheiden. Sie sind schon vor etwa 100 Jahren gemacht worden und haben ergeben, dass die Geschwindigkeit des Lichtes von der Bewegung des Wassers nicht beeinflusst wird. Man sprach im Gegensatz zu dem „bewegten Mittel" von einem „ruhenden Lichtraum". Unterdessen wurden aber die optischen Instrumente weiter entwickelt und erreichten um 1890 in den Händen eines sehr geschickten amerikanischen Physikers Michelson eine solche Vollkommenheit, dass dieser mit Sicherheit folgende Frage entscheiden konnte: Wenn der Lichtraum ruht, dann gibt es also etwas absolut Ruhendes und es muss möglich sein, die absolute Geschwindigkeit jedes Körpers zu bestimmen. Für die Bestimmung der Geschwindigkeit der Erde reichte die Genauigkeit des Apparates sicher aus. Der Versuch wurde gemacht und vielfach mit immer verbesserten Hülfsmitteln wiederholt und ergab zweifellos, dass keine Bewegung der Erde gegen den Lichtraum vorhanden ist, dass also die Erde ihren eigenen Lichtraum mit sich führt. Da aber die Erde dem Licht gegenüber ganz sicher keine Vorzugsstellung einnimmt, so muss der Michelson-Versuch dahin gedeutet werden, dass jeder Körper seinen eigenen Lichtraum mit sich schleppt. Das ist eine abenteuerliche Vorstellung, zu der wir aber nicht durch Spiritisieren gekommen sind, sondern die uns durch den Zwang der Beobachtungen aufgedrängt worden ist. Man kann sich die tiefe Bedeutung dieser Vorstellung durch eine Folgerung klar machen, die aus ihr gezogen wird: Kein Körper kann sich mit einer Geschwindigkeit bewegen, die gleich der Lichtgeschwindigkeit oder grösser als sie ist. Es ist klar, dass diese Folgerung im tollsten Gegensatz zu unserer „natürlichen" Anschauung steht. Der Begriff der Geschwindigkeit enthält die beiden Begriffe von Raum und von Zeit. Es sind also diese beiden Anschauungsformen, ohne die wir nicht leben zu können glauben, die sich den neuen Beobachtungen gegenüber als unzureichend erwiesen haben. Man muss sie, um den Beobachtungen gerecht zu werden, in gewisser Weise abändern: dann werden es aber reine Gedankendinge, die mit der Anschauung nichts mehr zu tun haben. Was ich hier in den Grundzügen auseinandergesetzt habe, ist die „Relativitätstheorie". Sie deutet den Beginn eines neuen Weltbildes an, aus dem unsere natürlichen Anschauungsformen verschwinden müssen.

Noch radikalere Änderungen des Weltbildes werden durch sehr genaue Beobachtungen über die farbige Strahlung (Spektroskopie) gefordert. Sie beweisen die reale Existenz der seit dem Altertum als kühne Hypothese eingeführten Atome und bestimmen die in deren Innerem gültigen Gesetze, die nur durch eine noch viel weitergehende Änderung unserer Ansichten über die Struktur von Raum und Zeit und durch eine Modifikation unseres Kausalitätsbegriffes ausdrückbar sind. Ferner sprechen astronomische Beobachtungen dafür, dass das Weltall als Ganzes sich ausdehnt, wodurch auch die letzte tröstliche Eigenschaft des natürlichen Weltbildes, die Ruhe des Universums in sich, als irrtümlich fallen müsste. Schliesslich ist zu erwarten, dass das neue Weltbild irgend eine Verschmelzung der unbelebten mit der belebten Welt enthalten wird. Denn zwei Wissenschaften, die in dieser Richtung arbeiten, die Chemie und die Biologie, sind neuerdings auch zu grosser Verfeinerung ihrer Beobachtungen vorgeschritten.

Es ist vorauszusehen, dass die Einbürgerung dieses entstehenden Weltbildes, von dem wir bis jetzt nur Andeutungen sehen, wieder tiefgehende gesellschaftliche Umgestaltungen nach sich ziehen wird, und zwar ist das deshalb um so sicherer zu erwarten, weil Chemie und Biologie viel „lebensnahere" Wissenschaften sind als Astronomie und Physik, die allein das mechanische Weltbild geformt haben. Beispielsweise wird die Chemie voraussichtlich schon in naher Zukunft so weit sein, dass man bereits in den ersten Tagen einer Schwangerschaft das Geschlecht des künftigen Kindes wird mit Sicherheit feststellen können. Das gehört eigentlich nicht in diesen Vortrag, der sich allein mit den weltanschaulichen, nicht den praktischen Folgen der Entwicklung der Naturwissenschaften befassen will. Ich erwähne es aber hier als einen Fingerzeig für die gesellschaftliche Auswirkung des neuen Weltbildes.

Und nun zum Schlusse eine sehr ernste Frage, die eine Berufung auf religiöse Überzeugungen in sich schliesst. Im 1. Buch Moses, Kap. 2, Vers 17 steht: „Von dem Baum der Erkenntnis Gutes und Böses sollst du nicht essen; denn welches Tages du davon issest, wirst du des Todes sterben". Soll dieses Wort heissen, dass der Mensch an seiner zunehmenden Erkenntnis, d.h. an der zunehmenden überfeinerung seiner Sinne, zu Grunde gehen wird? Wird in diesem Vers der „Untergang des Abendlandes" prophezeit? Soll man etwa, wie es viele Gemeinschaften zu allen Zeiten getan haben, Vorwärtsdringen in der Erkenntnis als Vorwitz (griechisch $\text{\textasciigrave}\upsilon\beta\rho\iota\zeta$) verbieten und strafen? Diese Frage lässt sich wissenschaftlich nicht entscheiden, sondern hier hilft nur der Glaube: der Glaube, dass Gott unser Vater ist, der unser Gutes will. Der Mensch, der dieses glaubt, kann sagen: Die Denkkraft, der Drang nach Erkenntnis ist sicher eine Gabe Gottes, nicht des Teufels, denn sie ist das Wichtigste, was der Mensch mitbekommen hat, was sein ganzes Schicksal im Lauf der Jahrtausende bestimmt hat. Diese Gabe muss demnach zum Heil des Menschen sein, weil sie ihm von dem Vater verliehen ist. Aber weil es eine so grosse Gabe ist, kann sie in ungeschickten Händen gefährlich werden. Darum muss die Wissenschaft verantwortungsbewusst sein, sie muss die Probleme, die sich ihr im Lauf der Entwicklung aufdrängen, bis zur vollen Klarheit durchdenken, sie muss ihre Grenzen kennen und darf nie in oberflächlicher Weise unsichere Vermutungen als sichere Ergebnisse hinstellen und ausnutzen. Wenn die Wissenschaft sich an diese selbstverständlichen Regeln hält, dann wird sie zum fortschreitenden Segen der Menschheit gereichen, wie auch das Weltbild sich weiter verändern wird.

14.8   Anhang VIII: Otto Blumenthal zum Gedächtnis von Arnold Sommerfeld, München, Dr.-Ing. h.c. T.H. Aachen, und Franz Krauß

Jahrbuch der RWTH Aachen, 4 (1951): 21–25

An unserer Hochschule wurden im Jahre 1933 unter anderen nichtarischen Kollegen auch der o. Professor der Mathematik Otto Blumenthal und der o. Professor der Mechanik und Mathematik Ludwig Hopf ihres Amtes entsetzt. Beide sind im Ausland gestorben. Des letzteren soll bei einer zukünftigen Gelegenheit gedacht werden. Dieser Nachruf sei Otto Blumenthal gewidmet, den das Schicksal am schwersten getroffen hat.

Wir sind dankbar, zunächst ein Gedenkwort aus der berufenen Feder unseres Aachener Ehrendoktors A. Sommerfeld bringen zu können. Vom ersten Studiensemester Blumenthals an war er sein Lehrer. Ihm hat Blumenthal im Lebenslauf seiner Inauguraldissertation seinen besonderen Dank ausgesprochen „für das rege, fördernde Interesse", das er ihm „während seiner ganzen Studienzeit zugewandt habe". Später war Herr Sommerfeld noch Blumenthals Kollege an unserer Hochschule.

Im Namen der gegenwärtigen Mitglieder unserer Hochschule und insbesondere der Fakultät für Allgemeine Wissenschften, der Blumenthal von 1905 bis 1933 angehörte, wird sein früherer Assistent und späterer Kollege F. Krauß ein weiteres Gedenkwort hinzufügen.[2]

In dem ersten Kolleg, das ich als mathematischer Privatdozent in Göttingen hielt – es war auf Anraten von Felix Klein eine Vorlesung über Wahrscheinlichkeitsrechnung – fiel mir ein junger Student des ersten mathematischen Semesters auf. Er war ebenso intelligent wie bescheiden und blieb mir, solange wir beide in Göttingen waren, als Hörer meiner Vorlesungen treu; in den Übungen zur projektiven Geometrie zeigte er überlegenes geistiges Geschick verbunden mit manuellem Ungeschick. Als Zeichen seiner Anhänglichkeit hat er mir 1898 seine Doktorarbeit „Über die Entwicklung einer willkürlichen Funktion nach den Nennern eines Stieltjesschen Kettenbruches" gewidmet. Unser Verhältnis gestaltete sich noch enger, als er 1905 mein Kollege in Aachen wurde; es war mir gelungen, den ehrwürdigen Senior unserer Fakultät, Adolf Wüllner, für seine Berufung zu interessieren und sie im Senat durchzusetzen. Die Hochschule hat diese Wahl nicht zu bereuen gehabt. Blumenthal zeigte sich als hingebender Lehrer und Studentenvater; stets hatte er Zeit und Verständnis für die Wünsche der studierenden Jugend. Bald nach dem ersten Weltkrieg gründete er mit Kollegen das „Außeninstitut" der Hochschule, das den allgemeinen Kulturinteressen der Stadt entgegenkam; insbesondere suchte er

---

[2]Erst sechs Jahre später schrieb Heinrich Behnke einen kurzen Nachruf auf Blumenthal für die *Mathematischen Annalen* (Behnke 1958).

durch Kontakt mit dem Auslande der internationalen Verständigung zu dienen.

Nach meinem Fortgang von Aachen haben uns gemeinsame Reisen zusammengeführt, einmal in die Vogesen, das anderemal nach Südtirol. Bei letzterer Gelegenheit bemerkte ich, wie er sich für alle ladinischen Sprachbrocken interessierte und sie seinem unfehlbaren Gedächtnis einprägte. Seine Sprachbegabung war erstaunlich; die unten folgende Selbstbiographie legt davon Zeugnis ab. Auch seine historischen Interessen und Kenntnisse waren umfassend. Er war ein gewandter Gelegenheitsdichter; während der Unterhaltung z. B. im Mathematischen Verein konnte er ein Scherzgedicht in tadellosen Reimen und Rhythmen zu Papier bringen. Bei all dieser vielseitigen Begabung hatte er eher zu wenig als zuviel Selbstbewusstsein. In der Redaktion der Mathematischen Annalen bewährte er nicht nur seine kritische Schärfe und sein außerordentliches Gedächtnis, sondern auch seine selbstlose Hilfsbereitschaft, indem er seinen Göttinger Gönnern Klein und Hilbert alle Arbeit abnahm; diese wußten, was sie ihm verdankten. Wir lassen jetzt den selbstverfaßten Lebenslauf folgen, der nach 1938, also vermutlich schon in der holländischen Verbannung, geschrieben ist.[3] Er liefert den äußeren Rahmen, in dem dieses arbeitsreiche und anspruchslose, hingebende und zuverlässige Gelehrtenleben verlief.

Otto Blumenthal, geb. 20.7.1876 in Frankfurt a. M., von jüdischen Eltern evangelischer Konfession, Vater Arzt. Besuchte ein humanistisches Gymnasium. Studierte 1894 bis 1898 Mathematik und exakte Naturwissenschaften, vornehmlich in Göttingen, wo Hilbert, Klein, Sommerfeld seine wichtigsten Lehrer waren. 1898 zum Dr. phil. promoviert. 1899 Examen zur Berechtigung für den Unterricht an Höheren Schulen (Lehramtsexamen) in den Fächern Mathematik, Physik, Chemie. Winter 1899/1900 in Paris, hauptsächlich bei Borel und Jordan. 1901 Habilitation für Mathematik in Göttingen, Herbst 1901 bis Ostern 1904 und Sommersemester 1905 Lehrtätigkeit in Göttingen als Privatdozent. Ostern 1904 bis Ostern 1905 Stellvertreter eines Professors in Marburg. Herbst 1905 bis Herbst 1933 ordentlicher Professor der Mathematik an der Technischen Hochschule Aachen. 1906 bis 1938 geschäftsführender Redakteur der „Mathematischen Annalen". 1908 verheiratet mit Mali Ebstein von jüdischen Eltern evangelischer Konfession. Vater Professor der Medizin in Göttingen. 1914 bis 1917 als Kriegsteilnehmer im Felde, davon 2 Jahre Leiter einer Feldwetterwarte. 1918 im Kriegsdienst bei der Flugzeugabteilung der Siemens-Schuckert-Werke Berlin angestellt. 1924 Vorsitzender der Deutschen Mathematiker-Vereinigung. 1924 bis 1933 im Vorstand dieser Gesellschaft als Mitredakteur der „Jahresberichte der Deutschen Mathematiker-Vereinigung". 1933 aus der Professur entlassen. 1934 einige mathematische Vorträge in Holland (Delft, Leiden, Utrecht) und der Schweiz (Zürich). 1935 zwei

---

[3] Aus Blumenthals Tagebuchaufzeichnungen geht hervor, dass er diesen Lebenslauf am 7. Januar 1939, ein halbes Jahr vor seiner Emigration, verfasste (S. 497). Dass es sich dabei tatsächlich um den hier zitierten Text handelt, wird durch die englische Übersetzung bestätigt, die er wenige Tage später, am 16. Januar 1939, herstellte (S. 503) und dann zusammen mit dem am Ende von Abschnitt 12.2 abgedruckten Bewerbungsschreiben verschickte.

Vorträge in Brüssel und mehrwöchige Vorlesung über Integralgleichungen in russischer Sprache an der Universität Sofia (Bulgarien). 1934 - 1938 verfaßte er für die „Zeitschrift für angewandte Mathematik und Mechanik" die englischen und französischen Titelerläuterungen auf der zweiten Umschlagseite. 1938 verlor er die Redaktion der Mathematischen Annalen und die Tätigkeit bei der Zeitschrift für angewandte Mathematik und Mechanik.

Sprachkenntnisse: spricht, liest und schreibt geläufig Französisch, Englisch, Russisch, hat auch Kenntnis in Italienisch, Holländisch, Bulgarisch. Liest Latein und Griechisch.

Wir kommen nun zu dem tragischen Ende dieses Gelehrtenlebens. Kurz vor 1933 hatte er sich nahe dem Aachener Walde ein hübsches Einfamilienhaus erbaut. Als einer der ersten wurde er von der nationalsozialistischen Regierung aus dem Amte entfernt und zeitweise sogar der Freiheit beraubt. Seinen beiden Kindern, Margrete und Ernst, verschaffte er bald nach 1933 Zuflucht in England, wo sie akademische Grade und gute Stellungen gefunden haben. Er selbst harrte mit seiner Frau in Aachen aus, bis holländische Kollegen ihn und seine Frau in den Niederlanden aufnahmen. Nach der deutschen Okkupation hatten sie alle Leiden der dortigen Judenverfolgung zu erdulden und wurden schließlich in ein Kamp übergeführt, wo Frau Blumenthal den Drangsalen erlag. Er schreibt darüber an eine holländische Freundin: „Ich danke Gott, daß er mir ein erträgliches Leben geschenkt hat, aber auch, daß er meine Frau so bald erlöst hat. Denn für sie war es untragbar, was ich ruhig auf mich nahm. Mein Rückblick auf das vergangene Jahr ist schmerzlich, aber ruhig."

Wir schalten in diesem Zusammenhang ein, daß Blumenthal, unter dem Einfluß eines Schulkameraden, mit 18 Jahren zur christlichen Kirche übergetreten und seitdem von einer tiefen protestantischen Frömmigkeit erfüllt war. Es scheint, daß diese ihn bei allen folgenden Prüfungen hochgehalten hat. Anfang 1944 ist er nach Theresienstadt transportiert worden. Seine Anspruchslosigkeit und die Gelegenheit zu geistigem Austausch mit Schicksalsgenossen halfen ihm, das Leben dort eine Zeitlang zu ertragen. Im November 1944 erlag er im Krankenhaus von Theresienstadt nach drei Tagen Bewußtlosigkeit einer Lungenentzündung. Die Freunde Blumenthals und die Aachener Technische Hochschule, die ihm so viel verdankt, werden das Andenken dieses hochgesinnten, gütigen Mannes in Ehren halten.

A. Sommerfeld, München.

Was ich dem obigen Nachruf von Herrn Sommerfeld hinzuzufügen habe, betrifft zunächst Blumenthal als Forscher und Lehrer der Mathematik, dann aber auch als den Menschen, dem ich viele Jahre lang, bis zu seiner Auswanderung nach Holland 1939 nahegestanden habe und dem ich mich zu größtem Danke verpflichtet fühle.

In diesem Jahrbuch ist nicht der Ort, auf die mathematischen Arbeiten Blumenthals in Einzelheiten einzugehen, die nur dem Fachspezialisten verständlich wären. Dies wird von anderer Seite in der Zeitschrift „Mathematische Annalen" geschehen, deren geschäftsführender Redakteur Blumenthal so viele Jahre hindurch gewesen ist. Hier kann nur ein kurzer Überblick gegeben werden. Es wird dabei auf die Nummern des unten abgedruckten Schriftenverzeichnisses hingewiesen. In der Hauptsache rührt es von Blumenthal selbst her. Seine Ergänzung und Übermittlung danken wir seinem Sohne, Herrn Dr. Ernest Blumenthal.

Blumenthal war überwiegend Analytiker und vor allem Funktionentheoretiker. In dieses Gebiet gehören die meisten seiner bedeutenderen Untersuchungen (Nr. 1, 3–8, 9–13, 20, 23, 26, 32).[4] Sie sind theoretischer Art und gehen ihrem Ursprung nach noch auf die Zeit vor dem Antritt seiner Aachener Professur im Jahre 1905 zurück. In ihnen, aber auch in späteren Arbeiten, die, seiner Wirksamkeit an einer Technischen Hochschule entsprechend, direkter auf physikalische oder technische Probleme bezogen sind (14, 15, 17, 19, 22, 24, 35), zeigt sich Blumenthal als typischer Vertreter der Göttinger Tradition. An dieser Universität verbrachte er mit zwei kurzen Unterbrechungen die entscheidenden zehn Lebensjahre als Student und Privatdozent während der glänzendsten Epoche Göttingens, die durch das gleichzeitige Wirken von Klein, Hilbert, Minkowski und Runge bezeichnet ist. Während jener zehn Jahre schloss Hilbert seine ersten zahlentheoretischen Untersuchungen ab, schuf seine Axiomatik der Geometrie und seine Theorie der Integralgleichungen und begann schon, sich den Grundlagenproblemen der Analysis und der mathematischen Physik zuzuwenden. Die lange Reihe von Hilberts Doktoranden, die so viele Namen führender Forscher aufweist, beginnt mit Blumenthal.

In seiner Habilitationsschrift (3, 4) und den eng daran sich anschließenden Arbeiten (5, 6) führt Blumenthal, wie er selbst schreibt, einen Entwurf Hilberts aus. Es handelt sich um die Konstruktion von Modulfunktionen von n komplexen Veränderlichen und ihre Darstellung durch die Nullwerte von Thetafunktionen von n Veränderlichen. In diesem Problem verknüpfen sich drei Gebiete in einer für die damalige Göttinger Forschung charakteristischen Weise: die bereits von Riemann und Weierstraß entwickelte Theorie der Abelschen Funktionen und Thetafunktionen von n Variablen, die von Klein im Wettlauf mit Poincaré begründete Theorie der automorphen Funktionen und der Modulfunktionen einer Variablen und die Theorie der algebraischen Zahlkörper, deren Bearbeitung Hilbert damals gerade zum Abschluss gebracht hatte. Blumenthal bestimmte den Diskontinuitätsbereich der linearen Transformationen in n-Variablen mit Koeffizienten aus einem mitsamt seinen Konjugierten reellen algebraischen Zahlkörper, wies die Existenz der Modulfunktionen als zugehöriger invarianter Funktionen von n Variablen nach und zeigte, wie man systematisch rationale Verbindungen von Thetanullwerten herstellen könne, die der Modulgruppe in n Variablen gegenüber invariant sind und daher Modulfunktionen darstellen. Inzwischen hat sich die Funktionentheorie mehrerer Variabler während eines halben Jahrhunderts weiterentwickelt und ihr Interesse anderen Problemen zugewandt. Damals aber war die von Blumenthal

---

[4]Die Nummerierung bezieht sich auf die Liste in Anhang I.

in Angriff genommene Fragestellung unabweisbar und verheißungsvoll, ihre erste Bearbeitung eine große Leistung.

Vermutlich hat bereits ein einsemestriger Studienaufenthalt in Paris 1899/ 1900, ein Jahr nach seiner Promotion, Blumenthal den Problemen der Theorie ganzer transzendenter Funktionen nähergebracht, die von französischen Forschern wie Hadamard, Boutroux, insbesondere aber von Borel, entwickelt worden war. Im Anschluss hieran entstehen die Blumenthalschen Untersuchungen über ganze Funktionen unendlicher Ordnung. Er fasste sie später in seiner wohl bekanntesten systematischen Schrift (10) auf Veranlassung von Borel und in Weiterführung von dessen „Leçons sur les Fonctions entières" in Buchform zusammen. Seine neue Idee ist eine Charakterisierung der „unendlichen Ordnung" mit Hilfe gewisser typischer „Vergleichsfunktionen", die für das Wachstum und die damit zusammenhängende „Verteilungsdichte" der Funktionswerte maßgebend sind. Hierbei stieß Blumenthal auf besondere trigonometrische und rationale Polynome, bei denen die Lage der Nullstellen und ihr Zusammenfall mit der Eigenschaft verknüpft ist, einen Quotienten aus Summen von Quadraten der Koeffizientenbeträge zu einem Minimum zu machen. Auf die Untersuchung solcher „Minimalpolynome" ist er noch in späteren Jahren mehrfach zurückgekommen und hat ihr fünf Arbeiten gewidmet (20, 23, 26, 27, 32).

Die Anwendung der modernen Analysis auf physikalische und technische Probleme war bekanntlich bereits ein Hauptanliegen Kleins. Seine Bestrebungen wurden in großartiger Weise von Hilbert und seinen Schülern fortgesetzt. Die Mathematiker hatten schon lange in klassischen Arbeiten die Lösung von Differentialgleichungen mit höheren funktionentheoretischen Methoden bearbeitet. Aber die Anwendungen auf physikalische und technische Fragestellungen setzten erst damals in größerem Umfange ein. Die größten Hoffnungen hegte man im Kreise Hilberts für die Methoden der Integralgleichungen und der zugehörigen Eigenwert- und Entwicklungstheorie. Kein Wunder, dass der Funktionentheoretiker und Hilbertschüler Blumenthal nach seiner Berufung an eine Technische Hochschule die Behandlung anwendungswichtiger Probleme mit diesen Mitteln alsbald unternimmt. Er gedenkt in den hierhergehörigen Schriften (14, 15, 19, 24, 35) der Anregungen, die er seinen damaligen Aachener Kollegen v. Kármán, L. Hopf und später E. Trefftz verdankt. Es handelt sich in der Hauptsache um die Lösung von Differentialgleichungen durch komplexen Integralansatz und asymptotische Entwicklungen (14, 15, 19) und um die Anwendung von Integralgleichungsmethoden, insbesondere neueren Ergebnissen des amerikanischen Hilbertschülers Kellogg. Die Stieltjessche Kettenbruchentwicklung, die Blumenthal in seiner von Hilbert betreuten Dissertation von 1898 (1) untersuchte, war bereits eine Verallgemeinerung einer Entwicklung von Kugelfunktionen. Zu den bekannteren gehört dann auch eine Näherungsdarstellung der Kugelfunktionen für groß werdende Indices (14). Entwicklungen von Funktionen nach den Nennern Stieltjesscher Kettenbrüche von der Art, wie sie Blumenthal in seiner Dissertation betrachtete, sind übrigens später, insbesondere durch die Arbeiten Cauers, in der elektrischen Nachrichtentechnik bei der Verwirklichung von Wechselstromwiderständen vorgegebener Frequenzabhängigkeit (Siebkettenschaltung) von großer Bedeutung geworden. Eine gründliche Untersuchung mit den Mitteln der Reihenentwicklung und Eigenwertbestimmung erfährt das technisch bedeutsame Problem des Gleichgewichtszustandes einer zwischen zwei elastische Stäbe eingespannten Membran (24) sowie die an E. Trefftz anknüpfende und seinem Andenken gewidmete Arbeit über das Vianellosche Näherungsverfahren zur Bestimmung des ersten Knickwertes bei einem technisch wichtigen Balkenproblem (35). Der uns allen so schmerzliche Tod von E. Trefftz traf Blumenthal besonders schwer, war dieser doch sein früherer Assistent und später mit ihm eng befreundeter Kollege.

Als dritte Gruppe der Blumenthalschen Schriften sind diejenigen zu nennen, die man als „elementarmathematisch vom höheren Standpunkt" bezeichnen kann (18, 29, 30, 31, 36). Sie verfolgen vorwiegend didaktische Zwecke. Schon in den Jahren seiner Göttinger Privatdozentenzeit hat Blumenthal zusammen mit Zermelo „Elementare mathematische Übungen einer damals noch ungebräuchlichen Art" eingeführt, an denen auch Hilbert und Minkowski regelmäßig teilnahmen. Und so war er auch an der Technischen Hochschule Aachen stets unermüdlich bemüht, die schwere Aufgabe des mathematischen Unterrichts vieler technischer Studenten mit einer geringen Anzahl Assistenten zu bewältigen. Gegenüber jedem Studierenden, der nur einiges echte Interesse für Mathematik und ein wenig eigenes Nachdenken zeigte, war er von einer rührenden Geduld und Hilfsbereitschaft. Als zu Anfang der zwanziger Jahre den Technischen Hochschulen in den mathematischen und naturwissenschaftlichen Fächern die volle Ausbildung zum Studienreferendar zuerkannt wurde, übernahm er mit größter Begeisterung diese zusätzliche umfangreiche Aufgabe höherer theoretischer Vorlesungen für die Lehramtskandidaten und Fachmathematiker. Besonders eindrucksvoll war sein Vortrag da, wo es sich um Dinge handelte, deren Entdeckung er selbst unmittelbar miterlebt hatte, und die inzwischen zum Allgemeingut der Wissenschaft geworden waren.

Viele Jahre hindurch hatte er den Vorsitz der Aachener „Mathematischen Gesellschaft" und des „Fördervereins für den mathematisch-naturwissenschaftlichen Unterricht". Er war die Seele dieses wissenschaftlich-didaktischen Kreises, der über die Technische Hochschule hinausreichte. In der gleichen Richtung liegen seine Verdienste um das mehrere Jahre von ihm geleitete Außeninstitut unserer Hochschule. Sein universelles Wissen, seine Interessiertheit für alle Gebiete der Erkenntnis, seine Anteilnahme am sozialen und politischen Leben, seine auf die Beherrschung zahlreicher Sprachen und viele Reisen gestützte Kenntnis des Auslandes, seine beständige Beschäftigung mit der antiken und modernen Literatur und sein Verständnis für die bildende Kunst waren hier am rechten Platze.

Am bekanntesten ist Blumenthal geworden als langjähriger geschäftsführender Redakteur der „Mathematischen Annalen". Er übernahm die Redaktion kurze Zeit nach seiner Berufung auf den Aachener Lehrstuhl, so dass von Anfang an die Redaktions- und Unterrichtsaufgaben den größten Teil seiner Zeit und Kraft in Anspruch nahmen.

Die strenge Sachgerechtigkeit des exakten Wissenschaftlers und die platonische Liebe des Mathematikers zur Schönheit seiner idealen Gebilde waren bei Blumenthal auf engste verwachsen mit der Gerechtigkeit und der Liebe gegenüber den Menschen. In seinen drei biographischen Arbeiten (21, 25, 34), die dem Andenken Schwarzschilds und dem damals noch lebenden Hilbert gewidmet sind, tritt dies auf das schönste hervor. Verehrungsvolle Anhänglichkeit und neidlose Anerkennung, gegründet auf das Verständnis des Werkes, feinsinniges Eingehen auf die Sonderart der Persönlichkeit und liebevoller Humor verleihen diesen Schriften, vor allem dem „Leben Hilberts" im dritten Bande von Hilberts „Gesammelten Abhandlungen", ihren einzigartigen Reiz.

Menschliche Güte, Kenntnis des Auslandes, historisches Wissen und vor allem der tiefe Glaube an die völkerversöhnende Kraft der Wahrheit bestimmten Blumenthals Haltung gegenüber dem politischen und sozialen Leben. Schon frühzeitig erkannte er, wohin Nationalismus und Militarismus unser Volk und die Welt führen würden, wenn sie in Deutschland die Herrschaft bekämen. Seine Mitgliedschaft in übernationalen und pazifistischen Vereinigungen empfand er daher als Pflicht. Blumenthal ist das Opfer seiner Gesinnung geworden. Er wurde nicht aus rassischen Gründen, sondern wegen dieser Mitgliedschaft entlassen.

Auf seinem Leidenswege hat ihn seine Gattin getreulich begleitet. Wir möchten nicht unterlassen, auch ihrer und seiner Kinder hier zu gedenken. Sie führte trotz zarter Gesundheit sein Hauswesen im Stile altererbter vornehmer Kultur und im Geiste herzlicher großzügiger Gastlichkeit.

In den Jahren der Amtsentsetzung und Isolierung in Deutschland, in der drückenden Armut und in der Not beständiger Bedrohung und Verfolgung im besetzten Holland, in der Getrenntheit von seinen Kindern, bei dem Tode seiner Gattin, die vor ihm in einem Sammellager den Leiden der Verfolgung erlegen ist, und schließlich im überfüllten Ghetto von Theresienstadt hat nach den Berichten von Augenzeugen Blumenthal ein Maß von Fassung und Würde bis zum Tode bewiesen, das auch Herr Sommerfeld mit seiner ethisch-religiösen Gesinnung in Verbindung bringt. Die langjährige Zugehörigkeit Blumenthals zum Presbyterium einer christlichen Kirchengemeinde war nicht zufällig und äußerlich. Zwei Tatsachen möchte ich noch anführen, die seine innere Haltung charakterisieren: In den Zeiten wachsender Verfolgung, kurz vor seiner Auswanderung nach Holland, brachen in seiner und meiner Gegenwart ebenfalls verfolgte Bekannte in erbitterte Anklagen gegen die nationalsozialistischen Schergen aus. Da rief Blumenthal in einem erschütternden, beschwörenden Ton: „Nein, wir dürfen auch unsere Feinde nicht hassen!" Und als später holländische Freunde sich anboten, ihn bei sich zu verbergen, lehnte er dies ab mit der Begründung, „er wolle seine Freunde nicht in Gefahr bringen".

An das Schicksal Blumenthals können wir nur mit Scham und Erschütterung denken. Aber wir dürfen auch einen erhebenden Trost darin finden, dass er es im Bewusstsein des Opfers und im Glauben an die Unbesiegbarkeit des Guten durchlitten hat.

F. Krauß, Aachen.

Literaturverzeichnis

Alberts, Gerard (1994): On connecting socialism and mathematics: Dirk Struik, Jan Burgers, and Jan Tinbergen, *Historia Mathematica*, 21(3): 280-305.

Alexandrow, Paul S. (1979a): Pages from an autobiography, *Russian Mathematical Surveys*, 34: 267–302.

Alexandrow, Paul S., Hrsg. (1979b): *Die Hilbertsche Probleme*, Ostwalds Klassiker der exakten Wissenschaften, Bd. 252, Leipzig: Teubner.

Alkemade, Fons (1995): Biography, in *Selected Papers of J. M. Burgers*, F. T. M. Nieuwstadt, J. A. Steketee, eds., Dordrecht: Kluwer, xi–lxxxvi.

Becker, H., Dahms, H.-J., Wegeler C., Hrsg. (1987): *Die Universität Göttingen unter dem Nationalsozialismus*, München: Saur.

Behnke, Heinrich (1958): Otto Blumenthal zum Gedächtnis, *Mathematische Annalen*, 136: 387–392.

Behnke, Heinrich (1973): Rückblick auf die Geschichte der Mathematischen Annalen, *Mathematische Annalen*, 200: i–vii.

Bergmann, Birgit, Epple, Moritz, Ungar, Ruti, eds. (2012): *Transcending Tradition: Jewish Mathematicians in German-Speaking Academic Culture*, Heidelberg: Springer.

Biermann, Kurt-R. (1988): *Die Mathematik und ihre Dozenten an der Berliner Universität, 1810–1933*, Berlin: Akademie Verlag.

Blumenthal, Otto (1913): Über die Druckverteilung längs Joukowskischer Tragflächen, *Zeitschrift für Flugtechnik und Motorluftschiffahrt*, 4: 125–130.

Blumenthal, Otto (1917): Karl Schwarzschild, *Jahresbericht der Deutschen Mathematiker-Vereinigung*, 26: 56–75.

Blumenthal, Otto (1922): David Hilbert, *Die Naturwissenschaften*, 10(4) (Jan. 1922), 67–72.

Blumenthal, Otto (1928): Ansprache bei der Einweihung einer Gedenktafel für Felix Klein, *Jahresbericht der Deutschen Mathematiker-Vereinigung*, 37 (1928), 1–5.

© Springer-Verlag GmbH Deutschland, ein Teil von Springer Nature 2019
D. E. Rowe und V. Felsch, *Otto Blumenthal: Ausgewählte Briefe und Schriften II*,
Mathematik im Kontext, https://doi.org/10.1007/978-3-662-58356-2

Blumenthal, Otto (1935): Lebensgeschichte, in (Hilbert 1935, 388–429).

Blumenthal, Otto (1939): La géométrie des polynomes binomiaux, *Comptes rendus du Congrès des sciences matématiques de Liège, (17-22 juillet 1939)*, S. 69–74.

Blumenthal, Otto (2017): Über das mathematische Bildungswesen im heutigen Rußland. Vortrag auf der 34. Hauptversammlung des deutschen Vereins zur Förderung des mathematischen und naturwissenschaftlichen Unterrichts. Aachen 1932, *Mathematische Semesterberichte*, 64(1): 91–98.

Born, Max, Hrsg. (1969): *Albert Einstein – Max Born Briefwechsel, 1916–1955*, München: Nymphenburger.

Brouwer, L.E.J. (1912): Beweis der Invarianz des n-dimensionalen Gebiets, *Mathematische Annalen*, 71: 305–313.

Brouwer, L.E.J. (1913a): Über den natürlichen Dimensionsbegriff, *Journal für die reine und angewandte Mathematik*, 142: 146–152.

Brouwer, L.E.J. (1913b): Intuitionism and formalism, *Bulletin of the American Mathematical Society*, 20(2): 81–96.

Brouwer, L.E.J. (1919): Intuitionistische Mengenlehre, *Jahresbericht der Deutschen Mathematiker-Vereinigung*, 282: 203–207.

Brouwer, L.E.J. (1921): Besitzt jede reelle Zahl eine Dezimalbruchentwicklung? *Mathematische Annalen*, 83: 201–210.

Brouwer, L.E.J. (1923): Über den natürlichen Dimensionsbegriff, *KNAW Proceedings*, 26: 795–800.

Brouwer, L.E.J. (1924a): Berichtigung [von Brouwer (1913a)] *Journal für die reine und angewandte Mathematik*, 153: 253.

Brouwer, L.E.J. (1924b): Bemerkungen zum natürlichen Dimensionsbegriff, *KNAW Proceedings*, 27: 635–638.

Brouwer, L.E.J. (1928a): Intuitionistische Betrachtungen über den Formalismus, *KNAW Proceedings*, 31: 374-379; *Sitzungsberichte der Preußischen Akademie der Wissenschaften*, 1928: 48–52.

Brouwer, L.E.J. (1928b): Zur Geschichtsschreibung der Dimensionstheorie, *KNAW Proceedings*, 31: 953–957.

Brouwer, L.E.J. (1975): *L. E. J. Brouwer: Collected Works*, vol. 1, Arild Heyting, ed., Amsterdam: Elsevier.

Brouwer, L.E.J. (1976): *L. E. J. Brouwer: Collected Works*, vol. 2, Hans Freudenthal, ed., Amsterdam: Elsevier.

Browder, Felix, ed. (1976): *Mathematical Developments arising from Hilbert's Problems*, Symposia in Pure Mathematics, vol. 28, Providence: American Mathematical Society.

Butzer, Paul, et al. (1995): Otto Blumenthal 1876–1944, in K. Habetha, Hrsg., *Wissenschaft zwischen technischer und gesellschaftlicher Herausforderung. Die Rheinisch-Westfälische Technische Hochschule Aachen 1970–1995*, Aachen, S. 186–195.

Butzer, P. and Volkmann, L. (2006): Otto Blumenthal (1876–1944) in Retrospect, *Journal of Approximation Theory*, 138: 1–36.

Corry, Leo (2004): *Hilbert and the Axiomatization of Physics (1898–1918): From "Grundlagen der Geometrie" to "Grundlagen der Physik"*, (Archimedes: New Studies in the History and Philosophy of Science and Technology), Dordrecht: Kluwer Academic.

Crilly, Tony and Johnson, Dale (1999): The Emergence of Topological Dimension Theory, in *History of Topology*, I.M. James, ed., Amsterdam: Elsevier, pp. 1–24.

Curbera, G. P. (2009): *Mathematicians of the World, Unite! The International Congress of Mathematicians – A Human Endeavor*, Wellesley: Peters.

Dauben, Joseph W. (1980): Mathematicians and World War I: The International Diplomacy of G. H. Hardy and Gösta Mittag-Leffler as Reflected in Their Personal Correspondence, *Historia Mathematica*, 7: 261–288.

Debye, Peter, Blumenthal, Otto und Bochner, Salomon, Hrsg. (1928): *Probleme der modernen Physik. Arnold Sommerfeld zum 60. Geburtstage gewidmet von seinen Schülern*, Leipzig: Hirzel.

Dedekind, Richard (1892): Bernhard Riemann's Lebenslauf, *Bernhard Riemann's Gesammelte Mathematische Werke und wissenschaftlicher Nachlass*, Richard Dedekind und Heinrich Weber, Hrsg., 2. Aufl., Leipzig: Teubner, S. 541–558.

Eckert, Michael (2007): *The Dawn of Fluid Dynamics: A Discipline between Science and Technology*, New York: Wiley.

Eckert, Michael (2013): *Arnold Sommerfeld, Atomphysiker und Kulturbote 1868–1951. Eine Biografie*, Deutsches Museum. Abhandlungen und Berichte – Neue Folge, Bd. 29, Wallstein.

Eckert, Michael (2017): *Ludwig Prandtl – Strömungsforscher und Wissenschaftsmanager*, Heidelberg: Springer.

Edwards, Harold M. (1977): *Fermat's Last Theorem: A Genetic Introduction to Algebraic Number Theory*, New York: Springer.

Einstein, Albert (2002): *The Collected Papers of Albert Einstein, Volume 7: The Berlin Years: Writings, 1918–1921*, Michel Janssen, Robert Schulmann, Jozsef Illy, Christoph Lehner, and Diana Kormos Buchwald, eds., Princeton: Princeton University Press.

Einstein, Albert (2006): *The Collected Papers of Albert Einstein, Volume 10: The Berlin Years: Correspondence, May–December 1920*, Diana Kormos Buchwald,

Tilman Sauer, Jozsef Illy, Ze'ev Rosenkranz, Virginia Iris Holmes, eds., Princeton: Princeton University Press.

Einstein, Albert (2012): *The Collected Papers of Albert Einstein, Volume 13: The Berlin Years: Writing and Correspondence, January 1922–March 1923*, Diana Kormos Buchwald, Jozsef Illy, Ze'ev Rosenkranz, Tilman Sauer, eds., Princeton: Princeton University Press.

Einstein, Albert (2015): *The Collected Papers of Albert Einstein, Volume 14: The Berlin Years: Writing and Correspondence, April 1923–May 1925*, Diana Kormos Buchwald, Jozsef Illy, Ze'ev Rosenkranz, Tilman Sauer, Osik Moses, eds., Princeton: Princeton University Press.

Einstein, Albert (2018): *The Collected Papers of Albert Einstein, Volume 15: The Berlin Years: Writing and Correspondence, June 1925–May 1927*, Diana Kormos Buchwald, Jozsef Illy, A.J. Kox, Dennis Lehmkuhl, Ze'ev Rosenkranz, Jennifer Nollar James, eds., Princeton: Princeton University Press.

Felsch, Volkmar (2011): *Otto Blumenthals Tagebücher. Ein Aachener Mathematikprofessor erleidet die NS-Diktatur in Deutschland, den Niederlanden und Theresienstadt*, Konstanz: Hartung-Gorre.

Felsch, Volkmar (2017): Anmerkungen zu Otto Blumenthals Vortrag „Über das mathematische Bildungswesen in Rußland" (Aachen 1932), *Mathematische Semesterberichte*, 64(1): 99–103.

Forman, Paul (1973): Scientific Internationalism and the Weimar Physicists: The Ideology and its Manipulation in Germany after World War I, *Isis*, 64: 151–180.

Forman, Paul (2007): Die Naturforscherversammlung in Nauheim im September 1920: Eine Einführung in das Wissenschaftsleben der Weimarer Republik, in (Hoffmann/Walker 2007, 29–58).

Fraenkel, Adolf (1922): Zu den Grundlagen der Cantor-Zermeloschen Mengenlehre, *Mathematische Annalen*, 86: 230–37.

Frei, Günther, Stammbach, Urs (1992): *Hermann Weyl und die Mathematik an der ETH Zürich, 1913–1930*, Basel: Birkhäuser.

Fuchs, Richard, Hopf, Ludwig; Aerodynamik, Berlin : R. C. Schmidt & Co.

Gentzen, Gerhard (1936): Die Widerspruchsfreiheit der reinen Zahlentheorie, *Mathematische Annalen*, 112: 493–565.

Georgiadou, Maria (2004): *Constantin Carathéodory. Mathematics and Politics in Turbulent Times*, Heidelberg: Springer.

Gerstengarbe, Sybille (1994): Die erste Entlassungswelle von Hochschullehrern deutscher Hochschulen aufgrund des Gesetzes zur Wiederherstellung des Berufsbeamtentums vom 7.4.1933, *Berichte zur Wissenschaftsgeschichte*, 17: 17–39.

Grammel, Richard (1938): Das wissenschaftliche Werk von E. Trefftz, *Zeitschrift für Angewandte Mathematik und Mechanik*, 18: 1–11.

Grau, Conrad (2000): Die Preußische Akademie und die Wiederanknüpfung internationaler Wissenschaftskontakte nach 1918, Die Preußische Akademie der Wissenschaften zu Berlin 1914–1945, Wolfram Fischer, Hrsg., Berlin: Akademie Verlag, S. 279–316.

Greenspan, Nancy Thorndike (2005): *The End of the Certain World: The Life and Science of Max Born*, New York: Basic Books.

Hartmann, Uta (2009): *Heinrich Behnke (1898–1979): zwischen Mathematik und deren Didaktik*, Frankfurt: Peter Lang.

Hashagen, Ulf (2003): *Walther von Dyck (1856–1934). Mathematik, Technik und Wissenschaftsorganisation an der TH München* (Boethius, Texte und Abhandlungen zur Geschichte der Mathematik und der Naturwissenschaften, Bd. 47), Stuttgart: Steiner.

Hausdorff, Felix (2002): *Felix Hausdorff: Gesammelte Werke, Grundzüge der Mengenlehre*, Bd. II, E. Brieskorn et al., Hrsg., Heidelberg: Springer.

Hausdorff, Felix (2012): *Felix Hausdorff: Gesammelte Werke, Korrespondenz*, Bd. IX, W. Purkert, Hrsg., Heidelberg: Springer.

Heilbron, John L. (1986): *The Dilemmas of an Upright Man: Max Planck and the Fortunes of German Science*, Cambridge, MA: Harvard University Press.

Hentschel, Klaus (1990): *Interpretationen und Fehlinterpretationen der speziellen und der allgemeinen Relativitätstheorie durch Zeitgenossen Albert Einsteins*, Basel: Birkhäuser.

Hesseling, Dennis E. (2003): *Gnomes in the Fog. The Reception of Brouwer's Intuitionism in the 1920s*, Basel: Birkhäuser.

Hilbert, David (1897): Die Theorie der algebraischen Zahlkörper, *Jahresbericht der Deutschen Mathematiker-Vereinigung*, 4: 175–546; wieder abgedruckt in (Hilbert 1932, 63–363).

Hilbert, David (1899): Grundlagen der Geometrie, in *Festschrift zur Einweihung des Göttinger Gauss-Weber Denkmals*, Leipzig: Teubner (2. Aufl., 1903).

Hilbert, David (1900): Mathematische Probleme. Vortrag, gehalten auf dem Internationalen Mathematikerkongress zu Paris, 1900. *Nachrichten der Königlichen Gesellschaft der Wissenschaften zu Göttingen. Math.-phys. Klasse*, 253–297; in (Hilbert 1935, 290–329).

Hilbert, David (1904): Über die Grundlagen der Logik und der Arithmetik, *Verhandlungen des III. Internationalen Mathematiker-Kongresses in Heidelberg 1904*. Leipzig: Teubner, S. 174–185.

Hilbert, David (1910): Hermann Minkowski, *Mathematische Annalen*, 68: 445–471; in (Hilbert 1935, 339–364).

Hilbert, David (1912): *Grundzüge einer allgemeinen Theorie der linearen Integralgleichungen*, Leipzig: Teubner.

Hilbert, David (1918): Axiomatisches Denken, *Mathematische Annalen*, 79: 405–415, in (Hilbert 1935, 146–156).

Hilbert, David (1922): Neubegründung der Mathematik. Erste Mitteilung, *Abhandlungen aus dem Mathematischen Seminar der Hamburgischen Universität* 1: 157–177, in (Hilbert 1935, 157–177).

Hilbert, David (1925): Über das Unendliche. *Mathematische Annalen*, 95: 161–190.

Hilbert, David (1930): *Grundlagen der Geometrie*, 7. Aufl., Leipzig: Teubner.

Hilbert, David (1932): *Gesammelte Abhandlungen*, Bd. 1, Berlin: Springer.

Hilbert, David (1933): *Gesammelte Abhandlungen*, Bd. 2, Berlin: Springer.

Hilbert, David (1935): *Gesammelte Abhandlungen*, Bd. 3, Berlin: Springer.

Hilbert, David (1992): *Natur und mathematisches Erkennen*, David E. Rowe, Hrsg. Basel: Birkhäuser.

Hilbert, David (2004): *David Hilbert's Lectures on the Foundations of Geometry, 1891–1902*, Michael Hallett and Ulrich Majer, eds. Heidelberg: Springer.

Hilbert, David (2009): *David Hilbert's Lectures on the Foundations of Physics, 1915–1927*, Tilman Sauer and Ulrich Majer, eds. Heidelberg: Springer.

Hilbert, David (2013): *David Hilbert's Lectures on the Foundations of Arithmetic and Logic, 1917–1933*, William Ewald and Wilfried Sieg, eds. Heidelberg: Springer.

Hoffmann, Dieter (2000): Das Verhältnis der Akademie zu Republik und Diktatur: Max Planck als Sekretär, in *Die Preußische Akademie der Wissenschaften zu Berlin, 1914–1945*, Forschungsberichte der Interdisziplinären Arbeitsgruppen der Berlin-Brandenburgischen Akademie der Wissenschaften, Bd. 8, Wolfram Fischer, Hrsg., Berlin: DeGruyter, S. 53–85.

Hoffmann, Dieter und Walker, Mark, Hrsg. (2007): *Physiker zwischen Autonomie und Anpassung: Die Deutsche Physikalische Gesellschaft im Dritten Reich*, Berlin: Wiley-VCH.

Hurewicz, Witold and Wallman, Henry (1948): *Dimension Theory*, rev. ed., Princeton: Princeton University Press.

Jongen, Hubertus Th. und Krieg, Aloys (2000): Otto Blumenthal, *Mitteilungen der Deutschen Mathematiker-Vereingung*, 8(4): 49–52.

Kaemmel, Thomas (2006): *Arthur Schoenflies: Mathematiker und Kristallforscher: eine Biographie mit Aufstieg und Zerstreuung einer jüdischen Familie*, Projekte-Verlag.

Kármán, Theodore von und Edson, Lee (1968): *Die Wirbelstraße. Mein Leben für die Luftfahrt*, Hamburg: Hoffmann & Campe.

Klein, Felix (1921–1923): *Gesammelte Mathematische Abhandlungen*, 3 Bde., Berlin: Springer.

Klein, Felix (1926): *Vorlesungen über die Entwicklung der Mathematik im 19. Jahrhundert*, Bd. 1, Berlin: Springer.

Kramish, Arnold (1987): *Der Greif. Paul Rosbaud – der Mann, der Hitlers Atompläne vereitelte*, München: Kindler.

Lebesgue, Henri (1921): Sur les correspondances entre les points de deux espaces, *Fundamenta Mathematicae*, 2: 256–285.

Lehto, O. (1998): *Mathematics Without Borders. A History of the International Mathematical Union*, New York: Springer.

Lepper, Herbert (1994): *Von der Emanzipation zum Holocaust. Die israelitische Synagogengemeinde zu Aachen 1801–1942*, 2 Bde., Aachen: Verlag der Mayer'schen Buchhandlung.

Lorey, Wilhelm (1916): *Das Studium der Mathematik an den deutschen Universtäten seit Anfang des 19. Jahrhunderts*, Leipzig: Teubner.

Makarova, Elena, Makarov, Sergei, Kuperman, Victor (2004): *University over the Abyss. The Story behind 520 Lecturers and 2,430 Lectures in KZ Theresienstadt 1942–1944*, 2nd ed., Jerusalem: Verba.

Mehrtens, Herbert (1987): Ludwig Bieberbach and "Deutsche Mathematik," in *Studies in the History of Mathematics*, Esther Phillips, ed., Washington: The Mathematical Association of America, pp. 195–241.

Mehrtens, Herbert (1990): *Moderne, Sprache, Mathematik. Eine Geschichte des Streits um die Grandlagen der Disziplin und des Subjekts formaler Systeme*, Frankfurt: Suhrkamp.

Menger, Karl (1928): *Dimensionstheorie*, Leipzig: Teubner.

Menger, Karl (1930): Antwort auf eine Note von Brouwer, *Monatshefte für Mathematik und Physik*, 37: 175–182.

Menger, Karl (1979): My memories of L.E.J. Brouwer, *Selected Papers in Logic and Foundations, Didactics, Economics*, Henk L. Mulder, ed., Dordrecht: Reidel, pp. 237–255.

Minkowski, Hermann (1911): *Gesammelte Abhandlungen von Hermann Minkowski*, 2 Bde., hrsg. von David Hilbert unter Mitwirkung von Andreas Speiser und Hermann Weyl, Leipzig: Teubner.

Minkowski, Hermann (1973): *Briefe an David Hilbert*, L. Rüdenberg und H. Zassenhaus, Hrsg., New York: Springer.

Mohrmann, Hans (1924): Reduzible Kurven vom Maximalindex, *Mathematische Annalen*, 93: 58–68.

Müller-Arends, Dietmar, et. al. (1995): Ludwig Hopf 1884–1939, in K. Habetha, Hrsg., *Wissenschaft zwischen technischer und gesellschaftlicher Herausforderung. Die Rheinisch-Westfälische Technische Hochschule Aachen 1970–1995*, Aachen, S. 208–215.

Pais, Abraham (1982): *'Subtle is the Lord. . . ' The Science and the Life of Albert Einstein*, Oxford: Clarendon Press.

Paul, Harry W. (1972): *The Sorcerer's Apprentice: The French Scientist's Image of German Science, 1840–1919*, Gainsville: University of Florida Press.

Parshall, Karen Hunger and Rowe, David E. (1994): *The Emergence of the American Mathematical Research Community, 1876–1900: James Joseph Sylvester, Felix Klein, and E. H. Moore*, Providence: American Mathematical Society and London: London Mathematical Society.

Picard, Émile (1916): *L'histoire des sciences et les prétentions de la science allemande*, Paris: Perrin.

Prandtl, Ludwig (1937): Erich Trefftz, *Zeitschrift für Angewandte Mathematik und Mechanik*, 17: 1–4.

Purkert, Walter (2002): Grundzüge der Mengenlehre – Historische Einführung, in (Hausdorff 2002, 1–90).

Reid, Constance (1970): *Hilbert*, New York: Springer.

Remmert, Volker R. (1999): Mathematicians at War: Power Struggles in Nazi Germany's Mathematical Community: Gustav Doetsch and Wilhelm Süss, *Revue d'histoire des mathématiques*, 5: 7–59.

Remmert, Volker R. (2004): Die Deutsche Mathematiker-Vereinigung im „Dritten Reich", 2 Teile, *Mitteilungen der DMV*, 12: 159–177, 223–245.

Remmert, Volker R. (2007): Die Deutsche Mathematiker-Vereinigung im Dritten Reich, in (Hoffmann/Walker 2007, 421–458).

Remmert, Volker und Schneider, Ute (2010): *Eine Disziplin und ihre Verleger. Disziplinenkultur und Publikationswesen der Mathematik in Deutschland, 1871–1949*, Bielefeld; Transkript.

Rowe, David E. (1986): "Jewish Mathematics" at Göttingen in the Era of Felix Klein, *Isis*, 77(3): 422–449.

Rowe, David E. (1989): Klein, Hilbert, and the Göttingen Mathematical Tradition, *Science in Germany: The Intersection of Institutional and Intellectual Issues*, Kathryn M. Olesko, ed., *Osiris*, 5: 189–213.

Rowe, David E. (2004): Making Mathematics in an Oral Culture: Göttingen in the Era of Klein and Hilbert, *Science in Context*, 17(1/2): 85–129.

Rowe, David E. (2006): Einstein's Allies and Enemies: Debating Relativity in Germany, 1916–1920, *Interactions: Mathematics, Physics and Philosophy, 1860–1930*, Boston Studies in the Philosophy of Science, 251, Vincent F. Hendricks et al., eds., Dordrecht: Springer, pp. 231–280.

Rowe, David E. (2016): From Graz to Göttingen: Neugebauer's Early Intellectual Journey, *A Mathematician's Journeys: Otto Neugebauer and Modern Transformations of Ancient Science*, Alexander Jones, Christine Proust and John Steele, eds., Archimedes, New York: Springer, pp. 1–59.

Rowe, David E. (2018): *A Richer Picture of Mathematics: The Göttingen Tradition and Beyond*, New York: Springer.

Rowe, David E. and Schulmann, Robert, eds. (2007): *Einstein on Politics: His Private Thoughts and Public Stands on Nationalism, Zionism, War, Peace, and the Bomb*, Princeton: Princeton University Press.

Sarkowski, Heinz (1996): *Springer-Verlag. History of a Scientific Publishing House, Part 1, 1842–1945*, Berlin: Springer.

Sauer, Tilman (2000): Hilberts Ruf nach Bern, *Gesnerus*, 57: 182–205.

Schappacher, Norbert (1987): Das Mathematische Institut der Universität Göttingen, 1929–1950, in (Becker/Dahms/Wegeler 1987, 345–373).

Schappacher, Norbert und Kneser, Martin (1990): Fachverband – Institut – Staat, *Ein Jahrhundert Mathematik: 1890–1990, Festschrift zum Jubiläum der DMV*, Gerd Fischer et al., Hrsg., Brauschweig: Vieweg, S. 1–82.

Scharlau, Winfried, Hrsg. (1990): *Mathematische Institute in Deutschland, 1800–1945*: Braunschweig, Vieweg.

Schönbeck, Charlotte (2000): Albert Einstein und Philipp Lenard: Antipoden im Spannungsfeld von Physik und Zeitgeschichte, *Schriften der Mathematisch-naturwissenschaftlichen Klasse der Heidelberger Akademie der Wissenschaften*, 8: 1–42.

Scholz, Erhard (2000): Hermann Weyl on the Concept of Continuum, in *Proof Theory: History and Philosophical Significance*, Vincent Hendricks, ed., Dordrecht: Kluwer, pp. 195–220.

Schroeder-Gudehus, Brigitte (1966): *Deutsche Wissenschaft und internationale Zusammenarbeit 1914–1928*, Geneva, Dumaret & Golay, 1966.

Schroeder-Gudehus, Brigitte (1978): *Les scientifiques et la paix. La communauté scientifique internationale au cours des années vingt*, Montréal: Les Presses de l'Université de Montréal.

Schroeder-Gudehus, Brigitte (2012): Probing the Master Narrative of Scientific Internationalism: Nationalists and Neutrals in the 1920ies, *Neutrality in Twentieth Century Europe. Intersections of Science, Culture, and Politics after the First World War*, R. Letteval et al., eds. Stockholm/New York: Musée Nobel/Routledge, pp. 19–42.

Segal, Sanford L. (2003): *Mathematicians under the Nazis*, Princeton: Princeton University Press.

Siegel, Carl Ludwig (1966): Zur Geschichte des Frankfurter Mathematischen Seminars, Vortrag am 13. Juni 1964 im Mathematischen Seminar anlässlich der 50-Jahr-Feier der Johann Wolfgang Goethe-Universität Frankfurt. Abgedruckt in *Carl Ludwig Siegel, Gesammelte Abhandlungen*, Bd. III, New York: Springer, S. 462–474.

Siegmund-Schultze, Reinhard (1993): *Mathematische Berichterstattung in Hitlerdeutschland. Der Niedergang des „Jahrbuchs über die Fortschritte der Mathematik"*, Göttingen: Vandenhoeck & Ruprecht, 1993.

Siegmund-Schultze, Reinhard (1998): *Mathematiker auf der Flucht vor Hitler* (Dokumente zur Geschichte der Mathematik), Bd. 10, Braunschweig: Vieweg.

Siegmund-Schultze, Reinhard (2001): *Rockefeller and the Internationalization of Mathematics Between the Two World Wars*, Basel: Birkhäuser.

Siegmund-Schultze, Reinhard (2004): Mathematicians Forced to Philosophize: An Introduction to Khinchin's Paper on von Mises' Theory of Probability, *Science in Context*, 17(3), 373–390.

Siegmund-Schultze, Reinhard (2011): Opposition to the Boycott of German Mathematics in the Early 1920s: Letters by Edmund Landau (1877–1938) and Edwin Bidwell Wilson (1879–1964), *Revue d'histoire des mathématiques*, 17, 139–165.

Siegmund-Schultze, Reinhard (2016): Mathematics Knows No Races: a political speech that David Hilbert planned for the ICM in Bologna in 1928, *Mathematical Intelligencer*, 38(1): 56–66.

Siegmund-Schultze, Reinhard (2018): Applied Mathematics versus Fluid Dynamics: The Catalytic Role of Richard von Mises (1883–1953), *Historical Studies in the Natural Sciences*, 48(4): 475–525.

Sommerfeld, Arnold und Krauß, Franz (1951): Otto Blumenthal zum Gedächtnis, *Jahrbuch der RWTH Aachen*, 4: 21–25.

Stöltzner, Michael (2008), Eine Enzyklopädie für das Kaiserreich, *Berichte zur Wissenschaftsgeschichte*, 31(1): 11–28.

Thieler, Kerstin (2006): „[...] des Tragens eines deutschen akademischen Grades unwürdig." Die Entziehung von Doktortiteln an der Georg-August-Universität

Göttingen im Dritten Reich, *Göttinger Bibliotheksschriften*, 2. erw. Aufl., Niedersächsische Staats- und Universitätsbibliothek Göttingen.

Tobies, Renate (1994): Mathematik als Bestandteil der Kultur – Zur Geschichte des Unternehmens Encyklopädie der Mathematischen Wissenschaften mit Einschluß ihrer Anwendungen, *Mitteilungen Österreichische Gesellschaft für Wissenschaftsgeschichte*, 14: 1–90.

Tobies, Renate (2008): Mathematik, Naturwissenschaften und Technik als Bestandteile der Kultur der Gegenwart, *Berichte zur Wissenschaftsgeschichte*, 31(1): 29–43.

Tobies, Renate und Rowe, David E. (1990): *Korrespondenz Felix Klein-Adolf Mayer*, Leipzig: Teubner Archiv zur Mathematik.

Tollmien, Walter (1929): Über die Entstehung der Turbulenz. 1. Mitteilung, *Nachrichten der Gesellschaft der Wissenschaften zu Göttingen, Math. Phys. Klasse*, 21–44.

Urysohn, Paul (1922a): Les multiplicités Cantoriennes, *Comptes Rendus heb. des Séances de l'Académie des Sciences*, 175: 440–442.

Urysohn, Paul (1922b): Sur la ramification des lignes Cantoriennes, *Comptes Rendus heb. des Séances de l'Académie des Sciences*, 175: 481–483.

Urysohn, Paul (1925a): Über die Mächtigkeit der zusammenhängenden Mengen, *Mathematische Annalen*, 94: 262–295.

Urysohn, Paul (1925b): Zum Metrisationsproblem, *Mathematische Annalen*, 94: 309–315.

Urysohn, Paul (1926): Sur les multiplicités Cantoriennes, *Fundamenta Mathematicae*, 8: 225–359.

van Dalen, Dirk (1990): The War of the Frogs and the Mice, or the Crisis of the *Mathematische Annalen, The Mathematical Intelligencer*, 12(4): 17–31.

van Dalen, Dirk, ed. (2011): *The Selected Correspondence of L.E.J. Brouwer*, (Sources and Studies in the History of Mathematics and Physical Sciences), London: Springer.

van Dalen, Dirk (2013): *L.E.J. Brouwer–Topologist, Intuitionist, Philosopher. How Mathematics is Rooted in Life*, London: Springer.

van Dalen, Dirk, and Remmert, Volker (2006): The birth and youth of Compositio Mathematica: Ce périodique foncièrement international, *Compositio Mathematica*, 142: 1083–1102.

van Stigt, Walter P. (1990): *Brouwer's Intuitionism*, Studies in the History and Philosophy of Mathematics, vol. 2, Amsterdam: North-Holland.

Volkert, Klaus (1986): *Die Krise der Anschauung*, Göttingen: Vandenhoeck & Ruprecht.

Wazeck, Milena (2009): *Einsteins Gegner: Die öffentliche Kontroverse um die Relativitätstheorie in den 1920er Jahren*, Frankfurt: Campus.

Weyl, Hermann (1918): *Das Kontinuum*, Leipzig: Veit & Co.

Weyl, Hermann (1921): Über die neue Grundlagenkrise der Mathematik, *Mathematische Zeitschrift*, 10: 39–79.

Weyl, Hermann (1922): Die Relativitätstheorie auf der Naturforscherversammlung in Bad Nauheim, *Jahresbericht der Deutschen Mathematiker-Vereinigung*, 31: 51–63.

Weyl, Hermann (1944): David Hilbert and his Mathematical Work, *Bulletin of the American Mathematical Society*, 50(9): 612–654.

Wohl, Eva (2004): *So einfach liegen die Dinge nicht*, Bonn: Edition Lempertz.

Yandell, Ben H. (2002): *The Honors Class. Hilbert's Problems and their Solvers*, Natick, Mass.: AK Peters.